JN441888

건설산업기본법령집

(2026)

— 3단비교 —

제 1 편	건설산업기본법 (시행일자/2025.11.27.)
	건설산업기본법 시행령 (시행일자/2025.11.27.)
	건설산업기본법 시행규칙 (시행일자/2025.10.31.)
제 2 편	행정규칙 (고시, 지침, 기준, 예규)
제 3 편	건설공사 하도급 법,령 기준,지침

건설정보사

목 차

제 1 편

건설산업기본법 · 시행령 · 시행규칙

건설정보사

목 차

第78조의3(조정절차의 비공개) / 149		
第79조(비용의 분담) / 149	제72조(비용의 예납 및 정산) / 149 제73조(비용의 범위) / 150	
第79조의2(서류의 송달) / 150		
第80조(위원회의 운영 등) / 150	제74조 삭제 <2007. 12. 28.> 제75조 삭제 <2007. 12. 28.> 제76조(간사 및 서기) / 152 제77조(수당) / 150 제78조(운영세칙) / 150	
제9장 시정명령 등 (개정 2011.5.24.)	**제9장 시정명령 등**	
第81조(시정명령 등) / 151		제36조의2(시정명령 등의 보고) / 151
第82조(영업정지 등) / 152	제79조(영업정지 등의 부과 대상이 되는 벌점 기준) / 152	제36조(하자산정기준) / 152 제36조의2(시정명령 등의 보고) / 152
第82조의2(부정한 청탁에 의한 재물 등의 취득 및 제공에 대한 영업정지 등) / 154		
第83조(건설업의 등록말소 등) / 155	제79조의2(일시적인 등록기준미달) / 155	
第83조의2(시정명령 등의 요구 및 보고) / 158	제79조의3(위반사실 통보대상 공공기관) / 158	

	별표, 서식 [별표 1] 건설업의 업종, 업종별 업무분야 및 업무내용(제7조 관련) / 195 [별표 1의2] 교육기관의 지정요건(제12조의5제3항 관련) / 204 [별표 2] 건설업의 등록기준(제13조 관련) / 205 [별표 3] 벌점의 부과기준(제28조 관련) / 217 [별표 3의2] 하도급 참여제한 기준(제33조제2항 관련) / 218 [별표 4] 건설공사의 종류별 하자담보책임기간(제30조관련) / 220 [별표 5] 공사예정금액의 규모별 건설기술인 배치기준(제35조제2항 관련) / 222 [별표 6] 영업정지 및 과징금의 부과기준(제80조제1항 관련) / 224 [별표 7] 과태료의 부과기준(제89조 관련) / 232	**별표, 서식** **- 별표** [별표 1] 종합공사를 시공하는 업종을 등록한 건설사업자의 시공능력의 평가방법(제23조제2항 관련) / 237 [별표 2] 전문공사를 시공하는 업종을 등록한 건설사업자의 시공능력의 평가방법(제23조제2항 관련) / 244 [별표 3] 공사실적의 주요 공사 종류(제25조제2항 관련) / 249 [별표 4] 건설공사의 현황(제32조제1항 관련) / 251 [별표 5] 건설업등록 등의 수수료액(제38조제1항관련) / 252 [별표 6] 건설근로자 고용평가 방법(제32조의2제2항 관련) / 253

- **서식**

		[별지 제17호서식] 건설공사대장 / 282 [별지 제17호의2서식] 하도급 건설공사대장 / 285 [별지 제18호서식] 건설공사 기성실적신고서 / 288 [별지 제19호서식] 건설공사기성실적증명(신청)서 / 292 [별지 제19호의2서식] Certification of Construction Project Progress(Application for Construction Project Progress Certification) / 294 [별지 제20호서식] 건설공사 기성실적통보서(공공기관용) / 296 [별지 제21호서식] 건설기술인력보유현황표 / 300 [별지 제22호서식] 건설공사용시설·장비의보유현황표 / 301 [별지 제22호의2서식] 건설사업관리능력평가、공시신청서 / 302 [별지 제22호의3서식] 건설사업관리실적현황표 / 304 [별지 제22호의4서식] 건설사업관리자재무정보현황표 / 306 [별지 제22호의5서식] 건설사업관리관련인력보유현황표 / 307 [별지 제22호의6서식] 건설공사의 직접시공계획서 / 308 [별지 제23호서식] 건설공사의 하도급계약 통보서 / 310 [별지 제23호의2서식] 재하도급 승낙통보서 / 312 [별지 제23호의3서식] 건설공사의 재하도급 계약통보서 / 313 [별지 제24호서식] [별지 제24의4서식]으로 이동 <2020. 3. 2.> [별지 제24호의2서식] 삭제

건설산업기본법 3단비교표 (제1장 총칙)

건설산업기본법 [법률 제21034호, 2025. 8. 26., 일부개정] [시행 2025. 11. 27.]	건설산업기본법 시행령 [대통령령 제35868호, 2025. 11. 25., 일부개정] [시행 2025. 11. 27.]	건설산업기본법 시행규칙 [국토교통부령 제1531호, 2025. 10. 31., 타법개정] [시행 2025. 10. 31.]
제1장 총칙 (개정 2011.5.24.)	**제1장 총칙**	
제1조(목적) 이 법은 건설공사의 조사, 설계, 시공, 감리, 유지관리, 기술관리 등에 관한 기본적인 사항과 건설업의 등록 및 건설공사의 도급 등에 필요한 사항을 정함으로써 건설공사의 적정한 시공과 건설산업의 건전한 발전을 도모함을 목적으로 한다. [전문개정 2011. 5. 24.]	**제1조(목적)** 이 영은 건설산업기본법에서 위임된 사항과 그 시행에 관하여 필요한 사항을 규정함을 목적으로 한다.	**제1조(목적)** 이 규칙은 「건설산업기본법」 및 동법 시행령에서 위임된 사항과 그 시행에 관하여 필요한 사항을 규정함을 목적으로 한다. <개정 2005. 1. 15.>
제2조(정의) 이 법에서 사용하는 용어의 뜻은 다음과 같다. <개정 2018. 8. 14., 2019. 4. 30., 2020. 6. 9., 2023. 8. 8.> 1. "건설산업"이란 건설업과 건설용역업을 말한다. 2. "건설업"이란 건설공사를 하는 업(業)을 말한다. 3. "건설용역업"이란 건설공사에 관한 조사, 설계, 감리, 사업관리, 유지관리 등 건설공사와 관련된 용역(이하 "건설용역"이라 한다)을 하는 업(業)을 말한다. 4. "건설공사"란 토목공사, 건축공사, 산업설비공사, 조경공사, 환경시설공사, 그 밖에 명칭과 관계없이 시설물을 설치·유지·보수하는공사(시설물을 설치하기 위한 부지조성공사를 포함한다) 및 기계설비나 그 밖의 구조물의 설치 및 해체공사 등을 말한다. 다만, 다음 각 목의 어느 하나에 해당하는 공사는 포함하지 아니한다.		**제1조의2 삭제 <2007. 12. 31.>**

가. 「전기공사업법」에 따른 전기공사 나. 「정보통신공사업법」에 따른 정보통신공사 다. 「소방시설공사업법」에 따른 소방시설공사 라. 「국가유산수리 등에 관한 법률」에 따른 국가유산수리공사 5. "종합공사"란 종합적인 계획, 관리 및 조정을 하면서 시설물을 시공하는 건설공사를 말한다. 6. "전문공사"란 시설물의 일부 또는 전문 분야에 관한 건설공사를 말한다. 7. "건설사업자"란 이 법 또는 다른 법률에 따라 등록 등을 하고 건설업을 하는 자를 말한다. 8. "건설사업관리"란 건설공사에 관한 기획, 타당성 조사, 분석, 설계, 조달, 계약, 시공관리, 감리, 평가 또는 사후관리 등에 관한 관리를 수행하는 것을 말한다. 9. "시공책임형 건설사업관리"란 종합공사를 시공하는 업종을 등록한 건설사업자가 건설공사에 대하여 시공 이전 단계에서 건설사업관리 업무를 수행하고 아울러 시공 단계에서 발주자와 시공 및 건설사업관리에 대한 별도의 계약을 통하여 종합적인 계획, 관리 및 조정을 하면서 미리 정한 공사 금액과 공사기간 내에 시설물을 시공하는 것을 말한다. 10. "발주자"란 건설공사를 건설사업자에게 도급하는 자를 말한다. 다만, 수급인으로서 도급받은 건설공사를 하도급하는 자는 제외한다. 11. "도급"이란 원도급, 하도급, 위탁 등 명칭과 관계없이 건설공사를 완성할 것을 약정하고, 상대방이 그 공사의 결과에 대하여 대가를 지급할 것을 약정하는 계약을 말한다. 12. "하도급"이란 도급받은 건설공사의 전부 또는 일부를 다시 도급하기 위하여 수급인이 제3자와 체결하는 계약을 말한다.		

13. "수급인"이란 발주자로부터 건설공사를 도급받은 건설사업자를 말하고, 하도급의 경우 하도급하는 건설사업자를 포함한다. 14. "하수급인"이란 수급인으로부터 건설공사를 하도급받은 자를 말한다. 15. "건설기술인"이란 관계 법령에 따라 건설공사에 관한 기술이나 기능을 가졌다고 인정된 사람을 말한다. [전문개정 2011. 5. 24.]		
제3조(기본이념) 이 법은 건설산업이 설계, 감리, 시공, 사업관리, 유지관리 등의 분야에 걸쳐 국제경쟁력을 갖출 수 있도록 이를 균형 있게 발전시킴으로써 국민경제와 국민의 생활안전에 이바지함을 기본이념으로 한다. [전문개정 2011. 5. 24.]		
제4조(다른 법률과의 관계) 건설산업에 관하여 다른 법률에서 정하고 있는 경우를 제외하고는 이 법을 적용한다. 다만, 건설공사의 범위와 건설업 등록에 관한 사항에 대하여는 다른 법률의 규정에도 불구하고 이 법을 우선 적용하고, 건설용역업에 대하여는 제6조 및 제26조와 제8장(제69조부터 제79조까지, 제79조의2 및 제80조)을 적용한다. <개정 2013. 8. 6.> [전문개정 2011. 5. 24.]		
제5조(외국 건설사업자에 대한 기준의 설정) 국토교통부장관은 외국인 또는 외국법인의 건설업 등록을 위하여 필요한 경우에는 건설업에 관하여 외국에서 받은 자격, 학력, 경력 등의 인정에 관한 기준을 정할 수 있다. <개정 2013. 3. 23.> [전문개정 2011. 5. 24.] [제목개정 2019. 4. 30.]		

<table>
<tr>
<td>제6조(건설산업진흥 기본계획의 수립) ① 국토교통부장관은 건설산업의 육성, 건설기술의 개발, 건설공사의 안전 및 품질 확보 등을 위하여 5년마다 건설산업진흥 기본계획을 수립·시행하여야 한다. <개정 2013. 3. 23.>
② 제1항에 따른 건설산업진흥 기본계획에는 다음 각 호의 사항이 포함되어야 한다.
1.건설산업진흥시책의기본 방향
2. 건설기술의 개발 및 건설기술인력의 육성에 관한 대책
3. 건설산업의 국제화와 해외 진출의 지원
4. 건설공사에 관한 안전·환경보전 및 품질의 확보대책
5. 중소건설업 및 중소건설용역업의 육성대책
6. 건설공사의 생산성 향상 대책 등 그 밖에 대통령령으로 정하는 사항
③ 국토교통부장관은 건설시장의 동향, 건설기술의 개발 등을 고려하여 제1항에 따른 건설산업진흥 기본계획의 범위에서 연차별 계획을 수립·시행할 수 있다. <개정 2013. 3. 23.>
[전문개정 2011. 5. 24.]</td>
<td>제2조(건설산업진흥기본계획의 수립) ① 국토교통부장관은 「건설산업기본법」(이하 "법"이라 한다) 제6조제1항의 규정에 의하여 건설산업진흥기본계획(이하 "기본계획"이라 한다)을 수립하고자 하는 때에는 관계중앙행정기관의 장의 의견을 들어야 한다. 다만, 법 제6조제2항제2호의 사항에 관하여는 「건설기술 진흥법」 제3조제1항에 따라 수립되는 건설기술진흥 기본계획에 따른다. <개정 2001. 8. 25., 2005. 5. 7., 2008. 2. 29., 2013. 3. 23., 2014. 5. 22.>
② 국토교통부장관은 제1항의 규정에 의하여 기본계획을 수립한 때에는 관보에 그 내용을 고시하고 관계중앙행정기관의 장에게 통보하여야 한다. <개정 2008. 6. 5., 2013. 3. 23.>
③ 법 제6조제2항제6호에서 "대통령령으로 정하는 사항"이란 다음 각 호의 사항을 말한다. <개정 1999. 8. 6., 2011. 11. 1.>
1. 건설공사의 생산성 향상대책
2. 건설자재의 품질향상 및 규격표준화 대책
3. 건설사업관리제도의 발전대책

제3조 삭제 <2010. 5. 27.>

제4조 삭제 <2010. 5. 27.>

제5조 삭제 <2010. 5. 27.>

제6조 삭제 <2001. 8. 25.></td>
<td></td>
</tr>
<tr>
<td>제7조(건설 관련 주체의 책무) ① 정부는 건설공사의 품질과 안전을 확보하기 위하여 건설공사의 설계, 시공, 감리 및 유지관리에 관한 기준, 건설자재의 품질과 규격에 관한 기준 및 도급계약의 방법 등에 관한 사항을 정하여 보급하여야 하고, 건설사업자의 시공능력, 자본금, 경영실태 및 공사실적 등의 정보를 제공하기 위하여 노력하여야 한다. <개정 2019. 4. 30.></td>
<td></td>
<td></td>
</tr>
</table>

② 건설공사의 발주자는 시설물이 공공의 안전과 복리에 적합하게 건설되도록 공정한 기준과 절차에 따라 능력있는 건설사업자를 선정하여야 하고, 건설공사가 적정하게 시공되도록 노력하여야 한다. <개정 2019. 4. 30.> ③ 건설사업자는 다음 각 호의 사항을 성실히 이행할 책무를 진다. <개정 2021. 7. 27.> 1. 시설물의 품질과 안전이 확보되도록 건설공사 및 건설용역에 관한 법령을 준수할 것 2. 「근로기준법」에 따라 건설근로자에게 임금을 직접 지급하는 등 근로관계 법령을 준수할 것 3. 설계도서(設計圖書), 시방서(示方書) 및 도급계약의 내용 등에 따라 성실하게 업무를 수행할 것 4. 건설공사 실적, 기술자 보유현황, 재무상태, 그 밖에 시공능력과 관련된 정보를 거짓으로 제공하거나 광고하지 아니할 것 [전문개정 2011. 5. 24.]		

건설산업기본법 3단비교표 (제2장 건설업 등록)

건설산업기본법 [법률 제21034호, 2025. 8. 26., 일부개정] [시행 2025. 11. 27.]	건설산업기본법 시행령 [대통령령 제35868호, 2025. 11. 25., 일부개정] [시행 2025. 11. 27.]	건설산업기본법 시행규칙 [국토교통부령 제1531호, 2025. 10. 31., 타법개정] [시행 2025. 10. 31.]
제2장 건설업 등록 (개정 2011.5.24.)	**제2장 건설업의 등록 (개정 1999.8.6.)**	
제8조(건설업의 종류) ① 건설업의 종류는 종합공사를 시공하는 업종과 전문공사를 시공하는 업종으로 한다. ② 건설업의 구체적인 종류 및 업무범위 등에 관한 사항은 대통령령으로 정한다. [전문개정 2011. 5. 24.]	**제7조(건설업의 업종, 업종별 업무분야 및 업무내용)** 법 제8조에 따른 건설업의 업종, 업종별 업무분야 및 업무내용은 별표 1과 같다. <개정 2007. 12. 28., 2020. 12. 29.> [제목개정 2020. 12. 29.]	
제9조(건설업 등록 등) ① 건설업을 하려는 자는 대통령령으로 정하는 업종별로 국토교통부장관에게 등록을 하여야 한다. 다만, 대통령령으로 정하는 경미한 건설공사를 업으로 하려는 경우에는 등록을 하지 아니하고 건설업을 할 수 있다. <개정 2013. 3. 23.> ② 제1항에 따라 건설업의 등록을 하려는 자는 국토교통부령으로 정하는 바에 따라 국토교통부장관에게 신청하여야 한다. <개정 2013. 3. 23.> ③ 국가나 지방자치단체가 자본금의 100분의 50 이상을 출자한 법인이나 영리를 목적으로 하지 아니하는 법인은 다른 법률에 특별한 규정이 있는 경우를 제외하고는 제1항에 따른 건설업 등록을 신청할 수 없다. ④ 삭제 <2016. 2. 3.> [전문개정 2011. 5. 24.]	**제7조의2(주력분야의 등록 및 말소)** ① 전문공사를 시공하는 업종을 등록하려는 자는 법 제9조제1항 본문에 따라 건설업을 등록할 때 해당 업종의 업무분야 중 주력으로 시공할 수 있는 1개 이상의 업무분야(이하 "주력분야"라 한다)를 정하여 국토교통부장관에게 등록을 신청해야 한다. <개정 2021. 12. 28.> ② 전문공사를 시공하는 업종을 등록한 자가 주력분야를 추가로 등록하려는 경우에는 제13조제1항제1호에 따른 기준을 갖추어 국토교통부장관에게 추가등록을 신청해야 한다. 이 경우 주력분야 등록신청의 심사에 관하여는 제9조를 준용한다. <신설 2021. 12. 28.> ③ 제1항 및 제2항에 따라 해당 업종에서 2개 이상의 주력분야를 등록한 건설사업자가 일부 주력분야의 등록을 말소하려는 경우에는 국토교통부장관에게 말소신청을 해야 한다. <신설 2021. 12. 28.>	**제2조(건설업등록신청서 및 첨부서류)** ① 「건설산업기본법」(이하 "법"이라 한다) 제9조제2항에 따라 건설업의 등록을 하려는 자는 별지 제1호서식에 따른 건설업등록신청서를 특별시장ㆍ광역시장ㆍ특별자치시장ㆍ도지사ㆍ특별자치도지사(이하 "시ㆍ도지사"라 한다) 또는 「건설산업기본법 시행령」(이하 "영"이라 한다) 제87조제1항제1호가목에 따른 업무를 위탁받은 기관(이하 "등록업무수탁기관"이라 한다)에게 제출(전자문서에 의한 제출을 포함한다)하여야 한다. <개정 2007. 12. 31., 2012. 12. 5.> ② 제1항에 따른 신청 시 신청인 또는 신청서를 접수받은 기관은 다음 각 호의 구분에 따라 해당 서류를 첨부하거나 확인해야 한다. 다만, 제2호 및 제3호의 서류는 영 별표 2에 따른 건설업의 등록기준상 자본금을 보유해야 하는 업종에 한정하며, 제4호의 서류는 영 별표 2에 따른 건설업의 등록기준상 시설ㆍ장비ㆍ사무실을 보유해야 하는 업종에

④ 제3항에 따른 말소신청을 받은 국토교통부장관은 해당 주력분야의 등록을 말소하고 그 사실을 법 제9조의2에 따른 건설업등록증 및 건설업 등록수첩과 이 영 제12조에 따른 건설업등록대장에 기재해야 한다. <신설 2021. 12. 28.>
[본조신설 2020. 12. 29.]
[제목개정 2021. 12. 28.]

제8조(경미한 건설공사등) ①법 제9조제1항 단서에서 "대통령령으로 정하는 경미한 건설공사"란 다음 각 호의 어느 하나에 해당하는 공사를 말한다. <개정 1998. 12. 31., 2007. 12. 28., 2011. 11. 1., 2012. 10. 29., 2020. 12. 29.>

1. 별표 1에 따른 종합공사를 시공하는 업종과 그 업종별 업무내용에 해당하는 건설공사로서 1건 공사의 공사예정금액[동일한 공사를 2이상의 계약으로 분할하여 발주하는 경우에는 각각의 공사예정금액을 합산한 금액으로 하고, 발주자(하도급의 경우에는 수급인을 포함한다)가 재료를 제공하는 경우에는 그 재료의 시장가격 및 운임을 포함한 금액으로 하며, 이하 "공사예정금액"이라 한다]이 5천만원미만인 건설공사
2. 별표 1에 따른 전문공사를 시공하는 업종, 업종별 업무분야 및 업무내용에 해당하는 건설공사로서 공사예정금액이 1천5백만원미만인 건설공사. 다만, 다음 각 목의 어느 하나에 해당하는 공사를 제외한다.
   가. 가스시설공사
   나. 삭제 <1998. 12. 31.>
   다. 철강구조물공사
   라. 삭도설치공사
   마. 승강기설치공사
   바. 철도・궤도공사
   사. 난방공사
3. 조립・해체하여 이동이 용이한 기계설비 등의 설치공사(당해 기계설비 등을 제작하거나 공급하는 자가 직접 설치하는 경우에 한한다)

한정한다. <개정 2011. 4. 11., 2011. 11. 3., 2012. 12. 5., 2017. 9. 20., 2020. 10. 7., 2021. 8. 27.>

1. 신청서를 접수받은 기관은 「전자정부법」 제36조제1항 또는 제2항에 따른 행정정보의 공동이용을 통하여 신청인이 법인인 경우에는 법인 등기사항증명서를, 신청인이 개인인 경우에는 주민등록표 초본을, 신청인이 「재외국민등록법」 제3조에 따른 재외국민인 경우에는 여권을 확인해야 한다. 다만, 신청인이 법인 등기사항증명서, 주민등록표 초본, 여권의 확인에 동의하지 않는 경우에는 법인 등기사항증명서, 주민등록표 초본, 재외국민등록증 사본 또는 여권 사본을 첨부하도록 해야 한다.
2. 신청인이 법인인 경우에는 재무상태표・손익계산서를, 개인인 경우에는 영업용자산액명세서와 그 증명서류를 첨부해야 한다.
3. 신청인은 영 제13조제1항제1호의2에 따른 보증가능금액확인서를 첨부해야 한다. 다만, 보증가능금액확인서 발급기관이 시・도지사 또는 등록업무수탁기관에 그 발급내용을 통보한 경우에는 보증가능금액확인서를 첨부한 것으로 본다.
4. 다음 각 목에 따라 영 별표 2의 시설・장비・사무실에 관한 서류를 첨부하거나 확인해야 한다.
   가. 다음의 구분에 따라 영 별표 2에 규정된 사무실을 갖추었음을 증명하는 서류를 첨부하거나 확인해야 한다.
      1) 자기소유인 경우: 신청서를 접수받은 기관은 「전자정부법」 제36조제1항 또는 제2항에 따른 행정정보의 공동이용을 통하여 건물 등기사항증명서를 확인해야 한다.
      2) 전세권이 설정되어 있는 경우: 신청서를 접수받은 기관은 「전자정부법」 제36조제1항 또는 제2항에 따른 행정정보의 공동이용을 통하여 전세권이 설정되어 있음이 표기된 건물 등기사항증명서를 확인해야 한다.

② 삭제 <1998. 12. 31.>

제9조(건설업등록신청서의 심사) ① 국토교통부장관은 법 제9조제2항에 따른 등록신청이 다음 각 호의 어느 하나에 해당하는 경우를 제외하고는 등록을 해 주어야 한다. <신설 2011. 11. 1., 2013. 3. 23.>

1. 제13조제1항 및 제2항에 따른 등록기준에 미달하는 경우
2. 등록을 신청한 자가 법 제13조제1항 각 호의 어느 하나에 해당하는 경우
3. 그 밖에 법, 이 영 또는 다른 법령에 따른 제한에 위반되는 경우

② 국토교통부장관은 법 제9조제2항에 따른 건설업등록신청서를 제출한 자에 대한 등록적격여부를 심사하기 위하여 필요한 경우에는 자본금, 시설 및 장비의 보유상황을 실제 확인하거나 재무관리상태의 진단결과를 제출하게 할 수 있다. <개정 1999. 8. 6., 2007. 12. 28., 2008. 2. 29., 2011. 11. 1., 2013. 3. 23.>

[제목개정 1999. 8. 6.]

제10조(건설업등록 등의 정보관리) 국토교통부장관은 다음 각 호의 업무를 수행한 때에는 3일 이내에 이를 법 제24조제3항에 따라 건설산업정보의 체계적 관리를 위하여 구축·운영되는 건설산업정보종합관리체계의 정보통신망(이하 "건설산업종합정보망"이라 한다)에 입력해야 한다. <개정 2005. 6. 30., 2007. 12. 28., 2008. 2. 29., 2013. 3. 23., 2020. 12. 29., 2021. 12. 28.>

1. 법 제9조제1항의 규정에 의한 건설업의 등록
2. 삭제 <2018. 6. 26.>
3. 법 제9조의2제2항의 규정에 의한 기재사항의 변경
4. 법 제17조의 규정에 의한 건설업의 양도·합병·상속의 신고수리

4의2. 법 제20조의2제2항의 규정에 의한 건설업 등록말소

3) 임대차인 경우: 신청인은 임대차계약서 사본을 첨부해야 하고 신청서를 접수받은 기관은 「전자정부법」 제36조제1항 또는 제2항에 따른 행정정보의 공동이용을 통하여 건물 등기사항증명서를 확인해야 한다.

나. 신청인은 영 별표 2에 규정된 건설공사용 시설의 현황을 기재한 서류를 첨부해야 하고, 신청서를 접수받은 기관은 「전자정부법」 제36조제1항 또는 제2항에 따른 행정정보의 공동이용을 통하여 해당 시설인 건물 또는 토지의 등기사항증명서 및 공장등록대장 등본을 확인해야 한다. 다만, 신청인이 공장등록대장 등본의 확인에 동의하지 않는 경우에는 해당 서류를 첨부하도록 해야 한다.

다. 신청인은 영 별표 2에 규정된 건설공사용 장비의 현황(영업용에 제공되는 기계 및 기구의 명칭·종류·성능 및 수량을 말한다)을 기재한 서류를 첨부해야 하며, 해당 장비가 「건설기계관리법」 또는 그 밖의 다른 법령의 적용을 받는 장비인 경우에는 신청서를 접수받은 기관은 「전자정부법」 제36조제1항 또는 제2항에 따른 행정정보의 공동이용을 통하여 건설기계등록원부등본을 확인해야 한다. 다만, 신청인이 건설기계등록원부등본의 확인에 동의하지 않는 경우에는 해당 서류를 첨부하도록 해야 한다.

5. 신청인은 기술인력 보유현황에 관한 서류를 첨부해야 하고, 신청서를 접수받은 기관은 「전자정부법」 제36조제1항 또는 제2항에 따른 행정정보의 공동이용을 통하여 기술인력 보유현황에 대한 고용·산업재해보상보험가입증명원을 확인해야 한다. 다만, 신청인이 고용·산업재해보상보험가입증명원의 확인에 동의하지 않는 경우에는 해당 서류를 첨부하도록 해야 한다.
6. 외국인 또는 외국법인이 건설업의 등록을 신청하는 경우에는 다음 각 목에 따라 해당 서류를 첨부하거나 확인해야 한다.

	5. 법 제81조 내지 제83조의 규정에 의한 시정명령·시정지시·영업정지·과징금부과·등록말소 6. 법 제101조의 규정에 의한 과태료부과 7. 제7조의2에 따른 주력분야의 등록(추가등록을 포함한다) 및 등록말소 [본조신설 2003. 8. 21.] **제11조(건설업등록의 공고)** 국토교통부장관은 법 제9조제1항에 따라 건설업의 등록을 한 때에는 국토교통부령이 정하는 바에 의하여 이를 공고하여야 한다. <개정 1999. 8. 6., 2007. 12. 28., 2008. 2. 29., 2013. 3. 23.> [제목개정 1999. 8. 6.] **제12조(건설업등록대장)** ① 국토교통부장관은 법 제9조제1항에 따라 건설업의 등록을 한 때에는 등록대장을 건설산업종합정보망을 이용하여 작성·관리하여야 한다. <개정 2007. 12. 28., 2008. 2. 29., 2013. 3. 23.> ② 삭제 <2007. 12. 28.> ③ 삭제 <2008. 6. 5.> [전문개정 1999. 8. 6.] **제12조의2 삭제 <2016. 8. 4.>**	가. 신청인(법인인 경우에는 대표자를 말한다)은 법 제13조제1항 각 호의 어느 하나에 따른 사유와 같거나 비슷한 사유에 해당하지 않음을 확인할 수 있는 다음 각 목의 구분에 따른 서류 1) 「외국공문서에 대한 인증의 요구를 폐지하는 협약」을 체결한 국가의 경우: 해당 국가의 정부 그 밖에 권한 있는 기관이 발행한 서류이거나 공증인이 공증한 해당 외국인의 진술서로서 해당 국가의 아포스티유(Apostille) 확인서 발급 권한이 있는 기관이 그 확인서를 발급한 서류 2) 「외국공문서에 대한 인증의 요구를 폐지하는 협약」을 체결하지 않은 국가의 경우: 해당 국가의 정부 그 밖에 권한 있는 기관이 발행한 서류이거나 공증인이 공증한 해당 외국인의 진술서로서 해당 국가에 주재하는 우리나라 영사가 확인한 서류 나. 신청서를 접수받은 기관은 「전자정부법」 제36조제1항 또는 제2항에 따른 행정정보의 공동이용을 통하여 영 제13조제2항제1호 및 제3호의 요건을 갖추었음을 증명하는 「출입국관리법」 제33조에 따른 외국인등록증 및 영업소의 등기사항증명서를 확인해야 한다. 다만, 신청인이 외국인등록증의 확인에 동의하지 않는 경우에는 해당 서류의 사본을 첨부하도록 해야 한다. ③ 제2항 각 호의 구분에 따라 첨부하는 서류는 유효기간을 넘기지 아니한 것으로서 제출일전 1개월 이내에 발행된 것이어야 한다. <개정 2011. 4. 11.> ④ 영 제7조의2제2항에 따라 주력분야를 추가로 등록하려는 건설사업자는 제2항에도 불구하고 같은 항 제2호 및 제3호의 서류를 첨부하지 않을 수 있다. <신설 2025. 6. 2.> [제목개정 1999. 9. 1.]

제3조 삭제 <2016. 2. 12.>

제4조(건설업등록신청서의 심사) ① 시·도지사 또는 등록업무수탁기관은 건설업등록신청서를 심사한 후 신청인이 법 제13조제1항의 규정에 의한 결격사유에 해당한다고 인정되는 경우에는 제6조의 규정에 의한 실제확인을 하지 아니한다. <개정 1999. 1. 25., 1999. 9. 1., 2007. 12. 31.>

② 등록업무수탁기관이 등록신청서를 심사한 경우에는 그 결과를 별지 제1호의2서식에 따른 건설업등록신청서 심사결과 통보서에 따라 지체 없이 시·도지사에게 통보하여야 한다. <개정 2007. 12. 31.>

③ 시·도지사는 제2항에 따라 통보받은 심사 결과에 따라 등록신청을 수리한다. 다만, 심사에 보완이 필요하거나 다시 심사할 필요가 있다고 인정하는 경우에는 심사의 보완 또는 재심사를 요구할 수 있으며, 심사의 보완 또는 재심사를 요구받은 등록업무수탁기관은 시·도지사의 요구에 응하여야 한다. <신설 2007. 12. 31.>

④ 시·도지사는 건설업등록신청서의 심사 결과 등록을 하지 아니하는 경우에는 그 사유를 신청인에게 통보하여야 한다. <신설 2007. 12. 31.>

[제목개정 1999. 9. 1.]

제5조(첨부서류의 보완) 시·도지사 또는 등록업무수탁기관은 건설업등록신청서의 첨부서류가 다음 각 호의 어느 하나에 해당하는 때에는 기간을 정하여 이를 보완하게 하여야 한다. <개정 1999. 1. 25., 1999. 9. 1., 2007. 12. 31.>

1. 첨부되어야 할 서류가 첨부되지 아니한 때
2. 첨부서류에 기재되어야 할 내용이 기재되어 있지 아니하거나 명확하지 아니한 때
3. 첨부서류가 제2조제3항의 규정에 의한 기간전에 발행되었거나 그 유효기간을 넘긴 것인 때

제6조(실제확인) 시ㆍ도지사 또는 등록업무수탁기관은 영 제9조에 따른 건설업등록신청서를 심사함에 있어서 필요한 때에는 다음 각 호의 상황에 관하여 실제확인을 할 수 있다. <개정 1999. 1. 25., 1999. 9. 1., 2001. 8. 28., 2007. 12. 31.>

1. 기술인력의 보유상황
2. 시설ㆍ장비의 보유상황
3. 자본금의 보유상황

제6조의2(주력분야 등록말소신청) 영 제7조의2제3항에 따라 일부 주력분야의 등록을 말소하려는 건설사업자는 별지 제1호의3서식의 주력분야 등록말소 신청서에 건설업등록증 및 등록수첩을 첨부하여 국토교통부장관에게 말소신청을 해야 한다.

[본조신설 2021. 12. 31.]

제7조(건설업등록 등의 정보관리) 시ㆍ도지사는 영 제10조 각 호의 어느 하나에 해당하는 업무를 수행한 경우에는 별지 제2호서식에 따른 건설업등록 등 정보관리대장을 작성하여 법 제24조제3항에 따라 건설산업정보의 체계적 관리를 위하여 구축ㆍ운영되는 건설산업정보종합관리체계의 정보통신망(이하 "건설산업종합정보망"이라 한다)에 입력하여야 한다.

[전문개정 2007. 12. 31.]

제8조(건설업등록의 공고) ① 영 제11조의 규정에 의한 건설업등록의 공고를 함에 있어서는 건설산업종합정보망에 게재하여야 한다. <개정 1999. 9. 1., 2003. 8. 26., 2007. 12. 31.>

② 영 제11조에 따른 건설업등록의 공고에는 다음 각호의 사항이 포함되어야 한다. <개정 1999. 9. 1., 2021. 8. 31.>

1. 등록연월일
2. 등록번호, 업종 및 영 제7조의2에 따른 주력분야(이하 "주력분야"라 한다)

		3. 주된 영업소의 소재지 4. 상호·명칭 및 성명(법인인 경우에는 대표자의 성명을 말한다) [제목개정 1999. 9. 1.]
제9조의2(등록증의 발급 등) ① 국토교통부장관은 건설업 등록을 하면 국토교통부령으로 정하는 바에 따라 건설업 등록증 및 건설업 등록수첩을 발급하여야 한다. <개정 2013. 3. 23.> ② 제1항에 따라 건설업 등록증이나 건설업 등록수첩을 발급받은 자는 그 건설업 등록증 또는 건설업 등록수첩의 기재 사항(記載 事項) 중 대통령령으로 정하는 사항이 변경되면 국토교통부령으로 정하는 바에 따라 30일 이내에 국토교통부장관에게 기재 사항의 변경을 신청하여야 한다. <개정 2013. 3. 23.> ③ 제1항에 다른 건설업 등록증이나 건설업 등록수첩을 잃어버리거나 못 쓰게 된 경우에는 국토교통부령으로 정하는 바에 따라 재발급받을 수 있다. <개정 2013. 3. 23.> [전문개정 2011. 5. 24.]	**제12조의3(건설업등록증 또는 건설업등록수첩 기재사항중 변경신청대상)** 법 제9조의2제2항에서 "대통령령으로 정하는 사항"이란 다음 각호의 1에 해당하는 사항을 말한다. 다만, 법 제17조제1항 또는 제4항에 따라 신고한 사항을 제외한다. <개정 2010. 5. 27., 2011. 11. 1.> 1. 상호 2. 대표자 3. 영업소소재지 4. 법인(주민)등록번호 5. 국적 또는 소속국가명 [본조신설 2002. 9. 18.]	**제9조(건설업등록증의 발급 등)** ①법 제9조의2제1항에 따라 건설업의 등록을 한 자에게 발급(전자문서에 의한 발급을 포함한다)하는 건설업등록증 및 건설업등록수첩(전자카드를 포함한다)은 각각 별지 제3호서식 및 별지 제4호서식에 의한다. <개정 2007. 12. 31., 2011. 11. 3.> ② 법 제9조의2제2항에 따라 건설업등록증 또는 건설업등록수첩의 기재사항의 변경을 신청하려는 자는 별지 제5호서식에 따른 기재사항변경신청서(전자문서로 된 신청서를 포함한다)를 시·도지사 또는 영 제87조제1항제1호나목에 따른 업무를 위탁받은 기관에 제출하여야 한다. <개정 2007. 12. 31.> ③ 제2항에 따른 신청 시 신청인 또는 신청서를 접수받은 기관은 다음 각 호의 구분에 따라 해당 서류를 첨부하거나 확인하여야 한다. <개정 2011. 4. 11.> 1. 상호·명칭을 변경하는 경우: 신청서를 접수받은 기관은 「전자정부법」 제36조제1항에 따른 행정정보의 공동이용을 통하여 신청인이 법인인 경우에는 법인 등기사항증명서를, 신청인이 개인인 경우에는 사업자등록증을 확인하여야 한다. 다만, 신청인이 사업자등록증의 확인에 동의하지 아니하는 경우에는 해당 서류의 사본을 첨부하도록 하여야 한다. 2. 성명 또는 대표자를 변경하는 경우: 다음 각 목에 따른다. 가. 법인의 대표자를 변경하는 경우에는 신청서를 접수받은 기관은 「전자정부법」 제36조제1항에 따른 행정정보의 공동이용을 통하여 법인 등기사항증명서를 확인하여야 한다.

		나. 성명을 변경하는 경우에는 신청인은 이를 증명하는 서류를 첨부하여야 한다. 다. 외국인인 경우에는 신청서를 접수받은 기관은 「전자정부법」 제36조제1항에 따른 행정정보의 공동이용을 통하여 「출입국관리법」 제33조에 따른 외국인등록증을 확인하여야 한다. 다만, 신청인이 외국인등록증의 확인에 동의하지 아니하는 경우에는 해당 서류의 사본을 첨부하도록 하여야 한다. 3. 영업소의 소재지를 변경하는 경우: 다음 각 목에 따른다. 가. 신청서를 접수받은 기관은 「전자정부법」 제36조제1항에 따른 행정정보의 공동이용을 통하여 신청인이 법인인 경우에는 법인 등기사항증명서를, 신청인이 개인인 경우에는 사업자등록증을 확인하여야 한다. 다만, 신청인이 사업자등록증의 확인에 동의하지 아니하는 경우에는 해당 서류의 사본을 첨부하도록 하여야 한다. 나. 신청인은 제2조제2항제4호가목에 따라 영 별표 2에 따른 사무실을 갖추었음을 증명하는 서류를 첨부하여야 하고, 신청서를 접수받은 기관은 「전자정부법」 제36조제1항에 따른 행정정보의 공동이용을 통하여 제2조제2항제4호가목에 따라 해당 서류를 확인하여야 한다. 4. 법인등록번호 또는 주민등록번호를 변경하는 경우: 신청인은 법인등록번호 또는 주민등록번호의 변경을 증명하는 서류를 첨부하여야 한다. 5. 국적 또는 소속국가명을 변경하는 경우: 신청인은 국적 또는 소속국가명의 변경을 증명하는 서류를 첨부하여야 한다. ④ 삭제 <2007. 12. 31.> ⑤ 삭제 <2011. 4. 11.>

		⑥ 법 제9조의2제3항에 따라 건설업 등록증이나 건설업 등록수첩을 재발급받으려는 자는 별지 제6호서식의 건설업 등록증(등록수첩) 재발급신청서(전자문서로 된 신청서를 포함한다)를 시·도지사에게 제출하여야 한다. <개정 2011. 11. 3.> ⑦ 삭제 <2007. 12. 31.> ⑧ 삭제 <2007. 12. 31.> [전문개정 1999. 9. 1.] [제목개정 2011. 11. 3.] **제10조(건설업등록대장)** 영 제12조제1항의 규정에 의한 건설업등록대장은 별지 제8호서식에 의한다. [전문개정 1999. 9. 1.] **제10조의2 삭제 <2016. 8. 4.>**
제9조의3(건설업의 교육) ① 제9조제1항에 따라 건설업을 등록한 자(건설사업자가 추가로 다른 업종을 등록하는 경우는 제외한다)는 건설업을 등록한 날부터 6개월 이내에 국토교통부장관이 실시하는 건설업 윤리 및 실무 관련 교육을 받아야 한다. 이 경우 교육을 받아야 하는 자가 법인인 경우에는 등기부상 임원 1명 이상(대표이사를 포함한다)이 교육을 받아야 한다. <개정 2019. 4. 30.> ② 국토교통부장관은 제1항에 따른 교육 대상자 외의 건설사업자를 대상으로 하는 건설업 윤리 및 실무 관련 교육을 실시할 수 있으며, 이 경우 교육 이수자에 대하여 제84조에 따라 영업정지의 기간 등을 감경할 수 있다. <개정 2019. 4. 30.> ③ 제1항 및 제2항에 따른 교육의 방법·기준·절차 및 교육기관과 그 밖에 필요한 사항은 대통령령으로 정한다. [본조신설 2015. 8. 11.]	**제12조의4(건설업 교육의 내용 및 방법 등)** ① 법 제9조의3제1항 및 제2항에 따른 건설업 교육(이하 "건설업 교육"이라 한다)의 내용은 다음 각 호와 같다. <개정 2020. 2. 18.> 1. 건설사업자의 윤리경영 2. 건설산업 관련 법규 3. 건설공사의 품질, 안전 및 환경관리 4. 그 밖에 건전한 건설산업 발전을 위하여 필요한 사항 ② 건설업 교육은 강의·시청각교육 등 집합교육이나 인터넷강의 등 원격교육의 방법으로 하고, 교육시간은 8시간 이상으로 한다. <개정 2020. 10. 8.> [본조신설 2016. 2. 11.] **제12조의5(건설업 교육기관)** ① 국토교통부장관은 법 제9조의3제3항에 따라 다음 각 호의 기관 중에서 건설업 교육을 실시할 기관(이하 "교육기관"이라 한다)을 지정할 수 있다. <개정 2020. 12. 29.>	**제10조의3(교육기관 지정서)** 영 제12조의5제3항에 따른 건설업 교육기관 지정서는 별지 제9호의2서식과 같다. [본조신설 2016. 2. 12.] **제10조의4(건설업 교육기관)** ① 영 제12조의5제4항에 따라 지정받은 건설업 교육기관(이하 "교육기관"이라 한다)은 매년 11월 30일까지 다음 연도의 건설업 교육에 관한 계획을 국토교통부장관에게 제출하여야 한다. ② 영 제12조의5제5항에 따른 교육수료증은 별지 제9호의3서식과 같다. ③ 국토교통부장관 또는 교육기관은 건설사업자를 대상으로 교육을 실시한 경우에는 그 교육 결과를 별지 제9호의4서식에 적고, 해당 자료가 입력된 전자기록매체 1부를 첨부하거나 건설산업종합정보망을 이용하여 해당 교육과정이 끝난 후 14일 이내에 시·도지사와 등록업무수탁기관의 장에게 통보해야 한다. <개정 2016. 8. 4., 2020. 3. 2.>

법	시행령	시행규칙
	1. 법 제50조에 따라 설립된 협회 또는 법 제54조에 따른 공제조합 2. 「민법」 제32조에 따라 설립된 비영리법인(건설업과 관련된 교육과정이 개설된 경우만 해당한다) 3. 「에너지이용 합리화법」 제41조에 따라 설립된 시공업자단체 4. 「고압가스 안전관리법」 제28조에 따라 설립된 한국가스안전공사(이하 "한국가스안전공사"라 한다) ② 국토교통부장관은 제1항 각 호의 기관 중에서 신청을 받아 교육기관을 지정하여야 한다. ③ 교육기관의 지정요건은 별표 1의2와 같다. ④ 국토교통부장관은 교육기관을 지정하였을 때에는 해당 교육기관에 지정서를 발급하고, 그 교육기관의 명칭·대표자 및 소재지 등을 인터넷 홈페이지 등에 공고하여야 한다. ⑤ 교육기관은 교육을 받은 건설사업자에게 국토교통부령으로 정하는 바에 따라 교육수료증을 발급해야 한다. <개정 2020. 2. 18.> ⑥ 제1항부터 제5항까지에서 규정한 사항 외에 건설업 교육에 필요한 사항은 국토교통부령으로 정한다. [본조신설 2016. 2. 11.]	④ 시·도지사는 제3항에 따라 통보받은 내용을 건설산업종합정보망에 입력해야 하며, 시·도지사 및 등록업무수탁기관의 장은 건설사업자가 건설업등록증 및 건설업등록수첩에 교육수료증을 첨부하여 제출하는 경우에는 건설업등록증 및 건설업등록수첩에 건설업 교육 이수사항을 기록·확인해야 한다. <개정 2020. 3. 2.> ⑤ 교육기관은 건설사업자로부터 받은 교육비 명세를 교육을 실시한 다음 연도의 1월 31일까지 국토교통부장관에게 제출해야 한다. <개정 2020. 3. 2.> ⑥ 국토교통부장관은 교육신청 방법, 교육기관의 지정 기준, 강사의 자격 등 건설업 교육의 운영에 관한 세부사항을 정하여 고시할 수 있다. <신설 2016. 8. 4.> [본조신설 2016. 2. 12.]
제10조(건설업의 등록기준) 제9조제1항에 따른 건설업의 등록기준이 되는 다음 각 호의 사항은 대통령령으로 정한다. 1. 기술능력 2. 자본금(개인인 경우에는 자산평가액을 말한다. 이하 같다) 3. 시설 및 장비 4. 그 밖에 필요한 사항 [전문개정 2011. 5. 24.]	**제13조(건설업의 등록기준)** ① 법 제10조에 따른 건설업의 등록기준은 다음 각 호와 같다. <개정 1999. 8. 6., 2001. 8. 25., 2002. 9. 18., 2005. 5. 7., 2005. 11. 25., 2007. 12. 28., 2008. 2. 29., 2008. 6. 5., 2011. 11. 1., 2013. 3. 23., 2014. 11. 14., 2019. 6. 18., 2020. 12. 29., 2023. 5. 9.> 1. 별표 2에 따른 기술능력·자본금(개인인 경우에는 건설업에 제공되는 자산의 평가액을 말한다. 이하 같다)·시설 및 장비(전문공사를 시공하는 업종의 경우에는 주력분야의 기술능력·자본금·시설 및 장비를 말한다)를 갖출 것	**제11조 삭제 <2003. 8. 26.>** **제12조(산림조합등에 대한 건설업등록증 등의 교부)** 「산림조합법」 제11조제4항에 따라 신고를 한 자에 대하여 영 제17조에 따라 건설업등록증 및 건설업등록수첩을 발급하는 경우에는 제5조, 제6조, 제9조 및 제10조를 준용한다. [전문개정 2016. 2. 12.]

1의2. 국토교통부장관이 지정하는 금융기관 등(이하 "금융기관등"이라 한다)이 다음 각 목의 기준에 따라 발급하는 보증가능금액확인서[제1호에 따른 자본금의 기준금액 이상의 금액에 대하여 법 제56조제1항제1호에 규정된 보증(입찰보증은 제외한다)을 할 수 있음을 확인한 것을 말한다. 이하 같다]를 제출할 것. 이 경우 금융기관등은 국토교통부장관이 정하여 고시하는 재무상태, 신용상태 등의 평가 및 담보제공, 현금예치 등 보증가능금액확인서의 발급 및 해지에 관한 기준에 따라 그에 관한 세부기준을 정하여 공시해야 한다.

가. 금융기관등은 보증가능금액확인서의 발급을 신청하는 자의 재무상태·신용상태 등을 평가해야 하며, 그 평가결과에 따라 제1호에 따른 업종별 자본금의 100분의 25 이상 100분의 60 이하의 범위에서 담보를 제공받거나 현금을 예치받을 것

나. 삭제 <2007. 12. 28.>

다. 금융기관등은 보증가능금액확인서의 발급을 받는 자의 제1호의 규정에 의한 자본금의 기준금액 이상의 금액에 대한 보증의무를 부담한다는 내용을 보증가능금액확인서에 기재할 것

2. 다음 각 목의 요건을 모두 갖춘 사무실을 갖출 것

가. 「건축법」 제22조에 따른 사용승인을 받은 건축물에 소재할 것

나. 업무 수행과 관련하여 사무실의 위치 등 국토교통부장관이 정하여 고시하는 기준을 갖출 것

3. 국가를 당사자로 하는 계약에 관한 법령, 지방자치단체를 당사자로 하는 계약에 관한 법령, 공공기관의 운영에 관한 법령 또는 지방공기업법령에 따라 부정당업자로 입찰참가자격이 제한된 경우에는 그 기간이 경과되었을 것

4. 삭제 <2014. 11. 14.>

5. 건설업영업정지처분을 받은 경우에는 그 기간이 경과되었을 것
6. 삭제 <2003. 8. 21.>

② 외국에 주된 영업소를 두고 있는 외국인 또는 외국법인이 건설업등록을 신청하는 경우 당해 신청인은 건설업등록기준중 다음 각 호의 요건을 충족하여야 한다. 다만, 국토교통부장관은 당해신청인이 건설업의 등록을 한 후 최초로 도급계약을 체결하기 전까지 제1호 또는 제3호의 요건을 충족할 것을 조건으로 하여 건설업의 등록을 할 수 있다. <개정 1999. 8. 6., 2005. 5. 7., 2007. 12. 28., 2008. 2. 29., 2013. 3. 23., 2018. 9. 18.>

1. 별표 2의 규정에 의한 기술능력요건에 해당하는 자가 외국인인 경우 당해 외국인은 「출입국관리법 시행령」 별표 1의2의 규정에 의한 상사주재·기업투자 또는 무역경영의 체류자격을 갖춘 자일 것
2. 법인인 경우에는 주된 영업소의 자본금이, 개인인 경우에는 자산(외국에서 보유하고 있는 자산을 포함한다)의 평가액이 각각 별표 2의 규정에 의한 기준이상일 것
3. 「상법」 제614조의 규정에 의하여 영업소를 설치하고 등기를 할 것

[제목개정 1999. 8. 6.]

제14조 삭제 <1999. 8. 6.>

제15조 삭제 <2007. 12. 28.>

제16조(건설업 등록기준의 특례) ① 건설사업자가 다른 업종의 건설업 등록을 추가로 신청하는 경우에는 다음 각 호의 구분에 따라 별표 2에 따른 등록기준을 이미 갖춘 것으로 본다. <개정 2013. 3. 23., 2016. 2. 11., 2020. 2. 18., 2020. 12. 29., 2021. 12. 28., 2023. 5. 9.>

	1. 자본금: 보유하고 있는 업종의 별표 2에 따른 최저 자본금기준(보유하고 있는 업종이 둘 이상인 경우 최저 자본금기준이 최대인 업종의 최저 자본금기준을 말한다)의 2분의 1을 한도로 1개 업종에 한정하여 등록하려는 업종의 최저 자본금기준의 2분의 1에 해당하는 자본금을 이미 갖춘 것으로 본다. 2. 기술능력: 보유하고 있는 업종의 별표 2에 따른 기술능력과 추가로 등록하려는 업종의 기술능력이 같은 종류·등급으로서 공동으로 활용할 수 있는 경우에는 1개 업종에 한정하여 1명(공동으로 활용할 수 있는 기술인력이 5명 이상인 경우에는 2명)의 기술능력을 이미 갖춘 것으로 본다. 다만, 건설사업자가 가스난방공사업을 추가로 등록[가스난방공사업 중 난방공사(제1종)을 주력분야로 등록하는 경우는 제외한다]하려는 경우에는 공동으로 활용할 수 있는 기술인력은 이미 갖춘 것으로 본다. ② 제1항제1호에 따른 등록기준의 특례를 인정받은 건설사업자 중 다음 각 호의 요건을 모두 갖춘 건설사업자가 다른 업종의 건설업 등록을 추가로 신청하는 경우에는 보유하고 있는 업종의 별표 2에 따른 최저 자본금기준(보유하고 있는 업종이 둘 이상인 경우 최저 자본금기준이 최대인 업종의 최저 자본금기준을 말한다)의 2분의 1을 한도로 1회에 한정하여 등록하려는 업종의 최저 자본금기준의 2분의 1에 해당하는 자본금을 이미 갖춘 것으로 인정받을 수 있다. 다만, 최저 자본금기준의 2분의 1에 해당하는 자본금을 이미 갖춘 것으로 인정받아 등록한 이후 제2호에 따른 처분이나 벌칙을 받은 경우에는 해당 처분 또는 벌칙을 받은 날부터 60일 이내에 추가로 등록한 업종의 최저 자본금기준을 갖춰야 한다. <신설 2014. 11. 14., 2020. 2. 18.> 1. 15년 이상 건설업을 영위한 건설사업자일 것 2. 최근 10년간 법 제82조, 제82조의2 또는 제83조에 따른 영업정지 등의 처분이나 이 법 위반에 따른 벌칙을 받지 아니하였을 것	

③ 제2항 각 호의 요건을 모두 갖춘 건설사업자가 둘 이상의 건설업종을 동시에 추가로 등록 신청하는 경우에는 제1항 및 제2항을 각각 적용받을 수 있다. <신설 2014. 11. 14., 2020. 2. 18.>

④ 건설사업자가 아닌 자가 최초로 둘 이상의 건설업종을 동시에 신청하려는 경우에 관하여는 제1항을 준용한다. <개정 2014. 11. 14., 2020. 2. 18.>

⑤ 전문공사를 시공하는 업종을 등록한 자가 같은 업종의 주력분야를 추가로 등록하거나 전문공사를 시공하는 업종을 등록하려는 자가 둘 이상의 주력분야를 등록하려는 경우에는 기술능력이 같은 종류·등급으로서 공동으로 활용할 수 있는 기술인력 중 1명은 주력분야별로 이미 갖춘 것으로 본다. 다만, 가스난방공사업을 등록한 자가 주력분야[난방공사(제1종)은 제외한다]를 추가로 등록하거나 가스난방공사업을 등록하려는 자가 둘 이상의 주력분야[난방공사(제1종)은 제외한다]를 등록하려는 경우에는 공동으로 활용할 수 있는 기술인력은 이미 갖춘 것으로 본다. <신설 2020. 12. 29., 2021. 12. 28.>

⑥ 대통령령 제21819호 건설산업기본법 시행령 일부개정령 시행 전에 둘 이상의 건설업종을 등록한 건설사업자는 국토교통부장관에게 제1항제1호에 따른 자본금기준의 특례 적용을 신청할 수 있다. <신설 2020. 2. 18., 2020. 12. 29.>

[전문개정 2009. 11. 10.]

제17조(산림조합 등에 대한 건설업등록증등의 교부) 특별시장·광역시장·특별자치시장·도지사 또는 특별자치도지사(이하 "시·도지사"라 한다)는 「산림조합법」 제11조제4항에 따라 신고를 받은 경우에는 건설업등록증 및 건설업등록수첩을 교부하여야 한다. <개정 1999. 8. 6., 2000. 5. 1., 2005. 5. 7., 2014. 2. 5.>

[제목개정 1999. 8. 6., 2000. 5. 1.]

	제18조(표지의 게시) 건설사업자는 국토교통부령이 정하는 바에 따라 영업소안의 보기 쉬운 곳에 건설업의 등록내용을 기재한 표지를 내걸어야 한다. <개정 1999. 8. 6., 2008. 2. 29., 2013. 3. 23., 2020. 2. 18.>	**제13조(건설업등록내용등의 게시)** 건설사업자는 영 제18조에 따라 주된 영업소에 제9조제1항에 따른 건설업등록증을 내걸어야 하고, 주된 영업소가 아닌 영업소에는 그 사본을 내걸어야 한다. <개정 1999. 9. 1., 2020. 3. 2.> [제목개정 1999. 9. 1.]
제11조(표시 · 광고의 제한) ① 제9조에 따라 업종별로 건설업 등록을 하지 아니한 자는 사업장, 광고물 등에 해당 업종의 건설사업자임을 표시 · 광고하거나 해당 업종의 건설사업자로 오인될 우려가 있는 표시 · 광고를 하여서는 아니 된다. <개정 2019. 4. 30.> ② 국토교통부장관은 소속 공무원으로 하여금 제1항을 위반하여 표시 · 광고한 자에 대하여 광고물의 강제 철거 등 적절한 조치를 하게 할 수 있다. <개정 2013. 3. 23.> [전문개정 2011. 5. 24.]		
제12조 삭제 〈2007.5.17.〉		
제13조(건설업 등록의 결격사유) ① 다음 각 호의 어느 하나에 해당하는 자(법인인 경우 다음 각 호의 어느 하나에 해당하는 사람이 임원으로 있는 경우를 포함한다)는 제9조제1항에 따른 건설업 등록을 할 수 없다. 외국인이나 외국법인이 해당 국가에서 다음 각 호의 어느 하나에 해당하는 사유와 같거나 유사한 사유에 해당하는 경우에도 같다. <개정 2011. 5. 24., 2012. 6. 1., 2014. 5. 14., 2017. 3. 21.> 1. 파산선고를 받고 복권되지 아니한 자 2. 피성년후견인 또는 피한정후견인 3. 제82조의2 조는 제83조에 따라 건설업의 등록이 말소된 자로서 다음 각 목의 어느 하나에 해당하는 자. 이 경우 건설업 등록이 말소된 자가 법인인 경우에는 말소 당시의 원인이 된 행위를 한 사람과 대표자를 포함한다.		**제4조(건설업등록신청서의 심사)** ① 시 · 도지사 또는 등록업무수탁기관은 건설업등록신청서를 심사한 후 신청인이 법 제13조제1항의 규정에 의한 결격사유에 해당한다고 인정되는 경우에는 제6조의 규정에 의한 실제확인을 하지 아니한다. <개정 1999. 1. 25., 1999. 9. 1., 2007. 12. 31.> ② 등록업무수탁기관이 등록신청서를 심사한 경우에는 그 결과를 별지 제1호의2서식에 따른 건설업등록신청서 심사결과 통보서에 따라 지체 없이 시 · 도지사에게 통보하여야 한다. <개정 2007. 12. 31.> ③ 시 · 도지사는 제2항에 따라 통보받은 심사 결과에 따라 등록신청을 수리한다. 다만, 심사에 보완이 필요하거나 다시 심사할 필요가 있다고 인정하는 경우에는 심사의 보완 또는 재심사를 요구할 수 있으며, 심사의 보완 또는 재심사

가. 제83조제5호에 해당하는 사유로 건설업의 등록이 말소된 후 10년이 지나지 아니한 자 나. 제82조의2제3항, 제83조제1호ㆍ제3호의3ㆍ제8호ㆍ제10호 및 제13호에 해당하는 사유로 건설업의 등록이 말소된 후 5년이 지나지 아니한 자 다. 삭제 <2021. 7. 27.> 라. 제82조의2제3항, 제83조제1호ㆍ제3호의3ㆍ제4호ㆍ제5호ㆍ제8호ㆍ제10호 및 제13호 외의 사유로 건설업의 등록이 말소된 후 1년 6개월이 지나지 아니한 자 4. 이 법 또는 「주택법」을 위반하여 금고 이상의 실형을 선고받고 그 집행이 종료(집행이 종료된 것으로 보는 경우를 포함한다)되거나 그 집행이 면제된 날부터 3년이 지나지 아니한 자 5. 「형법」 제129조부터 제133조까지의 죄 중 어느 하나에 해당하는 죄를 범하여 금고 이상의 실형을 선고받고 그 집행이 종료(집행이 종료된 것으로 보는 경우를 포함한다)되거나 집행이 면제된 날부터 5년이 지나지 아니한 자 6. 제4호 또는 제5호의 죄를 범하여 형의 집행유예를 선고받고 그 유예기간 중에 있는 자 ② 삭제 <2005. 11. 8.> ③ 국토교통부장관은 제9조제2항에 따라 등록을 신청한 자 중에서 제1항에 따라 건설업 등록을 할 수 없는 자에게 그 사유를 알려야 한다. <개정 2011. 5. 24., 2013. 3. 23.> [제목개정 1999. 4. 15., 2011. 5. 24.]		를 요구받은 등록업무수탁기관은 시ㆍ도지사의 요구에 응하여야 한다. <신설 2007. 12. 31.> ④ 시ㆍ도지사는 건설업등록신청서의 심사 결과 등록을 하지 아니하는 경우에는 그 사유를 신청인에게 통보하여야 한다. <신설 2007. 12. 31.> [제목개정 1999. 9. 1.]
제14조(영업정지처분 등을 받은 후의 계속 공사) ① 제82조, 제82조의2 또는 제83조에 따른 영업정지처분 또는 등록말소처분을 받은 건설사업자와 그 포괄승계인은 그 처분을 받기 전에 도급계약을 체결하였거나 관계 법령에 따라 허가, 인가 등을 받아 착공한 건설공사는 계속 시공할 수 있다. 건설업 등록이 제20조의2에 따른 폐업신고에 따라 말소된 경우에도 같다. <개정 2019. 4. 30.>		

② 제82조, 제82조의2 또는 제83조에 따른 영업정지처분 또는 등록말소처분을 받은 건설사업자와 그 포괄승계인은 그 처분의 내용을 지체 없이 그 건설공사의 발주자에게 통지하여야 하고, 건설사업자가 하수급인인 경우에는 그 처분의 내용을 발주자 및 수급인에게 알려야 한다. 건설업 등록이 제20조의2에 따른 폐업신고에 따라 말소된 경우에도 같다. <개정 2019. 4. 30.> ③ 건설사업자가 건설업 등록이 말소된 후 제1항에 따라 건설공사를 계속하는 경우에는 그 공사를 완성할 때까지는 건설사업자로 본다. <개정 2019. 4. 30.> ④ 건설공사의 발주자는 특별한 사유가 있는 경우를 제외하고는 해당 건설사업자로부터 제2항에 따른 통지를 받은 날 또는 그 사실을 안 날부터 30일이 지나는 날까지 도급계약을 해지할 수 있다. <개정 2019. 4. 30.> ⑤ 발주자는 건설사업자인 하수급인으로부터 제2항에 따른 통지를 받은 경우에는 해당 공사에 대하여 수급인에게 하도급계약의 해지를 요청할 수 있다. <개정 2019. 4. 30.> ⑥ 수급인은 해당 하수급인으로부터 제2항에 따른 통지를 받은 경우에는 특별한 사유가 있는 경우를 제외하고는 그 통지를 받거나 처분사실을 안 날(제5항에 따른 하도급계약의 해지를 요청받은 경우에는 그 요청을 받은 날)부터 30일이 지나는 날까지 하도급계약을 해지할 수 있다. [전문개정 2011. 5. 24.]		
제15조 삭제 <1999.4.15.>		
제16조(건설공사의 시공자격) ① 건설공사를 도급받으려는 자는 해당 건설공사를 시공하는 업종을 등록하여야 한다. 다만, 다음 각 호의 어느 하나에 해당하는 경우에는 해당 건설업종을 등록하지 아니하고도 도급받을 수 있다. <개정 2019. 4. 30., 2023. 12. 29.> 1. 2개 업종 이상의 전문공사를 시공하는 업종을 등록한 건	**제19조(건설공사의 시공자격)** 법 제16조제1항제7호에서 "대통령령으로 정하는 경우"란 다음 각 호의 어느 하나에 해당하는 경우를 말한다. <개정 2012. 6. 21., 2014. 5. 22., 2020. 2. 18., 2020. 10. 8.> 1. 다음 각 목의 어느 하나에 해당하는 자가 그 신기술 또는 공법이 적용되는 건설공사(해당 신기술 또는 특허권	**제13조의2 삭제 <2020. 10. 7.>** [시행일] 제13조의2의 개정규정은 다음 각 목의 구분에 따른 날 가. 국가, 지방자치단체 또는 대통령령 제30423호 건설산업기본법 시행령 일부개정령 부칙 제2조에 따른 공공기관이 발주하는 공사: 2021년 1월 1일 나. 가목 외의 자가 발주하는 공사: 2022년 1월 1일

설사업자가 그 업종에 해당하는 전문공사로 구성된 종합공사를 도급받는 경우

2. 전문공사를 시공할 수 있는 자격을 보유한 건설사업자가 전문공사에 해당하는 부분을 시공하는 조건으로 하여, 종합공사를 시공할 수 있는 자격을 보유한 건설사업자가 종합적인 계획, 관리 및 조정을 하는 공사를 공동으로 도급받는 경우
3. 전문공사를 시공하는 업종을 등록한 2개 이상의 건설사업자가 그 업종에 해당하는 전문공사로 구성된 종합공사를 공정관리, 하자책임 구분 등을 고려하여 국토교통부령으로 정하는 바에 따라 공동으로 도급받는 경우
4. 종합공사를 시공하는 업종을 등록한 건설사업자가 제8조제2항에 따라 시공 가능한 시설물을 대상으로 하는 전문공사를 국토교통부령으로 정하는 바에 따라 도급받는 경우. 다만, 공사예정금액(「부가가치세법」에 따른 부가가치세와 발주자가 제공한 재료비를 포함한다)이 4억 3천만원 미만인 전문공사를 원도급받는 경우는 제외한다.
5. 제9조제1항에 따라 등록한 업종에 해당하는 건설공사(제1호, 제3호 및 제4호에 해당하는 건설공사를 포함한다)와 그 부대공사를 함께 도급받는 경우
6. 제9조제1항에 따라 등록한 업종에 해당하는 건설공사를 이미 도급받아 시공하였거나 시공 중인 건설공사의 부대공사로서 다른 건설공사를 도급받는 경우
7. 발주자가 공사품질이나 시공상 능률을 높이기 위하여 필요하다고 인정한 경우로서 기술적 난이도, 공사를 구성하는 전문공사 사이의 연계 정도 등을 고려하여 대통령령으로 정하는 경우

② 제1항제5호 및 제6호에 따른 부대공사는 주된 공사에 따르는 종된 공사로 그 범위와 기준은 대통령령으로 정한다.

이 설정등록된 공법이 적용되는 공사의 공사예정금액이 전체 공사예정금액의 100분의 70 이상인 경우로 한정한다)를 도급받는 경우

가. 「건설기술 진흥법」 제14조에 따른 신기술을 개발한 건설사업자
나. 특정 공법에 대하여 「특허법」 제87조에 따른 특허권 설정등록을 한 건설사업자
다. 특정 공법에 대하여 「특허법」 제100조에 따라 특허권자로부터 전용실시권을 설정받은 건설사업자
라. 특정 공법에 대하여 「특허법」 제102조에 따라 특허권자로부터 통상실시권을 허락받은 건설사업자

2. 종합공사를 시공할 수 있는 자격을 보유한 건설사업자가 해당 종합공사의 부대공사(법 제16조제2항에 따른 부대공사를 말한다)로서 다른 종합공사를 함께 도급받는 경우

[본조신설 2011. 11. 1.]
[제목개정 2020. 10. 8.]

제20조 삭제 <2020. 10. 8.>

제21조(부대공사의 범위 및 기준) ①법 제16조제2항에 따른 부대공사의 범위는 다음 각 호와 같다. <개정 1999. 8. 6., 2005. 6. 30., 2007. 12. 28., 2011. 11. 1., 2020. 2. 18., 2020. 10. 8.>

1. 주된 공사를 시공하기 위하여 또는 시공함으로 인하여 필요하게 되는 종된 공사
2. 2종이상의 전문공사가 복합된 공사로서 공사예정금액이 3억원 미만이고, 주된 전문공사의 공사예정금액이 전체 공사예정금액의 2분의 1이상인 경우 그 나머지 부분의 공사
3. 삭제 <2020. 12. 29.>

② 제1항제1호의 부대공사로 인정하는 기준은 다음 각 호와 같다. <신설 2020. 10. 8.>

제13조의3(종합공사를 시공하는 업종을 등록한 건설사업자가 도급받을 수 있는 전문공사의 범위) 법 제16조제1항제4호에 따라 종합공사를 시공하는 업종(이하 이 조에서 "종합건설업종"이라 한다)을 등록한 건설사업자가 도급받을 수 있는 전문공사는 다음 각 호의 어느 하나에 해당하는 공사를 말한다.

1. 영 별표 1에 따른 종합건설업종의 업종별 업무내용에 포함되는 공작물이나 시설물 등의 일부에 관한 건설공사
2. 영 별표 1에 따른 종합건설업종의 업종별 업무내용을 고려할 때 전문성이 인정되는 건설공사

[본조신설 2020. 10. 7.]
[시행일] 제13조의3의 개정규정은 다음 각 목의 구분에 따른 날

가. 국가, 지방자치단체 또는 대통령령 제30423호 건설산업기본법 시행령 일부개정령 부칙 제2조에 따른 공공기관이 발주하는 공사: 2021년 1월 1일
나. 가목 외의 자가 발주하는 공사: 2022년 1월 1일

[시행일 : 2027. 1. 1.] 제13조의3의 개정규정(공사예정금액이 4억 3천만원 미만인 전문공사를 원도급 받는 경우에 한정한다)

제13조의4(시공자격 판단을 위한 등록기준 확인 절차 등) ① 법 제16조제1항제1호, 제3호 및 제4호에 따라 종합공사 또는 전문공사를 도급받으려는 건설사업자는 다음 각 호의 구분에 따라 해당 공사를 시공할 수 있는 건설업의 등록기준을 갖추었음을 증명하는 서류를 첨부하여 도급계약 체결 전(입찰계약의 경우에는 입찰참가 등록마감일까지를 말한다)에 발주자에게 제출하고, 서류를 제출받은 발주자는 해당 건설업의 등록기준 충족 여부를 확인해야 한다. 이 경우 입찰계약의 경우에는 낙찰자 선정을 위한 평가서류 제출 마감일까지 확인해야 한다.

③ 제1항제1호, 제3호 및 제4호에 따라 종합공사 또는 전문공사를 도급받아 시공하기 위해서는 도급계약을 체결하기 전(입찰계약의 경우에는 입찰참가 등록마감일까지를 말한다)에 해당 공사를 시공하는 업종의 등록기준을 갖추어야 하고, 이를 시공 중에는 유지하여야 한다. 다만, 2개 업종 이상의 전문공사를 시공하는 업종을 등록한 건설사업자가 그 업종에 해당하는 전문공사로 구성된 종합공사를 하도급받는 경우에는 그러하지 아니하며, 제3호의 경우에는 공동수급체 구성원들이 공동으로 필요한 등록기준을 갖춘 경우 충족한 것으로 본다. <개정 2019. 4. 30.>

④ 제3항의 등록기준 구비에 관한 세부절차 및 방법 등은 국토교통부령으로 정한다.

[전문개정 2013. 12. 31.]

[시행일: 2027. 1. 1.] 제16조제1항제3호

[법률 제19865호(2023. 12. 29.) 제16조제1항4호 단서의 개정규정은 같은 법 부칙 제2조의 규정에 의하여 2026년 12월 31일까지 유효함]

1. 주된 공사와 부대공사의 공사 종류간에 종속성(從屬性) 및 연계성(連繫性)이 인정될 것
2. 건설공사의 업종별 업무내용 및 시공기술의 난이도 등을 고려할 때 주된 공사의 건설사업자가 시공할 수 있고 주된 공사의 건설사업자가 부대공사를 시공하더라도 공사의 품질이나 안전에 지장을 초래하지 않을 것

③ 제1항 및 제2항에 따른 부대공사의 범위 및 기준에 관하여 필요한 세부사항은 국토교통부장관이 정하여 고시한다. <신설 2020. 10. 8.>

[제목개정 2020. 10. 8.]

1. 법 제16조제1항제1호 및 제3호의 경우: 영 제13조 및 영 별표 2의 건설업 등록기준에 따라 해당 종합공사를 시공하는 업종의 기술능력과 자본금을 갖추었음을 증명하는 다음 각 목의 서류
   가. 기술능력: 기술인력 보유현황에 관한 서류 및 고용·산업재해보상보험가입증명원
   나. 자본금: 다음의 어느 하나에 해당하는 서류
      1) 법인인 경우: 최근 결산일 기준 재무제표 또는 재무관리상태진단보고서(법 제49조제2항 각 호 외의 부분에 따른 공인회계사, 세무사 또는 전문경영진단기관이 진단한 보고서만 해당한다. 이하 이 조에서 같다)
      2) 개인인 경우: 영업용 자산액 명세서와 그 증명서류 또는 재무관리상태진단보고서
2. 법 제16조제1항제4호의 경우: 영 제13조 및 영 별표 2의 건설업 등록기준에 따라 해당 전문공사를 시공하는 업종의 기술능력 및 시설·장비를 갖추었음을 증명하는 다음 각 목의 서류
   가. 기술능력: 기술인력 보유현황에 관한 서류 및 고용·산업재해보상보험가입증명원
   나. 시설·장비: 다음의 어느 하나에 해당하는 서류
      1) 자기소유인 경우: 등록증 또는 등기증명서
      2) 임대차(임대인 소유의 시설·장비를 직접 임대차하는 경우로 한정한다. 이하 이 호에서 같다)의 경우: 임대차계약서 및 임대인의 자기소유임을 증명하는 서류 사본

② 국토교통부장관은 법 제16조제1항에 따른 건설공사의 시공자격 판단을 위한 세부기준을 정하여 고시해야 한다.

[본조신설 2020. 10. 7.]

[시행일] 제13조의4의 개정규정은 다음 각 목의 구분에 따른 날

<table>
<tr><td></td><td></td><td>가. 국가, 지방자치단체 또는 대통령령 제30423호 건설산업기본법 시행령 일부개정령 부칙 제2조에 따른 공공기관이 발주하는 공사: 2021년 1월 1일
나. 가목 외의 자가 발주하는 공사: 2022년 1월 1일
[시행일 : 2027. 1. 1.] 제13조의4제1항제1호의 개정규정(법 제16조제1항제3호의 경우에 한정한다)
[시행일 : 2027. 1. 1.] 제13조의4제1항제2호의 개정규정(공사예정금액이 4억 3천만원 미만인 전문공사를 원도급 받는 경우에 한정한다)</td></tr>
<tr><td></td><td></td><td>제14조 삭제 <2014. 11. 14.>
제15조 삭제 <1999. 9. 1.>
제16조 삭제 <1999. 9. 1.>
제17조 삭제 <1999. 9. 1.></td></tr>
<tr><td>제17조(건설업의 양도 등) ① 건설사업자는 다음 각 호의 어느 하나에 해당하는 경우에는 국토교통부령으로 정하는 바에 따라 국토교통부장관에게 신고하여야 한다. <개정 2012. 6. 1., 2013. 3. 23., 2019. 4. 30.>
1. 건설사업자가 건설업을 양도하려는 경우
2. 건설사업자인 법인이 다른 법인과 합병하려는 경우. 다만, 건설사업자인 법인이 건설사업자가 아닌 법인을 흡수합병하려는 경우는 제외한다.
② 제1항제1호에 따라 건설업양도신고를 하려는 자가 「국가를 당사자로 하는 계약에 관한 법률」 또는 「지방자치단체를 당사자로 하는 계약에 관한 법률」에 따라 부정당업자로서 입찰참가자격 제한의 처분을 받고 제한기간 중에 있는 때에는 그 사실을 양수자가 확인하였음을 국토교통부령으로 정하는 바에 따라 증명하여야 한다. <개정 2013. 3. 23.></td><td>제22조 삭제 <1999. 8. 6.>
제23조 삭제 <1999. 8. 6.>
제24조 삭제 <1999. 8. 6.></td><td>제18조(건설업양도의 신고 등) ① 법 제17조제1항제1호의 규정에 의하여 건설업양도신고를 하고자 하는 경우에는 양도인과 양수인이 공동으로 별지 제14호서식의 건설업양도신고서를 작성하여 시·도지사 또는 영 제87조제1항제1호다목에 따른 업무를 위탁받은 기관에게 제출(전자문서에 의한 제출을 포함한다)하여야 한다. <개정 2007. 12. 13., 2007. 12. 31.>
② 제1항의 규정에 의한 건설업양도신고서에는 다음 각호의 서류를 첨부하여야 한다. <개정 2000. 7. 10., 2010. 6. 29., 2011. 4. 11.>
1. 양도계약서 사본
2. 양수인에 관한 서류로서 제2조제2항에 따라 첨부하여야 하는 서류(해당 건설업의 등록에 관한 서류만을 말한다)
3. 법 제18조의 규정에 의한 건설업양도의 공고문과 이해관계인의 의견조정내용을 기재한 서류</td></tr>
</table>

③ 건설업을 양수한 자와 합병으로 설립되거나 존속하는 법인은 제1항에 따른 신고가 수리된 때부터 각각 건설업을 양도한 자와 합병으로 소멸되는 법인의 건설사업자로서의 지위를 승계한다. <개정 2023. 4. 18.> ④ 상속인이 건설사업자로서의 지위를 상속받으려는 경우에는 제1항과 제3항을 준용한다. 이 경우 상속인이 제13조제1항 각 호의 어느 하나의 결격사유에 해당하면 3개월 이내에 그 건설업을 다른 사람에게 양도하여야 한다. <개정 2023. 4. 18.> ⑤ 제4항에 다라 신고가 수리된 경우 피상속인의 사망일부터 신고가 수리된 날까지의 기간 동안 피상속인의 건설업 등록은 상속인의 건설업 등록으로 본다. <신설 2023. 4. 18.> [전문개정 2011. 5. 24.]		4. 양도인이 공제조합의 조합원이었거나 조합원인 경우에는 당해 공제조합의 의견서 5. 건설공사 발주자의 동의가 있음을 입증하는 서류(시공중인 건설공사가 있는 경우에 한한다) 6. 「국가를 당사자로 하는 계약에 관한 법률」 또는 「지방자치단체를 당사자로 하는 계약에 관한 법률」에 따라 양도자가 부정당업자로서 입찰참가자격 제한의 처분을 받고 처분기간 중에 있는 경우 이를 양수자가 확인한 서류 ③ 삭제 <2011. 4. 11.> ④ 법 제18조에 따라 건설업양도의 공고를 할 때에는 다음 각 호의 사항을 양도인의 주된 영업소의 소재지를 관할하는 특별시·광역시·특별자치시·도 또는 특별자치도의 구역에서 발행되는 일간신문에 게재하거나 법 제50조제1항에 따라 설립된 건설사업자단체(이하 "협회"라 한다)의 인터넷 홈페이지에 공시해야 한다. <개정 2003. 8. 26., 2007. 12. 31., 2008. 12. 31., 2012. 12. 5., 2020. 3. 2.> 1. 양도하고자 하는 건설업의 종류 2. 양도예정연월일 3. 양도에 대한 이해관계인의 의견제출의 기한 및 장소 4. 양도인 및 양수인의 주된 영업소의 소재지, 상호와 성명(법인인 경우에는 대표자의 성명을 말한다) ⑤ 시·도지사 또는 영 제87조제1항제1호다목에 따른 업무를 위탁받은 기관은 법 제17조제1항제1호에 따라 건설업양도의 신고가 있는 때에는 양수인에 대하여 영 제13조에 따른 건설업의 등록기준에 적합한지를 확인할 수 있다. 이 경우 건설업양도가 다음 각 호의 어느 하나에 해당하는 때에는 양도인 또는 양수인에게 양도내용의 보완 등 적절한 조치를 할 것을 요구할 수 있다. <개정 2002. 9. 18., 2007. 12. 31.> 1. 이해관계인의 의견이 조정되지 아니한 때 2. 양수인이 등록기준에 적합하지 아니하다고 인정되는 때

3. 법 제18조 내지 제20조의 규정에 위배된다고 인정되는 때

⑥ 시ㆍ도지사는 건설업의 양도가 양도인의 건설업에 관한 자산과 권리ㆍ의무의 전부를 포괄적으로 양도하는 경우로서 다음 각 호의 어느 하나에 해당하는 경우에는 양도인의 건설업영위기간을 합산할 수 있다. <개정 2002. 9. 18., 2020. 3. 2.>

1. 개인이 영위하던 건설업을 법인사업으로 전환하기 위하여 건설업을 양도하는 경우
2. 건설사업자인 법인을 합명회사 또는 합자회사에서 유한회사 또는 주식회사로 전환하기 위하여 건설업을 양도하는 경우
3. 건설사업자인 회사가 분할로 인하여 설립되거나 분할합병한 회사에 그가 영위하는 건설업의 전부를 양도하는 경우
4. 삭제 <2002. 9. 18.>
5. 삭제 <2002. 9. 18.>

⑦시ㆍ도지사는 법 제17조제1항제1호의 규정에 의하여 제출된 건설업양도신고를 수리한 경우에는 다음 각 호의 사항을 건설산업종합정보망에 이를 공고하여야 한다. <개정 2003. 8. 26., 2007. 12. 31.>

1. 양도신고수리의 연월일
2. 양도되는 건설업의 업종
3. 양도인 및 양수인의 주된 영업소의 소재지, 상호와 성명(법인인 경우에는 대표자의 성명을 말한다)

[전문개정 1999. 9. 1.]

제19조(법인합병의 신고 등) ① 법 제17조제1항제2호의 규정에 의하여 법인합병의 신고를 하고자 하는 경우에는 합병전의 각 법인의 대표자와 합병후에 존속하거나 신설되는 법인의 대표자가 공동으로 별지 제15호서식의 법인합병신고서를 작성하여 시ㆍ도지사 또는 영 제87조제1항제1호다

		목에 따른 업무를 위탁받은 기관에게 제출(전자문서에 의한 제출을 포함한다)하여야 한다. <개정 2007. 12. 13., 2007. 12. 31.> ② 제1항의 규정에 의한 법인합병신고서에는 다음 각호의 서류를 첨부하여야 한다. <개정 2011. 4. 11.> 1. 합병계약서 사본 2. 합병공고문 3. 합병에 관한 사항을 의결한 총회 또는 창립총회의 결의서 사본 4. 합병 후 존속하거나 신설되는 법인에 관한 서류로서 제2조제2항 각 호에 따라 첨부하여야 하는 서류(해당 건설업의 등록에 관한 서류만을 말한다) ③ 법인합병신고에 관하여는 제18조제5항제2호를 준용한다. <개정 2011. 4. 11.> ④시·도지사는 법 제17조제1항제2호의 규정에 의하여 제출된 법인합병신고서를 수리한 경우에는 다음 각 호의 사항을 건설산업종합정보망에 이를 공고하여야 한다. <개정 2003. 8. 26., 2007. 12. 31.> 1. 법인합병신고수리의 연월일 2. 이전되는 건설업의 업종 3. 합병전 법인과 합병후 존속하거나 신설되는 법인의 주된 영업소의 소재지, 상호와 대표자의 성명 [전문개정 1999. 9. 1.] **제20조(건설업상속의 신고 등)** ① 상속인은 법 제17조제4항에 따라 건설업의 상속신고를 하고자 하는 경우에는 별지 제16호서식의 건설업상속신고서를 작성하여 상속개시일부터 60일 이내에 이를 시·도지사 또는 영 제87조제1항제1호다목에 따른 업무를 위탁받은 기관에 제출(전자문서에 의한 제출을 포함한다)하여야 한다. <개정 2007. 12. 31., 2010. 6. 29.>

<table>
<tr>
<td></td>
<td></td>
<td>② 제1항의 규정에 의한 건설업상속신고서에는 다음 각호의 서류를 첨부하여야 한다. <개정 2011. 4. 11.>
1. 상속인임을 증명하는 서류
2. 상속인에 관한 서류로서 제2조제2항에 따라 첨부하여야 하는 서류(해당 건설업의 등록에 관한 서류만을 말한다)
③ 건설업상속신고에 관하여는 제18조제5항제2호를 준용한다. <개정 2011. 4. 11.>
④ 시・도지사는 법 제17조제4항에 따라 제출된 건설업상속신고서를 적법하게 수리한 경우에는 다음 각 호의 사항을 건설산업종합정보망에 이를 공고하여야 한다. <개정 2003. 8. 26., 2007. 12. 31., 2010. 6. 29.>
1. 상속신고수리의 연월일
2. 상속되는 건설업의 업종
3. 피상속인과 상속인의 주소, 주된 영업소의 소재지, 상호와 성명
[전문개정 1999. 9. 1.]</td>
</tr>
<tr>
<td>제18조(건설업 양도의 공고) 제17조제1항제1호에 따라 건설업을 양도하려는 자는 국토교통부령으로 정하는 바에 따라 30일 이상 공고하여야 한다. <개정 2013. 3. 23.>
[전문개정 2011. 5. 24.]</td>
<td></td>
<td></td>
</tr>
<tr>
<td>제19조(건설업 양도의 내용 등) ① 제17조제1항제1호에 따라 건설업을 양도할 때에는 양도하려는 업종에 관한 다음 각 호의 권리와 의무를 모두 양도하여야 한다.
1. 시공 중인 공사의 도급계약에 관한 권리와 의무
2. 하자담보책임기간 중에 있는 완성된 공사가 있는 경우에는 그 하자보수에 관한 권리와 의무
② 제1항제1호의 시공 중인 건설공사가 있을 때에는 해당 건설공사 발주자의 동의를 받거나 해당 건설공사의 도급계약을 해지한 경우에만 건설업을 양도할 수 있다.
[전문개정 2011. 5. 24.]</td>
<td></td>
<td></td>
</tr>
</table>

<table>
<tr><td>제20조(건설업 양도의 제한) 건설사업자는 다음 각 호의 어느 하나에 해당하면 건설업을 양도할 수 없다. 다만, 제17조제4항 후단에 해당되어 건설업을 양도하여야 하는 경우에는 다음 각 호의 어느 하나에 해당하더라도 양도할 수 있다. <개정 2019. 4. 30.>
1. 제82조, 제82조의2 또는 제83조에 따른 영업정지 기간 중인 경우
2. 제82조의2 또는 제83조에 따라 건설업의 등록이 말소되었으나 「행정심판법」 또는 「행정소송법」에 따라 그 효력발생이 정지된 경우
[전문개정 2011. 5. 24.]</td><td></td><td></td></tr>
<tr><td>제20조의2(건설업의 폐업 등) ① 제9조에 따라 건설업 등록을 한 자가 폐업하려면 국토교통부령으로 정하는 바에 따라 국토교통부장관에게 신고하여야 한다. <개정 2013. 3. 23.>
② 제1항에 따른 폐업신고가 있으면 국토교통부장관은 건설업 등록을 말소하고 그 사실을 국토교통부령으로 정하는 바에 따라 공고하여야 한다. <개정 2013. 3. 23.>
[전문개정 2011. 5. 24.]</td><td></td><td>제20조의2(건설업폐업신고서 및 첨부서류) ① 법 제20조의2제1항의 규정에 의한 건설업폐업신고서는 별지 제16호의2서식에 의한다.
② 제1항의 규정에 의한 건설업폐업신고서에는 건설업등록증 및 등록수첩을 첨부하여야 한다.
[본조신설 2005. 6. 30.]

제20조의3(건설업등록말소의 공고) ① 법 제20조의2제2항의 규정에 의한 건설업 등록말소의 공고는 건설산업종합정보망 및 시·도의 인터넷 홈페이지에 게재하는 방법에 의한다. <개정 2007. 12. 31.>
② 법 제20조의2제2항의 규정에 의한 건설업 등록말소의 공고에는 다음 각 호의 사항이 포함되어야 한다.
1. 등록말소연월일
2. 등록말소되는 건설업의 업종
3. 주된 영업소의 소재지
4. 상호 및 성명(법인인 경우에는 대표자의 성명을 말한다)
5. 폐업 사유
[본조신설 2005. 6. 30.]</td></tr>
</table>

		제20조의4 삭제 <2007. 12. 31.>
제21조(건설업 등록증 등의 대여 및 알선 등 금지) ① 건설사업자는 다른 사람에게 자기의 성명이나 상호를 사용하여 건설공사를 수급 또는 시공하게 하거나 건설업 등록증 또는 건설업 등록수첩을 빌려주어서는 아니 된다. <개정 2019. 4. 30.> ② 누구든지 건설사업자로부터 그 성명이나 상호를 빌려 건설공사를 수급 또는 시공하거나 건설업 등록증 또는 건설업 등록수첩을 빌려서는 아니 된다. <신설 2017. 3. 21., 2019. 4. 30.> ③ 누구든지 제1항 및 제2항에서 금지된 행위를 알선하여서는 아니 된다. <개정 2017. 3. 21.> ④ 건축주는 제1항을 위반한 건설사업자 또는 제2항을 위반한 자와 공모(共謀)하여 건설공사를 도급 또는 시공하게 하여서는 아니 된다. <신설 2017. 3. 21., 2019. 4. 30.> [전문개정 2011. 5. 24.] [제목개정 2017. 3. 21.]		
제21조의2(국가기술자격증 등의 대여 금지) 건설사업자는 국가기술자격증 또는 건설기술경력증을 다른 자에게 빌리거나 빌려 주어서는 아니 된다. <개정 2019. 4. 30.> [본조신설 2009. 12. 29.]		

건설산업기본법 3단비교표 (제3장 도급계약 및 하도급계약)

건설산업기본법 [법률 제21034호, 2025. 8. 26., 일부개정] [시행 2025. 11. 27.]	건설산업기본법 시행령 [대통령령 제35868호, 2025. 11. 25., 일부개정] [시행 2025. 11. 27.]	건설산업기본법 시행규칙 [국토교통부령 제1531호, 2025. 10. 31., 타법개정] [시행 2025. 10. 31.]
제3장 도급계약 및 하도급계약 **(개정 2011.5.24.)**	**제3장 도급 및 하도급계약**	
제22조(건설공사에 관한 도급계약의 원칙) ① 건설공사에 관한 도급계약(하도급계약을 포함한다. 이하 같다)의 당사자는 대등한 입장에서 합의에 따라 공정하게 계약을 체결하고 신의를 지켜 성실하게 계약을 이행하여야 한다. ② 건설공사에 관한 도급계약의 당사자는 계약을 체결할 때 도급금액, 공사기간, 그 밖에 대통령령으로 정하는 사항을 계약서에 분명하게 적어야 하고, 서명 또는 기명날인한 계약서를 서로 주고받아 보관하여야 한다. ③ 국토교통부장관은 계약당사자가 대등한 입장에서 공정하게 계약을 체결하도록 하기 위하여 건설공사의 도급 및 건설사업관리위탁에 관한 표준계약서(하도급의 경우는 「하도급거래 공정화에 관한 법률」에 따라 공정거래위원회가 권장하는 건설공사표준하도급계약서를 포함한다. 이하 "표준계약서"라 한다)의 작성 및 사용을 권장하여야 한다. <신설 2013. 8. 6.> ④ 건설사업자는 국토교통부령으로 정하는 바에 따라 건설공사에 관한 사항을 건설공사대장에 적어야 한다. <개정 2013. 3. 23., 2013. 8. 6., 2019. 4. 30.>	**제25조(공사도급계약의 내용)** ①법 제22조제2항에 따라 공사의 도급계약에 분명하게 적어야 할 사항은 다음 각 호와 같다. <개정 2005. 5. 7., 2007. 12. 28., 2008. 12. 31., 2019. 12. 24., 2021. 1. 5., 2021. 12. 28.> 1. 공사내용 2. 도급금액과 도급금액 중 임금에 해당하는 금액 3. 공사착수의 시기와 공사완성의 시기 4. 도급금액의 선급금이나 기성금의 지급에 관하여 약정을 한 경우에는 각각 그 지급의 시기·방법 및 금액 5. 공사의 중지, 계약의 해제나 천재·지변의 경우 발생하는 손해의 부담에 관한 사항 6. 설계변경·물가변동 등에 기인한 도급금액 또는 공사내용의 변경에 관한 사항 7. 법 제34조제2항의 규정에 의한 하도급대금지급보증서의 교부에 관한 사항(하도급계약의 경우에 한한다) 8. 법 제35조제1항의 규정에 의한 하도급대금의 직접지급사유와 그 절차 8의2. 법 제40조제1항에 따른 건설기술인의 배치에 관한 계획	**제21조(건설공사대장 등)** 건설사업자는 법 제22조제4항에 따라 건설공사에 관한 기재사항을 별지 제17호서식에 따른 건설공사대장 및 별지 제17호의2서식에 따른 하도급건설공사대장에 기재해야 한다. <개정 2010. 6. 29., 2014. 11. 14., 2020. 3. 2.> [전문개정 2007. 12. 31.]

⑤ 건설공사 도급계약의 내용이 당사자 일방에게 현저하게 불공정한 경우로서 다음 각 호의 어느 하나에 해당하는 경우에는 그 부분에 한정하여 무효로 한다. <신설 2013. 8. 6., 2020. 6. 9.>

1. 계약체결 이후 설계변경, 경제상황의 변동에 따라 발생하는 계약금액의 변경을 상당한 이유 없이 인정하지 아니하거나 그 부담을 상대방에게 떠넘기는 경우
2. 계약체결 이후 공사내용의 변경에 따른 계약기간의 변경을 상당한 이유 없이 인정하지 아니하거나 그 부담을 상대방에게 떠넘기는 경우
3. 도급계약의 형태, 건설공사의 내용 등 관련된 모든 사정에 비추어 계약체결 당시 예상하기 어려운 내용에 대하여 상대방에게 책임을 떠넘기는 경우
4. 계약내용에 대하여 구체적인 정함이 없거나 당사자 간 이견이 있을 경우 계약내용을 일방의 의사에 따라 정함으로써 상대방의 정당한 이익을 침해한 경우
5. 계약불이행에 따른 당사자의 손해배상책임을 과도하게 경감하거나 가중하여 정함으로써 상대방의 정당한 이익을 침해한 경우
6. 「민법」 등 관계 법령에서 인정하고 있는 상대방의 권리를 상당한 이유 없이 배제하거나 제한하는 경우

⑥ 건설사업자는 대통령령으로 정하는 바에 따라 제4항에 따른 건설공사대장의 기재 사항을 발주자에게 통보하여야 한다. <개정 2013. 8. 6., 2016. 2. 3., 2019. 4. 30.>

⑦ 건설공사 도급계약의 당사자는 「고용보험 및 산업재해보상보험의 보험료징수 등에 관한 법률」에 따른 보험료, 「국민연금법」에 따른 국민연금보험료, 「국민건강보험법」에 따른 건강보험료, 「노인장기요양보험법」에 따른 노인장기요양보험료 등 그 건설공사와 관련하여 건설사업자가 의무적으로 부담하여야 하는 비용의 금액을 대통령령으로 정하는 바에 따라 그 건설공사의 도급금액 산출내역

9. 「산업안전보건법」 제72조에 따른 산업안전보건관리비의 지급에 관한 사항
10. 법 제87조제1항의 규정에 의하여 건설근로자퇴직공제에 가입하여야 하는 건설공사인 경우에는 건설근로자퇴직공제가입에 소요되는 금액과 부담방법에 관한 사항
11. 「산업재해보상보험법」에 의한 산업재해보상보험료, 「고용보험법」에 의한 고용보험료 기타 당해 공사와 관련하여 법령에 의하여 부담하는 각종 부담금의 금액과 부담방법에 관한 사항
12. 당해 공사에서 발생된 폐기물의 처리방법과 재활용에 관한 사항
13. 인도를 위한 검사 및 그 시기
14. 공사완성후의 도급금액의 지급시기
15. 계약이행지체의 경우 위약금·지연이자의 지급 등 손해배상에 관한 사항
16. 하자담보책임기간 및 담보방법
17. 분쟁발생시 분쟁의 해결방법에 관한 사항
18. 「건설근로자의 고용개선 등에 관한 법률」 제7조의2에 따른 고용 관련 편의시설의 설치 등에 관한 사항

② 삭제 <2014. 2. 5.>

제26조(건설공사대장의 기재사항 통보) ① 도급금액이 1억원 이상인 건설공사를 도급받은 건설사업자는 법 제22조제6항에 따라 건설공사대장의 기재사항을 건설산업종합정보망을 이용하여 도급계약을 체결한 날부터 30일 이내에 발주자에게 통보해야 한다. <개정 2007. 12. 28., 2014. 2. 5., 2020. 2. 18.>

② 제1항의 적용을 받는 건설사업자로부터 4천만원 이상의 건설공사를 하도급받은 건설사업자는 하도급계약을 체결한 날부터 30일 이내에 건설공사대장의 기재사항을 건설산업종합정보망을 이용하여 발주자에게 통보해야 한다. <신설 2007. 12. 28., 2020. 2. 18.>

서(하도급금액 산출내역서를 포함한다. 이하 이 항에서 같다)에 분명하게 적어야 한다. 이 경우 그 건설공사의 도급금액 산출내역서에 적힌 금액이 실제로 지출된 보험료 등보다 많은 경우에 그 정산에 관한 사항은 대통령령으로 정한다. <개정 2013. 8. 6., 2019. 4. 30.>

⑧ 둘 이상의 건설사업자가 공동으로 국가, 지방자치단체 또는 대통령령으로 정하는 공공기관 외의 자가 발주하는 공사를 도급받기로 발주자와 약정한 후 그 건설사업자 중에서 발주자에게 약정내용의 변경을 요청하는 경우에는 요청일 10일 전까지 그 사유를 다른 건설사업자에게 서면으로 통보하여야 한다. <신설 2018. 12. 31., 2019. 4. 30.>

[전문개정 2011. 5. 24.]

③ 제1항 및 제2항에 따른 건설사업자는 통보한 사항에 변경이 발생하거나 새로 기재해야 할 사항이 발생한 경우에는 발생한 날부터 30일 이내에 건설산업종합정보망을 이용하여 발주자에게 통보해야 한다. 다만, 제1항에 따라 통보한 도급금액이 1억원 미만의 범위에서 변경되거나 제2항에 따라 통보한 하도급금액이 4천만원 미만의 범위에서 변경되는 경우에는 통보하지 않을 수 있다. <개정 2007. 12. 28., 2020. 2. 18.>

[본조신설 2002. 9. 18.]

제26조의2(보험료 등의 비용 명시 및 정산) ① 건설공사의 도급계약 당사자는 법 제22조제7항에 따른 보험료 등의 비용(이하 이 조에서 "보험료등"이라 한다)을 국토교통부장관이 정하여 고시하는 기준에 따라 도급금액산출내역서(하도급금액산출내역서를 포함한다. 이하 제3항에서 같다)에 명시하여야 한다. <개정 2008. 2. 29., 2010. 5. 27., 2013. 3. 23., 2014. 2. 5.>

② 발주자(하도급의 경우에는 수급인을 포함한다. 이하 이 조에서 같다)는 그 건설공사를 도급받은 건설사업자가 보험료등을 부담하였는지 여부에 관하여 확인할 수 있다. 이 경우 발주자가 필요하다고 인정하는 경우에는 그 건설사업자에게 보험료등을 납부한 확인서의 제출을 요구할 수 있다. <개정 2020. 2. 18.>

③ 발주자는 건설사업자가 보험료등을 납부한 내역을 확인한 결과, 도급금액산출내역서에 명시된 「국민연금법」에 따른 국민연금보험료, 「국민건강보험법」에 따른 건강보험료 및 「노인장기요양보험법」에 따른 노인장기요양보험료가 실제로 지출된 보험료보다 많은 경우에는 그 초과하는 금액을 정산할 수 있다. <개정 2010. 5. 27., 2020. 2. 18.>

[전문개정 2007. 12. 28.]

	제26조의3(공공기관의 범위) 법 제22조제8항 및 제22조의2제1항 본문에서 "대통령령으로 정하는 공공기관"이란 각각 다음 각 호의 공공기관을 말한다. <개정 2019. 6. 18., 2020. 9. 8.> 1. 「공공기관의 운영에 관한 법률」 제5조에 따른 공기업 및 준정부기관 2. 「지방공기업법」 제49조 및 제76조에 따른 지방공사 및 지방공단 [본조신설 2014. 2. 5.] [종전 제26조의3은 제26조의4로 이동 <2014. 2. 5.>]	
제22조의2(공사대금지급의 보증 등) ① 수급인이 국가, 지방자치단체 또는 대통령령으로 정하는 공공기관 외의 자가 발주하는 공사를 도급받은 경우로서 수급인이 발주자에게 계약의 이행을 보증하는 때에는 발주자도 수급인에게 공사대금의 지급을 보증하거나 담보를 제공하여야 한다. 다만, 발주자는 공사대금 지급보증 또는 담보 제공을 하기 곤란한 경우에는 수급인이 그에 상응하는 보험 또는 공제에 가입할 수 있도록 계약의 이행 보증을 받은 날부터 30일 이내에 보험료 또는 공제료(이하 "보험료등"이라 한다)를 지급하여야 한다. <개정 2019. 11. 26.> ② 발주자 및 수급인은 소규모공사 등 대통령령으로 정하는 건설공사의 경우 제1항에 따른 계약이행의 보증이나 공사대금의 지급보증 등을 아니할 수 있다. <신설 2019. 11. 26.> ③ 발주자가 제1항에 따른 공사대금의 지급보증, 담보의 제공 또는 보험료등의 지급을 하지 아니한 때에는 수급인은 상당한 기간을 정하여 발주자에게 그 이행을 최고하고 공사의 시공을 중지할 수 있다. 발주자가 최고한 기간 내에 그 이행을 하지 아니한 때에는 수급인은 도급계약을 해지할 수 있다. <개정 2019. 11. 26.>	**제26조의4(공사대금지급의 보증 등의 예외가 되는 소규모공사 등의 범위)** 법 제22조의2제2항에서 "소규모공사 등 대통령령으로 정하는 건설공사"란 다음 각 호의 어느 하나에 해당하는 건설공사를 말한다. 1. 공사 1건의 도급금액이 5천만원 미만인 소규모공사 2. 공사기간이 3개월 이내인 단기공사 [본조신설 2020. 9. 8.] [종전 제26조의4는 제26조의5로 이동 <2020. 9. 8.>]	**제21조의2(공사대금지급의 보증 등)** ① 법 제22조의2제1항 본문에 따라 발주자가 수급인에게 공사대금의 지급을 보증하거나 담보를 제공해야 하는 금액은 다음 각 호의 구분에 따른 금액으로 한다. 1. 공사기간이 4개월 이내인 경우: 도급금액에서 선급금을 제외한 금액 2. 공사기간이 4개월을 초과하는 경우로서 기성부분에 대한 대가를 지급하지 않기로 약정하거나 그 대가의 지급주기가 2개월 이내인 경우: 다음의 계산식에 따라 산출된 금액 $보증금액 = \frac{도급금액 - 계약상선급금}{공사기간(월)} \times 45$ 3. 공사기간이 4개월을 초과하는 경우로서 기성부분에 대한 대가의 지급주기가 2개월을 초과하는 경우: 다음의 계산식에 따라 산출된 금액 $보증금액 = \frac{도급금액 - 계약상\ 선급금}{공사기간(월)} \times 기성부분에\ 대한\ 대가의\ 지급주기(월수) \times 2$

<table>
<tr>
<td>④ 제3항에 따라 수급인이 공사를 중지하거나 도급계약을 해지한 경우에는 발주자는 수급인에게 공사 중지나 도급계약의 해지에 따라 발생하는 손해배상을 청구하지 못한다. <개정 2019. 11. 26.>
⑤ 제1항에 따른 공사대금의 지급보증 방법이나 절차 등에 관한 사항은 국토교통부령으로 정한다. <신설 2019. 11. 26.>
[본조신설 2013. 8. 6.]</td>
<td></td>
<td>② 발주자는 제1항에 따른 공사대금의 지급보증이나 담보 제공을 수급인이 발주자에게 계약의 이행을 보증한 날부터 30일 이내에 해야 한다.
[본조신설 2020. 9. 8.]</td>
</tr>
<tr>
<td>제22조의3(계약의 추정) ① 발주자가 도급계약을 하면서 제22조제2항의 사항을 적은 계약서를 발급하지 아니한 경우에는 수급인은 도급받은 건설공사의 내용, 계약금액 등 대통령령으로 정하는 사항을 발주자에게 서면으로 통지하여 도급받은 내용의 확인을 요청할 수 있다.
② 발주자는 제1항의 통지를 받은 날부터 15일 이내에 그 내용에 대한 인정 또는 부인(否認)의 의사를 수급인에게 서면으로 회신을 발송하여야 하며, 이 기간 내에 회신을 발송하지 아니한 경우에는 원래 수급인이 통지한 내용대로 도급이 있었던 것으로 추정한다. 다만, 천재나 그 밖의 사변으로 회신이 불가능한 경우에는 그러하지 아니하다.
③ 제1항의 통지에는 수급인이, 제2항의 회신에는 발주자가 서명 또는 기명날인하여야 한다.
④ 하도급계약의 추정에 대하여는 제1항부터 제3항까지를 준용한다. 이 경우 "발주자"는 "수급인"으로, "수급인"은 "하수급인"으로, "도급"은 "하도급"으로 각각 본다.
⑤ 제1항의 통지 및 제2항의 회신과 관련하여 필요한 사항은 대통령령으로 정한다.
⑥ 발주자, 수급인 및 하수급인은 대통령령으로 정하는 바에 따라 제1항 및 제2항에 따른 서면을 보관하여야 한다.
[본조신설 2016. 2. 3.]</td>
<td>제26조의5(계약 추정의 통지 내용) 법 제22조의3제1항에서 "도급받은 건설공사의 내용, 계약금액 등 대통령령으로 정하는 사항"이란 다음 각 호의 사항을 말한다.
1. 제25조제1항 각 호의 사항
2. 그 밖에 발주자(하도급의 경우에는 수급인을 포함한다)가 도급한 사항
[본조신설 2016. 8. 4.]
[제26조의4에서 이동, 종전 제26조의5는 제26조의6으로 이동 <2020. 9. 8.>]

제26조의6(계약 추정의 통지 및 회신 방법) ① 법 제22조의3제1항 및 제2항에 따른 통지 및 회신은 다음 각 호의 어느 하나에 해당하는 방법으로 한다. <개정 2020. 12. 8.>
1. 내용증명우편
2. 「전자문서 및 전자거래 기본법」 제2조제1호에 따른 전자문서로서 다음 각 목의 어느 하나에 해당하는 요건을 갖춘 것
가. 「전자서명법」 제2조제2호에 따른 전자서명(서명자의 실지명의를 확인할 수 있는 것으로 한정한다)이 있을 것
나. 「전자문서 및 전자거래 기본법」 제2조제8호에 따른 공인전자주소를 이용할 것</td>
<td></td>
</tr>
</table>

<table>
<tr><td></td><td>3. 그 밖에 통지와 회신의 내용 및 수신 여부를 객관적으로 확인할 수 있는 방법
② 제1항에 따른 통지 및 회신은 발주자, 수급인 및 하수급인의 주소(전자우편주소 또는 제1항제2호나목에 따른 공인전자주소를 포함한다)로 하여야 한다.
[본조신설 2016. 8. 4.]
[제26조의5에서 이동, 종전 제26조의6은 제26조의7로 이동 <2020. 9. 8.>]

제26조의7(서면의 보관) 법 제22조의3제6항에 따라 발주자, 수급인 및 하수급인은 같은 조 제1항 및 제2항에 따른 서면을 해당 도급공사 또는 하도급공사가 완공된 날부터 3년간 보관하여야 한다.
[본조신설 2016. 8. 4.]
[제26조의6에서 이동, 종전 제26조의7은 제26조의8로 이동 <2020. 9. 8.>]</td><td></td></tr>
<tr><td>제23조(시공능력의 평가 및 공시) ① 국토교통부장관은 발주자가 적정한 건설사업자를 선정할 수 있도록 하기 위하여 건설사업자의 신청이 있는 경우 그 건설사업자의 건설공사 실적, 자본금, 건설공사의 안전·환경 및 품질관리 수준 등에 따라 시공능력을 평가하여 공시하여야 한다. <개정 2011. 5. 24., 2013. 3. 23., 2019. 4. 30.>
② 삭제 <1999. 4. 15.>
③ 제1항에 따른 시공능력의 평가 및 공시를 받으려는 건설사업자는 국토교통부령으로 정하는 바에 따라 전년도 건설공사 실적, 기술자 보유현황, 재무상태, 그 밖에 국토교통부령으로 정하는 사항을 국토교통부장관에게 제출하여야 한다. <개정 2011. 5. 24., 2013. 3. 23., 2019. 4. 30.>
④ 국토교통부장관은 제1항에 따른 시공능력 평가를 위하여 필요한 경우 그 시공능력 평가를 신청한 건설사업자, 건설공사의 발주자, 그 밖의 관계 기관·단체의 장에게 공사</td><td></td><td>제22조(건설공사실적 등의 제출) ①법 제23조제3항에 따라 시공능력의 평가를 받으려는 건설사업자는 매년 2월 15일(제2항제3호의 서류의 경우에는 법인은 4월 15일, 개인은 5월 31일, 「소득세법」 제70조의2제1항에 따른 성실신고확인대상사업자는 6월 30일)까지 별지 제18호서식의 건설공사기성실적신고서(전자문서로 된 신고서를 포함한다)를 영 제87조제1항제2호에 따른 업무를 위탁받은 기관에 제출해야 한다. <개정 2005. 6. 30., 2007. 12. 31., 2012. 12. 5., 2020. 3. 2., 2023. 5. 3.>
②제1항에 따른 건설공사기성실적신고서에는 다음 각 호의 서류(전자문서를 포함한다)를 첨부해야 한다. 다만, 「전자정부법」 제36조제2항에 따른 행정정보의 공동이용을 통하여 첨부서류에 대한 정보를 확인할 수 있는 경우에는 그 확인으로 첨부서류를 갈음할 수 있다. <개정 2000. 7. 10., 2002. 9. 18., 2005. 1. 15., 2005. 6. 30., 2007. 10. 15., 2007.</td></tr>
</table>

실적, 기술자 보유현황 등의 자료 제출을 요청할 수 있다. 이 경우 자료 제출을 요청받은 관계 기관·단체의 장 등은 특별한 사유가 없으면 이에 따라야 한다. <신설 2020. 4. 7.> ⑤ 제1항, 제3항 및 제4항에 따른 시공능력의 평가방법, 제출 자료의 구체적인 사항, 공시 절차 및 자료 제출 요청, 그 밖에 필요한 사항은 국토교통부령으로 정한다. <개정 2011. 5. 24., 2013. 3. 23., 2020. 4. 7.> [제목개정 2011. 5. 24.]		12. 31., 2008. 3. 14., 2008. 6. 5., 2008. 12. 31., 2011. 11. 3., 2013. 3. 23., 2016. 2. 12., 2020. 3. 2., 2020. 10. 7., 2021. 8. 27., 2021. 8. 31., 2024. 10. 16.> 1. 건설공사기성실적을 증명하는 다음 각 목의 서류 가. 국가·지방자치단체 또는 국가·지방자치단체가 출자 또는 출연한 법인으로부터 도급받은 건설공사의 경우에는 당해 공사를 발주한 기관이 발행한 별지 제19호서식(영문의 경우에는 별지 제19호의2서식을 말한다. 이하 이 호에서 같다)의 건설공사기성실적증명서(「전자서명법」 제2조제2호에 따른 전자서명을 하여 발행한 경우를 포함한다. 이하 이 호에서 같다). 다만, 국가·지방자치단체 또는 국가·지방자치단체가 출자 또는 출연한 법인이 별지 제20호서식에 따라 영 제87조제1항제2호에 따른 업무를 위탁받은 기관에 건설공사실적을 미리 통보(「전자서명법」 제2조제2호에 따른 전자서명을 한 통보를 포함한다)한 경우는 제외한다. 나. 가목외의 법인 또는 개인으로부터 도급받은 건설공사와 하도급공사의 경우에는 다음의 (1)과 (2)의 서류. 다만, 도급받은 건설공사 또는 하도급공사의 금액이 5백만원 이하인 경우에는 (2)의 서류만 해당한다. (1) 건설공사의 발주자 또는 수급인이 발행한 별지 제19호서식의 건설공사기성실적증명서. 다만, 건설공사기성실적증명서를 제출할 수 없는 경우에는 당해 건설공사의 도급계약서(하도급인 경우에는 하도급계약서) 사본 (2) 관할세무서에 제출한 세금계산서합계표. 다만, 세금계산서합계표를 제출할 수 없는 경우에는 당해 건설공사의 인·허가기관이 발급한 건축허가서·착공신고증명서 또는 사용승인서

		다. 자기건설공사의 경우에는 당해 건설공사에 대하여 관계법령에 의하여 인·허가를 한 기관이 확인한 별지 제19호서식의 건설공사기성실적증명서 또는 협회가 발행한 별지 제19호서식의 건설공사기성실적증명서 라. 「해외건설촉진법」에 의한 해외건설공사의 경우에는 「해외건설촉진법」 제23조의 규정에 의하여 설립된 해외건설협회가 국토교통부장관이 정하여 고시하는 바에 따라 확인한 별지 제19호서식의 건설공사기성실적증명서 마. 주한국제연합군 기타 외국군의 기관으로부터 도급받은 건설공사의 경우에는 거래하는 외국환은행이 발행한 외화입금증명서 및 도급계약서 사본 바. 제2조제2항제6호에 따른 외국인 또는 외국법인인 건설사업자가 외국에서 시공한 공사로서 공공기관이 발주한 공사의 경우에는 발주기관이 발행한 건설공사기성실적증명서, 공공기관외의 자가 발주하거나 자기공사의 경우에는 당해 공사의 감리자가 발행하고 해당국가의 상공회의소 또는 해당국가에 주재하는 대한민국공관이 확인한 건설공사기성실적증명서 2. 건설공사 직접시공실적을 증명하는 서류: 발주자가 발행한 별지 제29호서식의 건설공사 직접시공분 기성실적 증명서(「전자서명법」 제2조제2호에 따른 전자서명을 하여 발행한 경우를 포함한다). 다만, 국가, 지방자치단체 또는 영 제30조의2제6항에 따른 공공기관이 발주하는 공사의 경우에는 법 제28조의2제4항 본문에 따라 직접 시공 준수 여부를 확인하고 이를 국토교통부장관에게 보고 또는 통보한 경우는 제외한다. 3. 재무상태를 증명하는 다음 각 목의 어느 하나에 해당하는 서류. 다만, 「주식회사의 외부감사에 관한 법률」 제2조의 외부감사 대상 법인인 경우에는 같은 법 제3조에 따른 감사인의 회계감사를 받은 재무제표를 제출해야 한다.

		가. 「법인세법」 및 「소득세법」에 따라 관할세무서장에게 제출한 조세에 관한 신고서류(「세무사법」 제6조에 따라 등록한 세무사 또는 같은 법 제20조의2에 따라 세무대리업무등록부에 등록한 공인회계사가 같은 법 제2조제7호에 따라 확인한 것으로서 재무상태표 및 손익계산서가 포함된 것을 말한다) 나. 삭제 <2011. 11. 3.> 다. 「공인회계사법」 제7조에 따라 등록한 공인회계사 또는 같은 법 제24조에 따라 등록한 회계법인의 회계감사를 받은 재무제표 4. 별지 제21호서식에 따른 건설기술인력보유현황표 5. 별지 제22호서식의 건설공사용 시설·장비의 보유현황표(건설업 등록기준상 시설·장비를 보유해야 하는 업종에 한한다) [전문개정 1999. 9. 1.] **제23조(시공능력의 평가방법)** ① 법 제23조제1항에 따른 건설사업자의 시공능력은 영 별표 1에 따른 업종별 및 주력분야별로 평가한다. 다만, 발주자가 적정한 건설사업자를 선정할 수 있도록 하기 위하여 필요한 경우에는 다음 각 호의 구분에 따라 평가할 수 있다. <개정 2011. 11. 3., 2013. 3. 23., 2014. 12. 31., 2020. 3. 2., 2020. 10. 7., 2021. 8. 31., 2024. 10. 16.> 1. 종합공사를 시공하는 업종(토목건축공사업에 한정한다)을 등록한 건설사업자의 시공능력: 토목분야와 건축분야를 구분하여 해당 분야에 대한 평가 2. 전문공사를 시공하는 업종을 등록한 건설사업자의 시공능력: 별표 3 제2호에 따른 전문공사 공사실적의 세부공사종류별 평가

② 제1항에 따른 시공능력은 최근 3년간 공사실적(산업·환경설비공사업의 경우는 산업·환경설비의 제조실적을 포함한다)의 연차별 가중평균액, 자본금, 재무구조, 건설기술인 보유현황 및 기술개발투자실적, 건설공사의 안전·환경 및 품질관리 수준, 협력업자와의 협력관계, 건설근로자퇴직공제가입실적, 법 제86조의4에 따른 상습체불건설사업자의 체불 이력 및 건설기술인 교육이수 실적 등에 따라 종합공사를 시공하는 업종을 등록한 건설사업자는 별표 1에 따라, 전문공사를 시공하는 업종을 등록한 건설사업자는 별표 2에 따라 각각 평가한다. <개정 2002. 9. 18., 2005. 1. 15., 2007. 12. 31., 2014. 12. 31., 2019. 3. 26., 2020. 3. 2., 2020. 10. 7.>

③ 법 제17조제1항제1호의 규정에 의하여 건설업양도신고를 한 경우 양수인의 시공능력은 제1항 및 제2항의 규정에 의하여 새로이 평가한다. 다만, 건설업의 양도가 제18조제6항 각호의 1에 해당하는 경우에는 그러하지 아니하다. <개정 2003. 8. 26.>

④ 법 제17조제4항에 따른 상속인, 제18조제6항 각 호의 어느 하나에 따른 양수인 또는 합병 후 존속하거나 신설된 법인의 시공능력은 피상속인, 양도인 또는 종전 법인의 시공능력과 동일한 것으로 본다. 다만, 해당 건설사업자의 신청이 있거나 시공능력이 현저히 변동되었다고 인정되는 경우에는 제1항 및 제2항에 따른 평가방법에 따라 새로 평가할 수 있다. <개정 2003. 8. 26., 2010. 6. 29., 2020. 3. 2.>

⑤ 제4항 단서의 규정에 의하여 시공능력을 새로이 평가하는 경우 피상속인, 양도인 또는 종전법인의 공사실적은 상속인, 양수인 또는 합병후 존속하거나 신설된 법인의 공사실적에 합산한다.

⑥ 법 제23조제1항에 따른 시공능력의 평가를 신청하지 못한 건설사업자로서 다음 각 호의 어느 하나에 해당한 자가 시공능력의 평가를 신청한 경우 해당 건설사업자의 시공능

		력은 제1항 및 제2항에 따라 평가할 수 있다. <신설 2014. 12. 31., 2020. 3. 2.> 1. 법 제9조에 따라 새로 건설업을 등록한 자 2. 「채무자 회생 및 파산에 관한 법률」 제574조 또는 제575조에 따라 복권된 자 3. 법 제82조의2제3항 및 제83조에 따른 건설업 등록말소 처분이 취소되거나 법원의 판결 등으로 집행정지 결정이 된 자 ⑦ 법 제23조제1항에 따른 공시 이후 시공능력의 평가를 받은 건설사업자가 다음 각 호의 어느 하나에 해당하게 된 경우 해당 건설사업자의 시공능력은 제1항 및 제2항에 따라 재평가할 수 있다. 이 경우 경영평가액은 0에서 공사실적평가액의 100분의 20에 해당하는 금액을 뺀 금액으로 한다. <신설 2014. 12. 31., 2016. 6. 13., 2020. 3. 2.> 1. 부도가 발생한 경우 2. 「채무자 회생 및 파산에 관한 법률」에 따른 회생절차 개시의 결정이 있는 경우 3. 「기업구조조정 촉진법」에 따른 공동관리절차가 개시되는 경우 ⑧ 법 제23조제1항에 따라 국토교통부장관에게 시공능력의 평가를 신청한 건설사업자가 해당 연도 1월 1일부터 시공능력의 공시일 전까지 제7항 각 호의 어느 하나에 해당하는 경우 해당 건설사업자의 경영평가액은 0에서 공사실적평가액의 100분의 20에 해당하는 금액을 뺀 금액으로 한다. <신설 2014. 12. 31., 2016. 6. 13., 2020. 3. 2.> ⑨ 제7항 또는 제8항에 따라 시공능력을 재평가받은 건설사업자가 다음 각 호의 어느 하나에 해당하게 된 경우에는 제1항 및 제2항에 따라 해당 건설사업자의 시공능력을 재평가할 수 있다. <신설 2016. 6. 13., 2020. 3. 2.> 1. 「채무자 회생 및 파산에 관한 법률」 제283조에 따라 법원으로부터 회생절차종결의 결정을 받은 경우

		2. 「기업구조조정 촉진법」 제20조에 따라 공동관리절차가 종료된 경우 ⑩ 건설사업자가 다음 각 호의 어느 하나에 해당하는 방법으로 건설공사를 수행한 경우에는 해당 부분의 건설공사실적에 해당하는 금액(제4호의2, 제6호의2부터 제6호의4까지, 제7호 및 제8호의 경우에는 그 건설공사실적의 2분의 1에 해당하는 금액으로 한다)을 해당 건설사업자의 실적에 합산한다. <개정 2002. 9. 18., 2007. 12. 31., 2011. 11. 3., 2014. 12. 31., 2016. 6. 13., 2020. 3. 2., 2020. 10. 7.> 1. 종합공사를 도급받은 수급인(종합공사를 시공하는 업종을 등록한 건설사업자로 한정한다)이 해당 건설공사를 시공할 수 있는 자격을 보유한 건설사업자에게 하도급한 경우 2. 법 제16조제1항 단서 및 각 호에 따라 해당 건설공사를 시공할 수 있는 자격을 보유한 건설사업자가 해당 건설공사를 시공할 수 있는 업종으로 시공한 경우(제4호 및 제4호의2에 해당하는 경우는 제외한다) 3. 삭제 <2007. 12. 31.> 4. 건설공사를 공동으로 도급받은 경우 법 제16조제1항제2호에 따라 종합공사를 시공하는 업종을 등록한 건설사업자가 주계약자로서 다른 전문공사를 시공할 수 있는 자격을 보유한 건설사업자가 분담하여 시공하는 공사를 계획·관리 및 조정한 경우 4의2. 건설공사를 공동으로 도급받은 경우 법 제16조제1항제2호에 따라 전문공사를 시공하는 업종을 등록한 건설사업자가 주계약자로서 다른 전문공사를 시공할 수 있는 자격을 보유한 건설사업자가 분담하여 시공하는 공사를 계획·관리 및 조정한 경우 5. 법 제26조제1항에 따라 해당 건설업에 속한 건설공사에 관한 건설사업관리업무를 위탁받아 수행한 경우 6. 삭제 <2011. 11. 3.>

6의2. 법 제29조제2항 단서에 따라 전문공사를 도급받은 수급인이 해당 전문공사를 시공할 수 있는 자격을 보유한 건설사업자에게 하도급한 경우

6의3. 법 제29조제3항제1호 및 제2호에 따라 하수급인이 전문공사를 시공하는 업종을 등록한 건설사업자에게 다시 하도급한 경우

6의4. 법 제29조제5항 단서에 따라 전문공사를 시공하는 업종을 등록한 건설사업자가 종합공사를 도급받아 해당 건설공사를 시공할 수 있는 자격을 보유한 건설사업자에게 하도급한 경우

7. 건설공사를 공동으로 도급받은 경우의 종합공사를 시공할 수 있는 자격을 보유한 건설사업자가 주계약자로서 다른 종합공사를 시공할 수 있는 자격을 보유한 건설사업자가 분담하여 시공하는 공사를 계획·관리 및 조정한 경우

8. 국가, 지방자치단체 및 영 제26조의3에 따른 공공기관이 발주한 공사로서 수급인이 해당 발주자가 구입한 자재를 공급받아 설치한 경우

⑪ 제4항 단서 및 제6항에 따른 시공능력의 평가 및 공시에 관한 절차와 제출서류 등에 관하여 필요한 사항은 국토교통부장관이 정하여 고시할 수 있다. <신설 2014. 12. 31., 2016. 6. 13.>

[전문개정 1999. 9. 1.]

제24조(시공능력의 공시항목 및 공시시기 등) ① 국토교통부장관은 법 제23조에 따라 시공능력을 평가한 경우에는 다음의 항목을 공시해야 한다. <신설 2003. 8. 26., 2005. 1. 15., 2013. 3. 23., 2019. 3. 26., 2020. 10. 7., 2021. 8. 31., 2024. 10. 16.>

1. 상호 및 성명(법인인 경우에는 대표자의 성명)
2. 주된 영업소의 소재지 및 전화번호
3. 건설업등록번호

		4. 시공능력평가액과 그 산정항목이 되는 공사실적평가액·경영평가액·기술능력평가액 및 신인도평가액 5. 건설업종별·주력분야별·세부공사종류별 건설공사실적 및 건설업종별 직접시공실적 6. 보유기술인수 ② 법 제23조제1항에 따른 시공능력의 공시는 매년 7월 31일까지로 하고, 일간신문 또는 영 제87조제1항제2호에 따른 업무를 위탁받은 기관의 정보통신망 등에 공시하는 방법에 의한다. <개정 1999. 1. 25., 2002. 9. 18., 2007. 12. 31., 2020. 10. 7.> ③ 영 제87조제1항제2호에 따른 업무를 위탁받은 기관은 시공능력에 관한 서류를 비치하여 일반인이 열람할 수 있도록 해야 하며, 해당 건설사업자의 건설업등록수첩에 시공능력을 기재해야 한다. <개정 1999. 9. 1., 2007. 12. 31., 2020. 3. 2.> [제목개정 2003. 8. 26.]
		제25조(주력분야 및 세부공사종류별 공사실적의 기재) ①영 제87조제1항제2호에 따른 업무를 위탁받은 기관은 공사의 적정한 시공과 건설사업자의 전문화를 유도하고 발주자가 수급인을 선정하는 경우에 참고할 수 있도록 하기 위하여 국토교통부장관이 정하는 바에 따라 주력분야 및 세부공사종류별 공사실적을 건설업등록수첩에 기재할 수 있다. <신설 1999. 9. 1., 2007. 12. 31., 2008. 3. 14., 2013. 3. 23., 2017. 9. 20., 2020. 3. 2., 2021. 8. 31., 2024. 10. 16.> ② 제1항에 따라 건설업등록수첩에 기재할 수 있는 공사실적의 주력분야 및 세부공사종류는 별표 3과 같다. <개정 2017. 9. 20., 2021. 8. 31., 2024. 10. 16.> ③제1항 및 제2항에 따른 주력분야 및 세부공사종류별 공사실적은 최근 3년간의 공사실적을 매 년도별로 구분하여 기재한다. <개정 1999. 9. 1., 2021. 8. 31., 2024. 10. 16.> [제목개정 2024. 10. 16.]

제23조의2(건설사업관리능력의 평가 및 공시) ① 국토교통부장관은 발주자가 제26조제2항에 따른 건설사업관리자를 적정하게 선정할 수 있도록 하기 위하여 건설사업관리자의 신청이 있는 경우 그 건설사업관리자의 건설사업관리 실적 및 재무상태 등에 따라 건설사업관리능력을 평가하여 공시하여야 한다. <개정 2013. 3. 23.> ② 제1항에 따른 평가 및 공시를 받으려는 건설사업관리자는 전년도 건설사업관리 실적, 건설사업관리 관련 인력 보유현황, 재무상태, 그 밖에 국토교통부령으로 정하는 사항을 국토교통부장관에게 제출하여야 한다. <개정 2013. 3. 23.> ③ 제1항과 제2항에 따른 건설사업관리능력의 평가방법, 제출 자료의 구체적인 사항 및 공시 절차 등에 필요한 사항은 국토교통부령으로 정한다. <개정 2013. 3. 23.> [전문개정 2011. 5. 24.]		**제25조의2(건설사업관리능력평가·공시신청서 등의 제출)** ① 법 제23조의2제2항의 규정에 의하여 건설사업관리능력의 평가 및 공시를 받고자 하는 건설사업관리자는 매년 2월 15일(제2항제4호 및 제5호의 서류는 4월 15일)까지 별지 제22호의2서식의 건설사업관리능력평가·공시신청서를 영 제87조제1항제3호에 따른 업무를 위탁받은 기관에 제출하여야 한다. <개정 2007. 12. 31.> ② 제1항에 따른 신청서에는 다음 각 호의 서류를 첨부해야 한다. <개정 2005. 1. 15., 2005. 6. 30., 2010. 6. 29., 2011. 4. 11., 2021. 8. 27.> 1. 사업자등록증 사본(신청인이 개인인 경우에 한정한다) 2. 별지 제22호의3서식의 건설사업관리실적현황표 3. 건설사업관리업무위탁계약서 등 건설사업관리실적이 있음을 증명하는 서류 4. 별지 제22호의4서식의 건설사업관리자 재무정보현황표 5. 재무상태를 증명하는 다음 각 목의 어느 하나에 해당하는 서류 가. 「법인세법」 및 「소득세법」에 따라 관할 세무서장에게 제출한 조세에 관한 신고서류(「세무사법」 제6조에 따라 등록한 세무사 또는 같은 법 제20조의2에 따라 세무대리업무등록부에 등록한 공인회계사가 같은 법 제2조제7호에 따라 확인한 것으로서 재무상태표 및 손익계산서가 포함된 것을 말한다) 나. 「주식회사의 외부감사에 관한 법률」 제3조의 규정에 의한 감사인의 회계감사를 받은 재무제표 다. 「공인회계사법」 제7조의 규정에 의하여 등록한 공인회계사 또는 동법 제24조의 규정에 의하여 등록한 회계법인의 회계감사를 받은 재무제표 6. 별지 제22호의5서식의 건설사업관리관련 인력보유현황표 및 그 증명서류

7. 평가·공시를 신청하는 자가 수행하고자 하는 건설사업관리업무내용이 관계법령에 따라 등록·신고 등을 하여야 하는 업무인 경우에는 그 등록증 사본 등의 증명서류
8. 「신용정보의 이용 및 보호에 관한 법률」 제2조제5호에 따른 신용정보회사(신용평가업무를 주된 사업으로 하는 자에 한하며, 이하 "신용정보회사"라 한다)가 실시한 신용평가를 받은 경우에는 그 신용평가서 사본

③ 국토교통부장관은 제1항 및 제2항의 규정에 의한 신청서 및 첨부서류를 디스켓·디스크 또는 정보통신망을 이용하여 제출하게 할 수 있다. <개정 2008. 3. 14., 2013. 3. 23.>

[본조신설 2002. 9. 18.]

제25조의3(건설사업관리관련 인력) 법 제23조의2제2항에서 "건설사업관리관련 인력"이라 함은 다음 각호의 1에 해당되는 자를 말한다. <개정 2005. 1. 15., 2014. 5. 22., 2016. 8. 31., 2019. 2. 25.>

1. 「건설기술 진흥법 시행령」 별표 1의 규정에 의한 고급기술인 및 특급기술인
2. 「건축사법」에 의한 건축사
3. 「변호사법」에 의한 변호사
4. 「공인회계사법」에 의한 공인회계사
5. 「감정평가 및 감정평가사에 관한 법률」에 의한 감정평가사
6. 「국가기술자격법」에 의한 기능장(「건설기술 진흥법 시행령」 별표 1의 규정에 의한 건설기술관련 직무분야에 해당되는 경우에 한한다)

[본조신설 2002. 9. 18.]

제25조의4(건설사업관리능력의 공시항목 및 공시시기 등) ① 국토교통부장관은 법 제23조의2의 규정에 의하여 건설사업관리능력을 평가한 경우에는 다음의 항목을 공시하여야 한다. <개정 2005. 1. 15., 2008. 3. 14., 2010. 6. 29., 2012. 12. 5., 2013. 3. 23., 2014. 5. 22., 2021. 9. 17.>

		1. 상호 및 성명(법인인 경우에는 대표자의 성명) 2. 주된 영업소의 소재지 및 연락처 3. 삭제 <2003. 8. 26.> 4. 건설사업관리실적 5. 건설공사실적・엔지니어링사업실적・감리용역실적 및 건축설계실적 6. 건설사업관리관련 인력보유현황 7. 법 제9조의 규정에 의한 건설업등록,「건설기술 진흥법」에 따른 건설엔지니어링업 등록, 「건축사법」에 의한 건축사사무소개설신고 및「엔지니어링산업 진흥법」에 따른 엔지니어링사업자 신고 등의 건설사업관리업무의 수행과 관련이 있는 등록・신고 등을 한 경우에는 그 등록・신고현황 8. 자본금 및 매출액순이익률 등 재무상태현황 9. 신용정보회사가 실시한 신용평가를 받은 경우에는 그 신용평가내용 ②제1항의 규정에 의한 건설사업관리능력의 공시는 매년 8월 31일까지로 하고, 국토교통부장관이 지정하여 고시하는 정보통신망에 공시하는 방법에 의한다. <개정 2008. 3. 14., 2013. 3. 23.> [본조신설 2002. 9. 18.]
제24조(건설산업정보의 종합관리) ① 국토교통부장관은 건설사업자의 자본금, 경영실태, 공사 수행 상황 등 건설사업자에 관한 정보와 건설공사에 필요한 자재와 인력의 수급상황, 제56조제1항제1호에 따른 보증 및 행정제재 처분, 그 밖의 건설 관련 정보를 종합적으로 관리하고, 그 정보가 필요한 관련 기관 또는 단체 등에 제공할 수 있다. <개정 2013. 3. 23., 2019. 4. 30., 2020. 6. 9.> ② 국토교통부장관은 건설사업관리자의 자본금, 경영실태, 건설사업관리 수행 상황 등 건설사업관리자에 관한 정보와	**제26조의8(건설산업정보종합관리체계의 구축・운영)** ① 국토교통부장관은 법 제24조제3항의 규정에 의한 건설산업정보종합관리체계의 효율적인 구축과 활용촉진을 위하여 다음 각 호의 업무를 수행할 수 있다. <개정 2008 2. 29., 2013. 3. 23.> 1. 건설산업정보종합관리체계의 구축・운영에 관한 각종 연구개발 및 기술지원 2. 건설산업정보종합관리체계의 구축을 위한 공동사업의 시행 3. 건설산업정보종합관리체계의 표준화	

<table>
<tr>
<td>건설사업관리에 필요한 인력의 수급 상황 등 건설사업관리 관련 정보를 종합적으로 관리하고, 그 정보가 필요한 관련 기관 또는 단체 등에 제공할 수 있다. <개정 2013. 3. 23., 2020. 6. 9.>
③ 국토교통부장관은 제1항과 제2항에 따른 건설산업정보를 체계적으로 관리하기 위하여 대통령령으로 정하는 바에 따라 건설산업정보 종합관리체계를 구축·운영할 수 있다. <개정 2013. 3. 23.>
④ 국토교통부장관은 제1항과 제2항에 따른 정보의 종합관리를 위하여 건설사업자, 건설사업관리자, 건설자재의 생산업자·공급업자, 관계 행정기관, 건설 관련 사업자단체, 건설 관련 공제·보험·보증 업무 수행기관 및 연구기관으로 하여금 공사 수행 상황, 건설자재의 생산·판매 상황, 건설인력의 현황 및 건설사업관리 실적 등에 관한 자료를 제출할 것을 요청할 수 있다. 이 경우 요청을 받은 자는 특별한 사유가 없으면 이에 따라야 한다. <개정 2013. 3. 23., 2019. 4. 30.>
⑤ 제4항에 따른 자료 제출의 요청 절차 등에 필요한 사항은 대통령령으로 정한다.
[전문개정 2011. 5. 24.]</td>
<td>4. 건설산업정보종합관리체계를 이용한 정보의 공동활용 촉진
5. 그 밖에 건설산업정보종합관리체계의 구축·운영을 위하여 필요한 사항
②국토교통부장관은 건설산업정보종합관리체계의 효율적인 구축과 운영을 위하여 건설과 관련된 사업체·기관 또는 단체와의 협의체를 구성·운영할 수 있다. <개정 2008. 2. 29., 2013. 3. 23.>
[본조신설 2005. 6. 30.]
[제26조의7에서 이동 <2020. 9. 8.>]
제27조(건설산업정보의 종합관리를 위한 자료제출의 요청절차 등) 국토교통부장관이 법 제24조제4항의 규정에 의하여 자료제출을 요청하는 경우에는 제출기한의 15일전에 다음 각 호의 사항을 서면으로 통보하여야 한다. <개정 2005. 6. 30., 2008. 2. 29., 2013. 3. 23.>
1. 제출요청사유
2. 제출기한
3. 제출자료의 구체적인 사항
4. 제출자료의 방식 및 형태
5. 제출자료의 활용방법
[본조신설 2002. 9. 18.]</td>
<td></td>
</tr>
<tr>
<td>제25조(수급인 등의 자격 제한) ① 발주자는 도급하려는 건설공사의 종합적인 계획·관리·조정의 필요성, 전문분야에 대한 시공역량, 시공기술상의 특성 및 현지여건 등을 고려하여 제16조의 시공자격을 갖춘 건설사업자에게 도급하여야 한다. <개정 2018. 12. 31., 2019. 4. 30.>
② 수급인은 제16조의 시공자격을 갖춘 건설사업자에게 하도급하여야 한다. <개정 2018. 12. 31., 2019. 4. 30.>
③ 발주자 또는 수급인은 공사특성에 따라 제23조제1항에 따라 공시된 시공능력과 공사실적, 기술능력 등을 기준으로 수급인 또는 하수급인의 자격을 제한할 수 있다.</td>
<td>제28조(수급인에 대한 벌점 부과기준) 법 제25조제5항에 따라 국토교통부장관이 부과하는 벌점의 부과기준은 별표 3과 같다.
[본조신설 2019. 6. 18.]</td>
<td></td>
</tr>
</table>

④ 「시설물의 안전 및 유지관리에 관한 특별법」에 따른 1종시설물 및 2종시설물에 대한 인가, 허가, 승인 등의 처분을 하는 국가기관 또는 지방자치단체의 장은 해당 건설공사의 규모, 구조안전의 필요성 등을 고려하여 시공자의 시공능력이 현저하게 부적합하다고 인정하는 경우에는 발주자에게 시공자의 교체를 권고할 수 있다. <개정 2017. 1. 17.> ⑤ 국토교통부장관은 다음 각 호의 어느 하나에 해당하는 수급인에 대하여는 대통령령으로 정하는 바에 따라 벌점을 부과하고 이를 관리하여야 한다. <신설 2018. 12. 18.> 1. 제82조제2항제6호, 제98조의2제1호 및 제99조제6호에 따라 처분을 받은 자 2. 「근로기준법」 제44조의2제1항을 위반하여 같은 법 제109조제1항에 따른 처벌을 받은 자 3. 「산업안전보건법」 제29조제3항을 위반하여 같은 법 제9조의2에 따라 산업재해 발생건수등이 하수급인과 함께 공표된 자(이 법 제29조의3제1항제4호가목부터 다목까지의 사업장에 한정한다) 4. 하수급인에게 산업재해 발생 사실을 은폐하도록 교사 또는 공모하여 「산업안전보건법」 제68조제1호에 따라 처벌을 받은 자 ⑥ 제5항 각 호에 해당하는 처분 또는 처벌 등에 관한 법령을 담당하는 행정기관의 장은 해당 처분 또는 처벌 등을 받은 건설사업자가 발생한 경우 그 사실을 국토교통부장관에게 통보하여야 한다. <신설 2018. 12. 18., 2019. 4. 30.> [전문개정 2011. 5. 24.]		
제26조(건설사업관리자의 업무 수행 등) ① 발주자는 필요한 경우 건설사업관리업무의 전부 또는 일부를 건설사업관리에 관한 전문지식과 기술능력을 갖춘 자에게 위탁할 수 있다.		

② 발주자로부터 건설사업관리업무를 위탁받아 수행하는 자(이하 "건설사업관리자"라 한다)가 하는 건설사업관리업무의 내용이 이 법이나 관계 법령에 따라 신고·등록 등을 하여야 하는 업무인 경우에는 해당 법령에 따른 신고·등록 등을 한 후가 아니면 건설사업관리업무를 할 수 없다. 다만, 대규모 복합공사로서 공항, 고속철도, 발전소, 댐 또는 플랜트 공사의 건설사업관리자가 건축사·기술사 등 관계 법령에 따른 설계 또는 감리 업무를 할 수 있는 기술인력을 갖춘 경우에는 「건축사법」 제23조제1항 또는 「건설기술 진흥법」 제26조제1항에도 불구하고 설계 또는 감리 업무를 함께 위탁받아 수행할 수 있다. <개정 2013. 5. 22.> ③ 건설사업관리자는 발주자를 위하여 선량한 관리자의 주의로 위탁받은 업무를 수행하여야 한다. ④ 건설사업관리자는 자기 또는 자기의 계열회사(「독점규제 및 공정거래에 관한 법률」 제2조제12호에 따른 계열회사를 말한다)가 해당 건설공사를 도급받도록 조언하여서는 아니 된다. <개정 2020. 12. 29.> ⑤ 건설사업관리자는 건설사업관리업무를 할 때 고의나 과실로 발주자에게 재산상의 손해를 발생시킨 경우에는 그 손해를 배상하여야 한다. ⑥ 건설사업관리자의 손해배상에 관하여는 제44조를 준용한다. 이 경우 "건설사업자"는 "건설사업관리자"로 본다. <개정 2019. 4. 30.> ⑦ 제1항부터 제6항까지의 규정은 시공책임형 건설사업관리자가 수행하는 건설사업관리에도 적용한다. ⑧ 시공책임형 건설사업관리를 수행하는 건설사업자가 발주자와 시공 단계에서 건설사업관리에 관한 계약을 체결하는 경우 그 계약의 내용은 제2조제4호에 따른 건설공사에 한정하여야 한다. <개정 2019. 4. 30.> [전문개정 2011. 5. 24.]		

<table>
<tr>
<td>제27조(견적기간) 발주자는 수의계약으로 도급계약을 체결하는 경우에는 그 체결을 하기 전에, 경쟁계약으로 도급계약을 체결하는 경우에는 입찰에 부치기 전에 건설사업자가 해당 건설공사에 관한 견적을 낼 수 있도록 대통령령으로 정하는 일정 기간을 주어야 한다. <개정 2019. 4. 30.>
[전문개정 2011. 5. 24.]</td>
<td>제29조(견적기간) 법 제27조에서 "대통령령으로 정하는 일정기간"이란 다음 각호의 기간을 말한다. <개정 2011. 11. 1.>
1. 공사예정금액 30억원이상의 공사인 경우 : 공사현장을 설명한 날부터 20일이상
2. 공사예정금액 10억원이상의 공사인 경우 : 공사현장을 설명한 날부터 15일이상
3. 공사예정금액 1억원이상의 공사인 경우 : 공사현장을 설명한 날부터 10일이상
4. 공사예정금액 1억원미만의 공사인 경우 : 공사현장을 설명한 날부터 5일이상</td>
<td></td>
</tr>
<tr>
<td>제28조(건설공사 수급인 등의 하자담보책임) ① 수급인은 발주자에 대하여 건설공사의 완공일과 목적물의 관리·사용을 개시한 날 중에서 먼저 도래한 날부터 다음 각 호의 범위에서 공사의 종류별로 대통령령으로 정하는 기간에 발생한 하자에 대하여 담보책임이 있다. <개정 2015. 8. 11., 2020. 6. 9., 2024. 1. 9.>
1. 건설공사의 목적물이 벽돌쌓기식구조, 철근콘크리트구조, 철골구조, 철골철근콘크리트구조 및 그 밖에 이와 유사한 구조로서 구조내력(構造耐力)에 해당하는 경우: 10년
2. 제1호 이외의 경우: 5년
② 수급인은 다음 각 호의 어느 하나의 사유로 발생한 하자에 대하여는 제1항에도 불구하고 담보책임이 없다. 다만, 발주자가 제공한 재료 또는 지시가 부적당함을 알고도 그 사실을 발주자에게 알리지 아니한 경우에는 그러하지 아니하다. <개정 2024. 1. 9.>
1. 발주자가 제공한 재료의 품질이나 규격 등이 기준미달로 인하거나 재료의 성질로 인한 경우
2. 발주자의 지시에 따라 시공한 경우
3. 발주자가 건설공사의 목적물을 관계 법령에 따른 내구연한(耐久年限) 또는 설계상의 구조내력을 초과하여 사용한 경우</td>
<td>제30조(하자담보책임기간) ①법 제28조제1항의 규정에 의한 공사의 종류별 하자담보책임기간은 별표 4와 같다. <개정 2016. 2. 11.>
② 법 제28조제3항 단서에 따라 건설공사의 하자담보책임기간을 도급계약에서 특별히 따로 정할 경우에는 도급계약서에 다음 각 호의 사항을 알 수 있도록 명시하여야 한다. <신설 2016. 2. 11.>
1. 따로 정한 하자담보책임기간과 그 사유
2. 따로 정한 하자담보책임기간으로 인하여 추가로 발생하는 하자보수보증 수수료</td>
<td></td>
</tr>
</table>

③ 건설공사의 하자담보책임기간에 관하여 다른 법령(「민법」 제670조 및 제671조는 제외한다)에 특별하게 규정되어 있는 경우에는 그 법령에서 정한 바에 따른다. 다만, 공사 목적물의 성능, 특성 등을 고려하여 대통령령으로 정하는 바에 따라 도급계약에서 특별히 따로 정한 경우에는 도급계약에서 정한 바에 따른다. <개정 2015. 8. 11.> ④ 하수급인의 하자담보책임에 대하여는 제1항부터 제3항까지를 준용한다. 이 경우 "수급인"은 "하수급인"으로, "발주자"는 "발주자 또는 수급인"으로, "건설공사의 완공일과 목적물의 관리·사용을 개시한 날 중에서 먼저 도래한 날"은 "하수급인이 시공한 건설공사의 완공일 또는 목적물의 관리·사용을 개시한 날과 제37조제2항에 따라 수급인이 목적물을 인수한 날 중에서 먼저 도래한 날"로 본다. <신설 2014. 5. 14., 2015. 8. 11., 2021. 12. 7., 2024. 1. 9.> [전문개정 2011. 5. 24.] [제목개정 2014. 5. 14.]		
제28조의2(건설공사의 직접 시공) ① 건설사업자는 1건 공사의 금액이 100억원 이하로서 대통령령으로 정하는 금액 미만인 건설공사를 도급받은 경우에는 그 건설공사의 도급금액 산출내역서에 기재된 총 노무비 중 대통령령으로 정하는 비율에 따른 노무비 이상에 해당하는 공사를 직접 시공하여야 한다. 다만, 그 건설공사를 직접 시공하기 곤란한 경우로서 대통령령으로 정하는 경우에는 직접 시공하지 아니할 수 있다. <개정 2018. 12. 31., 2019. 4. 30.> ② 제1항에 따라 건설공사를 직접 시공하는 자는 대통령령으로 정하는 바에 따라 직접시공계획을 발주자에게 통보하여야 한다. 다만, 전문공사를 시공하는 업종을 등록한 건설사업자가 전문공사를 도급받은 경우에는 그러하지 아니하다. <개정 2016. 2. 3., 2019. 4. 30.>	**제30조의2(건설공사의 직접시공)** ①법 제28조의2제1항 본문에서 "대통령령으로 정하는 금액 미만인 건설공사"란 도급금액이 70억원 미만인 건설공사를 말한다. <개정 2011. 11. 1., 2019. 3. 26.> ② 법 제28조의2제1항 본문에서 "대통령령으로 정하는 비율"이란 다음 각 호의 구분에 따른 비율을 말한다. <개정 2011. 11. 1., 2019. 3. 26.> 1. 도급금액이 3억원 미만인 경우: 100분의 50 2. 도급금액이 3억원 이상 10억원 미만인 경우: 100분의 30 3. 도급금액이 10억원 이상 30억원 미만인 경우: 100분의 20 4. 도급금액이 30억원 이상 70억원 미만인 경우: 100분의 10	**제25조의5(직접시공계획통보서)** ① 영 제30조의2제4항의 규정에 의한 건설공사의 직접시공계획의 통보(건설산업종합정보망을 이용한 통보를 포함한다)는 별지 제22호의6서식에 의한다. <개정 2007. 12. 31.> ② 제1항에 따른 직접시공계획의 통보는 다음 각 호의 서류를 첨부해야 한다. <개정 2021. 8. 27., 2024. 10. 16.> 1. 직접 시공 및 하도급할 공사량·공사단가 및 공사금액(노무비를 포함한다)이 분명하게 적힌 공사내역서 2. 예정공정표 [본조신설 2005. 6. 30.] **제25조의6(직접 시공 준수 여부 확인의 방법 등)** ① 법 제28조의2제4항에 따른 공사의 발주자는 건설사업자의 직접 시공 준수 여부를 제25조의5제1항에 따라 통보된 직접시공계

③ 발주자는 건설사업자가 제2항에 따라 직접시공계획을 통보하지 아니한 경우나 직접시공계획에 따라 공사를 시공하지 아니한 경우에는 그 건설공사의 도급계약을 해지할 수 있다. <거정 2019. 4. 30.>

④ 국가, 지방자치단체 또는 대통령령으로 정하는 공공기관이 발주하는 공사의 발주자는 제2항에 따라 직접시공계획을 통보받은 경우 제1항 본문에 따른 직접 시공의 준수 여부를 확인하고 이를 국토교통부장관에게 보고 또는 통보하여야 한다. 다만, 관계 법령에 따른 감리가 있는 건설공사의 경우에는 감리를 수행하는 자로 하여금 그 준수 여부를 확인하게 할 수 있다. <신설 2017. 3. 21.>

⑤ 제4항에 따른 직접 시공 준수 여부 확인의 방법, 절차 및 그 밖에 필요한 사항은 국토교통부령으로 정한다. <신설 2017. 3. 21.>

[전문개정 2011. 5. 24.]

③ 법 제28조의2제1항 단서에서 "대통령령으로 정하는 경우"란 다음 각 호의 어느 하나에 해당하는 경우를 말한다. <개정 2011. 11. 1., 2012. 6. 21., 2020. 2. 18>

1. 발주자가 공사의 품질이나 시공상 능률을 높이기 위하여 필요하다고 인정하여 서면으로 승낙한 경우
2. 수급인이 도급받은 건설공사 중 특허 또는 신기술이 사용되는 부분을 그 특허 또는 신기술을 사용할 수 있는 건설사업자에게 하도급하는 경우

④ 법 제28조의2제2항에 따른 직접시공계획의 통보는 국토교통부령으로 정하는 바에 따라 도급계약을 체결한 날부터 30일 이내에 하여야 한다. 다만, 법 제28조의2제1항에 따라 직접 시공하는 건설공사가 다음 각 호의 요건을 모두 갖춘 경우에는 해당 공사의 직접시공계획을 통보하지 아니할 수 있다. <개정 2007. 12. 28., 2008. 2. 29., 2011. 11. 1., 2013. 3. 23.>

1. 1건 공사의 도급금액이 4천만원 미만일 것
2. 공사기간이 30일 이내일 것

⑤ 감리자가 있는 건설공사로서 도급계약을 체결한 자가 제4항의 규정에 의한 기한내에 감리자에게 직접시공계획을 통보한 경우에는 이를 발주자에게 통보한 것으로 본다.

⑥ 법 제28조의2제4항 본문에서 "대통령령으로 정하는 공공기관"이란 다음 각 호의 공공기관을 말한다. <신설 2017. 9. 19., 2019. 6. 18.>

1. 「공공기관의 운영에 관한 법률」 제5조에 따른 공기업 및 준정부기관
2. 「지방공기업법」 제49조 및 제76조에 따른 지방공사 및 지방공단

[본조신설 2005. 6. 30.]

① (continued) …획을 기준으로 노무비 지급, 자재납품, 장비사용 내역, 사회보험 및 소득세 납부 내역 등 직접시공을 증빙할 수 있는 서류를 통하여 확인해야 한다. <개정 2020. 3. 2.>

② 공사의 발주자는 제1항에 따른 직접 시공 준수 여부를 해당 공사의 준공일까지 확인하여야 한다.

③ 공사의 발주자는 제1항에 따른 직접 시공 준수 여부를 확인한 후 건설산업종합정보망을 통하여 그 내용을 국토교통부장관에게 보고해야 하며, 위반사실이 확인된 경우에는 그 사실을 해당 건설사업자의 등록관청에도 통보해야 한다. <개정 2020. 3. 2.>

④ 제1항부터 제3항까지에서 규정한 사항 외에 직접 시공 준수 여부 확인과 관련하여 필요한 세부사항은 국토교통부장관이 정하여 고시한다.

[본조신설 2017. 9. 20.]

[종전 제25조의6은 제25조의7로 이동 <2017. 9. 20.>]

제29조(건설공사의 하도급 제한) ① 건설사업자는 도급받은 건설공사의 전부 또는 대통령령으로 정하는 주요 부분의 대부분을 다른 건설사업자에게 하도급할 수 없다. 다만, 건설사업자가 도급받은 공사를 대통령령으로 정하는 바에 따라 계획, 관리 및 조정하는 경우로서 대통령령으로 정하는 바에 따라 2인 이상에게 분할하여 하도급하는 경우에는 예외로 한다. <개정 2019. 4. 30.>

② 수급인은 그가 도급받은 전문공사를 하도급할 수 없다. 다만, 다음 각 호의 요건을 모두 충족한 경우에는 건설공사의 일부를 하도급할 수 있다. <개정 2018. 12. 31., 2019. 4. 30.>

1. 발주자의 서면 승낙을 받을 것
2. 공사의 품질이나 시공상의 능률을 높이기 위하여 필요한 경우로서 대통령령으로 정하는 요건에 해당할 것(종합공사를 시공하는 업종을 등록한 건설사업자가 전문공사를 도급받은 경우에 한정한다)

③ 하수급인은 하도급받은 건설공사를 다른 사람에게 다시 하도급할 수 없다. 다만, 다음 각 호의 어느 하나에 해당하는 경우에는 하도급할 수 있다. <개정 2013. 3. 23., 2018. 12. 31., 2019. 4. 30.>

1. 종합공사를 시공하는 업종을 등록한 건설사업자가 하도급받은 경우로서 그가 하도급받은 건설공사 중 전문공사에 해당하는 건설공사를 그 전문공사를 시공하는 업종을 등록한 건설사업자에게 다시 하도급하는 경우(발주자가 공사품질이나 시공상 능률을 높이기 위하여 필요하다고 인정하여 서면으로 승낙한 경우에 한정한다)
2. 전문공사를 시공하는 업종을 등록한 건설사업자가 하도급받은 경우로서 다음 각 목의 요건을 모두 충족하여 하도급받은 전문공사의 일부를 그 전문공사를 시공하는 업종을 등록한 건설사업자에게 다시 하도급하는 경우

제31조(일괄하도급의 범위) ① 법 제29조제1항 본문에 따라 건설공사의 주요부분의 대부분을 다른 건설사업자에게 하도급하는 경우는 도급받은 공사(도급받은 공사가 여러 동의 건축공사인 경우에는 각 동의 건축공사를 말한다)를 제21조제1항에 따른 부대공사에 해당하는 부분을 제외한 주된 공사의 전부를 하도급하는 경우로 한다. <개정 2020. 2. 18.>

② 법 제29조제1항 단서에서 "건설사업자가 도급받은 공사를 대통령령으로 정하는 바에 따라 계획, 관리 및 조정하는 경우"란 건설사업자가 국토교통부장관이 정하는 바에 따라 공사현장에서 인력·자재·장비·자금 등의 관리, 시공관리·품질관리·안전관리 등을 수행하고 이를 위한 조직체계 등을 갖추고 있는 경우를 말한다. <신설 2005. 6. 30., 2008. 2. 29., 2011. 11. 1., 2013. 3. 23., 2020. 2. 18.>

③ 법 제29조제1항 단서에 따라 2인 이상에게 분할하여 하도급할 수 있는 경우는 다음 각 호의 어느 하나에 해당하는 경우로 한다. <개정 1999. 8. 6., 2007. 12. 28., 2011. 11. 1., 2012. 11. 27., 2020. 2. 18., 2020. 10. 8.>

1. 도급받은 공사를 전문공사를 시공하는 업종별로 분할하여 각각 해당 전문공사를 시공할 수 있는 자격을 보유한 건설사업자에게 하도급하는 경우
2. 도서지역 또는 산간벽지에서 시행되는 공사를 해당 도서지역 또는 산간벽지가 속하는 특별시·광역시·특별자치시·도 또는 특별자치도(이하 "시·도"라 한다)에 있는 중소건설사업자 또는 법 제48조에 따라 등록한 협력업자에게 하도급하는 경우

제31조의2(건설공사 하도급 제한의 예외) 법 제29조제2항제2호 및 같은 조 제5항 단서에서 "대통령령으로 정하는 요건"이란 하도급하는 공사의 금액이 도급받은 전체 공사금액의 100분의 20을 초과하지 않는 경우로서 다음 각 호의 어느 하나에 해당하는 경우를 말한다.

제25조의7(다시 하도급할 수 있는 경우) 법 제29조제3항제2호 가목에서 "국토교통부령으로 정하는 요건에 해당할 것"이란 하도급받은 전체 공사금액 중 100분의 20 이내에 해당하는 금액의 공사를 다시 하도급하는 경우로서 다음 각 호의 요건을 모두 충족하는 경우를 말한다. <개정 2008. 3. 14., 2008. 6. 5., 2011. 11. 3., 2013. 3. 23., 2014. 5. 22., 2020. 3. 2., 2020. 10. 7.>

1. 다음 각 목의 어느 하나에 해당하여 발주자로부터 공사의 품질이나 시공상 능률을 높이기 위하여 필요하다는 서면승낙을 받을 것
   가. 종합공사를 시공하는 업종을 등록한 건설사업자로부터 하도급받은 전문공사를 시공하는 업종을 등록한 건설사업자가 「건설기술 진흥법」 제14조에 따른 신기술이 적용되는 공사를 그 기술을 개발한 전문공사를 시공하는 업종을 등록한 건설사업자에게 다시 하도급하는 경우
   나. 종합공사를 시공하는 업종을 등록한 건설사업자로부터 하도급받은 전문공사를 시공하는 업종을 등록한 건설사업자가 「특허법」 제87조에 따라 특허권이 설정된 공법을 적용하는 공사를 그 특허를 출원한 전문공사를 시공하는 업종을 등록한 건설사업자에게 다시 하도급하는 경우
   다. 삭제 <2021. 8. 31.>
   라. 종합공사를 시공하는 업종을 등록한 건설사업자로부터 하도급받은 전문공사를 시공하는 업종을 등록한 건설사업자가 하도급 받은 공사 중 점보드릴(암석에 구멍을 뚫는 기계), 쉴드기(터널 굴착에 사용되는 전용 기계) 등 그 조작을 위하여 상근 전문인력을 보유해야 하는 건설기계를 이용하여 시공해야 하는 공사를 그 건설기계 및 조작을 위한 상근 전문인력을 보유하고 있는 건설사업자에게 다시 하도급하는 경우

가. 공사의 품질이나 시공상의 능률을 높이기 위하여 필요한 경우로서 국토교통부령으로 정하는 요건에 해당할 것

나. 수급인의 서면 승낙을 받을 것

④ 건설사업자는 1건 공사의 금액이 10억원 미만인 건설공사를 도급받은 경우에는 그 건설공사의 일부를 종합공사를 시공하는 업종을 등록한 건설사업자에게 하도급할 수 없다. <신설 2018. 12. 31., 2019. 4. 30.>

⑤ 제16조제1항제1호부터 제3호까지에 따라 전문공사를 시공하는 업종을 등록한 건설사업자가 종합공사를 도급받은 경우에는 그 건설공사를 하도급할 수 없다. 다만, 발주자가 공사의 품질이나 시공상의 능률을 높이기 위하여 필요하다고 인정하여 서면 승낙한 경우로서 대통령령으로 정하는 요건에 해당하는 경우에는 그 건설공사의 일부를 하도급할 수 있다. <신설 2018. 12. 31., 2019. 4. 30.>

⑥ 도급받은 공사의 일부를 하도급(제3항 단서에 따라 다시 하도급하는 것을 포함한다)한 건설사업자와 제3항제2호에 따라 다시 하도급하는 것을 승낙한 자는 대통령령으로 정하는 바에 따라 발주자에게 통보를 하여야 한다. 다만, 다음 각 호의 어느 하나에 해당하는 경우에는 그러하지 아니하다. <개정 2012. 6. 1., 2018. 12. 31., 2019. 4. 30.>

1. 제2항 단서, 제3항제1호, 제5항 단서에 따라 발주자가 하도급을 서면으로 승낙한 경우
2. 하도급을 하려는 부분이 그 공사의 주요 부분에 해당하는 경우로서 발주자가 품질관리상 필요하여 도급계약의 조건으로 사전승인을 받도록 요구한 경우

[전문개정 2011. 5. 24.]

1. 「건설기술 진흥법」 제14조에 따른 신기술이 적용되는 공사를 그 기술을 개발한 건설사업자에게 하도급하는 경우
2. 「특허법」 제87조에 따라 특허권이 설정된 공법을 적용하는 공사를 그 특허를 출원한 건설사업자에게 하도급하는 경우
3. 삭제 <2021. 8. 3.>
4. 점보드릴(암석에 구멍을 뚫는 기계), 쉴드기(터널 굴착에 사용되는 전용기계) 등 그 조작을 위하여 상근 전문인력을 보유해야 하는 건설기계를 이용하여 시공해야 하는 공사를 그 건설기계와 그 건설기계 조작을 위한 상근 전문인력을 모두 보유하고 있는 건설사업자에게 하도급하는 경우
5. 「특허법」 제87조에 따른 특허권 또는 「실용신안법」 제21조에 따른 실용신안권이 설정된 자재(자재의 제작과정에 해당 권리가 설정된 경우를 포함한다)를 설치하는 공사를 그 자재의 제작·설치에 대한 전문성과 제작·설치를 위한 상근 전문인력을 모두 보유하고 있는 건설사업자에게 하도급하는 경우
6. 그 밖에 주된 공사에 부수되는 종된 공사로서 전문적인 시공기술·공법·인력이 필요하거나 특수한 자재를 제작·설치하는 공사를 그 공사에 대한 전문성이 있다고 발주자가 인정하는 건설사업자에게 하도급하는 경우

[본조신설 2020. 10. 8.]

제32조(하도급등의 통보) ① 법 제29조제6항 각 호 외의 부분 본문에 따른 통보는 국토교통부령으로 정하는 바에 따라 하도급계약을 체결하거나 다시 하도급하는 것을 승낙한 날부터 30일 이내에 해야 한다. 하도급계약등을 변경 또는 해제한 때에도 또한 같다. <개정 1999. 8. 6., 2008. 2. 29., 2008. 6. 5., 2011. 11. 1., 2013. 3. 23., 2020. 10. 8.>

마. 종합공사를 시공하는 업종을 등록한 건설사업자로부터 하도급받은 전문공사를 시공하는 업종을 등록한 건설사업자가 하도급받은 공사 중 프리플렉스 합성보 등 「특허법」 제87조에 따른 특허권 또는 「실용신안법」 제21조에 따른 실용신안권이 설정된 자재(자재제작과정에 권리가 설정된 경우를 포함한다)를 설치하는 공사를 그 자재의 제작·설치에 관하여 전문성이 있고 제작·설치에 관한 상근 전문인력을 보유하고 있는 건설사업자에게 다시 하도급하는 경우

바. 종합공사를 시공하는 업종을 등록한 건설사업자로부터 2개 업종 이상의 전문공사로 구성된 종합공사의 일부를 분리하여 하도급할 경우 그 공사의 계획·관리·조정이 곤란하거나 공사비용이 현저히 증가하는 공사의 전부를 하도급받은 전문공사를 시공하는 업종을 등록한 건설사업자가 하도급받은 공사 중 일부에 대하여 그 공사에 관하여 전문성이 있다고 발주자 및 수급인이 인정하는 건설사업자에게 다시 하도급하는 경우

사. 종합공사를 시공하는 업종을 등록한 건설사업자로부터 하도급받은 전문공사를 시공하는 업종을 등록한 건설사업자가 그 하도급받은 공사 중 주된 공사에 부수하는 종된 공사로서 전문적인 시공기술, 공법, 기능인력, 특수자재의 설치 또는 재료의 특수성이 요구되는 공사를 그 공사에 관하여 전문성이 있다고 발주자 및 수급인이 인정하는 건설사업자에게 다시 하도급하는 경우

2. 다시 하도급 하는 공사의 대금지급 등과 관련된 분쟁으로 공사의 품질 및 시공상 능률이 떨어지지 않도록 다음 각 목의 요건을 모두 충족할 것

가. 하수급인으로부터 다시 하도급 받는 건설사업자(이하 이 호에서 "재하수급인"이라 한다)에게 하수급인이

② 감리자가 있는 건설공사로서 하도급등을 한 자가 제1항의 규정에 의한 기한내에 감리자에게 통보한 경우는 이를 발주자에게 통보한 것으로 본다. <개정 1999. 8. 6.>

③ 삭제 <1999. 8. 6.>

[제목개정 1999. 8. 6.]

제33조(건설공사의 하도급 참여제한) ① 법 제29조의3제1항 각 호 외의 부분 전단에서 "대통령령으로 정하는 공공기관"이란 다음 각 호의 공공기관을 말한다.

1. 「공공기관의 운영에 관한 법률」 제5조에 따른 공기업 및 준정부기관
2. 「지방공기업법」 제49조 및 제76조에 따른 지방공사 및 지방공단

② 법 제29조의3제1항 각 호 외의 부분 전단에 따라 국토교통부장관이 하도급 참여를 제한하는 경우 그 참여제한 기간의 기준은 별표 3의2와 같다.

③ 국토교통부장관은 법 제29조의3제3항에 따라 건설산업종합정보망에 하도급 참여제한 처분 사실을 게재하는 경우에는 국토교통부령으로 정하는 바에 따라 하도급 참여제한 기간의 개시일 전까지 다음 각 호의 사항을 포함하여 게재해야 한다.

1. 업체(상호)명 · 주소 · 성명(법인인 경우 대표자의 성명) 및 사업자등록번호(법인인 경우 법인등록번호)
2. 하도급 참여제한의 구체적인 사유
3. 하도급 참여제한 기간
4. 하도급 참여제한 처분이 집행정지된 경우 그 집행정지 또는 집행정지의 해제사실

[본조신설 2019. 6. 18.]

제34조(하도급계약의 적정성 심사 등) ① 법 제31조제1항 및 제2항에서 "하도급계약금액이 대통령령으로 정하는 비율에 따른 금액에 미달하는 경우"란 다음 각 호의 어느 하나에 해당되는 경우를 말한다. <개정 2012. 11. 27., 2019. 3. 26.>

공사대금의 지급을 보증하는 보증서를 교부하거나 그 대금을 수급인이 직접 지급한다는 뜻과 그 지급의 방법 · 절차에 관하여 수급인, 하수급인 및 재하수급인이 서면으로 합의할 것

나. 하수급인과 재하수급인은 재하수급인이 다시 하도급받는 공사와 관련하여 법 제32조제4항에 따른 건설기계대여대금 또는 건설공사용 부품 대금을 지급하지 못하거나 그 공사에 참여한 근로자의 임금을 지급하지 못한 경우에는 하수급인이 연대하여 지급할 책임을 진다는 내용으로 합의서를 작성하고, 하수급인은 그 합의서를 그 공사와 관련된 건설기계대여대금 채권자, 건설공사용 부품대금 채권자 및 근로자들에게 제시할 것

[본조신설 2007. 12. 31.]

[제25조의6에서 이동 <2017. 9. 20.>]

제26조(하도급계약 등의 통보서) ① 영 제32조제1항에 따른 하도급계약과 재하도급계약의 통보(건설산업종합정보망을 이용한 통보를 포함한다. 이하 이 조에서 같다)는 각각 별지 제23호서식과 별지 제23호의3서식에 따르고, 재하도급 승낙의 통보는 별지 제23호의2서식에 따른다. <개정 2011. 11. 3.>

②제1항에 따라 하도급계약의 통보를 하는 경우에는 다음 각 호의 서류를 첨부해야 한다. <개정 1999. 9. 1., 2003. 8. 26., 2007. 12. 31., 2019. 3. 26., 2020. 10. 7., 2021. 8. 27.>

1. 하도급계약서(변경계약서를 포함하고, 특수조건이 있는 경우 특수조건을 포함한다) 사본
2. 공사량(규모) · 공사단가 및 공사금액 등이 분명하게 적힌 공사내역서
3. 예정공정표
4. 하도급대금지급보증서 교부의무가 면제되는 경우에는 그 증명서류

	1. 하도급계약금액이 도급금액 중 하도급부분에 상당하는 금액[하도급하려는 공사 부분에 대하여 수급인의 도급금액 산출내역서의 계약단가(직접·간접 노무비, 재료비 및 경비를 포함한다)를 기준으로 산출한 금액에 일반관리비, 이윤 및 부가가치세를 포함한 금액을 말하며, 수급인이 하수급인에게 직접 지급하는 자재의 비용과 법 제34조제3항에 따른 하도급대금 지급보증서 발급에 드는 금액 등 관계 법령에 따라 수급인이 부담하는 금액은 제외한다]의 100분의 82에 미달하는 경우 2. 하도급계약금액이 하도급부분에 대한 발주자의 예정가격의 100분의 64에 미달하는 경우 ② 법 제31조제2항에서 "대통령령으로 정하는 공공기관"이란 다음 각 호의 공공기관을 말한다. <개정 2019. 6. 18.> 1. 「공공기관의 운영에 관한 법률」 제5조에 따른 공기업 및 준정부기관 2. 「지방공기업법」 제49조 및 제76조에 따른 지방공사 및 지방공단 ③ 발주자는 법 제31조제3항에 따라 하수급인 또는 하도급계약내용의 변경을 요구하려는 때에는 법 제29조제6항 각 호 외의 부분 본문에 따라 하도급의 통보를 받은 날 또는 그 사유가 있음을 안 날부터 30일 이내에 서면으로 해야 한다. <개정 2020. 10. 8.> ④ 국토교통부장관은 법 제31조제1항 및 제2항에 따라 하수급인의 시공능력, 하도급계약내용의 적정성 등을 심사하는 경우에 활용할 수 있는 기준을 정하여 고시하여야 한다. <개정 2013. 3. 23.> ⑤ 법 제31조제5항에 따른 하도급계약심사위원회(이하 이 조에서 "위원회"라 한다)는 위원장 1명과 부위원장 1명을 포함하여 10명 이내의 위원으로 구성한다.	5. 현장설명서(현장설명을 실시한 경우만 해당한다) 6. 공동도급인 경우 공동수급체 구성원 간에 체결한 협정서 사본. 다만, 별지 제17호서식의 건설공사대장에 해당 협정서의 내용을 첨부한 경우는 제외한다. ③ 제1항에 따라 재하도급승낙의 통보를 하는 경우에는 다음 각 호의 서류를 첨부해야 한다. <신설 2007. 12. 31., 2020. 10. 7.> 1. 재하도급계약서(변경계약서를 포함한다) 사본 2. 제25조의7제2호가목에 따른 보증서 사본 또는 합의서 사본 3. 제25조의7제2호나목에 따른 합의서 사본 [제목개정 1999. 9. 1.]

	⑥ 위원회의 위원장은 발주기관의 장(시 · 도의 경우에는 해당 기관 소속 2급 또는 3급 공무원 중에서, 제2항에 따른 공공기관의 경우에는 1급 이상 임직원 중에서 발주기관의 장이 지명하는 사람을 각각 말한다)이 되고, 부위원장과 위원은 다음 각 호의 어느 하나에 해당하는 사람 중에서 위원장이 임명하거나 위촉한다. 1. 해당 발주기관의 과장급 이상 공무원(제3항에 따른 공공기관의 경우에는 2급 이상의 임직원을 말한다) 2. 건설 분야 연구기관의 연구위원급 이상인 사람 3. 건설 분야의 박사학위를 취득하고 그 분야에서 3년 이상 연구 또는 실무경험이 있는 사람 4. 대학(건설 분야로 한정한다)의 조교수 이상인 사람 5. 「국가기술자격법」에 따른 건설 분야의 기술사 이상 자격을 취득한 사람 ⑦ 제6항제2호부터 제5호까지의 규정에 해당하는 위원의 임기는 3년으로 하며, 한 차례만 연임할 수 있다. ⑧ 위원회의 회의는 재적위원 과반수의 출석으로 개의(開議)하고, 출석의원 과반수의 찬성으로 의결한다. ⑨ 위원의 제척 · 기피 · 회피에 관하여는 제68조의2를 준용한다. <신설 2012. 7. 4.> ⑩ 이 영에서 규정한 사항 외에 위원회의 운영에 필요한 사항은 위원회의 의결을 거쳐 위원장이 정한다. <개정 2012. 7. 4.> [전문개정 2011. 11. 1.]	
제29조의2(건설공사의 하도급관리) ① 수급인은 도급받은 건설공사를 하도급하는 경우에는 하수급인이 제29조제3항을 준수하도록 관리하여야 한다. ② 수급인은 하수급인이 제29조제3항을 위반하여 도급계약을 체결하는 경우에는 그 사유를 분명하게 밝혀 그 도급계약 내용의 변경이나 해지를 요구할 수 있다.		

③ 수급인은 하수급인이 정당한 사유 없이 제2항에 따른 요구에 따르지 아니하는 경우에는 해당 건설공사에 관한 하수급인과의 계약을 해지할 수 있다. [전문개정 2011. 5. 24.]		
제29조의3(건설공사의 하도급 참여제한) ① 국토교통부장관은 다음 각 호의 어느 하나에 해당하는 건설사업자에 대하여는 국가, 지방자치단체 또는 대통령령으로 정하는 공공기관이 발주하는 건설공사(이하 이 조 및 제87조의3에서 "공공건설공사"라 한다)에 대한 하도급 참여를 제한하여야 한다. 이 경우 하도급 참여제한 기간은 2년 이내의 범위에서 대통령령으로 정하는 바에 따른다. <개정 2019. 4. 30., 2021. 7. 27.> 1. 제29조제1항부터 제3항까지의 규정에 따른 하도급 제한을 위반하여 제82조제2항제3호에 따른 처분을 받은 자 2. 「건설근로자의 고용개선 등에 관한 법률」 제13조제1항에 따른 공제부금을 납부하지 않아 같은 법 제26조제3항제4호에 따른 과태료 처분을 받고 그 처분을 받은 날부터 2년 이내에 동일한 위반행위를 하여 2회 이상 과태료 처분을 받은 자 3. 「근로기준법」 제43조의2제1항에 따라 체불사업주로 명단이 공개된 자 4. 다음 각 목의 사업장에 해당되어 「산업안전보건법」 제9조의2제1항에 따라 산업재해 발생건수등이 공표된 자 가. 「산업안전보건법」 제2조제1호에 따른 산업재해로 인한 사망자(이하 "사망재해자"로 한다)가 연간 2명 이상 발생한 사업장 나. 「산업안전보건법」 제2조제7호에 따른 중대재해가 발생한 사업장으로서 해당 중대재해 발생연도의 연간 산업재해율이 규모별 같은 업종의 평균재해율 이상인 사업장		**제27조(하도급 참여제한의 게재 등)** ① 영 제33조제3항에 따른 하도급 참여제한의 게재는 별지 제24호의3서식의 하도급 참여제한 확인서를 건설산업종합정보망에 게재하는 방법으로 한다. ② 법 제29조의3제1항에 따른 공공건설공사의 발주자는 건설산업종합정보망을 이용하여 하수급인 중에 하도급 참여제한 중인 자가 있는지 여부를 확인해야 한다. [본조신설 2019. 6. 19.]

다. 사망만인율(사망재해자 수를 연간 상시근로자 1만명당 발생하는 사망재해자 수로 환산한 것을 말한다)이 규모별 같은 업종의 평균 사망만인율 이상인 사업장 라. 「산업안전보건법」 제10조제1항을 위반하여 산업재해 발생 사실을 은폐한 사업장 5. 「외국인근로자의 고용 등에 관한 법률」 제8조제4항에 따른 고용허가를 받지 아니하고 외국인근로자를 고용하여 같은 법 제20조제1항제1호에 따라 고용제한 처분을 받거나, 같은 법 제12조제3항에 따른 특례고용가능확인을 받지 아니하고 외국인근로자를 고용하여 고용제한 처분을 받은 자가 같은 법 제32조제1항제8호에 따라 처분을 받은 경우 6. 「출입국관리법」 제18조제3항을 위반하여 취업활동을 할 수 있는 체류자격을 가지지 아니한 자를 고용하거나, 같은 법 제21조제2항을 위반하여 근무처의 변경허가·추가허가를 받지 아니한 외국인을 고용하여 같은 법 제94조 또는 제95조에 따른 처벌을 받거나 같은 법 제102조제1항에 따른 처분을 받은 자 ② 제1항 각 호의 어느 하나에 해당하는 처분 등을 한 행정기관의 장은 해당 처분 등을 받은 건설사업자가 발생한 경우 그 사실을 국토교통부장관에게 통보하여야 한다. <개정 2019. 4. 30.> ③ 국토교통부장관은 제1항에 따라 하도급 참여를 제한하는 경우에는 즉시 제24조제3항에 따른 건설산업종합정보망을 통하여 해당 사실을 게재하여야 한다. ④ 국토교통부장관은 하도급 참여가 제한되는 건설사업자에게 하도급 참여제한이 개시되기 7일 전까지 그 제한내용을 통보(제24조제3항에 따른 건설산업종합정보망을 이용한 통보를 포함한다)하여야 한다. <개정 2019. 4. 30.> ⑤ 수급인은 공공건설공사에 있어서 하도급 참여제한 중에 있는 건설사업자에게 하도급을 하여서는 아니 되며, 건설사업자는 하도급 참여제한 중에 하도급을 받아서는 아니 된다. <개정 2019. 4. 30.>		

⑥ 공공건설공사의 발주자는 해당 공사의 하수급인 중에 하도급 참여제한 중인 자가 있는 경우에는 즉시 수급인에게 하수급인의 변경을 요구하여야 하고, 변경요구를 받은 수급인은 정당한 사유가 있는 경우를 제외하고는 이를 이행하여야 한다. ⑦ 국토교통부장관은 제1항에도 불구하고 제2항에 따른 정보가 제공된 때부터 5년이 지난 경우에는 하도급 참여를 제한할 수 없다. <개정 2020. 6. 9.> [본조신설 2018. 12. 18.]		
제30조 삭제 〈2004.12.31.〉		
제31조(하도급계약의 적정성 심사 등) ① 발주자는 하수급인이 건설공사를 시공하기에 현저하게 부적당하다고 인정되거나 하도급계약금액이 대통령령으로 정하는 비율에 따른 금액에 미달하는 경우에는 하수급인의 시공능력, 하도급계약내용의 적정성 등을 심사할 수 있다. ② 국가, 지방자치단체 또는 대통령령으로 정하는 공공기관이 발주자인 경우에는 하수급인이 건설공사를 시공하기에 현저하게 부적당하다고 인정되거나 하도급계약금액이 대통령령으로 정하는 비율에 따른 금액에 미달하는 경우에는 하수급인의 시공능력, 하도급계약내용의 적정성 등을 심사하여야 한다. ③ 발주자는 제1항 및 제2항에 따라 심사한 결과 하수급인의 시공능력 또는 하도급계약내용이 적정하지 아니한 경우에는 그 사유를 분명하게 밝혀 수급인에게 하수급인 또는 하도급계약내용의 변경을 요구할 수 있다. 이 경우 제2항에 따라 심사한 때에는 하수급인 또는 하도급계약내용의 변경을 요구하여야 하고, 변경 요구를 받은 수급인은 정당한 사유가 있는 경우를 제외하고는 이를 이행하여야 한다. <개정 2017. 12. 26.>		**제27조의2 삭제 〈2011. 11. 3.〉**

<table>
<tr>
<td>④ 발주자는 수급인이 정당한 사유 없이 제3항에 따른 요구에 따르지 아니하여 공사 결과에 중대한 영향을 끼칠 우려가 있는 경우에는 해당 건설공사의 도급계약을 해지할 수 있다.
⑤ 제2항에 따른 발주자는 하수급인의 시공능력, 하도급계약내용의 적정성 등을 심사하기 위하여 하도급계약심사위원회를 두어야 한다.
⑥ 제1항부터 제3항까지에 따른 하도급계약의 적정성 심사기준, 하수급인 또는 하도급계약내용의 변경 요구 및 그 이행 절차, 그 밖에 필요한 사항 및 제5항에 따른 하도급계약심사위원회의 설치·구성, 심사방법 등에 필요한 사항은 대통령령으로 정한다. <개정 2017. 12. 26.>
[전문개정 2011. 5. 24.</td>
<td></td>
<td></td>
</tr>
<tr>
<td>제31조의2(하도급계획의제출) ① 건설사업자는 국가, 지방자치단체 또는 대통령령으로 정하는 공공기관이 발주하는 공사로서 대통령령으로 정하는 건설공사를 도급받으려는 경우, 하도급 관계의 공정성 확보와 건설공사의 효율적인 수행을 위하여 대통령령으로 정하는 바에 따라 하도급할 공사의 주요 공종 및 물량, 하수급인 선정방식 등 하도급계획을 발주자에게 제출하여야 한다. 이 경우 발주자는 제출받은 하도급계획의 적정성을 검토하여야 하고, 그 이행 여부를 감독하여야 한다. <개정 2016. 2. 3., 2019. 4. 30.>
② 제1항을 적용받지 아니하는 건설공사의 경우에도 발주자가 하도급관계의 공정성과 건설공사의 효율성을 확보하기 위하여 필요하다고 인정하여 하도급계획서를 제출할 것을 요구하면 건설사업자는 이에 따라야 한다. <개정 2019. 4. 30.>
[전문개정 2011. 5. 24.]</td>
<td>제34조의2(하도급계획의 제출) ① 법 제31조의2제1항 전단에서 “대통령령으로 정하는 공공기관”이란 다음 각 호의 공공기관을 말한다. <개정 2011. 11. 1., 2019. 6. 18.>
1. 「공공기관의 운영에 관한 법률」 제5조에 따른 공기업 및 준정부기관
2. 「지방공기업법」 제49조 및 제76조에 따른 지방공사 및 지방공단
② 법 제31조의2제1항 전단에서 “대통령령으로 정하는 건설공사”란 다음 각 호의 어느 하나에 해당하는 공사를 말한다. <개정 2011. 11. 1., 2013. 3. 23., 2014. 11. 19., 2017. 7. 26.>
1. 「국가를 당사자로 하는 계약에 관한 법률 시행령」 제42조제4항(「공공기관의 운영에 관한 법률」 제39조제3항에 따라 정한 기획재정부령에서 준용되는 경우를 포함한다)에 따라 낙찰자를 결정하는 공사
2. 「지방자치단체를 당사자로 하는 계약에 관한 법률 시행령」 제42조제1항제1호[「지방공기업법」 제64조의2제5항(같은 법 제76조제2항에 따라 준용되는 경우를 포함한</td>
<td>제27조의3(하도급계획의 제출) 영 제34조의2제3항에 따른 하도급계획서는 별지 제24호의4서식과 같다. <개정 2020. 3. 2.>
[전문개정 2016. 8. 4.]</td>
</tr>
</table>

	다)에 따라 정한 행정안전부령에서 준용되는 경우를 포함한다]에 따라 낙찰자를 결정하는 공사 ③ 건설사업자는 법 제31조의2에 따라 건설공사를 도급받으려는 경우에는 국토교통부령으로 정하는 바에 따라 다음 각 호의 사항이 포함된 하도급계획서를 발주자에게 제출해야 한다. <개정 2008. 2. 29., 2010. 7. 26., 2011. 11. 1., 2013. 3. 23., 2014. 11. 19., 2016. 8. 4., 2017. 7. 26., 2020. 2. 18.> 1. 하도급할 공사의 주요 공종{「국가를 당사자로 하는 계약에 관한 법률 시행령」 제14조제6항(「공공기관의 운영에 관한 법률」 제39조제3항에 따라 정한 기획재정부령에서 준용되는 경우를 포함한다) 및 「지방자치단체를 당사자로 하는 계약에 관한 법률 시행령」 제15조제6항[「지방공기업법」 제64조의2제5항(같은 법 제76조제2항에 따라 준용되는 경우를 포함한다)에 따라 정한 행정안전부령에서 준용되는 경우를 포함한다]에 따라 입찰서에 첨부한 입찰금액 산출내역서에 기재된 공종을 기준으로 국토교통부장관이 정하여 고시하는 공종을 말한다} 및 물량 2. 제1호에 따른 주요 공종 및 물량에 대한 다음 각 목의 사항 가. 하도급자 선정방식과 선정기준 나. 하도급예정금액(하도급 대상자가 하도급받으려는 공사의 하도급 금액이 국토교통부장관이 정하여 고시하는 금액 이상인 경우로 한정한다) ④ 삭제 <2016. 8. 4.> ⑤ 건설사업자는 다음 각 호의 어느 하나에 해당하는 경우에는 제3항에 따라 제출된 하도급계획서를 변경할 수 있다. <개정 2016. 8. 4., 2020. 2. 18.> 1. 제3항제2호나목에 따른 하도급예정금액과 달라진 하도급금액을 단순히 반영하는 경우 2. 발주자가 공사의 품질이나 시공상 능률을 높이기 위하여 필요하다고 인정하여 서면으로 승낙한 경우 [본조신설 2007. 12. 28.] [종전 제34조의2는 제34조의3으로 이동 <2007. 12. 28.>]	

제31조의3(하도급공사 계약자료 등의 공개) ① 국가, 지방자치단체 또는 대통령령으로 정하는 공공기관이 발주하는 건설공사를 하도급한 경우 해당 발주기관은 다음 각 호의 사항을 대통령령으로 정하는 바에 따라 누구나 볼 수 있는 방법으로 공개하여야 한다. <개정 2018. 12. 31.>

1. 공사명
2. 수급인의 도급금액 및 낙찰률
3. 수급인(상호 및 대표자, 영업소 소재지)
4. 하수급인(상호 및 대표자, 업종, 영업소 소재지)
5. 하도급공종
6. 하도급 부분 도급액, 하도급금액, 하도급률

② 수급인은 도급받은 건설공사 중 일부를 수의계약으로 하도급계약을 체결하는 경우에는 그 체결을 하기 전에, 경쟁계약으로 하도급계약을 체결하는 경우에는 입찰에 부치기 전에 하도급받으려는 건설사업자에게 국토교통부령으로 정하는 방법으로 하도급공사와 관련된 다음 각 호의 사항을 알려야 한다. 다만, 제2호의 설계도면은 발주자가 제공한 경우에 한정한다. <신설 2018. 12. 31., 2019. 4. 30.>

1. 국가, 지방자치단체 또는 대통령령으로 정하는 공공기관이 발주한 경우: 하도급부분에 대한 설계도면, 물량내역서, 발주자 예정가격(예정가격이 없는 경우에는 기초금액), 공사기간
2. 제1호 이외의 자가 발주한 경우: 하도급부분에 대한 설계도면, 물량내역서, 공사기간

③ 제2항제1호에 해당하는 발주자는 수급인이 같은 항에 따른 하도급 부분의 자료제공 의무를 이행하도록 관리하여야 한다. <신설 2018. 12. 31.>

[본조신설 2014. 5. 14.]

[제목개정 2018. 12. 31.]

제34조의3(하도급공사 계약자료 등의 공개) ① 법 제31조의3제1항 각 호 외의 부분 및 같은 조 제2항제1호에서 "대통령령으로 정하는 공공기관"이란 각각 다음 각 호의 공공기관을 말한다. <개정 2019. 6. 18.>

1. 「공공기관의 운영에 관한 법률」 제5조에 따른 공기업 및 준정부기관
2. 「지방공기업법」 제49조 및 제76조에 따른 지방공사 및 지방공단

② 발주기관은 법 제31조의3제1항에 따라 하도급공사 계약자료를 공개하는 경우 법 제29조제6항 각 호 외의 부분 본문에 따라 하도급 등의 통보를 받은 날부터 30일 이내에 발주기관의 인터넷 홈페이지에 게재하는 방법으로 해야 한다. <개정 2019. 6. 18., 2020. 10. 8.>

[본조신설 2014. 11. 14.]

[제목개정 2019. 6. 18.]

[종전 제34조의3은 제34조의4로 이동 <2014. 11. 14.>]ㅍ

제27조의5(하도급 입찰정보의 공개 방법) 법 제31조의3제2항 각 호 외의 부분 본문에서 "국토교통부령으로 정하는 방법"이란 하도급 받으려는 건설사업자에게 직접 서면으로 교부하거나 인터넷 홈페이지, 전자입찰시스템, 내용증명우편, 전자우편, 팩스를 통해 알리는 방법을 말한다. <개정 2020. 3. 2.>

[본조신설 2019. 6. 19.]

제32조(하수급인 등의 지위) ① 하수급인은 하도급받은 건설공사의 시공에 관하여는 발주자에 대하여 수급인과 같은 의무를 진다. ② 제1항은 수급인과 하수급인의 법률관계에 영향을 미치지 아니한다. ③ 하수급인은 수급인이 제29조제6항에 따른 통보를 게을리하거나 일부를 누락하여 통보한 경우에는 발주자 또는 수급인에게 자신이 시공한 공사의 종류와 공사기간 등을 직접 통보할 수 있다. <개정 2018. 12. 31.> ④ 건설기계 대여업자 및 국토교통부령으로 정하는 바에 따라 건설공사용 부품을 제작하여 납품하는 자(이하 "제작납품업자"라 한다) 및 국토교통부령으로 정하는 바에 따라 건설공사를 하기 위하여 일시적으로 설치·사용하는 기자재를 대여하는 자(이하 "가설기자재 대여업자"라 한다)에 대한 대금 지급에 관하여는 제34조제1항·제8항 및 제35조(건설기계대여업자에 대하여는 제35조제2항제6호, 제작납품업자 및 가설기자재 대여업자에 대하여는 제35조제2항제5호 및 제6호는 제외한다)를 준용한다. 이 경우 "발주자"는 "발주자 또는 수급인"으로, "수급인"은 "수급인 또는 하수급인"으로, "하수급인"은 "건설기계 대여업자, 제작납품업자 또는 가설기자재 대여업자"로, "하도급대금"은 "건설기계 대여대금, 건설공사용 부품대금 또는 가설기자재 대여대금"으로 본다. 다만, 제35조제2항·제3항·제5항 및 제6항의 경우에는 "발주자"는 "건설기계 대여업자, 제작납품업자 또는 가설기자재 대여업자와 계약을 체결한 건설사업자에게 건설공사를 도급한 자"로, "수급인"은 "건설기계 대여업자, 제작납품업자 또는 가설기자재 대여업자와 계약을 체결한 건설사업자"로, "하수급인"은 "건설기계 대여업자, 제작납품업자 또는 가설기자재 대여업자"로, "하도급대금"은 "건설기계 대여대금, 건설공사용 부품대금 또는 가설기자재 대여		**제27조의4(건설공사용 부품 제작납품업자 및 가설기자재 대여업자)** ① 법 제32조제4항 전단에 따른 제작납품업자(이하 "제작납품업자"라 한다)는 건설공사에 소요되는 부품을 건설사업자가 제시한 설계도, 시방서 등에 따라 주문받아 가공 또는 조립하여 납품하는 자를 말한다. <개정 2020. 3. 2., 2020. 10. 7., 2021. 12. 31.> ② 법 제32조제4항 전단에 따른 가설기자재 대여업자(이하 "가설기자재 대여업자"라 한다)는 다음 각 호의 어느 하나에 해당하는 가설기자재(건설공사를 하기 위하여 일시적으로 설치·사용하는 기자재를 말한다. 이하 같다)를 대여(가설기자재와 함께 해당 가설기자재를 구성하는 부품 및 재료를 대여하는 경우를 포함한다)하는 자를 말한다. <신설 2020. 10. 7., 2021. 8. 27., 2021. 12. 31.> 1. 비계(飛階) : 강관 비계, 조립형 비계, 이동식 비계, 작업발판 및 조립식 안전난간 2. 동바리 : 파이프 서포트, 잭 서포트, 조립형 동바리 및 일반구조용 각형강관 3. 거푸집 : 강재틀 합판 거푸집 [본조신설 2007. 12. 31.] [제목개정 2020. 10. 7.]

법	시행령	시행규칙
대금"으로 본다. <개정 2013. 3. 23., 2014. 5. 14., 2018. 12. 18., 2019. 4. 30., 2020. 4. 7.> [전문개정 2011. 5. 24.]		
제33조(하수급인의 의견 청취) 수급인은 도급받은 건설공사를 시공할 때 하수급인이 있는 경우에는 그 건설공사의 시공에 관한 공법과 공정, 그 밖에 필요하다고 인정되는 사항에 관하여 미리 하수급인의 의견을 들어야 한다. [전문개정 2011. 5. 24.]		
제34조(하도급대금의 지급 등) ① 수급인은 도급받은 건설공사에 대한 준공금 또는 기성금을 받으면 다음 각 호의 구분에 따라 해당 금액을 그 준공금 또는 기성금을 받은 날(수급인이 발주자로부터 공사대금을 어음으로 받은 경우에는 그 어음만기일을 말한다)부터 15일 이내에 하수급인에게 현금으로 지급하여야 한다. 1. 준공금을 받은 경우: 하도급대금 2. 기성금을 받은 경우: 하수급인이 시공한 부분에 해당하는 금액 ② 수급인은 하도급계약을 할 때 하수급인에게 국토교통부령으로 정하는 바에 따라 적정한 하도급대금의 지급을 보증하는 보증서를 주어야 한다. 다만, 국토교통부령으로 정하는 경우에는 하도급대금 지급보증서를 주지 아니할 수 있다. <개정 2013. 3. 23.> ③ 건설공사의 도급계약 당사자는 제2항에 따른 하도급대금 지급보증서 발급에 드는 금액을 대통령령으로 정하는 바에 따라 해당 건설공사의 도급금액 산출내역서에 분명하게 적어야 한다. ④ 수급인이 발주자로부터 선급금을 받은 때에는 하수급인이 자재 구입 또는 대여, 건설기계 대여 또는 건설근로자 고용 등 하도급공사를 시작할 수 있도록 수급인이 받은 선	**제34조의4(하도급대금지급보증서 발급금액의 명시)** ① 삭제 <2010. 5. 27.> ② 건설공사의 도급계약 당사자는 법 제34조제3항의 규정에 의하여 하도급대금지급보증서 발급에 소요되는 금액을 국토교통부장관이 정하여 고시하는 기준에 따라 도급금액 산출내역서에 명시하여야 한다. <개정 2007. 12. 28., 2008. 2. 29., 2013. 3. 23.> ③ 발주자는 건설공사를 시공하는 수급인이 법 제34조제3항의 규정에 의한 금액을 사용하였는지 여부에 관하여 확인할 수 있다. 이 경우 발주자는 필요하다고 인정하는 때에는 당해 수급인에게 소요비용 지출내역에 대한 증빙서류의 제출을 요구할 수 있다. <개정 2007. 12. 28.> ④ 발주자는 제3항에 따라 건설사업자의 소요비용 지출내역을 확인하여 법 제34조제3항에 따른 건설공사의 도급금액산출내역서에 명시된 금액이 건설사업자가 지출한 금액을 초과하는 경우에는 그 초과하는 금액을 정산할 수 있다. <개정 2007. 12. 28., 2020. 2. 18.> ⑤ 법 제34조제7항에서 "대통령령으로 정하는 공공기관"이란 다음 각 호의 공공기관을 말한다. <신설 2016. 8. 4., 2019. 6. 18.>	**제28조(하도급대금지급보증서 교부 등)** ① 법 제34조제2항의 규정에 의하여 수급인이 하수급인에게 교부하여야 하는 하도급대금지급보증서의 보증금액은 다음 각호의 구분에 해당하는 금액으로 한다. <개정 2016. 2. 12., 2019. 6. 19.> 1. 공사기간이 4월 이하인 경우 : 하도급금액에서 선급금을 제외한 금액 2. 공사기간이 4월을 초과하는 경우로서 기성부분에 대한 대가의 지급주기가 2월 이내인 경우 : 다음의 계산식에 의하여 산출한 금액 $\text{보증금액} = \frac{\text{하도급금액} - \text{계약상 선급금}}{\text{공사기간(월)}} \times 4$ 3. 공사기간이 4월을 초과하는 경우로서 기성부분에 대한 대가의 지급주기가 2월을 초과하는 경우 : 다음의 계산식에 의하여 산출한 금액 $\text{보증금액} = \frac{\text{하도급금액} - \text{계약상 선급금}}{\text{공사기간(월)}} \times \text{기성부분에 대한 대가의 지급주기(월수)} \times 2$ ② 제1항에 따른 하도급대금지급보증서의 교부는 하도급계약을 체결한 날부터 30일 이내에 해야 한다. <신설 2020. 3. 2.>

급금의 내용과 비율에 따라 선급금을 받은 날(하도급계약을 체결하기 전에 선급금을 지급받은 경우에는 하도급계약을 체결한 날)부터 15일 이내에 하수급인에게 선급금을 지급하여야 한다. 이 경우 수급인은 하수급인이 선급금을 반환하여야 할 경우에 대비하여 하수급인에게 보증을 요구할 수 있다. <개정 2012. 6. 1., 2021. 7. 27.>

⑤ 제54조에 따라 설립된 공제조합 또는 다른 법령에 따라 보증업무를 담당할 수 있는 기관은 수급인에게 제2항에 따른 하도급대금의 지급을 보증하는 보증계약의 보증서를 발급(변경발급을 포함한다)하거나 보증계약을 해지한 경우에는 국토교통부령으로 정하는 바에 따라 즉시 발주자 및 하수급인에게 그 내용을 통보하여야 한다. <개정 2013. 3. 23., 2014. 5. 14.>

⑥ 발주자는 제5항에 따라 통보받은 하도급대금 지급보증 내용을 확인하여야 하고, 확인 결과 보증내용이 적정하지 아니할 경우에는 수급인에게 시정을 요구할 수 있다.

⑦ 발주자가 국가, 지방자치단체 또는 대통령령으로 정하는 공공기관인 경우에는 하도급대금이 보호될 수 있도록 수급인이 하수급인에게 제2항에 따른 보증서를 교부하였는지 여부를 확인하여야 한다. <신설 2016. 2. 3.>

⑧ 수급인은 발주자로부터 받은 준공금, 기성금 또는 선급금을 제1항 또는 제4항에 따른 지급일이 지난 후에 지급하는 경우에는 그 초과기간에 대하여 연 100분의 25 이내에서 「하도급거래 공정화에 관한 법률」 제13조제8항에 따라 공정거래위원회가 정하여 고시하는 이율에 따른 이자를 지급하여야 한다. <신설 2018. 12. 18.>

⑨ 국가, 지방자치단체 또는 대통령령으로 정하는 공공기관이 발주하는 건설공사(소규모공사 등 국토교통부령으로 정하는 공사는 제외한다)를 도급받은 수급인과 그 하수급인은 「전자조달의 이용 및 촉진에 관한 법률」 제9조의2제1항에 따른 시스템을 이용하여 공사대금[선급금, 기성금, 준

1. 「공공기관의 운영에 관한 법률」 제5조에 따른 공기업 및 준정부기관
2. 「지방공기업법」 제49조 및 제76조에 따른 지방공사 및 지방공단

[본조신설 2005. 6. 30.]

[제34조의3에서 이동, 종전 제34조의4는 제34조의5로 이동 <2014. 11. 14.>]

제34조의5(공공기관의 범위) ① 법 제34조제9항에서 "대통령령으로 정하는 공공기관"이란 다음 각 호의 공공기관을 말한다. <신설 2020. 10. 8.>

1. 「공공기관의 운영에 관한 법률」 제5조에 따른 공공기관(같은 조에 따른 기타공공기관으로서 해당 연도 예산규모가 250억원 미만인 공공기관은 제외한다)
2. 「지방공기업법」 제5조, 제49조 및 제76조에 따른 지방직영기업, 지방공사 및 지방공단
3. 「지방자치단체 출자·출연 기관의 운영에 관한 법률」 제5조에 따라 지정·고시된 출자·출연 기관(같은 법 제2조제3항 및 같은 법 시행령 제12조제2항에 따라 「지방자치단체를 당사자로 하는 계약에 관한 법률」을 준용하지 않는 출자·출연 기관은 제외한다)

② 법 제35조제1항제1호 각 목 외의 부분, 같은 조 제2항제6호, 제38조제3항, 제38조의2제2항·제3항 및 제46조제2항에서 "대통령령으로 정하는 공공기관"이란 각각 다음 각 호의 공공기관을 말한다. <개정 2011. 11. 1., 2014. 11. 14., 2019. 6. 18., 2020. 10. 8.>

1. 「공공기관의 운영에 관한 법률」 제5조에 따른 공기업 및 준정부기관
2. 삭제 <2014. 11. 14.>
3. 삭제 <2014. 11. 14.>

③ 법 제34조제2항 단서에서 "국토교통부령으로 정하는 경우"란 다음 각 호의 어느 하나에 해당되는 경우를 말한다. <개정 1999. 1. 25., 1999. 9. 1., 2002. 9. 18., 2005. 1. 15., 2005. 6. 30., 2008. 3. 14., 2010. 6. 29., 2011. 11. 3., 2012. 12. 5., 2013. 3. 23., 2020. 3. 2.>

1. 삭제 <2012. 12. 5.>
2. 삭제 <2014. 2. 6.>
3. 삭제 <2002. 9. 18.>
4. 1건의 하도급공사의 하도급금액이 1천만원 이하인 경우
5. 발주자가 하도급대금을 하수급인에게 직접 지급한다는 뜻과 그 지급의 방법·절차에 관하여 발주자·수급인 및 하수급인이 합의한 경우

④ 법 제54조에 따른 공제조합 또는 다른 법령에 따라 보증업무를 담당할 수 있는 기관이 하도급대금의 지급을 보증하는 보증계약의 보증서를 발급(변경발급을 포함한다)하거나 보증계약을 해지한 경우에는 법 제34조제5항에 따라 건설산업종합정보망을 이용하여 발주자 및 하수급인에게 다음 각 호의 항목을 통보하여야 한다. 다만, 영 제26조제1항에 따라 건설산업종합정보망을 이용하여 건설공사대장의 기재사항을 통보하여야 하는 대상 공사가 아닌 경우에는 발주자 및 하수급인에게 문서로 즉시 통보하여야 한다. <개정 2010. 6. 29., 2014. 11. 14., 2020. 3. 2.>

1. 발급연월일
2. 하도급 계약건명 및 하도급계약금액
3. 보증금액 및 보증기간
4. 보증채권자, 발급자의 성명(법인인 경우 상호 및 대표자 성명)
5. 발주자의 상호 및 성명(국가·지방자치단체 또는 영 제34조의5에 따른 공공기관인 경우에는 해당 기관의 명칭)
6. 보증계약을 해지한 경우 해지일자 및 해지사유

공금 및 선지급금(발주자 또는 수급인이 기성금 또는 준공금을 수급인 또는 하수급인에게 지급하기 전에 수급인 또는 하수급인이 자재·장비대금, 하도급대금 등으로 먼저 지급하는 금액을 말한다)을 모두 포함한다. 이하 이 항에서 같다]을 청구하여 수령하여야 하며, 수령한 공사대금 중 하수급인, 건설근로자, 건설기계대여업자, 가설기자재 대여업자, 건설공사용 부품을 제작하여 납품하는 자 등에게 지급하여야 할 대금을 사용해서는 아니 된다. 이 경우 공사대금 청구·지급의 방법, 기준 및 절차 등에 필요한 사항은 국토교통부령으로 정한다. <신설 2018. 12. 18., 2021. 7. 27.>
[전문개정 2011. 5. 24.]

4. 「지방공기업법」 제49조 및 제76조에 따른 지방공사 및 지방공단
[본조신설 2010. 5. 27.]
[제34조의4에서 이동, 종전 제34조의5는 제34조의6으로 이동 <2014. 11. 14.>]

⑤ 제1항의 규정에 의한 하도급대금지급보증 및 하도급계약이행보증의 보증기관은 법 제54조의 규정에 의하여 설립된 건설관련 공제조합 또는 다른 법령에 의하여 보증업무를 담당할 수 있는 기관이어야 한다. <개정 2007. 12. 31., 2020. 3. 2.>

⑥ 법 제34조제9항 전단에서 "소규모공사 등 국토교통부령으로 정하는 공사"란 다음 각 호의 어느 하나에 해당되는 공사를 말한다. <신설 2019. 6. 19., 2020. 3. 2., 2020. 10. 7., 2021. 12. 31.>

1. 1건 공사의 도급금액이 3천만원 미만인 공사
2. 공사기간이 30일 이내인 공사

⑦ 법 제34조제9항 전단에 따라 「전자조달의 이용 및 촉진에 관한 법률」 제9조의2제1항에 따른 전자조달시스템등(이하 이 조에서 "전자조달시스템등"이라 한다)을 이용하여 공사대금[선급금, 기성금, 준공금 및 선지급금(발주자 또는 수급인이 기성금 또는 준공금을 수급인 또는 하수급인에게 지급하기 전에 수급인 또는 하수급인이 자재·장비대금, 하도급대금 등으로 먼저 지급하는 금액을 말한다)을 모두 포함한다. 이하 이 조에서 같다]을 청구·지급할 때에는 다음 각 호의 구분에 따른 방법 및 절차를 따라야 한다. <신설 2021. 12. 31.>

1. 수급인 또는 하수급인이 공사대금을 청구하는 경우
   가. 전자조달시스템등을 이용하여 전자적 형태로 공사대금 청구서를 작성할 것
   나. 수급인 또는 하수급인, 건설근로자, 건설기계대여업자, 가설기자재 대여업자 및 제작납품업자의 몫을 구분하여 공사대금 지급대상자별로 청구할 것
   다. 나목에 따라 청구한 공사대금을 지급받을 수 있는 약정계좌(전자조달시스템등을 통해서만 출금 및 이체가 가능한 계좌를 말한다. 이하 같다)를 공사대금 지급대상자별로 전자조달시스템등에 등록할 것. 다만, 전자

		조달시스템등이 공사대금을 지급받을 수 있는 계좌를 자동으로 생성하는 기능을 갖춘 경우는 제외한다. 2. 발주자 또는 수급인이 공사대금을 지급하는 경우 가. 제1호가목 및 나목에 따라 적절하게 청구되었는지 확인할 것 나. 약정계좌(제1호다목 단서에 해당하는 경우에는 전자조달시스템등이 자동으로 생성한 계좌)에 직접 입금(법 제35조에 따라 발주자가 하수급인에게 하도급대금을 직접 지급하기로 합의한 경우에는 하수급인의 약정계좌에 직접 입금)할 것 ⑧ 제7항에도 불구하고 「재난 및 안전관리 기본법」 제3조제1호에 따른 재난의 발생으로 인해 전자조달시스템등의 운영이 중단되어 수급인 또는 하수급인이 수기로 공사대금 청구서를 작성하여 지급대상자별 공사대금을 청구한 경우 발주자 또는 수급인은 약정계좌가 아닌 지급대상자별 일반계좌로 공사대금을 지급할 수 있다. 이 경우 수급인 또는 하수급인은 전자조달시스템등이 복구되어 다시 이용할 수 있게 된 때에는 그 공사대금의 청구 및 지급 내역에 대한 정보를 발주기관의 확인을 받아 지체 없이 전자조달시스템등에 입력해야 한다. <신설 2025. 10. 2.> ⑨ 제7항 및 제8항에서 규정한 사항 외에 전자조달시스템등을 통한 공사대금의 청구ㆍ지급, 기준 및 절차 등에 필요한 세부사항은 국토교통부장관이 정하여 고시한다. <신설 2021. 12. 31., 2025. 10. 2.> [제목개정 2019. 6. 19.]
제34조의2(하도급계약 이행보증 등) ① 수급인은 제34조제2항에 따른 하도급대금 지급보증서를 교부하는 경우 하수급인에게 국토교통부령으로 정하는 바에 따라 하도급금액의 100분의 10에 해당하는 금액의 하도급계약 이행보증서의 교부를 요구할 수 있다.		

법	시행령	시행규칙
② 수급인이 다음 각 호의 어느 하나에 해당하는 사유로 하도급계약을 일방적으로 해제 또는 해지한 경우 수급인은 제1항에 따른 하도급계약 이행보증서를 발행한 기관에 대하여 하도급계약 이행보증금의 지급을 요청할 수 없다. 다만, 하수급인의 귀책사유가 있는 경우는 제외한다. 1. 수급인이 하도급대금을 도급계약이나 관계 법령에서 정한 기일 내에 지급하지 아니하여 공사기간이 지연된 경우 2. 제36조의2제1항에 따른 추가·변경공사 등의 정산에 관한 합의의 지연으로 인하여 하도급계약 불이행이 발생한 경우 [본조신설 2015. 8. 11.]		
제35조(하도급대금의 직접 지급) ① 발주자는 다음 각 호의 어느 하나에 해당하는 경우에는 하수급인이 시공한 부분에 해당하는 하도급대금을 하수급인에게 직접 지급할 수 있다. 이 경우 발주자의 수급인에 대한 대금 지급채무는 하수급인에게 지급한 한도에서 소멸한 것으로 본다. <개정 2013. 3. 23.> 1. 국가, 지방자치단체 또는 대통령령으로 정하는 공공기관이 발주한 건설공사가 다음 각 목의 어느 하나에 해당하는 경우로서 발주자가 하수급인을 보호하기 위하여 필요하다고 인정하는 경우 가. 수급인이 제34조제1항에 따른 하도급대금 지급을 1회 이상 지체한 경우 나. 공사 예정가격에 대비하여 국토교통부령으로 정하는 비율에 미달하는 금액으로 도급계약을 체결한 경우 2. 수급인의 파산 등 수급인이 하도급대금을 지급할 수 없는 명백한 사유가 있다고 발주자가 인정하는 경우 3. 삭제 <2012. 12. 18.> ② 발주자는 다음 각 호의 어느 하나에 해당하는 경우에는 하수급인이 시공한 부분에 해당하는 하도급대금을 하수급		**제29조(하도급대금의 직접지급)** ① 법 제35조제1항제1호나목에서 "국토교통부령으로 정하는 비율"이란 100분의 82를 말한다. <개정 2011. 11. 3., 2013. 3. 23.> ②법 제35조제1항제1호 및 제2호에 따라 하도급대금을 직접 지급하는 경우의 지급방법 및 지급절차는 다음 각 호와 같다. <개정 1999. 1. 25., 1999. 9. 1., 2007. 12. 31., 2011. 11. 3., 2020. 10. 7., 2021. 8. 27.> 1. 법 제35조제1항제1호가목에 해당되어 직접지급하는 경우에는 다음 각목의 방법 및 절차에 의할 것 가. 하수급인은 수급인이 법 제34조제1항의 규정에 의한 하도급대금의 지급을 지체한 때에는 발주자에게 관련 서류를 첨부하여 하도급대금의 직접지급을 요청할 것 나. 발주자는 하수급인으로부터 하도급대금의 직접지급을 요청받은 때에는 그 사실을 즉시 수급인에게 통보하고, 하도급대금을 하수급인에게 지급할 것을 권고할 것 다. 발주자는 수급인이 나목의 권고를 받은 날부터 5일 이내에 하도급대금을 하수급인에게 지급하지 않은 경우 다음 공사대금부터 하수급인에게 직접 지급할 것. 이 경우 하수급인이 지급받지 못한 하도급대금을 포

인에게 직접 지급하여야 한다. <개정 2012. 12. 18., 2014. 5. 14.> 1. 발주자가 하도급대금을 직접 하수급인에게 지급하기로 발주자와 수급인 간 또는 발주자·수급인 및 하수급인이 그 뜻과 지급의 방법·절차를 명백하게 하여 합의한 경우 2. 하수급인이 시공한 부분에 대한 하도급 대금지급을 명하는 확정판결을 받은 경우 3. 수급인이 제34조제1항에 따른 하도급대금 지급을 2회 이상 지체한 경우로서 하수급인이 발주자에게 하도급대금의 직접 지급을 요청한 경우 4. 수급인의 지급정지, 파산, 그 밖에 이와 유사한 사유가 있거나 건설업 등록 등이 취소되어 수급인이 하도급대금을 지급할 수 없게 된 경우로서 하수급인이 발주자에게 하도급대금의 직접 지급을 요청한 경우 5. 수급인이 하수급인에게 정당한 사유 없이 제34조제2항에 따른 하도급대금 지급보증서를 주지 아니한 경우로서 발주자가 그 사실을 확인하거나 하수급인이 발주자에게 하도급대금의 직접 지급을 요청한 경우 6. 국가, 지방자치단체 또는 대통령령으로 정하는 공공기관이 발주한 건설공사에 대하여 공사 예정가격에 대비하여 국토교통부령으로 정하는 비율에 미달하는 금액으로 도급계약을 체결한 경우로서 하수급인이 발주자에게 하도급대금의 직접 지급을 요청한 경우 ③ 제2항 각 호의 어느 하나에 해당하는 사유가 발생하여 발주자가 하수급인에게 하도급대금을 직접 지급한 경우에는 발주자의 수급인에 대한 대금 지급채무와 수급인의 하수급인에 대한 하도급대금 지급채무는 그 범위에서 소멸한 것으로 본다.		함하여 지급하고, 수급인에게는 공사대금에서 이를 공제한 금액을 지급한다. 2. 법 제35조제1항제1호나목에 해당되어 직접 지급하는 경우에는 다음 각 목의 방법 및 절차에 따를 것 가. 발주자는 법 제29조제6항 각 호 외의 부분 본문에 따라 하도급 등의 통보를 받았거나 같은 조 제2항제1호, 제3항제1호 및 제5항 단서에 따라 서면승낙을 한 공사로서 법 제35조제1항제1호나목에 해당하는 공사에 대하여는 수급인이 공사대금청구 시 하수급인이 시공한 부분을 분명하게 적어 청구하도록 하되, 하도급대금의 수령인을 해당 하수급인으로 지정하도록 할 것 나. 발주자는 하도급대금을 하수급인에게 지급하고, 그 사실을 수급인에게 통보할 것 3. 법 제35조제1항제2호에 해당되어 직접지급하는 경우에는 다음 각목의 방법 및 절차에 의할 것 가. 발주자는 수급인이 파산 등으로 인하여 하도급대금을 지급할 수 없는 사유가 발생한 것을 확인한 때에는 기성부분과 하수급인이 시공한 부분의 금액을 확정한 후 하수급인에게 하도급대금의 직접지급을 청구할 수 있다는 뜻과 지급할 금액을 통보할 것 나. 하수급인은 가목의 통보를 받은 날부터 15일 이내에 하도급대금의 직접지급을 청구할 것 다. 발주자는 나목의 규정에 의한 청구를 한 하수급인에게 하도급대금을 직접지급하고, 그 사실을 수급인에게 통보할 것 라. 발주자는 하도급대금지급의 우선순위를 정함에 있어서 하도급대금을 직접지급받을 하수급인이 다수인 경우에는 하도급공사의 준공 또는 기성순위를 기준으로 하고, 그 시점이 같은 때에는 나목의 규정에 의한 하도급대금의 직접지급청구서의 접수일을 기준으로 할 것 4. 삭제 <2020. 10. 7.>

④ 수급인은 제1항제1호 각 목의 어느 하나에 해당하는 경우로서 하수급인에게 책임이 있는 사유로 자신이 피해를 입을 우려가 있다고 인정되는 경우에는 그 사유를 분명하게 밝혀 발주자에게 발주자가 하수급인에게 하도급대금을 직접 지급하는 것을 중지할 것을 요청할 수 있다.

⑤ 발주자는 제2항에도 불구하고 수급인으로부터 하도급계약과 관련하여 하수급인이 임금, 자재대금 등의 지급을 지체한 사실을 증명할 수 있는 서류를 첨부하여 그 하도급대금의 직접 지급을 중지하도록 요청받은 경우에는 하수급인에게 하도급대금을 직접 지급하지 아니할 수 있다.

⑥ 제1항이나 제2항에 따라 하수급인이 발주자로부터 하도급대금을 직접 지급받기 위하여 하수급인이 시공한 부분의 확인 등이 필요한 경우에는 수급인은 지체 없이 이에 필요한 조치를 하여야 한다.

⑦ 제1항 각 호의 어느 하나, 제2항제3호 또는 제4호에 따라 하도급대금을 직접 지급하는 경우에 그 지급 방법 및 절차는 국토교통부령으로 정한다. <개정 2013. 3. 23.>

[전문개정 2011. 5. 24.]

③ 법 제35조제2항제1호에 따라 발주자가 하도급대금을 직접 하수급인에게 지급하기로 합의한 경우에는 별지 제24호의5서식에 따라 하도급대금 직접지급 합의서를 작성해야 한다. <신설 2020. 3. 2.>

④ 법 제35조제2항제3호 또는 제4호에 따라 하도급대금을 직접지급하는 경우에는 「하도급거래 공정화에 관한 법률 시행령」 제9조를 준용한다. 이 경우 "수급사업자"는 "하수급인"으로, "원사업자"는 "수급인"으로 본다. <신설 2007. 12. 31., 2011. 11. 3., 2020. 3. 2.>

⑤ 법 제35조제2항제6호에서 "국토교통부령으로 정하는 비율"이란 100분의 70을 말한다. <신설 2014. 11. 14., 2020. 3. 2.>

⑥ 발주자는 수급인으로부터 법 제35조제4항에 따른 하도급대금의 직접지급의 중지요청을 받은 경우로서 하수급인에게 책임있는 사유로 인하여 수급인이 피해를 입을 우려가 있다고 인정하는 경우에는 하도급대금의 직접지급을 중지할 수 있으며, 중지하고자 하는 경우에는 하수급인에게 그 사실을 통보하여야 한다. <개정 1999. 9. 1., 2007. 12. 31., 2014. 11. 14., 2020. 3. 2.>

⑦ 제2항부터 제6항까지의 규정에 따른 하도급대금의 직접지급과 관련하여 이의가 있는 자는 법 제69조에 따른 건설분쟁조정위원회에 조정을 신청할 수 있다. <개정 2007. 12. 31., 2014. 11. 14., 2020. 3. 2.>

[시행일] 제29조제2항의 개정규정은 다음 각 목의 구분에 따른 날

가. 국가, 지방자치단체 또는 대통령령 제30423호 건설산업기본법 시행령 일부개정령 부칙 제2조에 따른 공공기관이 발주하는 공사: 2021년 1월 1일

나. 가목 외의 자가 발주하는 공사: 2022년 1월 1일

제36조(설계변경 등에 따른 하도급대금의 조정 등) ① 수급인은 하도급을 한 후 설계변경 또는 경제 상황의 변동에 따라 발주자로부터 공사금액을 늘려 지급받은 경우에 같은 사유로 목적물의 준공에 비용이 추가될 때에는 그가 금액을 늘려 받은 공사금액의 내용과 비율에 따라 하수급인에게 비용을 늘려 지급하여야 하고, 공사금액을 줄여 지급받은 때에는 이에 준하여 금액을 줄여 지급한다. ② 발주자는 발주한 건설공사의 금액을 설계변경 또는 경제 상황의 변동에 따라 수급인에게 조정하여 지급한 경우에는 대통령령으로 정하는 바에 따라 공사금액의 조정사유와 내용을 하수급인(제29조제3항에 따라 하수급인으로부터 다시 하도급받은 자를 포함한다)에게 통보하여야 한다. [전문개정 2011. 5. 24.]	**제34조의6(공사금액 조정사유 등)** ① 삭제 <2010. 5. 27.> ②법 제36조제2항의 규정에 의한 통보는 발주자가 설계변경 등에 따라 수급인에게 공사금액을 조정하여 지급한 날부터 15일 이내에 하여야 한다. ③ 제2항에 따른 통보의 내용 및 방법 등에 관한 구체적인 사항은 국토교통부령으로 정한다. <신설 2008. 12. 31., 2013. 3. 23.> [본조신설 2005. 6. 30.] [제34조의5에서 이동, 종전 제34조의6은 제34조의7로 이동 <2014. 11. 14.>]	**제30조(공사금액 조정에 관한 통보)** ① 영 제34조의6제3항에 따른 통보의 내용에는 공사금액 조정시기, 조정사유 및 조정률·금액 등을 포함하여야 한다. <개정 2014. 11. 14.> ② 발주자는 제1항의 사항을 문서(전자문서를 포함한다)로 통보하여야 하며, 하수급인으로부터 설계변경 등에 따른 해당 공사금액 조정내용에 대하여 열람을 요청받은 경우 특별한 사유가 없는 한 이에 응하여야 한다. [본조신설 2010. 6. 29.]
제36조의2(추가·변경공사에 대한 서면 확인 등) ① 수급인은 하수급인에게 설계변경 또는 그 밖의 사유로 당초 하도급계약의 산출내역에 포함되어 있지 아니한 공사(이하 "추가·변경공사"라 한다)를 요구하는 경우 해당 공사의 하수급인에게 추가·변경공사의 내용, 금액 및 기간 등 추가·변경공사와 관련하여 필요한 사항을 서면으로 요구하여야 한다. 이 경우 수급인은 필요시 발주자에게 서면으로 확인을 받을 수 있다. ② 제1항에 따른 서면 요구 및 발주자 확인 등에 필요한 사항은 대통령령으로 정한다. [본조신설 2015. 8. 11.]	**제34조의7(추가·변경공사에 대한 서면 요구 방법)** ① 수급인은 법 제36조의2제1항에 따라 같은 항에 따른 추가·변경공사(이하 "추가·변경공사"라 한다)에 관하여 하수급인에게 필요한 사항을 요구하거나 발주자에게 확인을 받으려는 경우에는 다음 각 호의 어느 하나에 해당하는 방법으로 하여야 한다. <개정 2020. 12. 8.> 1. 내용증명우편 2. 「전자문서 및 전자거래 기본법」 제2조제1호에 따른 전자문서로서 다음 각 목의 어느 하나에 해당하는 요건을 갖춘 것 가. 「전자서명법」 제2조제2호에 따른 전자서명(서명자의 실지명의를 확인할 수 있는 것으로 한정한다)이 있을 것 나. 「전자문서 및 전자거래 기본법」 제2조제8호에 따른 공인전자주소를 이용할 것 3. 그 밖에 서면 요구와 확인의 내용 및 수신 여부를 객관적으로 확인할 수 있는 방법	

<table>
<tr><td></td><td>② 제1항에 따른 요구와 확인은 하수급인과 발주자의 주소(전자우편주소 또는 제1항제2호나목에 따른 공인전자주소를 포함한다)로 하여야 한다.
[본조신설 2016. 2. 11.]
[종전 제34조의7은 제34조의8로 이동 <2016. 2. 11.>]</td><td></td></tr>
<tr><td>제37조(검사 및 인도) ① 수급인은 하수급인으로부터 하도급공사의 준공 또는 기성부분의 통지를 받으면 그 사실을 확인하기 위한 검사를 하여야 한다. 이 경우 수급인은 하수급인의 통지를 받은 날부터 10일 이내에 검사 결과를 하수급인에게 서면으로 통지하여야 한다. <개정 2012. 6. 1.>
② 수급인은 제1항에 따른 검사 결과 하도급공사가 설계 내용대로 준공되었을 때에는 지체 없이 이를 인수하여야 한다.
[전문개정 2011. 5. 24.]</td><td></td><td></td></tr>
<tr><td>제38조(불공정행위의 금지) ① 발주자 및 수급인은 수급인 또는 하수급인에게 도급계약을 체결한 공사(하도급공사를 포함한다)의 시공과 관련하여 자재구입처의 지정 등으로 수급인 또는 하수급인에게 불리하다고 인정되는 행위를 강요하여서는 아니 된다. <개정 2020. 10. 20.>
② 수급인은 하수급인에게 제22조, 제28조, 제34조, 제36조제1항, 제36조의2제1항, 제44조 또는 관계 법령 등을 위반하여 하수급인의 계약상 이익을 부당하게 제한하는 특약을 요구하여서는 아니 된다. 이 경우 부당한 특약의 유형은 대통령령으로 정한다. <개정 2012. 6. 1., 2015. 8. 11.>
③ 발주자가 국가, 지방자치단체 또는 대통령령으로 정하는 공공기관인 경우로서 제29조제6항에 따라 통보받은 하도급계약 등에 제2항에 따른 부당한 특약이 있는 경우 그 사유를 분명하게 밝혀 수급인에게 하도급계약 등의 내용변경을 요구하고, 해당 건설사업자의 등록관청에 그 사실을 통보하</td><td>제34조의8(부당특약의 유형) 법 제38조제2항 후단에 따른 부당한 특약의 유형은 다음 각 호와 같다. <개정 2011. 11. 1., 2012. 11. 27.>
1. 법 제22조에 따라 하도급금액산출내역서에 명시된 보험료를 하수급인에게 지급하지 아니하기로 하는 특약
2. 법 제22조제1항을 위반하여 수급인이 부당하게 하수급인에게 각종 민원처리, 임시 시설물 설치, 추가 공사 또는 현장관리 등에 드는 비용을 전가하거나 부담시키는 특약
3. 법 제28조에 따라 수급인이 부담하여야 할 하자담보책임을 하수급인에게 전가·부담시키거나 도급계약으로 정한 기간을 초과하여 하자담보책임을 부담시키는 특약
4. 법 제34조제1항에 따라 하수급인에게 지급하여야 하는 하도급대금을 현금으로 지급하거나 지급기한 전에 지급하는 것을 이유로 지나치게 감액하기로 하는 특약</td><td></td></tr>
</table>

여야 한다. <신설 2014. 5. 14., 2018. 12. 31., 2019. 4. 30.> [전문개정 2009. 12. 29.]	5. 법 제34조제4항에 따라 하수급인에게 지급하여야 하는 선급금을 지급하지 아니하기로 하는 특약 또는 선급금 지급을 이유로 기성금을 지급하지 아니하거나 하도급대금을 감액하기로 하는 특약 6. 법 제36조제1항에 따라 수급인이 발주자로부터 설계변경 또는 경제상황 변동에 따라 공사금액을 조정받은 경우에 하도급대금을 조정하지 아니하기로 한 특약 7. 법 제44조제1항에 따라 수급인이 부담하여야 할 손해배상책임을 하수급인에게 전가하거나 부담시키는 특약 [본조신설 2010. 5. 27.] [제34조의7에서 이동 <2016. 2. 11.>]	
제38조의2(부정한 청탁에 의한 재물 등의 취득 및 제공 금지) ① 발주자·수급인·하수급인(발주자, 수급인 또는 하수급인이 법인인 경우 해당 법인의 임원 또는 직원을 포함한다) 또는 이해관계인은 도급계약의 체결 또는 건설공사의 시공에 관하여 부정한 청탁을 받고 재물 또는 재산상의 이익을 취득하거나 부정한 청탁을 하면서 재물 또는 재산상의 이익을 제공하여서는 아니 된다. <개정 2016. 2. 3.> ② 국가, 지방자치단체 또는 대통령령으로 정하는 공공기관이 발주한 건설공사의 업체선정에 심사위원으로 참여한 자는 그 직무에 관하여 부정한 청탁을 받고 재물 또는 재산상의 이익을 취득하여서는 아니 된다. ③ 국가, 지방자치단체 또는 대통령령으로 정하는 공공기관이 발주한 건설공사의 업체 선정에 참여한 법인, 해당 법인의 대표자, 상업 사용인, 그 밖의 임원 또는 직원은 그 직무에 관하여 부정한 청탁을 받고 재물 또는 재산상의 이득을 취득하거나 부정한 청탁을 하면서 재물 또는 재산상의 이익을 제공하여서는 아니 된다. [전문개정 2011. 5. 24.]		

제38조의3(보복조치의 금지) ① 발주자는 수급인이 다음 각 호의 어느 하나에 해당하는 행위를 한 것을 이유로 그 수급인에 대하여 수주기회(受注機會)를 제한하거나 거래의 정지, 그 밖에 불이익을 주는 행위(이하 이 조에서 "불이익행위등"이라 한다)를 하여서는 아니 된다. 1. 발주자가 이 법을 위반하였음을 관계 기관 등에 신고한 행위 2. 제69조에 따른 건설분쟁 조정위원회에 대한 조정신청 ② 수급인의 하수급인에 대한 불이익행위등 및 건설사업자의 건설기계 대여업자, 제작납품업자 또는 가설기자재 대여업자에 대한 불이익행위등에 대하여는 제1항을 준용한다. 이 경우 "발주자"는 "수급인 또는 건설사업자"로, "수급인"은 "하수급인, 건설기계 대여업자, 제작납품업자 또는 가설기자재 대여업자"로 본다. <개정 2019. 4. 30., 2020. 4. 7.> [본조신설 2016. 2. 3.]		
제38조의4(불공정행위의 신고 등) ① 누구든지 국토교통부장관에게 다음 각 호의 사항에 대하여 신고할 수 있다. 다만, 「하도급거래 공정화에 관한 법률」에 따라 공정거래위원회에 신고된 사건은 제외한다. 1. 제22조제5항에 따른 건설공사 도급계약의 불공정한 체결 및 이행에 관한 사항 2. 제29조에 따른 건설공사 하도급 제한의 위반에 관한 사항 3. 제34조에 따른 하도급대금 지급 등에 관한 의무의 위반에 관한 사항 4. 제38조에 따른 불공정행위에 관한 사항 5. 그 밖에 건설산업의 불공정한 거래질서와 관련된 사항 ② 국토교통부장관은 「건설기술 진흥법」 제22조의3제2항에 따라 설치된 공정건설지원센터로 하여금 제1항에 따른 신고의 접수, 처리 등에 관한 업무를 수행하게 할 수 있다.	**제34조의9(포상금의 지급)** ① 법 제38조의4제3항에 따른 포상금(이하 이 조에서 "포상금"이라 한다)의 지급대상은 같은 조 제1항 각 호의 행위(이하 이 조에서 "불공정행위"라 한다)에 관한 사실과 이를 입증할 수 있는 증거자료를 최초로 제출한 자로 한다. 다만, 다음 각 호에 해당하는 자는 포상금 지급대상에서 제외한다. 1. 불공정행위를 한 발주자, 수급인 및 하수급인 2. 불공정행위로 피해를 입은 발주자, 수급인 및 하수급인 3. 동일한 불공정행위로 다른 법령에 따라 포상금을 지급받은 자 ② 포상금의 지급기준은 200만원 이내에서 불공정행위의 중대성 등을 고려하여 국토교통부장관이 정하여 고시한다. ③ 국토교통부장관은 특별한 사정이 없으면 처분권자가 불공정행위를 한 자에게 행정처분을 한 날부터 3개월 이내에 신고한 자에게 포상금을 지급해야 한다.	

③ 국토교통부장관은 제1항 각 호의 어느 하나에 해당하는 사항을 신고한 자에게 예산의 범위에서 포상금을 지급할 수 있다. ④ 제3항에 따른 포상금 지급의 대상, 기준 및 절차 등에 필요한 사항은 대통령령으로 정한다. [본조신설 2022. 2. 3.]	④ 포상금 지급에 관한 사항을 심의하기 위하여 「건설기술 진흥법」 제82조제1항 및 같은 법 시행령 제115조제2항제1호에 따라 공정건설지원센터의 운영업무를 수행하는 지방국토관리청에 포상금지급심사위원회를 둘 수 있다. ⑤ 제1항부터 제4항까지에서 규정한 사항 외에 포상금 지급의 구체적 기준, 절차·방법 및 포상금지급심사위원회의 설치·운영 등에 필요한 세부사항은 국토고통부장관이 정하여 고시한다. [본조신설 2022. 7. 19.]	

건설산업기본법 3단비교표 (제4장 시공 및 기술관리)

건설산업기본법 [법률 제21034호, 2025. 8. 26., 일부개정] [시행 2025. 11. 27.]	**건설산업기본법 시행령** [대통령령 제35868호, 2025. 11. 25., 일부개정] [시행 2025. 11. 27.]	**건설산업기본법 시행규칙** [국토교통부령 제1531호, 2025. 10. 31., 타법개정] [시행 2025. 10. 31.]
제4장 시공 및 기술관리	**제4장 시공 및 기술관리**	
제39조 삭제 <1999.4.15.>		
제40조(건설기술인의 배치) ① 건설사업자는 건설공사의 시공관리, 그 밖에 기술상의 관리를 위하여 대통령령으로 정하는 바에 따라 건설공사 현장에 건설기술인을 1명 이상 배치하여야 한다. 다만, 시공관리, 품질 및 안전에 지장이 없는 경우로서 일정 기간 해당 공종의 공사가 중단되는 등 국토교통부령으로 정하는 요건에 해당하여 발주자가 서면으로 승낙하는 경우에는 배치하지 아니할 수 있다. <개정 2013. 3. 23., 2018. 8. 14., 2019. 4. 30.> ② 제1항에 따라 건설공사 현장에 배치된 건설기술인은 발주자의 승낙을 받지 아니하고는 정당한 사유 없이 그 건설공사 현장을 이탈하여서는 아니 된다. <개정 2018. 8. 14.> ③ 발주자는 제1항에 따라 건설공사 현장에 배치된 건설기술인이 신체 허약 등의 이유로 업무를 수행할 능력이 없다고 인정하는 경우에는 수급인에게 건설기술인을 교체할 것을 요청할 수 있다. 이 경우 수급인은 정당한 사유가 없으면 이에 따라야 한다. <개정 2018. 8. 14.> [전문개정 2011. 5. 24.] [제목개정 2018. 8. 14.]	**제35조(건설기술인의 현장배치기준 등)** ① 법 제40조제1항에 따라 건설공사의 현장에 배치하여야 하는 건설기술인은 해당 공사의 공종에 상응하는 건설기술인이어야 하며, 해당 건설공사의 착수와 동시에 배치하여야 한다. <개정 2002. 9. 18., 2019. 3. 26.> ② 법 제40조제1항에 따른 건설기술인의 배치는 별표 5의 공사예정금액의 규모별 건설기술인 배치기준에 따라야 한다. 다만, 건설공사의 종류, 규모, 시공기술상의 특성 및 현지여건 등을 고려할 때 특히 필요하다고 인정되어 도급계약 당사자 간의 합의에 따라 공사현장에 배치해야 할 건설기술인의 자격종목·등급 또는 인원수를 따로 정한 때에는 그에 따른다. <개정 2019. 3. 26., 2021. 1. 5., 2025. 6. 2.> ③ 건설사업자는 다음 각 호의 어느 하나에 해당하는 공사에 대해서는 공사품질 및 안전에 지장이 없는 범위에서 발주자의 승낙을 받아 1명의 건설기술인을 2개의 건설공사현장에 배치할 수 있다. <개정 1998. 12. 31., 2008. 12. 31., 2012. 11. 27., 2019. 3. 26., 2020. 2. 18., 2021. 12. 28.>	**제30조의2(건설기술인 배치의 예외)** 법 제40조제1항 단서에서 "국토교통부령으로 정하는 요건"이란 다음 각 호의 어느 하나에 해당하는 경우를 말한다. <개정 2013. 3. 23.> 1. 민원 또는 계절적 요인 등으로 해당 공정의 공사가 일정 기간 중단된 경우 2. 예산의 부족, 용지의 미보상 등 발주자(하도급의 경우에는 수급인을 포함한다. 이하 이 조에서 같다)의 책임 있는 사유 또는 천재지변 등 불가항력으로 공사가 일정기간 중단된 경우 3. 발주자가 공사의 중단을 요청하는 경우 [본조신설 2011. 11. 3.] [제목개정 2019. 3. 26.] **제31조(건설기술인의 현장배치확인)** ① 건설사업자는 건설기술인을 공사현장에 배치한 때에는 영 제35조제5항에 따라 배치일부터 7일 이내에 해당 건설기술인이 별지 제25호서식의 현장배치확인표에 발주자의 확인을 받도록 해야 한다. <개정 2019. 3. 26., 2020. 3. 2.>

<table>
<tr>
<td></td>
<td>1. 공사예정금액 5억원 미만의 동일한 종류의 공사로서 다음 각 목의 어느 하나에 해당하는 공사
가. 동일한 시(특별시, 광역시 및 특별자치시를 포함한다)·군의 관할지역에서 시행되는 공사. 다만, 제주특별자치도의 경우 제주특별자치도의 관할지역에서 시행되는 공사를 말한다.
나. 시(특별시, 광역시 및 특별자치시를 포함한다)·군을 달리하는 인접한 지역에서 시행되는 공사로서 발주자가 시공관리 기타 기술상 관리에 지장이 없다고 인정하는 공사
2. 이미 시공중에 있는 공사의 현장에서 새로이 행하여지는 동일한 종류의 공사
④ 삭제 <1998. 12. 31.>
⑤ 건설사업자는 법 제40조제1항에 따라 건설기술인을 건설공사의 현장에 배치한 때에는 해당 건설기술인이 국토교통부령으로 정하는 바에 따라 그 배치사실에 대한 발주자의 확인을 받도록 해야 한다. <개정 2008. 2. 29., 2011. 11. 1., 2013. 3. 23., 2019. 3. 26., 2020. 2. 18.>
[제목개정 2019. 3. 26.]</td>
<td>② 공사현장에 배치된 건설기술인은 제1항의 현장배치확인표를 휴대하고 건설공사와 관련하여 관계인으로부터 제시 요구가 있는 때에는 이를 제시해야 한다. <개정 2019. 3. 26.>
[제목개정 2019. 3. 26.]</td>
</tr>
<tr>
<td>제41조(건설공사 시공자의 제한) ① 다음 각 호의 어느 하나에 해당하는 건축물의 건축 또는 대수선(大修繕)에 관한 건설공사(제9조제1항 단서에 따른 경미한 건설공사는 제외한다. 이하 이 조에서 같다)는 건설사업자가 하여야 한다. 다만, 다음 각 호 외의 건설공사와 농업용, 축산업용 건축물 등 대통령령으로 정하는 건축물의 건설공사는 건축주가 직접 시공하거나 건설사업자에게 도급하여야 한다. <개정 2011. 8. 4., 2016. 2. 3., 2017. 12. 26., 2019. 4. 30.>
1. 연면적이 200제곱미터를 초과하는 건축물
2. 연면적이 200제곱미터 이하인 건축물로서 다음 각 목의 어느 하나에 해당하는 경우</td>
<td>제36조(시공자의 제한을 받는 건축물) ① 법 제41조제1항제2호나목에서 "대통령령으로 정하는 경우"란 「건축법 시행령」 별표 1 제1호가목의 단독주택의 형태를 갖춘 가정어린이집·공동생활가정·지역아동센터 및 노인복지시설(노인복지주택은 제외한다)을 말한다. <신설 2012. 2. 2., 2018. 6. 26.>
② 법 제41조제1항제2호다목에서 "대통령령으로 정하는 건축물"이란 건축물의 전부 또는 일부가 다음 각 호의 어느 하나에 해당하는 용도로 사용되는 건축물을 말한다. <개정 2001. 7. 7., 2005. 5. 7., 2005. 11. 25., 2007. 12. 28., 2011. 11. 1., 2011. 12. 8., 2012. 2. 2., 2014. 3. 24., 2018. 6. 26.></td>
<td></td>
</tr>
</table>

가. 「건축법」에 따른 공동주택
나. 「건축법」에 따른 단독주택 중 다중주택, 다가구주택, 공관, 그 밖에 대통령령으로 정하는 경우
다. 주거용 외의 건축물로서 많은 사람이 이용하는 건축물 중 학교, 병원 등 대통령령으로 정하는 건축물

3. 삭제 <2017. 12. 26.>
4. 삭제 <2017. 12. 26.>

② 많은 사람이 이용하는 시설물로서 다음 각 호의 어느 하나에 해당하는 새로운 시설물을 설치하는 건설공사는 건설사업자가 하여야 한다. <개정 2019. 4. 30., 2024. 2. 27.>

1. 「체육시설의 설치·이용에 관한 법률」에 따른 체육시설 중 대통령령으로 정하는 체육시설
2. 「도시공원 및 녹지 등에 관한 법률」에 따른 도시공원 또는 도시공원에 설치되는 공원시설로서 대통령령으로 정하는 시설물
3. 「자연공원법」에 따른 자연공원에 설치되는 공원시설 중 대통령령으로 정하는 시설물
4. 「관광진흥법」에 따른 테마파크시설 중 대통령령으로 정하는 시설물

[전문개정 2011. 5. 24.]

1. 「초·중등교육법」, 「고등교육법」 또는 「사립학교법」에 의한 학교

1의2. 「영유아보육법」에 따른 어린이집
1의3. 「유아교육법」에 따른 유치원
1의4. 「장애인 등에 대한 특수교육법」에 따른 특수교육기관 및 장애인평생교육시설
1의5. 「평생교육법」에 따른 평생교육시설

2. 「학원의 설립·운영 및 과외교습에 관한 법률」에 의한 학원
3. 「식품위생법」에 의한 식품접객업중 유흥주점
4. 「공중위생관리법」에 의한 숙박시설
5. 「의료법」에 의한 병원(종합병원·한방병원 및 요양병원을 포함한다)
6. 「관광진흥법」에 의한 관광숙박시설 또는 관광객 이용시설중 전문휴양시설·종합휴양시설 및 관광공연장
7. 「건축법 시행령」 별표 1 제4호거목에 따른 다중생활시설
8. 「건축법 시행령」 별표 1 제14호에 따른 업무시설

[본조신설 2000. 4. 18.]
[제목개정 2012. 2. 2.]

제37조(시공자의 제한을 받지 아니하는 건축물) 법 제41조제1항 각 호 외의 부분 단서에서 "대통령령으로 정하는 건축물"이란 다음 각 호의 어느 하나에 해당하는 건축물을 말한다. <개정 2003. 11. 29., 2005. 5. 7., 2005. 11. 25., 2007. 12. 28., 2008. 10. 29., 2011. 11. 1., 2016. 8. 11.>

1. 농업·임업·축산업 또는 어업용으로 설치하는 창고·저장고·작업장·퇴비사·축사·양어장 기타 이와 유사한 용도의 건축물
2. 삭제 <2012. 2. 2.>

	3. 「주택법」 제4조에 따라 등록을 한 주택건설사업자가 같은 법 시행령 제17조제1항에 따른 자본금·기술능력 및 주택건설실적을 갖추고 같은 법 제15조에 따른 주택건설사업계획의 승인 또는 「건축법」 제11조에 따른 건축허가를 받아 건설하는 주거용건축물 [본조신설 2000. 4. 18.] **제38조(많은 사람이 이용하는 시설물)** ① 법 제41조제2항제1호에서 "대통령령으로 정하는 체육시설"이란 「체육시설의 설치·이용에 관한 법률 시행령」 별표 1에 따른 골프장(9홀 이상에 한정한다), 스키장 및 자동차경주장을 말한다. <개정 2011. 11. 1.> ② 법 제41조제2항제2호에서 "대통령령으로 정하는 시설물"이란 「도시공원 및 녹지 등에 관한 법률」 제2조에 따른 공원시설 중 다음 각 호의 어느 하나에 해당하는 시설물을 말한다. <개정 2008. 5. 26., 2011. 11. 1.> 1. 공연장(「공연법」 제9조에 따라 등록하여야 하는 공연장에 한정한다) 2. 봉안시설(면적이 10만 제곱미터 이상인 경우에 한정한다) 3. 묘지(면적이 10만 제곱미터 이상인 경우에 한정한다) ③ 법 제41조제2항제3호에서 "대통령령으로 정하는 시설물"이란 「자연공원법 시행령」 제2조에 따른 공원시설 중 다음 각 호의 어느 하나에 해당하는 시설물을 말한다. <개정 2011. 11. 1.> 1. 산지 또는 해안에 설치되는 사방시설(산지 또는 해안모래언덕의 면적이 1만 제곱미터 이상인 경우에 한정한다) 2. 길이가 1킬로미터 이상인 호안시설 ④ 법 제41조제2항제4호에서 "대통령령으로 정하는 시설물"이란 「관광진흥법 시행령」 제2조에 따른 종합테마파크업에 이용되는 테마파크시설 중 미로를 말한다. <개정 2011. 11. 1., 2025. 8. 26.> [본조신설 2007. 12. 28.] [제목개정 2011. 11. 1.]	

제42조(건설공사 표지의 게시) ① 건설사업자는 국토교통부령으로 정하는 바에 따라 건설공사의 공사명, 발주자, 시공자, 공사기간 등을 적은 표지를 건설공사 현장 인근의 사람들이 보기 쉬운 곳에 게시하여야 한다. <개정 2013. 3. 23., 2019. 4. 30.> ② 건설사업자는 국토교통부령으로 정하는 건설공사를 완공하면 그 공사의 발주자, 설계자, 감리자와 시공한 건설사업자의 상호 및 대표자의 성명 등을 적은 표지판을 국토교통부령으로 정하는 바에 따라 사람들이 보기 쉬운 곳에 영구적으로 설치하여야 한다. 다만, 건축공사의 경우 「건축법」 제48조의2에 따른 내진등급 및 같은 법 제48조의3에 따른 내진능력을 표지판에 포함하여야 한다. <개정 2013. 3. 23., 2017. 3. 21., 2019. 4. 30.> ③ 발주자는 제1항과 제2항에 따른 표지의 게시 비용 및 표지판의 설치 비용을 해당 건설공사의 공사 비용에 계상(計上)하여야 한다. [전문개정 2011. 5. 24.]		**제32조(건설공사표지 등)** ① 법 제42조제1항의 규정에 의하여 건설공사현장에 게시하여야 하는 표지는 별표 4와 같다. <개정 2017. 9. 20.> ② 법 제42조제2항에서 "국토교통부령으로 정하는 건설공사"란 영 별표 1에 따른 종합공사를 시공하는 건설업종에서 할 수 있는 건설공사를 말한다. <개정 2007. 12. 31., 2008. 3. 14., 2011. 11. 3., 2013. 3. 23.> ③ 법 제42조제2항에 따른 표지판은 석재 또는 금속 등을 사용한 영구적인 시설물로 설치해야 하며, 다음 각 호의 사항을 표기해야 한다. <개정 2019. 3. 26., 2025. 6. 2.> 1. 공사명 2. 공사기간 3. 발주자의 성명(국가·지방자치단체 또는 정부투자기관의 경우에는 당해 기관의 명칭) 4. 설계자의 성명(법인의 경우에는 상호 및 대표자 성명) 5. 감리자의 성명(감리전문회사의 경우에는 상호 및 대표자 성명) 6. 시공자의 상호 및 대표자의 성명 7. 현장에 배치된 건설기술자의 성명 및 기술자격종목 [본조신설 2002. 9. 18.]
제43조 삭제 〈1999.4.15.〉		
제44조(건설사업자의 손해배상책임) ① 건설사업자가 고의 또는 과실로 건설공사를 부실하게 시공하여 타인에게 손해를 입힌 경우에는 그 손해를 배상할 책임이 있다. <개정 2019. 4. 30.> ② 건설사업자는 제1항에 따른 손해가 발주자의 중대한 과실로 발생하였을 때에는 발주자에 대하여 구상권(求償權)을 행사할 수 있다. <개정 2019. 4. 30.>		

③ 수급인은 하수급인이 고의 또는 과실로 하도급받은 건설공사를 부실하게 시공하여 타인에게 손해를 입힌 경우에는 하수급인과 연대하여 그 손해를 배상할 책임이 있다. ④ 수급인은 제3항에 따라 손해를 배상하면 배상 책임이 있는 하수급인에 대하여 구상권을 행사할 수 있다. [전문개정 2011. 5. 24.] [제목개정 2019. 4. 30.]		

건설산업기본법 3단비교표 (제5장 경영합리화와 중소건설사업자 지원)

건설산업기본법 [법률 제21034호, 2025. 8. 26., 일부개정] [시행 2025. 11. 27.]	건설산업기본법 시행령 [대통령령 제35868호, 2025. 11. 25., 일부개정] [시행 2025. 11. 27.]	건설산업기본법 시행규칙 [국토교통부령 제1531호, 2025. 10. 31., 타법개정] [시행 2025. 10. 31.]
제5장 경영합리화와 중소건설사업자 지원 **(개정 2019.4.30.)**	**제5장 경영합리화와 중소건설사업자 지원** **(개정 2020.2.18.)**	
제45조(경영합리화 등의 노력) 건설사업자는 도급질서의 확립, 건설공사의 적절한 시공, 건전한 재무관리 등 경영합리화와 건설기술의 개발을 위하여 노력하여야 한다. <개정 2019. 4. 30.> [전문개정 2011. 5. 24.]		
제46조(중소건설사업자에 대한 지원) ① 국토교통부장관은 관계 중앙행정기관의 장과 협의하여 중소건설사업자에 대한 지원시책을 수립·시행할 수 있다. <개정 2013. 3. 23., 2019. 4. 30.> ② 관계 행정기관과 대통령령으로 정하는 공공기관의 장은 제1항에 따른 중소건설사업자 지원시책의 시행에 적극 협조하여야 한다. <개정 2013. 3. 23., 2019. 4. 30.> [전문개정 2011. 5. 24.] [제목개정 2019. 4. 30.]		

<table>
<tr>
<td>제47조(중소건설사업자 지원을 위한 조치) ① 국토교통부장관은 중소건설사업자를 지원하기 위하여 필요하면 건설공사를 발주하는 국가기관, 지방자치단체 또는 대통령령으로 정하는 공공기관에 중소건설사업자의 참여기회 확대와 그 밖에 필요한 조치를 할 것을 요청할 수 있다. <개정 2013. 3. 23., 2019. 4. 30.>
② 국토교통부장관은 중소건설사업자를 지원하기 위하여 필요하다고 인정하면 대통령령으로 정하는 바에 따라 대기업인 건설사업자가 도급받을 수 있는 건설공사의 공사금액의 하한을 정할 수 있다. <개정 2013. 3. 23., 2019. 4. 30.>
[전문개정 2011. 5. 24.]
[제목개정 2019. 4. 30.]</td>
<td>제39조(공사금액의 하한의 결정등) ① 법 제47조제1항에서 “대통령령으로 정하는 공공기관”이란 다음 각 호의 공공기관을 말한다. <개정 2019. 6. 18.>
1. 「공공기관의 운영에 관한 법률」 제5조에 따른 공기업 및 준정부기관
2. 「지방공기업법」 제49조 및 제76조에 따른 지방공사 및 지방공단
② 국토교통부장관이 법 제47조제2항에 따라 공사금액의 하한을 정할 수 있는 건설사업자는 법 제23조제1항에 따라 공시한 시공능력이 종합공사를 시공하는 업종을 등록한 건설사업자 중 100분의 3 이내에 해당하는 건설사업자로 한다. <개정 2007. 12. 28., 2008. 2. 29., 2013. 3. 23., 2020. 2. 18.>
③ 제2항에 따른 공사금액의 하한은 종합공사를 시공하는 업종을 등록한 건설사업자가 도급받아서는 안 되는 1건 공사의 공사예정금액으로 한다. <개정 2007. 12. 28., 2020. 2. 18.>
④ 국토교통부장관은 공사금액의 하한을 결정한 때에는 하한금액 및 하한금액이 적용되는 건설사업자와 대상공사를 관보에 고시하고 해당 건설사업자의 건설업등록수첩에 공사하한금액을 기재해야 한다. <개정 1999. 8. 6., 2007. 12. 28., 2008. 2. 29., 2008. 12. 31., 2013. 3. 23., 2020. 2. 18.></td>
<td></td>
</tr>
<tr>
<td>제48조(건설사업자 간의 상생협력 등) ① 국토교통부장관은 건설업의 균형 있는 발전과 건설공사의 효율적인 수행을 위하여 종합공사를 시공하는 업종을 등록한 건설사업자와 전문공사를 시공하는 업종을 등록한 건설사업자 간의 상생협력 관계 및 대기업인 건설사업자와 중소기업인 건설사업자 간의 상생협력 관계를 유지·발전하도록 하도급, 공동도급 등에 관한 지도를 할 수 있다. <개정 2013. 3. 23., 2019. 4. 30.></td>
<td>제40조(공동도급 등에 관한 지도) 국토교통부장관은 법 제48조제1항에 따라 건설사업자 간의 상생협력관계를 유지하도록 하기 위하여 필요하다고 인정하는 경우에는 공동도급등에 관하여 다음 각 호의 사항을 정하여 고시하고 그에 따른 지도를 할 수 있다. <개정 1999. 8. 6., 2008. 2. 29., 2010. 5. 27., 2013. 3. 23., 2020. 2. 18.>
1. 발주자와 공동수급체간 또는 공동수급체의 구성원 상호간의 시공상 책임한계와 공사실적의 인정 등 공동도급의 유형과 그 운영에 관한 기준
2. 건설사업자 간의 상생협력에 관한 권장사항</td>
<td></td>
</tr>
</table>

② 국토교통부장관은 건설사업자 간의 상생협력 관계를 유지하도록 하기 위하여 종합공사를 시공하는 업종을 등록한 건설사업자로 하여금 시공할 공사와 관련이 있는 업종의 건설사업자를 협력업자로 등록받도록 지도할 수 있다. <개정 2013. 3. 23., 2019. 4. 30.> ③ 제2항에 다라 등록을 받은 건설사업자와 등록한 협력업자는 다음 각 호의 사항에 관하여 상생협력하여야 한다. <개정 2019. 4. 30.> 1. 건설공사를 도급받거나 하도급하는 경우 협력업자를 공동수급인이나 하수급인으로 우선 선정 2. 건설공사에 관한 기술 및 정보의 교환 3. 건설공사 수행에 필요한 인력 또는 자금 지원이나 기술개발에 대한 지원 ④ 국토교통부장관은 제1항과 제2항에 따른 지도를 이행한 실적이나 협력업자와의 협력 관계를 평가하여 그 실적이 우수한 종합공사를 시공하는 업종을 등록한 건설사업자를 시공능력 평가나 공사 발주 시 우대하도록 관계 기관에 협조를 요청할 수 있다. <개정 2013. 3. 23., 2019. 4. 30.> ⑤ 제1항에 따른 지도, 제2항에 따른 협력업자의 등록 및 건설업체 간의 협력에 필요한 사항은 대통령령으로 정한다. [전문개정 2011. 5. 24.] [제목개정 2019. 4. 30.]	3. 건설사업자 간의 상생협력의 평가에 관한 기준 **제41조(협력업자의 등록)** ① 국토교통부장관은 법 제48조제2항에 따라 종합공사를 시공하는 업종을 등록한 건설사업자에게 협력업자의 등록을 받게 하려는 경우에는 등록업종, 등록범위 및 그 밖에 등록에 필요한 사항을 정할 수 있다. <개정 2007. 12. 28., 2008. 2. 29., 2013. 3. 23. 2020. 2. 18.> ② 종합공사를 시공하는 업종을 등록한 건설사업자는 법 제48조제2항에 따라 협력업자로 등록하려는 건설사업자에 대하여 공사경험·공사실적·재무구조 등을 심사할 수 있다. <개정 2007. 12. 28., 2020. 2. 18.> ③ 법 제48조제2항의 규정에 의하여 등록을 하는 경우 그 등록의 유효기간은 1년으로 하되, 당사자간의 합의에 의하여 1년씩 연장할 수 있다. **제42조(준수사항)** ① 법 제48조제2항에 따라 협력업자로 등록을 하는 경우 그 등록을 받는 종합공사를 시공하는 업종을 등록한 건설사업자와 등록을 하는 건설사업자는 합의로 상호준수사항을 정해야 하며, 각각 대등한 입장에서 신의에 따라 성실히 준수사항을 이행해야 한다. <개정 2007. 12. 28., 2020. 2. 18.> ② 법 제48조제2항에 따라 등록을 받는 종합공사를 시공하는 업종을 등록한 건설사업자는 등록을 한 협력업자와 합의하여 공사수행을 위한 자금 또는 기술등을 지원할 수 있다. 이 경우 종합공사를 시공하는 업종을 등록한 건설사업자는 지원을 이유로 협력업자의 경영이나 업무에 간섭해서는 안 된다. <개정 2007. 12. 28., 2020. 2. 18.> **제43조(하도급계약의 특례)** 법 제48조제2항에 따라 등록을 받은 종합공사를 시공하는 업종을 등록한 건설사업자와 등록을 한 협력업자가 제25조제1항 각 호의 사항이 포함된 하도급계약내용을 일괄하여 약정하는 경우에는 등록사항으로 명시된 사항은 하도급계약서에 기재하지 않을 수 있다. <개정 2007. 12. 28., 2020. 2. 18.>	

<table>
<tr>
<td></td>
<td>제44조(협력업자등록의 해지) 법 제48조제2항에 따라 등록을 받은 종합공사를 시공하는 업종을 등록한 건설사업자 또는 등록한 협력업자는 상대방이 제42조에 따른 준수사항을 이행하지 않는 경우에는 등록관계를 해소할 수 있다. <개정 2007. 12. 28., 2020. 2. 18.></td>
<td></td>
</tr>
<tr>
<td>제48조의2(건설근로자 고용평가) ① 국토교통부장관은 건설근로자에 대한 처우개선을 위하여 건설사업자의 신청이 있는 경우 그 건설사업자의 건설근로자 고용 실태, 복지증진 노력 등에 대한 사항을 평가(이하 "건설근로자 고용평가"라 한다)하고, 그 평가 결과가 우수한 건설사업자에 대해서는 시공능력평가 등을 우대하도록 관계 기관에 협조를 요청할 수 있다. <개정 2019. 4. 30.>
② 국토교통부장관은 건설근로자 고용평가를 실시하기 위하여 필요한 경우에는 건설근로자 고용평가를 신청한 건설사업자의 고용보험, 가족친화 인증, 사내근로복지기금 조성 및 사업시행 현황에 관한 자료 등 대통령령으로 정하는 자료의 제공을 관계 기관·단체의 장에게 요청할 수 있다. 이 경우 자료 제공을 요청받은 관계 기관·단체의 장은 특별한 사유가 없으면 이에 따라야 한다. <신설 2020. 4. 7.>
③ 건설근로자 고용평가의 평가방법, 평가절차, 그 밖에 필요한 사항은 국토교통부령으로 정한다. <개정 2020. 4. 7.>
[본조신설 2018. 12. 18.]</td>
<td>제44조의2(건설근로자 고용평가의 자료) 법 제48조의2제2항 전단에서 "건설사업자의 고용보험, 가족친화 인증, 사내근로복지기금 조성 및 사업시행 현황에 관한 자료 등 대통령령으로 정하는 자료"란 다음 각 호의 자료를 말한다.
1. 건설사업자 소속 건설근로자에 대한 고용보험 가입 현황에 관한 자료
2. 「가족친화 사회환경의 조성 촉진에 관한 법률」 제15조제1항에 따른 가족친화인증을 확인할 수 있는 자료
3. 「근로복지기본법」 제50조에 따른 사내근로복지기금 설치와 그 관리·운용 현황에 관한 자료
4. 그 밖에 건설사업자의 건설근로자 고용 실태와 복지증진 노력 등에 대한 사항을 평가하는데 필요한 자료로서 국토교통부령으로 정하는 자료
[본조신설 2020. 10. 8.]</td>
<td>제32조의2(건설근로자 고용평가 방법 등) ① 법 제48조의2제1항에 따른 건설사업자의 건설근로자 고용 실태, 복지증진 노력 등에 대한 사항을 평가(이하 "건설근로자 고용평가"라 한다) 받고자 하는 건설사업자는 매년 4월 15일까지 다음 각 호의 서류(전자문서를 포함한다)를 국토교통부장관에게 제출해야 한다.
1. 별지 제25호의2서식의 건설근로자 고용평가 신청서
2. 고용보험 피보험자격 취득자 내역
② 국토교통부장관은 법 제48조의2제1항에 따라 건설근로자 고용평가를 하는 경우에 별표 6의 방법에 따른다.
[본조신설 2019. 6. 19.]</td>
</tr>
<tr>
<td>제49조(건설사업자의 실태조사 등) ① 국토교통부장관 또는 지방자치단체의 장(제91조제1항에 따라 위임받은 사무를 처리하기 위하여 필요한 경우에만 해당한다. 이하 이 조에서 같다)은 등록기준에의 적합 여부, 하도급의 적정성, 성실시공 여부 등을 판단하기 위하여 필요하다고 인정하면 기간을 정하여 건설사업자로부터 그 업무, 재무관리 상태, 시공 상황 등에 관한 보고를 받을 수 있고, 소속 공무원으</td>
<td>제45조(건설사업자의 실태조사 등) ① 국토교통부장관 또는 지방자치단체의 장(제86조제1항에 따라 위임받은 사무의 처리를 위하여 필요한 경우에 한정한다)은 법 제49조제1항에 따라 소속 공무원에게 경영실태를 조사하게 하거나 자재·시설을 검사하게 하는 때에는 그 사유를 미리 건설사업자에게 통보해야 한다. <개정 2007. 12. 28., 2008. 2. 29., 2013. 3. 23., 2020. 2. 18.></td>
<td>제33조(전문경영진단기관) 법 제49조제2항에서 "국토교통부령으로 정하는 요건"이란 다음 각 호의 요건을 말한다. <개정 2002. 9. 18., 2003. 8. 26., 2005. 1. 15., 2008. 3. 14., 2008. 12. 31., 2011. 11. 3., 2013. 3. 23., 2020. 3. 2., 2023. 5. 3.>
1. 당해 법인의 설립목적이나 사업의 범위에 기업경영연구 또는 기업진단이 포함되어 있을 것</td>
</tr>
</table>

로 하여금 대통령령으로 정하는 바에 따라 건설사업자의 경영실태를 조사하게 하거나 공사 시공에 필요한 자재 또는 시설을 검사하게 할 수 있다. <개정 2013. 3. 23., 2019. 4. 30., 2020. 6. 9.>

② 국토교통부장관 또는 지방자치단체의 장은 다음 각 호의 어느 하나에 해당하는 경우로서 필요한 때에는 공인회계사, 세무사 또는 국토교통부령으로 정하는 요건을 갖춘 전문경영진단기관으로 하여금 건설사업자의 재무관리상태를 진단하게 할 수 있다. <개정 2012. 1. 17., 2012. 6. 1., 2013. 3. 23., 2019. 4. 30.>

1. 제1항에 따른 건설사업자의 경영실태를 조사하기 위한 경우
2. 건설사업자 또는 제9조에 따른 건설업 등록을 하려는 자가 건설업 등록기준에 적합한지 여부를 확인하기 위한 경우

③ 국토교통부장관 또는 지방자치단체의 장은 제1항에 따라 건설사업자의 경영실태를 조사하기 위하여 필요하다고 인정하면 건설공사의 발주자, 「건설기술 진흥법」 제2조제9호에 따른 건설엔지니어링사업자, 그 밖에 건설공사 관계기관(이하 이 조에서 "건설공사 관계 기관등"이라 한다)에 대하여 건설공사의 시공 상황에 관한 자료를 제출할 것을 요구할 수 있다. 이 경우 건설공사 관계 기관등은 특별한 사유가 없으면 이에 협조하여야 한다. <개정 2013. 3. 23., 2013. 5. 22., 2016. 2. 3., 2019. 4. 30., 2021. 3. 16.>

④ 국토교통부장관 또는 지방자치단체의 장은 제1항에 따른 조사를 하려면 조사 시작 7일 전까지 조사 일시, 조사 이유 및 조사 내용 등 조사계획을 미리 조사대상자에게 알려야 한다. 다만, 긴급한 경우나 사전에 알리면 증거인멸 등으로 조사 목적을 달성할 수 없다고 인정하는 경우에는 미리 알리지 아니할 수 있다. <개정 2013. 3. 23.>

② 법 제49조제1항의 규정에 의한 조사 또는 검사를 하는 공무원이 준수하여야 할 사항에 관하여 필요한 사항은 국토교통부령으로 정할 수 있다. <개정 2008. 2. 29., 2013. 3. 23.>

③ 법 제49조제7항에 따른 경영실태의 조사는 법 제10조에 따른 건설업 등록기준에의 적합 여부에 관한 조사를 그 내용으로 한다. <신설 2016. 8. 4.>

④ 국토교통부장관 또는 지방자치단체의 장은 법 제49조제7항에 따라 경영실태의 조사를 할 때에는 조사의 기간, 내용 및 사유를 해당 건설사업자에게 통보해야 한다. <신설 2016. 8. 4., 2020. 2. 18.>

⑤ 국토교통부장관은 제3항 및 제4항에서 규정한 사항 외에 경영실태의 조사에 필요한 사항을 정하여 고시할 수 있다. <신설 2016. 8. 4.>

[본조신설 2005. 6. 30.]

[제목개정 2020. 2. 18.]

2. 삭제 <2003. 8. 26.>
3. 「공인회계사법」에 따라 등록한 공인회계사 또는 「경영지도사 및 기술지도사에 관한 법률」 제8조에 따라 등록한 재무관리경영지도사(「주식회사 등의 외부감사에 관한 법률 」에 따른 외부감사대상이 되는 건설사업자를 제외한 건설사업자의 재무관리상태를 진단하는 경우로 한정한다) 2인 이상을 상시 고용하고 있을 것

제34조(증표의 서식) 법 제49조제5항에 따른 증표는 별지 제26호서식에 의한다. <개정 2011. 11. 3.>

⑤ 제1항에 따라 조사 또는 검사를 하는 공무원은 그 권한을 표시하는 증표를 지니고 이를 관계인에게 보여 주어야 하고, 조사 관련 장소에 출입할 때에는 성명, 출입시간, 출입 목적 등이 표시된 문서를 관계인에게 주어야 한다. ⑥ 국토교통부장관은 지방자치단체의 장에게 제1항부터 제3항까지의 규정에 따른 실태조사 등의 조치를 명할 수 있고, 그 조치 결과를 보고할 것을 요구할 수 있다. <개정 2013. 3. 23.> ⑦ 제1항 및 제6항에도 불구하고 국토교통부장관은 대통령령으로 정하는 바에 따라 연 1회 이상 건설사업자의 경영실태 조사를 실시하거나, 지방자치단체의 장에게 조사를 실시하여 그 결과를 보고하도록 요구하여야 한다. <신설 2016. 2. 3., 2019. 4. 30.> [전문개정 2011. 5. 24.] [제목개정 2019. 4. 30.]		
제49조의2(자료요청) 국토교통부장관은 건설업 등록기준에의 적합 여부를 확인하기 위하여 필요한 자료로서 기술능력에 해당하는 자의 고용보험, 국민연금보험, 국민건강보험, 산업재해보상보험에 관한 자료를 관계 기관의 장에게 요청할 수 있다. 이 경우 자료의 제공을 요청받은 관계 기관의 장은 특별한 사유가 없으면 이에 따라야 한다. [본조신설 2018. 12. 31.]		

건설산업기본법 3단비교표 (제6장 건설사업자의 단체)

건설산업기본법 [법률 제21034호, 2025. 8. 26., 일부개정] [시행 2025. 11. 27.]	건설산업기본법 시행령 [대통령령 제35868호, 2025. 11. 25., 일부개정] [시행 2025. 11. 27.]	건설산업기본법 시행규칙 [국토교통부령 제1531호, 2025. 10. 31., 타법개정] [시행 2025. 10. 31.]
제6장 건설사업자의 단체 **(개정 2019.4.30.)**	**제6장 건설사업자의 단체** **(개정 2020.2.18.)**	
제50조(협회의 설립) ① 건설사업자의 품위 보전, 건설기술의 개발, 그 밖에 건설업의 건전한 발전을 위하여 건설사업자는 건설사업자단체(이하 "협회"라 한다)를 설립할 수 있다. <개정 2019. 4. 30.> ② 협회는 법인으로 한다. ③ 협회는 주된 사무소의 소재지에서 설립등기를 함으로써 성립한다. ④ 협회 회원의 자격과 임원에 관한 사항 등은 정관으로 정한다. ⑤ 협회 정관의 기재 사항과 협회에 대한 감독에 필요한 사항은 대통령령으로 정한다. [전문개정 2011. 5. 24.]	**제46조(협회 상호 간의 협력관계)** 법 제50조제1항에 따라 설립된 건설사업자단체(이하 "협회"라 한다)는 상호 간에 사업을 이용하거나 공동으로 사업을 수행할 수 있다. <개정 2020. 2. 18.> [전문개정 1999. 8. 6.] [제목개정 2020. 2. 18.] **제47조(협회의 정관기재사항)** 법 제50조제5항의 규정에 의한 협회의 정관의 기재사항은 다음 각호와 같다 <개정 1999. 8. 6.> 1. 목적 2. 명칭 3. 주된 사무소의 소재지 4. 사업의 내용 5. 회원의 자격 6. 임원의 정수·임기 및 선출방법 7. 총회의 구성 및 의결사항 8. 이사회의 구성 및 의결사항 9. 자산 및 회계에 관한 사항 10. 정관의 변경절차	

	제48조(협회의 감독) 협회는 매 회계연도 개시전까지 사업계획과 수지예산서를 국토교통부장관에게 제출하여야 한다. <개정 1999. 8. 6., 2008. 2. 29., 2013. 3. 23.>	
제51조(협회 설립의 인가 절차 등) ① 협회를 설립하려면 회원 자격이 있는 건설사업자 5인 이상이 발기하고 회원 자격이 있는 건설사업자 중 대통령령으로 정하는 수 이상의 동의를 받아 창립 총회에서 정관을 작성한 후 국토교통부장관에게 인가를 신청하여야 한다. <개정 2013. 3. 23., 2019. 4. 30.> ② 국토교통부장관은 제1항에 따른 신청을 인가하면 그 사실을 공고하여야 한다. <개정 2013. 3. 23.> ③ 협회가 성립되고 임원이 선임될 때까지 필요한 사무는 발기인이 처리한다. [전문개정 2011. 5. 24.]	**제49조(협회 설립 시 동의를 얻어야 하는 건설사업자의 수)** 법 제51조제1항에서 "대통령령으로 정하는 수"란 10분의 1을 말한다. <개정 1999. 8. 6., 2011. 11. 1.> [제목개정 2020. 2. 18.]	
제52조(건의와 자문 등) ① 협회는 건설업에 관한 사항에 대하여 정부에 건의할 수 있고, 건설업에 관한 정부의 자문에 응하여야 한다. ② 협회는 회원 또는 회원 자격을 가진 건설사업자가 이 법을 위반한 사실을 발견하면 그 내용을 확인하여 국토교통부장관에게 보고하여야 한다. <개정 2013. 3. 23., 2019. 4. 30.> [전문개정 2011. 5. 24.]		
제53조(「민법」의 준용) 협회에 관하여 이 법에 규정된 사항을 제외하고는 「민법」 중 사단법인에 관한 규정을 준용한다. [전문개정 2011. 5. 24.]		

건설산업기본법 3단비교표 (제7장 건설 관련 공제조합 및 건설보증)

건설산업기본법 [법률 제21034호, 2025. 8. 26., 일부개정] [시행 2025. 11. 27.]	건설산업기본법 시행령 [대통령령 제35868호, 2025. 11. 25., 일부개정] [시행 2025. 11. 27.]	건설산업기본법 시행규칙 [국토교통부령 제1531호, 2025. 10. 31., 타법개정] [시행 2025. 10. 31.]
제7장 건설 관련 공제조합 및 건설보증 **(개정 2011.5.24.)**	**제7장 건설 관련 공제조합**	
제54조(공제조합의 설립) ① 건설사업자 상호간의 협동조직을 통하여 자율적인 경제활동을 도모하고 건설업 운영 및 건설산업의 건전한 발전에 필요한 각종 보증과 자금 융자 등을 위하여 건설사업자는 공제조합을 설립할 수 있다. <개정 2019. 4. 30., 2025. 8. 26.> ② 제1항에 따른 공제조합은 법인으로 한다. ③ 공제조합은 주된 사무소의 소재지에서 설립등기를 함으로써 성립한다. ④ 공제조합 조합원의 자격, 임원에 관한 사항, 출자 및 융자에 관한 사항 및 공제조합의 운영에 관한 사항은 정관으로 정한다. ⑤ 공제조합 정관의 기재 사항, 보증대상 및 보증한도는 대통령령으로 정한다. [전문개정 2011. 5. 24.]	**제50조(정관의 기재사항)** 법 제54조제5항의 규정에 의한 공제조합(이하 "공제조합"이라 한다)의 정관의 기재사항은 다음 각호와 같다. <개정 1999. 8. 6.> 1. 목적 2. 명칭 3. 사무소의 소재지 4. 출자 1좌의 금액과 그 납입방법 및 지분계산에 관한 사항 5. 조합원의 자격과 가입·탈퇴에 관한 사항 6. 자산 및 회계에 관한 사항 7. 총회에 관한 사항 8. 운영위원회에 관한 사항 9. 임원 및 직원에 관한 사항 10. 융자에 관한 사항 11. 업무와 그 집행에 관한 사항 12. 정관의 변경에 관한 사항 13. 해산과 잔여재산의 처리에 관한 사항 14. 공고의 방법에 관한 사항	

제51조(운영위원회) ① 공제조합에는 운영위원회를 둔다. <개정 1999. 8. 6.>

② 운영위원회는 다음 각 호의 위원으로 구성하되, 조합원인 운영위원의 수는 전체위원 수의 2분의 1 미만으로 한다. <개정 1999. 8. 6., 2002. 9. 18., 2003. 8. 21., 2007. 12. 28., 2008. 2. 29., 2011. 11. 1., 2013. 3. 23., 2016. 2. 11., 2021. 4. 6., 2023. 8. 8.>

1. 총회가 조합원 중에서 출자좌수 등 국토교통부장관이 정하는 기준에 따라 직접·무기명투표로 선출하는 14명 이하의 위원
2. 기획재정부장관이 그 소속공무원중에서 지명하는 사람 1명
3. 국토교통부장관이 그 소속공무원중에서 지명하는 사람 1명
4. 삭제 <2021. 4. 6.>
5. 삭제 <2021. 4. 6.>
6. 다음 각 목의 어느 하나에 해당하는 자로서 국토교통부장관이 위촉하는 14명 이하의 위원
   가. 대학 또는 정부출연연구기관에서 부교수 또는 책임연구원이상으로 재직하고 있거나 재직하였던 자로서 건설산업분야 또는 금융분야를 전공한 자
   나. 변호사 또는 공인회계사의 자격이 있는 자
   다. 금융감독원 또는 금융기관에서 임원이상의 직에 있거나 있었던 자
   라. 공제조합 관련 업무에 관한 학식과 경험이 풍부한 자로서 해당 업무에 2년 이상 종사한 자

③ 제2항제1호 및 제6호의 위원의 임기는 2년으로 하며, 한 차례만 연임할 수 있다. 다만, 보궐위원의 임기는 전임위원 임기의 남은 기간으로 한다. <개정 1998. 12. 31., 1999. 8. 6., 2021. 4. 6.>

	④ 운영위원회에 위원장 1명과 부위원장 1명을 두되, 위원장 및 부위원장은 위원 중에서 위원의 직접·무기명투표로 각각 선출한다. 이 경우 위원장과 부위원장 중 1명은 제2항 제6호의 위원 중에서 선출해야 한다. <개정 2016. 2. 11., 2021. 4. 6.> ⑤ 위원장은 운영위원회를 소집하며 그 의장이 된다. ⑥ 운영위원회는 다음 사항을 심의·의결하며 공제조합의 업무집행을 감독할 수 있다. <개정 1999. 8. 6., 2021. 4. 6.> 1. 사업계획 기타 업무운영 및 관리에 관한 기본방침 2. 예산 및 결산에 관한 사항 3. 차입금에 관한 사항 4.임원의 임면에 관한 사항 5. 기타 정관이 정하는 사항 ⑦ 위원장은 다음 각 호의 사항을 심의하기 위하여 운영위원회를 소집하려는 경우에는 그 소집 전에 국토교통부장관에게 해당 사항을 알리고 관련 자료를 제출해야 한다. <신설 2021. 4. 6.> 1. 법 제56조제2항 각 호의 사업에 관한 사업계획 수립 또는 변경 2. 예산 및 결산에 관한 사항 3. 법 제56조제1항제1호 및 제5호의 보증사업 및 공제사업에 대한 책임성을 확보하고 그 밖에 같은 조에 따른 공제조합의 사업을 건전하게 운영하는 데 중요한 영향을 미치는 사항이라고 위원장 또는 부위원장이 인정하는 사항 ⑧ 국토교통부장관은 제7항에 따라 관련 자료를 제출받은 경우에는 같은 항에 따른 심의 사항에 대하여 재검토 요청을 할 수 있다. <신설 2021. 4. 6.> ⑨ 공제조합 이사장은 운영위원회의 심의에 출석하여 의견을 제출할 수 있다. <신설 2021. 4. 6.>	

	제52조(위원의 제척 · 기피 · 회피) ① 운영위원회 안건이 다음 각 호의 어느 하나에 해당하는 경우에는 해당 위원은 운영위원회의 심의 · 의결에서 제척된다. 1. 특정 조합원에게 채무보증, 담보제공, 채무경감을 하는 등의 재정적 지원에 관한 안건인 경우로서 해당 지원을 받는 자가 다음 각 목의 어느 하나에 해당하는 자인 경우 가. 위원 또는 위원의 배우자나 배우자였던 사람 나. 위원의 친족이거나 친족이었던 사람 다. 위원 또는 위원이 속한 기관 · 단체 · 법인이 자문 · 연구 · 용역 등을 행하고 있는 자 2. 거래계약을 포함하는 안건인 경우로서 계약의 당사자가 제1호 각 목의 어느 하나에 해당하는 자인 경우 ② 공제조합 이사장, 위원 또는 조합원은 제1항에 따른 제척 사유가 있거나 공정한 심의 · 의결을 기대하기 어려운 사정이 있는 위원에 대하여 운영위원회에 기피 신청을 할 수 있고, 운영위원회는 의결로 기피 여부를 결정한다. 이 경우 기피 신청의 대상인 위원은 그 의결에 참여할 수 없다. ③ 위원이 제1항에 따른 제척 사유 또는 제2항에 따른 기피 사유에 해당하는 경우에는 스스로 해당 안건의 심의 · 의결에서 회피해야 한다. [본조신설 2021. 4. 6.]	
제54조의2(분리공제조합 설립에 따른 창업비용 및 출자금의 이체 등) ① 기존 공제조합으로부터 분리하여 공제조합(이하 이 조에서 "분리공제조합"이라 한다)을 설립하는 경우 발기인은 국토교통부장관의 승인을 받아 분리공제조합의 설립에 소요되는 창업비용을 기존 공제조합으로부터 차입하여 집행할 수 있으며, 차입신청을 받은 기존 공제조합은 자금의 운용에 관한 정관의 규정에도 불구하고 이를 융자할 수 있다.		

<table>
<tr><td>② 제55조제2항에 따라 국토교통부장관이 분리공제조합 설립을 인가하고 기존 공제조합이 출자금 이체를 동의한 경우 기존 공제조합에 납입되어 있는 해당 분리공제조합의 조합원 가입 신청서를 제출한 자의 출자금은 신설되는 분리공제조합의 출자금으로 본다. 이 경우 출자지분의 계산기준과 그 이체방법 등에 필요한 사항은 국토교통부장관이 정한다.
③ 기존 공제조합은 제2항에 따라 출자금을 이체함과 동시에 감자정리하여야 한다. 이 경우 기존 공제조합은 별도의 감자절차를 필요로 하지 아니한다.
④ 분리공제조합이 기존 공제조합으로부터 해당 분리공제조합의 조합원이 될 자의 출자금을 이체받은 때에는 지체 없이 국토교통부장관이 정하는 바에 따라 출자증권을 발행하여 교부하여야 한다.
⑤ 기존 공제조합이 분리공제조합의 조합원이 되는 자와의 관계에서 가지는 권리·의무는 분리공제조합의 업무개시일부터 해당 분리공제조합이 이를 승계한다.
[본조신설 2016 2. 3.]</td><td></td><td></td></tr>
<tr><td>제55조(공제조합 설립의 인가 절차 등) ① 공제조합을 설립하려면 조합원 자격이 있는 건설사업자 200명 이상이 발기하고 조합원 자격이 있는 건설사업자 중 대통령령으로 정하는 수 이상의 동의를 받아 창립 총회에서 정관을 작성한 후 국토교통부장관에게 인가를 신청하여야 한다. <개정 2013. 3. 23., 2019. 4. 30.>
② 국토교통부장관은 제1항에 따른 신청을 인가하면 그 사실을 공고하여야 한다. <개정 2013. 3. 23.>
③ 공제조합이 성립되고 임원이 선임될 때까지 필요한 사무는 발기인이 처리한다.
[전문개정 2011. 5. 24.]</td><td>제53조(공제조합 설립 시 동의를 얻어야 하는 건설사업자의 수) 법 제55조제1항에서 "대통령령으로 정하는 수"란 3분의 1을 말한다. <개정 1999. 8. 6., 2011. 11. 1.>
[제목개정 2020. 2. 18.]

제54조(등기) ①공제조합은 설립인가를 받은 때에는 주사무소의 소재지에서 다음 각호의 사항을 등기하여야 한다. <개정 1999. 8. 6.>
1. 목적
2. 명칭
3. 사업
4. 사무소의 소재지
5. 설립인가의 연월일</td><td></td></tr>
</table>

6. 출자금의 총액
7. 출자 1좌의 금액
8. 출자의 방법
9. 출자증권양도의 제한에 관한 사항
10. 임원의 성명 및 주민등록번호(이사장인 경우에는 주소를 포함한다)
11. 대표권의 제한에 관한 사항
12. 대리인에 관한 사항
13. 공고의 방법

② 공제조합은 지점 또는 분사무소 등(이하 "지점"이라 한다)을 설치한 경우에는 설치 후 3주일 이내에 주사무소의 소재지에서 설치된 지점의 명칭, 소재지 및 설치 연월일을 등기해야 한다. <개정 2025. 1. 21.>

③ 공제조합은 주사무소를 이전한 경우에는 이전 후 3주일 이내에 종전 소재지 또는 새 소재지에서 새 소재지와 이전 연월일을 등기해야 하고, 지점을 이전한 경우에는 이전 후 3주일 이내에 주사무소의 소재지에서 새 소재지와 이전 연월일을 등기해야 한다. <개정 2025. 1. 21.>

④공제조합은 제1항 각 호 또는 제2항의 등기사항이 변경된 경우(제3항에 따른 이전등기 또는 제5항에 따른 폐지등기에 해당하는 경우는 제외한다)에는 변경 후 3주일 이내에 주사무소의 소재지에서 변경사항을 등기해야 한다. 다만, 제1항제6호의 규정에 의한 출자금의 총액의 변경등기는 매회계연도말 현재를 기준으로 하여 회계연도 종료후 3월 이내에 등기할 수 있다. <개정 2025. 1. 21.>

⑤ 공제조합은 지점을 폐지한 경우에는 폐지 후 3주일 이내에 주사무소의 소재지에서 그 폐지한 뜻을 등기해야 한다. <개정 2025. 1. 21.>

	제55조(출자 및 조합원의 책임) ① 공제조합의 총출자금은 그 조합원이 출자한 출자좌의 액면총액으로 한다. <개정 1999. 8. 6.> ② 출자 1좌의 금액은 균일하여야 한다. ③ 공제조합은 정관이 정하는 바에 의하여 조합원에게 그의 출자를 나타내는 출자증권을 발행하여 교부하여야 한다. <개정 1999. 8. 6.> ④ 조합원의 책임은 그 출자지분액을 한도로 한다.	
제55조의2(운영위원회) ① 공제조합은 제56조에 따른 사업에 관한 사항을 심의·의결하고, 그 업무 집행을 감독하기 위하여 운영위원회를 둔다. ② 운영위원회는 30명 이내의 위원으로 구성한다. <개정 2015. 8. 11.> ③ 다음 각 호의 어느 하나에 해당하는 사람은 운영위원회의 위원이 될 수 없다. <신설 2014. 5. 14.> 1. 파산선고를 받고 복권되지 아니한 사람 2. 피성년후견인 또는 피한정후견인 3. 금고 이상의 실형을 선고받고 그 집행이 종료(집행이 종료된 것으로 보는 경우를 포함한다)되거나 그 집행이 면제된 날부터 5년이 지나지 아니한 사람 4. 금고 이상의 형의 집행유예를 선고받고 그 유예기간 중에 있는 사람 5. 이 법, 「국가를 당사자로 하는 계약에 관한 법률」, 그 밖의 법령을 위반하여 건설업의 영업정지처분을 받거나 부정당업자로 입찰참가자격 제한의 처분을 받고 그 기간이 만료된 후 5년이 지나지 아니한 사람 ④ 그 밖에 운영위원회의 구성, 기능 및 운영에 필요한 사항은 대통령령으로 정한다. <개정 2014. 5. 14.> [전문개정 2011. 5. 24.]		

제56조(공제조합의 사업) ① 공제조합은 다음 각 호의 사업을 한다. 1. 조합원이 건설업을 운영할 때 필요한 입찰보증, 계약보증(공사이행보증을 포함한다), 손해배상보증, 하자보수보증, 선급금보증, 하도급보증과 그 밖에 대통령령으로 정하는 보증 2. 조합원이 건설업을 운영할 때 필요한 자금의 융자 3. 조합원이 건설공사대금으로 받은 어음의 할인 4. 조합원에 대한 공사용 기자재의 구매 알선 5. 조합원에 고용된 사람의 복지 향상과 업무상 재해로 인한 손실을 보상하는 공제사업 및 조합원이 운영하는 사업에 필요한 건설공사 손해공제사업 6. 건설업 경영 및 건설기술의 개선·향상과 관련한 연구 및 교육에 관한 사업 7. 건설 관련 법인에의 출연 8. 조합원이 공동이용하는 시설의 설치, 운영, 그 밖에 조합원의 편익 증진을 위한 사업 9. 조합원의 정보 처리 및 컴퓨터 운용과 관련한 서비스의 제공 10. 조합의 목적 달성에 필요한 관련 사업에의 투자 11. 국가, 지방자치단체 또는 정관으로 정하는 공공단체가 위탁하는 사업 12. 제1호부터 제11호까지의 사업의 부대사업으로서 정관으로 정하는 사업 ② 공제조합은 다음 각 호의 사업을 할 수 있다. <개정 2014. 5. 14., 2025. 8. 26.> 1. 조합원이 「사회기반시설에 대한 민간투자법」에 따른 민간투자사업 등을 수행하기 위하여 출연한 법인 등에 대한 보증 및 융자	**제56조(공제조합의 보증대상 및 내용)** ① 법 제54조제1항에 따라 공제조합이 행할 수 있는 보증대상은 다음 각 호와 같다. <개정 2025. 11. 25.> 1. 조합원이 다음 각 목의 사업을 영위하는 과정에서 부담하는 의무 또는 채무 가. 법 제2조제1호에 따른 건설산업 나. 「국가유산수리 등에 관한 법률」에 따른 국가유산수리업 다. 「소방시설공사업법」에 따른 소방시설공사업 라. 「전기공사업법」에 따른 전기공사업 마. 「정보통신공사업법」에 따른 정보통신공사업 바. 「해외건설촉진법」에 따른 해외건설업 2. 법 제56조제2항제3호에 따른 부동산개발업자(「부동산개발업의 관리 및 육성에 관한 법률」 제2조제3호의 부동산개발업자를 말한다. 이하 같다)인 발주자가 조합원과 도급계약을 체결하여 수행하는 부동산개발사업(「부동산투자회사법」 제2조제4호에 따른 부동산개발사업을 말한다. 이하 제56조의2에서 같다)과 관련하여 부담하는 채무 ② 법 제56조제1항제1호의 규정에 의한 각 보증의 내용은 다음 각호와 같다. <개정 2007. 12. 28.> 1. 입찰보증 : 공사 등의 입찰에 참가하는 조합원이 입찰참가자로서 부담하는 입찰보증금의 납부에 관한 의무이행을 보증하는 것 2. 계약보증 : 조합원이 도급받은 공사등의 계약이행과 관련하여 부담하는 계약보증금의 납부에 관한 의무이행을 보증하는 것 3. 공사이행보증 : 조합원이 도급받은 공사의 계약상 의무를 이행하지 못하는 경우 조합원을 대신하여 계약이행의무를 부담하거나 의무이행을 하지 아니할 경우 일정금액을 납부할 것을 보증하는 것	

2. 「부동산투자회사법」에 따른 부동산투자회사에의 출자 및 융자 또는 「체육시설의 설치·이용에 관한 법률」에 따른 체육시설의 설치·경영 등 대통령령으로 정하는 수익사업 3. 조합원과 도급계약을 체결한 발주자로서 「부동산개발업의 관리 및 육성에 관한 법률」 제2조제3호의 부동산개발업자 및 그 밖에 대통령령으로 정하는 자에 대한 보증 ③ 공제조합은 공제조합 상호간 또는 다른 법률에 따른 공제조합과의 상호협력과 이해 증진을 위하여 정보 교환 등 공동사업을 시행할 수 있다. [전문개정 2011. 5. 24.]	4. 손해배상보증 : 조합원이 도급받은 공사등의 계약이행중 발생한 제3자의 피해에 대한 배상금의 지급채무를 보증하는 것 5. 하자보수보증 : 조합원의 건설공사 등 사업의 영위와 관련하여 발생된 하자의 보수에 관한 의무이행을 보증하는 것 6. 선급금보증 : 조합원이 도급받은 공사등과 관련하여 수령하는 선급금의 반환채무를 보증하는 것 7. 하도급보증 : 조합원이 하도급받고자 하거나 하도급받은 공사등과 관련하여 부담하는 제1호 내지 제6호와 같은 채무를 보증하는 것 ③법 제56조제1항제1호에서 "대통령령으로 정하는 보증"이란 다음 각 호의 보증을 말한다. <개정 2011 11. 1., 2013. 6. 17.> 1. 인·허가보증 2. 자재구입보증 3. 대출보증 4. 납세보증 5. 하도급대금지급보증 6. 삭제 <2016. 8. 4.> 7. 법 제68조의3제1항에 따른 건설기계 대여대금 지급보증 8. 그 밖에 조합원이 경영하는 건설업과 관련하여 그가 부담하게 되는 재산상의 의무이행을 보증하는 것으로서 정관으로 정하는 보증 ④공제조합은 그가 행하는 각종 보증의 구체적인 내용·범위 및 조건 등에 관하여 약관을 정하여 시행할 수 있다. <개정 1999. 8. 6.> **제56조의2(공제조합의 수익사업 등)** ① 법 제56조제2항제2호에서 "대통령령으로 정하는 수익사업"이란 다음 각 호의 사업을 말한다. <개정 2008. 7. 29., 2011. 11. 1., 2025. 11. 25.>	

1. 「부동산투자회사법」에 따른 부동산투자회사에 출자
2. 「체육시설의 설치·이용에 관한 법률」에 따른 체육시설의 설치·경영
3. 「부동산개발업의 관리 및 육성에 관한 법률」에 따른 부동산개발업
4. 「자본시장과 금융투자업에 관한 법률」에 따른 집합투자업자 및 집합투자기구 등에 출자 또는 투자

② 법 제56조제2항제3호의 보증은 부동산개발업자인 발주자가 수행하는 부동산개발사업에 따른 다음 각 호의 보증을 말한다. <신설 2025. 11. 25.>

1. 발주자가 부동산개발사업에 필요한 자금을 대출받는 경우 그 대출금액의 전부 또는 일부의 상환 보증
2. 발주자가 부동산개발사업을 위해 받은 대출을 상환하려는 목적으로 완공된 건축물(해당 대출을 받아 수행한 부동산개발사업으로 시공된 건축물로 한정한다)을 담보로 대출받는 경우 그 대출금액의 전부 또는 일부의 상환 보증

[본조신설 2007. 12. 28.]

[제목개정 2025. 11. 25.]

제57조(보증한도) ① 법 제54조제5항에 따라 공제조합이 보증할 수 있는 총보증한도는 출자금과 준비금을 합산한 금액의 35배까지로 하되, 국토교통부장관은 개별 공제조합의 재무건전성 및 보증위험을 고려하여 해당 공제조합의 보증한도를 고시할 수 있다. 다만, 금융기관·보험회사 또는 이와 유사한 기관의 보증이나 보험에 의하여 보장을 받거나 그 밖에 담보물을 받고 보증하는 경우에는 공제조합의 보증한도에 이를 포함하지 아니한다. <개정 1999. 8. 6., 2005. 11. 25., 2010. 5. 27., 2013. 3. 23.>

② 제1항의 규정에 의하여 보증한도를 정하는 경우 그 출자금과 준비금은 각 사업연도의 전년도말 결산액을 기준으로 한다. 다만, 사업연도중에 증자를 하였거나 「자산재평가법」에 의하여 자산을 재평가한 경우에는 증자 또는 자

	산재평가를 마친 때의 출자금과 준비금을 기준으로 한다. <개정 2005. 5. 7.> ③ 공제조합이 조합원(법 제56조제2항제1호의 법인 등과 같은 항 제3호의 부동산개발업자인 발주자를 포함한다. 이하 이 항에서 같다)에 대하여 보증할 수 있는 보증종류별 한도는 보증종류별 사고율과 조합원에 대한 신용평가 등을 고려하여 정한다. <개정 1999. 8. 6., 2005. 11. 25., 2021. 1. 5., 2025. 11. 25.> ④ 공제조합은 제3항의 규정에 의하여 보증종류별 한도를 정한 때에는 국토교통부장관에게 이를 통보하여야 한다. <개정 1999. 8. 6., 2008. 2. 29., 2013. 3. 23.>	
제57조(공제 규정) ① 공제조합은 제56조제1항제5호에 따른 공제사업을 하려면 공제 규정을 정하여야 한다. ② 제1항의 공제 규정에는 공제사업의 범위, 공제계약의 내용, 공제료, 공제금, 공제금에 충당하기 위한 책임준비금 등 공제사업의 운영에 필요한 사항이 포함되어야 한다. [전문개정 2011 5. 24.]		
제57조의2(보증 규정) ① 공제조합이 제56조제1항제1호 및 같은 조 제2항제3호에 따른 보증사업을 하려면 보증 규정을 정하여야 한다. <개정 2025. 8. 26.> ② 제1항의 보증 규정에는 보증사업 범위, 보증계약 내용, 보증수수료, 보증에 충당하기 위한 책임준비금 등 보증사업의 운영에 필요한 사항이 포함되어야 한다. [본조신설 2011. 5. 24.]		
제58조(「보험업법」의 적용 배제) 공제조합의 사업 중 제56조제1항제5호에 따른 공제사업에 관하여는 「보험업법」을 적용하지 아니한다. [전문개정 2011. 5. 24.]		

제58조의2(실손의료공제계약의 공제금 청구를 위한 서류 전송) ① 실손의료공제(실제로 부담한 의료비만을 지급하는 공제를 말한다. 이하 같다)계약의 공제계약자, 피공제자, 공제수익자 또는 그 대리인은 공제금을 청구하기 위하여 「국민건강보험법」 제42조에 따른 요양기관(이하 "요양기관"이라 한다)으로 하여금 진료비 계산서·영수증, 진료비 세부산정내역 등 공제금 청구에 필요한 서류로서 국토교통부장관이 정하여 고시하는 서류를 공제계약자가 실손의료공제계약을 체결한 공제조합에 전자적 형태로 전송하여 줄 것을 요청할 수 있다. ② 제1항의 요청을 받은 요양기관은 「의료법」 제21조 및 「약사법」 제30조에도 불구하고 대통령령으로 정하는 정당한 사유가 없으면 그 요청에 따라야 한다. ③ 제1항 및 제2항에 따른 요청 방법과 절차, 전송방식 등에 관하여 필요한 세부사항은 대통령령으로 정한다. [본조신설 2025. 8. 26.]	**제57조의2(실손의료공제계약의 공제금 청구를 위한 서류 전송)** ① 실손의료공제(실제로 부담한 의료비만을 지급하는 공제를 말한다. 이하 같다)계약의 공제계약자, 피공제자, 공제수익자 또는 대리인(이하 "공제계약자등"이라 한다)은 법 제58조의2제1항에 따라 「국민건강보험법」 제42조에 따른 요양기관(이하 "요양기관"이라 한다)에 공제금 청구에 필요한 서류의 전송을 요청하는 경우에는 피공제자의 진료내역을 확인해야 한다. ② 법 제58조의2제1항의 요청을 받은 요양기관은 공제계약자등의 요청에 따라 실손의료공제계약의 공제금 청구에 필요한 서류를 공제조합에 전송하는 경우에는 다음 각 호의 요건을 모두 갖추어 전송해야 한다. 1. 정보처리장치로 처리가 가능한 형태일 것 2. 암호화 등 안전성 확보 및 개인정보 보호 등을 위한 조치로서 국토교통부장관이 정하여 고시하는 조치를 할 것 ③ 법 제58조의2제2항에서 "대통령령으로 정하는 정당한 사유"란 다음 각 호의 사유를 말한다. 1. 법 제58조의3제1항에 따른 전산시스템(이하 "실손전산시스템"이라 한다)에 전산장애가 발생하거나 실손전산시스템의 보수·점검 등으로 전송할 수 없는 경우 2. 「전자금융거래법」 제2조제22호에 따른 전자적 침해행위가 발생한 경우로서 개인정보 보호 등을 위하여 실손전산시스템을 차단할 필요가 있는 경우 3. 실손전산시스템을 통한 서류 전송을 위하여 시스템 연계 등 사전절차를 진행하고 있는 경우로서 국토교통부장관이 정하여 고시하는 경우 4. 그 밖에 제1호부터 제3호까지에 준하는 경우로서 국토교통부장관이 정하여 고시하는 경우 [본조신설 2025. 11. 25.]	

제58조의3(실손의료공제계약의 서류 전송을 위한 전산시스템의 구축·운영 등) ① 공제조합은 제58조의2제1항에 따른 업무를 수행하기 위하여 필요한 전산시스템을 구축·운영하여야 한다. ② 공제조합은 제1항에 따른 전산시스템의 구축·운영에 관한 업무를 공공성·보안성·전문성 등을 고려하여 대통령령으로 정하는 바에 따라 「보험업법」 제102조의7제2항에 따른 전송대행기관에 위탁할 수 있다. ③ 제1항 및 제2항에 따른 전산시스템의 구축·운영에 관한 비용은 공제조합이 부담한다. ④ 제1항 및 제2항에 따른 전산시스템의 구축·운영에 관한 업무에 종사하거나 종사한 사람은 그 업무를 수행하는 과정에서 알게 된 정보 또는 자료를 누설하거나 제58조의2제1항에 따른 서류 전송 업무 외의 용도로 사용 또는 보관하여서는 아니 된다. ⑤ 제1항 및 제2항에 따른 전산시스템의 구축·운영, 업무위탁의 범위·방법 및 절차 등에 관하여 필요한 사항은 국토교통부장관이 정하여 고시한다. [본조신설 2025. 8. 26.]	**제57조의3(실손전산시스템의 구축·운영에 관한 업무의 위탁)** 공제조합은 법 제58조의3제2항에 따라 「보험업법」 제102조의7제2항에 따른 전송대행기관에 실손전산시스템의 구축·운영에 관한 업무를 위탁하려는 경우 위탁계약을 체결해야 한다. [본조신설 2025. 11. 25.] **제58조(신용정보의 제공 및 이용)** ① 공제조합은 수행하는 사업과 관련하여 필요한 때에는 조합원 및 관련채무자의 신용정보에 관한 자료를 「신용정보의 이용 및 보호에 관한 법률」에 따른 종합신용정보집중기관, 신용정보회사 또는 채권추심회사에 제공하거나 이들의 자료를 이용할 수 있다. <개정 1998. 12. 31., 1999. 8. 6., 2005. 5. 7., 2009. 10. 1., 2015. 9. 11., 2020. 8. 4.> ② 공제조합은 제1항의 규정에 의한 신용정보자료를 업무목적외에 사용하거나 누설하여서는 아니된다. <개정 1999. 8. 6.>	
제59조(지분의 양도 등) ① 조합원이거나 조합원이었던 자는 대통령령으로 정하는 바에 따라 그 지분을 다른 조합원이나 조합원이 되려는 자에게 양도할 수 있다. ② 제1항에 따라 지분을 양수한 자는 그 지분에 관한 양도인의 권리·의무를 승계한다. ③ 지분의 양도 및 질권 설정은 「상법」에 따른 주식의 양도 및 질권 설정의 방법으로 한다. <개정 2014. 5. 20.> ④ 민사집행 절차나 국세 등의 체납처분 절차에 따라 하는 지분의 압류 또는 가압류는 「민사집행법」 제233조에 따른 지시채권의 압류 또는 가압류의 방법으로 한다. [전문개정 2011. 5. 24.]	**제59조(출자증권의 명의 기재변경)** ① 법 제59조제1항에 따라 조합원 또는 조합원이었던 자가 그의 지분을 양도하려는 때에는 정관이 정하는 바에 따라 공제조합으로부터 출자증권에 명의 기재변경을 받아야 한다. <개정 1999. 8. 6., 2021. 1. 5.> ② 공제조합이 법 제60조제1항제2호부터 제5호까지의 규정 중 어느 하나에 해당하는 사유로 취득한 지분을 처분하는 때에는 해당 출자증권을 공제조합의 명의로 기재변경한 후 처분해야 한다. <개정 1999. 8. 6., 2002. 9. 18., 2021. 1. 5.> [제목개정 2021. 1. 5.]	

제60조(공제조합의 지분 취득 등) ① 공제조합은 다음 각 호의 어느 하나에 해당하는 사유가 있을 때에는 조합원이거나 조합원이었던 자의 지분을 취득할 수 있다. 다만, 제1호에 해당할 때에는 그 지분을 취득하여야 한다. 1. 출자금을 감소시키려는 경우 2. 조합원에 대하여 가지는 담보권을 실행하기 위하여 필요한 경우 3. 공제조합에 출자한 자가 자기 출자액을 회수하기 위하여 공제조합에 지분의 양수를 요구한 경우 4. 조합원이 탈퇴한 후 2년이 지난 경우 5. 준비금의 출자전입(出資轉入) 시 단좌(端坐)가 발생한 경우 ② 공제조합은 제1항제1호에 따라 지분을 취득하였을 때에는 지체 없이 출자금의 감소 절차를 밟아야 하고, 같은 항 제2호부터 제5호까지의 규정에 해당할 때에는 지체 없이 그 지분을 처분하되, 처분되지 아니한 지분은 정관으로 정하는 바에 따라 출자금을 감소시킬 수 있다. ③ 조합원의 지분은 공제조합에 대한 채무를 담보하기 위하여 제공되는 경우를 제외하고는 질권의 대상이 될 수 없다. ④ 공제조합은 제1항에 따라 지분을 취득한 경우 조합원이거나 조합원이었던 자에게 지급하여야 할 금액을 지체 없이 지급하여야 한다. ⑤ 제1항에 따라 공제조합이 지분을 취득한 경우 조합원이거나 조합원이었던 자가 가지는 청산금 청구권은 그 지분을 취득한 날부터 5년간 행사하지 아니하면 시효로 인하여 소멸한다. [전문개정 2011. 5. 24.]		
제61조(신용에 의한 보증 등) 공제조합은 정관으로 정하는 바에 따라 조합원(제56조제2항제3호에 따른 발주자를 포함한다)에 대하여 재산상태 등을 평가하고 해당 공사 또는 사업의 이행능력을 실제 조사한 후 보증 또는 융자를 할 수 있다. <개정 2025. 8. 26.> [전문개정 2011. 5. 24.]		

제62조(대리인의 선임) 공제조합은 임원 또는 직원 중에서 그 공제조합의 업무에 관한 재판상 또는 재판 외의 모든 행위를 할 수 있는 대리인을 선임할 수 있다. [전문개정 2011. 5. 24.]		
제63조(책임준비금 등의 적립) ① 공제조합은 결산기마다 보증 종류에 따라 책임준비금과 비상위험준비금을 계상할 수 있다. ② 제1항의 책임준비금과 비상위험준비금의 계상에 필요한 사항은 대통령령으로 정한다. [전문개정 2011. 5. 24.]	**제60조(책임준비금등의 계상)** ①법 제63조제1항의 규정에 의하여 공제조합은 보증책임의 이행을 위한 대위변제금에 충당하기 위하여 매 사업연도말 현재의 보증잔액에 대하여 보증의 종류별로 책임준비금을 계상한다. <개정 1999. 8. 6.> ② 법 제63조제1항에 따라 공제조합은 위기 시 재무안전성 확보를 위하여 매 사업연도 말에 비상위험준비금을 계상한다. <개정 2011. 11. 1.> ③ 삭제 <2011. 11. 1.> ④ 삭제 <2011. 11. 1.> **제61조(보증금지급 대비자금)** 공제조합은 법 제67조제3항에 따른 보증금의 지급에 대비하기 위하여 출자금과 준비금 합계액의 100분의 5에 해당하는 금액이상의 보증금지급 대비자금을 현금 또는 즉시 현금화할 수 있는 예금등으로 보유하여야 한다. <개정 1999. 8. 6., 2014. 11. 14.> **제62조(수수료 · 이자 등)** ① 공제조합은 조합원(법 제56조제2항제1호의 법인 등과 같은 항 제3호의 부동산개발업자인 발주자를 포함한다)으로부터 보증수수료, 융자금의 이자, 어음할인료와 사용료를 받을 수 있다. <개정 1999. 8. 6., 2005. 11. 25., 2025. 11. 25.> ② 제1항의 규정에 의한 보증수수료의 요율, 융자금의 이자율과 어음할인료율에 관하여는 국토교통부장관의 승인을 얻어야 한다. <개정 2008. 2. 29., 2013. 3. 23.>	

<table>
<tr><td>제64조(시공 상황의 조사 등) ① 공제조합은 대통령령으로 정하는 바에 따라 그가 보증한 공사 현장에 출입하여 시공 상황을 조사할 수 있고, 그 공사를 시공하는 조합원에게 의견을 진술할 수 있다.
② 공제조합은 제1항에 따른 시공 상황의 조사에 관한 업무를 협회 또는 건설 관계 전문기관으로 하여금 대행하게 할 수 있다.
[전문개정 2011. 5. 24.]</td><td>제63조(시공상황의 조사등) ① 공제조합은 법 제64조제1항의 규정에 의한 시공상황의 조사를 위하여 필요한 때에는 당해 공사의 감리자 또는 보증채권자에게 시공방법·공정 및 자재 등에 관한 자료의 제공을 요청할 수 있다. <개정 1999. 8. 6.>
② 공제조합이 법 제64조제1항의 규정에 의하여 조합원에게 의견을 진술하고자 하는 때에는 이를 서면으로 하여야 한다. 다만, 긴급히 잘못을 바로잡을 사항이 있는 때에는 먼저 구두로 의견을 진술할 수 있다. <개정 1999. 8. 6.></td><td></td></tr>
<tr><td>제65조(조사 및 검사) ① 국토교통부장관은 공제조합의 재무건전성 유지 등을 위하여 필요하다고 인정하면 소속 공무원으로 하여금 공제조합의 업무 상황 또는 회계 상황을 조사하게 하거나 장부 또는 그 밖의 서류를 검사하게 할 수 있다. <개정 2013. 3. 23.>
② 제56조제1항제5호의 공제사업에 대하여는 대통령령으로 정하는 바에 따라 금융위원회가 제1항에 따른 조사 또는 검사를 할 수 있다.
③ 삭제 <2016. 2. 3.>
④ 제1항과 제2항에 따라 조사 또는 검사를 하는 공무원 등은 그 권한을 표시하는 증표를 지니고 이를 관계인에게 보여주어야 한다.
[전문개정 2011. 5. 24.]</td><td>제63조의2(조사 및 검사) ① 법 제65조제2항에 따른 금융위원회의 조사 또는 검사는 국토교통부장관이 조사 또는 검사가 필요한 사유를 명시하여 금융위원회에 요청한 경우에 한정한다. <개정 2008. 2. 29., 2008. 12. 31., 2013. 3. 23.>
② 금융위원회는 제1항에 따라 조사 또는 검사를 한 경우 그 결과를 지체 없이 국토교통부장관에게 통보하여야 한다. 이 경우 시정하여야 할 사항이 있는 경우에는 시정을 요구할 수 있다. <개정 2008. 2. 29., 2008. 12. 31., 2013. 3. 23.>
[본조신설 2007. 12. 28.]</td><td></td></tr>
<tr><td>제65조의2(공제조합 등 건설보증기관의 재무건전성 유지 등)
① 국토교통부장관은 제56조에 따른 공제조합의 사업을 건전하게 육성하고 계약자를 보호하기 위하여 재무건전성 유지 등을 지도하여야 한다. <개정 2013. 3. 23., 2016. 2. 3.>
② 국토교통부장관은 제1항에 따른 재무건전성 유지 등을 지도하기 위하여 공제조합을 감독하는 데 필요한 기준을</td><td></td><td></td></tr>
</table>

정하여 고시하여야 한다. 다만, 공제사업의 감독에 필요한 기준을 정할 때에는 금융위원회 위원장과 협의한 후 이를 고시하여야 한다. <개정 2013. 3. 23., 2016. 2. 3.> ③ 국토교통부장관은 공제조합의 자기자본비율, 유동성비율, 지급여력비율 등이 일정 수준에 미달하는 등 재무상태가 제4항에 따른 기준에 미달하거나 거액의 금융사고 또는 부실채권의 발생으로 공제조합의 재무상태가 제4항에 따른 기준에 미달하게 될 것이 명백하다고 판단되면 공제조합의 부실화를 예방하고 건전한 경영을 유도하기 위하여 해당 공제조합이나 그 임원에 대하여 다음 각 호의 사항을 권고·요구 또는 명령하거나 그 이행계획을 제출할 것을 명할 수 있다. <신설 2016. 2. 3.> 1. 자본증가 또는 자본감소, 보유자산의 처분이나 점포·조직의 축소 2. 임원의 직무정지나 임원의 직무를 대행하는 관리인의 선임 3. 영업의 전부 또는 일부 정지 4. 이익배당의 제한 5. 대손충당금, 대위변제준비금의 추가 설정 6. 보증수수료, 융자이자율의 조정 7. 영업의 양도나 보증사업 및 공제사업 등과 관련된 계약의 이전 8. 그 밖에 제1호부터 제7호까지의 규정에 준하는 조치로서 공제조합의 재무건전성을 높이기 위하여 필요하다고 인정되는 조치 ④ 국토교통부장관은 제3항에 따른 조치를 하려면 미리 그 기준 및 내용을 정하여 고시하여야 한다. <신설 2016. 2. 3.> ⑤ 국토교통부장관은 제4항에 따른 기준에 일시적으로 미달한 공제조합이 단기간에 그 기준을 충족시킬 수 있다고 판단되거나 이에 준하는 사유가 있다고 인정되는 경우에는 기간을 정하여 제3항에 따른 조치를 유예(猶豫)할 수 있다. <신설 2016. 2. 3.> [본조신설 2011. 5. 24.]		

제66조(보증금 징수의 제한) 보증채권자는 공제조합이 조합원의 의무 이행을 보증하면 관계 법령 및 계약서 등의 약정에도 불구하고 그 보증서로서 보증금 또는 공사 이행 보증서를 갈음하여야 하고, 그 조합원으로부터 따로 보증금이나 그 밖의 명목의 금액을 받아내서는 아니 된다. [전문개정 2011. 5. 24.]		
제67조(공제조합의 책임) ① 공제조합은 보증채권자 및 보증채무자의 권익을 보호하여야 하며, 제57조의2에 따른 보증규정 및 보증약관을 제정하거나 변경하려는 경우에는 사전에 국토교통부장관에게 보고하여야 한다. <신설 2014. 5. 14.> ② 국토교통부장관은 제1항에 따라 보고받은 보증 규정 및 보증약관이 보증채권자 또는 보증채무자에게 불리한 내용을 포함하거나 건전한 보증거래질서를 유지하기 위하여 필요한 경우에는 해당 규정의 시정을 명할 수 있다 <신설 2014. 5. 14.> ③ 공제조합은 보증한 사항에 관하여 법령이나 그 밖의 계약서 등에서 정하는 바에 따라 보증금을 지급할 사유가 발생하였을 때에는 그 보증금을 보증채권자에게 지급하여야 한다. <개정 2014. 5. 14.> ④ 제3항에 따라 보증채권자가 공제조합에 대하여 가지는 보증금에 관한 권리는 보증기간 만료일부터 2년간 행사하지 아니하면 시효로 인하여 소멸한다. <개정 2014. 5. 14.> [전문개정 2011. 5. 24.]	**제61조(보증금지급 대비자금)** 공제조합은 법 제67조제3항에 따른 보증금의 지급에 대비하기 위하여 출자금과 준비금 합계액의 100분의 5에 해당하는 금액이상의 보증금지급 대비자금을 현금 또는 즉시 현금화할 수 있는 예금등으로 보유하여야 한다. <개정 1999. 8. 6., 2014. 11. 14.>	
제68조(다른 법률의 준용) 공제조합에 관하여 이 법에서 규정한 것을 제외하고는 「민법」 중 사단법인에 관한 규정을 준용하고 「상법」 중 주식회사의 계산에 관한 규정을 준용한다. [전문개정 2011. 5. 24.]		

제68조의2 삭제 <2016.2.3.>	제64조 삭제 <2016. 2. 11.> 제64조의2 삭제 <2016. 8. 4.>	제34조의2 삭제 <2016. 8. 4.> 제34조의3 삭제 <2016. 8. 4.>
제68조의3(건설기계 대여대금 지급보증) ① 수급인 또는 하수급인은 자신이 시공하는 1개의 공사현장에서 대여받은 건설기계의 대여대금을 보증하는 보증서(이하 "현장별 보증서"라 한다)를 그 공사의 착공일 이전까지 발주자에게 제출하여야 하며, 건설기계 대여업자는 건설기계 대여계약을 체결한 경우 현장별 보증서를 발급한 보증기관에 그 건설기계 대여계약서를 제출하여야 한다. 다만, 수급인 또는 하수급인은 국토교통부령으로 정하는 소규모공사 등 정당한 사유가 있는 경우에는 현장별 보증서를 발주자에게 제출하는 대신에 건설기계 대여계약별로 그 대금의 지급을 보증하는 보증서를 건설기계 대여업자에게 줄 수 있다. <개정 2018. 12. 18.> ② 제1항에도 불구하고 발주자가 건설기계 대여대금을 직접 건설기계 대여업자에게 지급하기로 발주자, 건설사업자, 건설기계 대여업자 간에 합의한 경우 등 국토교통부령으로 정하는 경우에는 건설기계 대여대금 지급보증서를 주지 아니할 수 있다. <신설 2018. 12. 18., 2019. 4. 30., 2021. 7. 27.> ③ 건설공사의 도급계약(하도급계약을 포함한다) 당사자는 제1항에 따른 건설기계 대여대금 지급보증서 발급에 드는 금액을 대통령령으로 정하는 바에 따라 해당 건설공사의 도급금액 산출내역서(하도급금액 산출내역서를 포함한다)에 분명하게 적어야 한다. ④ 제54조에 따라 설립된 공제조합 또는 다른 법령에 따라 보증업무를 담당할 수 있는 기관이 제1항에 따른 건설기계 대여대금 지급보증서를 발급(변경발급을 포함한다)하거나 보증계약을 해지한 경우에는 국토교통부령으로 정하는 바에 따라 즉시 발주자, 수급인(하수급인과 건설기계 대여업자 간 계약에 따른 보증에 한정한다), 건설기계 대여업자	**제64조의3(건설기계 대여대금 지급보증서 발급금액의 명시)** ① 법 제68조의3제3항에 따른 건설기계 대여대금 지급보증서 발급에 드는 금액은 도급금액 산출내역서(하도급금액 산출내역서를 포함한다)에 기재된 재료비, 직접노무비 및 경비 등을 고려하여 산출한다. 이 경우 구체적인 산출방법은 국토교통부장관이 정하여 고시하는 기준에 따른다. ② 발주자는 건설공사를 시공하는 수급인 또는 하수급인이 법 제68조의3제3항에 따른 금액을 해당 용도에 맞게 사용하였는지를 확인할 수 있다. 이 경우 발주자는 필요하면 해당 수급인 또는 하수급인에게 소요비용 지출내역에 대한 증빙서류의 제출을 요구할 수 있다. ③ 발주자는 제2항에 따라 해당 수급인 또는 하수급인이 제출한 소요비용 지출내역을 확인하여 법 제68조의3제3항에 따른 건설공사의 도급금액 산출내역서에 명시된 금액이 수급인 또는 하수급인이 지출한 금액보다 많은 경우에는 그 초과하는 금액을 정산할 수 있다. ④ 법 제68조의3제6항에서 "대통령령으로 정하는 공공기관"이란 다음 각 호의 공공기관을 말한다. <신설 2016. 8. 4., 2019. 6. 18.> 1. 「공공기관의 운영에 관한 법률」 제5조에 따른 공기업 및 준정부기관 2. 「지방공기업법」 제49조 및 제76조에 따른 지방공사 및 지방공단 [본조신설 2013. 6. 17.]	**제34조의4(건설기계 대여대금 지급보증서 발급면제 등)** ① 법 제68조의3제1항 단서의 "국토교통부령으로 정하는 소규모공사 등 정당한 사유가 있는 경우"란 다음 각 호의 어느 하나에 해당하는 경우를 말한다. <신설 2019. 6. 19.> 1. 도급금액이 1억원 미만이고 착공일부터 준공예정일까지 공사기간이 5개월 이내인 경우 2. 하도급 금액이 5천만원 미만이고 착공일부터 준공예정일까지 공사기간이 3개월 이내인 경우 3. 당해 건설공사의 도급금액 산출내역서(하도급금액 산출내역서를 포함한다)에 기재된 건설기계 대여대금의 합계금액이 400만원 미만인 경우 ② 법 제68조의3제2항에서 "국토교통부령으로 정하는 경우"란 다음 각 호의 어느 하나에 해당되는 경우를 말한다. <개정 2019. 6. 19., 2020. 3. 2.> 1. 발주자가 건설기계 대여대금을 건설기계 대여업자에게 직접 지급한다는 뜻과 그 지급의 방법·절차에 관하여 발주자·건설사업자 및 건설기계 대여업자가 합의한 경우 2. 법 제68조의3제1항 단서에 따라 건설기계 대여계약별 대금지급 보증의 대상인 경우로서 1건의 건설기계 대여계약 금액(같은 건설기계 대여업자와 2건 이상의 계약으로 분할하여 계약하는 경우에는 각각의 계약금액을 합산한 금액을 말한다)이 200만원 이하인 경우 ③ 법 제54조에 따라 설립된 건설관련 공제조합 또는 다른 법령에 따라 보증업무를 담당할 수 있는 기관이 법 제68조의3제1항에 따른 건설기계 대여대금 지급보증서를 발급(변경발급을 포함한다)하거나 보증계약을 해지한 경우에는 건설산업종합정보망을 이용하여 발주자, 수급인(하수급인과 건설기계 대여업자간 계약에 따른 보증에 한정한다), 건설

등에게 그 내용을 통보하여야 한다. <개정 2013. 3. 23., 2020. 6. 9.> ⑤ 제1항에 따른 건설기계 대여대금 지급보증의 보증금액과 보증 관련 당사자 등의 이행사항 및 그 밖의 사항은 국토교통부령으로 정한다. <개정 2013. 3. 23.> ⑥ 발주자가 국가, 지방자치단체 또는 대통령령으로 정하는 공공기관인 경우에는 건설기계 대여대금이 보호될 수 있도록 건설사업자가 제1항에 따른 보증서를 제출 또는 교부하였는지 여부를 확인하여야 한다. <개정 2018. 12. 18., 2019. 4. 30.> [본조신설 2012. 12. 18.]		기계 대여업자 등에게 다음 각 호의 사항을 통보해야 한다. 다만, 영 제26조제1항 및 제2항에 따라 건설산업종합정보망을 이용하여 건설공사대장의 기재사항을 통보해야 하는 대상 공사가 아닌 경우에는 문서로 통보하거나 해당 내용을 보증하는 보증기관의 홈페이지에 게시해야 한다. <개정 2014. 11. 14., 2019. 6. 19.> 1. 발급연월일 2. 도급·하도급 계약명(개별 건설기계 대여계약인 경우에는 계약건명을 말한다) 및 건설기계 대여 계약금액 3. 보증금액 및 보증기간 4. 보증채권자, 발급자의 성명(법인인 경우 상호 및 대표자 성명) 5. 발주자의 상호 및 성명(국가·지방자치단체 또는 영 제34조의5에 따른 공공기관의 경우에는 해당 기관의 명칭) 6. 보증계약을 해지한 경우 해지일자 및 해지사유 ④ 법 제68조의3제5항에 따른 건설기계 대여대금 지급보증의 보증금액은 다음 각 호의 구분에 따른 금액으로 한다. <개정 2019. 6. 19., 2020. 9. 8., 2021. 12. 31.> 1. 법 제68조의3제1항 본문에 따라 현장별 보증서를 발급하는 경우 가. 공사기간이 4개월 이하인 경우: 공사계약금액에 국토교통부장관이 고시한 업종별 건설기계 투입비율("업종별건설기계투입비율"이라 한다. 이하 나목에서 같다)을 곱한 금액에서 건설기계 대여계약상 선급금을 제외한 금액 나. 공사기간이 4개월을 초과하는 경우: 다음 계산식에 따라 산출한 금액 $$\text{보증금액} = \frac{\text{공사계약금액} \times \text{업종별건설기계투입비율} - \text{건설기계 대여계약상 선급금}}{\text{공사기간(월)}} \times 4$$

		2. 법 제68조의3제1항 단서에 따라 건설기계 대여계약별 보증서를 발급하는 경우 가. 계약기간이 4개월 이하인 경우: 건설기계 대여금액에서 건설기계 대여계약상 선급금을 제외한 금액 나. 계약기간이 4개월을 초과하는 경우: 다음 계산식에 따라 산출한 금액 $\text{보증금액} = \dfrac{\text{건설기계 대여금액} - \text{건설기계 대여계약상 선급금}}{\text{계약기간(월)}} \times 4$ ⑤ 건설기계 대여업자는 법 제68조의3제1항 본문에서 정한 계약서를 계약체결일부터 15일 이내에 현장별 보증서를 발급한 보증기관에 제출해야 하며, 이를 제출받은 보증기관은 건설기계 대여업자에게 보증채권자로 확정되었음을 통보해야 한다. <신설 2019. 6. 19.> ⑥ 수급인 또는 하수급인이 현장별 건설기계 대여대금 지급보증서를 발급받은 때에는 건설기계 대여대금 지급보증서의 발급 사실 및 보증 내용 등을 별지 제26호의3서식에 따라 공사 현장에 게시해야 한다. <신설 2019. 6. 19.> [본조신설 2013. 6. 17.]
제68조의4(타워크레인 대여계약 적정성 심사 등) ① 건설사업자가 「건설기계관리법」 제2조제1항제1호에 따른 건설기계 중 타워크레인에 대하여 건설기계 대여업자와 대여계약을 체결한 경우 국토교통부령으로 정하는 바에 따라 발주자에게 통보하여야 한다. <개정 2019. 4. 30.> ② 발주자는 타워크레인 대여계약금액이 대통령령으로 정하는 비율에 따른 금액에 미달하는 경우에는 타워크레인 대여계약의 적정성 등을 심사하여야 한다. ③ 발주자는 제2항에 따라 심사한 결과 타워크레인 대여계약 내용이 적정하지 아니한 경우에는 그 사유를 분명히 밝	**제64조의4(타워크레인 대여계약 적정성 심사 등)** ① 법 제68조의4제2항에서 "타워크레인 대여계약금액이 대통령령으로 정하는 비율에 따른 금액에 미달하는 경우"란 다음 각 호의 어느 하나에 해당되는 경우를 말한다. 1. 타워크레인 대여계약금액이 수급인의 도급금액 중 타워크레인 대여부분에 상당하는 금액의 100분의 82에 미달하는 경우 2. 타워크레인 대여계약금액이 타워크레인 대여부분에 대한 발주자의 예정가격의 100분의 64에 미달하는 경우	**제34조의5(타워크레인 대여계약의 통보)** ① 법 제68조의4제1항에 따른 타워크레인 대여계약의 통보(건설산업종합정보망을 이용한 통보를 포함한다. 이하 이 조에서 같다)는 타워크레인 대여계약을 체결한 날부터 30일 이내에 해야 한다. ② 제1항에 따른 타워크레인 대여계약의 통보는 별지 제26호의4서식에 따른다. ③ 제2항에 따라 타워크레인 대여계약의 통보를 하는 경우에는 다음 각 호의 서류를 첨부해야 한다. 1. 건설기계임대차 계약서(변경계약서를 포함한다) 사본

혀 건설사업자에게 타워크레인 대여업자 또는 대여계약내용의 변경을 요구하여야 하고, 변경요구를 받은 건설사업자는 정당한 사유가 있는 경우를 제외하고는 이를 이행하여야 한다. <개정 2019. 4. 30.> ④ 발주자는 건설사업자가 정당한 사유 없이 제3항에 따른 요구에 따르지 아니하여 안전관리에 중대한 영향을 끼칠 우려가 있는 경우에는 해당 건설공사의 도급계약을 해지할 수 있다. <개정 2019. 4. 30.> ⑤ 제2항 및 제3항에 따른 타워크레인 대여계약의 적정성 심사기준, 타워크레인 대여업자 또는 대여계약내용의 변경 요구 및 그 이행 절차, 그 밖에 필요한 사항은 대통령령으로 정한다. [본조신설 2018. 12. 18.]	② 국토교통부장관은 법 제68조의4제2항에 따라 타워크레인 대여계약의 적정성 등을 심사하는 경우에는 타워크레인 대여계약금액의 적정성, 대여업자의 대여능력 및 신뢰도 등을 항목으로 해야 한다. ③ 발주자는 법 제68조의4제3항에 따라 타워크레인 대여업자 또는 대여계약내용의 변경을 요구하려는 경우에는 법 제68조의4제1항에 따라 타워크레인 대여계약의 통보를 받은 날 또는 그 사유가 있음을 안 날부터 30일 이내에 서면으로 해야 한다. ④ 발주자는 타워크레인 대여계약의 적정성 등을 심사하기 위하여 필요한 경우에는 심사위원회를 구성·운영할 수 있다. 이 경우 발주자가 국가·지방자치단체 또는 공공기관(「공공기관의 운영에 관한 법률」 제5조에 따른 공기업·준정부기관 및 「지방공기업법」 제49조 및 제76조에 따른 지방공사·지방공단을 말한다)인 경우에는 심사위원회의 구성·운영에 관하여 제34조제5항부터 제10항까지의 규정을 준용한다. ⑤ 법 제68조의4제2항에 따른 타워크레인 대여계약의 적정성 등의 심사 항목의 세부 심사기준과 심사절차 등에 관하여 필요한 사항은 국토교통부장관이 정하여 고시한다. [본조신설 2019. 6. 18.]	2. 법 제68조의3제2항에 따라 건설기계 대여대금 지급보증서 교부의무가 면제되는 경우에는 그 증빙서류 [본조신설 2019. 6. 19.]

건설산업기본법 3단비교표 (제8장 건설분쟁 조정위원회)

건설산업기본법 [법률 제21034호, 2025. 8. 26., 일부개정] [시행 2025. 11. 27.]	건설산업기본법 시행령 [대통령령 제35868호, 2025. 11. 25., 일부개정] [시행 2025. 11. 27.]	건설산업기본법 시행규칙 [국토교통부령 제1531호, 2025. 10. 31., 타법개정] [시행 2025. 10. 31.]
제8장 건설분쟁 조정위원회 (개정 2011.5.24.)	**제8장 건설분쟁 조정위원회**	
제69조(건설분쟁 조정위원회의 설치) ① 건설업 및 건설용역업에 관한 분쟁을 조정하기 위하여 국토교통부장관 소속으로 건설분쟁 조정위원회(이하 "위원회"라 한다)를 둔다. <개정 2013. 3. 23., 2013. 8. 6.> ② 삭제 <2013. 8. 6.> ③ 위원회는 당사자의 어느 한쪽 또는 양쪽의 신청을 받아 다음 각 호의 분쟁을 심사·조정한다. <개정 2013. 8. 6.> 1. 설계, 시공, 감리 등 건설공사에 관계한 자 사이의 책임에 관한 분쟁 2. 발주자와 수급인 사이의 건설공사에 관한 분쟁. 다만, 「국가를 당사자로 하는 계약에 관한 법률」 및 「지방자치단체를 당사자로 하는 계약에 관한 법률」의 해석과 관련된 분쟁은 제외한다. 3. 수급인과 하수급인 사이의 건설공사 하도급에 관한 분쟁. 다만, 「하도급거래 공정화에 관한 법률」을 적용받는 사항은 제외한다. 4. 수급인과 제3자 사이의 시공상 책임 등에 관한 분쟁 5. 건설공사 도급계약의 당사자와 보증인 사이의 보증책임에 관한 분쟁 6. 그 밖에 대통령령으로 정하는 사항에 관한 분쟁	**제65조(위원회의 기능)** 법 제69조제3항제6호에서 "대통령령으로 정하는 사항에 관한 분쟁"이란 다음 각 호의 분쟁을 말한다. <개정 2010. 5. 27., 2011. 11. 1., 2020. 2. 18.> 1. 수급인 또는 하수급인과 제3자간의 자재의 대금 및 건설기계사용대금에 관한 분쟁 2. 건설업의 양도에 관한 분쟁 3. 법 제28조의 규정에 의한 수급인의 하자담보책임에 관한 분쟁 4. 법 제44조에 따른 건설사업자의 손해배상책임에 관한 분쟁 **제66조(조정신청)** 법 제69조제3항 각 호의 분쟁을 조정받고자 하는 자는 국토교통부령으로 정하는 바에 따라 그 신청취지와 신청사건의 내용을 명확히 하여 서면(전자문서를 포함한다)으로 법 제69조제1항에 따른 건설분쟁 조정위원회(이하 "위원회"라 한다)에 신청하여야 한다. <개정 2004. 3. 17., 2008. 2. 29., 2010. 5. 27., 2011. 11. 1., 2012. 7. 4., 2013. 3. 23., 2014. 2. 5.>	**제35조(분쟁조정신청서 등)** ①영 제66조의 규정에 의한 건설분쟁조정신청서는 별지 제27호서식에 의한다. ②제1항의 건설분쟁조정신청서에는 다음 각호의 서류를 첨부하여야 한다. 1. 당사자간의 교섭경위서(분쟁발생시부터 신청시까지의 당사자간 일정별 교섭내용과 그 입증자료를 말한다) 2. 기타 분쟁조정신청사건의 심사·조정에 참고가 될 수 있는 객관적인 자료

④ 위원회의 사무를 처리하기 위하여 위원회에 사무국을 두며, 위원회 위원의 조사업무를 보좌하기 위하여 사무국에 전문위원을 둘 수 있다. <신설 2013. 8. 6.> [전문개정 2011. 5. 24.]		
제69조의2 삭제 <2013.8.6.>	**제66조의2 삭제 <2014. 11. 14.>**	
제70조(위원회의 구성) ① 위원회는 위원장 1명과 부위원장 1명을 포함한 15명 이내의 위원으로 구성한다. ② 위원회의 위원은 대통령령으로 정하는 중앙행정기관 소속 공무원으로서 해당 기관의 장이 지명하는 사람과 다음 각 호의 어느 하나에 해당하는 사람 중 국토교통부장관이 위촉하는 사람이 된다. <개정 2013. 3. 23., 2013. 8. 6.> 1. 「고등교육법」에 따른 학교에서 공학이나 법률학을 가르치는 조교수 이상의 직(職)에 있거나 있었던 사람 2. 판사, 검사 또는 변호사의 자격이 있는 사람 3. 건설공사, 건설업 또는 건설용역업에 대한 학식과 경험이 풍부한 사람으로서 국토교통부령으로 정하는 요건에 해당하는 사람 ③ 위원회의 위원장은 국토교통부장관이 위원 중에서 임명하고, 부위원장은 위원회가 위원 중에서 선출한다. <개정 2013. 8. 6.> ④ 공무원이 아닌 위원의 임기는 3년으로 하되, 연임할 수 있다. ⑤ 보궐위원의 임기는 전임자 임기의 남은 기간으로 한다. [전문개정 2011. 5. 24.]	**제67조(위원장의 직무)** ①위원장은 위원회의 업무를 총괄하고 위원회를 대표한다. ②위원장이 부득이한 사유로 직무를 수행할 수 없는 때에는 부위원장이, 위원장과 부위원장이 사고가 있을 때에는 위원장이 지명하는 위원이 위원장의 직무를 대행한다. **제68조(위원회의 위원)** ①법 제70조제2항에 따라 위원회의 위원이 되는 공무원은 다음 각 호의 자로서 당해 기관의 장이 지명하는 자로 한다. <개정 1998·12·31, 2006.6.12, 2007.12.28, 2008.2.29, 2008.6.5, 2013.3.23, 2014.2.5> 1. 국토교통부의 3급공무원 또는 고위공무원단에 속하는 일반직공무원 1명 2. 기획재정부·법제처 및 공정거래위원회의 3급공무원 또는 고위공무원단에 속하는 일반직공무원 각 1명 ② 삭제 <2014. 2. 5.> ③ 삭제 <2014. 11. 14.> **제68조의2(위원의 제척·기피·회피)** ① 위원회의 위원이 다음 각 호의 어느 하나에 해당하는 경우에는 그 직무집행에서 제척된다. 1. 위원 또는 그 배우자나 배우자이었던 자가 해당 분쟁의 당사자가 되거나 해당 분쟁에 관하여 당사자와 공동권리자 또는 의무자의 관계에 있는 경우 2. 위원이 해당 분쟁의 당사자와 친족관계에 있거나 있었던 경우	**제35조의2(위원의 자격)** 법 제70조제2항제3호에서 "국토교통부령으로 정하는 요건에 해당하는 사람"이란 다음 각 호의 어느 하나에 해당하는 사람을 말한다. <개정 2008. 3. 14., 2011. 11. 3., 2013. 3. 23.> 1. 국가 또는 지방자치단체에서 건설산업 관련 업무에 10년 이상 종사한 사람 2. 건설업 또는 건설용역업에서 임원 이상의 직에 있거나 있었던 사람으로서 건설산업 관련 업무에 10년 이상 종사한 사람 3. 협회, 공제조합, 그 밖의 건설관련 단체에서 임원 이상의 직에 있거나 있었던 사람으로서 건설산업 관련 업무에 10년 이상 종사한 사람 [본조신설 2007. 12. 31.]

3. 위원이 해당 분쟁에 관하여 진술이나 감정을 한 경우
4. 위원이 해당 분쟁에 관하여 당사자의 대리인으로서 관여하였거나 관여한 경우
5. 위원이 해당 분쟁의 원인이 된 처분 또는 부작위에 관여한 경우

② 위원회는 제척의 원인이 있는 경우에는 직권 또는 당사자의 신청에 따라 제척의 결정을 하여야 한다.

③ 당사자는 위원에게 공정한 직무집행을 기대하기 어려운 사정이 있는 경우에는 위원회에 기피신청을 할 수 있으며, 위원회는 기피신청이 타당하다고 인정하는 때에는 기피의 결정을 하여야 한다.

④ 위원은 제1항 또는 제3항의 사유에 해당하는 경우에는 스스로 그 사건의 직무집행에서 회피(回避)하여야 한다. <개정 2012. 7. 4.>

[본조신설 2007. 12. 28.]

[제목개정 2012. 7. 4.]

제68조의3(위원의 해촉 등) ① 국토교통부장관은 법 제70조제2항에 따른 위원회의 위원이 다음 각 호의 어느 하나에 해당하는 경우에는 해당 위원을 해촉(解囑)할 수 있다.
1. 심신장애로 인하여 직무를 수행할 수 없게 된 경우
2. 직무와 관련된 비위사실이 있는 경우
3. 직무태만, 품위손상이나 그 밖의 사유로 인하여 위원으로 적합하지 아니하다고 인정되는 경우
4. 제68조의2제1항 각 호의 어느 하나에 해당하는 데에도 불구하고 회피하지 아니한 경우
5. 위원 스스로 직무를 수행하는 것이 곤란하다고 의사를 밝히는 경우

② 제68조제1항에 따라 위원을 지명한 자는 해당 위원이 제1항 각 호의 어느 하나에 해당하는 경우에는 그 지명을 철회할 수 있다.

[본조신설 2015. 12. 31.]

<table>
<tr><td>제70조의2(위원회 위원의 결격사유) 다음 각 호의 어느 하나에 해당하는 사람은 위원회의 위원이 될 수 없다.
1. 파산선고를 받고 복권되지 아니한 사람
2. 피성년후견인 또는 피한정후견인
3. 법원의 판결 또는 법률에 따라 자격이 정지된 사람
4. 금고 이상의 실형을 선고받고 그 집행이 종료(집행이 종료된 것으로 보는 경우를 포함한다)되거나 그 집행이 면제된 날부터 3년이 지나지 아니한 사람
5. 금고 이상의 형의 집행유예를 선고받고 그 유예기간 중에 있는 사람
[본조신설 2014. 5. 14.]</td><td></td><td></td></tr>
<tr><td>제71조(위원회의 회의) ① 위원회의 회의는 위원장이 소집한다.
② 위원회의 회의는 재적위원 과반수의 출석과 출석위원 과반수의 찬성으로 의결한다.
[전문개정 2011. 5. 24.]</td><td></td><td></td></tr>
<tr><td>제72조(분쟁조정 신청의 통지 등) 위원회는 당사자 중 어느 한쪽으로부터 분쟁의 조정을 신청받으면 그 신청 내용을 상대방에게 알려야 하며, 상대방은 그 조정에 참여하여야 한다.
[전문개정 2013. 8. 6.]</td><td>제69조(감정등의 의뢰) ①위원장은 분쟁조정신청사건을 심사하기 위하여 필요하다고 인정되는 때에는 관계전문기관에 감정·진단·시험 등을 의뢰할 수 있다.
②제1항의 규정에 의하여 감정·진단·시험 등을 의뢰받은 기관은 의뢰받은 날부터 20일이내에 그 결과를 제출하여야 한다. 이 경우 20일이내에 결과를 제출할 수 없는 부득이한 사유가 있는 때에는 그 사유와 제출기한을 정하여 위원회에 통지하여야 한다.
제69조의2 삭제 <2014. 11. 14.></td><td></td></tr>
</table>

제73조(조정의 거부 및 중지) ① 위원회는 분쟁의 성질상 위원회에서 이를 조정하는 것이 부적합하다고 인정하거나 부정한 목적으로 조정이 신청되었다고 인정하면 그 조정을 거부할 수 있다. 이 경우 조정 거부의 사유 등을 신청인에게 통보하여야 한다. ② 삭제 <2013. 8. 6.> ③ 위원회는 분쟁 당사자 중 어느 한쪽이 소(訴)를 제기하면 조정을 중지하고 소 제기로 인하여 조정이 중지된 사실을 분쟁 당사자에게 통보하여야 한다. [전문개정 2011. 5. 24.]		
제74조(처리기간) ① 위원회는 분쟁의 조정 신청을 받은 날부터 60일 이내에 이를 심사하여 조정안을 작성하여야 한다. 다만, 정당한 사유가 있는 경우에는 위원회의 의결을 거쳐 60일의 범위에서 그 기간을 연장할 수 있다. <개정 2017. 8. 9.> ② 위원회는 제1항 단서에 따라 기간을 연장한 경우에는 기간 연장의 사유와 그 밖에 기간 연장에 관한 사항을 당사자에게 통보하여야 한다. [전문개정 2011. 5. 24.]		
제75조(조사 및 의견 청취) ① 위원회는 필요하다고 인정하면 위원회의 위원, 전문위원, 국토교통부 소속 공무원으로 하여금 관계 서류를 열람하게 하거나 관계 사업장에 출입하여 조사하게 할 수 있다. <개정 2013. 3. 23., 2013. 8. 6.> ② 위원회는 분쟁조정 당사자 또는 분쟁 관련 이해관계인으로 하여금 회의에 출석하여 발언할 수 있게 하여야 하며, 필요한 경우 관계 전문가의 의견을 들을 수 있다. <개정 2013. 8. 6.> [전문개정 2011. 5. 24.]	**제70조(의견청취의 절차)** ① 법 제75조제2항에 따라 분쟁조정 당사자, 분쟁 관련 이해관계인 또는 관계 전문가로 하여금 위원회의 회의에 출석하여 발언할 수 있게 하거나 그 의견을 듣고자 하는 때에는 회의개최 7일전에 서면으로 통지하여야 한다. <개정 2014. 2. 5.> ② 제1항의 통지를 받은 분쟁조정 당사자, 분쟁 관련 이해관계인 또는 관계 전문가는 위원회의 회의에 출석할 수 없는 부득이한 사유가 있는 경우에는 미리 서면(전자문서를 포함한다)으로 의견을 제출할 수 있다. <개정 2004. 3. 17., 2014. 2. 5.>	

	③ 제1항의 통지를 받은 분쟁조정 당사자, 분쟁 관련 이해관계인 또는 관계 전문가가 정당한 사유없이 출석하지 아니하고 서면(전자문서를 포함한다)으로도 의견을 제출하지 아니한 때에는 의견진술의 기회를 포기한 것으로 본다. <개정 2004. 3. 17., 2014. 2. 5.>	
제76조(조정부) ① 위원회는 조정업무를 효율적으로 처리하기 위하여 필요하다고 인정하면 조정사건의 분야별로 5명 이내의 위원으로 구성되는 조정부(調停部)를 둘 수 있다. ② 제1항에 따른 조정부의 위원은 위원장이 지명한다. ③ 조정부는 미리 조정사건을 심사한 후 조정안을 작성하여 위원회의 회의에 부쳐야 한다. [전문개정 2011. 5. 24.]	**제71조(조정부)** ① 위원장은 제66조의 규정에 의하여 조정신청을 받은 경우에 필요하다고 인정하는 때에는 법 제76조제1항의 규정에 의한 조정부에 분쟁조정신청사건을 회부할 수 있다. ② 제69조 및 제70조의 규정은 제1항의 조정부의 조정업무에 관하여 이를 준용한다.	
제77조(합의의 권고) 위원회는 조정신청을 받으면 당사자에게 분쟁해결에 관한 합의를 권고할 수 있다. [전문개정 2013. 8. 6.]		
제78조(조정의 효력 등) ① 위원회는 조정안을 작성하였을 때에는 지체 없이 이를 각 당사자에게 제시하여야 한다. ② 제1항에 따라 조정안을 받은 당사자는 그 제시를 받은 날부터 15일 이내에 그 수락 여부를 위원회에 통보하여야 한다. ③ 당사자가 제77조에 따라 분쟁해결에 관하여 합의하거나 제1항에 따른 조정안을 수락하면 위원회는 즉시 조정서를 작성하여야 하고, 위원장과 각 당사자는 이에 서명 또는 기명날인하여야 한다. <개정 2013. 8. 6.> ④ 제3항에 따른 조정서의 내용은 재판상 화해와 동일한 효력이 있다. <개정 2013. 8. 6.> [전문개정 2011. 5. 24.] [제목개정 2013. 8. 6.]		

제78조의2(시효의 중단) ① 제69조제3항에 따른 조정의 신청은 시효중단의 효력이 있다. 다만, 그 신청이 취하되거나 조정의 거부 또는 조정이 중지된 때에는 그러하지 아니하다. ② 제1항 본문에 따라 중단된 시효는 다음 각 호의 어느 하나에 해당하는 경우 새로 진행한다. 1. 제78조제3항에 따라 조정서를 작성하고, 위원장과 각 당사자가 이에 서명 또는 기명날인한 경우 2. 당사자의 일방 또는 쌍방이 조정결정에 동의하지 아니한다는 의사를 표시한 경우 [본조신설 2013. 8. 6.]		
제78조의3(조정절차의 비공개) 위원회가 수행하는 조정절차는 공개하지 아니한다. 다만, 위원회 위원 과반수의 찬성이 있는 경우 이를 공개할 수 있다. [본조신설 2013. 8. 6.]		
제79조(비용의 분담) ① 분쟁 조정을 위한 감정, 진단, 시험 등에 사용된 비용은 신청인이 부담한다. 다만, 당사자 간에 이에 대한 약정이 있는 경우에는 그 약정에 따른다. ② 위원회는 필요하다고 인정하면 대통령령으로 정하는 바에 따라 당사자로 하여금 제1항에 따른 비용을 미리 내도록 할 수 있다. ③ 제1항에 따른 비용의 범위에 관하여는 대통령령으로 정한다. [전문개정 2011. 5. 24.]	**제72조(비용의 예납 및 정산)** ①위원회는 법 제79조제2항의 규정에 의하여 분쟁조정을 위한 소요비용을 예납하게 하고자 하는 때에는 그 소요비용·내역·예납장소 및 예납기간을 정하여 서면으로 이를 부담할 자에게 통지하여야 한다. ②위원회는 제1항의 규정에 의하여 비용예납을 통지한 경우에 비용을 부담할 자가 기한내에 예납하지 아니한 때에는 당해 분쟁에 대한 조정을 보류할 수 있다. ③위원회는 법 제79조제2항의 규정에 의하여 비용을 예납받은 경우에는 당해 분쟁에 대한 조정안을 작성하여 당사자에게 제시한 날 또는 조정의 거부·중지를 통보한 날부터 5일이내에 예납받은 금액과 제1항의 규정에 의한 비용에 대한 정산서를 작성하여 신청인에게 통지하여야 한다.	

<table>
<tr><td></td><td>제73조(비용의 범위) 법 제79조제1항의 규정에 의하여 분쟁의 신청인 또는 당사자가 부담할 비용의 범위는 다음 각호와 같다.
1. 감정 · 진단 · 시험에 소요된 비용
2. 증인 · 증거채택에 소요된 비용
3. 검사 · 조사에 소요된 비용
4. 녹음 · 속기록 · 통역 등 기타 조정에 소요된 비용</td><td></td></tr>
<tr><td>제79조의2(서류의 송달) 분쟁 조정에 따른 서류 송달에 관하여는 「민사소송법」 제174조부터 제197조까지의 규정을 준용한다.
[전문개정 2011. 5. 24.]</td><td></td><td></td></tr>
<tr><td>제80조(위원회의 운영 등) 제69조부터 제79조까지 및 제79조의2에서 정한 것 외에 위원회의 구성, 조직과 운영, 조정절차 등에 관하여 필요한 사항은 대통령령으로 정한다. <개정 2013. 8. 6.>
[전문개정 2011. 5. 24.]</td><td>제74조 삭제 <2007. 12. 28.>

제75조 삭제 <2007. 12. 28.>

제76조(간사 및 서기) ①위원회의 사무를 처리하기 위하여 위원회에 간사 및 서기를 둔다.
② 위원회의 간사 및 서기는 국토교통부 소속 공무원 중에서 국토교통부장관이 임명한다. <개정 2014. 2. 5.>

제77조(수당) 위원회의 회의에 출석한 위원 및 관계전문가에 대하여는 예산의 범위안에서 수당을 지급할 수 있다. 다만, 공무원인 위원이 그 소관업무와 직접 관련하여 회의에 출석한 경우에는 그러하지 아니하다.

제78조(운영세칙) 이 영에 규정한 것외에 위원회의 운영에 관하여 필요한 사항은 위원회의 의결을 거쳐 위원장이 정한다.</td><td></td></tr>
</table>

건설산업기본법 3단비교표 (제9장 시정명령 등, 제10장 보칙)

건설산업기본법 [법률 제21034호, 2025. 8. 26., 일부개정] [시행 2025. 11. 27.]	건설산업기본법 시행령 [대통령령 제35868호, 2025. 11. 25., 일부개정] [시행 2025. 11. 27.]	건설산업기본법 시행규칙 [국토교통부령 제1531호, 2025. 10. 31., 타법개정] [시행 2025. 10. 31.]
제9장 시정명령 등 (개정 2011.5.24.)	**제9장 시정명령 등**	
제81조(시정명령 등) 국토교통부장관은 건설사업자가 다음 각 호의 어느 하나에 해당하면 기간을 정하여 시정을 명하거나 그 밖에 필요한 지시를 할 수 있다. <개정 2012. 12. 18., 2013. 3. 23., 2013. 8. 6., 2015. 8. 11., 2016. 2. 3., 2017. 12. 26., 2018. 8. 14., 2018. 12. 18., 2019. 4. 30.> 1. 정당한 사유 없이 도급받은 건설공사를 시공하지 아니한 경우 2. 삭제 <2016. 2. 3.> 3. 제22조제6항을 위반하여 건설공사대장의 기재 사항을 발주자에게 통보하지 아니한 경우 4. 제22조제7항, 제34조, 제34조의2제2항, 제36조제1항, 제36조의2제1항, 제37조, 제38조제1항 또는 제68조의3제1항에 따른 건설사업자로서의 의무를 위반한 경우 5. 제28조에 따른 하자담보책임을 이행하지 아니한 경우 5의2. 제31조제3항 후단을 위반하여 하수급인 또는 하도급계약내용의 변경 요구를 이행하지 아니한 경우 6. 제38조제2항을 위반하여 부당한 특약을 강요한 경우 7. 제40조를 위반하여 건설공사의 현장에 건설기술인을 배치하지 아니하거나 배치된 건설기술인이 공사의 시공관리에 부적당하다고 인정되는 경우		**제36조의2(시정명령 등의 보고)** 시 ·도지사는 법 제81조부터 제83조까지에 따라 시정명령·영업정지·과징금 부과 또는 등록말소를 한 경우에는 다음 각 호의 사항을 건설산업종합정보망을 이용하여 국토교통부장관에게 보고하여야 한다. <개정 2008. 3. 14., 2013. 3. 23.> 1. 시정명령·영업정지·과징금부과 또는 등록말소의 처분 사유 및 처분내용 2. 영업정지의 기간 또는 과징금의 금액을 가중 또는 감경한 경우 그 사유 [전문개정 2007. 12. 31.]

8. 제42조제1항 또는 제2항에 따른 표지의 게시 또는 표지판의 설치를 하지 아니한 경우 9. 정당한 사유 없이 제49조제1항에 따른 보고를 하지 아니한 경우 10. 설계도서, 시방서 및 도급계약의 내용 등에 따르지 아니하는 등 건설공사를 성실하게 수행하지 아니함으로써 부실시공의 우려가 있는 경우 11. 제29조의3제6항을 위반하여 하수급인의 변경요구를 이행하지 아니한 경우 12. 제68조의4제3항을 위반하여 타워크레인 대여업자 또는 대여계약내용의 변경요구를 이행하지 아니한 경우 [전문개정 2011. 5. 24.]		
제82조(영업정지 등) ① 국토교통부장관은 건설사업자가 다음 각 호의 어느 하나에 해당하면 6개월 이내의 기간을 정하여 그 건설사업자의 영업정지를 명하거나 영업정지를 갈음하여 1억원 이하의 과징금을 부과할 수 있다. <개정 2012. 6. 1., 2012. 12. 18., 2013. 3. 23., 2013. 5. 22., 2013. 8. 6., 2016. 2. 3., 2018. 8. 14., 2018. 12. 18., 2018. 12. 31., 2019. 4. 30.> 1. 제28조에 따른 하자담보책임기간에 수급인이나 하수급인이 책임질 사유로 국토교통부령으로 정하는 규모 이상의 하자가 3회 이상 발생한 경우. 이 경우 하수급인이 책임질 사유에 대하여는 수급인에게도 같은 책임이 있는 것으로 본다. 2. 제21조의2를 위반하여 국가기술자격증 또는 건설기술경력증을 다른 자에게 빌리거나 빌려 준 경우 3. 제23조제3항에 따른 건설공사 실적, 기술자 보유현황 등을 거짓으로 제출한 경우 4. 제29조제6항에 따른 통보를 거짓으로 한 경우	**제79조(영업정지 등의 부과 대상이 되는 벌점 기준)** 법 제82조제1항제10호에서 "대통령령으로 정하는 기준"이란 제28조 및 별표 3에 따른 합산 벌점 10점을 말한다. [본조신설 2019. 6. 18.]	**제36조(하자산정기준)** 법 제82조제1항제1호에서 "국토교통부령으로 정하는 규모 이상의 하자"란 하자발생액이 당해 공사금액의 1천분의 5 이상인 하자를 말한다. 다만, 1회의 하자발생액이 이에 미달하는 때에는 각각의 하자발생액의 누계액이 당해 공사금액의 1천분의 5 이상에 해당할 때에 이를 1회로 본다. <개정 2008. 3. 14., 2011. 11. 3., 2013. 3. 23.> **제36조의2(시정명령 등의 보고)** 시 ·도지사는 법 제81조부터 제83조까지에 따라 시정명령·영업정지·과징금 부과 또는 등록말소를 한 경우에는 다음 각 호의 사항을 건설산업종합정보망을 이용하여 국토교통부장관에게 보고하여야 한다. <개정 2008. 3. 14., 2013. 3. 23.> 1. 시정명령·영업정지·과징금부과 또는 등록말소의 처분 사유 및 처분내용 2. 영업정지의 기간 또는 과징금의 금액을 가중 또는 감경한 경우 그 사유 [전문개정 2007. 12. 31.]

5. 정당한 사유 없이 제81조(제3호 · 제4호 · 제6호 · 제8호 · 제11호 및 제12호는 제외한다)에 따른 시정명령 또는 시정지시에 따르지 아니한 경우
6. 다음 각 목의 어느 하나에 해당하는 경우
   가. 「건설기술 진흥법」 제54조제1항에 따른 시정명령을 이행하지 아니한 경우
   나. 「건설기술 진흥법」 제48조제4항에 따른 시공상세도면의 작성의무를 위반하거나 건설사업관리를 수행하는 건설기술인 또는 공사감독자의 검토와 확인을 받지 아니하고 시공한 경우
   다. 「건설기술 진흥법」 제55조에 따른 품질시험 또는 검사를 성실하게 수행하지 아니한 경우
   라. 「건설기술 진흥법」 제62조제2항에 따른 안전점검을 성실하게 수행하지 아니한 경우
   마. 「건설기술 진흥법」 제80조에 따른 시정명령을 이행하지 아니한 경우
7. 「산업안전보건법」에 따른 중대재해를 발생시킨 건설사업자에 대하여 고용노동부장관이 영업정지를 요청한 경우와 그 밖에 다른 법령에 따라 국가 또는 지방자치단체의 기관이 영업정지를 요구한 경우
8. 제22조제7항, 제34조, 제36조제1항, 제37조, 제38조제1항 또는 제68조의3제1항에 따른 건설사업자로서의 의무를 위반한 경우
9. 제38조제2항을 위반하여 부당한 특약을 강요한 경우
10. 제25조제5항에 따른 벌점이 대통령령으로 정하는 기준을 초과한 경우
11. 제68조의4제1항에 따른 통보를 거짓으로 한 경우

② 국토교통부장관은 건설사업자가 다음 각 호의 어느 하나에 해당하면 1년 이내의 기간을 정하여 그 건설사업자(제5호의 경우 중 하도급인 경우에는 그 건설사업자와 수급인을, 다시 하도급한 경우에는 그 건설사업자와 다시 하도급한 자를 말한다)의 영업정지를 명하거나 영업정지를

갈음하여 그 위반한 공사의 도급금액(제3호·제6호 또는 제7호의 경우에는 하도급금액을 말한다)의 100분의 30에 상당하는 금액(제5호의 경우에는 5억원) 이하의 과징금을 부과할 수 있다. <개정 2012. 6. 1., 2013. 3. 23., 2018. 12. 18., 2018. 12. 31., 2019. 4. 30.> 1. 제16조를 위반하여 건설공사를 도급 또는 하도급받은 경우 2. 제28조의2제1항을 위반하여 건설공사를 직접 시공하지 아니한 경우 3. 제25조제2항 및 제29조제1항부터 제5항까지의 규정에 따른 하도급 제한을 위반한 경우 4. 제47조제2항에 따른 공사금액의 하한에 미달하는 공사를 도급받은 경우 5. 고의나 과실로 건설공사를 부실하게 시공한 경우 6. 제29조의2제1항에 따른 하수급인에 대한 관리의무를 이행하지 아니한 경우(하수급인이 제3호에 따른 영업정지 등의 처분을 받은 경우로서 그 위반행위를 지시·공모한 사실이 확인된 경우만 해당한다) 7. 제29조의3제5항을 위반하여 수급인이 하도급 참여제한 중에 있는 건설사업자에게 하도급을 하거나, 건설사업자가 하도급 참여제한 기간 중에 하도급을 받은 경우 ③ 제1항 또는 제2항에 따라 과징금 부과처분을 받은 자가 과징금을 기한까지 내지 아니하면 국세 또는 지방세 체납처분의 예에 따라 징수한다. [전문개정 2011. 5. 24.]		
제82조의2(부정한 청탁에 의한 재물 등의 취득 및 제공에 대한 영업정지 등) ① 국토교통부장관은 건설사업자가 제38조의2를 위반하여 부정한 청탁을 받고 재물 또는 재산상의 이익을 취득하거나 부정한 청탁을 하면서 재물 또는 재산상의 이익을 제공한 경우에는 대통령령으로 정하는 바에 따라 1년의 범위에서 기간을 정하여 영업정지를 명하거나		

영업정지에 갈음하여 10억원 이하의 과징금을 부과할 수 있다. <개정 2013. 3. 23., 2019. 4. 30.> ② 건설사업자가 제1항에 따른 영업정지처분 또는 과징금 부과처분을 받고 그 처분을 받은 날부터 3년 이내에 다시 동일한 위반행위를 한 경우에는 대통령령으로 정하는 바에 따라 2년의 범위에서 기간을 정하여 영업정지를 명할 수 있다. 다만, 영업정지를 명할 경우 회복할 수 없는 손해가 발생할 우려가 있다고 인정되는 경우에는 영업정지에 갈음하여 대통령령으로 정하는 바에 따라 20억원 이하의 과징금을 부과할 수 있다. <개정 2019. 4. 30.> ③ 건설사업자가 제1항에 따른 영업정지처분 또는 과징금 부과처분을 받고 그 처분을 받은 날부터 3년 이내에 2회 이상 동일한 위반행위를 한 경우에는 건설업 등록을 말소하여야 한다. <개정 2019. 4. 30.> ④ 제1항부터 제3항까지의 처분은 법인 또는 개인이 그 위반행위를 방지하기 위하여 해당 업무에 관하여 상당한 주의와 감독을 게을리하지 아니한 경우에는 부과하지 아니한다. ⑤ 제1항 및 제2항에 따라 과징금 부과처분을 받은 자가 과징금을 기한까지 내지 아니하면 국세 또는 지방세 체납처분의 예에 다라 징수한다. [본조신설 2011. 5. 24.]		
제83조(건설업의 등록말소 등) 국토교통부장관은 건설사업자가 다음 각 호의 어느 하나에 해당하면 그 건설사업자(제10호의 경우 중 하도급인 경우에는 그 건설사업자와 수급인을, 다시 하도급한 경우에는 그 건설사업자와 다시 하도급한 자를 말한다)의 건설업 등록을 말소하거나 1년 이내의 기간을 정하여 영업정지를 명할 수 있다. 다만, 제1호, 제2호의2, 제3호의2, 제3호의3, 제4호부터 제8호까지, 제8호의2, 제12호 또는 제13호에 해당하는 경우에는 건설업 등록을 말소하여야 한다. <개정 2012. 6. 1., 2013. 3. 23., 2014.	**제79조의2(일시적인 등록기준미달)** 법 제83조제3호 단서에서 "일시적으로 등록기준에 미달하는 등 대통령령으로 정하는 경우"란 다음 각 호의 어느 하나에 해당하는 경우를 말한다. <개정 2003. 8. 21., 2005. 5. 7., 2006. 3. 29., 2011. 11. 1., 2016. 2. 11., 2016. 4. 29., 2016. 6. 30., 2020. 2. 18., 2021. 8. 3., 2025. 6. 2.> 1. 별표 2에 따른 기술능력에 해당하는 자의 사망·실종 또는 퇴직으로 인하여 등록기준에 미달되는 기간이 50일 이내인 경우	

5. 14., 2016. 2. 3., 2017. 3. 21., 2018. 12. 18., 2018. 12. 31., 2019. 4. 30., 2020. 6. 9., 2020. 12. 22., 2020. 12. 29., 2021. 7. 27.> 1. 부정한 방법으로 제9조에 따른 건설업 등록을 한 경우 2. 삭제 <2016. 2. 3.> 2의2. 제9조에 따른 건설업의 등록을 한 후 1년이 지날 때까지 영업을 개시하지 아니하거나 계속하여 1년 이상 「부가가치세법」 제8조제8항에 따라 관할 세무세장에게 휴업신고를 한 경우로서 제10조에 따른 건설업의 등록기준에 미달한 사실이 있는 경우 3. 제10조에 따른 건설업의 등록기준에 미달한 사실이 있는 경우. 다만, 일시적으로 등록기준에 미달하는 등 대통령령으로 정하는 경우는 예외로 한다. 3의2. 제10조에 따른 건설업의 등록기준에 미달하여 영업정지처분을 받은 후 그 처분의 종료일까지 등록기준 미달사항을 보완하지 아니한 경우 3의3. 제10조에 따른 건설업의 등록기준에 미달하여 영업정지처분을 받은 후 3년 이내에 동일한 등록기준에 미달하게 된 경우 4. 제13조제1항 각 호의 어느 하나에 해당하는 건설업 등록의 결격사유에 해당하게 된 경우. 다만, 건설업으로 등록된 법인의 임원 중 건설업 등록의 결격사유에 해당되는 사람이 있는 경우로서 그 사실을 안 날부터 3개월 이내에 그 임원을 교체한 경우는 제외한다. 5. 제21조를 위반하여 다른 사람에게 자기의 성명이나 상호를 사용하여 건설공사를 수급 또는 시공하게 하거나 이를 알선한 경우 또는 건설업 등록증이나 건설업 등록수첩을 빌려주거나 이를 알선한 경우 6. 제21조의2를 위반하여 국가기술자격증 또는 건설기술경력증을 다른 자에게 빌려 건설업의 등록기준을 충족시키거나 국가기술자격증 또는 건설기술경력증을 다른 자에게 빌려주어 건설업의 등록기준에 미달한 사실이 있는 경우	1의2. 별표 2에 따른 기술능력에 해당하는 자의 육아휴직(「남녀고용평등과 일·가정 양립 지원에 관한 법률」 제19조에 따른 육아휴직을 말한다)으로 인하여 등록기준에 미달하는 경우. 다만, 기술능력 기준이 2명 이상인 업종에 한정하며, 1명에 대해서만 인정한다. 1의3. 별표 2에 따른 기술능력에 해당하는 사람의 육아기 근로시간 단축(「남녀고용평등과 일·가정 양립 지원에 관한 법률」 제19조의2에 따른 육아기 근로시간 단축을 말한다)으로 인하여 등록기준에 미달하는 경우 1의4. 영업소소재지 변경으로 인하여 사무실의 등록기준에 미달한 경우로서 다음 각 목에 모두 해당하는 경우 가. 영업소소재지 변경에 따라 법 제9조의2제2항에 따른 건설업 등록증 또는 건설업 등록수첩의 기재 사항 변경신청을 했을 것 나. 제13조제1항제2호에 따른 사무실 등록기준에 적합한 곳으로 다시 이전하고 가목에 따른 변경신청일부터 30일 이내에 법 제9조의2제2항에 따른 건설업 등록증 또는 건설업 등록수첩의 기재 사항 변경신청을 다시 했을 것 2. 「상법」 제542조의8제1항 단서의 적용대상법인이 최근 사업연도말 현재의 자산총액의 감소로 인하여 등록기준에 미달하는 기간이 50일 이내인 경우 3. 제13조제1항제1호에 따른 자본금기준에 미달한 경우 중 다음 각 목의 어느 하나에 해당하는 경우 가. 「채무자 회생 및 파산에 관한 법률」에 따라 법원이 회생절차의 개시의 결정을 하고 그 절차가 진행 중인 경우 나. 회생계획의 수행에 지장이 없다고 인정되는 경우로서 해당 건설업체가 법원으로부터 회생절차의 종결 결정을 받고 회생계획을 수행 중인 경우	

7. 제29조제1항부터 제3항까지 중 어느 하나에 해당하는 위반행위를 하여 제82조제2항제3호에 따라 영업정지처분 또는 과징금 부과처분을 받고 그 처분을 받은 날부터 5년 이내에 이를 다시 2회 이상 위반한 경우 8. 제82조, 제82조의2 또는 이 조에 따른 영업정지처분을 위반한 경우 8의2. 제81조제9호의 위반행위로 인하여 제82조제1항제5호에 따라 영업정지처분을 받고 그 처분의 종료일까지 제49조제1항에 따른 보고를 하지 아니한 경우(건설업 등록기준에의 적합 여부를 판단하기 위하여 보고하도록 한 경우에 한정한다) 9. 건설업 등록을 한 후 1년이 지날 때까지 영업을 시작하지 아니하거나 계속하여 1년 이상 휴업한 경우 10. 고의나 과실로 건설공사를 부실하게 시공하여 시설물의 구조상 주요 부분에 중대한 손괴를 일으켜 공중(公衆)의 위험을 발생하게 한 경우 11. 다른 법령에 따라 국가 또는 지방자치단체의 기관이 영업정지 또는 등록말소를 요구한 경우 12. 건설사업자가 「부가가치세법」 제8조제8항에 따라 폐업신고를 하였거나, 관할 세무서장이 같은 조 제9항에 따라 사업자등록을 말소한 경우 13. 다음 각 호의 어느 하나에 해당하는 위반행위를 하여 「독점규제 및 공정거래에 관한 법률」 제43조에 따라 과징금 부과처분을 받고 그 처분을 받은 날부터 9년 이내에 다음 각 목의 어느 하나에 해당하는 위반행위를 다시 하여 같은 기간 내에 2회 이상 과징금 부과처분을 받은 경우 가. 「독점규제 및 공정거래에 관한 법률」 제40조제1항제1호 나. 「독점규제 및 공정거래에 관한 법률」 제40조제1항제3호 다. 「독점규제 및 공정거래에 관한 법률」 제40조제1항제8호 [전문개정 2011. 5. 24.]	다. 「기업구조조정 촉진법」에 따라 금융채권자협의회가 금융채권자협의회에 의한 공동관리절차의 개시의 의결을 하고 그 절차가 진행중인 경우 라. 법 제9조제1항에 따라 건설업을 등록한 날부터 1년 이내에 자본금기준에 미달하는 기간이 50일 이내인 경우. 다만, 건설사업자가 추가로 다른 업종을 등록하는 경우는 제외한다. 4. 법 제17조에 따라 건설업양도신고가 수리된 경우로서 양수인이 제13조제1항제1호의2에 따른 보증가능금액확인서를 갖추지 못한 기간이 수리일부터 50일 이내인 경우 [본조신설 2002. 9. 18.]	

제83조의2(시정명령 등의 요구 및 보고) ① 지방자치단체의 장은 건설사업자가 관할구역에서 이 법을 위반한 사실을 발견하면 그 건설사업자의 등록관청으로 하여금 제81조, 제82조, 제82조의2 및 제83조에 따라 그 건설사업자에 대한 시정명령, 영업정지 또는 등록말소 등을 하도록 요구할 수 있다. <개정 2019. 4. 30.> ② 지방자치단체의 장은 제81조, 제82조, 제82조의2 및 제83조에 따라 시정명령, 영업정지 또는 등록말소 등을 한 경우(제91조제1항에 따라 위임받은 경우만 해당한다)에는 국토교통부령으로 정하는 바에 따라 처분 내용, 처분 사유 등을 국토교통부장관에게 보고하여야 한다. <개정 2013. 3. 23.> ③ 국가기관, 지방자치단체 또는 대통령령으로 정하는 공공기관은 제38조의2를 위반한 사실을 발견하면 해당 건설사업자의 등록관청이 제82조의2에 따른 영업정지나 과징금 부과 또는 등록말소를 할 수 있도록 그 사실을 등록관청에 통보하여야 한다. <개정 2019. 4. 30.> [전문개정 2011. 5. 24.]	**제79조의3(위반사실 통보대상 공공기관)** 법 제83조의2제3항에서 "대통령령으로 정하는 공공기관"이란 다음 각 호의 공공기관을 말한다. <개정 2011. 11. 1., 2019. 6. 18.> 1. 「공공기관의 운영에 관한 법률」 제5조에 따른 공기업 및 준정부기관 2. 「지방공기업법」 제49조 및 제76조에 따른 지방공사 및 지방공단 [본조신설 2007. 12. 28.]	
제83조의3(폐업 등의 확인) 국토교통부장관 또는 지방자치단체의 장(제91조제1항에 따라 위임받은 사무를 처리하기 위하여 필요한 경우에만 해당한다. 이하 이 조에서 같다)은 제83조제12호에 따른 폐업 또는 사업자등록 말소(이하 이 조에서 "폐업등"이라 한다) 사실을 확인하기 위하여 관할 세무관서의 장에게 해당 사업자의 사업자등록번호를 기재하여 폐업등에 관한 과세정보의 제공을 요청할 수 있다. 이 경우 국토교통부장관 또는 지방자치단체의 장은 폐업등 사실을 확인하기 위하여 필요하면 「전자정부법」 제36조제1항에 따라 행정정보를 공동이용할 수 있다. [본조신설 2016. 2. 3.]		

제84조(영업정지 등의 세부 처분기준) 제82조, 제82조의2 또는 제83조에 따라 영업정지처분을 하거나 과징금 부과처분을 하는 경우 또는 건설업 등록을 말소하거나 영업정지처분을 하는 경우에 그 위반행위의 종류와 위반 정도에 따른 건설업 등록말소 또는 영업정지의 기준, 영업정지의 기간, 과징금의 금액, 그 밖에 필요한 사항은 대통령령으로 정한다. 이 경우 제9조의3제2항에 따른 교육 이수자에 대하여는 대통령령으로 정하는 바에 따라 영업정지의 기간 등을 감경할 수 있다. <개정 2015. 8. 11.> [전문개정 2011. 5. 24.]	**제80조(영업정지 또는 과징금부과기준등)** ① 법 제84조의 규정에 의한 위반행위의 종별과 정도에 따른 영업정지의 기간 또는 과징금의 금액은 별표 6과 같다. ② 국토교통부장관은 위반행위의 동기·내용 및 횟수, 위반행위와 관련된 공사의 특성 및 입찰방식 등을 고려하여 제1항에 따른 영업정지의 기간 또는 과징금의 금액의 2분의 1의 범위에서 이를 가중 또는 감경할 수 있다. 다만, 법 제82조제1항제3호, 제82조의2제1항 및 제2항에 해당하는 경우에는 감경하지 아니한다. <개정 2007. 12. 28., 2008. 2. 29., 2011. 11. 1., 2013. 3. 23.> ③ 제2항에 따라 영업정지의 기간 또는 과징금의 금액을 가중하는 경우 영업정지의 총 기간 또는 과징금의 총액은 법 제82조, 제82조의2 및 제83조에 따른 기간 및 금액을 초과할 수 없다. <신설 2007. 12. 28., 2011. 11. 1.> **제81조(과징금의 부과 및 납부)** ① 국토교통부장관은 법 제82조 및 제82조의2에 따라 과징금을 부과하려는 때에는 그 위반행위의 종별과 해당과징금의 금액을 명시하여 이를 납부할 것을 서면으로 통지하여야 한다. <개정 2007. 12. 28., 2008. 2. 29., 2011. 11. 1., 2013. 3. 23.> ② 제1항에 따른 통지를 받은 자는 통지를 받은 날부터 20일이내에 과징금을 국토교통부장관이 정하는 수납기관에 납부해야 한다. <개정 2007. 12. 28., 2008. 2. 29., 2013. 3. 23., 2023. 12. 12.> ③ 제2항의 규정에 의하여 과징금의 납부를 받은 수납기관은 그 납부자에게 영수증을 교부하여야 한다. ④ 과징금의 수납기관은 제2항의 규정에 의하여 과징금을 수납한 때에는 지체없이 그 사실을 국토교통부장관에게 통보하여야 한다. <개정 2007. 12. 28., 2008. 2. 29., 2013. 3. 23.> ⑤ 삭제 <2021. 9. 24.> [본조신설 1999. 8. 6.]	

제84조의2(제척기간) 국토교통부장관은 다음 각 호의 기간이 지난 경우에는 제82조, 제82조의2 또는 제83조에 따른 영업정지를 명하거나 과징금의 부과 또는 건설업 등록의 말소를 할 수 없다. <개정 2013. 3. 23., 2020. 6. 9.> 1. 제82조제1항제1호, 같은 조 제2항제5호 또는 제83조제10호 위반의 경우 해당 공사의 하자담보책임기간 종료일부터 10년 2. 제82조(제1항제1호ㆍ제8호ㆍ제9호 및 제2항제5호는 제외한다), 제82조의2 또는 제83조(제10호는 제외한다) 위반의 경우 위반행위 종료일부터 5년 3. 제82조제1항제8호 또는 제9호 위반의 경우 위반행위 종료일부터 3년 [본조신설 2012. 12. 18.]		
제85조(이해관계인에 의한 제재의 요구) 이해관계인은 건설사업자가 제81조 각 호의 어느 하나에 해당하면 국토교통부장관에게 그 사유를 분명하게 밝혀 그 건설사업자에 대하여 적절한 조치를 할 것을 요구할 수 있다. <개정 2013. 3. 23., 2019. 4. 30.> [전문개정 2011. 5. 24.]		
제85조의2(건설사업자의 지위 승계 등) ① 제20조의2에 따른 폐업신고로 건설업 등록이 말소된 자가 제9조에 따라 6개월 이내에 다시 건설사업자로 등록한 경우로서 다음 각 호의 어느 하나에 해당하는 경우에는 그 건설사업자는 폐업신고 전의 건설사업자의 지위를 승계한다. <개정 2012. 6. 1., 2016. 2. 3., 2019. 4. 30.> 1. 말소 당시에 등록한 업종과 동일한 업종의 건설업을 다시 등록하는 경우 2. 말소 당시의 업종과 업무내용이 전부 또는 일부 중복되는 다른 업종의 건설업을 등록하는 경우로서 대통령령으로 정하는 경우	**제81조의2(건설사업자의 지위 승계 업종)** 법 제85조의2제1항제2호에서 "대통령령으로 정하는 경우"란 다음 각 호의 어느 하나에 해당하는 경우를 말한다. 1. 토목공사업 또는 건축공사업의 등록을 말소하고 토목건축공사업의 등록을 하는 경우 2. 토목건축공사업의 등록을 말소하고 토목공사업 또는 건축공사업의등록을 하는 경우 [본조신설 2012. 11. 27.] [제목개정 2020. 2. 18.]	

② 제1항에 따라 건설사업자의 지위를 승계한 자에 대하여는 폐업신고 전의 건설사업자에 대한 행정처분의 효과가 승계된다. <개정 2019. 4. 30.> ③ 국토교통부장관은 제1항에 따라 폐업신고 전의 건설사업자의 지위를 승계한 자에 대하여 폐업신고 전의 위반행위를 사유로 제81조, 제82조, 제82조의2 및 제83조에 따른 시정명령, 영업정지 또는 등록말소 등을 할 수 있다. <개정 2013. 3. 23., 2019. 4. 30.> [전문개정 2011. 5. 24.] [제목개정 2019. 4. 30.]		
제85조의3(등록말소 등의 공고) ① 국토교통부장관은 제81조, 제82조, 제82조의2, 제83조 및 제101조에 따라 건설사업자에 대하여 시정명령, 영업정지, 등록말소 또는 과태료 부과처분 등을 하면 국토교통부령으로 정하는 바에 따라 그 내용을 공고하고, 공고 사실을 본인에게 알려야 한다. <개정 2013. 3. 23., 2019. 4. 30.> ② 국토교통부장관은 제1항에 따라 공고한 내용을 대통령령으로 정하는 금융기관, 신용정보기관에 제공할 수 있다. 이 경우 국토교통부장관은 그 제공 사실을 본인에게 알려야 한다. <개정 2013. 3. 23.> [전문개정 2011. 5. 24.]	**제82조(정보공유 대상기관)** 법 제85조의3제2항 전단에서 "대통령령으로 정하는 금융기관, 신용정보기관"이란 다음 각 호의 어느 하나에 해당하는 기관을 말한다. <개정 2009. 10. 1., 2010. 11. 15., 2011. 11. 1.> 1. 공제조합 2. 「은행법」에 따른 은행 3. 「보험업법」에 따른 보험회사 4. 「신용정보의 이용 및 보호에 관한 법률」에 따른 신용정보회사 [본조신설 2007. 12. 28.]	**제36조의3(건설업 등록말소 등의 공고)** ①법 제85조의3의 규정에 의한 건설업 등록말소 등의 공고는 건설산업종합정보망 및 시·도의 인터넷 홈페이지에 게재하는 방법에 의한다. <개정 2007. 12. 31.> ②법 제85조의3의 규정에 의한 건설업 등록말소 등의 공고에는 다음 각 호의 사항이 포함되어야 한다. 1. 건설업등록말소 등의 연월일 2. 등록말소 등이 되는 건설업의 업종 3. 주된 영업소의 소재지 4. 상호 및 성명(법인인 경우에는 대표자의 성명을 말한다) 5. 건설업 등록말소 등의 사유 [본조신설 2005. 6. 30.]
제86조(청문) 국토교통부장관은 제82조, 제82조의2 또는 제83조에 따라 영업정지, 과징금 부과 또는 등록말소를 하려면 청문을 하여야 한다. 다만, 건설사업자의 폐업으로 제83조 제12호에 해당하여 등록말소를 하려는 경우에는 청문을 하지 아니한다. <개정 2013. 3. 23., 2019. 4. 30.> [전문개정 2011. 5. 24.]		

<table>
<tr><td></td><td>제10장 보칙</td><td></td></tr>
<tr><td>제86조의2(발주자에 대한 점검 등) 국토교통부장관은 국가, 지방자치단체 또는 대통령령으로 정하는 공공기관이 발주자인 경우에는 발주능력과 건설공사 관리능력을 높이기 위하여 제7조제2항에 따른 발주자의 책무를 점검·확인할 수 있다. <개정 2013. 3. 23.>
[전문개정 2011. 5. 24.]</td><td>제82조의2(점검·확인대상 공공기관) 법 제86조의2에서 “대통령령이 정하는 공공기관”이란 다음 각 호의 공공기관을 말한다. <개정 2011. 11. 1., 2019. 6. 18.>
1. 「공공기관의 운영에 관한 법률」 제5조에 따른 공기업 및 준정부기관
2. 「지방공기업법」 제49조 및 제76조에 따른 지방공사 및 지방공단
[본조신설 2005. 6. 30.]</td><td></td></tr>
<tr><td>제86조의3(건설행정의 지도·감독 등) 국토교통부장관은 건설업 등록 등 관련 사무의 집행, 건설공사 감독의 실태 등 건설행정의 건실한 운영을 지도·점검하기 위하여 국토교통부령으로 정하는 바에 따라 지도·점검계획을 수립·시행할 수 있다. <개정 2013. 3. 23.>
[전문개정 2011. 5. 24.]</td><td></td><td>제36조의4(건설행정의 지도·감독 등) 법 제86조의3에 따라 국토교통부장관은 연 1회 이상 건설행정의 건실한 운영을 지도·감독하기 위하여 다음 각 호의 내용이 포함된 지도·점검계획을 수립하여야 한다. <개정 2008. 3. 14., 2013. 3. 23.>
1. 건설업 등록 등 건설행정 민원 처리실태
2. 건설산업종합정보망 운영실태
3. 행정처분의 적정성 등에 관한 사항
4. 국토교통부장관 및 발주자로부터 통보된 위법사항의 확인 및 처분 등의 이행사항
5. 그 밖에 건설행정의 건실한 운영을 위하여 필요하다고 인정한 사항
[본조신설 2007. 12. 31.]</td></tr>
<tr><td>제86조의4(상습체불건설사업자 명단 공표 등) ① 국토교통부장관은 직전연도부터 과거 3년간 제34조제1항(제32조제4항에서 준용하는 경우를 포함한다)을 위반하여 제81조 또는 제82조에 따른 처분(불복절차가 진행 중인 처분은 제외하며, 동일한 위반행위로 인하여 2회 이상의 처분을 받은 경우에는 그 처분 횟수를 1회로 본다)을 2회 이상 받은 건설사업자 중 하도급대금, 건설기계 대여대금, 가설기자재 대</td><td>제82조의3(상습체불건설사업자의 명단 공표 제외대상) 법 제86조의4제1항 단서에서 “상습체불건설사업자의 사망, 실종선고로 명단공표의 실효성이 없는 경우 등 대통령령으로 정하는 사유가 있는 경우”란 다음 각 호의 어느 하나에 해당하는 경우를 말한다. <개정 2020. 2. 18.>
1. 법 제86조의4제1항에 따른 상습체불건설사업자(이하 “상습체불건설사업자”라 한다)가 사망한 경우</td><td></td></tr>
</table>

여대금 및 건설공사용 부품대금의 체불 총액이 1천만원 이상인 자(이하 "상습체불건설사업자"라 한다)의 명단을 공표하여야 한다. 다만, 상습체불건설사업자의 사망, 실종선고로 명단공표의 실효성이 없는 경우 등 대통령령으로 정하는 사유가 있는 경우에는 그러하지 아니하다. <개정 2019. 4. 30., 2021. 7. 27.>

② 제1항에 따른 상습체불건설사업자 명단의 공표 여부를 심의하기 위하여 국토교통부에 상습체불건설사업자명단 공표심의위원회(이하 이 조에서 "심의위원회"라 한다)를 둔다. <개정 2019. 4. 30.>

③ 국토교통부장관은 심의위원회의 심의를 거친 공표 대상 건설사업자에게 명단 공표 대상자임을 통지하고 3개월 이상의 기간을 정하여 소명 기회를 주어야 한다. <개정 2019. 4. 30.>

④ 국토교통부장관은 제23조에 따른 시공능력 평가 시 상습체불건설사업자의 체불 이력을 국토교통부령으로 정하는 바에 따라 반영할 수 있다. <개정 2019. 4. 30.>

⑤ 제1항 및 제2항에 따른 상습체불건설사업자 명단 공표 방법, 심의위원회의 구성 및 운영 등에 필요한 사항은 대통령령으로 정한다. <개정 2019. 4. 30.>

[본조신설 2014. 5. 14.]

[제목개정 2019. 4. 30.]

2. 상습체불건설사업자가 「민법」 제27조에 따라 실종선고를 받은 경우
3. 상습체불건설사업자가 법 제86조의4제3항에 따른 소명기간 종료 전까지 체불 대금을 전액 지급한 경우
4. 상습체불건설사업자가 법 제86조의4제3항에 따른 소명기간 종료 전까지 체불 대금의 일부를 지급하고 나머지 체불 대금에 대한 구체적인 지급 계획 및 자금 조달 방안을 법 제86조의4제2항에 따른 상습체불건설사업자 명단공표심의위원회(이하 "심의위원회"라 한다)에 소명한 경우로서 국토교통부장관이 제82조의6에 따라 해당 심의위원회의 재심의를 거쳐 명단 공표 대상에서 제외할 필요가 있다고 인정하는 경우
5. 그 밖에 국토교통부장관이 심의위원회의 심의를 거쳐 상습체불건설사업자의 명단을 공표할 실효성이 없다고 인정하는 경우

[본조신설 2014. 11. 14.]

[제목개정 2020. 2. 18.]

제82조의4(상습체불건설사업자의 명단 공표 방법 등) ① 법 제86조의4제1항에 따른 명단공표는 관보에 싣거나 국토교통부 인터넷 홈페이지 또는 건설산업종합정보망에 3년간 게재하는 방법으로 한다.

② 법 제86조의4제1항에 따른 명단 공표에는 다음 각 호의 내용이 포함되어야 한다. <개정 2020. 2. 18.>

1. 상습체불건설사업자의 성명·나이·상호·주소(법인인 경우에는 그 대표자의 성명·나이·주소 및 법인의 명칭·주소를 말한다)
2. 명단 공표 직전연도부터 과거 3년간 상습체불건설사업자의 처분 이력 및 체불 대금 내역

[본조신설 2014. 11. 14.]

[제목개정 2020. 2. 18.]

	제82조의5(심의위원회의 구성 및 운영) ① 심의위원회는 위원장 1명을 포함한 9명 이내의 위원으로 구성한다. ② 심의위원회의 위원장은 국토교통부차관이 되고, 위원은 다음 각 호의 사람이 된다. 1. 국토교통부의 고위공무원단에 속하는 일반직공무원 중에서 국토교통부장관이 임명하는 사람 3명 이내 2. 다음 각 목의 어느 하나에 해당하는 사람으로서 국토교통부장관이 위촉하는 사람 5명 이내 가. 대학 또는 정부출연연구기관에서 부교수 또는 책임연구원 이상으로 재직하고 있거나 재직하였던 사람으로서 건설산업 또는 금융 분야를 전공한 사람 나. 변호사 자격이 있는 사람 다. 그 밖에 건설산업 또는 금융 분야에 관한 학식과 경험이 풍부한 사람으로서 해당 분야의 업무에 2년 이상 종사한 사람 ③ 제2항제2호에 따라 국토교통부장관이 위촉하는 위원의 임기는 3년으로 한다. 다만, 보궐위원의 임기는 전임자의 잔임기간으로 한다. ④ 심의위원회의 위원장은 심의위원회의 업무를 총괄한다. ⑤ 심의위원회의 위원장이 부득이한 사유로 직무를 수행할 수 없을 때에는 위원장이 지명하는 위원이 그 직무를 대행한다. ⑥ 심의위원회의 회의는 재적위원 과반수의 출석으로 개의하고, 출석위원 과반수의 찬성으로 의결한다. ⑦ 제1항부터 제6항까지에서 규정한 사항 외에 심의위원회의 구성 및 운영에 필요한 사항은 심의위원회의 의결을 거쳐 국토교통부장관이 정한다. [본조신설 2014. 11. 14.]	

	제82조의6(상습체불건설사업자 명단 공표 재심의) 국토교통부장관은 법 제86조의4제3항에 따라 상습체불건설사업자가 소명을 요청하는 경우 심의위원회에 명단의 공표 여부를 재심의하게 해야 한다. <개정 2020. 2. 18.> [본조신설 2014. 11. 14.] [제목개정 2020. 2. 18.] **제82조의7(위원의 제척·기피·회피 등)** ① 심의위원회의 위원은 다음 각 호의 어느 하나에 해당하는 경우 심의에서 제척(除斥)된다. 1. 위원 또는 그 배우자나 배우자였던 사람이 해당 안건의 당사자(당사자가 법인·단체 등인 경우에는 그 임원을 포함한다. 이하 이 조에서 같다)가 되거나 그 안건의 당사자와 공동권리자 또는 공동의무자인 경우 2. 위원이 해당 안건의 당사자와 친족이거나 친족이었던 경우 3. 위원이나 위원이 속한 법인·단체 등이 해당 안건의 당사자의 대리인이거나 대리인이었던 경우 ② 해당 안건의 당사자는 심의위원회의 위원에게 공정한 심의·의결을 기대하기 어려운 사정이 있는 경우에는 심의위원회에 기피 신청을 할 수 있고, 심의위원회는 의결로 이를 결정한다. 이 경우 기피 신청의 대상인 위원은 그 의결에 참여하지 못한다. ③ 심의위원회의 위원 본인이 제1항 각 호에 따른 제척 사유에 해당하는 경우에는 스스로 해당 안건의 심의·의결에서 회피(回避)하여야 한다. ④ 국토교통부장관은 심의위원회의 위원이 제1항 각 호의 어느 하나에 해당하는 데에도 불구하고 회피하지 아니한 경우에는 해당 위원을 해촉(解囑)할 수 있다. [본조신설 2014. 11. 14.]	

제10장 보칙 (개정 2011.5.24.)

제87조(건설근로자 퇴직공제제도의 시행) ① 대통령령으로 정하는 건설공사를 하는 건설사업자는 「건설근로자의 고용개선 등에 관한 법률」에 따른 건설근로자 퇴직공제제도에 가입하여야 한다. <개정 2019. 4. 30.>

② 제1항에 따라 건설근로자 퇴직공제제도에 가입하여야 하는 건설공사 도급계약의 당사자는 대통령령으로 정하는 바에 따라 그 건설공사의 도급금액 산출명세서에 건설근로자 퇴직공제제도의 가입에 드는 금액을 분명하게 적어야 한다.

③ 국토교통부장관은 제23조에 따른 시공능력의 평가나 그 밖의 건설시책을 시행할 때 제2항에 따라 건설근로자 퇴직공제제도에 가입한 건설사업자를 우대할 수 있다. <개정 2013. 3. 23., 2019. 4. 30.>

[전문개정 2011. 5. 24.]

제83조(건설근로자퇴직공제 가입대상공사) ① 법 제87조제1항에서 "대통령령으로 정하는 건설공사"란 다음 각 호의 어느 하나에 해당하는 공사를 말한다. <개정 1999. 8. 6., 2001. 8. 25., 2003. 8. 21., 2003. 11. 29., 2005. 3. 8., 2005. 5. 7., 2007. 12. 28., 2010. 5. 27., 2011. 11. 1., 2016. 8. 11., 2020. 9. 8.>

1. 국가 또는 지방자치단체가 발주하는 공사로서 공사예정금액(「국가를 당사자로 하는 계약에 관한 법률」 제21조에 따른 장기계속계약에 따라 연차별로 계약을 체결하는 공사의 경우에는 해당 공사의 예정금액을 말한다. 이하 제2호에서 같다)이 1억원 이상인 공사
2. 국가 또는 지방자치단체가 출자 또는 출연한 법인이 발주하는 공사로서 공사예정금액이 1억원 이상인 공사

2의2. 제2호에 따른 법인이 납입자본금의 50퍼센트 이상을 출자한 법인이 발주하는 공사로서 공사예정금액이 1억원 이상인 공사

3. 「주택법」 제15조제1항에 따른 사업계획의 승인을 얻어 건설하는 200호이상인 공동주택의 건설공사
4. 「사회기반시설에 대한 민간투자법」에 따른 민간투자사업으로 시행되는 공사로서 공사예정금액이 1억원 이상인 공사
5. 200호 이상의 공동주택(「건축법 시행령」에 따른 공동주택을 말한다)과 주거용 외의 용도가 복합된 건축물(다수의 건축물이 연결된 하나의 건축물을 포함한다)의 건설공사(「주택법」 제15조에 따라 사업계획의 승인을 받은 경우를 포함한다)
6. 「건축법 시행령」에 따른 일반업무시설 중 200실 이상인 오피스텔의 건설공사
7. 공사예정금액이 50억원 이상인 건설공사

② 법 제87조제2항에 따른 건설공사도급계약의 당사자는 국토교통부장관이 정하여 고시하는 기준에 따라 건설근로자퇴직공제에 가입하는데 소요되는 금액을 산정하여 도급금액산출내역서에 명시하여야 한다. <신설 2007. 12. 28., 2008. 2. 29., 2013. 3. 23.>

③ 제1항의 규정에 의한 건설공사를 하도급하는 경우 수급인은 당해 하도급부분에 해당하는 건설공사의 하도급금액산출내역서에 건설근로자퇴직공제에 가입하는데 소요되는 금액을 명시하여야 한다. 다만, 수급인이 「건설근로자의 고용개선 등에 관한 법률」 제10조제1항 전단의 규정에 의하여 하수급인이 고용하는 건설근로자를 피공제자로 하는 공제계약을 체결한 때에는 그러하지 아니하다. <개정 2003. 8. 21., 2005. 5. 7., 2007. 12. 28.>

④ 제1항제1호·제2호·제2호의2·제4호·제5호·제6호 및 제7호에 따른 발주자나 같은 항 제3호·제5호 및 제7호에 따른 사업계획의 승인을 한 자(이하 이 조에서 "발주자등"이라 한다)는 해당 건설공사를 시공하는 건설사업자가 법 제87조제1항에 따라 건설근로자 퇴직공제에 가입했는지 여부를 확인할 수 있다. <개정 1998. 12. 31., 2003. 8. 21., 2007. 12. 28., 2010. 5. 27., 2020. 2. 18.>

⑤ 발주자등은 제4항에 따른 확인을 위하여 필요하다고 인정하는 경우에는 해당 건설사업자에게 「건설근로자의 고용개선 등에 관한 법률」 제9조에 따른 건설근로자공제회(이하 "건설근로자공제회"라 한다)에 공제부금을 납부한 확인서의 제출을 요구할 수 있다. 다만, 발주자등이 건설산업종합정보망을 통하여 공제부금을 납부한 확인서의 확인이 가능한 경우에는 그 확인으로 대신할 수 있다. <신설 2007. 12. 28., 2020. 2. 18., 2024. 6. 11.>

⑥ 발주자등은 건설사업자의 공제부금납부내역을 확인하여 법 제87조제2항에 따른 건설공사의 도급금액 산출내역서에 명시된 금액이 건설사업자가 납부한 공제부금을 초과하는 경우에는 그 초과하는 금액을 정산해야 한다. <신설 1998. 12. 31., 1999. 8. 6., 2002. 9. 18., 2007. 12. 28., 2020. 2. 18.>

<table>
<tr>
<td>제87조의2(건설전문인력의 육성 및 관리) ① 국토교통부장관은 건설 분야의 전문적인 기술 또는 기능을 보유한 인력(이하 "건설전문인력"이라 한다)의 육성 및 관리 등에 관한 시책을 수립·추진할 수 있다. <개정 2013. 3. 23.>
② 국토교통부장관이 제1항에 따라 수립하는 시책에는 다음 각 호의 사항이 포함되어야 한다. <개정 2013. 3. 23.>
1. 건설전문인력의 수급 및 활용에 관한 사항
2. 건설전문인력의 육성 및 교육훈련에 관한 사항
3. 건설전문인력의 경력관리와 경력인증에 관한 사항
4. 그 밖에 건설전문인력의 육성 및 관리에 필요한 사항으로서 대통령령으로 정하는 사항
③ 국토교통부장관은 건설전문인력의 육성 및 관리 등에 관한 시책을 추진할 때 필요하면 건설전문인력 관련 단체, 협회, 공제조합 및 건설사업자를 지원할 수 있다. <개정 2013. 3. 23., 2019. 4. 30.>
④ 제1항부터 제3항까지의 규정에 따른 건설전문인력의 육성 및 관리와 지원 등에 필요한 사항은 대통령령으로 정한다.
⑤ 국토교통부장관은 대통령령으로 정하는 바에 따라 관련 중앙행정기관의 장, 제87조에 따른 건설근로자 퇴직공제제도 운영기관 등 건설전문인력 관련 단체, 협회, 공제조합 및 건설사업자 등에 대하여 건설전문인력의 육성 및 관리 등에 필요한 자료를 제출할 것을 요청할 수 있다. 이 경우 요청을 받은 자는 특별한 사유가 없으면 이에 따라야 한다. <개정 2013. 3. 23., 2019. 4. 30.>
[전문개정 2011. 5. 24.]</td>
<td>제83조의2(건설전문인력의 육성 및 관리) ① 국토교통부장관은 법 제87조의2제1항에 따라 건설전문인력의 육성 및 관리 등에 관한 시책을 수립하려는 때에는 관계 중앙행정기관의 장의 의견을 들어야 한다. <개정 2008. 2. 29., 2013. 3. 23.>
② 법 제87조의2제2항제4호에서 "대통령령으로 정하는 사항"이란 건설전문인력의 육성 및 관리를 위한 소요재원의 확보, 건설전문인력 양성기관의 설립 및 지정에 관한 사항을 말한다.
③ 법 제87조의2제5항에 따라 국토교통부장관이 건설전문인력의 육성 및 관리 등에 필요한 자료를 요청하는 경우에는 그 목적, 용도 및 제출기한 등을 명시하여야 한다. <개정 2008. 2. 29., 2013. 3. 23.>
[본조신설 2007. 12. 28.]</td>
<td></td>
</tr>
<tr>
<td>제87조의3(공공건설공사의 외국인근로자에 대한 관리) ① 공공건설공사의 발주자는 수급인 및 하수급인이 「외국인근로자의 고용 등에 관한 법률」 등 관계 법령에 따라 외국인근로자를 적법하게 고용하고 있는지를 확인하여야 한다.</td>
<td>제83조의3(공공건설공사의 외국인근로자 관리) 법 제87조의3제2항에서 "대통령령으로 정하는 자료"란 다음 각 호의 자료를 말한다.
1. 외국인근로자 고용현황에 관한 자료</td>
<td></td>
</tr>
</table>

② 공공건설공사의 발주자는 제1항에 따른 확인에 필요한 경우에는 수급인 및 하수급인에게 대통령령으로 정하는 자료의 제출을 요청할 수 있다. 이 경우 자료의 제출을 요청받은 자는 특별한 사유가 없으면 이에 따라야 한다. ③ 공공건설공사의 발주자는 제1항에 따라 확인한 결과 수급인 및 하수급인이 관계 법령을 위반하였다고 판단되는 때에는 이를 국토교통부장관 및 관계 기관의 장에게 알리는 등 필요한 조치를 하여야 한다. [본조신설 2021. 7. 27.]	2. 「외국인근로자의 고용 등에 관한 법률」 제8조제4항에 따른 외국인근로자 고용허가서 또는 같은 법 제12조제6항에 따른 특례고용가능확인서 3. 고용한 외국인근로자에 대한 다음 각 목의 자료 가. 「출입국관리법」 제18조에 따른 체류자격 및 같은 법 제21조에 따른 근무처의 변경·추가 허가에 관한 자료 나. 「외국인근로자의 고용 등에 관한 법률」 제11조에 따른 외국인 취업교육 수료증 또는 「산업안전보건법」 제31조에 따른 기초안전보건교육 이수증 [본조신설 2021. 12. 28.]	
제88조(임금에 대한 압류의 금지) ① 건설사업자가 도급받은 건설공사의 도급금액 중 그 공사(하도급한 공사를 포함한다)의 근로자에게 지급하여야 할 임금에 상당하는 금액은 압류할 수 없다. <개정 2019. 4. 30.> ② 제1항의 임금에 상당하는 금액의 범위와 산정방법은 대통령령으로 정한다. [전문개정 2011. 5. 24.]	**제84조(압류대상에서 제외되는 임금의 산정방법 등)** ① 법 제88조제2항에 따른 임금에 상당하는 금액은 해당 건설공사의 도급금액 중 산출내역서에 적힌 임금을 합산하여 산정한다. <개정 2021. 1. 5.> ② 건설공사의 발주자(하도급의 경우에는 수급인을 포함한다)는 제1항에 따른 임금을 도급계약서 또는 하도급계약서에 분명하게 적어야 한다. <개정 2021. 1. 5.> [제목개정 2021. 1. 5.]	
	제85조(기술자격취득자에 대한 우대) 기술자격직종에 해당하는 근로자를 사용하는 건설사업자는 「국가기술자격법」 제14조제2항 및 같은 법 시행령 제27조제3항에 따라 기술자격취득자를 우대해야 한다. <개정 2005. 5. 7., 2007. 12. 28., 2020. 2. 18.>	
제89조(직무상 알게 된 사실의 누설 금지) 다음 각 호의 사람은 특별한 사유가 없으면 직무상 알게 된 건설사업자의 재산 및 업무 상황을 누설하여서는 아니 된다. <개정 2013. 8. 6., 2019. 4. 30.>		

1. 이 법에 따른 등록, 신고 또는 감독 사무에 종사하는 공무원이거나 공무원이었던 사람 2. 위원회의 위원, 전문위원 등 분쟁조정 업무를 수행하거나 수행하였던 사람 3. 제91조제3항에 따른 위탁사무에 종사하거나 종사하였던 사람 [전문개정 2011. 5. 24.]		
제90조(벌칙 적용 시의 공무원 의제) 위원회의 위원과 제86조의4제2항에 따른 상습체불건설사업자명단 공표심의위원회의 위원 중 공무원이 아닌 사람 또는 제91조제3항에 따른 위탁사무에 종사하는 자는 「형법」 제127조와 제129조부터 제132조까지의 규정을 적용할 때에는 공무원으로 본다. <개정 2016. 2. 3., 2019. 4. 30.> [전문개정 2011. 5. 24.]		
제91조(권한의 위임·위탁) ① 이 법에 따른 국토교통부장관의 권한은 대통령령으로 정하는 바에 따라 그 일부를 소속기관의 장, 시·도지사 또는 시장·군수·구청장(자치구의 구청장을 말한다)에게 위임할 수 있다. <개정 2011. 5. 24., 2013. 3. 23.> ② 삭제 <1999. 4. 15.> ③ 이 법에 따른 국토교통부장관의 권한 중 다음 각 호의 권한은 대통령령으로 정하는 바에 따라 국토교통부장관이 지정하는 기관에 위탁할 수 있다. <개정 2011. 5. 24., 2013. 3. 23., 2015. 8. 11., 2016. 2. 3., 2018. 12. 18., 2019. 4. 30., 2020. 4. 7.> 1. 제9조에 따른 건설업 등록 신청의 접수 및 신청 내용의 확인 2. 제9조의2에 따른 건설업 등록증 또는 건설업 등록수첩의 기재 사항 변경신청의 접수 및 신청 내용의 확인	**제86조(권한의 위임 등)** ① 국토교통부장관은 법 제91조제1항에 따라 건설사업자 등에 관한 다음 각 호의 권한을 시·도지사에게 위임한다. <개정 1998. 12. 31., 1999. 8. 6., 2002. 9. 18., 2005. 6. 30., 2007. 12. 28., 2008. 2. 29., 2011. 11. 1., 2013. 3. 23., 2014. 11. 14., 2016. 2. 11., 2016. 8. 4., 2020. 2. 18., 2021. 12. 28., 2022. 7. 19., 2025. 6. 2.> 1. 전문공사를 시공하는 업종(국토교통부장관이 정하여 고시하는 업종은 제외한다)에 관한 다음 각 목의 확인 가. 법 제9조에 따른 건설업 등록 신청의 접수 및 신청내용의 확인 나. 법 제9조의2에 따른 건설업등록증 또는 건설업등록수첩의 기재사항의 변경 신청의 접수 및 신청 내용의 확인 다. 법 제17조에 따른 건설업의 양도·법인합병 및 상속에 대한 신고의 접수 및 신고 내용의 확인	

2의2. 제9조의3에 따른 건설업 윤리 및 실무 관련 교육의 실시 3. 제17조에 따른 건설업의 양도, 법인 합병 및 상속에 대한 신고의 접수 및 신고 내용의 확인 4. 제23조에 따른 건설사업자의 시공능력 평가 및 건설공사 실적 등의 접수, 내용의 확인 및 관계 자료 제출의 요청 5. 제23조의2에 따른 건설사업관리자의 건설사업관리능력 평가 및 건설사업관리 실적 등의 접수 및 내용의 확인 6. 제24조에 따른 건설산업정보 종합관리체계의 구축·운영 7. 제47조제2항에 따른 공사금액 하한의 결정에 따른 업무 8. 제48조에 따른 건설사업자 간의 협력 지도 8의2. 제48조의2에 따른 건설근로자 고용평가 업무 9. 제49조에 따른 건설사업자에 대한 실태조사 중 등록기준에 적합한지를 판단하기 위한 자료의 제출 요청, 그 내용의 확인 및 그 밖에 국토교통부장관이 필요하다고 인정한 사항의 확인 10. 제87조의2에 따른 건설전문인력의 육성 및 관리 업무 11. 제25조제5항에 따른 벌점의 종합관리 12. 제29조의3에 따른 하도급 참여제한 처분사실의 게재 및 관리 [제목개정 2011. 5. 24.]	2. 법 제9조의 규정에 의한 건설업의 등록 및 건설업등록기준에 관한 사항의 신고의 수리(受理) 3. 법 제9조의2의 규정에 의한 건설업등록증 및 건설업등록수첩의 교부·재교부 3의2. 법 제11조에 따른 표시제한을 위반한 자에 대한 광고물의 강제철거 등의 조치 4. 법 제17조의 규정에 의한 건설업의 양도·법인합병 및 상속에 대한 신고의 수리 5. 법 제20조의2의 규정에 의한 건설업 폐업신고의 수리 및 건설업 등록말소 6. 삭제 <2007. 12. 28.> 7. 삭제 <1999. 8. 6.> 8. 법 제81조의 규정에 의한 시정명령·지시(제2항제2호에 따른 시정명령·지시는 제외한다) 9. 법 제82조에 따른 영업정지 또는 과징금의 부과. 다만, 법 제82조제2항제5호에 해당하는 경우로서 「건설기술 진흥법」 제67조제3항에 따른 중대건설현장사고가 발생한 경우로서 같은 법 제68조제1항에 따라 국토교통부장관이 건설사고조사위원회를 구성·운영한 경우에 대한 처분 권한은 제외한다. 9의2. 법 제82조의2에 따른 영업정지, 과징금의 부과 또는 건설업 등록말소 10. 법 제83조에 따른 건설업등록말소 또는 영업정지. 다만, 법 제83조제10호에 해당하는 경우로서 「건설기술 진흥법」 제67조제3항에 따른 중대건설현장사고가 발생한 경우로서 같은 법 제68조제1항에 따라 국토교통부장관이 건설사고조사위원회를 구성·운영한 경우에 대한 처분 권한은 제외한다. 10의2. 법 제85조의3에 따른 건설업등록말소 등의 공고 및 통지 11. 법 제86조의 규정에 의한 청문	

12. 법 제101조의 규정에 의한 과태료의 부과·징수(이 조 제2항제3호 및 법 제99조제10호에 따른 과태료의 부과·징수는 제외한다)

12의2. 제7조의2제2항에 따른 주력분야의 추가등록, 같은 조 제4항에 따른 주력분야의 등록말소 및 말소사실의 기재

12의3. 제10조 및 제11조에 따른 건설업등록 등 건설행정에 관한 사항의 건설산업종합정보망에 입력 및 공고

13. 제12조제1항의 규정에 의한 건설업등록대장의 작성·보관

14. 삭제 <2008. 6. 5.>

② 국토교통부장관은 법 제91조제1항에 따라 건설사업자에 대한 다음 각 호의 권한을 지방국토관리청장에게 위임한다. <신설 2014. 11. 14., 2020. 2. 18.>

1. 법 제49조제1항에 따른 하도급의 적정 여부 또는 성실시공 여부를 판단하기 위한 보고, 조사 및 검사
2. 법 제81조제9호에 따른 시정명령·지시(제1호에 따라 위임받은 사무를 처리하기 위하여 필요한 경우로 한정한다)
3. 법 제101조에 따른 과태료의 부과·징수(제1호에 따라 위임받은 사무를 처리하기 위하여 필요한 경우로서 법 제99조제9호 및 제100조제3호에 따른 과태료의 부과·징수로 한정한다)

③ 삭제 <2007. 12. 28.>

제87조(권한의 위탁 등) ① 국토교통부장관은 법 제91조제3항에 따라 다음 각 호의 권한을 국토교통부장관이 제2항에 따라 지정하여 고시하는 기관에 위탁한다. <개정 2002. 9. 18., 2005. 6. 30., 2007. 12. 28., 2008. 2. 29., 2008. 6. 5., 2011. 11. 1., 2013. 3. 23., 2016. 8. 4., 2019. 6. 18., 2020. 2. 18., 2020. 10. 8.>

	1. 종합공사 및 국토교통부장관이 정하여 고시하는 전문공사를 시공하는 업종에 관한 다음 각 목의 확인 가. 법 제9조에 따른 건설업 등록 신청의 접수 및 신청내용의 확인 나. 법 제9조의2에 따른 건설업등록증 또는 건설업등록수첩의 기재사항의 변경 신청의 접수 및 신청 내용의 확인 다. 법 제17조에 따른 건설업의 양도·법인합병 및 상속에 대한 신고의 접수 및 신고 내용의 확인 2. 법 제23조제1항에 따른 건설사업자의 시공능력 평가·공시, 같은 조 제3항에 따라 제출된 건설공사 실적 등의 접수 및 그 내용 확인과 같은 조 제4항에 따른 시공능력 평가 자료의 제출 요청 3. 법 제23조의2의 규정에 의한 건설사업관리자의 건설사업관리능력의 평가·공시 및 건설사업관리실적 등의 접수 4. 법 제24조의 규정에 의한 건설산업정보종합관리체계의 구축·운영과 이의 수행에 필요한 자료제출의 요청 4의2. 법 제25조제5항에 따른 벌점의 종합관리 4의3. 법 제29조의3에 따른 하도급 참여제한 처분 사실의 게재 및 관리 5. 법 제48조제4항에 따른 건설사업자 간의 협력관계의 평가에 관한 업무 5의2. 법 제48조의2제1항에 따른 건설근로자 고용평가 및 관계 기관 협조 요청과 같은 조 제2항 전단에 따른 평가 자료의 제출 요청 6. 법 제49조에 따른 건설사업자에 대한 실태조사 중 등록기준에 적합한지를 판단하기 위한 자료의 제출 요청, 그 내용의 확인 및 그 밖에 국토교통부장관이 필요하다고 인정한 사항의 확인 7. 법 제87조의2에 따른 건설전문인력의 육성 및 관리 업무 8. 제39조제4항에 따른 공사하한금액의 건설업등록수첩에의 기재	

② 국토교통부장관이 제1항에 따라 지정하는 위탁기관은 다음 각 호의 어느 하나에 해당하는 기관으로서 위탁업무를 수행할 수 있는 인력과 장비를 갖춘 기관으로 한다. <개정 2002. 9. 18., 2005. 5. 7., 2005. 6. 30., 2007. 12. 28., 2008. 2. 29., 2008. 8. 26., 2011. 11. 1., 2013. 3. 23., 2024. 6. 11.>

1. 협회 또는 「에너지이용 합리화법」 제41조제1항에 따라 설립된 시공업자단체
2. 공제조합

2의2. 건설근로자공제회

3. 「정부출연연구기관 등의 설립·운영 및 육성에 관한 법률」에 따라 설립된 정부출연연구기관으로서 건설산업에 관한 연구를 수행하는 기관
4. 건설사업관리의 활성화를 위하여 「민법」 제32조에 따라 국토교통부장관의 허가를 받아 설립된 법인
5. 삭제 <2011. 11. 1.>
6. 건설산업정보종합관리체계의 구축·운영을 위하여 「민법」 제32조에 따라 국토교통부장관의 허가를 얻어 설립된 법인
7. 건설 관련 단체 간의 협력 증진 등을 위하여 「민법」 제32조에 따라 국토교통부장관의 허가를 받아 설립된 법인

③ 국토교통부장관은 제1항 및 제2항의 규정에 의하여 위탁기관을 지정하는 경우에는 위탁한 업무의 내용 및 처리방법 기타 필요한 사항을 정하여 관보에 고시하여야 한다. <개정 2002. 9. 18., 2008. 2. 29., 2013. 3. 23.>

④ 제1항제2호에 따른 시공능력평가·공시에 관한 권한을 위탁받은 기관 및 같은 항 제3호에 따른 건설사업관리능력의 평가·공시에 관한 권한을 위탁 받은 기관은 위탁업무의 처리결과를 공시일부터 5일이내에 국토교통부장관에게 통보해야 한다. <개정 2002. 9. 18., 2008. 2. 29., 2013. 3. 23., 2020. 10. 8.>

⑤ 국토교통부장관은 제1항 및 제2항의 규정에 의하여 위탁한 업무의 원활한 수행을 위하여 특히 필요하다고 인정하는 때에는 예산의 범위안에서 그에 소요되는 비용의 일부를 보조할 수 있다. <개정 2002. 9. 18., 2008. 2. 29., 2013. 3. 23.>

[전문개정 1999. 8. 6.]

[제목개정 2016. 8. 4.]

제87조의2(민감정보 및 고유식별정보의 처리) ① 국토교통부장관(법 제91조제1항 및 제3항에 따라 국토교통부장관의 권한을 위임·위탁받은 자를 포함한다)은 다음 각 호의 사무를 수행하기 위하여 불가피한 경우 「개인정보 보호법 시행령」 제19조에 따른 주민등록번호 또는 외국인등록번호가 포함된 자료를 처리할 수 있다. <개정 2017. 3. 27., 2018. 6. 26., 2020. 2. 18.>

1. 법 제9조제2항에 따른 건설업 등록 신청의 접수·확인
2. 법 제9조의2에 따른 다음 각 목의 업무를 위한 법 제13조제1항에 따른 결격사유 확인에 관한 사무
   가. 법 제9조의2제2항에 따른 건설업 등록증 또는 건설업 등록수첩의 기재사항 변경 신청의 접수 및 신청 내용의 확인
   나. 법 제9조의2제3항에 따른 건설업 등록증 또는 건설업 등록수첩의 재발급

2의2. 법 제9조의3에 따른 건설업 윤리 및 실무 관련 교육에 관한 사무

3. 법 제17조에 따른 건설업의 양도·법인합병 또는 상속에 대한 신고의 수리에 관한 사무
4. 법 제20조의2에 따른 건설업 폐업신고의 수리 및 건설업 등록말소에 관한 사무

4의2. 법 제23조에 따른 건설사업자의 시공능력평가 및 공시

	4의3. 법 제23조의2에 따른 건설사업관리자의 건설사업관리 능력의 평가 및 공시 5. 법 제24조에 따른 건설산업정보의 종합관리에 관한 사무 5의2. 삭제 <2022. 12. 20.> 6. 법 제49조제1항부터 제3항까지의 규정에 따른 경영실태 조사, 재무관리상태진단 등에 관한 사무 7. 법 제87조의2에 따른 건설전문인력의 육성 및 관리 등에 관한시책 수립 및 필요한 자료의 제출 요청에 관한 사무 ② 금융기관등은 법 제10조제4호 및 이 영 제13조제1항제1호의2에 따른 보증가능금액확인서의 발급에 관한 사무를 수행하기 위하여 불가피한 경우 「개인정보 보호법 시행령」 제19조에 따른 주민등록번호 또는 외국인등록번호가 포함된 자료를 처리할 수 있다. <개정 2017. 3. 27.> ③ 공제조합이 법 제56조에 따른 보증, 융자 및 공제사업 등에 관한 사무를 수행하기 위하여 불가피한 경우 「개인정보 보호법 시행령」 제19조에 따른 주민등록번호 또는 외국인등록번호가 포함된 자료를 처리할 수 있다. <신설 2017. 3. 27.> ④ 공제조합과 법 제58조의3제2항에 따라 업무를 위탁받은 전송대행기관은 실손전산시스템의 운영에 관한 사무를 수행하기 위하여 불가피한 경우 공제계약자등의 「개인정보 보호법 시행령」 제19조제1호 또는 제4호에 따른 주민등록번호 또는 외국인등록번호와 피공제자의 「개인정보 보호법」 제23조에 따른 건강에 관한 정보가 포함된 자료를 처리할 수 있다. <신설 2025. 11. 25.> [본조신설 2014. 8. 6.] [제목개정 2025. 11. 25.] [종전 제87조의2는 제87조의3으로 이동 <2014. 8. 6.>]	

	제87조의3(규제의 재검토) 국토교통부장관은 다음 각 호의 사항에 대하여 다음 각 호의 기준일을 기준으로 3년마다(매 3년이 되는 해의 기준일과 같은 날 전까지를 말한다) 그 타당성을 검토하여 개선 등의 조치를 해야 한다. <개정 2014. 11. 14., 2020. 3. 3., 2021. 3. 2., 2021. 12. 28., 2023. 5. 9.> 1. 제13조 및 별표 2에 따른 건설업의 등록기준: 2024년 1월 1일 2. 삭제 <2016. 12. 30.> 2의2. 삭제 <2017. 12. 12.> 2의3. 삭제 <2021. 3. 2.> 3. 제30조 및 별표 4에 따른 공사의 종류별 하자담보책임기간: 2014년 1월 1일 4. 제30조의2에 따른 건설공사의 직접시공: 2014년 1월 1일 5. 삭제 <2020. 3. 3.> 5의2. 삭제 <2021. 3. 2.> 6. 제34조에 따른 하도급계약의 적정성 심사 등: 2014년 1월 1일 6의2. 제34조의7에 따른 부당특약의 유형: 2015년 1월 1일 7. 제35조에 따른 건설기술인의 현장배치기준 등: 2022년 1월 1일 8. 삭제 <2020. 3. 3.> 9. 삭제 <2020. 3. 3.> [전문개정 2013. 12. 30.] [제87조의2에서 이동 <2014. 8. 6.>]	
제92조(수수료) 다음 각 호의 어느 하나에 해당하는 자는 국토교통부령으로 정하는 바에 따라 수수료를 내야 한다. <개정 2013. 3. 23.> 1. 제9조제1항 및 제2항에 따라 건설업 등록을 신청하는 자		**제38조(등록 등의 수수료)** ① 법 제92조제1호, 제2호 및 제6호의 규정에 의한 건설업등록 등의 수수료는 별표 5와 같다. <개정 2011. 11. 3.>

2. 제9조의2제3항에 따라 건설업 등록증 또는 건설업 등록수첩의 재발급을 신청하는 자 3. 제23조제1항에 따른 시공능력의 평가 및 공시를 받기 위하여 신청하는 자 4. 제23조의2제1항에 따라 건설사업관리능력의 평가 및 공시를 받기 위하여 신청하는 자 5. 제24조제1항에 따라 건설산업정보를 제공받는 자 6. 제69조제3항에 따라 분쟁 조정을 신청하는 자 [전문개정 2011. 5. 24.]		② 법 제92조제3호, 제4호 및 제5호에 따른 수수료는 영 제87조에 따라 위탁을 받은 기관이 시공능력의 평가·공시, 건설사업관리능력의 평가·공시 및 건설산업정보의 종합관리를 위하여 드는 비용을 고려하여 산정한 금액을 국토교통부장관의 승인을 얻어 정하며, 수수료를 정하였을 때에는 그 내용과 산정 내역을 해당 기관의 인터넷 홈페이지를 통하여 공개하여야 한다. <개정 2002. 9. 18., 2003. 8. 26., 2008. 3. 14., 2011. 4. 7., 2011. 11. 3., 2013. 3. 23.> ③ 영 제87조에 따라 위탁을 받은 기관은 수수료 결정과 관련하여 이해관계인의 의견을 수렴할 수 있도록 제2항에 따른 국토교통부장관의 승인을 신청하기 전에 해당 기관의 인터넷 홈페이지에 20일간 그 내용을 게시하여야 한다. 다만, 긴급하다고 인정되는 경우에는 해당 기관의 인터넷 홈페이지에 그 사유를 소명하고 10일간 게시할 수 있다. <신설 2011. 4. 7., 2013. 3. 23.> ④ 제1항에 따른 수수료는 수입인지, 수입증지 또는 정보통신망을 이용한 전자화폐·전자결제 등의 방법으로 납부할 수 있다. <개정 2011. 4. 7.> [전문개정 1999. 9. 1.]

건설산업기본법 3단비교표 (제11장 벌칙)

건설산업기본법 [법률 제21034호, 2025. 8. 26., 일부개정] [시행 2025. 11. 27.]	건설산업기본법 시행령 [대통령령 제35868호, 2025. 11. 25., 일부개정] [시행 2025. 11. 27.]	건설산업기본법 시행규칙 [국토교통부령 제1531호, 2025. 10. 31., 타법개정] [시행 2025. 10. 31.]
제11장 벌칙 (개정 2011.5.24.)	**제11장 벌칙**	
제93조(벌칙) ① 건설사업자 또는 제40조제1항에 따라 건설현장에 배치된 건설기술인으로서 건설공사의 안전에 관한 법령을 위반하여 건설공사를 시공함으로써 그 착공 후 제28조에 따른 하자담보책임기간에 교량, 터널, 철도, 그 밖에 대통령령으로 정하는 시설물의 구조상 주요 부분에 중대한 파손을 발생시켜 공중의 위험을 발생하게 한 자는 10년 이하의 징역에 처한다. <개정 2018. 8. 14., 2019. 4. 30.> ② 제1항의 죄를 범하여 사람을 죽거나 다치게 한 자는 무기 또는 3년 이상의 징역에 처한다. [전문개정 2011. 5. 24.]	**제88조(주요시설물의 범위)** 법 제93조제1항에서 "대통령령으로 정하는 시설물"이란 다음 각 호의 어느 하나에 해당하는 시설물을 말한다. <개정 2003. 11. 29., 2011. 11. 1., 2016. 8. 11.> 1. 고가도로·지하도·활주로·삭도·댐 및 항만시설중 외곽시설·임항교통시설·계류시설 2. 연면적 5천제곱미터이상인 공항청사·철도역사·여객자동차터미널·종합여객시설·종합병원·판매시설·관광숙박시설 및 관람집회시설 3. 16층이상인 건축물. 다만, 「주택법」 제2조제3호에 따른 공동주택을 제외한다.	
제94조(벌칙) ① 업무상 과실로 제93조제1항의 죄를 범한 자는 5년 이하의 징역이나 금고 또는 5천만원 이하의 벌금에 처한다. ② 업무상 과실로 제93조제1항의 죄를 범하여 사람을 죽거나 다치게 한 자는 10년 이하의 징역이나 금고 또는 1억원 이하의 벌금에 처한다. [전문개정 2011. 5. 24.]		

제95조(벌칙) 건설공사의 입찰에서 다음 각 호의 어느 하나에 해당하는 행위를 한 자는 5년 이하의 징역 또는 2억원 이하의 벌금에 처한다. <개정 2016. 2. 3., 2019. 4. 30.> 1. 부당한 이익을 취득하거나 공정한 가격 결정을 방해할 목적으로 입찰자가 서로 공모하여 미리 조작한 가격으로 입찰한 자 2. 다른 건설사업자의 견적을 제출한 자 3. 위계 또는 위력, 그 밖의 방법으로 다른 건설사업자의 입찰행위를 방해한 자 [전문개정 2011. 5. 24.]		
제95조의2(벌칙) 다음 각 호의 어느 하나에 해당하는 자는 5년 이하의 징역 또는 5천만원 이하의 벌금에 처한다. <개정 2017. 3. 21., 2019. 4. 30.> 1. 제9조제1항에 따른 등록을 하지 아니하거나 부정한 방법으로 등록을 하고 건설업을 한 자 2. 제21조제1항 또는 제2항을 위반하여 다른 사람에게 자기의 성명이나 상호를 사용하여 건설공사를 수급 또는 시공하게 한 건설사업자와 그 상대방, 건설업 등록증이나 건설업 등록수첩을 빌려준 건설사업자와 그 상대방 3. 제21조제3항을 위반하여 다른 사람의 성명이나 상호를 사용한 건설공사 수급 또는 시공을 알선하거나 건설업 등록증 또는 건설업 등록수첩 대여를 알선한 자 4. 제21조제4항을 위반하여 건설공사를 도급 또는 시공하게 한 건축주 5. 제38조의2를 위반하여 부정한 청탁을 받고 재물 또는 재산상의 이익을 취득하거나 부정한 청탁을 하면서 재물 또는 재산상의 이익을 제공한 자 [전문개정 2011. 5. 24.]		

제96조(벌칙) 다음 각 호의 어느 하나에 해당하는 자는 3년 이하의 징역 또는 3천만원 이하의 벌금에 처한다. <개정 2014. 5. 14., 2016. 2. 3., 2018. 12. 18., 2018. 12. 31., 2025. 8. 26.> 1. 삭제 <2017. 3. 21.> 2. 제17조에 따른 신고를 하지 아니하거나 부정한 방법으로 신고하고 건설업을 한 자 3. 삭제 <2017. 3. 21.> 4. 제25조제2항 및 제29조제1항부터 제5항까지의 규정을 위반하여 하도급한 자 4의2. 제38조의3을 위반하여 불이익을 주는 행위를 한 자 5. 제41조를 위반하여 시공한 자 5의2. 제58조의3제4항을 위반하여 업무를 수행하는 과정에서 알게 된 정보 또는 자료를 누설하거나 제58조의2제1항에 따른 서류 전송 업무 외의 용도로 사용 또는 보관한 자 6. 정당한 사유 없이 제82조, 제82조의2 또는 제83조에 따른 영업정지처분을 위반한 자 7. 제29조의2제1항에 따른 하수급인에 대한 관리의무를 이행하지 아니한 자(하수급인이 제82조제2항제3호에 따른 영업정지 등의 처분을 받은 경우로서 그 위반행위를 지시·공모한 사실이 확인된 경우만 해당한다) [전문개정 2011. 5. 24.]		
제97조(벌칙) 다음 각 호의 어느 하나에 해당하는 자는 1년 이하의 징역 또는 1천만원 이하의 벌금에 처한다. <개정 2014. 5. 14., 2018. 8. 14.> 1. 제11조에 따른 표시·광고의 제한을 위반한 자 2. 제23조제3항에 따른 건설공사 실적, 기술자 보유현황, 재무상태를 거짓으로 제출한 자		

3. 제23조의2제2항에 따른 건설사업관리 실적, 인력 보유현황, 재무상태를 거짓으로 제출한 자 4. 제40조제1항에 따른 건설기술인의 현장 배치를 하지 아니한 자 [전문개정 2011. 5. 24.]		
제98조(양벌규정) ① 법인의 대표자나 법인 또는 개인의 대리인, 사용인, 그 밖의 종업원이 그 법인 또는 개인의 업무에 관하여 제93조의 위반행위를 하면 그 행위자를 벌하는 외에 그 법인 또는 개인에게도 10억원 이하의 벌금형을 과(科)한다. 다만, 법인 또는 개인이 그 위반행위를 방지하기 위하여 해당 업무에 관하여 상당한 주의와 감독을 게을리하지 아니한 경우에는 그러하지 아니하다. ② 법인의 대표자나 법인 또는 개인의 대리인, 사용인, 그 밖의 종업원이 그 법인 또는 개인의 업무에 관하여 제94조, 제95조, 제95조의2, 제96조 또는 제97조제1호 · 제2호 · 제3호의 위반행위를 하면 그 행위자를 벌하는 외에 그 법인 또는 개인에게도 해당 조문의 벌금형을 과(科)한다. 다만, 법인 또는 개인이 그 위반행위를 방지하기 위하여 해당 업무에 관하여 상당한 주의와 감독을 게을리하지 아니한 경우에는 그러하지 아니하다. [전문개정 2011. 5. 24.] [2011. 5. 24. 법률 제10719호에 의하여 2009. 7. 30. 헌법재판소에서 위헌 결정된 이 조를 개정함.]		
제98조의2(과태료) 다음 각 호의 어느 하나에 해당하는 자에게는 2천만원 이하의 과태료를 부과한다. 1. 제29조의2제1항에 따른 하수급인에 대한 관리의무를 이행하지 아니한 자(하수급인이 제82조제2항제3호에 따른 영업정지 등의 처분을 받은 경우로서 그 위반행위를 묵인한 사실이 확인된 경우만 해당한다)		

2. 제65조의2제3항에 따른 명령을 이행하지 아니한 자 [전문개정 2018. 12. 18.]		
제99조(과태료) 다음 각 호의 어느 하나에 해당하는 자에게는 500만원 이하의 과태료를 부과한다. <개정 2012. 6. 1., 2013. 8. 6., 2015. 8. 11., 2017. 12. 26., 2018. 12. 18., 2018. 12. 31., 2019. 4. 30., 2019. 11. 26.> 1. 제14조제2항을 위반하여 처분의 내용을 발주자 등에게 통지하지 아니한 건설사업자 및 그 포괄승계인 2. 제22조제2항을 위반하여 도급계약을 계약서로 체결하지 아니하거나 계약서를 교부하지 아니한 건설사업자(하도급인 경우에는 하도급받은 건설사업자는 제외한다) 3. 제22조제6항에 따른 건설공사대장의 기재사항을 해당 공사 완료일까지 발주자에게 통보하지 아니하거나 거짓으로 통보한 자 3의2. 제22조제8항에 따른 통보를 하지 아니하거나 통보기한을 위반한 자 3의3. 제22조의2제1항에 따른 공사대금의 지급보증, 담보의 제공 또는 보험료등의 지급을 정당한 사유 없이 이행하지 아니한 자 4. 제28조의2제2항에 따른 통보를 하지 아니한 자 5. 제29조제6항에 따른 통보를 하지 아니한 자 6. 제29조의2제1항에 따른 하수급인에 대한 관리의무를 이행하지 아니한 자(하수급인이 제82조제2항제3호에 따른 영업정지 등의 처분을 받은 경우로서 하수급인의 현장배치기술자의 소속을 확인하지 않는 등 국토교통부령으로 정하는 과실이 확인된 경우만 해당하며, 그 위반행위를 지시·공모·묵인한 경우는 제외한다) 7. 제31조의2에 따라 제출한 하도급계획(건설공사를 도급받은 경우 제출한 하도급계획만 해당한다)을 정당한 사유 없이 이행하지 아니한 자	**제88조의2(과태료가 부과되는 벌점 기준)** 법 제99조제14호에서 "대통령령으로 정하는 기준"이란 제28조 및 별표 3에 따른 합산 벌점 5점을 말한다. [본조신설 2019. 6. 18.] **제89조(과태료의 부과기준)** 법 제99조 및 제100조에 따른 과태료의 부과기준은 별표 7과 같다. [전문개정 2011. 4. 14.]	**제37조(하수급인 관리에 대한 과실 범위)** 법 제99조제6호에서 "하수급인의 현장배치기술자의 소속을 확인하지 않는 등 국토교통부령으로 정하는 과실"이란 수급인이 다음 각 호의 어느 하나에 해당되는 행위를 한 경우를 말한다. 1. 하수급인의 현장배치기술자에 대한 소속을 확인하지 않은 경우 2. 하수급인에게 법 제29조제3항에 따라 하수급인은 하도급받은 건설공사를 다른 사람에게 다시 하도급할 수 없음을 사전에 설명하지 않은 경우 [본조신설 2019. 6. 19.] **제38조(등록 등의 수수료)** ① 법 제92조제1호, 제2호 및 제6호의 규정에 의한 건설업등록 등의 수수료는 별표 5와 같다. <개정 2011. 11. 3.> ② 법 제92조제3호, 제4호 및 제5호에 따른 수수료는 영 제87조에 따라 위탁을 받은 기관이 시공능력의 평가·공시, 건설사업관리능력의 평가·공시 및 건설산업정보의 종합관리를 위하여 드는 비용을 고려하여 산정한 금액을 국토교통부장관의 승인을 얻어 정하며, 수수료를 정하였을 때에는 그 내용과 산정 내역을 해당 기관의 인터넷 홈페이지를 통하여 공개하여야 한다. <개정 2002. 9. 18., 2003. 8. 26., 2008. 3. 14., 2011. 4. 7., 2011. 11. 3., 2013. 3. 23.> ③ 영 제87조에 따라 위탁을 받은 기관은 수수료 결정과 관련하여 이해관계인의 의견을 수렴할 수 있도록 제2항에 따른 국토교통부장관의 승인을 신청하기 전에 해당 기관의 인터넷 홈페이지에 20일간 그 내용을 게시하여야 한다. 다만, 긴급하다고 인정되는 경우에는 해당 기관의 인터넷 홈페이지에 그 사유를 소명하고 10일간 게시할 수 있다. <신설 2011. 4. 7., 2013. 3. 23.>

7의2. 제31조의3제2항을 위반하여 하도급공사와 관련된 사항을 알리지 아니하거나, 정당한 사유 없이 알린 내용과 다르게 계약을 체결한 자 8. 제34조제1항에 따른 하도급대금 등을 지급기일까지 지급하지 아니하여 제81조제4호에 따라 시정명령을 받고 이에 따르지 아니한 자 9. 제49조제1항에 따른 조사 또는 검사를 거부, 기피, 방해하거나 거짓으로 보고한 자 10. 제72조에 따라 위원회로부터 분쟁조정 신청 내용을 통보받고 그 조정에 참여하지 아니한 자 11. 제81조제3호·제5호의2·제11호 또는 제12호의 사유로 인한 시정명령이나 지시에 따르지 아니한 자 12. 제9조의3제1항에 따른 교육을 이수하지 아니한 자 13. 제36조의2제1항에 따른 추가·변경공사 대하여 서면으로 요구하지 아니한 건설사업자 14. 제25조제5항에 따른 벌점이 대통령령으로 정하는 기준을 초과한 자 15. 제68조의4제1항에 따른 통보를 하지 아니한 자 [전문개정 2011. 5. 24.]		④ 제1항에 따른 수수료는 수입인지, 수입증지 또는 정보통신망을 이용한 전자화폐·전자결제 등의 방법으로 납부할 수 있다. <개정 2011. 4. 7.> [전문개정 1999. 9. 1.] **제38조의2(규제의 재검토)** 국토교통부장관은 다음 각 호의 사항에 대하여 다음 각 호의 기준일을 기준으로 3년마다(매 3년이 되는 해의 기준일과 같은 날 전까지를 말한다) 그 타당성을 검토하여 개선 등의 조치를 해야 한다. <개정 2014. 11. 14., 2020. 3. 2.> 1. 제2조에 따른 건설업등록신청서 및 첨부서류: 2015년 1월 1일 2. 제3조에 따른 외국인 등의 건설업등록신청서의 기재사항: 2015년 1월 1일 3. 삭제 <2025. 6. 2.> 4. 제21조에 따른 건설공사대장 및 하도급건설공사대장의 기재내용: 2015년 1월 1일 5. 제22조에 따른 건설공사실적 등의 제출: 2015년 1월 1일 6. 제23조제2항, 별표 1 및 별표 2에 따른 종합공사를 시공하는 업종을 등록한 건설사업자, 전문공사를 시공하는 업종을 등록한 건설사업자의 시공능력평가방법: 2014년 1월 1일 7. 제25조의3에 따른 건설사업관리 관련 인력: 2015년 1월 1일 8. 제28조제1항에 따른 하도급대금지급보증서의 보증금액: 2015년 1월 1일 [본조신설 2013. 12. 30.]

		제39조(과태료의 징수절차) 영 제89조의 규정에 의한 과태료의 징수절차에 관하여는 「국고금관리법 시행규칙」을 준용하되, 그 납입고지서에는 이의방법 및 이의기간 등을 함께 기재하여야 한다. 다만, 영 제86조의 규정에 의하여 시·도지사에게 권한이 위임된 경우에는 당해 시·도의 조례로 정한다. <개정 2005. 1. 15.> [전문개정 1999. 9. 1.]
제100조(과태료) 다음 각 호의 어느 하나에 해당하는 자에게는 50만원 이하의 과태료를 부과한다. <개정 2018. 8. 14.> 1. 제9조의2제2항에 따른 기재 사항 변경신청을 정하여진 기간에 하지 아니한 자 2. 제40조제2항을 위반하여 건설공사의 현장을 이탈한 건설기술인 3. 제49조제1항에 따른 보고를 게을리한 자 4. 제81조제8호의 사유로 인한 시정명령이나 지시에 따르지 아니한 자 [전문개정 2011. 5. 24.]		
제100조의2(과태료 규정 적용에 관한 특례) 제82조제1항제5호에 따라 영업정지를 명하거나 영업정지를 갈음하여 과징금을 부과한 행위에 대하여는 제99조제8호를 적용하지 아니한다. <개정 2012. 6. 1., 2020. 6. 9.> [전문개정 2011. 5. 24.]		
제101조(과태료의 부과·징수절차) 제98조의2, 제99조 및 제100조에 따른 과태료는 대통령령으로 정하는 바에 따라 국토교통부장관이 부과·징수한다. <개정 2013. 3. 23., 2016. 2. 3.> [전문개정 2009. 12. 29.]		

건설산업기본법 3단비교표 (부칙)

건설산업기본법 [법률 제21034호, 2025. 8. 26., 일부개정] [시행 2025. 11. 27.]	건설산업기본법 시행령 [대통령령 제35868호, 2025. 11. 25., 일부개정] [시행 2025. 11. 27.]	건설산업기본법 시행규칙 [국토교통부령 제1531호, 2025. 10. 31., 타법개정] [시행 2025. 10. 31.]
부칙 <제21034호, 2025. 8. 26.> 이 법은 공포 후 3개월이 경과한 날부터 시행한다.	**부칙** <제35868호, 2025. 11. 25.> 이 영은 2025년 11월 27일부터 시행한다.	**부칙** <제1531호, 2025. 10. 31.> (정부조직 개편 사항 반영을 위한 16개 법령의 일부개정에 관한 국토교통부령) 이 규칙은 공포한 날부터 시행한다.

건설산업기본법 3단비교표 (별표, 서식)

건설산업기본법 [법률 제21034호, 2025. 8. 26., 일부개정] [시행 2025. 11. 27.]	건설산업기본법 시행령 [대통령령 제35868호, 2025. 11. 25., 일부개정] [시행 2025. 11. 27.]	건설산업기본법 시행규칙 [국토교통부령 제1531호, 2025. 10. 31., 타법개정] [시행 2025. 10. 31.]
	별표, 서식 [별표 1] 건설업의 업종, 업종별 업무분야 및 업무내용(제7조 관련) / 195 [별표 1의2] 교육기관의 지정요건(제12조의5제3항 관련) / 204 [별표 2] 건설업의 등록기준(제13조 관련) / 205 [별표 3] 벌점의 부과기준(제28조 관련) / 217 [별표 3의2] 하도급 참여제한 기준(제33조제2항 관련) / 218 [별표 4] 건설공사의 종류별 하자담보책임기간(제30조관련) / 220 [별표 5] 공사예정금액의 규모별 건설기술인 배치기준(제35조제2항 관련) / 222 [별표 6] 영업정지 및 과징금의 부과기준(제80조제1항 관련) / 224 [별표 7] 과태료의 부과기준(제89조 관련) / 232	**별표, 서식** **- 별표** [별표 1] 종합공사를 시공하는 업종을 등록한 건설사업자의 시공능력의 평가방법(제23조제2항 관련) / 237 [별표 2] 전문공사를 시공하는 업종을 등록한 건설사업자의 시공능력의 평가방법(제23조제2항 관련) / 244 [별표 3] 공사실적의 주요 공사 종류(제25조제2항 관련) / 249 [별표 4] 건설공사의 현황(제32조제1항 관련) / 251 [별표 5] 건설업등록 등의 수수료액(제38조제1항관련) / 252 [별표 6] 건설근로자 고용평가 방법(제32조의2제2항 관련) / 253

- **서식**

[건설산업기본법 시행령]
- 별표 / 서식 -

■ 건설산업기본법 시행령 [별표 1] <개정 2025. 6. 2.>
[대통령령 제31328호(2020. 12. 29.) 별표 1 제2호거목의 개정규정은 같은 법 부칙 제2조의 규정에 의하여 2023년 12월 31일까지 유효함]

건설업의 업종, 업종별 업무분야 및 업무내용(제7조 관련)

1. 종합공사를 시공하는 업종 및 업무내용

건설업종	업무내용	건설공사의 예시
가. 토목공사업	종합적인 계획·관리 및 조정에 따라 토목공작물을 설치하거나 토지를 조성·개량하는 공사	도로·항만·교량·철도·지하철·공항·관개수로·발전(전기공사는 제외한다)·댐·하천 등의 건설, 택지조성 등 부지조성공사, 간척·매립공사 등
나. 건축공사업	종합적인 계획·관리 및 조정에 따라 토지에 정착하는 공작물 중 지붕과 기둥(또는 벽)이 있는 것과 이에 부수되는 시설물을 건설하는 공사	
다. 토목건축공사업	토목공사업과 건축공사업의 업무내용에 해당하는 공사	
라. 산업·환경설비공사업	종합적인 계획·관리 및 조정에 따라 산업의 생산시설, 환경오염을 예방·제거·감축하거나 환경오염물질을 처리·재활용하기 위한 시설, 에너지 등의 생산·저장·공급시설 등을 건설하는 공사	제철·석유화학공장 등 산업생산시설공사, 환경시설공사(소각장, 수처리설비, 환경오염방지시설, 하수처리시설, 공공폐수처리시설, 중수도, 하·폐수처리수 재이용시설 등의 공사를 말한다), 발전소설비공사 등
마. 조경공사업	종합적인 계획·관리·조정에 따라 수목원·공원·녹지·숲의 조성 등 경관 및 환경을 조성·개량하는 공사	수목원·공원·숲·생태공원·정원 등의 조성공사

2. 전문공사를 시공하는 업종, 업무분야 및 업무내용

건설업종	업무분야	업무내용	건설공사의 예시
가. 지반조성·포장공사업	1) 토공사	땅을 굴착하거나 토사 등으로 지반을 조성하는 공사	굴착·성토(흙쌓기)·절토(흙깎기)·흙막이공사·철도도상자갈공사, 폐기물매립지에서의 굴착·선별·성토공사 등
	2) 포장공사	역청재 또는 시멘트콘크리트·투수콘크리트 등으로 도로·활주로·광장·단지·화물야적장 등을 포장하는 공사(포장공사에 수반되는 보조기층 및 선택층 공사를 포함한다)와 그 유지·수선공사	아스팔트콘크리트포장공사, 시멘트콘크리트포장공사, 유색·투수콘크리트포장공사, 소파(小破)보수 및 덧씌우기 포장공사, 과속방지턱설치공사 등
	3) 보링·그라우팅·파일공사	가) 보링·그라우팅공사: 지반 또는 구조물 등에 천공을 하거나 압력을 가하여 보강재를 설치하거나 회반죽 등을 주입 또는 혼합처리하는 공사	보링[boring: 시추(試錐)하는 것을 말한다]공사, 그라우팅[grouting: 균열이나 공동(空洞) 등의 틈새에 그라우트(주입액)를 주입하거나 충전(充塡)하는 것을 말한다]공사, 착정공사, 지열공착정공사 등
		나) 파일공사: 항타(杭打)에 의하여 파일을 박거나 샌드파일 등을 설치하는 공사	샌드파일공사, 말뚝공사 등
나. 실내건축공사업	실내건축공사	가) 실내건축공사: 건축물의 내부를 용도와 기능에 맞게 건설하는 실내건축공사 및 실내공간의 마감을 위하여 구조체·집기 등을 제작 또는 설치하는 공사	실내건축공사(도장공사 또는 석공사만으로 시공되는 공사는 제외한다), 실내공간의 구조체 제작 및 마감공사, 그 밖에 집기 등을 제작 또는 설치하는 공사 등
		나) 목재창호·목재구조물공사: 목재로 된 창을 건축물 등에 설치하는 공사 및 목재구조물·공작물 등을 축조 또는 장치하는 공사	목재창호공사, 목재 등을 사용한 칸막이공사, 목재구조물·공작물 등을 축조 또는 장치하는 공사 등
다. 금속·창호·지붕·건축물조립공사업	1) 금속구조물·창호·온실공사	가) 창호공사: 각종 금속재·합성수지·유리 등으로 된 창 또는 문을 건축물 등에 설치하는 공사	창호공사, 발코니창호공사, 외벽유리공사, 커튼월창호공사, 배연창·방화문설치공사, 자동문·회전문설치공사, 승강장스크린도어설치공사, 유리공사 등

		나) 금속구조물공사	
		(1) 금속류 구조체를 사용하여 건축물의 천장·벽체·칸막이 등을 설치하는 공사	천장·건식벽체·강재벽체·경량칸막이 등의 공사
		(2) 금속류 구조체를 사용하여 도로, 교량, 터널 및 그 밖의 장소에 안전·경계·방호·방음시설물 등을 설치하는 공사	가드레일·가드케이블·표지판·방호울타리·펜스·낙석방지망·낙석방지책·방음벽·방음터널·교량안전점검시설·버스승강대·도로교통안전시설물 등의 공사
		(3) 각종 금속류로 구조물 및 공작물을 축조하거나 설치하는 공사	굴뚝·탱크·수문설치·셔터설치·옥외광고탑·격납고문·사다리·철재프레임·난간·계단·캐노피·출입차단기 등의 공사
		다) 온실설치공사: 농업·임업·원예용 등 온실의 설치공사	농업·임업·원예용 등 온실설치공사와 부대설비공사
	2) 지붕판금·건축물조립공사	가) 지붕·판금공사: 기와·슬레이트·금속판·아스팔트 싱글(asphalt shingle) 등으로 지붕을 설치하는 공사, 건축물 등에 판금을 설치하는 공사	지붕공사, 지붕단열공사, 지붕장식공사, 판금공사, 폴리염화비닐(PVC)가공 부착공사, 빗물받이 및 홈통공사 등
		나) 건축물조립공사: 공장에서 제조된 판넬, 부품, 입체 구성재 등으로 건축물의 내벽·외벽·바닥 등을 조립하는 공사	샌드위치판넬·ALC판넬·PC판넬·세라믹판넬·알루미늄복합판넬·사이딩판넬·클린복합판넬·시멘트보드판넬·악세스바닥판넬 등의 공사
라. 도장·습식·방수·석공사업	1) 도장공사	시설물에 칠바탕을 다듬고 도료 등을 솔·롤러·기계 등을 사용하여 칠하거나 뿜칠하여 마감하는 공사	일반도장공사, 도장뿜칠공사, 차선도색공사, 분사표면처리공사, 전천후경기장바탕도장공사, 부식방지공사 등
	2) 습식·방수공사	가) 미장공사: 구조물 등에 모르타르·플러스터·회반죽·흙 등을 바르거나 내·외벽 및 바닥 등에 성형단열재·경량단열재 등을 접착하거나 뿜칠하여 마감하는 공사	일반미장공사, 미장모르타르공사, 합성수지모르타르공사, 미장뿜칠공사, 다듬기공사, 줄눈공사, 단열재접착 및 뿜칠공사, 견출 및 코킹(caulking)공사, 내화충선공사 등

		나) 타일공사: 구조물 등에 점토·고령토·합성수지 등을 주된 원료로 제조된 타일을 붙이는 공사	내·외장 타일 붙임공사, 모자이크, 테라코타타일공사 및 합성수지계타일공사 등
		다) 방수공사: 아스팔트·실링재·에폭시·시멘트모르타르·합성수지 등을 사용하여 토목·건축구조물, 산업설비 및 폐기물매립시설 등에 방수·방습·누수방지 등을 하는 공사	방수공사, 에폭시공사, 방습공사, 도막(도료 도포막)공사, 누수방지공사 등
		라) 조적공사: 구조물의 벽체나 기초 등을 시멘트블록·벽돌 등의 재료를 각각 모르타르 등의 교착제로 부착시키거나 장치하여 쌓거나 축조하는 공사	블록쌓기공사, 벽돌쌓기공사, 벽돌붙임공사 등
	3) 석공사	석재를 사용하여 시설물 등을 시공하는 공사	건물내벽·외벽·바닥 등 석재공사, 바닥·벽체 등의 돌붙임공사(석재타일 붙임공사를 포함한다), 인도·광장 등 돌포장공사, 석축 등 돌쌓기공사 등
마. 조경식재·시설물공사업	1) 조경식재공사	조경수목·잔디 및 초화류 등을 식재하거나 유지·관리하는 공사	조경수목·잔디·지피식물·초화류 등의 식재공사 및 이를 위한 토양개량공사, 종자뿜어붙이기공사 등 특수식재공사 및 유지·관리공사, 조경식물의 수세(樹勢) 회복공사 및 유지·관리공사 등
	2) 조경시설물설치공사	조경을 위하여 조경석·인조목·인조암 등을 설치하거나 놀이시설 등의 조경시설물, 수경시설 등의 조경구조물을 설치하는 공사	조경석·인조목·인조암 등의 설치공사, 야외의자·퍼걸러·놀이기구·운동기구·분수대·벽천(壁泉) 등의 설치공사, 인조잔디공사 등
바. 철근·콘크리트공사업	철근·콘크리트공사	철근·콘크리트로 토목 ·건축구조물 및 공작물 등을 축조하는 공사	철근가공 및 조립공사, 콘크리트공사, 거푸집 및 동바리공사, 각종 특수콘크리트공사, 프리스트레스트콘크리트(PSC)구조물공사, 포장장비로 시공하지 않는 2차로 미만의 농로·기계화 경작로·마을안길 등을 시멘트콘크리트로 포장하는 공사 등

사. 구조물해체·비계공사업	구조물해체·비계공사	가) 구조물해체공사: 구조물 등을 해체하는 공사	건축물 및 구조물 등의 해체공사 등
		나) 비계공사: 건축물 등을 건축하기 위하여 비계를 설치하거나 높은 장소에서 중량물을 거치하는 공사	일반비계공사, 시스템비계공사, 발판가설공사, 추락·낙하방지시설공사, 분진·방진망공사, 빔운반거상공사, 특수중량물설치공사, 그 밖에 높은 장소에서 시행하는 공사 등
아. 상·하수도설비공사업	상하수도설비공사	가) 상수도설비공사: 상수도, 농·공업용수도 등을 위한 기기를 설치하거나 상수도관, 농·공업용수도관 등을 부설하는 공사	취수·정수·송배수를 위한 기기설치공사, 상수도, 농·공업용수도 등의 용수관 설치공사(옥내급배수설비공사는 제외한다), 관세척 및 갱생공사, 각종 변류이형관설치공사, 옥외스프링클러설치공사 등
		나) 하수도설비공사: 하수 등을 처리하기 위한 기기를 설치하거나 하수관을 부설하는 공사	하수 등의 처리를 위한 기기설치공사, 하수·우수관 부설(옥내급배수설비공사는 제외한다)및 세척·갱생공사 등
자. 철도·궤도공사업	철도·궤도공사	철도·궤도를 설치하는 공사	궤광공사, 레일공사, 레일용접공사, 분기부공사, 받침목공사, 도상공사, 고무차륜 철도차량 주행로공사, 궤도임시받침공사, 선로차단공사, 아이빔(I-beam) 및 거더(girder)설치공사, 건널목보판공사 등
차. 철강구조물공사업	철강구조물공사	가) 교량 및 이와 유사한 시설물을 건설하기 위하여 철구조물을 제작·조립·설치하는 공사	교량 등의 철구조물의 제작·조립·설치공사
		나) 건축물을 건축하기 위하여 철구조물을 조립·설치하는 공사	건축물의 철구조물조립·설치공사
		다) 대형 댐의 수문 및 이와 유사한 시설을 건설하기 위하여 철구조물을 조립·설치하는 공사	대형 댐 수문설치공사 등
		라) 그 밖의 각종 철구조물공사	인도전용강재육교설치공사, 철탑공사, 갑문 및 댐의 수문설치공사 등

카. 수중·준설공사업	1) 수중공사	수중에서 인원·장비 등으로 수중·해저의 시설물을 설치하거나 지장물을 해체하는 공사	수중암석파쇄공사·수중구조물의 설치 및 해체공사·계선부표 및 수중작업이 요구되는 항로표지설치공사, 수중구조물방식공사, 해저케이블공사, 투석공사 등
	2) 준설공사	하천·항만 등의 물밑을 준설선 등의 장비를 활용하여 준설하는 공사	항만·항로·운하 및 하천의 준설공사 등
타. 승강기·삭도공사업	1) 승강기설치공사	건축물 및 공작물에 부착되어 사람이나 화물을 운반하는데 사용되는 승강설비를 설치·해체·교체 및 성능개선공사	승객·화물·건설공사용 엘리베이터 및 에스컬레이터설치공사, 무빙워크설치공사, 기계식주차설비공사 등
	2) 삭도설치공사	삭도를 신설·개설·유지보수 또는 제거하는 공사	케이블카·리프트의 설치공사 등
파. 기계설비·가스공사업	1) 기계설비공사	건축물·플랜트 그 밖의 공작물에 급배수·위생·냉난방·공기조화·기계기구·배관설비 등을 조립·설치하는 공사	건축물 등 시설물에 설치하는 급배수·환기·공기조화·냉난방·급탕·주방·위생·방음·방진·내진·전자파차단설비공사, 플랜트 안의 배관·기계기구설치공사·경상정비공사, 기계설비를 자동제어하기 위한 제어기기·지능형제어시스템·자동원격검침설비 등의 자동제어공사, 시스템에어컨(GHP·EHP)공사, 지열·수열·연료전지(전기공사는 제외한다)의 냉·난방 기기설치 및 배관공사, 보온·보냉 등 열절연공사, 옥내급배수관 개량·세척공사, 무대기계장치공사, 자동창고설비공사, 냉동·냉장·저온 설비공사, 집진기공사, 자동크린넷설치공사, 염수분사·자동살수장치공사, 철도기계신호공사, 건널목차단기공사 등
	2) 가스시설공사(제1종)	가) 가스시설공사(제2종)의 업무내용에 해당하는 공사 나) 도시가스공급시설의 설치·변경공사	

		다) 액화석유가스의 충전시설·집단공급시설·저장소시설의 설치·변경공사 라) 도시가스시설 중 특정가스사용시설의 설치 ·변경공사 마) 저장능력 500kg 이상의 액화석유가스사용시설의 설치·변경공사 바) 고압가스배관의 설치 ·변경공사	
하. 가스·난방공사업	1) 가스시설공사(제2종)	가) 가스시설공사(제3종)의 업무내용에 해당하는 공사 나) 도시가스시설 중 특정가스사용시설 외의 가스사용시설의 설치·변경공사 다) 도시가스시설 중 특정가스사용시설로서 14,400kcal/h 이하의 레인지 및 그 부대시설의 설치·변경공사 라) 도시가스의 공급관과 내관이 분리되는 부분 이후의 보수공사 마) 배관에 고정설치되는 가스용품의 설치공사 및 그 부대공사 바) 저장능력 500kg 미만의 액화석유가스사용시설의 설치·변경공사 사) 액화석유가스판매시설의 설치 ·변경공사	
	2) 가스시설공사(제3종)	공사예정금액이 1천5백만원 미만인 다음의 공사 가) 도시가스시설 중 특정가스사용시설 외의 온수보일러·온수기 및 그 부대시설의 설치 ·변경공사 나) 도시가스시설 중 특정가스사용시설로서 5만kcal/h이하의 온수보일러·온수기 및 그 부대시설의 설치·변경공사	

		다) 액화석유가스사용시설 중 온수보일러 · 온수기 및 그 부대시설의 설치 · 변경공사	
	3) 난방공사(제1종)	가) 「에너지이용 합리화법」 제37조에 따른 특정열사용기자재 중 강철재보일러 · 주철재보일러·온수보일러 · 구멍탄용 온수보일러 · 축열식 전기보일러·가정용 화목보일러 · 태양열집열기 · 1종압력용기 · 2종압력용기의 설치와 이에 부대되는 배관 · 세관공사 나) 공사예정금액 2천만원 이하의 온돌설치공사	
	4) 난방공사(제2종)	가) 「에너지이용 합리화법」 제37조에 따른 특정열사용기자재 중 태양열집열기 · 용량 5만kcal/h 이하의 온수보일러 · 구멍탄용 온수보일러 · 가정용 화목보일러의 설치 및 이에 부대되는 배관 · 세관공사 나) 공사예정금액 2천만원 이하의 온돌설치공사	
	5) 난방공사(제3종)	특정열사용기자재 중 요업요로 · 금속요로의 설치공사	
거. 시설물유지관리업		시설물의 완공 이후 그 기능을 보전하고 이용자의 편의와 안전을 높이기 위하여 시설물에 대하여 일상적으로 점검 · 정비하고 개량 · 보수 · 보강하는 공사로서 다음의 공사를 제외한 공사 가) 건축물의 경우 증축 · 개축 · 재축 및 대수선 공사 나) 건축물을 제외한 그 밖의 시설물의 경우 증설 · 확장공사 및 주요구조부를 해체한 후 보수 · 보강 및 변경하는 공사	

		다) 전문건설업종 중 1개 업종의 업무내용만으로 행하여지는 건축물의 개량·보수·보강공사 [대통령령 제31328호(2020. 12. 29.) 별표 1 제2호거목의 개정규정은 같은 법 부칙 제2조의 규정에 의하여 2023년 12월 31일까지 유효함]	

비고

1. 위 표의 업무내용에는 건설공사용 재료의 채취 또는 그 공급업무, 기계 또는 기구의 공급업무(시공에 필요한 기계 또는 기구를 단순히 공급하는 것을 말한다)와 단순한 노무공급업무 등은 포함되지 않는다. 다만, 건설공사의 시공 계약과 건설공사용 재료의 납품 계약을 같은 건설사업자가 체결하는 경우 해당 건설공사용 재료의 납품 업무는 해당 업종의 업무내용에 포함되는 것으로 본다.
2. 위 표에 명시되지 않은 건설공사에 관한 건설업종 및 업종별 업무분야의 구분은 해당 공사의 시공에 필요한 기술·재료·시설·장비 등의 유사성에 따라 구분한다.
3. 전문공사를 시공할 수 있는 자격을 보유한 자는 완성된 시설물 중 해당 업종의 업무내용에 해당하는 건설공사에 대하여 복구·개량·보수·보강하는 공사를 수행할 수 있다.
4. 전문공사를 시공하는 업종을 등록한 자는 해당 업종의 모든 업무분야의 공사를 수행할 수 있다. 다만, 수중·준설공사업, 승강기·삭도공사업, 가스·난방공사업을 등록한 자 및 기계설비·가스공사업 중 기계설비공사를 주력분야로 등록한 자는 주력분야의 공사만 수행할 수 있으며, 주력분야가 아닌 다른 업무분야의 공사는 수행할 수 없다.
5. 제4호 단서에도 불구하고 기계설비·가스공사업 중 기계설비공사를 주력분야로 등록한 자는 기계설비공사와 가스시설공사(제1종)가 복합된 공사로서 기계설비공사가 주된 공사인 경우에는 해당 공사의 가스시설공사(제1종)를 함께 수행할 수 있다.
6. 제4호에도 불구하고 기계설비·가스공사업 중 기계설비공사를 주력분야로 등록한 자는 기계설비공사와 다음 각 목의 공사가 복합된 공사의 경우에는 해당 공사를 수행할 수 있다.
   가. 난방공사(제1종)
   나. 난방공사(제2종)
   다. 플랜트 또는 냉동냉장설비 안에서의 고압가스배관의 설치·변경공사
7. 제4호에도 불구하고 가스·난방공사업 중 난방공사(제1종)를 주력분야로 등록한 자는 연면적 350제곱미터 미만인 단독주택의 난방공사(제1종)를 하는 경우에는 해당 주택의 기계설비공사를 함께 수행할 수 있다.
8. 제4호에도 불구하고 가스·난방공사업 중 난방공사(제2종)를 주력분야로 등록한 자는 연면적 250제곱미터 미만인 단독주택의 난방공사(제2종)를 하는 경우에는 해당 주택의 기계설비공사를 함께 수행할 수 있다.

■ 건설산업기본법 시행령 [별표 1의2] <신설 2016.2.11.>

교육기관의 지정요건(제12조의5제3항 관련)

구 분	강의실(㎡)	전임강사(명)	전담직원(명)
지정요건	100	2	2

비고

1. 강의실은 교육기관이 소유하거나 교육기관으로 지정된 기간 동안 임대차계약이 유지되어야 한다.
2. 전년도 건설업 교육 이수자가 1만명 이상인 경우에는 초과 1만명당 전임강사 1명을 추가하여야 한다.

■ 건설산업기본법 시행령 [별표 2] <개정 2025. 10. 1.>
[대통령령 제31328호(2020. 12. 29.) 별표 2 제2호거목의 개정규정은 같은 법 부칙 제2조의 규정에 의하여 2023년 12월 31일까지 유효함]

건설업의 등록기준(제13조 관련)

1. 종합공사를 시공하는 업종의 등록기준

건설업종	기술능력	자본금	
가. 토목공사업	다음의 어느 하나에 해당하는 사람 중 2명을 포함한 「건설기술 진흥법」에 따른 토목 분야의 초급 이상 건설기술인 6명 이상 1) 「국가기술자격법」에 따른 토목기사 2) 「건설기술 진흥법」에 따른 토목 분야의 중급 이상 건설기술인	법인	5억원 이상
		개인	10억원 이상
나. 건축공사업	다음의 어느 하나에 해당하는 사람 중 2명을 포함한 「건설기술 진흥법」에 따른 건축 분야의 초급 이상 건설기술인 5명 이상 1) 「국가기술자격법」에 따른 건축기사 2) 「건설기술 진흥법」에 따른 건축 분야의 중급 이상 건설기술인	법인	3억5천만원 이상
		개인	7억원 이상
다. 토목건축공사업	1) 및 2)에 따른 사람을 각각 포함한 「건설기술 진흥법」에 따른 초급 이상(같은 법 시행령 별표 1 제3호차목 중 건설금융·재무, 건설기획, 건설정보처리 분야는 제외한다)의 건설기술인 11명 이상 1) 다음의 어느 하나에 해당하는 사람 중 2명을 포함한 토목 분야의 초급 이상 건설기술인 5명 이상 가) 「국가기술자격법」에 따른 토목기사 나) 「건설기술 진흥법」에 따른 토목 분야의 중급 이상 건설기술인 2) 다음의 어느 하나에 해당하는 사람 중 2명을 포함한 건축 분야의 초급 이상 건설기술인 5명 이상 가) 「국가기술자격법」에 따른 건축기사 나) 「건설기술 진흥법」에 따른 건축 분야의 중급 이상 건설기술인	법인	8억5천만원 이상
		개인	17억원 이상
라. 산업·환경설비공사업	「건설기술 진흥법」에 따른 초급 이상(같은 법 시행령 별표 1 제3호차목 중 건설금융·재무, 건설기획, 건설정보처리 분야는 제외한다)의 건설기술인 또는 「국가기술자격법」에 따른 건축, 토목, 조경, 광업자원, 기계, 금속·재료, 화공, 전기·전자, 정보통신, 안전관리, 환경·에너지	법인	8억5천만원 이상

	분야의 분야의 산업기사 이상의 기술자격취득자 12명 이상. 이 경우 다음의 어느 하나에 해당하는 사람 중 6명을 포함해야 한다. 1) 「국가기술자격법」에 따른 건축, 토목, 조경, 광업자원, 기계, 금속·재료, 화공, 전기·전자, 정보통신, 안전관리, 환경·에너지 분야의 기사 이상의 기술자격취득자 2) 「건설기술 진흥법」에 따른 중급 이상의 건설기술인		
		개인	17억원 이상
마. 조경공사업	1) 다음의 어느 하나에 해당하는 사람 중 2명을 포함한 「건설기술 진흥법」에 따른 조경 분야의 초급 이상 건설기술인 4명 이상 가) 「국가기술자격법」에 따른 조경기사 나) 「건설기술 진흥법」에 따른 조경 분야의 중급 이상 건설기술인 2) 「건설기술 진흥법」에 따른 토목 분야의 초급 건설기술인 1명 이상 3) 「건설기술 진흥법」에 따른 건축 분야의 초급 건설기술인 1명 이상	법인	5억원 이상
		개인	10억원 이상

2. 전문공사를 시공하는 업종의 업무분야별 등록기준

건설업종	업무분야	기술능력	시설·장비	자본금	
가. 지반조성·포장공사업	1) 토공사	다음의 어느 하나에 해당하는 사람 중 2명 이상 가) 「건설기술 진흥법」에 따른 토목·광업 분야(화약류관리 분야만 해당한다)의 초급 이상 건설기술인 나) 「국가기술자격법」에 따른 관련 종목의 기술자격취득자		법인 및 개인	1억5천만원 이상
	2) 포장공사	가) 「건설기술 진흥법」에 따른 토목 분야 초급 이상의 건설기술인 1명 이상 나) 「국가기술자격법」에 따른 관련 종목의 기술자격취득자 2명 이상			

	3) 보링 · 그라우팅 · 파일공사	다음의 어느 하나에 해당하는 사람 중 2명 이상 가) 「건설기술 진흥법」에 따른 토목 분야 초급 이상의 건설기술인 나) 「국가기술자격법」에 따른 응용지질기사 또는 지질 및 지반기술사 다) 「국가기술자격법」에 따른 관련 종목의 기술자격취득자			
나. 실내건축공사업	실내건축공사	다음의 어느 하나에 해당하는 사람 중 2명 이상 가) 「건설기술 진흥법」에 따른 건축 분야의 초급 이상 건설기술인 나) 「국가기술자격법」에 따른 관련 종목의 기술자격취득자		법인 및 개인	1억5천만원 이상
다. 금속·창호·지붕·건축물조립공사업	1) 금속구조물·창호·온실공사	다음의 어느 하나에 해당하는 사람 중 2명 이상 가) 「건설기술 진흥법」에 따른 기계·토목·건축 분야의 초급 이상 건설기술인 나) 「국가기술자격법」에 따른 관련 종목의 기술자격취득자		법인 및 개인	1억5천만원 이상
	2) 지붕판금·건축물조립공사	다음의 어느 하나에 해당하는 사람 중 2명 이상 가) 「건설기술 진흥법」에 따른 기계·토목·건축 분야의 초급 이상 건설기술인 나) 「국가기술자격법」에 따른 관련 종목의 기술자격취득자			
라. 도장·습식·방수·석공사업	1) 도장공사	다음의 어느 하나에 해당하는 사람 중 2명 이상 가) 「건설기술 진흥법」에 따른 토목·건축 분야의 초급 이상 건설기술인 나) 「국가기술자격법」에 따른 관련 종목의 기술자격취득자		법인 및 개인	1억5천만원 이상

	2) 습식·방수공사	다음의 어느 하나에 해당하는 사람 중 2명 이상 가) 「건설기술 진흥법」에 따른 토목·건축 분야의 초급 이상 건설기술인 나) 「국가기술자격법」에 따른 관련 종목의 기술자격취득자			
	3) 석공사	다음의 어느 하나에 해당하는 사람 중 2명 이상 가) 「건설기술 진흥법」에 따른 토목·건축 분야의 초급 이상 건설기술인 나) 「국가기술자격법」에 따른 관련 종목의 기술자격취득자			
마. 조경식재·시설물공사업	1) 조경식재공사	다음의 어느 하나에 해당하는 사람 중 2명 이상 가) 「건설기술 진흥법」에 따른 조경 분야의 초급 이상 건설기술인 나) 「국가기술자격법」에 따른 관련 종목의 기술자격취득자		법인 및 개인	1억5천만원 이상
	2) 조경시설물설치공사	다음의 어느 하나에 해당하는 사람 중 2명 이상 가) 「건설기술 진흥법」에 따른 조경 분야의 초급 이상 건설기술인 나) 「국가기술자격법」에 따른 관련 종목의 기술자격취득자			
바. 철근·콘크리트공사업	철근·콘크리트공사	다음의 어느 하나에 해당하는 사람 중 2명 이상 가) 「건설기술 진흥법」에 따른 토목·건축 분야의 초급 이상 건설기술인 나) 「국가기술자격법」에 따른 관련 종목의 기술자격취득자		법인 및 개인	1억5천만원 이상

사. 구조물해체·비계공사업	구조물해체·비계공사	다음의 어느 하나에 해당하는 사람 중 2명 이상 가) 「건설기술 진흥법」에 따른 토목·건축·광업 분야(화학류 관리 분야로 한정한다)의 초급 이상 건설기술인 나) 「국가기술자격법」에 따른 관련 종목의 기술자격취득자		법인 및 개인	1억5천만원 이상
아. 상·하수도설비공사업	상하수도설비공사	다음의 어느 하나에 해당하는 사람 중 2명 이상 가) 「건설기술 진흥법」에 따른 기계·토목 분야의 초급 이상 건설기술인 나) 「국가기술자격법」에 따른 관련 종목의 기술자격취득자		법인 및 개인	1억5천만원 이상
자. 철도·궤도공사업	철도·궤도공사	가) 다음의 어느 하나에 대당하는 사람 중 1명을 포함한 「건설기술 진흥법」에 따른 토목 분야의 초급 이상 건설기술인 2명 이상 (1) 「국가기술자격법」에 따른 토목기사·철도토목기사 (2) 「건설기술 진흥법」에 따른 토목 분야의 중급 이상 건설기술인 나) 「건설기술 진흥법」에 따른 기계 분야의 초급 이상 건설기술인 1명 이상 다) 용접기능사·특수용접기능사 1명을 포함한 「국가기술자격법」에 따른 관련 종목의 기술자격취득자 2명 이상	(가) 운반궤도차(모터카를 말하며, 견인력 25톤 이상인 것으로 한정한다) 1대 이상 (나) 트롤리(trolley: 흙 등 운반 차량을 말하며, 적재하중 10톤 이상인 것으로 한정한다) 4대 이상 (다) 타이탬퍼(tie tamper: 철로 자갈을 다지는 장비를 말한다) 2대 이상 (라) 레일을 연결하는 특수용접설비[플래시버트용접(불꽃막대기용접)·가스압착용접(가스압접)] 1조 이상 (마) 양로기(揚路機: 레일틀을 드는 기구를 말한다) 1대 이상	법인	1억5천만원 이상
				개인	3억원 이상

<table>
<tr><td rowspan="2">차. 철강 구조물 공사업</td><td rowspan="2">철강 구조물 공사</td><td rowspan="2">다음의 어느 하나에 해당하는 사람 중 4명 이상
가) 「건설기술 진흥법」에 따른 기계·토목·건축 분야의 초급 이상 건설기술인
나) 「국가기술자격법」에 따른 관련 종목의 기술자격취득자</td><td rowspan="2"></td><td>법인</td><td>1억5천만원 이상</td></tr>
<tr><td>개인</td><td>3억원 이상</td></tr>
<tr><td rowspan="2">카. 수중·준설 공사업</td><td>1) 수중공사</td><td>가) 「국가기술자격법」에 따른 잠수기능장, 잠수산업기사 또는 잠수기능사 1명 이상
나) 다음의 어느 하나에 해당하는 사람 중 1명 이상
(1) 「건설기술 진흥법」에 따른 기계·토목 분야의 초급 이상 건설기술인
(2) 「국가기술자격법」에 따른 관련 종목의 기술자격취득자</td><td>(가) 다음의 장비를 모두 포함한 표면공급식 잠수설비 2세트 이상
① 잠수헬멧(KMB 또는 Super Lite-17로 한정한다)
② 공기압축기
③ 수상·수중통화기
④ 생명줄 일체(저압공기호스, 수심계호스, 통화용전선 각 200미터 이상을 모두 갖춘 것으로 한정한다)
(나) 스쿠버 장비 5세트 이상</td><td rowspan="2">법인 및 개인</td><td rowspan="2">1억5천만원 이상</td></tr>
<tr><td>2) 준설공사</td><td>가) 다음의 어느 하나에 해당하는 사람 중 1명을 포함한 「건설기술 진흥법」에 따른 토목 분야의 초급 이상 건설기술인 3명 이상
(1) 「국가기술자격법」에 따른 토목기사
(2) 「건설기술 진흥법」에 따른 토목 분야의 중급 이상 건설기술인
나) 다음의 어느 하나에 해당하는 사람 중 1명을 포함한 「건설기술 진흥법」에 따른 기계 분야의 초급 이상 건설기술인 2명 이상
(1) 「국가기술자격법」에 따른</td><td>(가) 다음의 준설선 중 2종 이상
① 펌프식 준설선(동력 2천마력 이상인 것으로 한정한다)
② 그랩(grab)식 준설선(용량 6세제곱미터 이상인 것으로 한정한다)
③ 디퍼(dipper)식 준설선(용량 5세제곱미터 이상인 것으로 한정한다)
④ 버킷(bucket)식 준설선(동력 2천마력 이상인 것으로 한정한다)</td></tr>
</table>

		건설기계설비기사 (2) 「건설기술 진흥법」에 따른 건설기계 분야의 중급 이상 건설기술인	(나) 예선(동력 200마력 이상인 것으로 한정한다) 1척 이상 (다) 앵커바지(anchor barge: 톱니바퀴닻 화물운반선을 말하며, 동력 100마력 이상인 것으로 한정한다) 1척 이상		
타. 승강기·삭도공사업	1) 승강기 설치공사	「국가기술자격법」에 따른 관련 종목의 기술자격취득자 2명 이상		법인 및 개인	1억5천만원 이상
	2) 삭도 설치공사	가) 「건설기술 진흥법」에 따른 기계·토목·안전관리 분야 초급 이상의 건설기술인 각 1명 이상 나) 「국가기술자격법」에 따른 관련 종목의 기술자격취득자 2명 이상	(가) 기중기(견인 중량 50톤 이상인 것으로 한정한다) 1대 이상 (나) 전기용접기(출력 30KVA 이상인 것으로 한정한다) 1대 이상 (다) 동력윈치(동력 winch: 쇠중량물을 끌어올리거나 당기는 동력기계를 말한다) 1대 이상 (라) 발전기 1대 이상		
파. 기계설비·가스공사업	1) 기계설비공사	다음의 어느 하나에 해당하는 사람 중 2명 이상. 이 경우 「건설기술 진흥법」에 따른 기계 분야의 초급 이상 건설기술인 또는 나)에 따른 기술자격취득자(「기계설비법 시행령」 별표 2 제1호가목1)부터 4)까지의 어느 하나에 해당하는 사람으로 한정한다)를 1명 이상 포함해야 한다. 가) 「건설기술 진흥법」에 따른 기계·건축 분야의 초급 이상 선설기술인 나) 「국가기술자격법」에 따른 관련 종목의 기술자격취득자		법인 및 개인	1억5천만원 이상

	2) 가스시설공사(제1종)	가) 「국가기술자격법」에 따른 가스산업기사 이상의 기술자격취득자로서 가스 관계 업무에 종사한 실무경력이 5년(실무경력은 「국가기술자격법」에 따른 자격을 취득하기 전과 취득한 후의 경력을 모두 포함한다) 이상인 사람 1명 이상 나) 다음의 어느 하나에 해당하는 사람 중 1명 이상 (1) 「건설기술 진흥법」에 따른 토목 분야의 초급 이상 건설기술인 (2) 「국가기술자격법」에 따른 용접산업기사 또는 가스기능사 이상의 기술자격취득자 다) 다음의 어느 하나에 해당하는 사람 중 1명 이상 (1) 「국가기술자격법」에 따른 용접기능사·특수용접기능사 또는 배관기능사 이상의 기술자격취득자 (2) 가스관계업무에 종사한 실무경력이 5년 이상이고, 한국가스안전공사가 실시하는 가스시설시공관리자양성교육을 이수한 사람	(가) 기밀시험설비 (나) 내압시험설비 (다) 자기압력기록계 (라) 가스누출검지기 (마) 공기호흡기 또는 공기를 내보내는 마스크 (바) 볼트 및 암페어미터(전류계) (사) 절연저항측정기(500V 1천MΩ까지 측정할 수 있는 것으로 한정한다) 그 밖의 측정기[아들자 캘리퍼스(아들자 calipers: 아들자가 달려 두께나 지름을 재는 기구를 말한다)·내외경마이크로미터(내외경미세측정기)·초음파측정기·다이얼게이지(톱니바퀴식측정기)·도막측정기 등] (아) 각종 압력계 (자) 표준이 되는 온도계		
하. 가스·난방공사업	1) 가스시설공사(제2종)	다음의 어느 하나에 해당하는 사람 중 1명 이상 가) 「국가기술자격법」에 따른 가스기능사 이상의 자격을 취득한 후 한국가스안전공사에서 실시하는 시공자양성교육과정을 이수한 사람 나) 한국가스안전공사에서 실시하는 일반시설안전관리자양성교육을 이수한 후 한국가스안전공사에서 실시하는 시공자양성과정을 이수한 사람	(가) 기밀시험설비 (나) 자기압력기록계 (다) 가스누출검지기		

	다) 한국가스안전공사가 실시하는 가스시설시공관리자양성교육을 이수한 사람			
2) 가스시설공사(제3종)	다음의 어느 하나에 해당하는 사람 중 1명 이상 가) 다음의 어느 하나에 해당하는 기술자격을 취득한 후 한국가스안전공사에서 실시하는 온수보일러시공자양성교육 또는 온수보일러시공관리자양성교육을 이수한 사람 (1) 「국가기술자격법」에 따른 가스기능사 또는 온수온돌기능사 이상의 자격을 가진 사람 (2) 한국가스안전공사에서 실시하는 일반시설안선관리자양성교육ㆍ도시가스시설안전관리자양성교육ㆍ판매시설안전관리자양성교육 또는 사용시설안전관리자양성교육을 이수한 사람 (3) 난방공사(제1종) 또는 난방공사(제2종)을 주력분야로 등록한 사람 나) 한국가스안전공사에서 실시하는 가스시설시공관리자양성교육을 이수한 사람 다) 난방공사(제1종) 또는 난방공사(제2종)의 기술능력을 갖춘 후 한국가스안전공사에서 실시하는 온수보일러시공관리자양성교육을 이수하고, 온수보일러시공자양성교육을 이수한 사람	(가) 기밀시험설비 (나) 자기압력기록계 (다) 가스누출검지기		
3) 난방공사(제1종)	다음의 어느 하나에 해당하는 사람 중 2명 이상 가) 「국가기술자격법」에 따른 관련 종목의 기술자격취득자	수압시험기 1대 이상		

		나) 「건설기술 진흥법」에 따른 초급 이상(같은 법 시행령 별표 1 제3호차목 중 건설금융·재무, 건설기획 및 건설정보처리 분야는 제외한다)의 건설기술인 다) 관련 분야 공사의 실무에 3년 이상 종사한 후 산업통상부장관 또는 국토교통부장관이 정하는 일정 교육을 이수한 사람			
	4) 난방공사(제2종)	난방공사(제1종)의 기술능력을 갖춘 사람 중 1명 이상	수압시험기 1대 이상		
	5) 난방공사(제3종)	다음의 어느 하나에 해당하는 사람 중 1명 이상 가) 「국가기술자격법」에 따른 금속·재료 분야(금속가공·금속재료·금속제련·세라믹 기술·기능 분야로 한정한다) 기사 및 기능장 이상의 건설기술인 나) 「국가기술자격법」에 따른 기계 분야 기사 및 기능장 이상의 건설기술인 다) 「국가기술자격법」에 따른 에너지관리기사 이상의 건설기술인 라) 관련 분야 공사의 실무에 3년 이상 종사한 후 산업통상부장관 또는 국토교통부장관이 정하는 일정 교육을 이수한 사람	(가) 가스분석기 1대 이상 (나) 광고온계(光高溫計: 밝기로 온도를 재는 기계를 말한다) 1대 이상 (다) 열전식 또는 저항식으로서 온도측정범위가 1,200℃ 이상인 온도측정기 1대 이상 (라) 온도측정범위가 300℃ 이하인 표면온도측정기 1대이상 (마) 아들자캘리퍼스 및 마이크로미터 각 1대 이상 (바) 압축강도시험기 1대 이상 (사) 한국산업규격에 규정된 내화도(耐火度: 열에 견디는 정도를 말한다) 시험에 적합한 내화도측정기 1대 이상		

거. 시설물 유지관리업		「건설기술 진흥법」에 따른 토목 또는 건축 분야 초급 이상의 건설기술인 중 4명 이상	(가) 육안검사장비: 돋보기·망원경 및 균열폭 측정 현미경 (나) 비파괴시험을 위한 다음의 장비 ① 반발경도(反撥硬度: 튀어오르는 높이에 따른 단단한 정도를 말한다)측정기 1대 이상 ② 음파를 이용하는 측정장비: 망치·체인 1대 이상 ③ 초음파를 이용하는 측정장비 1대 이상 (다) 자기감응검사장비: 콘크리트 피복측정 장비 1대 이상 (라) 전기에 의한 부식검사장비: 콘크리트전기저항측정장치(resistivity), 전위차측정장치(half cell potential) 각 1대 이상 [대통령령 제31328호(2020. 12. 29.) 별표 2 제2호거목의 개정규정은 같은 법 부칙 제2조의 규정에 의하여 2023년 12월 31일까지 유효함]	법인 및 개인	2억원 이상

비고

1. 기술능력

   가. 기술인력에 해당하는 사람은 상시 근무(다른 사업을 영위하는 경우에는 상시 근무에 지장이 없는 경우로 한정한다)하는 사람이어야 하며, 「국가기술자격법」에 따라 그 자격이 정지된 사람과 「건설기술 진흥법」에 따라 업무정지처분을 받은 건설기술인은 제외한다.

   나. 위 표 중 「국가기술자격법」에 따른 관련 종목의 기술자격취득자의 범위는 국토교통부장관이 정하는 바에 따른다.

   다. 위 표 중 「국가기술자격법」에 따른 관련 종목의 기술자격취득자는 「국민 평생 직업능력 개발법」에 따른 직업능력개발훈련시설에서 시행하는 6개월 이상의 관련 분야의 직업훈련과정을 수료한 사람 또는 관련 분야 공사의 실무에 3년 이상 종사한 사람으로서 국토교통부장관이 지정하는 협회 등 사업자단체가 그 능력이 있다고 인정한 사람으로 갈음할 수 있다.

라. 토목공사업·건축공사업 또는 토목건축공사업의 등록기준으로서의 토목 또는 건축 분야 건설기술인(토목기사, 토목 분야의 중급기술인 이상의 기술인, 건축기사 및 건축 분야의 중급기술인 이상의 기술인은 제외한다) 중 1명은 기계 또는 안전관리 분야 초급 이상의 건설기술인으로 갈음할 수 있다.

마. 토목공사업 또는 토목건축공사업을 등록한 사람이 「물의 재이용 촉진 및 지원에 관한 법률」 제2조제7호에 따른 하·폐수처리수 재이용시설을 시공하려는 경우에는 공동으로 활용할 수 있는 기술인력인 「국가기술자격법」에 따른 토목기사 1명은 이미 갖춘 것으로 본다.

바. 난방공사(제1종) 주력분야의 업무내용 중 가스용보일러(「에너지이용 합리화법」 제39조제1항에 따른 검사대상기기인 경우로 한정한다)를 시공하려는 사람은 추가로 「국가기술자격법」에 따른 가스 분야 기술자격취득자 1명 이상과 기밀시험설비·자기압력기록계·가스누출검지기를 각 1대 이상 갖춰야 한다.

2. 시설·장비

가. 위 표의 장비는 자기소유로 등록한 것이어야 하고, 위 표의 장비 중 「철도안전법」 제26조에 따른 형식승인, 같은 법 제38조의12에 따른 정밀안전진단, 「건설기계관리법」 제13조제1항에 따른 검사 또는 「선박안전법」 제7조부터 제10조까지의 규정에 따른 검사의 대상이 되는 장비는 해당 법령에서 정하는 형식승인, 정밀안전진단 또는 검사를 마친 장비이어야 한다. 다만, 난방공사(제3종)의 경우에는 임차한 장비로 갈음할 수 있다.

나. 위 표의 장비는 그와 같거나 같은 수준 이상의 성능이 있다고 인정되는 것으로 갈음할 수 있다.

3. 자본금

가. 주식회사 외의 법인인 경우에는 출자금을 자본금으로 한다.

나. 자본금이 총자산에서 총부채를 뺀 금액보다 큰 때에는 총자산에서 총부채를 뺀 금액을 자본금으로 한다. 이 경우 총자산과 총부채의 산정은 「주식회사 등의 외부감사에 관한 법률」 제5조에 따른 회계처리기준에 따른다.

다. 실내건축공사업, 금속·창호·지붕·건축물조립공사업, 도장·습식·방수·석공사업을 하는 사람이 「국가기술자격법」에 따른 건축 분야 기능장을 보유한 경우에는 해당 업종의 최저 자본금기준의 2분의 1을 감경한다.

라. 가목부터 다목까지의 규정 외에 자본금을 산정하는 기준 및 방법은 국토교통부장관이 정하는 바에 따른다.

■ 건설산업기본법 시행령 [별표 3] <개정 2020. 2. 18.>

벌점의 부과기준(제28조 관련)

1. 용어의 뜻

가. "벌점"이란 국토교통부장관이 법 제25조제5항 각 호의 위반행위에 대하여 제2호가목의 벌점 부과기준에 따라 수급인에게 부과한 점수를 말한다.

나. "감경점수"란 수급인이 받은 벌점에서 벌점의 경감기준에 따라 경감하는 점수를 말한다.

다. "합산 벌점"이란 직전 3년 동안 해당 수급인에게 부과된 모든 벌점을 더한 점수에서, 해당 사업자가 직전 3년 동안 부여받은 감경점수를 뺀 점수를 말한다. 다만, 감경점수는 동일한 사유로 여러 번에 걸쳐 부여받은 경우라도 1회만 뺄 수 있다.

2. 벌점의 부과기준

가. 벌점은 다음의 기준에 따라 수급인에게 부과한다.

1) 법 제82조제2항제6호에 따라 처분을 받은 경우: 3점

2) 법 제98조의2제1호에 따라 처분을 받은 경우: 1.5점

3) 법 제99조제6호에 따라 처분을 받은 경우: 0.5점

4) 「근로기준법」 제44조의2제1항을 위반하여 같은 법 제109조제1항에 따라 처벌을 받은 경우: 1점

5) 「산업안전보건법」 제63조를 위반하여 같은 법 제10조에 따라 산업재해 발생건수등이 하수급인과 함께 공표된 된 경우(법 제29조의3제1항제4호가목부터 다목까지의 사업장에 한정한다): 2점

6) 하수급인에게 산업재해 발생 사실을 은폐하도록 교사 또는 공모하여 「산업안전보건법」 제170조제3호에 따라 처벌을 받은 경우: 3점

나. 부과된 벌점은 3년이 경과한 때에 소멸한다.

3. 감경점수의 부여기준

가. 감경점수는 다음의 기준에 따라 수급인에게 부여한다.

법 제48조제4항에 따른 건설사업자 간의 협력 관계를 평가한 결과 95점 이상을 받은 경우: 0.5점

나. 부여된 감경점수는 3년이 경과한 때에 소멸한다.

4. 행정처분에 따른 합산 벌점의 소멸기준

법 제82조제1항제10호에 따라 행정처분을 받은 경우 해당 합산 벌점은 3년이 경과하지 않은 경우에도 소멸한다. 다만, 법 제99조제14호에 따라 행정처분을 받은 경우에는 그렇지 않다.

■ 건설산업기본법 시행령 [별표 3의2] <개정 2020. 10. 8.>
[시행일] 제2호가목의 개정규정은 다음 각 호의 구분에 따른 날

가. 국가, 지방자치단체, 「공공기관의 운영에 관한 법률」 제5조에 따른 공기업·준정부기관 또는 「지방공기업법」 제49조·제76조에 따른 지방공사·지방공단이 발주하는 공사: 2021년 1월 1일

나. 가목 외의 자가 발주하는 공사: 2022년 1월 1일

하도급 참여제한 기준(제33조제2항 관련)

1. 일반기준

가. 하도급 참여제한 사유의 해당 횟수 누적에 따른 하도급 참여제한 처분은 법 제29조의3제2항에 따른 정보가 제공된 때부터 5년이 경과하기 전에 같은 하도급 참여제한 사유로 하도급 참여제한 처분을 받은 경우에 적용한다. 이 경우 하도급 참여제한 처분을 한 날과 그 처분 후 다시 같은 위반 사유에 해당되어 법 제29조의3제2항에 따른 통보를 받은 날을 각각 기준으로 하여 하도급 참여제한 사유의 해당 횟수를 계산한다.

나. 가목 전단에도 불구하고 참여제한 처분을 받은 날부터 1년이 경과하기 전에 같은 하도급 참여제한 사유로 하도급 참여제한 처분을 받은 경우에는 제2호의 개별기준에 따른 제한기간의 2분의 1 범위에서 그 기간을 가중할 수 있다.

다. 하도급 참여제한 처분을 받은 건설사업자에게 새로운 하도급 참여제한 처분을 하는 경우에는 진행 중인 하도급 참여제한 기간이 종료되는 날의 다음 날부터 새로운 하도급 참여제한 기간을 적용한다.

라. 법 제29조의3제1항제1호에 따른 사유로 하도급 참여제한 처분을 하는 경우로서 해당 사유로 법 제82조제2항제3호에 따라 영업정지 처분을 받은 경우에는 그 영업정지 처분이 종료되는 날의 다음 날부터 하도급 참여제한 기간을 적용한다.

마. 법 제29조의3제1항제4호에 따른 사유로 하도급 참여제한 처분을 하는 경우로서 하나의 원인행위로 같은 호 각 목의 둘 이상의 하도급 참여제한 사유에 해당하게 된 경우에는 가장 긴 제한기간으로 처분한다.

2. 개별기준

하도급 참여제한 사유	제한기간	
	1회 해당	2회 이상 해당
가. 법 제29조의3제1항제1호에 해당하는 경우		
1) 법 제29조제1항 본문을 위반하여 도급받은 건설공사의 전부 또는 주요 부분의 대부분을 1명에게 하도급한 경우	4개월	8개월

2) 법 제29조제1항 본문을 위반하여 도급받은 건설공사의 전부 또는 주요 부분의 대부분을 2명 이상에게 하도급한 경우	2개월	4개월
3) 법 제29조제2항을 위반하여 도급받은 전문공사를 하도급한 경우	1개월	2개월
4) 법 제29조제3항을 위반하여 하도급받은 건설공사를 해당 업종의 건설업등록을 하지 않은 자에게 다시 하도급한 경우	2개월	4개월
5) 법 제29조제3항을 위반하여 하도급받은 건설공사를 해당 업종의 건설사업자에게 다시 하도급한 경우	1개월	2개월
나. 법 제29조의3제1항제2호에 해당하는 경우	1개월	2개월
다. 법 제29조의3제1항제3호에 해당하는 경우	6개월	12개월
라. 법 제29조의3제1항제4호에 해당하는 경우		
1) 「산업안전보건법」 제2조제1호에 따른 산업재해로 인한 사망자(이하 "사망재해자"라 한다)가 연간 2명 이상 발생한 사업장	2개월	4개월
2) 「산업안전보건법」 제2조제2호에 따른 중대재해가 발생한 사업장으로서 해당 중대재해 발생연도의 연간 산업재해율이 규모별 같은 업종의 평균재해율 이상인 사업장	1개월	2개월
3) 사망만인율(사망재해자 수를 연간 상시근로자 1만명당 발생하는 사망재해자 수로 환산한 것을 말한다)이 규모별 같은 업종의 평균 사망만인율 이상인 사업장	1개월	2개월
4) 「산업안전보건법」 제57조제1항을 위반하여 산업재해 발생 사실을 은폐한 사업장	4개월	8개월
마. 법 제29조의3제1항제5호에 해당하는 경우	1개월	2개월
바. 법 제29조의3제1항제6호에 해당하는 경우	1개월	2개월

■ 건설산업기본법 시행령 [별표 4] <개정 2021. 8. 3.>

건설공사의 종류별 하자담보책임기간(제30조관련)

공 사 별	세 부 공 종 별	책임기간
1. 교 량	①기둥사이의 거리가 50m 이상이거나 길이가 500m 이상인 교량의 철근콘크리트 또는 철골구조부	10년
	②길이가 500m 미만인 교량의 철근콘크리트 또는 철골구조부	7년
	③교량 중 ①·② 외의 공종(교면포장·이음부·난간시설 등)	2년
2. 터 널	①터널(지하철을 포함한다)의 철근콘크리트 또는 철골구조부	10년
	②터널 중 ① 외의 공종	5년
3. 철 도	①교량·터널을 제외한 철도시설 중 철근콘크리트 또는 철골구조	7년
	②① 외의 시설	5년
4. 공항·삭도	①철근콘크리트·철골구조부	7년
	②① 외의 시설	5년
5. 항만·사방간척	①철근콘크리트·철골구조부	7년
	②① 외의 시설	5년
6. 도로	① 콘크리트 포장 도로[암거(땅속 또는 구조물 속 도랑) 및 측구(길도랑)를 포함한다]	3년
	② 아스팔트 포장 도로(암거 및 측구를 포함한다)	2년
7. 댐	① 본체 및 여수로(餘水路: 물이 일정량을 넘을 때 여분의 물을 빼내기 위하여 만든 물길을 말한다) 부분	10년
	②① 외의 시설	5년
8. 상·하수도	①철근콘크리트·철골구조부	7년
	②관로 매설·기기설치	3년
9. 관개수로·매립		3년
10. 부지정지		2년
11. 조 경	조경시설물 및 조경식재	2년
12. 발전·가스 및 산업설비	①철근콘크리트·철골구조부	7년
	②압력이 1제곱센티미터당 10킬로그램 이상인 고압가스의 관로(부대기기를 포함한다)설치공사	5년
	③①·② 외의 시설	3년

13. 기타 토목공사		1년
14. 건 축	①대형공공성 건축물(공동주택, 종합병원, 관광숙박시설, 문화 및 집회시설, 대규모 점포와 16층 이상 기타 용도의 건축물)의 기둥 및 내력벽	10년
	②대형공공성 건축물 중 기둥 및 내력벽 외의 구조상 주요부분과 ① 외의 건축물 중 구조상 주요부분	5년
	③건축물 중 ①·②와 제15호의 전문공사를 제외한 기타부분	1년
15. 전문공사	①실내건축	1년
	②토 공	2년
	③미장·타일	1년
	④방 수	3년
	⑤도 장	1년
	⑥석공사·조적	2년
	⑦창호설치	1년
	⑧지 붕	3년
	⑨판 금	1년
	⑩철물(제1호 내지 제14호에 해당하는 철골을 제외한다)	2년
	⑪ 철근콘크리트(제1호부터 제14호까지의 규정에 해당하는 철근콘크리트는 제외한다) 및 콘크리트 포장	3년
	⑫급배수·공동구·지하저수조·냉난방·환기·공기조화·자동제어·가스·배연설비	2년
	⑬승강기 및 인양기기 설비	3년
	⑭보일러 설치	1년
	⑮⑫·⑭ 외의 건물내 설비	1년
	⑯ 아스팔트 포장	2년
	⑰보 링	1년
	⑱건축물조립(건축물의 기둥 및 내력벽의 조립을 제외하며, 이는 제14호에 따른다)	1년
	⑲온실설치	2년

비 고 : 위 표 중 2 이상의 공종이 복합된 공사의 하자담보책임기간은 하자책임을 구분할 수 없는 경우를 제외하고는 각각의 세부 공종별 하자담보책임기간으로 한다.

■ 건설산업기본법 시행령 [별표 5] <개정 2025. 6. 2.>

공사예정금액의 규모별 건설기술인 배치기준(제35조제2항 관련)

공사예정금액의 규모	건설기술인의 배치기준
700억원 이상(법 제93조제1항이 적용되는 시설물이 포함된 공사인 경우에 한정한다)	1. 기술사
500억원 이상	1. 기술사 또는 기능장 2. 「건설기술 진흥법」에 따른 건설기술인 중 해당 직무분야의 특급기술인으로서 해당 공사와 같은 종류의 공사현장에 배치되어 시공관리업무에 5년 이상 종사한 사람
300억원 이상	1. 기술사 또는 기능장 2. 기사 자격취득 후 해당 직무분야에 10년 이상 종사한 사람 3. 「건설기술 진흥법」에 따른 건설기술인 중 해당 직무분야의 특급기술인으로서 해당 공사와 같은 종류의 공사현장에 배치되어 시공관리업무에 3년 이상 종사한 사람
100억원 이상	1. 기술사 또는 기능장 2. 기사 자격취득 후 해당 직무분야에 5년 이상 종사한 사람 3. 「건설기술 진흥법」에 따른 건설기술인 중 다음 각 목의 어느 하나에 해당하는 사람 가. 해당 직무분야의 특급기술인 나. 해당 직무분야의 고급기술인으로서 해당 공사와 같은 종류의 공사현장에 배치되어 시공관리업무에 3년 이상 종사한 사람 4. 산업기사 자격취득 후 해당 직무분야에서 7년 이상 종사한 사람
30억원 이상	1. 기사 이상 자격취득자로서 해당 직무분야에 3년 이상 실무에 종사한 사람 2. 산업기사 자격취득 후 해당 직무분야에 5년 이상 종사한 사람 3. 「건설기술 진흥법」에 따른 건설기술인 중 다음 각 목의 어느 하나에 해당하는 사람 가. 해당 직무분야의 고급기술인 이상인 사람 나. 해당 직무분야의 중급기술인으로서 해당 공사와 같은 종류의 공사현장에 배치되어 시공관리업무에 3년 이상 종사한 사람
30억원 미만	1. 산업기사 이상 자격취득자로서 해당 직무분야에 3년 이상 실무에 종사한 사람 2. 「건설기술 진흥법」에 따른 건설기술인 중 다음 각 목의 어느 하나에 해당하는 사람 가. 해당 직무분야의 중급기술인 이상인 사람 나. 해당 직무분야의 초급기술인으로서 해당 공사와 같은 종류의 공사현장에 배치되어 시공관리업무에 3년 이상 종사한 사람

비고

1. 위 표에서 "해당 직무분야"란 「국가기술자격법」 제2조제3호에 따른 국가기술자격의 직무분야 중 중직무분야 또는 「건설기술 진흥법 시행령」 별표 1에 따른 직무분야를 말한다.
2. 위 표에서 "기술사, 기능장, 기사, 산업기사"란 "해당 직무분야"에 해당하는 기술자격을 말한다.
3. 위 표에서 "해당 공사와 같은 종류의 공사현장"이란 건설기술인을 배치하려는 해당 건설공사의 목적물과 종류가 같거나 비슷하고 시공기술상의 특성이 비슷한 공사를 말한다.
4. 위 표에서 "시공관리업무"란 건설공사의 현장에서 공사의 설계서 검토·조정, 시공, 공정 또는 품질의 관리, 검사·검측·감리, 기술지도 등 건설공사의 시공과 직접 관련되어 행하여지는 업무를 말한다.
5. 위 표에서 "시공관리업무" 및 "실무"에 종사한 기간에는 기술자격취득 이전의 경력이 포함된다.
6. 건설사업자가 시공하는 1건 공사의 공사예정금액이 5억원 미만의 공사인 경우에는 해당 업종에 관한 별표 2에 따른 등록기준 중 기술능력에 해당하는 사람으로서 해당 직무분야에서 3년 이상 종사한 사람을 배치할 수 있다.
7. 전문공사를 시공하는 업종을 등록한 건설사업자가 전문공사를 시공하는 경우로서 1건 공사의 공사예정금액이 1억원 미만의 공사인 경우에는 해당 업종에 관한 별표 2에 따른 등록기준 중 기술능력에 해당하는 사람을 배치할 수 있다.

■ 건설산업기본법 시행령 [별표 6] <개정 2025. 6. 2.>

영업정지 및 과징금의 부과기준(제80조제1항 관련)

1. 일반기준

가. 행정처분은 위반행위별로 해당 업종에 한정하여 처분하며, 위반행위의 횟수에 따른 행정처분의 가중된 처분 기준은 최근 1년간 같은 위반행위로 처분을 받은 경우에 적용한다. 이 경우 기간의 계산은 위반행위에 대하여 행정처분을 받은 날과 그 처분 후 다시 같은 위반행위를 하여 적발된 날을 기준으로 하여 계산한다.

나. 가목에 따라 가중된 부과처분을 하는 경우 가중처분의 적용 차수는 그 위반행위 전 부과처분 차수(가목에 따른 기간 내에 행정처분이 둘 이상 있었던 경우에는 높은 차수를 말한다)의 다음 차수로 한다.

다. 국토교통부장관은 법 제22조제7항, 제34조, 제36조제1항, 제37조, 제38조제1항・제2항 또는 제68조의3제1항에 따른 건설사업자로서의 의무를 위반한 사실이 있는 건설사업자가 해당 위반사실 적발일부터 2년 이내에 같은 위반행위로 적발된 경우에는 법 제81조제4호 및 제6호에 따른 시정명령이 아닌 법 제82조제1항제8호 및 제9호에 따른 영업정지처분 또는 과징금 부과처분을 해야 한다.

라. 국토교통부장관은 위반행위의 정도, 동기 및 그 결과, 건설사업자의 재무 상황 및 처분에 대한 의견 등을 종합적으로 고려해 법 제82조에 따른 영업정지처분을 하거나 과징금 부과처분을 해야 한다. 다만, 위반행위에 대하여 과징금 부과처분을 받은 날부터 3년 이내에 다시 같은 위반행위를 하였거나 부과받은 과징금을 내지 않은 상태에서 법 제82조에 따른 영업정지처분 또는 과징금 부과처분의 대상이 되는 위반행위를 한 경우에는 영업정지처분을 해야 한다.

마. 국토교통부장관은 위반행위의 정도, 동기 및 그 결과 등 다음 사유를 고려하여 제2호의 개별기준에 따른 영업정지 및 과징금의 2분의 1 범위에서 그 기간이나 금액을 가중하거나 감경할 수 있다. 다만, 가중하는 경우에도 법 제82조, 제82조의2 및 제83조에서 규정하는 기준의 상한을 넘을 수 없으며, 법 제38조의2를 위반한 경우에는 감경할 수 없다.

1) 감경 사유

가) 법령해석상의 착오 등으로 위반행위를 한 후 시정을 완료한 경우로서 정상을 참작할 필요가 있는 경우

나) 위반행위가 적발된 날부터 최근 3년 이내에 제재(시정명령 및 과태료 부과는 제외한다)처분을 받은 사실이 없는 경우

다) 건설사업자가 건설업 교육을 8시간 이상 이수한 경우(해당 위반행위로 영업정지처분을 받은 이후 받은 교육만 해당한다)

2) 가중 사유

가) 해당 위반행위로 인하여 타인(위반행위를 한 해당 건설사업자와 그 소속 직원 및 근로자는 제외한다)을 사망하게 하거나 1억원 이상의 물적 피해를 발생하게 한 사실이 있는 경우

나) 해당 위반행위가 제재처분대상 건설사업자의 고의 또는 위반행위를 은폐・조작하기 위하여 발생한 경우

3) 감경 또는 가중 사유에 해당하는 경우 각 사유마다 영업정지기간에서 1개월씩 감경 또는 가중(과징금의 경우 2천만원을 감경 또는 가중)한다. 다만, 영업정지기간이 1개월인 경우에는 15일(과징금 1천만원)을 감경 또는 가중한다.

4) 1)다)의 감경사유에 해당하는 건설사업자에 대해서는 다음의 기준에 따라 영업정지기간을 감경한다.

가) 영업정지처분을 받은 건설사업자가 국토교통부장관에게 교육수료증을 제출한 날부터 영업정지기간 15일을 감경한다. 다만, 법인인 건설사업자의 경우 대표자가 교육을 받은 경우에는 15일을 감경하고, 그 외의 등기부상 임원이 교육을 받은 경우에는 1명당 5일을 감경하되, 감경기간은 15일을 초과할 수 없다.

나) 가)에 따라 영업정지기간의 감경을 받은 건설사업자가 해당 영업정지기간이 끝난 날부터 1년 이내에 다시 위반행위를 하여 영업정지처분을 받은 경우에는 건설업 교육을 사유로 감경을 받을 수 없다.

바. 건설공사를 공동으로 도급받은 경우 위 각 목의 영업정지 등의 처분은 그 처분 사유를 발생시킨 자에게 적용하며, 처분 사유를 발생시킨 자가 2인 이상인 경우에는 국토교통부장관이 정하는 바에 따라 부과한다.

사. 국토교통부장관은 위반행위를 적발한 때에는 특별한 사유가 없으면 적발한 날부터 6개월 이내에 처분해야 한다.

2. 개별기준

가. 법 제82조제1항(제10호는 제외한다) 및 제82조제2항제5호에 따른 위반행위별 영업정지기간 또는 과징금의 금액

위반행위	근거 법조문	1차		2차		3차 이상	
		영업정지 기간	과징금의 금액	영업정지 기간	과징금의 금액	영업정지 기간	과징금의 금액
1) 법 제21조의2를 위반하여 국가기술자격증 또는 건설기술경력증을 다른 자에게 빌리거나 빌려 준 경우	법 제82조 제1항제2호	2개월	4,000만원	3개월	6,000만원	3개월	6,000만원
2) 법 제23조제3항에 따른 건설공사 실적, 기술자 보유현황 등을 거짓으로 제출한 경우	법 제82조 제1항제3호	4개월	8,000만원	4개월	8,000만원	4개월	8,000만원
3) 법 제28조에 따른 하자담보책임기간에 수급인이나 하수급인이 책임질 사유로 국토교통부령으로 정하는 규모 이상의 하자가 3회 이상 발생한 경우로서 제88조에 따른 시설물의 구조상 주요 부분에 발생한 하자가 1회 이상 포함된 경우	법 제82조 제1항제1호	4개월	8,000만원	4개월	8,000만원	4개월	8,000만원
4) 법 제28조에 따른 하자담보책임기간에 수급인이나 하수급인이 책임질 사유로 국토교통부령으로 정하는 규모 이상의 하자가 3회 이상 발생한 경우(다목에 해당하는 경우는 제외한다)	법 제82조 제1항제1호	3개월	6,000만원	3개월	6,000만원	3개월	6,000만원

5) 법 제29조제6항에 따른 통보를 거짓으로 한 경우	법 제82조 제1항제4호	3개월	6,000만원	4개월	8,000만원	4개월	8,000만원
6) 정당한 사유 없이 법 제81조(제3호ㆍ제4호ㆍ제6호ㆍ제8호ㆍ제11호 및 제12호는 제외한다)에 따른 시정명령 또는 시정지시에 따르지 않은 경우	법 제82조 제1항제5호						
가) 정당한 사유 없이 법 제81조제5호ㆍ제7호ㆍ제10호에 따른 시정명령 또는 시정지시에 따르지 않은 경우		2개월		3개월		3개월	
나) 가) 외의 경우		2개월	4,000만원	2개월	4,000만원	2개월	4,000만원
7) 「건설기술 진흥법」 제54조제1항에 따른 시정명령을 이행하지 않은 경우	법 제82조 제1항제6호 가목	1개월		1개월		1개월	
8) 「건설기술 진흥법」 제48조제4항에 따른 시공상세도면의 작성의무를 위반하거나 건설사업관리를 수행하는 건설기술인 또는 공사감독자의 검토와 확인을 받지 않고 시공한 경우	법 제82조 제1항제6호나목						
가) 위반행위가 주요구조부에 대한 것인 경우		1개월		1개월		1개월	
나) 위반행위가 그 밖의 구조부에 대한 것인 경우		1개월	2,000만원	1개월	2,000만원	1개월	2,000만원
9) 「건설기술 진흥법」 제55조에 따른 품질시험 또는 검사를 성실하게 수행하지 않은 경우	법 제82조 제1항제6호다목						
가) 품질시험 또는 검사의 전부를 이행하지 않거나 거짓으로 한 경우		2개월		3개월		3개월	
나) 가) 외의 경우		1개월	2,000만원	1개월	2,000만원	1개월	2,000만원
10) 「건설기술 진흥법」 제62조제2항에 따른 안전점검을 성실하게 수행하지 않은 경우	법 제82조 제1항제6호라목						
가) 안전점검의 전부를 이행하지 않거나 거짓으로 한 경우		2개월		3개월		3개월	
나) 가) 외의 경우		1개월		1개월		1개월	
11) 「건설기술 진흥법」 제80조에 따른 시정명령을 이행하지 않은 경우	법 제82조 제1항제6호 마목	2개월		2개월		2개월	

12) 「산업안전보건법」에 따른 중대재해를 발생시킨 건설사업자에 대하여 고용노동부장관이 영업정지를 요청한 경우와 그 밖에 다른 법령에 따라 국가 또는 지방자치단체의 기관이 영업정지를 요구한 경우	법 제82조제1항제7호						
가) 10명 이상 사망한 경우		5개월		5개월		5개월	
나) 6명 이상 9명 이하 사망한 경우		4개월		4개월		4개월	
다) 2명 이상 5명 이하 사망한 경우		3개월		3개월		3개월	
라) 가)부터 다)까지 외의 경우		2개월		2개월		2개월	
13) 법 제82조제1항제8호에 따른 건설사업자로서의 의무를 위반한 경우	법 제82조제1항제8호						
가) 법 제22조제7항에 따른 보험료를 도급금액 산출내역서에 명시하지 않은 경우		2개월	4,000만원	2개월	4,000만원	2개월	4,000만원
나) 법 제34조제1항제1호 및 제2호에 따른 금액을 지급하지 않은 경우		2개월	4,000만원	3개월	6,000만원	3개월	6,000만원
다) 법 제34조제2항에 따른 하도급대금 지급보증서를 주지 않은 경우		2개월	4,000만원	2개월	4,000만원	2개월	4,000만원
라) 법 제34조제3항에 따른 하도급대금 지급보증서 발급에 드는 금액을 도급금액 산출내역서에 명시하지 않은 경우		2개월	4,000만원	2개월	4,000만원	2개월	4,000만원
마) 법 제34조제4항에 따른 선급금을 그 내용과 비율에 따라 지급하지 않은 경우		2개월	4,000만원	2개월	4,000만원	2개월	4,000만원
바) 법 제34조제9항에 따른 공사대금 청구·수령·지급에 관한 사항을 위반한 경우		2개월	4,000만원	3개월	6,000만원	3개월	6,000만원
사) 법 제36조제1항에 따른 하도급대금을 조정하여 지급하지 않은 경우		2개월	4,000만원	2개월	4,000만원	2개월	4,000만원

아) 법 제37조에 따른 준공 또는 기성 검사를 이행하지 않은 경우		2개월	4,000만원	2개월	4,000만원	2개월	4,000만원
자) 법 제38조제1항에 따른 불공정행위를 강요한 경우		2개월	4,000만원	2개월	4,000만원	2개월	4,000만원
차) 법 제68조의3제1항에 따른 건설기계 대여대금 지급보증서를 제출하지 않은 경우		2개월	4,000만원	2개월	4,000만원	2개월	4,000만원
14) 법 제38조제2항을 위반하여 부당한 특약을 강요한 경우	법 제82조 제1항제9호	2개월	4,000만원	2개월	4,000만원	2개월	4,000만원
15) 법 제68조의4제1항에 따른 통보를 거짓으로 한 경우	법 제82조 제1항제11호	3개월	6,000만원	4개월	8,000만원	4개월	8,000만원
16) 고의나 중대한 과실로 부실하게 시공함으로써 시설물의 구조상 주요 부분에 중대한 손괴를 발생시켜 건설공사 참여자가 5명 이상 사망한 경우	법 제82조 제2항제5호	1년		1년		1년	
17) 고의나 중대한 과실로 부실하게 시공함으로써 시설물의 구조상 주요 부분에 중대한 손괴를 발생시키거나 일반 공중에 인명 피해를 끼친 경우	법 제82조 제2항제5호	8개월		8개월		8개월	
18) 고의나 과실로 부실하게 시공함으로써 해당 시설물의 구조안전에 지장을 초래하거나 내용기간(耐用期間)을 현저히 단축시킨 경우	법 제82조 제2항제5호	6개월		6개월		6개월	
19) 고의나 과실로 시공관리를 소홀히 하여 인근의 주요 공공시설물 등을 파손하여 공중에 피해를 끼친 경우	법 제82조 제2항제5호	4개월		4개월		4개월	
20) 고의나 과실로 설계상의 기준에 미달하게 시공하거나 설계에서 정한 품질 이하의 불량자재를 사용한 경우	법 제82조 제2항제5호						
가) 위반행위가 주요구조부에 대한 것인 경우		2개월		2개월		2개월	
나) 위반행위가 그 밖의 구조부에 대한 것인 경우		2개월	4,000만원	2개월	4,000만원	2개월	4,000만원

나. 법 제82조제2항제1호부터 제4호까지, 제6호 및 제7호에 따른 위반행위별 영업정지기간 또는 과징금의 비율

위 반 행 위	근거 법조문	영업 정지 기간	과징금의 비율(%)			
			도급금액 5천만원 이하	도급금액 1억원	도급금액 5억원	도급금액 30억원 이상
1) 법 제16조를 위반하여 건설공사를 도급 또는 하도급 받은 경우	법 제82조 제2항제1호	8개월	30	24	16	8
2) 법 제28조의2제1항을 위반하여 건설공사를 직접 시공하지 않은 경우	법 제82조 제2항제2호	6개월	24	18	12	6
3) 법 제25조제2항을 위반하여 법 제16조의 시공자격을 갖추지 않은 건설사업자에게 하도급한 경우	법 제82조 제2항제3호	6개월	24	18	12	6
4) 법 제29조제1항을 위반하여 도급받은 건설공사의 전부 또는 주요 부분의 대부분을 하도급한 경우	법 제82조 제2항제3호					
가) 1인에게 하도급한 경우		8개월	30	24	16	8
나) 2인 이상에게 하도급한 경우		6개월	24	18	12	6
5) 법 제29조제2항을 위반하여 도급받은 전문공사를 하도급한 경우	법 제82조 제2항제3호	4개월	16	12	8	4
6) 법 제29조제3항을 위반하여 하도급받은 건설공사를 다시 하도급한 경우	법 제82조 제2항제3호					
가) 해당 업종의 건설업을 등록하지 않은 자에게 다시 하도급한 경우		6개월	24	18	12	6
나) 해당 업종의 건설업을 등록한 자에게 다시 하도급한 경우		4개월	16	12	8	4
7) 법 제29조제4항을 위반하여 1건 공사의 금액이 10억원 미만인 건설공사의 일부를 종합공사를 시공하는 업종을 등록한 건설사업자에게 하도급한 경우	법 제82조 제2항제3호	4개월	16	12	8	4
8) 법 제29조제5항을 위반하여 도급받은 종합공사를 하도급한 경우	법 제82조 제2항제3호	4개월	16	12	8	4
9) 법 제47조제2항에 따른 공사금액의 하한에 미달하는 공사를 도급받은 경우	법 제82조 제2항제4호	6개월	24	18	12	6
10) 법 제29조의2제1항에 따른 하수급인에 대한 관리의무를 이행하지 않은 경우(하수급인이 제3호에 따른 영업정지 등의 처분을 받은 경우로서 그 위반행위를 지시·공모한 사실이 확인된 경우만 해당한다)	법 제82조 제2항제6호	8개월	30	24	16	8
11) 법 제29조의3제5항을 위반하여 수급인이 하도급 참여제한 중에 있는 건설사업자에게 하도급을 한 경우	법 제82조 제2항제7호	4개월	16	12	8	4

12) 법 제29조의3제5항을 위반하여 건설사업자가 하도급 참여제한 기간 중에 하도급을 받은 경우	법 제82조 제2항제7호	8개월	30	24	16	8

비고
1. 법 제82조제2항제1호, 제3호 또는 제6호에 따른 위반행위에 대해 처분하는 경우로서 법 제83조제10호 또는 이 별표 제2호가목16)부터 19)까지의 어느 하나에 해당하는 위반행위가 발생한 경우에는 위 표에도 불구하고 영업정지처분을 해야 한다. 다만, 「건설기술 진흥법」에 따른 건설사고가 발생하지 않은 경우에는 과징금 부과처분을 할 수 있다.
2. 과징금의 비율을 산정하는 경우에 각 구역 사이의 도급금액 등 해당 과징금의 비율은 직선보간(두 값을 기초로 그 값들 사이의 함수값을 구하는 근사계산법)의 방법으로 산정하되, 소수점 이하 셋째 자리까지로 하고, 해당 과징금의 비율을 적용하여 산정한 과징금 중 1,000원 미만의 금액은 버린다.
3. 직선보간의 방법으로 산정된 각 구역 사이의 과징금이 해당 구역의 도급금액 중 최고 금액에 해당하는 과징금보다 큰 경우에는 해당 구역의 도급금액 중 최고 금액에 해당하는 과징금으로 한다.

다. 법 제82조의2제1항 및 제2항에 따른 위반행위별 영업정지기간 또는 과징금의 금액

위 반 행 위	근거 법조문	영업정지기간	과징금의 금액
1) 법 제38조의2를 위반하여 부정한 청탁을 받고 재물 또는 재산상의 이익을 취득하거나 부정한 청탁을 하면서 재물 또는 재산상의 이익을 제공한 경우로서 그 가액(이하 "수수액"이라 한다)이 다음 각 목에 해당하는 경우	법 제82조의2제1항		
가) 수수액이 1억원 이상인 경우		8개월	8억원
나) 수수액이 5천만원 이상 1억원 미만인 경우		6개월	6억원
다) 수수액이 1천만원 이상 5천만원 미만인 경우		4개월	4억원
라) 수수액이 1천만원 미만인 경우		2개월	2억원
2) 법 제82조의2제1항에 따른 영업정지처분 또는 과징금 부과처분을 받고 그 처분을 받은 날부터 3년 이내에 다시 동일한 위반행위를 한 경우로서 수수액이 다음 각 목에 해당하는 경우	법 제82조의2제2항		
가) 수수액이 1억원 이상인 경우		1년 4개월	16억원
나) 수수액이 5천만원 이상 1억원 미만인 경우		1년	12억원
다) 수수액이 1천만원 이상 5천만원 미만인 경우		8개월	8억원
라) 수수액이 1천만원 미만인 경우		4개월	4억원

비고
1. 영업정지처분 및 과징금 부과처분은 다음 각 목의 어느 하나에 해당되는 경우로 한정한다.
 가. 건설사업자인 법인의 임원 또는 건설사업자인 개인이 법 제82조의2제1항 및 제2항의 위반행위를 한 경우
 나. 건설사업자인 법인 또는 개인의 대리인이나 사용인, 그 밖의 종업원이 건설사업자인 법인의 임원 또는 건설사업자인 개인으로부터 법 제82조의2제1항 및 제2항의 위반행위에 대하여 지시나 동의(묵인하거나 알고 있으면서 그대로 두는 경우를 포함한다)를 받은 경우
 다. 건설사업자인 법인의 임원 또는 건설사업자인 개인이 건설사업자인 법인 또는 개인의 대리인이나 사용인, 그 밖의 종업원이 하는 법 제82조의2제1항 및 제2항의 위반행위에 대하여 주의감독의무를 게을리 한 경우
2. 위 표 중 과징금 부과처분은 영업정지를 명할 경우 회복할 수 없는 손해가 발생할 우려가 있다고 인정되는 경우에만 부과한다.

라. 법 제83조 중 영업정지처분을 하는 경우의 위반행위별 영업정지기간

위 반 행 위	근거 법조문	영업정지기간
1) 법 제10조에 따른 건설업의 등록기준에 미달한 경우	법 제83조제3호	6개월
2) 건설업 등록을 한 후 1년이 지날 때까지 영업을 시작하지 않거나 계속하여 1년 이상 휴업한 경우	법 제83조제9호	6개월
3) 고의나 과실로 건설공사를 부실하게 시공하여 시설물의 구조상 주요 부분에 중대한 손괴를 야기하여 공중의 위험을 발생하게 한 경우	법 제83조제10호	1년
4) 다른 법령에 따라 국가 또는 지방자치단체의 기관이 영업정지 또는 등록말소를 요구한 경우	법 제83조제11호	6개월

비고

국토교통부장관은 법 제83조제3호에 따른 영업정지처분을 하는 경우 그 처분 전까지 건설업 등록기준의 적격 여부를 확인하여야 하고, 영업정지처분 종료일까지 등록기준 미달사항의 보완 여부를 확인하여야 한다.

마. 법 제82조제1항제10호에 따른 영업정지기간 또는 과징금의 금액

위반행위	근거 법조문	영업정지기간	과징금의 금액
법 제25조제5항에 따른 벌점이 기준을 초과한 경우	법 제82조 제1항제10호	3개월	6,000만원

비고:

법 제25조제5항에 따른 벌점이 기준을 초과하여 영업정지처분을 하려는 때에 다른 사유로 영업정지처분 사유가 발생한 경우에는 각각 처분한다.

■ 건설산업기본법 시행령 [별표 7] <개정 2021. 8. 3.>
[시행일] 제2호카목의 개정규정은 다음 각 호의 구분에 따른 날
가. 국가, 지방자치단체, 「공공기관의 운영에 관한 법률」 제5조에 따른 공기업・준정부기관 또는 「지방공기업법」 제49조・제76조에 따른 지방공사・지방공단이 발주하는 공사: 2021년 1월 1일
나. 가목 외의 자가 발주하는 공사: 2022년 1월 1일

과태료의 부과기준(제89조 관련)

1. 일반기준

가. 위반행위의 횟수에 따른 과태료의 부과기준은 최근 1년간 같은 위반행위로 과태료를 부과받은 경우에 적용한다. 이 경우 기간의 계산은 위반행위에 대하여 과태료 부과처분을 받은 날과 그 처분 후 다시 같은 위반 행위를 하여 적발된 날을 기준으로 하여 계산한다.

나. 가목에 따라 가중된 부과처분을 하는 경우 가중처분의 적용 차수는 그 위반행위 전 부과처분 차수(가목에 따른 기간 내에 과태료 부과처분이 둘 이상 있었던 경우에는 높은 차수를 말한다)의 다음 차수로 한다.

다. 국토교통부장관은 위반행위의 정도, 위반행위의 동기와 그 결과 등 다음 사유를 고려하여 제2호에 따른 과태료 금액의 2분의 1의 범위에서 그 금액을 가중하거나 감경할 수 있다. 다만, 가중하는 경우에도 과태료의 총액은 법 제99조 및 제100조에 따른 과태료 금액의 상한을 넘을 수 없다.

1) 감경 사유

가) 위반행위가 건설사업자의 경미한 과실 또는 부주의로 발생한 경우

나) 위반행위가 적발된 날부터 최근 3년 이내에 「건설산업기본법」에 따른 과태료 처분을 받은 사실이 없는 경우

2) 가중 사유

가) 위반행위가 건설사업자의 고의나 중대한 과실로 발생한 경우 또는 위반행위가 적발된 날부터 최근 1년 이내에 같은 법에 따른 과태료 처분을 받은 사실이 있는 경우

나) 해당 위반행위보다 중대한 위반행위를 은폐・조작하기 위하여 위반행위가 발생한 경우

라. 감경 또는 가중 사유에 해당하는 경우 각 사유마다 제2호에서 정한 금액의 4분의 1씩 감경하거나 가중한다.

2. 개별기준

위반행위	근거 법조문	과태료 금액		
		1 차	2 차	3차 이상
가. 법 제9조의2제2항에 따른 기재 사항 변경신청을 정해진 기간 내에 하지 않은 경우	법 제100조 제1호	30만원	50만원	50만원
나. 건설사업자가 법 제9조의3제1항에 따른 교육을 이수하지 않은 경우	법 제99조 제12호	100만원	100만원	100만원
다. 법 제14조제2항을 위반하여 처분의 내용을 발주자 등에게 통지하지 않은 경우	법 제99조 제1호	300만원	500만원	500만원
라. 건설사업자(하도급인 경우에는 하도급받은 건설사업자는 제외한다)가 법 제22조제2항을 위반하여 도급계약을 계약서로 체결하지 않은 경우	법 제99조 제2호	150만원	150만원	150만원

마. 건설사업자(하도급인 경우에는 하도급받은 건설사업자는 제외한다)가 법 제22조제2항을 위반하여 제25조제1항제1호부터 제3호까지, 제12호 및 제14호를 명시하지 않고 도급계약을 체결한 경우	법 제99조 제2호	50만원	50만원	50만원
바. 법 제22조제6항에 따른 건설공사대장의 기재사항을 해당 공사 완료일까지 발주자에게 통보하지 않거나 거짓으로 통보한 경우	법 제99조 제3호	100만원	200만원	400만원
사. 법 제22조제8항에 따른 통보를 하지 않거나 통보기한을 위반한 경우	법 제99조제3호의2	100만원	200만원	300만원
아. 법 제22조의2제1항에 따른 공사대금의 지급보증, 담보의 제공 또는 보험료등의 지급을 정당한 사유 없이 이행하지 않은 경우	법 제99조제3호의3	100만원	200만원	300만원
자. 법 제25조제5항에 따른 벌점이 기준을 초과한 경우	법 제99조제14호		300만원	
차. 법 제28조의2제2항에 따른 직접시공계획을 통보하지 않은 경우	법 제99조 제4호	100만원	150만원	150만원
카. 법 제29조제6항에 따른 통보를 하지 않은 경우	법 제99조 제5호	100만원	150만원	150만원
타. 법 제29조의2제1항에 따른 관리의무를 이행하지 않은 경우(하수급인이 법 제82조제2항제3호에 따른 영업정지 등의 처분을 받은 경우로서 그 위반행위를 묵인한 사실이 확인된 경우만 해당한다)	법 제98조의2제1호	500만원	1000만원	1500만원
파. 법 제29조의2제1항에 따른 하수급인에 대한 관리의무를 이행하지 않은 경우(하수급인이 법 제82조제2항제3호에 따른 영업정지 등의 처분을 받은 경우로서 하수급인의 현장배치기술자의 소속을 확인하지 않는 등 국토교통부령으로 정하는 과실이 확인된 경우만 해당하며, 그 위반행위를 지시·공모·묵인한 경우는 제외한다)	법 제99조 제6호	100만원	150만원	150만원
하. 법 제31조의2에 따라 제출한 하도급계획(건설공사를 도급받은 경우 제출한 하도급계획만 해당한다)을 정당한 사유 없이 이행하지 않은 경우	법 제99조 제7호	300만원	300만원	300만원
거. 법 제31조의3제2항을 위반하여 하도급공사와 관련된 사항을 알리지 않거나 정당한 사유 없이 알린 내용과 다르게 계약을 체결한 경우	법 제99조제7호의2	100만원	200만원	300만원
너. 법 제34조제1항에 따른 하도급대금 등을 지급기일까지 지급하지 아니하여 법 제81조제4호에 따라 시정명령을 받고 이에 따르지 않은 경우	법 제99조 제8호	300만원	500만원	500만원
더. 건설사업자가 법 제36조의2제1항에 따른 추가·변경공사에 대하여 서면으로 요구하지 않은 경우	법 제99조 제13호	100만원	100만원	100만원
러. 건설기술인이 법 제40조제2항을 위반하여 건설공사의 현장을 이탈한 경우	법 제100조 제2호	50만원	50만원	50만원
머. 법 제49조제1항에 따른 보고를 게을리한 경우	법 제100조 제3호	30만원	30만원	30만원

버. 법 제49조제1항에 따른 조사 또는 검사를 거부·기피·방해하거나 거짓으로 보고를 한 경우	법 제99조 제9호	150만원	300만원	500만원
서. 법 제65조의2제3항에 따른 명령을 이행하지 않은 경우	법 제98조의2제2호	500만원	1000만원	1500만원
어. 법 제68조의4제1항에 따른 통보를 하지 않은 경우	법 제99조제15호	100만원	200만원	300만원
저. 법 제72조에 따라 위원회로부터 분쟁조정 신청내용을 통보받고 그 조정에 참여하지 않은 경우	법 제99조 제10호	300만원	400만원	500만원
처. 법 제81조제3호·제11호 또는 제12호의 사유로 인한 시정명령이나 지시에 따르지 않은 경우	법 제99조 제11호	100만원	100만원	100만원
커. 법 제81조제5호의2의 사유로 인한 시정명령이나 지시에 따르지 않은 경우	법 제99조제11호	300만원	300만원	300만원
터. 법 제81조제8호의 사유로 인한 시정명령이나 지시에 따르지 않은 경우	법 제100조 제4호	30만원	50만원	50만원

[건설산업기본법 시행규칙]
- 별표 / 서식 -

- 별표

- 서식

■ 건설산업기본법 시행규칙 [별표 1] <개정 2025. 6. 2.>

종합공사를 시공하는 업종을 등록한 건설사업자의 시공능력의 평가방법
(제23조제2항 관련)

1. 종합공사를 시공하는 업종을 등록한 건설사업자의 시공능력평가는 건설사업자의 상대적인 공사수행 역량을 정량적으로 평가하여 나타낸 지표로서 다음의 계산식에 따라 산정한다.

시공능력평가액=공사실적평가액+ 경영평가액+ 기술능력평가액±신인도평가액

가. 위의 계산식 중 공사실적평가액은 다음의 계산식에 따라 산정한 최근 3년 간의 해당 업종의 건설공사실적(산업·환경설비공사업의 경우에는 산업·환경설비의 제조실적을 포함한다. 이하 이 목에서 같다)의 연차별 가중평균액의 100분의 70으로 한다.

최근 3년 간의 해당 업종의 건설공사실적의 연차별 가중평균액=[(평가년도 이전 1차년도 공사실적액×1.2)+(평가년도 이전 2차년도 공사실적액×1)+(평가년도 이전 3차년도 공사실적액×0.8)] ÷ 3

(1) 최근 3년 간의 해당 업종의 건설공사실적을 산정할 때에 건설업을 영위한 기간이 3년 미만인 건설사업자의 건설공사실적의 연차별 가중평균액은 건설업영위기간이 1년 미만인 자의 경우에는 건설공사실적의 총액을 1로 나눈 것으로 하고, 건설업영위기간이 1년 이상 3년 미만인 자의 경우에는 건설공사실적의 총액을 연단위로 환산한 건설업영위월수(나머지 일수가 15일 이상인 때에는 1개월로 하고, 15일 미만인 때에는 이를 버린다)로 나눈 것으로 한다.

(2) 해당 업종의 건설공사실적을 산정할 때에 토목공사업·건축공사업 또는 토목건축공사업을 영위하던 자가 업종변경을 위하여 다른 토목공사업·건축공사업 또는 토목건축공사업의 등록을 한 경우 종전에 영위한 건설업의 공사실적이 새로 등록한 건설업의 공사실적에 해당하는 때에는 이를 합산할 수 있다.

(3) 「국가를 당사자로 하는 계약에 관한 법률 시행령」 제65조제4항 및 「지방자치단체를 당사자로 하는 계약에 관한 법률 시행령」 제74조제5항에 따라 새로운 기술·공법 등을 사용함으로써 공사비의 절감 및 시공기간의 단축 등에 효과가 현저할 것으로 인정되어 건설사업자의 요청에 따라 필요한 설계변경을 한 경우에는 계약금액의 조정 시 감액된 해당 절감액의 100분의 30에 해당하는 금액을 공사실적으로 합산할 수 있다. 이 경우 해당 건설사업자는 계약금액의 조정 시 감액된 해당 절감액에 대한 발주자의 확인서를 발급받아 제출해야 한다.

(4) 법 제28조의2제4항에 따른 발주자로부터 도급받은 건설공사로서 같은 조 제1항 본문에 따라 직접 시공해야 하는 공사가 아닌 건설공사를 수급인이 발주자에게 직접시공계획을 통보하고 직접 시공한 경우(법 제16조제1항제4호에 따라 전문공사를 도급받아 시공한 경우는 제외한다)에는 직접 시공한 금액의 100분의 20에 해당하는 금액을 공사실적으로 합산할 수 있다. 이 경우 해당 건설사업자는 직접 시공한 금액에 대하여 발주자의 확인서를 제출해야 한다.

나. 위의 계산식 중 경영평가액은 다음의 계산식에 따라 산정한다.

경영평가액=실질자본금×경영평점×80/100

(1) 위의 계산식 중 실질자본금은 총자산에서 총부채를 뺀 금액으로 하며, 건설업 외의 다른 사업을 겸업하는 자인 경우(산업·환경설비공사업자가 산업·환경설비제조업을 겸업하는 경우는 제외한다)에는 실질자본금에서 겸업비율에 해당하는 금액을 공제하되, 평가년도 직전년도에 건설업을 신규로 등록한 경우 산정된 실질자본금이 건설업 등록기준 이하인 때에는 등록기준상 자본금을 실질자본금으로 한다.

(2) 위 경영평가액의 계산식 중 실질자본금이 0을 초과하는 때의 경영평가액은 다음의 방법에 따라 산정한다.

(가) 경영평점은 다음의 계산식에 따라 산정한다.

경영평점=(차입금의존도평점+ 이자보상비율평점+ 자기자본비율평점+ 매출액순이익률평점+ 총자본회전율평점)÷5

(나) 위 경영평점의 계산식 중 차입금의존도평점·이자보상비율평점·자기자본비율평점·매출액순이익률평점 및 총자본회전율평점은 제22조제2항제2호에 따른 재무제표를 기초로 하여 차입금의존도(차입금/총자산)·이자보상비율(영업이익/이자비용으로 하되, 0 미만인 경우에는 0으로 한다)·자기자본비율(자기자본/총자본)·매출액순이익률(법인세 또는 소득세 차감 전 순이익/매출액) 및 총자본회전율(매출액/총자본)을 각각 종합건설업계 전체의 가중평균비율(분자에 해당하는 업계 전체의 값을 분모에 해당하는 업계 전체의 값으로 나눈 비율로 하되, 이자보상비율, 자기자본비율 및 매출액순이익률 중 0 이하인 비율을 제외한다)로 나눈 것으로 하되, 차입금의존도평점은 종합건설업계 전체의 가중평균비율을 해당업체의 차입금의존도비율로 나눈 것으로 한다. 이 경우 각각의 평점이 3을 초과하는 때에는 3으로 하고, -3 이하인 때에는 그 평점을 각각 -3으로 한다.

(다) (가) 및 (나)에 따라 산정한 경영평점이 0 미만인 때에는 경영평가액을 0으로 한다.

(라) (가)부터 (다)에도 불구하고 다음의 어느 하나에 해당하는 경우의 경영평가액은 경영평점이 0을 초과하는 때에는 0으로 하고, 0 미만인 때에는 0에서 공사실적평가액의 100분의 10에 해당하는 금액을 뺀 금액으로 한다.

1) 「채무자 회생 및 파산에 관한 법률」에 따른 회생절차가 진행 중이거나 회생계획을 수행 중인 경우

2) 「기업구조조정 촉진법」에 따른 공동관리절차가 진행 중인 경우

(3) 위 경영평가액의 계산식 중 실질자본금이 0 미만인 때의 경영평가액은 0에서 공사실적평가액의 100분의 10에 해당하는 금액을 뺀 금액으로 한다. 다만, 다음의 어느 하나에 해당하는 경우의 경영평가액은 0에서 공사실적평가액의 100분의 20에 해당하는 금액을 뺀 금액으로 한다.

(가) 「채무자 회생 및 파산에 관한 법률」에 따른 회생절차가 진행 중이거나 회생계획을 수행 중인 경우

(나) 「기업구조조정 촉진법」에 따른 공동관리절차가 진행 중인 경우

(4) 공사실적평가액이 영 별표 2에 따른 건설업등록기준상 법인의 최저자본금보다 적은 경우의 경영평가액은 건설업등록기준상 법인의 최저자본금의 ±2.5배(산업·환경설비공사업 및 조경공사업의 경우에는 ±6배로 한다)를 초과하지 않도록 하며, 공사실적평가액이 영 별표 2에 따른 건설업등록기준상 법인의 최저자본금 이상인 경우의 경영평가액은 공사실적평가액의 ±2.5배(산업·환경설비공사업 및 조경공사업의 경우에는 ±6배로 한다)를 초과하지 않도록 한다.

다. 위의 계산식 중 기술능력평가액은 다음의 계산식에 따라 산정한다.

기술능력평가액=기술능력생산액(전년도 동종 업계의 기술인 1명당 평균생산액×건설사업자가 보유한 기술인 수×30/100)+전년도 퇴직공제납입금(퇴직공제 피공제자의 기능등급별 가중치를 반영한 금액)+최근 3년 간의 기술개발투자액

(1) 위의 계산식 중 기술능력생산액은 실질자본금[제1호나목(1)에 따라 산정한 실질자본금을 말한다]의 2배와 공사실적평가액의 100분의 50 중 큰 금액을 초과하지 않도록 한다. 다만, (다)에 따라 산정한 기술능력생산액은 실질자본금[제1호나목(1)에 따라 산정한 실질자본금을 말한다]의 4배를 초과하지 않도록 한다.

(가) 위의 계산식 중 전년도 동종 업계의 기술인 1명당 평균생산액은 종합건설업계의 국내 총기성액을 동종 업계에 종사하는 기술인의 총수로 나눈 금액으로 한다.

(나) 위의 계산식 중 기술인은 해당 업종의 건설업등록기준에서 인정하는 기술인으로 하되, 「건설기술 진흥법」에 따른 건설기술인으로서 초급기술인인 경우에는 초급기술인 수에 1, 중급기술인인 경우에는 중급기술인 수에 1.15, 고급기술인인 경우에는 고급기술인 수에 1.3, 특급기술인인 경우에는 특급기술인 수에 1.5, 그 밖의 기술인(「국가기술자격법」에 따른 기술인 중 기술사·기사 및 산업기사로 한정한다)인 경우에는 그 기술인 수에 1을 각각 곱하여 산정한다.

(다) 건설업체 설립시 그 대표자가 최초 건설업 등록일 기준으로 「건설근로자의 고용개선 등에 관한 법률」 제10조에 따른 퇴직공제의 가입경력이 5년 이상이고, 공제부금을 500일 이상 납부한 경우에는 제1호다목(1)(나)에도 불구하고 그 대표자가 최초로 건설업체를 설립하여 건설업을 등록한 날이 속한 연도와 그 다음 연도의 시공능력평가에 한정하여 그 건설사업자가 보유한 기술인 중 해당 업종의 건설업등록기준에서 인정하는 기술인에 대해서는 현행 가중치에 2를 각각 곱하여 산정한다.

(2) 위의 계산식 중 전년도 퇴직공제납입금은 전년도 중 「건설근로자의 고용개선 등에 관한 법률」에 따른 건설근로자공제회에 공제부금으로 납입한 금액으로 하고, 퇴직공제 피공제자의 기능등급별 가중치는 같은 법 제7조의4에 따라 산정된 피공제자의 기능등급에 따른 가중치를 의미하며, 같은 법 제7조의5에 따른 기능등급확인증을 발급받은 피공제자에 대한 퇴직공제납입금에는 다음 표에 따라 가중치를 부여하고, 기능등급확인증을 발급받지 않은 피공제자에 대한 퇴직공제납입금에는 5의 가중치를 부여한다. 이 경우 기능등급은 건설공사 실적신고 대상연도의 말일을 기준으로 하고, 여러 직종에 대한 기능등급을 보유한 피공제자에 대한 퇴직공제납입금에 대해서는 가장 높은 등급을 기준으로 가중치를 부여한다.

등급	초급	중급	고급	특급
가중치	7.5	10	12.5	15

(3) 위의 계산식 중 기술개발투자액은 「조세특례제한법」 제10조에 따라 세액공제를 받기 위해 제출한 같은 법 시행규칙 별지 제3호서식에 따른 해당 연도의 연구·인력개발비 발생 명세상의 금액 중 건설업에 실제 사용된 금액으로 한다. 다만, 실질자본금(제1호나목(1)에 따라 산정한 실질자본금을 말한다)과 공사실적평가액의 100분의 50 중 큰 금액을 초과할 수 없다.

라. 위의 계산식 중 신인도평가액은 다음의 방법에 의하여 산정한다. 다만, 요소별 신인도평가액의 합계액은 최근 3년간 건설공사실적의 연차별 가중평균액의 ±50/100[(9)에 해당하는 경우에는 -60/100]을 초과하지 않도록 한다.

(1) 「건설기술 진흥법」 제14조 및 「환경기술 및 환경산업 지원법」 제7조(건설공사와 관련된 신기술로 한정한다)에 따라 신기술의 지정을 받은 자 또는 「건설기술 진흥법」 제51조에 따라 우수건설사업자로 지정된 자인 경우에는 최근 3년간 건설공사실적의 연차별 가중평균액의 100분의 4에 해당하는 금액을 각각 더한다. 이 경우 동일 분야에서 2개 이상의 지정을 받은 경우에는 1개의 지정을 받은 것으로 한다.

(2) 영 제40조에 따른 건설사업자간의 협력 및 영 제41조에 따른 등록한 협력업자와의 협력에 관하여 국토교통부장관이 정하여 고시하는 바에 따라 평가한 결과에 따라 다음에 해당하는 금액을 더할 수 있다.

(가) 평가결과 90점 이상인 경우에는 최근 3년간 건설공사실적의 연차별 가중평균액의 100분의 6에 해당하는 금액

(나) 평가결과 80점 이상 90점 미만인 경우에는 최근 3년간 건설공사실적의 연차별 가중평균액의 100분의 5에 해당하는 금액

(다) 평가결과 70점 이상 80점 미만인 경우에는 최근 3년간 건설공사실적의 연차별 가중평균액의 100분의 4에 해당하는 금액

(라) 평가결과 60점 이상 70점 미만인 경우에는 최근 3년간 건설공사실적의 연차별 가중평균액의 100분의 3에 해당하는 금액

(3) 평가년도 직전년도 중에 법 제82조제1항제1호, 같은 조 제2항제3호・제5호・제6호, 법 제82조의2 및 법 제83조제10호에 해당하는 사유로 영업정지처분 또는 과징금처분을 받은 자인 경우에는 최근 3년간 건설공사실적의 연차별 가중평균액의 100분의 2에 해당하는 금액에 영업정지기간(과징금처분을 받은 경우에는 과징금에 상응하는 영업정지기간을 말한다)인 월수에 곱한 금액을 뺀다.

(4) 「건설기술 진흥법」 제53조제1항에 따라 벌점을 받은 경우에는 최근 3년간 건설공사 실적의 연차별 가중평균액에 다음 표에 따른 감산비율을 곱한 금액을 뺄 수 있다.

구분	부실벌점 점수	감산비율
종합건설 사업자	1점 이상 2점 미만	1/100
	2점 이상 5점 미만	3/100
	5점 이상 10점 미만	5/100
	10점 이상 15점 미만	7/100
	15점 이상	9/100

(5) 고용노동부장관이 「산업안전보건법 시행규칙」 제4조제1항제6호에 따른 건설사업자 공사실적액의 감액을 요청하는 경우에는 최근 3년간 건설공사 실적의 연차별 가중평균액에 다음 표에 따른 감산비율을 곱한 금액을 뺀다.

구분	사망만인율	감산비율
종합건설 사업자	평균 사망만인율의 1배 이상 1.5배 이하	5/100
	평균 사망만인율의 1.5배 초과 2배 이하	7/100
	평균 사망만인율의 2배 초과	9/100

비고: 1. "사망만인율"이란 사망재해자 수를 연간 상시근로자 1만명당 발생하는 사망재해자 수로 환산한 것을 말한다.

2. "평균 사망만인율"이란 평가연도 직전년도에 고용노동부장관이 산정한 건설사업자의 평균 사망만인율을 말한다.

(6) 최근 3년 이내에 부도가 발생한 건설사업자인 경우에는 최근 3년간 건설공사실적의 연차별 가중평균액의 100분의 30에 해당하는 금액을 뺀다.

(7) 삭제 <2021. 8. 31.>

(8) 「해외건설촉진법」 제6조에 따라 해외건설업의 신고를 한 자로서 국내인력을 해외건설업에 고용한 자에 대해서는 다음의 기준에 따라 금액을 더할 수 있다.

(가) 고용인원수에 따라 다음의 금액을 더하되, 「중소기업기본법 시행령」 제3조에 따른 중소기업의 경우에는 최근 3년간 연차별 가중평균액의 100분의 2를 초과하지 않는 범위에서 해당 금액의 2배를 더한다.

1) 고용인원수가 1명 이상 50명 미만인 경우에는 최근 3년간의 연차별 가중평균액의 100분의 3에 해당하는 금액

2) 고용인원수가 50명 이상 500명 미만인 경우에는 최근 3년간의 연차별 가중평균액의 100분의 4에 해당하는 금액

3) 고용인원수가 500명 이상인 경우에는 최근 3년간의 연차별 가중평균액의 100분의 5에 해당하는 금액

(나) 고용인원수는 건설공사 실적신고 대상연도를 기준으로 하되, 3개월 이상 체류한 인력으로 한정한다. 이 경우 해당 업체가 고용하고 직접 인건비를 지급하는 인력만 해당하며 하도급업체가 고용한 인력은 제외한다.

(다) 「해외건설촉진법」 제23조에 따라 설립된 해외건설협회(이하 "해외건설협회"라 한다)의 장으로부터 해외건설현장에 고용된 국내인력에 대하여 해외건설현장 인력고용확인서를 발급받아야 한다. 이 경우 해외건설협회의 장은 출입국증명원, 근로계약서 등을 통하여 사실관계를 확인한 후 확인서를 발급하여야 한다.

(9) 제22조제1항 및 제2항에 따른 서류를 거짓으로 제출한 경우에는 거짓제출 사실이 확인된 때의 다음 연도부터 3년 간 시공능력평가 시 최근 3년간 건설공사실적의 연차별 가중평균액의 100분의 60에 해당하는 금액을 뺀다.

(10) 종합공사를 시공하는 업종을 영위한 기간이 5년 이상 10년 미만인 경우에는 최근 3년간 건설공사실적의 연차별 가중평균액의 100분의 1에 해당하는 금액을, 10년 이상 20년 미만인 경우에는 최근 3년간 건설공사실적의 연차별 가중평균액의 100분의 2에 해당하는 금액을, 20년 이상인 경우에는 최근 3년간 건설공사실적의 연차별 가중평균액의 100분의 3에 해당하는 금액을 각각 더한다.

(11) 법 제86조의4 및 「근로기준법」 제43조의2에 따라 전년도에 상습체불건설사업자 또는 체불사업주로 명단이 공표된 건설사업자는 최근 3년간 건설공사실적의 연차별 가중평균액의 100분의 30에 해당하는 금액을 뺀다.

(12) 「건설기술 진흥법」에 따라 평가년도 직전년도에 건설기술인교육을 이수한 사람에 대해서는 기술인 1명당 최근 3년간 건설공사실적의 연차별 가중평균액에 10,000분의 2에 해당하는 금액을 가산하되, 가산하는 금액은 연차별 가중평균액의 100분의 4를 초과할 수 없다.

(13) 평가년도의 직전 연도 중에 「독점규제 및 공정거래에 관한 법률」 제50조제2항에 따라 과징금을 부과 받은 자는 최근 3년간 건설공사 실적의 연차별 가중 평균액의 100분의 7에 해당하는 금액을 뺀다.

(14) 법 제48조의2제1항에 따른 건설근로자 고용평가 결과가 우수한 건설사업자에 대해서는 최근 3년간 건설공사 실적의 연차별 가중 평균액의 다음 가산비율에 해당하는 금액을 더하여 시공능력을 평가할 수 있다.

구분	고용평가단위	고용평가등급	가산비율
종합 건설 사업자	종합건설사업자 전체	1등급	6/100
		2등급	5/100
		3등급	4/100

(15) 건설사업자가 국가, 지방자치단체 및 영 제26조의3에 따른 공공기관이 아닌 자가 발주한 공사(이하 "민간공사"라 한다) 현장에서 평가년도 직전년도 중에 일체형 작업발판(「산업안전보건기준에 관한 규칙」 제7장제6절에 따른 시스템 비계를 말한다. 이하 같다)을 설치하는 경우 다음의 구분에 따른 금액을 더 할 수 있다. 이 경우 해당 건설사업자는 일체형 작업발판 등의 설치 사실에 대한 감리자 등의 확인서를 제출해야 한다.

(가) 국내 민간공사의 신규 도급계약에 따른 건설현장 수 대비 일체형 작업발판의 설치현장 수 비율(이하 "일체형작업발판 설치비율"이라 한다)이 30% 미만인 경우: 최근 3년간 연차별 가중평균액의 100분의 2에 해당하는 금액

(나) 일체형작업발판 설치비율이 30% 이상 40% 미만인 경우: 최근 3년간 연차별 가중평균액의 100분의 3에 해당하는 금액

(다) 일체형작업발판 설치비율이 40% 이상인 경우: 최근 3년간 연차별 가중평균액의 100분의 5에 해당하는 금액

(16) 평가연도 직전년도에 법 제34조제1항(법 제32조제4항에서 준용하는 경우를 포함한다) 및 제4항을 위반하여 법 제81조제4호에 따라 시정명령을 받은 경우에는 최근 3년간 건설공사 실적의 연차별 가중평균액의 100분의 4에 해당하는 금액을 뺀다.

(17) 평가연도 직전년도에 법 제81조제5호에 따라 시정명령을 받은 경우에는 최근 3년간 건설공사 실적의 연차별 가중평균액의 100분의 4에 해당하는 금액에 해당 연도에 같은 호에 따라 받은 시정명령의 횟수를 곱한 금액을 뺀다.

(18) 평가연도 직전년도 이전 3년간 「건설기술 진흥법」 제50조제2항에 따라 받은 시공평가 점수의 평균값이 80점 이하인 경우에는 최근 3년간 건설공사 실적의 연차별 가중평균액에 다음 표에 따른 감산비율을 곱한 금액을 뺀다.

구분	시공평가 점수의 평균값	감산비율
종합건설 사업자	60점 초과 80점 이하	2/100
	40점 초과 60점 이하	3/100
	40점 이하	4/100

(19) 평가연도 직전년도 이전 3년간 「건설기술 진흥법」 제62조제14항 및 같은 법 시행령 제101조의3제1항에 따라 받은 안전관리 수준평가 점수의 평균값이 95점 이상인 경우에는 최근 3년간 건설공사 실적의 연차별 가중평균액의 100분의 2에 해당하는 금액을 더하고, 40점 초과 60점 이하인 경우에는 최근 3년간 건설공사 실적의 연차별 가중평균액의 100분의 2에 해당하는 금액을 빼며, 40점 이하인 경우에는 최근 3년간 건설공사 실적의 연차별 가중평균액의 100분의 4에 해당하는 금액을 뺀다.

(20) 평가연도 직전년도에 「중대재해 처벌 등에 관한 법률」 제6조, 제7조, 제10조 및 제11조에 따라 처벌받은 경우에는 최근 3년간 건설공사 실적의 연차별 가중평균액의 100분의 10에 해당하는 금액을 뺀다.

(21) 평가연도 직전년도에 법 제38조의4제3항에 따라 신고포상금을 받은 경우에는 최근 3년간 건설공사 실적의 연차별 가중평균액의 100분의 4에 해당하는 금액에 해당 연도에 포상금을 지급받은 횟수를 곱한 금액을 더한다.

2. 법 제9조에 따라 새로 건설업의 등록을 한 건설사업자와 법 제17조제1항제1호에 따라 건설업을 양수한 건설사업자의 해당 연도 시공능력 및 다음 연도 시공능력을 산정함에 있어 제1호나목(2)에 따른 경영평점은 1로 한다. 다만, 이미 건설업을 영위하는 자가 다른 업종의 건설업의 등록을 하거나 건설업을 양수한 경우에는 이미 평가한 경영평점을 적용할 수 있다.

3. 둘 이상의 종합공사를 시공하는 업종을 등록한 건설사업자의 시공능력을 평가할 때에 업종별로 구분하여 평가하기 어려운 경우에는 경영평가액·기술능력평가액 및 신인도평가액을 공통으로 적용할 수 있다. 다만, 토목건축공사업자의 경우 토목분야 및 건축분야에 대한 평가 시 경영평가액·기술능력평가액은 토목건축공사업의 경영평가액·기술능력평가액을 공통으로 적용할 수 있다.

4. 제1호부터 제3호까지에 따라 산정한 시공능력평가액이 0 이하인 경우 건설사업자의 시공능력평가액은 0으로 한다.

■ 건설산업기본법 시행규칙 [별표 2] <개정 2025. 6. 2.>

전문공사를 시공하는 업종을 등록한 건설사업자의 시공능력의 평가방법(제23조제2항 관련)

1. 전문공사를 시공하는 업종 및 주력분야를 등록한 건설사업자의 시공능력평가는 건설사업자의 상대적인 공사수행 역량을 정량적으로 평가하여 나타낸 지표로서 다음의 계산식에 따라 산정한다.

시공능력평가액=공사실적평가액+ 경영평가액+ 기술능력평가액±신인도평가액

가. 위의 계산식 중 공사실적평가액은 다음의 방법에 따라 산정한다.

(1) 최근 3년간의 해당 업종의 건설공사실적의 연차별 가중평균액의 100분의 70으로 하되, 최근 3년간의 해당 업종의 건설공사실적의 연차별 가중 평균액은 다음과 같이 산정한다. 이 경우 건설업을 영위한 기간이 3년 미만인 건설사업자의 건설공사실적의 연차별 가중평균액은 건설업영위기간이 1년 미만인 자의 경우에는 건설공사실적의 총액을 1로 나눈 것으로 하고, 건설업영위기간이 1년 이상 3년 미만인 자의 경우에는 건설공사실적의 총액을 연단위로 환산한 건설업영위월수(나머지 일수가 15일 이상인 때에는 1개월로 하고, 15일 미만인 때에는 이를 버린다)로 나눈 것으로 한다.

[(평가년도 이전 1차년도 공사실적액×1.2)+(평가년도 이전 2차년도 공사실적액×1)+(평가년도 이전 3차년도 공사실적액×0.8)] ÷ 3

(2) 법 제28조의2제4항에 따른 발주자로부터 도급받은 건설공사로서 같은 조 제1항 본문에 따라 직접 시공해야 하는 공사가 아닌 건설공사를 수급인이 발주자에게 직접시공계획을 통보하고 직접 시공한 경우(법 제16조제1항제1호 및 제3호에 따라 종합공사를 도급받아 시공한 경우는 제외한다)에는 직접 시공한 금액의 100분의 20에 해당하는 금액을 공사실적으로 합산할 수 있다. 이 경우 해당 건설사업자는 직접시공한 금액에 대하여 발주자의 확인서를 제출해야 한다.

나. 위의 계산식 중 경영평가액은 다음의 계산식에 따라 산정한다.

경영평가액=실질자본금×경영평점×80/100

(1) 위의 계산식 중 실질자본금은 총자산에서 총부채를 뺀 금액으로 하며, 건설업 외의 다른 사업을 겸업하는 자인 경우에는 실질자본금에서 겸업비율에 해당하는 금액을 공제하되, 평가년도 직전년도에 건설업을 신규로 등록한 경우 산정된 실질자본금이 건설업 등록기준 이하인 때에는 등록기준상 자본금을 실질자본금으로 한다.

(2) 위 경영평가액의 계산식 중 실질자본금이 0을 초과하는 때의 경영평가액은 다음의 방법에 따라 산정한다.

(가) 경영평점은 다음의 계산식에 따라 산정한다.

경영평점=(차입금의존도평점+ 이자보상비율평점+ 자기자본비율평점+ 매출액순이익률평점+ 총자본회전율평점)÷5

(나) 위 경영평점의 계산식 중 차입금의존도평점 · 이자보상비율평점 · 자기자본비율평점 · 매출액순이익률평점 및 총자본회전율평점은 제22조제2항제2호에 따른 재무제표를 기초로 하여 차입금의존도(차입금/총자산) · 이자보상비율(영업이익/이자비용으로 하되, 0 미만인 경우에는 0으로 한다) · 자기자본비율(자기자본/총자본) · 매출액순이익률(법인세 또는 소득세 차감 전 순이

익/매출액) 및 총자본회전율(매출액/총자본)을 각각 전문건설업계 전체의 가중평균비율(분자에 해당하는 업계 전체의 값을 분모에 해당하는 업계 전체의 값으로 나눈 비율로 하되, 이자보상비율, 자기자본비율 및 매출액순이익률 중 0 이하인 비율을 제외한다)로 나눈 것으로 하되, 차입금의존도평점은 전문건설업계 전체의 가중평균비율을 해당업체의 차입금의존도비율로 나눈 것으로 한다. 이 경우 각각의 평점이 3을 초과하는 때에는 3으로 하고, -3 이하인 때에는 그 평점을 각각 -3으로 한다.

(다) (가) 및 (나)에 따라 산정한 경영평점이 0 미만인 때에는 경영평가액을 0으로 한다.

(라) (가)부터 (다)에도 불구하고 다음의 어느 하나에 해당하는 경우의 경영평가액은 경영평점이 0을 초과하는 때에는 0으로 하고, 0 미만인 때에는 0에서 공사실적평가액의 100분의 10에 해당하는 금액을 뺀 금액으로 한다.

1) 「채무자 회생 및 파산에 관한 법률」에 따른 회생절차가 진행 중이거나 회생계획을 수행 중인 경우

2) 「기업구조조정 촉진법」에 따른 공동관리절차가 진행 중인 경우

(3) 위 경영평가액의 계산식 중 실질자본금이 0 미만인 때의 경영평가액은 0에서 공사실적평가액의 100분의 10에 해당하는 금액을 뺀 금액으로 한다. 다만, 다음의 어느 하나에 해당하는 경우의 경영평가액은 0에서 공사실적평가액의 100분의 20에 해당하는 금액을 뺀 금액으로 한다.

(가) 「채무자 회생 및 파산에 관한 법률」에 따른 회생절차가 진행 중이거나 회생계획을 수행 중인 경우

(나) 「기업구조조정 촉진법」에 따른 공동관리절차가 진행 중인 경우

(4) 공사실적평가액이 영 별표 2에 따른 건설업등록기준상 법인의 최저자본금보다 적은 경우의 경영평가액은 건설업등록기준상 법인의 최저자본금의 ±6배를 초과하지 않도록 하며, 공사실적평가액이 영 별표 2에 따른 건설업등록기준상 법인의 최저자본금 이상인 경우의 경영평가액은 공사실적평가액의 ±6배를 초과하지 않도록 한다.

다. 위의 계산식 중 기술능력평가액은 다음의 계산식에 따라 산정한다.

기술능력평가액=기술능력생산액(전년도 동종 업계의 기술인 1명당 평균생산액×건설사업자가 보유한 기술인 수×30/100)+ 전년도 퇴직공제납입금(퇴직공제 피공제자의 기능등급별 가중치를 반영한 금액)+ 최근 3년 간의 기술개발투자액

(1) 위의 계산식 중 기술능력생산액은 실질자본금[제1호나목(1)에 따라 산정한 실질자본금을 말한다]의 2배와 공사실적평가액의 100분의 50 중 큰 금액을 초과하지 않도록 한다. 다만, (다)에 따라 산정한 기술능력생산액은 실질자본금[제1호나목(1)에 따라 산정한 실질자본금을 말한다]의 4배를 초과하지 않도록 한다.

(가) 위의 계산식 중 전년도 동종 업계의 기술인 1명당 평균생산액은 전문건설업계의 국내 총기성액을 동종 업계에 종사하는 기술인의 총수로 나눈 금액으로 한다.

(나) 위의 계산식 중 기술인은 해당 업종의 건설업등록기준에서 인정하는 기술인으로 하되, 「건설기술 진흥법」에 따른 건설기술인으로서 초급기술인인 경우에는 초급기술인 수에 1, 중급기술인인 경우에는 중급기술인 수에 1.15, 고급기술인인 경우에는 고급기술인 수에 1.3, 특급기술인인 경우에는 특급기술인 수에 1.5, 그 밖의 기술인(「국가기술자격법」에 따른 기술인 중 기술사·기사·산업기사·기능장·기능사 및 기능사보로 한정한다)인 경우에는 그 기술인 수에 1을 각각 곱하여 산정한다.

(다) 건설업체 설립시 그 대표자가 최초 건설업 등록일 기준으로 「건설근로자의 고용개선 등에 관한 법률」 제10조에 따른 건설근로자 퇴직공제의 가입경력이 5년 이상이고, 공제부금을 500일 이상 납부한 경우에는 제1호다목(1)(나)에도 불구하고 그 대표자가 최초로 건설업체를

설립하여 건설업을 등록한 날이 속한 연도와 그 다음 연도의 시공능력평가에 한정하여 그 건설사업자가 보유한 기술인 중 해당 업종의 건설업등록기준에서 인정하는 기술인에 대해서는 현행 가중치에 2를 각각 곱하여 산정한다.

(2) 위의 계산식 중 전년도 퇴직공제납입금은 전년도 중 「건설근로자의 고용개선 등에 관한 법률」에 따른 건설근로자공제회에 공제부금으로 납입한 금액으로 하고, 퇴직공제 피공제자의 기능등급별 가중치는 같은 법 제7조의4에 따라 산정된 피공제자의 기능등급에 따른 가중치를 의미하며, 같은 법 제7조의5에 따른 기능등급확인증을 발급받은 피공제자에 대한 퇴직공제납입금에는 다음 표에 따라 가중치를 부여하고, 기능등급확인증을 발급받지 않은 피공제자에 대한 퇴직공제납입금에는 5의 가중치를 부여한다. 이 경우 기능등급은 건설공사 실적신고 대상연도의 말일을 기준으로 하고, 여러 직종에 대한 기능등급을 보유한 피공제자에 대한 퇴직공제납입금에 대해서는 가장 높은 등급을 기준으로 가중치를 부여한다.

등급	초급	중급	고급	특급
가중치	7.5	10	12.5	15

(3) 위의 계산식 중 기술개발투자액은 「조세특례제한법」 제10조에 따라 세액공제를 받기 위해 제출한 같은 법 시행규칙 별지 제3호서식 해당 연도의 연구·인력개발비 발생 명세상의 금액 중 건설업에 실제 사용된 금액으로 한다. 다만, 실질자본금(제1호나목(1)에 따라 산정한 실질자본금을 말한다)과 공사실적평가액의 100분의 50 중 큰 금액을 초과할 수 없다.

라. 위의 계산식 중 신인도평가액은 다음의 방법에 의하여 산정한다. 다만, 요소별 신인도평가액의 합계액은 최근 3년간 건설공사실적의 연차별 가중평균액의 ±50/100[(8)에 해당하는 경우에는 -60/100]을 초과하지 않도록 한다.

(1) 「건설기술 진흥법」 제14조 및 「환경기술 및 환경산업 지원법」 제7조(건설공사와 관련된 신기술로 한정한다)에 따라 신기술의 지정을 받은 자 또는 「건설기술 진흥법」 제51조에 따라 우수건설사업자로 지정된 자인 경우에는 최근 3년간 건설공사실적의 연차별 가중평균액의 100분의 4에 해당하는 금액을 각각 더한다. 이 경우 동일분야에서 2개 이상의 지정을 받은 경우에는 1개의 지정을 받은 것으로 한다.

(2) 동일업종의 전문건설업을 영위한 기간이 5년 이상 10년 미만인 경우에는 최근 3년간 건설공사실적의 연차별 가중평균액의 100분의 3에 해당하는 금액을, 10년 이상 20년 미만인 경우에는 최근 3년간 건설공사실적의 연차별 가중평균액의 100분의 5에 해당하는 금액을, 20년 이상인 경우에는 최근 3년간 건설공사실적의 연차별 가중평균액의 100분의 7에 해당하는 금액을 각각 더한다.

(3) 평가년도 직전년도 중에 법 제82조제1항제1호, 같은 조 제2항제3호·제5호·제6호, 법 제82조의2 및 법 제83조제10호에 해당하는 사유로 영업정지처분 또는 과징금처분을 받은 자인 경우에는 최근 3년간 건설공사실적의 연차별 가중평균액의 100분의 2에 해당하는 금액에 영업정지기간(과징금처분을 받은 경우에는 과징금에 상응하는 영업정지기간을 말한다)인 월수를 곱한 금액을 뺀다.

(4) 고용노동부장관이 「산업안전보건법 시행규칙」 제4조제1항제6호에 따른 공사실적액의 감액을 요청하는 경우에는 최근 3년간 건설공사 실적의 연차별 가중평균액에 다음 표에 따른 감산비율을 곱한 금액을 뺀다.

구분	사망만인율	감산비율
전문건설 사업자	평균 사망만인율의 1배 이상 1.5배 이하	5/100
	평균 사망만인율의 1.5배 초과 2배 이하	7/100
	평균 사망만인율의 2배 초과	9/100

비고: 1. "사망만인율"이란 사망재해자 수를 연간 상시근로자 1만명당 발생하는 사망재해자 수로 환산한 것을 말한다.
2. "평균 사망만인율"이란 평가연도 직전년도에 고용노동부장관이 산정한 건설사업자의 평균 사망만인율을 말한다.

(5) 최근 3년 이내에 부도가 발생한 건설사업자인 경우에는 최근 3년간 건설공사실적의 연차별 가중평균액의 100분의 30에 해당하는 금액을 뺀다.

(6) 삭제 <2021. 8. 31.>

(7) 「해외건설촉진법」 제6조에 따라 해외건설업의 신고를 한 자로서 국내인력을 해외건설업에 고용한 자에 대해서는 다음의 기준에 따라 금액을 더할 수 있다.

(가) 고용인원수에 따라 다음의 금액을 더하되, 「중소기업기본법 시행령」 제3조에 따른 중소기업의 경우에는 최근 3년간 연차별 가중평균액의 100분의 2를 초과하지 않는 범위에서 해당 금액의 2배를 더한다.

1) 고용인원수가 1명 이상 50명 미만인 경우에는 최근 3년간의 연차별 가중평균액의 100분의 3에 해당하는 금액

2) 고용인원수가 50명 이상 500명 미만인 경우에는 최근 3년간의 연차별 가중평균액의 100분의 4에 해당하는 금액

3) 고용인원수가 500명 이상인 경우에는 최근 3년간의 연차별 가중평균액의 100분의 5에 해당하는 금액

(나) 고용인원수는 건설공사 실적신고 대상연도를 기준으로 하되, 3개월 이상 체류한 인력으로 한정한다. 이 경우 해당 업체가 고용하고 직접 인건비를 지급하는 인력만 해당하며 하도급업체가 고용한 인력은 제외한다.

(다) 「해외건설촉진법」 제23조에 따라 설립된 해외건설협회(이하 "해외건설협회"라 한다)의 장으로부터 해외건설현장에 고용된 국내인력에 대하여 해외건설현장 인력고용확인서를 발급받아야 한다. 이 경우 해외건설협회의 장은 출입국증명원, 근로계약서 등을 통하여 사실관계를 확인한 후 확인서를 발급하여야 한다.

(8) 제22조제1항 및 제2항에 따른 서류를 거짓으로 제출한 경우에는 거짓제출 사실이 확인된 때의 다음 연도부터 3년 간 시공능력평가 시 최근 3년간 건설공사실적의 연차별 가중평균액의 100분의 60에 해당하는 금액을 뺀다.

(9) 법 제86조의4 및 「근로기준법」 제43조의2에 따라 전년도에 상습체불건설사업자 또는 체불사업주로 명단이 공표된 건설사업자는 최근 3년간 건설공사실적의 연차별 가중평균액의 100분의 30에 해당하는 금액을 뺀다.

(10) 「건설기술 진흥법」에 따라 평가기준이 직전년도에 건설기술인교육을 이수한 사람에 대해서는 기술인 1명당 최근 3년간 건설공사실적의 연차별 가중평균액의 10,000분의 2에 해당하는 금액을 가산하되, 연차별 가중평균액의 100분의 4를 초과할 수 없다.

(11) 평가년도 직전년도 중에 「독점규제 및 공정거래에 관한 법률」 제50조제2항에 따라 과징금을 부과 받은 자는 최근 3년간 건설공사 실적의 연차별 가중 평균액의 100분의 7에 해당하는 금액을 뺀다.

(12) 법 제48조의2제1항에 따른 건설근로자 고용평가 결과가 우수한 건설사업자에 대해서는 최근 3년간 건설공사 실적의 연차별 가중 평균액의 다음 가산비율에 해당하는 금액을 더하여 시공능력을 평가할 수 있다.

구분	고용평가단위	고용평가등급	가산비율
전문 건설 사업자	전문건설사업자 전체	1등급	6/100
		2등급	5/100
		3등급	4/100

(13) 건설사업자가 민간공사 현장에서 평가년도 직전년도 중에 일체형 작업발판을 설치하는 경우 다음의 구분에 따른 금액을 더 할 수 있다. 이 경우 해당 건설사업자는 일체형 작업발판 등의 설치 사실에 대한 감리자 등의 확인서를 제출해야 한다.

(가) 일체형작업발판 설치비율이 30% 미만인 경우: 최근 3년간 연차별 가중평균액의 100분의 2에 해당하는 금액

(나) 일체형작업발판 설치비율이 30% 이상 40% 미만인 경우: 최근 3년간 연차별 가중평균액의 100분의 3에 해당하는 금액

(다) 일체형작업발판 설치비율이 40% 이상인 경우: 최근 3년간 연차별 가중평균액의 100분의 5에 해당하는 금액

(14) 평가연도 직전년도에 법 제34조제1항(법 제32조제4항에서 준용하는 경우를 포함한다) 및 제4항을 위반하여 법 제81조제4호에 따라 시정명령을 받은 경우에는 최근 3년간 건설공사 실적의 연차별 가중평균액의 100분의 4에 해당하는 금액을 뺀다.

(15) 평가연도 직전년도에 법 제81조제5호에 따라 시정명령을 받은 경우에는 최근 3년간 건설공사 실적의 연차별 가중평균액의 100분의 4에 해당하는 금액에 해당 연도에 같은 호에 따라 받은 시정명령의 횟수를 곱한 금액을 뺀다.

(16) 평가연도 직전년도에 「중대재해 처벌 등에 관한 법률」 제6조, 제7조, 제10조 및 제11조에 따라 처벌받은 경우에는 최근 3년간 건설공사 실적의 연차별 가중평균액의 100분의 10에 해당하는 금액을 뺀다.

(17) 평가연도 직전년도에 법 제38조의4제3항에 따라 신고포상금을 받은 경우에는 최근 3년간 건설공사 실적의 연차별 가중평균액의 100분의 4에 해당하는 금액에 같은 해에 포상금을 지급받은 횟수를 곱한 금액을 더한다.

2. 법 제9조에 따라 새로이 건설업의 등록을 한 건설사업자와 법 제17조제1항제1호에 따라 건설업을 양수한 건설사업자의 해당 연도 시공능력 및 다음 연도 시공능력을 산정함에 있어 제1호 나목(2)에 따른 경영평점은 1로 한다. 다만, 이미 건설업을 영위하는 자가 다른 업종의 건설업의 등록을 하거나 건설업을 양수한 경우에는 이미 평가한 경영평점을 적용할 수 있다.

3. 둘 이상의 전문공사를 시공하는 업종을 등록하거나 둘 이상의 주력분야를 등록한 건설사업자의 시공능력을 평가함에 있어서 업종별・주력분야별로 구분하여 평가하기 어려운 경우에는 경영평가액・기술능력평가액 및 신인도평가액을 공통으로 적용할 수 있다.

4. 제1호부터 제3호까지에 따라 산정한 시공능력평가액이 0 이하인 경우 건설사업자의 시공능력평가액은 0으로 한다.

■ 건설산업기본법 시행규칙 [별표 3] <개정 2024. 10. 16.>

공사실적의 주력분야 및 주요 공사 종류(제25조제2항 관련)

1. 종합공사 공사실적의 세부공사종류

업종	공종그룹 종류	세부공사종류
가. 토목공사업	1) 교통시설	일반도로, 고속화도로, 고속도로, 도로교량, 철도교량, 공항, 일반철도, 고속철도, 지하철, 도로터널, 철도터널
	2) 수자원시설	댐, 항만, 운하, 치수·하천, 수로터널, 관개수로, 상수도(1천㎜ 이상), 상수도(1천㎜ 미만), 정수장, 하수도
	3) 기타토목시설	간척, 농지정리, 택지조성, 공업용지조성, 치산·사방, 기타터널, 기타토목시설
나. 건축공사업	1) 주거시설	단독주택·연립주택, 저층아파트(5층 이하), 고층아파트(6층 ~ 15층 이하), 초고층아파트(16층 이상), 주상복합건축물
	2) 비주거시설	상가·백화점·쇼핑센터, 사무실빌딩, 오피스텔, 인텔리전트빌딩, 호텔·숙박시설, 관공서건물(11층 이하), 관공서건물(12층 이상), 학교, 병원, 전통양식건축, 교회·사찰 등 종교용건물, 기타문화유산·유적건물, 공연집회시설, 경기장·운동장, 전시(展示)시설, 창고·차고·터미널건물, 공장·작업장용건물, 기계기구시설(플랜트 제외), 위험물저장소, 변전소·발전소용건물, 기타건축시설
다. 산업·환경설비공사업		제철소·석유화학공장 등 산업생산시설, 원자력발전소, 화력발전소, 열병합발전소, 수력발전소, 태양광발전소, 풍력발전소, 조력발전소, (집단에너지공급시설)송유관, (집단에너지공급시설)유류저장시설, (집단에너지공급시설)가스관, (집단에너지공급시설)가스저장시설, 쓰레기소각장, 하수종말처리장, 폐수종말처리장, 기타환경시설공사, 기타플랜트설비공사
라. 조경공사업		수목원, 공원, 기타조경공사

2. 전문공사 공사실적의 주력분야 및 세부공사종류

업종	주력분야	세부공사종류
가. 지반조성・포장공사업	1) 토공사	일반토공사, 발파공사
	2) 포장공사	일반포장공사, 포장유지관리공사
	3) 보링・그라우팅・파일공사	일반보링・그라우팅공사, 착정공사(지하수개발공사), 파일공사
나. 실내건축공사업	4) 실내건축공사	일반실내건축공사, 목재창호・목재구조물공사
다. 금속・창호・지붕・건축물조립공사업	5) 금속구조물・창호・온실공사	금속구조물공사, 창호공사, 온실설치공사
	6) 지붕판금・건축물조립공사	지붕・판금공사, 건축물조립공사
라. 도장・습식・방수・석공사업	7) 도장공사	일반도장공사, 재(再)도장공사, 차선도색공사
	8) 습식・방수공사	미장공사, 타일공사, 방수공사, 조적공사
	9) 석공사	석공사
마. 조경식재・시설물공사업	10) 조경식재공사	일반조경식재공사, 조경유지관리공사
	11) 조경시설물설치공사	조경시설물설치공사
바. 철근・콘크리트공사업	12) 철근・콘크리트공사	철근・콘크리트공사
사. 구조물해체・비계공사업	13) 구조물해체・비계공사	구조물해체공사, 비계공사
아. 상・하수도설비공사업	14) 상하수도설비공사	상수도설비공사, 하수도설비공사
자. 철도・궤도공사업	15) 철도・궤도공사	철도・궤도공사
차. 철강구조물공사업	16) 철강구조물공사	일반강구조물공사, 인도전용강재육교설치공사, 일반철강재설치공사, 교량철구조물설치공사
카. 수중・준설공사업	17) 수중공사	수중공사
	18) 준설공사	준설공사
타. 승강기・삭도공사업	19) 승강기설치공사	일반승강기설치공사, 기계식주차기설치공사
	20) 삭도설치공사	삭도설치・제거공사, 삭도유지관리공사
파. 기계설비・가스공사업	21) 기계설비공사	건축기계설비공사, 플랜트기계설비공사, 자동제어공사
	22) 가스시설공사(제1종)	가스시설공사(제1종)
하. 가스・난방공사업	23) 가스시설공사(제2종)	가스시설공사(제2종)
	24) 가스시설공사(제3종)	가스시설공사(제3종)
	25) 난방공사(제1종)	난방공사(제1종)
	26) 난방공사(제2종)	난방공사(제2종)
	27) 난방공사(제3종)	난방공사(제3종)

■ 건설산업기본법 시행규칙 [별표 4] <개정 2019. 3. 26.>

건설공사의 현황(제32조제1항 관련)	
공사명	
공사내용	
발주자	
설계자	
시공자	
감리자	
건축물의 규모 및 용도 (건축공사에 한정한다)	
현장 배치 건설기술인	
공사금액	
착공연월일	
준공(예정)연월일	
비고 : 이 표의 규격은 건설공사내용·공사현장사정 등에 따라 적절한 크기로 할 수 있다.	

■ 건설산업기본법 시행규칙 [별표 5] <개정 2021. 8. 31.>

건설업등록 등의 수수료액(제38조제1항관련)

신 청 내 용	수 수 료
1. 건설업등록	
가. 토목공사업·건축공사업·조경공사업	6만원
나. 토목건축공사업, 산업·환경설비공사업	9만원
다. 전문공사업(가스난방공사업은 제외한다)	2만원
라. 가스난방공사업	1만원
2. 건설업등록증 또는 건설업등록수첩의 재발급(건설업등록증 또는 건설업등록수첩의 기재란이 부족하여 재발급받는 경우는 제외한다)	2천원
3. 건설업분쟁조종	5만원

■ 건설산업기본법 시행규칙 [별표 6] <개정 2021. 8. 31.>

<u>건설근로자 고용평가 방법</u>(제32조의2제2항 관련)

1. 건설근로자에 대한 처우개선을 위하여 다음 계산식에 따라 건설근로자 고용평가를 산정하여 건설근로자의 고용실태를 평가한다.

건설근로자 고용평가 = 전년도 고용평가 - 전전년도 고용평가

가. 전년도 고용평가란 건설근로자 고용평가 신청 해당연도의 전년도 12월 31일을 기준으로 산정된 고용평가를 말한다.

나. 전전년도 고용평가란 건설근로자 고용평가 신청 해당연도의 전전년도 12월 31일 기준으로 산정된 고용평가를 말한다.

2. 전년도 및 전전년도 고용평가는 다음의 계산식에 따라 산정한다.

고용평가 계산식

$$\text{고용평가} = \frac{\text{2년 이상 근무한 건설근로자 수(정규직 수)}}{\text{전체 건설근로자 수}} + \left(\frac{\text{신규 정규직 수}}{\text{정규직 수}} \times 0.1\right) + \left(\frac{\text{청년 신규 정규직 수}}{\text{신규 정규직 수}} \times 0.1\right)$$

가. 전체 건설근로자 수는 기준년도 12월 31일까지 고용보험 피보험자격을 유지하고 있는 근로자 수를 말하며, 일용직 근로자는 제외한다.

나. 2년 이상 근무한 건설근로자 수(정규직 수)는 기준년도 12월 31일을 기준으로 과거 2년 이상의 기간 동안에 고용보험 피보험자격을 연속적으로 유지한 근로자 수를 말한다.

다. 신규 정규직 수는 기준년도 12월 31일을 기준으로 과거 2년 이상 3년 미만의 기간 동안에 고용보험 피보험자격을 연속적으로 유지한 근로자 수를 말한다.

라. 청년 신규 정규직 수는 신규 정규직 중 기준년도 12월 31일 기준으로 만 29세 미만의 근로자 수를 말한다.

3. 전년도 12월 31일 기준으로 다음 각 호의 어느 하나에 해당하는 경우에는 건설근로자 고용평가 점수에 100분의 10을 가산한다.
   가. 「가족친화 사회환경의 조성 촉진에 관한 법률」 제15조에 따른 가족친화인증을 받은 건설사업자
   나. 「건설근로자의 고용개선 등에 관한 법률」 제7조의2에 따라 건설공사가 시행되는 현장에 화장실 등의 시설을 설치한 건설사업자
   다. 「근로복지기본법」 제61조에 따른 사내근로복지기금을 조성하고, 같은 법 제62조에 따라 사업을 시행한 건설사업자
   라. 「근로복지기본법」 제81조에 따른 선택적 복지제도를 실시하고, 같은 법 제82조를 준수하여 운영한 건설사업자

3의2. 법 제47조제1항에 따른 중소건설사업자에 대한 지원·시책으로 국토교통부장관이 정하는 바에 따라 우선 지원 대상으로 선정된 건설사업자에 대하여는 0.5점을 가산한다.

4. 건설근로자 고용평가 결과가 양의 수인 건설사업자 중 점수 높은 순으로 나열하고, 종합건설사업자와 전문건설사업자로 구분하여 다음의 기준에 따라 고용평가 등급을 부여한다.

구분	등급배분 기준	고용평가등급
종합건설사업자	상위 30퍼센트 미만	1등급
	상위 30퍼센트 이상 상위 70 퍼센트 미만	2등급
	상위 70퍼센트 이상	3등급
전문건설사업자	상위 30퍼센트 미만	1등급
	상위 30퍼센트 이상 상위 70 퍼센트 미만	2등급
	상위 70퍼센트 이상	3등급

   가. 건설근로자 고용평가 결과가 동일한 경우 등 고용평가등급을 구분하기 곤란한 경우에는 상위 등급을 부여한다. 예를 들어, 1등급과 2등급의 경계값에 건설근로자 고용평가 결과가 동일한 건설사업자가 있는 경우에는 전부 1등급을 부여한다.
   나. 등급산정 대상 건설사업자가 3개 미만인 경우에는 1등급부터 순차적으로 부여한다.

■ 건설산업기본법 시행규칙 [별지 제1호서식] <개정 2021. 8. 31.>

건설업 등록신청서

※ 색상이 어두운 칸은 신청인이 적지 않으며, [ ]에는 해당되는 곳에 √표를 합니다. (앞쪽)

접수번호		접수일	처리기간	20일

신청인		
신청인	상호(법인인 경우에는 법인의 명칭)	대표자
	영업소 소재지 (전화번호:)	
	생년월일(법인인 경우에는 법인등록번호)	
	국적 또는 소속 국가명	

신청업종	주력분야	등록한 건설업 (주력분야 :) (번호)	
①특례 신규(추가) 신청: 예[ ] 아니요 [ ]		②기존 특례적용 여부: 예[ ] 아니요 [ ]	
업종:	감면자본금: [ ]백만원 감면기술능력:[ ] 명	업종:	감면자본금: [ ]백만원 감면기술능력:[ ] 명
공제조합출자		비고	
외국인 등의 신청자 기재사항	외국의 국적을 가진 사람, 외국의 법령에 따라 설립된 법인 또는 국내법에 따라 설립된 법인으로서 같은 국적의 외국인(법인을 포함합니다)이 법인의 자본금의 100분의 50 이상을 출자하였거나 임원수의 2분의 1 이상이 같은 국적의 외국인으로 구성된 법인이 건설업 등록을 신청하는 경우에는 출자한 금액과 출자비율을 비고에 기재해야 합니다.		

「건설산업기본법」 제9조제2항에 따라 건설업의 등록을 신청합니다.

년 월 일

신청인 (서명 또는 인)

국토교통부장관 귀하

수수료	「건설산업기본법 시행규칙」 별표 5에 따른 수수료

신청인 제출서류	경유·처리기관 확인사항
1. 법인인 경우에는 대차대조표·손익계산서, 개인인 경우에는 영업용자산액 명세서와 그 증명서류 2. 「건설산업기본법 시행령」 제13조제1항제1호의2에 따른 보증가능금액확인서(보증가능금액확인서 발급기관이 시·도지사 또는 「건설산업기본법 시행령」 제87조제1항제1호가목에 따른 등록업무를 위탁받은 기관에 그 발급내용을 통보한 경우에는 보증가능금액확인서를 제출한 것으로 봅니다) 3. 「건설산업기본법 시행령」 별표 2의 시설·장비에 관한 다음 각 목의 서류 가. 「건설산업기본법 시행령」 제13조제1항제2호에 규정된 사무실을 갖추었음을 증명하는 임대차계약서 사본(임대차인인 경우에 한정합니다) 나. 「건설산업기본법 시행령」 별표 2에 따른 건설공사용 시설의 현황을 기재한 서류 다. 「건설산업기본법 시행령」 별표 2에 따른 건설공사용 장비의 현황(영업용에 제공되는 기계 및 기구의 명칭·종류·성능 및 수량을 말합니다)을 기재한 서류 4. 기술인력의 보유현황 5. 외국인 또는 외국법인이 건설업의 등록을 신청하는 경우에는 해당 국가에서 신청인(법인인 경우 대표자를 말합니다)이 「건설산업기본법」 제13조제1항 각 호의 어느 하나에 따른 사유와 같거나 비슷한 사유에 해당하지 않음을 확인한 확인서	1. 법인인 경우에는 법인 등기사항증명서, 개인인 경우에는 주민등록표초본이나 「재외국민등록법」 제3조에 따른 재외국민인 경우에는 여권 2. 「건설산업기본법 시행령」 별표 2의 시설·장비에 관한 다음 각 목의 서류 가. 「건설산업기본법 시행령」 제13조제1항제2호에 규정된 사무실을 갖추었음을 증명하는 다음의 서류 1) 자기소유인 경우: 건물 등기사항증명서 2) 전세권이 설정되어 있는 경우: 전세권이 설정되어 있음이 표기된 건물 등기사항증명서 3) 임대차인의 경우: 건물 등기사항증명서 나. 「건설산업기본법 시행령」 별표 2에 따른 건설공사용 시설의 건물 또는 토지의 등기사항증명서 및 공장등록대장 등본 다. 「건설산업기본법 시행령」 별표 2에 따른 건설공사용 장비 중 「건설기계관리법」 또는 그 밖의 다른 법령의 적용을 받는 장비의 경우에는 건설기계등록원부등본 3. 외국인 또는 외국법인이 건설업의 등록을 신청하는 경우에는 「건설산업기본법 시행령」 제13조제2항 각 호의 요건을 갖추었음을 증명하는 서류(「출입국관리법」 제33조에 따른 외국인등록증 및 영업소의 등기사항증명서를 말합니다)

행정정보 공동이용 동의서

본인은 이 건 업무처리와 관련하여 「전자정부법」 제36조제1항에 따른 행정정보의 공동이용을 통하여 경유·처리기관이 법인 등기사항증명서, 주민등록표초본, 여권, 공장등록대장 등본, 건설기계등록원부등본 또는 외국인등록증을 확인하는 것에 동의합니다.

※ 법인 등기사항증명서, 주민등록표초본, 재외국민등록증 또는 여권, 공장등록대장 등본, 건설기계등록원부등본, 외국인등록증의 확인에 동의하지 않는 경우에는 신청인이 직접 해당 서류 또는 그 사본을 제출해야 합니다.

신청인 (서명 또는 인)

210mm×297mm[백상지(80g/㎡) 또는 중질지(80g/㎡)]

(뒤 쪽)

유의사항

1. 특례 신규(추가) 신청란은 시행령 제16조에 따라 건설업 등록 신청시 등록기준 특례를 적용받고자 할 경우 특례 신청 여부, 해당업종, 감면 받고자하는 자본금 금액 또는 기술능력 인원수 등을 기재합니다.
2. 기존 특례 인정 여부란은 보유하고 있는 건설업종에 대해 등록기준 특례 적용여부, 적용받은 업종, 감면받은 자본금 금액 또는 기술능력 인원수를 기재합니다.
3. 등록신청 담당자는 건설사업자가 건설업 등록기준의 특례를 신청할 경우 기존에 특례를 이미 인정 받아 추가 특례 신청이 가능한지 여부를 확인하여야 합니다.

처리절차

<종합공사를 시공하는 업종의 경우>

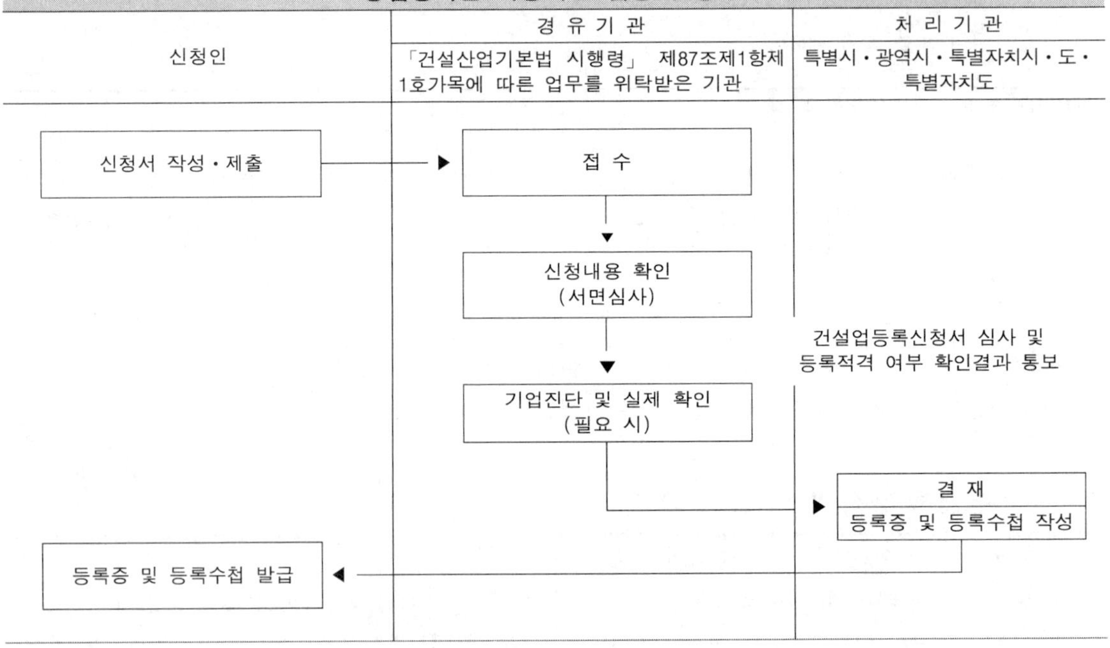

<전문공사를 시공하는 업종의 경우>

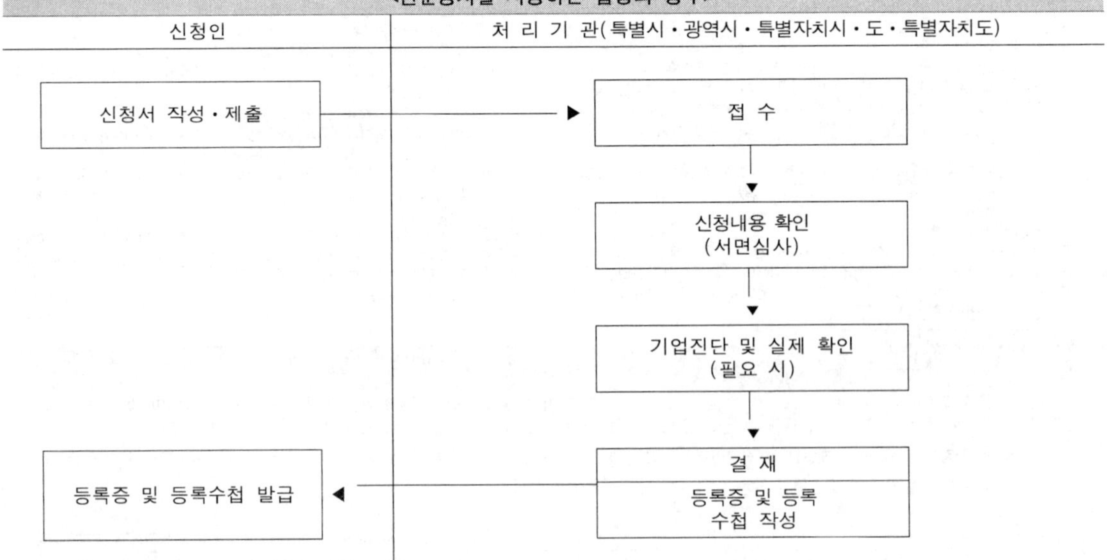

210㎜×297㎜[백상지(80g/㎡) 또는 중질지(80g/㎡)]

■ 건설산업기본법 시행규칙[별지 제1호의2서식] <개정 2021. 8. 31.>

발신기관명

수신자
(경유)
제 목 **건설업등록신청서 심사결과 통보서**

「건설산업기본법」 제9조제2항 및 같은 법 시행규칙 제4조제2항에 따라 건설업등록신청서 심사결과 통보서를 아래와 같이 통보합니다.

업 체 현 황					
상 호				사업자등록번호	
대 표 자		주민등록번호		법인등록번호	
업체구분		전화번호		영업소소재지	
조직형태	주식[ ] 유한[ ] 합명[ ] 합자[ ] 개인[ ]				
납입자본금				설립일자	
국적 또는 소속 국가명				등록신청일	
투자비율 (외국인인 경우)				법정처리기한	

업종보유현황
(종합공사를 시공하는 업종, 전문공사를 시공하는 업종 및 기타 건설업)

연번	업종명	주력분야	등록번호	등록일	비 고
1					
2					
3					
4					

신청업종현황

연번	업종명	주력분야	비 고
1			
2			

임 원 현 황

연번	성 명	주민등록번호	직 위	상근 유무	등기일자
1					
2					
3					
4					

끝.

발신기관의 장 [직인]

기안자 직위(직급) 서명 검토자 직위(직급)서명 결재권자 직위 (직급)서명
협조자
시행 처리과 일련번호(시행일자) 접수 처리과명-일련번호(접수일자)
우 주소 / 홈페이지 주소
전화( ) 전송( ) / 기안자의 공식전자우편주소 / 공개구분

210㎜×297㎜(백상지 80g/㎡)

■ 건설산업기본법 시행규칙 [별지 제1호의3서식] <신설 2021. 12. 31.>

주력분야 등록말소 신청서

접수번호	접수일	처리기간 즉시

<table>
<tr><td rowspan="3">신고인</td><td colspan="2">상호(법인인 경우에는 법인의 명칭)</td><td>대표자</td></tr>
<tr><td colspan="3">생년월일(법인인 경우에는 법인등록번호)</td></tr>
<tr><td colspan="3">영업소 소재지
(전화번호:)</td></tr>
<tr><td rowspan="4">등록 말소 주력분야 및 등록번호</td><td>업종명</td><td>등록번호</td><td>주력분야</td></tr>
<tr><td></td><td></td><td></td></tr>
<tr><td></td><td></td><td></td></tr>
<tr><td></td><td></td><td></td></tr>
<tr><td rowspan="4">보유 주력분야 및 등록번호 (등록 말소 주력분야 외 보유 주력분야)</td><td>업종명</td><td>등록번호</td><td>주력분야</td></tr>
<tr><td></td><td></td><td></td></tr>
<tr><td></td><td></td><td></td></tr>
<tr><td></td><td></td><td></td></tr>
</table>

「건설산업기본법 시행령」 제7조의2제3항 및 같은 법 시행규칙 제6조의2에 따라 주력분야의 등록말소를 신청합니다.

년 월 일

신고인 (서명 또는 인)

특별시장·광역시장·특별자치시장 귀하
도지사·특별자치도지사

첨부서류	건설업등록증 및 등록수첩	수수료 없음

210mm×297mm[백상지(80g/㎡)]

■ 건설산업기본법 시행규칙 [별지 제2호서식] <개정 2021. 8. 31.>

건설업등록 등 정보관리대장

(앞쪽)

일반현황	상호		법인등록번호 (개인인 경우 주민등록번호)	
	영업소소재지	(전화번호 :)		
	대표자(생년월일)		국적 또는 소속국가명	
	납입자본금		투자비율(외국인의 경우)	

등록업종	업종	등록번호	등록일	특례감면사항	주력분야	비고
		제 호				
		제 호				
		제 호				

인적현황	임 원 현 황				기 술 인 현 황				
	성명	생년월일	직위	등기일 퇴사일	성명	생년월일	직위	기술등급 자격현황	입사일 퇴사일

시설·장비현황	시설(사무실 포함) 현황				장비 현황			
	시설명	실면적	시설 주소	소유형태	장비명	등록번호	규격	취득일자

자산현황		자산(계:)		부채(계:)		자본(계:)			
	대 차 대조표 (기준일:)	유동자산	고정자산	유동	고정	자본금	자본 잉여금	이익 잉여금	자본조정
	손 익 계산서 (시작일: 종료일:)	매출액		매출원가	매출 총이익	판매비와 관리비	영업이익	영업외 이익	영업외 비용
		경상이익		특별이익	특별손실	법인세 차감전 이익		법인세등	당기 순이익

210㎜×297㎜[백상지(80g/㎡) 또는 중질지(80g/㎡)]

(뒤 쪽))

변경사항 (상호, 대표자, 법인등록번호, 주소 등)	신고일	신고수리일	변경내용			
			구분	변경전	변경후	변경일

행정처분 시정지시 • 시정명령 • 영업정지 • 과징금 • 등록말소 • 과태료 등)	업종	업종 등록번호	처분 내용	사유	처분 근거	처분 기관	처분 일자	비고 (주민등록번호)

신고사항 (양도 • 합병 • 상속신고)	신고일	신고 수리일	구분	업종	업종등록 번호	양수인 (합병,상속)	양도인 (피합병, 피상속)	양도일 (합병,상속)

폐 업 신고사항	신고일	신고수리일	폐업업종	업종등록번호	폐업일자	폐업사유

건설업 등록증 (등록수첩) 교부사항	매체종류	구분	업종	업종등록번호	교부일	수령인
	[ ]서류 [ ]전자카드					

유의사항

1. 업종의 기재사항 중 특례감면 사항란에는 건설산업기본법 시행령 제16조에 따라 건설업 등록기준의 특례를 인정받은 업종에 대하여 감면받은 자본금의 금액(백만원) 및 건설기술인의 수(명)를 기재합니다.
2. 행정처분(시정지시 • 시정명령 • 영업정지 • 과징금 • 등록말소 • 과태료 등) 기재사항 중 비고란에는 건설산업기본법 제13조에 따른 결격사유 조회를 위해 등록말소 등에 해당하는 행정처분시 원인이 된 행위를 한 사람과 대표자 등의 주민등록번호를 기재합니다.

210㎜×297㎜[백상지 150g/㎡)

■ 건설산업기본법 시행규칙 [별지 제3호서식] <개정 2021. 8. 31.>

(앞쪽)

건설업등록증

1. 업종 및 주력분야 : (주력분야 :)

2. 등록번호 :

3. 상호 :

4. 대표자 :

5. 주된 영업소 소재지 :

6. 법인등록번호(생년월일) :

7. 국적(소속 국가명) :

8. 등록일자 :

위 자는 「건설산업기본법」 제9조에 따른 건설사업자임을 증명합니다.

년 월 일

국토교통부장관
특별시장・광역시장・특별자치시장・도지사・특별자치도지사
시장・군수・구청장

직인

210㎜×297㎜[백상지(150g/㎡)]

(뒤쪽)

변 경 사 항			
변경일	변경구분	변경내용	기록일 및 기록자 (서명 또는 인)

행 정 처 분 사 항 (시정지시 · 시정명령 · 영업정지 · 과징금 · 등록말소 · 과태료)			
처 분 내 용	사 유	처 분 기 관 (처 분 일)	기록일 및 기록자 (서명 또는 인)

건설업 교육사항			
교육기간	교육시간	교육기관명	기록일 및 기록자 (서명 또는 인)

■ 건설산업기본법 시행규칙 [별지 제4호서식] <개정 2024. 10. 16.>

(제1쪽)

건설업등록수첩

업종		등록번호	
주력분야			
상호		대표자	
주된 영업소 소재지		법인등록번호 (생년월일)	
국적 (소속국가명)		등록일자	

위 자는 「건설산업기본법」 제9조에 따른 건설사업자임을 증명합니다.

년 월 일

특별시장·광역시장·특별자치시장·도지사·특별자치도지사 시장·군수·구청장 직인

105㎜×148㎜[백상지 150g/㎡]

(제2쪽)

변 경 사 항			
변경일	변경구분	변경내용	기록일 및 기록자(서명 또는 인)

(제3쪽)

행 정 처 분 사 항 (시정지시·시정명령·영업정지·과징금·등록말소·과태료)			
처 분 내 용	사 유	처 분 기 관 (처 분 일)	기록일 및 기록자 (서명 또는 인)

건설업 교육사항			
교육기간	교육시간	교육기관명	기록일 및 기록자 (서명 또는 인)

(제4쪽)

시공능력

연 도	건설업종 (주력분야)	금 액 (백만원)	기록일 및 기록자(서명 또는 인)

세부공사종류별 공사실적

연 도	세부공사종류 (주력분야)	금액(백만원)	기록일 및 기록자(서명 또는 인)

공사금액의 하한

연 도	공사의 종류	금 액 (백만원)	기록일 및 기록자(서명 또는 인)

105㎜×148㎜[백상지 150g/㎡]

■ 건설산업기본법 시행규칙 [별지 제5호서식] <개정 2025. 6. 2.> (앞쪽)

<table>
<tr><td colspan="4">건설업등록증ㆍ건설업등록수첩의 기재사항변경신청서</td><td colspan="2">처리기간
즉시
(대표자 변경을 포함하는 경우 3일)</td></tr>
<tr><td rowspan="3">신청인</td><td>① 상호</td><td></td><td>② 대표자</td><td colspan="2"></td></tr>
<tr><td>③ 영업소 소재지</td><td></td><td>④ 전화번호</td><td colspan="2"></td></tr>
<tr><td>⑤ 등록 업종</td><td></td><td>⑥ 등록번호</td><td colspan="2"></td></tr>
<tr><td colspan="6">변경내역</td></tr>
<tr><td colspan="2">⑦ 변경구분</td><td>⑧ 변경 연월일</td><td>⑨ 변경 전 사항</td><td colspan="2">⑩ 변경 후 사항</td></tr>
<tr><td colspan="2"></td><td></td><td></td><td colspan="2"></td></tr>
<tr><td colspan="6">「건설산업기본법」 제9조의2제2항에 따라 건설업등록증ㆍ건설업등록수첩의 기재사항 변경을 신청합니다.
년 월 일
신청인 (서명 또는 인)
귀하</td></tr>
<tr><td>수수료</td><td colspan="5">없음</td></tr>
<tr><td colspan="3">신청인 제출서류</td><td colspan="3">처리기관 확인사항</td></tr>
<tr><td colspan="3">1. 성명 또는 대표자를 변경하는 경우로서, 신청인이 개인인 경우에는 성명의 변경을 증명하는 서류

2. 영업소의 소재지를 변경하는 경우에는 「건설산업기본법 시행령」 별표 2에 따른 사무실을 갖추었음을 증명하는 임대차계약서 사본(임대차인 경우만 해당합니다)

3. 법인등록번호 또는 주민등록번호를 변경하는 경우에는 이를 증명하는 서류

4. 국적 또는 소속국가명을 변경하는 경우에는 이를 증명하는 서류</td><td colspan="3">1. 상호ㆍ명칭을 변경하는 경우에는 다음 각 목의 구분에 따른 서류
가. 법인인 경우에는 법인 등기사항증명서
나. 개인인 경우에는 사업자등록증 사본

2. 성명 또는 대표자를 변경하는 경우에는 다음 각 목의 서류
가. 법인인 경우에는 법인 등기사항증명서
나. 외국인인 경우에는 「출입국관리법」 제33조에 따른 외국인등록증

3. 영업소의 소재지를 변경하는 경우에는 다음 각 목의 서류
가. 법인인 경우에는 법인 등기사항증명서
나. 개인인 경우에는 사업자등록증 사본
다. 「건설산업기본법 시행령」 별표 2에 따른 사무실을 갖추었음을 증명하는 다음의 서류
1) 자기소유인 경우: 건물 등기사항증명서
2) 전세권이 설정되어 있는 경우: 전세권이 설정되어 있음이 표기된 건물 등기사항증명서
3) 임대차인 경우: 건물 등기사항증명서

※ 사업자등록증 또는 외국인등록증의 경우 신청인이 확인에 동의하지 않으면 해당 서류의 사본을 제출하여야 합니다.</td></tr>
<tr><td colspan="6">본인은 이 건 업무처리와 관련하여 「전자정부법」 제36조제1항에 따른 행정정보의 공동이용을 통하여 처리기관이 사업자등록증 또는 외국인등록증을 확인하는 것에 동의합니다.
신청인 (서명 또는 인)</td></tr>
</table>

210mm×297mm(신문용지 54g/㎡(재활용품))

이 신청서는 아래와 같이 처리됩니다. (뒤쪽)

신 청 인	처 리 기 관	
	종합공사를 시공하는 업종	「건설산업기본법 시행령」 제87조제1항제1호나목에 따른 업무를 위탁받은 기관
	전문공사를 시공하는 업종	특별시 · 광역시 · 특별자치시 · 도 · 특별자치도

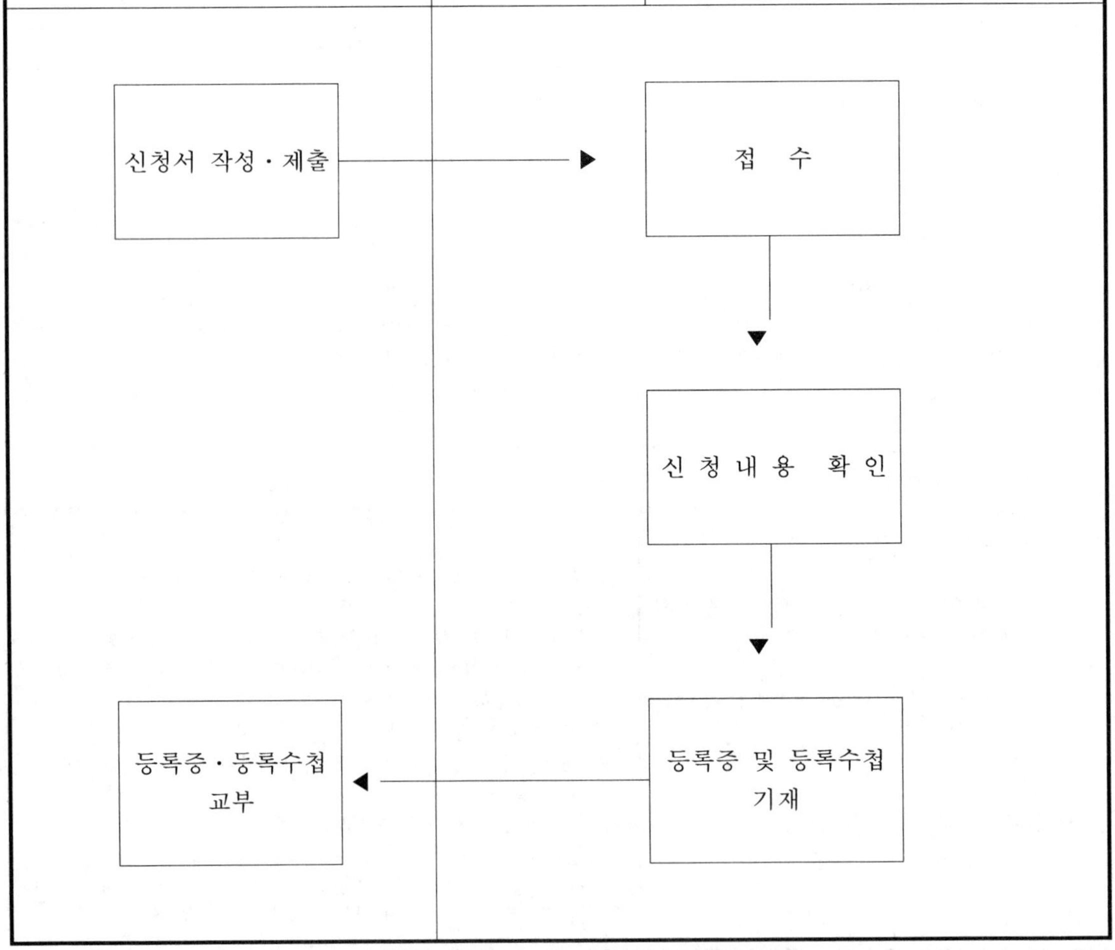

■ 건설산업기본법 시행규칙 [별지 제6호서식] <개정 2021. 8. 31.>

건설업 등록증(등록수첩) 재발급신청서

※ 색상이 어두운 칸은 신청인이 적지 않습니다.

접수번호	접수일	처리기간 1일

신청인	상호(법인인 경우에는 법인의 명칭)	대표자
	영업소 소재지 (전화번호:)	
	생년월일(법인인 경우에는 법인등록번호)	국적 또는 소속 국가명

신청 내용	업종	주력분야	등록번호
	재발급신청사유		

「건설산업기본법」 제9조의2제3항에 따라 건설업 등록증(등록수첩)의 재발급을 신청합니다.

년 월 일

신청인 (서명 또는 인)

특 별 시 장
광 역 시 장
특별자치시장 귀하
도 지 사
특별자치도지사

첨부서류	없음	수수료 「건설산업기본법 시행규칙」 별표 5에 따른 수수료

처리절차

신청서 작성	→	접수	→	검토 및 결재	→	등록증 및 등록수첩 작성	→	발급
신청인		처리기관 (시·도)		처리기관 (시·도)		처리기관 (시·도)		

210mm×297mm[백상지 80g/㎡(재활용품)]

■ 건설산업기본법 시행규칙 [별지 제8호서식] <개정 2021. 8. 31.>

건설업등록대장

(앞쪽)

	업종	주력분야	등록번호	등록일	특례감면사항	비고
등록업종			제　　　호			
			제　　　호			
			제　　　호			
			제　　　호			
			제　　　호			
			제　　　호			

일반현황	상호		법인등록번호 (개인인 경우 주민등록번호)	
	영업소소재지	(전화번호 :　　　　　)		
	대표자(생년월일)		국적 또는 소속국가명	
	납입자본금		투자비율(외국인의 경우)	

	구분	변경내용	변경일	구분	변경내용	변경일
변경사항						

210㎜×297㎜[백상지 150g/㎡]

(뒤쪽)

<table>
<tr><td rowspan="6">시공
능력 및
공사
금액의 하
한 또는 주
력
분야 공시
금액</td><td colspan="3">시공능력</td><td colspan="3">공사금액의 하한 또는 주력분야 공시금액</td></tr>
<tr><td>연도</td><td>공사의
종류</td><td>금액
(백만원)</td><td>연도</td><td>공사의 종류</td><td>금액
(백만원)</td></tr>
<tr><td></td><td></td><td></td><td></td><td></td><td></td></tr>
<tr><td></td><td></td><td></td><td></td><td></td><td></td></tr>
<tr><td></td><td></td><td></td><td></td><td></td><td></td></tr>
<tr><td></td><td></td><td></td><td></td><td></td><td></td></tr>
</table>

<table>
<tr><td rowspan="3">행정처분</td><td colspan="5">(시정지시 · 시정명령 · 영업정지 · 과징금 · 등록말소 · 과태료, 부도 · 압류 · 소송 등)</td></tr>
<tr><td>처분내용</td><td>사유</td><td>처분기관</td><td>처분일자</td><td>기록일 및
기록자
(서명 또는 인)</td></tr>
<tr><td></td><td></td><td></td><td></td><td></td></tr>
</table>

유의사항

업종의 기재사항 중 특례감면사항 란에는 건설산업기본법시행령 제16조에 따라 건설업 등록기준의 특례를 인정받은 업종에
대하여 감면받은 자본금의 금액(백만원) 및 건설기술인의 수(명)를 기재합니다.

210㎜×297㎜[백상지 150g/㎡]

■ 건설산업기본법 시행규칙 [별지 제9호의2서식] <신설 2016.2.12.>

지정번호 제   호

건설업 교육기관 지정서

○ 명칭:

○ 소재지:

○ 대표자:

○ 지정조건:

「건설산업기본법 시행령」 제12조5제4항 및 같은 법 시행규칙 제10조의3에 따라 위 법인을 건설업 교육기관으로 지정합니다.

년   월   일

국토교통부장관 직인

210㎜×297㎜[백상지(150g/㎡)]

■ 건설산업기본법 시행규칙 [별지 제9호의3서식] <신설 2016.2.12.>

제　　　　호

건설업 교육수료증

성명:

생년월일:

소속:

교육과정:

교육종류:

교육기간:　　　.　　.　　.　~　　　.　　.　　.　(　　　시간)

위 사람은 「건설산업기본법」 제9조의3 및 같은 법 시행규칙 제10조의4제2항에 따라 위의 교육과정을 수료하였으므로 이 증서를 수여합니다.

년　　　　월　　　　일

국토교통부장관
건설업 교육기관의 장　　직인

210㎜×297㎜[백상지(150g/㎡)]

■ 건설산업기본법 시행규칙 [별지 제9호의4서식] <개정 2020. 3. 2.>

국토교통부 또는 건설업 교육기관

수신 시 · 도지사 또는 등록업무수탁기관의 장
(경유)
제목 교육 결과 통보

「건설산업기본법 」 제9조의3 및 같은 법 시행규칙 제10조의4제3항에 따라 건설업교육실시 결과를 아래와 같이 통보합니다.

1. 교육이수 대상 건설사업자

업종	등록번호	상호	대표자	주된영업소재지	법인등록번호 (생년월일)	등록일자

2. 교육이수자

생년월일	성명	직위	교육 과정명	시작일	종료일	수료번호	교육시간

붙임 : 자료가 입력된 전자기록매체 1부. 끝.

국토교통부장관
건설업 교육기관의 장

직인

기안자 직위(직급) 서명 검토자 직위(직급) 서명 결재권자 직위(직급) 서명

협조자

시행 처리과명-연도별 일련번호(시행일) 접수 처리과명-연도별 일련번호(접수일)

우 도로명주소 / 홈페이지 주소

전화번호( ) 팩스번호( ) / 공무원의 전자우편주소 / 공개 구분

210㎜×297㎜[백상지(80g/㎡)]

■ 건설산업기본 시행규칙 [별지 제14호서식] <개정 2021. 8. 27.>

건설업양도신고서

※ 색상이 어두운 칸은 신고인이 적지 않습니다. (앞 쪽)

접수번호		접수일	처리기간	10일
양도인	①상호		②대표자	
	③영업소소재지		④전화번호	
	⑤법인(주민)등록번호		⑥국적 또는 소속 국가명	
	⑦업종		⑧등록번호	
양수인	⑨상호		⑩대표자	
	⑪영업소 소재지		⑫전화번호	
	⑬법인(주민)등록번호		⑭국적 또는 소속 국가명	
	⑮업종		⑯등록번호	

「건설산업기본법」 제17조제1항제1호에 따라 건설업의 양도를 신고합니다.

년 월 일

양도인 (서명 또는 인)

양수인 (서명 또는 인)

귀하

수수료	없음

제출서류	신고인 제출서류	경유·처리기관 확인사항
	1. 양도계약서 사본 2. 양수인에 관한 다음 각 목의 서류(해당 건설업의 등록에 관한 서류에 한정합니다) 가. 법인인 경우에는 재무상태표·손익계산서, 개인인 경우에는 영업용자산액명세서와 그 증빙서류 나. 「건설산업기본법 시행령」 제13조제1항제1호의2에 따른 보증가능금액확인서(보증가능금액확인서 발급기관이 시·도지사 또는 「건설산업기본법 시행령」 제87조제1항제1호가목에 따른 등록업무를 위탁받은 기관에 그 발급내용을 통보한 경우에는 보증가능금액확인서를 제출한 것으로 봅니다) 다. 「건설산업기본법 시행령」 별표 2의 시설·장비에 관한 다음의 서류 1) 「건설산업기본법 시행령」 별표 2에 규정된 사무실을 갖추었음을 증명하는 임대차계약서 사본(임대차인의 경우에만 해당합니다) 2) 「건설산업기본법 시행령」 별표 2에 따른 건설공사용 시설의 현황을 기재한 서류 3) 「건설산업기본법 시행령」 별표 2에 따른 건설공사용 장비의 현황(영업용에 제공되는 기계 및 기구의 명칭·종류·성능 및 수량을 말합니다)을 기재한 서류 라. 기술인력의 보유현황 마. 외국인 또는 외국법인이 신고하는 경우에는 해당 국가에서 「건설산업기본법」 제13조제1항 각 호의 어느 하나에 따른 사유와 같거나 비슷한 사유에 해당하지 아니함을 신고인(법인인 경우 대표자를 말합니다)이 확인한 확인서 3. 「건설산업기본법」 제18조에 따른 건설업양도의 공고문(일간신문 및 관련 협회 인터넷 홈페이지 공고문을 말합니다)과 이해관계인의 의견조정내용을 기재한 서류 4. 양도인이 공제조합의 조합원이었거나 조합원인 경우에는 해당 공제조합의 의견서 5. 건설공사 발주자의 동의가 있음을 입증하는 서류(시공 중인 건설공사의 경우에 한정합니다) 6. 「국가를 당사자로 하는 계약에 관한 법률」 또는 「지방자치단체를 당사자로 하는 계약에 관한 법률」에 따라 양도자가 부정당업자로서 입찰참가자격 제한의 처분을 받고 처분기간 중에 있는 경우 이를 양수자가 확인한 서류	1. 양수인에 관한 다음 각 목의 서류(해당 건설업의 등록에 관한 서류만을 말합니다) 가. 법인인 경우에는 법인 등기사항증명서 나. 개인인 경우에는 주민등록표 초본이나 「재외국민등록법」 제3조에 따른 재외국민인 경우에는 여권 다. 「건설산업기본법 시행령」 별표 2에 따른 사무실에 관한 다음의 서류 1) 자기소유인 경우: 건물 등기사항증명서 2) 전세권이 설정되어 있는 경우: 전세권이 설정되어 있음이 표기된 건물 등기사항증명서 3) 임대차인의 경우: 건물 등기사항증명서 라. 「건설산업기본법 시행령」 별표 2에 따른 건설공사용 시설의 건물 또는 토지의 등기사항증명서 및 공장등록대장 등본 마. 「건설산업기본법 시행령」 별표 2에 따른 건설공사용 장비 중 「건설기계관리법」 그 밖의 다른 법령의 적용을 받는 장비의 경우에는 그 등록원부등본 바. 외국인 또는 외국법인이 신고하는 경우에는 「건설산업기본법 시행령」 제13조제2항제1호 및 제3호의 요건을 갖추었음을 증명하는 서류(「출입국관리법」 제33조에 따른 외국인등록증 및 영업소 등기사항증명서를 말합니다)

행정정보 공동이용 동의서

본인은 이 건 업무처리와 관련하여 「전자정부법」 제36조제1항에 따른 행정정보의 공동이용을 통하여 경유·처리기관이 법인 등기사항증명서, 주민등록표초본, 여권, 공장등록대장 등본, 건설기계등록원부등본 또는 외국인등록증을 확인하는 것에 동의합니다.

※ 법인 등기사항증명서, 주민등록표초본, 재외국민등록증 또는 여권, 공장등록대장 등본, 건설기계등록원부등본, 외국인등록증의 확인에 동의하지 않는 경우에는 신청인이 직접 해당 서류 또는 그 사본을 제출하여야 합니다.

신고인 (서명 또는 인)

210㎜×297㎜[백상지(80g/㎡) 또는 중질지(80g/㎡)]

(뒤 쪽)

처리절차

<종합공사를 시공하는 업종의 경우>

신 고 인	경 유 기 관 「건설산업기본법시행령」 제87조제1항제1호다목에 따른 업무를 위탁받은 기관	처 리 기 관 특별시 · 광역시 · 특별자치시 · 도 · 특별자치도
신고서 작성 · 제출 →	접 수	
	↓ 신고내용 확인 (서면심사)	
	↓ 기업진단 및 실제 확인 (필요시) → 건설업양도신고서 심사 및 적격 여부 확인결과 통보	
		↓ 결 재 등록증 및 등록수첩 작성
등록증 및 등록수첩 교부 ←		

<전문공사를 시공하는 업종의 경우>

신 고 인	처 리 기 관(특별시 · 광역시 · 특별자치시 · 도 · 특별자치도)
신고서 작성 · 제출 →	접 수
	↓ 신고내용 확인 (서면심사)
	↓ 기업진단 및 실제 확인(필요시)
	↓ 결 재 등록증 및 등록수첩 작성
등록증 및 등록수첩 교부 ←	

210mm×297mm[백상지(80g/㎡) 또는 중질지(80g/㎡)]

■ 건설산업기본 시행규칙 [별지 제15호서식] <개정 2021. 8. 27.>

법인합병신고서

※ 색상이 어두운 칸은 신고인이 적지 않습니다. (앞 쪽)

접수번호		접수일		처리기간	7일

<table>
<tr><td rowspan="4">합병 법인</td><td>①상호</td><td></td><td>②대표자</td><td></td></tr>
<tr><td>③영업소 소재지</td><td></td><td>④전화번호</td><td></td></tr>
<tr><td>⑤법인(주민)등록번호</td><td></td><td>⑥국적 또는 소속 국가명</td><td></td></tr>
<tr><td>⑦업종</td><td></td><td>⑧등록번호</td><td></td></tr>
<tr><td rowspan="4">합병 법인</td><td>⑨상호</td><td></td><td>⑩대표자</td><td></td></tr>
<tr><td>⑪영업소 소재지</td><td></td><td>⑫전화번호</td><td></td></tr>
<tr><td>⑬법인(주민)등록번호</td><td></td><td>⑭국적 또는 소속 국가명</td><td></td></tr>
<tr><td>⑮업종</td><td></td><td>⑯등록번호</td><td></td></tr>
<tr><td rowspan="4">합병 후 존속 또는 설립된 법인</td><td>⑰상호</td><td></td><td>⑱대표자</td><td></td></tr>
<tr><td>⑲영업소 소재지</td><td></td><td>⑳전화번호</td><td></td></tr>
<tr><td>㉑법인(주민)등록번호</td><td></td><td>㉒국적 또는 소속 국가명</td><td></td></tr>
<tr><td>㉓업종</td><td></td><td>㉔등록번호</td><td></td></tr>
</table>

「건설산업기본법」 제17조제1항제2호에 따라 건설사업자인 법인의 합병을 신고합니다.

년 월 일

신고인 (서명 또는 인)

귀하

수수료	없음

<table>
<tr><td rowspan="2">제출서류</td><td>신고인 제출서류</td><td>경유・처리기관 확인사항</td></tr>
<tr><td>1. 합병계약서 사본
2. 합병공고문
3. 합병에 관한 사항을 의결한 총회 또는 창립총회의 결의서 사본
4. 합병 후 존속하거나 신설된 법인에 관한 다음 각 목의 서류(해당 건설업의 등록에 관한 서류만을 말합니다)
가. 법인인 경우에는 재무상태표・손익계산서, 개인인 경우에는 영업용자산액명세서와 그 증빙서류
나. 「건설산업기본법 시행령」 제13조제1항제1호의2에 따른 보증가능금액확인서(보증가능금액확인서 발급기관이 시・도지사 또는 「건설산업기본법 시행령」 제87조제1항제1호가목에 따른 등록업무를 위탁받은 기관에 그 발급내용을 통보한 경우에는 보증가능금액확인서를 제출한 것으로 봅니다)
다. 「건설산업기본법 시행령」 별표 2의 시설・장비에 관한 다음의 서류
1) 「건설산업기본법 시행령」 별표 2에 규정된 사무실을 갖추었음을 증명하는 임대차계약서 사본(임대차인의 경우에 한합니다)
2) 「건설산업기본법 시행령」 별표 2에 따른 건설공사용 시설의 현황을 기재한 서류
3) 「건설산업기본법 시행령」 별표 2에 따른 건설공사용 장비의 현황(영업용에 제공되는 기계 및 기구의 명칭・종류・성능 및 수량을 말합니다)을 기재한 서류
라. 기술인력의 보유현황
마. 외국인 또는 외국법인이 신고하는 경우에는 해당 국가에서 「건설산업기본법」 제13조제1항 각 호의 어느 하나에 따른 사유와 같거나 비슷한 사유에 해당하지 아니함을 신고인(법인인 경우 대표자를 말합니다)이 확인한 확인서</td><td>1. 합병 후 존속하거나 신설된 법인에 관한 다음 각 목의 서류(해당 건설업의 등록에 관한 서류만을 말합니다)
가. 법인인 경우에는 법인 등기사항증명서
나. 개인인 경우에는 주민등록표초본이나 「재외국민등록법」 제3조에 따른 재외국민인 경우에는 여권
다. 「건설산업기본법 시행령」 별표 2에 따른 사무실에 관한 다음의 서류
1) 자기소유인 경우: 건물 등기사항증명서
2) 전세권이 설정되어 있는 경우: 전세권이 설정되어 있음이 표기된 건물 등기사항증명서
3) 임대차인의 경우: 건물 등기사항증명서
라. 「건설산업기본법 시행령」 별표 2에 따른 건설공사용 시설의 건물 또는 토지의 등기사항증명서 및 공장등록대장 등본
마. 「건설산업기본법 시행령」 별표 2에 따른 건설공사용 장비 중 「건설기계관리법」 그 밖의 다른 법령의 적용을 받는 장비의 경우에는 그 등록원부등본
바. 외국인 또는 외국법인이 신고하는 경우에는 「건설산업기본법 시행령」 제13조제2항제1호 및 제3호의 요건을 갖추었음을 증명하는 서류(「출입국관리법」 제33조에 따른 외국인등록증 및 영업소 등기사항증명서를 말합니다)</td></tr>
</table>

행정정보 공동이용 동의서

본인은 이 건 업무처리와 관련하여 「전자정부법」 제36조제１항에 따른 행정정보의 공동이용을 통하여 경유・처리기관이 법인 등기사항증명서, 주민등록표초본, 여권, 공장등록대장 등본, 건설기계등록원부등본 또는 외국인등록증을 확인하는 것에 동의합니다.

※ 법인 등기사항증명서, 주민등록표초본, 재외국민등록증 또는 여권, 공장등록대장 등본, 건설기계등록원부등본, 외국인등록증의 확인에 동의하지 않는 경우에는 신청인이 직접 해당 서류 또는 그 사본을 제출하여야 합니다.

신고인 (서명 또는 인)

210mm×297mm[백상지(80g/㎡) 또는 중질지(80g/㎡)]

(뒤 쪽)

처리절차

<종합공사를 시공하는 업종의 경우>

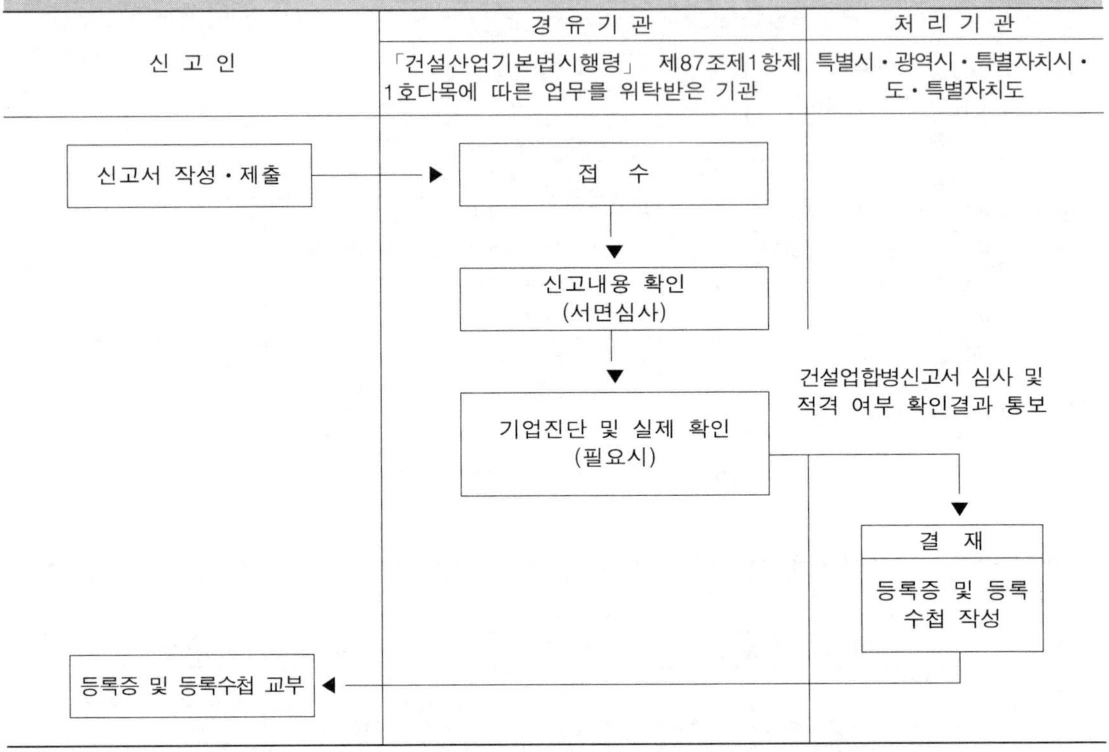

<전문공사를 시공하는 업종의 경우>

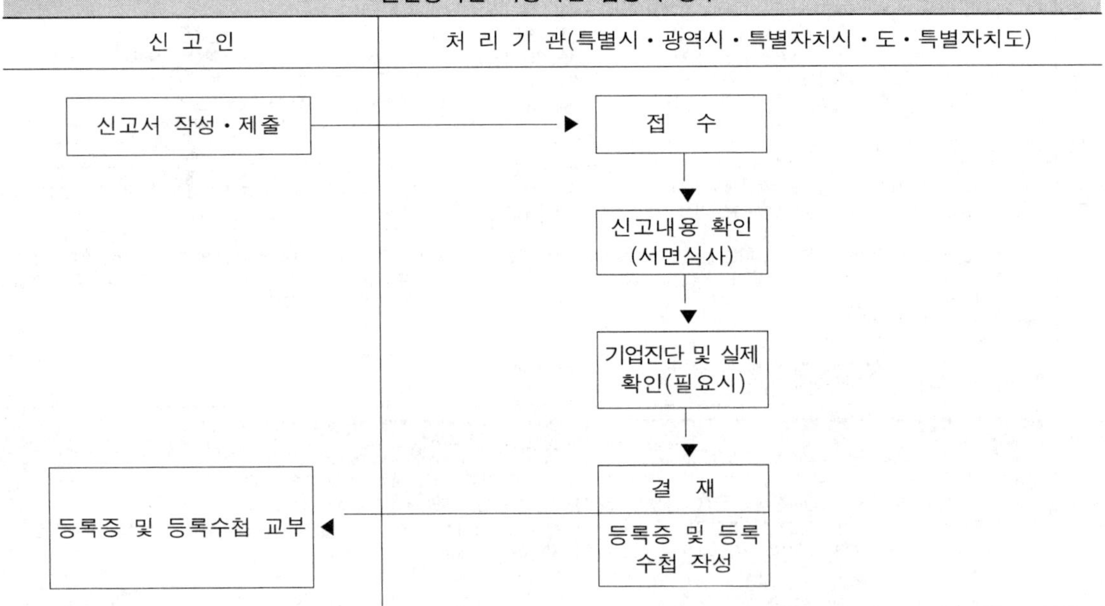

210mm×297mm[백상지(80g/㎡) 또는 중질지(80g/㎡)]

■ 건설산업기본 시행규칙 [별지 제16호서식] <개정 2021. 8. 27.>

건설업상속신고서

※ 색상이 어두운 칸은 신고인이 적지 않습니다. (앞 쪽)

접수번호	접수일	처리기간	7일

피상속인	①성 명		②주민등록번호	
	③주 소		④사망일자	
	⑤상 호		⑥영업소소재지	
	⑦업 종		⑧등 록 번 호	
	⑨국적 또는 소속국가명		⑩전 화 번 호	
상속인	⑪성 명		⑫주민등록번호	
	⑬주 소		⑭전 화 번 호	

「건설산업기본법」 제17조제4항에 따라 건설업상속을 신고합니다.

년 월 일

신고인 (서명 또는 인)

귀하

수수료	없음

	신고인 제출서류	경유·처리기관 확인사항
제출서류	1. 상속인임을 증명하는 서류 2. 상속인에 관한 다음 각 목의 서류(해당 건설업의 등록에 관한 서류만을 말합니다) 가. 법인인 경우에는 재무상태표·손익계산서, 개인인 경우에는 영업용자산액명세서와 그 증빙서류 나.「건설산업기본법 시행령」 제13조제1항제1호의2에 따른 보증가능금액확인서(보증가능금액확인서 발급기관이 시·도지사 또는 「건설산업기본법 시행령」 제87조제1항제1호가목에 따른 등록업무를 위탁받은 기관에 그 발급내용을 통보한 경우에는 보증가능금액확인서를 제출한 것으로 봅니다) 다.「건설산업기본법 시행령」 별표 2의 시설·장비에 관한 다음 각 목의 서류 1)「건설산업기본법 시행령」 별표 2에 규정된 사무실을 갖추었음을 증명하는 임대차계약서 사본(임대차인의 경우만 해당합니다) 2)「건설산업기본법 시행령」 별표 2에 따른 건설공사용 시설의 현황을 기재한 서류 3)「건설산업기본법 시행령」 별표 2에 따른 건설공사용 장비의 현황(영업용에 제공되는 기계 및 기구의 명칭·종류·성능 및 수량을 말합니다)을 기재한 서류 라. 기술인력의 보유현황 마. 외국인 또는 외국법인이 신고하는 경우에는 해당 국가에서 「건설산업기본법」 제13조제1항 각 호의 어느 하나에 따른 사유와 같거나 비슷한 사유에 해당하지 아니함을 신고인(법인인 경우 대표자를 말합니다)이 확인한 확인서	1. 상속인에 관한 다음 각 목의 서류(해당 건설업의 등록에 관한 서류만을 말합니다) 가. 법인인 경우에는 법인 등기사항증명서 나. 개인인 경우에는 주민등록표초본이나 「재외국민등록법」 제3조에 따른 재외국민인 경우에는 여권 다.「건설산업기본법 시행령」 별표 2에 따른 사무실에 관한 다음의 서류 1) 자기소유인 경우: 건물 등기사항증명서 2) 전세권이 설정되어 있는 경우: 전세권이 설정되어 있음이 표기된 건물 등기사항증명서 3) 임대차인의 경우: 건물 등기사항증명서 라.「건설산업기본법 시행령」 별표 2에 따른 건설공사용 시설의 건물 또는 토지의 등기 사항증명서 및 공장등록대장 등본 마.「건설산업기본법 시행령」 별표 2에 따른 건설공사용 장비 중 「건설기계관리법」 그 밖의 다른 법령의 적용을 받는 장비의 경우에는 그 등록원부등본 바. 외국인 또는 외국법인이 신고하는 경우에는 「건설산업기본법 시행령」 제13조제2항제1호 및 제3호의 요건을 갖추었음을 증명하는 서류(「출입국관리법」 제33조에 따른 외국인등록증 사본 및 영업소 등기사항증명서를 말합니다)

행정정보 공동이용 동의서

본인은 이 건 업무처리와 관련하여 「전자정부법」 제36조제1항에 따른 행정정보의 공동이용을 통하여 경유·처리기관이 법인 등기사항증명서, 주민등록표초본, 여권, 공장등록대장 등본, 건설기계등록원부등본 또는 외국인등록증을 확인하는 것에 동의합니다.

※ 법인 등기사항증명서, 주민등록표초본, 재외국민등록증 또는 여권, 공장등록대장 등본, 건설기계등록원부등본, 외국인등록증의 확인에 동의하지 않는 경우에는 신청인이 직접 해당 서류 또는 그 사본을 제출하여야 합니다.

신고인 (서명 또는 인)

210㎜×297㎜[백상지(80g/㎡) 또는 중질지(80g/㎡)]

(뒤 쪽)

처리절차

<종합공사를 시공하는 업종의 경우>

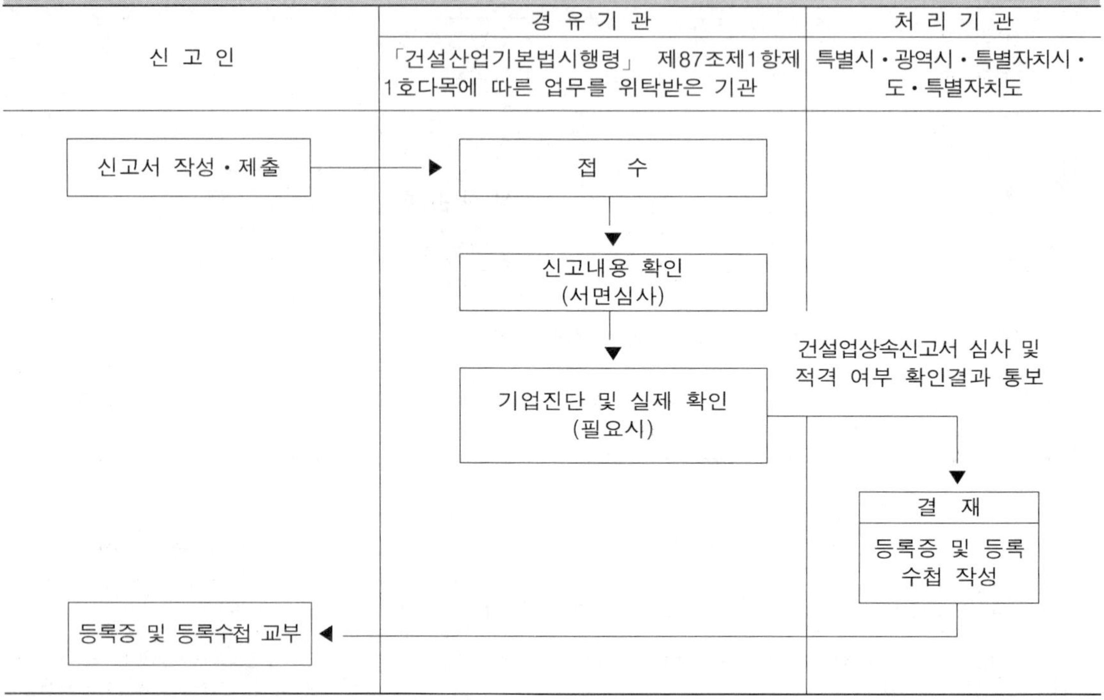

<전문공사를 시공하는 업종의 경우>

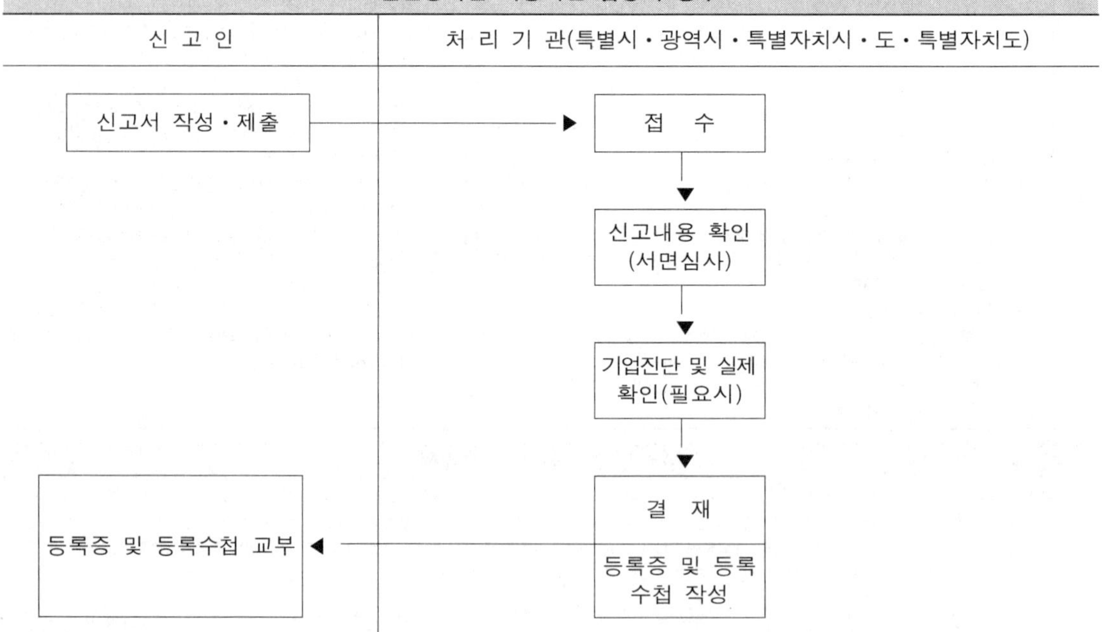

210㎜×297㎜[백상지(80g/㎡) 또는 중질지(80g/㎡)]

■ 건설산업기본법 시행규칙 [별지 제16호의2서식] <개정 2014.8.7>

건설업폐업신고서

접수번호	접수일	처리기간 즉시

신고인	상호(법인인 경우에는 법인의 명칭)	대표자
	영업소 소재지 (전화번호:)	
	생년월일(법인인 경우에는 법인등록번호)	국적 또는 소속 국가명

폐업업종 및 등록번호	업종명	등록번호

폐업사유	1. 회사 사정 [ ]사입 포기 [ ]회사 부노·파산 2. 업종 전환 [ ]전문건설업 영위 업체가 일반건설업을 신규등록하여 종전에 보유하고 있는 전문건설업 폐업 [ ]일반건설업 영위 업체가 전문건설업을 신규등록하여 종전에 보유하고 있는 일반건설업 폐업 [ ]토목건축공사업을 신규등록하려는 업체로서 종전에 보유하고 있는 토목공사업과 건축공사업 폐업 3. [ ]그 밖의 사유( )

보유업종 및 등록번호 (폐업업종 외 보유업종)	업종명	등록번호

「건설산업기본법」 제20조의2 및 같은 법 시행규칙 제20조의2에 따라 건설업 폐업사실을 신고합니다.

년 월 일

신고인 (서명 또는 인)

특 별 시 장
광 역 시 장
특별자치시장 귀하
도 지 사
특별자치도지사

첨부서류	건설업등록증 및 등록수첩	수수료 없음

210㎜×297㎜[백상지 80g/㎡(재활용품)]

■ 건설산업기본법 시행규칙 [별지 제17호서식] <개정 2024. 10. 16.>

건설공사대장

1. 공사 개요

(3쪽 중 제1쪽)

<table>
<tr><td colspan="2">공사명</td><td colspan="3"></td><td>①공사유형</td><td>[ ] 신설 [ ] 유지보수</td></tr>
<tr><td colspan="2" rowspan="2">②공사종류</td><td>종합공사
(종합공사·전문공사 모두 적습니다)</td><td colspan="2">공사종류</td><td>공종그룹종류</td><td>세부공사종류(종합)</td></tr>
<tr><td>전문공사
(전문공사만 적습니다)</td><td colspan="4">세부공사종류(전문)</td></tr>
<tr><td colspan="2">③건축허가(신고)번호:</td><td colspan="3"></td><td>현장 소재지</td><td></td></tr>
<tr><td rowspan="2">발주자</td><td>구분</td><td>[ ]공공 [ ]민간(법인) [ ]민간(개인)</td><td>기관명(상호)
(개인인 경우 성명)</td><td></td><td>법인등록번호
(개인인 경우 생년월일)</td><td>-</td></tr>
<tr><td>사업자등록번호</td><td></td><td>④연락처</td><td colspan="3"></td></tr>
<tr><td colspan="2">건설근로자퇴직공제회</td><td colspan="5">-퇴직공제가입 여부: [ ]예 [ ]아니오 -공제가입번호: -가입날짜:</td></tr>
<tr><td colspan="2">도급방법</td><td colspan="5">[ ]단독도급 [ ]공동도급 ([ ]공동이행방식 [ ]분담이행방식 [ ]주계약자관리방식)</td></tr>
<tr><td colspan="2">계약성질</td><td colspan="5">[ ]장기계속 [ ]계속비 [ ]장기계속에서 계속비로 변경 [ ]일반</td></tr>
<tr><td colspan="2" rowspan="2">입찰방법</td><td colspan="5">[ ]적격심사 [ ]최저가 [ ]종합심사 [ ]턴키 [ ]대안 [ ]기술제안입찰 [ ]그 밖의 입찰방법</td></tr>
<tr><td colspan="5">예정가격: [ ] 원 낙찰률: [ ]%</td></tr>
<tr><td colspan="2">계약방법</td><td colspan="5">[ ]제한경쟁 [ ]일반경쟁 [ ]지명경쟁 [ ]수의 [ ]그 밖의 계약방법</td></tr>
</table>

2. 도급계약

가. 도급금액(장기계속공사인 경우에는 총공사 부기사항 및 해당 차수별 도급계약사항을 말합니다)

<table>
<tr><td rowspan="2">구분</td><td rowspan="2">계약
연월일</td><td rowspan="2">착공
연월일</td><td rowspan="2">준공(예정)
연월일</td><td rowspan="2">도급금액</td><td colspan="2">⑤직접시공금액</td><td rowspan="2">⑥직접시공
예외사유 및
증빙서류</td><td colspan="4">⑦보증금</td></tr>
<tr><td>총노무비</td><td>직접시공
노무비</td><td>보증종류</td><td>보증금액</td><td>예치방법</td><td>비고</td></tr>
<tr><td>도급계약(총공사)</td><td></td><td></td><td></td><td>원</td><td></td><td></td><td></td><td></td><td></td><td></td><td></td></tr>
<tr><td>( )차</td><td></td><td></td><td></td><td>원</td><td></td><td></td><td></td><td></td><td></td><td></td><td></td></tr>
<tr><td>( )차</td><td></td><td></td><td></td><td>원</td><td></td><td></td><td></td><td></td><td></td><td></td><td></td></tr>
</table>

나. 도급업체(공동도급인 경우에는 구성원까지 모두 적습니다)

구분	상호	법인등록번호	사업자등록번호	건설업종 및 등록번호	주력분야	지분율 또는 분담내용 (공동도급인 경우)	업체별 도급금액
대표사							
구성원							
구성원							

297㎜×210㎜[백상지 150g/㎡]

(3쪽 중 제2쪽)

3. 공사대금 및 공사진척사항

가. 공사대금수령사항

구분	수령업체	수령일	세금계산서 발행일자	⑧세금계산서 발행금액	수령금액			
					계	현금	어음	기타
선급금								
기성금								
기성금								
준공금								

나. 하도급대금지급사항(원도급사가 하도급대금 지급한 경우를 말합니다)

구분	하도급 업체	지급일	지급금액			
			계	현금	어음	기타
선급금						
기성금						
기성금						
준공금						

4. 공사참여자 현황

가. 현장 배치 건설기술인(「건설산업기본법」 제40조제1항에 따라 건설공사 현장에 배치된 건설기술인을 말한다)

소속업체구분	소속업체명	기술인 성명	생년월일	기술종목 및 등급/자격증	배치기간	⑨발주자승낙여부	
						구분	발주자승낙서
[ ]원도급자 [ ]하도급자					~	[ ]중복배치 [ ]배치예외	
[ ]원도급자 [ ]하도급자					~	[ ]중복배치 [ ]배치예외	

나. 하도급 계약(공동도급인 경우에는 구성원까지 적습니다)

원도급 업체명	하도급업체				하도급내용									하도급대금지급보증서			⑬발주자 서면 승낙서
	상호	법인등록 번호	사업자 등록번호	⑩지분율 또는 분담내용 (공동도급인 경우)	계약 체결일	공사 기간	업종 및 등록번호	주력분야	공사종류	도급금액 (하도급부분)	하도급 계약금액	하도 급률	대금지급 주체	교부 여부	⑪교부 내용	⑫교부면제 사유 및 증빙서류	
						~				원	원	%	[ ]발주자 [ ]수급인	[ ]교부 [ ]교부면제			
						~				원	원	%	[ ]발주자 [ ]수급인	[ ]교부 [ ]교부면제			

다. 재하도급 계약

하도급 업체명	재하도급업체			재하도급내용				
	상호	법인등록번호	사업자등록번호	계약체결일	공사종류	재하도급금액	⑭재하도급사유	⑮수급인 서면승낙서

라. 건설기계대여업체(수급인이 체결한 계약만 작성하고, 건설기계임대차 표준계약서 사용 여부를 선택하되, 표준계약서 미사용 시 대여방법 선택 기재)

원도급 업체명	건설기계임대차 표준계약서 사용 여부	건설기계대여업체		건설기계 대여내용		
		상호	사업자등록번호	⑯건설기계명	⑰대여기간	⑱대여금액
	[ ]사용 [ ]미사용(□시간당 대여 □기타)					원
	[ ]사용 [ ]미사용(□시간당 대여 □기타)					원

297㎜×210㎜[백상지 150g/㎡]

(3쪽 중 제3쪽)

작성방법

1. 건설공사대장 통보(기재) 대상자는 수급인이며 공동도급일 경우에는 공동수급체 대표사가 구성원 정보까지 모두 포함하여 적습니다.
2. 건설공사대장에 기재해야 하는 사항이 서식의 빈칸을 초과하는 경우에는 서식에 빈칸을 추가하여 적습니다(예: 공동수급체 구성원이 3인 이상인 경우 등).

<항목별 설명>

1. 공사개요

① 공사유형: 신설공사 또는 유지보수공사를 말합니다. 이 경우 시설물의 완공 이후 개량·보수·보강하는 공사는 유지보수란에 적습니다. 다만, 건축물의 증축·개축·재축 및 대수선공사와 건축물을 제외한 그 밖의 시설물의 증설·확장공사 및 주요구조부를 해체한 후 복구·보강·변경하는 공사는 신설공사와 같이 신설란에 적습니다.

② 공사종류

- 종합공사

공사 종류	공종그룹 종류	세부공사종류(종합)			
토목	1.교통 시설	일반도로 고속화도로 고속도로	도로교량 철도교량 공 항	일반철도 고속철도 지하철	도로터널 철도터널
	2.수자원 시설	댐 항 만 운 하	치수·하천 수로터널	관개수로 상수도(1천㎜ 이상) 상수도(1천㎜ 미만)	정수장 하수도
	3.기타 토목시설	간 척 농지정리	택지조성 공업용지조성	치산·사방 기타터널	기타토목시설
건축	1.주거 시설	단독주택·연립주택 저층아파트(5층 이하)	고층아파트(6층~15층 이하) 초고층아파트(16층 이상)	주상복합건축물	
	2.비주거 시설	상가·백화점·쇼핑센터 사무실빌딩 오피스텔 인텔리전트빌딩 호텔·숙박시설 관공서건물(11층 이하)	관공서건물(12층 이상) 학 교 병 원 전통양식건축 교회·사찰 등 종교용건물 기타문화유산·유적건물	공연집회시설 경기장·운동장 전시(展示)시설 창고·차고·터미널건물 공장·작업장용건물 기계기구시설(플랜트 제외)	위험물저장소 변전소·발전소용건물 기타건축시설
산업·환경설비		제철소·석유화학공장 등 산업생산시설 원자력발전소 화력발전소 열병합발전소	수력발전소 태양광발전소 풍력발전소 조력발전소 (집단에너지공급시설)송유관	(집단에너지공급시설)유류저장시설 (집단에너지공급시설)가스관 (집단에너지공급시설) 가스 저장시설 쓰레기소각장	하수종말처리장 폐수종말처리장 기타환경시설공사 기타플랜트설비공사
조경		수목원	공원	기타조경공사	

- 전문공사

세부공사종류(전문)			
일반실내건축공사 목재창호·목재구조물공사 일반토공사 발파공사 미장공사 타일공사 방수공사 조적공사 석공사 일반도장공사 재(再)도장공사 차선도색공사 비계공사	파일공사 구조물해체공사 창호공사 금속구조물공사 온실설치공사 지붕·판금공사 건축물조립공사 철근·콘크리트공사 건축기계설비공사 플랜트기계설비공사 자동제어공사 상수도설비공사 하수도설비공사	일반보링·그라우팅공사 착정공사(지하수개발공사) 철도·궤도공사 일반포장공사 포장유지관리공사 수중공사 일반조경식재공사 조경유지관리공사 조경시설물설치공사 일반강구조물공사 인도전용강재육교설치공사 일반철강재설치공사 교량철구조물설치공사	삭도설치·제거공사 삭도유지관리공사 준설공사 일반승강기설치공사 기계식주차기설치공사 가스시설시공(제1종) 가스시설시공(제2종) 가스시설시공(제3종) 난방시공(제1종) 난방시공(제2종) 난방시공(제3종)

③ 건축허가(신고)번호: 「건축법」 제11조, 제14조 및 제20조제1항에 따라 부여된 건축허가 또는 신고번호를 적습니다.

④ 연락처: 발주자 담당자의 전자우편 또는 전화번호(휴대전화번호를 포함합니다)

2. 도급계약

⑤ 직접시공금액: 「건설산업기본법」 제28조의2제1항 및 같은 법 시행령 제30조의2제1항에 해당하는 직접시공 의무공사의 경우에 적습니다.

⑥ 직접시공 예외사유 및 증빙서류: 「건설산업기본법」 제28조의2제1항 단서 및 같은 법 시행령 제30조의2제3항 각 호에 해당하여 직접시공하지 않은 경우 그 예외사유와 이를 증빙하는 자료를 첨부합니다.

⑦ 보증금

- 보증종류: 계약보증, 공사이행보증, 선급금보증, 하자보수보증
- 예치방법: 현금, 유가증권, 보증서발급 등
- 비고: 보증서를 발급한 경우 보증서번호, 보증기관, 발급업체, 발급일자를 그 외 방법인 경우 예치업체를 적습니다.

3. 공사대금 및 공사진척사항

⑧ 세금계산서 발행금액: 세금계산서상의 공급가액 및 세액을 포함한 금액입니다.

4. 공사참여자 현황

⑨ 발주자승낙여부: 「건설산업기본법 시행령」 제35조제3항 각 호에 해당하는 공사로 발주자의 승낙을 받아 1명의 건설기술인을 2개 이상의 공사현장에 배치하는 경우 및 「건설산업기본법」 제40조제1항 단서에 따라 같은 법 시행규칙 제30조의2 각 호의 경우에 해당되어 발주자의 서면 승낙을 받아 건설기술인을 배치하지 않은 경우에 적으며, 그 발주자 서면 승낙서를 스캔 파일로 첨부합니다.

⑩ 지분율 또는 분담내용(공동도급인 경우): 하도급을 받은 건설사업자가 공동수급체를 구성한 경우 「건설산업기본법」 제29조의2에 따른 하도급관리를 위해 공동수급체 구성원 간에 체결한 협정서를 스캔 파일로 첨부합니다.

⑪ 교부내용: 보증서번호, 보증기관, 발급일자, 보증금액을 적습니다.

⑫ 교부면제 사유 및 증빙서류: 「건설산업기본법 시행규칙」 제28조제3항 각 호에 따른 교부면제사유를 적고, 이를 증명하는 증빙서류 파일을 첨부합니다.

⑬ 발주자서면승낙서: 「건설산업기본법」 제29조제2항(전문공사의 하도급)에 해당하여 발주자 서면승낙을 받은 경우, 그 발주자 서면 승낙서를 스캔 파일로 첨부합니다.

⑭ 재하도급사유: 「건설산업기본법」 제29조제3항 및 같은 법 시행규칙 제25조의7에 따른 재하도급사유를 적습니다.

⑮ 수급인 서면승낙서: 「건설산업기본법」 제29조제3항제2호에 따른 수급인서면승낙서를 스캔 파일로 첨부합니다.

⑯ 건설기계명: 「건설기계관리법 시행령」 별표 1에 따른 건설기계

⑰ 대여기간 및 ⑱ 대여금액: 월대 또는 일대로 지급되더라도 전체 대여기간 및 전체 대여금액 기준으로 적습니다.

297㎜×210㎜[백상지 150g/㎡]

■ 건설산업기본법 시행규칙 [별지 제17호의2서식] <개정 2024. 10. 16.>

하도급 건설공사대장

1. 공사 개요

(3쪽 중 제1쪽)

<table>
<tr><td colspan="2" rowspan="2">공사명</td><td colspan="4"></td><td rowspan="2">①공사유형</td><td rowspan="2">[ ] 신설
[ ] 유지보수</td></tr>
<tr><td colspan="4">(원 공사명:)</td></tr>
<tr><td colspan="2" rowspan="2">②공사종류</td><td>종합공사
(종합공사·전문공사 모두 적습니다)</td><td>공사종류</td><td>공종그룹종류</td><td>세부공사종류(종합)</td><td rowspan="2">현장 소재지</td><td rowspan="2"></td></tr>
<tr><td>전문공사
(전문공사만 적습니다)</td><td colspan="3">세부공사종류(전문)</td></tr>
<tr><td rowspan="2">발주자</td><td>구분</td><td colspan="2">[ ] 공공 [ ] 민간(법인) [ ] 민간(개인)</td><td>기관명(상호)
(개인인 경우 성명)</td><td></td><td>법인등록번호
(개인인 경우 생년월일)</td><td>-</td></tr>
<tr><td>사업자등록번호</td><td colspan="2"></td><td>⑤연락처</td><td colspan="3"></td></tr>
<tr><td>수급인</td><td>상호</td><td colspan="2"></td><td>법인등록번호</td><td></td><td>사업자등록번호</td><td>-</td></tr>
<tr><td colspan="2">하도급대금지급보증서 수령 여부</td><td colspan="6">[ ] 예 [ ] 아니오 (발주자 직불합의: [ ] 예 [ ] 아니오)</td></tr>
<tr><td colspan="2">건설근로자 퇴직공제회</td><td colspan="6">- 퇴직공제가입 여부: [ ] 예 [ ] 아니오 - 공제가입번호: - 가입날짜:</td></tr>
<tr><td colspan="2">도급방법</td><td colspan="6">[ ] 단독도급 [ ] 공동도급 ([ ] 공동이행방식 [ ] 분담이행방식 [ ] 주계약자관리방식)</td></tr>
</table>

2. 하도급계약 내용

가. 하도급계약

계약연월일	착공연월일	준공(예정)연월일	하도급계약금액	④보증금			
				보증종류	보증금액	예치방법	비고

나. 하도급업체

구분	상호	법인등록번호	사업자등록번호	건설업종 및 등록번호	주력분야	⑤지분율 또는 분담내용 (공동도급인 경우)	업체별 하도급금액
대표사							
구성원							
구성원							

3. 공사대금 및 공사진척사항

구분	수령업체	세금계산서 발행일자	⑥세금계산서 발행금액	수령일	수령금액			
					계	현금	어음	기타
선급금								
기성금								
기성금								
준공금								

297㎜×210㎜[백상지 (150g/㎡)]

(3쪽 중 제2쪽)

4. 공사 참여자 현황

가. 현장 배치 건설기술인(※ 「건설산업기본법」 제40조제1항에 따라 건설공사 현장에 배치된 건설기술인을 말합니다)

소속업체구분	소속업체명	기술인 성명	생년월일	기술종목 및 등급/자격증	배치기간	⑦발주자승낙여부	
						구분	발주자승낙서
[ ] 하도급업체 [ ] 재하도급업체					~	[ ]중복배치 [ ]배치예외	
[ ] 하도급업체 [ ] 재하도급업체					~	[ ]중복배치 [ ]배치예외	

나. 재하도급계약

하도급 업체명	재하도급업체			재하도급내용						⑧하도급대금지급보증서				⑨재하도급 사유	⑩수급인 서면승낙서
	재하도급 업체명	법인 등록번호	사업자 등록번호	계약 체결일	공사 기간	업종 및 등록번호	주력 분야	공사 종류	계약금액	대금 지급주체	교부여부	교부 내용	면제사유 및 증빙서류		
				~					원	[ ]수급인 [ ]하수급인	[ ]교부 [ ]교부면제				
									원	[ ]수급인 [ ]하수급인	[ ]교부 [ ]교부면제				

다. 건설기계대여업체(하수급인이 체결한 계약만 작성하고, 건설기계임대차 표준계약서 사용 여부를 선택하되, 표준계약서 미사용 시 대여방법 선택 기재)

하도급 업체명	건설기계임대차 표준계약서 사용 여부	건설기계대여업체		건설기계 대여내용		
		상호	사업자등록번호	⑯건설기계명	⑰대여기간	⑱대여금액
	[ ]사용 [ ]미사용(□시간당 대여 □기타)					원
	[ ]사용 [ ]미사용(□시간당 대여 □기타)					원

297㎜×210㎜[백상지 (150g/㎡)]

(3쪽 중 제3쪽)

작성방법

1. 하도급건설공사대장 통보(작성) 대상자는 하수급인이며 공동도급일 경우에는 공동수급체 대표사가 구성원 정보까지 모두 포함하여 작성합니다.
2. 건설공사대장에 기재해야 하는 사항이 서식의 빈칸을 초과하는 경우에는 서식에 빈칸을 추가하여 작성합니다(예: 공동도급수급체 구성원이 3인 이상인 경우 등)

<항목별 설명>

1.공사개요

① 공사유형 : 신설공사 또는 유지보수공사를 말합니다. 이 경우 시설물의 완공 이후 개량·보수·보강하는 공사는 유지보수란에 기재합니다 다만, 건축물의 증축·개축·재축 및 대수선공사와 건축물을 제외한 그 밖의 시설물의 증설·확장공사 및 주요구조부를 해체한 후 복구·보강·변경하는 공사는 신설공사와 같이 신설란에 기재합니다.

② 공사종류(상세종류)

공사종류	1) 세부공사종류(종합)			
토목	일반도로 고속화도로 고속도로 도로교량 철도교량 댐	항 만 공 항 일반철도 고속철도 지하철 도로터널	철도터널 간 척 치산·치수 및 사방하천 관개수로 및 농지정리 상수도 1천mm 이상 상수도 1천mm 이하	정수장 하수도 택지조성 공업용지 조성 기타토목시설
건축	단독주택 및 연립주택 저층아파트(5층 이하) 고층아파트(6층~15층 이하) 초고층아파트(16층 이상) 주거·사무실겸용 건물 상가·백화점·쇼핑센터	사무실빌딩 오피스텔 인텔리전트빌딩 호텔·숙박시설 관공서건물(11층 이하) 관공서건물(12층 이상)	학 교 병 원 전통양식건축 교회·사찰 등 종교용 건물 기타 문화재, 유적건물 경기장·운동장	전시(展示)시설 창고, 차고, 터미널건물 공장, 작업장용 건물 기계기구시설(플랜트 제외) 위험물저장소 기타
산업·환경설비	제철소 및 석유화학공장 등 산업생산시설 원자력발전소 화력발전소	열병합발전소 수력발전소 집단에너지공급시설공사	쓰레기소각장 설치공사 플랜트설치공사 하수종말처리장 폐수종말처리장	그 밖의 산업·환경설비
조경	수목원	공원의 조성공사	기타 조경공사	

2) 세부공사종류(전문)

일반실내건축공사 목재창호·목재구조물공사 일반토공사 발파공사 미장공사 타일공사 방수공사 조적공사 석공사 일반도장공사 재(再)도장공사 차선도색공사 비계공사	파일공사 구조물해체공사 창호공사 금속구조물공사 온실설치공사 지붕·판금공사 건축물조립공사 철근·콘크리트공사 건축기계설비공사 플랜트기계설비공사 자동제어공사 상수도설비공사 하수도설비공사	일반보링·그라우팅공사 착정공사(지하수개발공사) 철도·궤도공사 일반포장공사 포장유지관리공사 수중공사 일반조경식재공사 조경유지관리공사 조경시설물설치공사 일반강구조물공사 인도전용강재육교설치공사 일반철강재설치공사 교량철구조물설치공사	삭도설치·제거공사 삭도유지관리공사 준설공사 일반승강기설치공사 기계식주차기설치공사 가스시설시공(제1종) 가스시설시공(제2종) 가스시설시공(제3종) 난방시공(제1종) 난방시공(제2종) 난방시공(제3종) 시설물유지관리공사

③ 연락처 : 발주자 담당자의 이메일 또는 전화번호 (휴대전화번호 포함)

2. 하도급 계약내용

④ 보증금 :
- 보증종류 : 계약보증, 공사이행보증, 선급금보증, 하자보수보증
- 예치방법 : 현금, 유가증권, 보증서 등
- 비고 : 보증서를 발급한 경우 보증서번호, 보증기관, 발급업체, 발급일자를 그 외 방법인 경우 예치업체를 기재합니다.

3. 공사대금 및 공사진척사항

⑤ 지분율 또는 분담내용(공동도급의 경우) : 「건설산업기본법」 제29조의2에 따른 하도급관리를 위해 하도급 구성원 간에 체결한 공동수급협정서를 스캔 파일로 첨부합니다.

⑥ 세금계산서 발행금액 : 세금계산서상의 공급가액 및 세액을 포함한 금액입니다.

4. 공사참여자 현황

⑦ 발주자 승낙여부 : 「건설산업기본법 시행령」 제35조제3항 각 호에 해당하는 공사로 발주자의 승낙을 받아 1명의 건설기술인을 2개 이상의 공사현장에 배치하는 경우 및 「건설산업기본법」 제40조제1항 단서에 따라 같은 법 시행규칙 제30조의2 각 호의 경우에 해당되어 발주자의 서면 승낙을 받아 건설기술인을 배치하지 않은 경우에 기재하며, 그 발주자 서면 승낙서를 스캔 파일로 첨부합니다.

⑧ 하도급대금지급보증서 : 「건설산업기본법 시행규칙」 제25조의7제2호가목에 따라 하도급업체가 재하도급업체에게 공사대금의 지급을 보증하는 보증서를 교부한 경우, 보증서번호, 보증기관, 발급일자를 기재합니다.

⑨ 재하도급사유 : 「건설산업기본법」 제29조제3항 및 같은 법 시행규칙 제25조의7에 따른 재하도급사유를 적습니다.

⑩ 수급인서면승낙서 : 「건설산업기본법」 제29조제3항제2호에 따른 수급인 서면승낙서를 스캔파일로 첨부합니다.

⑪ 건설기계명 : 「건설기계관리법 시행령」 별표 1에 따른 건설기계

⑫ 대여기간 및 ⑬대여금액 : 월대 또는 일대로 지급되더라도 전체 대여기간 및 전체 대여금액을 기준으로 작성합니다.

297mm×210mm[백상지 (150g/㎡)]

■ 건설산업기본법 시행규칙 [별지 제18호서식] <개정 2025. 10. 31.>

년도 건설공사 기성실적신고서

(4쪽 중 제1쪽)

본사 소재지	등록업종	등록번호

실적내역표별로 해당 공사종류에 ○표			
20 토목	30 건축	40 산업・환경설비	50 조경

회사명 :	
대표자 :	(서명 또는 인)

(1) 일련번호	(2) 공사명	(3) 공사유형	(4) 공종그룹종류	(5) 세부공사종류(종합)	(6) 세부공사종류(전문)	(7) 주력분야	(8) 공사지역	(9) 발주자명 (10) 하도급공사는 원도급자명 기재	(11) 도급종류 1. 도급 2. 하도급 3. 자기공사	(12) 발주자	(13) 계약성질	(14) 입찰방법	(15) 계약방법	(16) 계약연월	(17) 착공(예정)연월	(18) 준공(예정)연월	(19) 해당 연도 계약액 또는 이월계약액 (공동도급공사는 지분기재)	(20) 해당 연도 기성액	(21) 해당 연도 발주자공급자재액	(22) 비고 (공사 규모 등)
																	총계약액	전년도까지 누계기성액	전년도까지 누계관급자재액	
			상기항목[(9) 제외]은 뒤쪽을 참조하여 코드로 적습니다.											연 월	연 월	연 월	조 천억 백억 십억 억 천만 백만	조 천억 백억 십억 억 천만 백만	조 천억 백억 십억 억 천만 백만	
소계																				

유의사항

1. 등록업종: 모든 건설공사(종합 및 전문)에 대해 등록업종별 부호코드를 적습니다.
2. 서식 상단의 '실적내역표별로 해당 공사종류에 ○표'란은 모든 건설공사(종합 및 전문)에 대해 해당 공사종류에 "○"표 해야 합니다.
3. (3) 공사유형: 모든 건설공사(종합 및 전문)에 대해 (3) 공사유형 부호코드를 적습니다.
4. (4) 공종그룹종류: 모든 건설공사(종합 및 전문)에 대해 (4) 공종그룹종류 부호코드를 적습니다.
5. (5) 세부공사종류(종합): 모든 건설공사(종합 및 전문)에 대해 (5) 세부공사종류별(종합) 부호코드를 적습니다.
6. (6) 세부공사종류(전문): 전문공사에 대해 (6) 세부공사종류별(전문) 부호코드를 적습니다.
7. (7) 주력분야: 전문건설사업자가 주력분야 부호코드를 적습니다.
8. (8) ~ (15) 항목은 아래에 있는 표를 참고하여 해당 코드를 적습니다.

297㎜×210㎜[백상지 (80g/㎡) 또는 중질지(80g/㎡)]

(4쪽 중 제2쪽)

<table>
<tr><th rowspan="2">등록업종별
부호코드
(종합)</th><th rowspan="2">(3) 공사유형
부호코드</th><th colspan="4">(5) 세부공사종류(종합) 부호코드</th></tr>
<tr><th>토목</th><th>건축</th><th>산업・환경설비</th><th>조경</th></tr>
<tr><td rowspan="3">10:토목건축
20:토목
30:건축
40:산업・환경
설비
50:조경</td><td>1:신설
2:유지보수</td><td rowspan="3">(교통시설)
210:일반도로
211:고속화도로
212:고속도로
213:도로교량
214:철도교량
231:공항
240:일반철도
241:고속철도
242:지하철
243:도로터널
244:철도터널

(수자원시설)
220:댐
230:항만
232:운하
251:치수・하천
252:수로터널
260:관개수로
270:상수도(1천㎜ 이상)
271:상수도(1천㎜ 미만)
272:정수장
273:하수도

(기타토목시설)
250:간척
261:농지정리
281:택지조성
282:공업용지조성
283:치산・사방
284:기타터널
290:기타토목시설</td><td rowspan="3">(주거시설)
311:단독주택・연립주택
312:저층아파트(5층 이하)
313:고층아파트(6~15층 이하)
314:초고층아파트(16층 이상)
315:주상복합건축물

(비주거시설)
320:상가・백화점・쇼핑센터
321:사무실빌딩
322:오피스텔
325:인텔리전트빌딩
330:호텔・숙박시설
340:관공서건물(11층 이하)
341:관공서건물(12층 이상)
342:학교
343:병원
350:전통양식건축
351:교회・사찰 등 종교용건물
352:기타문화유산・유적건물
353:공연집회시설
360:경기장・운동장
361:전시(展示)시설
370:창고・차고・터미널 건물
371:공장・작업장용건물
372:기계기구시설(플랜트제외)
373:위험물저장소
374:변전소・발전소용건물
380:기타건축시설</td><td rowspan="3">410:제철소・석유화학공장 등 산업
생산시설
420:원자력발전소
421:화력발전소
422:열병합발전소
423:수력발전소
424:태양광발전소
425:풍력발전소
426:조력발전소
430:(집단에너지공급시설)송유관
431:(집단에너지공급시설)유류저장시설
432:(집단에너지공급시설)가스관
433:(집단에너지공급시설)가스저장시설
440:쓰레기소각장설치공사
460:하수종말처리장
461:폐수종말처리장
470:기타환경시설공사
471:기타플랜트설비공사</td><td rowspan="3">510:수목원
520:공원
530:기타조경공사</td></tr>
<tr><td>(4) 공종그룹종류
부호코드</td></tr>
<tr><td>(토목)
1:교통시설
2:수자원시설
3:기타토목시설

(건축)
4:주거시설
5:비주거시설</td></tr>
</table>

(4쪽 중 제3쪽)

등록업종별 부호코드(전문)	(7) 전문공사업의 주력분야 부호코드	(6) 세부공사종류(전문) 부호코드		
61:지반조성・포장공사업	610:토공사	6100:일반토공사	6500:일반조경식재공사	7200:일반승강기설치공사
62:실내건축공사업	611:포장공사	6101:발파공사	6501:조경유지관리공사	7201:기계식주차기설치공사
63:금속・창호・지붕・건축물조립공사업	612:보링・그라우팅・파일공사	6110:일반포장공사	6510:조경시설물설치공사	7210:삭도설치・제거공사
64:도장・습식・방수・석공사업	620:실내건축공사	6111:포장유지관리공사	6600:철근・콘크리트공사	7211:삭도유지관리공사
65:조경식재・시설물공사업	630:금속구조물・창호・온실공사	6120:일반보링・그라우팅공사	6700:구조물해체공사	7300:건축기계설비공사
66:철근・콘크리트공사업	631:지붕판금・건축물조립공사	6121:착정공사(지하수개발공사)	6701:비계공사	7301:플랜트기계설비공사
67:구조물해체・비계공사업	640:도장공사	6122:파일공사	6800:상수도설비공사	7302:자동제어공사
68:상・하수도설비공사업	641:습식・방수공사	6200:일반실내건축공사	6801:하수도설비공사	7310:가스시설공사(제1종)
69:철도・궤도공사업	642:석공사	6201:목재창호・목재구조물공사	6900:철도・궤도공사	7400:가스시설공사(제2종)
70:철강구조물공사업	650:조경식재공사	6300:금속구조물공사	7000:일반강구조물공사	7410:가스시설공사(제3종)
71:수중・준설공사업	651:조경시설물설치공사	6301:창호공사	7001:인도전용강재육교설치공사	7420:난방공사(제1종)
72:승강기・삭도공사업	660:철근・콘크리트공사	6302:온실설치공사		7430:난방공사(제2종)
73:기계설비・가스공사업	670:구조물해체・비계공사	6310:지붕・판금공사	7002:일반철강재설치공사	7440:난방공사(제3종)
74:가스・난방공사업	680:상하수도설비공사	6311:건축물조립공사	7003:교량철구조물설치공사	
	690:철도・궤도공사	6400:일반도장공사	7100:수중공사	
	700:철강구조물공사	6401:재(再)도장공사	7110:준설공사	
	710:수중공사	6402:차선도색공사		
	711:준설공사	6410:미장공사		
	720:승강기설치공사	6411:타일공사		
	721:삭도설치공사	6412:방수공사		
	730:기계설비공사	6413:조적공사		
	731:가스시설공사(제1종)	6420:석공사		
	740:가스시설공사(제2종)			
	741:가스시설공사(제3종)			
	742:난방공사(제1종)			
	743:난방공사(제2종)			
	744:난방공사(제3종)			

(4쪽 중 제4쪽)

<table>
<tr><th rowspan="3">(8) 공사지역 부호코드</th><th colspan="5">(12) 발주자별 부호코드</th><th rowspan="3">(13) 계약성질별부호코드</th><th rowspan="3">(22) 비고(공사규모 등) 기재방법</th></tr>
<tr><th colspan="2">민간부분</th><th rowspan="2">정부기관</th><th rowspan="2">지방자치단체</th><th rowspan="2">기타</th></tr>
<tr><th>제조업</th><th>비제조업</th></tr>
<tr>
<td rowspan="5">11:서울
21:부산
22:대구
23:인천
24:광주
25:대전
26:울산
29:세종
31:경기
32:강원
33:충북
34:충남
35:전북
36:전남
37:경북
38:경남
39:제주</td>
<td rowspan="5">901:식료품
902:음료
903:담배
904:섬유제품(의복 제외)
905:의복・의복악세서리・모피제품
906:가죽・가방・신발
907:목재・나무제품
908:펄프・종이・종이제품
909:인쇄・기록매체복제
910:코크스・연탄・석유정제품
911:화학물질・화학제품
912:의료용물질・의약품
913:고무・플라스틱제품
914:비금속 광물제품
915:1차 금속
916:금속가공제품
917:전자부품・컴퓨터・영상・음향・통신장비
918:의료・정밀・광학기기・시계
919:전기장비
920:기타 기계・장비
921:자동차・트레일러
922:기타 운송장비
923:가구
924:산업용 기계 및 장비 수리업
925:기타 제품</td>
<td rowspan="5">951:농업・임업・어업
952:광업
953:전기, 가스, 증기 및 공기조절 공급업
954:수도, 하수 및 폐기물처리, 원료재생업
955:건설업
956:도매・소매업
957:숙박・음식점업
958:운수・창고업
959:정보통신업
960:금융・보험업
961:부동산업
962:전문, 과학 및 기술 서비스업
963:사업시설 관리, 사업지원 및 임대 서비스업
964:교육 서비스업 (국・공립 제외)
965:보건업 및 사회복지 서비스업
966:예술, 스포츠 및 여가관련 서비스업
967:협회 및 단체, 수리 및 기타 개인 서비스업
999:비사업자</td>
<td rowspan="5">41:기획재정부
42:교육부
43:과학기술정보통신부
44:외교부
45:통일부
46:법무부
47:국방부
48:행정안전부
49:국가보훈부
50:문화체육관광부
51:농림축산식품부
52:산업통상부
53:보건복지부
54:기후에너지환경부
55:고용노동부
56:성평등가족부
57:국토교통부
58:해양수산부
59:중소벤처기업부
60:기타 정부기관</td>
<td rowspan="5">11:서울
21:부산
22:대구
23:인천
24:광주
25:대전
26:울산
29:세종
31:경기
32:강원
33:충북
34:충남
35:전북
36:전남
37:경북
38:경남
39:제주</td>
<td rowspan="5">91:공기업
92:준정부기관 및 기타공공기관
93:주한외국기관
94:해외외국기관</td>
<td>1:장기계속공사
2:계속비
3:장기계속에서 계속비로 변경
4:일반</td>
<td rowspan="5">-건축공사: 층수 및 연면적(㎡) 등을 적습니다.
-댐공사: 댐의 높이(m) 및 저수용량(㎥) 등을 적습니다.
-상・하수도: 직경(㎜) 및 총길이(m) 등을 적습니다.
-송유관: 직경(㎜) 및 총길이(m) 등을 적습니다.
-고속도로・교량・지하철・터널: 총길이(㎞) 등을 적습니다.
-발전소공사: 발전용량(㎾h) 등을 적습니다.
-간척공사: 간척면적(㎡) 등을 적습니다.
-쓰레기소각시설: 1일 소각량(t) 등을 적습니다.
-폐수・하수종말처리장: 1일 처리량(t) 등을 적습니다.
-에너지저장시설: 저장용량(㎥) 등을 적습니다.
※ 공사규모는 가급적 공사의 특성이 정확히 반영될 수 있도록 상세히 적으시기 바랍니다.</td>
</tr>
<tr><td>(14) 입찰방법별 부호코드</td></tr>
<tr><td>5:적격심사
6:최저가
7:종합심사
8:설계시공일괄
9:대안
10:기술제안
11:그 밖의 입찰방법</td></tr>
<tr><td>(15) 계약방법별 부호코드</td></tr>
<tr><td>12:제한경쟁
13:일반경쟁
14:지명경쟁
15:수의
16:그 밖의 계약방법</td></tr>
</table>

■ 건설산업기본법 시행규칙 [별지 제19호서식] <개정 2024. 10. 16.>

건설공사기성실적증명(신청)서

(앞쪽)

접수번호	접수일	처리기간 즉시

신청인	상호(법인인 경우에는 법인의 명칭)	대표자
	업종	주력분야
	영업소 소재지	등록번호

공사내역

공사명	총공사금액 백만원
현장 소재지(번지까지 기재)	

공사 유형	종합공사 (종합공사·전문공사 모두 적습니다)	①공사종류	②공종그룹종류	③세부공사종류(종합)
	전문공사 (전문공사만 적습니다)	④세부공사종류(전문)		

인·허가 기관	인·허가 연월일

<table>
<tr><td rowspan="3">계약
연월</td><td rowspan="3">착공
연월</td><td rowspan="3">준공
(예정)
연월</td><td colspan="7">해당 연도 계약액 또는 이월금액</td><td colspan="7">해당 연도 기성액</td><td colspan="7">해당 연도 기성지급액</td><td colspan="7">해당 연도 발주자 공급자재액</td></tr>
<tr><td colspan="7">총계약금액</td><td colspan="7">전년도까지 누계기성액</td><td colspan="7">전년도까지 누계지급액</td><td colspan="7">전년도까지 누계관급자재액</td></tr>
<tr><td>조</td><td>천억</td><td>백억</td><td>십억</td><td>억</td><td>천만</td><td>백만</td><td>조</td><td>천억</td><td>백억</td><td>십억</td><td>억</td><td>천만</td><td>백만</td><td>조</td><td>천억</td><td>백억</td><td>십억</td><td>억</td><td>천만</td><td>백만</td><td>조</td><td>천억</td><td>백억</td><td>십억</td><td>억</td><td>천만</td><td>백만</td></tr>
<tr><td rowspan="2"></td><td rowspan="2"></td><td rowspan="2"></td><td></td><td></td><td></td><td></td><td></td><td></td><td></td><td></td><td></td><td></td><td></td><td></td><td></td><td></td><td></td><td></td><td></td><td></td><td></td><td></td><td></td><td></td><td></td><td></td><td></td><td></td><td></td><td></td></tr>
<tr><td></td><td></td><td></td><td></td><td></td><td></td><td></td><td></td><td></td><td></td><td></td><td></td><td></td><td></td><td></td><td></td><td></td><td></td><td></td><td></td><td></td><td></td><td></td><td></td><td></td><td></td><td></td><td></td></tr>
<tr><td rowspan="2"></td><td rowspan="2"></td><td rowspan="2"></td><td></td><td></td><td></td><td></td><td></td><td></td><td></td><td></td><td></td><td></td><td></td><td></td><td></td><td></td><td></td><td></td><td></td><td></td><td></td><td></td><td></td><td></td><td></td><td></td><td></td><td></td><td></td><td></td></tr>
<tr><td></td><td></td><td></td><td></td><td></td><td></td><td></td><td></td><td></td><td></td><td></td><td></td><td></td><td></td><td></td><td></td><td></td><td></td><td></td><td></td><td></td><td></td><td></td><td></td><td></td><td></td><td></td><td></td></tr>
<tr><td colspan="3">그 밖의 사항
(공사의 규모·공법, 공동 도급내역 등)</td><td colspan="28"></td></tr>
</table>

년도 중 위와 같이 건설공사기성실적이 있음을 증명하여 주시기 바랍니다.	수수료 없음

년 월 일

신청인 (서명 또는 인)

귀하

위 사실을 증명합니다.

년 월 일

발주자(수급인)

- 상호
- 법인(사업자)등록번호 또는 생년월일
- 대표자 성명 (서명 또는 인)
- 주소
- 전화번호

210㎜×297㎜[백상지(80g/㎡) 또는 중질지(80g/㎡)]

(뒤쪽)

유의사항

1. 주력분야는 건설사업자가 주력분야로 지정받은 건설공사를 도급받은 경우에 적습니다.
2. 공사유형은 신설공사 또는 유지보수공사를 말합니다. 이 경우 시설물의 완공 이후 개량·보수·보강하는 공사는 유지보수공사로 적습니다. 다만, 건축물의 증축·개축·재축 및 대수선공사와 건축물을 제외한 그 밖의 시설물의 증설·확장공사 및 주요구조부를 해체한 후 복구·보강·변경하는 공사는 신설공사와 같이 신설공사로 적습니다.
3. ① 모든공사(종합 및 전문)에 대해 「건설산업기본법 시행규칙」 별표 3에 따른 종합공사의 업종(토목공사업, 건축공사업, 산업·환경설비공사업, 조경공사업)을 적습니다.
4. ② 모든공사(종합 및 전문)에 대해 아래 표의 공종그룹종류를 적습니다.
5. ③ 모든공사(종합 및 전문)에 대해 종합공사의 세부공사종류를 적습니다.
6. ④ 전문공사의 세부공사종류를 적습니다.

- 종합공사의 세부공사종류

공사종류	공종그룹종류	세부공사종류(종합)			
토목	1.교통시설	일반도로 고속화도로 고속도로	도로교량 철도교량	공항 일반철도 고속철도	지하철 도로터널 철도터널
	2. 수자원시설	댐 항만 운하	치수·하천 수로터널	관개수로 상수도(1천mm 이상) 상수도(1천mm 미만)	정수장 하수도
	3. 기타토목시설	간척 농지정리	택지조성 폐기물시스템 치산·사방	기타터널 기타토목시설	
건축	1. 주거시설	단독주택·연립주택 저층아파트(5층 이하)	고층아파트(6층~15층 이하) 초고층아파트(16층 이상)	주상복합건축물	
	2. 비주거시설	상가·백화점·쇼핑센터 사무실빌딩 오피스텔 인텔리전트빌딩	호텔·숙박시설 관공서건물(11층 이하) 관공서건물(12층 이상) 학교 병원	전통양식건축 교회·사찰 등 종교용건물 기타문화유산·유적건물 공연집회시설 경기장·운동장 전시(展示)시설	창고·차고·터미널 공장·작업장용건물 기계기구시설(플랜트 위험물저장소 변전소·발전소용건 기타건축시설
산업·환경설비		제철소·석유화학공장 등 산업생산시설 원자력발전소 화력발전소 열병합발전소	수력발전소 태양광발전소 풍력발전소 조력발전소	(집단에너지공급시설)송유관 (집단에너지공급시설)유류저장시설 (집단에너지공급시설)가스관 (집단에너지공급시설)가스 저장시설 쓰레기소각장	하수종말처리장 폐수종말처리장 기타환경시설공사 기타플랜트설비공사
조경		수목원	공원	기타조경공사	

- 전문공사의 세부공사종류

세부공사종류 (전문)			
일반토공사	일반도장공사	상수도설비공사	건축기계설비공사
발파공사	재(再)도장공사	하수도설비공사	플랜트기계설비공사
일반포장공사	차선도색공사	철도·궤도공사	자동제어공사
포장유지관리공사	미장공사	일반강구조물공사	가스시설공사(제1종)
일반보링·그라우팅공사	타일공사	인도전용강재육교설치공사	가스시설공사(제2종)
착정공사(지하수개발공사)	방수공사	일반철강재설치공사	가스시설공사(제3종)
파일공사	조적공사	교량철구조물설치공사	난방공시(제1종)
일반실내건축공사	석공사	수중공사	난방공사(제2종)
목재창호·목재구조물공사	일반조경식재공사	준설공사	난방공사(제3종)
금속구조물공사	조경유지관리공사	일반승강기설치공사	
창호공사	조경시설물설치공사	기계식주차기설치공사	
온실설치공사	철근·콘크리트공사	삭도설치·제거공사	
지붕·판금공사	구조물해체공사	삭도유지관리공사	
건축물조립공사	비계공사		

210mm×297mm[백상지(80g/㎡) 또는 중질지(80g/㎡)]

■ 건설산업기본법 시행규칙 [별지 제19호의2서식] <신설 2024. 10. 16.>

Certification of Construction Project Progress (Application for Construction Project Progress Certification)

(Front)

Receipt No.	Receipt Date	Processing Period	Immediate

Applicant		
Applicant	Company Name(or Name of Corporation)	Representative
	Business Type	Main Field of Business
	Office Address	Registration No.

Project Details

Project Name	Project Contract Value Million KRW
Project Location(including specific address with the street number)	

Category of Construction Works	General Construction Works (write both General Construction Works and Specialized Construction Works)	① Type of Works	② Area of Construction	③ Description of General Construction Works
	Specialized Construction Works (write only Specialized Construction Works)	④ Description of Specialized Construction Works		

Authority Authorization/Permitting the Project	Date of Authorization/Permission (YYYY/MM/DD)

Contract Date (YY/MM)	Commencement Date (YY/MM)	Completion Date (Scheduled) (YY/MM)	Contract Amount(Current Year) or Carryover Amount / Total Contract Amount							Value of Construction Works Completed in the Current Year / Value of Construction Works Completed until the Previous Year							Progress Payment Made in the Current Year / Total Progress Payments Made until the Previous Year							Value of Material Supplies from the Project Owner in the Current Year / Value of Materials Supplies from the Project Owner until the Previous Year						
			Tn	100B	10Bn	Bn	100M	10M	M	Tn	100B	10Bn	Bn	100M	10M	M	Tn	100B	10Bn	Bn	100M	10M	M	Tn	100B	10Bn	Bn	100M	10M	M

Other Matters (Scope/Method of construction, details of joint contract, etc.)	

Please certify the progress made on the construction project as described above in the year ( ).	No Fee

Application Date (YYYY/MM/DD)

Applicant Name (Signature or Seal)

This certification(application) was drafted in accordance with relevant facts.

Date (YYYY/MM/DD)

Project Owner(Contractor)

- Company Name
- Corporate Registration No. or Date of Birth
- Name of Representative (Signature or Seal)
- Address
- Tel.

210mm×297mm[백상지(80g/㎡) 또는 중질지(80g/㎡)]

(Back)

Notice

1. Fill in the "Main Field of Business", when the constructor was contracted to perform construction works in its registered main field of business.
2. "Category of Construction Works" refers to either "New Construction Works" or "Maintenance and Repair Works."
   - New Construction Works include a) extension, alteration, reconstruction, and substantial repair of buildings, b) expansion and extension of facilities other than buildings, and c) restoration, reinforcement, and alteration of main structures after their dismantlement.
   - "Maintenance and Repair Works" refer to improvement, repair and reinforcement works after the completion of a facility.
3. ① Type of Works: [For all types of Construction Works(General·Specialized)] Write down the type of general construction works(Civil Engineering, Building, Industrial and Environmental Facilities, Landscaping) provided based on the "Table 3 of 「Enforcement Regulation of the Framework Act on the Construction Industry」."
4. ② Area of Construction: [For all types of Construction Works(General · Specialized)] Write down the Area of Construction from the "Table of General Construction Works" below.
5. ③ Description of General Construction Works: [For all types of Construction Works(General · Specialized)] Write down the description of general construction works from the "List of General Construction Works" below.
6. ④ Description of Specialized Construction Works: Write down the description of specialized construction works from the "List of Specialized Construction Works" below.

- Table of General Construction Works

Works	Area of Construction	List of General Construction Works			
Civil Engineering	1. Traffic Facilities	· Roads · Controlled Access Highways · Expressways	· Road Bridges · Railway Bridges	· Airports · Conventional Railways · High-speed Railways	· Subways · Road Tunnels · Railway Tunnels
	2. Water Resource Facilities	· Dams · Ports · Canals	· Flood Control, River Erosion Control · Aqueduct Tunnel	· Irrigation Canals · Water Supply System (1,000m or longer) · Water Supply System (shorter than 1,000m)	· Water Treatment Plant · Sewage System
	3. Other Civil Engineering Facilities	· Reclamation · Farmland Reorganization	· Residential Land Development · Industrial Site Development · Erosion Control	· Other Tunnels · Other Civil Engineering Facilities	
Building	1. Residential Facilities	· Detached Houses and Tenement Houses · Low-rise Apartments (up to 5 floors)	· High-rise Apartments (6 ~15 floors) · Super High-rise Apartments (16 floors and higher)	· Multipurpose Buildings (Residential and Commercial)	
	2. Non-residential Facilities	· Shopping Centers and Department Stores · Office Buildings · Studio Apartments · Intelligent Buildings	· Hotels and Lodging Facilities · Public Office Buildings (up to 11 floors) · Public Office Buildings (12 floors and higher) · Schools · Hospitals	· Traditional Style Buildings · Churches, Temples, and Other Religious Buildings · Cultural Heritage and Historic Buildings · Performance and Meeting Halls · Stadiums and Sports Grounds · Exhibition Facilities	· Warehouses, Garages, and Terminal Building: · Factory and Workshop Bu · Mechanical Equipment Fa (not including Plants) · Hazardous Material Sto Facilities · Substation and Power P Buildings · Others
Industrial and Environmental Facilities		· Steelworks, Petrochemical Plants, and Other Industrial Production Facilities · Nuclear Power Plants · Thermal Power Plants · Combined Heat Power Plants	· Hydroelectric Power Plants · Solar photovoltaic power station · Wind Power Plants · Tidal Power Plants	· (DESF) Oil Pipeline · (DESF) Bulk Storage Tank · (DESF) Gas Pipe · (DESF) Gas Storage Facilities · Waste Incineration Facilities	· Sewage Terminal Treatn Plant · Wastewater Terminal Trea Plant · Other Environmental Fa · Other Plant Installatior
Landscaping		· Arboretums	· Park	· Other Landscaping Works	

- Table of Specialized Construction Works

List of Specialized Construction Works			
General Earthworks	General Painting Works	Water Supply Facility Works	Building Mechanical Equipment
Blasting Works	Repainting Works	Sewerage Facility Works	Plant Mechanical Equipment W
General Paving Works	Lane Marking Works	Railway and Track Works	Automatic Control Works
Pavement Maintenance Works	Plaster Works	Works on Steel Structures	Gas Facility Works (Type 1)
General Boring and Grouting Works	Tile Works	Pedestrian Steel Bridge Installation Works	Gas Facility Works (Type 2)
Groundwater Development Works	Waterproofing Works	Steel Structure Installation Works	Gas Facility Works (Type 3)
Piling Works	Masonry Works	Bridge Steel Structure Installation Works	Heating Facility Works (Type 1
General Interior Construction Works	Stoneworks	Underwater Works	Heating Facility Works (Type 2
Wooden Window Frames	General Landscaping and Planting Works	Dredging Works	Heating Facility Works (Type 3
and Wooden Structures Works	Landscaping Maintenance Works	General Elevator Installation Works	
Metal Structure Works	Landscaping Facility Installation Works	Mechanical Parking System Installation Works	
Window Works	Reinforced Concrete Works	Cableway Installation and Removal Works	
Greenhouse Installation Works	Structural Demolition Works	Cableway Maintenance Works	
Roofing and Sheet Metal Works	Scaffolding Works		
Building Assembly Works			

210mm×297mm[백상지(80g/㎡) 또는 중질지(80g/㎡)]

■ 건설산업기본법 시행규칙 [별지 제20호서식] <개정 2025. 6. 2.> (4쪽 중 제1쪽)

건설공사 기성실적통보서(공공기관용)

기 관 명

우 ○○○-○○○ 주소 / 전화( )○○○-○○○○ / 전송( )○○○-○○○○
담당부서명: 과장: 담당자:

문서번호: 시행일자: . . .
수신: 발신: (서명 또는 인)
해당 연도: 년

(1) 일련번호	(2) 공사명	(3) 회사명 (4) 업종	(3) 회사명 등록번호	(5) 공사유형	(6) 공사종류	(7) 공종그룹종류	(8) 세부공사종류(종합)	(9) 세부공사종류(전문)	(10) 주력분야	(11) 공사지역	(12) 계약성질	(13) 입찰방법	(14) 계약방법	(15) 계약연월	(16) 착공(예정)연월	(17) 준공(예정)연월	(18) 총공사계약액(공동도급공사는 업체별로 지분을 구분하여 기재)	(19) 해당 연도 계약액 이월금액	(20) 해당 연도 기성액 전년도까지 누계기성액	(21) 해당 연도 관급자재액 전년도까지 누계관급자재액	(22) 비고(공사규모 등)
		상기 항목들은 뒤쪽을 참조하여 코드로 적습니다												연 월	연 월	연 월	조 천억 백억 십억 억 천만 백만	조 천억 백억 십억 억 천만 백만	조 천억 백억 십억 억 천만 백만	조 천억 백억 십억 억 천만 백만	
합 계																					

유의사항

1. (4) 업종: 모든 건설공사(종합 및 전문)에 대해 (4) 등록업종별 부호코드를 적습니다.
2. (5) 공사유형: 모든 건설공사(종합 및 전문)에 대해 (5) 공사의 구분 부호코드를 적습니다.
3. (6) 공사종류: 모든 건설공사(종합 및 전문)에 대해 (6) 공사종류 부호코드를 적습니다.
4. (7) 공종그룹분류: 모든 건설공사(종합 및 전문)에 대해 (7) 공종그룹종류 부호코드를 적습니다.
5. (8) 세부공사종류(종합): 모든 건설공사(종합 및 전문)에 대해 (8) 세부공사종류별(종합) 부호코드를 적습니다.
6. (9) 세부공사종류(전문): 전문공사에 대해 (9) 세부공사종류별(전문) 부호코드를 적습니다.
7. (10) 주력분야: (10) 전문건설사업자의 주력분야 부호코드를 적습니다.
8. (11) ~ (14) 항목은 아래에 있는 표를 참고하여 부호코드로 적습니다.

297㎜×210㎜[백상지 (80g/㎡) 또는 중질지(80g/㎡)]

(4쪽 중 제2쪽)

<table>
<tr><th>(4) 등록업종
부호코드(종합)</th><th>(5) 공사유형
부호코드</th><th colspan="3">(8) 세부공사종류(종합) 부호코드</th></tr>
<tr><td rowspan="2">10:토목건축
20:토 목
30:건 축
40:산업・환경설비
50:조 경</td><td rowspan="2">1 : 신설공사
2 : 유지보수공사</td><th>토 목</th><th>건 축</th><th>산업・환경설비</th></tr>
<tr><td rowspan="3">(교통시설)
210:일반도로
211:고속화도로
212:고속도로
213:도로교량
214:철도교량
231:공항
240:일반철도
241:고속철도
242:지하철
243:도로터널
244:철도터널

(수자원시설)
220:댐
230:항만
232:운하
251:치수・하천
252:수로터널
260:관개수로
270:상수도(1천mm 이상)
271:상수도(1천mm 미만)
272:정수장
273:하수도

(기타토목시설)
250:간척
261:농지정리
281:택지조성
282:공업용지조성
283:치산・사방
284:기타터널
290:기타토목시설</td><td rowspan="3">(주거시설)
311:단독주택・연립주택
312:저층아파트(5층 이하)
313:고층아파트(6~15층 이하)
314:초고층아파트(16층 이상)
315:주상복합건축물

(비주거시설)
320:상가・백화점・쇼핑센터
321:사무실빌딩
322:오피스텔
325:인텔리전트빌딩
330:호텔・숙박시설
340:관공서건물(11층 이하)
341:관공서건물(12층 이상)
342:학교
343:병원
350:전통양식건축
351:교회・사찰 등 종교용건물
352:기타문화유산・유적건물
353:공연집회시설
360:경기장・운동장
361:전시(展示)시설
370:창고・차고・터미널건물
371:공장・작업장용건물
372:기계기구시설(플랜트제외)
373:위험물저장소
374:변전소・발전소용건물
380:기타건축시설</td><td>410:제철소・석유화학공장 등
산업생산시설
420:원자력발전소
421:화력발전소
422:열병합발전소
423:수력발전소
424:태양광발전소
425:풍력발전소
426:조력발전소
430:(집단에너지공급시설)송유관
431:(집단에너지공급시설)유류저장시설
432:(집단에너지공급시설)가스관
433:(집단에너지공급시설)가스저장시설
440:쓰레기소각장
460:하수종말처리장
461:폐수종말처리장
470:기타환경시설공사
471:기타플랜트설비공사</td></tr>
<tr><th>(6) 공사종류
부호코드</th><th>(7) 공종그룹종류
부호코드</th><th>조경</th></tr>
<tr><td>20 : 토목
30 : 건축
40 : 산업 ・ 환경설비
50 : 조경</td><td>(토목)
1:교통시설
2:수자원시설
3:기타토목시설

(건축)
4:주거시설
5:비주거시설</td><td>510:수목원
520:공원
530:기타조경공사</td></tr>
</table>

297mm×210mm[백상지 (80g/㎡) 또는 중질지(80g/㎡)]

(4쪽 중 제3쪽)

(4) 등록업종 부호코드 (전문)	(10) 전문공사의 주력분야 부호코드	(9) 세부공사종류(전문) 부호코드		
61:지반조성・포장공사업	610:토공사	6100:일반토공사	6500:일반조경식재공사	7200:일반승강기설치공사
62:실내건축공사업	611:포장공사	6101:발파공사	6501:조경유지관리공사	7201:기계식주차기설치공사
63:금속・창호・지붕・건축물조립공사업	612:보링・그라우팅・파일공사	6110:일반포장공사	6510:조경시설물설치공사	7210:삭도설치・제거공사
64:도장・습식・방수・석공사업	620:실내건축공사	6111:포장유지관리공사	6600:철근・콘크리트공사	7211:삭도유지관리공사
65:조경식재・시설물공사업	630:금속구조물・창호・온실공사	6120:일반보링・그라우팅공사	6700:구조물해체공사	7300:건축기계설비공사
66:철근・콘크리트공사업	631:지붕판금・건축물조립공사	6121:착정공사(지하수개발공사)	6701:비계공사	7301:플랜트기계설비공사
67:구조물해체・비계공사업	640:도장공사	6122:파일공사	6800:상수도설비공사	7302:자동제어공사
68:상・하수도설비공사업	641:습식방수공사	6200:일반실내건축공사	6801:하수도설비공사	7310:가스시설공사(제1종)
69:철도・궤도공사업	642:석공사	6201:목재창호・목재구조물공사	6900:철도・궤도공사	7400:가스시설공사(제2종)
70:철강구조물공사업	650:조경식재공사	6300:금속구조물공사	7000:일반강구조물공사	7410:가스시설공사(제3종)
71:수중・준설공사업	651:조경시설물설치공사	6301:창호공사	7001:인도전용강재육교설치공사	7420:난방공사(제1종)
72:승강기・삭도공사업	660:철근・콘크리트공사	6302:온실설치공사	7002:일반철강재설치공사	7430:난방공사(제2종)
73:기계설비・가스공사업	670:구조물해체・비계공사	6310:지붕・판금공사	7003:교량철구조물설치공사	7440:난방공사(제3종)
74:가스・난방공사업	680:상하수도설비공사	6311:건축물조립공사	7100:수중공사	
	690:철도・궤도공사	6400:일반도장공사	7110:준설공사	
	700:철강구조물공사	6401:재(再)도장공사		
	710:수중공사	6402:차선도색공사		
	711:준설공사	6410:미장공사		
	720:승강기설치공사	6411:타일공사		
	721:삭도설치공사	6412:방수공사		
	730:기계설비공사	6413:조적공사		
	731:가스시설공사(제1종)	6420:석공사		
	740:가스시설공사(제2종)			
	741:가스시설공사(제3종)			
	742:난방공사(제1종)			
	743:난방공사(제2종)			
	744:난방공사(제3종)			

297㎜×210㎜[백상지 (80g/㎡) 또는 중질지(80g/㎡)]

(4쪽 중 제4쪽)

(11) 공사지역별 부호코드	(12) 계약성질별 부호코드	(14) 계약방법별 부호코드	(22) 비고(공사규모 등) 기재방법
11:서울 32:강원 21:부산 33:충북 22:대구 34:충남 23:인천 35:전북 24:광주 36:전남 25:대전 37:경북 26:울산 38:경남 29:세종 39:제주 31:경기	1:장기계속공사 2:계속비 3:장기계속에서 계속비로 변경 4:일반 (13) 입찰방법별 부호코드 5:적격심사 6:최저가 7:종합심사 8:설계시공일괄 9:대안 10:기술제안 11:그 밖의 입찰방법	12:제한경쟁 13:일반경쟁 14:지명경쟁 15:수의 16:그 밖의 계약방법	- 건축공사: 층수 및 연면적(㎡) 등을 적습니다. - 댐공사: 댐의 높이(m) 및 저수용량(㎥) 등을 적습니다. - 상·하수도: 직경(㎜) 및 총길이(m) 등을 적습니다. - 송유관: 직경(㎜) 및 총길이(m) 등을 적습니다. - 고속도로·교량·지하철·터널: 총길이(㎞, m) 등을 적습니다. - 발전소공사: 발전용량(㎾h) 등을 적습니다. - 간척공사: 간척면적(㎡) 등을 적습니다. - 쓰레기소각시설: 1일 소각량(t) 등을 적습니다. - 폐수·하수종말처리장: 1일 처리량(t) 등을 적습니다. - 에너지 저장시설: 저장용량(㎥) 등을 적습니다. ※ 공사규모는 가급적 공사의 특성이 정확히 반영될 수 있도록 상세히 적으시기 바랍니다.

297㎜×210㎜[백상지 (80g/㎡) 또는 중질지(80g/㎡)]

■ 건설산업기본법 시행규칙 [별지 제21호서식] <개정 2012.12.5.>

<table>
<tr><th colspan="10">건설기술인력보유현황표</th></tr>
<tr><th rowspan="2">일련
번호</th><th rowspan="2">성 명</th><th rowspan="2">주민등록번호</th><th rowspan="2">입사일</th><th colspan="4">자 격 내 용</th><th rowspan="2">비 고</th></tr>
<tr><th>종 목</th><th>등 급</th><th>자격증
번 호</th><th>취 득
연월일</th></tr>
<tr><td></td><td></td><td></td><td></td><td></td><td></td><td></td><td></td><td></td></tr>
</table>

30300－09211일
97.7.3 승인

210mm×297mm
(신문용지 54g/㎡)

■ 건설산업기본법 시행규칙 [별지 제22호서식]

건설공사용시설·장비의 보유현황표							
장 비 명 (시설명)	규 격 (시설번지)	등록번호 (시설면적)	중기차대 번 호	등 록 연월일	검 사 유효기간	소유자	중기(시설) 소 재 지

30300-27011일
97.7.3 승인

210mm×297mm
(신문용지 54g/㎡)

■ 건설산업기본법 시행규칙 [별지 제22호의2서식] <개정 2021. 8. 27.>

건설사업관리능력평가 · 공시신청서

(앞쪽)

접수번호	접수일	처리기간 195일
신청인	상호(법인인 경우에는 법인의 명칭)	대표자
	주된 영업소 소재지	전화번호
	생년월일(법인인 경우에는 법인등록번호)	국적 또는 소속 국가명
	① 보유업종	
② 건설사업관리실적		건설사업관리 주력분야

건설공사 · 건축설계 · 엔지니어링사업 · 감리용역 실적					
건설공사 실적			건축설계 실적		
업종	기성금액 (백만원)	총기성금액 (백만원)	용도	건축허가면적 (㎡)	총건축허가면적(㎡)
토목			주거용		
건축			상업용		
산업 · 환경설비			공업용		
조경			문교/사회용		
③ 전문공사			그 밖의 용도		
엔지니어링사업 실적			감리용역 실적		
④ 전문분야	계약금액 (백만원)	총계약금액 (백만원)	감리종류	계약금액 (백만원)	총계약금액 (백만원)
			전면책임감리		
			부분책임감리		
			시공감리		
			검측감리		
			공동주택 (300세대 이상)		
그 밖의 분야			다중이용시설		

「건설산업기본법」 제23조의2 및 같은 법 시행규칙 제25조의2에 따라 위와 같이 건설사업관리능력의 평가 · 공시를 신청합니다.

년 월 일

신청인 (서명 또는 인)

국토교통부장관 귀하

첨부서류		수수료
첨부서류	1. 법인인 경우에는 법인 등기사항증명서, 개인인 경우에는 사업자등록증 사본 2. 「건설산업기본법 시행규칙」 별지 제22호의3서식의 건설사업관리실적현황표 3. 건설사업관리업무위탁계약서 등 건설사업관리실적이 있음을 증명하는 서류 4. 「건설산업기본법 시행규칙」 별지 제22호의4서식의 건설사업관리자재무정보현황표 5. 재무상태를 증명하는 다음 각 목의 어느 하나에 해당하는 서류 가. 「법인세법」 및 「소득세법」에 따라 관할 세무서장에게 제출한 조세에 관한 신고서류(「세무사법」 제6조에 따라 등록한 세무사 또는 같은 법 제20조의2에 따라 세무대리업무등록부에 등록한 공인회계사가 같은 법 제2조제7호에 따라 확인한 것으로서 재무상태표 및 손익계산서가 포함된 것을 말합니다) 나. 「주식회사의 외부감사에 관한 법률」 제3조에 따른 감사인의 회계감사를 받은 재무제표 다. 「공인회계사법」 제7조에 따라 등록한 공인회계사 또는 같은 법 제24조에 따라 등록한 회계법인의 회계감사를 받은 재무제표 6. 「건설산업기본법 시행규칙」 별지 제22호의5서식의 건설사업관리관련 인력보유현황표 및 그 증명서류 7. 평가 · 공시를 신청하는 자가 수행하려는 건설사업관리업무내용이 관계법령에 따라 등록 · 신고 등을 하여야 하는 업무인 경우에는 그 등록증 사본 등의 증명서류 8. 「신용정보의 이용 및 보호에 관한 법률」 제2조제5호에 따른 신용정보회사(신용평가업무를 주된 사업으로 하는 자로 한정합니다)가 실시한 신용평가를 받은 경우에는 그 신용평가서 사본	수수료 「건설산업기본법 시행규칙」 제38조제2항에 따른 수수료

210㎜×297㎜[백상지 80g/㎡(재활용품)]

(뒤쪽)

작성방법

1. ① 보유업종란은 건설업 또는 건설용역업 등 보유업종을 기재합니다.
2. ② 건설사업관리실적란은 「건설산업기본법 시행규칙」 별지 제22호의3서식의 건설사업관리실적현황표에 기재합니다.
3. 건설공사실적 중 ③ 전문공사란은 「건설산업기본법 시행령」 별표 1에 따른 전문공사를 시공하는 업종란 제1호부터 제29호까지의 업종에 해당하는 업종별 공사실적을 기재합니다.
4. 엔지니어링사업 실적 중 ④ 전문분야란은 「엔지니어링산업 진흥법 시행령」 별표 1 제2호의 기술부문 중 건설부문의 13개 전문분야 중 계약금액 규모에 따라 6개 분야까지 기재하되, 7개 분야 이상인 경우에는 합계하여 그 밖의 분야란에 기재합니다.

처리절차

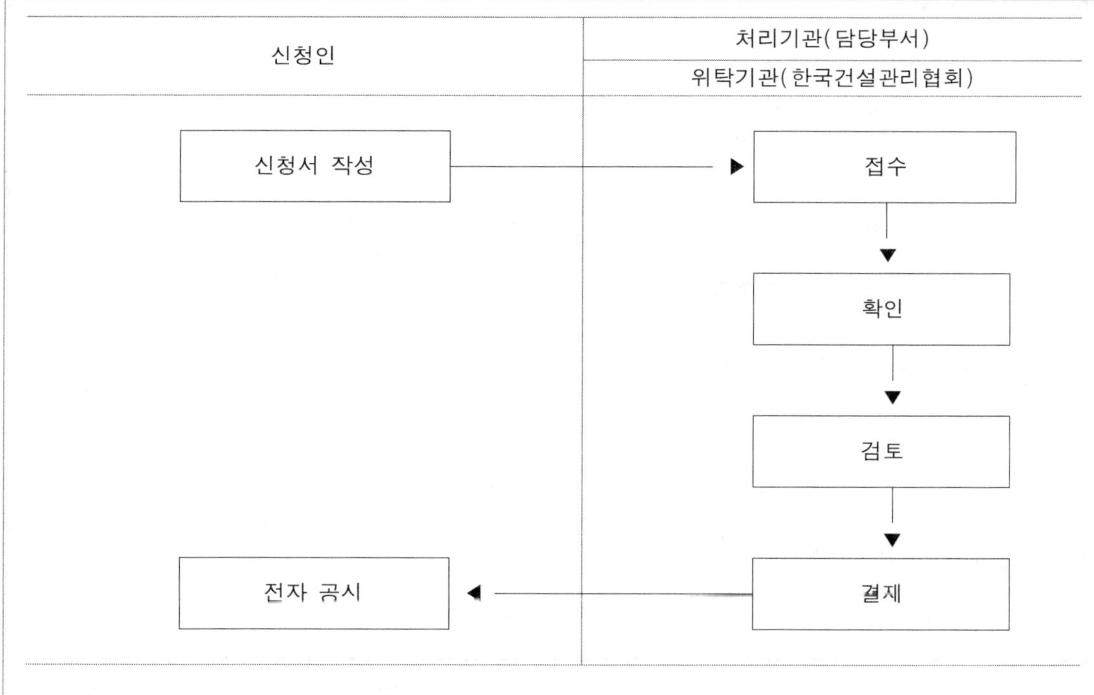

■ 건설산업기본법 시행규칙 [별지 제22호의3서식] <개정 2025. 10. 31.> (앞 쪽)

<table>
<tr><td colspan="6">건설사업관리실적현황표
(일련번호 : /총 건)</td></tr>
<tr><td colspan="6">원 공 사 개 요</td></tr>
<tr><td>① 공 사 명</td><td colspan="5"></td></tr>
<tr><td>② 발 주 자 명</td><td colspan="5"></td></tr>
<tr><td>③ 해 당 공 종</td><td colspan="2"></td><td colspan="2">④ 세부공종</td><td></td></tr>
<tr><td>⑤ 공 사 지 역</td><td colspan="5"></td></tr>
<tr><td>⑥ 도 급 종 류</td><td colspan="2"></td><td colspan="2">⑦ 공사기간</td><td></td></tr>
<tr><td>⑧ 공 사 발 주 방 식</td><td colspan="2"></td><td colspan="2">⑨ 총공사금액
(백만원)</td><td></td></tr>
<tr><td colspan="6">건 설 사 업 관 리 실 적</td></tr>
<tr><td>⑩ 계 약 명</td><td colspan="5"></td></tr>
<tr><td>⑪ 발 주 자 분 류</td><td colspan="5"></td></tr>
<tr><td>⑫ 사업관리계약형태</td><td colspan="2">□원도급/단독계약
□원도급/공동계약
□그 밖의 계약형태</td><td colspan="2">⑬ 계 약 일</td><td>. . .</td></tr>
<tr><td>⑭ 사 업 관 리 개 시 일</td><td colspan="2">. . .</td><td colspan="2">⑮ 사업관리만료일</td><td>. . .</td></tr>
<tr><td rowspan="4">⑯ 계약 및 기성금액
(백 만 원)</td><td>총계약금액</td><td colspan="4"></td></tr>
<tr><td>지분액및비율</td><td colspan="4">(%)</td></tr>
<tr><td rowspan="2">기 성 금 액</td><td>누 계</td><td colspan="3"></td></tr>
<tr><td>전 년 도</td><td colspan="3"></td></tr>
<tr><td>⑰ 대 가 지 급 방 식</td><td colspan="5"></td></tr>
<tr><td>⑱ 업 무 범 위</td><td colspan="5"></td></tr>
</table>

210mm×297mm(신문용지 54g/㎡(재활용품))

(뒤 쪽)

* 기재요령

③ 해당공종: 토목, 건축, 산업·환경설비, 조경으로 구분하여 적습니다.

④ 세부공종: 아래구분에 따라 적습니다.

토 목	일반도로, 고속화도로, 고속도로, 도로교량, 철도교량, 공항, 일반철도, 고속철도, 지하철, 도로터널, 철도터널, 댐, 항만, 운하, 치수·하천, 수로터널, 관개수로, 상수도(1천㎜ 이상), 상수도(1천㎜ 미만), 정수장, 하수도, 간척, 농지정리, 택지조성, 공업용지조성, 치산·사방, 기타터널, 기타토목시설
건 축	단독주택·연립주택, 저층아파트(5층 이하), 고층아파트(6층 ~ 15층 이하), 초고층아파트(16층 이상), 주상복합건축물, 상가·백화점·쇼핑센터, 사무실빌딩, 오피스텔, 인텔리전트빌딩, 호텔·숙박시설, 관공서건물(11층 이하), 관공서건물(12층 이상), 학교, 병원, 전통양식건축, 교회·사찰 등 종교용건물, 기타문화유산·유적건물, 공연집회시설, 경기장·운동장, 전시(展示)시설, 창고·차고·터미널건물, 공장·작업장용건물, 기계기구시설(플랜트 제외), 위험물저장소, 변전소·발전소용건물, 기타건축시설
산업·환경설비	제철소·석유화학공장 등 산업생산시설, 원자력발전소, 화력발전소, 열병합발전소, 수력발전소, 태양광발전소, 풍력발전소, 조력발전소, (집단에너지공급시설)송유관, (집단에너지공급시설)유류저장시설, (집단에너지공급시설)가스관, (집단에너지공급시설)가스저장시설, 쓰레기소각장, 하수종말처리장, 폐수종말처리장, 기타환경시설공사, 기타플랜트설비공사
조경공사	수목원, 공원, 기타조경공사

⑤ 공사지역: 시·군·구 단위까지 적습니다.

⑥ 도급종류: 도급공사, 자기공사로 구분하여 적습니다.

⑧ 공사발주방식: 설계시공일괄입찰, 설계시공분리입찰, 그 밖의 발주방식으로 구분하여 적습니다.

⑪ 발주자분류: 아래 구분에 따라 적습니다.

민간부분		정부기관	지방자치단체	그 밖의 발주자
제조업	비제조업			
식료품 음료 담배 섬유제품(의복 제외) 의복·의복악세사리·모피제품 가죽·가방·신발 목재·나무제품 펄프·종이·종이제품 인쇄·기록매체복제 코크스·연탄·석유정제품 화학물질·화학제품 의료용물질·의약품 고무·플라스틱제품 비금속 광물제품 1차 금속 금속가공제품 전자부품·컴퓨터·영상·음향·통신장비 의료·정밀·광학기기·시계 전기장비 기타 기계·장비 자동차·트레일러 기타 운송장비 가구 산업용 기계 및 장비 수리업 기타 제품	농업·임업·어업 광업 전기, 가스, 증기 및 공기조절 공급업 수도, 하수 및 폐기물처리, 원료재생업 건설업 도매·소매업 숙박·음식점업 운수·창고업 정보통신업 금융·보험업 부동산업 전문, 과학 및 기술 서비스업 사업시설 관리, 사업 지원 및 임대 서비스업 교육 서비스업(국·공립 제외) 보건업 및 사회복지 서비스업 예술, 스포츠 및 여가관련 서비스업 협회 및 단체, 수리 및 기타 개인 서비스업 비사업자	기획재정부 교육부 과학기술정보통신부 외교부 통일부 법무부 국방부 행정안전부 국가보훈부 문화체육관광부 농림축산식품부 산업통상부 보건복지부 기후에너지환경부 고용노동부 성평등가족부 국토교통부 해양수산부 중소벤처기업부 그 밖의 정부기관	서울특별시 부산광역시 대구광역시 인천광역시 광주광역시 대전광역시 울산광역시 세종특별자치시 경기도 강원특별자치도 충청북도 충청남도 전북특별자치도 전라남도 경상북도 경상남도 제주특별자치도	공기업 준정부기관 및 기타공공기관 주한외국기관 해외외국기관

⑰ 대가지급방식: 일괄지급방식, 공사비비율방식, 실비정액가산방식 및 그 밖의 방식과 구분하여 적습니다.

⑱ 업무범위 : 「건설산업기본법」 제2조제8호에 따른 건설사업관리업무로서 주요과업내용을 적습니다.

■ 건설산업기본법 시행규칙 [별지 제22호의4서식] <개정 2021. 8. 27.>

건설사업관리자재무정보현황표			
(당기 : 년 월 일까지 전기 : 년 월 일까지)			
▣재무상태표 정보			
과 목	당기(단위 : 원)	전기(단위 : 원)	비 고
자 산 총 계			
유동자산			
고정자산			
부 채 총 계			
유동부채			
고정부채			
자 본 총 계			
자본금			
자본잉여금			
이익잉여금 (당기순이익)			
자본조정			
○자산총계=유동자산+고정자산 ○부채총계=유동부채+고정부채 ○자본총계=자본금+자본잉여금+이익잉여금(당기순이익)+자본조정			
▣손익계산서 정보			
과 목	당기(단위 : 원)	전기(단위 : 원)	비 고
매 출 액			
매 출 원 가			
매 출 총 이 익			
판매비와 관리비			
영 업 이 익			
영 업 외 수 익			
영 업 외 비 용			
경 상 이 익			
특 별 이 익			
특 별 손 실			
법인세비용차감전순이익			
법 인 세 비 용			
당 기 순 이 익			
▣재무지표 정보			
재 무 지 표	당기(단위 : %)	전기(단위 : %)	비 고
유 동 비 율			
자기자본비율			
매출액순이익률			
총자본회전율			
○유동비율(유동자산/유동부채) ○자기자본비율(자기자본/총자본) ○매출액순이익률(법인세 또는 소득세차감전순이익/매출액) ○총자본회전율(매출액/총자본)			

210mm×297mm(신문용지 54g/㎡(재활용품))

■ 건설산업기본법 시행규칙 [별지 제22호의5서식] <개정 2019. 3. 26.>

건설사업관리관련인력보유현황표

▣ 총 인력보유현황 (단위: 명)

직종 / 합계	특급기술인					고급기술인					기능인력	건축사	변호사	공인 회계사	감정 평가사
	소계	토목	건축	기계	기타	소계	토목	건축	기계	기타	기능장				

▣ 건설사업관리 프로젝트 참여인력현황

일련번호	성 명 (주민등록번호)	입사일	직 위	자격내용		건설사업관리 주요경력					유사경력	
				자격종목 (기술등급)	자격등록 번호 (취득일)	발주자명	사업명	계약금액 (백만원)	수행업무	수행기간	경력분야	참여일수

기재요령

1. 「건설기술 진흥법 시행령」 별표 1에 따른 특급기술인 및 고급기술인 중 기술자격자는 자격종목을 기재하며, 학력자ㆍ경력자의 경우는 자격종목란에 해당 직무분야 학력자ㆍ경력자로 기재합니다.
2. 특급기술인 또는 고급기술인의 경우 기술등급란에 특급 또는 고급이라고 기재합니다.

297mm×210mm(신문용지 54g/㎡(재활용품))

■ 건설산업기본법 시행규칙[별지 제22호의6서식] <개정 2024. 10. 16.>

건설공사의 직접시공계획서

(앞쪽)

공 사 명						
①공 사 종 류		①-1 공종그룹종류		①-2 세부공사종류(종합)	、	현장소재지
발 주 자	상호(기관명)		구분 [ ] 공공기관 [ ] 민간		대표자	
	주소					
수 급 인	상 호			대 표 자		
	영업소 소재지					

도급방법	[ ] 단독도급 [ ] 공동도급([ ] 공동이행방식 [ ] 분담이행방식 [ ] 주계약자관리방식)				
계약성질	[ ] 장기계속공사 [ ] 그 밖의 건설공사				
②계약일	. . .	③착공일	. . .	④준공예정일	. . .
⑤총 노무비	원				

직 접 시 공 계 획			
직접시공 공종(기능인력 투입예정 인원: 명)		하 도 급(예 정) 공 종	
⑥세 부 공 종	금 액	⑥세 부 공 종	금 액
⑦직접시공 금액 합계 (직접시공 노무비)	원	⑧하도급(예정) 총 노무비	원

「건설산업기본법」 제28조의2제2항, 같은 법 시행령 제30조의2제4항 및 같은 법 시행규칙 제25조의5제1항에 따라 건설공사의 직접시공계획을 통보합니다.

년 월 일

수급인 (서명 또는 인)

귀하

첨부서류	1. 직접 시공 및 하도급할 공사량·공사단가 및 공사금액(노무비를 포함합니다)이 분명하게 적힌 공사내역서 2. 예정공정표

210㎜×297㎜[백상지(80g/㎡) 또는 중질지(80g/㎡)]

(뒤쪽)

※ 직접시공계획 통보(기재) 대상자

· 단독도급일 경우에는 수급인이 기재하고 공동도급일 경우에는 공동수급체대표자가 기재합니다.

※ 기재 요령

1. ① ①-1, ①-2: 다음 중 선택하여 적습니다.

① 공사 종류	①-1 공종그룹 종류	①-2 세부공사종류
토목	교통시설	일반도로, 고속화도로, 고속도로, 도로교량, 철도교량, 공항, 일반철도, 고속철도, 지하철 도로터널, 철도터널
	수자원시설	댐, 항만, 운하, 치수· 하천, 수로터널, 관개수로, 상수도(1천㎜ 이상), 상수도(1천㎜ 미만), 정수장, 하수도
	기타토목시설	간척, 농지정리, 택지조성, 공업용지조성, 치산·사방, 기타터널, 기타토목시설
건축	주거시설	단독주택·연립주택, 저층아파트(5층 이하), 고층아파트(6층 ~ 15층 이하), 초고층아파트(16층 이상), 주상복합건축물
	비주거시설	상가·백화점·쇼핑센터, 사무실빌딩, 오피스텔, 인텔리전트빌딩, 호텔·숙박시설 관공서건물(11층 이하), 관공서건물(12층 이상), 학교, 병원, 전통양식건축 교회·사찰 등 종교용건물, 기타문화유산·유적건물, 공연집회시설, 경기장·운동장 전시(展示)시설, 창고·차고·터미널건물, 공장·작업장용건물, 기계기구시설(플랜트 제외) 위험물저장소, 변전소·발전소용건물, 기타건축시설
산업·환경설비		제철소·석유화학공장 등 산업생산시설, 원자력발전소, 화력발전소, 열병합발전소 수력발전소, 태양광발전소, 풍력발전소, 조력발전소 (집단에너지공급시설)송유관, (집단에너지공급시설)유류저장시설, (집단에너지공급시설)가스관 (집단에너지공급시설)가스저장시설, 쓰레기소각장, 하수종말처리장 폐수종말처리장, 기타환경시설공사, 기타플랜트설비공사
조경		수목원, 공원, 기타조경공사

2. ②계약일. ③착공일. ④준공예정일 및 ⑤총 노무비: 공사의 계약연월일, 착공연월일, 준공예정연월일 및 도급금액 산출내역서에 기재된 노무비의 합계금액을 기재합니다. 장기계속공사인 경우에는 총공사에 대한 최초계약연월일, 최초착공연월일, 최초준공예정연월일 및 총공사 부기금액 중 노무비의 합계금액을 기재합니다.

3. ⑥세부공종: 구비서류로 제출된 공사내역서에 준해서 다음과 같이 기재합니다.

예시) • 토목공사: 구조물공, 배수공, 안전시설공, 부대시설공, 교량공, 터널공 등 해당되는 공정은 모두 기재하고 구분할 수 없는 부분은 기타로 입력합니다.

• 건축공사: 공동가설공사, 가설공사, 토공사, 철근콘크리트공사, 철골공사, 조적공사, 방수공사, 미장공사, 타일공사, 석공사, 금속공사, 창호공사, 유리공사, 도장공사, 수장공사(건축물 내부 마무리 공사), 지붕 및 홈통공사, 잡공사, 시설 및 제외공사 등 해당되는 공정은 모두 기재하고 구분할 수 없는 항목은 기타로 입력합니다.

• 다른 토목공사 및 산업설비공사·조경공사 등의 공사도 각 공사특성에 따라 동일한 방법으로 기재합니다.

4. ⑦직접시공 금액의 합계(직접시공 노무비)와 ⑧하도급(예정) 총 노무비를 합산한 금액(⑦+⑧)은 ⑤ 총 노무비와 일치하도록 입력해야 합니다.

210㎜×297㎜[백상지(80g/㎡) 또는 중질지(80g/㎡)]

■ 건설산업기본법 시행규칙 [별지 제23호서식] <개정 2021. 8. 27.> (앞쪽)

건설공사의 하도급계약 통보서

<table>
<tr><td colspan="2">공사명</td><td colspan="4"></td></tr>
<tr><td rowspan="3">수급인</td><td>상호 및 대표자</td><td colspan="4"></td></tr>
<tr><td>영업소 소재지</td><td colspan="4"></td></tr>
<tr><td>하도급 사유</td><td colspan="4"></td></tr>
<tr><td rowspan="4">하수급인</td><td>상호 및 대표자</td><td colspan="4"></td></tr>
<tr><td>업종 및 등록번호</td><td colspan="4"></td></tr>
<tr><td>영업소 소재지</td><td colspan="4"></td></tr>
<tr><td>수급인에게 협력업자로 등록된 연월일</td><td colspan="4"></td></tr>
<tr><td rowspan="11">하도급 내용</td><td>공사의 종류</td><td colspan="4"></td></tr>
<tr><td>하도급내용(율)</td><td colspan="4">도급액(① 하도급 부분):
하도급(예정)금액:
② 하도급률:</td></tr>
<tr><td>하도급내용 (예정 · 변경)일</td><td></td><td colspan="2">하도급 공사기간</td><td>착공(예정):
준공(예정):</td></tr>
<tr><td>사회보험료</td><td>직접노무비 또는 노무비</td><td>반영 요율</td><td>반영금액</td><td>부담방법</td></tr>
<tr><td>③ 고용보험</td><td></td><td></td><td></td><td>[ ] 일괄 [ ] 개별</td></tr>
<tr><td>④ 산재재해보상보험</td><td></td><td></td><td></td><td>[ ] 일괄 [ ] 개별</td></tr>
<tr><td>⑤ 국민연금보험</td><td></td><td></td><td></td><td></td></tr>
<tr><td>⑥ 국민건강보험</td><td></td><td></td><td></td><td></td></tr>
<tr><td>⑦ 노인장기요양보험</td><td></td><td></td><td></td><td></td></tr>
<tr><td>⑧ 퇴직공제부금</td><td></td><td></td><td></td><td>[ ] 일괄 [ ] 개별</td></tr>
<tr><td colspan="5">*③~⑧에서 보험료를 일괄 부담할 경우에는 부담방법 중 일괄란에만 표시합니다.</td></tr>
</table>

「건설산업기본법」 제29조제6항 및 같은 법 시행령 제32조제1항에 따라 위와 같이 건설공사의 하도급계약내용을 통보합니다.

년 월 일

수급인 (서명 또는 인)

귀하

첨부서류	뒤쪽 참조

210mm×297mm(백상지 80g/㎡(재활용품))

(뒤쪽)

첨부서류	1. 하도급계약서(변경계약서를 포함하고, 특수조건이 있는 경우 특수조건을 포함합니다) 사본 2. 공사량(규모) · 공사단가 및 공사금액 등이 분명하게 적힌 공사내역서 3. 예정공정표 4. 하도급대금지급보증서 교부의무가 면제되는 경우에는 그 증빙서류 5. 현장설명서(현장설명을 실시한 경우만 해당합니다) 6. 공동도급인 경우 공동수급체 구성원 간에 체결한 협정서 사본. 다만, 별지 제17호서식의 건설공사대장에 해당 협정서의 내용을 첨부한 경우는 제외합니다.

유의사항

① 하도급 부분 금액은 하도급하려는 공사 부분에 대하여 수급인의 계약단가(직접 · 간접 노무비, 재료비 및 경비를 포함합니다)를 기준으로 산출한 금액에 일반관리비, 이윤 및 부가가치세를 포함한 금액을 말하며, 수급인이 하수급인에게 직접 지급하는 자재의 비용과 「건설산업기본법」 제34조제3항에 따른 하도급대금 지급보증서 발급에 드는 금액 등 관계 법령에 따라 수급인이 부담하는 금액은 제외합니다.

② 하도급률은 하도급 계약금액을 하도급 부분 금액으로 나눈 비율을 말합니다.

처리절차

이 통보서는 아래와 같이 처리됩니다.

건설사업자	발주자(담당부서)
통보서 작성·제출 →	접수
	↓
	통보내용 확인 (적정성)
	↓
	결재

■ 건설산업기본법 시행규칙[별지 제23호의2서식] <개정 2020. 10. 7.>

재하도급 승낙통보서		
①공사명		
수급인	②상호 및 대표자	
	③영업소소재지	
	④재하도급 승낙사유	
하수급인	⑤상호 및 대표자	
	⑥영업소소재지	
재하수급인	⑦상호 및 대표자	
	⑧업종 및 등록번호	
	⑨영업소소재지	
재하도급내용	⑩공종	
	⑪재하도급내용(비중)	하도급액(A): 하도급액 중 재하도급부분 금액(B): 재하도급 부분 비중(B/A):

「건설산업기본법」 제29조제6항에 따라 재하도급 승낙을 통보합니다.

년 월 일

수급인 (서명 또는 인)

귀하

첨부서류

1. 재하도급계약서(변경계약서를 포함합니다) 사본 1부
2. 하수급인이 공사대금을 보증하는 보증서 사본 또는 수급인이 공사대금을 직접지급한다는 뜻과 그 지급의 방법·절차에 관하여 수급인, 하수급인 및 하수급인으로부터 다시 하도급받는 건설사업자가 합의한 합의서 사본
3. 다시 하도급받는 공사와 관련된 건설기계대여대금, 건설공사용 부품 대금 또는 근로자의 임금을 하수급인이 연대하여 지급할 책임을 진다는 내용으로 하수급인과 하수급인으로부터 다시 하도급받는 건설사업자가 합의한 합의서 사본

210㎜×297㎜(일반용지 60g/㎡(재활용품))

■ 건설산업기본법 시행규칙 [별지 제23호의3서식] <개정 2021. 8. 27.>

건설공사의 재하도급 계약통보서

	①공사명				
수급인	②상호 및 대표자				
	③영업소 소재지				
하수급인	④상호 및 대표자				
	⑤영업소 소재지				
	⑥재하도급 사유				
재하수급인	⑦상호 및 대표자				
	⑧업종 및 등록번호				
	⑨영업소 소재지				
재하도급 내용	⑩공종				
	⑪재하도급내용	하도급액(재하도급 부분)(A): 재하도급(예정) 금액(B): 재하도급률(B/A): 재하도급내용:			
	⑫재하도급공사기간	착공(예정): 준공(예정):			
	사회 보험료	직접노무비 또는 노무비	반영 요율	반영금액	부담방법
	⑬ 고용보험				[ ]일괄 [ ]개별
	⑭ 산재재해보상보험				[ ]일괄 [ ]개별
	⑮ 국민연금보험				
	⑯ 국민건강보험				
	⑰ 노인장기요양보험				
	⑱ 퇴직공제부금				[ ]일괄 [ ]개별
	* ⑬~⑱에서 보험료를 일괄 부담할 경우에는 부담방법 중 일괄란에만 표시합니다.				

「건설산업기본법」 제29조제6항에 따라 건설공사의 재하도급 계약내용을 통보합니다.

년 월 일

하수급인 (서명 또는 인)

귀하

첨부서류	1. 재하도급계약서(변경계약서를 포함하고, 특수조건이 있는 경우 특수조건을 포함합니다) 사본 1부 2. 공사량(규모)·공사단가 및 공사금액 등이 분명하게 적힌 공사내역서 3. 예정공정표 4. 재하도급대금지급보증서 교부의무가 면제되는 경우에는 그 증빙서류 5. 현장설명서(현장설명을 실시한 경우만 해당합니다) 6. 공동도급인 경우 공동수급체 구성원 간에 체결한 협정서 사본. 다만, 별지 제17호서식의 건설공사대장에 해당 협정서의 내용을 첨부한 경우는 제외합니다.

210㎜×297㎜[일반용지 60g/㎡(재활용품)]

■ 건설산업기본법 시행규칙[별지 제24호의3서식] <개정 2020. 10. 7.>

국 토 교 통 부

수신자
(경유)

제 목 **하도급 참여제한 확인서**

「건설산업기본법 시행령」 제33조제3항 및 같은 법 시행규칙 제27조제1항에 따라 하도급 참여제한 확인서를 아래와 같이 통보합니다.

하도급 참여 제한자	상호 또는 법인명칭		사업자등록번호	
			법인등록번호	
	주소			
	대표자			
제재내용	제재근거			
	제재기간	~		

(제재에 대한 사유)

(그 밖의 참고사항)

국토교통부장관 직인

기안자 직위(직급) 서명 검토자 직위(직급)서명 결재권자 직위 (직급)서명
협조자
시행 처리과-일련번호(시행일자) 접수 처리과명-일련번호(접수일자)
우 주소 / 홈페이지 주소
전화( ) 전송( ) / 기안자의 공식전자우편주소 /공개구분

210㎜×297㎜(백상지 80g/㎡)

■ 건설산업기본법 시행규칙 [별지 제24의4서식] <개정 2020. 3. 2.>

하도급계획서(입찰시)

<table>
<tr><td rowspan="5">공사개요</td><td colspan="2">공 사 명</td><td colspan="5"></td></tr>
<tr><td rowspan="3">입 찰 자
(대표회사)</td><td>상 호</td><td colspan="5"></td></tr>
<tr><td>대 표 자</td><td colspan="5"></td></tr>
<tr><td>소 재 지</td><td colspan="5"></td></tr>
<tr><td colspan="2">입 찰 금 액</td><td colspan="5">원</td></tr>
<tr><td rowspan="4">하도급예정계획</td><td rowspan="2">①하도급할
주요 공종</td><td colspan="4">②하도급할 공사</td><td rowspan="2">하도급자
주요선정방식</td><td rowspan="2">하도급자
주요선정기준</td></tr>
<tr><td>공사명</td><td>물량</td><td>③원도급
내역금액</td><td>④하도급계약
예정금액</td></tr>
<tr><td></td><td></td><td></td><td></td><td></td><td>[ ]일반경쟁
[ ]제한경쟁
[ ]지명경쟁
[ ]수의계약</td><td>[ ]실적
[ ]협력업체
[ ]시공능력평가액
[ ]기타</td></tr>
<tr><td></td><td></td><td></td><td></td><td></td><td>[ ]일반경쟁
[ ]제한경쟁
[ ]지명경쟁
[ ]수의계약</td><td>[ ]실적
[ ]협력업체
[ ]시공능력평가액
[ ]기타</td></tr>
</table>

「건설산업기본법」 제31조의2에 따라 하도급계획서를 제출합니다.

년 월 일

공동수급체 대 표 상 호 :
대표자 :
공동수급체 구성원 상 호 :
대표자 :
공동수급체 구성원 상 호 :
대표자 :

귀하

유의사항

① 하도급할 주요공종: 「건설산업기본법 시행령」 제34조의2제3항에 따라 국토교통부장관이 고시한 공종을 말하며, 입찰금액산출내역서에 준하여 기재합니다.

② 하도급할 공사: 하도급할 주요 공종별로 하도급 대상자에게 하도급할 세부공사를 하도급자 주요 선정방식에 따라 구분하여 기재합니다.

③ 원도급 내역금액: 입찰금액산출내역서에 기재된 하도급할 주요 공종별 원도급 금액을 말합니다.

④ 하도급계약예정금액: 수급인이 하수급인과 계약할 공사예정금액을 말한다.

210㎜×297㎜(백상지(80g/㎡) 또는 중질지(80g/㎡))

■ 건설산업기본법 시행규칙 [별지 제24호의5서식] <신설 2020. 3. 2.>

하도급대금 직접지급 합의서

<table>
<tr><td rowspan="3">원 도 급
계약사항</td><td colspan="2">공 사 명</td><td></td></tr>
<tr><td colspan="2">최 초 계 약 금 액</td><td></td></tr>
<tr><td colspan="2">계 약 기 간</td><td></td></tr>
<tr><td rowspan="7">하 도 급
계약사항</td><td colspan="2">공 사 명 (공 종 명)</td><td></td></tr>
<tr><td colspan="2">최 초 계 약 금 액</td><td></td></tr>
<tr><td colspan="2">계 약 기 간</td><td></td></tr>
<tr><td rowspan="2">수 급 인</td><td>상호 와 대표자</td><td></td></tr>
<tr><td>주 소</td><td></td></tr>
<tr><td rowspan="2">하수급인</td><td>상호 와 대표자</td><td></td></tr>
<tr><td>주 소</td><td></td></tr>
</table>

1. 상기 수급인과 하수급인 간의 하도급계약에 있어 하수급인이 시공한 분에 해당하는 하도급대금을 「건설산업기본법」 제35조제2항에 따라 발주자가 하수급인에게 직접 지급하기로 발주자·수급인 및 하수급인 간에 합의합니다.

2. 하도급대금 직접지급 방법과 절차

수급인은 기성검사 및 준공검사 시 하수급인이 시공한 부분에 대한 내역을 구분하여 신청하고, 하도급대금의 지급청구도 분리하여 청구해야 하며, 발주자는 하도급대금을 하수급인에게 아래 계좌로 직접 지급하기로 합니다.

◇ 하수급인 예금계좌

예금주	은행명	계좌번호	비고

3. 「건설산업기본법」 제35조제5항에 따라 발주자는 수급인이 하도급계약과 관련하여 하수급이 임금, 자재대금 등의 지급을 지체한 사실을 입증할 수 있는 서류를 첨부하여 그 하도급대금의 직접지급의 중지를 요청한 경우에는 하수급인에게 하도급대금을 직접 지급하지 않을 수 있습니다.

4. 발주자는 「건설산업기본법」 제35조제5항에 따라 수급인이 하도급대금의 직접지급 중지를 요청한 경우, 제3채권자의 압류·가압류 등 집행보전, 국세·지방세 체납 등으로 직접지급을 할 수 없는 사유가 발생한 때에는 즉시 하수급인에게 통보해야 합니다.

년 월 일

발 주 자: (서명 또는 인)
수 급 인: (상호) (대표자) (서명 또는 인)
하수급인: (상호) (대표자) (서명 또는 인)

210㎜×297㎜[백상지(80g/㎡) 또는 중질지(80g/㎡)]

■ 건설산업기본법 시행규칙 [별지 제25호서식]

현장배치확인표						
성 명	업 체 명	발 주 자	공 사 명	배치기간	확인연월일	확 인

30300－18911일
97.7.3 승인

210mm×297mm
(보존용지(2종) 70g/㎡)

■ 건설산업기본법 시행규칙[별지 제25호의2서식] <신설 2019. 6. 19.>

건설근로자 고용평가 신청서

신청인	상호	대표자
	법인등록번호(생년월일)	사업자등록번호
	전화번호	

건설근로자 고용현황	구분	전년도	전전년도
	고용보험 피보험자수		
	2년 이상 연속 근무한 근로자수(정규직 근로자수)		
	2년 이상 3년 미만 연속 근로한 근로자수 (신규 정규직 근로자수)		
	2년 이상 3년 미만 연속 근로한 근로자 중 만 29세 미만 근로자수(청년 신규 정규직 근로자수)		

유의사항 및 작성방법

1. 고용보험 피보험자수 등은 12월 31일을 기준으로 고용보험 피보험자격을 유지한 근로자수로 작성합니다.
2. 2년 이상 연속 근무한 근로자수는 12월 31일 기준으로 과거 2년 동안 고용보험 피보험자격을 연속 유지한 근로자수를 기재합니다.
3. 2년 이상 3년 미만 연속 근로한 근로자수는 12월 31일 기준으로 고용보험 피보험자격을 과거 2년 이상 3년 미만으로 연속 유지한 근로자수를 기재합니다.
4. 청년 신규 정규직 근로자수는 신규 정규직 근로자 중 12월 31일 기준으로 만 29세 미만의 근로자수를 기재합니다.
5. 신청인은 고용보험 피보험자격 취득자 내역을 증빙서류로 제출해야 합니다.

210㎜×297㎜[백상지(80g/㎡) 또는 중질지(80g/㎡)]

■ 건설산업기본법 시행규칙 [별지 제26호 서식] <개정 2012.12.5>

(앞 쪽)

제 호

조사 · 검사 공무원증

사 진
3cm × 4cm
(모자 벗은 상반신으로 뒤 그림 없이 6개월 이내 촬영한 것)

성 명
기 관 명

60mm × 90mm [보존용지(특급) 120g/㎡]

(색상: 연하늘색)

(뒤 쪽)

조사 · 검사 공무원증

소속/직급:
성 명:
생년월일:
유효기간: . . .부터 . . .까지

위 사람은 「건설산업기본법」 제49조에 따라 건설업자의 경영실태나 공사시공에 필요한 자재 및 시설을 조사 또는 검사할 수 있는 자임을 증명합니다.

년 월 일

시 · 도지사 직인

1. 이 증은 다른 사람에게 대여 또는 양도할 수 없습니다.
2. 이 증을 습득한 경우에는 가까운 우체통에 넣어 주십시오.

■ 건설산업기본법 시행규칙[별지 제26호의3서식] <신설 2019. 6. 19.>

건설기계 대여대금 현장별 지급보증 안내

1. 본 공사는 「건설산업기본법」 제68조의3에 따른 건설기계대여대금 현장별 지급 보증서를 아래와 같이 발급받았음을 알려드립니다.

연번	상 호	대표자	보증기관	보증번호	보증기간
1					
2					
3					
4					
5					

2. 건설기계대여대금의 현장별 지급보증 대상과 보증내용은 건설산업정보망(KISCON, www.kiscon.net) 및 해당 보증기관에서 확인하실 수 있습니다.

3. 건설기계 임대업자는 계약체결일부터 15일 이내에 보증기관에 계약서를 제출해야 합니다.

4. 「건설산업기본법」 제68조의3제1항 단서에 따라 소규모 공사 등 정당한 사유가 있는 경우에는 사업자별로 별도의 개별보증으로 받을 수 있으며 보증서를 받지 못한 경우에는 발주자 및 수급인 등에게 알려주시기 바랍니다.

년 월 일

공사현장 명

210mm×297mm[백상지(80g/㎡) 또는 중질지(80g/㎡)]

■ 건설산업기본법 시행규칙[별지 제26호의4서식] <개정 2020. 3. 2.>

타워크레인 대여계약 통보서

공사명	
임대인 (건설기계 사업자)	상호 및 대표자
	사업자등록번호
	영업소 소재지
임차인 (건설사업자)	상호 및 대표자
	업종 및 등록번호
	영업소 소재지
대여계약 내용	도급액 ① 타워크레인 부분
	대여계약(예정)금액
	② 대여율

「건설산업기본법」 제68조의4제1항 및 같은 법 시행규칙 제34조의5제1항에 따라 위와 같이 타워크레인 대여계약내용을 통보합니다.

년 월 일

수급인 (서명 또는 인)

귀하

붙임서류	1. 건설기계임대차 계약서(변경계약서를 포함합니다) 사본 2. 건설기계대여대금지급보증서 교부의무가 면제되는 경우에는 그 증빙서류

유의사항

① 타워크레인 부분 금액은 임차하려는 타워크레인에 대하여 수급인의 도급금액 산출내역서상의 계약단가를 기준으로 산출한 금액을 말한다.
② 대여율은 대여계약금액을 타워크레인 부분 금액으로 나눈 비율을 말합니다.

처리절차

통보서 작성 · 제출	→	접 수	→	통보내용 확인 (적정성)	→	결 재
건설사업자		발주자(담당부서)		발주자(담당부서)		발주자(담당부서)

210㎜×297㎜[백상지(80g/㎡) 또는 중질지(80g/㎡)]

■ 건설산업기본법 시행규칙 [별지 제27호서식] <개정 2014.2.6>

건설분쟁조정신청서

접수번호	접수일자	처리기간 60일

신청인	성명(대표자)	생년월일(법인등록번호)
	상호(법인명)	전화번호
	주소	

피신청인	성명(대표자)	
	상호(법인명)	전화번호
	업종	사업자등록번호
	영업소소재지	

조정을 받고자 하는 사항

분쟁이 발생하게 된 사유와 당사자 간 교섭경과의 개요

「건설산업기본법」 제69조제3항 및 같은 법 시행령 제66조에 따라 건설분쟁 조정을 신청합니다.

년 월 일

신청인 (서명 또는 인)

국토교통부장관 귀하

첨부서류	1. 당사자 간의 교섭경위서(분쟁발생 시부터 신청 시까지의 당사자 간 일정별 교섭내용과 그 입증자료를 말합니다) 2. 기타 분쟁조정신청사건의 심사·조정에 참고가 될 수 있는 객관적인 자료	수수료 별표 5제3호의 수수료

처 리 절 차

신청서 작성	→	접 수	→	분쟁조정 신청의 통지(상대방)	→	조사 및 의견청취	→	조정전 합의 또는 조정
신청인		처리기관 (분쟁조정위원회)		처리기관 (분쟁조정위원회)		처리기관 (분쟁조정위원회)		처리기관 (분쟁조정위원회)

210㎜×297㎜[백상지80g/㎡ 또는 중질지80g/㎡]

■ 건설산업기본법 시행규칙 [별지 제28호서식] <개정 2013.3.23>

건설공사 직접시공분 기성실적 전환신청서

신청인				
신청인	상 호		대 표 자	(인)
	영업소소재지		법인등록번호	
			사업자등록번호	

기존 실적신고 업종	실적전환 희망업종	연도	실적전환 희망금액 (직접시공금액)	건수
토목공사업 (토목건축공사업중 토목실적)		2007		
		2006		
		2005		
	소 계			
		2007		
		2006		
		2005		
	소 계			
건축공사업 (토목건축공사업중 건축실적)		2007		
		2006		
		2005		
	소 계			
		2007		
		2006		
		2005		
	소 계			
조경공사업		2007		
		2006		
		2005		
	소 계			
		2007		
		2006		
		2005		
	합 계			

법률 제8477호 「건설산업기본법 일부개정법률」 부칙 제4조 및 건설교통부령 제598호 「건설산업기본법 시행규칙 일부개정령」 부칙 제3조에 따라 건설공사 직접시공분 기성실적 전환을 신청합니다.

년 월 일

신청인 (서명 또는 인)

국토교통부장관 귀하

첨부서류

1. 「건설산업기본법 시행규칙」 별지 제29호서식에 따른 건설공사 직접시공분 기성실적증명서와 직접시공을 증명하는 서류
2. 도급계약서 및 공사내역서

210㎜×297㎜(일반용지 60g/㎡(재활용품))

■ 건설산업기본법 시행규칙 [별지 제29호서식] <개정 2023.5.3>

건설공사 직접시공분 기성실적 증명(신청)서				처리기간 즉 시
신청인	①상호		②대표자	
	③영업소소재지		④업종 및 등록번호	

공 사 내 역			
⑤공사명		⑥총공사금액	백만원
⑦현장소재지(번지까지 기재)		⑧공사지역	
⑨공종(「건설산업기본법 시행규칙」 제25조에 따른 공종을 말합니다)		⑩ 인·허가 기관	
		⑩ 인·허가 연월일	

⑪연도	⑫해당연도 기성액	해당연도 직접시공분		⑮계약 연월일	⑯착공 연월일	⑰준공 연월일
		⑬세부공종 (전문공사 업종)	⑭기성액			
	조 | 천억 | 백억 | 십억 | 억 | 천만 | 백만 | 십만 | 만 | 천		조 | 천억 | 백억 | 십억 | 억 | 천만 | 백만 | 십만 | 만 | 천			
		계				

⑱기타(공사의 규모, 공법, 공동 도급내역 등)	

년도 중 위와 같이 건설공사 직접시공분에 대한 기성실적이 있음을 증명하여 주시기 바랍니다.	수수료 없 음

년 월 일

신청인 (서명 또는 인)

귀하

첨부서류 : 건설사업자의 직접시공 사실을 증명할 수 있는 증빙서류

위 사실을 증명합니다.

년 월 일

발주자(하도급의 경우 수급인)

·상 호

·생년월일(법인등록번호)

·대표자 성명 (인)

·영업장 소재지

·전화번호

210mm×297mm(신문용지 54g/㎡(재활용품))

■ 건설산업기본법 시행규칙 [별지 제30호서식] <개정 2013.3.23.>

<table>
<tr><th colspan="7">복합공사 기성실적 전환신청서</th></tr>
<tr><td rowspan="3">신청인</td><td>상 호</td><td colspan="2"></td><td>대 표 자</td><td colspan="2">(인)</td></tr>
<tr><td rowspan="2">영업소소재지</td><td colspan="2" rowspan="2"></td><td>법인등록번호</td><td colspan="2"></td></tr>
<tr><td>사업자등록번호</td><td colspan="2"></td></tr>
<tr><td rowspan="2">실적전환 희망업종</td><td rowspan="2">연도</td><td rowspan="2">전환희망금액 (복합공사금액)</td><td rowspan="2">건수</td><td colspan="2">기존 실적신고 현황</td><td rowspan="2">건수</td></tr>
<tr><td>신고업종</td><td>금액</td></tr>
<tr><td rowspan="21"></td><td rowspan="5">2007</td><td rowspan="5"></td><td rowspan="5"></td><td></td><td></td><td></td></tr>
<tr><td></td><td></td><td></td></tr>
<tr><td></td><td></td><td></td></tr>
<tr><td></td><td></td><td></td></tr>
<tr><td>소계</td><td></td><td></td></tr>
<tr><td rowspan="5">2006</td><td rowspan="5"></td><td rowspan="5"></td><td></td><td></td><td></td></tr>
<tr><td></td><td></td><td></td></tr>
<tr><td></td><td></td><td></td></tr>
<tr><td></td><td></td><td></td></tr>
<tr><td>소계</td><td></td><td></td></tr>
<tr><td rowspan="5">2005</td><td rowspan="5"></td><td rowspan="5"></td><td></td><td></td><td></td></tr>
<tr><td></td><td></td><td></td></tr>
<tr><td></td><td></td><td></td></tr>
<tr><td></td><td></td><td></td></tr>
<tr><td>소계</td><td></td><td></td></tr>
<tr><td rowspan="6">합계</td><td rowspan="6"></td><td rowspan="6"></td><td></td><td></td><td></td></tr>
<tr><td></td><td></td><td></td></tr>
<tr><td></td><td></td><td></td></tr>
<tr><td></td><td></td><td></td></tr>
<tr><td></td><td></td><td></td></tr>
<tr><td>합계</td><td></td><td></td></tr>
<tr><td colspan="7">법률 제8477호 「건설산업기본법 일부개정법률」 부칙 제4조 및 건설교통부령 제598호 「건설산업기본법 시행규칙 일부개정령」 부칙 제3조에 따라 복합공사 기성실적 전환을 신청합니다.

년 월 일

신청인 (서명 또는 인)

국토교통부장관 귀하</td></tr>
<tr><td colspan="7">첨부서류</td></tr>
<tr><td colspan="7">1. 「건설산업기본법 시행규칙」 별지 제31호서식에 따른「복합공사 기성실적 증명서」
2. 하도급계약서 및 하도급 공사내역서</td></tr>
</table>

210㎜×297㎜(일반용지 60g/㎡(재활용품))

■ 건설산업기본법 시행규칙 [별지 제31호서식] <개정 2023. 5. 3.>

2개 업종 이상의 전문공사로 구성된 종합공사 기성실적 증명(신청)서	처리기간
	즉시

<table>
<tr><td rowspan="2">신청인</td><td>①상호</td><td></td><td>②대표자</td><td></td></tr>
<tr><td>③영업소소재지</td><td></td><td>④업종 및 등록번호</td><td></td></tr>
</table>

<table>
<tr><td colspan="4">공사내역</td></tr>
<tr><td>⑤종합공사명</td><td colspan="3"></td></tr>
<tr><td>⑥현장소재지(번지까지 기재)</td><td></td><td>⑦공사지역</td><td></td></tr>
<tr><td>⑧원도급공종(「건설산업기본법 시행규칙」 제25조에 따른 공종을 말합니다)</td><td colspan="3"></td></tr>
</table>

<table>
<tr><td rowspan="3">⑨
연도</td><td rowspan="3">⑩
계약
연월일</td><td rowspan="3">⑪
착공
연월일</td><td rowspan="3">⑫
준공
연월일</td><td rowspan="2" colspan="10">⑬종합공사
기성액</td><td colspan="11">업종별 기성액(기 증명사항)</td></tr>
<tr><td rowspan="2">⑭세부공종
(전문공사 업종)</td><td colspan="10">⑮기성액</td></tr>
<tr><td>조</td><td>천억</td><td>백억</td><td>십억</td><td>억</td><td>천만</td><td>백만</td><td>십만</td><td>만</td><td>천</td><td>조</td><td>천억</td><td>백억</td><td>십억</td><td>억</td><td>천만</td><td>백만</td><td>십만</td><td>만</td><td>천</td></tr>
<tr><td rowspan="4"></td><td rowspan="4"></td><td rowspan="4"></td><td rowspan="4"></td><td rowspan="4"></td><td rowspan="4"></td><td rowspan="4"></td><td rowspan="4"></td><td rowspan="4"></td><td rowspan="4"></td><td rowspan="4"></td><td rowspan="4"></td><td rowspan="4"></td><td rowspan="4"></td><td></td><td></td><td></td><td></td><td></td><td></td><td></td><td></td><td></td><td></td><td></td></tr>
<tr><td></td><td></td><td></td><td></td><td></td><td></td><td></td><td></td><td></td><td></td><td></td></tr>
<tr><td></td><td></td><td></td><td></td><td></td><td></td><td></td><td></td><td></td><td></td><td></td></tr>
<tr><td>계</td><td></td><td></td><td></td><td></td><td></td><td></td><td></td><td></td><td></td><td></td></tr>
<tr><td colspan="14">⑯기타(공사의 규모·공법·공동 도급내역 등)</td><td colspan="11"></td></tr>
</table>

년도중 위와 같이 「건설산업기본법」 제16조제3항 단서에 따른 하도급 종합공사 기성실적이 있음을 증명하여 주시기 바랍니다.	수수료
	없 음

년 월 일

신청인 (서명 또는 인)

귀하

위 사실을 증명합니다.

년 월 일

수급인
·상호
·생년월일(법인등록번호)
·대표자 성명 [인]
·영업장 소재지
·전화번호

210mm×297mm(신문용지 54g/㎡(재활용품))

제 2 편

행정규칙

(고시, 지침, 기준, 예규)

건설공사 공동도급운영규정

[시행 2020. 8. 27.] [국토교통부고시 제2020-609호, 2020. 8. 27., 일부개정.]

제1조(목적) 이 기준은 건설업의 균형있는 발전과 건설업자간의 상호 협력관계를 유지하도록 하기 위하여 건설공사에 관하여 발주자와 2이상의 건설업자간의 공동도급계약을 하는 경우 활용할 수 있는 공동도급의 유형을 정하고, 공동도급의 유형별로 발주자와 공동수급체간 또는 공동수급체구성원 상호간의 시공상 책임한계와 기타 공동도급계약의 운영에 관하여 필요한 사항을 정함을 목적으로 한다.

제2조(용어의 정의) 이 기준에서 사용하는 용어의 정의는 다음과 같다.

1. "공동도급계약"이란 건설공사의 도급계약에 있어서 발주자와 공동수급체가 체결하는 계약을 말한다.
2. "공동수급체"란 건설공사를 공동으로 이행하기 위하여 2인이상의 수급인(업종을 불문한다)이 공동수급협정서를 작성하여 결성한 조직을 말한다.
3. "공동수급체의 대표자"란 공동수급체의 구성원중에서 대표자로 선정된 자를 말한다.
4. "주계약자"란 주계약자관리방식의 공동도급에 있어서 공동수급체 구성원 중에서 전체 건설공사의 수행에 관하여 종합적인 계획·관리 및 조정을 하는 자를 말한다.
5. "공동수급협정서"란 공동도급계약에 있어서 공동수급체구성원 상호간의 권리·의무등 공동도급계약의 이행에 관한 사항을 정한 계약서를 말한다.

제3조(공동도급의 유형) 건설공사의 공동도급계약 유형은 공동수급체가 도급받은 건설공사를 이행하는 방식에 따라 다음 각호와 같이 구분한다.

1. 공동이행방식 : 건설공사 계약이행에 필요한 자금과 인력 등을 공동수급체구성원이 공동으로 출자하거나 파견하여 건설공사를 수행하고 이에 따른 이익 또는 손실을 각 구성원의 출자비율에 따라 배당하거나 분담하는 공동도급계약을 말한다.
2. 분담이행방식 : 건설공사를 공동수급체구성원별로 분담하여 수행하는 공동도급계약을 말한다.
3. 주계약자관리방식 : 공동수급체구성원중 주계약자를 선정하고, 주계약자가 전체건설공사의 수행에 관하여 종합적인 계획·관리 및 조정을 하는 공동도급계약을 말한다. 다만, 일반건설업자와 전문건설업자가 공동으로 도급받은 경우에는 일반건설업자가 주계약자가 된다.

제4조(공동수급체의 구성) ① 발주자는 건설공사의 효율적인 관리를 위하여 필요하다고 인정하는 경우에는 입찰공고시 건설공사의 규모 및 복잡성 등을 감안하여 공동도급계약의 이행방식, 공동수급체 구성원의 자격 및 구성원의 수, 최소 출자비율을 정할 수 있다.

② 공동수급체구성원은 건설산업기본법 기타 관계법령에 따라 공동도급 공사를 이행하는데 필요한 면허 · 허가 · 등록 · 신고 등의 자격요건을 모두 충족하여야 한다. 다만, 주계약자관리방식에 의한 주계약자 이외의 구성원과 분담이행방식에 의한 구성원은 분담한 공사를 이행하는데 필요한 면허 · 허가 · 등록 · 신고 등의 자격요건만 충족하여도 된다.

제5조(공동수급체의 대표자의 선임) ① 공동수급체의 구성원은 상호협의하여 공동수급체의 대표자를 선임하되 발주자가 입찰공고등에서 요구한 자격을 가진 자를 우선적으로 선임하여야 한다. 다만, 주계약자관리방식의 경우에는 주계약자가 공동수급체의 대표자가 되어야 한다.

② 공동수급체의 대표자는 발주자 및 제3자에 대하여 공동수급체를 대표하며 재산관리 및 대금청구 등의 권한을 가진다. 다만, 대표자가 파산, 해산, 부도 기타 부득이한 사유로 이를 행사할 수 없는 경우에는 그러하지 아니하다.

③ 주계약자관리방식에서 공동수급체의 대표자는 공사시방서 · 설계도면 · 계약서 · 예약공정표 · 품질보증계획 또는 품질시험계획 · 안전 및 환경관리계획 · 산출내역서 등에 의하여 품질 및 시공을 확인하고 적정하기 못하다고 인정되는 경우에는 재시공지시 등 필요한 조치를 하여야 한다.

제6조(공동수급협정서의 작성) 공동수급체의 구성원은 공동도급계약의 이행 방식에 따라 별표1 부터 별표3까지 공동수급표준협정서를 참고하여 공동수급체의 대표자 및 당해 건설공사의 수행에 관한 각 구성원의 책임과 권리 · 의무 등을 기재한 공동수급협정서를 공동으로 작성하고, 연명으로 서명 · 날인하여 이를 발주자에게 제출하여야 한다.

제7조(공동수급체의 변경) ① 발주자는 공동수급체구성원중 파산 또는 해산, 부도 기타 정당한 사유없이 계약을 이행하지 아니하는 구성원에 대하여는 중도탈퇴를 요청할 수 있다. 이 경우 중도탈퇴의 요청을 받은 공동수급체의 구성원은 특별한 사유가 없는 한 이에 응하여야 한다.

② 공동수급체의 대표자는 공동수급체 구성원중 제1항의 사유에 해당하는 자가 있는 경우에는 즉시 발주자에게 통보하여야 한다.

③ 공동수급체는 건설공사를 도급받은 후 이행방식이나 구성원의 출자비율 · 분담내용을 변경하거나 공동수급체 구성원을 추가하여서는 아니된다. 다만, 다음 어느 하나에 해당하는 경우에는 그러하지 아니하다.

1. 계약내용이 변경됨에 따라 공동수급체 구성원이 연명으로 출자비율 또는 분담내용의 변경을 발주자에게 요청하여 동의를 얻은 경우
2. 공동수급체 구성원중 일부가 파산, 해산, 부도 등의 사유로 당초 공동 수급협정서의 내용대로 계약을 이행할 수 없게 되어 당해 구성원을 제외한 공동수급체 구성원이 연명으로 출자비율 또는 분담내용의 변경을 발주자에게 요청하여 동의를 얻은 경우
3. 공동수급체 구성원이 제1항에 따라 중도 탈퇴한 경우 나머지 구성원(연대보증인 포함)만으로 면허 · 허가 · 등록 · 신고 등의 자격요건을 갖추지 못하여 공동 수급체 구성원이 연명으로 구성원의 추가를 발주자에게 요청하여 동의를 얻은 경우

④ 주계약자관리방식에 있어서 주계약자가 제1항에 따라 중도탈퇴한 경우에는 주계약자의 연대보증인 또는 공사이행보증기관이 주계약자의 의무를 이행하거나 공동수급체가 제3항 제3호의 절차에 따라 새로운 주계약자를 선정하여야 한다.

제8조(계약의 체결) ① 공동도급 계약체결시 공동수급체구성원 전원이 계약서에 연명으로 서명 · 날인하여야 한다.

② 제6조에 따라 작성된 공동수급협정서는 계약이 체결되면 계약조건의 일부로 정할 수 있다.

제9조(계약이행책임) 건설공사를 도급받은 공동수급체 구성원은 제3조에 따른 공동도급계약의 이행방식에 따라 다음 각호와 같이 계약이행 책임을 진다.

1. 공동이행방식으로 건설공사를 도급받은 공동수급체의 구성원은 연대하여 계약이행 및 안전 · 품질이행의 책임을 진다.
2. 분담이행방식으로 건설공사를 도급받은 공동수급체의 구성원은 자신이 분담한 부분에 대하여만 계약이행 및 안전 · 품질이행책임을 진다.
3. 주계약자관리방식으로 건설공사를 도급받은 공동수급체의 구성원중 주계약자는 자신이 분담한 부분에 대하여 계약이행 및 안전 · 품질이행책임을 지는 외에 다른 구성원의 계약이행 및 안전 · 품질이행책임에 대하여도 연대책임을 지고, 주계약자 이외의 구성원은 자신이 분담한 부분에 대하여만 계약이행 및 안전 · 품질이행 책임을 진다. 다만, 주계약자가 탈퇴한 후 제7조제4항에 따른 주계약자의 계약이행 및 안전 · 품질이행의무대행이 이루어지지 않은 경우에는 주계약자 이외의 구성원은 자신의 분담부분에 대하여도 계약이행 및 안전 · 품질이행이 이루어지지 아니하는 것으로 본다.

제10조(건설공사의 시공 및 기술관리) ① 공동이행방식에 있어서 공동수급체와 주계약자관리방식에 있어서 주계약자는 전체 건설공사에 대하여 건설산업기본법에 따른 건설공사대장의 작성 및 건설기술자의 배치를 하여야 한다.

② 주계약자관리방식에 있어서 주계약자 이외의 구성원과 분담이행방식에 있어서 각 구성원은 분담시공하는 공사에 대하여 각각 건설산업기본법에 따른 건설공사대장의 작성 및 건설기술자의 배치를 하여야 한다.

제11조(대가의 지급) ① 공동수급체의 대표자는 선금 · 공사대금 등을 구성원 별로 구분 기재된 지급청구서를 발주자에게 제출하여야 한다. 다만, 공동수급체의 대표자가 파산 또는 해산, 부도 기타 부득이한 사유로 이를 행사할 수 없는 경우에는 공동수급체의 다른 모든 구성원의 연명으로 이를 제출할 수 있다.

② 발주자는 제1항에 따라 청구된 금액을 공동수급체 구성원 각자에게 지급하여야 한다. 다만, 공동이행방식 또는 주계약자관리방식으로 공동도급 받은 건설공사의 선금은 공동수급체의 대표자에게 일괄지급하여야 한다.

③ 기성내가는 공동수급체의 대표자 및 각 구성원의 이행내용에 따라 지급하여야 한다. 이 경우 준공대가 지급 시에는 구성원별 총 지급금액이 준공당시 공동수급체구성원의 출자비율 또는 분담내용과 일치하여야 한다.

제12조(하자담보책임) 공동수급체가 해산된 후 당해 건설공사에 하자가 발생한 경우 공동수급체 구성원은 연대하여 책임을 진다. 다만, 주계약자관리방식의 경우 주계약자이외의 구성원과 분담이행방식의 경우 각 구성원은 자신이 분담하여 시공한 내용에 따라 책임을 진다.

제13조(보증금의 납부) ① 입찰보증금 · 계약보증금 · 하자보증금 등 공동도급 계약 또는 당해 계약의 이행에 따른 각종 보증금 또는 보증서는 공동수급체 구성원별로 공동수급협정서에서 정한 출자비율 또는 분담내용에 따라 분할하여 납부하여야 한다. 다만, 공동이행방식과 주계약자관리방식인 경우에는 발주자는 공동수급체의 대표자 또는 주계약자로 하여금 일괄하여 보증금 또는 보증서를 납부하게 할 수 있다.

② 보증금 또는 보증서를 반환하는 경우에는 제1항에 따라 납부한 자에게 직접 반환하여야 한다. 다만, 공동수급체 구성원간의 합의가 있는 경우는 그에 따른다.

제14조(건설공사 실적의 산정) 공동수급체가 시공한 공사의 실적금액은 출자비율 또는 분담내용에 따라 산정한다. 다만, 주계약자관리방식에 의하여 시공한 경우 주계약자의 실적금액은 다음과 같이 가산하여 산정한다.

1. 일반건설업자가 주계약자로서 다른 전문건설업자와 분담하여 시공하는 경우 전문건설업자가 시공한 실적금액에 해당하는 금액을 주계약자의 실적에 가산
2. 일반건설업자가 주계약자로서 다른 일반건설업자와 분담하여 시공하는 경우 다른 일반건설업자가 시공한 실적금액의 2분의1에 해당하는 금액을 주계약자의 실적에 가산

제15조(보칙) 국가를당사자로하는계약에관한법률의 규정에 의하여 기획재정부장관이 정한 공동도급계약운용요령에 의하여 공동도급계약을 체결하는 경우에는 이 기준을 적용하지 아니한다.

제16조(재검토기한) 국토교통부장관은 「훈령 · 예규 등의 발령 및 관리에 관한 규정」에 따라 이 고시에 대하여 2016년 7월 1일 기준으로 매3년이 되는 시점(매 3년째의 6월 30일까지를 말한다)마다 그 타당성을 검토하여 개선 등의 조치를 하여야 한다.

부칙 <제2020-609호, 2020. 8. 27.>

제1조(시행일)이 고시는 발령한 날부터 시행한다.

별표 / 서식

[별표 1] 공동수급표준협정서(공동이행방식)

[별표 2] 공동수급표준협정서(분담이행방식)

[별표 3] 공동수급표준협정서(주계약자관리방식)

【별표 1】

공동수급표준협정서(공동이행방식)

제1조(목적) 이 협정서는 ○○○와 ○○○가 재정·경영, 기술능력·인원 및 기자재를 동원하여 아래 건설공사에 대한 계획·입찰·시공 등을 위하여 공동연대하여 사업을 영위할 것을 약속하는 협약을 정함에 있다.

1. 사 업 명 :
2. 계약금액 :
3. 공사기간 :
4. 발주자명 :

제2조(공동수급체) 공동수급체의 명칭·사업소의 소재지 및 대표자는 다음과 같다.

1. 명 칭 :
2. 주사무소소재지 :
3. 대 표 자 성 명 :

제3조(공동수급체의 구성원) ① 공동수급체의 구성원은 다음과 같다.

1. ○○○회사(대표 : , 소재지 :)
2. ○○○회사(대표 : , 소재지 :)

② 공동수급체의 대표자는 ○○○로 한다.

③ 대표자는 발주자 및 제3자에 대하여 공동수급체를 대표하며, 공동수급체의 재산관리 및 대금청구 등의 권한을 가진다. 다만, 대표자가 파산 또는 해산, 부도 기타 부득이한 사유로 이를 행사할 수 없는 경우에는 그러하지 아니하다.

제4조(효력기간) 본 협정서는 당사자간의 서명과 동시에 효력이 발생하며, 당해 계약의 이행을 완료한 때 효력이 종료된다. 다만, 발주자 또는 제3자에 대하여 공사와 관련한 권리·의무관계가 남아 있는 한 본 협정서의 효력은 존속된다.

제5조(의무) 공동수급체의 구성원은 제1조에서 정한 목적을 수행하기 위하여 성실·근면 및 신의를 바탕으로 필요한 모든 지식·재정·기술·인원 등을 협력하여 활용할 것을 약속한다.

제6조(발주자에 대한 계약이행책임) 공동수급체의 구성원은 발주자에 대한 계약상의 의무이행에 대하여 연대하여 책임을 진다.

제7조(하도급 등에 관한 각 구성원의 책임) ① 공동수급체의 구성원은 다른 구성원의 동의를 받지 않고 공동도급공사의 일부를 하도급할 수 없다.

② 공동수급체의 구성원은 계약이행과 관련하여 하수급인 및 자재납품업자에 대하여 연대하여 책임을 진다.

제8조(대가의 수령등) 공동도급공사의 대가 등은 공동수급체의 구성원별로 청구된 금액에 따라 공동수급체의 구성원 각자가 다음의 계좌로 지급받는다. 다만, 건설공사의 선금은 공동수급체의 대표자가 일괄하여 지급받는다.

1. ○○○회사(공동수급체대표자) : ○○은행, 계좌번호 ○○○, 예금주 ○○○
2. ○○○회사 : ○○은행, 계좌번호 ○○○, 예금주 ○○○

제9조(구성원의 출자비율) ① 공동수급체의 출자비율은 다음과 같이 정한다.

1. ○○○ : %
2. ○○○ : %

② 제1항의 비율은 다음 각호의 1에 해당하는 경우에 한하여 변경할 수 있다.

1. 발주자와의 계약내용 변경에 따라 계약금액이 증감되었을 때
2. 공동수급체 구성원중 부도, 파산, 해산 등의 사유로 탈퇴한 구성원이 발생하여 발주자로부터 출자비율 변경승낙을 받은 경우

③ 현금 이외의 출자는 시가를 참작하여 구성원이 협의·평가하는 것으로 한다.

제10조(손익의 배분) 본 계약이행을 위하여 발생한 공동경비 및 각종 보증금의 일괄납부에 소요되는 비용등에 대하여는 제9조에서 정한 출자비율에 따라 각 구성원이 분담하며, 도급계약을 이행한 후 이익 또는 손실이 발생하였을 경우에도 출자비율에 따라 배당하거나 분담한다.

제11조(권리·의무의 양도제한) 구성원은 이 협정서에 의한 권리·의무를 제3자에게 양도할 수 없다.

제12조(중도탈퇴에 대한 조치) ① 공동수급체의 구성원은 발주자 및 구성원 전원의 동의가 없으면 입찰 및 당해 계약의 이행을 완료하는 날 까지 탈퇴할 수 없다. 다만, 공동수급체의 구성원중 파산 또는 해산, 부도 기타 정당한 사유없이 당해 계약을 이행하지 아니하는 구성원이 있는 경우에는 즉시 발주자에게 통보하여야 하며, 발주자가 중도탈퇴를 요청하는 경우 당해 구성원에 대하여는 다른 구성원이 탈퇴조치한다.

② 구성원의 일부가 탈퇴한 경우에는 잔존 구성원이 공동연대하여 당해 계약을 이행한다. 다만, 잔존 구성원만으로는 시공자격 등 당해 계약이행조건을 갖추지 못한 경우에는 발주자의 승낙을 얻어 당해 요건을 충족하거나 계약이행조건을 갖춘 구성원을 추가하여야 한다.

③ 제2항 본문의 경우 출자비율은 탈퇴자의 출자비율을 잔존구성원의 출자 비율에 따라 분할하여 제9조의 비율에 가산한다.

④ 탈퇴하는 자의 출자금은 계약이행 완료후 제10조의 규정에 의한 손실을 공제한 잔액을 반환한다.

제13조(하자담보책임) 공동수급체가 해산한 후 당해 공사에 관하여 하자가 발생하였을 경우에는 연대하여 책임을 진다.

제14조(보증금등의 납부) 입찰보증금, 계약보증금, 하자보증금 등 본 계약이행에 따르는 각종 보증금 또는 보증서는 제9조에 의한 출자비율에 따라 구성원별로 분할납부하되, 발주자의 동의가 있는 때에는 공동수급체의 대표자가 일괄납부할 수 있다.

제15조(구상권의 행사) 공동수급체의 구성원은 이 협정에 의하여 다른 구성원의 책임있는 사유로 연대책임을 이행하여 발생한 손실에 대하여는 해당 구성원에게 구상권을 행사할 수 있다.

제16조(운영위원회) ① 공동수급체는 공동수급체구성원을 위원으로 하는 운영 위원회를 설치하여 계약이행에 관한 제반사항을 협의한다.

② 이 협정서에 규정되지 아니한 사항은 운영위원회에서 정한다.

제17조(보칙) 이 협약에서 정하지 아니한 사항에 대하여 공동수급체구성원은 대등한 입장에서 합의하여 특약으로 정할 수 있다.

위와 같이 공동수급협정을 체결하고 그 증거로서 협정서 ○통을 작성하여 공동수급체구성원이 기명·날인하여 각자 보관한다.

년 월 일

○ ○ ○(인)

○ ○ ○(인)

【별표 2】

공동수급표준협정서(분담이행방식)

제1조(목적) 이 협정서는 ○○○ 와 ○○○ 가 재정·경영, 기술능력·인원 및 기자재를 동원하여 아래 건설공사에 대한 계획·입찰·시공 등을 위하여 공동으로 사업을 영위할 것을 약속하는 협약을 정함에 있다.

1. 사 업 명 :
2. 계약금액 :
3. 공사기간 :
4. 발주자명 :

제2조(공동수급체) 공동수급체의 명칭·사업소의 소재지 및 대표자는 다음과 같다.

1. 명　　　　칭 :
2. 주사무소소재지 :
3. 대 표 자 성 명 :

제3조(공동수급체의 구성원) ① 공동수급체의 구성원은 다음과 같다.

1. ○○○회사(대표 :　　　　, 소재지 :　　　　)
2. ○○○회사(대표 :　　　　, 소재지 :　　　　)

② 공동수급체의 대표자는 ○○○로 한다.

③ 대표자는 발주자 및 제3자에 대하여 공동수급체를 대표하며, 공동수급체의 재산관리 및 대금청구 등의 권한을 가진다. 다만, 대표자가 파산 또는 해산, 부도 기타 부득이한 사유로 이를 행사할 수 없는 경우에는 그러하지 아니하다.

제4조(효력기간) 본 협정서는 당사자간의 서명과 동시에 효력이 발생하며, 당해 계약의 이행을 완료한 때 효력이 종료한다. 다만, 발주자 또는 제3자에 대하여 공사와 관련한 권리·의무 관계가 남아 있는 한 본 협정서의 효력은 존속된다.

제5조(의무) 공동수급체의 구성원은 제1조에서 정한 목적을 수행하기 위하여 성실·근면 및 신의를 바탕으로 필요한 모든 지식·재정·기술·인원 등을 협력하여 활용할 것을 약속한다.

제6조(발주자에 대한 계약이행책임) 공동수급체의 구성원은 발주자에 대한 계약상의 의무이행에 대하여 분담내용에 따라 각자 책임을 진다.

제7조(하도급에 관한 각 구성원의 책임) ① 공동수급체의 각 구성원은 자기책임하에 분담부분의 일부를 하도급할 수 있다.

② 공동수급체의 각 구성원은 하수급인에 대하여 분담내용에 따라 각자 책임을 진다.

제8조(대가수령 등) 공동도급공사의 대가등은 공동수급체의 각 구성원별로 청구된 금액에 따라 공동수급체의 구성원 각자가 다음의 계좌로 지급받는다.

1. ○○○회사(공동수급체대표자) : ○○은행, 계좌번호 ○○○, 예금주 ○○○
2. ○○○회사 : ○○은행, 계좌번호 ○○○, 예금주 ○○○

제9조(구성원의 분담내용) ① 각 구성원의 분담내용은 다음과 같이 정한다.

[예시]

1. 일반공사의 경우

가) ○○○건설회사 : 토목공사

나) ○○○건설회사 : 건축공사

2. 설비설치공사의 경우

가) ○○○건설회사 : 설비설치공사

나) ○○○제조회사 : 설비제작

② 제1항의 분담내용은 발주자와의 계약내용에 변경이 있는 경우에는 그 변경내용에 따라 분담내용이 변경된 것으로 본다.

제10조(공동비용의 분담) 본 계약이행을 위하여 발생한 공동의 경비 등에 대하여는 분담공사금액의 비율에 따라 각 구성원이 분담한다.

제11조(권리·의무의 양도제한) 구성원은 이 협정서에 의한 권리의무를 제3자에게 양도할 수 없다.

제12조(중도탈퇴에 대한 조치) ① 공동수급체의 구성원은 발주자 및 구성원 전원의 동의가 없으면 입찰 및 당해 계약의 이행을 완료하는 날 까지 탈퇴할 수 없다. 다만, 공동수급체의 구성원중 파산 또는 해산, 부도 기타 정당한 사유없이 당해 계약을 이행하지 아니하는 구성원이 있는 경우에는 즉시 발주자에게 통보하여야 하며, 발주자가 중도탈퇴를 요청하는 경우 당해 구성원에 대하여는 다른 구성원이 탈퇴조치한다.

② 구성원의 일부가 탈퇴한 경우에는 연대보증인이 당해 구성원의 분담부분을 이행하여야 한다. 다만, 연대보증인이 없거나 연대보증인이 계약을 이행하지 아니하는 경우에는 잔존구성원이 시공자격등 당해 계약이행조건을 갖추거나 계약이행조건을 갖춘 구성원을 추가한 후 발주자의 동의를 얻어 이를 이행할 수 있다.

제13조(하자담보책임) 공동수급체가 해산한 후 당해 공사에 관하여 하자가 발생하였을 경우에는 분담내용에 따라 그 책임을 진다.

제14조(구성원 상호간의 책임) ① 구성원이 분담공사와 관련하여 제3자에게 끼친 손해는 당해 구성원이 책임진다.

② 구성원이 다른 구성원에게 손해를 끼친 경우에는 상호협의하여 처리하되, 협의가 성립되지 아니하는 경우에는 운영위원회의 결정에 따른다.

제15조(운영위원회) ① 공동수급체는 공동수급체구성원을 위원으로 하는 운영 위원회를 설치하여 계약이행에 관한 제반사항을 협의한다.

② 이 협정서에 규정되지 아니한 사항은 운영위원회에서 정한다.

제16조(보칙) 이 협약에서 정하지 아니한 사항에 대하여 공동수급체구성원은 대등한 입장에서 합의하여 특약으로 정할 수 있다.

위와 같이 공동수급협정을 체결하고 그 증거로서 협정서 ○통을 작성하여 공동수급체구성원이 기명·날인하여 각자 보관한다.

년　　월　　일

○ ○ ○ (인)

○ ○ ○ (인)

【별표 3】

공동수급표준협정서(주계약자관리방식)

제1조(목적) 이 협정서는 공동수급체의 구성원중 주계약자 ○○○와 다른 구성원 ○○○가 재정·경영, 기술능력·인원 및 기자재를 동원하여 아래 건설공사에 대한 계획·입찰·시공 등을 위하여 주계약자가 전체공사의 수행에 관하여 계획·관리 및 조정을 하면서 공동으로 사업을 영위할 것을 약속하는 협약을 정함에 있다.

1. 사 업 명 :
2. 계약금액 :
3. 공사기간 :
4. 발주자명 :

제2조(공동수급체) 공동수급체의 명칭·사업소의 소재지 및 대표자는 다음 각호와 같으며, 대표자는 제3조제2항의 규정에 의한 주계약자가 된다.

1. 명　　　　칭 :
2. 주사무소소재지 :
3. 대 표 자 성 명 :

제3조(공동수급체의 구성원) ① 공동수급체의 구성원은 다음 각호와 같다.

1. ○○○회사(대표 :　　　, 소재지 :　　　　　　)
2. ○○○회사(대표 :　　　, 소재지 :　　　　　　)

② 공동수급체의 대표자는 주계약자 ○○○로 한다.

③ 주계약자는 발주자 및 제3자에 대하여 공동수급체를 대표하며, 공동수급체의 재산관리 및 대금청구 등의 권한을 가진다. 다만, 주계약자가 파산 또는 해산, 부도 기타 부득이한 사유로 이를 행사할 수 없는 경우에는 그러하지 아니하다.

제4조(효력기간) 본 협정서는 당사자간의 서명과 동시에 효력이 발생하며, 당해계약의 이행을 완료한 때에 효력이 종료된다. 다만, 발주자 또는 제3자에 대하여 공사와 관련한 권리·의무관계가 남아 있는 한 본 협정서의 효력은 존속된다.

제5조(의무) 공동수급체의 구성원은 제1조에서 정한 목적을 수행하기 위하여 성실·근면 및 신의를 바탕으로 필요한 모든 지식·재정·기술·인원 등을 협력하여 활용할 것을 약속하고 주계약자가 전체 건설공사 수행을 위하여 계획·관리 및 조정하는 사항에 적극 협조하여야 한다.

제6조(발주자에 대한 계약이행책임) 공동수급체의 구성원은 발주자에 대한 계약상의 의무이행에 대하여 분담내용에 따라 각자 책임을 진다. 다만, 주계약자는 전체 건설공사의 수행에 관하여 계획·관리 및 조정을 하고 다른 구성원의 계약상의 의무이행에 있어 발주자에 대하여 연대하여 책임을 진다.

제7조(하도급에 관한 각 구성원의 책임) ① 주계약자 이외의 공동수급체의 각 구성원은 주계약자의 동의없이 분담부분의 일부를 하도급할 수 없다.

② 공동수급체의 구성원은 하수급인에 대하여 분담내용에 따라 각자 책임을 진다.

제8조(대가의 수령등) 공동도급공사의 대가등은 공동수급체의 구성원별로 청구된 금액에 따라 공동수급체의 구성원 각자가 다음의 계좌로 지급받는다. 다만, 선금은 주계약자 계좌로 지급 받는다.

1. ○○○회사(주계약자) : ○○은행, 계좌번호 ○○○, 예금주 ○○○
2. ○○○회사 : ○○은행, 계좌번호 ○○○, 예금주 ○○○

제9조(구성원의 분담내용) ① 각 구성원의 분담내용은 다음과 같이 정한다.

[예시]

1. 토목공사의 경우
   가) ○○○건설회사 : 전체공사 종합관리 및 토목공사
   나) ○○○건설회사 : 포장공사
2. 건축공사의 경우
   가) ○○○건설회사 : 전체공사 종합관리 및 건축공사
   나) ○○○설비회사 : 설비공사

② 제1항의 분담내용은 발주자와의 계약내용에 변경이 있는 경우에는 그 변경내용에 따라 분담내용이 변경된 것으로 본다.

제10조(공동비용의 분담) 본 계약이행을 위하여 발생한 공동의 비용등에 대하여는 분담공사금액의 비율에 따라 각 구성원이 분담하는 것을 원칙으로 하되, 전체공사의 종합관리 및 보증금등의 일괄납부에 소요되는 비용의 재원은 공동수급체 구성원간의 협의에 의하여 별도로 정할 수 있다.

제11조(권리·의무의 양도제한) 구성원은 이 협정서에 의한 권리·의무를 제3자에게 양도할 수 없다.

제12조(중도탈퇴에 대한 조치) ① 공동수급체의 구성원은 발주자 및 구성원 전원의 동의가 없으면 입찰 및 당해 계약의 이행을 완료하는 날까지 탈퇴할 수 없다. 다만, 공동수급체의 구성원중 파산 또는 해산, 부도 기타 정당한 사유없이 당해 계약을 이행하지 아니하는 구성원이 있는 경우에는 즉시 발주자에게 통보하여야 하며, 발주자가 중도탈퇴를 요청하는 경우 당해 구성원에 대하여는 다른 구성원이 탈퇴조치 한다.

② 구성원의 일부가 탈퇴한 경우에는 주계약자가 당해 구성원의 분담부분을 이행하여야 한다. 다만, 주계약자가 탈퇴한 경우에는 주계약자의 연대보증인이 당해 계약을 이행하여야 하며, 주계약자의 연대보증인이 없거나 연대보증인이 계약을 이행하지 아니하는 경우에는 잔존 구성원이 시공자격 등 당해 계약이행조건을 갖추거나 계약이행조건을 갖춘 구성원을 추가한 후 발주자의 동의를 얻어 이를 이행할 수 있다.

제13조(하자담보책임) 공동수급체가 해산한 후 당해 공사에 관하여 하자가 발생하였을 경우에는 분담내용에 따라 그 책임을 진다. 다만, 주계약자는 해당 구성원과 연대하여 책임을 진다.

제14조(보증금등의 납부) 입찰보증금, 계약보증금, 하자보증금 등 본 계약이행에 따르는 각종 보증금 또는 보증서는 제9조의 분담내용에 따라 구성원별로 분할납부하되, 발주자의 동의가 있는 때에는 주계약자가 일괄납부할 수 있다.

제15조(구성원 상호간의 책임) ① 구성원이 분담공사와 관련하여 제3자에게 끼친 손해는 당해 구성원이 분담한다.

② 구성원이 다른 구성원에게 손해를 끼친 경우에는 상호협의하여 처리하되, 협의가 성립되지 아니하는 경우에는 운영위원회의 결정에 따른다.

제16조(구상권의 행사) 주계약자는 이 협정에 의하여 다른 구성원의 책임있는 사유로 연대책임을 이행하여 발생한 손실에 대하여는 해당구성원에게 구상권을 행사할 수 있다.

제17조(운영위원회) ① 공동수급체는 공동수급체구성원을 위원으로 하는 운영 위원회를 설치하여 계약이행에 관한 제반사항을 협의한다.

② 이 협정서에 규정되지 아니한 사항은 운영위원회에서 정한다.

제18조(보칙) 이 협약에서 정하지 아니한 사항에 대하여 공동수급체 구성원은 대등한 입장에서 합의하여 특약으로 정할 수 있다.

위와 같이 공동수급협정을 체결하고 그 증거로서 협정서 ○통을 작성하여 공동수급체구성원이 기명·날인하여 각자 보관한다.

년 월 일

○ ○ ○ (인)
○ ○ ○ (인)

건설공사금액의 하한

[시행 2016.4.18] [국토교통부고시 제2016-210호, 2016.4.18, 폐지제정]

1. 대상공사

가. 국가기관 및 「공공기관 운영에 관한 법률」에 따라 기획재정부장관이 지정하여 고시한 공공기관 중 공기업과 준정부기관이 발주하는 건설공사로서 추정가격이 「국가를 당사자로 하는 계약에 관한 법률」 제4조제1항에 따라 기획재정부장관이 정하여 고시하는 금액(세계무역기구의 정부조달협정상 개방대상금액을 말한다) 미만인 공사

나. 지방자치단체 및 「지방공기업법」에 따른 지방공기업 중 지방직영기업과 지방공사·공단이 발주하는 건설공사로서 추정가격이 「지방자치단체를 당사자로 하는 계약에 관한 법률」 제5조제1항에 따라 안전행정부장관이 정하여 고시하는 금액 미만인 공사

다. 가목 및 나목에도 불구하고 수의계약공사는 제외한다.

2. 대상 건설업자

가. 토목공사업, 건축공사업 및 토목건축공사업을 시공하는 업종에 등록한 건설업자로서 해당 업종에 대한 최근 년도 시공능력평가액이 1,200억원 이상인 건설업자

나. 산업·환경설비공사업을 시공하는 업종에 등록한 건설업자로서 해당 업종에 대한 최근 년도 시공능력평가액이 41,000억원 이상인 건설업자

다. 조경공사업을 시공하는 업종에 등록한 건설업자로서 해당 업종에 대한 최근 년도 시공능력평가액이 1,800억원 이상인 건설업자

3. 하한금액

하한금액은 해당 업체의 최근 년도 시공능력평가액의 1/100에 해당하는 금액으로 한다. 다만, 지방자치단체와 「공공기관 운영에 관한 법률」에 따라 기획재정부장관이 지정하여 고시한 공공기관 중 공기업과 준정부기관 및 「지방공기업법」에 따른 지방공기업 중 지방직영기업과 지방공사·공단이 발주하는 건설공사의 경우 하한금액이 아래의 금액을 초과할 수 없다.

가. 토목공사, 건축공사 및 토목건축공사 : 200억원

나. 산업?환경설비공사 : 180억원

다. 조경공사 : 20억원

4. 적용기준

가. 공동도급으로 발주되는 공사의 경우에는 전체공사금액에 대하여 적용한다. 다만, 분담이행방식의 공동도급의 경우에는 공동도급 구성원별로 분담시공하는 공사금액에 대하여 적용한다.

나. 「국가를 당사자로 하는 계약에 관한 법률」 제21조 등에 따라 장기계속계약으로 발주되는 공사의 경우에는 전체공사금액에 대하여 적용한다.
다. 「건설산업기본법」 이외의 법령에 따라 등록 또는 신고 등을 하여야 도급받을 수 있는 공사와 복합된 공사로서 일괄 발주되는 공사의 경우에는 「건설산업기본법」 상의 건설업종에 해당하는 공사에 한하여 하한금액을 적용한다.
라. 하한금액은 해당 공사의 추정금액 중 토목건축공사, 토목공사, 건축공사 산업?환경설비공사, 조경공사에 해당하는 부분에 대하여 각각 적용한다. 다만, 토목건축공사업을 시공하는 업종에 등록한 건설업자의 경우 토목건축공사, 토목공사, 건축공사에 대하여 적용한다.

5. 조치사항

가. 시 · 도지사(국토교통부장관이 지정하여 고시한 위탁기관)는 건설공사금액의 하한을 적용받는 건설업자의 건설업등록수첩에 건설공사금액의 하한을 기재하여야 한다.
나. 발주기관의 장은 건설공사금액의 하한을 적용받는 건설공사를 발주하는 경우 입찰공고시 추정가격을 명기하고, 추정금액에 대하여서는 토목건축공사업, 토목공사업, 건축공사업, 산업 · 환경설비공사업 및 조경공사업에 해당하는 금액을 구분하여 명기하여야 한다. 다만, 토목건축공사업을 포함하는 경우 토목공사업 및 건축공사업을 구분하지 않을 수 있다.

6. 재검토기한

국토교통부장관은 ?훈령 · 예규 등의 발령 및 관리에 관한 규정?에 따라 이 고시에 대하여 2016년 7월 1일 기준으로 매 3년이 되는 시점(매 3년째의 6월 30일까지를 말한다)마다 그 타당성을 검토하여 개선 등의 조치를 하여야 한다.

7. 행정사항

가. (시행일) 이 고시는 발령한 날부터 시행한다.
나. (종전 고시의 폐지) 이 고시 시행과 동시에 국토교통부 고시 제2013-516호(2013.9.2)는 폐지한다.

건설공사 발주 세부기준

[시행 2024. 1. 23.] [국토교통부고시 제2024-61호, 2024. 1. 23., 일부개정.]

제1장 총 칙

제1조(목적) 이 고시는 「건설산업기본법」 제8조 및 제16조, 같은 법 시행령 제21조제3항 및 같은 법 시행규칙 제13조의4제2항에 따른 부대공사의 범위와 기준, 건설공사의 시공자격 등을 판단하기 위해 필요한 세부적인 사항을 정함을 목적으로 한다.

제2조(정의) 이 기준에서 사용하는 용어의 정의는 다음과 같다.
1. "주된 공사"란 「건설산업기본법 시행령」(이하 "영"이라 한다) 별표 1에 따른 종합공사를 시공하는 업종 및 전문공사를 시공하는 업종의 업무내용에 속하는 공사를 말한다.
2. "종된 공사"란 주된 공사 업종의 업무내용에 속하지 아니한 공사로서 시공 과정상 필수적으로 수반되는 공사를 말한다.
3. "신설공사"란 「건설산업기본법」 제2조제4호의 건설공사 중 토목공사, 건축공사, 산업설비공사, 조경공사, 환경시설공사, 그 밖에 명칭과 관계없이 시설물을 새로이 설치하는 공사(시설물을 설치하기 위한 부지조성공사를 포함한다) 및 기계설비나 그 밖의 구조물의 설치 및 해체공사 등을 말한다. 이 경우 제4호 단서에 따른 건설공사를 포함한다.
4. "유지보수 공사"란 시설물의 완공 이후 개량·보수·보강하는 공사를 말한다. 다만, 다음 각 목의 어느 하나에 포함하는 공사는 제외한다.
   가. 건축물의 증축·개축·재축 및 대수선공사
   나. 건축물을 제외한 그 밖의 시설물의 증설·확장공사 및 주요구조부를 해체한 후 복구·보강·변경하는 공사
5. "주력분야"란 영 제7조의2에 따라 전문공사를 시공하는 업종의 업무분야 중 주력으로 시공할 수 있는 업무분야를 말한다.

제3조(적용범위) 이 기준은 「건설산업기본법」(이하 "법"이라 한다) 제2조제10호에 따른 발주자(조달청 등에 공사계약 체결 업무를 의뢰하는 기관을 포함한다. 이하 같다)가 법 제2조제4호에 따른 건설공사에 대하여 적용하며, 관계 법령에서 특별히 정한 경우를 제외하고는 이 기준에서 정하는 바에 따른다.

제2장 건설공사의 발주

제4조(종합공사와 전문공사의 구분) 발주자는 건설공사의 세부내역을 검토하여 주된 공사와 부대공사를 결정하고, 해당 공사의 종합적인 계획·관리·조정의 필요성 여부에 따라 종합공사와 전문공사로 구분해야 한다.

제4조의2(신설공사와 유지보수 공사의 구분) 발주자는 건설공사 발주 시 신설공사와 유지보수 공사 여부를 구분하여 입찰공고문에 기재하여야 한다.

제5조(부대공사 판단기준) ① 법 제16조제2항 및 영 제21조제1항에 따른 부대공사의 범위는 다음 각 호와 같다.

1. 주된 공사를 시공하기 위하여 또는 시공함으로 인하여 필요하게 되는 종된 공사
2. 2종 이상의 전문공사가 복합된 공사로서 공사예정금액이 3억원 미만이고, 주된 전문공사의 공사예정금액이 전체 공사예정금액의 2분의 1 이상인 경우 그 나머지 부분의 공사
3. <삭 제>

② 제1항제1호의 부대공사로 인정하는 기준은 다음 각 호와 같다.

1. 주된 공사와 부대공사의 공사 종류간에 종속성(從屬性) 및 연계성(連繫性)이 인정될 것
2. 건설공사의 업종별 업무내용 및 시공기술의 난이도 등을 고려할 때 주된 공사의 건설사업자가 시공할 수 있고 주된 공사의 건설사업자가 부대공사를 시공하더라도 공사의 품질이나 안전에 지장을 초래하지 않을 것

③ 제2항에 따른 부대공사 판단 시 발주자는 다음 각 호를 고려해야 한다.

1. 공사의 전·후 시공과정상 주된 공사에 수반되는 공사인지
2. 전체 공사 중 주된 공사의 규모를 초과하지 않는지
3. 공사구간·기간·시기, 연약지반 등 특수여건, 공정 전반에 대한 종합적인 계획·관리 및 조정의 필요성 등 현지 여건

④ 부대공사의 범위 및 기준에 관하여 필요한 세부적인 적용 방법 및 사례는 별표 1과 같다.

제6조(종합공사의 시공자격) ① 종합공사를 시공할 수 있는 자격은 법 제16조제1항에 따라 종합공사를 시공하는 업종을 등록한 건설사업자(이하 "종합건설사업자"라 한다)에게 있다. 다만, 다음 각 호의 어느 하나에 해당하는 경우에는 종합공사를 시공하는 업종을 등록하지 아니하고도 시공 자격이 있다.

1. 2개 업종 이상의 전문공사를 시공하는 업종을 등록한 건설사업자가 그 업종에 해당하는 전문공사로 구성된 종합공사를 도급받는 경우
2. 전문공사를 시공할 수 있는 자격을 보유한 건설사업자가 전문공사에 해당하는 부분을 시공하는 조건으로 하여, 종합공사를 시공할 수 있는 자격을 보유한 건설사업자가 종합적인 계획, 관리 및 조정을 하는 공사를 공동으로 도급받는 경우
3. 전문공사를 시공하는 업종을 등록한 2 이상의 건설사업자가 그 업종에 해당하는 전문공사로 구성된 종합공사를 공정관리, 하자책임 구분 등을 고려하여 「건설산업기본법 시행규칙」(이하 "규칙"이라 한다)으로 정하는 바에 따라 공동으로 도급받는 경우
4. 법 제9조제1항에 따라 등록한 업종에 해당하는 건설공사를 이미 도급받아 시공하였거나 시공 중인 건설공사의 부대공사로서 다른 건설공사를 도급받는 경우
5. 발주자가 공사품질이나 시공상 능률을 높이기 위하여 필요하다고 인정한 경우로서 기술적 난이도, 공사를 구성하는 전문공사 사이의 연계 정도 등을 고려하여 영 제19조 각 호의 어느 하나에 해당하는 경우

② 제1항제3호에서 규정한 건설사업자의 경우 2027년 1월 1일부터 시공자격을 가진다.

제7조(전문공사의 시공자격) ① 전문공사를 시공할 수 있는 자격은 법 제16조제1항에 따라 전문공사를 시공하는 업종을 등록한 건설사업자(이하 "전문건설사업자"라 한다)에게 있다. 다만, 다음 각 호의 어느 하나에 해당하는 경우에는 전문공사를 시공하는 업종을 등록하지 아니하고도 시공 자격이 있다.

1. 토목공사업 또는 토목건축공사업을 등록한 건설사업자가 토목공사업 업무내용에 포함되는 전문공사를 도급받는 경우

2. 건축공사업 또는 토목건축공사업을 등록한 건설사업자가 건축공사업 업무내용에 포함되는 전문공사를 도급받는 경우
3. 산업환경설비공사업을 등록한 건설사업자가 산업환경설비공사업의 업무내용에 포함되는 전문공사를 도급받는 경우
4. 조경공사업을 등록한 건설사업자가 조경공사업의 업무내용에 포함되는 전문공사를 도급받는 경우
5. 법 제9조제1항에 따라 등록한 업종에 해당하는 건설공사를 이미 도급받아 시공하였거나 시공 중인 건설공사의 부대공사로서 다른 건설공사를 도급받는 경우
6. 발주자가 공사품질이나 시공상 능률을 높이기 위하여 필요하다고 인정한 경우로서 기술적 난이도, 공사를 구성하는 전문공사 사이의 연계 정도 등을 고려하여 영 제19조에 해당하는 경우

② 제1항제1호부터 제4호까지의 규정의 적용과 관련하여 공사예정금액이 4억 3천만원 미만인 전문공사에 대하여는 2027년 1월 1일부터 시공 자격이 있다.

제8조(건설공사의 발주방식) ① 발주자는 건설공사를 발주함에 있어 제6조 및 제7조에 따라 시공자격을 갖춘 건설사업자의 입찰참가를 허용해야 하며, 시공자격을 갖춘 건설사업자의 입찰참가를 제한하려는 경우 그 사유를 입찰공고문에 기재해야 한다.

② 발주자는 종합공사를 발주하려는 경우 해당 공사의 주된 공사를 구성하는 업종 및 구성비율을 입찰공고문에 기재해야 하며, 부대공사에 대하여는 기재하지 아니 한다.

③ 삭제

④ 삭제

제8조의2(전문건설업종 통합에 따른 건설공사의 발주방식) ① 발주자는 제8조제1항에 따라 종합공사에 전문건설사업자의 입찰을 허용하거나 전문공사에 종합건설사업자의 입찰을 허용하는 경우 해당 건설사업자에게 주력분야의 등록을 요구하여서는 아니 된다.

② 전문공사를 발주하고자 하는 경우 해당 공사를 구성하는 주된 공사의 업무분야가 전문적인 시공기술·공법·경험 및 인력·장비가 필요하다고 인정되는 공사에 대해서는 해당 업무분야를 주력분야로 등록하지 않은 전문건설사업자의 원도급 제한을 고려할 수 있다.

③ 전문공사를 시공하는 업종 중 2 이상의 업무분야가 복합된 공사를 발주하고자 하는 경우 전체 공사예정금액의 2분의 1 이상인 업무분야에 대해서는 해당 업무분야를 주력분야로 등록하지 않은 전문건설사업자의 원도급 제한을 우선 고려할 수 있다.

④ 발주자는 수중·준설공사업, 승강기·삭도공사업, 가스난방공사업을 등록한 자 및 기계가스설비공사업 중 기계설비공사를 주력분야로 등록한 자에 대해서는 주력분야의 공사만 수행하게 하여야 한다.

⑤ 제4항에도 불구하고 발주자는 기계설비공사와 가스시설공사(제1종)가 복합된 공사로서 기계설비공사가 주된 공사인 경우 해당 공사의 가스시설공사(제1종)에 대하여 기계가스설비공사업 중 기계설비공사를 주력분야로 등록한 자가 함께 수행하게 할 수 있다.

⑥ 제4항에도 불구하고 발주자는 기계설비공사와 다음 각 호의 공사가 복합된 공사에 대하여 기계가스설비공사업 중 기계설비공사를 주력분야로 등록한 자가 함께 수행하게 할 수 있다.

1. 난방공사(제1종)
2. 난방공사(제2종)
3. 플랜트 또는 냉동냉장설비 안에서의 고압가스배관의 설치·변경공사

⑦ 제4항에도 불구하고 발주자는 가스난방공사업 중 난방공사(제1종)를 주력분야로 등록한 자가 연면적 350제곱미터 미만인 단독주택의 난방공사(제1종)를 하는 경우 해당 주택의 기계설비공사를 함께 수행하게 할 수 있다.

⑧ 제4항에도 불구하고 발주자는 가스난방공사업 중 난방공사(제2종)를 주력분야로 등록한 자가 연면적 250제곱미터 미만인 단독주택의 난방공사(제2종)를 하는 경우 해당 주택의 기계설비공사를 함께 수행하게 할 수 있다.

⑨ 다음 각 호의 어느 하나에 해당하는 공사를 발주함에 있어 대통령령 제31328호 건설산업기본법 시행령 일부개정령 별표 1의 개정규정 시행일(2022년 1월 1일을 말한다) 이전에 발주한 공사(이하 이 항에서 "종전 공사"라 한다)와 공사내용, 현지 여건, 종합적인 계획, 관리 및 조정의 필요성 등에서 동일성 또는 유사성이 인정되는 경우에는 종전 공사 구분에 따라 발주(종전 공사가 종합공사로 발주된 경우 종합공사로, 전문공사로 발주된 경우 전문공사로 발주하는 것을 말한다)하는 것을 우선 고려할 수 있다.

1. 토공사, 포장공사와 보링·그라우팅·파일공사 중 2 이상의 공사가 복합된 공사
2. 조경식재공사와 조경시설물설치공사가 복합된 공사

⑩ 제9항은 2023년 12월 31일까지 그 효력을 가진다.

제9조(유지보수공사의 발주방식) 발주자는 전문공사를 시공하는 업종이 2개 이상 복합된 유지보수공사를 발주하려는 경우 종합적인 계획·관리·조정의 필요성 여부에 따라 종합공사 또는 전문공사로 구분하여 발주해야 하며, 해당 공사의 주된 공사를 구성하는 업종 및 구성비율을 입찰공고문에 기재해야 하고, 부대공사에 대하여는 기재하지 아니 한다. <종전의 제2항에서 이동>

제10조(시공경험 평가) ① 발주자는 종합건설사업자가 전문공사 입찰에 참여하는 경우 대한건설협회에서 발급한 실적확인서를 제출받아 시공경험 분야를 평가해야 한다.

② 발주자는 전문건설사업자가 종합공사 입찰에 참여하는 경우 대한전문건설협회, 대한기계설비건설협회에서 발급한 실적확인서를 제출받아 시공경험 분야를 평가해야 한다.

③ 발주자는 제1항부터 제2항까지의 규정에도 불구하고 건설공사 실적신고 기관이 「전자조달의 이용 및 촉진에 관한 법률」 제2조제4호에 따른 국가종합전자조달시스템에 제공하는 실적으로 시공경험 분야를 평가 할 수 있다. <종전의 제4항에서 이동>

제11조(등록기준 확인) ① 발주자는 종합건설사업자가 전문공사 입찰에 참여하거나 전문건설사업자가 종합공사 입찰에 참여하는 경우 법 제16조제3항 및 규칙 제13조의4에 따라 입찰참가 등록마감일까지 해당 공사를 시공하는 업종의 등록기준을 갖추고 이를 시공 중 유지하는 조건과 등록기준 구비에 관한 절차 및 방법을 입찰공고문에 반영하고, 서류조사 및 현장조사 등을 통해 해당 건설업종의 등록기준 충족여부를 확인해야 한다.

② 제1항에도 불구하고 2개 업종 이상의 전문공사를 시공하는 업종을 등록한 건설사업자가 그 업종에 해당하는 전문공사로 구성된 종합공사를 하도급 받는 경우에는 등록기준을 충족한 것으로 보며, 제6조제1항제3호의 경우에는 공동수급체 구성원들이 공동으로 필요한 등록기준을 갖춘 경우 충족한 것으로 본다.

③ 제1항에 따른 등록기준 충족여부 확인과 관련하여 입찰참가 등록마감일 현재 보유 중인 업종의 영 별표 2에 따른 등록기준 자본금의 합(영 제16조에 따른 건설업 등록기준의 특례를 적용한 자본금의 합을 말한다)이 시공하려는 종합공사의 업종 등록기준 중 자본금 이상인 경우에 해당하여 관련 협회의 자본금 충족 확인서가 발급된 경우에는 등록기준 중 자본금을 충족한 것으로 볼 수 있다.

④ 발주자는 제1항에 따른 건설업종의 등록기준 충족여부 확인 시 법 제49조에 따른 건설사업자의 실태조사, 「건설업 관리규정」 및 별표 2를 참고한다.

제12조(하도급 제한) ① 발주자는 종합건설사업자가 전문공사 입찰에 참여하거나 전문건설사업자가 종합공사 입찰에 참여하는 경우 법 제29조제2항 및 제5항에 따라 원칙적으로 하도급이 제한되어 해당 공사를 직접 시공해야 함을 입찰공고문에 반영하고, 규칙 제25조의6에 따른 직접 시공 준수 여부 확인의 방법 등에 따라 시공과정에서 위반여부를 확인해야 한다.

② 발주자는 법 제29조제2항제2호 및 제5항 단서, 영 제31조의2에 따라 하도급을 승낙하려는 공사에 대하여는 사전에 입찰공고문에 그 사유를 기재해야 한다. 이 경우 발주자는 공사계약 조건 등에 하도급 사항을 반영해야 한다.

제13조(발주요령) 종합건설사업자의 전문공사 참여, 전문건설사업자의 종합공사 참여 등 업역 개편과 관련된 구체적인 발주 사례 및 해설은 별표 3과 같다.

제3장 행정사항

제14조(재검토기한) 국토교통부장관은 이 고시에 대하여 「훈령·예규 등의 발령 및 관리에 관한 규정」에 따라 2021년 1월 1일을 기준으로 매 3년이 되는 시점(매 3년째의 12월 31일까지를 말한다)마다 그 타당성을 검토하여 개선 등의 조치를 해야 한다.

부칙 <제2024-61호, 2024. 1. 23.>

이 고시는 발령한 날부터 시행한다.

별표 / 서식

[별표 1] 부대공사 판단요령

[별표 2] 상대업종 등록기준 충족여부 확인 방법

[별표 3] 업역 개편 관련 발주요령

【별표 1】

부대공사 판단요령

1. 목적

□ 이 요령은 제5조제4항에 따라 발주자가 건설공사의 부대공사를 판단하는 경우 부대공사의 범위 및 기준에 관하여 필요한 세부적인 적용 방법 및 사례를 규정함을 목적으로 함

2. 부대공사 판단기준

가. 건설사업자는 주된 공사를 시공하기 위하여 또는 시공함으로 인하여 필요하게 되는 종된 공사를 함께 도급 가능하며, 주된 공사 및 종된 공사의 의미, 부대공사 기준은 다음과 같이 적용함

《적용방법》

ㅇ 주된 공사와 종된 공사의 일반적 의미

- 주된 공사 : 종합건설업종 및 전문건설업종의 업무내용에 속하는 공사(영 별표 1 참조)
- 종된 공사 : 주된 공사 업종의 업무내용에 속하지 아니한 공사로서 시공 과정상 필수적으로 수반되는 공사

ㅇ 부대공사는 설계내용 및 현지여건 등을 고려하되, 특별한 경우를 제외하고는 갖추어야 할 요건은 다음과 같다.

① 공종간의 종속성 및 연계성

- 공사의 전·후 시공과정상 주된 공사에 반드시 수반되는 공사이어야 함
- 전체 공사 중 종된 공사의 규모는 주된 공사의 규모를 초과하지 아니함

② 시공기술상의 특성 및 작업방법

- 건설업종별 업무내용 및 시공기술상의 난이도 등을 고려하여 주된 공사의 건설사업자가 시공할 수 있어야 함
- 주된 공사 사업자가 시공하더라도 공사의 품질이나 안전에 지장을 초래하지 아니하여야 함

③ 기타 현지 여건 등

- 당해 공사의 공사구간·기간·시기, 연약지반 등 특수여건, 공정전반에 대한 종합적인 계획·관리 및 조정의 필요성 등

《관련 유권해석》

【건설정책과-3465, '20.7.24】

1. 부대공사는 건산법 시행령 제21조에 따라 주된 공사를 시공하기 위하여 또는 시공함으로 인하여 필요하게 되는 종된 공사, 2종 이상의 전문공사가 복합된 공사로서 공사예정금액이 3억원 미만이고 주된 전문공사의 공사예정금액이 전체 공사예정금액의 2분의 1이상인 경우 그 나머지 부분의 공사로 규정

2. 구체적으로 '주된 공사를 시공하기 위하여 또는 시공함으로 인하여 필요하게 되는 종된 공사'에 해당되는지는 공종간의 종속성 및 연계성(공사 전후 시공과정상 주된 공사에 반드시 수반되는 공사), 시공기술상의 특성(주된 공사의 건설사업자가 시공할 수 있어야함) 및 작업방법(주된 공사업자가 시공하더라도 공사 품질이나 안전에 지장을 초래하지 않아야 함), 기타 현지여건 등을 고려하여 판단하여야 함

3. 따라서, 해당공사가 주된 공사와 그 부대공사(부대공사의 직접시공, 공종간의 연계성, 종속성 등 요건 충족 필요)에 해당하는 경우 주된 공사를 시공하는 업종을 등록한 건설사업자가 함께 도급받을 수 있을 것이나, 구체적으로 어느 업종의 업무범위에 해당하는지 여부 등은 해당공사의 업무내용에 따라 달라질 수 있으므로, 보다 자세한 사항은 같은 법 제25조 규정에 따라 발주자가 종합적인 계획·관리·조정의 필요성, 설계내용 및 작업방법, 시공기술상의 특성 및 현지여건, 부대공사 여부 등을 종합적으로 검토하여 판단할 사항임

【건설정책과-3276. '18.8.21】

1. 종합적인 계획, 관리 및 조정이 필요한 공사의 경우에는 종합공사를 시공하는 업종을 등록한 건설업자에게 도급하는 것이 원칙. 다만, 복합공사라 하더라도 부대공사와 같이 종합적인 계획, 관리 및 조정의 필요성이 적은 경우에는 예외적으로 종합건설업자가 아닌 자에게 도급이 가능한 경우도 있음

2. 당해 공사지역이 다양한 시설물들이 복잡하게 들어선 시가지 구간 등으로 다양한 공종의 공사가 수반되는지, 연약지반이 있어 지반보강공사 등 추가적인 공사가 필요한지, 관로공 이외 다른 공종의 규모 및 비율이 부대공사로 보기에 무리가 없는지, 종합적인 계획·관리 및 조정의 필요성이 적은지 등 제반상황을 종합적으로 감안하여 부대공사에 해당되는지 여부를 판단하여야 할 것이며 아울러, '종합적인 계획, 관리 및 조정'의 필요성은 발주자가 2개 이상의 전문공종으로 이루어진 복합공사에서 공종간의 선·후 공정관리, 인력·자재·장비·자금 등의 관리, 시공관리·품질관리·안전관리 등의 업무 수행 및 이를 위한 조직체계 등을 갖추어야 하는지 여부 등을 종합적으로 검토하여 판단하는 것임

【건설정책과-2839. '18.7.17】

1. 종된 공사 여부를 판단하기 위해서는 공사의 전·후 시공과정상 주된 공사에 반드시 수반되는지, 종된 공사의 규모가 주된 공사의 규모를 초과하지 않는지, 주된 공사의 건설업자가 시공할 수 있는지 등을 종합적으로 검토하여 판단토록 하고 있으며, 이는 어느 하나의 요건만 충족하면 되는 것이 아니라 특별한 경우를 제외하고는 모든 요건을 충족하는 경우 종된공사로 볼 수 있다는 의미임

나. 2종 이상의 전문공사가 복합된 공사로서 공사예정금액이 3억원 미만이고, 주된 전문공사의 공사예정금액이 전체 공사예정금액의 2분의 1이상인 경우 주된 전문공사를 수주한 건설사업자는 그 나머지 공사를 함께 도급가능

ㅇ 이 경우 공사의 전·후 시공과정상 주된 공사에 반드시 수반되는지 여부(영 제21조제1항제1호)에 대하여는 고려할 필요가 없음

《적용사례》

【마을 연결도로 확포장공사】

1. 당해 공사는 옹벽설치 L=321.3m, 아스팔트덧씌우기 A=2,050㎡, 부대공 1식으로 구성되어 있으며, 공사예정금액은 205,500,000원임

2. 공종별 구성 비율은 철근·콘크리트 61.7%, 지반조성·포장공사 27.5%(포장공사 20.8%, 토공사 6.7%), 기타 부대공 10.8%이나 「건설산업기본법 시행령」 제21조제1항제2호에 따라 공사예정금액이 3억 원 미만이고 주된 전문공사인 철근·콘크리트 공사가 전체 공사예정금액의 2분의 1이상이므로 전문공사인 철근·콘크리트공사(100%)로 발주함

3. 분야별 부대공사 관련 유권해석사례 및 해설

가. 상하수도공사 관련 유권해석

《관련 유권해석》

【건설정책과-2889, '19.06.21】

1. 일반적으로 상하수도·공업용수도 등의 용수관을 부설하기 위한 터파기나 되메우기공사는 상하수도설비공사의 부대공사로 볼 수 있을 것임.

2. 다만, 도로포장공사 등 일부 다른 공종을 상하수도설비공사의 부대공사로 볼 수 있는지 등 구체적인 해당여부에 대하여 건설산업기본법 시행령 제7조, 별표1 및 제21조제1항의 규정을 토대로 발주자가 당해 공사의 설계내용, 시공기술상의 특성 및 작업방법, 공종간의 종속성, 현지여건 등을 면밀히 검토하여 판단할 사항인 것으로 생각됨

【건설정책과-2011, '18.05.18】

1. 질의하신 하수관로 정비공사가 종합적인 계획, 관리 및 조정이 필요한 공사인 경우 토목공사업 등 종합공사를 시공하는 업종을 등록한 건설업자가 이를 도급받을 수 있으며, 전문공사와 그 부대공사에 해당하는 경우에는 상하수도설비공사업 등 전문공사를 시공하는 건설업자가 도급받을 수 있으므로 해당공사가 어느 업종의 업무 범위에 해당하는지 여부는 일부 구간이나 공종이 아닌 전체 건설공사에 대하여 종합적인 계획·관리·조정이 필요한 공사인지, 일부 공종이 부대공사에 해당하는지 여부 등을 종합적으로 검토하여 결정해야 할 것으로 판단됨

【건설경제담당관실-3352, '04.08.09】

1. 당해 건설공사가 구체적으로 어느 업종의 업무내용에 해당하는지 여부에 대하여는 발주자 등이 당해 공사의 내용과 범위, 설계 및 시공기술상의 특성, 현지여건, 종합적인 계획·관리·조정의 필요성 등 제반사정을 검토하여 판단하여야 할 것임

2. 이와 관련하여 동법시행령 제21조제1항의 규정에 의거, 주된 공사에 부대되는 공사라 함은 주된 공사의 건설업자가 도급·시공하더라도 공사의 품질이나 안전에 지장을 초래하지 않고 시공과정상 주된 공사에 종된 것으로서 일반적으로 부대공사의 규모는 주된 공사의 규모보다 적을 것으로 생각됨

3. 당해 공사내용에 현장 콘크리트 타설에 의한 박스형 암거 공사가 포함되어 있고, 토공·구조물공·포장공·추진공 등의 비중 등을 고려할 때, 당해 건설공사는 2 이상의 전문공사가 복합된 공사로서 상하수도설비공사를 제외한 나머지 공사를 모두 상하수도설비공사의 부대공사로 보기는 어려울 것으로 판단되므로 일반건설업(토목공사업 또는 토목건축공사업)으로 발주하는 것이 바람직할 것임.

【건설경제담당관실-1882, '04.05.08】

1. 당해 공시는 상하수도설비공사업, 토공사업, 철근콘크리트공사업, 보링그라우팅공사업, 비계구조물해체공사업 등의 업무내용에 해당하는 공사가 복합되어 있고, 토공·구조물공·가시설공·포장공·추진공 등의 비중을 고려할 때 상하수도설비공사를 제외한 나머지 공사를 모두 상하수도설비공사의 부대공사로 보기는 어려울 것으로 사료되며, 특히 침수지역의 개수로 공사 등은 상하수도공사업의 업무내용에 해당된다고 볼 수 없음. 이와 함께 설계내용, 시공기술상의 특성 등을 고려할 때 토목공사업 또는 토목건축공사업으로 발주하는 것이 바람직할 것임.

【건설경제담당관실-1883, '04.05.08】

1. 당해 공사는 상하수도설비공사업, 토공사업, 철근콘크리트공사업, 보링그라우팅공사업, 비계구조물해체공사업 등의 업무내용에 해당하는 공사가 복합되어 있고, 토공·구조물공·가시설공·포장공·추진공 등의 비중을 고려할 때 상하수도설비공사를 제외한 나머지 공사를 모두 상하수도설비공사의 부대공사로 보기는 어려울 것으로 사료되며, 특히 오수펌프장 건설공사는 상하수도설비공사업의 업무내용으로 볼 수 없음. 이와 함께 당해 공사의 설계내용, 시공기술상의 특성 등을 고려할 때 토목공사업 또는 토목건축공사업으로 발주하는 것이 바람직할 것임.

나. 도로분야 부대공사 적용사례 및 유권해석

《적용사례》

【○○휴게소 포장개량 및 표준모델 적용공사】

1. ○○휴게소 포장개량 및 표준모델 적용공사의 경우 지반조성·포장공사업과 도장·습식·방수·석공사업으로 발주된 공사로서, 추가적으로 금속창호·지붕건축물조립공사(표지판)가 동시에 수반되어야 하나, 표지판은 포장공사 완료 후 후속으로 진행되는 공사로 판단하였으며, 공사금액도 포장공사의 1.2%(포장공사 408백만원, 표지판 5백만원)로 주된

공사금액을 초과하지 않아 금속창호·지붕건축물조립공사를 부대공사로 처리하고, 해당 사업을 지반조성·포장공사업과 도장·습식·방수·석공사업으로 발주하였음

【국도00호선 시설물보수공사】

1. 당해 공사는 국도00호선 신축이음교체를 위한 공사로서 금속창호·지붕건축물조립공사가 주된 공사이며, 추가적으로 방수공사, 콘크리트 단면보수공사가 수반되나 이는 주된 공사를 시공함에 있어서 시공기술 및 공간적 측면에서 필수적으로 연계되며 그 비중이 약 15.8%(약3,890만원)로 적고, 별도 공종으로 발주할 경우 하자책임소재 구분 곤란 등 시공관리의 효율성 측면에서 불리하다고 판단되어 도장·습식·방수·석공사 및 철근·콘크리트공사를 부대공사로 처리하여 금속창호·지붕건축물조립공사업으로 발주하였음

다. 철도분야 부대공사 적용사례 및 유권해석

《적용사례》

【ㅇㅇ선 ㅇㅇ역 등 공조설비 개량 공사】

1. ㅇㅇ선 ㅇㅇ역 등 공조설비 개량 공사의 경우 기계가스설비공사업으로 발주된 공사로서, 철근콘크리트 공사, 도장·습식·방수·석공사가 수반되어야 하나, 해당 공사들은 공조기 및 필터, 급·배기 송풍기, 덕트 및 배관설비 개량을 위한 종된 공종에 해당되고, 공사금액도 전체 공사예정금액의 10%에 불과하여 철근콘크리트공사 및 도장·습식·방수·석공사를 부대공사로 처리하고, 해당 사업을 기계가스설비공사업으로 발주하며 기계설비공사를 주력분야로 등록한 자에게 입찰참여를 허용함

라. 건축분야 관련 유권해석 및 적용사례

《유권해석 및 적용사례》

【1AA-1506-079064, '15.6.15】

1. 건축공사업을 등록한 건설업자가 기 도급 받은 인근 도로확장공사를 설계변경 등을 통해 도급받을 수 있는지와 관련, 해당 공사는 도급받은 인접 현장의 도로확포장공사로서 건축공사업의 업무내용에 해당하지 않고, 도급받아 시공하였거나 시공 중인 건설공사의 부대공사로 보기 어려울 것으로 사료되어 건축공사업을 등록한 건설업자가 도급 받을 수 없을 것으로 판단되나 구체적인 사항은 위 규정과 설계변경하고자 하는 내용 등을 종합적으로 검토하여 판단할 사항임

【00초 환경개선공사】

1. 당해 공사의 경우 실내건축공사업으로 발주된 공사로서, 목공사 및 수장공사 뿐만 아니라 실내에서 이루어지는 금속창호·지붕건축물조립공사, 도장·습식·방수·석공사는 실내건축공사업의 업무내용에 포함된다고 판단하였으며, 추가적으로 금속창호·지붕건축물조립공사가 수반되나 그 비중이 약13%(약4,300만원)로 적고 단일공사예산으로 편성되어 분할 발주함이 비효율적이고, 시공관리의 효율성 측면에서 불리하다고 판단되어 금속창호·지붕건축물조립공사를 부대공사로 보고 실내건축공사업으로 발주

바. 기계설비공사업, 가스시설시공업 및 난방시공업간의 도급가능 범위

《관련 규정》

【영 별표 1 비고 4.】
기계가스설비공사업 중 기계설비공사를 주력분야로 등록한 자는 주력분야의 공사만 수행

【영 별표 1 비고 5.】
기계가스설비공사업 중 기계설비공사를 주력분야로 등록한 자는 기계설비공사와 가스시설공사(제1종)가 복합된 공사로서 기계설비공사가 주된 공사인 경우에는 해당 공사의 가스시설공사(제1종)를 함께 수행가능

【영 별표 1 비고 6.】
기계가스설비공사업 중 기계설비공사를 주력분야로 등록한 자는 기계설비공사와 다음 각 목의 공사가 복합된 공사의 경우에는 해당 공사를 수행가능
가. 난방공사(제1종)
나. 난방공사(제2종)
다. 플랜트 또는 냉동냉장설비 안에서의 고압가스배관의 설치·변경공사

【영 별표 1 비고 7.】
가스난방공사업 중 난방공사(제1종)를 주력분야로 등록한 자는 연면적 350제곱미터 미만인 단독주택의 난방공사(제1종)를 하는 경우에는 해당 주택의 기계설비공사를 함께 수행가능

【영 별표 1 비고 8.】
가스난방공사업 중 난방공사(제2종)를 주력분야로 등록한 자는 연면적 250제곱미터 미만인 단독주택의 난방공사(제2종)를 하는 경우에는 해당 주택의 기계설비공사를 함께 수행가능

[별첨] 공사 입찰참가자격결정 검토항목

구 분	검 토 항 목
주된 공사 / 부대공사 판단시	▪ 공종간의 종속성 및 연계성
	▪ 시공기술상의 특성 및 작업방법
	▪ 기타 현지 여건 등
종합공사 / 전문공사 판단시	▪ 공정관리(선·후공정관리)
	▪ 공사수행능력(인력, 자재, 장비, 자금 관리 등)
	▪ 공사관리능력(시공, 품질, 안전, 조직체계 관리)
최종 검토 의견	☐ 종합건설업(공사업) ☐ 전문건설업(공사업)

【별표 2】

상대업종 등록기준 충족여부 확인 방법

1. 업역개편에 따른 상대업종 등록기준 충족여부 확인 방법

○ 발주자는 건설업의 등록기준을 갖추었음을 증명하는 서류를 첨부하여 도급계약 체결 전에(입찰계약의 경우에는 심사서류 제출마감일까지) 발주자에게 제출하도록 입찰공고문에 명시하고, 낙찰예정 상위 1순위 업체(1순위 업체 부적격시 차순위 업체)에 대하여 해당 건설업의 등록기준 충족 여부를 확인해야 함(별첨 참고)

(1) 전문건설사업자가 종합공사를 도급받으려는 경우(법 제16조제1항제1호 및 제3호): 영 제13조 및 영 별표 2의 건설업의 등록기준에 따라 해당 종합공사를 시공하는 업종의 기술능력과 자본금을 갖추었음을 증명하는 다음의 서류

가. 기술능력: 기술인력 보유현황에 관한 서류 및 고용·산업재해보상보험가입증명원

나. 자본금: 나음의 어느 하나에 해당하는 서류로서 상대 업종의 등록기준에 적합한 자본금을 보유했음을 증명하는 서류

1) 법인인 경우: 최근 결산일 기준 재무제표 또는 재무관리상태진단보고서[법 제49조제2항 각 호 외의 부분에 따른 공인회계사, 세무사 또는 전문경영진단기관이 진단한 보고서만 해당하며, 진단기준일이 도급계약 체결일(입찰계약의 경우에는 입찰참가 등록마감일까지를 말한다) 기준 1년 이내인 것으로 한정. 이하 같음]

2) 개인인 경우: 영업용 자산액 명세서와 그 증명서류 또는 재무관리상태진단보고서

(2) 종합건설사업자가 전문공사를 도급받으려는 경우(법 제16조제1항제4호) : 영 제13조 및 영 별표 2의 건설업 등록기준에 따라 해당 전문공사를 시공하는 업종의 기술능력 및 시설·장비를 갖추었음을 증명하는 다음 각 목의 서류

가. 기술능력: 기술인력 보유현황에 관한 서류 및 고용·산업재해보상보험가입증명원

나. 시설·장비: 다음의 어느 하나에 해당하는 서류

1) 자기소유인 경우: 등록증 또는 등기증명서

2) 임대차(임대인 소유의 시설·장비를 직접 임대차하는 경우로 한정)의 경우: 임대차 계약서 및 임대인의 자기소유임을 증명하는 서류 사본

《등록기준 점검요령》

○ 기술능력 보유여부 판단

- 건설산업기본법 시행령 별표 2에 규정된 해당 건설업종의 기술능력 등록기준을 파악
- 도급받으려는 건설사업자로부터 제출받은 1)건설기술인 경력증명시, 2)기술인자격증 사본, 3)4대 사회보험 사업장 가입자 명부 및 사업장고용정보현황(근로복지공단), 4)건설기술자 보유현황표[건설업 관리규정 별지 1] 등을 상호대조·확인하여 실질적인 고용여부 및 상대 업종 기술능력 기준에 적합한 자인지 여부를 판단

ㅇ 자본금 보유여부 판단

가. 총자산에서 총부채를 뺀 금액(자본금)에서 부실자산 등에 해당하는 금액을 뺀 금액(실질자본금)을 기준으로 판단

나. 재무관리상태진단보고서를 제출하는 경우, 동 서류에 기재된 실질자본금으로 판단하되, 「건설업 관리규정」 별지 2 「건설업체 기업진단지침」(이하 '진단지침'이라 한다) 상 진단불능, 진단오류 등 부실 작성된 재무관리상태진단보고서에 해당하는 지를 확인하여 처리

다. 재무제표(국세청에 신고한 최근 사업년도 정기 연차결산일 기준)를 제출하는 경우, 다음의 기준에 따라 판단

1) 재무제표상 자본총계(총자산-총부채)에서 ① 무기명식 금융상품, ② 실재하지 않거나 출처가 불분명한 유가증권, ③ 가지급금, 대여금, ④ 미수금, 미수수익, ⑤ 선급금, 선납세금, 선급비용, ⑥ 부도어음, 장기성 매출채권, 대손처리할 자산, ⑦ 무형자산 등 「건설업 관리규정」 별지 2. 「건설업체 기업진단지침」 제13조에 따른 부실자산, 제28조에 따른 겸업자본, 부외부채(확인된 경우에 한한다)를 차감한 금액(실질자본금)에서 다음의 2)~4)에 따라 해당 건설업종 자본금 등록기준 이상인지를 판단

2) 1) 확인 후 현금, 예금, 매출채권, 재고자산, 투자자산, 유형자산 등에 대하여 진단지침에 따라 부실자산에 해당하는 경우 제외하고 판단

-예시(현금 등): 자본총계의 100분의 1을 초과하는 현금은 부실자산 처리(진단지침 제14조)

-예시(예금): 결산일 포함 30일 동안의 은행거래실적 평균잔액(결산기준일의 예금 잔액 초과 불가)으로 하되, 결산기준일 포함 60일간의 은행거래실적증명을 제시하지 못한 경우 부실자산 처리(진단지침 제15조) 등

3) 1)과 2)에 의해 확인한 실질자본금이 건설업종 자본금 등록기준 미만인 경우 1)의 ① ~ ⑦ 등의 항목 중 진단지침 상 실질자산으로 인정가능 여부를 확인하여 판단

-예시(장기성 매출채권): 국가, 지자체 등으로부터 받을 채권은 관련부채 차감 후 실질자산 인정(진단지침 제17조)

-예시(대여금): 종업원 주택자금 등은 증빙서류를 통하여 실재성 확인시 실질자산 인정(진단지침 제19조) 등

4) 발주자는 1)부터 3)에 따른 판단에 필요한 증빙자료를 요구하고, 진단지침에 따라 등록기준 충족여부 최종 판단

5) 발주자는 필요시 다음의 검증서류를 제출받아 확인 가능

·세무조정계산서(결산보고서 포함)

·세금계산서 합계표(매출처, 매입처) 등

2. 상대업종 건설공사 도급시 직접시공 준수 여부 확인 방법

ㅇ 발주자는 종합건설사업자가 전문공사를 도급받아 시공하는 경우 또는 전문건설사업자가 종합공사를 도급받아 시공하는 경우, 해당 건설사업자의 노무비 지급, 자재납품, 장비사용 내역, 사회보험 및 소득세 납부내역 등 직접시공을 증빙할 수 있는 서류를 통하여 도급받은 공사를 직접시공 하였는지를 확인해야 함

【별첨】 등록기준 점검항목(예시)

연번	건설업 등록기준 점검항목
1	건설업 등록기준에 따른 기술능력이 적합한가? ※ 한국건설기술인협회에서 발급한 건설기술자 보유증명서 확인
2	기술자들의 고용보험 가입이력 내역서와 고용계약서가 적합한가? ※ 근로복지공단에서 발급한 보험가입증명원 및 기술자별 피보험가입이력 내역서, 고용계약서 확인
3	기술자들의 임금이 적정하게 지급되고 있는가? ※ 기술자별 급여명세서 및 이체내역 확인
4	기술자 수에 비해 공사현장이 과다한가? (공사현장 현황표 제출 및 확인)
5	현장 기술자 중복배치 허용 기준 준수하는가? (실제 역할 및 근무 내역 확인)
6	기술자가 실제 근무하는가? ※ 기술자에게 사실관계 질의(입사일, 관할 공사현장 등) 및 근거서류 확인

※ 발주자 상황에 따라 점검항목 변경 가능

【별표 3】

업역 개편 관련 발주요령

1. 목적

□ 이 요령은 제13조에 따라 업역 개편과 관련된 구체적인 발주 예시 등을 규정함으로써 건설공사 발주 시 참고할 수 있도록 함을 목적으로 함

2. 입찰공고문 작성 예시

□ 발주자는 건설공사 발주 시 다음 예시를 참고하여 입찰공고문을 작성한다.

《입찰공고문 작성 예시》

1. 입찰에 부치는 사항

가. 건　　명 : ㅇㅇㅇ ㅇㅇㅇ ㅇㅇ공사
나. 공사구분 / 공사유형 : 종합공사 / 신설공사
다. 추정금액 : 금000,000,000원(추정가격: 000,000,000원+부가세: 00,000,000원)
라. 기초금액 : (입찰개시일 전일까지 별도 공고함)
마. 공사기간 : 착공일로부터 000일간
바. 공사내용 : 붙임 설계서 참고
- ㅇㅇㅇ 일부 교체(000㎡), ㅇㅇㅇ 신설(000m)

사. 공사현장 : ㅇㅇ시 ㅇㅇ구
아. 시공자격 업종별 추정금액
- 토목공사업 또는 토목건축공사업 : 금 000,000,000원(100%)
- 지반조성 · 포장공사업 : 금 000,000,000원(65%)
철근 · 콘크리트공사업 : 금 000,000,000원(35%)

2. 입찰 및 계약방식 : (생　략)

3. 입찰참가자격

가. 「건설산업기본법」 제16조(건설공사의 시공자격) 제1항에 따라 토목공사업 또는 토목건축공사업을 등록한 건설사업자와 같은 항 단서 제1호에 따라 지반조성 · 포장공사업 및 철근 · 콘크리트공사업을 모두 등록하고 입찰참가 등록마감일까지 같은 법 시행령 별표 2의 토목공사업종 등록기준을 갖추고 시공 중에 유지 할 수 있는 건설사업자입니다.
나. 입찰공고일 전일부터 계약체결일까지 법인등기부상 본점소재지(개인사업자인 경우 사업자등록증 등 관련 서류상의 사업장 소재지)가 계속하여 ㅇㅇ시에 소재한 업체

4. 기타

가. 「건설산업기본법」 제29조(건설공사의 하도급 제한) 및 같은 법 시행령 제31조의2(건설공사 하도급 예외적 허용 범위)에 따라 지반조성 · 포장공사업 및 철근 · 콘크리트공사업을 모두 등록한 건설사업자에 대하여는 직접시공 원칙이 적용되며, 이를 위반시 '계약의 해제·해지' 및 '「국가계약법」 제27조, 동법 시행령 제76조에 따른 부정당업자 입찰참가자격 제한' 등의 불이익을 받을 수 있습니다.

(이하 생략)

건설관련 공제조합 감독기준

[시행 2019. 2. 8.] [국토교통부고시 제2019-61호, 2019. 2. 8., 일부개정.]

제1장 총 칙

제1조(목적) 이 기준은 건설산업기본법 제65조의2에 따라 건설관련 공제조합의 재무건전성 유지 등을 지도하기 위하여 필요한 사항을 정함으로써 재무건전성 감독업무의 효율적인 수행을 도모함을 목적으로 한다.

제2조(자기자본의 범위) ① 자기자본은 자본금, 자본잉여금 및 이익잉여금 그 밖에 이에 준하는 합계액에 영업권 그 밖에 이에 준하는 합계액을 차감한 것을 말한다.

② 제1항의 합산항목과 차감항목의 범위는 별표1과 같다.

제3조(정의) 이 기준에서 사용하는 용어의 뜻은 다음과 같다.

1. "가용자본"이란 제2조 제1항의 자기자본을 말한다.
2. "요구자본액"이란 공제조합이 영업을 영위함에 따라 발생하는 리스크를 제8조의 방법에 따라 금액으로 환산한 것을 말한다.
3. "리스크기준자본비율"이란 가용자본을 요구자본액으로 나눈 비율을 말한다.
4. "유동성비율"이란 당좌자산을 최근 3년간 평균대급금으로 나눈 비율을 말한다.
5. "보증대급"(보증지급을 포함한다. 이하 같다)이란 보증사고 발생으로 보증채무자를 대신하여 보증금을 지급하는 행위를 말한다.
6. "소송대급"(소송가지급을 포함한다. 이하 같다)이란 소송사건에 수반한 일시적인 비용 등을 보증채무자를 대신하여 지급하는 행위를 말한다.
7. "대급전환율"이란 보증잔액이 대급되는 비율을 말한다.
8. "익스포져"란 요구자본액 산출의 기초단위로 리스크에 대한 노출금액을 말한다.
9. "금융사고"란 위법·부당한 행위를 함으로써 해당 공제조합 또는 거래자에게 손실을 초래하게 하거나 금융질서를 문란하게 한 사고를 말한다.

제2장 내부통제기준

제4조(내부통제기준) ① 건설관련 공제조합(이하 "공제조합"이라 한다)은 건설산업 관련 법령을 준수하고 자산운영을 건전하게 하며 보증채권자 및 조합원을 보호하기 위하여 해당 공제조합의 임원 및 직원이 그 직무를 수행함에 있어서 따라야 할 기본적인 절차와 기준(이하 "내부통제기준"이라 한다)을 정하여야 한다.

② 제1항에 따른 내부통제기준은 다음 각 호의 사항이 포함되어야 한다.

1. 업무분장과 조직구조에 관한 사항

2. 이사회, 경영진, 감사 또는 감사 위원회, 기타직원 등의 역할과 책임 및 이의 위임에 관한 사항
3. 공제조합에 대한 주요 위험을 인식 · 측정 · 감시 · 통제하는 체제 구축 · 운영에 관한 사항
4. 업무활동별 매뉴얼 작성 · 사용 · 관리에 관한 사항
5. 자금횡령 · 유용 등 금융사고에 대한 예방대책과 금융사고 발생시 조치에 관한 사항

제3장 회 계

제5조(공제조합 감독회계의 적용범위) 공제조합 감독 목적의 회계처리에 관하여 이 장에서 정하지 아니한 사항은 일반적으로 인정된 기업회계기준을 준용한다.

제6조(결산) ① 공제조합은 해당 회계연도의 경영성과와 재무상태를 명확히 파악할 수 있도록 결산서류를 명료하게 작성하여야 한다.

② 공제조합은 결산 후 총회의 승인을 득하고 지체없이 회계연도 결산결과를 별표8에 따른 업무보고서에 포함하여 국토교통부장관에게 제출한다.

③ 이익금은 이월손실금(이월결손금을 포함한다. 이하 같다)의 보전에 충당하고 그 잔여금의 100분의 10 이상을 이익준비금으로 적립하여야 한다.

제7조(충당금 및 준비금의 적립) ① 공제조합은 보유자산에 대하여 채무자의 상환능력, 연체상황, 부도여부 등을 고려하여 자산건전성을 분류하고, 융자금, 보증대급금, 미수이자 등의 손실위험에 대비하기 위하여 적정한 대손충당금(구상채권상각충당금을 포함한다. 이하 같다)을 적립하여야 한다.

② 공제조합은 보증잔액에 대한 손실위험에 대비하기 위하여 대위변제준비금을 적립하여야 한다.

③ 공제조합은 예상치 못한 이상위험으로 인해 발생하는 손실위험과 당기손익의 급격한 변동에 대비하여 비상위험준비금을 적립하여야 한다.

제4장 재무건전성 기준

제8조(요구자본액 산출기준) ① 제3조에 따른 요구자본액은 다음 각 호의 리스크량을 전부 합산하여 산출한다.

1. 보증리스크량
2. 신용리스크량
3. 시장리스크량
4. 운영리스크량
5. 금리리스크량

② 제1항제1호의 보증리스크량은 제1호에 따른 리스크량과 제2호에 따른 리스크량 중 큰 값으로 한다.

1. 보증잔액에 보증상품유형별 리스크계수를 곱하여 산출한다.
2. 보증잔액에 보증상품유형별 대급전환율을 곱하여 산출한 보증익스포져에 거래처별 리스크계수를 곱하여 산출한다.

③ 제1항제2호의 신용리스크량은 단기매매증권을 제외한 자산 및 파생금융거래의 신용익스포져에 거래처별 리스크계수를 곱하여 산출한다.

④ 제1항제3호의 시장리스크량은 단기매매증권 및 파생금융거래의 시장익스포져에 리스크계수를 곱하여 산출한다.

⑤ 제1항제4호의 운영리스크량은 운영익스포져와 리스크계수를 곱하여 산출한다.

⑥ 제1항제5호의 금리리스크량은 제1호에 따른 금리부자산 금리민감액에서 제2호에 따른 금리부부채 금리민감액을 차감한 금액의 절대값에 금리변동계수를 곱하여 산출한다. 다만, 금리부부채가 없는 경우 금리리스크량은 산출된 값의 1/2로 한다.

1. 금리부자산 금리민감액은 금리부자산의 금리익스포져와 금리민감도를 곱하여 산출한다.
2. 금리부부채 금리민감액은 금리부부채의 금리익스포져와 금리민감도를 곱하여 산출한다.

⑦ 국토교통부장관은 제2항과 제3항에 따른 보증리스크량과 신용리스크량의 급격한 변동이 있는 경우에는 공제조합에 제19조에 따른 경영협의를 할 수 있다.

⑧ 제2항부터 제6항까지 요구자본액의 구체적인 산출기준은 별표2에 의한다.

제9조(재무건전성 기준) 공제조합의 재무건전성 기준은 다음 각 호와 같다.

1. 리스크기준자본비율은 100분의 100이상을 유지할 것
2. 유동성비율은 100분의 100이상을 유지할 것

제10조(자산건전성 분류 등) ① 공제조합은 별표3에서 정하는 기준을 반영하여 자산건전성 분류기준 및 대손충당금 적립기준을 정하여야 하고, 이에 따라 정기적으로 보유자산의 건전성을 "정상", "요주의", "고정", "회수의문", "추정손실"의 5단계로 분류하여 적정한 대손충당금을 적립 · 유지하여야 한다.

② 공제조합은 제1항에 따른 자산건전성 분류기준, 대손충당금 적립기준, 자산건전성 분류 결과 및 대손충당금 적립 결과를 별표8에 따른 업무보고서에 포함하여 국토교통부장관에게 제출하여야 한다.

③ 국토교통부장관은 공제조합의 자산건전성 분류 및 대손충당금 적립의 적정성여부를 점검하고 부적정하다고 판단되는 경우에는 이의 시정을 요구할 수 있다.

④ 공제조합은 제1항의 "회수의문" 또는 "추정손실"로 분류된 자산(이하 "부실자산"이라 한다)을 조기에 상각하여 자산의 건전성을 확보하여야 한다.

제11조(자산건전성 분류대상 자산) 제7조제1항에 따른 자산건전성 분류대상 보유자산은 다음 각 호의 자산을 말한다.

1. 융자금
2. 미수금

3. 미수수익
4. 보증대급금 및 소송대급금
5. 기타 이에 준하는 채권

제12조(대손충당금의 적립 기준 등) ① 공제조합은 결산일 현재의 자산건전성 분류결과에 따라 다음 각 호에서 정하는 금액을 대손충당금으로 적립하여야 한다.

1. "정상"분류 자산의 100분의 0.9이상. 다만, 통계법에 따른 한국표준산업분류상 건설·부동산업에 해당하지 아니하는 자산의 경우 0.85% 이상
2. "요주의"분류 자산의 100분의 7이상
3. "고정"분류 자산의 100분의 20이상
4. "회수의문"분류 자산의 100분의 50이상
5. "추정손실"분류 자산의 100분의 100

② 국토교통부장관은 제1항의 규정에도 불구하고 금융사고가 발생하여 공제조합의 전월말 현재 자기자본의 100분의 1에 상당하는 금액을 초과하는 손실이 발생하였거나 발생이 예상되는 경우에는 해당 공제조합에 대하여 해당 반기말까지 손실예상액 전액을 특별대손충당금으로 적립할 것을 요구할 수 있다.

③ 공제조합은 제2항에 따라 특별대손충당금을 적립한 후 해당 손실예상분에 대한 자산건전성 분류가 확정되는 경우에는 동 충당금을 환입하고 제1항에 따라 대손충당금을 적립할 수 있다.

제13조(대위변제준비금 적립기준 등) ① 제7조제2항에 따른 대위변제준비금은 결산일 현재의 보증잔액에 손실률을 곱하여 산출한다.

② 공제조합은 제1항의 손실률을 산출하기 위하여 보증사고발생률, 보증금대급률, 미회수위험률 등을 고려하여야 하며, 최근 5년 이상의 내부데이터를 기반으로 합리적인 기준을 정하여야 한다.

③ 제2항의 규정에도 불구하고 신규 보증 또는 대급실적이 없는 경우 등 합리적인 손실률 산정이 어려운 보증에 대해서는 유사보증의 손실률을 이용하여 산정할 수 있다.

④ 공제조합은 제2항에 따라 정한 기준과 그 기준에 따른 대위변제준비금 적립 결과를 별표8에 따른 업무보고서에 포함하여 국토교통부장관에게 제출하여야 한다.

⑤ 국토교통부장관은 공제조합의 대위변제준비금 적립의 적정성여부를 점검하고 부적정하다고 판단되는 경우에는 이의 시정을 요구할 수 있다.

제14조(비상위험준비금 적립기준 등) ① 제7조제3항에 따른 비상위험준비금은 다음 각 호를 모두 충족할 경우에는 법인세 차감전 순이익의 10% 이내에서 적립한다.

1. 당기 보증대급률(이하 "보증잔액 대비 대급금 비율(입찰보증은 제외)" 이라 한다)이 직전 5년간 평균보증대급률 이하일 것
2. 당기순손실이 발생하지 않을 것

② 제1항의 적립한도는 결산일 현재 보증잔액의 0.2% 이내로 한다.

③ 제1항의 비상위험준비금은 다음 각 호의 기준에 따라 환입할 수 있다.

1. 당기 보증대급률이 직전 5년간 평균보증대급률의 140%보다 큰 경우에는 보증잔액에 초과비율(당기보증대급률 - 직전 5년간 평균보증대급률 X 1.4)을 곱한 금액 범위이내에서 환입할 수 있다. 단, 환입이후 당기순이익은 직전 5년간 평균당기순이익의 25%를 초과할 수 없다.
2. 당기순손실이 발생한 경우에는 제1호의 단서에 따라 환입할 수 있다.

④ 국토교통부장관은 공제조합의 비상위험준비금의 적립 또는 환입이 부적정하다고 판단되는 경우에는 이의 시정을 요구할 수 있다.

제15조(동일 거래처의 보증한도) ① 공제조합은 동일거래처(동일 법인을 말한다. 이하 같다)에 대하여 건설산업기본법시행령 제57조제1항에 따른 총 보증한도의 10%를 초과하는 보증을 할 수 없다. 다만, 다음 각 호의 어느 하나에 해당하는 경우에는 그러하지 아니한다.

1. 「채무자 회생 및 파산에 관한 법률」에 의한 회생절차가 진행중이거나 기업구조조정 등을 위하여 금융기관 공동으로 경영의 정상화를 추진 중인 거래처에 대하여 추가로 보증을 하는 경우
2. 제1호에 해당하는 회사를 인수한 자에게 인수계약에서 정하는 바에 따라 추가로 보증을 하는 경우
3. 사회기반시설사업의 추진 등 산업발전 또는 공제조합의 채권확보 등을 위하여 불가피하다고 국토교통부장관이 인정하는 경우
4. 공제조합이 추가로 보증을 하지 아니하였음에도 불구하고 동일 거래처 구성의 변동 등으로 인하여 본문에 따른 한도를 초과하게 되는 경우

② 제1항제4호에 따라 동일 거래처의 보증한도를 초과하게 되는 경우에는 공제조합은 그 한도를 초과하게 된 날부터 1년 이내에 제1항에서 규정한 보증한도에 적합하도록 하여야 한다. 다만, 다음 각 호의 어느 하나에 해당하는 경우에는 그 기간을 정하여 연장할 수 있다.

1. 이미 제공한 보증의 기한이 도래하지 아니하여 기간 내에 보증 취소가 곤란한 경우
2. 제1항제4호의 규정에 의한 사유가 장기간 지속되고 해당 보증을 취소할 경우 보증 채무자의 경영안정이 크게 저해될 우려가 있는 경우
3. 기타 제1호 및 제2호에 준하는 경우로서 한도초과 상태가 일정기간 계속되어도 해당 공제조합의 자산건전성이 크게 저해되지 아니하다고 국토교통부장관이 인정하는 경우

③ 제1항제4호에 따라 동일거래처의 보증한도를 초과하는 경우에는 한도 초과일부터 1개월 이내에 별표8의 양식에 따라 국토교통부장관에게 제출하여야 한다.

제16조(보증심사 등) ① 공제조합은 보증리스크를 적절히 평가, 관리할 수 있도록 다음 각 호를 반영하여 보증심사를 하여야 한다. 다만, 고위험 보증에 대하여는 별도의 심사기준을 정하여 운영할 수 있다.

1. 신용평가모형 등에 의한 객관적인 채무자 평가(신용도, 공사이행능력)
2. 보증 대상사업의 위험도 측정
   가. 보증금액

나. 보증기간
다. 보증종류
라. 사업종류
마. 기타 각 공제조합이 보증별로 정한 위험요소

② 공제조합은 제1항에 따른 보증심사 결과 비정상적 저가 낙찰공사 등 조합원의 보증신청이 조합에 손실을 끼칠 우려가 있다고 판단되는 경우에는 해당 사업의 보증인수 거부 또는 추가담보를 징구할 수 있다. 이 경우 인수거부 또는 담보징구 세부기준은 공제조합의 규정으로 정한다.

③ 공제조합이 보증수수료를 정할 때에는 보증종류별 손해율을 감안하여 산정하여야 하며 채무자의 신용도, 대상사업의 위험도 등 보증리스크 결정요인을 반영하여야 한다. 이 경우 보증수수료 산정기준은 공제조합의 규정으로 정한다.

제5장 리스크관리기준

제17조(리스크관리 체계 등) ① 공제조합은 각종 거래에서 발생하는 제반 리스크를 적시에 인식 · 평가 · 감시 · 통제하는 등 리스크를 적절히 관리할 수 있는 체제를 갖추어야 한다.

② 공제조합은 각종 거래에서 발생할 수 있는 보증리스크, 신용리스크, 시장리스크, 운영리스크, 금리리스크, 유동성리스크 등 각종 리스크를 종류별로 평가하고 관리하여야 한다.

③ 공제조합은 리스크를 효율적으로 관리하기 위하여 사업단위별 · 거래별 리스크부담한도, 거래한도 등을 정하여 운영하여야 한다.

④ 공제조합은 리스크의 특성, 규모 및 내부통제환경 등에 비추어 적정한 수준으로 리스크관리 세부기준을 정하여 운용하여야 한다.

제18조(리스크관리 조직) ① 공제조합에는 리스크관리위원회(이하 "위원회"라 한다)를 두고 다음 각 호의 위원으로 구성한다.

1. 해당 공제조합의 이사장
2. 공제조합이사장이 소속 임직원 중에서 지명하는 사람 2인 이내
3. 다음 각 목의 어느 하나에 해당하는 사람으로서 공제조합의 이사장이 추천하여 국토교통부장관이 위촉하는 사람 3인
   가. 금융 분야의 석사 이상의 학위를 가진 사람으로서 대학 또는 정부출연 연구기관에서 부교수 또는 책임연구원 이상으로 재직한 경력이 있는 사람
   나. 공인회계사 자격이 있거나 금융기관 등에서 부장급 이상으로 재직한 경력이 있는 사람으로서 리스크 관리 분야의 전문가

② 위원회는 효율적인 리스크관리를 위하여 다음 각 호의 사항을 심의 · 의결한다.

1. 자본적정성, 자산건전성 등 리스크관리 정책 및 전략 수립
2. 공제조합의 리스크 허용수준의 결정
3. 각 종 리스크 발생에 대한 대응방안의 수립 및 의사결정
4. 리스크관리 규정의 제정 및 개정

③ 그 밖에 위원회의 기능 및 운영 등에 필요한 사항은 공제조합의 정관으로 정한다.

④ 공제조합은 경영상 발생할 수 있는 리스크를 실무적으로 종합관리하고 위원회와 경영진을 보좌할 수 있는 전담조직을 두어야 한다.

⑤ 제4항의 전담조직은 영업부서 및 자산운용부서와 독립적으로 운영되어야 하며 다음 각 호의 업무를 수행하여야 한다.

1. 신용, 보증 등 각종 리스크에 대한 현황조사 · 분석 및 모니터링
2. 자본적정성, 자산건전성 등 주요 리스크지표 관리 및 점검
3. 리스크관리위원회 및 경영진에 리스크관리 정보의 적시 제공

제6장 경영실태평가 및 적기시정조치

제19조(경영협의) ① 국토교통부장관은 제8조제7항에 따라 리스크량의 급격한 변동이 있는 경우와 리스크기준자본비율이 150%미만으로 낮아지는 경우 등 조치가 필요하다고 인정되는 경우에는 해당 공제조합에 대하여 필요한 조치(이하"경영협의"라 한다)를 취할 것을 요구할 수 있다.

② 국토교통부장관은 공제조합이 제1항에 따른 경영협의 결과 필요한 조치를 취하지 않고 있다고 판단되는 경우에는 제20조에 따른 경영실태평가를 할 수 있다.

제20조(경영실태평가) ① 국토교통부장관은 공제조합의 경영실태를 분석하여 경영의 건전성을 평가하고 그 결과를 감독 및 검사업무에 반영할 수 있다.

② 경영실태평가는 검사 등을 통하여 실시하며 평가대상 공제조합의 자본적정성, 자산건전성, 경영관리의 적정성, 유동성, 리스크관리 부문으로 구분하여 평가한 후 각 부문별 평가결과를 감안하여 종합평가한다.

③ 제2항의 경영실태평가결과는 1등급(우수), 2등급(양호), 3등급(보통), 4등급(취약), 5등급(위험)의 5단계 등급으로 구분한다.

④ 제2항에 따른 부문별 평가항목은 별표4와 같으며, 평가부문별 가중치는 별표5, 부문별 평가항목 중 계량지표의 산정기준은 별표6과 같다.

⑤ 제3항에 따른 경영실태평가의 등급별 정의는 별표7과 같다.

⑥ 국토교통부장관은 제1항에 따른 경영실태분석 및 평가 결과 제9조에 따른 재무건전성이 악화될 우려가 있거나, 경영상 취약부문이 있다고 판단되는 공제조합에 대하여는 이의 개선을 위한 계획 또는 약정서를 제출토록 하는 등의 방법으로 개선을 지도할 수 있다. 이 경우 공제조합은 개선계획 또는 약정서 작성 시 공인회계사 등 전문가의 경영진단을 받아 국토교통부장관에게 제출하여야 한다.

제21조(경영개선요구) ① 국토교통부장관은 공제조합이 다음 각 호의 어느 하나에 해당하는 경우에는 이의 시정을 위하여 해당 공제조합에 대하여 필요한 조치(이하 "경영개선요구"라 한다)를 취할 것을 요구할 수 있다.

1. 제9조제1호에 따른 리스크기준자본비율이 75%이상 100%미만인 경우

2. 제9조제2호에 따른 유동성비율이 75%이상 100%미만이거나 보증금지급 대비자금이 건설산업기본법 시행령 제61조에서 정한 금액 미만인 경우
3. 제20조에 따른 경영실태평가 결과 종합평가등급은 3등급이상이나, 자본적정성 또는 자산건전성 평가부문이 4등급이하로 판정받은 경우
4. 거액의 금융사고 또는 대급금 발생으로 제1호 또는 제2호의 기준에 해당될 것이 명백하다고 판단되는 경우

② 제1항의 "필요한 조치"란 다음 각 호의 일부 또는 전부에 해당하는 조치를 말한다.

1. 조직축소 및 영업점 통합 등 인력·조직운영의 개선
2. 임원진 교체
3. 고정자산투자, 신규투자의 제한
4. 자본의 증액 또는 감액
5. 이익배당의 제한
6. 대손충당금 및 대위변제준비금의 추가설정
7. 보증수수료율 및 융자이자율 조정
8. 부실자산의 보유제한 및 처분

제22조(경영개선명령) ① 국토교통부장관은 공제조합이 다음 각 호의 어느 하나에 해당하는 경우에는 이의 시정을 위하여 해당 공제조합에 대하여 필요한 조치(이하 "경영개선명령"라 한다)를 취할 것을 요구할 수 있다.

1. 제9조제1호에 따른 리스크기준자본비율이 75%미만인 경우
2. 제9조제2호에 따른 유동성비율이 75%미만인 경우
3. 거액의 금융사고 또는 대급금 발생으로 제1호 또는 제2호의 기준에 해당될 것이 명백하다고 판단되는 경우
4. 제21조제1항에 따라 경영개선요구를 받은 공제조합이 제25조제2항에 따라 승인을 받은 경영개선계획을 성실히 이행하지 않은 경우

② 제1항의 "필요한 조치"란 다음 각 호의 일부 또는 전부에 해당하는 조치를 말한다.

1. 영업의 전부 또는 일부 양도
2. 제3자에 의한 해당 공제조합의 인수
3. 임원의 직무집행정지 및 관리인 선임
4. 계약의 전부 또는 일부의 이전
5. 제21조제2항에서 정하는 사항

제23조(긴급조치) ① 국토교통부장관은 공제조합이 다음 각 호의 어느 하나에 해당되어 계약자의 이익을 저해할 우려가 있다고 인정하는 경우에는 그 위험을 제거하기 위하여 필요한 조치를 할 수 있다.

1. 대규모 보증대급 발생 등으로 인하여 유동성이 일시적으로 급격히 악화되어 추가 대급을 위한 현금성 자산이 부족한 경우
2. 휴업·영업의 정지, 출자금 회수 등으로 파산 또는 지급불능이 우려되는 경우

② 제1항의 "필요한 조치"란 다음 각 호의 어느 하나에 해당하는 조치를 말한다.

1. 보증수수료율 및 융자이자율의 조정
2. 채무의 전부 또는 일부의 지급 정지
3. 자산의 처분
4. 사업의 정지

제24조(적기시정조치의 유예) 국토교통부장관은 공제조합이 제21조제1항 또는 제22조제1항 각 호의 기준에 해당하는 경우에도 불구하고 자본의 확충 또는 자산의 매각 등으로 기준을 충족시킨 것이 확실시되거나 단기간에 충족시킬 수 있다고 판단되는 경우 또는 이에 준하는 사유가 있다고 인정되는 경우에는 일정기간 동안 조치를 유예할 수 있다

제25조(경영개선계획 제출 등) ① 공제조합은 경영개선요구 또는 경영개선명령을 받은 때에는 해당 경영개선요구 또는 경영개선명령 내용이 반영된 계획(이하"경영개선계획"이라 한다)을 국토교통부장관에게 제출하여야 한다.

② 국토교통부장관은 제1항에 따른 경영개선계획을 제출받은 후 1개월 이내에 승인여부를 결정하여야 한다. 다만, 사실조사, 관계 전문가의 추가적인 검토가 필요한 경우에는 그 기간을 초과할 수 있다.

③ 국토교동부상관은 경영개선요구를 받은 공제조합이 제1항의 규정에 따라 제출한 경영개선계획의 타당성을 인정할 수 없는 경우에는 이를 불승인하고 제21조제2항에서 규정한 조치의 전부 또는 일부를 일정기간 내에 이행하도록 재요구할 수 있다.

④ 국토교통부장관은 경영개선명령을 받은 공제조합이 제1항에 따라 제출한 경영개선계획의 타당성을 인정할 수 없는 경우와 제2항에 따라 승인을 받은 경영개선계획을 성실히 이행하지 않는 경우에는 제22조제2항에서 규정한 조치의 전부 또는 일부를 일정기간 내에 이행하도록 재명령할 수 있다.

⑤ 제2항에 따라 경영개선계획을 승인받은 공제조합은 매분기말 익월 10일까지 분기별 이행실적을 국토교통부장관에게 제출하여야 하며, 국토교통부장관은 그 이행실적이 미흡하거나 관련제도의 변경 등 여건 변화로 인하여 이행이 곤란하다고 판단되는 경우에는 경영개선계획의 수정요구, 일정기간 내에 이행촉구 등 필요한 조치를 할 수 있다.

제26조(경영개선계획의 이행면제 등) ① 경영개선요구 또는 경영개선명령을 받은 공제조합이 자본확충 또는 자산처분 등을 통하여 경영상태가 현저히 개선되었다고 인정되는 경우 국토교통부장관은 경영개선요구 또는 경영개선명령의 내용을 완화하거나 그 이행을 면제할 수 있다.

② 경영개선계획의 이행기간이 만료되었음에도 경영개선계획의 목표를 달성하지 못한 경우에는 국토교통부장관은 만료시점의 경영상태를 기준으로 다시 경영개선요구 또는 경영개선명령을 하여야 한다.

제7장 경영공시

제27조(경영공시) ① 공제조합은 결산 후 총회의 승인을 득하고 지체없이 다음 각 호에서 정하는 사항을 공시하여야 한다.

1. 조직 및 인력에 관한 사항
2. 재무 및 손익에 관한 사항
3. 건전성 · 수익성 · 생산성 등을 나타내는 경영지표에 관한 사항
4. 경영방침, 리스크관리 등 조합경영에 중요한 영향을 미치는 사항
5. 제21조부터 제23조에 따른 조치를 요구받은 경우 그 내용

② 제1항에 따른 공시사항은 해당 공제조합 인터넷홈페이지를 통해 공시한다.

③ 국토교통부장관은 공제조합이 제1항에 따른 공시사항을 허위로 공시하거나 중요한 사항을 누락하는 등 불성실하게 공시한 경우에는 해당 공제조합에 대하여 정정공시 또는 재공시를 요구할 수 있다.

제8장 보고 등

제28조(업무보고서의 제출) ① 공제조합은 조합의 업무내용을 기술한 보고서를 매 회계연도 종료 후 3개월 이내에 국토교통부장관에게 제출하여야 한다

② 제1항에 따른 업무보고서의 내용, 서식 등은 별표8에 의한다.

제29조(공제사업의 감독) 공제조합이 건설산업기본법 제56조제1항제5호에 따라 조합원에 고용된 사람의 복지향상 등을 위하여 수행하는 공제사업에 대한 감독은 공제조합 공제사업감독기준에 따른다.

제30조(재검토기한) 국토교통부장관은 「행정규제기본법」 및 「훈령 · 예규 등의 발령 및 관리에 관한 규정」에 따라 이 고시에 대하여 2019년 1월 1일 기준으로 매3년이 되는 시점(매 3년째의 12월 31일까지를 말한다)마다 그 타당성을 검토하여 개선 등의 조치를 하여야 한다.

부칙 <제2019-61호, 2019. 2. 8.>

(시행일) 이 고시는 발령한 날부터 시행한다.

별표 / 서식

[별표 1] 자기자본의 합산항목 및 차감항목의 범위(제2조관련)
[별표 2] 요구자본액 산출기준(제8조관련)
[별표 3] 자산건전성 분류기준(제10조관련)
[별표 4] 경영실태평가 부문별 평가항목(제20조관련)
[별표 5] 경영실태평가 부문별 가중치(제20조관련)
[별표 6] 계량지표의 산정기준(제20조관련)
[별표 7] 각 평가등급별 정의(제20조관련)
[별표 8] 업무보고서

【별표 1】

자기자본의 합산항목 및 차감항목의 범위(제2조관련)

구 분	범 위
합산항목	- 자본금 - 자본잉여금 - 이익잉여금 - 자본조정 - 기타포괄손익누계액 - 자산건전성 분류결과 “정상” 및 “요주의”로 분류된 자산에 대하여 적립된 대손충당금 - 비상위험준비금
차감항목	- 영업권, 특허권 - 이연법인세자산 - 지급이 예정된 현금배당액

【별표 2】

요구자본액 산출기준(제8조관련)

제1장 총 칙

1. (목적)이 기준은 감독기준 제8조에서 정하는 요구자본액 산출에 필요한 세부사항을 정함을 목적으로 한다.

2. (요구자본액 산출)요구자본액은 보증리스크량, 신용리스크량, 시장리스크량, 운영리스크량, 금리리스크량을 각각 구한후 다음 산식을 적용하여 산출한다.

요구자본액 = 보증리스크량 +신용리스크량 +시장리스크량 +운영리스크량 +금리리스크량

제2장 보증리스크량

3. (보증리스크량 산출방법)

가. 보증리스크량은 공제조합이 인수한 모든 보증을 대상으로 한다.

나. “2. 의 요구자본액 산출”의 보증리스크량은 보증잔액기준 리스크량과 보증익스포져기준 리스크량을 각각 구한후 큰 값을 적용하여 산출한다.

보증리스크량 = Max(보증잔액기준 리스크량, 보증익스포져기준 리스크량)

4. (보증잔액기준 리스크량의 산출)

가. 보증잔액기준 리스크량은 보증잔액에 보증유형별 리스크계수를 곱하여 산출한다.

보증잔액기준 리스크량 = 보증잔액 X 보증유형별 리스크계수

나. 가항의 보증유형별 리스크계수는 <표1>과 같다.

다. 신규취급보증의 경우 유사보증유형의 리스크계수를 적용한다.

5. (보증익스포져기준 리스크량의 산출)

가. 보증익스포져기준리스크량은 보증잔액에 보증유형별 대급전환율을 곱하여 산출한 보증익스포져에 거래처별 리스크계수를 곱하여 산출한다.

보증익스포져기준 리스크량 = [보증잔액 X 보증유형별 대급전환율] X 거래처별 리스크계수 (보증익스포져)

나. 가.의 보증유형별 대급전환율은 <표2>과 같다.

다. 신규취급보증의 경우 유사보증유형의 대급전환율을 적용한다.

라. 가.의 거래처별 리스크계수는 <표3>에서 정하는 신용등급별 리스크계수를 의미한다. 이때, 신용등급은 거래처에 대한 신용등급 또는 해당 거래처의 무담보채권에 대한 신용등급을 의미한다.

마. 라.의 신용등급은 은행업감독업무시행세칙 별표3 제2장 제2절에 따른 적격외부신용평가기관(이하 '신용평가기관' 이라 한다)이 부여한 등급을 말한다.

바. 보증에 대한 신용보강의 수단으로 금융담보 등을 제공받는 경우 "제4장 신용위험경감" 의 기준을 적용한다.

제3장 신용리스크량

6. (신용리스크량 산출방법)

가. 신용리스크량은 단기매매증권을 제외한 대차대조표 자산 및 장외파생상품거래를 대상으로 산출한다.

나. "2. 의 요구자본액 산출" 의 신용리스크량은 신용익스포져에 거래처별 리스크계수를 곱하여 산출한다. 다만, 주식, 연체채권 등 거래특성을 반영해야하는 경우 신용익스포져에 거래특성별 리스크계수를 곱하여 산출한다.

신용리스크량 = 신용익스포져 X 거래처별(또는 거래특성별) 리스크계수

다. 신용보강수단으로 금융담보, 보증 등을 제공받은 경우 "제4장 신용위험경감" 의 기준을 적용한다.

7. (신용익스포져의 산출)

가. 대차대조표상 자산항목의 신용익스포져는 대차대조표 금액으로 한다. 다만, 고정이하로 분류된 채권에 대해서는 고정이하충당금을 차감한 후 금액을 기준으로 한다.

나. 선도, 스왑, 옵션 등의 장외파생금융거래의 익스포져는 대체비용과 잠재적익스포져를 합계한 금액으로 한다.

파생금융거래 신용익스포져 = 대체비용 + 잠재적익스포져

(1) 대체비용은 파생금융거래를 시가평가 함으로써 산출된 관련계약의 평가익을 말한다.

(2) 잠재적익스포져는 해당 거래의 계약금액에 다음의 표에서 정한 신용환산율을 곱한 금액을 말한다.

잔존만기	금리	외환(금)	주식	기타상품
1년 이하	0%	1.0%	6.0%	10.0%
1년 초과 5년 이하	0.5%	5.0%	8.0%	12.0%
5년 초과	1.5%	7.5%	10.0%	15.0%

8. (거래처별 리스크계수)

가. 공제조합이 보유한 익스포져에 대하여 신용평가기관의 개별신용등급이 있는 경우 개별신용등급을 우선적용하며 <표3>에서 정하는 신용등급별 리스크계수를 적용한다.

나. 개별신용등급이 부여되어 있지 않은 경우 5.라.의 기준을 따른다.

다. 가. 및 나. 에도 불구하고 단기신용등급(기업어음 등 만기3개월 이내의 단기 익스포져에 부여된 신용등급을 말한다. 이하같다)이 부여되어 있는 익스포져의 경우 단기신용등급에 따라 다음표에서 정하는 리스크계수를 적용한다.

외국 신용평가사 신용등급(S&P기준)	A-1	A-2	A-3	A-3미만
국내 신용평가사 신용등급	N/A	A1	A2 및 A3	A3미만
리스크계수	1.6%	4%	8%	12%

라. 가. 및 나. 에도 불구하고 거래상대방이 정부 및 공공기관 등에 해당하는 경우 리스크계수는 다음과 같이 적용한다.

(1) 거래상대방이 다음 중 어느 하나에 해당하는 경우에는 리스크계수를 0%로 한다.

(가) 대한민국 정부, 한국은행, 지방자치법에 의한 지방자치단체

(나) 지방자치단체를 제외한 공공기관 중 「공공기관의운영에관한법률」에 의한 기관으로서 결손이 발생하는 경우 정부로부터 제도적으로 결손보전이 이루어질 수 있는 기관

(다) 지방자치단체를 제외한 공공기관 중 특별법에 의한 특수공공법인으로서 결손이 발생하는 경우 정부로부터 제도적으로 결손보전이 이루어질 수 있는 기관(신용보증기금, 기술신용보증기금, 지역신용보증재단, 농림수산업자신용보증기금, 수출보험공사, 예금보험공사, 한국자산관리공사 등을 포함한다)

(라) 외국신용평가기관의 신용등급이 AA-이상인 국가의 중앙정부(중앙은행 포함)

(2) 거래상대방이 다음 중 어느 하나에 해당하는 국내 공공기관((1).(나)와 (다)에 해당하는 기관은 제외한다)에 대한 익스포져는 대한민국정부의 신용등급 또는 OECD 국가신용등급에 따라 마.에서 정하는 리스크계수를 적용한다.

(가) 「공공기관의운영에관한법률」 제4조제1항제1호 내지 제3호 적용기관

(나) 특별법에 의한 특수공공법인으로서 정부출자(출연)비율이 50% 이상이거나, 정부출자(출연)비율이 50% 미만인 기관으로서 정부로부터 예·결산 승인 및 재정적 또는 세제상 지원을 받는 기관

(다) 「지방공기업법」에 의한 지방공기업으로서 지방자치단체로부터 예·결산 승인 및 재정적 또는 세제상 지원을 받는 기관

(3) 거래상대방이 다음 중 어느 하나에 해당하는 국내 공공기관((1).(나)와 (다) 또는 (2)에 해당하는 기관은 제외한다)에 대한 익스포져는 대한민국정부의 신용등급 또는 OECD 국가신용등급에 따라 마.에서 정하는 리스크계수와 4% 중 높은 것으로 한다.

(가) 특별법에 의한 특수공공법인으로서 정부로부터 업무감독과 재정 또는 세제상의 지원을 받는 기관

(나) 보험업법 제4조제1항의 규정에 의한 업무를 허가받아 보증보험사업을 영위하는 법인으로서 정부 또는 예금보험공사의 출자비율이 50% 이상이고 정부 또는 예금보험공사로부터 업무감독을 받는 법인

마. 가. 및 나. 에도 불구하고 거래상대방이 은행(라.에서 공공기관으로 분류되는 은행은 제외한다.)에 해당하는 경우 대한민국정부의 신용등급 또는 OECD 국가신용등급에 따라 다음에서 정하는 리스크계수를 적용한다.

(1) 적격외부신용평가기관의 신용등급인 경우

외국 신용평가사 국가 신용등급(S&P기준)	AAA ~ AA-	A+ ~ A-	BBB+ ~ B-	B- 미만	무등급
리스크계수	1.6%	4%	8%	12%	8%

(2) OECD 국가신용도등급인 경우

OECD 국가신용등급	0~1	2	3	4~6	7	무등급
리스크계수	1.6%	4%	8%	8%	12%	8%

9. (거래특성별 리스크계수)

가. 주식의 리스크계수는 12%로 한다. 다만, <표4>에서 규정된 지수에 편입된 종목의 경우는 8%의 리스크계수를 적용한다.

나. 수익증권의 리스크계수는 다음과 같다.

(1) 신용평가기관이 부여한 신용등급이 있는 경우에는 <표3>에서 정하는 신용등급별 리스크계수를 적용한다.

(2) 신용평가기관이 부여한 신용등급이 없는 경우에는 다음과 같이 리스크계수를 적용한다.

(가) 산출기준일 현재 해당 익스포저의 기초가 되는 각각의 자산을 명확히 구분할 수 있을 때에는 해당 기초자산의 리스크계수를 적용한다.

(나) 기초자산을 명확히 구분할 수 없는 경우에는 약관 또는 정관상 편입가능자산의 리스크계수 중 가장 높은 리스크계수를 적용하거나, 약관 또는 정관상 편입한도비율에 따라 해당자산의 리스크계수를 적용(리스크계수가 높은 자산의 편입한도 비율을 우선 적용)한다.

(다) (1) 및 (2)에 의해서 기초자산을 구분할 수 없는 경우에는 주식의 리스크계수 12%를 적용한다.

(라) (가) 내지 (다)에서 기초자산이 부동산(부동산을 기초자산으로 한 파생금융상품, 부동산 개발과 관련된 법인에 대한 대출, 부동산과 관련된 증권에 투자하는 경우를 포함한다) 및 실물자산에 해당되는 경우 12%의 리스크계수를 적용한다.

다. 특수금융의 리스크계수는 다음과 같다.

(1) 사회기반시설금융 및 부동산프로젝트금융에 대하여 신용평가기관이 부여한 신용등급이 있는 경우에는 <표3>에서 정하는 신용등급별 리스크계수를 적용한다.

(2) 신용평가기관이 부여한 신용등급이 없는 경우 사회기반시설금융 및 부동산프로젝트금융에 대하여 8%, 12%의 리스크계수를 각각 적용한다.

(3) (1)과 (2)에도 불구하고 주식 및 수익증권을 통한 특수금융 투자의 리스크계수는 가. 및 나.의 기준을 따른다.

라. 유동화익스포져에 대한 리스크계수의 산출은 다음과 같다.

(1) 유동화익스포져란 기초익스포져의 신용리스크를 선·후순위 관계에 있는 두 개 이상의 익스포져로 계층화하여 그 일부 또는 전부를 제3자에게 이전하는 거래로 인하여 발생하는 익스포져를 말한다.

(2) 유동화익스포져의 리스크계수는 신용등급 및 재유동화 여부에 따라 다음에서 정하는 것으로 한다.

(가) 신용등급기준 위험가중치

외국 신용평가사 신용등급(S&P기준)	AAA ~ AA-	A+ ~ A-	BBB+ ~ BBB-	BB+ ~BB-	B+이하	무등급
국내 신용평가사 신용등급	AAA	AA+ ~ AA-	A+ ~ BBB-	N/A	BB+ 이하	
리스크계수	1.6%	4%	8%	28%	자기자본차감	
재유동화 리스크계수	3.2%	8%	18%	52%	자기자본차감	

(나) 단기신용등급기준 위험가중치

외국 신용평가사 신용등급(S&P기준)	A-1	A-2	A-3	A-3 미만
국내 신용평가사 신용등급	N/A	A1	A2~A3	A3 미만
리스크계수	1.6%	4%	8%	자기자본차감
재유동화 리스크계수	3.2%	8%	18%	자기자본차감

마. 8. 및 9. 가. 내지 다. 에도 불구하고 90일 이상 연체된 익스포져 및 대차대조표의 보증대급금의 리스크계수는 다음표에서 정하는 것으로 한다. 이때, "주택담보 익스포져"는 10.나.의 익스포져를 말한다.

대손충당금 차감전 익스포져에 대한 대손충당금 적립액의 비율	리스크계수	
	주택담보 및 사회기반시설금융	기타
20% 미만	8%	12%
20% 이상	4%	8%

바. 대차대조표 자산 중 8. 및 9. 가. 내지 마. 에서 언급되지 않은 자산은 <표5>에서 정하는 리스크계수를 적용하고, <표5>에서 열거되지 않은 자산의 리스크계수는 8%를 적용한다.

제4장 신용위험경감

10. (담보)

가. "11. 의 적격금융담보자산"의 적격금융담보자산을 담보로 제공받은 경우 12.에서 정하는 포괄법(이하, 포괄법이라 한다.) 또는 13.에서 정하는 간편법(이하, 간편법이라 한다.)을 적용하여 신용위험을 경감 할 수 있다.

나. 주택(소유 또는 임대)에 대한 저당권 설정으로 전액 담보된 익스포져의 리스크계수는 2.8%로 한다 이때 전액 담보된 익스포져는 주택의 담보가치(감정평가법인에 의한 감정평가액 또는 거래사례 등을 감안한 자체 감정평가액)에 담보인정비율(60%)을 곱한 금액에서 선순위채권 등을 차감한 범위이내의 금액을 말한다.

다. 나. 이외의 부동산에 대한 저당권 설정으로 전액 담보된 익스포져의 리스크계수는 거래상대방에 적용되는 리스크계수와 무등급에 해당하는 리스크계수 중 낮은 리스크계수를 적용할 수 있다. 이때, 전액 담보된 익스포져는 부동산의 담보가치에 담보인정비율 50%를 곱한 금액에서 선순위채권 등을 차감한 범위이내의 금액을 말한다.

라. 신용평가기관이 익스포져에 부여하는 신용등급에 신용위험경감효과가 이미 반영되어 있는 경우에는 해당 익스포져의 리스크계수 적용시 가. 내지 다. 의 신용위험경감 방법을 적용할 수 없다.

마. 하나의 익스포져에 대하여 다수의 신용위험경감방법을 적용하는 경우 보험회사는 신용위험경감방법별로 익스포져를 구분한 후 각 부분에 리스크계수를 개별적으로 적용한다.

11. **(적격금융담보자산)** 10.가.의 적격금융담보자산은 다음과 같다.

가. 예·저금(양도성예금증서, 기나 유사상품 포함), 금, 정부 및 공공기관 발행채권, 투자등급 회사채 (신용등급 BBB-이상, 단기신용등급 A3이상), <표4>에 규정된 지수에 편입된 주식

나. 시장에서 가격이 일일기준으로 고시되고 투자대상이 가.의 자산으로 한정되어 있는 수익증권 또는 이와 유사한 금융상품

12. (포괄법)

가. 포괄법의 경우 신용위험경감기법을 적용한 후의 익스포져(이하 "조정후 익스포져"라 한다)는 차감률(익스포져 또는 적격 금융자산담보의 가격변동 리스크를 감안하여 익스포져 또는 적격 금융자산담보액을 조정하기 위한 값을 말한다. 이하 같다)을 적용하여 다음 산식에 의하여 산출한다.

$E^* = \max\{0, [E - C \times (1 - H_c \times \sqrt{2} - H_{fx} \times \sqrt{2})]\}$	
E^* : 조정후 익스포져 H_c : 담보자산에 대한 표준차감률 H_{fx} : 통화불일치에 대한 차감률	E : 조정전 익스포져 C : 담보자산의 공정가액

나. 담보자산에 대한 표준차감률(H_c)은 <표6>을 따른다.

다. 익스포져와 담보자산의 통화가 일치하지 않는 통화불일치에 대한 차감률(Hfx)은 8%로 한다.

13. (간편법)

가. 공제조합이 적격금융담보자산에 대하여 간편법을 적용하기 위해서는 다음의 요건을 모두 충족하여야 한다.

(1) 익스포져의 잔존만기(유예기간 포함)가 해당 담보자산의 잔존만기를 초과하지 않을 것

(2) 해당 담보자산에 대하여 1년에 1회 이상 재평가할 것

나. 간편법의 경우 거래상대방의 리스크계수 대신 담보자산에 적용되는 리스크계수를 적용한다. 이때, 적격금융담보가액을 초과하는 익스포져에 대해서는 <표3>에서 정하는 거래상대방의 신용등급별 리스크계수를 적용한다.

14. (보증)

가. 거래상대방 또는 제3자로부터 나.와 다.를 만족하는 보증을 제공받는 경우에는 해당 익스포져에 대하여 보증인의 거래상대방별 리스크계수를 적용할 수 있다.

나. 가.의 보증은 다음의 요건을 모두 충족하여야 한다.

(1) 보증인에 대한 직접적인 채권일 것

(2) 보증인의 보장범위와 대상 채권을 명확하게 문서화할 것

(3) 보증인의 일방적인 보증계약의 취소가 불가능할 것

(4) 보증채무 이행사유 발생시 공제조합은 계약서에 따라 보증인에게 미지급 금액을 적시에 청구할 수 있으며, 거래상대방의 지급 이행을 위하여 별도의 법적 조치 없이 해당금액을 보증인에게 청구할 수 있을 것

다. 보증인은 다음에 해당하는 자로 한정한다.

(1) 거래상대방보다 낮은 리스크계수를 적용받는 중앙정부, 공공기관, 은행, 증권회사
(2) 신용등급 AA-이상의 신용등급을 가진 자

제5장 시장리스크량

15. (시장리스크량 산출방법)

가. "2. 의 요구자본액 산출"의 시장리스크량은 주식포지션, 금리포지션, 외환포지션으로 구분하여 각각의 리스크량을 구한 후 합산하여 산출한다.

나. 시장리스크 측정대상은 다음과 같다.
  (1) 단기매매유가증권
  (2) 외국통화로 표시된 화폐성 자산·부채

16. (주식포지션)

가. 주식포지션은 다음에 해당하는 것으로 한다.
  (1) 단기매매증권 중 주식
  (2) 다음의 요건을 충족하는 전환사채, 교환사채, 비분리형 신주인수권부사채
    (가) 권한행사가 가능한 기간 중에는 기초주식의 가격이 권한행사금액의 100%를 초과할 것
    (나) 권한행사가 불가능한 기간 중에는 기초주식의 가격이 권한행사금액의 110%를 초과할 것

나. 주식포지션은 매도포지션과 매입포지션의 합계를 의미하며 종목이 동일한 주식에 대한 반대포지션을 상계하고 남은 순매입포지션 또는 순매도포지션을 의미한다

다. 주식포지션의 리스크량은 나.에서 산출한 주식포지션에 리스크계수 16%를 곱하여 산출한다. 다만 <표4>의 주요지수에 상장된주식의 리스크계수는 12%로 한다.

17. (금리포지션)

가. 금리포지션은 단기매매증권 중 채권, 기업어음(CP), 수익증권에 편입된 채권, 자산유동화 증권 및 이에 준하는 유가증권을 대상으로 한다.

나. 금리포지션의 시장리스크량은 거래별 익스포져에 금리민감도와 금리변동계수 0.9%를 곱하여 구한 후 이를 합산하여 산출한다.

다. 나.의 금리민감도는 "22. 금리민감도 산출"에 따라 산출한다.

18. (외환포지션)

가. 외환포지션은 외국통화로 표시된 화폐성 자산·부채를 대상으로 한다.

나. 외환포지션의 시장리스크량은 익스포져에 리스크계수 8%를 곱하여 산출한다.

다. 익스포져는 통화별 순포지션을 기준일 현재 관련시장의 종가를 적용하여 원화로 환산한 절대값을 합산하여 산출한다.

제6장 운영리스크량

19. **(운영리스크량 산출방법)** "2. 의 요구자본액 산출"의 운영리스크량은 직전 1년간 보증수수료에 리스크계수 10%를 곱하여 산출한다.

제7장 금리리스크량

20. **(금리리스크량 산출방법)**

가. 금리리스크 산출대상은 단기매매증권을 제외한 금리 민감 자산과 부채로 다음과 같다.

(1) 예치금

(2) 융자(고정이하 분류 융자는 제외한다.)

(3) 채권(특정시점에 상환하거나 투자자의 선택에 의해 상환하여야 하는 상환우선주를 포함한다.)

(4) 차입금

(5) 발행채권

나. "2. 의 요구자본액 산출"의 금리리스크량은 다음의 산식에 따라 산출한다.

$$\text{금리리스크량} = |\text{금리부자산 금리민감액} - \text{금리부부채 금리민감액}| \times \text{금리변동계수}$$

$$\text{금리부자산 금리민감액} = \sum_{\text{금리부자산}} (\text{금리부자산 익스포져} \times \text{금리민감도})$$

$$\text{금리부부채 금리민감액} = \sum_{\text{보험부채}} (\text{금리부부채 익스포져} \times \text{금리민감도})$$

21. **(금리익스포져의 산출)**

가. 금리익스포져는 산출기준일 현재 대차대조표 금액을 의미하며 대손충당금 및 현재가치할인차금을 차감한 금액을 기준으로 한다.

나. 금리부자산이 편입된 자산(수익증권, 비특정투자일임계약 자산 등)의 경우 다음 중 하나의 금액을 금리부자산 익스포져로 한다.

(1) 금리부자산 편입액

(2) 운용계약서상 명시된 비금리부자산의 최대편입가능금액을 제외한 금액

(3) (1)과 (2)중 하나의 방법을 적용할 수 없는 경우에는 영(0)

22. **(금리민감도의 산출)**

가. 금리민감도는 잔존만기에 따라 <표7>에서 정하는 기준에 따라 산정한다.

나. 「자본시장과 금융투자업에 관한 법률」에 따라 금융위원회에 등록된 채권평가회사에서 산출한 유가증권별 산출일 기준 듀레이션을 금리민감도로 사용할 수 있다.

다. 정기예금 및 정기적금을 제외한 예치금의 금리민감도는 영(0)으로 한다.

라. 금리부자산이 편입된 수익증권의 경우 가. 또는 나.를 적용하여 산출한 개별 금리민감도를 금액 가중평균하여 금리민감도를 산출한다.

마. 변동금리부 자산과 부채는 차기 금리개정기일까지의 잔존기간을 잔존만기로 하여 <표7>에 따른 금리민감도를 산출한다.

바. 만기 또는 차기 금리개정기일이 명확하지 않은 금리부 자산과 부채는 6개월 이상 12개월 미만의 잔존만기를 적용하여 <표7>에 따른 금리민감도를 산출한다.

23. **(금리변동계수)** 금리변동계수는 1.5%를 적용한다.

<표1> 보증유형별 리스크계수

(단위 %)

보증유형 \ 리스크계수	건설공제조합	전문건설공제조합	대한설비건설공제조합
입찰보증[1)]	0.02	0.02	0.02
계약공공[2)]	0.24	0.42	0.49
계약민간[3)]	1.24	3.07	0.38
하자보수공공[4)]	0.72	0.02	0.10
하자보수민간	1.43	0.11	0.05
선급금공공[5)]	2.23	0.85	0.05
선급금민간[6)]	1.84	3.25	4.87
기타[7)]	4.88	1.75	1.70

주1) 협약체결보증 포함
주2) 공사이행보증, 사업이행보증, 협약이행보증 포함
주3) 시공보증 포함
주4) 성능보증 포함
주5) 하도급대금지급보증 공공, 부지매입보증 포함
주6) 하도급대금지급보증 민간 포함
주7) 차액보증, 손해배상보증, 유보기성금보증, 분양보증, 자재구입보증, 대출보증 등

<표2> 보증유형별 대급전환율

(단위 %)

구분		관련보증	대급전환율
입찰보증		입찰보증, 협약체결보증	1
이행성	공공	계약보증공공, 하자보수보증공공, 공사이행보증, 사업이행보증, 협약이행보증	10
	민간	계약보증민간, 하자보수보증민간, 시공보증	20
준지급성	공공	선급금보증공공, 하도급대금지급보증공공, 부지매입보증	20
	민간	선급금보증민간, 하도급대금지급보증민간	30
지급성보증		대출보증, 리스보증, 자재구입보증, 할부판매보증	100
기타		기타	50

<표3> 신용등급별 리스크계수

외국 신용평가사 신용등급(S&P기준)	AAA ~ AA-	A+ ~ A-	BBB+ ~ BB-	BB- 미만	무등급
국내 신용평가사 신용등급	AAA	AA+ ~ AA-	A+ ~ BBB-	BBB- 미만	무등급
리스크계수	1.6%	4%	8%	12%	8%

<표4> 주요국 거래소의 지수명

국명	지수	국명	지수
한국	KOSPI	유럽	Dow Jones Stoxx 50 Index FTSE Eurotop 300, MSCI Euro Index
호주	All Ordinaries	영국	FTSE 100, FTSE mid 250
오스트리아	ATX	홍콩	Hang Seng 33
벨기에	BEL 20	네델란드	AEX
캐나다	TSE 35	이탈리아	MIB30
프랑스	CAC 40	스페인	IBEX 35
독일	DAX	스웨덴	OMX
일본	Nikkei 225	스위스	SMI
싱가포르	Straits Times Index	미국	S&P 500

<표5> 기타 대차대조표 자산에 대한 리스크계수

계정과목	리스크계수
현금	0%
공탁금, 선급법인세	정부에 대한 리스크계수
미수금, 미수수익, 소송대급금	거래상대방 리스크계수 또는 8%
파생상품자산	장외파생금융거래에서 계산

<표6> 담보에 대한 표준차감률

<table>
<tr><th>채권의 국내 신용평가사 신용등급</th><th>잔여만기</th><th>중앙정부[주1)]</th><th>기타</th></tr>
<tr><td rowspan="3">AAA</td><td>1년이하</td><td>0.5%</td><td>1%</td></tr>
<tr><td>1년초과 5년이하</td><td>2%</td><td>4%</td></tr>
<tr><td>5년초과</td><td>4%</td><td>8%</td></tr>
<tr><td rowspan="3">AA+ ~ BBB-/A1, A2, A3</td><td>1년이하</td><td>1%</td><td>2%</td></tr>
<tr><td>1년초과 5년이하</td><td>3%</td><td>6%</td></tr>
<tr><td>5년초과</td><td>6%</td><td>12%</td></tr>
<tr><td colspan="2"><표4>에 규정된 지수에 편입된 주식</td><td colspan="2">15%</td></tr>
<tr><td colspan="2">간접투자증권</td><td colspan="2">펀드내 투자 가능한 자산에 적용되는 차감률 중 가장 높은 차감률</td></tr>
<tr><td colspan="2">익스포져와 동일 통화의 현금</td><td colspan="2">0%</td></tr>
</table>

주1) 중앙정부로 인정되는 공공기관을 포함한다.

<표7> 잔존만기별 금리민감도

잔존만기 구간	금리민감도
3개월 미만	0.12
3개월 이상 ~ 6개월 미만	0.36
6개월 이상 ~ 12개월 미만	0.71
1년 이상 ~ 2년 미만	1.38
2년 이상 ~ 3년 미만	2.25
3년 이상 ~ 4년 미만	3.07
4년 이상 ~ 5년 미만	3.85
5년 이상 ~ 7년 미만	5.08
7년 이상 ~ 10년 미만	6.63
10년 이상 ~ 15년 미만	8.92
15년 이상 ~ 20년 미만	11.21
20년 이상 ~ 25년 미만	13.01
25년 이상 ~ 30년 미만	14.42
30년 이상	15.53

【별표 3】

자산건전성 분류기준(제10조관련)

1. 자산건전성 분류단계별 정의

가. 정상 : 경영내용, 재무상태 및 미래현금흐름 등을 감안할 때 채무상환능력이 양호하여 채권회수에 문제가 없는 것으로 판단되는 거래처(정상거래처)에 대한 자산

나. 요주의 : 경영내용, 재무상태 및 미래현금흐름 등을 감안할 때 채권회수에 즉각적인 위험이 발생하지는 않았으나 향후 채무상환능력의 저하를 초래할 수 있는 잠재적인 요인이 존재하는 것으로 판단되는 거래처(요주의거래처)에 대한 자산

다. 고정 : 다음 각 항의 어느 하나에 해당하는 자산

① 경영내용, 재무상태 및 미래현금흐름 등을 감안할 때 채무상환능력의 저하를 초래할 수 있는 요인이 현재화되어 채권회수에 상당한 위험이 발생한 것으로 판단되는 거래처(고정거래처)에 대한 자산

② 최종부도 발생, 청산·파산절차 진행 또는 폐업 등의 사유로 채권 회수에 심각한 위험이 존재하는 것으로 판단되는 거래처에 대한 자산중 회수예상가액 해당부분

③ "회수의문거래처" 및 "추정손실거래처"에 대한 자산중 회수예상가액 해당부분

라. 회수의문 : 경영내용, 재무상태 및 미래현금흐름 등을 감안할 때 채무상환능력이 현저히 악화되어 채권회수에 심각한 위험이 발생한 것으로 판단되는 거래처(회수의문거래처)에 대한 자산중 회수예상가액 초과부분

마. 추정손실 : 다음 각 항의 어느 하나에 해당하는 자산

① 경영내용, 재무상태 및 미래현금흐름 등을 감안할 때 채무상환능력의 심각한 악화로 회수불능이 확실하여 손실처리가 불가피한 것으로 판단되는 거래처(추정손실거래처)에 대한 자산중 회수예상가액 초과부분

② 최종부도 발생, 청산·파산절차 진행 또는 폐업 등의 사유로 채권 회수에 심각한 위험이 존재하는 것으로 판단되는 거래처에 대한 자산중 회수예상가액 초과부분

2. 자산건전성 분류의 원칙

가. 공제조합은 거래기업의 채무상환능력과 연체기간, 부도여부 등을 종합적으로 고려하여 건전성을 분류한다.

나. 자산규모가 작은 거래기업에 대하여는 채무상환능력 평가를 생략하고 연체기간, 부도여부 등을 기준으로 건전성을 분류할 수 있다.

다. 공제조합은 거래기업의 채무상환능력 평가를 위한 신용평가모형(이하 "신용평가모형"이라 한다)을 정하여 운영할 수 있으며 신용평가등급에 따라 자산건전성을 분류할 수 있다.

라. 동일 거래기업에 대하여 동일하게 건전성을 분류하는 것이 원칙이나, 다음과 같은 경우에는 건별로 구분하여 건전성 분류를 조정할 수 있다.

① 보증부 융자는 거래기업 뿐만 아니라 보증인의 채무상환능력을 평가하여 건전성을 분류할 수 있다. 이 경우 보증인의 보증채무 이행능력, 회수가능성의 제약여부 등을 충분히 고려하여야 한다.

② 대한민국 정부 및 지방자치단체, 정부투자기관이 보증한 거래의 경우 거래기업에 대한 건전성 분류내용에도 불구하고 “정상” 으로 분류할 수 있다.

③ 원리금 회수가 확실시되는 예·적금 담보융자, 국공채 및 통화안정증권 담보융자 등 정상적인 자금결제가 확실시되는 거래의 경우 거래기업에 대한 건전성 분류내용에도 불구하고 “정상” 으로 분류할 수 있다.

마. 최종부도가 발생한 이후 법원으로부터 회생개시 결정을 받은 거래기업과의 거래에 대하여 회수예상가액 초과부분은 채권재조정이 이루어질 때까지 “회수의문” 으로 분류할 수 있다.

3. 유가증권의 건전성 분류

가. 공제조합은 신용평가모형에 의한 발행기업의 신용등급에 따라 유가증권의 건전성을 분류하며, 발행기업에 대한 신용등급을 산출하지 않은 경우에는 국내외 신용평가기관의 최근 유가증권 신용등급에 따라 건전성을 분류할 수 있다.

나. 보증부 유가증권은 발행기업 뿐만 아니라 보증인의 채무상환능력을 평가하여 건전성을 분류할 수 있으나, 이 경우 보증인의 보증채무 이행능력, 회수가능성의 제약여부 등을 충분히 고려하여야 한다.

다. 대한민국 정부 및 지방자치단체, 정부투자기관이 보증한 유가증권은 발행기업에 대한 신용등급에 불구하고 “정상” 으로 분류할 수 있다.

【별표 4】

경영실태평가 부문별 평가항목(제20조관련)

평가부문	계 량 지 표	비 계 량 평 가 항 목
자본적정성	· 리스크기준자본비율	· 리스크의 성격 및 규모 등을 감안한 자본규모의 적정성
자산건전성	· 고정이하자산비율 · 고정이하보증비율 · 연체융자비율 · 대손충당금적립률 · 대위변제준비금적립률	· 자산건전성 분류의 적정성 · 대손충당금 적립의 적정성 · 대위변제준비금 적립의 적정성
경영관리의 적정성		· 전반적인 재무상태 및 영업실적 · 법규, 정책 및 검사지적사항의 이행실태
유 동 성	· 유동성비율	· 유동성리스크 관리의 적정성
리스크관리		· 리스크관리위원회 및 경영진 역할의 적정성 · 리스크의 인식·측정·통제·모니터링 등 리스크관리제도 운영의 적정성 · 리스크관리시스템 구축 및 운영의 적정성

【별표 5】

경영실태평가 부문별 가중치(제20조관련)

평가부문	가중치(%)
자본적정성	25
자산건전성	20
경영관리의 적정성	15
유동성	20
리스크관리	20

【별표 6】

계량지표의 산정기준(제20조관련)

1. 자본적정성 지표

가. 리스크기준자본비율

(1) 산식 : 가용자본/요구자본액 × 100

(2) 산정방식 : 이 기준 제3조의 리스크기준자본비율과 같음

2. 자산건전성 지표

가. 고정이하자산비율

(1) 산식 : 고정이하 분류자산/총자산 × 100

(2) 산정방식

- 고정이하 분류자산 : 이 기준 제11조 자산건전성분류 대상 자산에 대하여 규정 제10조의 자산건전성분류기준에 따라 분류한 고정, 회수의문 및 추정손실 분류자산의 합계액
- 총자산 : 대차대조표의 총자산

나. 고정이하보증비율

(1) 산식 : 고정이하 분류 거래처의 보증잔액/총보증잔액 × 100

(2) 산정방식

- 고정이하 분류 거래처의 보증잔액 : 제10조의 자산건전성분류기준에 따라 분류한 고정, 회수의문 및 추정손실 거래처의 보증잔액의 합계액 (입찰보증 및 협약체결보증 제외)
- 보증잔액 : 해당 기준일 현재 보증잔액 합계액(입찰보증 및 협약 체결보증 제외)

다. 연체융자채권비율

(1) 산식 : 연체융자잔액/총융자잔액 × 100

(2) 산정방식

- 연체융자잔액 : 기준일 현재 3개월 이상 원금이 연체된 융자 잔액 합계
- 총융자잔액 : 기준일 현재 총융자잔액

라. 대손충당금적립률

(1) 산식 : 총대손충당금잔액/고정이하분류자산 ×100

(2) 산정방식

- 총대손충당금잔액 : 이 기준 제11조 자산건전성분류 대상 자산에 대한 대손충당금, 구상채권충당금의 합계액
- 고정이하 분류자산 : 이 기준 제11조 자산건전성분류 대상 자산에 대하여 규정 제10조의 사산건전성분류기준에 따라 분류한 고정, 회수의문 및 추정손실 분류자산의 합계액

마. 대위변제준비금적립률

(1) 산식 : 총대위변제준비금잔액/고정이하 분류 거래처의 보증잔액 ×100

(2) 산정방식

- 총대위변제준비금잔액 : 이 기준 제13조에 의하여 적립한 대위 변제준비금의 합계액
- 고정이하 분류 거래처의 보증잔액 : 제10조의 자산건전성분류기준에 따라 분류한 고정, 회수의문 및 추정손실 거래처의 보증잔액의 합계액 (입찰보증 및 협약체결보증 제외)

3. 유동성 지표

가. 유동성비율

(1) 산식 : 당좌자산/직전3년간 평균대급금 × 100

(2) 산정방식 : 이 기준 제3조의 유동성비율과 같음

【별표 7】

각 평가등급별 정의(제20조관련)

1. 자본적정성에 대한 평가등급별 정의

평가등급	정 의
1 등급 (우수:Strong)	리스크 규모에 비추어 자본이 충분하며 감독상 최소의 주의만 요구됨
2 등급 (양호:Satisfactory)	리스크 규모에 비추어 자본은 적정하나 자본관련비율이 1등급의 경우보다 나쁨
3 등급 (보통:Less than satisfactory)	리스크 규모에 비해 자본이 다소 부족한 것으로 나타나 적정수준의 감독이 요구됨
4 등급 (취약:Deficient)	리스크 규모가 과다하여 자본 부족이 현저하게 나타남
5 등급 (위험:Critically deficient)	리스크 규모에 비해 자본이 크게 부족하여 외부로부터 긴급 자금 지원이 필요함

2. 자산건전성에 대한 평가등급별 정의

평가등급	정 의
1 등급 (우수:Strong)	자산이 건전하여 감독상 최소의 주의만 요구됨
2 등급 (양호: Satisfactory)	자산건전성이 양호하여 감독상 최소의 주의를 요하나 자산의 건전성이 1등급보다 낮음
3등급 (보통:Less than satisfactory)	자산건전성이나 리스크 추이에 악화 징후가 있어 적정수준의 감독이 요구됨
4 등급 (취약:Deficient)	자산건전성에 문제가 있어 적절한 통제 및 시정이 요구됨
5 등급 (위험:Critically deficient)	자산의 건전성이 크게 악화되어 공제조합의 존립이 위태로움

3. 경영관리의 적정성에 대한 평가등급별 정의

평가등급	정 의
1 등급 (우수:Strong)	경영관리능력이 우수하며, 현존하거나 예측되는 문제점에 대해 경영진이 효과적으로 대응할 수 있음
2 등급 (양호:Satisfactory)	1등급보다는 다소 부족한 면이 있으나 여건변화에 따라 업무를 적절히 처리할 수 있음
3 등급 (보통:Less than satisfactory)	경영관리능력의 수준은 보통이나 상황대처능력이 약간 부족함
4 등급 (취약:Deficient)	경영관리능력이 전반적으로 부족함
5 등급 (위험:Critically deficient)	경영관리능력이 크게 부족함

4. 유동성에 대한 평가등급별 정의

평가등급	정 의
1 등급 (우수:Strong)	리스크 등을 감안한 이후에도 유동성이 충분하여 감독상의 최소의 주의만 요구됨
2 등급 (양호:Satisfactory)	유동성 및 리스크 수준은 양호하나 유동성이 감소하거나 유동성 측정 또는 자금관리업무에 경미한 문제점이 있음
3 등급 (보통:Less than satisfactory)	유동자산이 부족하거나 정상적인 조건에 의한 자금조달이 어려우며, 자금관리업무가 부적절함
4 등급 (취약:Deficient)	유동성 부족이 심각하고 정상적인 조건에 의한 자금조달이 매우 어려움
5 등급 (위험:Critically deficient)	유동성 부족 및 과다한 리스크로 인해 공제조합 존립이 위태하여 긴급대책이 요구됨

5. 리스크관리에 대한 평가등급별 정의

평가등급	정 의
1 등급 (우수:Strong)	모든 차원의 리스크를 효과적으로 인식·통제할 수 있는 종합 리스크관리체계를 구비하고 있음
2 등급 (양호:Satisfactory)	리스크관리상 다소 취약부문이 있으나 실질적인 손실발생은 없으며 경영진에 의해 적절히 관리됨
3 등급 (보통:Less than satisfactory)	리스크관리체계에 일부 결함을 갖고 있어 주요 리스크에 대한 적절한 관리에 다소 문제가 있음
4 등급 (취약:Deficient)	리스크관리체계가 매우 취약하여 대부분의 리스크요소를 인식·통제할수 없음
5 등급 (위험:Critically deficient)	거의 모든 면에서 리스크관리가 매우 취약하여 공제조합 경영상태가 매우 위태로움

6. 종합평가 등급별 정의

평가등급	정 의
1 등급 (우수:Strong)	○ 경영전반에 걸쳐 건전경영이 이루어지고 있어 정상적인 감독상의 주의만 요구됨 - 약간의 적출사항은 있으나 그 정도가 경미하여 통상적인 방법으로 해결이 가능하며, 경기변동 또는 금융시장 불안정에 대한 적응력이 강함 - 경영성과 및 리스크 관리업무가 우수함
2 등급 (양호:Satisfactory)	○ 근본적으로 건전경영이 이루어지고 있으나 약간의 취약점을 내포하고 있으며 필요시 제한된 범위이내의 감독조치로 충분함 - 대체로 안정적이고 영업여건의 변화에 잘 적응할 수 있음 - 리스크 관리업무가 전체적으로 양호함
3 등급 (보통:Less than satisfactory)	○ 재무상태, 경영관리, 법규준수면에서 다양한 취약점들이 노출되고 있어 이를 시정하기 위해 통상적인 수준 이상의 감독상의 주의가 요구됨 - 경기변동에 대한 대응능력이 다소 부족하며 1~2등급에 비해 외부여건의 영향을 많이 받음 - 전반적인 경영관리능력 및 재무상태로 보아 아직 도산의 가능성은 희박한 수준임 - 리스크 관리업무가 다소 미약함
4 등급 (취약:Deficient)	○ 재무상태가 크게 취약하고 노출된 경영상의 여러 문제들이 매우 심각한 상태에 있어 감독당국의 면밀한 주의 및 문제점을 시정하기 위한 조치가 필요함 - 경기변동에 대한 대응능력이 매우 부족함 - 도산의 가능성은 잠재하고 있으나 아직 외부에 나타나지 않고 있음 - 리스크 관리업무가 전반적으로 부적합함
5 등급 (위험:Critically deficient)	○ 재무상태가 크게 악화되어 도산이 임박하였거나 그 가능성이 매우 높으므로 긴급 자금지원과 같은 즉각적이며 단호한 시정조치가 없는 경우 청산, 인수·합병 등의 조치가 요구됨 - 리스크 관리업무가 매우 취약하며, 현재 직면하고 있는 문제점들은 경영자가 감당할 수 없는 상태임

【별표 8】

업 무 보 고 서

년도

\- 공제조합

<목 차>

Ⅰ. 일반현황

[작성주기 : 매년]

공제조합명 ---------　　기준월 ---------　　전화번호 --------
작성자 소속 ---------　　직　위 ---------　　성　명　--------
확인자 소속 ---------　　직　위 ---------　　성　명　--------

1. 공제조합 일반현황

구　분	내　　용
상호	
대표자	
본점주소	
설립일	
결산월	

2. 인원현황

(단위 : 명)

구　분	인원수
임원(A=a+b+c)	
등기이사(a)	
이사대우(b)	
감사(c)	
총직원(B=d+e)	
정규직원(d)	
계약직원(e)	
기타(C)	
총임직원(A+B+C)	

3. 임원현황

직위	담당업무	성명	주요경력	선임일	임기만료일	비고

4. 조직기구현황

(단위 : 개, 명)

구 분	부서수	인원수	주요기능
본부부서			
- 기획/인사/예산/조직관리			
- 영업/관리			
- 재무관리(자금, 회계)			
- 리스크관리/내부통제			
- 전산/IT			
- 기타			
지점			
영업소(출장소)			

Ⅱ. 재무현황

[작성주기 : 매년]

공제조합명 --------- 기준월 --------- 전화번호 --------
작성자 소속 --------- 직 위 --------- 성 명 --------
확인자 소속 --------- 직 위 --------- 성 명 --------

1. 재무제표 : 공제조합별 회계규정에 의해 작성된 재무제표로 제출한다.

가. 대차대조표

(단위:원)

과 목	당 기 말		전 기 말	
	금 액		금 액	
자 산				
Ⅰ.유동자산				
(1 당좌자산				
1.현금및현금성자산				
2.단기금융상품				
3.단기매매증권				
4.단기매도가능증권				
5.단기만기보유증권				
(2 융자금				
1.시공자금융자금				
대손충당금				
2.운영자금융자금				
대손충당금				
3.할인어음				
대손충당금				
(3 기타유동자산				
1.보증대급금				
구상채권상각충당금				
2.소송대급금				
구상채권상각충당금				
3.선급금				
4.선급비용				

5.예금미수이자 6.유가증권미수이자 7.융자금미수이자 대손충당금 8.미수수수료 대손충당금 9.미수공제사업수익 대손충당금 10.미수임대사업수익 대손충당금 11.미수연수사업수익 대손충당금 12.미수금 대손충당금 13.부가세미수금 대손충당금 14.선급법인세 15.단기이연법인세자산				
Ⅱ.비유동자산 (1 투자자산 1.프로젝트파이낸싱대출금 대손충당금 2.프로젝트파이낸싱출자금 3.장기금융상품 4.매도가능증권 5.만기보유증권 6.지분법적용투자주식 7.기타투자자산 8.전신전화가입권 9.임차보증금 10.기타보증금 11.장기이연법인세자산 (2 유형자산 1.토지 2.건물 감가상각누계액				

3.구축물 감가상각누계액 4.기계장치 감가상각누계액 5.차량 감가상각누계액 6.집기비품 감가상각누계액 7.공구와기구 감가상각누계액 8.건설중인자산 (3 무형자산 1.전기시설이용권 2.가스시설이용권 3.수도시설이용권 4.열공급시설이용권 5.소프트웨어				
자 산 총 계				
부 채 Ⅰ.유동부채 1.선수이자 2.선수수수료 3.선수공제사업수익 4.예수금 5.임대보증금 6.부가세예수금 7.원천제세 8.미지급금 9.미지급법인세 10.미지급비용 11.보증수탁금 Ⅱ.비유동부채 1.장기선수수수료 2.퇴직급여충당부채 3.대위변제준비금				
부 채 총 계				

자 본 Ⅰ.자본금 1.출자금 Ⅱ.자본잉여금 (1 자본준비금 1.출자증권발행초과금 2.기타자본잉여금 (2 재평가적립금 Ⅲ.자본조정 1.자기출자증권 Ⅳ.기타포괄손익누계액 1.매도가능증권평가이익 2.매도가능증권평가손실 Ⅴ.이익잉여금 1.이익준비금 2.사업준비금 3.미처분이익잉여금				
자 본 총 계				
부채와 자본 총계				

(주석) 보증계정

(단위:원)

과 목	당 기 말	전 기 말
	금 액	금 액
1.입찰보증		
2.계약보증		
3.공사이행보증		
4.차액보증		
5.사업이행보증		
6.시공보증		
7.하자보수보증		
8.하도급보증		
9.선급금보증		
10.인허가보증		
11.부지매입보증		
12.임시전력수용예납보증		
13.자재구입보증		
14.대출보증		
15.분양보증		
16.지급보증의 보증		
17.협약체결보증		
18.협약이행보증		
19.성능보증		
20.하도급대금지급보증		
계		

나. 손익계산서

[작성주기 : 매년]

공제조합명 --------- 기준월 --------- 전화번호 --------
작성자 소속 --------- 직 위 --------- 성 명 --------
확인자 소속 --------- 직 위 --------- 성 명 --------

(단위:원)

과 목	당 기 말		전 기 말	
	금 액		금 액	
Ⅰ.영업수익				
1.보증수수료				
2.융자금이자				
3.임대사업수익				
4.연수사업수익				
5.공제사업수익				
6.프로젝트파이낸싱				
투자수익				
7.과태료				
Ⅱ.영업비용				
1.일반관리비				
2.공제사업비				
3.대손상각비				
4.구상채권상각비				
5.대위변제준비금전입액				
Ⅲ.영업이익				
Ⅳ.영업외수익				
1.예금이자				
2.유가증권이자				
3.배당금수익				
4.대손충당금환입액				
5.유형자산처분이익				
6.단기금융상품처분이익				
7.단기매매증권처분이익				
8.잡수입				

Ⅴ.영업외비용 1.예수금이자 2.부담금 3.잡손실등 4.유형자산처분손실 5.무형자산처분손실 6.단기매매증권처분손실 7.투자자산처분손실 Ⅵ.법인세비용차감전순이익 Ⅶ.법인세비용				
Ⅷ.당기순이익				

2. 리스크기준자본비율

[작성주기 : 매년]

공제조합명 ---------　　기준월 ---------　　전화번호 --------
작성자 소속 ---------　　직　위 ---------　　성　　명 --------
확인자 소속 ---------　　직　위 ---------　　성　　명 --------

(단위:백만원, %)

구　　분	당 기 말
Ⅰ.가용자본(가-나)	
가.합산항목	
1.자본금	
2.자본잉여금	
3.자본조정	
4.이익잉여금	
5.기타포괄손익누계액	
6.대손충당금 중 정상 및 요주의 금액	
7.비상위험준비금	
나.차감항목	
1.영업권, 특허권	
2.이연법인세자산	
3.지급이 예정된 현금배당액	
Ⅱ.요구자본액(가+나+다+라+마)	
가.보증리스크량 : Max(1,2)	
1.잔액기준 보증리스크량	
2.익스포져기준 보증리스크량	
나.신용리스크량(1+2+3)	
1.융자에 대한 신용리스크량	
2.운용자산에 대한 신용리스크량	
3.기타자산에 대한 신용리스크량	
다.시장리스크량	
라.운영리스크량	
마.금리리스크량	
Ⅲ.리스크기준자본비율(Ⅰ/Ⅱ × 100)	

*별첨 : 보증 및 신용리스크 변동량

3. 자산건전성

[작성주기 : 매년]

공제조합명 ---------　　기준월 ---------　　전화번호 -------
작성자 소속 ---------　　직　위 ---------　　성　　명 -------
확인자 소속 ---------　　직　위 ---------　　성　　명 -------

가. 자산건전성 분류현황

(단위:백만원)

구분	정상 (A)	요주의 (B)	고정이하자산				계 (A+B+C +D+E)
			고정 (C)	회수의문 (D)	추정손실 (E)	소계 (C+D+E)	
융자금							
보증대급금							
소송대급금							
기타							
계							

나. 대손충당금 적립현황

(단위:백만원)

구분	정상 (A)	요주의 (B)	고정이하자산				계 (A+B+C +D+E)
			고정 (C)	회수의문 (D)	추정손실 (E)	소계 (C+D+E)	
융자금							
보증대급금							
소송대급금							
기타							
계							

다. 대위변제준비금 적립현황

전기대위변제준비금	대위변제준비금 기준금액	당기전입액(환입액)	기말대위변제준비금 잔액

라. 자산건전성분류기준, 대손충당금 적립기준, 대위변제준비금 적립기준

4. 유동성비율 및 자산 · 부채 만기구조 현황

[작성주기 : 매년]

공제조합명 --------- 기준월 --------- 전화번호 -------
작성자 소속 --------- 직 위 --------- 성 명 -------
확인자 소속 --------- 직 위 --------- 성 명 -------

(단위:백만원, %)

구분	3개월 이하 주6)	6개월 이하	1년 이하	2년 이하	3년 이하	4년 이하	5년 이하 (F)	5년 초과 (G)	소계 (H=F+G)	합계 (H+I)
자산										
당좌자산(A)										
현금성자산 주1) (B)										
단기유가증권 주2)										
기타										
장기금융상품(C)										
융자금 주3)										
유가증권 주4)										
부채										
차입금										
발행채권(사채)										
자본(D)										
3년평균보증대급금(E)										
현금자산비율 {(B+C)/D×100)} 주5)										
유동성비율(A/E×100)										

주1) 현금 및 현금성자산, 단기금융상품, 단기매매증권
주2) 단기매도가능증권, 단기만기보유증권
주3) 매도가능증권, 만기보유증권
주4) 고정이하 분류 융자금 제외
주5) 영 제61조에서 정하는 현금 대비 자본금 비율
주6) 누적기준으로 작성

Ⅲ. 업무규제 준수현황

[작성주기 : 매년]

공제조합명 --------- 기준월 --------- 전화번호 -------
작성자 소속 --------- 직 위 --------- 성 명 -------
확인자 소속 --------- 직 위 --------- 성 명 -------

1. 리스크기준자본비율 산출 근거

(단위:백만원, %)

구 분	전분기말	기중증감	당분기말	주요변동내역
Ⅰ.가용자본(가-나)				
가.합산항목				
1.자본금				
2.자본잉여금				
3.자본조정				
4.이익잉여금				
5.기타포괄손익누계액				
6.대손충당금 중 정상 및 요주의 금액				
7.비상위험준비금				
나.차감항목				
1.영업권, 특허권				
2.이연법인세자산				
3.지급이 예정된 현금배당액				
Ⅱ.요구자본액(가+나+다+라+마)				
가.보증리스크량 : Max(1,2)				
1.잔액기준 보증리스크량				

2.익스포져기준 보증리스크량				
나.신용리스크량(1+2+3)				
1.융자에 대한 신용리스크량				
2.운용자산에 대한 신용 리스크량				
3.기타자산에 대한 신용 리스크량				
다.시장리스크량				
라.운영리스크량				
마.금리리스크량				
Ⅲ.자기자본비율(가/나 × 100)				

2. 동일 거래처 보증한도

[작성주기 : 필요시]

공제조합명 ---------　　기준월 ---------　　전화번호 --------
작성자 소속 ---------　　직　위 ---------　　성　명　--------
확인자 소속 ---------　　직　위 ---------　　성　명　--------

가. 보증한도 초과보고

(1) 보증 내역

거래처명 :　　(단위:백만원, %)

보증종류	보증잔액	점유비
입찰보증		
계약보증		
공사이행보증		
차액보증		
사업이행보증		
시공보증		

하자보수보증		
하도급보증		
선급금보증		
인허가보증		
부지매입보증		
임시전력수용예납보증		
자재구입보증		
대출보증		
분양보증		
지급보증의 보증		
협약체결보증		
협약이행보증		
성능보증		
하도급대금지급보증		
계		

(2) 보증 초과 내역

(단위:백만원, %)

한도초과일			감축기한(예정)		
보증한도금액			한도초과금액		
초과전 보증현황			초과후 보증현황		
총보증한도(A)	보증잔액(B)	비율(B/A)	총보증한도(A)	보증잔액(B)	비율(B/A)

(3) 한도초과사유

나. 보증한도 초과기간 연장 보고

[작성주기 : 필요시]

공제조합명 --------- 기준월 --------- 전화번호 --------
작성자 소속 --------- 직 위 --------- 성 명 --------
확인자 소속 --------- 직 위 --------- 성 명 --------

(1) 보증 내역

거래처명 : (단위:백만원, %)

보증종류	보증잔액	점유비
입찰보증		
계약보증		
공사이행보증		
차액보증		
사업이행보증		
시공보증		
하자보수보증		
하도급보증		
선급금보증		
인허가보증		
부지매입보증		
임시전력수용예납보증		
자재구입보증		
대출보증		
분양보증		
지급보증의 보증		
협약체결보증		
협약이행보증		
성능보증		
하도급대금지급보증		
계		

(2) 보증 초과 내역

(단위:백만원, %)

한도초과일		당초한도초과해소시한	
한도초과기일연장일		연장기간	
보증한도금액		한도초과금액	
보증한도초과현황			
총보증한도(A)	비율(B/A)	보증잔액(B)	

(3) 한도초과기간 연장 사유

Ⅳ. 내부통제 현황

[작성주기 : 매년]

공제조합명 --------- 기준월 --------- 전화번호 --------
작성자 소속 --------- 직 위 --------- 성 명 --------
확인자 소속 --------- 직 위 --------- 성 명 --------

1. 운영위원회 구성현황

구분	성명	생년월일	주요경력	선임일	임기만료일	비고
위원장						
위원						
위원						
위원						
위원						
위원						
위원						
위원						
위원						
위원						

2. 리스크관리위원회 구성 및 주요활동 현황

가. 리스크관리위원회 구성현황

구분	성명	생년월일	주요경력	선임일	임기만료일	비고
위원장						
위원						
위원						
위원						
위원						
위원						
위원						
위원						
위원						
위원						

나. 리스크관리위원회 개최현황

회차	개최일자	의안의 주요내용	가결여부	비고

건설기계임대차 표준계약서

공정거래위원회

표준약관 제10059호
(2015.10.30. 개정)

1. 목적물의 표시

가. 건설기계

건설기계명	등록번호	형　식	보험(공제) 가입현황	정기검사 여부	비고

나. 현　장

현 장 명	현장 소재지	발 주 자 (원수급인)	건설업자 (임차인)	건설기계 대여대금 지급보증 여부	비고
		※ 원수급인이 있는 경우에는 함께 기재			

2. 사용기간 :　　년　월　일부터　　년　월　일까지
3. 사용금액 :　　당 금　　　원, 총 금액　　　　원 (단, 대여거래 중 정산요인이 발생한 경우 사후 정산, 부가가치세 별도)
4. 가동시간 : 1일 8시간 기준, 월 200시간 기준
5. 지급시기(제6조 제2항이 적용되지 않는 경우 적용)

·대여기간이 1개월 초과하는 경우에는 매월 종료하는 날부터 (　)일 이내
·대여기간이 1개월 이하인 경우에는 그 기간이 종료하는 날부터 (　)일 이내

건설기계임대인과 건설기계임차인은 합의에 따라 붙임서류에 의하여 계약을 체결하고, 신의에 따라 성실히 계약상의 의무를 이행할 것을 확약하며, 이 계약의 증거로 계약서를 2통 작성하여 서명·날인 후 각 1부씩 보관한다.

붙임서류 : 1. 건설기계임대차 표준계약 일반조건 1부
　　　　　2. 건설기계임대차 계약 특수조건 1부(필요시)

년　　월　　일

임대인 (건설기계 사업자)
　상　호 :　　　　　　　　　사업자등록번호 :
　성　명 :　　　　　　(인)
　주　소 :

임차인
　상　호 :　　　　　　　　　사업자등록번호 :
　성　명 :　　　　　　(인)
　주　소 :

건설기계임대차 표준계약 일반조건

제1조(총　칙) 건설기계임대인(이하 "갑"이라 한다)과 건설기계임차인(이하 "을"이라 한다)은 대등한 입장에서 서로 협력하여 신의에 따라 성실히 계약을 이행한다.

제2조(사용기간) 사용기간은 계약서에 명시된 일자로 한다. 다만, 사용기간을 연장하고자 하는 경우에는 "갑"과 "을"이 협의하여 연장할 수 있다.

제3조(건설기계의 가동시간) ① 건설기계의 가동시간은 1일 8시간, 월 200시간을 기준으로 한다.

② "갑"의 귀책사유로 인해 제1항의 기준시간에 미달한 경우에는 연장작업을 제공하거나 대여대금에서 이를 공제하고, "을"의 귀책사유로 인해 제1항의 기준시간에 미달하는 경우에는 기준시간을 가동한 것으로 간주한다.

③ 야간작업과 기준시간 초과 작업에 의한 시간당 대여대금은 주간작업에 의한 시간당 대여대금에 관련법령이 정한 시간당 건설기계 손료 및 건설기계조종사(조수 포함, 이하 같다) 임금을 다음의 산식에 적용하여 산출된 율을 곱하여 산정한 금액으로 하되, 별도 정산 처리한다. 다만, 야간작업시간에 대한 건설기계조종사의 인건비는 근로기준법 제56조 규정에 따른다.

$$\text{조정율} = \frac{(\text{시간당기계손료}\times 8) + (\text{건설기계조종사임금}\times 1.5)}{(\text{시간당기계손료}\times 8) + (\text{건설기계조종사임금}\times 1.0)}$$

* 건설기계의 시간당 손료 : 실적공사비 및 표준품셈 관리규정(국토해양부 훈령)에 따라 산출
* 건설기계 조종사 임금 : 통계법 제17조에 따라 대한건설협회가 발표

④ 작업시간은 "갑"과 "을"이 서로 확인한 작업일보에 의한다.

제4조(대여대금 등) ① 대여대금은 계약서에 명시된 금액으로 한다.

② 제1항의 규정에 의한 대여대금에는 건설기계조종사의 급여액, 기계손료(상각비, 정비비 및 관리비)가 포함된 금액으로 한다.

③ 분해·조립비는 원칙적으로 "을"이 부담하되, 그 금액은 "갑"과 "을"이 합의하여 정한다. 다만, 제9조제2항, 제10조제2항에 규정된 갑의 책임있는 사유로 건설기계를 대체하거나 계약을 해지하는 경우에는 "갑"이 분해·조립비를 부담한다.

④ 1개월 이상 임차하는 경우로서 사용기간 중 건설기계의 고장, 천재지변 등으로 1개월 중 5일 이상 가동하지 못하였을 경우 당월 대여대금에서 공제한다.

제5조(경비 등의 부담) ① 건설기계 가동에 필요한 유류비 및 운반비는 "을"이 부담하는 것을 원칙으로 하되, 기종별, 현장여건을 고려 "갑"과 "을"이 합의하여 정한다.

② 건설기계조종사의 숙식제공, 소모품, 수선비 등 그 밖의 소요비용은 "갑"과 "을"이 합의하여 정한 바에 의한다.

제6조(대여대금 지불조건) ① "을"은 건설기계 대여기간이 1개월을 초과하는 경우에는 매월 종료하는 날부터, 대여기간이 1개월 이하인 경우에는 그 기간이 종료하는 날부터 각각 60일 이내의 가능한 짧은 기한으로 정한 지급기일까지 "갑"에게 대여대금을 지급하여야 한다.

② "을"은 "을"에게 건설공사를 도급(하도급을 포함한다)한 자(이하 "병"이라 한다)로부터 준공금을 받은 때에는 대여대금을, 기성금을 받은 때에는 건설기계를 임차하여 시공한 분에 상당하는 대여대금을 각각 지급받은 날(공사대금을 어음으로 받은 때에는 그 어음만기일을 말한다)부터 15일 이내에 "갑"에게 현금으로 지급하여야 한다.

③ "을"이 대여대금을 "갑"에게 지급하지 아니한 다음 각 호의 경우에는 "갑"은 "병"에게 대여대금의 직접지급을 요청할 수 있다.

1. "병"과 "을"이 대여대금을 "갑"에게 직접지급 할 수 있다는 뜻과 그 지급의 방법·절차를 명백히 하여 합의한 경우
2. "갑"이 "을"을 상대로 "갑"이 시공한 분에 대한 대여대금의 지급을 명하는 확정 판결을 받은 경우
3. 국가·지방자체단체 또는 정부투자기관이 발주한 건설공사 중 "을"이 "갑"이 시공한 분의 대여대금을 1회 이상 지체한 경우
4. "을"의 파산 등으로 인하여 "을"이 "갑"의 대여대금을 지급할 수 없는 명백한 사유가 있다고 "병"이 인정하는 경우

④ "병"은 다음 각 호의 경우에는 "갑"에게 대여대금을 직접 지급하여야 한다.

1. "병"이 대여대금을 "갑"에게 직접 지급하기로 "갑", "을" 및 "병"이 그 뜻과 지급의 방법·절차를 명백히 하여 합의한 경우
2. "을"이 제2항의 규정에 의한 대여대금의 지급을 2회 이상 지체한 경우로서 "갑"이 "병"에게 대여대금의 직접지급을 요청한 경우
3. "을"의 지급정지 · 파산 그 밖에 이와 유사한 사유가 있거나 건설업의 등록 등이 취소되어 "을"이 대여대금을 지급할 수 없게 된 경우로서 "갑"이 "병"에게 하도급대금의 직접지급을 요청한 경우

⑤ 제2항 내지 제4항에서 규정한 사항 이외의 사항에 대해서는 건설산업기본법 제32조 제4항에 따른다.

제6조의2(건설기계 대여대금 지급보증) "을"은 건설산업기본법 시행규칙 제34조의4의 규정에 따라 건설기계 대여계약 금액(분할계약 시 합산)이 200만원을 초과할 경우 "갑"에게 그 대금의 지급을 보증하는 보증서를 주어야 한다.

제7조(전대 및 사용목적 이외의 사용금지) ① "을"은 당해 건설기계를 임대차 목적 외로 사용하거나 타인에게 전대할 수 없다.

② "갑"은 이 계약으로부터 발생하는 권리 또는 의무를 제3자에게 양도하거나 처분할 수 없다. 다만, 상대방의 서면에 의한 승낙을 받았을 때에는 그러하지 아니하다.

제8조("갑"의 권리와 의무) ① "갑"은 건설기계가 정상적으로 가동될 수 있도록 예방정비를 철저히 하여야 한다.

② "갑"은 "을"의 요구가 있는 경우에는 건설기계등록증·보험(공제)가입증명서·건설기계조종사 면허증 등을 제시하여야 한다.

③ "갑"은 건설기계가 관계법령에 의하여 의무적으로 보험[자동차보험(건설기계공제) 또는 산재보험]에 가입하여야 하거나 정기검사 대상 건설기계인 경우에는 그 사실을 증명할 수 있는 증빙서류를 "을"에게 제시하여야 한다.

④ "갑"의 건설기계조종사는 "을"의 현장책임자의 지휘·감독에 따라 작업을 수행한다. 만일, "갑"의 건설기계조종사가 "을"의 현장책임자의 작업지시에 불응하거나 조종미숙, 태만으로 효율적 작업진행에 지장을 초래된다고 인정되어 "을"이 건설기계조종사 교체를 요구할 경우에는 "갑"은 "을"과 협의하여 교체하여야 한다.

제9조("을"의 권리와 의무) ① "을"은 현장내 지하매설물, 지상위험물 등에 대하여 건설기계조종사에게 작업전 충분히 고지하여야 하며, 건설기계가 안전하게 작업을 진행할 수 있도록 하여야 한다.

② "을"은 계약기간 중 "갑"의 건설기계가 정기검사 등에 해당하는 경우에는 "갑"이 그 검사 등을 받을 수 있도록 조치하여야 하며, "갑"은 검사기간이 1일을 초과하는 경우 계약조건과 동일한 장비로 대체하여 작업에 지장이 없도록 조치하여야 한다.

제10조(계약해제 및 해지) ① 당사자 일방이 계약조건을 위반하여 계약의 목적을 달성할 수 없다고 인정되는 경우에는 상대방은 서면으로 상당한 기간을 정하여 이행을 최고하고, 기한 내에 이행하지 아니하는 경우에는 계약을 해제 또는 해지할 수 있다.

② "을"은 "갑"의 건설기계가 5일 이상의 정비를 필요로 하는 경우 "갑"과 합의하여 계약을 해지할 수 있다. 다만, 동일한 건설기계를 대체하였을 경우에는 그러하지 아니한다.

제11조(분쟁의 해결) ① 이 계약서에 별도로 규정된 것을 제외하고는 계약에서 발생하는 문제에 관한 분쟁은 "갑"과 "을"이 쌍방의 합의에 의하여 해결한다.

② 제1항의 합의가 성립하지 못할 때에는 당사자는 건설산업기본법에 의하여 설치된 건설분쟁조정위원회에 조정을 신청하거나 다른 법령에 의하여 설치된 중재기관에 중재를 요청할 수 있다.

제12조(기타) 본 계약서에 명시하지 않은 사항에 대하여는 일반 상관례 및 제반 법률규정에 따라 처리하기로 한다.

제13조(특약사항) 기타 이 계약에서 정하지 아니한 사항에 대하여는 "갑"과 "을"이 합의하여 별도의 특약을 정할 수 있다.

건설산업기본법 제29조제1항에 따른 계획 · 관리 및 조정에 관한 지침

[시행 2015.8.20] [국토교통부훈령 제576호, 2015.8.20, 일부개정]

제1조(목적) 이 지침은 건설산업기본법 제29조제1항 단서에 따른 계획 · 관리 및 조정에 관한 구체적인 내용을 정함으로써 공사 수주 후 일괄하도급을 하는 불법 · 부실 건설업체의 난립을 방지하고 건설공사의 적정한 시공과 건설산업의 건전한 발전을 도모함을 목적으로 한다.

제2조(계획 · 관리 및 조정의 내용) ① 발주자로부터 건설공사를 도급받은 건설업자는 건설공사가 적정하게 시공되고, 완성될 수 있도록 공사현장을 총괄 지휘하는 활동을 지속적으로 수행하여야 한다.

② 건설공사에 관한 계획 · 조정 및 관리란 건설공사의 수행에 있어서 다음 각 호의 활동을 하는 것을 말한다.

1. 공사현장에 현장관리를 위한 사무실을 설치하고 사무용품을 비치하고 있을 것
2. 공사에 투입되는 인력 · 자재 · 장비 · 자금 등의 관리 및 시공관리를 위한 조직체계를 갖추고 있을 것
3. 공사현장의 시공관리 · 품질관리 · 안전관리 등을 위하여 다음 각목에 따른 인력을 현장에 상주 또는 적정히 배치하고 있을 것. 현장관리 인원 및 자격은 관계법령에 따라야 하며, 관계법령이 당해 업체에 고용된 자로 한정하고 있는 경우에는 그에 따른다.
   가. 국가계약법령에 의한 공사인 경우 공사계약 일반조건 등에 의한 공사현장대리인
   나. 건설산업기본법 제40조, 같은법 시행령 제35조 및 같은법 시행규칙 제31조에 따른 건설기술자
   다. 건설기술관리법 제24조 및 같은법 시행규칙 제38조에 따른 품질관리자
   라. 산업안전보건법 제15조, 같은법 시행령 제12조 및 같은법시행규칙 제15조에 따른 안전관리자
   마. 건설공사가 전기 · 정보통신 · 소방공사와 함께 발주된 경우로서 전기 · 정보통신 · 소방공사 수행시에는 전기공사업법 제17조, 정보통신공사업법 제33조, 소방시설공사업법 제12조에 의한 자
4. 공사현장에 대한 각종 민원, 안전사고, 비산먼지 · 소음 · 수질오염 등 환경문제 등을 최소화하기 위한 조사실시 및 대책 수립 · 시행할 것
   가. 공사현장상황을 조사하고, 그 결과에 따라 적정한 대책을 수립 · 시행할 것
   ※ 현장상황조사 예시 : 전력 · 통신간선시설, 급수간선시설, 도시가스 배관, 배수관 및 암거의 규격 · 위치등 지하매설물 및 장애물 상황, 진입도로현황, 육교, 지하통로, 버스정차장 등 지역편의시설, 지반 · 지질상태, 인근하천의 유수상태 등
   ※ 대책수립사항 예시 : 인근가옥 및 가축등의 대책, 지하매설물, 인근도로, 교통시설물

등의 손괴 · 통행지장 대책, 소음, 진동 대책, 낙진, 먼지 대책, 지반침하 대책, 하수로 인한 인근대지, 농작물 피해 대책, 우기중 배수 대책 등

나. 공사현장의 가시설물의 설치계획표를 작성하고, 적정하게 관리할 것

※ 가시설물 예시 : 공사용도로, 가설사무소, 작업장, 창고, 숙소, 식당, 콘크리트 타워 및 리프트 설치, 자재야적장, 공사용전력 · 용수 · 전화, 세륜장 · 폐수방류시설 등의 공해 방지시설 등

5. 공사전체에 관한 시공계획을 갖추고, 공사수행상황에 따라 지속적으로 보완 · 수정하는 활동을 수행할 것. 시공계획에는 다음과 같은 사항이 포함되어야 한다.

가. 현장조직표(하수급인까지 포함) 작성

나. 공사수행을 위한 각종 인허가 및 선임계의 제출, 각종 관리계획 수립 등 공무활동의 총괄수행

다. 공사전체에 관한 공정계획 수립, 세부공정(년, 분기, 월, 주, 일단위)계획 작성, 현장 상황변화에 따른 공정 재검토 및 조정 등 공정관리업무 수행

※ 공정표에는 작업간 선 · 후행, 동시시행 등 공사전후간의 연관성이 명시되어 작성되고, 예정공정율이 적정하게 작성될 것

라. 주요공정의 시공절차 및 시공방법 작성

※ 설계도서, 시방서 보완 필요시 시공상세도(shop drawing) 작성

마. 하도급업체 및 원 · 하수급업체의 노무인력 투입계획 수립

※ 공정계획에 따라 하도급업체 및 노무인력 투입, 지도 · 감독

바. 주요자재 · 설비 및 주요장비 투입계획 수립

※ 건설공사 규모 및 성격, 특성에 맞는 장비형식 및 수량 적정여부

아. 품질관리대책(품질보증계획서 또는 품질시험계획서)

※ 건설기술관리법에 해당규정 반영

자. 안전대책(안전관리계획서)

※ 건설기술관리법 및 산업안전보건법 해당규정 반영

차. 환경대책(환경관리계획서)

※ 건설기술관리법 및 환경관련법령 해당규정 반영

6. 건설산업기본법, 산업안전보건법 등 관계법령에 따른 공사표지 등을 설치하고, 하수급인을 포함한 전체 현장근무인원에 대한 최소 월단위의 교육(견실시공 의식교육, 작업시 유의사항 · 시공기술 및 안전관리 교육 등)을 실시할 것

7. 기성현황에 따른 공사대금수령, 하도급 대금 지급, 자재 대금지급 등 공사현장의 재무관련 사항을 총괄적으로 수행할 것

8. 건설산업기본법에 따른 하도급내용의 통보, 건설공사대장 전자통보를 직접 수행하거나, 업체의 주된 사무소소재지에서 이를 수행하도록 행정지원 업무를 수행할 것

9. 기타 관계법령 또는 지침 등에 따라 공사의 원수급인이 수행하도록 의무화되어 있는 활동을 수행할 것

③ 건설업자는 제2항에 따른 각종 활동을 시공과정에서 지속적으로 수행하여야 하며, 관

계증빙서류 및 발주자, 감리자 등 이해관계인에 의하여 입증되어야 한다.

제3조(재검토기한) 국토교통부장관은 「훈령 · 예규 등의 발령 및 관리에 관한 규정」에 따라 이 지침에 대하여 2016년 1월 1일을 기준으로 매 3년이 되는 시점(매 3년째의 12월 31일까지를 말한다)마다 그 타당성을 검토하여 개선 등의 조치를 하여야 한다.

부칙 <제576호, 2015.8.20>

이 훈령은 발령한 날부터 시행한다.

건설업 등록기준 중 기술능력 중복인정 기준

[시행 2019. 6. 27.] [국토교통부고시 제2019-331호, 2019. 6. 27., 일부개정.]

1. 중복인정 횟수 및 중복인정 업종수

가. 시행령 별표2에 따라 보유하고 있는 업종의 법정 최소 기술능력 중 추가로 등록하려는 업종의 기술능력과 같은 종류·등급인 기술능력이 있는 경우, 건설업자별로 1개 업종에 한해 한번만 중복 인정

나. 동시에 다수 업종을 추가 등록하고자 하는 경우에도 1개 업종에 한해 중복 인정

2. 중복인정이 가능한 기술능력의 수

가. 보유하고 있는 업종의 법정 최소 기술능력 중 추가로 등록하려는 업종의 기술능력과 같은 종류·등급인 기술능력이 있는 경우(2인 이상인 경우도 포함) 1인에 한해 중복인정

나. 다만, 보유하고 있는 업종의 법정 최소 기술능력 중 추가 등록하려는 업종의 기술능력과 같은 종류·등급인 기술능력이 5인 이상인 경우, 최대 2인까지 중복 인정(단, 종합건설업자가 전문건설업종을 추가 신청하는 경우에는 1인에 한해 중복인정하되, 철도·궤도공사업, 철강재설치공사업 및 준설공사업을 추가 신청하는 경우에는 그러하지 아니함)

3. 건설업자가 아닌 자가 둘 이상의 업종을 동시에 신청하는 경우에도 상기 적용기준을 준용하여 적용한다.

4. 행정사항

가. <삭제>

나. 재검토 기한

국토교통부장관은 「훈령·예규 등의 발령 및 관리에 관한 규정」에 따라 이 고시에 대하여 2019년 7월 1일을 기준으로 매 3년이 되는 시점(매 3년째의 6월 30일까지를 말한다)마다 그 타당성을 검토하여 개선 등의 조치를 하여야 한다.

부칙 <제2019-331호, 2019. 6. 27.>

이 고시는 발령한 날부터 시행한다.

건설업 시공능력 수시평가 · 공시에 관한 지침

[시행 2024. 6. 20.] [국토교통부예규 제402호, 2024. 6. 20., 일부개정.]

제1조(목적) 이 예규는 「건설산업기본법」 제23조 및 동법 시행규칙 제23조에 따른 건설업 시공능력 수시평가 및 공시에 관한 구체적인 사항을 정함을 목적으로 한다.

제2조(수시평가 대상) 「건설산업기본법 시행규칙」 제23조제4항에 따라 시공능력을 새로이 평가할 수 있거나, 건설산업기본법령에 따라 정기평가 신청이 불가능한 경우로서 다음 각 호의 어느 하나에 해당하는 경우에는 수시평가· 공시를 할 수 있다.

1. 「건설산업기본법」 제17조에 따른 상속인 경우
2. 「건설산업기본법 시행규칙」 제18조제6항 각 호의 어느 하나의 규정에 따른 양도의 경우
3. 합병의 경우
4. 「건설산업기본법」 제9조에 따른 건설업 등록의 경우
5. 파산자로서 복권된 경우
6. 건설업 등록말소 처분이 취소되거나 집행정지 결정된 경우

제3조(수시평가 공시일 및 적용기간 등) ① 수시평가 공시일은 수시평가 신청을 받은 날부터 7일내로 한다.

② 수시평가 적용기간은 수시평가 공시일부터 다음 정기평가 공시일 전까지로 한다.

③ 1월 1일부터 7월31일 기간중 수시평가를 신청하는 경우에는 다음 정기평가에 관한 제반 구비서류를 함께 제출하도록 하여, 다음 정기평가· 공시에 사용토록 한다.

제4조(구비서류) 「건설산업기본법 시행규칙」 제22조 및 제23조에 따른 제반 구비서류와 제2조에 따른 수시평가 대상이 됨을 증빙하는 서류를 함께 제출하여야 한다.

제5조(유효기간) 이 예규는「훈령 · 예규 등의 발령 및 관리에 관한 규정」(대통령훈령 제431호)에 따라 이 예규를 발령한 후의 법령이나 현실 여건의 변화 등을 검토하여야 하는 2027년 7월 31일까지 효력을 가진다.

부칙 <제402호, 2024. 6. 20.>

이 예규는 발령한 날부터 시행한다.

건설업 관리규정

[시행 2025. 5. 2.] [국토교통부예규 제420호, 2025. 5. 2., 일부개정.]

제1장 목적

이 규정은 「건설산업기본법」, 같은 법 시행령 및 같은 법 시행규칙에서 정하는 바에 따라 건설업을 관리함에 있어서 공정성과 효율성을 도모하기 위하여 필요한 기준을 정함을 목적으로 한다.

제2장 건설업의 등록

1. 처리기관

가. 종합공사를 시공하는 업종의 등록은 「건설산업기본법 시행령」(이하 "영"이라 한다) 제87조제1항제1호 각 목의 업무를 위탁받은 기관(이하 "대한건설협회"라 하며, 그 시·도회를 포함한다)이 접수하여 심사하고, 시·도지사(신청인인 법인 또는 개인의 주된 영업소 소재지를 관할하는 시·도지사를 말한다. 이하 같다)가 처리한다.

나. 전문공사를 시공하는 업종 및 주력분야의 등록은 신청인(법인 또는 개인)의 주된 영업소 소재지를 관할하는 시·도지사 또는 시장·군수·구청장(이하 "시·도지사 등"이라 한다)가 처리한다.

다. 시·도지사 등은 전문공사를 시공하는 업종 및 주력분야 신청인의 등록처리를 위하여 건설산업정보센터에 해당 등록기준(기술능력, 자본금, 보증가능금액확인서) 충족여부 확인을 요청할 수 있다.

2. 동일 업종의 중복보유 제한

법인(개인)은 동일한 종류의 건설업종을 2개 이상 보유할 수 없으며, 양도·합병·상속 등의 사유로 동일한 종류의 건설업종을 2개 이상 보유한 경우에는 지체없이 폐업·등록말소 처리하여야 한다. 이 경우 토목공사업이나 건축공사업은 토목건축공사업과 동일한 종류의 건설업종으로 본다.

3. 건설업등록기준의 적격여부 확인

가. 기술능력

(1) 한국건설기술인협회의 업체별 건설기술자 자료와 기술자자격증 사본, 업체로부터 제출받은 고용보험 가입증명(사업장별 피보험자격 취득자 목록 및 피보험자격 이력 내역서 등을 말하며, 「고용보험법」 제10조에 따른 적용제외 근로자인 경우에는 국민연금보험, 국민건강보험 또는 산업재해보상보험 가입증명 중의 어느 하나로 갈음할 수 있다) 등을 상호대조·확인하여 처리한다.

(2) 기술능력기준을 확인함에 있어서 필요한 때에는 건설기술자 개인별 경력사항, 고용계약서 사본 등 사실 확인을 위한 자료를 추가로 제출받아 실제 근무 여부를 확인할 수 있다.

(3) 영 별표 2 비고 제1호 가목에서 "상시 근무에 지장이 없는 경우"라 함은, 기술인력에 해당하는 사람이 해당 건설업 사업장에서 「근로기준법」 제2조제1항제9호에 따른 단시간근로자에 해당되지 않고, 「근로기준법」 제2조제1항제8호에 따른 소정(所定)근로시간 동안에는 다른 사업을 영위하지 않는 경우를 말한다.

나. 자본금

(1) 재무관리상태진단보고서를 제출받지 않는 경우에는 다음 각목에 따라 처리한다.

(가) 신설법인(법인설립등기일부터 건설업 등록신청 접수일까지 90일이 경과되지 아니하고 별도의 영업실적이 없는 법인을 말하며, 이하 같다)이 아닌 경우에는 다음 각 호의 어느 하나에 해당하는 재무제표로 확인

① 「주식회사의 외부감사에 관한 법률」(이하 "외감법"이라 한다) 제2조에 따라 외부감사를 받은 재무제표

② 「법인세법」 및 「소득세법」에 따라 관할 세무서장에게 제출한 정기 연차결산일 기준 재무제표(세무대리인이 확인한 것을 말한다)

③ 위의 각 경우에 대하여 별지2 건설업체 기업진단지침에 따라 재무제표를 검토, 자본금기준의 적격여부를 확인하여야 한다.

④ 건설공제조합 등 보증가능금액확인서 발급기관으로부터 대출·융자 받은 금액이나 금융기관으로부터 대출받은 금액이 부채에 포함되지 않은 경우에는 이를 부채총계에 가산하며, 이 경우 필요한 때에는 신용정보조회서 또는 금융거래확인서 등 증빙자료의 제출을 요구할 수 있다.

(나) 신설법인의 경우에는 재무상태표와 자산증빙 서류로 확인하고 등록신청자가 제출한 재무상태표상의 자산 및 부채항목을 종합적으로 고려하되, 자산항목 입증을 위해 등록신청자(법인인 경우 대표이사 및 이사 명의의 자산은 불인정) 명의로 된 다음의 서류를 확인한다.

① 보증가능금액확인서 발급을 위한 예치금

② 30일 이상의 은행평균잔고증명서

③ 사무실 임차시 임차보증금이 있음을 증명하는 서류

④ 공사용 장비를 구입한 경우에는 장비구입영수증

⑤ 그 밖에 등록신청자 명의의 재산보유를 증명하는 서류

(다) 등록신청서를 접수받아 심사하는 기관은 (가)목 및 (나)목의 경우 외에도 별지2의 규정에 의한 재무관리상태진단보고서 제출없이 자본금기준 적격여부를 확인할 수 있는 경우에 대한 세부기준을 정하여 운영할 수 있다.

(2) 별지2에 따른 재무관리상태진단보고서를 제출받아 자본금기준의 적격여부를 확인한 경우에는 다음에 따라 처리한다.

(가) 등록신청서를 접수받아 심사하는 기관은 매월 10일까지 별지6에 따라 지난달의 진단자 현황을 국토교통부장관에게 보고하여야 한다.

(나) 재무관리상태진단보고서의 내용에 부실자산이나 겸업자산이 포함되어 있는 것을 확인하였거나 의심이 되는 경우에는 진단자에게 진단조서 및 별지2 건설업체 기업진단지침 제7조에 따른 증빙자료의 제출을 통한 소명을 요구하여 적정성 여부를 확인하여야 한다.

(다) (나)에 따른 소명자료의 확인결과, 별지2 건설업체 기업진단지침 제11조제1항 각 호의 어느 하나에 해당하는 경우에는 「공인회계사법」에 따른 한국공인회계사회 기업진단감리위원회 등에 재무관리상태진단보고서의 감리를 요청하는 등 필요한 조치를 하여야 한다.

(3) 재무상태표나 재무관리상태진단보고서상의 자산계정에 예금 등의 금융상품이 있을 때에는 (1)(나)와 (2)에도 불구하고 건설업등록신청을 심사하는 시점까지 그 금액의 계속 보유(경상적인 경영활동에 의한 인출은 제외한다) 여부를 확인하여야 하고, 자본금기준에 미달하는 때에는 건설업등록기준의 부적격으로 처리하여야 한다.

다. 보증가능금액확인서

(1) 영 제13조제1항제1호의2에 따른 보증가능금액확인서 발급기관으로서 「건설산업기본법」(이하 "법"이라 한다) 제54조에 따라 설립된 "건설공제조합", "전문건설공제조합", "대한설비건설공제조합" 및 「보험업법」 제4조에 따라 설립된 "서울보증보험주식회사"를 지정한다.

(2) 법 제17조에 따른 업무처리시 다음 각 호의 경우에는 피상속인·피합병법인·양도인의 보증가능금액확인서를 상속인·합병법인·양수인에 해당하는 것으로 볼 수 있다.

(가) 상속으로 인한 건설업 등록의 이전

(나) 합병으로 인한 건설업 등록의 이전

(다) 건설업의 양도가 양도인의 건설업에 관한 자산과 권리·의무의 전부를 포괄적으로 양도하는 경우로서 건설산업기본법 시행규칙(이하 "규칙"이라 한다) 제18조제6항 각 호의 어느 하나에 해당하는 경우

(3) 보증가능금액확인서 발급기관은 보증가능금액확인서를 발급하고 난 후 해당 업종의 관할 등록기관에 보증가능금액확인서 발급내용(발급일 기준)을 통보(건설산업종합정보망을 이용한 통보를 포함한다)하여야 한다.

(4) 보증가능금액확인서의 제출방법으로는 개별제출 및 발급기관의 통보(건설산업종합정보망을 이용한 통보를 포함한다) 모두 인정한다.

(5) 보증가능금액확인서 발급을 위해 예치되는 현금에 해당하는 출자증권에 대해서는 영 제13조제1항제1호의2 다목에 따른 확인서 발급기관이 확인서 기재금액에 해당하는 보증의무를 부담하게 되므로 보증가능금액확인서 발급기관은 출자증권을 교부하지 않도록 한다.

라. 시설·장비 중 사무실

(1) 사무실의 위치 : 건설업을 등록하려는 시·도(종합건설업의 경우) 또는 시·군·구(전문건설업의 경우) 안에 위치한 사무실을 갖추어야 한다.

(2) 사무실의 범위

(가) 건설업을 등록하려는 자에게 사무실에 대한 소유권 또는 사용권이 있어야한다.

(나) 건물의 형태, 입지 및 주위여건 등 제반 상황 등을 고려하여 건설업 영위를 위한 상시 사무실로 이용이 가능한 것으로 확인되는 경우라면 사무실로 인정한다. 다만, 건축법 시행령 [별표 1]의 1호(단독주택)와 2호(공동주택), 21호(동물 및 식물 관련 시설) 등 상시적으로 사무실로 이용하기 부적합한 건물은 건축물대장 등을 통하여 용도변경을 한 사실이 객관적으로 인정되는 경우에 한하여 사무실로 인정한다.

(다) 다른 건설사업자 등의 사무실과 명확히 구분되어야 하며, 건설업 영위를 위해 필요한 책상 등 사무설비와 통신설비의 설치 및 사무인력이 상시 근무하기에 적합한 정도의 공간이어야 한다.

(3) 사무실 기준의 적격 여부 확인 방법

(가) 사무실 기준의 적격여부는 해당 사무실의 소재지를 방문하여 확인해야 한다. 다만, 제출받은 서류의 심사결과와 사무실의 주소·전화번호·팩스번호 등의 확인 등 사정을 고려하여 방문 확인이 필요하지 않다고 판단되는 경우에는 이를 생략할 수 있다.

(나) 건물소유자가 건물등기를 하지 않은 경우 등 불가피한 사정으로 임차인이 건물등기부등본을 제출할 수 없는 경우에는 「건축법」 제38조에 따른 건축물대장상의 소유자가 실제소유자임이 확인되는 경우(재산세 납세증명서 확인 등)에 한하여 건물등기부등본을 대신하여 건축물대장을 제출할 수 있다.

마. 그 밖의 시설·장비

각종 공부(건물등기부등본, 건축물대장, 등록증, 등기필증)와 임대차계약서를 상호 대조하여 확인한다.

바. 다른 법률에 따른 등록업종 등을 보유하는 경우

(1) 자본금기준 등 건설업 등록기준의 적격여부를 검토할 때에는 건설업종 중복보유 및 주택건설업, 전기공사업, 정보통신공사업, 소방시설공사업 등 다른 법률에 따른 자본금기준 등 등록기준이 있는 업종을 함께 보유하고 있는지 확인하고, 이를 고려하여 적격여부를 판단하여야 한다.

※ 2004. 9. 17 개정된 「주택법」 시행령 제14조 제4항에 따라 「건설산업기본법」 제9조에 따른 종합공사를 시공하는 건설업종을 등록한 건설사업자(토목건축공사업 또는 건축공사업에 한함)와 주택건설사업자(또는 대지조성사업자)에 대하여는 상호 중복인정이 가능한 자본금·기술인력 및 사무실 면적은 중복 인정함

(2) (1)에 따라 확인한 결과, 다른 법률에 따른 등록업종별로 각각의 등록기준을 모두 충족하지 아니한 때에는 건설업등록기준을 부적격한 것으로 처리하되, 해당 신청인이 보유한 등록업종의 등록기준을 모두 충족시키는 조치를 취한 경우에는 적격으로 처리한다.

사. <삭제>

아. 건설업등록기준의 중복 인정에 관한 특례 적용기준

영 제16조 및 「건설업등록기준 중 기술능력 중복인정 기준」에 따라 건설업 등록기준 중 자본금과 기술능력의 중복 인정은 다음과 같이 적용한다. 다만, 건설업자가 가스난방공사업(가스시설공사 제2종 및 제3종 또는 난방공사 제2종 및 제3종에 한정한다)의 등록을 추가로 신청하는 경우에는 기술능력에 해당하는 자 중 공동으로 활용할 수 있는 기술인력은 이미 갖춘 것으로 본다.

(1) 추가 등록하려는 업종이 다수인 경우에는 그 중 법정 "최저 자본금기준"이 가장 큰 업종의 "최저 자본금기준"의 2분의 1까지에 해당하는 자본금을 이미 갖춘 것으로 본다.

(2) 영 제16조제1항의 "1개 업종에 한정하여"란 특례 적용시점에서 특례적용이 되는 업종을 1개에 한정함을 의미하는 것으로써, 그 동안의 적용횟수와 관계없이 적용되고, 자본금과 기술능력에 대한 각각 한번의 횟수를 말하며, 둘 이상의 업종을 동시에 추가 등록하는 경우에는 자본금의 인정 업종과 기술능력의 인정 업종을 각기 달리 선택하여 특례 인정을 받을 수 있다.

(3) <삭제>

(4) <삭제>

(5) 1개 업종을 보유한 자가 추가 등록을 통해 특례 인정을 받은 후 기존 업종을 폐업하는 경우에는 추가 등록한 업종이 건설업등록기준에 충족하도록 보완하여야 한다.

(6) 2개 이상의 업종을 보유한 자가 추가 등록을 통해 특례인정을 받은 후 기존 업종을 폐업하는 경우에는 폐업하는 업종의 등록기준 등에 따라 자본금 및 기술능력의 보완 여부를 판단하여야 한다.

(7) 영 제16조제1항제2호의 기술능력에서 "같은 종류·등급으로서 공동 활용할 수 있는 경우" 중 "같은 종류"란 같은 직무분야(기계, 토목, 건축 등)를 말하며, "같은 등급"이란 직무수행능력의 수준에 따른 「건설기술진흥법」에 따른 건설기술자의 단계(초급, 중급, 고급, 특급), 「국가기술자격법」에 따른 국가기술자격의 단계(기술사, 기능장, 기사 등)를 말한다.

(8) 영 제16조제1항제2호의 "공동 활용할 수 있는 경우"란 기존 보유업종의 "최소 기술능력"에 따라 실제 보유한 기술능력을 확인하여 추가 등록하려는 업종의 "최소 기술능력"으로 공동 활용할 수 있는 경우를 말한다.

(9) 보유하고 있는 업종의 "최소 기술능력"이 추가 등록하려는 업종의 기술능력과 같은 종류·등급으로서 공동으로 활용할 수 있는 "최소 기술능력"이 5인 이상인 경우에는 기술능력을 2인까지 중복 인정한다.

(10) 추가 등록시 공동으로 활용할 수 있는 기술능력이 없어 기술능력을 인정받지 못한 경우에는 이후 다른 업종을 추가 등록할 때 기술능력의 중복 인정을 받을 수 있다.

(11) 건설사업자가 영 제16조제6항에 따라 등록기준 특례 적용을 받고자 하는 경우 종합공사를 시공하는 업종의 경우에는 대한건설협회에서 접수를 받아 시·도지사 등이 처리하고, 전문공사를 시공하는 업종의 경우에는 시·도지사(시장·군수·구청장) 등이 처리한다. 이 경우 대한건설협회가 특례 적용 신청을 받은 때에는 별지2의8 서식에 따라 시·도지사에게 그 확인결과를 지체없이 통보하여야 하며, 시·도지사 등은 특례 적용을 처리한 날 또는 처리결과를 통보받은 날부터 3일 이내에 건설행정정보시스템에 입력하고 이를 공고하여야 한다.

자. 전문건설업종 통합에 따른 중복인정에 관한 특례 적용기준

영 제16조제5항에 따라 전문건설업종 내 기술능력의 중복 인정은 다음과 같이 적용한다. 다만, 가스난방공사업을 등록한 자가 주력분야[난방공사(제1종)은 제외한다]를 추가로 등록하거나 가스난방공사업을 등록하려는 자가 둘 이상의 주력분야[난방공사(제1종)은 제외한다]를 등록하려는 경우에는 기술능력에 해당하는 자 중 공동으로 활용할 수 있는 기술인력은 이미 갖춘 것으로 본다.

(1) 같은 업종의 주력분야를 추가로 등록하거나 전문공사를 시공하는 업종을 등록하려는 자가 둘 이상의 주력분야를 등록하려는 경우에는 기술능력이 같은 종류·등급으로서 공동으로 활용할 수 있는 기술인력 중 1명은 주력분야별로 이미 갖춘 것으로 본다.

(예)

- 통합된 도장·습식·방수·석공사업자가 도장공사를 주력분야로 등록한 후 추가로 습식·방수공사를 주력분야로 등록하려는 경우 기술인력 1명은 중복특례 적용 가능
- 통합된 금속창호·지붕건축물조립공사업을 등록하면서 금속구조물·창호·온실공사와 지붕판금·건축물조립 공사를 주력분야로 동시에 등록하려는 경우 하나의 주력분야에는 기술인력 1명은 중복특례 적용 가능

(2) 전문건설업종간 통합으로 인해 종전에 인정받았던 자본금 및 기술능력 중복특례가 소멸된 경우, 다른 1개 업종에 대하여 시행령 제16조제1항의 등록기준 특례를 신청할 수 있다.(시행령 제16조제2항 및 제16조제6항에 따라 적용받은 등록기준 특례가 소멸된 경우에도 또한 같다.)

(예)

- 업종통합 전 토공사업을 등록하고 포장공사업에 기술인력 중복특례를 받은 경우, 지반조성·포장공사업으로 통합 후 포장공사업의 중복특례는 소멸되고, 상·하수도설비공사업을 추가로 등록하려는 경우 업종간 기술인력 중복특례 적용 가능

(3) 대통령령 제31328호 부칙 제7조제2항에 따라 동 시행령 시행 전에 종전의 규정에 따라 전문공사를 시공하는 업종을 등록한 자가 종전에 등록한 전문공사를 시공하는 업종의 업무내용에 해당하는 업무분야를 제7조의2의 개정규정에 따른 주력분야를 등록한 것으로 인정받은 경우 제16조제5항의 주력분야 등록기준의 특례를 적용할 수 있다.

(예)

- 업종 통합 전 금속구조물·창호·온실공사업, 지붕판금·건축물조립공사업을 중복특례 적용없이 보유한 건설사업자가 통합된 금속창호·지붕건축물조립공사업으로 전환된 경우, 하나의 주력분야에는 기술인력 중복특례 적용 가능

차. 시행령 별표 2 비고 제3호 다목 규정과 시행령 제16조제1항제1호에 따른 자본금 등록기준의 중복 특례는 한 개의 업종에 중복하여 적용할 수 없다.

(예) 실내건축공사업 관련 기능장 보유 시

- (적용가능) 기능장 보유 실내건축공사업 0.75억 + 신규등록 중복특례 적용 철근콘크리트공사업 0.75억
- (적용불가) 구조물해체·비계공사업 1.5억 + 실내건축공사업 0억(기능장 보유+중복특례 적용)

4. 종합공사를 시공하는 업종의 심사결과 통보 등

가. 대한건설협회가 건설업 등록신청서를 접수받아 심사한 때에는 규칙 제4조제2항에 따라 심사결과를 시·도지사에게 통보하여야 한다.

나. 위의 통보는 당해 건설업 등록신청이 법정처리기간 내에 최종 처리될 수 있도록 법정처리기간의 3분의 2에 해당하는 기간내에 통보하는 것을 원칙으로 한다.

다. 건설업 등록신청 서류는 대한건설협회가 보관하며 중요서류는 10년간, 그 밖의 서류는 3년간 보관한다.

라. 심사결과의 통보방법은 FAX, E-Mail 등 대한건설협회와 관할 시·도지사간 협의하여 정하는 방법에 따른다.

마. 시·도지사는 건설업등록신청을 수리한 때에는 그 내용을 당해 신청인 및 대한건설협회에 통보하여야 한다.

제3장 건설업등록기준에 관한 사항의 주기적 신고 <삭제>

제4장 건설업등록증·등록수첩의 기재사항 변경

1. 처리기관

종합공사를 시공하는 업종의 경우에는 대한건설협회, 전문공사를 시공하는 업종의 경우에는 시·도지사 등으로한다.

2. 처리방법

가. 처리기관은 기재사항변경신청서 접수시 제출받은 서류 및 건설산업종합정보망 등을 통하여 관련내용(법 제13조제1항 각 호의 건설업등록 결격사유를 포함한다)을 확인하고, 건설업등록증 등을 변경 기재하여 신청자에게 교부한다.

나. 신청인의 주된 영업소 소재지 변경으로 처리기관이 달라지는 경우의 처리기관은 변경 후 주된 영업소 소재지를 관할하는 대한건설협회 또는 시·도지사 등으로 한다. 다만, 30일 이내에 2회 이상 변경사항이 발생하여 관할 처리기관이 달라지는 경우에는 최종 변경 후 소재지 관할기관에 일괄하여 신청할 수 있다.

다. 나목의 경우 변경후 주된 영업소 소재지를 관할하는 처리기관은 법 제49조 및 제91조제3항제9호에 따라 필요시 사무실 구비여부 등에 대한 실제 확인을 할 수 있다.

라. <삭제>

3. 종합공사를 시공하는 업종의 처리결과 통보 등
   가. 대한건설협회가 건설업등록증 및 등록수첩 기재사항변경신청을 처리한 때에는 별지2의3서식에 따라 시・도지사에게 그 처리결과를 지체없이 통보하여야 한다.
   나. 서류보관 및 결과통보방법은 제2장제4항 다목 및 라목을 준용한다. 다만, 기재사항변경신청 서류의 보관기간은 3년으로 한다.

제4장의2 건설업양도, 법인합병 및 상속

1. 처리기관
   제2장제1항에 따른 기관으로 한다.

2. 처리방법
   가. 건설업의 양도 또는 합병신고서를 접수받아 심사하는 기관은 양도인 또는 피합병법인이 법 제49조 및 제91조제3항제9호에 따른 건설업등록기준에 적합한지 여부를 확인할 수 있으며, 심사기준은 [별지 7]의 건설업 실태조사규정을 준용한다. 이 경우 확인대상 기간은 최초의 건설업 등록일(최초결산일이 미도래한 경우), 직전 정기연차 결산일부터 양도양수계약일 또는 합병계약일이 속하는 달의 직전월 말일까지로 한다
   나. 법 제17조제1항에 따른 건설업의 양도 또는 합병에 의하여 해당 건설업종의 주된 영업소 소재지가 변경되는 경우의 업무처리는 다음의 각 목에 따른다. 이 경우 법 제17조제3항에 따른 상속의 경우도 이를 준용한다.
   (1) 처리기관은 양도인, 피합병법인, 피상속인을 관할하는 대한건설협회 또는 시・도지사 등으로 한다.
   (2) 처리기관은 신고수리를 한 경우 건설업등록증 및 등록수첩의 기재사항을 변경기재하고, 관련서류일체를 양도 또는 합병후 존속하는 법인을 관할하는 기관에 이송하여야 한다. 이 경우 이송받은 기관은 필요시 법 제49조 및 제91조제3항제9호에 따라 등록기준 적격여부의 확인을 할 수 있다.

3. 종합공사를 시공하는 업종의 심사결과 통보 등
   가. 심사결과의 통보는 제2장제4항에 준하여 처리하며, 심사결과의 통보서식은 각각 별지2의4, 별지2의5 및 별지2의6에 따른다.
   나. 대한건설협회가 건설업양도신고서를 접수한 때에는 규칙 제18조제6항에 따라 양도인의 건설업 영위기간이 합산되는 경우에 해당하는지 여부를 확인하여 시・도지사에게 통보하여야 한다.

4. <삭제>

5. 시정명령, 영업정지 등이 예상되는 경우 처리방법
   법 제81조부터 제83조까지의 규정에 따른 시정명령, 영업정지, 등록말소 등이 객관적으로 명백히 예상되는 경우이나, 동 행정처분을 하기 전에 건설업체가 양도신고, 합병신고를 하는 경우에는 아래와 같이 처리한다.
   가. 건설업 양도
   (1) 건설업 양도신고 수리전에 사실 확인 및 청문 등 처분절차를 조속히 이행하고, 처분여부 결정 후 처리

(2) 양도신고를 하고자 하는 업체가 (1)의 절차에 따라 영업정지를 받는 경우에는 법 제20조에 따라 처리

(3) 양도신고를 하고자 하는 업체가 (1)항의 절차에 따라 시정명령을 받는 경우에 동 시정명령기간 중에는 양도수리 불가

(4) 영업기간 및 실적 등이 승계되는 규칙 제18조제6항 각 호의 경우는 양수인이 양도인의 지위를 포괄적으로 승계하므로 먼저 양도신고 수리 후 양수인에 대해서 처분 가능

나. 건설업 합병

합병의 경우 존속법인이 소멸법인의 권리의무를 포괄적으로 승계하므로 먼저 합병신고 수리 후 존속법인에 대해 처분 가능

제5장 전문건설업종의 통합에 따른 등록번호와 등록일자 기준

대통령령 제31328호 부칙 제7조에 따라 시행령 시행 전에 종전의 규정에 따라 전문공사를 시공하는 업종(이하 "종전 업종"으로 한다.)을 등록한 자가 개정된 별표1의 업종(이하 "통합 업종"으로 한다.)으로 전환되고 종전에 등록한 전문공사를 시공하는 업종의 업무내용에 해당하는 업무분야를 영 제7조의2의 개정규정에 따른 주력분야를 등록한 경우 등록번호와 등록일자의 부여기준은 다음과 같다.

가. 통합 업종의 등록번호와 등록일자는 종전 업종의 등록번호와 등록일자로 한다. 다만, 2개 이상의 업종이 하나의 업종으로 통합된 경우에는 가장 먼저 등록된 업종의 등록번호와 등록일자로 하고 등록일자가 같은 2개 이상의 업종이 하나의 업종으로 통합된 경우에는 대통령령 제31328호 시행전의 별표1의 연번이 빠른 업종의 등록번호를 부여한다.

나. 종전 업종으로부터 등록된 주력분야의 등록일자는 종전업종의 등록일자로 한다.

다. 종전 업종으로 등록된 주력분야의 등록사항을 말소하고 동일한 주력분야를 새로 등록한 경우에는 새로 등록한 날을 등록일자로 한다.

제6장 건설업 폐업신고 및 재등록

1. 처리기관

처리기관은 신청인(법인 또는 개인)의 주된 영업소 소재지를 관할하는 시・도지사 등으로 한다.

2. 건설사업자가 폐업신고시 시・도지사 등은 규칙 별지 제16호의2 서식에 따라 처리하고 폐업신고를 수리한 날부터 3일 이내에 건설행정정보시스템에 입력하고 이를 공고하여야 한다.

3. 법 제81조부터 제83조까지의 규정에 따른 시정명령, 영업정지, 등록말소 등이 객관적으로 명백히 예상되는 경우이나, 동 행정처분을 하기 전에 건설업체가 건설업을 폐업신고하는 경우의 처리방법은 아래와 같다.

가. 폐업수리조치 전에 위법행위에 대한 사실 확인 및 청문 등 처분절차를 조속히 이행하고, 처분여부 결정후 처리

나. 폐업신고하고자 하는 건설사업자가 "가"항의 절차에 따라 영업정지를 받은 경우에는 영업정지기간 중이라도 폐업신고 및 등록말소가 가능함

다. 폐업신고하고자 하는 건설사업자가 "가"항의 절차에 따라 시정명령을 받는 경우에, 동 시정명령기간 중에는 폐업신고 불가(시정명령에 불응하는 경우 영업정지처분으로 이어지므로 영업정지처분을 받은 이후에 폐업가능)

4. 법 제20조의2에 따른 폐업신고에 의하여 건설업의 등록이 말소된 자가 6월 이내에 법 제9조에 따라 다시 건설사업자로 등록한 경우 실무처리방법은 아래와 같다.
   가. 종전 건설사업자의 지위승계가 인정되는 6월 이내 건설업등록 여부의 판단기준일은 폐업으로 인한 등록말소일부터 재등록 신청일까지가 6월 이내인 경우로 한다.

예) '06.6.1 등록말소 → '06.11.30 재등록 신청 ⇒ 지위승계 인정
'06.6.1 등록말소 → '06.12.1 재등록 신청 ⇒ 지위승계 불인정

   나. 폐업신고로 인하여 등록말소된 법인과 다시 건설업을 등록하는 법인간의 동일성의 판단은 상호, 대표자 및 소재지 등이 변경되는 경우라도 법인등록번호가 동일(등록말소기간 동안 기업의 분할·합병·상속된 경우를 포함한다)한 경우 종전과 동일한 법인으로 인정
   다. 등록절차 및 건설업 등록번호 부여 기준
   건설업을 다시 등록하는 경우에는 신규등록절차에 따라 처리하되, 건설업 등록공고시 법 제85조의2의 규정에의하여 종전 건설사업자의 지위를 승계함을 함께 표시하여야 하며, 기 보유했던 건설업종의 등록번호와 관계없이 폐업신고후 재등록하는 건설사업자의 업종번호는 신규로 부여함
   라. <삭제>
   마. 영업정지 기간의 산정
   영업정지 기간 중 폐업신고에 의해 건설업등록이 말소된 경우에는 지정정보통신망에 의한 건설업등록 말소일부터 영업정지 기간의 기산은 일시 중지되고 6월 이내에 다시 등록하는 경우에는 폐업신고 전의 영업정지 처분 효력이 승계되어 건설업 재등록일부터 잔여 영업정지 기간의 기산일이 개시되어 계속 진행되는 것으로 봄. 이 경우 건설업등록 공고시 잔여 영업정지기간을 함께 표시하여야 함

(예) 영업정지 처분 3월(2006. 6. 10~2006. 9. 9)을 받은 경우
- 폐업신고로 인한 등록말소일 : 2006. 7. 10 (영업정지기간 일시 중지됨)
- 건설업 재등록일 : 2006. 8. 10 (영업정지 기간 개시)
- 따라서 영업정지 기간(3월)은 2006. 10. 9 만료한 것으로 봄

5. 대통령령 제31328호 시행 이전에 전문건설업종을 폐업한 자가 해당 규정 시행 이후에 재등록시 업무 처리 방법은 다음과 같다.

(예1) 토공사업을 폐업한자가 재등록할 경우에는 통합된 지반조성·포장공사업으로 재등록
(예2) 습식·방수공사업을 폐업한자가 재등록할 경우에는 통합된 도장·습식방수·석공사업으로 재등록

제7장 건설행정정보시스템(CIS)

1. 영 제10조에 따라 건설업등록관청이 건설업 및 주력분야의 등록, 건설업등록증·등록수첩의 기재사항변경, 건설업양도, 합병, 상속, 시정명령, 영업정지, 과징금부과, 등록말소, 과태료 부과, 주력분야의 등록사항 말소 등의 조치를 한 경우에는 3일 이내에 이를 건설행정정보시스템(Construction administration Information System : con.kiscon.net)에 입력하여야 한다.

2. 영 제87조제1항제6호에 따라 대한건설협회 등이 건설업등록기준 적합여부에 대한 실태조사를 실시한 경우에는 등록기준 위반 협의업체를 별지 2의7 서식에 따라 건설산업종합정보망(KISCON)을 관리하는 기관 및 건설업 등록관청에 통보하여야 한다. 이 경우 건설산업종합정보망(KISCON)을 관리하는 기관은 등록기준 위반 협의업체를 건설행정정보시스템(CIS)에 입력하여야 하며 건설업 등록관청은 등록기준 위반 협의업체에 대한 처분결과(무혐의 처리 등을 포함한다), 청문을 실시한 경우 청문일자 및 청문내용을 건설행정정보시스템(CIS)에 입력하여야 한다.

3. 규칙 제36조의3에 따라 건설산업종합정보망(KISCON)에 건설업 등록말소 등의 공고시 공고기간은 다음과 같다.
   가. 등록말소 : 등록말소일부터 5년
   나. 영업정지 : 영업정지종료일부터 3년(소송 등으로 영업정지기간이 재산정된 경우, 재산정된 영업정지종료일 기준)
   다. 과징금, 과태료 및 시정명령 : 행정처분일부터 3년

제8장 법 위반자에 대한 제재기준

1. 영업정지 또는 과태료 등 중복 제재 금지
   가. 법 제82조·제83조·제99조·제100조에 따른 영업정지, 과태료 등 제재처분은 위반행위별로 하여야 하며, 이미 처분한 동일한 위반행위에 대하여 다시 처분하여서는 아니된다.
   나. <삭제>
   다. 2개 이상의 건설업종을 보유한 건설사업자에 대해 영업정지 등 제재처분을 하는 때에는 위반행위별로 해당 업종에 한하여 처분하며, 건설업등록기준이 일부 업종만 미달한 경우로서 등록기준 미달 업종을 선택할 수 있으면 청문과정에서 해당 업체의 의견을 들어 처리하여야 한다. 이 경우 업종을 선택한 결과 제재처분을 받을 업종이 다른 등록관청의 소관에 속하는 때에는 그 사실을 지체없이 해당 등록관청에 통보하여야 한다.

2. 영업정지 또는 과징금부과 결정기준
   가. 위반행위의 정도, 동기 및 그 결과, 건설사업자의 재무 상황 및 처분에 대한 의견 등을 종합적으로 고려해 법 제82조에 따른 영업정지처분을 하거나 과징금 부과처분을 해야 한다. 다만, 위반행위에 대하여 과징금 부과처분을 받은 날부터 3년 이내에 다시 같은 위반행위를 하였거나 부과받은 과징금을 내지 않은 상태에서 법 제82조에 따른 영업정지처분 또는 과징금 부과처분의 대상이 되는 위반행위를 한 경우에는 영업정지처분을 해야 한다.
   나. 영 별표6 2. 개별기준 나목 중 비고란의 직선보간법 적용례는 별지3에 의한다.
   다. 법 제83조제3의2호의 경우 시·도지사 등은 영업정지처분 종료일까지 등록기준 미달사항의 보완 여부를 확인하여야 하며, 보완자료(건설업등록기준 중 자본금은 영업정지처분 종료일을 기준일로 한 재무관리상태진단보고서)를 영업정지처분 종료일부터 30일 이내에 제출받아 확인하여야 한다. 다만, 건설산업기본법 시행령 별표6 1.마.1)가) "시정을 완료한 경우로서 정상을 참작할 필요가 있는 경우"로 감경받았을 경우와 건설행정정보시스템에서 보완여부를 확인 할 수 있는 경우에는 제출받은 것으로 본다.

3. <삭제>

4. <삭제>

5. 영업정지 처분시기(개시일 포함)의 결정기준
   특별한 사유가 없는 한 영업정지처분과 효력발생의 시기에 대해서는 「행정절차법」 제15조(송달의 효력발생) 및 제22조(의견청취) 등을 준용하여야 한다.

6. 기 타
   가. 법령 위반행위의 통보·인지된 때에는 서면으로 당해 건설사업자에게 10~20일의 기간을 정하여 소명할 수 있는 자료 등을 제출하게 할 수 있다. 다만, 구체적인 위반내용이 객관적으로 입증될 수 있는 증거가 있는 경우에는 그러하지 아니하다.
   나. 법 제86조의 규정에 의한 청문출석 등을 통지받은 건설사업자가 정당한 사유를 들어 서면으로 청문 등을 연기 요청하는 경우에는 2회까지 청문 등을 연기하여 줄 수 있다.
   다. 위반건설사업자에 대한 청문 등은 별지4에 의하여 위반동기, 내용 등에 관한 질문과 답변을 기록하여 청문에 참석한 자의 서명 또는 기명날인을 받아야 한다.
   라. 당해 사건과 관련하여 재판이 계류 중인 경우에 처분권자는 소송진행과 별도로 행정처분을 할 수 있다. 다만, 사실관계 확정을 위해 필요한 경우에는 검찰기소 또는 1심 판결 이후에 행정처분을 할 수 있다.
   마. 영업정지 등 처분절차의 진행 중에 처분대상자의 주된 영업소 소재지가 변경되어 관할 등록관청이 달라지는 때에는 「행정절차법」 제6조 제1항에 따라 제재처분 관련서류를 지체없이 관할 등록관청에 이송하여야 한다. 다만, 청문이 진행중인 때에는 처분대상자의 의견을 들어 청문을 마친 후에 이송할 수 있으며 이 경우 이송받은 등록관청은 이미 이루어진 청문결과를 반영하여 처분할 수 있다.
   바. 법 제22조제7항, 제34조, 제36조제1항, 제37조, 제38조제1항·제2항 또는 제68조의3제1항에 따른 의무 위반행위가 통보·인지되어 "가"항, "나"항 및 "다"항의 절차를 거쳐 위반사실이 확정된 경우 업종별로 해당 위반이력을 건설행정정보시스템에 입력하여야 한다.
   사. 법 제49조에 따른 실태조사를 통해 등록기준 미달혐의가 확인되어, 청문절차 과정에서 해당 건설사업자가 소명자료를 제출하는 경우 등록관청은 등록기준 심사기관에 해당 소명자료에 대한 확인 및 의견제출을 요청할 수 있다.
   아. 대통령령 제31328호에 따라 위반행위 적발 및 행정처분 부과 당시의 업종이 전환된 경우, 전환된 업종에 대하여 행정제재처분의 효과를 승계한다. 이 경우 2이상의 주력분야를 보유한 건설사업자에 대하여는 종전에 영업정지처분을 받은 업종의 업무내용에 해당하는 주력분야를 제외한 통합업종의 건설공사를 수행할 수 있다.
   자. 2021년12월31일 이후의 등록기준 미달 및 등록기준 보완 여부 판단은 통합된 업종의 등록기준을 적용한다.

제9장 「국가기술자격법」에 따른 관련종목의 기술자격 취득자의 범위

1. 시·도지사가 전문건설업 및 주력분야의 등록과 감독업무를 수행함에 있어서 영 별표2 비고1 다목에 따라 전문공사를 시공하는 업종의 업무분야별 등록기준으로 인정할 수 있는 『국가기술자격법에 의한 관련종목의 기술자격취득자의 범위』는 별지5에 의한다.

2. 종전에 전문공사를 시공하는 업종의 등록기준으로 인정받은 기술자격취득자를 고용한 건설사업자는 해당 기술자격취득자가 교체될 때까지는 이 규정에 따라 기술자격취득자를 고용한 것으로 본다.

3. 국가기술자격법령의 개정으로 명칭 등이 변경되었거나 다른 법령에 특별한 규정이 신설된 경우에는 해당 법령에서 정한 바에 따른다.

제10장 재검토기간

국토교통부장관은 이 예규에 대하여 「훈령·예규 등의 발령 및 관리에 관한 규정」에 따라 2025년 7월 1일 기준으로 매 3년이 되는 시점(매 3년째의 6월 30일까지를 말한다)마다 그 타당성을 검토하여 개선 등의 조치를 하여야 한다.

부칙 <제420호, 2025. 5. 2.>

제1조(시행일) 이 예규는 발령한 날부터 시행한다.

별표 / 서식

[서식 1] 재무관리상태진단보고서

[서식 2] 진단평가서

[서식 2의2] 건설업등록사항신고서 심사결과 통보서

[서식 2의3] 건설업등록증 등 기재사항변경신청서 처리결과 통보서

[서식 2의4] 건설업양도신고서 심사결과 통보서

[서식 2의5] 법인합병신고서 심사결과 통보서

[서식 2의6] 건설업상속신고서 심사결과 통보서

[서식 2의7] 행정처분대상 불법·부적격 업체 통보서식

[서식 2의8] 건설업 등록기준 중복인정 특례 적용 신청 확인결과 통보서

[서식 3] 기업회계기준에 따라 작성한 재무상태표

[서식 4] 기업회계기준에 따라 작성한 손익계산서

[별지 1] 건설기술자 보유현황표

[별지 2] 건설업체 기업진단지침

[별지 3] 과징금 부과시 직선보간법의 적용실례

[별지 4] 청문서

[별지 5] 「국가기술자격법에 의한 관련종목의 기술자격취득자의 범위」(건설산업기본법시행령 별표 2 비고1 "다"목 관련)

[별지 6] 시(도) 건설업 진단자 현황

[별지 7] 건설업 실태조사규정

■ 건설업관리규정 [별지 제1호서식] <개정2018.6.26.> <시행 2018.6.26.>

진단자 소속협회 경유

재무관리상태진단보고서

진 단 구 분	1. 신규등록 2. 기타 ( )			
상 호			대 표 자	
소 재 지			전 화 번 호	
진 단 기 준 일	년 월 일			

구분	등록업종 종류	등록기준자본	평정후실질자본	진 단 의 견
기존		원	–	–
		원		
		원		
신규(신고등)		원	원	
계		원	원	–

* 진단내역

과 목	금 액	과 목	금 액	겸 업 내 용
회사제시자산총계(i)		회사제시부채총계(iv)		
자 산 증 가(ii)		부 채 증 가(v)		
자 산 감 소(iii)		부 채 감 소(vi)		
실 질 자 산(Ⅰ) (i)+(ii)−(iii)		실 질 부 채(Ⅱ) (iv)+(v)−(vi)		
겸 업 자 산(vii)		겸 업 부 채(viii)		
진단대상사업의 실질자산(Ⅲ) (Ⅰ) − (vii)		진단대상사업의 실질부채(Ⅳ) (Ⅱ) − (viii)		
진단대상사업실질자본(Ⅴ) (Ⅲ) − (Ⅳ)				

상기의 실질자본은 건설업체 기업진단지침에 의거 진단하였음을 확인합니다.

년 월 일

* 진단자

•진단자 상호·명칭(대표자) :

•사무소소재지 : (Tel : , Fax :)

•담당공인회계사(세무사, 경영지도사) : 등록번호 성명 (서명 또는 인)

•(진단자)법인등록번호 : 사업자등록번호 :

※ 전문경영진단기관의 경우 고용된 공인회계사·세무사·경영지도사 모두 기재·날인한다.

(제출기관) 귀하

210㎜×297㎜[백상지(80g/㎡) 또는 중질지(80/㎡)]

■ 건설업관리규정 [별지 제2호서식] <개정2018.6.26.> <시행 2018.6.26.>

진 단 평 가 서

년 월 일 현재

☐ 등록번호 :

☐ 업 체 명 :

(단위 : 원)

과 목	회사제시금액	평 정		평정후금액
		차 변	대 변	
1. 유동자산				
(1) 당좌자산				
① 현금및현금성자산				
② 단기투자자산				
③ 매출채권				
- 대손충당금				
④ 가지급금				
⑤ 단기대여금				
⑥ 미 수 금				
⑦ 미수수익				
⑧ 선 급 금				
⑨ 선급비용				
⑩ 선급공사원가				
⑪ 선납세금				
⑫ 부가세선급금				
⑬ 전도금				
⑭ 기타				
(2) 재고자산				
① 원재료				
② 가설재				
③ 수목				
④ 용지				
⑤ 미성공사				
⑥ 미완성주택				
⑦ 완성주택				
⑧ 기타				
2. 비유동자산				
(1) 투자자산				
① 장기금융상품				
② 매도가능증권				

과　　　목	회사제시금액	평　　　정		평정후금액
		차　변	대　변	
③ 만기보유증권				
④ 장기대여금				
⑤ 투자부동산				
⑥ 기타				
(2) 유형자산				
① 토　지				
② 건　물				
감가상각누계액				
③ 건설장비				
감가상각누계액				
④ 차량운반구				
감가상각누계액				
⑤ 건설중인자산				
⑥ 기타				
(3) 무형자산				
① 사용수익권				
② 지적재산권				
③ 부동산물권				
④ 기타				
4)기타비유동자산				
① 임차보증금				
② 기타보증금				
③ 기타				
(겸　업　자　산)			(　　　)	
자　산　총　계				

과 목	회사제시금액	평 정		평정후금액
		차 변	대 변	
1. 유동부채				
① 단기차입금				
② 매입채무				
③ 공사미지급금				
④ 공사선수금				
⑤ 분양선수금				
⑥ 미지급금				
⑦ 미지급비용				
⑧ 예수금				
⑨ 부가세예수금				
⑩ 미지급세금				
⑪ 가수금				
⑫ 기타				
2. 비유동부채				
① 장기차입금				
② 퇴직급여충당부채				
③ 하자보수충당부채				
④ 임대보증금				
⑤ 기타				
(겸 업 부 채)		( )		( )
부 채 총 계				
1. 자 본 금				
2. 자본잉여금				
3. 자본조정				
4. 기타포괄손익누계액				
① 매도가능증권평가이익				
② 유형자산평가이익				
③ 기타				
5. 차기이월이익잉여금 (또는 이월결손금)				
(진 단 조 정)		( )		( )
자 본 총 계				
부채와 자본총계				

겸업자산 및 겸업부채에 대한 계산 내역

(1)	겸업자산	=	겸업사업에 제공된 자산	+	겸업자산으로 열거한 자산	+	진단대상사업과 겸업사업에 공통으로 사용된 자산	×	겸업 비율
	(　　　)		(　　　)		(　　　)		(　　　)		(　)

(2)	겸업부채	=	겸업사업 및 겸업자산으로 열거한 자산과 관련하여 발생한 부채	+	진단대상사업과 겸업사업에 공통으로 발생한 부채	×	겸업 비율
	(　　　)		(　　　)		(　　　)		(　)

(3) 겸업비율 계산기준 :　　　　　　　　　　, 겸업비율 (　　　)%

■ 건설업관리규정 [별지 제2호의2서식] <개정2018.6.26.> <시행 2018.6.26.>

기 관 명

우 주소	/전화( )	/전송( )
사무처장○○○ ○○부	부서장○○○	담당자○○○

문서번호
시행일자
수 신 발신 (서명 또는 인)
참 조
제 목 : **건설업등록사항신고서 심사결과 통보서**

업 체 현 황					
상 호				사업자등록번호	
대 표 자		생년월일		법인등록번호	
업체구분		전화번호		영업소 소재지	
조직형태	주식□ 유한□ 합명□ 합자□ 개인□				
납입자본금				설립일자	
국적 또는 소속 국가명				등록사항 신고일	
투자비율 (외국인인 경우)				법정처리기한	

업종보유현황(최근년도)
(종합공사를 시공하는 업종, 전문공사를 시공하는 업종 및 기타 건설업)

연번	업종명	등록번호	신고수리일	비 고
1				
2				
3				
4				

임 원 현 황(최근년도)

연번	성 명	생년월일	직 위	상근 유무	등기일자
1					
2					
3					
4					

기술인력 보유현황(최근년도)							
연번	성 명	생년월일	직 위	등록일	기술등급 및 보유자격현황	자격증번호	입사일
1							
2							
3							
4							
5							
6							
7							
8							
9							
10							
11							
12							

시설 보유현황(사무실, 최근년도)				
연번	시설명	실면적(㎡)	시설주소	소유형태
1				
2				

대차대조표(최근년도)		
결산서형태	감사보고서□ 재무제표□ 기업진단보고서□ 개시대차대조표□	
기 준 일	년 월 일	
자 산	유동자산	백만원
	고정자산	백만원
자산총계		백만원
부 채	유동부채	백만원
	고정부채	백만원
	부채총계	백만원
자 본	자본금	백만원
	자본총계	백만원
부채와 자본총계		백만원

확인·심사결과								
구 분	법정보유기준						실제보유 현 황	적정 여부
	토건	토목	건축	조경	산업 설비	기타		
자 본 금 (실질자본금)	12억	7억	5억	7억	12억	억	억	
기 술 자 (기사 또는 중급기술자이상)	11명 (4)	6명 (2)	5명 (2)	6명 (2)	12명 (6)	명	명 ( )	
사 무 실							㎡	
보증가능 금액확인	보유 억원					. . 현재 가입사실 확인		
최종 심사의견								

※ 부적정시 그 세부자료는 첨부와 같음
＊ 자본금 : 최근 정기연차 결산일기준
＊ 기술능력·보증가능금액확인서·사무실 등 : 조사일 현재기준

■ 건설업관리규정 [별지 제2호의3서식] <개정2018.6.26.> <시행 2018.6.26.>

기관명

우　　　주소　　　/전화(　)　　　/전송(　)
사무처장○○○　　○○부　　부서장○○○　　담당자○○○

문서번호
시행일자
수　　신　　　　　　　　　　발신　　　(서명 또는 인)
참　　조
제　　목 : **건설업등록증 등 기재사항변경신청서 처리결과 통보서**

<table>
<tr><td colspan="6">업체현황(변경 후)</td></tr>
<tr><td>상　호</td><td colspan="3"></td><td>사업자등록번호</td><td></td></tr>
<tr><td>대 표 자</td><td></td><td>생년월일</td><td></td><td>법인등록번호</td><td></td></tr>
<tr><td>업체구분</td><td></td><td>전화번호</td><td></td><td>국적 또는
소속국가명</td><td></td></tr>
<tr><td>영업소 소재지</td><td colspan="5"></td></tr>
</table>

<table>
<tr><td colspan="5">업종보유현황</td></tr>
<tr><td>연번</td><td>업 종 명</td><td>등록번호</td><td>등록일</td><td>비　고</td></tr>
<tr><td>1</td><td></td><td></td><td></td><td></td></tr>
<tr><td>2</td><td></td><td></td><td></td><td></td></tr>
<tr><td>3</td><td></td><td></td><td></td><td></td></tr>
<tr><td>4</td><td></td><td></td><td></td><td></td></tr>
</table>

<table>
<tr><td colspan="8">확인·처리결과</td></tr>
<tr><td colspan="2" rowspan="2">변경구분</td><td colspan="2">변경내용</td><td>변경일</td><td>등기일</td><td>신고일</td><td rowspan="2">비　고</td></tr>
<tr><td>변경전 사항</td><td>변경후 사항</td><td></td><td></td><td></td></tr>
<tr><td colspan="2">상　호</td><td></td><td></td><td></td><td></td><td></td><td></td></tr>
<tr><td rowspan="3">대
표
자</td><td>성　명</td><td></td><td></td><td></td><td></td><td></td><td rowspan="3">신원조회</td></tr>
<tr><td>생년월일</td><td></td><td></td><td></td><td></td><td></td></tr>
<tr><td>본적지</td><td></td><td></td><td></td><td></td><td></td></tr>
<tr><td colspan="2">영업소 소재지</td><td></td><td></td><td></td><td></td><td></td><td></td></tr>
<tr><td colspan="2">법인등록번호</td><td></td><td></td><td></td><td></td><td></td><td></td></tr>
<tr><td colspan="2">국적 또는
소속국가명</td><td></td><td></td><td></td><td></td><td></td><td></td></tr>
</table>

<table>
<tr><td colspan="2">참 고 사 항</td></tr>
<tr><td>과태료 부과사유 또는 임원결격사유 해당여부 등</td><td></td></tr>
</table>

■ 건설업관리규정 [별지 제2호의4서식] <개정2018.6.26.> <시행 2018.6.26.>

기관명

우 주소		/전화( )	/전송( )
사무처장○○○	○○부	부서장○○○	담당자○○○

문서번호
시행일자
수 신 발신 (서명 또는 인)
참 조
제 목 : **건설업양도신고서 심사결과 통보서**

양도·양수 현황			
구 분	양도업체	양수업체	비 고
상 호			
대 표 자			
대표자 생년월일			
사업자등록번호			
법인등록번호			
업체구분			
조직형태	주식□ 유한□ 합명□ 합자□ 개인□	주식□ 유한□ 합명□ 합자□ 개인□	
전화번호			
영업소 소재지			
납입자본금			
국적 또는 소속국가명			
투자비율 (외국인인 경우)			
설립일자			
양도업종			
양도공고일			
분할등기일			
양도신고일			
법정처리기한			

업종보유현황(양수인) (종합공사를 시공하는 업종, 전문공사를 시공하는 업종 및 기타 건설업)				
연번	업종명	등록번호	등록일	비 고
1				
2				
3				
4				

임 원 현 황(양수인)					
연번	성 명	생년월일	직 위	상근 유무	등기일자
1					
2					
3					
4					

기술인력 보유현황(양수인)							
연번	성 명	생년월일	직 위	등록일	기술등급 및 보유자격현황	자격증번호	입사일
1							
2							
3							
4							
5							
6							
7							
8							
9							
10							
11							
12							

시설 보유현황(사무실, 양수인)				
연번	시설명	실면적(㎡)	시설주소	소유형태
1				
2				

<table>
<tr><td colspan="3">대차대조표(양수인)</td></tr>
<tr><td>결산서형태</td><td colspan="2">감사보고서□ 재무제표□ 기업진단보고서□ 개시대차대조표□</td></tr>
<tr><td>기 준 일</td><td colspan="2">년 월 일</td></tr>
<tr><td rowspan="2">자 산</td><td>유동자산</td><td>백만원</td></tr>
<tr><td>고정자산</td><td>백만원</td></tr>
<tr><td>자산총계</td><td colspan="2">백만원</td></tr>
<tr><td rowspan="3">부 채</td><td>유동부채</td><td>백만원</td></tr>
<tr><td>고정부채</td><td>백만원</td></tr>
<tr><td>부채총계</td><td>백만원</td></tr>
<tr><td rowspan="2">자 본</td><td>자본금</td><td>백만원</td></tr>
<tr><td>자본총계</td><td>백만원</td></tr>
<tr><td>부채와 자본총계</td><td colspan="2">백만원</td></tr>
</table>

<table>
<tr><td colspan="10">확인·심사결과</td></tr>
<tr><td colspan="10">건설업등록기준</td></tr>
<tr><td rowspan="2">구분</td><td colspan="6">법정보유기준</td><td colspan="2">실제보유 현 황</td><td rowspan="2">적정 여부</td></tr>
<tr><td>토건</td><td>토목</td><td>건축</td><td>조경</td><td>산업 설비</td><td>기타</td><td>양도인</td><td>양수인</td></tr>
<tr><td>자본금 (실질자본금)</td><td>12억</td><td>7억</td><td>5억</td><td>7억</td><td>12억</td><td>억</td><td>억</td><td>억</td><td></td></tr>
<tr><td>기술자 (기사 또는 중급기술자이상)</td><td>11명 (4)</td><td>6명 (2)</td><td>5명 (2)</td><td>6명 (2)</td><td>12명 (6)</td><td>명</td><td>명 ( )</td><td>명 ( )</td><td></td></tr>
<tr><td>사무실</td><td colspan="6"></td><td>㎡</td><td>㎡</td><td></td></tr>
<tr><td>보증가능 금액확인</td><td colspan="4">보유 억원</td><td colspan="4">. . 현재 가입사실 확인</td><td></td></tr>
</table>

<table>
<tr><td colspan="4">기타사항</td></tr>
<tr><td>구 분</td><td>적정여부</td><td>구 분</td><td>적정여부</td></tr>
<tr><td>양도계약서 사본</td><td></td><td>건설공사 발주자의 동의서(시공중인 공사가 있는 경우에 한함)</td><td></td></tr>
<tr><td>건설업양도 공고문</td><td></td><td>임원 및 법인에 대한 결격 여부</td><td></td></tr>
<tr><td>이해관계인 의견조정서</td><td></td><td rowspan="2">포괄적 양도 해당여부
(해당시 그 사유 포함)</td><td rowspan="2"></td></tr>
<tr><td>공제조합 의견서</td><td></td></tr>
<tr><td colspan="4">최종 심사의견</td></tr>
<tr><td colspan="4"></td></tr>
</table>

※ 부적정시 그 세부자료는 첨부와 같음

■ 건설업관리규정 [별지 제2호의5서식] <개정2018.6.26.> <시행 2018.6.26.>

기관명

우 주소 /전화( ) /전송( )
사무처장○○○ ○○부 부서장○○○ 담당자○○○

문서번호
시행일자
수 신 발신 (서명 또는 인)
제 목 : **법인합병신고서 심사결과 통보서**

합병 현황			
구 분	피합병법인	합병법인	합병후 존속 또는 설립된 법인
상 호			
대 표 자			
대표자 생년월일			
사업자등록번호			
법인등록번호			
업체구분			
조직형태	주식□ 유한□ 합명□ 합자□	주식□ 유한□ 합명□ 합자□	
전화번호			
영업소 소재지			
납입자본금			
국적 또는 소속국가명			
투자비율 (외국인인 경우)			
설립일자			
합병업종			
합병일자			
합병등기일			
합병신고일			
법정처리기한			

업종보유현황(합병후 존속 또는 설립된 법인) (종합공사를 시공하는 업종, 전문공사를 시공하는 업종 및 기타 건설업)				
연번	업종명	등록번호	등록일	비 고
1				
2				
3				
4				

임 원 현 황(합병후 존속 또는 설립된 법인)					
연번	성 명	생년월일	직 위	상근 유무	등기일자
1					
2					
3					
4					

기술인력 보유현황(합병후 존속 또는 설립된 법인)							
연번	성 명	생년월일	직 위	등록일	기술등급 및 보유자격현황	자격증번호	입사일
1							
2							
3							
4							
5							
6							
7							
8							
9							
10							
11							
12							

시설 보유현황(사무실, 합병후 존속 또는 설립된 법인)				
연번	시설명	실면적(㎡)	시설주소	소유형태
1				
2				

대차대조표(합병후 존속 또는 설립된 법인)		
결산서형태	감사보고서□ 재무제표□ 기업진단보고서□ 개시대차대조표□	
기 준 일	년 월 일	
자 산	유동자산	백만원
	고정자산	백만원
자산총계		백만원
부 채	유동부채	백만원
	고정부채	백만원
	부채총계	백만원
자 본	자본금	백만원
	자본총계	백만원
부채와 자본총계		백만원

확인·심사결과

건설업등록기준(합병후 존속 또는 설립된 법인)

구분	법정보유기준						실제보유 현 황	적정 여부
	토건	토목	건축	조경	산업 설비	기타		
자본금 (실질자본금)	12억	7억	5억	7억	12억	억	억	
기술자 (기사 또는 중급기술자이상)	11명 (4)	6명 (2)	5명 (2)	6명 (2)	12명 (6)	명	명 ( )	
사무실							㎡	
보증가능 금액확인	보유 억원					. . 현재 가입사실 확인		

기타사항

구 분	적정여부	구 분	적정여부
합병계약서 사본		임원에 대한 결격 여부	
합병에 따른 공고문			

최종 심사의견

※ 부적정시 그 세부자료는 첨부와 같음

■ 건설업관리규정 [별지 제2호의6서식] <개정2018.6.26.> <시행 2018.6.26.>

기관명

우 주소 /전화( ) /전송( )
사무처장○○○ ○○부 부서장○○○ 담당자○○○

문서번호
시행일자
수 신 발신 (서명 또는 인)
참 조
제 목 : **건설업상속신고서 심사결과 통보서**

상속 현황			
구 분	피상속인	상 속 인	비 고
상 호			
대 표 자			
대표자 생년월일			
사업자등록번호			
전화번호			
영업소 소재지			
영업용 자산평가액			
국적 또는 소속국가명			
설립일자			
상속업종			
상 속 일			
상속신고일			
법정처리기한			

업종보유현황(상속인)
(종합공사를 시공하는 업종, 전문공사를 시공하는 업종 및 기타 건설업)

연번	업종명	등록번호	등록일	비 고
1				
2				
3				
4				

기술인력 보유현황(상속인)							
연번	성 명	생년월일	직 위	등록일	기술등급 및 보유자격현황	자격증번호	입사일
1							
2							
3							
4							
5							
6							
7							
8							
9							
10							
11							
12							

시설 보유현황(사무실, 상속인)				
연번	시설명	실면적(㎡)	시설주소	소유형태
1				
2				

대차대조표(상속인)		
결산서형태	감사보고서□ 재무제표□ 기업진단보고서□ 개시대차대조표□	
기 준 일	년 월 일	
자 산	유동자산	백만원
	고정자산	백만원
자산총계		백만원
부 채	유동부채	백만원
	고정부채	백만원
	부채총계	백만원
자 본	자본금	백만원
	자본총계	백만원
부채와 자본총계		백만원

확인·심사결과								
건설업등록기준(상속인)								
구분	법정보유기준						실제보유 현　　황	적정 여부
	토건	토목	건축	조경	산업 설비	기타		
자본금 (실질자본금)	12억	7억	5억	7억	12억	억	억	
기술자 (기사 또는 중급기술자이상)	11명 (4)	6명 (2)	5명 (2)	6명 (2)	12명 (6)	명	명 ( )	
사무실							㎡	
보증가능 금액확인	보유　　　억원					. . 현재 가입사실 확인		
기타사항								

구　분	적정여부	구　분	적정여부
상속인 입증		상속인의 등록결격여부	

최종 심사의견

※ 부적정시 그 세부자료는 첨부와 같음

■ 건설업관리규정 [별지 제2호의7서식]

행정처분대상 불법·부적격 업체 통보서식

연번	상호	대표자	법인 등록번호	사업자 등록번호	주소	업종 코드	업종 명	등록 번호	위반 내용	등록기준 미달항목					처분 근거	비고
										자본금	기술인력	보증가능금액	시설장비	기타		

■ 건설업관리규정 [별지 제2호의8서식]

기관명

우 주소 /전화( ) /전송( )
사무처장○○○ ○○부 부서장○○○ 담당자○○○

문서번호
시행일자
받 음 발신 (서명 또는 인)
참 조
제 목 : **건설업 등록기준 중복인정 특례 적용 신청 확인결과 통보서**

업체현황					
상 호				사업자등록번호	
대 표 자		생년월일		법인등록번호	
업체구분		전화번호		국적 또는 소속국가명	
영업소 소재지					

업종보유현황				
연번	업 종 명	등록번호	등록일	비 고
1				
2				
3				
4				

자본금 중복인정 특례 적용 확인결과			
특례 신청업종 (등록기준)	중복인정 자본금	총 자본금 보유기준	비 고
(억원)	억원	억원	

참 고 사 항

■ [별지 제3호서식] : 기업회계기준에 따라 작성한 재무상태표

■ [별지 제4호서식] : 기업회계기준에 따라 작성한 손익계산서

■ 건설업관리규정 [별지 1]

건설기술자 보유현황표

○ 업체명　　　　　　　　　　　　　　　　　　　　　　　　○ 대표자 :　　　　　　　　　　　　(인)

○ 건설업종 보유현황(토건, 토목, 조경, 실내건축, 토공 등)　　○ 신고기간 : 20 . . . ~ 20 . . .

기술자 보유현황 ＼ 연도					20 년												20 년												20 년											
번호	성명	주민번호	분야등급	자격종목	1월	2월	3월	4월	5월	6월	7월	8월	9월	10월	11월	12월	1월	2월	3월	4월	5월	6월	7월	8월	9월	10월	11월	12월	1월	2월	3월	4월	5월	6월	7월	8월	9월	10월	11월	12월
1	홍길동		토목초급	토목기사					7 퇴																															
2	임꺽정		토목중급						7 입																															
3	이도령		토목초급																																					
	(생		략)																																					
토목 소계					6 (2)	6 (2)	6 (2)	6 (2)	6 (2)	6 (2)	6 (2)	6 (2)	6 (2)	6 (2)	6 (2)	6 (2)	6 (2)	6 (2)	6 (2)	6 (2)	6 (2)	6 (2)	6 (2)	6 (2)	6 (2)	6 (2)	6 (2)	6 (2)	6 (2)	6 (2)	6 (2)	6 (2)	6 (2)	6 (2)	6 (2)	6 (2)	6 (2)	6 (2)	6 (2)	6 (2)
1	홍길동		건축고급	건축기사																			10 퇴																	
2	임꺽정		건축중급																				11 입																	
	(생		략)																																					
건축 소계					5 (2)	5 (2)	5 (2)	5 (2)	5 (2)	5 (2)	5 (2)	5 (2)	5 (2)	5 (2)	5 (2)	5 (2)	5 (2)	5 (2)	5 (2)	5 (2)	5 (2)	5 (2)	5 (2)	5 (2)	5 (2)	5 (2)	5 (2)	5 (2)	5 (2)	5 (2)	5 (2)	5 (2)	5 (2)	5 (2)	5 (2)	5 (2)	5 (2)	5 (2)	5 (2)	5 (2)
월별 합계					11 (4)	11 (4)	11 (4)	11 (4)	11 (4)	11 (4)	11 (4)	11 (4)	11 (4)	11 (4)	11 (4)	11 (4)	11 (4)	11 (4)	11 (4)	11 (4)	11 (4)	11 (4)	11 (4)	11 (4)	11 (4)	11 (4)	11 (4)	11 (4)	11 (4)	11 (4)	11 (4)	11 (4)	11 (4)	11 (4)	11 (4)	11 (4)	11 (4)	11 (4)	11 (4)	11 (4)

비고 1. 건설업종 보유현황은 건설업자가 보유하고 있는 건설업종 모두를 기재할 것
2. 기술자 보유현황은 기사 또는 중급이상 기술자를 우선 작성한 후 초급기술자를 작성할 것(입·퇴사 불문)
3. 기술자는 기술분야별로 구분하여 작성할 것 [예 : 토목건축공사업의 경우 토목기술자 작성 후 건축기술자 작성, 토목·건축구분 중간에 토목 소계 ○○명, 건축소계 ○○명 기재한 후 ( )안에는 기사 및 중급 이상 기술자 인원 기재]

■ 건설업관리규정 [별지 2] <개정2020.7.1.> <시행 2020.7.1.>

건설업체 기업진단지침

제1장 총칙

제1조(목 적) 이 지침은 영 제9조에 따른 재무관리상태의 진단을 실시함에 있어 진단자의 진단에 통일성과 객관성을 부여하기 위하여 필요한 사항을 규정함을 목적으로 한다.

제2조(적용범위) ① 이 지침은 영 제13조에 따른 건설업 등록기준중 사업자의 실질자본에 대한 진단에 관하여 적용한다.

② 진단을 실시함에 있어 이 지침에서 정하는 사항 및 다른 법령에 특별한 규정이 있는 경우를 제외하고는 기업회계기준에 따른다. 이 경우 "기업회계기준"이란 한국회계기준원 회계기준위원회가 공표하여 진단기준일 현재 시행하고 있는 회계기준을 말한다.

제3조(정의) 이 지침에서 사용하는 용어의 뜻은 다음과 같다.

① "실질자산"이란 회사제시자산에서 이 지침에 따른 수정사항과 부실자산을 반영한 후의 금액을 말한다.

② "실질부채"란 회사제시부채에서 이 지침에 따른 수정사항을 반영한 후의 금액을 말한다.

③ "겸업사업"이란 재무관리상태의 진단대상이 되는 사업 이외의 사업을 말한다. 이 경우 법인등기사항 등 형식적인 사업목적에 불구하고 그 실질적 사업내용에 따라 적용한다.

④ "겸업자산"이란 이 지침에서 겸업자산으로 열거한 자산과 겸업사업을 위하여 제공된 자산을 말한다.

⑤ "겸업부채"란 겸업자산과 직접 관련된 부채와 겸업사업에 제공된 부채를 말한다.

⑥ "겸업자본"이란 겸업자산에서 겸업부채를 차감한 금액을 말한다.

⑦ "진단대상사업 실질자산"이란 실질자산에서 겸업자산을 차감한 금액을 말한다.

⑧ "진단대상사업 실질부채"란 실질부채에서 겸업부채를 차감한 금액을 말한다.

⑨ "진단대상사업 실질자본"이란 진단대상사업의 실질자산에서 진단대상사업의 실질부채를 차감한 금액으로서 진단대상이 되는 사업의 실질자본을 말한다.

제4조(진단자) 진단자는 법 제49조제2항에 따른 공인회계사(「공인회계사법」 제7조에 따라 금융위원회에 등록한 개업 공인회계사 및 같은 법 제24조에 따라 등록한 회계법인을 말한다), 세무사(「세무사법」 제6조에 따라 등록한 세무사 및 같은 법 제16조의4에 다라 등록한 세부법인을 말한다) 또는 전문경영진단기관으로 한다.

제5조(진단의 기준일) ① 신규신청(건설업종 추가 등록을 위한 신청을 포함한다)의 경우 진단기준일은 등록신청일이 속하는 달의 직전월 마지막 날로 한다. 다만, 신설법인의 경우에는 설립등기일을 진단기준일로 한다.

② <삭제>

③ 사업의 양수·양도, 법인의 분할·분할합병·합병, 자본금 변경 등에 따른 기업진단의 경우에는 다음 각 호에서 정하는 날을 진단기준일로 한다.

1. 양수·양도 : 양도·양수 계약일
2. 분할·분할합병·합병 : 분할·분할합병·합병 등기일. 다만, 납입자본금이 미달되어 등기일부터 30일 이내에 미달된 자본금 이상을 증자하고 변경등기한 경우 그 변경등기일

3. 자본금 변경 : 다음 각 목의 어느 하나에 해당하는 법인인 경우에는 자본금 변경등기일
   가. 기존법인 : 업종별 등록기준 자본금이 강화된 경우
   나. 신설법인 : 기준자본금이 미달되어 추가로 증자한 경우

④ 당해 등록·신고수리관청이 실태조사 등의 목적에 의하여 기업진단을 실시하는 경우에는 당해 등록·신고수리관청이 지정하는 날을 진단기준일로 하되, 진단기준일은 법인인 경우 정관에서 정한 회계기간의 말일인 연차결산일을 말하고, 개인인 경우 12월 31일을 말한다. 다만, 회계연도의 변경이 있는 경우는 「법인세법」에서 정하는 규정에 따른다.

제6조(재무제표와 진단 증빙 등) ① 진단을 받고자 하는 자(이하 "진단을 받는 자"라 한다)는 기업회계기준에 따라 작성한 재무제표(진단기준일이 연차결산일인 경우에는 「법인세법」 및 「소득세법」에 따라 관할 세무서장에게 제출한 정기 연차결산 재무제표를 말한다), 공사원가명세서, 회계장부 및 진단자가 요구하는 입증서류를 작성 제출하거나 제시하여야 한다.

② 제1항에도 불구하고 외감법 제2조에 따라 외부감사를 받은 법인은 재무제표 대신에 해당 감사보고서를 제출하여야 하며, 그 외의 법인으로서 재무제표를 한국채택국제회계기준에 따라 작성한 법인은 재무제표 대신에 감사보고서를 제출하여야 한다.

③ 제1항과 제2항에 따라 제출된 서류는 재작성 또는 정정 등을 이유로 반려를 요구하지 못한다. 다만, 이미 제출된 서류에 명백한 오류가 있는 경우에 한하여 진단자의 승인을 얻어 정정하거나 보완서류를 추가로 제출할 수 있다.

제7조(실질자본에 대한 입증서류, 확인 및 평가 등) ① 실질자본에 대한 입증서류는 다음 각 호와 같다.

1. 실질자산을 확인하는 입증서류는 다음 각 목의 서류를 말한다.
   가. 기본서류(계정명세서, 계약서, 금융자료, 세금계산서, 계산서, 정규영수증, 등기·등록서류 등을 말하며, 이하 같다)
   나. 제2항 각 호에 따른 추가 증빙서류
   다. 진단자가 제2장에 따라 각 계정의 평가를 위하여 필요하다고 판단하는 보완서류
2. 실질부채를 확인하는 입증서류는 계정명세서, 신용정보조회서 또는 금융기관별 금융거래확인서, 공제조합 등 보증가능금액확인서 발급기관의 융자확인서를 말한다.

② 실질자본에 대한 확인과 평가는 다음 각 호에 의한다.

1. 계정명세서를 확인하여 무기명식 금융상품, 실재하지 않거나 출처가 불분명한 유가증권, 가지급금, 대여금, 미수금, 미수수익, 선급금, 선급비용, 선납세금, 재고자산, 부도어음, 장기성 매출채권 및 무형자산은 부실자산으로 분류하고, 비상장 주식과 임대 또는 운휴 중인 자산은 겸업자산으로 분류한다. 다만, 이 지침의 다른 조항에 따라 실질자산으로 인정되는 것은 제외한다.
2. 회사가 제시한 자본총계의 100분의 1을 초과하는 현금은 부실자산으로 본다.
3. 예금은 진단기준일 현재의 예금잔액증명서와 진단기준일을 포함한 60일간의 거래실적증명을 확인하되 허위의 예금이나 일시적으로 조달된 예금으로 확인된 경우는 부실자산으로 분류하고, 사용이 제한된 예금은 겸업자산으로 분류한다.
4. 매출채권은 기본서류와 거래처원장을 비교하여 실재성(實在性) 및 적정성을 평가한다.
5. 진단대상사업을 위한 재고자산으로서 원자재와 수목 등은 기본서류, 거래명세서, 현장일지로 확인하고, 단기공사현장의 미성공사는 기본서류, 공사원가명세서로 확인하며, 진단대상사업과 연관 있고 판매를 위한 신축용 재고자산은 기본서류, 공사원가명세서, 분양내역서 등으로 확인하여 실재성이 인정될 경우에는 실질자산으로 본다.

6. 종업원 주택자금과 우리사주조합에 대한 대여금은 기본서류 등으로 확인하고, 장기성매출채권과 미수금은 기본서류, 제공받은 담보의 가치와 회수가능성을 입증하는 서류로 확인하며, 선납세금은 환급통보 내역을 입증하는 서류로 확인하여 실재성이 입증될 경우에는 실질자산으로 본다.
7. 시장성있는 유가증권과 금융기관에 보관 중인 유가증권에 대해서는 금융기관의 잔고증명서를 확인하여 사실과 다르거나 시가를 초과하는 금액은 부실자산으로 본다.
8. 유형자산은 기본서류와 감가상각명세서를 통하여 소유권과 실재성 및 금액의 적정성을 평가하고 담보대출이나 임대보증금 유무를 확인한다.
9. 임차보증금은 기본서류, 임대인의 세무신고 자료 및 시가 조회자료를 통하여 평가하고, 그 밖의 보증금은 기본서류, 보증기관의 확인서나 보관증으로 확인하여 사실과 다르거나 시가를 현저히 초과한 금액은 부실자산으로 본다.
10. 부동산물권은 제9호에 준하여 확인한다.
11. 산업재산권은 기본서류와 인허가기관의 확인서로 평가하며 사용수익기부자산은 기본서류, 수증자의 확인서와 세무신고 자료를 통하여 평가한다.

③ 실질부채를 확인하는 입증서류를 확인한 결과 차입금 등 부외부채가 있을 경우에는 실질자본에서 해당 금액을 차감하여야 한다.

④ 제1항부터 제3항까지와 이 지침의 다른 규정에 따라 해당 자산 및 부채의 실재성과 적정성을 확인할 수 없는 경우, 이 지침에서 부실자산이나 겸업자산으로 분류하는 경우 및 실질자본에서 차감하여야 하는 경우는 진단대상사업 실질자본에서 제외한다.

제8조(진단불능) ① 진단자는 다음 각 호의 사유에 해당하는 경우에는 진단불능으로 처리하고, 진단을 받는 자 및 진단자가 소속된 협회에 통보한다. 다만, 제1호부터 제3호까지의 사유에 따라 진단불능으로 처리된 경우는 다른 진단자로부터 별도의 진단을 받을 수 없다.
1. 제6조제1항 및 제2항에 따른 자료의 제출과 제시를 하지 않은 경우
2. 진단에 필요한 입증서류와 보완요구를 거부·기피·태만히 하는 경우
3. 진단받는 자가 작성·제출한 서류중 실질자본에 중대한 영향을 미치는 허위가 발견된 경우
4. 신설법인이 법인설립등기일이후 20일 이내의 날을 진단일로 하여 기업진단을 의뢰하는 경우

② 진단자는 진단을 받는 자에 대한 장부의 작성 및 재무제표 작성업무를 수행한 경우(수행하는 경우를 포함한다)에는 해당 회계연도에 대한 재무관리상태 진단을 행할 수 없으며 또한 다음 각호의 1에 해당하는 자에 대한 재무관리상태 진단을 행할 수 없다.
1. 진단자 또는 진단자의 배우자가 임원이거나 이에 준하는 직위(재무에 관한 사무의 책임있는 담당자를 포함한다)에 있거나, 과거 1년 이내에 이러한 직위에 있었던 자(회사를 포함한다. 이하 이 항에서 같다)
2. 현재 진단자 또는 진단자의 배우자가 사용인이거나 과거 1년이내에 사용인이었던 자
3. 진단자 또는 진단자의 배우자가 주식 또는 출자지분을 소유하고 있는 자
4. 진단자 또는 진단자의 배우자와 채권 또는 채무관계에 있는 자. 이 경우 진단자를 규율하는 관련 법 등에서 세부적으로 정한 경우에는 해당 규정에 따른다.
5. 진단자에게 무상으로 또는 통상의 거래가격보다 현저히 낮은 대가로 사무실을 제공하고 있는 자
6. 진단자의 고유업무 외의 업무로 인하여 계속적인 보수를 지급하거나 그 밖에 경제상의 특별한 이익을 제공하고 있는 자

7. 진단을 수행하는 대가로 자기 회사의 주식·신주인수권부사채·전환사채 또는 주식매수선택권을 제공하였거나 제공하기로 한 자

제9조(진단방법 및 진단의견) ① 진단자는 진단을 받는 자가 제출 또는 제시하는 서류를 검토하되, 진단의견 결정에 필요한 경우 분석적 검토·실사·입회·조회·계산검증 등과 같은 전문가적 확인절차를 통하여 진단을 실시하여야 한다.

② 진단을 받는 자가 제1항에 따른 진단자의 진단의견 결정에 대하여 이의가 있을 때에는 이를 위해 반증을 제시할 수 있고, 진단자는 제시된 반증을 성실하게 평가한 후 진단의견을 결정하여야 한다.

③ 진단자는 별지 제1호 서식의 진단의견란에 다음과 같이 기재한다.

1. 진단을 받는 자의 진단대상사업 실질자본이 관련법규에서 정하고 있는 등록기준 자본액 이상인 경우에는 "적격"으로 기재하고, 미달인 경우에는 "부적격"으로 기재한다.
2. 제8조제1항의 규정에 해당하는 경우에는 "진단불능"으로 기재한다.

제10조(진단보고 및 진단조서의 작성·비치 등) ① 진단을 실시한 진단자는 진단의 결과를 별지 제1호부터 제4호까지의 서식에 따라 작성하고 기명날인한 후 진단자가 소속된 협회의 확인(전자문서상 결재를 포함한다)을 받아 진단을 받는 자에게 교부한다.

② 진단을 실시한 진단자는 진단조서 및 관련 증빙서류(이하 "진단조서 등"이라 한다)를 작성·비치하여야 하며 이를 5년간 보존하여야 한다.

③ 국토교통부장관 또는 법 제91조제1항, 제3항제2호의2부터 제2호의4까지 및 같은항 제6호에 따른 위임·위탁을 받은 자(이하 "위임·위탁받은 자"라 한다)는 진단보고서의 적정성을 판단하기 위하여 진단자에게 진단조서 등의 제출을 요구할 수 있고, 진단자는 제출 요청을 받은 날로부터 7일 이내에 진단조서 등을 국토교통부장관 및 위임·위탁받은 자에게 제출하여야 한다.

제11조(진단보고서의 감리 요청 등) ① 위임·위탁받은 자는 다음 각 호의 어느 하나에 해당하면 한국공인회계사회, 한국세무사회 또는 한국경영기술지도사회 기업진단감리위원회에 진단보고서의 감리를 요청하여야 한다. 다만, 위임받은 자가 종합건설업 등록에 관하여 감리를 요청하는 경우에는 위탁받은 자를 경유하여야 하며 이 경우 위탁받은 자는 사전 검토를 거쳐 감리요청 여부를 판단하여야 한다.

1. 제10조제3항에 따른 진단조서 등을 제출하지 않는 경우
2. 진단보고서의 신뢰성이 의심되거나 진단의견에 영향을 줄 수 있는 진단오류가 예상되는 경우
3. 감사보고서상 감사의견이 의견거절이거나 부적정의견인 재무제표에 대한 진단보고서가 제출된 경우
4. 외감법에 따라 외부감사대상에 해당하나 외부감사를 받지 아니한 재무제표에 대한 진단보고서가 제출된 경우
5. 진단자가 제8조제2항을 위반하여 업무를 수행한 경우

② 위임·위탁받은 자는 감리결과 부실진단으로 확인되고 관계법령에 위배된다고 판단되는 때에는 해당 진단자를 국토교통부장관에게 보고하고 수사기관에 고발하는 등 필요한 조치를 하여야 한다.

제2장 실질자본의 진단

제12조(자산·부채 및 자본의 평가) ① 진단을 실시함에 있어서 자산, 부채 및 자본의 평가는 진단대상사업의 관련 법규와 이 지침에서 정하는 사항을 제외하고는 기업회계기준에 따른다.

② 이 지침에서 규정하는 계정은 진단을 받는 자가 작성한 재무제표 계정과목이나 계정분류에 불구하고 그 실질적 내용에 따라 적용한다.

③ 진단자는 한국채택국제회계기준을 적용하여 실질자본을 평가하여서는 아니된다. 다만, 진단받는 자가 제6조제2항에 따라 재무제표 대신 감사보고서를 제출한 때에는 예외로 한다.

제13조(부실자산 등) ① 다음 각 호의 자산은 부실자산으로 처리하여야 한다.

1. 이 지침에서 부실자산으로 분류된 자산
2. 진단을 받는 자가 법적 또는 실질적으로 소유하지 않은 자산
3. 다음 각 목에 해당하는 자산. 다만, 이 지침에 따라 진단대상사업의 실질자산으로 평가된 자산은 제외한다.

가. 무기명식 금융상품

나. 실재하지 않거나 출처가 불분명한 유가증권

다. 가지급금, 대여금

라. 미수금, 미수수익

마. 선급금, 선납세금, 선급비용

바. 부도어음, 장기성매출채권, 대손 처리할 자산

사. 무형자산

② 다음 각 호의 금액은 진단대상사업 실질자본에서 차감하여야 한다.

1. 제1항 각 호의 부실자산과 임의 상계된 부채에 상당하는 금액
2. 진행기준으로 매출을 계상한 후 세무신고를 통하여 그 일부 또는 전부를 세무상 수입금액에서 제외한 매출채권에 상당하는 금액
3. 발생원가 또는 비용을 누락한 분식결산 금액
4. 자산의 과대평가 등에 따른 가공자산이나 부채를 누락한 부외부채 금액

제14조(현금의 평가) ① 현금은 전도금과 현금성자산을 포함하며 예금은 제외한다.

② 현금은 진단자가 현금실사와 현금출납장 등을 통하여 확인한 금액만 인정한다. 다만, 진단을 받는 자가 제시한 재무제표의 자본총계의 100분의 1을 초과하는 현금은 부실자산으로 본다.

제15조(예금의 평가) ① 예금은 진단을 받는 자의 명의로 금융기관에 예치한 장·단기 금융상품으로 요구불예금, 정기예금, 정기적금, 증권예탁금 그 밖의 금융상품을 말한다.

② 예금은 다음 각 호에 따라 평가한다.

1. 예금은 진단기준일을 포함한 30일 동안의 은행거래실적 평균잔액으로 평가하며, 이 경우 30일 동안의 기산일과 종료일은 전체 예금에 동일하게 적용하여야 한다. 다만, 예금의 평가금액은 진단기준일 현재의 예금 잔액을 초과할 수 없다.
2. 제1호 본문에도 불구하고 신설법인의 경우 은행거래실적 평균잔액의 평가기간은 진단기준일부터 진단일 전일까지로 한다.
3. 진단기준일 현재 보유하던 실질자산을 예금으로 회수하거나 진단기준일 후 실질자산이 취득 또는 실질부채의 상환을 통하여 예금을 인출한 경우에는 이를 가감하여 은행거래실적 평균잔액을 계산할 수 있다.

③ 다음 각 호의 경우는 부실자산으로 처리하여야 하고 제2항에 따른 은행거래실적 평균잔액을 계산할 때에도 이를 제외하여야 한다.

1. 진단기준일 현재 진단을 받는 자 명의의 금융기관 예금잔액증명과 진단기준일을 포함한 60일간의 은행거래실적증명(제2항제2호의 경우에는 진단기준일부터 진단일까지 기간의 은행거래실적증명을 말한다)을 제시하지 못하는 경우. 다만, 은행거래실적증명이 발급되지 않는 금융상품의 경우에는 금융기관으로부터 발급받은 거래사실을 증명하는 다른 서류로 갈음할 수 있다.
2. 예금이 이 지침에서 부실자산이나 겸업자산으로 보는 자산을 회수하는 형식으로 입금된 후 진단기준일을 포함한 60일 이내에 그 일부 또는 전부가 부실자산이나 겸업자산으로 출금된 경우

④ 질권 설정 등 사용 또는 인출이 제한된 예금(진단대상사업의 수행을 위해 보증기관이 선급금보증, 계약보증 등과 관련하여 예금에 질권을 설정한 경우는 제외한다)은 겸업자산으로 보며, 제2항에 따른 은행거래실적 평균잔액을 계산할 때에도 이를 제외하여야 한다. 이 경우 겸업자산으로 보는 예금과 직접 관련된 차입금 등은 겸업부채로 처리한다.

⑤ 진단을 받는 자는 진단기준일 현재 예금이 예치되거나 차입금이 있는 금융기관별로 금융거래확인서를 발급받거나 전체 금융기관에 대한 신용정보조회서를 발급받아 진단자에게 제출하고 진단자는 부외부채 유무를 검토하여야 한다.

제16조(유가증권의 평가) ① 유가증권은 보유기간 또는 보유목적에 따라 단기매매증권, 매도가능증권, 만기보유증권 및 지분법적용투자주식으로 구분되는 지분증권과 채무증권으로 구분된다.

② 다음 각 호를 제외한 유가증권은 겸업자산으로 본다.

1. 특정 건설사업의 수행을 위하여 계약상 취득하는 특수 목적 법인의 지분증권
2. 진단대상사업과 관련된 공제조합 출자금
3. 한국금융투자협회 회원사로부터 발급받은 잔고증명서를 제출한 유가증권

③ 제2항의 유가증권은 다음 각 호에 따라 평가한다.

1. 제2항제1호의 지분증권은 계약서, 출자확인서, 금융자료 등으로 확인한 취득원가로 평가한다.
2. 제2항제2호 및 제3호의 출자금 및 유가증권은 진단기준일 현재의 시가로 평가한다.
3. 제2항제3호의 유가증권이 진단기준일 현재 사용 또는 인출이 제한된 때에는 겸업자산으로 보며, 이 경우 겸업자산으로 보는 유가증권과 직접 관련된 차입금 등도 겸업부채로 처리한다.
4. 제2항제3호의 유가증권이 진단기준일 이후 매도되어 예입된 매매대금이 입금 후 60일 이내에 그 일부 또는 전부가 부실자산이나 겸업자산으로 출금 또는 유지된 경우에는 부실자산으로 본다.

제17조(매출채권과 미수금등의 평가) ① 매출채권은 공사미수금과 분양미수금으로 구분되고, 거래상대방에게 세무자료에 의하여 청구한 것과 진행기준에 의하여 계상한 것을 포함하며 대손충당금을 차감하여 평가한다. 다만, 진단대상사업과 무관한 매출채권은 겸업자산으로 본다.

② 세무자료에 의하여 청구한 매출채권은 계약서, 세금계산서·계산서의 청구와 금융자료에 의한 회수내역을 통하여 검토하며 필요한 경우에는 채권조회를 실시하여 확인하여야 한다.

③ 진행기준에 의하여 계산한 매출채권은 제2항에 따른 계약서 등을 통한 평가에 추가하여 진행률의 산정이 적정한지를 평가하여야 한다.

④ 다음 각 호를 제외하고 발생일로부터 2년 이상을 경과한 매출채권과 미수금 등 받을채권(이하 "받을채권"이라 한다)은 부실자산으로 본다.

1. 국가, 지방자치단체 또는 공공기관에 대한 받을채권. 이 경우 제25조에 따른 관련 부채를 차감하여 평가하여야 한다.
2. 법원의 판결 등에 의하여 금액이 확정되었거나 소송이 진행 중인 받을채권. 이 경우 다음 각 목에 따라 평가하여야 한다.
 가. 채권 회수를 위한 담보의 제공이 없는 경우에는 전액 부실자산으로 본다.
 나. 채권 회수를 위한 담보의 제공이 있는 경우에는 그 제공된 담보물을 통하여 회수가능한 금액을 초과하는 금액을 부실자산으로 본다.
3. 「채무자 회생 및 파산에 관한 법률」에 따라 법원이 인가한 회생계획에 따라 변제 확정된 회생채권

⑤ 매출채권을 건물 또는 토지로 회수한 경우 그 건물 또는 토지는 취득한 날부터 2년간 실실자산으로 본다.

⑥ 국가와 지방자치단체에 대한 조세 채권(조세불복청구 중에 있는 금액을 포함한다)은 부실자산으로 본다. 다만, 진단일 현재 환급 결정된 경우는 제외한다.

제18조(재고자산의 평가) ① 재고자산은 취득원가로 평가하되 시가가 취득원가보다 하락한 경우에는 시가에 의한다. 이 경우 「부동산가격공시 및 감정평가에 관한 법률」에 의한 감정평가법인이 감정한 가액이 있는 경우 그 가액을 시가로 본다.

② 원자재 및 이와 유사한 재고자산은 부실자산으로 본다. 다만, 보유기간이 취득일로부터 1년 이내인 재고자산으로서 그 종류, 취득일자, 취득사유, 금융자료, 현장일지, 실사 등에 의하여 진단기준일 현재 진단대상사업을 위하여 보유하고 있음을 확인한 경우에는 실질자산으로 본다.

③ 조경공사업이나 조경식재공사업을 위한 수목자산과 주택, 상가, 오피스텔 등 진단대상사업과 연관이 있고 판매를 위한 신축용 자산(시공한 경우에 한함)의 재고자산은 보유기간에 관계없이 제2항 단서에 따라 확인한 경우에는 실질자산으로 본다.

④ 진단대상사업에 직접 관련이 없는 재고자산과 부동산매매업을 위한 재고자산은 겸업자산으로 본다.

제19조(대여금 등의 평가) ①「법인세법」상 특수관계자에 대한 가지급금 및 대여금은 부실자산으로 보며, 특수관계자가 아닌 자에 대한 대여금은 겸업자산으로 본다.

② 종업원에 대한 주택자금과 우리사주조합에 대한 대여금은 계약서, 금융자료, 주택취득 현황, 조합 결산서 등을 통하여 실재성이 확인되고 진단을 받는 자의 재무상태와 사회통념에 비추어 대여금액의 규모가 합리적인 경우에 한하여 실질자산으로 인정할 수 있다.

제20조(선급금 등의 평가) 선급금이 발생한 당시의 계약서 및 금융자료 등 증빙자료와 진단일 현재 계약이행 여부 및 진행 상황을 검토하여 실재성을 확인한 경우 다음 각 호의 선급금은 실질자산으로 본다.

1. 계약서상 선급금 규정에 의한 선급금 중 기성금으로 정산되지 않은 금액
2. 진단대상사업을 위하여 입고 예정인 재료의 구입대금으로 선지급한 금액
3. 주택건설용지를 취득하기 위하여 선지급한 금액. 다만, 제23조제4항에 따라 실질자산에 해당하지 않는 금액은 제외한다.
4. 기업회계기준에 따라 선급공사원가로 대체될 예정인 선급금

제21조(보증금의 평가) ① 임차보증금은 임대차계약서, 금융자료, 확정일사, 임대인의 세무신고서 및 시가자료 등에 의하여 평가하며, 다음 각 호의 경우에는 부실자산으로 본다.

1. 거래의 실재성이 없다고 인정되는 경우

2. 임차목적물이 부동산이 아닌 경우. 다만, 리스사업자와 리스계약에 의한 리스보증금은 제외한다.
3. 임차부동산이 본점, 지점 또는 사업장 소재지 및 그 인접한 지역이 아닌 경우 또는 임직원용 주택인 경우
4. 임차보증금이 시가보다 과다하여 그 시가를 초과한 금액의 경우

② 진단대상사업을 수행하면서 예치한 보증금은 그 근거가 되는 계약서, 금융자료, 진단기준일 현재 보증기관의 보관증 및 보증금 납부 후 진단일까지 진단대상사업의 진행상황 등을 종합적으로 판단하여 실재성을 확인한다. 다만, 보증기간이 만료된 경우로서 보증금의 회수가 지체되는 때에는 회수가능금액으로 평가하고, 보증금과 관련한 소송이 계속 중인 경우에는 보증금의 범위에서 소송금액 총액을 차감하여 평가한다.

③ 법원에 예치한 공탁금은 진단일 현재의 소송 결과 등을 반영한 회수가능금액으로 평가한다.

④ 진단대상사업에 직접 제공되지 않는 임차보증금은 겸업자산으로 본다.

제22조(투자자산 등의 평가) 이 지침에서 따로 정하지 아니한 투자자산과 기타의 비유동자산은 겸업자산으로 본다.

제23조(유형자산의 평가) ① 유형자산은 토지, 건물, 건설중인자산 및 그 밖의 유형자산을 포함한다.

② 유형자산은 소유권, 자산의 실재성 및 진단대상사업에 대한 관련성을 종합하여 평가하며, 등기 또는 등록대상인 자산으로서 법적 및 실질적 소유권이 없는 경우에는 부실자산으로 본다.

③ 유형자산은 기업회계기준에 따라 취득원가모형이나 재평가모형 중에서 진단을 받는 자가 회계장부에 반영한 방식으로 평가한다. 이 경우 감가상각누계액은 취득일부터 진단기준일까지의 감가상각비로 「법인세법」에 따른 기준내용연수와 정액법으로 계산한 금액으로 한다. 다만, 진단을 받는 자의 회계장부상 감가상각누계액이 클 경우에는 그 금액으로 한다.

④ 건설중인자산은 계약서, 금융자료, 회계장부 등으로 확인한다. 다만, 실재하지 않는 계약인 경우, 진단일 현재 계약일로부터 1년이 초과되었으나 그 사유를 객관적으로 소명하지 못하는 경우, 진단일까지 계약이 해제된 경우로서 불입금액이 예금으로 환입된 후 그 일부 또는 전부가 부실자산이나 겸업자산으로 출금되거나 유지되는 경우는 부실자산으로 본다.

⑤ 진단자는 토지와 건물의 등기부등본을 통하여 부외부채에 대한 평가를 하여야 한다.

⑥ 임대자산이나 운휴자산 등 진단대상사업과 관련이 없는 유형자산은 겸업자산으로 보며, 토지 또는 건물의 일부가 임대자산인 경우에는 전체 연면적에 대한 임대면적의 비율로 계산한 금액을 겸업자산으로 본다. 다만, 진단을 받는 자가 소유한 본사의 업무용 건축물(부속토지 포함)이 임대자산인 경우에는 실질자산으로 보며, 해당 임대자산에 대하여 진단을 받는 자 또는 타인 명의의 부채(담보로 제공된 경우 채권최고액)는 실질부채로 본다.

제24조(무형자산의 평가) 무형자산은 부실자산으로 본다. 다만, 진단대상사업과 직접 관련하여 취득한 다음 각 호의 경우는 예외로 한다.

1. 시설물을 기부채납하고 일정기간 무상으로 사용수익할 수 있는 권리를 보유한 경우에는 정액법에 따른 상각액을 차감하여 평가한다.
2. 산업재산권은 취득원가에 정액법에 따른 상각액을 차감하여 평가한다.
3. 부동산물권은 제21조제1항 및 제23조제2항에 준하여 평가한다.
4. 거래명세서 등에 의하여 실재성이 확인되는 외부에서 구입한 소프트웨어(유형자산의 운용에 직접 사용되는 경우에 한함)는 취득원가에 정액법에 따른 상각액을 차감하여 평가한다.

제25조(부채의 평가) ① 부채는 그 발생사유를 공사원가, 비용의 발생 및 관련 자산의 규모 등과 비교 분석하여 그 적정성 및 부외부채의 유무를 평가하여야 한다.

② 부외부채는 다음 각 호에 따라 평가한다.

1. 진단을 받는 자는 진단기준일 현재 예금이 예치되거나 차입금이 있는 금융기관별로 금융거래확인서를 발급받거나 전체 금융기관에 대한 신용정보조회서를 발급받아 진단자에게 제출하고 진단자는 부외부채 유무를 검토하여야 한다.
2. 제15조제3항에 따른 은행거래실적증명과 같은 기간 동안 지급한 부채내역을 제출받아 진단기준일 현재 부외부채 유무를 확인한다.
3. 진단기준일 현재 과세기간이 종료한 세무신고에 대하여 진단일까지 과세관청에 신고한 세무신고서를 제출받아 미지급세금 등을 확인한다.

③ 충당부채는 다음 각 호에 따라 적정성 여부를 평가한다.

1. 퇴직급여충당부채는 기업회계기준에 따라 평가한다.
2. 진단을 받는 자가 하자보수충당부채와 공사손실충당부채를 장부에 계상한 경우에는 그 금액으로 평가한다.
3. 보증채무와 관련한 충당부채는 기업회계기준에 따라 평가한다.

④ 이연법인세부채는 이 지침의 다른 규정에 의한 겸업자본과 실질자본을 차감하는 부채로 보지 아니한다.

제26조(자본의 평가) ① 납입자본금은 법인등기사항으로 등기된 자본금으로 한다.

② 적법한 세무신고 없이 장부상 이익잉여금 등 자본을 증액한 경우에는 실질자본에서 직접 차감한다.

제27조(수익과 비용의 평가) 수익과 비용은 기업회계기준에 따라 평가한다.

제28조(겸업자본의 평가) ① 건설업체가 진단대상사업과 겸업사업을 경영하는 경우에는 다음 각 호의 순으로 겸업자본을 평가하여야 한다.

1. 이 지침에서 겸업자산으로 열거한 자산은 겸업자산으로 하고, 그 겸업자산과 직접 관련된 부채는 겸업부채로 한다.
2. 제1호의 겸업자산과 겸업부채를 제외한 자산과 부채는 다음 각 목의 순에 따라 구분한다.
   가. 진단대상사업과 겸업사업을 상시 구분 경리하여 실지귀속이 분명한 경우에는 실지귀속에 따라 겸업자산과 겸업부채를 구분한다.
   나. 가목에 따라 겸업자산과 겸업부채로 구분할 수 없는 공통자산과 공통부채는 겸업비율에 의하여 구분한다. 이 경우 겸업비율은 진단기준일이 속한 회계연도의 각 사업별 수입금액 비율로 한다. 다만, 하나 또는 그 이상의 사업에서 수입금액이 없어 수입금액 비율을 산정할 수 없는 경우에는 사용면적, 종업원 수 등 합리적인 방식으로 산정한 겸업비율에 의한다.

② 관련법규 등에서 기준자본액이 정하여진 겸업사업에 대하여 제1항에 따라 계산한 겸업자본이 그 기준자본액에 미달하는 경우에는 기준자본액을 겸업자본으로 본다.

제29조(겸업사업자의 신규등록 신청시 실질자본의 평가) ① 겸업사업을 영위하는 자가 건설업종을 신규등록 신청하는 경우에는 다음 각 호에 따라 진단대상업종의 납입자본액을 보유하여야 한다.

1. 회사가 등록기준 자본액을 유상 또는 무상 증자한 경우. 다만, 증자일 현재 완전 자본잠식 상태인 경우에는 제외한다.

2. 회사가 등록기준 자본액 이상의 자본금을 보유하고, 주주총회 또는 이사회 결의를 통하여 동액 이상의 이익잉여금을 진단대상업종을 위해 유보하고 있는 경우

② 진단대상업종의 실질자본은 제1항에 따른 증자액 또는 이익잉여금 유보액을 별도의 예금으로 예치하여야 하고 그 예금은 제15조에 따라 평가한다.

■ 건설업관리규정 [별지 3]

과징금 부과시 직선보간법의 적용실례

사례 1> 법 제16조 위반시, 도급금액이 4억 57백만원인 경우 과징금은?

위 반 행 위	해 당 법조문	영업정지 기 간	과징금의 비율(%)			
			5천만원 까지	1억원	5억원	30억원 이상
1. 법 제16조의 규정에 위반하여 건설공사를 도급받은 때	법 제82조 제2항제1호	8월	30	24	16	8

적용례>

① 당해 구역내 1억원당 과징금율

$$\frac{\text{구역상한과징금율} - \text{구역하한과징금율}}{\text{구역상한도급금액} - \text{구역하한도급금액}} = \frac{16\% - 24\%}{5\text{억원} - 1\text{억원}} = \frac{-8\%}{4\text{억원}} = -2\frac{\%}{\text{억원}}$$

② 직선보간이 필요한 도급금액

도급금액 - 구역하한도급금액 = 4억 57백만원 - 1억원 = 3억 57백만원 = 3. 57억원

③ 직선보간에 의하여 감소되는 과징금율

$$3.57\text{억원} \times -2\frac{\%}{\text{억원}} = -7.14\%$$

④ 해당도급금액에 대한 과징금율

24% - 7.14 % = 16. 86 %

⑤ 해당도급금액에 대한 과징금 금액

4.57억원 × 16.86% = 0.770502억원 = 7천 7백 5만 2백원 ≒ 7천705만원

※ 건설업관리지침에 따라 1천원미만은 버림.

사례 2> 아래조항 위반시, 재하도급금액이 29억 88백만원인 경우 과징금은?

위 반 행 위	해 당 법조문	영업정지 기 간	과징금의 비율(%)			
			5천만원 까지	1억원	5억원	30억원 이상
6. 재하도급규정에 위반하였으나 해당업종의 건설업자에게 재하도급한 때	법 제82조제2항 제2호	4월	16	12	8	4

적용례>

① 당해 구역내 1억원당 과징금율

$$\frac{\text{구역상한과징금율} - \text{구역하한과징금율}}{\text{구역상한도급금액} - \text{구역하한도급금액}} = \frac{4\% - 8\%}{30\text{억원} - 5\text{억원}} = \frac{-4\%}{25\text{억원}}$$

② 직선보간이 필요한 도급금액

도급금액 - 구역하한도급금액 = 29억 88백만원 - 5억원 = 24억 88백만원 = 24.88억원

③ 직선보간에 의하여 감소되는 과징금율

$$24.88\text{억원} \times \frac{-4\%}{25\text{억원}} = -3.9808\%$$

④ 해당도급금액에 대한 과징금율

8% - 3.9808 % = 4. 0192 % ≒ 4.019 % (∵건설업관리지침)

⑤ 해당도급금액에 대한 과징금 금액

29.88억원 × 4.019 % = 1.2009억원 = 1억 2천 9만원 = 1억 2천만원

※ 영 별표6 나목 비고란 2호의 규정에 의하여 "직선보간에 의하여 산정된 각 구역사이의 과징금(1억2천9만원)" 이 "당해구역의 도급금액중 최고금액에 해당하는 과징금(1억2천만원)" 보다 큰 경우에는 당해구역의 도급금액중 최고금액에 해당하는 과징금 금액으로 하게 되므로, 과징금은 1억 2천만원이 됨

■ 건설업관리규정 [별지 4]

청 문 서

1. 청문일자 : 년 월 일(요일)
2. 질문자 : 직급 성명
3. 답변자 :
   - ㅇ 업체명 :
   - ㅇ 소재지 :
   - ㅇ 직 위 : 성명 : (주민등록번호 : –)
4. 위반사건 :

건설산업기본법 제86조의 규정에 의거 (청문장소 기재)에서 건설산업기본법 위반사건에 대하여 다음과 같이 임의로 진술하다.

문 : 귀하가 의 대표이사 입니까?

답 : 예 또는 아닙니다. 저희회사 대표이사로부터 금일 청문에 관한 모든 권한 및 진술권을 위임받고 청문에 응하게 되었습니다. (이때 등기부 등본, 인감증명서, 위임장 제출 : 별첨 1·2·3)

문 : 귀하께서 금일 청문에 있어서 사실만 답변하여 주시기 바라며, 객관적인 입증자료 제시함이 없어 답변하는 것은 받아들일 수 없게 되오니 입증자료를 제시하고 답변하시기 바랍니다.

답 : 예, 사실만을 답변하겠습니다.

문 :

답 :

문 :

답 :

문 :

답 :

위 문답내용을 답변자에게 열람토록 하였던 바, 잘못된 부분이나 추가할 부분이 없다고 말하므로 간인한 후 서명 날인케 하다.

년 월 일

ㅇ 상 호 :

ㅇ 주 소 :

ㅇ 대 표 자 : (인)

ㅇ 청문(답변자) : (인)

■ 건설업관리규정 [별지 5]

『국가기술자격법에 의한 관련종목의 기술자격취득자의 범위』
(건설산업기본법시행령 별표2 비고1 "다"목 관련)

1. 지반조성 · 포장공사업

분 야	기술사	기 능 장	기 사	산업기사	기 능 사	기능사보
기 계				굴착기 기중기 로더 롤러 모터그레이더 불도저	굴착기운전 기중기운전 로더운전 롤러운전 모터그레이더운전 불도저운전	
				아스팔트피니셔	아스팔트피니셔운전 천장크레인운전 천공기운전	
				공기압축기 쇄석기 기계조립	공기압축기운전 쇄석기운전 기계가공조립	다듬질
	용 접	용 접	용 접	용 접	피복아크용접 특수용접 가스텅스텐아크용접 이산화탄소가스아크용접	 특수용접 가스용접 전기용접
토 목	농어업토목 토목구조 토질 및 기초 도로 및 공항 지질 및 지반 토목시공		토목 응용지질	토목		
	토목품질시험		건설재료시험	건설재료시험 토목제도	건설재료시험 전산응용토목제도	
	측량 및 지형공간정보		측량 및 지형공간정보	측량 및 지형공간정보	측 량	
			콘크리트	콘크리트 포 장	콘크리트 포 장	콘크리트 포 장
건 축					거푸집	거푸집
		건축목재시공		건축목공	건축목공	건축목공
	건축시공 건축품질시험	건축일반시공		건축일반시공 비 계 건축제도 철 근	 비 계 전산응용건축제도 철 근	 비 계 철 근

광업자원	화약류관리		화약류관리 지하수	화약류관리 굴 착 지하수	시 추 화약취급	시 추 굴 착
국토개발	지 적	지 적	지 적	지 적	지 적	
화공 및 세라믹		위험물		위험물	위험물	

2. 실내건축공사업

분 야	기술사	기 능 장	기 사	산업기사	기 능 사	기능사보
기 계	용 접	용 접	용 접	용 접	피복아크용접 특수용접 가스텅스텐아크용접 이산화탄소가스아크용접	특수용접 가스용접 전기용접
건 축	건축구조 건축시공	건축목재시공 건축일반시공	건축 실내건축	건축 건축도장 건축목공 건축일반시공 도 배 비 계 실내건축 유리시공 건축제도 목재창호	건축도장 건축목공 도 배 비 계 실내건축 유리시공 전산응용건축제도	건축목공 도 배 비 계 유리시공 목재창호
공 예				목공예 가구제작	목공예 석공예 가구제작	목공예 가구제작 가구도장

3. 금속창호 · 지붕건축물조립공사업

분 야	기술사	기 능 장	기 사	산업기사	기 능 사	기능사보
기 계				기중기	기중기운전	
	기계	기계가공		기계조립	기계가공조립	
				컴퓨터응용가공	컴퓨터응용선반	선 반
					컴퓨터응용밀링	밀 링
					연 삭	연 삭
			일반기계	기계설계	전산응용기계제도	
	금형	금형제작	프레스금형	프레스금형	금형	프레스금형
			사출금형	사출금형		다듬질
		판금제관		판금제관	판금제관	일반판금
						타출판금
						제 관
						철골구조물
	용접	용 접	용접	용접	피복아크용접	
					특수용접	특수용접
					가스텅스텐아크용접	가스용접
					이산화탄소가스아크용접	전기용접
에너지			신재생에너지발전설비(태양광)	신재생에너지발전설비(태양광)	신재생에너지발전설비(태양광)	
금 속	금속재료	금속재료	금속재료	금속재료	금속재료시험	
전 기	건축전기설비	전 기	전 기	전 기	전 기	내선공사
			전기공사	전기공사		외선공사
	전기응용					전기기기
토 목	농어업토목		토목	토목		
	토목구조					
	토질 및 기초					
	도로 및 공항					
	지질 및 지반					
	토목시공					
			콘크리트	콘크리트	콘크리트	콘크리트
				토목제도	전산응용토목제도	
건 축	건축구조		건축	건축		
	건축시공	건축목재시공		건축목공	건축목공	건축목공
		건축일반시공		건축일반시공		
	시설원예		시설원예			
				방 수	방 수	방 수
				비 계	비 계	비 계
					조 적	조 적
				온수온돌	온수온돌	온수온돌
						구들온돌
				유리시공	유리시공	유리시공
				건축제도	전산응용건축제도	
					금속재창호	
				창호제작(금속재)		금속재창호
				목재창호	플라스틱창호	목재창호
공 예					금속도장	금속도장

4. 도장 · 습식 · 방수 · 석공사업

분 야	기술사	기 능 장	기 사	산업기사	기 능 사	기능사보
기 계				지게차	지게차운전	
				굴착기	굴착기운전	
				기중기	기중기운전	
				공기압축기	공기압축기운전	
화공 및 세라믹			화학분석		화학분석	
건 축	건축구조		건축	건축		
				건축도장	건축도장	건축도장
	건축시공	건축일반시공		건축일반시공		
	건축품질시험					
				건축제도	전산응용건축제도	
				도 배	도 배	도 배
					미 장	미 장
				방 수	방 수	방 수
				비 계	비 계	비 계
					조 적	조 적
					타 일	타 일
공 예					금속도장	금속도장
					광고도장	광고도장
						가구도장
					석공예	
금 속					축 로	축 로
토 목	농어업토목		토목	토목		
	토목구조					
	토질 및 기초					
	도로 및 공항					
	지질 및 지반					
	토목시공					
	토목품질시험		건설재료시험	건설재료시험	건설재료시험	
				토목제도	전산응용토목제도	
				석 공	석 공	석 공
	측량 및 지형공간정보		측량 및 지형공간정보	측량 및 지형공간정보	측 량	
			콘크리트	콘크리트	콘크리트	콘크리트

5. 조경식재 · 시설물공사업

분 야	기술사	기 능 장	기 사	산업기사	기 능 사	기능사보
기 계	용 접	용 접	용 접	굴착기 용 접	굴착기운전 피복아크용접 특수용접 가스텅스텐아크용접 이산화탄소가스아크용접	특수용접 가스용접 전기용접
토 목			콘크리트	석 공 토목제도 콘크리트	석 공 전산응용토목제도 콘크리트	석 공 콘크리트
건 축	건축시공	건축목재시공 건축일반시공		건축목공 건축일반시공	거푸집 건축목공 미 장 조 적	거푸집 건축목공 미 장 조 적
국토개발	조경		조경	조경	조 경	조 경
농 림	종 자 시설원예 산 림	산 림	종 자 시설원예 산 림 임업종묘 식물보호	종 자 산 림 임업종묘 식물보호	종 자 원 예 산 림 임업종묘 식물보호	원예종묘 과수재배 화훼재배 영 림
공 예				목공예	목공예 석공예	목공예

6. 철근·콘크리트공사업

분 야	기술사	기 능 장	기 사	산업기사	기 능 사	기능사보
기 계				굴착기	굴착기운전	
	용 접	용 접	용 접	용 접	피복아크용접	특수용접
					특수용접	가스용접
					가스텅스텐아크용접	전기용접
					이산화탄소가스아크용접	
토 목	농어업토목		토목	토목		
	토목구조					
	토질 및 기초					
	도로 및 공항					
	지질 및 지반					
	토목시공					
	토목품질시험		건설재료시험	건설재료시험	건설재료시험	
				토목제도	전산응용토목제도	
	측량 및 지형 공간정보		측량 및 지형공간 정보	측량 및 지형공간정보	측 량	
				콘크리트		
			콘크리트	포 장	콘크리트	콘크리트
					포 장	포 장
건 축	건축구조		건축	건축		
		건축목재시공		건축목공	건축목공	건축목공
					거푸집	거푸집
	건축시공	건축일반시공		건축일반시공		
	건축품질시험			건축제도	전산응용건축제도	
				방 수	방 수	방 수
				비 계	비 계	비 계
				철 근	철 근	철 근

7. 구조물해체 · 비계공사업

분 야	기술사	기 능 장	기 사	산업기사	기 능 사	기능사보
기 계				굴착기	굴착기운전	
				기중기	기중기운전	
					천장크레인운전	
					천공기운전	
				기계조립	기계가공조립	
						다듬질
	용 접	용 접	용 접	용 접	피복아크용접	
					특수용접	특수용접
					가스텅스텐아크용접	가스용접
					이산화탄소가스아크용접	전기용접
화공 및 세라믹		위험물		위험물	위험물	
토 목	농어업토목 토목구조 토질 및 기초 도로 및 공항 지질 및 지반 토목시공		토목	토목		
			콘크리트	콘크리트	콘크리트	콘크리트
	측량 및 지형공간정보		측량 및 지형공간정보	측량 및 지형공간정보	측 량	
건 축	건축구조		건축	건축		
		건축목재시공		건축목공	거푸집	거푸집
	건축시공	건축일반시공		건축일반시공		
				비 계	비 계	
				건축제도	전산응용건축제도	비 계
				철 근	철 근	철 근
광업자원	화약류관리		화약류관리	화약류관리 굴 착	화약취급	

8. 상 · 하수도설비공사업

분 야	기술사	기 능 장	기 사	산업기사	기 능 사	기능사보
기 계	용 접	배 관 판금제관 용 접	용 접	배 관 굴착기 판금제관 용 접	배 관 굴착기운전 판금제관 피복아크용접 특수용접 가스텅스텐아크용접 이산화탄소가스아크용접	건축배관 공업배관 제 관 특수용접 가스용접 전기용접
토 목	농어업토목 토목구조 토질 및 기초 도로 및 공항 지질 및 지반 토목시공 토목품질시험 측량 및 지형공간정보		토목 건설재료시험 측량 및 지형공간정보 콘크리트	토목 건설재료시험 토목제도 측량 및 지형공간정보 콘크리트	건설재료시험 전산응용토목제도 측 량 콘크리트	콘크리트
건 축	건축시공 건축품질시험	건축목재시공		건축목공	거푸집	거푸집
광업자원	화약류관리		화약류관리	화약류관리 굴 착	화약취급	굴 착

9. 철도 · 궤도공사업

분 야	기술사	기 능 장	기 사	산업기사	기능사	기능사보
기 계	용 접	용 접	용 접	판금제관 용 접	판금제관 피복아크용접 특수용접 가스텅스텐아크용접 이산화탄소가스아크용접	특수용접 가스용접 전기용접 철골구조물
에너지			신재생에너지발전설비(태양광)	신재생에너지발전설비(태양광)	신재생에너지발전설비(태양광)	
토 목	농어업토목 토목구조 토질 및 기초 도로 및 공항 지질 및 지반 토목시공 철도 측량 및 지형공간정보		토목 철도토목 측량 및 지형공간정보	토목 철도토목 측량 및 지형공간정보	철도토목 측 량	보 선
건 축	건축시공	건축일반시공		건축일반시공		

10. 철강구조물공사업

분 야	기술사	기 능 장	기 사	산업기사	기 능 사	기능사보
기 계				기중기	기중기운전	
	기계	기계가공		컴퓨터응용가공		
			일반기계	기계설계	전산응용기계제도	
					컴퓨터응용선반	선 반
					컴퓨터응용밀링	밀 링
					연 삭	연 삭
		판금제관		판금제관	판금제관	일반판금
						타출판금
						제 관
						철골구조물
	용 접	용 접	용 접	용 접	피복아크용접	
					특수용접	특수용접
					가스텅스텐아크용접	가스용접
					이산화탄소가스아크용접	전기용접
금 속	금속재료	금속재료	금속재료	금속재료	금속재료시험	
토 목	농어업토목		토목	토목		
	토목구조					
	토질 및 기초					
	도로 및 공항					
	지질 및 지반					
	토목시공					
	토목품질시험		건설재료시험	건설재료시험	건설재료시험	
				토목제도	전산응용토목제도	
	측량 및 지형공간정보		측량 및 지형공간정보	측량 및 지형공간정보	측 량	
건 축	건축구조		건축	건축		
	건축품질시험			건축제도	전산응용건축제도	
공 예					금속도장	금속도장

11. 수중 · 준설공사업

주력분야	분 야	기술사	기 능 장	기 사	산업기사	기 능 사	기능사보
1. 수중공사	기 계	용 접	용 접	용 접	기중기 준설선 용 접	기중기운전 준설선운전 피복아크용접 특수용접 가스텅스텐아크용접 이산화탄소가스아크용접	특수용접 가스용접 전기용접
	화공 및 세라믹		위험물		위험물	위험물	
	토 목	농어업토목 토목구조 토질 및 기초 도로 및 공항 지질 및 지반 토목시공		토목 콘크리트	도목 콘크리트	콘크리트	콘크리트
	건 축				철 근	철 근	철 근
	광업자원	화약류관리		화약류관리 지하수	화약류관리 굴 착 지하수	시 추 화약취급	시 추 굴 착
	해 양		잠 수	항로표지	잠 수 항로표지	잠 수 항로표지	잠 수

2. 준설공사 : 관련종목 기능계 기술자격자 없음

12. 승강기 · 삭도공사업

주력분야	분 야	기술사	기 능 장	기 사	산업기사	기 능 사	기능사보
1.승강기 설치공사	기 계	기 계 산업기계설비 금 형 용 접	기계가공 기계정비 금형제작 판금제관 용 접	일반기계 정밀측정 프레스금형 사출금형 용 접	컴퓨터응용가공 기계조립 기계설계 정밀측정 기계정비 생산자동화 프레스금형 사출금형 판금제관 용 접	기계가공조립 전산응용기계제도 정밀측정 기계정비 금 형 판금제관 피복아크용접 특수용접 가스텅스텐아크용접 이산화탄소가스아크용접	다듬질 정밀측정 프레스금형 사출금형 일반판금 타출판금 제 관 특수용접 가스용접 전기용접 철골구조물
	전 기	건축전기설비 전기응용	전 기	전 기 전기공사	전 기 전기공사	전 기	내선공사 외선공사 전기기기
	전 자	산업 계측제어 전자응용	전자기기 전자	공업 계측제어 전 자	공업 계측제어 전 자	공업 계측제어 전자기기	전자기기
	건 축	건축기계설비		건축설비	건축설비 건축제도	전산응용건축제도	
	산업응용			승강기	승강기	승강기	

주력분야	분 야	기술사	기 능 장	기 사	산업기사	기 능 사	기능사보
2. 삭도 설치공사	기 계	용 접	판금제관 용 접	용 접	판금제관 용 접	판금제관 피복아크용접 특수용접 가스텅스텐아크용접 이산화탄소가스아크용접	특수용접 가스용접 전기용접 철골구조물
	토 목	농어업토목 토목구조 토질 및 기초 도로 및 공항 지질 및 지반 토목시공 측량 및 지형공간정보		토목 측량 및 지형공간정보	토목 철도토목 측량 및 지형공간정보	철도토목 측 량	보 선
	전 기	건축전기설비 전기응용	전 기	전 기 전기공사	전 기 전기공사	전 기	내선공사 외선공사 전기기기

13. 기계설비 · 가스공사업

주력분야	분 야	기술사	기 능 장	기 사	산업기사	기 능 사	기능사보
1. 기계설비 공사	기 계		배 관		배 관	배 관	건축배관
							공업배관
							다듬질
		기 계		일반기계			
					기계조립	기계가공조립	
					기계설계	전산응용기계제도	
		건설기계		건설기계설비	건설기계설비		
		건축기계설비		건축설비	건축설비		
		공조냉동기계		공조냉동기계	공조냉동기계	공조냉동기계	
		산업기계설비					
				설비보전		설비보전	
					정밀측정	정밀측정	
			기계정비		기계정비	기계정비	
				메카트로닉스	생산자동화	생산자동화	
			판금제관		판금제관	판금제관	일반판금
							타출판금
							제 관
		용 접	용 접	용 접	용 접	피복아크용접	
						특수용접	특수용접
						가스텅스텐아크용접	가스용접
						이산화탄소가스아크용접	전기용접
	금 속	금속재료	금속재료	금속재료	금속재료	금속재료시험	
	화공 및 세라믹		위험물		위험물	위험물	
	전 기	건축전기설비	전 기	전기 전기공사	전기 전기공사	전 기	내선공사 외선공사
	건 축	건축구조 건축시공	 건축일반시공	건축	건축 건축일반시공 건축제도 온수온돌	 전산응용건축제도 온수온돌	 온수온돌 구들온돌
	에너지		에너지관리	에너지관리 신재생에너지발전설비(태양광)	에너지관리 신재생에너지발전설비(태양광)	에너지관리 신재생에너지발전설비(태양광)	
	안전관리	가 스	가 스	가 스	가 스	가 스	가 스
	환 경	소음진동		소음진동	소음진동		

2, 가스시설공사(제1종) : 관련종목 기능계 기술자격자 없음

14. 가스난방공사업

1. 가스시설공사(제2종 및 제3종) : 관련종목 기능계 기술자격자 없음

주력분야	분 야	기술사	기 능 장	기 사	산업기사	기 능 사	기능사보
2. 난방공사 (제1종 및 제2종)	기 계	건설기계설비 공조냉동기계 건설기계 용 접	배 관 용 접	건설기계설비 공조냉동기계 용 접	배 관 건설기계설비 공조냉동기계 용 접	배 관 공조냉동기계 피복아크용접 특수용접 가스텅스텐아크용접 이산화탄소가스아크용접	건축배관 특수용접 가스용접 전기용접
	건 축	건축기계설비		건축설비	건축설비 온수온돌	온수온돌	온수온돌 구들온돌
	에너지		에너지관리	에너지관리	에너지관리	에너지관리	
	전 기	건축전기설비	전 기	전 기 전기공사	전 기 전기공사	전 기	내선공사 외선공사
	안전관리	가 스	가 스	가 스	가 스	가 스	가 스

■ 건설업관리규정 [별지 6] <개정2018.6.26.> <시행 2018.6.26.>

ㅇㅇ시(도) 건설업 진단자 현황(　　년　월)

일련번호	진단자		담당 공인회계사 또는 경영지도사		진단받은 건설업체	
	상호·명칭	법인등록번호	성　명 (생년월일)	자격증번호	상호·명칭 (법인등록번호)	진단대상업종 (업종등록번호)

※ 기재요령 :

1. 일련번호는 건설업등록관청에 재무관리상태진단보고서가 접수된 일자순으로 부여한다.
2. 법인등록번호가 없는 경우에는 사업자등록번호를 기재한다.
3. 전문경영진단기관은 공인회계사 2인(공인회계사 1, 경영지도사 1) 모두 기재한다.
4. 진단대상업종란의 경우 진단받은 건설업종이 2이상인 경우 모두 기재한다.
5. 매월별로 작성하여, 다음달 10일까지 국토교통부장관에게 보고하여야 한다.

■ 건설업관리규정 [별지 7] <개정2018.6.26.> <시행 2020.4.20.>

건설업 실태조사규정

1. 조사기관

조사기관은 국토교통부장관 또는 건설사업자의 주된 영업소소재지를 관할하는 시·도지사 또는 시장·군수·구청장(이하 "시·도지사등"이라 한다)

2. 조사대상업자 선정

국토교통부장관은 다음 방법에 의거 수집된 정보를 토대로 조사대상업자 선정기준을 마련하여, 이에 따라 조사대상업자를 선정한 다음 실태조사를 실시하거나 선정된 조사대상업자를 시·도지사 등에게 통보하여 실태조사를 실시하도록 한다. 시·도지사 등은 국토교통부장관으로부터 통보받은 조사대상업자 외에 실태조사가 필요하다고 인정하는 건설사업자를 포함하여 실태조사를 실시할 수 있다.

가. 기술능력
(1) 종합건설업자 : 한국건설기술인협회로부터 건설업자별 건설기술자 현황을 제출받아 기술능력 미달 혐의업체 추출
(2) 전문건설업자 : 건설업자로부터 건설기술자 또는 기술자격취득자 보유현황을 제출받아 기술능력 미달 혐의업체 추출

나. 자본금 : 실태조사 시 국토교통부장관이 별도의 기준을 정하여 미달 혐의업체 추출

다. 시설·장비·사무실
(1) 시설 : 제작장 및 현도장은 등기부등본 등을 제출받아 미달 혐의업체 추출(철강재 설치공사업)
(2) 장비 : 장비중 건설기계관리법 기타 법령의 적용을 받는 장비는 해당법령에 의한 등록증을, 그 이외의 장비는 보유하고 있음을 증명하는 서류를 제출받아 미달 혐의업체 추출
(3) 사무실 : 건물등기부등본, 임대차계약서, 건축물대장, 지방세세목별과세증명서(건물등기부등본이 없는 경우에 한함)를 제출받아 미달 혐의업체 추출

라. 보증가능금액확인서 : 보증기관으로부터 보증가능금액확인서 정보를 제출받아 미달 혐의업체 추출

3. 조사기준일

건설업 등록기준 충족여부를 판단하기 위한 조사기준일은 다음과 같이 한다.

가. 기술능력 : 전년도 실태조사 조사일(국토교통부장관이 실태조사 실시를 시·도지사 등에게 통보한 날을 말한다. 이하 같다.) 이후부터 조사일 현재

나. 자본금 : 조사일 직전연도의 정기연차 결산일

다. 시설·장비·사무실, 보증가능금액확인서 : 조사일 현재

4. 조사방법

조사는 서면심사 또는 방문조사 등의 방법으로 실시한다.

5. 조사실시

가. 조사기관은 실태조사 시작 7일 전까지 조사일시, 조사이유 및 조사내용 등 조사계획을 미리 조사대상업자에게 알려야 한다. 다만, 긴급한 경우나 사전에 알리면 증거인멸 등으로 조사목적을 달성할 수 없다고 인정하는 경우에는 미리 알리지 아니할 수 있다.

나. 현지를 방문하여 조사를 실시하는 경우 조사를 담당하는 공무원은 그 권한을 표시하는 증표를 지니고 이를 관계인에게 보여 주어야 하고, 조사 관련 장소에 출입할 때에는 성명, 출입시간, 출입목적 등이 표시된 문서를 관계인에게 보여주어야 한다.

6. 자료제출 요구<삭제>

7. 실태조사 처리방법

가. 종합공사를 시공하는 업종은 위탁받은 기관(이하 "대한건설협회"라 하며, 시 · 도회를 포함함)이 실태조사 중 등록기준의 적합 여부를 확인하고, 주된 영업소를 관할하는 시·도지사가 처리한다.

나. 전문공사를 시공하는 업종은 주된 영업소 소재지를 관할하는 시장·군수·구청장이 처리한다.

다. 등록기준의 적합 여부를 확인하는 기관은 조사대상업자에게 기한을 정하여 조사에 필요한 자료의 제출을 요구할 수 있으며, 제출된 자료가 미비할 경우에는 추가자료의 제출을 요구할 수 있다.

8. 건설업 등록기준의 적격여부 확인

가. 기술능력

(1) 기술능력의 적격여부 확인은 「건설업 관리규정」 제2장제3항 가목에 준하여 처리하며, 필요한 경우 근로소득원천징수영수증 · 급여 통장사본 등을 추가로 제출받아 확인한다.

(2) 조사기준일 현재 퇴사한 기술인력의 고용보험 피보험자격 이력내역서를 조사대상업자로부터 제출받기 어려운 경우에는 조사기관이 근로복지공단으로부터 직접 제출받아 확인한다.

(3) 주민등록표 등을 통하여 재학 · 군복무 · 해외체류 · 사망 · 연령(20세이하, 70세이상) 등을 감안할 때 정상근무가 곤란한 경우가 있는지 확인한다.

(4) 기술능력 보유현황 확인은 [별지1]의 「기술자보유 현황표」를 활용할 수 있다.

나. 자본금

(1) 조사대상업자의 조사기준일의 재무제표를 검토하여 등록기준 미달 확인시 제제처분 절차에 착수한다. 다만, 조사기준일 이후 법 제17조제1항제1호 및 제2호의 양도 · 양수, 합병 또는 업종추가 등의 사유로 재무관리상태진단보고서를 작성한 사실이 있는 경우에는 이 진단 결과를 기준으로 진단조서 등의 서류 일체를 제출받아 등록기준 충족여부를 판단할 수 있다.

(2) 자본금 조사일 현재 자본금 미달로인해 행정처분 기간중에 있거나, 조사 진행 중 행정처분을 받은 자의 경우에는 조사대상에서 제외한다. 다만, 조사일 현재 처분종료일자 기준의 재무관리상태진단보고서를 작성한 사실이 있는 업체의 경우에는 등록기준 충족여부를 판단할 수 있다.

(3) 조사대상업자에 대한 등록기준 심사를 위해 자본금의 산정 및 확인에 관한 사항은 [별지 2] 건설업체 진단지침에 따른다.

(4) (1)에 따라 재무제표를 검토하여 산정한 금액이 자본금기준에 미달되는 경우 재무관리상태진단보고서를 제출받아 자본금기준의 적격여부를 확인할 수 있으며, 이 경우에는「건설업 관리규정」제2장제3항 나목 (2)에 의한다.

다. 보증가능금액확인서

보증가능금액확인서의 적합여부는 건설행정정보시스템(CIS) 또는 보증가능금액확인서 발급기관을 통하여 확인한다.

라. 시설 · 장비 · 사무실

「건설업 관리규정」 제2장제3항 라, 마목에 준하여 처리한다.

마. 다른 법률에 의한 등록업종 등을 겸업하는 경우

「건설업 관리규정」 제2장제3항 바목에 준하여 처리한다.

바. 건설업 등록기준의 중복인정에 관한 특례 적용기준

「건설업 관리규정」 제2장제3항 아목에 준하여 처리한다.

9. **제재처분**

가. 건설업 등록기준에 미달한 사실이 확인된 경우에는 지체없이 청문 등 제재처분 절차에 착수한다.

나. 정당한 사유없이 자료를 제출하지 아니하는 건설사업자에 대해서는 즉시 시정명령토록 하고, 시정명령 미이행시에는 영업정지 처분한다.

다. 실태조사 과정에서 다른 법에 의한 위법사항이 발견된 경우 해당 처분청 등에 통보 또는 고발한다.

라. 실태조사 기간 중 전출하는 경우에는 실태조사 시작일 기준으로 전출기관에서 조사한 후 전입기관에 청문회 및 처분 요청하고, 실태조사 중 조사 대상업체의 폐업신고는 실태조사 완료 전까지는 수리하지 아니한다.

이 규정은 발령한 날부터 시행한다.

건설업자간 상호협력에 관한 권장사항 및 평가기준

[시행 2021. 9. 30.] [국토교통부고시 제2021-1121호, 2021. 9. 30., 일부개정.]

제1조(목적) 이 기준은 「건설산업기본법」 제48조 및 같은 법 시행령 제40조제2호, 제3호에 따라 건설산업의 균형있는 발전과 건설공사의 효율적인 수행을 위하여 종합공사를 시공하는 업종을 등록한 건설사업자(이하 "종합건설사업자"라 한다)와 전문공사를 시공하는 업종을 등록한 건설사업자(이하 "전문건설사업자"라 한다)간 및 대기업인 건설사업자와 중소기업인 건설사업자간의 상호협력관계에 관한 권장사항과 평가에 관한 사항을 정함을 목적으로 한다.

제2조(용어의 정의) 이 규정에서 사용하는 용어의 뜻은 다음과 같다.

1. "종합건설사업자"란 「건설산업기본법」 제9조제1항에 따라 종합공사를 시공하는 업종을 등록하고 건설업을 영위하는 자를 말한다.
2. "전문건설사업자"란 「건설산업기본법」 제9조제1항에 따라 전문공사를 시공하는 업종을 등록하고 건설업을 영위하는 자를 말한다.
3. "대기업인 건설사업자"란 토목건축공사업의 시공능력공시금액이 조달청의 등급별 유자격자 명부등록 및 운용기준 1등급에 해당하는 종합건설사업자를 말한다.
4. "중소기업인 건설사업자"란 제2조제3호에 해당되지 아니한 종합건설사업자를 말한다
5. "협력업자"란 「건설산업기본법」 제48조제2항에 따라 종합건설사업자 및 대기업인 건설사업자에 등록된 건설사업자를 말한다.
6. "전자적 대금지급 시스템"이란 종합건설사업자가 지급하는 건설근로자 임금 및 자재·장비 대금이 금융기관 시스템(건설사의 인출제한 기능)과 연계하여 건설근로자 계좌 및 자재·장비업자 계좌로 송금만 허용하는 전자적 시스템을 말한다.

제3조(협력업자의 등록업종 및 구분) ① 건설산업기본법시행령 제41조제1항의 규정에 의한 협력업자의 등록업종은 건설산업기본법령에 의하여 건설업의 등록을 요하는 업종으로 하며, 필요한 경우에는 전문건설업의 업무내용에 따라 세부공종별로 할 수 있다.
② 종합건설사업자가 협력업자로서 등록하고자 할 경우 시공의 전문화를 위하여 건설공사의 종류별로 등록을 받거나 공동도급 등의 시행을 위하여 지역별로 등록받을 수 있다.

제4조(시공기술·정보 등의 상호교류) ① 대기업인 건설사업자 및 종합건설사업자와 협력업자는 시공기술 및 공사관리기법 등의 상호교류와 협력 등을 통하여 공사를 효율적으로 관리하고, 건설업의 경쟁력을 높일 수 있도록 상호 노력한다.
② 종합건설사업자는 협력업자에게 시공계획서 및 견적서 작성능력 등에 관한 기술을 전수하거나 지도할 수 있다.

제5조(상호 보완을 통한 협력) 종합건설사업자와 협력업자는 공종별, 업역별로 상호보완을

통하여 협력해 나가도록 서로 협조하고, 기획·시공·감리·사후관리 등 분야별로 역할분담을 할 수 있도록 노력하여야 한다.

제6조(상생협의체 구성·운영) ① 종합건설사업자는 효율적인 공사수행을 위하여 공사현장별로 발주자, 협력업자 등이 공동으로 참여하는 상생협의체를 구성·운영할 수 있다.

② 제1항에 따른 상생협의체의 운영실적에 대하여 제11조제1항에 따른 평가에 반영할 수 있다.

제7조(협력업자에 대한 지원) ① 종합건설사업자는 협력업자로 등록된 자 중 시공기술 및 공사관리에 관한 능력이 우수한 자를 대상으로 우수협력업자로 선정할 수 있으며, 우수협력업자로 선정된 자에 대해서는 입찰 및 인력·자금·기술개발 지원 등에서 우대할 수 있다.

② 종합건설사업자는 건설공사를 공동도급하거나 하도급하고자 하는 경우 협력업자를 공동수급인이나 하수급인으로 우선 선정할 수 있다.

③ 종합건설사업자가 협력업자와 하도급계약을 체결하는 경우 그 계약서는 「하도급거래 공정화에 관한 법률」 제3조의2에 따라 건설공사 표준하도급계약서를 사용하는 것을 우선적으로 고려하여야 한다.

제8조(표창실적 등이 있는 우수업자에 대한 우대) 종합건설사업자가 협력업자와의 공동도급 또는 하도급 등 상호협력을 모범적으로 이행하여 중앙행정기관의 장, 시·도지사 또는 대한건설단체총연합회장으로부터 표창을 받은 경우에는 제11조제1항에 따른 평가에서 우대할 수 있다. 중앙행정기관의 장에 의해 하도급거래가 모범적인 업체로 선정된 경우에도 또한 같다.

제8조의2 <삭 제>

제9조(협력업자에 대한 지원 등) ① 종합건설사업자는 협력업자의 경영합리화, 노무·시공관리 개선, 기술 및 기능 향상, 근로자 임금 체불방지, 안전문화 조성 등을 위한 재무·교육, 기술 및 안전 지원 등을 할 수 있다.

② 종합건설사업자는 제1항에 따른 지원 등에 필요한 시설, 비용 등을 지원할 수 있다.

제10조(협력업자에 대한 시공평가 및 관리) ① 종합건설사업자는 협력업자에 대한 시공평가를 실시하는 등 우량한 업체가 협력업자로 등록될 수 있도록 관리하여야 한다.

② <삭 제>

제10조의2(가점 우대 등) ① 종합건설사업자가 민간 건설공사에서 전자적 대금지급시스템을 활용하여 건설근로자 및 자재·장비업자에게 임금 및 대금을 지급한 실적이 있는 경우 5점 이내에서 가점을 부여할 수 있다.

② 제1항에서 전자적 대금지급시스템은 다음 각 호의 기능을 갖추어야 한다.

1. 종합건설사업자가 협력업자에게 지급한 임금 및 자재·장비대금이 건설 근로자 및 자재·장비업자에게 직접 지급될 수 있도록 금액의 청구·승인 및 지급에 관한 기능
2. 제1호에 따른 청구·승인 및 지급에 대하여 종합건설사업자 및 협력업자가 실시간 확

인할 수 있는 기능

3. 종합건설사업자가 입금한 임금 및 자재·장비대금을 협력업자가 인출하지 못하도록 하고 근로자 및 자재·장비업자 계좌 등으로 송금만 허용하는 기능(예 : 에스크로 계좌) 등

4. 근로자 및 자재·장비업자에게 문자 등으로 임금 지급 등을 알리는 기능

③ 제12조의 평가기관은 종합건설사업자가 제출한 임금 및 자재·장비대금 지급 실적과 제2항에서 규정하고 있는 대금지급시스템 기능 등을 확인하기 위하여 필요한 경우 종합건설사업자가 활용하고 있는 전자적 대금지급시스템을 검증할 수 있다.

④ 종합건설사업자가 협력업자와 해외 건설사업에 공동도급 등 동반 진출이 있는 경우 제11조제1항에 따른 평가에서 3점 이내에서 가점을 부여할 수 있다.

제11조(평가기준 등) ① 건설산업기본법 시행령 제40조제3호에 의한 건설사업자간 상호협력의 평가는 대기업인 건설사업자의 경우에는 별표 1, 중소기업인 건설사업자의 경우에는 별표 2의 기준에 의한다.

② 제1항의 규정에 의한 평가시에는 건설산업기본법시행규칙 제22조제2항제1호 다목의 규정에 의한 자기건설공사의 기성실적도 포함한다.

제12조(평가기관) ① 국토교통부장관은「건설산업기본법」 제91조제3항제8호에 따라 건설사업자간 상호협력관계에 관한 평가를 대한건설협회 및 대한전문건설협회에 위탁한다.

② 대한건설협회는 서류접수, 평가 등 상호협력관계에 관한 전반적인 평가업무를 총괄하여 수행한다.

③ 대한전문건설협회는 대한건설협회와 협의를 거쳐 협력업자의 하도급기성실적, 하도급대금 지급 금액 및 지급시기 등 일부 항목에 대해 확인할 수 있다.

제13조(평가시기 및 적용기간) ① 건설사업자간 상호협력에 관한 평가는 건설산업기본법 제23조의 규정에 의한 시공능력평가의 공시와 연계하여 실시하며, 그 결과는 당해연도 6월말까지 발표한다.

② 제1항에 따른 평가결과 발표내용에는 제16조에 따른 우대사항의 적용기간을 포함한다.

제14조(평가방법) ① 제11조의 기준에 따라 종합건설사업자를 평가하는 때에는 이를 전산처리하여야 한다.

② 협력업자 육성을 위한 공사대금의 적정지급여부를 판단하기 위하여 공사대금에 대한 적정한 대가의 반영여부, 선금·기성금·준공금 등을 지급기간내 지급하였는지의 여부 등을 종합적으로 평가할 수 있다.

③ 제2항에 따른 평가시에는「건설산업기본법」,「하도급거래공정화에 관한 법률」,「국가를 당사자로 하는 계약에 관한 법률」 및 「지방자치단체를 당사자로 하는 계약에 관한 법률」에 의하여 제재한 실적을 반영할 수 있다. 다만, 2012년 1월 12일 이전에 제재한 실적은 반영하지 아니한다.

④ 대한건설협회의 장은 제2항의 규정과 관련하여 필요한 자료의 제출을 관계 중앙행정기

관의 장 또는 대한전문건설협회의 장 등 다른 건설사업자 단체의 장에게 요청할 수 있다.

제15조(서류의 제출) ① 「건설산업기본법」 제48조제4항에 따라 평가를 받고자 하는 대기업인 건설사업자는 별지 1호, 중소기업인 건설사업자는 별지 2호 서식에 의한 평가신청서(「전자서명법」 제2조제2호에 따라 전자서명한 전자문서를 포함한다)와 다음 각호의 서류(「전자서명법」 제2조제1호에 따른 전자문서를 포함한다.)를 다음년도 3월 15일까지 대한건설협회에 제출하여야 한다.

1. 업종별 협력업자 관리대장 (별지 3호 서식)
2. 공동도급공사별 기성실적 현황(별지 4호 서식)
3. 업종별 협력업자별 하도급 기성실적 현황(별지 5호 서식)
4. 업종별 하도급 계약 및 기성실적 상세현황(별지 6호 서식)
5. 하도급대금 등 협력업자 재무지원 현황(별지 7호 서식)
6. 협력업자 지원 현황(별지 8호 서식)
7. 상생협의체 운영 현황(별지 9호 서식)
8. 공동도급 또는 하도급 관련 표창 현황(별지 10호 서식)
9. 공사대금 적정지급 또는 하도급 관련 제재처분 받은 현황(별지 11호 서식)
10. 해외공사 공동도급 등 동반진출 실적 현황(별지 12호 서식)
11. 민간공사에서 전자적 대금시스템을 활용한 임금지급 실적 현황(별지 13호 서식)
12. 일체형 작업발판 사용현장 현황(별지 14호 서식)
13. 사망사고 발생 현황(별지 15호 서식)
14. 건설혁신 선도기업과의 협력실적 현황(별지 16호 서식)

② 평가기관은 제1항의 규정에 의한 제출서류에 따라 평가하되, 허위작성의 혐의가 있는 등 필요하다고 인정할 때에는 추가로 세부 입증자료의 제출을 요구할 수 있다.

③ 제1항에 따른 제출서류를 허위로 작성하여 평가신청한 자에 대하여는 3년간 평가대상에서 제외하며, 허위신청 내용을 토대로 평가된 자에 대해서는 지체없이 PQ심사 우대를 중지한다.

제16조(평가에 따른 우대사항) ① 제11조에 따라 상호협력관계를 평가한 결과 우수한 자에 대하여 「건설산업기본법」 제48조제4항에 따라공사 발주때 우대할 수 있는 사항은 다음 각 호와 같다.

1. <삭 제>
2. PQ심사시 우대사항

가. 90점이상 : 5점 가산
나. 80점이상 ~ 90점미만 : 4점 가산
다. 70점이상 ~ 80점미만 : 3점 가산
라. 60점이상 ~ 70점미만 : 2점 가산

② 평가결과가 우수한 자에 대한 우대는 다음 각호와 같이 실시한다.

1. <삭 제>
2. PQ심사 때 : 평가결과 발표일부터 다음년도 평가결과 발표일 전일까지 우대

제17조(재검토기한) 국토교통부장관은 이 고시에 대하여 「훈령·예규 등의 발령 및 관리에 관한 규정」에 따라 2021년 1월 1일을 기준으로 매 3년이 되는 시점(매 3년째의 12월 31일까지를 말한다)마다 그 타당성을 검토하여 개선 등의 조치를 하여야 한다.

부칙 <제2021-1121호, 2021. 9. 30.>
이 고시는 발령한 날부터 시행한다.

별표 / 서식

[별표 1] 대기업의 협력평가기준

[별표 2] 중소기업의 협력평가 기준(제11조 관련)

[별지 1] 건설사업자간 상호협력에 관한 평가신청서 (대기업)

[별지 2] 건설사업자간 상호협력에 관한 평가신청서 (중소기업)

[별지 3] 업종별 협력업자 관리대장

[별지 4] 공동도급공사별 기성실적 현황

[별지 5] 업종별 협력업자별 하도급 기성실적 현황

[별지 6] 업종별 하도급 계약 및 기성실적 상세현황

[별지 7] 하도급대금 등 협력업자 재무지원 현황

[별지 8] 협력업자 지원 현황

[별지 9] 상생협의체 운영 현황

[별지 10] 공동도급 또는 하도급 관련 표창 현황

[별지 11] (대금지급 또는 하도급 관련, 부당내부거래, 갑질, 부실시공 관련) 제재처분 받은 현황

[별지 12] 해외공사 공동도급 등 동반진출 실적 현황

[별지 13] 전자 대금지급시스템을 활용한 임금·대금지급 실적 현황

[별지 14] 일체형 작업발판 사용 현장 현황

[별지 15] 사망사고 발생 현황

[별지 16] 건설혁신 선도기업과의 협력실적 현황

[붙임 1] 하도급률 확인서 (예시)

[붙임 2] 기술개발비 수령 사실 확인서 (예시)

[붙임 3] 공사대금수령 및 하도급대금지급 내역서 (예시)

[붙임 4] 건설산업 상생협의체 협정서 (예시)

[붙임 5] 상생협의체 월간/주간회의 운영일지(예시)

[붙임 6] 현장별 상생협력 추진실적 평가표 (예시)

[붙임 7] 해외공사 동반진출 실적 확인서

【별표 1】

대기업의 협력평가기준

평 가 분 야	항 목 별	배점
1. 공동도급실적 (10점)	가. 공동도급 기성실적 건수 대비 협력업자와의 공동도급 기성실적 건수 비율	5
	(1) 60%이상	5
	(2) 50%이상 ~ 60%미만	4
	(3) 40%이상 ~ 50%미만	3
	(4) 30%이상 ~ 40%미만	2
	나. 지역 협력업자와의 공동도급 참여실적 (당년도 공동도급 총기성액 대비 지역업체의 당년도 공사실적 합산액 비율)	5
	(1) 40%이상	5
	(2) 30%이상 ~ 40%미만	4
	(3) 20%이상 ~ 30%미만	3
	(4) 15%이상 ~ 20%미만	2
2. 하도급실적 (20점)	가. 총기성액 대비 협력업자의 하도급 기성실적 비율	20
	(1) 45%이상	20
	(2) 35%이상 ~ 45%미만	15
	(3) 25%이상 ~ 35%미만	10
	(4) 15%이상 ~ 25%미만	5
3. 협력업자 육성 (52점)	가. 협력업자 재무지원	37
	(1) 하도급대금 및 지급시기 등의 적정성	27
	① 하도급대금 지급액의 적정성	10
	② 하도급낙찰률	5
	③ 하도급대금 현금성 조기지급.	8
	<삭 제>	
	④ 전자 하도급계약	4
	(2) 협력업자의 재무 및 교육지원	10
	① 재무분야	5
	② 교육분야	5
	나. 협력업자와 공동기술 개발 및 기술지원	10
	(1) 기술개발비용 지원(협력업자당 각2점)	
	(2) 신기술 · 특허공법 공동개발(협력업자당 각2점)	
	(3) 특허 또는 신기술을 보유한 협력업체에 하도급에 의해 시공한 공사가 있는 경우(협력업자당 각1점)	
	(4) 협력업자에게 신기술, 특허공법 등 선진 기술을 이전하기 위하여 전문인력을 파견하거나 기술 전수 교육 등을 하는 경우 (협력업자당 각 1점)	
	(5) 상생협력법에 따라 성과공유제를 수행한 경우(협력업자당 각 1점)	

평 가 분 야	항 목 별	배점
	다. 상생협의체 운영 (1) 전체 현장수 대비 협의체운영 현장수 비율 ① 20%이상 또는 20개이상 ② 10%이상 또는 10개이상 (2) 협의체 운영실적	5 2 2 1 3
4. 신인도(18점)	가. 공동도급 또는 하도급 등 건설사업자간 상호협력과 관련하여 표창 등을 받은 실적 (1) 중앙행정기관의 장 또는 대한건설단체총연합회장 표창, 중앙행정기관의 장의 모범업체 선정 1회 (2) 시 · 도지사 표창 1회	3 3 2
	나. 공사대금의 적정지급 또는 공사하도급과 관련하여 「하도급거래 공정화에 관한 법률」, 「건설산업기본법」, 「국가를 당사자로 하는 계약에 관한 법률」, 「지방자치단체를 당사자로 하는 계약에 관한 법률」에 따라 처분받은 실적 (1) 시정권고 또는 시정명령 · 지시 1회 (2) 과태료 1회 (3) 고발 또는 벌금 1회 (4) 과징금 1회 (5) 입찰참가제한 또는 영업정지 1회	10 (없는 경우) -1 -2 -3 -5 -10
	다. 부당내부거래, 갑질, 부실시공 등으로 「건설산업기본법」, 「하도급거래 공정화에 관한 법률」, 「독점규제 및 공정거래에 관한 법률」, 「국가를 당사자로 하는 계약에 관한 법률」, 「지방자치단체를 당사자로 하는 계약에 관한 법률」에 따라 처분받은 실적(감점) (1) 시정명령 1회 (2) 고발 1회 (3) 과징금 1회 (4) 입찰참가제한 또는 영업정지 1회	 -2 -3 -5 -10
	라. 사고로 인한 사망자수 (1) 0명(2년 이상) (2) 0명(1년 이상) (3) 0명 초과 1명 이하 (4) 1명 초과 2명 이하 (5) 2명 초과 3명 이하 (6) 3명 초과	5 5 3 -3 -5 -10 -13

평 가 분 야	항 목 별	배점
5. 가점	가. 민간공사에서 원수급인이 전자대금지급시스템을 활용하여 건설근로자 및 자재 · 장비업자에게 임금 · 대금을 지급한 실적 [(임금 · 대금지급한 공사현장 수/전체 민간공사 현장수)×(임금 · 대금지원 개월수/공사기간 개월수)×100)] (1) 70% 이상 (2) 70%～60% (3) 60%～50% (4) 50%～40% (5) 40%～30% (6) 30%～20%	 +5.0 +4.0 +3.0 +2.0 +1.5 +0.5
	나. 해외건설 공동도급 등 동반진출 실적 (1) 5건 이상 (2) 3건～4건 (3) 1건～2건	 +3 +2 +1
	다. 건설혁신 선도기업과 공동도급 수행 또는 협력계약을 체결하는 등 협력한 경우	+3
	라. 민간공사 현장에서 일체형 작업발판을 사용한 실적 [일체형 작업발판 사용 민간공사 현장 수 / 신규 민간공사 현장 수] (1) 80%이상 (2) 65%이상～80%미만 (3) 50%이상～65%미만 (4) 35%이상～50%미만 (5) 20%이상～35%미만	 +8 +6 +4 +2 +1

【별표 2】

중소기업의 협력평가 기준(제11조 관련)

평 가 분 야	항 목 별	배점
1. 하도급실적 (25점)	가. 총기성액 대비 협력업자의 하도급 기성실적 비율	25
	(1) 40%이상	25
	(2) 30%이상 ~ 40%미만	20
	(3) 20%이상 ~ 30%미만	15
	(4) 10%이상 ~ 20%미만	10
2. 협력업자 육성 (47점)	가. 협력업자 재무지원	37
	(1) 하도급대금 및 지급시기 등의 적정성	27
	① 하도급대금 지급액의 적정성	10
	② 하도급 낙찰률	5
	③ 하도급대금 현금성 조기지급.	8
	<삭 제>	
	④ 전자 하도급계약	4
	(2) 협력업자의 재무 및 교육지원	10
	① 재무분야	5
	② 교육분야	5
	나. 협력업자와 공동기술 개발 및 기술지원 (1) 기술개발비용 지원 (협력업자당 각2점) (2) 신기술 · 특허공법 공동개발 (협력업자당 각2점) (3) 특허 또는 신기술을 보유한 협력업체에 하도급 시공한 공사가 있는 경우(협력업자당 각1점) (4) 협력업자에게 신기술, 특허공법 등 선진 기술을 이전하기 위하여 전문인력을 파견하거나 기술 전수 교육 등을 하는 경우(협력업자당 각 1점) (5) 상생협력법에 따라 성과공유제를 수행한 경우(협력업자당 각 1점)	5
	다. 상생협의체 운영	5
	(1) 전체 현장수 대비 협의체운영 현장수 비율	2
	① 20%이상 또는 20개이상	2
	② 10%이상 또는 10개이상	1
	(2) 협의체 운영실적	3
3. 신인도(28점)	가. 공동도급 또는 하도급 등 건설사업자간 상호 협력과 관련하여 표창 등을 받은 실적	3
	(1) 중앙행정기관의 장 또는 대한건설단체총연합회장 표창, 중앙행정기관의 장의 모범업체 선정 1회	3
	(2) 시 · 도지사 표창 1회	2

평 가 분 야	항 목 별	배점
	나. 공사대금의 적정지급 또는 공사하도급과 관련하여 「하도급거래 공정화에 관한 법률」, 「건설산업기본법」, 「국가를 당사자로 하는 계약에 관한 법률」, 「지방자치단체를 당사자로 하는 계약에 관한 법률」에 따라 처분받은 실적	20 (없는 경우)
	(1) 시정권고 또는 시정명령 · 지시 1회	-1
	(2) 과태료 1회	-2
	(3) 고발 또는 벌금 1회	-3
	(4) 과징금 1회	-5
	(5) 입찰참가제한 또는 영업정지 1회	-10
	다. 부당내부거래, 갑질, 부실시공 등으로 「건설산업기본법」, 「하도급거래 공정화에 관한 법률」, 「독점규제 및 공정거래에 관한 법률」, 「국가를 당사자로 하는 계약에 관한 법률」, 「지방자치단체를 당사자로 하는 계약에 관한 법률」에 따라 처분받은 실적(감점)	
	(1) 시정명령 1회	-2
	(2) 고발 1회	-3
	(3) 과징금 1회	-5
	(4) 입찰참가제한 또는 영업정지 1회	-10
	라. 사고로 인한 사망자수	5
	(1) 0명(2년 이상)	5
	(2) 0명(1년 이상)	3
	(3) 0명 초과 1명 이하	-3
	(4) 1명 초과 2명 이하	-5
	(5) 2명 초과 3명 이하	-10
	(6) 3명 초과	-13
4. 가점	가. 민간공사에서 원수급인이 전자대금지급시스템을 활용하여 건설근로자 및 자재 · 장비업자에게 임금 · 대금을 지급한 실적 [(임금 · 대금지급한 공사현장 수/전체 민간공사 현장수)×(임금 · 대금지원 개월수/공사기간 개월수)×100)]	
	(1) 60% 이상	+5.0
	(2) 60%～50%	+4.0
	(3) 50%～40%	+3.0
	(4) 40%～30%	+2.0
	(5) 30%～20%	+1.0
	(6) 20%～10%	+0.5
	나. 해외건설 공동도급 등 동반진출 실적	
	(1) 3건 이상	+3
	(2) 2건	+2
	(3) 1건	+1

평 가 분 야	항 목 별	배점
	다. 건설혁신 선도기업과 공동도급 수행 또는 협력계약을 체결하는 등 협력한 경우	+3
	라. 민간공사 현장에서 일체형 작업발판을 사용한 실적 [일체형 작업발판 사용 민간공사 현장 수 / 신규 민간공사 현장 수] (1) 80%이상 (2) 65%이상~80%미만 (3) 50%이상~65%미만 (4) 35%이상~50%미만 (5) 20%이상~35%미만	 +8 +6 +4 +2 +1

비고 (별표 1과 별표 2에 모두 적용)

1. 대기업의 공동도급실적 산정과 관련하여 당해 공사의 공동수급체 구성원 중 협력업자가 1인 이상인 경우 그 공사에 대해서는 '협력업자와의 공동도급 기성실적'이 있는 것으로 본다. 단, '공동도급 기성실적'이 최소 1백만원이상 있는 경우에 한 한다.

2. 대기업인 건설사업자가 공동도급 기성실적이 없는 경우 '공동도급 기성실적 건수 대비 협력업자와의 공동도급 기성실적 건수' 비율은 1점(기본점수)를 부여한다.

3. '협력업자의 하도급대금 조기지급' 등 재무지원은 최소 1백만원이상 지원한 경우를 말한다.

4. 상생협의체 운영실적 산정과 관련하여, 관계법령 등에 따라 상생협의체 운영을 의무화하고 있는 공사현장은 '전체 현장수 대비 협의체 운영 현장수' 비율에서 제외한다. 다만, 자사의 공사현장이 모두 상생협의체 운영 의무 대상인 업체의 경우 '전체 현장수 대비 협의체 운영 현장수' 비율을 1점(기본점수)으로 한다.

5. 교육지원 실적은 종합건설사업자가 협력업자의 임직원을 중앙행정기관이 승인한 교육훈련기관 및 교육훈련과정에 위탁하여 실시하는 경우와 법 제9조의3 규정에 의한 건설업 윤리 및 실무 관련 교육을 종합건설사업자 및 그 협력업자의 임직원에게 동법 시행령 제12조의5에 따른 국토교통부장관이 지정한 교육기관에서 실시하는 경우를 말한다.

6. '신인도 평가분야' 중 나~다 항목은 처분받은 실적이 있는 경우에 감점하며, 나 항목은 처분받은 실적이 없는 경우에는 기본점수를 부여한다.

7. 라 항목은 전년도 실적에 대해 평가하고 전년도에 사고로 인한 사망자가 없는 업체 중 전전년도에도 사고로 인한 사망자가 없는 경우에는 만점을 부여한다.

8. 평가항목별 점수(가감점)는 각각 부여된 배점을 초과할 수 없으며, 가점 등으로 평가항목별 점수를 합산한 평가결과는 100점을 초과할 수 없다.

【별지 제1호 서식】

건설사업자간 상호협력에 관한 평가신청서 [대기업]

신청인	① 상　　호		② 대　표　자	
	③ 본사소재지		④ 전 화 번 호	
	⑤ 법인(주민)등록번호		⑥ 업종 및 등록번호	

건설산업기본법 시행령 제40조 및 국토교통부 고시에 따라 건설사업자간 협력관계에 관한 평가를 신청합니다.

20　 .　　 .　　 .

신 청 인 :　　　　　　　　　　(서명 또는 인)

국토교통부장관 귀하

(단위 : 백만원, %)

⑦ 총기성액(A)(국내분)		⑧ 총현장수(B)(국내분)	
⑨ 총공동도급기성실적건수(C)(국내분)		⑩ 총협력업자수계(D)	

평가항목	내용	신청점수
1. 공동도급실적 (10점)		
가. 공동도급 기성실적 건수 대비 협력업자와의 공동도급 기성실적 건수 비율 (5점)	(1)협력업자와 공동도급한 당년도 기성실적 건수(H) : (2)총공동도급 기성건수 대비 비율(H/C) :	
나. 지역 협력업자의 공동도급 참여율(5점)	(1)지역 협력업자의 공동도급 기성액(F) : (2)지역 협력업자와 공동도급한 당해연도 공동도급 총 기성액(E) (3)지역 협력업자의 공동도급 참여율 (F/E) :	
2. 하도급실적 (20점)		
총기성액 대비 협력업자와의 당년도 하도급 기성실적 (20점)	(1)당년도 하도급기성액(G) : (2)총기성액 대비 비율(G/A) :	
3. 협력업자 육성 (52점)		
가. 협력업자 재무지원 (37점)	(1)하도급대금 및 지급시기 등의 적정성 (27점) ①하도급대금 지급액의 적정성 (10점) ②하도급 낙찰률 (5점) ③하도급대금 현금성 조기지급 (8점) ④전자하도급계약 (4점) (2)협력업자의 재무 (5점) 및 교육지원 (5점)	
나. 공동기술개발 및 기술지원 (10점)	(1)기술개발비용 지원 (2)신기술·특허공법 공동개발 (3)특허 또는 신기술을 보유한 협력업체에 하도급 시공 (4)협력업자에게 신기술 등 이전을위한 인력 파견등 기술전수 (5)상생협력법에 따라 성과공유제를 수행한 경우	
다. 상생협의체 운영 (5점)	(1)전체 현장수 대비 협의체 운영 현장수 (2점) (2)협의체 운영실적 (3점)	

<table>
<tr><td colspan="3">4. 신인도 (18점)</td></tr>
<tr><td>가. 공동도급 또는 하도급 등 건설사업자간 상호협력과 관련하여 표창 등을 받은 실적 (3점)</td><td>(1)중앙행정기관의장 또는 대한건설단체총연합회장 표창 (3점) : 회
(2)중앙행정기관의장의 하도급거래 모범업체 선정 (3점) : 회
(3)시·도지사 표창 (2점) : 회</td><td>신청점수</td></tr>
<tr><td>나. 공사대금의 적정지급 또는 공사하도급과 관련하여 제재받은 실적 (10점)</td><td>(1)시정권고·시정명령·지시 : 회 (2)과태료 : 회
(3)고발·벌금 : 회 (4)과징금 : 회
(5)입찰참가제한·영업정지 : 회</td><td>신청점수</td></tr>
<tr><td>다. 부당내부거래, 갑질, 부실시공 등으로 제재받은 실적 (감점 10점)</td><td>(1)시정명령 : 회
(2)고발 : 회 (3)과징금 : 회
(4)입찰참가제한·영업정지 : 회</td><td>신청점수</td></tr>
<tr><td>라. 사고로 인한 사망자수 (5점)</td><td>명</td><td>신청점수</td></tr>
<tr><td>5. 가점 (19점)</td><td colspan="2"></td></tr>
<tr><td>가. 민간공사에서 전자대금지급시스템을 활용하여 건설근로자 및 자재 · 장비업자에게 임금 · 대금을 지급한 실적 (5점)</td><td>(1)전체 민간공사 현장수 :
(2)대금지급시스템을 활용하여 임금 · 대금지급한 현장수 :
(3)공사기간 개월수(임금 · 대금지급 공사현장 평균값) :
(4)대금지급 개월수(임금 · 대금지급 공사현장 평균값) :</td><td>신청점수</td></tr>
<tr><td>나. 해외 공동도급 또는 하도급 등 동반진출 실적 (3점)</td><td>해외 동반진출 건수 : 건</td><td>신청점수</td></tr>
<tr><td>다. 건설혁신 선도기업과 공동도급 또는 하도급 등 협력실적 (3점)</td><td>건설혁신 선도기업과 협력 건수 : 건</td><td>신청점수</td></tr>
<tr><td>라. 협력업자 안전지원 (8점)</td><td>일체형 작업발판을 민간공사 현장에서 사용하는 현장수</td><td>신청점수</td></tr>
<tr><td>6. 신청점수 합계</td><td colspan="2">점</td></tr>
<tr><td>7. 작성자</td><td colspan="2">직위: 성명: 전화번호: HP:</td></tr>
<tr><td colspan="3">첨부서류 : 1. 업종별 협력업자 관리대장
2. 공동도급공사별 기성실적 현황
3. 업종별 협력업자별 하도급 기성실적 현황
4. 업종별 하도급 계약 및 기성실적 상세현황
5. 하도급대금 등 협력업자 재무지원 현황
6. 협력업자 지원 현황
7. 상생협의체 운영 현황
8. 공동도급 또는 하도급 관련 표창 현황
9. 제재처분 받은 현황
10. 해외공사 공동도급 등 동반진출 실적 현황
11. 대금지급시스템을 활용한 임금 · 대금지급 실적 현황
12. 일체형 작업발판 사용 현장 현황
13. 사망 사고현장 현황 및 기타 사실확인서류
14. 건설혁신 선도기업과 협력실적 현황. 끝.</td></tr>
</table>

【별지 제2호 서식】

건설사업자간 상호협력에 관한 평가신청서 (중소기업)

신청인	① 상　　호		② 대　표　자	
	③ 본사소재지		④ 전 화 번 호	
	⑤ 법인(주민)등록번호		⑥ 업종 및 등록번호	

건설산업기본법 시행령 제40조 및 국토교통부 고시에 따라 건설사업자간 협력관계에 관한 평가를 신청합니다.

20　.　.　.

신 청 인 :　　　　　　　(서명 또는 인)

국토교통부장관 귀하

(단위 : 백만원, %)

⑦ 총기성액(A)(국내분)		⑧ 총현장수(B)(국내분)	
⑨ 총협력업자수계(D)			

1. 하도급실적 (25점)		
총기성액 대비 협력업자와의 당년도 하도급기성실적 (25점)	(1)당년도 하도급기성액(G) : (2)총기성액 대비 비율(G/A) :	신청점수
2. 협력업자 육성 (47점)		
가. 협력업자 재무지원 (37점)	(1)하도급대금 및 지급시기 등의 적정성 (27점) ①하도급대금 지급액의 적정성 (10점) ②하도급 낙찰률 (5점) ③하도급대금 현금성 조기지급 (8점) ④전자하도급계약 (4점) (2) 협력업자의 재무 (5점) 및 교육지원 (5점)	신청점수
나. 공동기술개발 및 기술지원 (5점)	(1)기술개발비용 지원 (2)신기술·특허공법 공동개발 (3)특허 또는 신기술을 보유한 협력업체에 하도급 시공 (4)협력업자에게 신기술 등 이전을위한 인력 파견등 기술전수 (5)상생협력법에 따라 성과공유제를 수행한 경우	신청점수
다. 상생협의체 운영 (5점)	(1)전체 현장수 대비 협의체 운영 현장수(2점) (2)협의체 운영실적(3점)	신청점수

3. 신인도 (28점)		
가. 공동도급 또는 하도급 등 건설사업자간 상호협력과 관련하여 표창 등을 받은 실적 (3점)	(1)중앙행정기관의장 또는 대한건설단체총연합회장 표창 (3점) : 회 (2)중앙행정기관의장의 하도급거래 모범업체 선정 (3점) : 회 (3)시·도지사 표창 (2점) : 회	신청점수
나. 공사대금의 적정지급 또는 공사하도급과 관련하여 제재받은 실적 (20점)	(1)시정권고·시정명령·지시 : 회 (2)과태료 : 회 (3)고발 : 회 (4)과징금 : 회 (5)입찰참가제한·영업정지 : 회	신청점수
다. 부당내부거래, 갑질, 부실시공 등으로 제재받은 실적 (감점 10점)	(1)시정명령 : 회 (2)고발 : 회 (3)과징금 : 회 (4)입찰참가제한·영업정지 : 회	신청점수
라. 사고로 인한 사망자수 (5점)	명	신청점수
4. 가점 (19점)		
가. 민간공사에서 전자대금지급시스템을 활용하여 건설근로자 및 자재 · 장비업자에게 임금 · 대금을 지급한 실적 (5점)	(1)전체 민간공사 현장수 : (2)대금지급시스템을 활용하여 임금 · 대금 지급한 현장수 : (3)공사기간 개월수(임금 · 대금지급 공사현장 평균값) : (4)대금지급 개월수(임금 · 대금지급 공사현장 평균값) :	신청점수
나. 해외 공동도급 또는 하도급 등 동반진출 실적 (3점)	해외 동반진출 건수 : 건	신청점수
다. 건설혁신 선도기업과 공동도급 또는 하도급 등 협력실적 (3점)	건설혁신 선도기업과 협력 건수 : 건	신청점수
라. 협력업자 안전지원 (8점)	일체형 작업발판을 민간공사 현장에서 사용하는 현장수	신청점수
5. 신청점수 합계	점	
6. 작성자	직위: 성명: 전화번호: HP:	

첨부서류 : 1. 업종별 협력업자 관리대장
2. 업종별 협력업자별 하도급 기성실적 현황
3. 업종별 하도급 계약 및 기성실적 상세현황
4. 하도급대금 등 협력업자 재무지원 현황
5. 협력업자 지원 현황
6. 상생협의체 운영 현황
7. 공동도급 또는 하도급 관련 표창 현황
8. 제재처분 받은 현황
9. 해외공사 공동도급 등 동반진출 실적 현황
10. 대금지급시스템을 활용한 임금 · 대금지급 실적 현황
11. 일체형 작업발판 사용 현장 현황
12. 사망사고 발생 현황 및 기타 사실확인서류
13. 건설혁신 선도기업과 협력실적 현황. 끝.

【별지 제3호 서식】

업종별 협력업자 관리대장

평가신청업체	상호 :			대표자 :		업종 및 등록번호 :		
업종명								
NO	협력업자 등록일자	건설업 등록번호	상 호	대표자	사업자등록번호	주 소	전화번호	전년도 협력업자 여부
1								
2								
3								
4								
5								
6								
7								
8								
9								
10								
총 협력업자수					개사			

주) 1. "건설업등록번호" 를 미기재 혹은 사실과 다른 경우 협력업자로 불인정.
2. '전년도협력업자여부' 는 직전년도 협력업자인 경우만 "O" 표시할것.

【별지 제4호 서식】

공동도급공사별 기성실적 현황

<table>
<tr><td>평가신청업체</td><td colspan="12">상호 : 대표자 : 업종 및 등록번호 :</td></tr>
<tr><td rowspan="2">NO</td><td rowspan="2">신고번호
/
공사기간</td><td rowspan="2">공 사 명
/
발주지명
/
공사지역</td><td rowspan="2">신청사의
당년도
기성액
(백만원)</td><td colspan="5">공동수급자 중 협력업자인 업체</td><td colspan="3">공동수급자 중 협력업자 아닌 업체</td></tr>
<tr><td>상 호
/
영업소재지</td><td>건설업종
및
등록번호</td><td>협력업자
등록일자</td><td>전년도
협력업자
여부</td><td>당년도
기성액
(백만원)</td><td>상 호</td><td>건설업종 및
등록번호</td><td>당년도
기성액
(백만원)</td></tr>
<tr><td>1</td><td></td><td></td><td></td><td></td><td></td><td></td><td></td><td></td><td></td><td></td><td></td></tr>
<tr><td>2</td><td></td><td></td><td></td><td></td><td></td><td></td><td></td><td></td><td></td><td></td><td></td></tr>
<tr><td>3</td><td></td><td></td><td></td><td></td><td></td><td></td><td></td><td></td><td></td><td></td><td></td></tr>
<tr><td>4</td><td></td><td></td><td></td><td></td><td></td><td></td><td></td><td></td><td></td><td></td><td></td></tr>
<tr><td>5</td><td></td><td></td><td></td><td></td><td></td><td></td><td></td><td></td><td></td><td></td><td></td></tr>
<tr><td>6</td><td></td><td></td><td></td><td></td><td></td><td></td><td></td><td></td><td></td><td></td><td></td></tr>
<tr><td>7</td><td></td><td></td><td></td><td></td><td></td><td></td><td></td><td></td><td></td><td></td><td></td></tr>
<tr><td>8</td><td></td><td></td><td></td><td></td><td></td><td></td><td></td><td></td><td></td><td></td><td></td></tr>
<tr><td>9</td><td></td><td></td><td></td><td></td><td></td><td></td><td></td><td></td><td></td><td></td><td></td></tr>
<tr><td></td><td></td><td></td><td></td><td></td><td></td><td></td><td></td><td></td><td></td><td></td><td></td></tr>
<tr><td colspan="12">총 공동도급기성실적 건수 : / 협력업자와 공동도급한 기성실적 건수 :
당년도 공동도급 기성액 합계 : / 지역협력업자의 공동도급 기성액 합계 :</td></tr>
</table>

주)

1. "업종 및 건설업등록번호"는 공동수급자의 업종 및 건설업등록번호를 반드시 기재할 것
2. 이 서식은 신청자가 대기업인 경우만 작성·제출 (공동도급의 대표사가 아닌 경우도 반드시 작성·제출할 것)
3. 공사지역 및 협력업체의 영업소재지는 특별시, 광역시 및 도를 기재할 것

【별지 제5호 서식】

업종별 협력업자별 하도급 기성실적 현황

평가신청업체	상호 :	대표자 :	업종 및 등록번호 :
업 종 명			

No	상 호	사업자등록번호	건설업등록번호	하도급기성실적	
				건 수	금 액 (백만원)
1					
2					
3					
4					
5					
6					
7					
8					
9					
10					
합 계					

注) "건설업등록번호"를 미기재 혹은 사실과 다를 경우 하도급실적 불인정

【별지 제6호 서식】

<table>
<tr><th colspan="13">업종별 하도급 계약 및 기성실적 상세현황</th></tr>
<tr><td colspan="2">평가신청업체</td><td colspan="11">상호 : 대표자 : 업종 및 등록번호 :</td></tr>
<tr><td colspan="2">업 종 명</td><td colspan="11"></td></tr>
<tr><td rowspan="2">No</td><td rowspan="2">상 호</td><td rowspan="2">사업자
등록번호</td><td rowspan="2">건설업
등록번호</td><td rowspan="2">협력업자
등록일자</td><td colspan="4">원도급공사</td><td colspan="3">하도급공사</td></tr>
<tr><td>신고
번호</td><td>공사명</td><td>공사
기간</td><td>공동도급
지분율
(%)</td><td>계약일자
/
준공일자</td><td>하도급
계약액
(백만원)</td><td>하도급
기성액
(백만원)</td></tr>
<tr><td>1</td><td></td><td></td><td></td><td></td><td></td><td></td><td></td><td></td><td></td><td></td><td></td></tr>
<tr><td>2</td><td></td><td></td><td></td><td></td><td></td><td></td><td></td><td></td><td></td><td></td><td></td></tr>
<tr><td>3</td><td></td><td></td><td></td><td></td><td></td><td></td><td></td><td></td><td></td><td></td><td></td></tr>
<tr><td>4</td><td></td><td></td><td></td><td></td><td></td><td></td><td></td><td></td><td></td><td></td><td></td></tr>
<tr><td>5</td><td></td><td></td><td></td><td></td><td></td><td></td><td></td><td></td><td></td><td></td><td></td></tr>
<tr><td>6</td><td></td><td></td><td></td><td></td><td></td><td></td><td></td><td></td><td></td><td></td><td></td></tr>
<tr><td>7</td><td></td><td></td><td></td><td></td><td></td><td></td><td></td><td></td><td></td><td></td><td></td></tr>
<tr><td>8</td><td></td><td></td><td></td><td></td><td></td><td></td><td></td><td></td><td></td><td></td><td></td></tr>
<tr><td>9</td><td></td><td></td><td></td><td></td><td></td><td></td><td></td><td></td><td></td><td></td><td></td></tr>
<tr><td>10</td><td></td><td></td><td></td><td></td><td></td><td></td><td></td><td></td><td></td><td></td><td></td></tr>
<tr><td></td><td></td><td></td><td></td><td></td><td></td><td></td><td></td><td></td><td></td><td></td><td></td></tr>
<tr><td></td><td></td><td></td><td></td><td></td><td></td><td></td><td></td><td></td><td></td><td></td><td></td></tr>
<tr><td></td><td></td><td></td><td></td><td></td><td></td><td></td><td></td><td></td><td></td><td></td><td></td></tr>
<tr><td></td><td></td><td></td><td></td><td></td><td></td><td></td><td></td><td></td><td></td><td></td><td></td></tr>
<tr><td></td><td></td><td></td><td></td><td></td><td></td><td></td><td></td><td></td><td></td><td></td><td></td></tr>
<tr><td></td><td></td><td></td><td></td><td></td><td></td><td></td><td></td><td></td><td></td><td></td><td></td></tr>
<tr><td colspan="12">총 신규 하도급계약건수 : / 총 하도급기성액 합계 : 백만원 / 총 하도급기성실적 건수 :</td></tr>
</table>

주) 1. “건설업등록번호”를 미기재 혹은 사실과 다를 경우 하도급실적 불인정

주) 2. 당년도 신규 하도급계약건이나 당년도 기성실적 발생건은 모두 입력할 것

【별지 제7호 서식】

하도급대금 등 협력업자 재무지원 현황

평가신청업체	상호 :	대표자 :	업종 및 등록번호 :

No	하도급공사							재무지원현황 (해당사항에 "O"표)			
	상 호 / 사업자등록번호 / 업종 및 등록번호	공사명	계약일자	도급금액중 하도급금액 (백만원)	하도급 계약금액 (백만원)	하도급률 (%)	당년도 기성액 (백만원)	하도급대금지급액 적정	현금성 결제우대	하도급 대금 조기지급	전자 하도급 계약
1											
2											
3											
4											
5											
6											
7											
8											
9											
10											

총 하도급내금지급액의 적정 건수 : / 총 하도급대금 현금성 조기지급 건수 :

/ 총 신규 전자 하도급계약건수 :

하도급계약금액 총액 : / 도급금액 중 하도급부분 금액 총액 : (하도급률 가중평균 :)

【별지 제8호 서식】

협력업자 지원 현황

평가신청업체	상호 : 대표자 : 업종 및 등록번호 :				
지원분야명					
No	상 호	사업자등록번호	지원일자	지원내용	지원성과/효과
1					
2					
3					
4					
5					
6					
7					
8					
9					
10					
소 계		재무분야	개사		
		교육분야	개사		
		기술분야	개사		

【별지 제9호 서식】

상생협의체 운영 현황

평가신청업체	상호 :	대표자 :	업종 및 등록번호 :

No	계약년월 / 준공년월	공 사 명 / 발주자명	총계약액	참여구성원(협력업자 등) 현황			운 영 실 적		
				상 호	건설업종 및 등록번호	협력업자 등록일자	일 시 (협약체결일, 회의일 등)	내 용	성과 / 효과
1									
2									
3									
4									
5									
6									
7									
8									
9									
10									

총 상생협의체 운영현장 수 : / 운영실적 있는 현장수 :

【별지 제10호 서식】

공동도급 또는 하도급 관련 표창 현황

평가신청업체		상호 :	대표자 :	업종 및 등록번호 :
No	구 분	수여기관	수여일자	수여내용
1				
2				
3				
4				
5				
6				
7				
8				
9				
10				

중앙행정기관 장 또는 대한건설단체총연합회 장 표창 건수 :
중앙행정기관 장의 하도급거래 모범업체 선정 건수 : / 시·도지사 표창 건수 :

【별지 제11호 서식】

□ 대금지급 또는 하도급 관련 □ 부당내부거래, 갑질, 부실시공 관련 **제재처분 받은 현황**				
평가신청업체		상호 :	대표자 :	업종 및 등록번호 :
No	구 분	처분기관명	제재처분일자	처분사유
1				
2				
3				
4				
5				
6				
7				
8				
9				
10				
시정권고·시정명령·지시 건수 : / 과태료 건수 : / 고발 건수 : 과징금 건수 : / 입찰참가제한 건수 : / 영업정지 건수 :				

【별지 제12호 서식】

해외공사 공동도급 등 동반진출 실적 현황

평가신청업체	상호 :			대표자 :			업종(등록번호) :			
No	해외공사 현황			협력업자				공동도급(하도급) 실적		
	발주자 (국가명)	공사명	계약일자 / 준공일자	동반진출 형태 ('공동도급' 또는 '하도급' 중 한 가지 기재)	상 호	사업자 등록번호	건설업 등록번호	계약일자 / 준공일자	공동도급 (하도급) 총계약액 (백만원)	공동도급 (하도급) 당년도 기성액 (백만원)
1										
2										
3										
4										
5										
6										
7										
8										
9										
10										
협력업자와 동반진출 한 해외공사 건수 : 건										

주) 1. "건설업등록번호"를 미기재 혹은 사실과 다를 경우 해외 동반진출실적 불인정

【별지 제13호 서식】

전자 대금지급시스템을 활용한 임금·대금지급 실적 현황

평가신청업체	상호 :	대표자 :	업종(등록번호) :	
대금지급시스템 운용업체	상호 :	대표자 :	사업자등록번호 :	
	시스템 명칭 :			
대금지급시스템 기능요건 충족 여부(○, ×)	① 금액의 청구·승인 및 지급에 관한 기능		② 임금·대금 지급관련 실시간 확인 기능	
	③ 인출제한 기능		④	

NO	공 사 명	발주자명	공사기간 개월수 (공사기간: ~)	임금·대금 지급 개월수 (지급기간: ~)	대한건설협회 실적 신고번호
1					
2					
3					
4					
5					
6					
7					
8					
9					
10					
전체 민간공사 현장수 :					

주) 1. "공사명"은 대한건설협회에 실적 신고한 명칭과 동일하게 기재할 것
2. "민간공사"는 「국가를 당사자로 하는 계약에 관한 법률」, 「지방자치단체를 당사자로 하는 계약에 관한 법률」이 적용 내지 준용되는 공사를 제외한 모든공사를 말함

【별지 제14호 서식】

일체형 작업발판 사용 현장 현황

평가신청업체	상호 :		대표자 :		업종 및 등록번호 :
No	공사명	발주자명	공종	공사기간	지원성과/효과
1					
2					
3					
4					
5					
6					
7					
8					
9					
10					
일체형 작업발판 사용 현장수 계 :					

【별지 제15호 서식】

사망사고 발생 현황

평가신청업체		상호 : 대표자 : 업종 및 등록번호 :			
No	공사명	발주자명	사망사고 발생일자	사망자수	비 고
1					
2					
3					
4					
5					
6					
7					
8					
9					
10					
총 사고 사망자수 : 명					

【별지 제16호 서식】

건설혁신 선도기업과의 협력실적 현황

<table>
<tr><td colspan="3">평가신청업체</td><td colspan="8">상호 : 대표자 : 업종(등록번호) :</td></tr>
<tr><td rowspan="2">No</td><td colspan="3">원도급공사 현황</td><td colspan="4">협력업자</td><td colspan="3">공동도급(하도급) 실적</td></tr>
<tr><td>공사명</td><td>발주자</td><td>계약일자
/
준공일자</td><td>동반진출 형태
('공동도급' 또는 '하도급' 중 한 가지 기재)</td><td>상 호</td><td>사업자
등록번호</td><td>건설업
등록번호</td><td>계약일자
/
준공일자</td><td>공동도급
(하도급)
총계약액
(백만원)</td><td>공동도급
(하도급)
당년도
기성액
(백만원)</td></tr>
<tr><td>1</td><td></td><td></td><td></td><td></td><td></td><td></td><td></td><td></td><td></td><td></td></tr>
<tr><td>2</td><td></td><td></td><td></td><td></td><td></td><td></td><td></td><td></td><td></td><td></td></tr>
<tr><td>3</td><td></td><td></td><td></td><td></td><td></td><td></td><td></td><td></td><td></td><td></td></tr>
<tr><td>4</td><td></td><td></td><td></td><td></td><td></td><td></td><td></td><td></td><td></td><td></td></tr>
<tr><td>5</td><td></td><td></td><td></td><td></td><td></td><td></td><td></td><td></td><td></td><td></td></tr>
<tr><td>6</td><td></td><td></td><td></td><td></td><td></td><td></td><td></td><td></td><td></td><td></td></tr>
<tr><td>7</td><td></td><td></td><td></td><td></td><td></td><td></td><td></td><td></td><td></td><td></td></tr>
<tr><td>8</td><td></td><td></td><td></td><td></td><td></td><td></td><td></td><td></td><td></td><td></td></tr>
<tr><td>9</td><td></td><td></td><td></td><td></td><td></td><td></td><td></td><td></td><td></td><td></td></tr>
<tr><td>10</td><td></td><td></td><td></td><td></td><td></td><td></td><td></td><td></td><td></td><td></td></tr>
<tr><td></td><td></td><td></td><td></td><td></td><td></td><td></td><td></td><td></td><td></td><td></td></tr>
<tr><td></td><td></td><td></td><td></td><td></td><td></td><td></td><td></td><td></td><td></td><td></td></tr>
<tr><td></td><td></td><td></td><td></td><td></td><td></td><td></td><td></td><td></td><td></td><td></td></tr>
<tr><td></td><td></td><td></td><td></td><td></td><td></td><td></td><td></td><td></td><td></td><td></td></tr>
<tr><td></td><td></td><td></td><td></td><td></td><td></td><td></td><td></td><td></td><td></td><td></td></tr>
<tr><td></td><td></td><td></td><td></td><td></td><td></td><td></td><td></td><td></td><td></td><td></td></tr>
<tr><td></td><td></td><td></td><td></td><td></td><td></td><td></td><td></td><td></td><td></td><td></td></tr>
<tr><td colspan="11">건설혁신 선도기업과 협력한 공사 건수 : 건</td></tr>
</table>

<붙임1>

하도급률 확인서 (예시)

공 사 명 (신고번호)				공 종	
입찰방법	□적격심사 □ 최저가 □종합심사낙찰제 □ 종합평가낙찰제 □수의 등 기타				
발주자	□공공기관 □민 간	상호(기관명)			
공사기간 (계약년월) (착공년월)		총계약액		당년도기성액	
< 하도급 공사 내용 >					
공 종		계약년월일		준공년월일	
도급액(하도급부분)		**하도급계약금액**		**하도급률(%)**	
하도급대금지급액 적정 여부	□ 적 정		□ 부 적 정		

상기 하도급공사의 "하도급계약금액", "하도급률", "하도급대금지급액의 적정 여부"를 확인합니다.

20 년 월 일

발주자 : (인)

수급인(대표사) : (인)

하수급인 : (인)

대한건설협회장 귀하

※ 기재요령

·도급액(하도급부분) : 하도급하고자 하는 공사부분에 대하여 수급인의 도급금액산출내역서상의 계약단가를 기준으로 산출한 금액에 일반관리비 · 이윤 및 부가가치세를 포함한 금액

·하도급계약금액 : 수급인이 하수급자와 하도급계약을 맺으면서 지급하기로 계약한 금액

·하도급률 : "하도급계약금액"을 "도급액(하도급부분)"으로 나눈 비율

<붙임2>

＿＿＿＿년도 기술개발비 수령 사실 확인서 (예시)

1. 지급업체 (원도급업체)

회사명		대표자	

2. 수령내용

수령일자	세부내용	수령금액
합 계		

우리 회사는 상기 금액을 20　 년 기술개발비 항목으로 수령하였음을 확인합니다.

20　 년　 월　 일

수령자(하수급인)　회사명 :
대표자 :　　　　(인)

공인회계(세무)사　상 호 :
대표자 :　　　　(인)

대한건설협회장　귀하

※붙임 : 공인회계사(또는 세무사) 등록증 사본 1부

<붙임3>

공사대금수령 및 하도급대금지급 내역서 (예시)

1. 신청사 개 요	상 호(대표자)	(인)	업종 및 등록번호	

2. 원도급 내용

계약내용	공 사 명 (신고번호)						공종	
	공사 기간	(계약년월) (준공년월)		총계약액			당년도기성액	
	구성사명(대표자)			지분율(%) 또는 분담내용			도급금액	
	구성사명(대표자)			지분율(%) 또는 분담내용			도급금액	
공사진척 및 대금 수령내용	구 분	회차	기성금액	기 성 검사일	결제 수단	수령 일자	수령액	세금계산서 발행액
	선급금							
	기성금							
	기성금							
	기성금							
	준공금							
계								

3. 하도급 내용

계약내용	공종			업체명(대표자)				
	공사 (계약년월일) 기간 (준공년월일)			총계약액			당년도기성액	
공사진척 및 대금 지급내용	구 분	회차	기성금액	기 성 검사일	결제 수단	지급 일자	지급액	세금계산서 발행액
	선급금							
	기성금							
	기성금							
	기성금							
	준공금							
계								

<붙임4>

건설산업 상생협의체 협정서 (예시)

제1조 (목적)

이 협정은 건설현장에서의 상생협력의 성공적 수행을 위하여 발주자, 원도급업체, 하도급업체 간 현장별 상생협의체(이하 협의체) 구성에 관한 사항과 업무내용 및 기타 필요한 사항을 규정하는 것을 목적으로 한다.

제2조 (적용)

이 협정은 ○○건설공사에 적용한다.

제3조 (구성)

① 협의체는 발주자 ○○, 원도급업체 ○○, 하도급업체 ○○, ○○, ○○로 구성한다.

② 위원은 발주자 ○○, 원도급업체 ○○, 하도급업체 ○○, ○○, ○○의 관련 인원(별지 참조)으로 하고, 위원장은 발주자의 ○○장, 간사는 발주자 ○○의 ○○장으로 한다.

제4조(업무범위)

① 위원장은 협의체 운영주관 등 회의를 총괄한다.

② 간사는 위원장을 보좌하고 위원장 부재시 회의를 주관하며 운영일지 및 회의록을 관리한다.

③ 각 위원은 성공적인 상생협력 증진을 위하여 상생협력 과제의 발굴을 위해 적극 노력한다.

제5조(협의체 운영)

협의체 회의는 발주처 위원이 참가하는 월간회의 (매월 ○○일) 및 발주처 위원이 참가하지 않는 주간회의를 개최하되, 주간회의는 공정회의 등으로 대체할 수 있으며, 필요시 수시회의를 개최한다.

제6조(협의체 역할)

협의체는 "상생협력매뉴얼"에 규정된 역할을 수행한다.

제7조(자료제출)

① 위원장은 건설공사 계약과 함께 협의체 협정서를 체결하고 체결 즉시 발주처 ○○에 제출한다.

② 위원장은 회의결과(회의록 첨부)를 매월 ○일까지 발주자 ○○에 제출한다.

○발 주 자 : OOO 개발팀장 OOO (인)

○원수급자 : OOOO 현장대리인 OOO (인)

○하수급자 : OOOO 현장소장 OOO (인)

OOOO 현장소장 OOO (인)

OOOO 현장소장 OOO (인)

OOOO 현장소장 OOO (인)

<붙임5>

상생협의체 월간/주간회의 운영일지(예시)

발 주 자		기록일자	년 월 일(요일)	□월간회의 □주간회의	
공사현장명					
회의일시		장 소		주재자	
제기된 문제점 및 조치사항					

하도급 점검사항				
	①대금지급보증서 발급	□발급 □미발급 □면제 □직접지급	③설계변경에 등에 따른 대금 조정	□조정 □미조정
	②기성(준공)금 지급	□지급 □미지급	④하자보증기간의 적정성	□적정 □미적정

참석자 명단

소속	직위	성명/서명	소속	직위	성명/서명

<붙임6>

현장별 상생협력 추진실적 평가표 (예시)

평가일시	년 월 일 (요일)	평 가 자	원수급인 (인)
공 사 명		계약년월일 준공년월일	
상생협의체 구 성 원	발 주 자 : 원수급인 : 하수급인 :		

평가항목	세 부 내 용	배점	등급 및 기준					평점
			우수 (1.0)	양호 (0.9)	보통 (0.8)	미흡 (0.7)	불량 (0.6)	
최종평점								
계		100						
상 생 분위기 조 성 (20)	•부서장의 경영방침	5						
	•상생협력시행계획의 적정성	7						
	•대내외홍보 및 언론보도 활동 노력도	3						
	•행정사항(지시사항 등) 이행 충실도	5						
재무지원 (35)	•재무지원 건수	10						
	•재무지원의 실효성	15						
	•재무지원의 타 현장 적용성	10						
기술지원 (25)	•기술지원 건수	10						
	•기술지원의 실효성 및 적정성	10						
	•타 현장의 적용성	5						
교류확대 (20)	•교류확대 건수	5						
	•교류확대 실효성 및 적정성	10						
	•타 현장의 적용성	5						
운영성과 요 약	※ 입증서류 붙임 참조							
확인자 발주자 : (서명 또는 인)								

<붙임7>

해외공사 동반진출 실적 확인서

<table>
<tr><td rowspan="2">평가신청
업 체</td><td>상 호</td><td colspan="3"></td><td>대 표 자</td><td></td></tr>
<tr><td>영업
소재지</td><td colspan="3"></td><td>업종 및
등록번호</td><td></td></tr>
<tr><td colspan="7">공 사 내 역</td></tr>
<tr><td>공 사 명</td><td colspan="6"></td></tr>
<tr><td>현장소재지</td><td colspan="6"></td></tr>
<tr><td>공 종</td><td></td><td>발 주 처</td><td colspan="2"></td><td>국 가 명</td><td></td></tr>
<tr><td rowspan="2">신 고 번 호</td><td rowspan="2">–</td><td>계약년월</td><td>착공년월</td><td>준공년월</td><td rowspan="2">총계약액</td><td rowspan="2">백만원</td></tr>
<tr><td></td><td></td><td></td></tr>
<tr><td colspan="7">하도급 공사 내역</td></tr>
<tr><td>상 호</td><td colspan="4"></td><td>대 표 자</td><td></td></tr>
<tr><td>영업소재지</td><td colspan="4"></td><td>업 종 및
등록번호</td><td></td></tr>
<tr><td>공 사 명</td><td colspan="4"></td><td>공 종</td><td></td></tr>
<tr><td rowspan="2">발 주 자
(원수급인)</td><td rowspan="2"></td><td>계약년월</td><td>착공년월</td><td>준공년월</td><td rowspan="2">총계약액</td><td rowspan="2">천원</td></tr>
<tr><td></td><td></td><td></td></tr>
</table>

위의 해외 건설공사 동반진출 수급실적이 있음을 확인합니다.

20 년 월 일

수급인(대표사) : (인)

하수급인 : (인)

대한건설협회장 귀하

첨부 : 해외건설협회가 발행한 원·하도급 기성실적증명서 각 1부

공동도급 공사에 대한 제재처분시 업무처리요령

[시행 2019. 6. 27.] [국토교통부예규 제277호, 2019. 6. 27., 일부개정.]

1. 목적

여러 지역 또는 여러 명의 건설업자가 공동으로 수행하는 공동도급 공사에 대한 건설산업기본법의 행정 제재처분시 업무처리절차 및 기준을 명확히 함으로써 업무의 효율성 및 공정성을 제고하려는 것임.

2. 업무처리절차 및 처리기준

가. 공동수급체 구성원중 대표사를 관할하는 시 · 도(이하 "조사관청"이라 한다)에서 위반(사고)내용을 조사한다.

나. 조사관청은 관련법령, 당해 공사의 계약내용 및 공동수급제산 약정내용 등을 토대로 발주자 등의 의견, 위반(사고)경위 및 내용, 동 위반(사고)의 책임소재 등을 면밀히 조사하고, 당해 건설업자를 관할하는 시 · 도(이하 "관할관청"이라 한다)와 협의하여, 실제 책임이 있는 건설업자를 파악한다.

다. 조사결과 실체 책임이 있는 건설업자가 조사관청이 아닌 여타 지역의 건설업자인 경우 당해 관할관청에서 처리하도록 조사내용 및 관련자료를 이송한다.

라. 조사관청의 조사결과 공동수급체의 구성원중 2인 이상에게 책임이 있는 경우에는 다음과 같이 처리한다.

(1) 조사 및 청문 등은 조사관청에서 일괄하여 처리한다.

(2) 조사관청은 조사 및 청문내용에 따라 공동수급체 구성원에 대하여 적용하여야 할 제재처분의 종류와 정도(기간, 금액) 등을 당해 관할관청과 협의하여 결정하고, 당해 관할관청에 지체없이 관련내용을 통보하여야 하며, 통보를 받은 관할관청은 조사관청의 통보내용을 참고하여 제재처분을 한다.

(3) (2)의 경우에 대한 제재처분 기준은 다음과 같다.

(가) 영업정지처분을 하는 경우 영업정지는 성격상 불가분의 처분이므로 책임 있는 공동수급체의 구성원 각자를 대상으로 모두 처분한다.

[예 : 영업정지 3개월에 해당하는 경우 구성원 A, B, C사 모두 책임이 있다면, 모두에게 각각 영업정지 3개월씩을 부과]

(나) 과징금 또는 과태료 처분을 하는 경우 공동수급협정서 등 계약내용에 지분율이 정해져 있는 경우에는 지분율에 따라 배분하여 부과하되, 지분율이 명기되어 있지 않은 경우에는 책임있는 구성원에 대하여 공평 배분하여 부과한다.

[예 : 과징금 1억원에 해당되는 경우, 구성원 A(50%), B(30%), C(20%)이고 그 책임이 A, B, C사에게 있는 경우라면 각각 5천만원, 3천만원, 2천만원을 부과하고, A와 B사만 책임이 있는 경우라면 A사에 대해서는 6,250만원, B사에 대해서는 3,750만원을 부과]

3. 재검토기한

국토교통부장관은 「훈령 · 예규 등의 발령 및 관리에 관한 규정」에 따라 이 예규에 대하여 2019년 7월 1일을 기준으로 매 3년이 되는 시점(매 3년째의 6월 30일까지를 말한다)마다 그 타당성을 검토하여 개선 등의 조치를 하여야 한다.

부칙 <제277호, 2019. 6. 27.>

이 예규는 발령한 날부터 시행한다.

국가업무 대행사업 관리 지침

[시행 2017.12.29] [국토교통부고시 제2017-1026호, 2017.12.29, 일부개정]

제1장 총칙

제1조 (목적) 이 지침은 국토교통부 소관 국가업무 대행사업의 관리기준 및 기타 필요한 사항을 정함을 목적으로 한다.

제2조 (적용범위) 국토교통부 소관 국가업무 대행사업에 관하여는 다른 법령이나 규정에 특별한 규정이 있는 경우를 제외하고는 이 지침이 정하는 바에 따른다.

제3조 (정의) 이 지침에서 사용하는 용어의 정의는 다음과 같다.

1. 대행사업 : 법률, 고시 등 관련 규정에 의하여 국가의 업무를 대신하여 시행하는 용역사업을 말한다.
2. 대행사업자 : 정부와 국가업무 대행사업 계약을 체결하는 기관을 말한다.
3. 대행사업비 : 대행사업자가 대행사업을 시행하는데 소요되는 총 비용을 말한다.
4. 예정가격 : 확정계약을 체결하기 위해서 계약담당공무원이 계약금액의 기준을 마련하기 위하여 「국가를 당사자로 하는 계약에 관한 법률 시행령」 제8조에 따라 결정한 가격을 말한다.
5. 개산가격 : 개산계약을 체결하기 위하여 개산원가에 기초하여 결정한 가격을 말한다.

제2장 계약

제4조 (예정가격 등의 결정) ① 계약담당공무원은 「예정가격작성기준」, 「엔지니어링사업대가의 기준」, 「소프트웨어사업대가의 기준」등 관련 규정에 따라 예정가격을 결정한다.

② 예정가격은 적정한 거래가 형성된 경우에는 그 거래실례가격을 기준으로 결정하고, 계약의 특수성으로 인하여 적정한 거래실례가격이 없는 경우에는 원가계산에 따른 가격을 기준으로 결정하며, 그러한 방법으로 산정할 수 없는 경우에는 감정가격, 유사한 물품·공사·용역 등의 거래실례가격 또는 견적가격을 기준으로 하여 결정한다.

③ 계약담당공무원은 계약체결에 필요한 예정가격과 개산가격(이하 "예정가격 등"이라 한다)을 결정할 때에는 예정가격 등에 대한 조서를 작성하여야 한다.

④ 예정가격 등은 아래의 구분에 따라 직접사업비, 외주사업비, 대행사업관리비로 구분하여 작성하고, 각 비목은 별표 1과 같이 구분한다.

1. 직접사업비 : 대행사업자가 직접 대행사업을 수행하는 데 소요되는 사업비
2. 외주사업비 : 대행사업자가 제3자와 계약을 체결하여 수행하는 데 소요되는 사업비
3. 대행사업관리비 : 대행사업자가 외주사업을 관리·감독하는 데 따른 관리비

⑤ 제4항제3호에 따른 대행사업관리비는 별표 2에 따른 기준 범위 내에서 산정한다. 다만, 대행사업자가 책임 감리를 직접 실시하는 경우 등 대행사업관리비가 추가로 필요한

경우 계약담당공무원은 별표 2에 따른 비율을 초과하여 외주사업비의 100분의 3의 범위 내에서 대행사업관리비를 증액할 수 있다.

제5조 (계약의 종류) ① 계약담당공무원은 계약이행 중 발생하는 비용에 대한 대행사업자 책임부담의 정도, 계약금액 확정의 시기 등을 고려하여 다음 각 호의 구분에 따라 계약을 체결하여야 한다.

1. 확정계약 : 계약을 체결하는 때에 계약금액을 확정하고 합의된 계약조건을 이행하면 계약 상대자에게 확정된 계약금액을 지급하고자 하는 경우
2. 중도확정계약 : 계약의 성질상 계약을 체결하는 때에 계약금액의 확정이 곤란하여 계약을 체결한 후 계약 이행기간 중에 계약금액을 확정하고자 하는 경우
3. 개산계약 : 계약을 체결하는 때에 계약금액을 확정할 수 있는 원가자료가 없어 계약금액을 계약 이행 후에 확정하고자 하는 경우

② 제1항제2호에 따라 중도확정계약을 체결하는 경우 계약을 체결할 때에 계약 당사자가 합의하여 중도확정시기를 정하여야 한다.

제6조 (계약금액의 산정) ① 확정계약을 체결하는 경우 계약을 체결할 당시에 작성된 예정가격에 따라 계약금액을 산정한다.
② 중도확정계약은 개산가격에 따라 체결하고, 계약금액은 중도확정시기까지 획득된 원가자료를 기준으로 계약금액을 산정한다.
③ 개산계약을 체결하는 경우 개산가격에 따라 계약금액을 산정한다.

제3장 사업관리

제7조(계정관리) 대행사업자는 대행사업비의 투명한 집행 및 관리를 위하여 타 계정과 구분하여 경리한다.

제8조(예산관리) ① 대행사업자는 계약서를 기본으로 예산을 집행하되, 최초 계약내역에 포함하지 않은 예산의 집행은 계약담당공무원의 승인을 얻어 집행한다.
② 대행사업자는 제3자 도급에 따른 낙찰차액을 포함한 대행사업비 집행실적 및 계획을 정기적으로 보고하고, 계약담당공무원은 이를 확인하여 예산집행을 관리한다.

제9조 (외주사업의 시행) ① 대행사업자는 대행사업의 내용 중 용역의 품질 또는 업무의 능률을 높이기 위하여 제3자에게 도급하는 것이 합리적이라고 판단되는 경우 계약담당공무원의 승인을 얻어 외주사업을 발주할 수 있다.
② 대행사업자는 외주사업 계약을 체결한 경우 지체 없이 계약담당공무원에게 보고하여야 한다.
③ 대행사업자는 자기 책임 하에 외주사업을 시행하여야 하며, 외주사업의 시행에 관한 사항은 「공기업 · 준정부기관 계약사무규칙」 및 「정부 입찰 · 계약 집행기준」 등 관련 규정을 따른다.
④ 외주사업에 따른 낙찰차액은 국고에 반납하는 것을 원칙으로 한다. 다만, 사업계획 변경, 사업비 증액 등 기타 필요한 사유로 낙찰차액의 활용이 불가피할 경우 대행사업자는 계약담당공무원의 승인을 받아 해당 대행사업과 관련된 용도로 사용할 수 있다.

제10조 (대행사업관리비의 사용) ① 대행사업자는 대행사업관리비를 해당 대행사업관리 외의 다른 용도로 사용하여서는 아니된다.

② 계약담당공무원은 사업시행자가 대행사업관리비를 다른 목적으로 사용하거나 사용하지 아니한 금액에 대하여는 계약금액에서 감액조정하거나 반환을 요구할 수 있다.

제4장 개산계약의 정산

제11조(정산범위 및 방법) ① 계약담당공무원은 대행사업을 개산계약으로 체결한 경우 사업 종료 후 직접사업비 중 경비, 대행사업관리비 중 경비 및 외주사업비에 대하여 정산을 실시한다.

② 정산의 방법 및 절차 등에 관한 사항은 「예정가격 작성기준」, 「엔지니어링사업 대가의 기준」, 「소프트웨어사업 대가의 기준」 등에 따른다.

제12조(실적보고) 대행사업자는 대행사업 종료 후 1개월 이내에 대행사업비 사용실적 보고서를 계약담당공무원에게 다음 각 호의 자료로서 제출하여야 한다.

1. 사업비 집행명세서
2. 비목별 사업비 사용내역서
3. 증빙서류 사본
4. 기타 정산에 필요한 서류

제13조(정산확인) ① 계약담당공무원은 대행사업자가 제출한 대행사업비 사용실적 보고서를 검토한 후 대행사업자에게 정산결과를 통보한다.

② 계약담당공무원은 사용실적 보고서의 진위 여부가 불분명하다고 판단하는 경우에는 대행사업자에게 일정기한을 정하여 이를 증빙할 서류의 제출을 명할 수 있으며, 대행사업자는 즉시 증빙서류를 제출하여야 한다.

③ 대행사업자는 정산결과에 대하여 이의가 있을 경우 정산결과를 통보받은 날부터 14일 이내에 1회에 한하여 계약담당공무원에게 이의신청을 할 수 있으며, 계약담당공무원은 이의신청 사유에 대하여 적정여부를 검토하여 최종 정산금액을 확정한다.

제14조(재검토기한) 국토교통부장관은 「훈령 · 예규 등의 발령 및 관리에 관한 규정」(대통령 훈령 334호)에 따라 이 고시에 대하여 2018년 1월 1일 기준으로 매3년이 되는 시점(매 3년째의 12월 31일까지를 말한다)마다 그 타당성을 검토하여 개선 등의 조치를 하여야 한다.

부칙 <제2017-1026호, 2017.12.29>

이 고시는 발령한 날부터 시행한다.

별표/서식

[별표 1] 예정 · 개산가격 비목체계

[별표 2] 대행사업관리비 계상기준

【별표 1】 예정·개산가격 비목체계

가. 대행사업자가 대행사업을 직접 시행하는 경우

비목		내역
직접 사업비	① 인건비 / 노무비	사업수행에 소요되는 인건비
	② 경비	사업수행에 소요되는 직접경비
	③ 일반관리비	(직접사업비 중 ①인건비 + ②경비)의 5%이내

비고

위 표 중 ③ 일반관리비는 기관 유지를 위한 관리활동 부문에서 발생하는 제 비용 중 「예정가격 작성기준」 제12조에 열거된 임원급료, 사무실 직원의 급료 등의 비용을 말하며, 「국가를 당사자로 하는 계약에 관한 법률 시행령」 제9조에 따라 산정한다.

나. 대행사업자가 제3자를 지정하여 대행사업을 외주사업으로 시행하는 경우

비목		내역
대행사업 관리비	① 인건비 / 노무비	사업관리에 소요되는 인건비
	② 경비	사업관리에 소요되는 직접경비
	③ 일반관리비	(대행사업관리비 중 ①인건비 + ②경비)의 5%이내
외주 사업비		제3자 도급에 의하여 외주사업자에게 지급되는 경비

* 대행사업관리비는 「예정가격 작성기준」에 따라 작성된 것으로 「엔지니어링사업 대가의 기준」, 「소프트웨어 사업 대가의 기준」 등 관련 규정에 맞게 수정 적용

다. 대행사업자가 직접시행과 외주사업을 병행하여 시행하는 경우

비목		내역
직접 사업비	① 인건비 / 노무비	사업수행에 소요되는 인건비
	② 경비	사업수행에 소요되는 직접경비
	③ 일반관리비	(직접사업비 중 ①인건비 + ②경비)의 5%이내
대행사업 관리비	④ 인건비 / 노무비	사업관리에 소요되는 인건비
	⑤ 경비	사업관리에 소요되는 직접경비
	⑥ 일반관리비	(대행사업관리비 중 ④인건비 + ⑤경비)의 5%이내
외주 사업비		제3자 도급에 의하여 외주사업자에게 지급되는 경비

* 대행사업관리비는 「예정가격 작성기준」에 따라 작성된 것으로 「엔지니어링사업 대가의 기준」, 「소프트웨어 사업 대가의 기준」 등 관련 규정에 맞게 수정 적용

【별표 2】 대행사업관리비 계상기준

외주사업비	대행사업관리비 요율의 기준 (외주사업비에 대한 비율)
5억원 이하	20.0%
50억원 이하	10.0%
100억원 이하	9.0%
300억원 이하	8.0%
500억원 이하	7.0%
1000억원 이하	6.0%
1000억원 초과	5.0%

* 위 표에 의하여 대행사업관리비를 산정함에 있어 외주사업비의 각 구간사이의 대행사업관리비 요율의 기준은 직선보간법에 의하여 산정하되, 소수점이하 3자리까지로 한다.

** 직선보간법에 의하여 산정된 각 구역사이의 대행사업관리비가 당해 구간의 외주사업비중 최고금액에 해당하는 대행사업관리비보다 큰 경우에는 최고금액에 해당하는 대행사업관리비로 한다.

국내인력해외건설현장 고용업체에 대한 시공능력평가우대 기준 고시

[시행 2015.8.20] [국토교통부고시 제2015-610호, 2015.8.20, 타법개정]

1. 대상 및 가산금액범위

가. 대상업체 : 건설업자로서 해외건설촉진법령에 따라 해외건설업을 신고하고 해외건설현장에 국내인력을 고용한 자

나. 가산금액의 범위

고용인원수	가 산 금 액
1,000명 이상	3년간 공사실적의 연평균액의 100분의 2.0
800명 이상 ~ 1,000명 미만	3년간 공사실적의 연평균액의 100분의 1.8
600명 이상 ~ 800명 미만	3년간 공사실적의 연평균액의 100분의 1.6
400명 이상 ~ 600명 미만	3년간 공사실적의 연평균액의 100분의 1.4
300명 이상 ~ 400명 미만	3년간 공사실적의 연평균액의 100분의 1.2
200명 이상 ~ 300명 미만	3년간 공사실적의 연평균액의 100분의 1.0
100명 이상 ~ 200명 미만	3년간 공사실적의 연평균액의 100분의 2.0
50명 이상 ~ 100명 미만	3년간 공사실적의 연평균액의 100분의 2.0
10명 이상 ~ 50명 미만	3년간 공사실적의 연평균액의 100분의 2.0
1명 이상 ~ 10명 미만	3년간 공사실적의 연평균액의 100분의 2.0

※ 중소업체(중소기업기본법시행령 제3조:상시종업원 300인 미만 또는 자본금 30억 미만)의 경우는 가산금액의 2배 반영(다만, 100분의 2를 초과하지 못함)

※ 고용인원수는 실적신고 대상년도에 최소 3개월 이상 해외건설현장에 체류한 국내인력을 1인으로 산정

2. 평가기준

가. 건설공사 실적신고 대상 연도 기준으로 해당업체가 해외건설현장에 고용한 국내인력의 수에 의하여 평가한다.(단, 3개월 이상 체류한 인력에 한하여 1인으로 산정)

나. 해당업체가 고용하고 직접 인건비를 지급하는 국내인력의 수를 기준으로 하며, 하도급업체 또는 시공참여자가 고용한 인력의 수는 제외한다.

3. 평가방법

가. “국내인력을 해외건설현장에 고용한 건설업자” 로서 시공능력평가시 신인도평가액에 가산 적용 받고자 하는 자는 “해외건설현장 인력고용확인서 [별지1] “를 작성, 출입국사실증명원 및 근로계약서 등 사실을 확인할 수 있는 서류를 첨부하여 해외건설협회에 제출 · 확인을 받아 건설산업기본법 시행규칙 제22조의 규정에 의한 건설공사실적신고서 제출시 건설업자 또는 건설사업관리자의 시공능력평가 · 공시 등 업무를 위탁수행하는 지정기관(대한건설협회, 대한전문건설협회, 건설사업관리협회 등)에 제출하여야 한다.

나. 당해 협회는 건설업자가 제출한 “해외건설현장 인력고용확인서” 에 의하여 확인?평가하여야 한다.

4. 적용시기

이 고시는 2015년 8월20일부터 시행한다.

5. 재검토기한

국토교통부장관은 「훈령 · 예규 등의 발령 및 관리에 관한 규정」에 따라 이 고시에 대하여 2016년 1월 1일을 기준으로 매 3년이 되는 시점(매 3년째의 12월 31일까지를 말한다)마다 그 타당성을 검토하여 개선 등의 조치를 하여야 한다.

부 칙 <제2015-610호, 2015.8.20>

제1조(시행일) 이 고시는 발령한 날부터 시행한다.

【별지 1】

해외건설현장 인력고용 확인서

<table>
<tr><td rowspan="2">신청인</td><td>상 호</td><td colspan="2"></td><td colspan="2">대 표 자</td><td></td></tr>
<tr><td>주 소</td><td colspan="2"></td><td colspan="2">업 종 및
등 록 번 호</td><td></td></tr>
<tr><td colspan="2">취 업 국</td><td colspan="2"></td><td colspan="2">발 주 처</td><td></td></tr>
<tr><td colspan="2">공 사 명</td><td colspan="2"></td><td colspan="2">금 액</td><td></td></tr>
<tr><td colspan="2">공 사 기 간</td><td colspan="5">년 월 일 ~ 년 월 일</td></tr>
<tr><td colspan="2" rowspan="2">인력고용현황
(아국인력)</td><td>계</td><td>사무원</td><td>기술자</td><td>기능공</td><td>기 타</td></tr>
<tr><td></td><td></td><td></td><td></td><td></td></tr>
<tr><td colspan="7">인 력 고 용 기 준 일 : 년 1월 1일 ~ 년 12월 31일</td></tr>
</table>

위와 같이 해외건설 공사현장에 우리나라 인력을 고용하고 있음을 확인하여 주시기 바랍니다.

년 월 일

회 사 명 :
대 표 자 : (인)
담 당 자 :
전 화 :

해 외 건 설 협 회 장 귀 하

위 사 실 을 증 명 합 니 다.

년 월 일

해 외 건 설 협 회 장

민간건설공사 표준도급계약서

[시행 2025. 4. 28.] [국토교통부고시 제2025-204호, 2025. 4. 28., 전부개정.]

제1조(목적) 이 고시는 「건설산업기본법」 제22조제3항에 따라 건설공사에 관한 도급계약 당사자가 대등한 입장에서 공정하게 계약을 체결하도록 하기 위하여 표준도급계약서를 정함을 목적으로 한다.

제2조(표준도급계약서) 민간건설공사 표준도급계약서는 별표와 같다.

제3조(재검토기한) 국토교통부장관은 이 고시에 대하여 「훈령·예규 등의 발령 및 관리에 관한 규정」에 따라 2025년 7월 1일 기준으로 매 3년이 되는 시점(매 3년째의 6월 30일까지를 말한다)마다 그 타당성을 검토하여 개선 등의 조치를 하여야 한다.

부칙 <제2025-240호, 2025. 4. 28.>

이 고시는 발령한 날부터 시행한다.

별표 / 서식

[붙임] 민간건설공사 표준도급계약서

■ 민간건설공사 표준도급계약서 [별표]

민간건설공사 표준도급계약서(제2조 관련)

민간건설공사 표준도급계약서

1. 공 사 명 :
2. 공사장소 :
3. 착공년월일 : 년 월 일
4. 준공예정년월일 : 년 월 일
5. 계약금액 : 일금 원정 (부가가치세 포함)
(노무비[1]) : 일금 원정, 부가가치세 일금 원정)
1) 건설산업기본법 제88조제2항, 동시행령 제84제1항 규정에 의하여 산출한 노임
6. 계약보증금 : 일금 원정
7. 선 금 : 일금 원정(계약 체결 후 00일 이내 지급)
8. 기성부분금 : ( )월에 1회
9. 지급자재의 품목 및 수량
10. 주요 원자재 가격변동에 따른 계약금액 연동을 위한 기준 비율 : %
* 100분의 10이내의 범위에서 협의
11. 하자담보책임(복합공종인 경우 공종별로 구분 기재)

공종	공종별계약금액	하자보수보증금율(%) 및 금액	하자담보책임기간
		( ) % 원정	
		( ) % 원정	
		( ) % 원정	

12. 지체상금율 :
13. 대가지급 지연 이자율 :
14. 물가변동 적용기준 : 품목조정률 □, 지수조정률 □
15. 기타사항 :

"도급인"과 "수급인"은 합의에 따라 붙임의 계약문서에 의하여 계약을 체결하고, 신의에 따라 성실히 계약상의 의무를 이행할 것을 확약하며, 이 계약의 증거로서 계약문서를 2통 작성하여 각 1통씩 보관한다.

붙임서류 : 1. 민간건설공사 도급계약 일반조건 1부
2. 공사계약특수조건 1부
3. 설계서 및 산출내역서 1부

년 월 일

도 급 인		수 급 인	
주소		주소	
성명	(인)	성명	(인)

【붙임】

민간건설공사 표준도급계약 일반조건

제1조(총칙) "도급인"과 "수급인"은 대등한 입장에서 서로 협력하여 신의에 따라 성실히 계약을 이행한다.

제2조(정의) 이 조건에서 사용하는 용어의 정의는 다음과 같다

1. "도급인"이라 함은 건설공사를 건설업자에게 도급하는 자를 말한다.
2. "도급"이라 함은 당사자 일방이 건설공사를 완성할 것으로 약정하고, 상대방이 그 일의 결과에 대하여 대가를 지급할 것을 약정하는 계약을 말한다.
3. "수급인"이라 함은 "도급인"으로부터 건설공사를 도급받는 건설업자를 말한다.
4. "하도급"이라 함은 도급받은 건설공사의 전부 또는 일부를 다시 도급하기 위하여 "수급인"이 제3자와 체결하는 계약을 말한다.
5. "하수급인"이라 함은 "수급인"으로부터 건설공사를 하도급받은 자를 말한다.
6. "설계서"라 함은 공사시방서, 설계도면(물량내역서를 작성한 경우 이를 포함한다) 및 현장설명서를 말한다.
7. "물량내역서"라 함은 공종별 목적물을 구성하는 품목 또는 비목과 동 품목 또는 비목의 규격 · 수량 · 단위 등이 표시된 내역서를 말한다.
8. "산출내역서"라 함은 물량내역서에 "수급인"이 단가를 기재하여 "도급인"에게 제출한 내역서를 말한다

제3조(계약문서) ① 계약문서는 민간건설공사 도급계약서, 민간건설공사 도급계약 일반조건, 공사계약특수조건, 설계서 및 산출내역서로 구성되며, 상호 보완의 효력을 가진다.

② 이 조건이 정하는 바에 의하여 계약당사자간에 행한 통지문서 등은 계약문서로서의 효력을 가진다.

③ 이 계약조건 외에 당사자 일방에게 현저하게 불공정한 경우로서 다음 각 호의 어느 하나에 해당하는 특약은 그 부분에 한하여 무효로 한다.

1. 계약체결 이후 설계변경, 경제상황의 변동에 따라 발생하는 계약금액의 변경을 상당한 이유 없이 인정하지 아니하거나 그 부담을 상대방에게 전가하는 특약
2. 계약체결 이후 공사내용의 변경에 따른 계약기간의 변경을 상당한 이유 없이 인정하지 아니하거나 그 부담을 상대방에게 전가하는 특약
3. 본 계약의 형태와 공사내용 등 제반사정에 비추어 계약체결 당시 예상하기 어려운 내용에 대하여 상대방에게 책임을 전가하는 특약
4. 계약내용에 대하여 구체적인 정함이 없거나 당사자 간 이견이 있을 경우 그 처리방법 등을 일방의 의사에 따르도록 함으로써 상대방의 정당한 이익을 침해하는 특약
5. 계약불이행에 따른 당사자의 손해배상책임을 과도하게 경감하거나 가중하여 정함으로써 상대방의 정당한 이익을 침해하는 특약
6. 「민법」 등 관계 법령에서 인정하고 있는 상대방의 권리를 상당한 이유 없이 배제하거나 제한하는 특약

④ 계약문서 작성에 따른 인지세는 각 50%씩 수급인과 도급인이 부담한다. 다만, 도급인과 공동수급체가 체결하는 공동계약의 경우는 공동 수급체의 구성원 간의 계약액의 지분율에 따라 부담한다.

제4조(계약보증금 등) ① "수급인"은 계약상의 의무이행을 보증하기 위해 계약서에서 정한 계약보증금을 계약체결전까지 "도급인"에게 현금 등으로 납부하여야 한다. 다만, "도급인"과 "수급인"이 합의에 의하여 계약보증금을 납부하지 아니하기로 약정한 경우에는 그러하지 아니하다.

② 제1항의 계약보증금은 다음 각 호의 기관이 발행한 보증서로 납부할 수 있다.

1. 건설산업기본법 제54조 제1항의 규정에 의한 각 공제조합 발행 보증서
2. 보증보험회사, 신용보증기금 등 이와 동등한 기관이 발행하는 보증서
3. 금융기관의 지급보증서 또는 예금증서
4. 국채 또는 지방채

③ "수급인"은 제21조부터 제23조의 규정에 의하여 계약금액이 증액된 경우에는 이에 상응하는 금액의 보증금을 제1항 및 제2항의 규정에 따라 추가 납부하여야 하며, 계약금액이 감액된 경우에는 "도급인"은 이에 상응하는 금액의 계약보증금을 "수급인"에게 반환하여야 한다.

④ 제1항 또는 제3항에 따라 "수급인"이 계약의 이행을 보증하는 때에는 "도급인"도 수급인에게 공사대금 지급의 보증 또는 담보를 제공하여야 한다. 다만, "도급인"이 공사대금 지급보증 또는 담보 제공을 하기 곤란한 경우에는 "수급인"이 그에 상응하는 보험 또는 공제에 가입할 수 있도록 계약의 이행 보증을 받은 날부터 30일 이내에 보험료 또는 공제료(이하 "보험료등"이라 한다)를 지급하여야 한다.

⑤ "도급인"이 제4항에 따른 공사대금의 지급보증, 담보의 제공 또는 보험료등의 지급을 하지 아니한 때에는 "수급인"은 15일 이내 "도급인"에게 그 이행을 최고하고 공사의 시공을 중지할 수 있다.

제5조(계약보증금의 처리) ① 제34조제1항 각 호의 사유로 계약이 해제 또는 해지된 경우 제4조의 규정에 의하여 납부된 계약보증금은 "도급인"에게 귀속한다. 이 경우 계약의 해제 또는 해지에 따른 손해배상액이 계약보증금을 초과한 경우에는 그 초과분에 대한 손해배상을 청구할 수 있다.

② "도급인"은 제35조제1항 각 호의 사유로 계약이 해제 또는 해지되거나 계약의 이행이 완료된 때에는 제4조의 규정에 의하여 납부된 계약보증금을 지체없이 "수급인"에게 반환하여야 한다.

제6조(공사감독원) ① "도급인"은 계약의 적정한 이행을 확보하기 위하여 스스로 이를 감독하거나 자신을 대리하여 다음 각 호의 사항을 행하는 자(이하 '공사감독원'이라 한다)를 선임할 수 있다.

1. 시공일반에 대하여 감독하고 입회하는 일
2. 계약이행에 있어서 "수급인"에 대한 지시 · 승낙 또는 협의하는 일
3. 공사의 재료와 시공에 대한 검사 또는 시험에 입회하는 일
4. 공사의 기성부분 검사, 준공검사 또는 공사목적물의 인도에 입회하는 일
5. 기타 공사감독에 관하여 "도급인"이 위임하는 일

② "도급인"은 제1항의 규정에 의하여 공사감독원을 선임한 때에는 그 사실을 즉시 "수급인"에게 통지하여야 한다.

③ "수급인"은 공사감독원의 감독 또는 지시사항이 공사수행에 현저히 부당하다고 인정할 때에는 "도급인"에게 그 사유를 명시하여 필요한 조치를 요구할 수 있다.

제7조(현장대리인의 배치) ① "수급인"은 착공전에 건설산업기본법령에서 정한 바에 따라 당해공사의 주된 공종에 상응하는 건설기술자를 현장에 배치하고, 그중 1인을 현장대리인으로 선임한 후 "도급인"에게 통지하여야 한다.

② 제1항의 현장대리인은 법령의 규정 또는 "도급인"이 동의한 경우를 제외하고는 현장에 상주하여 시공에 관한 일체의 사항에 대하여 "수급인"을 대리하며, 도급받은 공사의 시공관리 기타 기술상의 관리를 담당한다.

제8조(공사현장 근로자) ① "수급인"은 해당 공사의 시공 또는 관리에 필요한 기술과 인력을 가진 근로자를 채용하여야 하며 근로자의 행위에 대하여 사용자로서의 모든 책임을 진다.

② "수급인"이 채용한 근로자에 대하여 "도급인"이 해당 계약의 시공 또는 관리상 현저히 부적당하다고 인정하여 교체를 요구한 때에는 정당한 사유가 없는 한 즉시 교체하여야 한다.

③ "수급인"은 제2항에 의하여 교체된 근로자를 "도급인"의 동의 없이 해당 공사를 위해 다시 채용할 수 없다.

제9조(착공신고 및 공정보고) ① "수급인"은 계약서에서 정한 바에 따라 착공하여야 하며, 착공시에는 다음 각 호의 서류가 포함된 착공신고서를 "도급인"에게 제출하여야 한다.

1. 건설산업기본법령에 의하여 배치하는 건설기술자 지정서
2. 공사예정공정표
3. 공사비 산출내역서 (단, 계약체결시 산출내역서를 제출하고 계약금액을 정한 경우를 제외한다)
4. 공정별 인력 및 장비 투입 계획서
5. 기타 "도급인"이 지정한 사항

② "수급인"은 계약의 이행중에 제1항의 규정에 의하여 제출한 서류의 변경이 필요한 때에는 관련서류를 변경하여 제출하여야 한다.

③ "도급인"은 제1항 및 제2항의 규정에 의하여 제출된 서류의 내용을 조정할 필요가 있다고 인정하는 때에는 "수급인"에게 이의 조정을 요구할 수 있다.

④ "도급인"은 "수급인"이 월별로 수행한 공사에 대하여 다음 각 호의 사항을 명백히 하여 익월 14일까지 제출하도록 요청할 수 있으며, "수급인"은 이에 응하여야 한다.

1. 월별 공정률 및 수행공사금액
2. 인력 · 장비 및 자재현황
3. 계약사항의 변경 및 계약금액의 조정내용

제10조(공사기간) ① 공사착공일과 준공일은 계약서에 명시된 일자로 한다.

② "수급인"의 귀책사유 없이 공사착공일에 착공할 수 없는 경우에는 "수급인"의 현장인수일자를 착공일로 하며, 이 경우 "수급인"은 공사기간의 연장을 요구할 수 있다.

③ 준공일은 "수급인"이 건설공사를 완성하고 "도급인"에게 서면으로 준공검사를 요청한 날을 말한다. 다만, 제27조의 규정에 의하여 준공검사에 합격한 경우에 한 한다.

제11조(선금) ① "도급인"은 계약서에서 정한 바에 따라 "수급인"에게 선금을 지급하여야 하며, "도급인"이 선금 지급시 보증서 제출을 요구하는 경우 "수급인"은 제4조 제2항 각 호의 보증기관이 발행한 보증서를 제출하여야 한다.

② 제1항에 의한 선금지급은 "수급인"의 청구를 받은 날부터 14일이내에 지급하여야 한다. 다만, 자금사정등 불가피한 사유로 인하여 지급이 불가능한 경우 그 사유 및 지급시기를 "수급인"에게 서면으로 통지한 때에는 그러하지 아니하다.

③ "수급인"은 선금을 계약목적달성을 위한 용도이외의 타 목적에 사용할 수 없으며, 노임지급 및 자재확보에 우선 사용하여야 한다.

④ 선금은 기성부분에 대한 대가를 지급할 때마다 다음 방식에 의하여 산출한 금액을 정산한다.

$$\text{선금정산액} = \text{선금액} \times \frac{\text{기성부분의 대가}}{\text{계약금액}}$$

⑤ "도급인"은 선금을 지급한 경우 다음 각 호의 1에 해당하는 경우에는 당해 선금잔액에 대하여 반환을 청구할 수 있다.

1. 계약을 해제 또는 해지하는 경우
2. 선금지급조건을 위반한 경우

⑥ "도급인"은 제5항의 규정에 의한 반환청구시 기성부분에 대한 미지급금액이 있는 경우에는 선금잔액을 그 미지급금액에 우선적으로 충당하여야 한다.

제12조(자재의 검사 및 건설공사 품질관리 등) ① 공사에 사용할 재료는 신품이어야 하며, 품질 · 품명 등은 설계도서와 일치하여야 한다. 다만, 설계도서에 품질 · 품명 등이 명확히 규정되지 아니한 것은 표준품 또는 표준품에 상당하는 재료로서 계약의 목적을 달성하는데 가장 적합한 것이어야 한다.

② 공사에 사용할 자재중에서 "도급인"이 품목을 지정하여 검사를 요구하는 경우에는 "수급인"은 사용전에 "도급인"의 검사를 받아야 하며, 설계도서와 상이하거나 품질이 현저히 저하되어 불합격된 자재는 즉시 대체하여 다시 검사를 받아야 한다.

③ 제2항의 검사에 이의가 있을 경우 "수급인"은 "도급인"에게 재검사를 요구할 수 있으며, 재검사가 필요하다고 인정되는 경우 "도급인"은 지체없이 재검사하도록 조치하여야 한다.

④ "수급인"은 검사 또는 재검사 등을 이유로 계약기간의 연장을 요구할 수 없다. 다만, 제3항의 규정에 의하여 재검사 결과 적합한 자재인 것으로 판명될 경우에는 재검사에 소요된 기간에 대하여는 계약기간을 연장할 수 있다.

⑤ 공사에 사용하는 자재중 조립 또는 시험을 요하는 것은 "도급인"의 입회하에 그 조립 또는 시험을 하여야 한다.

⑥ 수중 또는 지하에서 행하여지는 공사나 준공후 외부에서 확인할 수 없는 공사는 "도급인"의 참여없이 시행할 수 없다. 다만, 사전에 "도급인"의 서면승인을 받고 사진, 비디오 등으로 시공방법을 확인할 수 있는 경우에는 시행할 수 있다.

⑦ "수급인"은 공사수행과 관련하여 필요한 경우 "도급인"에게 입회를 요구할 수 있으며, "도급인"은 이에 응하여야 한다.

⑧ "수급인"은 건설공사의 품질 확보를 위해 품질관리 및 품질시험 등 적정한 조치를 하여야 하며, 이를 위해 "도급인"은 「건설기술진흥법」에 따른 품질관리비 등 관계법령에서 규정하는 관련 비용을 계약금액에 계상하여야 한다.

제13조(지급자재와 대여품) ① 계약에 의하여 "도급인"이 지급하는 자재와 대여품은 공사예정공정표에 의한 공사일정에 지장이 없도록 적기에 인도되어야 하며, 그 인도장소는 시방서 등에 따로 정한 바가 없으면 공사현장으로 한다.

② 제1항의 규정에 의하여 지급된 자재의 소유권은 "도급인"에게 있으며, "수급인"은 "도급인"의 서면승낙없이 현장 외부로 반출하여서는 아니된다.

③ 제1항의 규정에 의하여 인도된 지급자재와 대여품에 대한 관리상의 책임은 "수급인"에게 있으며, "수급인"이 이를 멸실 또는 훼손하였을 경우에는 "도급인"에게 변상하여야 한다.

④ "수급인"은 지급자재 및 대여품의 품질 또는 규격이 시공에 적당하지 아니하다고 인정할 때에는 즉시 "도급인"에게 이를 통지하고 그 대체를 요구할 수 있다.

⑤ 자재 등의 지급지연으로 공사가 지연될 우려가 있을 때에는 "수급인"은 "도급인"의 서면승낙을 얻어 자기가 보유한 자재를 대체 사용할 수 있다. 이 경우 "도급인"은 대체 사용한 자재 등을 "수급인"과 합의된 일시 및 장소에서 현품으로 반환하거나 대체사용당시의 가격을 지체없이 "수급인"에게 지급하여야 한다.

⑥ "수급인"은 "도급인"이 지급한 자재와 기계·기구 등 대여품을 선량한 관리자의 주의로 관리하여야 하며, 계약의 목적을 수행하는 데에만 사용하여야 한다.

⑦ "수급인"은 공사내용의 변경으로 인하여 필요없게 된 지급자재 또는 사용완료된 대여품을 지체없이 "도급인"에게 반환하여야 한다.

제14조(안전관리 및 재해보상) ① "수급인"은 산업재해를 예방하기 위하여 안전시설의 설치 및 보험의 가입 등 적정한 조치를 하여야 하며, 이를 위해 "도급인"은 계약금액에 「건설기술진흥법」에 따른 안전관리비와 「산업안전보건법」에 따른 산업안전보건관리비 및 산업재해보상 보험료 등 관계 법령에서 규정하는 법정경비의 상당액을 계상하여야 한다.

② 공사현장에서 발생한 산업재해에 대한 책임은 "수급인"에게 있다. 다만, 설계상의 하자 또는 "도급인"의 요구에 의한 작업으로 재해가 발생한 경우에는 "도급인"에 대하여 구상권을 행사할 수 있다.

제15조(건설근로자의 보호) ① "수급인"은 도급받은 공사가 건설산업기본법, 임금채권보장법, 고용보험법, 국민연금법, 국민건강보험법 및 노인장기요양보험법에 의하여 의무가입대상인 경우에는 퇴직공제, 임금채권보장제도, 고용보험, 국민연금, 건강보험 및 노인장기요양보험에 가입하여야 한다. 다만, "수급인"이 도급받은 공사를 하도급한 경우로서 하수급인이 고용한 근로자에 대하여 고용보험, 국민연금, 건강보험 및 노인장기요양보험에 가입한 경우에는 그러하지 아니하다.

② "도급인"은 제1항의 건설근로자퇴직공제부금, 임금채권보장제도에 따른 사업주부담금, 고용보험료, 국민연금보험료, 국민건강보험료 및 노인장기요양보험료를 계약금액에 계상하여야 한다.

제16조(응급조치) ① "수급인"은 재해방지를 위하여 특히 필요하다고 인정될 때에는 미리 긴급조치를 취하고 즉시 이를 "도급인"에게 통지하여야 한다.

② "도급인"은 재해방지 기타 공사의 시공상 부득이하다고 인정할 때에는 "수급인"에게 긴급조치를 요구할 수 있다. 이 경우 "수급인"은 즉시 이에 응하여야 하며, "수급인"이 "도급인"의 요구에 응하지 않는 경우 "도급인"은 제3자로 하여금 필요한 조치를 하게 할 수 있다.

③ 제1항 및 제2항의 응급조치에 소요된 경비는 실비를 기준으로 "도급인"과 "수급인"이 협의하여 부담한다.

제17조(공사기간의 연장) ① "수급인" 은 다음 각 호의 사유로 인해 계약이행이 현저히 어려운 경우 등 "수급인" 의 책임이 아닌 사유로 공사수행이 지연되는 경우 서면으로 공사기간의 연장을 "도급인" 에게 요구할 수 있다.

1. "도급인" 의 책임있는 사유
2. 태풍 · 홍수 · 폭염 · 한파 · 악천후 · 미세먼지 발현 · 전쟁 · 사변 · 지진 · 전염병 · 폭동 등 불가항력의 사태(이하 "불가항력"이라고 한다.)
3. 원자재 수급불균형
4. 근로시간단축 등 법령의 제 · 개정
5. 문화재 조사 또는 오염토 발견

② "도급인"은 제1항의 규정에 의한 계약기간 연장의 요구가 있는 경우 즉시 그 사실을 조사 · 확인하고 공사가 적절히 이행될 수 있도록 계약기간의 연장 등 필요한 조치를 하여야 한다.

③ 제1항의 규정에 의거 공사기간이 연장되는 경우 이에 따르는 현장관리비 등 추가경비는 제23조의 규정을 적용하여 조정한다.

④ "도급인"은 제1항의 계약기간의 연장을 승인하였을 경우 동 연장기간에 대하여는 지체상금을 부과하여서는 아니된다.

제18조(부적합한 공사) ① "도급인"은 "수급인"이 시공한 공사중 설계서에 적합하지 아니한 부분이 있을 때에는 이의 시정을 요구할 수 있으며, "수급인"은 지체없이 이에 응하여야 한다. 이 경우 "수급인"은 계약금액의 증액 또는 공기의 연장을 요청할 수 없다.

② 제1항의 경우 설계서에 적합하지 아니한 공사가 "도급인"의 요구 또는 지시에 의하거나 기타 "수급인"의 책임으로 돌릴 수 없는 사유로 인한 때에는 "수급인"은 그 책임을 지지 아니한다.

제19조(불가항력에 의한 손해) ① "수급인"은 검사를 마친 기성부분 또는 지급자재와 대여품에 대하여 불가항력에 의한 손해가 발생한 때에는 즉시 그 사실을 "도급인"에게 통지하여야 한다.

② "도급인"은 제1항의 통지를 받은 경우 즉시 그 사실을 조사 · 확인하고 그 손해의 부담에 있어서 기성검사를 필한 부분 및 검사를 필하지 아니한 부분 중 객관적인 자료(감독일지, 사진 또는 비디오테잎 등)에 의하여 이미 수행되었음이 판명된 부분은 "도급인"이 부담하고, 기타 부분은 "도급인"과 "수급인"이 협의하여 결정한다.

③ 제2항의 협의가 성립되지 않은 때에는 제41조의 규정에 의한다.

제20조(공사의 변경 · 중지) ① "도급인"이 설계변경 등에 의하여 공사내용을 변경 · 추가하거나 공사의 전부 또는 일부에 대한 시공을 일시 중지할 경우에는 변경계약서 등을 사전에 "수급인"에게 교부하여야 한다.

② "도급인"이 제1항에 따른 공사내용의 변경 · 추가 관련 서류를 교부하지 아니한 때에는 "수급인"은 "도급인"에게 도급받은 공사 내용의 변경 · 추가에 관한 사항을 서면으로 통지하여 확인을 요청할 수 있다. 이 경우 "수급인"의 요청에 대하여 "도급인"은 15일 이내에 그 내용에 대한 인정 또는 부인의 의사를 서면으로 회신하여야 하며, 이 기간내에 회신하지 아니한 경우에는 원래 "수급인"이 통지한 내용대로 공사내용의 변경 · 추가된 것으로 본다. 다만, 불가항력으로 인하여 회신이 불가능한 경우에는 제외한다.

③ "도급인"의 지시에 의하여 "수급인"이 추가로 시공한 공사물량에 대하여서는 공사비를 증액하여 지급하여야 한다.

④ "수급인"은 동 계약서에 규정된 계약금액의 조정사유 이외의 계약체결 후 계약조건의 미숙지, 덤핑수주 등을 이유로 계약금액의 변경을 요구하거나 시공을 거부할 수 없다.

제21조(설계변경으로 인한 계약금액의 조정) ① 설계서의 내용이 공사현장의 상태와 일치하지 않거나 불분명, 누락, 오류가 있을 때 또는 시공에 관하여 예기하지 못한 상태가 발생되거나 안전사고의 우려, 사업계획의 변경 등으로 인하여 추가 시설물(가설구조물을 포함)의 설치가 필요한 때에는 "도급인"은 설계를 변경하여야 한다.

② 제1항의 설계변경으로 인하여 공사량의 증감이 발생한 때에는 다음 각 호의 기준에 의하여 계약금액을 조정하며, 필요한 경우 공사기간을 연장하거나 단축한다.

1. 증감된 공사의 단가는 제9조의 규정에 의한 산출내역서상의 단가를 기준으로 상호 협의하여 결정한다.
2. 산출내역서에 포함되어 있지 아니한 신규비목의 단가는 설계변경 당시를 기준으로 산정한 단가로 한다.
3. 증감된 공사에 대한 일반관리비 및 이윤 등은 산출내역서상의 율을 적용한다.

제22조(물가변동으로 인한 계약금액의 조정) ① 계약체결 후 90일 이상 경과한 경우에 잔여공사에 대하여 산출내역서에 포함되어 있는 품목 또는 비목, 비목군 및 지수 등의 변동으로 인한 등락액이 잔여공사에 해당하는 계약금액의 100분의3 이상인 때에는 계약금액을 조정한다. 다만, 제17조제1항의 규정에 의한 사유로 계약이행이 곤란하다고 인정되는 경우에는 계약체결일(계약체결 후 계약금액을 조정한 경우 그 조정사유가 발생한 날(이하 "조정기준일"이라 한다)을 말하며, 이하 같다)로부터 90일이내에도 계약금액을 조정할 수 있다.

② 제1항의 규정에 의하여 계약금액을 조정할 때에는 국가를 당사자로 하는 계약에 관한 법률 시행규칙 제74조에 따라 산출된 품목조정률 또는 지수조정률을 활용한다.

③ 제1항의 규정에도 불구하고 해당공사비를 구성하는 재료비, 노무비, 경비 합계액의 1천분의 5를 초과하는 자재의 가격이 계약체결일로부터 100분의 15 이상 증감된 경우에는 "도급인"과 "수급인"이 합의하여 계약금액을 조정할 수 있다.

④ 제1항 및 제3항의 규정에 의한 계약금액의 조정에 있어서 그 조정금액은 계약금액 중 조정기준일 이후에 이행되는 부분의 대가(이하 "물가변동적용대가"라 한다)에 품목조정률 또는 지수조정률을 곱하여 산출하되, 조정기준일 이전에 이미 계약이행이 완료되어야 할 부분에 대하여는 적용하지 아니한다. 다만, 제17조제1항의 규정에 의한 사유로 계약이행이 지연된 경우에는 그러하지 아니하다.

⑤ 선금을 지급한 것이 있는 때에는 제1항, 제3항, 제4항의 규정에 의하여 산출된 증가액에서 다음 산식으로 산출한 금액을 공제한다.

공제금액=물가변동적용대가×(품목조정률 또는 지수조정률)×선금급률

⑥ 제1항의 규정에 의하여 조정된 계약금액은 직전의 물가변동으로 인하여 계약금액 조정기준일부터 60일 이내에는 이를 다시 조정할 수 없다.

⑦ 수급인은 제1항 및 제3항의 규정에 의하여 계약금액 조정을 청구하는 경우에는 계약금액조정내역서를 첨부하여야 하며, 도급인은 청구를 받은 날부터 30일 이내에 계약금액을 조정하여야 한다. 다만, 도급인이 자금사정 등 불가피한 경우에는 수급인과 협의하여 그 조정기한을 연장할 수 있으며, 계약금액을 증액할 수 있는 자금이 없는 때에는 공사량 등을 조정하여 그 대가를 지급할 수 있다.

⑧ 도급인은 제7항의 규정에 의한 계약금액조정 청구내용이 일부 미비하거나 분명하지 아니한 경우에는 수급인에게 지체없이 필요한 보완요구 등의 조치를 하여야 한다. 이 경우 수급인이 보완요구를 통보받은 날로부터 도급인이 그 보완을 완료한 사실을 통지받은 날까지의 기간은 제7항의 규정에 의한 기간에 산입하지 아니한다.

⑨ 제8항에도 불구하고 수급인의 계약금액조정 청구내용이 계약금액 조정요건을 충족하지 않았거나 관련 증빙서류가 첨부되지 아니한 경우에는 그 사유를 명시하여 수급인에게 해당 청구서를 반송하여야 하며, 이 경우에 수급인은 그 반송사유를 충족하여 계약금액조정을 다시 청구하여야 한다.

제22조의2(주요 원자재 가격변동에 따른 계약금액의 연동)

도급인과 수급인은 「대 · 중소기업 상생협력 촉진에 관한 법률」 제21조에 따라 주요 원재료의 가격변동에 따른 계약금액 연동과 관련하여 중소벤처기업부에서 권장하는 표준약정서를 작성하여 첨부하여야 한다. 다만, 각 호의 어느 하나에 해당하는 경우에는 그러하지 아니할 수 있다.

1. 도급인이 「중소기업기본법」 제2조 제2항에 따른 소기업에 해당하는 경우
2. 계약기간이 90일 이내의 범위에서 관계 법령으로 정하는 기간 이내인 경우
3. 계약금액이 1억원 이하의 범위에서 관계 법령으로 정하는 금액 이하인 경우
4. 도급인과 수급인이 계약금액 연동을 하지 아니하기로 합의한 경우. 이 경우 도급인과 수급인은 그 취지와 사유를 도급계약서에 기재하여야 한다.

제23조(기타 계약내용의 변동으로 인한 계약금액의 조정) ① 제21조부터 제22조의2에 의한 경우 이외에 다음 각 호에 의해 계약금액을 조정하여야 할 필요가 있는 경우에는 그 변경된 내용에 따라 계약금액을 조정하며, 이 경우 증감된 공사에 대한 일반관리비 및 이윤 등은 산출내역서상의 율을 적용한다.

1. 계약내용의 변경
2. 불가항력에 따른 공사기간의 연장
3. 근로시간 단축, 근로자 사회보험료 적용범위 확대 등 공사비, 공사기간에 영향을 미치는 법령의 제 · 개정

② 제1항과 관련하여 "수급인"은 제21조부터 제22조2에 규정된 계약금액 조정사유 이외에 계약체결후 계약조건의 미숙지 등을 이유로 계약금액의 변경을 요구하거나 시공을 거부할 수 없다.

제24조(기성부분금) ① 계약서에 기성부분금에 관하여 명시한 때에는 "수급인"은 이에 따라 기성부분에 대한 검사를 요청할 수 있으며, 이때 "도급인"은 지체없이 검사를 하고 그 결과를 "수급인"에게 통지하여야 하며, 14일이내에 통지가 없는 경우에는 검사에 합격한 것으로 본다.

② 기성부분은 제2조 제8호의 산출내역서의 단가에 의하여 산정한다. 다만, 산출내역서가 없는 경우에는 공사진척율에 따라 "도급인"과 "수급인"이 합의하여 산정한다.

③ "도급인"은 검사완료일로부터 14일이내에 검사된 내용에 따라 기성부분금을 "수급인"에게 지급하여야 한다.

④ "도급인"이 제3항의 규정에 의한 기성부분금의 지급을 지연하는 경우에는 제28조제3항의 규정을 준용한다.

제25조(손해의 부담) "도급인"·"수급인" 쌍방의 책임 없는 사유로 공사의 목적물이나 제3자에게 손해가 생긴 경우 다음 각 호의 자가 손해를 부담한다.

1. 목적물이 "도급인"에게 인도되기 전에 발생된 손해: "수급인"
2. 목적물이 "도급인"에게 인도된 후에 발생된 손해: "도급인"
3. 목적물에 대한 "도급인"의 인수지연 중 발생된 손해: "도급인"
4. 목적물 검사기간 중 발생된 손해: "도급인"·"수급인"이 협의하여 결정

제26조(부분사용) ① "도급인"은 공사목적물의 인도전이라 하더라도 "수급인"의 동의를 얻어 공사목적물의 전부 또는 일부를 사용할 수 있다.

② 제1항의 경우 "도급인"은 그 사용부분에 대하여 선량한 관리자의 주의 의무를 다하여야 한다.

③ "도급인"은 제1항에 의한 사용으로 "수급인"에게 손해를 끼치거나 "수급인"의 비용을 증가하게 한 때는 그 손해를 배상하거나 증가된 비용을 부담한다.

제27조(준공검사) ① "수급인"은 공사를 완성한 때에는 "도급인"에게 통지하여야 하며 "도급인"은 통지를 받은 후 지체없이 "수급인"의 입회하에 검사를 하여야 하며, "도급인"이 "수급인"의 통지를 받은 후 10일 이내에 검사결과를 통지하지 아니한 경우에는 10일이 경과한 날에 검사에 합격한 것으로 본다. 다만, 불가항력으로 인하여 검사를 완료하지 못한 경우에는 당해 사유가 존속되는 기간과 당해 사유가 소멸된 날로부터 3일까지는 이를 연장할 수 있다.

② "수급인"은 제1항의 검사에 합격하지 못한 때에는 지체없이 이를 보수 또는 개조하여 다시 준공검사를 받아야 한다.

③ "수급인"은 검사의 결과에 이의가 있을 때에는 재검사를 요구할 수 있으며, "도급인"은 이에 응하여야 한다.

④ "도급인"은 제1항의 규정에 의한 검사에 합격한 후 "수급인"이 공사목적물의 인수를 요청하면 인수증명서를 발급하고 공사목적물을 인수하여야 한다.

제28조(대금지급) ① "수급인"은 "도급인"의 준공검사에 합격한 후 즉시 잉여자재, 폐기물, 가설물 등을 철거, 반출하는 등 공사현장을 정리하고 공사대금의 지급을 "도급인"에게 청구할 수 있다.

② "도급인"은 특약이 없는 한 계약의 목적물을 인도 받음과 동시에 "수급인"에게 공사 대금을 지급하여야 한다.

③ "도급인"이 공사대금을 지급기한내에 지급하지 못하는 경우에는 그 미지급금액에 대하여 지급기한의 다음날부터 지급하는 날까지의 일수에 계약서 상에서 정한 대가지급 지연이자율(시중은행의 일반대출시 적용되는 연체이자율 수준을 감안 하여 상향 적용할 수 있다)을 적용하여 산출한 이자를 가산하여 지급하여야 한다.

제29조(폐기물의 처리 등) "수급인"은 공사현장에서 발생한 폐기물을 관계법령에 의거 처리하여야 하며, "도급인"은 폐기물처리에 소요되는 비용을 계약금액에 반영하여야 한다.

제30조(지체상금) ① "수급인"은 준공기한내에 공사를 완성하지 아니한 때에는 매 지체일수마다 계약서상의 지체상금율을 계약금액에 곱하여 산출한 금액(이하 '지체상금'이라 한다)을 "도급인"에게 납부하여야 한다. 다만, "도급인"의 귀책사유로 준공검사가 지체된 경우와 다음 각 호의 1에 해당하는 사유로 공사가 지체된 경우에는 그 해당일수에 상당하는 지체상금을 지급하지 아니하여도 된다.

1. 불가항력의 사유에 의한 경우
2. "수급인"이 대체하여 사용할 수 없는 중요한 자재의 공급이 "도급인"의 책임있는 사유로 인해 지연되어 공사진행이 불가능하게 된 경우
3. "도급인"의 귀책사유로 착공이 지연되거나 시공이 중단된 경우
4. 기타 "수급인"의 책임에 속하지 아니하는 사유로 공사가 지체된 경우

② 제1항을 적용함에 있어 제26조의 규정에 의하여 "도급인"이 공사목적물의 전부 또는 일부를 사용한 경우에는 그 부분에 상당하는 금액을 계약금액에서 공제한다. 이 경우 "도급인"이 인허가기관으로부터 공사목적물의 전부 또는 일부에 대하여 사용승인을 받은 경우에는 사용승인을 받은 공사목적물의 해당부분은 사용한 것으로 본다.

③ "도급인"은 제1항 및 제2항의 규정에 의하여 산출된 지체상금은 제28조의 규정에 의하여 "수급인"에게 지급되는 공사대금과 상계할 수 있다.

④ 제1항의 지체상금율은 계약 당사자간에 별도로 정한 바가 없는 경우에는 국가를 당사자로 하는 계약에 관한 법령 등에 따라 공공공사 계약체결시 적용되는 지체상금율을 따른다.

제31조(하자담보) ① "수급인"은 공사의 하자보수를 보증하기 위하여 계약서에 정한 하자보수보증금율을 계약금액에 곱하여 산출한 금액(이하 '하자보수보증금'이라 한다)을 준공검사후 그 공사의 대가를 지급할 때까지 현금 또는 제4조 제2항 각 호의 보증기관이 발행한 보증서로서 "도급인"에게 납부하여야 한다.

② "수급인"은 "도급인"이 전체목적물을 인수한 날과 준공검사를 완료한 날 중에서 먼저 도래한 날부터 계약서에 정한 하자담보 책임기간중 당해공사에 발생하는 일체의 하자를 보수하여야 한다. 다만, 다음 각 호의 사유로 발생한 하자에 대해서는 그러하지 아니하다.

1. 공사목적물의 인도 후에 천재지변 등 불가항력이 "수급인"의 책임이 아닌 사유로 인한 경우
2. "도급인"이 제공한 재료의 품질이나 규격 등의 기준미달로 인한 경우
3. "도급인"의 지시에 따라 시공한 경우
4. "도급인"이 건설공사의 목적물을 관계 법령에 따른 내구연한 또는 설계상의 구조내력을 초과하여 사용한 경우

③ "수급인"이 "도급인"으로 부터 제2항의 규정에 의한 하자보수의 요구를 받고 이에 응하지 아니하는 경우 제1항의 규정에 의한 하자보수보증금은 "도급인"에게 귀속한다.

④ "도급인"은 하자담보책임기간이 종료한 때에는 제1항의 규정에 의한 하자보수 보증금을 "수급인"의 청구에 의하여 반환하여야 한다. 다만, 하자담보책임기간이 서로 다른 공종이 복합된 공사에 있어서는 공종별 하자담보 책임기간이 만료된 공종의 하자보수보증금은 "수급인"의 청구가 있는 경우 즉시 반환하여야 한다.

제32조(건설공사의 하도급 등) ①"수급인"이 도급받은 공사를 제3자에게 하도급하고자 하는 경우에는 건설산업기본법 및 하도급거래공정화에관한법률에서 정한 바에 따라 하도급하여야 하며, 하수급인의 선정, 하도급계약의 체결 및 이행, 하도급 대가의 지급에 있어 관계 법령의 제규정을 준수하여야 한다.

② "도급인"은 건설공사의 시공에 있어 현저히 부적당하다고 인정하는 하수급인이 있는 경우에는 하도급의 통보를 받은 날 또는 그 사유가 있음을 안 날부터 30일이내에 서면으로 그 사유를 명시하여 하수급인의 변경 또는 하도급 계약내용의 변경을 요구할 수 있다. 이 경우 "수급인"은 정당한 사유가 없는 한 이에 응하여야 한다.

③ "도급인"은 제2항의 규정에 의하여 건설공사의 시공에 있어 현저히 부적당한 하수급인이 있는지 여부를 판단하기 위하여 하수급인의 시공능력, 하도급 계약 금액의 적정성 등을 심사할 수 있다.

제33조(하도급대금의 직접 지급) ① "도급인"은 "수급인"이 제32조의 규정에 의하여 체결한 하도급계약중 하도급거래공정화에 관한법률과 건설산업기본법에서 정한 바에 따라 하도급대금의 직접 지급사유가 발생하는 경우에는 그 법에 따라 하수급인이 시공한 부분에 해당하는 하도급대금을 하수급인에게 지급한다.

② "도급인"이 제1항의 규정에 의하여 하도급대금을 직접 지급한 경우에는 "도급인"의 "수급인"에 대한 대금지급채무는 하수급인에게 지급한 한도안에서 소멸한 것으로 본다.

제34조("도급인"의 계약해제 등) ① "도급인"은 다음 각 호의 1에 해당하는 경우에는 계약의 전부 또는 일부를 해제 또는 해지할 수 있다.

1. "수급인"이 정당한 이유없이 약정한 착공기일을 경과하고도 공사에 착수하지 아니한 경우
2. "수급인"의 책임있는 사유로 인하여 준공기일내에 공사를 완성할 가능성이 없음이 명백한 경우
3. 제30조제1항의 규정에 의한 지체상금이 계약보증금 상당액에 도달한 경우로서 계약기간을 연장하여도 공사를 완공할 가능성이 없다고 판단되는 경우
4. 기타 "수급인"의 계약조건 위반으로 인하여 계약의 목적을 달성할 수 없다고 인정되는 경우

② 제1항의 규정에 의한 계약의 해제 또는 해지는 "도급인"이 "수급인"에게 서면으로 계약의 이행기한을 정하여 통보한 후 기한내에 이행되지 아니한 때 계약의 해제 또는 해지를 "수급인"에게 통지함으로써 효력이 발생한다.

③ "수급인"은 제2항의 규정에 의한 계약의 해제 또는 해지 통지를 받은 때에는 다음 각 호의 사항을 이행하여야 한다.

1. 당해 공사를 지체없이 중지하고 모든 공사용 시설 · 장비 등을 공사현장으로부터 철거하여야 한다.
2. 제13조의 규정에 의한 지급재료의 잔여분과 대여품은 "도급인"에게 반환하여야 한다.

제35조("수급인"의 계약해제 등) ① "수급인"은 다음 각 호의 어느 하나에 해당하는 경우에는 계약의 전부 또는 일부를 해제 또는 해지할 수 있다.

1. 공사내용을 변경함으로써 계약금액이 100분의 40이상 감소된 때
2. "도급인"의 책임있는 사유에 의한 공사의 정지기간이 계약서상의 공사기간의 100분의 50을 초과한 때

3. "도급인"이 정당한 이유없이 계약내용을 이행하지 아니함으로써 공사의 적정이행이 불가능하다고 명백히 인정되는 때
4. 제4조제5항에 따른 기간 내에 공사대금 지급의 보증, 담보의 제공 또는 보험료 등의 지급을 이행하지 아니한 때

② 제1항의 규정에 의하여 계약을 해제 또는 해지하는 경우에는 제34조제2항 및 제3항의 규정을 준용한다.

제36조(계약해지시의 처리) ① 제34조 및 제35조의 규정에 의하여 계약이 해지된 때에는 "도급인"과 "수급인"은 지체없이 기성부분의 공사금액을 정산하여야 한다.

② 제34조 및 제35조의 규정에 의한 계약의 해제 또는 해지로 인하여 손해가 발생한 때에는 상대방에게 그에 대한 배상을 청구할 수 있다. 다만, 제35조제1항제4호에 해당하여 해지한 경우에는 해지에 따라 발생한 손해에 대하여 청구할 수 없다.

제37조("수급인"의 동시이행 항변권) ① "도급인"이 계약조건에 의한 선금과 기성부분금의 지급을 지연할 경우 "수급인"이 상당한 기한을 정하여 그 지급을 독촉하였음에도 불구하고 "도급인"이 이를 지급치 않을 때에는 "수급인"은 공사중지기간을 정하여 "도급인"에게 통보하고 공사의 일부 또는 전부를 일시 중지할 수 있다.

② 제1항의 공사중지에 따른 기간은 지체상금 산정시 공사기간에서 제외된다.

③ "도급인"은 제1항의 공사중지에 따른 비용을 "수급인"에게 지급하여야 하며, 공사중지에 따라 발생하는 손해에 대해 "수급인"에게 청구하지 못한다.

제38조(채권양도) ① "수급인"은 이 공사의 이행을 위한 목적이외에는 이 계약에 의하여 발생한 채권(공사대금 청구권)을 제3자에게 양도하지 못한다.

② "수급인"이 채권양도를 하고자 하는 경우에는 미리 보증기관(연대보증인이 있는 경우 연대보증인을 포함한다)의 동의를 얻어 "도급인"의 서면승인을 받아야 한다.

③ "도급인"은 제2항의 규정에 의한 "수급인"의 채권양도 승인요청에 대하여 승인 여부를 서면으로 "수급인"과 그 채권을 양수하고자 하는 자에게 통지하여야 한다.

제39조(손해배상책임) ① "수급인"이 고의 또는 과실로 인하여 도급받은 건설공사의 시공관리를 조잡하게 하여 타인에게 손해를 가한 때에는 그 손해를 배상할 책임이 있다.

② "수급인"은 제1항의 규정에 의한 손해가 "도급인"의 고의 또는 과실에 의하여 발생한 것인 때에는 "도급인"에 대하여 구상권을 행사할 수 있다.

③ "수급인"은 하수급인이 고의 또는 과실로 인하여 하도급 받은 공사를 조잡하게 하여 타인에게 손해를 가한 때는 하수급인과 연대하여 그 손해를 배상할 책임이 있다.

제40조(법령의 준수) "도급인"과 "수급인"은 이 공사의 시공 및 계약의 이행에 있어서 건설산업기본법 등 관계법령의 제규정을 준수하여야 한다.

제41조(분쟁의 해결) ① 계약에 별도로 규정된 것을 제외하고는 계약에서 발생하는 문제에 관한 분쟁은 계약당사자가 쌍방의 합의에 의하여 해결한다.

② 제1항의 합의가 성립되지 못할 때에는 분쟁의 해결방법으로 다음 각 호의 어느 하나 중 도급인과 수급인 간 합의로 정한다.

1. 분쟁의 자율적 해결을 중시할 경우, 「건설산업기본법」에 따른 건설분쟁조정위원회의 조정
2. 분쟁의 원활한 해결을 중시할 경우, 「중재법」에 따른 중재기관의 중재

<②항 적용 예시>
· (예시1) 제1항의 합의가 성립되지 못할 때에는 분쟁의 해결을 위하여 「건설산업기본법」에 따른 건설분쟁조정위원회에 조정을 신청한다.
· (예시2) 제1항의 합의가 성립되지 못할 때에는 분쟁의 해결을 위하여 「중재법」에 따른 중재기관에 중재를 신청한다.

③ 제2항에 따라 건설분쟁조정위원회에 조정이 신청된 경우, 상대방은 그 조정 절차에 응하여야 한다.

제42조(특약사항) 기타 이 계약에서 정하지 아니한 사항에 대하여는 "도급인"과 "수급인"이 합의하여 별도의 특약을 정할 수 있다.

보증가능금액확인서의 발급 및 해지에 관한 기준

[시행 2019. 6. 19.] [국토교통부고시 제2019-311호, 2019. 6. 19., 일부개정.]

제1조(목적) 이 기준은 「건설산업기본법 시행령」 제13조제1항제1호의2에 따라 재무상태, 신용상태 등의 평가 및 담보제공, 현금예치 등 보증가능금액확인서의 발급 및 해지에 관한 기준을 정함을 목적으로 한다.

제2조(용어의 정의) 이 기준에서 사용하는 용어의 정의는 다음과 같다.

1. "발급기관"이라 함은 「건설산업기본법 시행령」(이하 "영"이라 한다) 제13조제1항제1호의2에 따라 국토교통부장관이 지정한 금융기관등을 말한다.
2. "신청업체"라 함은 영 제13조제1항제1호의2에 따라 발급기관에 보증가능금액확인서(이하 "확인서"라 한다)의 발급을 신청하는 자를 말한다.
3. "현금예치"라 함은 신청업체가 영 제13조제1항제1호의2가목에 따라 자본금의 일정금액을 발급기관에 예치하는 것을 말한다.
4. "담보제공"이라 함은 신청업체가 영 제13조제1항제1호의2가목에 따라 발급기관에 담보를 제공하는 것을 말한다.

제3조(재무상태 · 신용상태 등의 평가) 발급기관이 확인서를 발급하고자 하는 경우에는 신청업체의 수익성, 안정성, 유동성 등을 고려하여 그 업체의 재무상태, 신용상태 등을 평가하여야 한다. 이 경우 발급기관은 평가의 기준 및 절차를 국토교통부장관의 승인을 받아 발급기관의 홈페이지에 공시하여야 한다.

제4조(담보제공 및 현금예치 기준) ① 발급기관은 제3조의 평가결과에 따라 신청인으로부터 영 별표 2에 따른 업종별 자본금의 100분의 25 내지 100분의 60의 범위안에서 현금을 예치받거나 예치금에 상당하는 담보를 제공 받아야 한다. 이 경우 발급기관은 평가결과에 따른 현금예치 또는 담보제공의 범위를 국토교통부장관의 승인을 받아 공시하여야 한다.

②발급기관이 제1항에 따라 예치된 현금 또는 제공된 담보로 담보권을 설정하여 보증 · 융자를 실시한 경우에는 건설업자의 다른 재산이 없거나 발급기관의 담보권에 우선하는 채권이 존재하여 그 보증 · 융자에 기한 채권을 회수할 수 없는 경우 등의 사유가 발생한 때에는 발급기관 내부기준에 따라 담보권을 실행할 수 있다는 내용과 절차를 신청인에게 미리 고지하여야 한다.

③발급기관은 「건설산업기본법」(이하 "법"이라 한다) 제9조에 따라 새로 건설업 등록을 한 자에 대하여는 제1항의 현금예치 또는 담보제공을 받은 때로부터 2년이 경과하는 날까지는 이를 담보로 융자를 할 수 없고, 2년이 경과한 경우에도 그 현금 또는 담보가액의 100분의 60을 초과하여 융자를 할 수 없다.

제5조(확인서의 발급) 발급기관이 신청인으로부터 제4조에 따라 현금을 예치 받거나 담보를 제공 받은 경우에는 제4조의 자본금 이상의 금액에 대한 보증의무를 부담한다는 내용을 기재한 확인서를 발급하여야 한다.

제6조(확인서의 해지) 발급기관은 확인서의 발급을 받은 자가 다음 각 호의 어느 하나에 해당하게 된 경우 확인서를 즉시 해지한다. 다만, 재무상태의 변동으로 제5호에 해당하게 된 경우에는 발급기관 내부규정에 따라 일정 기간 해지를 유예할 수 있다.

1. 제3조의 평가를 위한 자료를 허위로 제출하는 등 부정한 방법으로 확인서를 발급받은 경우
2. 파산선고를 받고 복권되지 아니한 경우
3. 피성년후견 또는 피한정후견의 선고를 받은 경우
4. 법 제17조에 따른 건설업 양도를 한 경우. 다만, 「건설산업기본법 시행규칙」 제18조 제6항에 따른 양도의 경우에는 그러하지 아니하다.
5. 재무상태가 변동되거나 발급기관이 담보권을 실행하는 등의 사유로 예치된 현금 또는 제공된 담보의 가액이 제4조의 기준에 미달하게 된 경우

제7조(기타) ① 발급기관은 이 기준의 범위 안에서 재무상태, 신용상태 등의 평가 및 담보제공, 현금예치 등 보증가능금액확인서의 발급 및 해지에 관한 세부기준을 정하여 발급기관의 홈페이지에 공시하여야 한다.

② 발급기관은 확인서 발급업무에 관하여 국토교통부장관의 명령· 지도·감독·자료제출 요구 등에 응하여야 한다.

③ 발급기관은 확인서의 발급 및 해지 등 현황을 국토교통부장관에게 실시간으로 보고하여야 하고, 법 제91조에 따라 건설업 등록에 관한 권한을 위임 받은 행정기관에게 통보하여야 한다. 이 경우 영 제10조에 따른 건설산업종합정보망을 통하여 보고 또는 통보할 수 있다.

제8조(재검토기한) ① 국토교통부장관은 「훈령·예규 등의 발령 및 관리에 관한 규정」에 따라 이 고시에 대하여 2019년 1월 1일을 기준으로 매 3년이 되는 시점(매 3년째의 12월 31일까지를 말한다)마다 그 타당성을 검토하여 개선 등의 조치를 하여야 한다.

부칙 <제2019-311호, 2019. 6. 19.>

이 기준은 고시한 날부터 시행한다. 다만, 제4조 제1항의 개정규정은 2019년 6월 19일부터 시행하며, 제4조 제2항의 개정규정은 2019년 11월 1일부터 시행한다.

종합 · 전문업종간 상호시장 진출을 위한 건설공사실적 인정기준

[시행 2022. 1. 1.] [국토교통부고시 제2021-1232호, 2021. 11. 12., 일부개정.]

제1조(목적) 이 고시는 국토교통부령 제765호 건설산업기본법 시행규칙 일부개정령 부칙 제6조(건설공사실적 인정에 관한 특례)에 따라 필요한 사항을 정함을 목적으로 한다.

제2조(상호실적 인정기준) ① 종합공사를 시공하는 업종을 등록한 건설사업자(이하 "종합건설사업자"라 한다)가 전문공사 입찰에 참여하거나 전문공사를 시공하는 업종을 등록한 건설사업자(이하 "전문건설사업자"라 한다)가 종합공사 입찰에 참여하는 경우 적용하는 건설공사실적은 다음 각 호에 따른다.

1. 2020년 12월 31일 이전의 건설공사실적은 다음 각 목에 따라 산정한다.

  가. 종합건설사업자가 전문공사를 도급 받으려는 경우에는 별표에 따라 종합건설사업자의 건설공사실적을 업무분야별 실적으로 분개한 후 해당 전문공사에 해당하는 업종 또는 업무분야 실적의 3분의 2를 전문공사 실적으로 인정하되, 인정받은 전문공사 실적은 「건설산업기본법 시행규칙」(이하 "시행규칙"이라 한다) 제23조에 따른 전문공사를 시공하는 업종 및 업무분야의 시공능력 평가에서 제외한다.

  나. 전문건설사업자가 종합공사를 도급 받으려는 경우에는 전문공사 실적 중 해당 종합공사에 해당하는 업종의 실적을 종합공사 실적으로 인정하되, 인정받은 종합공사 실적은 시행규칙 제23조에 따른 종합공사를 시공하는 업종의 시공능력 평가에서 제외한다.

2. 2021년 1월 1일 이후의 건설공사실적은 건설사업자가 상대시장(종합건설사업자의 경우 전문공사를, 전문건설사업자의 경우 종합공사를 말한다. 이하 같다)에서 수행한 건설공사실적으로 한다.

② 「시설물유지관리업 업종전환 세부기준」(이하 "업종전환 세부기준"이라 한다)에 따라 종합공사를 시공하는 업종으로 전환한 건설사업자가 전문공사 입찰에 참여하거나, 「시설물유지관리업 업종전환 세부기준」에 따라 전문공사를 시공하는 업종으로 전환한 건설사업자가 종합공사 입찰에 참여하는 경우 적용하는 건설공사실적은 다음 각 호에 따른다.

1. 업종전환 이전의 건설공사실적은 다음 각 목에 따라 산정한다.

  가. 종합공사를 시공하는 업종으로 전환한 건설사업자가 전문공사를 도급 받으려는 경우에는 업종전환 세부기준 제5조에 따라 전환한 실적 중 해당 전문공사에 해당하는 업종 또는 업무분야 실적의 3분의 2를 전문공사 실적으로 인정하되, 인정받은 전문공사 실적은 시행규칙 제23조에 따른 전문공사를 시공하는 업종 및 업무분야의 시공능력 평가에서 제외한다.

나. 전문공사를 시공하는 업종으로 전환한 건설사업자가 종합공사를 도급 받으려는 경우에는 업종전환 세부기준 제5조에 따라 전환한 실적 중 해당 종합공사에 해당하는 업종의 실적을 종합공사 실적으로 인정하되, 인정받은 종합공사 실적은 시행규칙 제23조에 따른 종합공사를 시공하는 업종의 시공능력 평가에서 제외한다.

2. 업종전환 이후의 건설공사실적은 건설사업자가 상대시장에서 수행한 건설공사실적으로 한다.

③ 제1항 및 제2항에 따른 건설공사실적은 백만원 단위로 환산하되, 소수점이 발생하는 경우 소수점 이하는 절사한다.

제3조(상호실적확인서 발급) 「건설산업기본법 시행령」 제87조제1항제2호에 따른 업무를 위탁받은 기관은 상대시장에 참여하려는 건설사업자의 요청이 있는 경우 제2조에 따라 산정한 실적에 대하여 별지 서식에 따른 실적확인서를 발급해야 한다.

제4조(건설업의 양도, 합병 및 상속 시 실적) 건설업에 관한 자산과 권리·의무의 전부를 포괄적으로 양도하거나 합병 또는 상속한 경우에는 양도인·피합병법인·피상속인이 제2조에 따라 인정받은 실적은 양수인·합병법인·상속인이 인정받은 것으로 한다.

제5조(재검토기한) 국토교통부장관은 이 고시에 대하여 「훈령·예규 등의 발령 및 관리에 관한 규정」에 따라 2021년 1월 1일을 기준으로 매 3년이 되는 시점(매 3년째의 12월 31일까지를 말한다)마다 그 타당성을 검토하여 개선 등의 조치를 해야 한다.

부칙 <제2021-1232호, 2021. 11. 12.>

이 고시는 2022년 1월 1일부터 시행한다.

별표 / 서식

[별표] 종합공사 실적에 대한 업무분야별 구분 비율표

[별지] 상호실적 인정기준에 따른 건설공사 실적확인(신청)서

【별표】

종합공사 실적에 대한 업무분야별 구분 비율표

(단위: %)

공종	시설물유형	업무분야별 구분 비율												합계
토목(23)	일반도로	토공사	52.8	철근·콘크리트공사	22.4	포장공사	14.2	금속구조물·창호·온실공사	10.6					100.0
	고속도로	토공사	60.3	철근·콘크리트공사	15.4	포장공사	13.9	금속구조물·창호·온실공사	10.4					100.0
	고속화도로	토공사	63.5	철근·콘크리트공사	22.9	포장공사	7.8	금속구조물·창호·온실공사	5.8					100.0
	도로교량	철근·콘크리트공사	50.2	철강재설치공사	22.9	강구조물공사	17.2	토공사	9.7					100.0
	철도교량	철근·콘크리트공사	41.4	철강재설치공사	28.0	토공사	23.3	강구조물공사	7.3					100.0
	댐	토공사	62.6	철근·콘크리트공사	31.1	보링·그라우팅공사	6.3							100.0
	간척	토공사	68.8	보링·그라우팅공사	16.2	준설공사	15.0							100.0
	항만	수중공사	57.9	토공사	13.2	철근·콘크리트공사	12.5	준설공사	8.4	보링·그라우팅공사	8.0			100.0
	공항	보링·그라우팅공사	24.7	철근·콘크리트공사	13.0	금속구조물·창호·온실공사	11.8	토공사	11.4	포장공사	9.2	실내건축공사	8.6	강구조물공사	8.2	100.0
		지붕판금·건축물조립공사	6.7	기계설비공사	6.4									
	도로터널	토공사	84.0	철근·콘크리트공사	16.0									100.0
	철도터널	토공사	77.3	철근·콘크리트공사	14.8	보링·그라우팅공사	7.9							100.0

공종	시설물유형	업무분야별 구분 비율														합계
	일반철도	토공사	61.1	철근·콘크리트공사	22.2	철도·궤도공사	10.2	보링·그라우팅공사	6.5							100.0
	고속철도	토공사	49.8	보링·그라우팅공사	18.7	철근·콘크리트공사	18.7	금속구조물·창호·온실공사	7.0	철도·궤도공사	5.8					100.0
	지하철	토공사	64.1	보링·그라우팅공사	13.6	철근·콘크리트공사	9.1	기계설비공사	6.7	금속구조물·창호·온실공사	6.5					100.0
	택지조성	토공사	79.0	철근·콘크리트공사	10.5	상·하수도설비공사	10.5									100.0
	공업용지조성	토공사	82.2	철근·콘크리트공사	10.5	보링·그라우팅공사	7.3									100.0
	치산·치수 및 사방하천	토공사	56.4	철근·콘크리트공사	33.9	석공사	9.7									100.0
	상수도1천mm이상	상·하수도설비공사	92.3	토공사	7.7											100.0
	상수도1천mm미만	상·하수도설비공사	93.4	토공사	6.6											100.0
	하수도	상·하수도설비공사	82.8	토공사	17.2											100.0
	관개수로 및 농지정리	철근·콘크리트공사	50.1	토공사	29.1	상·하수도설비공사	13.7	보링·그라우팅공사	7.1							100.0
	정수장	철근·콘크리트공사	41.1	토공사	21.2	상·하수도설비공사	16.0	기계설비공사	11.8	습식·방수공사	9.9					100.0
	기타토목시설	토공사	71.9	철근·콘크리트공사	20.5	상·하수도설비공사	7.6									100.0
건축 (24)	단독주택 및 연립주택	철근·콘크리트공사	34.2	기계설비공사	18.6	금속구조물·창호·온실공사	17.3	실내건축공사	13.0	비계·구조물해체공사	9.4	습식·방수공사	7.5			100.0
	저층아파트	철근·콘크리트공사	43.8	기계설비공사	17.0	실내건축공사	10.8	금속구조물·창호·온실공사	10.4	비계·구조물해체공사	9.8	습식·방수공사	8.2			100.0

공종	시설물유형	업무분야별 구분 비율														합계
	고층아파트	철근·콘크리트공사	30.7	금속구조물·창호·온실공사	14.8	실내건축공사	13.6	습식·방수공사	12.8	토공사	11.8	기계설비공사	10.4	석공사	5.9	100.0
	초고층아파트	철근·콘크리트공사	44.9	실내건축공사	15.7	기계설비공사	14.4	금속구조물·창호·온실공사	12.9	습식·방수공사	12.1					100.0
	주거·사무실 겸용시설	철근·콘크리트공사	37.2	기계설비공사	19.6	금속구조물·창호·온실공사	17.5	토공사	12 3	실내건축공사	7.4	습식·방수공사	6.0			100.0
	상가·백화점·쇼핑센터	기계설비공사	26.0	철근·콘크리트공사	20.7	실내건축공사	17.8	금속구조물·창호·온실공사	13.0	강구조물공사	10.3	토공사	6.2	습식·방수공사	6.0	100.0
	사무실빌딩	기계설비공사	38.4	실내건축공사	20.4	금속구조물·창호·온실공사	18.1	철근·콘크리트공사	16.1	토공사	7.0					100.0
	오피스텔	철근·콘크리트공사	36.2	기계설비공사	16.0	금속구조물·창호·온실공사	14.4	토공사	13.2	실내건축공사	11.7	습식·방수공사	8.5			100.0
	인텔리전트빌딩	금속구조물·창호·온실공사	32.9	철근·콘크리트공사	25.5	토공사	17.9	습식·방수공사	8.6	실내건축공사	8.2	강구조물공사	6.9			100.0
	관공서견물 (11층이하)	철근·콘크리트공사	31.9	기계설비공사	22.3	금속구조물·창호·온실공사	16.3	실내건축공사	13.0	습식·방수공사	10.4	토공사	6.1			100.0
	관공서건물 (12층이상)	철근·콘크리트공사	36.9	금속구조물·창호·온실공사	26.8	실내건축공사	16.4	습식·방수공사	12.4	토공사	7.5					100.0
	호텔, 숙박시설	실내건축공사	32.1	기계설비공사	24.9	철근·콘크리트공사	24.5	금속구조물·창호·온실공사	12.2	토공사	6.3					100.0
	학교	철근·콘크리트공사	33.6	금속구조물·창호·온실공사	19.7	기계설비공사	17.2	실내건축공사	15.5	습식·방수공사	14.0					100.0

공종	시설물유형	업무분야별 구분 비율												합계
	병원	기계설비공사	33.6	철근·콘크리트공사	22.4	금속구조물·창호·온실공사	15.3	실내건축공사	14.8	토공사	7.7	습식·방수공사	6.2			100.0
	교회, 사찰 등 종교용 건물	철근·콘크리트공사	28.8	기계설비공사	22.5	금속구조물·창호·온실공사	14.4	토공사	10.1	실내건축공사	9.5	습식·방수공사	8.1	석공사	6.6	100.0
	전통양식건축	실내건축공사	91.8	철근·콘크리트공사	8.2											100.0
	기타 문화재. 유적건물	철근·콘크리트공사	24.9	금속구조물·창호·온실공사	20.4	지붕판금·건축물조립공사	19.2	실내건축공사	15.7	습식·방수공사	10.0	토공사	9.8			100.0
	경기장, 운동장	기계설비공사	20.1	철근·콘크리트공사	18.7	강구조물공사	13.7	지붕판금·건축물조립공사	11.2	실내건축공사	11.0	금속구조물·창호·온실공사	10.7	습식·방수공사	7.4	100.0
		토공사	7.2													
	전시시설	실내건축공사	64.9	철근·콘크리트공사	13.2	금속구조물·창호·온실공사	8.0	기계설비공사	7.6	지붕판금·건축물조립공사	6.3					100.0
	공장, 작업장용 건물	기계설비공사	44.2	강구조물공사	22.5	철근·콘크리트공사	13.1	지붕판금·건축물조립공사	10.8	금속구조물·창호·온실공사	9.4					100.0
	기계기구설치 (플랜트제외)	강구조물공사	41.4	지붕판금·건축물조립공사	23.1	금속구조물·창호·온실공사	21.6	승강기설치공사	13.9							100.0
	창고, 차고 터미널건물	강구조물공사	24.9	철근·콘크리트공사	19.4	지붕판금·건축물조립공사	19.0	기계설비공사	18.3	금속구조물·창호·온실공사	11.5	습식·방수공사	6.9			100.0
	위험물저장소	철근·콘크리트공사	36.3	기계설비공사	25.3	금속구조물·창호·온실공사	24.6	강구조물공사	13.8							100.0
	기타	철근·콘크리트공사	35.2	금속구조물·창호·온실공사	19.1	실내건축공사	18.0	강구조물공사	11.5	습식·방수공사	8.4	토공사	7.8			100.0

공종	시설물유형	업무분야별 구분 비율														합계
산업환경설비(11)	제철소, 석우화학 공장의 생산시설	기계설비공사	100.0													100.0
	원자력발전소	철근·콘크리트공사	35.2	기계설비공사	19.1	도장	13.4	토공사	13.1	강구조물공사	7.8	습식·방수공사	6.0	금속구조물·창호·온실공사	5.4	100.0
	화력발전소	기계설비공사	60.6	토공사	13.6	철근·콘크리트공사	7.0	강구조물공사	6.5	보링·그라우팅공사	6.2	비계·구조물해체공사	6.1			100.0
	열병합발전소	기계설비공사	100.0													100.0
	수력발전소	기계설비공사	100.0													100.0
	집단에너지 공급시설공사	기계설비공사	57.0	가스1종	21.1	금속구조물·창호·온실공사	12.5	토공사	9.4							100.0
	쓰레기소각장	기계설비공사	73.6	토공사	9.4	지붕판금·건축물조립공사	9.1	철근·콘크리트공사	7.9							100.0
	플랜트설치공사	기계설비공사	32.9	강구조물공사	18.0	금속구조물·창호·온실공사	13.4	철근·콘크리트공사	11.9	비계·구조물해체공사	9.3	지붕판금·건축물조립공사	7.3	토공사	7.2	100.0
	하수종말처리장	기계설비공사	28.2	철근·콘크리트공사	24.1	상·하수도설비공사	22.7	토공사	19.2	습식·방수공사	5.8					100.0
	폐수종말처리장	기계설비공사	46.9	철근·콘크리트공사	13.7	지붕판금·건축물조립공사	13.2	습식·방수공사	10.7	토공사	8.6	상·하수도설비공사	6.9			100.0
	그밖의 산업환경설비	상·하수도설비공사	35.9	기계설비공사	17.1	토공사	14.2	철근·콘크리트공사	11.4	금속구조물·창호·온실공사	8.4	습식·방수공사	6.5	강구조물공사	6.5	100.0
조경(3)	수목원	조경식재공사	100.0													100.0
	공원조성공사	조경시설물설치공사	47.1	조경식재공사	36.1	철근·콘크리트공사	9.4	토공사	7.4							100.0
	기타조경시설	조경시설물설치공사	56.3	조경식재공사	43.7											100.0

※ 본 자료는 전문건설업종의 하도급 실적(`15년~`19년)을 토대로 해당 시설물 공사를 구성하는 전문건설업종의 업무분야 중 5% 이상을 차지하는 업무분야들로 분류하고, 5% 미만을 차지하는 업무분야는 5% 이상을 차지하는 업무분야의 구성 비율을 적용하여 배분함

■ 종합·전문업종간 상호시장 진출을 위한 건설공사실적 인정기준 [별지 서식]

상호실적 인정기준에 따른 건설공사 실적확인(신청)서

※ 어두운 난(▒▒)은 신청인이 작성하지 않습니다.

접수번호	접수일	처리기간 즉시

상호 (법인인 경우 법인명칭)					
대표자					
영업소 소재지					
건설업종 (종합 또는 전문)					
등록번호					

최근 ( )년간 아래와 같이 건설공사실적이 있음을 확인하여 주시기 바랍니다.

년 월 일

신청인 (서명 또는 인)

0 0 0 귀하

(단위 : 백만원)

업종구분 (종합 또는 전문 등록업종)	상대업종분야 또는 업무분야	년	년	년	년	년	합계
소 계							

위 사실을 확인합니다.

년 월 일

확인자 (서명 또는 인)

ㅇㅇㅇㅇ장

210㎜×297㎜[백상지(80g/㎡) 또는 중질지(80g/㎡)]

해체공사 안전관리 요령

1. 해체공사 안전관리 요령 개요

1-1. 목 적

① 시설물 또는 건축물(이하 "시설물등 "이라 한다.)의 해체공사 업무프로세스를 합리적·체계적으로 개선하고, 해체공사의 안전성을 확보를 목적으로 한다.

1-2. 적용 대상 및 범위

① 높이 10미터 또는 4층이상의 건축물, 건설기술관리법(이하 건기법) 시행령 제93조 제1항에 의한 안전관리계획을 수립하는 시설물의 해체공사에 대하여 적용한다.

② 이 요령에서 명시하지 아니한 사항은 해체공사관련 시방서에 따른다.

1-3. 용어의 정의

① 건축물의 높이 : 건축법 시행령 제119조(1항제5호)에 따른다.

② 공공공사 : 건설기술관리법 제2조(제5호)의 규정에 의한 "발주청"이 시행하는 공사

③ 예정가격 : 국가를 당사자로 하는 계약에 관한 법률 시행령 제2조의 제2호에 따른다.

④ 조 합 : 도시 및 주거환경정비법에 의한 정비사업 시행주체 또는 주택법에 의한 리모델링사업 시행주체

⑤ 입주자 대표회의 : 주택법 제43조 의한 공동주택 관리주체

⑥ 2차처리 : 해체 후에 발생된 조각이 중량물, 불안정한 상태인 경우 해체공사장 밖으로 반출하기 적당한 형상 또는 크기로 재작업

⑦ 건설부산물 : 해체공사 과정에서 발생하는 폐기물 중 유가물로서 매각 등 재활용할 수 있는 물품

⑧ 건설폐기물 : 건설부산물 중 재이용이하는 것이 불가능한 물품

2. 해체공사 업무 프로세스

2-1. 공공공사에서의 해체공사

2-1-1. 적용대상(건설기술관리법 시행령 제93조 제1항 참조)

2-1-1-1. 건축물

① 10층 이상인 건축물의 해체공사

② 새로 10층 이상으로 건축하는 공공공사로서 기존 건축물의 해체공사

2-1-1-2. 시설물

① 안전관리계획 수립대상에 해당하는 공공공사로서 기존 시설물의 해체공사

2-1-1-3. 2-1-1-1 및 2-1-1-2에 해당되지 아니한 건축물 또는 시설물이나, 발주청이 해체공사의 안전관리를 위해 필요하다고 판단하는 경우에는 이 요령의 일부 또는 전부 규정을 적용할 수 있다.

2-1-2. 해체공사와 관련한 업무 프로세스와 각 단계별 고려사항은 다음과 같다.

2-1-2-1. 발주단계

① 발주청은 건설공사 및 감리용역의 예정가격 산정시 해체공사관련 비용을 반영하여야 한다.

② 발주청은 건설공사 입찰시 설계서(설계설명서, 설계내역서)에 해체공사에 관한 공사내용과 금액이 반영하여야 한다.

③ 발주청은 감리용역 입찰시 설계서(설계예산서, 과업지시서)에 해체공사에 관한 감리금액과 내용을 반영하여야 한다.

2-1-2-2. 해체공사 준비단계

① 건설업자 또는 주택건설업자(이하 "건설업자등"이라 한다.), 감리원 등 해체공사 관련자는 해체공사와 관련한 법령(건설기술관리법, 건축법, 산업안전보건법, 건설폐기물의 재활용촉진에 관한 법률 등)에서 정하고 있는 각종 행정협의에 대해 미리 조사하고, 필요한 조치를 강구하도록 한다.

② 건설업자등은 안전관리계획서(건기법 시행규칙 별표 15)를 작성함에 있어, "3. 해체공사계획"에 따라 해체공사계획서를 작성하며, 이 경우 발주청은 건설업자등에게 효율적인 해체공사 관리를 위해 해체공사계획서를 별권으로 작성하도록 요구할 수 있다.

③ 건설업자등이 제 ②항의 해체공사계획서를 작성하는 때에는 발주청은 「국가기술자격법」에 의한 구조기술사 또는「시설물의 안전관리에 관한 특별법」에 의한 안전전문진단기관으로부터 해체공사계획서의 적정성 여부에 대한 확인을 받도록 요구할 수 있다.

2-1-2-3. 해체공사 시행

① 감리원(감리원이 배치되지 아니한 경우에는 공사감독자로 하며, 이하 "감독자등"이라 한다.)은 해체공사계획서에 따라 해체공사가 이행되는지 여부를 확인·감독한다.

② 건설업자등은 현장여건 등의 사유로 해체공사계획서에 따른 해체공사의 이행이 부적절하다고 판단되는 경우 감독자등의 확인·검토를 거친 후 해체공사계획서를 변경할 수 있다.

③ 건설업자등은 해체공사계획서대로 해체공사를 완료했는지 여부를 감독자등으로부터 확인을 받은 후 신축공사를 시행할 수 있다.

2-2. 재개발/ 재건축/ 도시환경정비사업/리모델링의 해체공사

2-2-1. 적용대상 : 도시 및 주거환경정비법 및 주택법 적용 건축물

① 10층 이상 건축물이 포함된 정비사업으로서 기존 건축물의 해체공사

② 10층 이상 공동주택의 대한 리모델링 공사

③ 조합 또는 입주자 대표회의는 제①항 및 제②항에 해당하지 아니하는 정비사업 또는 리모델링사업이나, 해체공사의 안전관리가 필요하다고 판단하는 경우에는 이 요령의 일부 또는 전부 규정을 적용할 수 있다는 것으로 시공자와 계약할 수 있다.

2-2-2. 해체공사와 관련한 업무 프로세스와 각 단계별 고려사항은 다음과 같다.

2-2-2-1. 시공자 선정단계

① 정비사업(도시 및 주거환경정비법 제11조) 및 리모델링 사업(주택법 제42조)의 시공자는 해체공사를 안전하고 친환경적으로 시행하여야 하며, 이와 관련한 공사내용을 조합 또는 입주자 대표회의와 건설 공사 계약시 반영한다.

2-2-2-2. 해체공사 준비단계

① 시공자는 해체공사 등 관련법령에서 정하고 있는 인·허가(건설기술관리법, 산업안전보건법, 건설폐기물의 재활용촉진에 관한 법률 등)에 대해 미리 조사하고, 행정기관의 인·허가를 위해 필요한 조치를 하여야한다.

② 시장·군수·구청장(자치구의 구청장을 말한다)·특별자치시장은 정비사업 또는 리모델링 사업의 인·허가시 조합 또는 입주자 대표회의에게 해체공사계획서를 작성하는 경우「국가기술자격법」에 의한 구조기술사 또는「시설물의 안전관리에 관한 특별법」에 의한 안전전문진단기관으로부터 해체공사계획서의 적정성 여부에 대한 확인을 받을 것을 권장한다.

이 경우 제 ②항에 의한 안전관리계획서 작성시 시장·군수·구청장(자치구의 구청장을 말한다)·특별자치시장은 조합 또는 입주자 대표회의에게 효율적인 해체공사 관리를 위해 해체공사계획서를 별권으로 작성하도록 요구할 수 있다.

③ 시공자는 안전관리계획서(건기법 시행규칙 별표 15)를 작성함에 있어, "3. 해체공사 계획"에 따라 해체공사계획서를 작성한다.

2-2-2-3. 해체공사 시행

① 시공자는 해체공사계획서에 따라 해체공사를 시행하고, 시장·군수·구청장(자치구의 구청장을 말한다)·특별자치시장은 관할지역 건설공사현장 점검시 점검대상에 해체공사 현장을 포함하고, 안전관리계획서 시행여부 확인하고 현장관계자에게 안전교육 등을 실시하도록 한다.

② 시공자는 현장여건 등의 사유로 해체공사계획서에 따른 해체공사의 이행이 부적절하다고 판단되는 경우 조합 또는 입주자 대표회의의 확인·검토를 거친 후 해체공사 계획서를 변경한다.

2-3. 개별건축물의 해체공사

2-3-1. 적용대상 : 건축법 적용 건축물

① 10층 이상인 건축물의 해체공사 및 리모델링 공사

② 10층 이상으로 건축하는 공사로서 기존 건축물의 해체공사

③ 시장·군수·구청장(자치구의 구청장을 말한다)·특별자치시장은 제①항 및 제②항에 해당되지 아니하거나 기존 건축물의 입지 등으로 공중의 안전에 영향이 있다고 판단하는 경우에는 이 요령의 전부 또는 일부의 규정을 적용하도록 각종 신고·허가시 건축주에게 권고할 수 있다.

2-3-2. 해체공사와 관련한 업무 프로세스와 각 단계별 고려사항은 다음과 같다.

2-3-2-1. 시공자 또는 철거업체 선정단계

① 건축주와 건설업자(또는 건축주와 철거업체)는 해체공사를 안전하고 친환경적으로 시행하여야 하며, 이와 관련한 공사내용을 건설공사 계약시 반영하여야 한다.

2-3-2-2. 해체공사 준비단계

① 건설업자 또는 철거업체는 관련법령(건축법, 건설기술관리법, 산업안전보건법, 건설폐기물의 재활용촉진에 관한 법률 등)에서 정하고 있는 각종 신고·허가관련 행정서류를 미리 조사하고, 관련 인·허가를 위해 필요한 조치를 하여야 한다.

② 시장·군수·구청장(자치구의 구청장을 말한다)·특별자치시장은 제 ①항의 적용대상 중 건기법 시행령 93조에 해당되는 건축물의 철거·멸실신고(건축법)시 해당건물이 안전관리계획 수립대상임을 건축주에게 고지하며, 건기법에서 정하고 있는 행정철자(안전관리계획서 작성방법 및 제출시기, 종합보고서 작성 등)를 알려주어야 하며, 2-3-1의 ③항에 해당되는 경우에는 건축주에게 동 요령을 권고할 수 있다.

③ 시장·군수·구청장(자치구의 구청장을 말한다)·특별자치시장은 각종 신고·허가시 건축주에게 해체공사계획서를 작성하는 경우「국가기술자격법」에 의한 구조기술사 또는 「시설물의 안전관리에 관한 특별법」에 의한 안전전문진단기관으로부터 해체공사의 안전성 여부에 대한 확인을 받을 것을 권장한다.

이 경우 제 ②항에 의한 안전관리계획서 작성시 시장·군수·구청장(자치구의 구청장을 말한다)·특별자치시장은 건축주에게 효율적인 해체공사 관리를 위해 해체공사계획서를 별권으로 작성하도록 요구할 수 있다.

④ 건설업자 또는 철거업체는 안전관리계획서(건기법 시행규칙 별표 15)를 작성함에 있어, "3. 해체공사계획" 에 따라 해체공사계획서를 작성한다.

2-3-2-3. 해체공사 시행

① 감리원(감리자가 지정되지 않는 경우에는 시공자)이 선정된 경우에는 해체공사계획서에 따라 해체공사가 이행되었는지 여부를 확인·감독한다.

② 제 ①항에 따라 건설업자 또는 철거업체는 현장여건 등의 사유로 해체공사계획서에 따라 해체공사 이행이 부적절하다고 판단되는 경우 감리원 또는 건축주의 확인·검토를 거친 후 해체공사계획서를 변경한다.

③ 건설업자는 해체공사계획서대로 해체공사를 완료했는지 여부를 감리원으로부터 확인을 받은 후 신축공사를 시행한다.

④ 시장·군수·구청장(자치구의 구청장을 말한다)·특별자치시장은 관할지역 건설공사현장 점검시 점검대상에 해체공사 현장을 포함하고, 안전관리계획서 시행여부 확인하고 현장관계자에게 안전교육 등을 실시하도록 한다.

3. 해체공사계획

3-1. 해체공사계획서의 작성

3-1-1. 건설업자등, 시공자 및 철거업체는 해체공사 주변의 안전확보, 건설폐기물의 최소화 및 적정처리 등을 위하여 다음의 사항을 포함하여 해체공사계획서를 작성한다.

① 해체공사의 개요, 관리조직, 공정 등을 포함한 일반사항

② 해체공사의 진행으로 영향을 받게될 시설물(전기·상하수도 등)의 이동, 철거, 보호 등에 대한 사항

③ 해체공사 작업계획(해체작업순서, 작업안전대책, 해체공법, 화재 및 공해 방지 등)과 이에 따른 구조안전계획

④ 해체공사에 의해 발생하는 건설부산물의 처리계획

⑤ 해체 후 부지정리, 인근 환경의 보수 및 보상 등과 같은 마무리 작업사항

⑥ 현장의 화재방지 대책, 교통안전 및 안전통로 확보, 낙하방지대책 등 안전관리대책 등

3-1-2. 건설업자등, 시공자 및 철거업체는 해체공사계획서를 작성함에 있어 해체공사와 관련한 법률(건축법, 건설기술관리법, 산업안전보건법, 소음·진동관리법, 대기환경보전법, 건설폐기물의 재활용촉진에 관한 법률, 산업보건기준에 관한 규칙 등)을 준수하여야 하며, 3-2 내지 3-5을 참고한다.

3-2. 해체공사 사전조사

3-2-1. 건설업자등, 시공자 및 철거업체는 해체공사계획 수립에 앞서 해체 시설물등의 형태·규모 및 공사주변 환경조건, 건설폐기물 반출을 위한 도로사정 등에 대한 사전조사를 실시하고 그 내용은 다음과 같다.

① 시설물등의 준공시 설계도서, 공사기록 등 관련자료 입수

· 건물 준공시의 설계도서, 공사기록 등을 바탕으로 시설물등의 규모, 구조 등 해체대상 시설물의 특성을 파악한다.

② 부재의 형상, 치수의 실측 등 조사
· 시설물등의 균열 및 철근의 부식 상황, 바닥 등의 처짐, 구조부재의 노후도, 각 구조부재의 형상, 단면치수 및 마감상태 등을 조사한다.
③ 공지의 확인
· 가설건축물이외의 해체공사에 필요한 작업 기자재의 작업공간 및 반출 폐기물의 저장공간, 가설도로 등 설치 가능여부를 조사한다.
④ 관계자에 대한 조사
· 시공 당시의 관계자와 해체공사에 경험이 많은 철거업체 관계자로부터 해체공사와 관련한 의견을 수렴한다.
⑤ 공사현장 주변 매설물 확인
· 해체작업(대형기계사용 등)으로 영향을 미치는 주변의 매설물(가스, 수도관, 전기, 전화배선 등)을 조사한다.
⑥ 잔조부의 조사
· 부분 해체의 경우, 해체공사 시행 중 진동에 의해 영향을 받는 설비·기구에 대한 조사를 실시한다.
⑦ 부지내 매설물의 확인
· 해체작업(대형기계사용 등)으로 영향을 미치는 주변의 매설물(가스, 수도관, 전기, 전화배선 등)을 조사한다.
⑧ 시험파기 및 내력조사
· 흙에 접한 부분의 조사는 필요에 따라 시굴, 보링 등의 수행하고, 외벽·기초 부분에 대한 조사를 실시한다. 특히 해체공사계획시 중기를 사용하거나 흙막이재를 이용하는 경우 구조적인 검토를 하여야 한다.
⑨ 재해경력, 위험물 등 조사
· 해체대상 시설물등의 화재, 침수 및 지진 피해 상황과 잔존시설의 위험물, 가연물, 이중 슬래브내의 침전물 유무 및 처리상황을 조사하여야 한다.

3-3. 구조부재 상태조사 및 구조안전계획

3-3-1. 건설업자등, 시공자 및 철거업체는 구조안전계획 수립에 앞서 해체대상 시설물등의 구조부재 상태를 조사하고, 그 내용은 다음과 같다.
① 사용된 구조재료, 설계시의 구조시스템, 시공방법
② 구조부재에 대한 손상과 저하의 정도
③ 해체작업에 의한 연속부재의 붕괴 가능성
④ 지하실, 지하탱크의 구조시스템과 구조상태
⑤ 노출되거나 숨겨진 가새부재의 유·무
⑥ 구조벽, 철근콘크리트벽, 벽돌벽, 내력벽 또는 간막이벽의 특성
⑦ 캐노피, 발코니 또는 다른 형태의 건축구조 조사
⑧ 시설물등에 부착된 장착물(사인판, 햇볕 차단장치 등)

3-3-2. 건설업자등, 시공자, 철거업체는 특수한 주의가 필요하거나 특별히 다른 해체 프로세스가 필요한 구조부재에 대해서는 적절한 조치를 강구한다.

3-4-3. 건설업자등, 시공자 및 철거업체는 3-1-1의 제③항을 작성함에 있어서, 다음의 사항을 고려하여야 한다.

① 해체공사 전과정에 걸쳐 해체 시설물등의 안전에 관한 사항

② 전력이 필요한 플랜트나 장비를 사용하는 경우, 장비의 사용에 의해 안전에 문제가 발생하지 않거나 주변건물, 도로, 시설물 등에 손상을유발하지 않음을 입증할 수 있는 사항 및 보강재(가재·가설지지대 등)에 대한 구조계산

③ 해체작업시 영향을 받을 수 있는 받을 수 있는 인접한 도로, 지반, 시설물 등의 안전에 관한 사항

④ 인접건물 및 분리벽과 같은 시설에 보강재(가설재 및 영구적인 지지대 등)가 필요한 경우 보강재에 대한 구조계산

3-4. 해체공법의 선정 및 안전확보

3-4-1. 건설업자등, 시공자 및 철거업체는 해체대상 시설물등의 구조와 규모, 입지조건, 해체공사의 특성 등을 감안하여 적절한 공법을 선정한다.

① 가능한 수작업과 고소(高所)작업을 작게 하고, 기계해체를 주로 하는 공법은 작업자의 안전 및 제 3자의 안전성 확보를 고려한다.

② 해체공사 중의 소음, 진동, 분진의 최소화할 수 있도록 한다.

③ 건설부산물의 재이용 촉진 및 폐기물 발생의 억제할 수 있도록 한다.

3-4-2. 건설업자등, 시공자 및 철거업체는 해체공사의 안전확보를 위해 노력하여야 하며, 필요한 경우 조치를 강구한다.

① 공사현장내에는 적절한 안전시설을 설치하고, 해체작업에 따라 작업원의 위험을 방지한다.

② 해체파편 등과 같은 낙하물이 해체현장 밖으로 나가지 않도록, 위험방지대책을 실시한다.

③ 해체작업에 따른 중기작업의 안전을 확보한다.

④ 해체도중의 구조물과 구조부재가 불안정한 상태가 예상되는 경우에는 사전에 구조적인 검토를 실시해서 구조물의 안전성 여부를 확인한다.

3-5. 해체공사의 환경보전 및 부산물 처리

3-5-1. 건설업자등, 시공자 및 철거업체는 해체공사의 환경보전을 위해 노력하여야 하며, 필요한 경우 이에 대한 조치를 강구한다.

① 해체공사시 발생하는 소음, 진동, 분진 등을 고려하여 주변환경의 보전에 노력한다.

② 해체작업에 의해 발생한 소음은 소음·진동관리법에 정한 기준 이하로 하거나, 기준치를 초과하는 경우에는 해체공법의 변경, 해체작업순서의 변경, 저소음형기계로의 변경, 소음발생지점으로의 차음 등의 소음저감대책을 강구한다.

③ 해체작업에 의해 분진이 발생되는 경우에는 살수, 방진의 가설 양생재의 변경, 해체작업순서의 변경, 해체공법의 변경을 고려하여야 한다.

④ 해체작업에 의해 발생한 석면분진은 대기환경보전법, 산업안전보건법, 폐기물 관리법에 따른 작업기준을 준수하고 주변으로의 비산을 방지하도록 한다.

⑤ 기초와 지하구조물의 해체하는 경우에는 미리 주변 지반과 지하매설물 그리고 인접구조물 등의 피해를 발생시키지 않기 위한 조치를 강구한다.

3-5-2. 건설업자등과 시공자 및 철거업체는 해체공사에서 발생하는 건축부산물은 아래에 따라 처리한다.

① 반출공정은 건설부산물의 하역과 현장내의 반송 및 처리장까지의 수송시간을 충분히 검토해 결정한다.

② 반출하는 운반차는 건설부산물의 중량, 형상, 안정성을 고려해 결정한다. 필요해 따라 덩어리 형태의 콘크리트는 2차 처리를 실시 한다.

③ 해체공사에 의해 발생한 건설부산물은 재이용할 수 있도록 노력한다.

④ 건설부산물을 처리하는 경우는 건설폐기물의 절감 및 반출 상황 등을 고려하여 현장내부 또는 현장외부에서 적절한 처리를 하도록 한다.

⑤ 건설폐기물을 위탁처리한 경우는 폐기물처리업자의 허가증을 확인하고, 법령에 따라 적정하게 처리하도록 한다.

해체공사표준안전작업지침

[시행 2020. 1. 16.] [고용노동부고시 제2020-11호, 2020. 1. 7., 일부개정.]

제1장 총　　칙

제1조(목적) 이 고시는 「산업안전보건법」 제13조에 따라 구조물의 해체 공사시 발생되는 산업재해 예방을 위한 기계기구 및 공법에 따른 작업상의 안전에 관하여 사업주에게 지도 · 권고할 기술상의 지침을 규정함을 목적으로 한다.

제2조(용어의 정의) 이 고시에서 사용하는 용어의 뜻은 이 고시에 특별한 규정이 없으면 「산업안전보건법」, 같은 법 시행령 및 시행규칙, 「산업안전보건기준에 관한 규칙」에서 정하는 바에 따른다.

제2장 해체작업용 기계기구

제3조(압쇄기) 압쇄기는 쇼벨에 설치하며 유압조작에 의해 콘크리트등에 강력한 압축력을 가해 파쇄하는 것으로 다음 각 호의 사항을 준수하여야 한다.

1. 압쇄기의 중량, 작업충격을 사전에 고려하고, 차체 지지력을 초과하는 중량의 압쇄기부착을 금지하여야 한다.
2. 압쇄기 부착과 해체에는 경험이 많은 사람으로서 선임된 자에 한하여 실시한다.
3. 압쇄기 연결구조부는 보수점검을 수시로 하여야 한다.
4. 배관 접속부의 핀, 볼트 등 연결구조의 안전 여부를 점검하여야 한다.
5. 절단날은 마모가 심하기 때문에 적절히 교환하여야 하며 교환대체품목을 항상 비치하여야 한다.

제4조(대형브레이커) 대형 브레이커는 통상 쇼벨에 설치하여 사용하며, 다음 각 호의 사항을 준수하여야 한다.

1. 대형 브레이커는 중량, 작업 충격력을 고려, 차체 지지력을 초과하는 중량의 브레이커 부착을 금지하여야 한다.
2. 대형 브레이커의 부착과 해체에는 경험이 많은 사람으로서 선임된 자에 한하여 실시하여야 한다.
3. 유압작동구조, 연결구조 등의 주요구조는 보수점검을 수시로 하여야 한다.
4. 유압식일 경우에는 유압이 높기 때문에 수시로 유압호오스가 새거나 막힌 곳이 없는가를점검하여야 한다.
5. 해체대상물에 따라 적합한 형상의 브레이커를 사용하여야 한다.

제5조(철제햄머) 햄머를 크레인 등에 부착하여 구조물에 충격을 주어 파쇄하는 것으로 다음 각 호의 사항을 준수하여야 한다.

1. 햄머는 해체대상물에 적합한 형상과 중량의 것을 선정하여야 한다.
2. 햄머는 중량과 작압반경을 고려하여 차체의 부움, 후레임 및 차체 지지력을 초과하지 않도록 설치하여야 한다.
3. 햄머를 매달은 와이어 로우프의 종류와 직경 등은 적절한 것을 사용하여야 한다.
4. 햄머와 와이어 로우프의 결속은 경험이 많은 사람으로서 선임된 자에 한하여 실시하도록 하여야 한다.
5. 킹크, 소선절단, 단면이 감소된 와이어로우프는 즉시 교체하여야 하며 결속부는 사용 전 후 항상 점검하여야 한다.

제6조(화약류) 콘크리트 파쇄용 화약류 취급시에는 다음 각호의 사항을 준수 하여야 한다.

1. 화약류에 의한 발파파쇄 해체시에는 사전에 시험발파에 의한 폭력, 폭속, 진동치속도 등에 파쇄능력과 진동, 소음의 영향력을 검토하여야 한다.
2. 소음, 분진, 진동으로 인한 공해대책, 파편에 대한 예방대책을 수립하여야 한다.
3. 화약류 취급에 대하여는 법, 총포도검화약류단속법 등 관계법에서 규정하는 바에 의하여취급하여야 하며 화약저장소 설치기준을 준수하여야 한다.
4. 시공순서는 화약취급절차에 의한다.

제7조(핸드브레이커) 압축공기, 유압의 급속한 충격력에 의거 콘크리트 등을 해체할 때 사용하는 것으로 다음 각 호의 사항을 준수하여야 한다.

1. 끌의 부러짐을 방지하기 위하여 작업자세는 하향 수직방향으로 유지하도록 하여야 한다.
2. 기계는 항상 점검하고, 호오스의 꼬임·교차 및 손상여부를 점검하여야 한다.

제8조(팽창제) 광물의 수화반응에 의한 팽창압을 이용하여 파쇄하는 공법으로 다음 각 호의 사항을 준수하여야 한다.

1. 팽창제와 물과의 시방 혼합비율을 확인하여야 한다.
2. 천공직경이 너무작거나 크면 팽창력이 작아 비효율적이므로, 천공 직경은 30 내지 50 ㎜ 정도를 유지하여야 한다.
3. 천공간격은 콘크리트 강도에 의하여 결정되나 30 내지 70㎝ 정도를 유지하도록 한다.
4. 팽창제를 저장하는 경우에는 건조한 장소에 보관하고 직접 바닥에 두지말고 습기를 피하여야 한다.
5. 개봉된 팽창제는 사용하지 말아야 하며 쓰다 남은 팽창제 처리에 유의하여야 한다.

제9조(절단톱) 회전날 끝에 다이아몬드 입자를 혼합 경화하여 제조된 절단톱으로 기둥, 보, 바닥, 벽체를 적당한 크기로 절단하여 해체하는 공법으로 다음 각 호의 사항을 준수하여야 한다.

1. 작업현장은 정리정돈이 잘 되어야 한다.
2. 절단기에 사용되는 전기시설과 급수, 배수설비를 수시로 정비 점검하여야 한다.

3. 회전날에는 접촉방지 커버를 부착토록 하여야 한다.
4. 회전날의 조임상태는 안전한지 작업전에 점검하여야 한다.
5. 절단 중 회전날을 냉각시키는 냉각수는 충분한지 점검하고 불꽃이 많이 비산되거나 수증기 등이 발생되면 과열된 것이므로 일시중단 한 후 작업을 실시하여야 한다.
6. 절단방향을 직선을 기준하여 절단하고 부재중에 철근 등이 있어 절단이 안될 경우에는 최소단면으로 절단하여야 한다.
7. 절단기는 매일 점검하고 정비해 두어야 하며 회전 구조부에는 윤활유를 주유해 두어야 한다.

제10조(재키) 구조물의 부재 사이에 재키를 설치한 후 국소부에 압력을 가해 해체하는 공법으로 다음 각 호의 사항을 준수하여야 한다.
1. 재키를 설치하거나 해체할 때는 경험이 많은 사람으로서 선임된 자에 한하여 실시하도록 하여야 한다.
2. 유압호오스 부분에서 기름이 새거나, 접속부에 이상이 없는지를 확인하여야 한다.
3. 장시간 작업의 경우에는 호오스의 커플링과 고무가 연결된 곳에 균열이 발생될 우려가 있으므로 마모율과 균열에 따라 적정한 시기에 교환하여야 한다.
4. 정기, 특별, 수시점검을 실시하고 결함 사항은 즉시 개선, 보수, 교체하여야 한다.

제11조(쐐기타입기) 직경 30내지 40밀리미터 정도의 구멍속에 쐐기를 박아 넣어 구멍을 확대하여 해체하는 것으로, 다음 각 호의 사항을 준수하여야 한다.
1. 구멍에 굴곡이 있으면 타입기 자체에 큰 응력이 발생하여 쐐기가 휠 우려가 있으므로 굴곡이 없도록 천공하여야 한다.
2. 천공구멍은 타입기 삽입부분의 직경과 거의 같도록 하여야 한다.
3. 쐐기가 절단 및 변형된 경우는 즉시 교체하여야 한다.
4. 보수점검은 수시로 하여야 한다.

제12조(화염방사기) 구조체를 고온으로 용융시키면서 해체하는 것으로 다음 각호의 사항을 준수하여야 한다.
1. 고온의 용융물이 비산하고 연기가 많이 발생되므로 화재발생에 주의하여야 한다.
2. 소화기를 준비하여 불꽃비산에 의한 인접부분의 발화에 대비하여야 한다.
3. 작업자는 방열복, 마스크, 장갑 등의 보호구를 착용하여야 한다.
4. 산소용기가 넘어지지 않도록 밑받침 등으로 고정시키고 빈용기와 채워진 용기의 저장을 분리하여야 한다.
5. 용기내 압력은 온도에 의해 상승하기 때문에 항상 섭씨 40도 이하로 보존하여야 한다.
6. 호오스는 결속물로 확실하게 결속하고, 균열되었거나 노후된 것은 사용하지 말아야 한다.
7. 게이지의 작동을 확인하고 고장 및 작동불량품은 교체하여야 한다.

제13조(절단줄톱) 와이어에 다이아몬드 절삭날을 부착하여, 고속회전시켜 절단 해체하는 공법으로 다음 각 호의 사항을 준수하여야 한다.

1. 절단작업 중 줄톱이 끊어지거나, 수명이 다할 경우에는 줄톱의 교체가 어려우므로 작업 전에 충분히 와이어를 점검하여야 한다.
2. 절단대상물의 절단면적을 고려하여 줄톱의 크기와 규격을 결정하여야 한다.
3. 절단면에 고온이 발생하므로 냉각수 공급을 적절히 하여야 한다.
4. 구동축에는 접촉방지 커버를 부착하도록 하여야 한다.

제3장 해체공사전 확인

제14조(해체대상 구조물조사) 해체대상구조물에 대해서는 다음 각 호의 사항을 조사하여야 한다.

1. 구조(철근콘크리트조, 철골철근콘크리트조 등)의 특성 및 생수, 층수, 건물높이 기준층 면적
2. 평면 구성상태, 폭, 층고, 벽 등의 배치상태
3. 부재별 치수, 배근상태, 해체시 주의하여야 할 구조적으로 약한 부분
4. 해체시 전도의 우려가 있는 내외장재
5. 설비기구, 전기배선, 배관설비 계통의 상세 확인
6. 구조물의 설립연도 및 사용목적
7. 구조물의 노후정도, 재해(화재, 동해 등) 유무
8. 증설, 개축, 보강 등의 구조변경 현황
9. 해체공법의 특성에 의한 비산각도, 낙하반경 등의 사전 확인
10. 진동, 소음, 분진의 예상치 측정 및 대책방법
11. 해체물의 집적 운반방법
12. 재이용 또는 이설을 요하는 부재현황
13. 기타 당해 구조물 특성에 따른 내용 및 조건

제15조(부지상황 조사) 해체 대상건물과 관련된 부지상황에 대해서는 다음 각 호의 사항을 조사하여야 한다.

1. 부지내 공지유무, 해체용 기계설비위치, 발생재 처리장소
2. 해체공사 착수에 앞서 철거, 이설, 보호해야 할 필요가 있는 공사 장애물 현황
3. 접속도로의 폭, 출입구 갯수 및 매설물의 종류 및 개폐 위치
4. 인근 건물동수 및 거주자 현황
5. 도로 상황조사, 가공 고압선 유무
6. 차량대기 장소 유무 및 교통량(통행인 포함.)
7. 진동, 소음발생 영향권 조사

제4장 해체공사 안전시공

제16조(안전일반) 해체공사 공법은 해체대상물 조건에 따라 여러 가지 방법을 병용하게 되므로 작업계획 수립시 다음 각 호의 사항을 준수하여야 한다.

1. 작업구역내에는 관계자 이외의 자에 대하여 출입을 통제하여야 한다.
2. 강풍, 폭우, 폭설 등 악천후시에는 작업을 중지하여야 한다.
3. 사용기계기구 등을 인양하거나 내릴때에는 그물망이나 그물포대 등을 사용토록 하여야 한다.
4. 외벽과 기둥 등을 전도시키는 작업을 할 경우에는 전도 낙하위치 검토 및 파편 비산거리 등을 예측하여 작업반경을 설정하여야 한다.
5. 전도작업을 수행할 때에는 작업자 이외의 다른 작업자는 대피시키도록 하고 완전 대피상태를 확인한 다음 전도시키도록 하여야 한다.
6. 해체건물 외곽에 방호용 비계를 설치하여야 하며 해체물의 전도, 낙하, 비산의 안전거리를 유지하여야 한다.
7. 파쇄공법의 특성에 따라 방진벽, 비산차단벽, 분진억제 살수시설을 설치하여야 한다.
8. 작업자 상호간의 적정한 신호규정을 준수하고 신호방식 및 신호기기사용법은 사전교육에 의해 숙지되어야 한다.
9. 적정한 위치에 대피소를 설치하여야 한다.

제17조(압쇄기 사용공법) 대형중기를 사용하게 되므로 중기의 안전성, 작업자의 안전을 위하여 다음 각 호의 사항을 준수하여야 한다.

1. 항시 중기의 안전성을 확인하고 중기침하로 인한 위험을 사전 제거토록 조치하여야 하며 중기작업구조의 지반다짐을 확인하고 편평도는 1/100이내이어야 한다.
2. 중기의 작업가능 높이보다 높은 부분 해체시에는 해체물을 깔고 올라가 작업을 하고, 이 때에는 중기전도로 인한 사고가 발생되지 않도록 조치하여야 한다.
3. 중기 운전자는 경험이 풍부한 자격 소유자이어야 한다.
4. 중기작업반경내와 해체물의 낙하가 예상되는 지역에 대하여는 출입을 제한하여야 한다.
5. 해체작업중 발생되는 분진의 비산을 막기 위해 살수할 경우에는 살수 작업자와 중기운전자는 서로 상황을 확인하여야 한다.
6. 외벽을 해체할 때에는 비계철거 작업자와 서로 연락하여야 하고 벽과 연결된 비계는 외벽해체 직전에 철거하여야 한다.
7. 상층 부분의 보와 기둥, 벽체를 해체할 경우는 해체물이 비산, 낙하할 위험이 있으므로 해체구조 바로 아래층에 수평 낙하물 방호책을 설치해서 해체물이 비산, 낙하되지 않도록 하여야 한다.
8. 높은 곳에서 가스로 철근을 절단할 경우에는 항시 안전대 부착설비를 하고 안전대를 착용하여야 한다.
9. 압쇄기에 의한 파쇄작업순서는 슬라브, 보, 벽체, 기둥의 순서로 해체하여야 한다.

제18조(압쇄공법과 대형브레이커 공법병용)

1. 압쇄기로 슬라브, 보, 내벽 등을 해체하고 대형브레이커로 기둥을 해체할 때에는 장비간의안전거리를 충분히 확보하여야 한다.
2. 대형브레이커와 엔진으로 인한 소음을 최대한 줄일 수 있는 수단을 강구하여야 하며 소음진동기준은 관계법에서 정하는 바에 따라 처리하도록 하여야 한다.

제19조(대형브레이커 공법과 전도공법병용)

1. 전도작업은 작업순서가 임의로 변경될 경우 대형 재해의 위험을 초래하므로 사전 작업계에 따라 작업하여야 하며 순서에 의한 단계별 작업을 확인하여야 한다.
2. 전도 작업시에는 미리 일정신호를 정하여 작업자에게 주지시켜야 하며 안전한 거리에 대피소를 설치하여야 한다.
3. 전도를 목적으로 절삭할 부분은 시공계획 수립시 결정하고 절삭되지 않는 단면으로 안전하게 유지되도록 하여 계획과 반대방향의 전도를 방지하여야 한다.
4. 기둥 철근 절단 순서는 전도방향의 전면 그리고 양측면, 마지막으로 뒷부분 철근을 절단하도록 하고, 반대방향 전도를 방지하기 위해 전도방향 전면 철근을 2본 이상 남겨두어야 한다.
5. 벽체의 절삭 부분 철근 절단시는 가로철근을 아래에서 윗쪽으로, 세로철근을 중앙에서 양단방향으로 순차적으로 절단하여야 한다.
6. 인장 와이어로우프는 2본 이상이어야 하며 대상구조물의 규격에 따라 적정한 위치를 선정하여야 한다.
7. 와이어로우프를 끌어당길 때에는 서서히 하중을 가하도록 하고 구조체가 넘어지지 않을 때에도 반동을 주어 당겨서는 안되며, 예정 하중으로 넘어지지 않을 때는 가력을 중지하고 절삭부분을 더 깎아내어 자중에 의하여 전도되게 유도하여야 한다.
8. 대상물의 전도시 분진발생을 억제하기 위해 전도물과 완충재에는 충분히 물을 뿌려야 한다. 또한 전도작업은 반드시 연속해서 실시하고, 그날 중으로 종료 시키도록 하며 절삭한 상태로 방치해서는 안된다.
9. 전도작업 전에 비계와 벽과의 연결재는 철거되었는지를 확인하고 방호시트 및 기타 · 체낱갸 · 작업진행에 따라 해체하도록 하여야 한다.

제20조(철햄머 공법과 전도공법 병용)

1. 크레인 설치위치의 적정 여부를 확인하여야 하며 부움회전반경 및 햄머사양을 사전에 확인하여야 한다.
2. 철햄머를 매단 와이어로우프는 사용전 반드시 점검하도록 하고 작업 중에도 와이어로우프가 손상하지 않도록 주의하여야 한다.
3. 철햄머 작업반경내와 해체물이 낙하 · 전도 · 비산하는 구간을 설정하고, 통행인의 출입을통제하여야 한다.
4. 슬라브와 보 등과 같이 수평재는 수직으로 낙하시켜 해체하고, 벽, 기둥 등은 수평으로 선회시켜 타격에 의해 해체하도록 한다. 특히 벽과 기둥의 상단을 타격하지 않도록 하여야한다.

5. 기둥과 벽은 철햄머를 수평으로 선회시켜 원심력에 의한 타격력으로 해체하며, 이때 선회거리와 속도 등의 조건을 사전에 검토하여야 한다.
6. 분진발생 방지 조치를 하여야 하며 방진벽, 비산파편 방지망 등을 설치하여야 한다.
7. 철근절단은 높은 곳에서 시행되므로 안전대 부착설비를 설치하여 안전대를 사용하고 무리한 작업을 피하여야 한다.
8. 철햄머공법에 의한 해체작업은 작업방식이 복합적이어서 현장의 혼란과 위험을 초래하게 되므로 정리정돈에 노력하여야 하며 위험작업구간에는 안전담당자를 배치하여야 한다.

제21조(화약발파 공법)

1. 화약류 취급시에는 다음 각 목의 사항에 유의하여야 한다.
   가. 폭발물을 보관하는 용기를 취급할 때는 불꽃을 일으킬 우려가 있는 철제기구나 공구를사용해서는 안된다.
   나. 화약류는 해당 사항에 대해 양도양수허가증의 수량에 의해 반입하고 사용시 필요한 분량만을 용기로부터 반출하여 즉시 사용토록 한다.
   다. 화약류에 충격을 주거나, 던지거나, 떨어뜨리지 않도록 한다.
   라. 화약류는 화로나 모닥불 부근 또는 그라인더(grinder)를 사용하고 있는 부근에선 취급하지 않도록 한다.
   마. 전기뇌관은 전지, 전선, 전기모터, 기타의 전기설비 부근에 접촉되지 않도록 한다.
   바. 화약, 폭약, 화공약품은 각각 다른 용기에 수납하여야 한다.
   사. 사용하고 남은 화약류는 발파현장에 남겨놓지 않고 화약류 취급소에 반납하도록 한다.
   아. 화약고나 다량의 폭발물이 있는 곳에서는 뇌관장치를 하지 않도록 한다.
   자. 화약류 취급시에는 항상 도난에 유의하여 출입자 명부를 비치함과 동시에 과부족이 발생되지 않도록 한다.
   차. 화약류를 멀리 떨어진 현장에 운반할 때에는 정해진 포대나 상자 등을 사용하도록 한다.
   카. 화약, 폭약 및 도화선과 뇌관 등을 운반할 때에는 한 사람이 한꺼번에 운반하지 말고 여러 사람이 각기 종류별로 나누어 별개 용기에 넣어 운반토록 한다.
   타. 화약류 운반시에는 운반자의 능력에 알맞는 양을 운반케 하여야 한다.
   파. 발파기를 사전에 점검하고 작동불가 및 불능시 즉시 교체하여야 한다.
   하. 화약류의 운반시는 화기나 전선의 부근을 피하며, 넘어지지 않게 하고 떨어뜨리거나 부딪히지 않도록 유의하여야 한다.
2. 화약발파 공사시에는 다음 각 목의 사항에 유의하여야 한다.
   가. 장약전에 구조물 부근에 누설전류와 지전류 및 발화성 물질의 유무를 확인하여야 한다.
   나. 전기 뇌관 결선시 결선부위는 방수 및 누전방지를 위해 절연 테이프를 감아야 한다.

다. 발파방식은 순발 및 지발을 구분하여 계획하고 사전에 필히 도통시험에 의한 도화선 연결상태를 점검하여야 한다.

라. 발파작업시 출입금지 구역을 설정하여야 한다.

마. 점화신호(깃발 및 싸이렌 등의 신호)의 확인을 하여야 한다.

바. 폭발여주가 확실하지 않을때는 지발전기뇌관 발파시는 5분, 그밖의 발파에서는 15분 이내에 현장에 접근해서는 안된다.

사. 발파시 발생하는 폭풍압과 비산석을 방지할 수 있는 방호막을 설치해야 한다.

아. 1단 발파후 후속발파전에 반드시 전회의 불발장약을 확인하고 발견시 제거 후 후속 발파를실시하여야 한다.

제5장 해체작업에 따른 공해방지

제22조(소음 및 진동) 해체공사의 공법에 따라 발생하는 소음과 진동의 특성을 파악하여 다음 각 호의 사항을 준수하여야 한다.

1. 공기압축기 등은 적당한 장소에 설치하여야 하며 장비의 소음 진동기준은 관계법에서 정하는 바에 따라서 처리하여야 한다.
2. 전도공법의 경우 전도물 규모를 작게하여 중량을 최소화하며 전도대상물의 높이도 되도록작게 하여야 한다.
3. 철햄머 공법의 경우 햄머의 중량과 낙하높이를 가능한 한 낮게 하여야 한다.
4. 현장내에서는 대형 부재로 해체하며 장외에서 잘게 파쇄하여야 한다.
5. 인접건물의 피해를 줄이기 위해 방음, 방진 목적의 가시설을 설치하여야 한다.

제23조(분진) 분진 발생을 억제하기 위하여 직접 발생 부분에 피라밋식, 수평살수식으로 물을 뿌리거나 간접적으로 방진시트, 분진차단막 등의 방진벽을 설치하여야 한다.

제24조(지반침하) 지하실 등을 해체할 경우에는 해체작업전에 대상건물의 깊이, 토질, 주변상황 등과 사용하는 중기 운행시 수반되는 진동 등을 고려하여 지반침하에 대비하여야 한다.

제25조(폐기물) 해체작업 과정에서 발생하는 폐기물은 관계법에서 정하는 바에 따라 처리하여야 한다.

제26조(재검토기한) 이 고시에 대하여 2016년 1월 1일 기준으로 매3년이 되는 시점(매 3년째의 12월 31일까지를 말한다)마다 그 타당성을 검토하여 개선 등의 조치를 하여야 한다.

부칙 <제2020-11호, 2020. 1. 7.>

이 고시는 2020년 1월 16일부터 시행한다.

제 3 편

건설공사
하도급법.령 기준.지침

제2편 행 정 규 칙·········

하도급거래 공정화에 관한 법률 [약칭: 하도급법]

[시행 2025. 12. 17.] [법률 제21060호, 2025. 9. 16., 일부개정]

제1조(목적) 이 법은 공정한 하도급거래질서를 확립하여 원사업자(原事業者)와 수급사업자(受給事業者)가 대등한 지위에서 상호보완하며 균형 있게 발전할 수 있도록 함으로써 국민경제의 건전한 발전에 이바지함을 목적으로 한다.

[전문개정 2009. 4. 1.]

제2조(정의) ① 이 법에서 "하도급거래"란 원사업자가 수급사업자에게 제조위탁(가공위탁을 포함한다. 이하 같다)·수리위탁·건설위탁 또는 용역위탁을 하거나 원사업자가 다른 사업자로부터 제조위탁·수리위탁·건설위탁 또는 용역위탁을 받은 것을 수급사업자에게 다시 위탁한 경우, 그 위탁(이하 "제조등의 위탁"이라 한다)을 받은 수급사업자가 위탁받은 것(이하 "목적물등"이라 한다)을 제조·수리·시공하거나 용역수행하여 원사업자에게 납품·인도 또는 제공(이하 "납품등"이라 한다)하고 그 대가(이하 "하도급대금"이라 한다)를 받는 행위를 말한다.

② 이 멉에서 "원사업자"란 다음 각 호의 어느 하나에 해당하는 자를 말한다. <개정 2011. 3. 29., 2014. 5. 28., 2015. 7. 24.>

1. 중소기업자(「중소기업기본법」 제2조제1항 또는 제3항에 따른 자를 말하며, 「중소기업협동조합법」에 따른 중소기업협동조합을 포함한다. 이하 같다)가 아닌 사업자로서 중소기업자에게 제조등의 위탁을 한 자
2. 중소기업자 중 직전 사업연도의 연간매출액[관계 법률에 따라 시공능력평가액을 적용받는 거래의 경우에는 하도급계약 체결 당시 공시된 시공능력평가액의 합계액(가장 최근에 공시된 것을 말한다)을 말하고, 연간매출액이나 시공능력평가액이 없는 경우에는 자산총액을 말한다. 이하 이 호에서 같다]이 제조등의 위탁을 받은 다른 중소기업자의 연간매출액보다 많은 중소기업자로서 그 다른 중소기업자에게 제조등의 위탁을 한 자. 다만, 대통령령으로 정하는 연간매출액에 해당하는 중소기업자는 제외한다.

③ 이 법에서 "수급사업자"란 제2항 각 호에 따른 원사업자로부터 제조등의 위탁을 받은 중소기업자를 말한다.

④ 사업자가 「독점규제 및 공정거래에 관한 법률」 제2조제12호에 따른 계열회사에 제조등의 위탁을 하고 그 계열회사가 위탁받은 제조·수리·시공 또는 용역수행행위의 전부 또는 상당 부분을 제3자에게 다시 위탁한 경우, 그 계열회사가 제2항 각 호의 어느 하나에 해당하지 아니하더라도 제3자가 그 계열회사에 위탁을 한 사업자로부터 직접 제조등의 위탁을 받는 것으로 하면 제3항에 해당하는 경우에는 그 계열회사와 제3자를 각각 이 법에 따른 원사업자와 수급사업자로 본다. <개정 2020. 12. 29.>

⑤ 「독점규제 및 공정거래에 관한 법률」 제31조제1항에 따른 상호출자제한기업집단에 속하는 회사가 제조등의 위탁을 하거나 받는 경우에는 다음 각 호에 따른다. <개정 2020. 12. 29.>

1. 제조등의 위탁을 한 회사가 제2항 각 호의 어느 하나에 해당하지 아니하더라도 이 법에 따른 원사업자로 본다.
2. 제조등의 위탁을 받은 회사가 제3항에 해당하더라도 이 법에 따른 수급사업자로 보지 아니한다.

⑥ 이 법에서 "제조위탁"이란 다음 각 호의 어느 하나에 해당하는 행위를 업(業)으로 하는 사업자가 그 업에 따른 물품의 제조를 다른 사업자에게 위탁하는 것을 말한다. 이 경우 그 업에 따른 물품의 범위는 공정거래위원회가 정하여 고시한다.

1. 물품의 제조
2. 물품의 판매
3. 물품의 수리
4. 건설

⑦ 제6항에도 불구하고 대통령령으로 정하는 물품에 대하여는 대통령령으로 정하는 특별시, 광역시 등의 지역에 한하여 제6항을 적용한다.

⑧ 이 법에서 "수리위탁"이란 사업자가 주문을 받아 물품을 수리하는 것을 업으로 하거나 자기가 사용하는 물품을 수리하는 것을 업으로 하는 경우에 그 수리행위의 전부 또는 일부를 다른 사업자에게 위탁하는 것을 말한다.

⑨ 이 법에서 "건설위탁"이란 다음 각 호의 어느 하나에 해당하는 사업자(이하 "건설업자"라 한다)가 그 업에 따른 건설공사의 전부 또는 일부를 다른 건설업자에게 위탁하거나 건설업자가 대통령령으로 정하는 건설공사를 다른 사업자에게 위탁하는 것을 말한다. <개정 2011. 5. 24., 2019. 4. 30.>

1. 「건설산업기본법」 제2조제7호에 따른 건설사업자
2. 「전기공사업법」 제2조제3호에 따른 공사업자
3. 「정보통신공사업법」 제2조제4호에 따른 정보통신공사업자
4. 「소방시설공사업법」 제4조제1항에 따라 소방시설공사업의 등록을 한 자
5. 그 밖에 대통령령으로 정하는 사업자

⑩ 이 법에서 "발주자"란 제조·수리·시공 또는 용역수행을 원사업자에게 도급하는 자를 말한다. 다만, 재하도급(再下都給)의 경우에는 원사업자를 말한다.

⑪ 이 법에서 "용역위탁"이란 지식·정보성과물의 작성 또는 역무(役務)의 공급(이하 "용역"이라 한다)을 업으로 하는 사업자(이하 "용역업자"라 한다)가 그 업에 따른 용역수행행위의 전부 또는 일부를 다른 용역업자에게 위탁하는 것을 말한다.

⑫ 이 법에서 "지식·정보성과물"이란 다음 각 호의 어느 하나에 해당하는 것을 말한다. <개정 2010. 4. 12., 2020. 6. 9.>

1. 정보프로그램(「소프트웨어 진흥법」 제2조제1호에 따른 소프트웨어, 특정한 결과를 얻기 위하여 컴퓨터·전자계산기 등 정보처리능력을 가진 장치에 내재된 일련의 지시·명령으로 조합된 것을 말한다)
2. 영화, 방송프로그램, 그 밖에 영상·음성 또는 음향으로 구성되는 성과물
3. 문자·도형·기호의 결합 또는 문자·도형·기호와 색채의 결합으로 구성되는 성과물(「건축사법」 제2조제3호에 따른 설계 및 「엔지니어링산업 진흥법」 제2조제1호에 따른 엔지니어링활동 중 설계를 포함한다)
4. 그 밖에 제1호부터 제3호까지의 규정에 준하는 것으로서 공정거래위원회가 정하여 고시하는 것

⑬ 이 법에서 "역무"란 다음 각 호의 어느 하나에 해당하는 활동을 말한다. <개정 2010. 4. 12.>

1. 「엔지니어링산업 진흥법」 제2조제1호에 따른 엔지니어링활동(설계는 제외한다)
2. 「화물자동차 운수사업법」에 따라 화물자동차를 이용하여 화물을 운송 또는 주선하는 활동
3. 「건축법」에 따라 건축물을 유지·관리하는 활동
4. 「경비업법」에 따라 시설·장소·물건 등에 대한 위험발생 등을 방지하거나 사람의 생명 또는 신체에 대한 위해(危害)의 발생을 방지하고 그 신변을 보호하기 위하여 하는 활동

5. 그 밖에 원사업자로부터 위탁받은 사무를 완성하기 위하여 노무를 제공하는 활동으로서 공정거래위원회가 정하여 고시하는 활동

⑭ 이 법에서 "어음대체결제수단"이란 원사업자가 하도급대금을 지급할 때 어음을 대체하여 사용하는 결제수단으로서 다음 각 호의 어느 하나에 해당하는 것을 말한다.

1. 기업구매전용카드: 원사업자가 하도급대금을 지급하기 위하여 「여신전문금융업법」에 따른 신용카드업자로부터 발급받는 신용카드 또는 직불카드로서 일반적인 신용카드가맹점에서는 사용할 수 없고, 원사업자・수급사업자 및 신용카드업자 간의 계약에 따라 해당 수급사업자에 대한 하도급대금의 지급만을 목적으로 발급하는 것
2. 외상매출채권 담보대출: 수급사업자가 하도급대금을 받기 위하여 원사업자에 대한 외상매출채권을 담보로 금융기관에서 대출을 받고, 원사업자가 하도급대금으로 수급사업자에 대한 금융기관의 대출금을 상환하는 것으로서 한국은행총재가 정한 조건에 따라 대출이 이루어지는 것
3. 구매론: 원사업자가 금융기관과 대출한도를 약정하여 대출받은 금액으로 정보처리시스템을 이용하여 수급사업자에게 하도급대금을 결제하고 만기일에 대출금을 금융기관에 상환하는 것
4. 그 밖에 하도급대금을 지급할 때 어음을 대체하여 사용되는 결제수단으로서 공정거래위원회가 정하여 고시하는 것

⑮ 이 법에서 "기술자료"란 비밀로 관리되는 제조・수리・시공 또는 용역수행 방법에 관한 자료, 그 밖에 영업활동에 유용하고 독립된 경제적 가치를 가지는 것으로서 대통령령으로 정하는 자료를 말한다. <신설 2010. 1. 25., 2018. 1. 16., 2021. 8. 17.>

⑯ 이 법에서 "주요 원재료"란 하도급거래에서 목적물등의 제조・수리・시공 또는 용역수행에 사용되는 원재료로서 그 비용이 하도급대금의 100분의 10 이상인 원재료를 말한다. <신설 2023. 7. 18.>

⑰ 이 법에서 "하도급대금 연동"이란 주요 원재료의 가격이 원사업자와 수급사업자가 100분의 10 이내의 범위에서 협의하여 정한 비율 이상 변동하는 경우 그 변동분에 연동하여 하도급대금을 조정하는 것을 말한다. <신설 2023. 7. 18.>

[전문개정 2009. 4. 1.]

제3조(서면의 발급 및 서류의 보존) ① 원사업자가 수급사업자에게 제조등의 위탁을 하는 경우 및 제조등의 위탁을 한 이후에 해당 계약내역에 없는 제조등의 위탁 또는 계약내역을 변경하는 위탁(이하 이 항에서 "추가・변경위탁"이라 한다)을 하는 경우에는 제2항의 사항을 적은 서면(「전자문서 및 전자거래 기본법」 제2조제1호에 따른 전자문서를 포함한다. 이하 이 조에서 같다)을 다음 각 호의 구분에 따른 기한까지 수급사업자에게 발급하여야 한다. <개정 2016. 3. 29.>

1. 제조위탁의 경우: 수급사업자가 제조등의 위탁 및 추가・변경위탁에 따른 물품 납품을 위한 작업을 시작하기 전
2. 수리위탁의 경우: 수급사업자가 제조등의 위탁 및 추가・변경위탁에 따른 수리행위를 시작하기 전
3. 건설위탁의 경우: 수급사업자가 제조등의 위탁 및 추가・변경위탁에 따른 계약공사를 착공하기 전
4. 용역위탁의 경우: 수급사업자가 제조등의 위탁 및 추가・변경위탁에 따른 용역수행행위를 시작하기 전

② 제1항의 서면에는 다음 각 호의 사항을 적고 원사업자와 수급사업자가 서명[「전자서명법」 제2조제2호에 따른 전자서명(서명자의 실지명의를 확인할 수 있는 것을 말한다)을 포함한다. 이하 이 조에서 같다] 또는 기명날인하여야 한다. <개정 2010. 1. 25., 2018. 1. 16., 2019. 11. 26., 2020. 6. 9., 2023. 7. 18.>

1. 하도급대금과 그 지급방법 등 하도급계약의 내용
2. 제16조의2제1항에 따른 하도급대금의 조정요건, 방법 및 절차

3. 하도급대금 연동의 대상 목적물등의 명칭, 주요 원재료, 조정요건, 기준 지표 및 산식 등 하도급대금 연동에 관한 사항으로서 대통령령으로 정하는 사항
4. 그 밖에 서면에 적어야 할 사항으로서 대통령령으로 정하는 사항

③ 원사업자는 제2항제3호에 따른 사항을 적을 때 수급사업자의 이익에 반하는 불공정한 내용이 되지 아니하도록 수급사업자와 성실히 협의하여야 한다. <신설 2023. 7. 18.>

④ 다음 각 호의 어느 하나에 해당하는 경우에는 원사업자는 서면에 제2항제3호에 따른 사항을 적지 아니할 수 있다. 다만, 제4호의 경우에는 원사업자와 수급사업자가 그 취지와 사유를 서면에 분명하게 적어야 한다. <신설 2023. 7. 18.>

1. 원사업자가 「중소기업기본법」 제2조제2항에 따른 소기업에 해당하는 경우
2. 하도급거래 기간이 90일 이내의 범위에서 대통령령으로 정하는 기간 이내인 경우
3. 하도급대금이 1억 원 이하의 범위에서 대통령령으로 정하는 금액 이하인 경우
4. 원사업자와 수급사업자가 하도급대금 연동을 하지 아니하기로 합의한 경우

⑤ 원사업자는 하도급대금 연동과 관련하여 하도급거래에 관한 거래상 지위를 남용하거나 거짓 또는 그 밖의 부정한 방법으로 이 조의 적용을 피하려는 행위를 하여서는 아니 된다. <신설 2023. 7. 18.>

⑥ 원사업자는 제2항에도 불구하고 위탁시점에 확정하기 곤란한 사항에 대하여는 재해・사고로 인한 긴급복구공사를 하는 경우 등 정당한 사유가 있는 경우에는 해당 사항을 적지 아니한 서면을 발급할 수 있다. 이 경우 해당 사항이 정하여지지 아니한 이유와 그 사항을 정하게 되는 예정기일을 서면에 적어야 한다. <신설 2010. 1. 25., 2023. 7. 18.>

⑦ 원사업자는 제6항에 따라 일부 사항을 적지 아니한 서면을 발급한 경우에는 해당 사항이 확정되는 때에 지체 없이 그 사항을 적은 새로운 서면을 발급하여야 한다. <신설 2010. 1. 25., 2023. 7. 18.>

⑧ 원사업자가 제조등의 위탁을 하면서 제2항의 사항을 적은 서면(제6항에 따라 일부 사항을 적지 아니한 서면을 포함한다)을 발급하지 아니한 경우에는 수급사업자는 위탁받은 작업의 내용, 하도급대금 등 대통령령으로 정하는 사항을 원사업자에게 서면으로 통지하여 위탁내용의 확인을 요청할 수 있다. <신설 2010. 1. 25., 2023. 7. 18.>

⑨ 원사업자는 제8항의 통지를 받은 날부터 15일 이내에 그 내용에 대한 인정 또는 부인(否認)의 의사를 수급사업자에게 서면으로 회신을 발송하여야 하며, 이 기간 내에 회신을 발송하지 아니한 경우에는 원래 수급사업자가 통지한 내용대로 위탁이 있었던 것으로 추정한다. 다만, 천재나 그 밖의 사변으로 회신이 불가능한 경우에는 그러하지 아니하다. <신설 2010. 1. 25., 2023. 7. 18.>

⑩ 제8항의 통지에는 수급사업자가, 제9항의 회신에는 원사업자가 서명 또는 기명날인하여야 한다. <신설 2010. 1. 25., 2023. 7. 18.>

⑪ 제8항의 통지 및 제9항의 회신과 관련하여 필요한 사항은 대통령령으로 정한다. <신설 2010. 1. 25., 2023. 7. 18.>

⑫ 원사업자와 수급사업자는 대통령령으로 정하는 바에 따라 하도급거래에 관한 서류를 보존하여야 한다. <개정 2010. 1. 25., 2023. 7. 18.>

[전문개정 2009. 4. 1.]

제3조의2(표준하도급계약서의 제정・개정 및 사용) ① 공정거래위원회는 표준하도급계약서를 제정 또는 개정하여 이 법의 적용대상이 되는 사업자 또는 사업자단체(이하 이 조에서 "사업자등"이라 한다)에 그 사용을 권장할 수 있다.

② 제1항에도 불구하고 공정거래위원회는 제3조제2항제3호 및 같은 조 제4항 각 호 외의 부분 단서에 관한 표준하도급계약서를 제정 또는 개정하여 사업자등에게 그 사용을 권장하여야 한다. <신설 2023. 7. 18.>

③ 사업자등은 건전한 하도급거래질서를 확립하고 불공정한 내용의 계약이 통용되는 것을 방지하기 위하여 일정한 하도급 거래분야에서 통용될 수 있는 표준하도급계약서의 제정·개정안을 마련하여 그 내용이 이 법에 위반되는지 여부에 관하여 공정거래위원회에 심사를 청구할 수 있다. <개정 2023. 7. 18.>

④ 공정거래위원회는 다음 각 호의 어느 하나에 해당하는 경우 사업자등에 대하여 표준하도급계약서의 제정·개정안을 마련하여 심사를 청구할 것을 권고할 수 있다. <개정 2023. 7. 18.>

1. 일정한 하도급 거래분야에서 여러 수급사업자에게 피해가 발생하거나 발생할 우려가 있는 경우
2. 이 법의 개정 등으로 인하여 표준하도급계약서를 정비할 필요가 발생한 경우

⑤ 공정거래위원회는 사업자등이 제4항의 권고를 받은 날부터 상당한 기간 이내에 필요한 조치를 하지 아니하는 경우 표준하도급계약서를 제정 또는 개정하여 사업자등에게 그 사용을 권장할 수 있다. <개정 2023. 7. 18.>

⑥ 공정거래위원회는 표준하도급계약서를 제정 또는 개정하는 경우에는 관련 분야의 거래당사자인 사업자등의 의견을 들어야 한다. <개정 2023. 7. 18.>

⑦ 공정거래위원회는 표준하도급계약서 제정·개정과 관련된 업무를 수행하기 위하여 필요하다고 인정하면 자문위원을 위촉할 수 있다. <개정 2023. 7. 18.>

⑧ 제7항에 따른 자문위원의 위촉과 그 밖에 필요한 사항은 대통령령으로 정한다. <개정 2023. 7. 18.>

[전문개정 2022. 1. 11.]

제3조의3(원사업자와 수급사업자 간 협약체결) ① 공정거래위원회는 원사업자와 수급사업자가 하도급 관련 법령의 준수 및 상호 지원·협력을 약속하는 협약을 체결하도록 권장할 수 있다.

② 공정거래위원회는 원사업자와 수급사업자가 제1항의 협약을 체결하는 경우 그 이행을 독려하기 위하여 포상 등 지원시책을 마련하여 시행한다.

③ 공정거래위원회는 제1항에 따른 협약의 내용·체결절차·이행실적평가 및 지원시책 등에 필요한 사항을 정한다.

[본조신설 2011. 3. 29.]

제3조의4(부당한 특약의 금지) ① 원사업자는 수급사업자의 이익을 부당하게 침해하거나 제한하는 계약조건(이하 "부당한 특약"이라 한다)을 설정하여서는 아니 된다.

② 다음 각 호의 어느 하나에 해당하는 약정은 부당한 특약으로 본다.

1. 원사업자가 제3조제1항의 서면에 기재되지 아니한 사항을 요구함에 따라 발생된 비용을 수급사업자에게 부담시키는 약정
2. 원사업자가 부담하여야 할 민원처리, 산업재해 등과 관련된 비용을 수급사업자에게 부담시키는 약정
3. 원사업자가 입찰내역에 없는 사항을 요구함에 따라 발생된 비용을 수급사업자에게 부담시키는 약정
4. 그 밖에 이 법에서 보호하는 수급사업자의 이익을 제한하거나 원사업자에게 부과된 의무를 수급사업자에게 전가하는 등 대통령령으로 정하는 약정

③ 제2항제1호부터 제3호까지에 해당하는 부당한 특약은 그 부분에 한정하여 무효로 하고, 같은 항 제4호에 해당하는 부당한 특약은 당사자 일방에게 현저하게 불공정한 경우 그 부분에 한정하여 무효로 한다. <신설 2025. 4. 1.>

[본조신설 2013. 8. 13.]

제3조의5(건설하도급 입찰결과의 공개) 국가 또는 「공공기관의 운영에 관한 법률」 제5조에 따른 공기업 및 준정부기관이 발주하는 공사입찰로서 「국가를 당사자로 하는 계약에 관한 법률」 제10조제2항에 따라 각 입찰자의 입찰가격, 공사수행능력 및 사회적 책임 등을 종합 심사할 필요가 있는 대통령령으로 정하는 건설공사를 위탁받은 사업자는 경쟁입찰에 의하여 하도급계약을 체결하려는 경우 건설하도급 입찰에 관한 다음 각 호의 사항을 대통령령으로 정하는 바에 따라 입찰참가자에게 알려야 한다.

1. 입찰금액
2. 낙찰금액 및 낙찰자(상호, 대표자 및 영업소 소재지를 포함한다)
3. 유찰된 경우 유찰 사유

[본조신설 2022. 1. 11.]

제3조의6(하도급대금 연동 우수기업의 선정 · 지원) ① 공정거래위원회는 하도급대금 연동의 확산을 위하여 하도급대금 연동 우수기업 및 하도급대금 연동 확산에 기여한 자(이하 "하도급대금 연동 우수기업등"이라 한다)를 선정하고 포상하는 등 지원시책을 수립하여 추진할 수 있다.

② 하도급대금 연동 우수기업등의 선정 방법, 절차 및 지원시책 등에 관하여 필요한 사항은 대통령령으로 정한다.

[본조신설 2023. 7. 18.]

제3조의7(하도급대금 연동 확산 지원본부의 지정 등) ① 공정거래위원회는 하도급대금 연동의 확산을 지원하기 위하여 관련 기관이나 단체를 하도급대금 연동 확산 지원 본부(이하 "연동지원본부"라 한다)로 지정할 수 있다.

② 연동지원본부는 다음 각 호의 사업을 한다.

1. 원재료 가격 및 주요 물가지수 정보 제공
2. 하도급대금 연동의 도입 및 조정 실적 확인
3. 하도급대금 연동 관련 교육 및 컨설팅
4. 그 밖에 하도급대금 연동의 확산을 위하여 필요한 사항으로서 대통령령으로 정하는 사항

③ 공정거래위원회는 연동지원본부가 제2항 각 호의 사업을 추진하는 데 필요한 지원을 할 수 있다.

④ 공정거래위원회는 연동지원본부가 다음 각 호의 어느 하나에 해당하면 지정을 취소하거나 6개월 이내의 기간을 정하여 그 업무의 전부 또는 일부의 정지를 명할 수 있다. 다만, 제1호에 해당하는 경우에는 그 지정을 취소하여야 한다.

1. 거짓이나 그 밖의 부정한 방법으로 지정을 받은 경우
2. 제5항에 따른 지정 기준을 충족하지 못하는 경우
3. 정당한 사유 없이 제2항 각 호의 사업을 1개월 이상 수행하지 아니한 경우

⑤ 연동지원본부의 지정 및 지정 취소의 기준 및 절차 등에 관한 세부사항은 대통령령으로 정한다.

[본조신설 2023. 7. 18.]

제4조(부당한 하도급대금의 결정 금지) ① 원사업자는 수급사업자에게 제조등의 위탁을 하는 경우 부당하게 목적물등과 같거나 유사한 것에 대하여 일반적으로 지급되는 대가보다 낮은 수준으로 하도급대금을 결정(이하 "부당한 하도급대금의 결정"이라 한다)하거나 하도급받도록 강요하여서는 아니 된다. <개정 2013. 5. 28.>

② 다음 각 호의 어느 하나에 해당하는 원사업자의 행위는 부당한 하도급대금의 결정으로 본다. <개정 2013. 5. 28.>

1. 정당한 사유 없이 일률적인 비율로 단가를 인하하여 하도급대금을 결정하는 행위
2. 협조요청 등 어떠한 명목으로든 일방적으로 일정 금액을 할당한 후 그 금액을 빼고 하도급대금을 결정하는 행위
3. 정당한 사유 없이 특정 수급사업자를 차별 취급하여 하도급대금을 결정하는 행위
4. 수급사업자에게 발주량 등 거래조건에 대하여 착오를 일으키게 하거나 다른 사업자의 견적 또는 거짓 견적을 내보이는 등의 방법으로 수급사업자를 속이고 이를 이용하여 하도급대금을 결정하는 행위
5. 원사업자가 일방적으로 낮은 단가에 의하여 하도급대금을 결정하는 행위
6. 수의계약(隨意契約)으로 하도급계약을 체결할 때 정당한 사유 없이 대통령령으로 정하는 바에 따른 직접공사비 항목의 값을 합한 금액보다 낮은 금액으로 하도급대금을 결정하는 행위
7. 경쟁입찰에 의하여 하도급계약을 체결할 때 정당한 사유 없이 최저가로 입찰한 금액보다 낮은 금액으로 하도급대금을 결정하는 행위
8. 계속적 거래계약에서 원사업자의 경영적자, 판매가격 인하 등 수급사업자의 책임으로 돌릴 수 없는 사유로 수급사업자에게 불리하게 하도급대금을 결정하는 행위

[전문개정 2009. 4. 1.]

제5조(물품 등의 구매강제 금지) 원사업자는 수급사업자에게 제조등의 위탁을 하는 경우에 그 목적물 등에 대한 품질의 유지·개선 등 정당한 사유가 있는 경우 외에는 그가 지정하는 물품·장비 또는 역무의 공급 등을 수급사업자에게 매입 또는 사용(이용을 포함한다. 이하 같다)하도록 강요하여서는 아니 된다.

[전문개정 2009. 4. 1.]

제6조(선급금의 지급) ① 수급사업자에게 제조등의 위탁을 한 원사업자가 발주자로부터 선급금을 받은 경우에는 수급사업자가 제조·수리·시공 또는 용역수행을 시작할 수 있도록 그가 받은 선급금의 내용과 비율에 따라 선급금을 받은 날(제조등의 위탁을 하기 전에 선급금을 받은 경우에는 제조등의 위탁을 한 날)부터 15일 이내에 선급금을 수급사업자에게 지급하여야 한다.

② 원사업자가 발주자로부터 받은 선급금을 제1항에 따른 기한이 지난 후에 지급하는 경우에는 그 초과기간에 대하여 연 100분의 40 이내에서 「은행법」에 따른 은행이 적용하는 연체금리 등 경제사정을 고려하여 공정거래위원회가 정하여 고시하는 이율에 따른 이자를 지급하여야 한다. <개정 2010. 5. 17.>

③ 원사업자가 제1항에 따른 선급금을 어음 또는 어음대체결제수단을 이용하여 지급하는 경우의 어음할인료·수수료의 지급 및 어음할인율·수수료율에 관하여는 제13조제6항·제7항·제9항 및 제10항을 준용한다. 이 경우 "목적물등의 수령일부터 60일"은 "원사업자가 발주자로부터 선급금을 받은 날부터 15일"로 본다.

[전문개정 2009. 4. 1.]

제7조(내국신용장의 개설) ① 원사업자는 수출할 물품을 수급사업자에게 제조위탁 또는 용역위탁한 경우에 정당한 사유가 있는 경우 외에는 위탁한 날부터 15일 이내에 내국신용장(內國信用狀)을 수급사업자에게 개설하여 주어야 한다. 다만, 신용장에 의한 수출의 경우 원사업자가 원신용장(原信用狀)을 받기 전에 제조위탁 또는 용역위탁을 하는 경우에는 원신용장을 받은 날부터 15일 이내에 내국신용장을 개설하여 주어야 한다. <개정 2017. 10. 31.>

② 원사업자는 수출할 물품·용역을 수급사업자에게 제조위탁 또는 용역위탁한 경우 다음 각 호의 요건을 모두 갖춘 때에는 사전 또는 사후 구매확인서를 수급사업자에게 발급하여 주어야 한다. <신설 2017. 10. 31.>

1. 원사업자가 개설한도 부족 등 정당한 사유로 인하여 내국신용장 발급이 어려운 경우
2. 수급사업자의 구매확인서 발급 요청이 있는 경우

[전문개정 2009. 4. 1.]

제8조(부당한 위탁취소의 금지 등) ① 원사업자는 제조등의 위탁을 한 후 수급사업자의 책임으로 돌릴 사유가 없는 경우에는 다음 각 호의 어느 하나에 해당하는 행위를 하여서는 아니 된다. 다만, 용역위탁 가운데 역무의 공급을 위탁한 경우에는 제2호를 적용하지 아니한다.

1. 제조등의 위탁을 임의로 취소하거나 변경하는 행위
2. 목적물등의 납품등에 대한 수령 또는 인수를 거부하거나 지연하는 행위

② 원사업자는 목적물등의 납품등이 있는 때에는 역무의 공급을 위탁한 경우 외에는 그 목적물등에 대한 검사 전이라도 즉시(제7조에 따라 내국신용장을 개설한 경우에는 검사 완료 즉시) 수령증명서를 수급사업자에게 발급하여야 한다. 다만, 건설위탁의 경우에는 검사가 끝나는 즉시 그 목적물을 인수하여야 한다.

③ 제1항제2호에서 "수령"이란 수급사업자가 납품등을 한 목적물등을 받아 원사업자의 사실상 지배하에 두게 되는 것을 말한다. 다만, 이전(移轉)하기 곤란한 목적물등의 경우에는 검사를 시작한 때를 수령한 때로 본다.

[전문개정 2009. 4. 1.]

제9조(검사의 기준ㆍ방법 및 시기) ① 수급사업자가 납품등을 한 목적물등에 대한 검사의 기준 및 방법은 원사업자와 수급사업자가 협의하여 객관적이고 공정ㆍ타당하게 정하여야 한다.

② 원사업자는 정당한 사유가 있는 경우 외에는 수급사업자로부터 목적물등을 수령한 날[제조위탁의 경우에는 기성부분(旣成部分)을 통지받은 날을 포함하고, 건설위탁의 경우에는 수급사업자로부터 공사의 준공 또는 기성부분을 통지받은 날을 말한다]부터 10일 이내에 검사 결과를 수급사업자에게 서면으로 통지하여야 하며, 이 기간 내에 통지하지 아니한 경우에는 검사에 합격한 것으로 본다. 다만, 용역위탁 가운데 역무의 공급을 위탁하는 경우에는 이를 적용하지 아니한다.

[전문개정 2009. 4. 1.]

제10조(부당반품의 금지) ① 원사업자는 수급사업자로부터 목적물등의 납품등을 받은 경우 수급사업자에게 책임을 돌릴 사유가 없으면 그 목적물등을 수급사업자에게 반품(이하 "부당반품"이라 한다) 하여서는 아니 된다. 다만, 용역위탁 가운데 역무의 공급을 위탁하는 경우에는 이를 적용하지 아니한다.

② 다음 각 호의 어느 하나에 해당하는 원사업자의 행위는 부당반품으로 본다.

1. 거래 상대방으로부터의 발주취소 또는 경제상황의 변동 등을 이유로 목적물등을 반품하는 행위
2. 검사의 기준 및 방법을 불명확하게 정함으로써 목적물등을 부당하게 불합격으로 판정하여 이를 반품하는 행위
3. 원사업자가 공급한 원재료의 품질불량으로 인하여 목적물등이 불합격품으로 판정되었음에도 불구하고 이를 반품하는 행위
4. 원사업자의 원재료 공급 지연으로 인하여 납기가 지연되었음에도 불구하고 이를 이유로 목적물등을 반품하는 행위

[전문개정 2009. 4. 1.]

제11조(감액금지) ① 원사업자는 제조등의 위탁을 할 때 정한 하도급대금을 감액하여서는 아니 된다. 다만, 원사업자가 정당한 사유를 입증한 경우에는 하도급대금을 감액할 수 있다. <개정 2011. 3. 29.>

② 다음 각 호의 어느 하나에 해당하는 원사업자의 행위는 정당한 사유에 의한 행위로 보지 아니한다. <개정 2011. 3. 29., 2013. 5. 28.>

1. 위탁할 때 하도급대금을 감액할 조건 등을 명시하지 아니하고 위탁 후 협조요청 또는 거래 상대방으로부터의 발주취소, 경제상황의 변동 등 불합리한 이유를 들어 하도급대금을 감액하는 행위
2. 수급사업자와 단가 인하에 관한 합의가 성립된 경우 그 합의 성립 전에 위탁한 부분에 대하여도 합의 내용을 소급하여 적용하는 방법으로 하도급대금을 감액하는 행위
3. 하도급대금을 현금으로 지급하거나 지급기일 전에 지급하는 것을 이유로 하도급대금을 지나치게 감액하는 행위
4. 원사업자에 대한 손해발생에 실질적 영향을 미치지 아니하는 수급사업자의 과오를 이유로 하도급대금을 감액하는 행위
5. 목적물등의 제조·수리·시공 또는 용역수행에 필요한 물품 등을 자기로부터 사게 하거나 자기의 장비 등을 사용하게 한 경우에 적정한 구매대금 또는 적정한 사용대가 이상의 금액을 하도급대금에서 공제하는 행위
6. 하도급대금 지급 시점의 물가나 자재가격 등이 납품등의 시점에 비하여 떨어진 것을 이유로 하도급대금을 감액하는 행위
7. 경영적자 또는 판매가격 인하 등 불합리한 이유로 부당하게 하도급대금을 감액하는 행위
8. 「고용보험 및 산업재해보상보험의 보험료징수 등에 관한 법률」, 「산업안전보건법」 등에 따라 원사업자가 부담하여야 하는 고용보험료, 산업안전보건관리비, 그 밖의 경비 등을 수급사업자에게 부담시키는 행위
9. 그 밖에 제1호부터 제8호까지의 규정에 준하는 것으로서 대통령령으로 정하는 행위

③ 원사업자가 제1항 단서에 따라 하도급대금을 감액할 경우에는 감액사유와 기준 등 대통령령으로 정하는 사항을 적은 서면을 해당 수급사업자에게 미리 주어야 한다. <신설 2011. 3. 29.>

④ 원사업자가 정당한 사유 없이 감액한 금액을 목적물등의 수령일부터 60일이 지난 후에 지급하는 경우에는 그 초과기간에 대하여 연 100분의 40 이내에서 「은행법」에 따른 은행이 적용하는 연체금리 등 경제사정을 고려하여 공정거래위원회가 정하여 고시하는 이율에 따른 이자를 지급하여야 한다. <개정 2010. 5. 17., 2011. 3. 29.>

[전문개정 2009. 4. 1.]

[제목개정 2011. 3. 29.]

제12조(물품구매대금 등의 부당결제 청구의 금지) 원사업자는 수급사업자에게 목적물등의 제조·수리·시공 또는 용역수행에 필요한 물품 등을 자기로부터 사게 하거나 자기의 장비 등을 사용하게 한 경우 정당한 사유 없이 다음 각 호의 어느 하나에 해당하는 행위를 하여서는 아니 된다.

1. 해당 목적물등에 대한 하도급대금의 지급기일 전에 구매대금이나 사용대가의 전부 또는 일부를 지급하게 하는 행위
2. 자기가 구입·사용하거나 제3자에게 공급하는 조건보다 현저하게 불리한 조건으로 구매대금이나 사용대가를 지급하게 하는 행위

[전문개정 2009. 4. 1.]

제12조의2(경제적 이익의 부당요구 금지) 원사업자는 정당한 사유 없이 수급사업자에게 자기 또는 제3자를 위하여 금전, 물품, 용역, 그 밖의 경제적 이익을 제공하도록 하는 행위를 하여서는 아니 된다.

[전문개정 2009. 4. 1.]

제12조의3(기술자료 제공 요구 금지 등) ① 원사업자는 수급사업자의 기술자료를 본인 또는 제3자에게 제공하도록 요구하여서는 아니 된다. 다만, 원사업자가 정당한 사유를 입증한 경우에는 요구할 수 있다. <개정 2011. 3. 29.>

② 원사업자는 제1항 단서에 따라 수급사업자에게 기술자료를 요구할 경우에는 요구목적, 권리귀속 관계, 대가 등 대통령령으로 정하는 사항을 해당 수급사업자와 미리 협의하여 정한 후 그 내용을 적은 서면을 해당 수급사업자에게 주어야 한다. <신설 2011. 3. 29., 2021. 8. 17.>

③ 수급사업자가 원사업자에게 기술자료를 제공하는 경우 원사업자는 해당 기술자료를 제공받는 날까지 해당 기술자료의 범위, 기술자료를 제공받아 보유할 임직원의 명단, 비밀유지의무 및 목적 외 사용금지, 위반 시 배상 등 대통령령으로 정하는 사항이 포함된 비밀유지계약을 수급사업자와 체결하여야 한다. <신설 2021. 8. 17.>

④ 원사업자는 취득한 수급사업자의 기술자료에 관하여 부당하게 다음 각 호의 어느 하나에 해당하는 행위(하도급계약 체결 전 행한 행위를 포함한다)를 하여서는 아니 된다. <개정 2018. 4. 17., 2021. 8. 17., 2022. 1. 11.>

1. 자기 또는 제3자를 위하여 사용하는 행위
2. 제3자에게 제공하는 행위

⑤ 공정거래위원회는 제3항에 따른 비밀유지계약 체결에 표준이 되는 계약서의 작성 및 사용을 권장할 수 있다. <신설 2021. 8. 17.>

[본조신설 2010. 1. 25.]

[제목개정 2011. 3. 29.]

제13조(하도급대금의 지급 등) ① 원사업자가 수급사업자에게 제조등의 위탁을 하는 경우에는 목적물등의 수령일(건설위탁의 경우에는 인수일을, 용역위탁의 경우에는 수급사업자가 위탁받은 용역의 수행을 마친 날을, 납품등이 잦아 원사업자와 수급사업자가 월 1회 이상 세금계산서의 발행일을 정한 경우에는 그 정한 날을 말한다. 이하 같다)부터 60일 이내의 가능한 짧은 기한으로 정한 지급기일까지 하도급대금을 지급하여야 한다. 다만, 다음 각 호의 어느 하나에 해당하는 경우에는 그러하지 아니하다.

1. 원사업자와 수급사업자가 대등한 지위에서 지급기일을 정한 것으로 인정되는 경우
2. 해당 업종의 특수성과 경제여건에 비추어 그 지급기일이 정당한 것으로 인정되는 경우

② 하도급대금의 지급기일이 정하여져 있지 아니한 경우에는 목적물등의 수령일을 하도급대금의 지급기일로 보고, 목적물등의 수령일부터 60일이 지난 후에 하도급대금의 지급기일을 정한 경우(제1항 단서에 해당되는 경우는 제외한다)에는 목적물등의 수령일부터 60일이 되는 날을 하도급대금의 지급기일로 본다.

③ 원사업자는 수급사업자에게 제조등의 위탁을 한 경우 원사업자가 발주자로부터 제조·수리·시공 또는 용역수행행위의 완료에 따라 준공금 등을 받았을 때에는 하도급대금을, 제조·수리·시공 또는 용역수행행위의 진척에 따라 기성금 등을 받았을 때에는 수급사업자가 제조·수리·시공 또는 용역수행한 부분에 상당하는 금액을 그 준공금이나 기성금 등을 지급받은 날부터 15일(하도급대금의 지급기일이 그 전에 도래하는 경우에는 그 지급기일) 이내에 수급사업자에게 지급하여야 한다.

④ 원사업자가 수급사업자에게 하도급대금을 지급할 때에는 원사업자가 발주자로부터 해당 제조등의 위탁과 관련하여 받은 현금비율 미만으로 지급하여서는 아니 된다.

⑤ 원사업자가 하도급대금을 어음으로 지급하는 경우에는 해당 제조등의 위탁과 관련하여 발주자로부터 원사업자가 받은 어음의 지급기간(발행일부터 만기일까지)을 초과하는 어음을 지급하여서는 아니 된다.

⑥ 원사업자가 하도급대금을 어음으로 지급하는 경우에 그 어음은 법률에 근거하여 설립된 금융기관에서 할인이 가능한 것이어야 하며, 어음을 교부한 날부터 어음의 만기일까지의 기간에 대한 할인료를 어음을 교부하는 날에 수급사업자에게 지급하여야 한다. 다만, 목적물등의 수령일부터 60일(제1항 단서에 따라 지급기일이 정하여진 경우에는 그 지급기일을, 발주자로부터 준공금이나 기성금 등을 받은 경우에는 제3항에서 정한 기일을 말한다. 이하 이 조에서 같다) 이내에 어음을 교부하는 경우에는 목적물등의 수령일부터 60일이 지난 날 이후부터 어음의 만기일까지의 기간에 대한 할인료를 목적물등의 수령일부터 60일 이내에 수급사업자에게 지급하여야 한다.

⑦ 원사업자는 하도급대금을 어음대체결제수단을 이용하여 지급하는 경우에는 지급일(기업구매전용카드의 경우는 카드결제 승인일을, 외상매출채권 담보대출의 경우는 납품등의 명세 전송일을, 구매론의 경우는 구매자금 결제일을 말한다. 이하 같다)부터 하도급대금 상환기일까지의 기간에 대한 수수료(대출이자를 포함한다. 이하 같다)를 지급일에 수급사업자에게 지급하여야 한다. 다만, 목적물등의 수령일부터 60일 이내에 어음대체결제수단을 이용하여 지급하는 경우에는 목적물등의 수령일부터 60일이 지난 날 이후부터 하도급대금 상환기일까지의 기간에 대한 수수료를 목적물등의 수령일부터 60일 이내에 수급사업자에게 지급하여야 한다.

⑧ 원사업자가 하도급대금을 목적물등의 수령일부터 60일이 지난 후에 지급하는 경우에는 그 초과기간에 대하여 연 100분의 40 이내에서 「은행법」에 따른 은행이 적용하는 연체금리 등 경제사정을 고려하여 공정거래위원회가 정하여 고시하는 이율에 따른 이자를 지급하여야 한다. <개정 2010. 5. 17.>

⑨ 제6항에서 적용하는 할인율은 연 100분의 40 이내에서 법률에 근거하여 설립된 금융기관에서 적용되는 상업어음할인율을 고려하여 공정거래위원회가 정하여 고시한다.

⑩ 제7항에서 적용하는 수수료율은 원사업자가 금융기관(「여신전문금융업법」 제2조제2호의2에 따른 신용카드업자를 포함한다)과 체결한 어음대체결제수단의 약정상 수수료율로 한다. <개정 2015. 7. 24.>

⑪ 제1항부터 제10항까지의 규정은 「중견기업 성장촉진 및 경쟁력 강화에 관한 특별법」 제2조제1호에 따른 중견기업으로 연간매출액이 대통령령으로 정하는 금액(제1호의 회사와 거래하는 경우에는 3천억원으로 한다) 미만인 중견기업이 다음 각 호의 어느 하나에 해당하는 자로부터 제조등의 위탁을 받은 경우에도 적용한다. 이 경우 제조등의 위탁을 한 자는 제1항부터 제10항까지, 제19조, 제20조, 제23조제2항, 제24조의4제1항, 제24조의5제6항, 제25조제1항 및 제3항, 제25조의2, 제25조의3제1항, 제25조의5제1항, 제26조제2항, 제30조제1항, 제33조, 제35조제1항을 적용할 때에는 원사업자로 보고, 제조등의 위탁을 받은 중견기업은 제1항부터 제10항까지, 제19조, 제21조, 제23조제2항, 제24조의4제1항, 제25조의2, 제33조를 적용할 때에는 수급사업자로 본다. <신설 2015. 7. 24., 2016. 3. 29., 2018. 1. 16., 2020. 12. 29.>

1. 「독점규제 및 공정거래에 관한 법률」 제31조제1항에 따른 상호출자제한기업집단에 속하는 회사
2. 제1호에 따른 회사가 아닌 사업자로서 연간매출액이 대통령령으로 정하는 금액을 초과하는 사업자

[전문개정 2009. 4. 1.]

제13조의2(건설하도급 계약이행 및 대금지급 보증) ① 건설위탁의 경우 원사업자는 계약체결일부터 30일 이내에 수급사업자에게 다음 각 호의 구분에 따라 해당 금액의 공사대금 지급을 보증(지급수단이 어음인 경우에는 만기일까지를, 어음대체결제수단인 경우에는 하도급대금 상환기일까지를 보증기간으로 한다)하고, 수급사업자는 원사업자에게 계약금액의 100분의 10에 해당하는 금액의 계약이행을 보증하여야 한다. 다만, 원사업자의 재무구조와 공사의 규모 등을 고려하여 보증이 필요하지 아니하거나 보증이 적합하지 아니하다고 인정되는 경우로서 대통령령으로 정하는 경우에는 그러하지 아니하다. <개정 2014. 5. 28.>

1. 공사기간이 4개월 이하인 경우: 계약금액에서 선급금을 뺀 금액
2. 공사기간이 4개월을 초과하는 경우로서 기성부분에 대한 대가의 지급 주기가 2개월 이내인 경우: 다음의 계산식에 따라 산출한 금액

$$\text{보증금액} = \frac{\text{하도급계약금액} - \text{계약상 선급금}}{\text{공사기간(개월 수)}} \times 4$$

3. 공사기간이 4개월을 초과하는 경우로서 기성부분에 대한 대가의 지급 주기가 2개월을 초과하는 경우: 다음의 계산식에 따라 산출한 금액

$$\text{보증금액} = \frac{\text{하도급계약금액} - \text{계약상 선급금}}{\text{공사기간(개월 수)}} \times \text{기성부분에 대한 대가의 지급주기(개월수)} \times 2$$

② 원사업자는 제1항 각 호 외의 부분 단서에 따른 공사대금 지급의 보증이 필요하지 아니하거나 적합하지 아니하다고 인정된 사유가 소멸한 경우에는 그 사유가 소멸한 날부터 30일 이내에 제1항에 따른 공사대금 지급보증을 하여야 한다. 다만, 계약의 잔여기간, 위탁사무의 기성률, 잔여대금의 금액 등을 고려하여 보증이 필요하지 아니하다고 인정되는 경우로서 대통령령으로 정하는 경우에는 그러하지 아니하다. <신설 2014. 5. 28.>

③ 다음 각 호의 어느 하나에 해당하는 자와 건설공사에 관하여 장기계속계약(총액으로 입찰하여 각 회계연도 예산의 범위에서 낙찰된 금액의 일부에 대하여 연차별로 계약을 체결하는 계약으로서 「국가를 당사자로 하는 계약에 관한 법률」 제21조 또는 「지방자치단체를 당사자로 하는 계약에 관한 법률」 제24조에 따른 장기계속계약을 말한다. 이하 이 조에서 "장기계속건설계약"이라 한다)을 체결한 원사업자가 해당 건설공사를 장기계속건설하도급계약을 통하여 건설위탁하는 경우 원사업자는 최초의 장기계속건설하도급계약 체결일부터 30일 이내에 수급사업자에게 제1항 각 호 외의 부분 본문에 따라 공사대금 지급을 보증하고, 수급사업자는 원사업자에게 최초 장기계속건설하도급계약 시 약정한 총 공사금액의 100분의 10에 해당하는 금액으로 계약이행을 보증하여야 한다. <신설 2016. 12. 20.>

1. 국가 또는 지방자치단체
2. 「공공기관의 운영에 관한 법률」에 따른 공기업, 준정부기관 또는 「지방공기업법」에 따른 지방공사, 지방공단

④ 제3항에 따라 수급사업자로부터 계약이행 보증을 받은 원사업자는 장기계속건설계약의 연차별 계약의 이행이 완료되어 이에 해당하는 계약보증금을 같은 항 각 호의 어느 하나에 해당하는 자로부터 반환받을 수 있는 날부터 30일 이내에 수급사업자에게 해당 수급사업자가 이행을 완료한 연차별 장기계속건설하도급계약에 해당하는 하도급 계약이행보증금을 반환하여야 한다. 이 경우 이행이 완료된 부분에 해당하는 계약이행 보증의 효력은 상실되는 것으로 본다. <신설 2016. 12. 20.>

⑤ 제1항부터 제3항까지의 규정에 따른 원사업자와 수급사업자 간의 보증은 현금(체신관서 또는 「은행법」에 따른 은행이 발행한 자기앞수표를 포함한다)의 지급 또는 다음 각 호의 어느 하나의 기관이 발행하는 보증서의 교부에 의하여 한다. <개정 2010. 5. 17., 2014. 5. 28., 2016. 12. 20.>

1. 「건설산업기본법」에 따른 각 공제조합
2. 「보험업법」에 따른 보험회사
3. 「신용보증기금법」에 따른 신용보증기금
4. 「은행법」에 따른 금융기관
5. 그 밖에 대통령령으로 정하는 보증기관

⑥ 제5항에 따른 기관은 다음 각 호의 어느 하나에 해당하는 사유로 수급사업자가 보증약관상 필요한 청구서류를 갖추어 보증금 지급을 요청한 경우 30일 이내에 제1항의 보증금액을 수급사업자에게 지급하여야 한다. 다만, 보증금 지급요건 충족 여부, 지급액에 대한 이견 등 대통령령으로 정하는 불가피한 사유가 있는 경우 보증기관은 수급사업자에게 통지하고 대통령령으로 정하는 기간 동안 보증금 지급을 보류할 수 있다. <신설 2013. 8. 13., 2014. 5. 28., 2016. 12. 20.>

1. 원사업자가 당좌거래정지 또는 금융거래정지로 하도급대금을 지급할 수 없는 경우
2. 원사업자의 부도·파산·폐업 또는 회사회생절차 개시 신청 등으로 하도급대금을 지급할 수 없는 경우
3. 원사업자의 해당 사업에 관한 면허·등록 등이 취소·말소되거나 영업정지 등으로 하도급대금을 지급할 수 없는 경우
4. 원사업자가 제13조에 따라 지급하여야 할 하도급대금을 2회 이상 수급사업자에게 지급하지 아니한 경우
5. 그 밖에 원사업자가 제1호부터 제4호까지에 준하는 지급불능 등 대통령령으로 정하는 사유로 인하여 하도급대금을 지급할 수 없는 경우

⑦ 원사업자는 제5항에 따라 지급보증서를 교부할 때 그 공사기간 중에 건설위탁하는 모든 공사에 대한 공사대금의 지급보증이나 1회계연도에 건설위탁하는 모든 공사에 대한 공사대금의 지급보증을 하나의 지급보증서의 교부에 의하여 할 수 있다. <개정 2013. 8. 13., 2014. 5. 28., 2016. 12. 20.>

⑧ 제1항부터 제7항까지에서 규정한 것 외에 하도급계약 이행보증 및 하도급대금 지급보증에 관하여 필요한 사항은 대통령령으로 정한다. <개정 2013. 8. 13., 2014. 5. 28., 2016. 12. 20.>

⑨ 원사업자가 제1항 각 호 외의 부분 본문, 제2항 본문 또는 제3항 각 호 외의 부분에 따른 공사대금 지급보증을 하지 아니하는 경우에는 수급사업자는 계약이행을 보증하지 아니할 수 있다. <개정 2013. 8. 13., 2014. 5. 28., 2016. 12. 20.>

⑩ 제1항 또는 제3항에 따른 수급사업자의 계약이행 보증에 대한 원사업자의 청구권은 해당 원사업자가 제1항부터 제3항까지의 규정에 따른 공사대금 지급을 보증한 후가 아니면 이를 행사할 수 없다. 다만, 제1항 각 호 외의 부분 단서 또는 제2항 단서에 따라 공사대금 지급을 보증하지 아니하는 경우에는 그러하지 아니하다. <신설 2014. 5. 28., 2016. 12. 20.>

[전문개정 2009. 4. 1.]

제13조의3(하도급대금의 결제조건 등에 관한 공시) ① 「독점규제 및 공정거래에 관한 법률」 제31조제1항 전단에 따라 지정된 공시대상기업집단에 속하는 원사업자는 하도급대금 지급수단, 지급금액, 지급기간(원사업자가 목적물등을 수령한 날부터 수급사업자에게 하도급대금을 지급한 날까지의 기간을 말한다) 및 하도급대금과 관련하여 수급사업자로부터 제기되는 분쟁 등을 처리하기 위하여 원사업자가 자신의 회사에 설치하는 하도급대금 분쟁조정기구 등에 관한 사항으로서 대통령령으로 정하는 사항을 공시하여야 한다.

② 제1항에 따른 공시는 「자본시장과 금융투자업에 관한 법률」 제161조에 따라 보고서를 제출받는 기관을 통하여 할 수 있다. 이 경우 공시의 방법ㆍ절차, 그 밖에 필요한 사항은 해당 기관과의 협의를 거쳐 공정거래위원회가 정한다.

③ 제1항에 따른 공시의 시기ㆍ방법 및 절차에 관하여 필요한 사항은 대통령령으로 정한다.

[본조신설 2022. 1. 11.]

제14조(하도급대금의 직접 지급) ① 발주자는 다음 각 호의 어느 하나에 해당하는 사유가 발생한 때에는 수급사업자가 제조ㆍ수리ㆍ시공 또는 용역수행을 한 부분에 상당하는 하도급대금을 그 수급사업자에게 직접 지급하여야 한다. <개정 2014. 5. 28.>

1. 원사업자의 지급정지ㆍ파산, 그 밖에 이와 유사한 사유가 있거나 사업에 관한 허가ㆍ인가ㆍ면허ㆍ등록 등이 취소되어 원사업자가 하도급대금을 지급할 수 없게 된 경우로서 수급사업자가 하도급대금의 직접 지급을 요청한 때
2. 발주자가 하도급대금을 직접 수급사업자에게 지급하기로 발주자ㆍ원사업자 및 수급사업자 간에 합의한 때
3. 원사업자가 제13조제1항 또는 제3항에 따라 지급하여야 하는 하도급대금의 2회분 이상을 해당 수급사업자에게 지급하지 아니한 경우로서 수급사업자가 하도급대금의 직접 지급을 요청한 때
4. 원사업자가 제13조의2제1항 또는 제2항에 따른 하도급대금 지급보증 의무를 이행하지 아니한 경우로서 수급사업자가 하도급대금의 직접 지급을 요청한 때

② 제1항에 따른 사유가 발생한 경우 원사업자에 대한 발주자의 대금지급채무와 수급사업자에 대한 원사업자의 하도급대금 지급채무는 그 범위에서 소멸한 것으로 본다.

③ 원사업자가 발주자에게 해당 하도급 계약과 관련된 수급사업자의 임금, 자재대금 등의 지급 지체 사실(원사업자의 귀책사유로 그 지급 지체가 발생한 경우는 제외한다)을 입증할 수 있는 서류를 첨부하여 해당 하도급대금의 직접 지급 중지를 요청한 경우, 발주자는 제1항에도 불구하고 그 하도급대금을 직접 지급하여서는 아니 된다. <개정 2019. 4. 30.>

④ 제1항에 따라 발주자가 해당 수급사업자에게 하도급대금을 직접 지급할 때에 발주자가 원사업자에게 이미 지급한 하도급금액은 빼고 지급한다.

⑤ 제1항에 따라 수급사업자가 발주자로부터 하도급대금을 직접 받기 위하여 기성부분의 확인 등이 필요한 경우 원사업자는 지체 없이 이에 필요한 조치를 이행하여야 한다.

⑥ 제1항에 따라 하도급대금을 직접 지급하는 경우의 지급 방법 및 절차 등에 관하여 필요한 사항은 대통령령으로 정한다.

[전문개정 2009. 4. 1.]

제15조(관세 등 환급액의 지급) ① 원사업자가 수출할 물품을 수급사업자에게 제조위탁하거나 용역위탁한 경우 「수출용원재료에 대한 관세 등 환급에 관한 특례법」에 따라 관세 등을 환급받은 경우에는 환급받은 날부터 15일 이내에 그 받은 내용에 따라 이를 수급사업자에게 지급하여야 한다.

② 제1항에도 불구하고 수급사업자에게 책임을 돌릴 사유가 없으면 목적물등의 수령일부터 60일 이내에 수급사업자에게 관세 등 환급상당액을 지급하여야 한다.

③ 원사업자가 관세 등 환급상당액을 제1항과 제2항에서 정한 기한이 지난 후에 지급하는 경우에는 그 초과기간에 대하여 연 100분의 40 이내에서 「은행법」에 따른 은행이 적용하는 연체금리 등 경제사정을 고려하여 공정거래위원회가 정하여 고시하는 이율에 따른 이자를 지급하여야 한다. <개정 2010. 5. 17.>

[전문개정 2009. 4. 1.]

제16조(설계변경 등에 따른 하도급대금의 조정) ① 원사업자는 제조등의 위탁을 한 후에 다음 각 호의 경우에 모두 해당하는 때에는 그가 발주자로부터 증액받은 계약금액의 내용과 비율에 따라 하도급대금을 증액하여야 한다. 다만, 원사업자가 발주자로부터 계약금액을 감액받은 경우에는 그 내용과 비율에 따라 하도급대금을 감액할 수 있다. <개정 2010. 1. 25., 2019. 11. 26.>

1. 설계변경, 목적물등의 납품등 시기의 변동 또는 경제상황의 변동 등을 이유로 계약금액이 증액되는 경우
2. 제1호와 같은 이유로 목적물등의 완성 또는 완료에 추가비용이 들 경우

② 제1항에 따라 하도급대금을 증액 또는 감액할 경우, 원사업자는 발주자로부터 계약금액을 증액 또는 감액받은 날부터 15일 이내에 발주자로부터 증액 또는 감액받은 사유와 내용을 해당 수급사업자에게 통지하여야 한다. 다만, 발주자가 그 사유와 내용을 해당 수급사업자에게 직접 통지한 경우에는 그러하지 아니하다. <신설 2010. 1. 25.>

③ 제1항에 따른 하도급대금의 증액 또는 감액은 원사업자가 발주자로부터 계약금액을 증액 또는 감액받은 날부터 30일 이내에 하여야 한다. <개정 2010. 1. 25.>

④ 원사업자가 제1항의 계약금액 증액에 따라 발주자로부터 추가금액을 지급받은 날부터 15일이 지난 후에 추가 하도급대금을 지급하는 경우의 이자에 관하여는 제13조제8항을 준용하고, 추가 하도급대금을 어음 또는 어음대체결제수단을 이용하여 지급하는 경우의 어음할인료·수수료의 지급 및 어음할인율·수수료율에 관하여는 제13조제6항·제7항·제9항 및 제10항을 준용한다. 이 경우 “목적물등의 수령일부터 60일”은 “추가금액을 받은 날부터 15일”로 본다. <개정 2010. 1. 25.>

[전문개정 2009. 4. 1.]

제16조의2(공급원가 등의 변동에 따른 하도급대금의 조정) ① 수급사업자는 제조등의 위탁을 받은 후 다음 각 호의 어느 하나에 해당하여 하도급대금의 조정(調整)이 불가피한 경우에는 원사업자에게 하도급대금의 조정을 신청할 수 있다. <개정 2018. 1. 16., 2019. 11. 26., 2022. 1. 11.>

1. 목적물등의 공급원가가 변동되는 경우
2. 수급사업자의 책임으로 돌릴 수 없는 사유로 목적물등의 납품등 시기가 지연되어 관리비 등 공급원가 외의 비용이 변동되는 경우
3. 목적물등의 공급원가 또는 그 밖의 비용이 하락할 것으로 예상하여 계약기간 경과에 따라 단계적으로 하도급대금을 인하하는 내용의 계약을 체결하였으나 원사업자가 목적물등의 물량이나 규모를 축소하는 등 수급사업자의 책임이 없는 사유로 공급원가 또는 그 밖의 비용이 하락하지 아니하거나 그 하락률이 하도급대금 인하 비율보다 낮은 경우

② 「중소기업협동조합법」 제3조제1항제1호 또는 제2호에 따른 중소기업협동조합(이하 “조합”이라 한다)은 목적물등의 공급원가가 변동된 경우에는 조합원인 수급사업자의 신청을 받아 대통령령으로 정하는 원사업자와 하도급대금의 조정을 위한 협의를 할 수 있다. 다만, 원사업자와 수급사업자가 같은 조합의 조합원인 경우에는 그러하지 아니하다. <개정 2013. 5. 28., 2018. 1. 16., 2022. 1. 11., 2023. 7. 18.>

③ 제2항 본문에 따른 신청을 받은 조합은 신청받은 날부터 20일 이내에 원사업자에게 하도급대금의 조정을 신청하여야 한다. 다만, 조합이 해당 기간 내에 제4항에 따라 「중소기업협동조합법」 제3조제1항제4호에 따른 중소기업중앙회(이하 “중앙회”라 한다)에 조정을 위한 협의를 신청한 경우에는 그러하지 아니하다. <개정 2013. 5. 28., 2016. 3. 29., 2022. 1. 11.>

④ 조합은 제3항 본문에 따라 원사업자에게 하도급대금의 조정을 신청하기 전이나 신청한 후에 필요하다고 인정되면 수급사업자의 동의를 받아 중앙회에 원사업자와 하도급대금 조정을 위한 협의를 하여 줄 것을 신청할 수 있다. <신설 2022. 1. 11.>

⑤ 제4항에 따른 신청을 받은 중앙회는 그 신청을 받은 날부터 15일 이내에 원사업자에게 하도급대금의 조정을 신청하여야 한다. <신설 2022. 1. 11.>

⑥ 제1항에 따라 하도급대금 조정을 신청한 수급사업자가 제2항에 따른 조정협의를 신청한 경우 제1항에 따른 신청은 철회된 것으로 보며, 제3항 본문에 따라 하도급대금 조정을 신청한 조합이 제4항에 따른 조정협의를 신청한 경우 제3항 본문에 따른 신청은 철회된 것으로 본다. <신설 2022. 1. 11.>

⑦ 제1항, 제3항 본문 또는 제5항에 따른 조정협의가 완료된 경우 수급사업자, 조합 또는 중앙회는 사정변경이 없는 한 동일한 사유를 들어 제1항부터 제5항까지의 규정에 따른 조정 신청을 다시 할 수 없다. <개정 2013. 5. 28., 2022. 1. 11.>

⑧ 제2항 또는 제4항에 따른 신청을 받은 조합 또는 중앙회는 납품 중단을 결의하는 등 부당하게 경쟁을 제한하거나 부당하게 사업자의 사업내용 또는 활동을 제한하는 행위를 하여서는 아니 된다 <개정 2013. 5. 28., 2022. 1. 11.>

⑨ 제2항 본문 및 제3항 본문에 따른 수급사업자의 신청 및 조합의 협의 절차ㆍ방법, 제4항 및 제5항에 따른 조합의 신청 및 중앙회의 협의 절차ㆍ방법 등에 관하여 필요한 사항은 대통령령으로 정한다. <개정 2022. 1. 11.>

⑩ 원사업자는 제1항, 제3항 본문 또는 제5항에 따른 신청이 있은 날부터 10일 안에 조정을 신청한 수급사업자, 조합 또는 중앙회와 하도급대금 조정을 위한 협의를 개시하여야 하며, 정당한 사유 없이 협의를 거부하거나 게을리하여서는 아니 된다. <신설 2013. 5. 28., 2022. 1. 11.>

⑪ 원사업자 또는 수급사업자(제3항 본문 또는 제5항에 따른 조정협의의 경우 조합 또는 중앙회를 포함한다. 이하 이 항에서 같다)는 다음 각 호의 어느 하나에 해당하는 경우 제24조에 따른 하도급분쟁조정협의회에 조정을 신청할 수 있다. 다만, 조합 또는 중앙회는 중앙회에 설치된 하도급분쟁조정협의회에 조정을 신청할 수 없다. <신설 2013. 5. 28., 2022. 1. 11.>

1. 제1항, 제3항 본문 또는 제5항에 따른 신청이 있은 날부터 10일이 지난 후에도 원사업자가 하도급대금의 조정을 위한 협의를 개시하지 아니한 경우
2. 제1항, 제3항 본문 또는 제5항에 따른 신청이 있은 날부터 30일 안에 하도급대금의 조정에 관한 합의에 도달하지 아니한 경우
3. 제1항, 제3항 본문 또는 제5항에 따른 신청으로 인한 협의개시 후 원사업자 또는 수급사업자가 협의 중단의 의사를 밝힌 경우 등 대통령령으로 정하는 사유로 합의에 도달하지 못할 것이 명백히 예상되는 경우

[본조신설 2009. 4. 1.]

[제목개정 2018. 1. 16., 2019. 11. 26.]

제17조(부당한 대물변제의 금지) ①원사업자는 하도급대금을 물품으로 지급하여서는 아니 된다. 다만, 다음 각 호의 어느 하나에 해당하는 사유가 있는 경우에는 그러하지 아니하다. <개정 2013. 8. 13., 2017. 4. 18.>

1. 원사업자가 발행한 어음 또는 수표가 부도로 되거나 은행과의 당좌거래가 정지 또는 금지된 경우
2. 원사업자에 대한 「채무자 회생 및 파산에 관한 법률」에 따른 파산신청, 회생절차개시 또는 간이회생절차개시의 신청이 있은 경우
3. 그 밖에 원사업자가 하도급대금을 물품으로 지급할 수밖에 없다고 인정되는 대통령령으로 정하는 사유가 발생하고, 수급사업자의 요청이 있는 경우

② 원사업자는 제1항 단서에 따른 대물변제를 하기 전에 소유권, 담보제공 등 물품의 권리ㆍ의무 관계를 확인할 수 있는 자료를 수급사업자에게 제시하여야 한다. <신설 2013. 8. 13., 2017. 4. 18.>

③ 물품의 종류에 따라 제시하여야 할 자료, 자료제시의 방법 및 절차 등 그 밖에 필요한 사항은 대통령령으로 정한다. <신설 2013. 8. 13.>

[전문개정 2009. 4. 1.]

제18조(부당한 경영간섭의 금지) ① 원사업자는 하도급거래량을 조절하는 방법 등을 이용하여 수급사업자의 경영에 간섭하여서는 아니 된다. <개정 2018. 1. 16.>

② 다음 각 호의 어느 하나에 해당하는 원사업자의 행위는 부당한 경영간섭으로 본다. <신설 2018. 1. 16.>

1. 정당한 사유 없이 수급사업자가 기술자료를 해외에 수출하는 행위를 제한하거나 기술자료의 수출을 이유로 거래를 제한하는 행위
2. 정당한 사유 없이 수급사업자로 하여금 자기 또는 자기가 지정하는 사업자와 거래하도록 구속하는 행위
3. 정당한 사유 없이 수급사업자에게 원가자료 등 공정거래위원회가 고시하는 경영상의 정보를 요구하는 행위

[전문개정 2009. 4. 1.]

제19조(보복조치의 금지) 원사업자는 수급사업자, 조합 또는 중앙회가 다음 각 호의 어느 하나에 해당하는 행위를 한 것을 이유로 그 수급사업자에 대하여 수주기회(受注機會)를 제한하거나 거래의 정지, 그 밖에 불이익을 주는 행위를 하여서는 아니 된다. <개정 2011. 3. 29., 2013. 5. 28., 2015. 7. 24., 2018. 1. 16., 2022. 1. 11.>

1. 원사업자가 이 법을 위반하였음을 관계 기관 등에 신고한 행위
2. 제16조의2제1항부터 제5항까지의 규정에 따른 신청 또는 같은 조 제11항의 하도급분쟁조정협의회에 대한 조정신청

2의2. 관계 기관의 조사에 협조한 행위

3. 제22조의2제2항에 따라 하도급거래 서면실태조사를 위하여 공정거래위원회가 요구한 자료를 제출한 행위

[전문개정 2009. 4. 1.]

제20조(탈법행위의 금지) ① 원사업자는 하도급거래(제13조제11항이 적용되는 거래를 포함한다)와 관련하여 우회적인 방법에 의하여 실질적으로 이 법의 적용을 피하려는 행위를 하여서는 아니 된다. <개정 2015. 7. 24., 2023. 7. 18.>

② 원사업자가 하도급대금 연동과 관련하여 거래상 지위를 남용하거나 거짓 또는 그 밖의 부정한 방법으로 제3조의 적용을 피하려는 행위에 대해서는 제1항에도 불구하고 제3조제5항을 우선 적용한다. <신설 2023. 7. 18.>

[전문개정 2009. 4. 1.]

제21조(수급사업자의 준수 사항) ① 수급사업자는 원사업자로부터 제조등의 위탁을 받은 경우에는 그 위탁의 내용을 신의(信義)에 따라 성실하게 이행하여야 한다.

② 수급사업자는 원사업자가 이 법을 위반하는 행위를 하는 데에 협조하여서는 아니 된다.

③ 수급사업자는 이 법에 따른 신고를 한 경우에는 증거서류 등을 공정거래위원회에 지체 없이 제출하여야 한다.

[전문개정 2009. 4. 1.]

제22조(위반행위의 신고 등) ① 누구든지 이 법에 위반되는 사실이 있다고 인정할 때에는 그 사실을 공정거래위원회에 신고할 수 있다. 이 경우 공정거래위원회는 대통령령으로 정하는 바에 따라 신고자가 동의한 경우에는 원사업자에게 신고가 접수된 사실을 통지하여야 한다. <개정 2016. 3. 29.>

② 공정거래위원회는 제1항 전단에 따른 신고가 있거나 이 법에 위반되는 사실이 있다고 인정할 때에는 필요한 조사를 할 수 있다. <개정 2016. 3. 29.>

③ 제1항 후단에 따라 공정거래위원회가 원사업자에게 통지한 때에는 「민법」 제174조에 따른 최고(催告)가 있은 것으로 본다. 다만, 신고된 사실이 이 법의 적용대상이 아니거나 제23조제1항 본문에 따른 조사대상 거래의 제한 기한을 경과하여 공정거래위원회가 심의절차를 진행하지 아니하기로 한 경우, 신고된 사실에 대하여 공정거래위원회가 무혐의로 조치한 경우 또는 신고인이 신고를 취하한 경우에는 그러하지 아니하다. <개정 2016. 3. 29.>

④ 공정거래위원회는 다음 각 호의 구분에 따른 기간이 경과한 경우에는 이 법 위반행위에 대하여 제25조제1항에 따른 시정조치를 명하거나 제25조의3에 따른 과징금을 부과하지 아니한다. 다만, 법원의 판결에 따라 시정조치 또는 과징금 부과처분이 취소된 경우로서 그 판결이유에 따라 새로운 처분을 하는 경우에는 그러하지 아니하다. <신설 2015. 7. 24., 2016. 3. 29.>

1. 공정거래위원회가 이 법 위반행위에 대하여 제1항 전단에 따른 신고를 받고 제2항에 따라 조사를 개시한 경우: 신고일부터 3년
2. 제1호 외의 경우로서 공정거래위원회가 이 법 위반행위에 대하여제2항에 따라 조사를 개시한 경우: 조사개시일부터 3년

⑤ 공정거래위원회는 제4조, 제8조제1항, 제10조, 제11조제1항ㆍ제2항 또는 제12조의3제4항을 위반한 행위를 신고하거나 제보하고 그 위반행위를 입증할 수 있는 증거자료를 제출한 자에게 예산의 범위에서 포상금을 지급할 수 있다. <신설 2015. 7. 24., 2021. 8. 17.>

⑥ 제5항에 따른 포상금 지급대상자의 범위 및 포상금 지급의 기준ㆍ절차 등에 필요한 사항은 대통령령으로 정한다. <신설 2015. 7. 24.>

⑦ 공정거래위원회는 제5항에 따라 포상금을 지급한 후 다음 각 호의 어느 하나에 해당하는 사실이 발견된 경우에는 해당 포상금을 지급받은 자에게 반환할 금액을 통지하여야 하고, 해당 포상금을 지급받은 자는 그 통지를 받은 날부터 30일 이내에 이를 납부하여야 한다. <신설 2015. 7. 24.>

1. 위법 또는 부당한 방법의 증거수집, 거짓신고, 거짓진술, 증거위조 등 부정한 방법으로 포상금을 지급받은 경우
2. 동일한 원인으로 다른 법령에 따라 포상금 등을 지급받은 경우
3. 그 밖에 착오 등의 사유로 포상금이 잘못 지급된 경우

⑧ 공정거래위원회는 제7항에 따라 포상금을 반환하여야 할 자가 납부 기한까지 그 금액을 납부하지 아니한 때에는 국세 체납처분의 예에 따라 징수할 수 있다. <신설 2015. 7. 24.>

[전문개정 2009. 4. 1.]

제22조의2(하도급거래 서면실태조사) ① 공정거래위원회는 공정한 하도급거래질서 확립을 위하여 하도급거래에 관한 서면실태조사를 실시하여 그 조사결과를 공표하여야 한다. <개정 2011. 3. 29.>

② 공정거래위원회는 제1항에 따른 서면실태조사를 실시하려는 경우에는 조사대상자의 범위, 조사기간, 조사내용, 조사방법 및 조사절차, 조사결과 공표범위 등에 관한 계획을 수립하여야 하고, 조사대상자에게 하도급거래 실태 등 조사에 필요한 자료의 제출을 요구할 수 있다. <개정 2011. 3. 29.>

③ 공정거래위원회는 제2항에 따라 자료의 제출을 요구하는 경우에는 조사대상자에게 자료의 범위와 내용, 요구사유, 제출기한 등을 명시하여 서면으로 통지하여야 한다.

④ 원사업자는 수급사업자로 하여금 제2항에 따른 자료를 제출하지 아니하게 하거나 거짓 자료를 제출하도록 요구해서는 아니 된다. <신설 2018. 4. 17.>

[본조신설 2010. 1. 25.]

제23조(조사대상 거래의 제한) ①제22조제2항에 따라 공정거래위원회의 조사개시 대상이 되는 하도급거래(제13조제11항이 적용되는 거래를 포함한다. 이하 이 조에서 같다)는 그 거래가 끝난 날부터 3년(제12조의3을 위반하는 경우에는 그 거래가 끝난 날부터 7년으로 한다. 이하 이 조에서 같다)이 지나지 아니한 것으로 한정한다. 다만, 거래가 끝난 날부터 3년 이내에 제22조제1항 전단에 따라 신고되거나 제24조의4제1항제1호 또는 제2호의 분쟁당사자가 분쟁조정을 신청한 하도급거래의 경우에는 거래가 끝난 날부터 3년이 지난 경우에도 조사를 개시할 수 있다. <개정 2010. 1. 25., 2015. 7. 24., 2018. 1. 16., 2018. 4. 17.>

② 제1항에서 "거래가 끝난 날"이란 제조위탁ㆍ수리위탁 및 용역위탁 중 지식ㆍ정보성과물의 작성위탁의 경우에는 수급사업자가 원사업자에게 위탁받은 목적물을 납품 또는 인도한 날을, 용역위탁 중 역무의 공급위탁의 경우에는 원사업자가 수급사업자에게 위탁한 역무공급을 완료한 날을 말하며, 건설위탁의 경우에는 원사업자가 수급사업자에게 건설위탁한 공사가 완공된 날을 말한다. 다만, 하도급계약이 중도에 해지되거나 하도급거래가 중지된 경우에는 해지 또는 중지된 날을 말한다. <신설 2010. 1. 25.>

[전문개정 2009. 4. 1.]

제24조(하도급분쟁조정협의회의 설치 및 구성 등) ① 「독점규제 및 공정거래에 관한 법률」 제72조에 따른 한국공정거래조정원(이하 "조정원"이라 한다)은 하도급분쟁조정협의회(이하 "협의회"라 한다)를 설치하여야 한다. <개정 2011. 3. 29., 2015. 7. 24., 2020. 12. 29.>

② 사업자단체는 공정거래위원회의 승인을 받아 협의회를 설치할 수 있다. <신설 2015. 7. 24.>

③ 조정원에 설치하는 협의회(이하 "조정원 협의회"라 한다)는 위원장 1명을 포함하여 9명 이내의 위원으로 구성하되 공익을 대표하는 위원, 원사업자를 대표하는 위원과 수급사업자를 대표하는 위원이 각각 같은 수가 되도록 하고, 조정원 협의회의 위원장은 상임으로 한다. <개정 2015. 7. 24., 2023. 8. 8.>

④ 사업자단체에 설치하는 협의회의 위원의 수는 공정거래위원회의 승인을 받아 해당 협의회가 정한다. <신설 2023. 8. 8.>

⑤ 조정원 협의회의 위원장은 공익을 대표하는 위원 중에서 공정거래위원회 위원장이 위촉하고, 사업자단체에 설치하는 협의회의 위원장은 위원 중에서 협의회가 선출한다. 협의회의 위원장은 해당 협의회를 대표한다. <개정 2015. 7. 24., 2023. 8. 8.>

⑥ 조정원 협의회의 위원의 임기는 3년으로 하고, 사업자단체에 설치하는 협의회의 위원의 임기는 공정거래위원회의 승인을 받아 해당 협의회가 정한다. <개정 2015. 7. 24., 2023. 8. 8.>

⑦ 조정원 협의회의 위원은 다음 각 호의 어느 하나에 해당하는 사람 중에서 조정원의 장의 제청으로 공정거래위원회 위원장이 임명하거나 위촉한다. <신설 2011. 3. 29., 2015. 7. 24., 2023. 8. 8.>

1. 대학에서 법률학ㆍ경제학 또는 경영학을 전공한 사람으로서 「고등교육법」 제2조제1호ㆍ제2호 또는 제5호에 따른 학교나 공인된 연구기관에서 부교수 이상의 직 또는 이에 상당하는 직에 있거나 있었던 사람
2. 판사ㆍ검사 직에 있거나 있었던 사람 또는 변호사의 자격이 있는 사람
3. 독점금지 및 공정거래 업무에 관한 경험이 있는 4급 이상 공무원(고위공무원단에 속하는 일반직 공무원을 포함한다)의 직에 있거나 있었던 사람
4. 하도급거래 및 분쟁조정에 관한 학식과 경험이 풍부한 사람

⑧ 사업자단체에 설치하는 협의회의 위원은 협의회를 설치한 각 사업자단체의 장이 위촉하되 미리 공정거래위원회에 보고하여야 한다. 다만, 사업자단체가 공동으로 협의회를 설치하려는 경우에는 해당 사업자단체의 장들이 공동으로 위촉한다. <개정 2011. 3. 29., 2015. 7. 24., 2023. 8. 8.>

⑨ 공익을 대표하는 위원은 하도급거래에 관한 학식과 경험이 풍부한 사람 중에서 위촉하되 분쟁조정의 대상이 되는 업종에 속하는 사업을 영위하는 사람이나 해당 업종에 속하는 사업체의 임직원은 공익을 대표하는 위원이 될 수 없다. <개정 2011. 3. 29., 2015. 7. 24., 2023. 8. 8.>

⑩ 공정거래위원회 위원장은 공익을 대표하는 위원으로 위촉받은 자가 분쟁조정의 대상이 되는 업종에 속하는 사업을 영위하는 사람이나 해당 업종에 속하는 사업체의 임직원으로 된 때에는 즉시 해촉하여야 한다. <개정 2011. 3. 29., 2015. 7. 24., 2023. 8. 8.>

⑪ 국가는 협의회의 운영에 필요한 경비의 전부 또는 일부를 예산의 범위에서 보조할 수 있다. <신설 2014. 5. 28., 2015. 7. 24., 2023. 8. 8.>

⑫ 조정원 협의회의 위원장은 그 직무 외에 영리를 목적으로 하는 업무에 종사하지 못한다. <신설 2024. 2. 6.>

⑬ 제12항에 따른 영리를 목적으로 하는 업무의 범위에 관하여는 「공공기관의 운영에 관한 법률」 제37조제3항을 준용한다. <신설 2024. 2. 6.>

⑭ 조정원 협의회의 위원장은 제13항에 따른 영리를 목적으로 하는 업무에 해당하는지에 대한 공정거래위원회 위원장의 심사를 거쳐 비영리 목적의 업무를 겸할 수 있다. <신설 2024. 2. 6.>

[전문개정 2010. 1. 25.]

[제목개정 2014. 5. 28.]

제24조의2(위원의 제척 · 기피 · 회피) ① 위원은 다음 각 호의 어느 하나에 해당하는 경우에는 해당 조정사항의 조정에서 제척된다.

1. 위원 또는 그 배우자나 배우자이었던 자가 해당 조정사항의 분쟁당사자가 되거나 공동 권리자 또는 의무자의 관계에 있는 경우
2. 위원이 해당 조정사항의 분쟁당사자와 친족관계에 있거나 있었던 경우
3. 위원 또는 위원이 속한 법인이 분쟁당사자의 법률 · 경영 등에 대하여 자문이나 고문의 역할을 하고 있는 경우
4. 위원 또는 위원이 속한 법인이 해당 조정사항에 대하여 분쟁당사자의 대리인으로 관여하거나 관여하였던 경우 및 증언 또는 감정을 한 경우

② 분쟁당사자는 위원에게 협의회의 조정에 공정을 기하기 어려운 사정이 있는 때에 협의회에 해당 위원에 대한 기피신청을 할 수 있다.

③ 위원이 제1항 또는 제2항의 사유에 해당하는 경우에는 스스로 해당 조정사항의 조정에서 회피할 수 있다.

[본조신설 2010. 1. 25.]

제24조의3(협의회의 회의) ① 협의회의 회의는 위원 전원으로 구성되는 회의(이하 "전체회의"라 한다)와 공익을 대표하는 위원, 원사업자를 대표하는 위원, 수급사업자를 대표하는 위원 각 1인으로 구성되는 회의(이하 "소회의"라 한다)로 구분한다. 다만, 사업자단체에 설치하는 협의회는 소회의를 구성하지 아니할 수 있다.

② 소회의는 전체회의로부터 위임받은 사항에 관하여 심의 · 의결한다.

③ 협의회의 전체회의는 위원장이 주재하며, 재적위원 과반수의 출석으로 개의하고, 출석위원 과반수의 찬성으로 의결한다.

④ 협의회의 소회의는 공익을 대표하는 위원이 주재하며, 구성위원 전원의 출석과 출석위원 전원의 찬성으로 의결한다. 이 경우 소회의의 의결은 협의회의 의결로 보되, 회의의 결과를 전체회의에 보고하여야 한다.

⑤ 위원장이 사고로 직무를 수행할 수 없을 때에는 공익을 대표하는 위원 중에서 공정거래위원회 위원장이 지명하는 위원이 그 직무를 대행한다.

[전문개정 2016. 3. 29.]

제24조의4(분쟁조정의 신청 등) ① 다음 각 호의 어느 하나에 해당하는 분쟁당사자는 원사업자와 수급사업자 간의 하도급거래의 분쟁에 대하여 협의회에 조정을 신청할 수 있다. 이 경우 분쟁당사자가 각각 다른 협의회에 분쟁조정을 신청한 때에는 수급사업자, 조합 또는 중앙회가 분쟁조정을 신청한 협의회가 이를 담당한다. <개정 2022. 1. 11.>

1. 원사업자
2. 수급사업자
3. 제16조의2제11항에 따라 협의회에 조정을 신청한 조합 또는 중앙회

② 공정거래위원회는 원사업자와 수급사업자 간의 하도급거래의 분쟁에 대하여 협의회에 그 조정을 의뢰할 수 있다.

③ 협의회는 제1항에 따라 분쟁당사자로부터 분쟁조정을 신청받은 때에는 지체 없이 그 내용을 공정거래위원회에 보고하여야 한다.

④ 제1항에 따른 분쟁조정의 신청은 시효중단의 효력이 있다. 다만, 신청이 취하되거나 제24조의5제3항에 따라 각하된 경우에는 그러하지 아니하다.

⑤ 제4항 본문에 따라 중단된 시효는 다음 각 호의 어느 하나에 해당하는 때부터 새로 진행한다.

1. 분쟁조정이 성립되어 조정조서를 작성한 때
2. 분쟁조정이 성립되지 아니하고 조정절차가 종료된 때

⑥ 제4항 단서의 경우에 6개월 내에 재판상의 청구, 파산절차참가, 압류 또는 가압류, 가처분을 한 때에는 시효는 최초의 분쟁조정의 신청으로 인하여 중단된 것으로 본다.

[전문개정 2018. 1. 16.]

제24조의5(조정 등) ① 협의회는 분쟁당사자에게 분쟁조정사항에 대하여 스스로 합의하도록 권고하거나 조정안을 작성하여 제시할 수 있다.

② 협의회는 해당 분쟁조정사항에 관한 사실을 확인하기 위하여 필요한 경우 조사를 하거나 분쟁당사자에게 관련 자료의 제출이나 출석을 요구할 수 있다.

③ 협의회는 다음 각 호의 어느 하나에 해당되는 경우에는 조정신청을 각하하여야 한다.

1. 조정신청의 내용과 직접적인 이해관계가 없는 자가 조정신청을 한 경우
2. 이 법의 적용대상이 아닌 사안에 관하여 조정신청을 한 경우
3. 조정신청이 있기 전에 공정거래위원회가 제22조제2항에 따라 조사를 개시한 사건에 대하여 조정신청을 한 경우

④ 협의회는 다음 각 호의 어느 하나에 해당되는 경우에는 조정절차를 종료하여야 한다. <개정 2022. 1. 11.>

1. 분쟁당사자가 협의회의 권고 또는 조정안을 수락하거나 스스로 조정하는 등 조정이 성립된 경우
2. 제24조의4제1항에 따른 조정의 신청을 받은 날 또는 같은 조 제2항에 따른 의뢰를 받은 날부터 60일(분쟁당사자 쌍방이 기간연장에 동의한 경우에는 90일)이 경과하여도 조정이 성립되지 아니한 경우
3. 분쟁당사자의 일방이 조정을 거부하는 등 조정절차를 진행할 실익이 없는 경우

⑤ 협의회는 조정신청을 각하하거나 조정절차를 종료한 경우에는 대통령령으로 정하는 바에 따라 공정거래위원회에 조정의 경위, 조정신청 각하 또는 조정절차 종료의 사유 등을 관계 서류와 함께 지체 없이 서면으로 보고하여야 하고, 분쟁당사자에게 그 사실을 통보하여야 한다.
⑥ 공정거래위원회는 분쟁조정사항에 관하여 조정절차가 종료될 때까지는 해당 분쟁의 당사자인 원사업자에게 제25조제1항에 따른 시정조치를 명하거나 제25조의5제1항에 따른 시정권고를 해서는 아니 된다. 다만, 공정거래위원회가 제22조제2항에 따라 조사 중인 사건에 대해서는 그러하지 아니하다.
[본조신설 2018. 1. 16.]
[종전 제24조의5는 제24조의6으로 이동 <2018. 1. 16.>]

제24조의6(조정조서의 작성과 그 효력) ① 협의회는 조정사항에 대하여 조정이 성립된 경우 조정에 참가한 위원과 분쟁당사자가 서명 또는 기명날인한 조정조서를 작성한다. <개정 2018. 1. 16.>
② 협의회는 분쟁당사자가 조정절차를 개시하기 전에 조정사항을 스스로 조정하고 조정조서의 작성을 요구하는 경우에는 그 조정조서를 작성하여야 한다. <개정 2018. 1. 16.>
③ 분쟁당사자는 제1항 또는 제2항에 따라 작성된 조정조서의 내용을 이행하여야 하고, 이행결과를 공정거래위원회에 제출하여야 한다. <신설 2016. 3. 29., 2018. 1. 16.>
④ 공정거래위원회는 제1항 또는 제2항에 따라 조정조서가 작성되고, 분쟁당사자가 조정조서에 기재된 사항을 이행한 경우에는 제25조제1항에 따른 시정조치 및 제25조의5제1항에 따른 시정권고를 하지 아니한다. <신설 2016. 3. 29., 2018. 1. 16.>
⑤ 제1항 또는 제2항에 따라 조정조서가 작성된 경우 조정조서는 재판상 화해와 동일한 효력을 갖는다. <신설 2018. 1. 16.>
[본조신설 2010. 1. 25.]
[제24조의5에서 이동, 종전 제24조의6은 제24조의7로 이동 <2018. 1. 16.>]

제24조의7(협의회의 운영세칙) 이 법에서 규정한 사항 외에 협의회의 운영과 조직에 관하여 필요한 사항은 공정거래위원회의 승인을 받아 협의회가 정한다.
[본조신설 2010. 1. 25.]
[제24조의6에서 이동 <2018. 1. 16.>]

제24조의8(소송과의 관계) ① 조정이 신청된 사건에 대하여 신청 전 또는 신청 후 소가 제기되어 소송이 진행 중일 때에는 수소법원(受訴法院)은 조정이 있을 때까지 소송절차를 중지할 수 있다.
② 협의회는 제1항에 따라 소송절차가 중지되지 아니하는 경우에는 해당 사건의 조정절차를 중지하여야 한다.
③ 협의회는 조정이 신청된 사건과 동일한 원인으로 다수인이 관련되는 동종·유사 사건에 대한 소송이 진행 중인 경우에는 협의회의 결정으로 조정절차를 중지할 수 있다.
[본조신설 2022. 1. 11.]

제24조의9(동의의결) ① 공정거래위원회의 조사나 심의를 받고 있는 원사업자 등(이하 이 조에서 "신청인"이라 한다)은 해당 조사나 심의의 대상이 되는 행위(이하 이 조에서 "해당 행위"라 한다)로 인한 불공정한 거래내용 등의 자발적 해결, 수급사업자의 피해구제 및 거래질서의 개선 등을 위하여 제3항에 따른 동의의결을 하여 줄 것을 공정거래위원회에 신청할 수 있다. 다만, 해당 행위가 다음 각 호의 어느 하나에 해당하는 경우 공정거래위원회는 동의의결을 하지 아니하고 이 법에 따른 심의 절차를 진행하여야 한다.
1. 제32조제2항에 따른 고발요건에 해당하는 경우
2. 동의의결이 있기 전 신청인이 신청을 취소하는 경우

② 신청인이 제1항에 따른 신청을 하는 경우 다음 각 호의 사항을 기재한 서면으로 하여야 한다.

1. 해당 행위를 특정할 수 있는 사실관계
2. 해당 행위의 중지, 원상회복 등 경쟁질서의 회복이나 하도급거래질서의 적극적 개선을 위하여 필요한 시정방안
3. 그 밖에 수급사업자, 다른 사업자 등의 피해를 구제하거나 예방하기 위하여 필요한 시정방안

③ 공정거래위원회는 해당 행위의 사실관계에 대한 조사를 마친 후 제2항제2호 및 제3호에 따른 시정방안(이하 "시정방안"이라 한다)이 다음 각 호의 요건을 모두 충족한다고 판단되는 경우에는 해당 행위 관련 심의 절차를 중단하고 시정방안과 같은 취지의 의결(이하 "동의의결"이라 한다)을 할 수 있다. 이 경우 신청인과의 협의를 거쳐 시정방안을 수정할 수 있다.

1. 해당 행위가 이 법을 위반한 것으로 판단될 경우에 예상되는 시정조치 및 그 밖의 제재와 균형을 이룰 것
2. 공정하고 자유로운 경쟁질서나 하도급거래질서를 회복시키거나 수급사업자 등을 보호하기에 적절하다고 인정될 것

④ 공정거래위원회의 동의의결은 해당 행위가 이 법에 위반된다고 인정한 것을 의미하지 아니하며, 누구든지 신청인이 동의의결을 받은 사실을 들어 해당 행위가 이 법에 위반된다고 주장할 수 없다.

[본조신설 2022. 1. 11.]

제24조의10(동의의결의 절차 및 취소) 동의의결의 절차 및 취소에 관하여는 「독점규제 및 공정거래에 관한 법률」 제90조 및 제91조를 준용한다. 이 경우 같은 법 제90조제1항 중 "소비자"는 "수급사업자"로, 같은 조 제3항 단서 중 "제124조부터 제127조까지의 규정"은 "이 법 제29조 및 제30조"로 본다.

[본조신설 2022. 1. 11.]

제24조의11(이행강제금) ① 공정거래위원회는 정당한 이유 없이 동의의결 시 정한 이행기한까지 동의의결을 이행하지 아니한 자에게 동의의결이 이행되거나 취소되기 전까지 이행기한이 지난 날부터 1일당 200만원 이하의 이행강제금을 부과할 수 있다.

② 이행강제금의 부과·납부·징수 및 환급 등에 관하여는 「독점규제 및 공정거래에 관한 법률」 제16조제2항부터 제4항까지를 준용한다. <개정 2025. 1. 21.>

[본조신설 2022. 1. 11.]

제25조(시정조치) ① 공정거래위원회는 제3조제1항부터 제7항까지 및 제12항, 제3조의4, 제3조의5, 제4조부터 제12조까지, 제12조의2, 제12조의3, 제13조, 제13조의2, 제13조의3, 제14조부터 제16조까지, 제16조의2제10항 및 제17조부터 제20조까지의 규정을 위반한 발주자와 원사업자에 대하여 하도급대금 등의 지급, 공시의무의 이행 또는 공시내용의 정정, 법 위반행위의 중지, 특약의 삭제나 수정, 향후 재발방지, 그 밖에 시정에 필요한 조치를 명할 수 있다. <개정 2010. 1. 25., 2011. 3. 29., 2013. 5. 28., 2013. 8. 13., 2016. 3. 29., 2022. 1. 11., 2023. 7. 18.>

② 삭제 <2016. 3. 29.>

③ 공정거래위원회는 제1항에 따라 시정조치를 한 경우에는 시정조치를 받은 원사업자에 대하여 시정조치를 받았다는 사실을 공표할 것을 명할 수 있다. <개정 2016. 3. 29.>

[전문개정 2009. 4. 1.]

제25조의2(공탁) 제25조제1항에 따른 시정명령을 받거나 제25조의5제1항에 따른 시정권고를 수락한 발주자와 원사업자는 수급사업자가 변제를 받지 아니하거나 변제를 받을 수 없는 경우에는 수급사업자를 위하여 변제의 목적물을 공탁(供託)하여 그 시정조치 또는 시정권고의 이행 의무를 면할 수 있다. 발주자와 원사업자가 과실이 없이 수급사업자를 알 수 없는 경우에도 또한 같다. <개정 2016. 3. 29.>

[전문개정 2009. 4. 1.]

제25조의3(과징금) ① 공정거래위원회는 다음 각 호의 어느 하나에 해당하는 발주자·원사업자 또는 수급사업자에 대하여 수급사업자에게 제조등의 위탁을 한 하도급대금이나 발주자·원사업자로부터 제조등의 위탁을 받은 하도급대금의 2배를 초과하지 아니하는 범위에서 과징금을 부과할 수 있다. <개정 2010. 1. 25., 2011. 3. 29., 2013. 5. 28., 2013. 8. 13., 2019. 4. 30., 2022. 1. 11., 2023. 7. 18., 2025. 4. 1.>

1. 제3조제1항, 제2항(제3호는 제외한다), 제6항, 제7항을 위반한 원사업자
2. 제3조제12항을 위반하여 서류를 보존하지 아니한 원사업자 또는 하도급거래에 관한 서류를 거짓으로 작성·발급한 원사업자나 수급사업자
3. 제3조의4, 제4조부터 제12조까지, 제12조의2, 제12조의3, 제13조 및 제13조의2를 위반한 원사업자
4. 제14조제1항 및 제3항을 위반한 발주자
5. 제14조제5항을 위반한 원사업자
6. 제15조, 제16조, 제16조의2제10항 및 제17조부터 제20조까지의 규정을 위반한 원사업자

② 공정거래위원회는 대통령령으로 정하는 금액을 초과하는 과징금을 부과받은 자가 다음 각 호의 어느 하나에 해당하는 사유로 과징금의 전액을 일시에 납부하기 어렵다고 인정되면 그 납부기한을 연기하거나 분할하여 납부하게 할 수 있다. 이 경우 필요하다고 인정되면 담보를 제공하게 할 수 있다. <신설 2022. 1. 11.>

1. 재해 또는 도난 등으로 재산에 현저한 손실을 입은 경우
2. 사업여건의 악화로 사업이 중대한 위기에 처한 경우
3. 과징금의 일시납부에 따라 자금사정에 현저한 어려움이 예상되는 경우
4. 그 밖에 제1호부터 제3호까지의 규정에 준하는 사유가 있는 경우

③ 공정거래위원회는 제2항에 따라 과징금 납부기한을 연기하거나 분할납부하게 하려는 경우에는 다음 각 호의 사항에 관하여 대통령령으로 정하는 사항을 고려하여야 한다. <신설 2022. 1. 11.>

1. 당기순손실
2. 부채비율
3. 그 밖에 재무상태를 확인하기 위하여 필요한 사항

④ 제1항의 과징금에 관하여는 「독점규제 및 공정거래에 관한 법률」 제102조, 제103조(제1항은 제외한다) 및 제104조부터 제107조까지의 규정을 준용한다. <개정 2020. 12. 29., 2022. 1. 11.>

[전문개정 2009. 4. 1.]

제25조의4(상습법위반사업자 명단공표) ① 공정거래위원회 위원장은 제27조제3항에 따라 준용되는 「독점규제 및 공정거래에 관한 법률」 제119조에도 불구하고 직전연도부터 과거 3년간 이 법 위반을 이유로 공정거래위원회로부터 경고, 제25조제1항에 따른 시정조치 또는 제25조의5제1항에 따른 시정권고를 3회 이상 받은 사업자 중 제26조제2항에 따른 벌점이 대통령령으로 정하는 기준을 초과하는 사업자(이하 이 조에서 "상습법위반사업자"라 한다)의 명단을 공표하여야 한다. 다만, 이의신청 등 불복절차가 진행 중인 조치는 제외한다. <개정 2016. 3. 29., 2020. 12. 29.>

② 공정거래위원회 위원장은 제1항 단서의 불복절차가 종료된 경우, 다음 각 호에 모두 해당하는 자의 명단을 추가로 공개하여야 한다.

1. 경고 또는 시정조치가 취소되지 아니한 자
2. 경고 또는 시정조치에 불복하지 아니하였으면 상습법위반사업자에 해당하는 자

③ 제1항 및 제2항에 따른 상습법위반사업자 명단의 공표 여부를 심의하기 위하여 공정거래위원회에 공무원인 위원과 공무원이 아닌 위원으로 구성되는 상습법위반사업자명단공표심의위원회(이하 이 조에서 "심의위원회"라 한다)를 둔다. <개정 2018. 1. 16.>

④ 공정거래위원회는 심의위원회의 심의를 거친 공표대상 사업자에게 명단공표대상자임을 통지하여 소명기회를 부여하여야 하며, 통지일부터 1개월이 지난 후 심의위원회로 하여금 명단공표 여부를 재심의하게 하여 공표대상자를 선정한다.

⑤ 제1항 및 제2항에 따른 공표는 관보 또는 공정거래위원회 인터넷 홈페이지에 게시하는 방법에 의한다.

⑥ 심의위원회의 구성, 그 밖에 상습법위반사업자 명단공표와 관련하여 필요한 사항은 대통령령으로 정한다. <개정 2018. 1. 16.>

[본조신설 2010. 1. 25.]

제25조의5(시정권고) ① 공정거래위원회는 이 법을 위반한 발주자와 원사업자에 대하여 시정방안을 정하여 이에 따를 것을 권고할 수 있다. 이 경우 발주자와 원사업자가 해당 권고를 수락한 때에는 공정거래위원회가 시정조치를 한 것으로 본다는 뜻을 함께 알려야 한다.

② 제1항에 따른 권고를 받은 발주자와 원사업자는 그 권고를 통지받은 날부터 10일 이내에 그 수락 여부를 공정거래위원회에 알려야 한다.

③ 제1항에 따른 권고를 받은 발주자와 원사업자가 그 권고를 수락하였을 때에는 제25조제1항에 따른 시정조치를 받은 것으로 본다.

[본조신설 2016. 3. 29.]

제26조(관계 행정기관의 장의 협조) ① 공정거래위원회는 이 법을 시행하기 위하여 필요하다고 인정할 때에는 관계 행정기관의 장의 의견을 듣거나 관계 행정기관의 장에게 조사를 위한 인원의 지원이나 그 밖에 필요한 협조를 요청할 수 있다.

② 공정거래위원회는 제3조제1항부터 제7항까지 및 제12항, 제3조의4, 제4조부터 제12조까지, 제12조의2, 제12조의3, 제13조, 제13조의2, 제14조부터 제16조까지, 제16조의2제10항 및 제17조부터 제20조까지의 규정을 위반한 원사업자 또는 수급사업자에 대하여 그 위반 및 피해의 정도를 고려하여 대통령령으로 정하는 벌점을 부과하고, 그 벌점이 대통령령으로 정하는 기준을 초과하는 경우에는 관계 행정기관의 장에게 입찰참가자격의 제한, 「건설산업기본법」 제82조제1항제7호에 따른 영업정지, 그 밖에 하도급거래의 공정화를 위하여 필요한 조치를 취할 것을 요청하여야 한다. <개정 2010. 1. 25., 2011. 3. 29., 2011. 5. 24., 2013. 5. 28., 2013. 8. 13., 2022. 1. 11., 2023. 7. 18.>

[전문개정 2009. 4. 1.]

제27조(「독점규제 및 공정거래에 관한 법률」의 준용) ① 이 법에 따른 공정거래위원회의 심의·의결에 관하여는 「독점규제 및 공정거래에 관한 법률」 제64조부터 제68조까지 및 제93조를 준용하고, 이 법에 따른 공정거래위원회의 처분에 대한 이의신청, 소송의 제기 및 불복의 소송의 전속관할에 관하여는 같은 법 제96조부터 제98조까지, 제98조의2, 제98조의3 및 제99조부터 제101조까지를 준용한다. <개정 2020. 12. 29., 2024. 2. 6.>

② 이 법을 시행하기 위하여 필요한 공정거래위원회의 조사, 의견청취 등에 관하여는 「독점규제 및 공정거래에 관한 법률」 제81조, 제84조 및 제98조을 준용한다. <개정 2016. 3. 29., 2020. 12. 29.>

③ 다음 각 호의 자에 대하여는 「독점규제 및 공정거래에 관한 법률」 제119조를 준용한다. <개정 2020. 12. 29.>

1. 이 법에 따른 직무에 종사하거나 종사하였던 공정거래위원회의 위원 또는 공무원
2. 협의회에서 하도급거래에 관한 분쟁의 조정 업무를 담당하거나 담당하였던 사람

[전문개정 2009. 4. 1.]

제28조(「독점규제 및 공정거래에 관한 법률」과의 관계) 하도급거래에 관하여 이 법의 적용을 받는 사항에 대하여는 「독점규제 및 공정거래에 관한 법률」 제45조제1항제6호를 적용하지 아니한다. <개정 2020. 12. 29.>

[전문개정 2009. 4. 1.]

제29조(벌칙) ① 다음 각 호의 어느 하나에 해당하는 자는 2년 이하의 징역 또는 2천만원 이하의 벌금에 처한다.

1. 국내외에서 정당한 사유 없이 제35조의3제1항에 따른 명령을 위반한 자
2. 제27조제3항에 따라 준용되는 「독점규제 및 공정거래에 관한 법률」 제119조를 위반한 자

② 제1항제1호의 죄는 제35조의3제1항에 따른 명령을 신청한 자의 고소가 없으면 공소를 제기할 수 없다.

[전문개정 2021. 8. 17.]

제30조(벌칙) ① 다음 각 호의 어느 하나에 해당하는 원사업자는 수급사업자에게 제조등의 위탁을 한 하도급대금의 2배에 상당하는 금액 이하의 벌금에 처한다. <개정 2010. 1. 25., 2011. 3. 29., 2013. 5. 28., 2013. 8. 13., 2014. 5. 28., 2016. 12. 20., 2022. 1. 11., 2023. 7. 18.>

1. 제3조제1항, 제2항(제3호는 제외한다), 제6항, 제7항 및 제12항, 제3조의4, 제4조부터 제12조까지, 제12조의2, 제12조의3 및 제13조를 위반한 자
2. 제13조의2제1항부터 제3항까지의 규정을 위반하여 공사대금 지급을 보증하지 아니한 자
3. 제15조, 제16조제1항 · 제3항 · 제4항 및 제17조를 위반한 자
4. 제16조의2제10항을 위반하여 정당한 사유 없이 협의를 거부한 자

② 다음 각 호 중 제1호에 해당하는 자는 3억원 이하, 제2호 및 제3호에 해당하는 자는 1억 5천만원 이하의 벌금에 처한다. <개정 2013. 5. 28.>

1. 제19조를 위반하여 불이익을 주는 행위를 한 자
2. 제18조 및 제20조를 위반한 자
3. 제25조에 따른 명령에 따르지 아니한 자

③ 제27조제2항에 따라 준용되는 「독점규제 및 공정거래에 관한 법률」 제81조제1항제2호에 따른 감정을 거짓으로 한 자는 3천만원 이하의 벌금에 처한다. <개정 2020. 12. 29.>

[전문개정 2009. 4. 1.]

제30조의2(과태료) ① 다음 각 호의 어느 하나에 해당하는 자에게는 사업자 또는 사업자단체의 경우 1억원 이하, 사업자 또는 사업자단체의 임원, 종업원과 그 밖의 이해관계인의 경우 1천만원 이하의 과태료를 부과한다. <개정 2010. 1. 25., 2020. 12. 29., 2022. 1. 11.>

1. 제13조의3에 따른 공시를 하지 아니하거나 주요 내용을 누락 또는 거짓으로 공시한 자
2. 제27조제2항에 따라 준용되는 「독점규제 및 공정거래에 관한 법률」 제81조제1항제1호에 따른 출석처분을 위반하여 정당한 사유 없이 출석하지 아니한 자

3. 제27조제2항에 따라 준용되는 「독점규제 및 공정거래에 관한 법률」 제81조제1항제3호 또는 같은 조 제6항에 따른 보고 또는 필요한 자료나 물건의 제출을 하지 아니하거나 거짓으로 보고 또는 자료나 물건을 제출한 자

② 제27조제2항에 따라 준용되는 「독점규제 및 공정거래에 관한 법률」 제81조제2항 및 제3항에 따른 조사를 거부·방해·기피한 자에게는 사업자 또는 사업자단체의 경우 2억원 이하, 사업자 또는 사업자단체의 임원, 종업원과 그 밖의 이해관계인의 경우 5천만원 이하의 과태료를 부과한다. <신설 2010. 1. 25., 2020. 12. 29.>

③ 제22조의2제4항을 위반하여 수급사업자로 하여금 자료를 제출하지 아니하게 하거나 거짓 자료를 제출하도록 요구한 원사업자에게는 5천만원 이하, 그 원사업자의 임원, 종업원과 그 밖의 이해관계인에게는 500만원 이하의 과태료를 부과한다. <신설 2018. 4. 17.>

④ 제3조제5항을 위반하여 거래상 지위를 남용하거나 거짓 또는 그 밖의 부정한 방법으로 같은 조의 적용을 피하려는 행위를 한 원사업자에게는 5천만원 이하의 과태료를 부과한다. <신설 2023. 7. 18.>

⑤ 다음 각 호의 어느 하나에 해당하는 자에게는 1천만원 이하의 과태료를 부과한다. <신설 2022. 1. 11., 2023. 7. 18.>

1. 제3조제2항제3호를 위반하여 하도급대금 연동에 관한 사항을 적지 아니한 사업자
2. 제3조의5를 위반하여 같은 조 각 호의 사항을 알리지 아니하거나 거짓으로 알린 사업자

⑥ 제22조의2제2항에 따른 자료를 제출하지 아니하거나 거짓으로 자료를 제출한 원사업자에게는 500만원 이하의 과태료를 부과한다. <신설 2010. 1. 25., 2018. 4. 17., 2022. 1. 11., 2023. 7. 18.>

⑦ 제27조제1항에 따라 준용되는 「독점규제 및 공정거래에 관한 법률」 제66조에 따른 질서유지의 명령을 따르지 아니한 자에게는 100만원 이하의 과태료를 부과한다. <개정 2010. 1. 25., 2018. 4. 17., 2020. 12. 29., 2022. 1. 11., 2023. 7. 18.>

⑧ 제1항부터 제7항까지의 규정에 따른 과태료는 대통령령으로 정하는 기준에 따라 공정거래위원회가 부과·징수한다. <개정 2010. 1. 25., 2017. 10. 31., 2018. 4. 17., 2022. 1. 11., 2023. 7. 18.>

[전문개정 2009. 4. 1.]

제31조(양벌규정) 법인의 대표자나 법인 또는 개인의 대리인, 사용인, 그 밖의 종업원이 그 법인 또는 개인의 업무에 관하여 제30조의 위반행위를 하면 그 행위자를 벌하는 외에 그 법인 또는 개인에게도 해당 조문의 벌금형을 과(科)한다. 다만, 법인 또는 개인이 그 위반행위를 방지하기 위하여 해당 업무에 관하여 상당한 주의와 감독을 게을리하지 아니한 경우에는 그러하지 아니하다.

[전문개정 2009. 4. 1.]

제32조(고발) ① 제30조의 죄는 공정거래위원회의 고발이 있어야 공소를 제기할 수 있다. <개정 2011. 3. 29.>

② 공정거래위원회는 제30조의 죄 중 위반정도가 객관적으로 명백하고 중대하여 하도급거래 질서를 현저히 저해한다고 인정하는 경우에는 검찰총장에게 고발하여야 한다. <신설 2011. 3. 29.>

③ 검찰총장은 제2항에 따른 고발요건에 해당하는 사실이 있음을 공정거래위원회에 통보하여 고발을 요청할 수 있다. <신설 2011. 3. 29.>

④ 공정거래위원회가 제2항에 따른 고발요건에 해당하지 아니한다고 결정하더라도 감사원장, 중소벤처기업부장관은 사회적 파급효과, 수급사업자에게 미친 피해 정도 등 다른 사정을 이유로 공정거래위원회에 고발을 요청할 수 있다. <신설 2013. 7. 16., 2017. 7. 26.>

⑤ 제3항 또는 제4항에 따른 고발요청이 있는 때에는 공정거래위원회 위원장은 검찰총장에게 고발하여야 한다. <신설 2013. 7. 16.>

⑥ 공정거래위원회는 공소가 제기된 후에는 고발을 취소할 수 없다. <신설 2011. 3. 29., 2013. 7. 16.>

[전문개정 2009. 4. 1.]

제33조(과실상계) 원사업자의 이 법 위반행위에 관하여 수급사업자에게 책임이 있는 경우에는 이 법에 따른 시정조치 · 고발 또는 벌칙 적용을 할 때 이를 고려할 수 있다.
[전문개정 2009. 4. 1.]

제34조(다른 법률과의 관계) 「대 · 중소기업 상생협력 촉진에 관한 법률」, 「전기공사업법」, 「건설산업기본법」, 「정보통신공사업법」이 이 법에 어긋나는 경우에는 이 법에 따른다.
[전문개정 2009. 4. 1.]

제34조의2(금지청구 등) ① 제3조의4, 제4조, 제5조, 제8조제1항, 제10조, 제11조제1항 및 제2항, 제12조, 제12조의2, 제12조의3제1항 및 제4항, 제17조제1항, 제18조, 제19조의 위반행위로 피해를 입거나 입을 우려가 있는 수급사업자는 그 위반행위를 하거나 할 우려가 있는 원사업자에 대하여 법원에 자신과 관련된 그 위반행위의 금지 또는 예방을 청구할 수 있다.
② 수급사업자가 제12조의3제1항 및 제4항의 위반행위를 하거나 할 우려가 있는 원사업자에 대하여 제1항에 따른 청구를 할 때에는 법원에 다음 각 호의 조치를 함께 청구할 수 있다.
1. 제12조의3제1항 및 제4항의 위반행위를 조성한 물건의 폐기
2. 제12조의3제1항 및 제4항의 위반행위에 제공된 설비의 제거
3. 그 밖에 제12조의3제1항 및 제4항의 위반행위의 금지 또는 예방을 위하여 필요한 조치
③ 제1항 및 제2항에 따른 금지 또는 예방 등을 청구하는 소에 관하여는 「독점규제 및 공정거래에 관한 법률」 제108조제2항 및 제3항을 준용한다.
[본조신설 2025. 9. 16.]

제35조(손해배상 책임) ① 원사업자가 이 법의 규정을 위반함으로써 손해를 입은 자가 있는 경우에는 그 자에게 발생한 손해에 대하여 배상책임을 진다. 다만, 원사업자가 고의 또는 과실이 없음을 입증한 경우에는 그러하지 아니하다. <개정 2013. 5. 28.>
② 원사업자가 제4조, 제8조제1항, 제10조, 제11조제1항 · 제2항, 제12조의3제4항 및 제19조를 위반함으로써 손해를 입은 자가 있는 경우에는 그 자에게 발생한 손해에 대하여 다음 각 호에서 정한 범위에서 배상책임을 진다. 다만, 원사업자가 고의 또는 과실이 없음을 입증한 경우에는 그러하지 아니하다. <개정 2013. 5. 28., 2018. 1. 16., 2021. 8. 17., 2024. 2. 27.>
1. 제4조, 제8조제1항, 제10조, 제11조제1항 · 제2항 및 제19조를 위반한 경우: 손해의 3배 이내
2. 제12조의3제4항을 위반한 경우: 손해의 5배 이내
③ 법원은 제2항의 배상액을 정할 때에는 다음 각 호의 사항을 고려하여야 한다. <신설 2013. 5. 28.>
1. 고의 또는 손해 발생의 우려를 인식한 정도
2. 위반행위로 인하여 수급사업자와 다른 사람이 입은 피해규모
3. 위법행위로 인하여 원사업자가 취득한 경제적 이익
4. 위반행위에 따른 벌금 및 과징금
5. 위반행위의 기간 · 횟수 등
6. 원사업자의 재산상태
7. 원사업자의 피해구제 노력의 정도
④ 제1항 또는 제2항에 따라 손해배상청구의 소가 제기된 경우 「독점규제 및 공정거래에 관한 법률」 제110조 및 제115조를 준용한다. <개정 2013. 5. 28., 2020. 12. 29.>
[본조신설 2011. 3. 29.]

제35조의2(자료의 제출) ① 법원은 이 법을 위반한 행위로 인한 손해배상청구소송에서 당사자의 신청에 따라 상대방 당사자에게 해당 손해의 증명 또는 손해액의 산정에 필요한 자료의 제출을 명할 수 있다. 다만, 제출명령을 받은 자가 그 자료의 제출을 거부할 정당한 이유가 있으면 그러하지 아니하다.

② 법원은 제1항에 따른 제출명령을 받은 자가 그 자료의 제출을 거부할 정당한 이유가 있다고 주장하는 경우에는 그 주장의 당부(當否)를 판단하기 위하여 자료의 제시를 명할 수 있다. 이 경우 법원은 그 자료를 다른 사람이 보게 하여서는 아니 된다.

③ 제1항에 따른 제출 대상이 되는 자료가 「부정경쟁방지 및 영업비밀보호에 관한 법률」 제2조제2호에 따른 영업비밀(이하 "영업비밀"이라 한다)에 해당하더라도 손해의 증명 또는 손해액의 산정에 반드시 필요한 경우에는 제1항 단서에 따른 정당한 이유가 있는 것으로 보지 아니한다. 이 경우 법원은 제출명령의 목적을 벗어나지 아니하는 범위에서 열람할 수 있는 범위 또는 열람할 수 있는 사람을 지정하여야 한다.

④ 법원은 제1항에 따른 제출명령을 받은 자가 정당한 이유 없이 그 명령에 따르지 아니한 경우 자료의 기재에 대한 신청인의 주장을 진실한 것으로 인정할 수 있다. 이 경우 신청인이 자료의 기재를 구체적으로 주장하기에 현저히 곤란한 사정이 있고 그 자료로 증명하려는 사실을 다른 증거로 증명하는 것을 기대하기도 어려운 때에는 신청인이 자료의 기재로 증명하려는 사실에 관한 주장을 진실한 것으로 인정할 수 있다.

[본조신설 2021. 8. 17.]

제35조의3(비밀유지명령) ① 법원은 이 법을 위반한 행위로 인한 손해배상청구소송에서 당사자의 신청에 따른 결정으로 다음 각 호의 자에게 그 당사자가 보유한 영업비밀을 해당 소송의 계속적인 수행 외의 목적으로 사용하거나 그 영업비밀에 관계된 명령으로서 이 항에 따른 명령을 받지 아니한 자에게 공개하지 아니할 것을 명할 수 있다. 다만, 그 신청 이전에 다음 각 호의 자가 준비서면의 열람이나 증거조사 외의 방법으로 그 영업비밀을 취득하고 있는 경우에는 그러하지 아니하다.

1. 다른 당사자(법인인 경우에는 그 대표자를 말한다)
2. 당사자를 위하여 해당 소송을 대리하는 자
3. 그 밖에 해당 소송으로 영업비밀을 알게 된 자

② 제1항에 따른 명령(이하 "비밀유지명령"이라 한다)을 신청하는 자는 다음 각 호의 사유를 모두 소명하여야 한다.

1. 다음 각 목의 어느 하나에 해당하는 자료에 영업비밀이 포함되어 있다는 점
   가. 이미 제출하였거나 제출하여야 할 준비서면
   나. 이미 조사하였거나 조사하여야 할 증거
   다. 제35조의2제1항에 따라 제출하였거나 제출하여야 할 자료
2. 제1호 각 목의 자료에 포함된 영업비밀이 해당 소송 수행 외의 목적으로 사용되거나 공개되면 당사자의 영업에 지장을 줄 우려가 있어 이를 방지하기 위하여 영업비밀의 사용이나 공개를 제한할 필요가 있다는 점

③ 비밀유지명령의 신청은 다음 각 호의 사항을 적은 서면으로 하여야 한다.

1. 비밀유지명령을 받을 자
2. 비밀유지명령의 대상이 될 영업비밀을 특정하기에 충분한 사실
3. 제2항 각 호의 사유에 해당하는 사실

④ 법원은 비밀유지명령이 결정된 경우에는 그 결정서를 비밀유지명령을 받을 자에게 송달하여야 한다.

⑤ 비밀유지명령은 제4항에 따른 결정서가 송달된 때부터 효력이 발생한다.
⑥ 비밀유지명령의 신청을 기각하거나 각하한 재판에 대해서는 즉시항고를 할 수 있다.
[본조신설 2021. 8. 17.]

제35조의4(비밀유지명령의 취소) ① 비밀유지명령을 신청한 자 또는 비밀유지명령을 받은 자는 제35조의3제2항 각 호의 사유에 부합하지 아니하는 사실이나 사정이 있는 경우에는 소송기록을 보관하고 있는 법원(소송기록을 보관하고 있는 법원이 없는 경우에는 비밀유지명령을 내린 법원을 말한다)에 비밀유지명령의 취소를 신청할 수 있다.
② 법원은 비밀유지명령의 취소신청에 대한 결정을 한 경우에는 그 결정서를 그 신청을 한 자 및 상대방에게 송달하여야 한다.
③ 비밀유지명령의 취소신청에 대한 법원의 결정에 대해서는 즉시항고를 할 수 있다.
④ 비밀유지명령을 취소하는 법원의 결정은 확정되어야 효력이 발생한다.
⑤ 비밀유지명령을 취소하는 결정을 한 법원은 비밀유지명령의 취소를 신청한 자 또는 상대방 외에 해당 영업비밀에 관한 비밀유지명령을 받은 자가 있으면 그 자에게 즉시 그 취소결정을 한 사실을 알려야 한다.
[본조신설 2021. 8. 17.]

제35조의5(소송기록 열람 등의 청구 통지 등) ① 비밀유지명령이 내려진 소송(비밀유지명령이 모두 취소된 소송은 제외한다)에 관한 소송기록에 대하여 「민사소송법」 제163조제1항에 따라 열람 등의 신청인을 당사자로 제한하는 결정이 있었던 경우로서 당사자가 그 열람 등을 신청하였으나 그 절차를 비밀유지명령을 받지 아니한 자를 통하여 밟은 때에는 법원서기관, 법원사무관, 법원주사 또는 법원주사보(이하 이 조에서 "법원사무관등"이라 한다)는 즉시 같은 항에 따라 그 열람 등의 제한을 신청한 당사자(그 열람 등의 신청을 한 자는 제외한다. 이하 제2항 단서에서 같다)에게 그 열람 등의 신청이 있었다는 사실을 알려야 한다.
② 법원사무관등은 제1항에 따른 열람 등의 신청이 있었던 날부터 2주일이 지날 때까지(그 열람 등의 신청 절차를 밟은 자에 대한 비밀유지명령 신청이 해당 기간 내에 이루어진 경우에는 비밀유지명령 신청에 대한 재판이 확정되는 시점까지를 말한다) 그 열람 등의 신청 절차를 밟은 자에게 영업비밀이 적혀 있는 부분의 열람 등을 하게 하여서는 아니 된다. 다만, 그 열람 등의 신청 절차를 밟은 자가 영업비밀이 적혀 있는 부분의 열람 등을 하는 것에 대하여 「민사소송법」 제163조제1항에 따른 열람 등의 제한을 신청한 당사자 모두가 동의하는 경우에는 본문에 따른 기한이 지나기 전이라도 열람 등을 하게 할 수 있다.
[본조신설 2021. 8. 17.]

제35조의6(손해액의 추정 등) ① 원사업자가 제12조의3제4항을 위반함으로써 손해를 입은 자(이하 이 조에서 "기술유용피해사업자"라 한다)가 제35조에 따른 손해배상을 청구하는 경우 원사업자 또는 기술자료를 제공받은 제3자가 제12조의3제4항의 위반행위(이하 "침해행위"라 한다)를 하게 한 목적물등을 판매·제공하였을 때에는 다음 각 호에 해당하는 금액의 합계액을 기술유용피해사업자가 입은 손해액으로 할 수 있다.

1. 그 목적물등의 판매·제공 규모(기술유용피해사업자가 그 침해행위 외의 사유로 판매·제공할 수 없었던 사정이 있는 경우에는 그 침해행위 외의 사유로 판매·제공할 수 없었던 규모를 뺀 규모) 중 기술유용피해사업자가 제조·수리·시공하거나 용역수행할 수 있었던 목적물등의 규모에서 실제 판매·제공한 목적물등의 규모를 뺀 나머지 규모를 넘지 아니하는 목적물등의 규모를 기술유용피해사업자가 그 침해행위가 없었다면 판매·제공하여 얻을 수 있었던 이익액

2. 그 목적물등의 판매·제공 규모 중 기술유용피해사업자가 제조·수리·시공하거나 용역수행할 수 있었던 목적물등의 규모에서 실제 판매·제공한 목적물등의 규모를 뺀 규모를 넘는 규모 또는 그 침해행위 외의 사유로 판매·제공할 수 없었던 규모가 있는 경우 그 규모에 대해서는 기술자료의 사용에 대하여 합리적으로 얻을 수 있는 이익액

② 기술유용피해사업자가 제35조에 따른 손해배상을 청구하는 경우 원사업자 또는 기술자료를 제공받은 제3자가 그 침해행위로 인하여 얻은 이익액을 기술유용피해사업자의 손해액으로 추정한다.

③ 기술유용피해사업자가 제35조에 따른 손해배상을 청구하는 경우 침해행위의 대상이 된 기술자료의 사용에 대하여 합리적으로 받을 수 있는 금액을 자기의 손해액으로 하여 손해배상을 청구할 수 있다.

④ 제3항에도 불구하고 손해액이 같은 항에 따른 금액을 초과하는 경우에는 그 초과액에 대해서도 손해배상을 청구할 수 있다. 이 경우 원사업자에게 고의 또는 중대한 과실이 없으면 법원은 손해배상액을 산정할 때 그 사실을 고려할 수 있다.

⑤ 법원은 침해행위로 인한 소송에서 손해가 발생한 것은 인정되나 그 손해액을 증명하기 위하여 필요한 사실을 증명하는 것이 해당 사실의 성질상 극히 곤란한 경우에는 제1항부터 제4항까지에도 불구하고 변론 전체의 취지와 증거조사의 결과에 기초하여 상당한 손해액을 인정할 수 있다.

[본조신설 2024. 2. 27.]

제36조(벌칙 적용에서 공무원 의제) 제24조의10에 따른 이행관리 업무를 담당하거나 담당하였던 사람 및 제25조의4제3항에 따른 심의위원회 위원 중 공무원이 아닌 위원은 「형법」 제127조 및 제129조부터 제132조까지의 규정을 적용할 때에는 공무원으로 본다. <개정 2022. 1. 11.>

[본조신설 2018. 1. 16.]

부칙 <제21060호, 2025. 9. 16.>

제1조(시행일) 이 법은 공포 후 3개월이 경과한 날부터 시행한다.

제2조(금지청구 등에 관한 적용례) 제34조의2의 개정규정은 이 법 시행 이후 원사업자가 위반행위를 하거나 할 우려가 있는 경우부터 적용한다.

하도급거래 공정화에 관한 법률 시행령 [약칭: 하도급법 시행령]

[시행 2025. 10. 1.] [대통령령 제35811호, 2025. 10. 1., 타법개정]

제1조(목적) 이 영은 「하도급거래 공정화에 관한 법률」에서 위임한 사항과 그 시행에 필요한 사항을 규정함을 목적으로 한다.

제2조(중소기업자의 범위 등) ① 「하도급거래 공정화에 관한 법률」(이하 "법"이라 한다) 제2조제2항제2호 본문에 따른 연간매출액은 하도급계약을 체결하는 사업연도의 직전 사업연도의 손익계산서에 표시된 매출액으로 한다. 다만, 직전 사업연도 중에 사업을 시작한 경우에는 직전 사업연도의 매출액을 1년으로 환산한 금액으로 하며, 해당 사업연도에 사업을 시작한 경우에는 사업 시작일부터 하도급계약 체결일까지의 매출액을 1년으로 환산한 금액으로 한다.

② 법 제2조제2항제2호 본문에 따른 자산총액은 하도급계약을 체결하는 사업연도의 직전 사업연도 종료일 현재의 재무상태표에 표시된 자산총액으로 한다. 다만, 해당 사업연도에 사업을 시작한 경우에는 사업 시작일 현재의 재무상태표에 표시된 자산총액으로 한다. <개정 2021. 1. 5., 2020. 1. 12.>

③ 삭제 <2016. 1. 22.>

④ 법 제2조제2항제2호 단서에서 "대통령령으로 정하는 연간매출액에 해당하는 중소기업자"란 다음 각 호에 해당하는 자를 말한다. <개정 2021. 1. 12.>

1. 제조위탁・수리위탁의 경우: 연간매출액이 30억원 미만인 중소기업자
2. 건설위탁의 경우: 시공능력평가액이 45억원 미만인 중소기업자
3. 용역위탁의 경우: 연간매출액이 10억원 미만인 중소기업자

⑤ 법 제2조제7항에서 "대통령령으로 정하는 물품"이란 레미콘을 말하며, "대통령령으로 정하는 특별시, 광역시 등의 지역"이란 수급사업자(受給事業者)의 사업장 소재지를 기준으로 하여 대구광역시, 광주광역시, 대전광역시, 세종특별자치시, 강원특별자치도, 충청북도, 충청남도, 전북특별자치도, 전라남도, 경상북도, 경상남도 및 제주특별자치도를 말한다. <개정 2013. 7. 22., 2024. 6. 4., 2024. 12. 24.>

⑥ 법 제2조제9항 각 호 외의 부분에서 "대통령령으로 정하는 건설공사"란 다음 각 호의 어느 하나에 해당하는 공사를 말한다.

1. 「건설산업기본법 시행령」 제8조에 따른 경미한 공사
2. 「전기공사업법 시행령」 제5조에 따른 경미한 공사

⑦ 법 제2조제9항제5호에서 "대통령령으로 정하는 사업자"란 다음 각 호의 어느 하나에 해당하는 사업자를 말한다. <개정 2011. 10. 28., 2015. 7. 24., 2016. 8. 11.>

1. 「주택법」 제4조에 따른 등록사업자
2. 「환경기술 및 환경산업 지원법」 제15조에 따른 등록업자
3. 「하수도법」 제51조 및 「가축분뇨의 관리 및 이용에 관한 법률」 제34조에 따른 등록업자
4. 「에너지이용 합리화법」 제37조에 따른 등록업자
5. 「도시가스사업법」 제12조에 따른 시공자
6. 「액화석유가스의 안전관리 및 사업법」 제35조에 따른 시공자

⑧ 법 제2조제15항에서 "대통령령으로 정하는 자료"란 다음 각 호의 어느 하나에 해당하는 것을 말한다. <개정 2016. 12. 27.>

1. 특허권, 실용신안권, 디자인권, 저작권 등의 지식재산권과 관련된 정보
2. 시공 또는 제품개발 등을 위한 연구자료, 연구개발보고서 등 수급사업자의 생산・영업활동에 기술적으로 유용하고 독립된 경제적 가치가 있는 정보

제3조(서면 기재사항) ① 법 제3조제2항제1호에 따른 하도급계약의 내용에는 다음 각 호의 사항이 포함되어야 한다.

1. 위탁일과 수급사업자가 위탁받은 것(이하 "목적물등"이라 한다)의 내용
2. 목적물등을 원사업자에게 납품·인도 또는 제공하는 시기 및 장소
3. 목적물등의 검사의 방법 및 시기
4. 하도급대금(선급금, 기성금 및 법 제16조에 따라 하도급대금을 조정한 경우에는 그 조정된 금액을 포함한다. 이하 같다)과 그 지급방법 및 지급기일
5. 원사업자가 수급사업자에게 목적물등의 제조·수리·시공 또는 용역수행행위에 필요한 원재료 등을 제공하려는 경우 그 원재료 등의 품명·수량·제공일·대가 및 대가의 지급방법과 지급기일

② 법 제3조제2항제3호에서 "대통령령으로 정하는 사항"이란 다음 각 호의 사항을 말한다.

1. 하도급대금 연동 대상 목적물등의 명칭
2. 하도급대금 연동 대상 목적물등의 주요 원재료
3. 하도급대금 연동의 조정요건
4. 주요 원재료 가격의 기준 지표
5. 하도급대금 연동의 산식
6. 주요 원재료 가격의 변동률 산정을 위한 기준 시점 및 비교 시점
7. 하도급대금 연동의 조정일, 조정주기 및 조정대금 반영일

③ 법 제3조제4항제2호에서 "대통령령으로 정하는 기간"이란 90일을 말한다. 다만, 거래 관행 등 거래의 특성을 고려하여 공정거래위원회가 달리 정하여 고시하는 경우에는 그에 따른 기간을 말한다.

④ 법 제3조제4항제3호에서 "대통령령으로 정하는 금액"이란 1억원을 말한다. 다만, 거래 관행 등 거래의 특성을 고려하여 공정거래위원회가 달리 정하여 고시하는 경우에는 그에 따른 금액을 말한다.

[전문개정 2023. 9. 26.]

제4조(위탁내용의 확인) 법 제3조제8항에서 "위탁받은 작업의 내용, 하도급대금 등 대통령령으로 정하는 사항"이란 다음 각 호의 사항을 말한다. <개정 2023. 9. 26.>

1. 원사업자로부터 위탁받은 작업의 내용
2. 하도급대금
3. 원사업자로부터 위탁받은 일시
4. 원사업자와 수급사업자의 사업자명과 주소(법인 등기사항증명서상 주소, 사업장 주소를 포함한다. 이하 같다)
5. 그 밖에 원사업자가 위탁한 내용

제5조(통지 및 회신의 방법 등) ① 법 제3조제8항 및 제9항에 따른 통지 및 회신은 다음 각 호의 어느 하나에 해당하는 방법으로 한다. <개정 2013. 7. 22., 2020. 12. 8., 2023. 9. 26.>

1. 내용증명우편
2. 「전자문서 및 전자거래 기본법」 제2조제1호에 따른 전자문서로서 다음 각 목의 어느 하나에 해당하는 요건을 갖춘 것
   가. 「전자서명법」 제2조제2호에 따른 전자서명(서명자의 실지명의를 확인할 수 있는 것으로 한정한다)이 있을 것
   나. 「전자문서 및 전자거래 기본법」 제2조제8호에 따른 공인전자주소를 이용할 것
3. 그 밖에 통지와 회신의 내용 및 수신 여부를 객관적으로 확인할 수 있는 방법

② 제1항에 따른 통지와 회신은 원사업자와 수급사업자의 주소(전자우편주소 또는 제1항제2호나목에 따른 공인전자주소를 포함한다)로 한다. <개정 2013. 7. 22.>

③ 공정거래위원회는 제1항에 따른 통지와 회신에 필요한 양식을 정하여 보급할 수 있다.

제6조(서류의 보존) ① 법 제3조제12항에 따라 보존해야 하는 하도급거래에 관한 서류는 법 제3조제1항의 서면과 다음 각 호의 서류 또는 다음 각 호의 사항을 적은 서류로 한다. <개정 2013. 7. 22., 2018. 7. 10., 2021. 1. 12., 2022. 2. 15., 2022. 7. 11., 2023. 1. 3., 2023. 9. 26.>

1. 법 제8조제2항에 따른 수령증명서
2. 법 제9조에 따른 목적물등의 검사 결과, 검사 종료일
3. 하도급대금의 지급일·지급금액 및 지급수단(어음으로 하도급대금을 지급하는 경우에는 어음의 교부일·금액 및 만기일을 포함한다)
4. 법 제6조에 따른 선급금 및 지연이자, 법 제13조제6항부터 제8항까지의 규정에 따른 어음할인료, 수수료 및 지연이자, 법 제15조에 따른 관세 등 환급액 및 지연이자를 지급한 경우에는 그 지급일과 지급금액
5. 원사업자가 수급사업자에게 목적물등의 제조·수리·시공 또는 용역수행행위에 필요한 원재료 등을 제공하고 그 대가를 하도급대금에서 공제한 경우에는 그 원재료 등의 내용과 공제일·공제금액 및 공제사유

5의2. 법 제11조제1항 단서에 따라 하도급대금을 감액한 경우에는 제7조의2 각 호의 사항을 적은 서면의 사본

5의3. 법 제12조의3제1항 단서에 따라 기술자료의 제공을 요구한 경우에는 제7조의3 각 호의 사항을 적은 서면의 사본

5의4. 법 제12조의3제3항에 따른 비밀유지계약에 관한 서류

6. 법 제16조에 따라 하도급대금을 조정한 경우에는 그 조정한 금액 및 사유
7. 법 제16조의2에 따라 다음 각 목의 어느 하나에 해당하는 자가 하도급대금 조정을 신청한 경우에는 신청 내용 및 협의 내용, 그 조정금액 및 조정사유
   가. 수급사업자
   나. 「중소기업협동조합법」 제3조제1항제1호 또는 제2호에 따른 중소기업협동조합(이하 “조합”이라 한다)
   다. 「중소기업협동조합법」 제3조제1항제4호에 따른 중소기업중앙회(이하 “중앙회”라 한다)
8. 다음 각 목의 서류
   가. 하도급대금 산정 기준에 관한 서류 및 명세서
   나. 입찰명세서, 낙찰자결정품의서 및 견적서
   다. 현장설명서 및 설계설명서(건설위탁의 경우에만 보존한다)
   라. 그 밖에 하도급대금 결정과 관련된 서류

② 제1항에 따른 서류는 법 제23조제2항에 따른 거래가 끝난 날부터 3년(제1항제5호의3 및 제5호의4에 따른 서류는 7년)간 보존해야 한다. <개정 2018. 10. 16., 2022. 2. 15.>

제6조의2(표준하도급계약서의 제정·개정안 심사) ① 공정거래위원회는 법 제3조의2제1항에 따른 사업자 또는 사업자단체(이하 “사업자등”이라 한다)가 같은 조 제3항에 따라 표준하도급계약서의 제정·개정안(이하 “표준계약서안”이라 한다)을 마련하여 심사를 청구한 경우에는 심사가 청구된 날부터 30일 이내에 관련 분야의 거래당사자인 사업자등에게 표준계약서안의 내용을 서면으로 통지해야 한다. <개정 2023. 9. 26.>

② 제1항에 따른 통지를 받은 관련 분야의 거래당사자인 사업자등은 표준계약서안에 관한 의견을 서면으로 제출할 수 있다.

③ 공정거래위원회는 표준계약서안에 관한 의견을 듣기 위해 필요한 경우 법 제3조의2제3항에 따라 심사를 청구한 사업자등과 관련 분야의 거래당사자인 사업자등을 공정거래위원회의 회의에 참석하도록 요청할 수 있다. <개정 2023. 9. 26.>

④ 공정거래위원회는 사업자등이 법 제3조의2제3항에 따라 심사를 청구한 날부터 6개월이 지나기 전까지 심사를 청구한 사업자등에게 심사 결과를 통지하고, 관련 분야의 거래당사자인 사업자등에게 제정・개정된 표준하도급계약서의 내용을 통지해야 한다. <개정 2023. 9. 26.>

[본조신설 2022. 7. 11.]

[종전 제6조의2는 제6조의4로 이동 <2022. 7. 11.>]

제6조의3(자문위원) ① 공정거래위원회는 법 제3조의2제7항에 따라 하도급거래에 관한 학식과 경험이 풍부한 사람을 자문위원으로 위촉할 수 있다. <개정 2023. 9. 26.>

② 제1항에 따라 위촉된 자문위원은 공정거래위원회의 요청에 따라 표준계약서안에 관하여 공정거래위원회의 회의에 출석하여 의견을 진술하거나 서면(전자문서를 포함한다)으로 의견을 제출할 수 있다.

③ 제2항에 따라 의견을 진술하거나 제출한 자문위원에게는 예산의 범위에서 수당과 그 밖에 필요한 경비를 지급할 수 있다.

④ 제1항부터 제3항까지에서 규정한 사항 외에 자문위원의 업무 및 자문 절차 등에 관하여 필요한 사항은 공정거래위원회가 정하여 고시한다.

[본조신설 2022. 7. 11.]

제6조의4(부당한 특약으로 보는 약정) 법 제3조의4제2항제4호에서 "이 법에서 보호하는 수급사업자의 이익을 제한하거나 원사업자에게 부과된 의무를 수급사업자에게 전가하는 등 대통령령으로 정하는 약정"이란 다음 각 호의 어느 하나에 해당하는 약정을 말한다. <개정 2024. 5. 7.>

1. 다음 각 목의 어느 하나에 해당하는 비용이나 책임을 수급사업자에게 부담시키는 약정
   가. 관련 법령에 따라 원사업자의 의무사항으로 되어 있는 인・허가, 환경관리 또는 품질관리 등과 관련하여 발생하는 비용
   나. 원사업자(발주자를 포함한다)가 설계나 작업내용을 변경함에 따라 발생하는 비용
   다. 원사업자의 지시(요구, 요청 등 명칭과 관계없이 재작업, 추가작업 또는 보수작업에 대한 원사업자의 의사표시를 말한다)에 따른 재작업, 추가작업 또는 보수작업으로 인하여 발생한 비용 중 수급사업자의 책임 없는 사유로 발생한 비용
   라. 관련 법령, 발주자와 원사업자 사이의 계약 등에 따라 원사업자가 부담하여야 할 하자담보책임 또는 손해배상책임
2. 천재지변, 매장유산의 발견, 해킹・컴퓨터바이러스 발생 등으로 인한 작업기간 연장 등 위탁시점에 원사업자와 수급사업자가 예측할 수 없는 사항과 관련하여 수급사업자에게 불합리하게 책임을 부담시키는 약정
3. 해당 하도급거래의 특성을 고려하지 아니한 채 간접비(하도급대금 중 재료비, 직접노무비 및 경비를 제외한 금액을 말한다)의 인정범위를 일률적으로 제한하는 약정. 다만, 발주자와 원사업자 사이의 계약에서 정한 간접비의 인정범위와 동일하게 정한 약정은 제외한다.
4. 계약기간 중 수급사업자가 법 제16조의2에 따라 하도급대금 조정을 신청할 수 있는 권리를 제한하는 약정

5. 그 밖에 제1호부터 제4호까지의 규정에 준하는 약정으로서 법에 따라 인정되거나 법에서 보호하는 수급사업자의 권리·이익을 부당하게 제한하거나 박탈한다고 공정거래위원회가 정하여 고시하는 약정

[본조신설 2014. 2. 11.]

[제6조의2에서 이동 <2022. 7. 11.>]

제6조의5(건설하도급 입찰결과의 공개) ① 법 제3조의5 각 호 외의 부분에서 "대통령령으로 정하는 건설공사"란 「국가를 당사자로 하는 계약에 관한 법률 시행령」 제42조제4항제1호 및 제2호의 공사 중 건설공사를 말한다.

② 제1항에 따른 건설공사를 위탁받은 사업자는 법 제3조의5에 따라 같은 조 각 호의 사항을 개찰 후 지체 없이 서면이나 전자적 방법으로 입찰참가자에게 알려야 한다.

[본조신설 2023. 1. 3.]

제6조의6(하도급대금 연동 우수기업등의 선정·지원) ① 공정거래위원회는 법 제3조의6제1항에 따라 하도급대금 연동 우수기업 및 하도급대금 연동 확산에 기여한 자(이하 "하도급대금 연동 우수기업등"이라 한다)를 선정하려는 경우에는 다음 각 호의 사항을 고려한 선정기준을 마련하여 공정거래위원회 인터넷 홈페이지에 공고해야 한다.

1. 하도급대금 연동 확산에 기여했을 것
2. 최근 3년 간 법 제3조제2항제3호, 같은 조 제3항부터 제5항까지의 규정을 위반하여 시정조치를 받은 사실이 없을 것

② 공정거래위원회는 법 제3조의6제1항에 따라 선정된 하도급대금 연동 우수기업등에 대하여 법 제3조의3에 따른 협약의 이행실적에 관한 평가 시 가점을 부여할 수 있다.

③ 공정거래위원회는 관계 행정기관과 협의하여 하도급대금 연동 우수기업등에 대한 행정적·재정적 지원방안을 마련할 수 있다.

④ 제1항부터 제3항까지에서 규정한 사항 외에 하도급대금 연동 우수기업등의 선정방법 및 절차, 지원시책 등에 관하여 필요한 사항은 공정거래위원회가 정하여 고시한다.

[본조신설 2023. 9. 26.]

제6조의7(하도급대금 연동 확산 지원본부의 지정 등) ① 공정거래위원회는 법 제3조의7제1항에 따라 하도급대금 연동 확산 지원 본부(이하 "연동지원본부"라 한다)를 지정하는 경우 같은 조 제2항 각 호에 따른 사업의 전부 또는 일부에 대하여 연동지원본부로 지정할 수 있다.

② 연동지원본부로 지정받으려는 자는 다음 각 호의 지정 기준을 갖춰야 한다.

1. 사업을 수행하는 전담조직을 갖출 것
2. 6명 이상의 전담인력을 갖출 것. 다만, 제1항에 따라 사업의 일부에 대하여 지정받는 경우에는 3명 이상 5명 이하의 전담인력을 갖춰야 한다.
3. 사업을 수행하는 20제곱미터 이상의 사무공간을 갖출 것. 다만, 제1항에 따라 사업의 일부에 대하여 지정받는 경우에는 10제곱미터 이상 20제곱미터 미만의 사무공간을 갖춰야 한다.

③ 제1항에 따라 지정을 받으려는 자는 신청서에 다음 각 호의 서류를 첨부하여 공정거래위원회에 제출해야 한다.

1. 정관 또는 이에 준하는 사업운영 규정
2. 제1항에 따른 사업 수행을 위한 계획서
3. 제2항에 따른 지정 기준을 갖추었음을 확인할 수 있는 서류

④ 연동지원본부로 지정받은 자는 전년도의 사업운영 실적 및 해당 연도의 사업계획을 매년 1월 31일까지 공정거래위원회에 제출해야 한다.

⑤ 법 제3조의7제2항제4호에서 "대통령령으로 정하는 사항"이란 다음 각 호의 사업을 말한다.

1. 하도급대금 연동 관련 우수 사례의 발굴 및 홍보
2. 하도급대금 연동 관련 통계 작성 및 관리
3. 하도급대금 연동 관련 운영 성과분석 및 만족도 조사
4. 하도급대금 연동 관련 기업의 원가분석 지원
5. 하도급대금 연동 관련 원재료 가격의 기준 지표 개발 지원
6. 그 밖에 하도급대금 연동 확산을 위하여 필요한 사항으로서 공정거래위원회가 정하여 고시하는 사항

⑥ 법 제3조의7제4항에 따른 연동지원본부의 지정 취소 및 업무정지 기준은 별표 1과 같다.

⑦ 제1항부터 제6항까지에서 규정한 사항 외에 연동지원본부의 세부 지정 기준 및 절차 등에 관하여 필요한 사항은 공정거래위원회가 정하여 고시한다.

[본조신설 2023. 9. 26.]

제7조(부당한 하도급대금 결정 금지) ① 법 제4조제2항제6호에서 "대통령령으로 정하는 바에 따른 직접공사비 항목의 값을 합한 금액"이란 원사업자의 도급내역상의 재료비, 직접노무비 및 경비의 합계를 말한다. 다만, 경비 중 원사업자와 수급사업자가 합의하여 원사업자가 부담하기로 한 비목(費目) 및 원사업자가 부담하여야 하는 법정경비는 제외한다.

② 법 제4조제2항제6호에 따른 정당한 사유는 공사현장여건, 수급사업자의 시공능력 등을 고려하여 판단하되, 다음 각 호의 어느 하나에 해당되는 경우에는 하도급대금의 결정에 정당한 사유가 있는 것으로 추정한다.

1. 수급사업자가 특허공법 등 지식재산권을 보유하여 기술력이 우수한 경우
2. 「건설산업기본법」 제31조에 따라 발주자가 하도급 계약의 적정성을 심사하여 그 계약의 내용 등이 적정한 것으로 인정한 경우

제7조의2(하도급대금 감액 시 서면 기재사항) 법 제11조제3항에서 "감액사유와 기준 등 대통령령으로 정하는 사항"이란 다음 각 호의 사항을 말한다.

1. 감액 시 그 사유와 기준
2. 감액의 대상이 되는 목적물등의 물량
3. 감액금액
4. 공제 등 감액방법
5. 그 밖에 원사업자의 감액이 정당함을 입증할 수 있는 사항

[본조신설 2011. 6. 27.]

제7조의3(기술자료 요구 시 서면 기재사항) 법 제12조의3제2항에서 "요구목적, 권리귀속 관계, 대가 등 대통령령으로 정하는 사항"이란 다음 각 호의 사항을 말한다. <개정 2018. 10. 16., 2022. 2. 15.>

1. 기술자료 제공 요구목적
2. 삭제 <2022. 2. 15.>
3. 요구대상 기술자료와 관련된 권리귀속 관계
4. 요구대상 기술자료의 대가 및 대가의 지급방법
5. 요구대상 기술자료의 명칭 및 범위
6. 요구일, 제공일 및 제공방법

6의2. 삭제 <2022. 2. 15.>

6의3. 삭제 <2022. 2. 15.>

6의4. 삭제 <2022. 2. 15.>

7. 그 밖에 원사업자의 기술자료 제공 요구가 정당함을 입증할 수 있는 사항

[본조신설 2011. 6. 27.]

제7조의4(비밀유지계약의 내용) 법 제12조의3제3항에서 "해당 기술자료의 범위, 기술자료를 제공받아 보유할 임직원의 명단, 비밀유지의무 및 목적 외 사용금지, 위반 시 배상 등 대통령령으로 정하는 사항"이란 다음 각 호의 사항을 말한다.

1. 기술자료의 명칭 및 범위
2. 기술자료의 사용기간
3. 기술자료를 제공받아 보유할 임직원의 명단
4. 기술자료의 비밀유지의무
5. 기술자료의 목적 외 사용금지
6. 제4호 또는 제5호의 위반에 따른 배상
7. 기술자료의 반환·폐기 방법 및 일자

[본조신설 2022. 2. 15.]

[종전 제7조의4는 제7조의5로 이동 <2022. 2. 15.>]

제7조의5(수급사업자로 보는 중견기업의 연간매출액 기준) 법 제13조제11항 각 호 외의 부분 전단에서 "대통령령으로 정하는 금액"이란 해당 중견기업의 주된 업종별로 별표 1의2의 구분에 따른 연간매출액을 말한다. <개정 2023. 9. 26.>

[본조신설 2016. 1. 22.]

[제7조의4에서 이동, 종전 제7조의5는 제7조의6으로 이동 <2022. 2. 15.>]

제7조의6(원사업자로 보는 사업자의 매출액 기준) 법 제13조제11항제2호에서 "대통령령으로 정하는 금액"이란 2조원을 말한다.

[본조신설 2016. 1. 22.]

[제7조의5에서 이동 <2022. 2. 15.>]

제8조(건설하도급 계약이행 및 대금지급 보증) ① 법 제13조의2제1항 각 호 외의 부분 단서에서 "대통령령으로 정하는 경우"란 다음 각 호의 어느 하나에 해당하는 경우를 말한다. <개정 2013. 8. 27., 2013. 11. 27., 2016. 12. 27., 2020. 4. 7.>

1. 원사업자가 수급사업자에게 건설위탁을 하는 경우로서 1건 공사의 공사금액이 1천만원 이하인 경우
2. 삭제 <2020. 4. 7.>
3. 하도급계약 체결일부터 30일 이내에 법 제14조제1항제2호에 따른 합의를 한 경우
4. 하도급대금의 지급을 전자적으로 관리하기 위하여 운영되고 있는 시스템(이하 "하도급대금지급관리시스템"이라 한다)을 활용하여 발주자가 원사업자 명의의 계좌를 거치지 아니하고 수급사업자에게 하도급대금을 지급하는 경우

② 법 제13조의2제5항제5호에서 "대통령령으로 정하는 보증기관"이란 다음 각 호의 자를 말한다. <개정 2019. 7. 9.>

1. 「전기공사공제조합법」에 따른 전기공사공제조합
2. 「정보통신공사업법」에 따른 정보통신공제조합
3. 「주택도시기금법」에 따른 주택도시보증공사

4. 「소방산업의 진흥에 관한 법률」에 따른 소방산업공제조합
5. 그 밖에 다른 법령에 따라 보증업무를 담당할 수 있는 기관 중에서 공정거래위원회가 정하여 고시하는 기관

③ 법 제13조의2제6항 각 호 외의 부분 단서에서 "보증금 지급요건 충족 여부, 지급액에 대한 이견 등 대통령령으로 정하는 불가피한 사유가 있는 경우"란 다음 각 호의 어느 하나에 해당하는 경우를 말한다. <신설 2014. 2. 11., 2016. 1. 22., 2017. 9. 29.>
1. 보증기간 동안의 원사업자 및 수급사업자의 계약이행 여부가 불명확하여 자료보완이 필요하다고 인정하는 경우
2. 지급하여야 할 기성금(명칭을 불문하고 계약이행에 따른 대가로 지급되는 것을 말한다)에 대하여 원사업자와 수급사업자 사이에 이견이 있는 경우

④ 법 제13조의2제6항 각 호 외의 부분 단서에서 "대통령령으로 정하는 기간"이란 30일을 말한다. 다만, 수급사업자와 합의한 경우 15일의 범위에서 한 차례만 그 기간을 연장할 수 있다. <신설 2014. 2. 11., 2016. 1. 22., 2017. 9. 29.>

⑤ 법 제13조의2제6항제5호에서 "제1호부터 제4호까지에 준하는 지급불능 등 대통령령으로 정하는 사유로 인하여 하도급대금을 지급할 수 없는 경우"란 다음 각 호의 어느 하나에 해당하여 하도급대금을 지급할 수 없는 경우를 말한다. <신설 2014. 2. 11., 2016. 1. 22., 2016. 4. 29., 2017. 9. 29.>
1. 원사업자가 「기업구조조정 촉진법」 제5조제2항에 따라 관리절차의 개시를 신청한 경우
2. 발주자에 대한 원사업자의 공사대금채권에 대하여 제3채권자가 압류ㆍ가압류를 하였거나 원사업자가 해당 공사대금채권을 제3자에게 양도한 경우
3. 법 제2조제14항에 따른 신용카드업자 또는 금융기관이 수급사업자에게 상환청구를 할 수 있는 어음대체결제수단으로 하도급대금을 지급한 후 원사업자가 해당 신용카드업자 또는 금융기관에 하도급대금을 결제하지 아니한 경우
4. 원사업자가 수급사업자에게 하도급대금으로 지급한 어음이 부도로 처리된 경우
5. 원사업자가 수급사업자로부터 지급기일 이후 2회 이상 하도급대금 지급에 관한 최고를 받고도 이를 이행하지 아니한 경우

⑥ 제1항제4호에 따라 대금지급 보증의무 면제대상이 되는 하도급대금지급관리시스템의 종류는 공정거래위원회가 정하여 고시한다. <신설 2016. 12. 27.>

[제목개정 2013. 11. 27.]

제8조의2(하도급대금의 결제조건 등에 관한 공시) ① 법 제13조의3제1항에서 "대통령령으로 정하는 사항"이란 다음 각 호의 사항을 말한다.
1. 반기 중 지급된 하도급대금의 지급수단별 지급금액과 그 비중
2. 반기 중 지급된 하도급대금의 지급기간별 지급금액과 그 비중
3. 원사업자의 하도급대금 분쟁조정기구 설치 여부와 하도급대금 분쟁조정기구가 설치된 경우 다음 각 목의 사항
   가. 하도급대금 분쟁조정기구의 담당부서 및 연락처
   나. 하도급대금 분쟁조정의 신청 절차ㆍ방법과 소요기간

② 「독점규제 및 공정거래에 관한 법률」 제31조제1항 전단에 따라 지정된 공시대상기업집단에 속하는 원사업자는 법 제13조의3제1항에 따라 제1항 각 호의 사항을 공시하는 경우에는 매 반기가 끝난 날의 다음 날부터 45일 이내에 공정거래위원회가 정하여 고시하는 정보시스템을 통해 공시해야 한다.

③ 제2항에서 규정한 사항 외에 법 제13조의3제1항에 따른 공시의 세부적인 방법 및 절차, 그 밖에 필요한 사항은 공정거래위원회가 정하여 고시한다.
[본조신설 2023. 1. 3.]

제9조(하도급대금의 직접 지급) ① 법 제14조제1항에 따른 수급사업자의 직접지급 요청은 그 의사표시가 발주자에게 도달한 때부터 효력이 발생하며, 그 의사표시가 도달되었다는 사실은 수급사업자가 증명하여야 한다.
② 발주자는 하도급대금을 직접 지급할 때에 「민사집행법」 제248조제1항 등의 공탁사유가 있는 경우에는 해당 법령에 따라 공탁(供託)할 수 있다.
③ 발주자는 원사업자에 대한 대금지급의무의 범위에서 하도급대금 직접 지급 의무를 부담한다.
④ 하도급대금의 직접 지급 요건을 갖추고, 그 수급사업자가 제조·수리·시공한 분(分)에 대한 하도급대금이 확정된 경우, 발주자는 도급계약의 내용에 따라 수급사업자에게 하도급대금을 지급하여야 한다.

제9조의2(조합의 하도급대금 조정협의 등) ① 법 제16조의2제1항 및 제2항을 적용할 때 공급원가는 재료비, 노무비, 경비 등 수급사업자가 목적물등을 제조·수리·시공하거나 용역을 수행하는데 소요되는 비용으로 한다. <신설 2018. 7. 10.>
② 삭제 <2023. 9. 26.>
③ 법 제16조의2제2항 본문에서 "대통령령으로 정하는 원사업자"란 원사업자 중 다음 각 호의 어느 하나에 해당하는 자를 말한다. <신설 2013. 11. 27., 2014. 7. 21., 2016. 1. 22., 2018. 7. 10., 2021. 1. 12.>
1. 「독점규제 및 공정거래에 관한 법률」 제8조의3에 따른 상호출자제한기업집단에 속하는 회사
2. 「중견기업 성장촉진 및 경쟁력 강화에 관한 특별법」 제2조제1호에 따른 중견기업
④ 삭제 <2021. 1. 12.>
⑤ 삭제 <2021. 1. 12.>
⑥ 법 제16조의2제2항 본문에 따른 신청을 하는 수급사업자는 신청서에 다음 각 호의 서류를 첨부하여 자신이 조합원으로 소속되어 있는 조합에 제출해야 한다. <신설 2013. 11. 27., 2018. 7. 10., 2021. 1. 12.>
1. 삭제 <2023. 9. 26.>
2. 하도급계약서 사본(계약금액이 조정된 경우에는 이를 확인할 수 있는 서류를 포함한다)
3. 경쟁입찰에 따라 하도급계약을 체결한 경우에는 이를 확인할 수 있는 서류
4. 그 밖에 원사업자와의 하도급대금 조정에 필요한 서류
⑦ 법 제16조의2제2항 본문에 따라 조합이 원사업자와 하도급대금의 조정을 위한 협의를 하려는 경우에는 이 조 제6항제2호부터 제4호까지의 서류를 첨부하여 원사업자에게 제출해야 한다. <개정 2023. 9. 26.>
⑧ 조합은 법 제16조의2제4항에 따라 중앙회에 원사업자와 하도급대금 조정을 위한 협의를 해 줄 것을 신청하려는 경우에는 다음 각 호의 서류를 중앙회에 제출해야 한다. <신설 2023. 1. 3., 2023. 9. 26.>
1. 제6항 각 호 외의 부분에 따른 신청서
2. 제6항제2호부터 제4호까지의 서류
3. 삭제 <2023. 9. 26.>
4. 수급사업자의 동의서
⑨ 중앙회는 법 제16조의2제5항에 따라 원사업자에게 하도급대금의 조정을 신청하려는 경우에는 이 조 제8항제2호의 서류를 원사업자에게 제출해야 한다. <신설 2023. 1. 3., 2023. 9. 26.>
[본조신설 2011. 6. 27.]
[제목개정 2013. 7. 22., 2013. 11. 27.]

제9조의3(하도급분쟁조정협의회에의 조정신청 사유) 법 제16조의2제11항제3호에서 "원사업자 또는 수급사업자가 협의 중단의 의사를 밝힌 경우 등 대통령령으로 정하는 사유"란 다음 각 호의 어느 하나에 해당하는 경우를 말한다. <개정 2013. 11. 27., 2023. 1. 3.>

1. 원사업자 또는 수급사업자(법 제16조의2제3항 본문 또는 같은 조 제5항에 따른 조정협의의 경우 조합 또는 중앙회를 포함한다. 이하 제2호에서 같다)가 협의 중단의 의사를 밝힌 경우
2. 원사업자 및 수급사업자가 제시한 조정금액이 상호 간에 2배 이상 차이가 나는 경우
3. 합의가 지연되면 영업활동이 심각하게 곤란하게 되는 등 원사업자 또는 수급사업자에게 중대한 손해가 예상되는 경우
4. 그 밖에 이에 준하는 사유가 있는 경우

[본조신설 2011. 6. 27.]

제9조의4(대물변제 인정사유) 법 제17조제1항제3호에서 "그 밖에 원사업자가 하도급대금을 물품으로 지급할 수밖에 없다고 인정되는 대통령령으로 정하는 사유"란 「기업구조조정 촉진법」에 따라 금융채권자협의회가 원사업자에 대하여 공동관리절차 개시의 의결을 하고 그 절차가 진행중인 경우를 말한다.

[본조신설 2017. 9. 29.]

[종전 제9조의4는 제9조의5로 이동 <2017. 9. 29.>]

제9조의5(대물변제 전에 제시하여야 하는 자료 및 제시방법 등) ① 원사업자가 법 제17조제3항에 따라 수급사업자에게 제시하여야 할 자료는 다음 각 호의 구분에 따른 자료로 한다.

1. 대물변제의 용도로 지급하려는 물품이 관련 법령에 따라 권리·의무 관계에 관한 사항을 등기 등 공부(公簿)에 등록하여야 하는 물품인 경우: 해당 공부의 등본(사본을 포함한다)
2. 대물변제의 용도로 지급하려는 물품이 제1호 외의 물품인 경우: 해당 물품에 대한 권리·의무 관계를 적은 공정증서(「공증인법」에 따라 작성된 것을 말한다)

② 제1항에 따른 자료를 제시하는 방법은 다음 각 호의 어느 하나에 해당하는 방법으로 한다. 이 경우 문서로 인쇄되지 아니한 형태로 자료를 제시하는 경우에는 문서의 형태로 인쇄가 가능하도록 하는 조치를 하여야 한다.

1. 문서로 인쇄된 자료 또는 그 자료를 전자적 파일 형태로 담은 자기디스크(자기테이프, 그 밖에 이와 비슷한 방법으로 그 내용을 기록·보관·출력할 수 있는 것을 포함한다)를 직접 또는 우편으로 전달하는 방법
2. 수급사업자의 전자우편 주소로 제1항에 따른 자료가 포함된 전자적 파일을 보내는 방법. 다만, 원사업자가 전자우편의 발송·도달 시간의 확인이 가능한 자동수신사실 통보장치를 갖춘 컴퓨터 등을 이용한 경우로 한정한다.

③ 원사업자는 제1항에 따른 자료를 제시한 후 대물변제를 하기 전에 법 제17조제2항에 따른 물품의 권리·의무 관계가 변경된 경우에는 그 변경된 내용이 반영된 제1항에 따른 자료를 제2항에 따른 방법으로 수급사업자에게 지체 없이 다시 제시하여야 한다.

④ 원사업자는 제2항 및 제3항에 따라 자료를 제시한 후 지체 없이 다음 각 호의 사항을 적은 서면을 작성하여 수급사업자에게 내주고 원사업자와 수급사업자는 해당 서면을 보관하여야 한다.

1. 원사업자가 자료를 제시한 날
2. 자료의 주요 목차
3. 수급사업자가 자료를 제시받았다는 사실
4. 원사업자와 수급사업자의 상호명, 사업장 소재지 및 전화번호

5. 원사업자와 수급사업자의 서명 또는 기명날인

[본조신설 2014. 2. 11.]

[제9조의4에서 이동 <2017. 9. 29.>]

제10조(위반행위의 신고 및 통지) ① 법 제22조제1항 전단에 따라 신고를 하려는 자는 다음 각 호의 사항을 분명히 밝혀야 한다. <개정 2016. 7. 19.>

1. 신고자의 성명·주소
2. 피신고자의 성명 또는 명칭(법인인 경우에는 그 대표자의 성명을 포함한다)
3. 위반행위의 내용과 이를 입증할 수 있는 자료

② 공정거래위원회는 법 제22조제1항 전단에 따른 신고를 접수한 날부터 15일 이내에 신고자가 다음 각 호의 동의를 하는지 여부를 확인하기 위한 서면을 신고자에게 직접 발급하거나 우편(전자우편을 포함한다)을 통하여 송부하여야 한다. <개정 2016. 1. 22., 2016. 7. 19.>

1. 신고가 접수된 사실을 공정거래위원회가 원사업자에게 통지하는 것에 대한 동의
2. 제1호의 통지를 하는 경우 신고자 및 신고내용도 함께 통지하는 것에 대한 동의

③ 신고자가 제2항 각 호 외의 부분에 따른 공정거래위원회의 서면을 발급받거나 우편(전자우편을 포함한다)을 통하여 송부받은 날부터 15일 이내에 공정거래위원회에 동의한다는 사실을 서면으로 통지하지 아니한 경우에는 제2항에 따른 동의를 하지 아니한 것으로 본다. <개정 2016. 7. 19.>

④ 공정거래위원회는 제3항에 따른 통지를 받은 경우에는 그날부터 7일 이내에 신고접수 사실, 신고자, 신고내용을 기재한 서면을 원사업자에게 직접 발급하거나 우편(전자우편을 포함한다)을 통하여 송부하여야 한다. <신설 2016. 7. 19.>

제10조의2(포상금의 지급) ① 법 제22조제5항에 따른 포상금 지급대상자는 같은 항에서 규정한 법 위반행위(이하 이 조에서 "법 위반행위"라 한다)를 신고하거나 제보하고 법 위반행위를 입증할 수 있는 증거자료를 최초로 제출한 자로 한다.

② 제1항에도 불구하고 다음 각 호의 어느 하나에 해당하는 자는 포상금 지급대상자에서 제외한다.

1. 해당 법 위반행위를 한 원사업자
2. 삭제 <2017. 9. 29.>
3. 해당 법 위반행위에 따라 피해를 입은 수급사업자
4. 삭제 <2017. 9. 29.>

③ 공정거래위원회는 특별한 사정이 있는 경우를 제외하고 신고 또는 제보된 행위가 법 위반행위에 해당한다고 인정하여 해당 행위를 한 원사업자에게 시정조치 등의 처분을 하기로 의결한 날(처분에 대한 이의신청이 있는 경우에는 이의신청에 대한 재결이 있은 날을 말한다)부터 3개월 이내에 포상금을 지급한다.

④ 제3항에 따라 지급되는 포상금에 관하여 법 위반행위의 유형별 구체적인 지급기준은 법 위반행위의 중대성 및 증거의 수준 등을 고려하여 공정거래위원회가 정하여 고시한다.

⑤ 제3항에 따른 포상금의 지급에 관한 사항을 심의하기 위하여 공정거래위원회에 신고포상금심의위원회를 둘 수 있다.

⑥ 제5항에 따른 신고포상금심의위원회의 설치·운영에 관한 사항, 그 밖에 포상금 지급의 기준·절차 등에 관한 세부사항은 공정거래위원회가 정하여 고시한다.

[본조신설 2016. 1. 22.]

제11조(분쟁조정의 종료 등) 법 제24조제1항 및 제2항에 따른 협의회(이하 "협의회"라 한다)는 법 제24조의5제5항에 따라 조정신청을 각하하거나 조정절차를 종료한 경우에는 다음 각 호의 사항을 포함한 분쟁조정종료서를 작성하여 공정거래위원회에 보고하여야 한다. <개정 2024. 5. 28.>

1. 분쟁당사자의 일반현황
2. 분쟁의 경위
3. 조정의 쟁점
4. 조정신청의 각하 또는 조정절차 종료의 사유

[본조신설 2018. 7. 10.]

제11조의2(소제기 등의 통지) ① 협의회는 법 제24조의4제1항에 따라 분쟁조정이 신청된 사건에 대해 소가 제기된 사실을 확인한 경우에는 분쟁당사자의 동의를 받아 다음 각 호의 사항을 수소법원(受訴法院)에 알려야 한다.

1. 분쟁당사자의 성명과 주소(분쟁당사자가 법인인 경우에는 법인의 명칭, 주된 사무소의 소재지, 그 대표자의 성명과 주소를 말한다. 이하 이 조에서 같다)
2. 분쟁조정 신청일
3. 분쟁조정 신청의 취지와 그 이유
4. 소송사건의 번호

② 협의회는 법 제24조의8제1항에 따라 수소법원이 소송절차를 중지한 분쟁조정 사건에 대해 법 제24조의5제3항에 따라 조정신청을 각하하거나 같은 조 제4항에 따라 조정절차를 종료한 경우에는 분쟁당사자의 동의를 받아 다음 각 호의 사항을 수소법원에 알려야 한다.

1. 분쟁당사자의 성명과 주소
2. 조정신청의 각하 사유 또는 조정절차의 종료 사유
3. 조정의 결과(조정이 성립된 경우로 한정한다)
4. 소송사건의 번호

③ 협의회는 법 제24조의8제2항 및 제3항에 따라 조정절차를 중지한 경우에는 지체 없이 그 사실을 분쟁당사자에게 알려야 한다.

[본조신설 2024. 5. 28.]

제12조(공탁사실의 보고) 법 제25조의2에 따라 공탁을 한 발주자 또는 원사업자는 지체 없이 공정거래위원회에 공탁한 사실을 서면으로 보고하여야 한다. <개정 2016. 7. 19.>

제13조(과징금 부과기준) ① 법 제25조의3에 따른 과징금의 금액은 별표 2의 기준을 적용하여 산정한다.

② 삭제 <2016. 1. 22.>

③ 이 영에서 규정한 사항 외에 과징금의 부과에 필요한 사항은 공정거래위원회가 정한다.

제13조의2(과징금 납부기한의 연기 및 분할납부의 기준) ① 법 제25조의3제2항 각 호 외의 부분 전단 중 "대통령령으로 정하는 금액"이란 10억원(과징금을 부과받은 자가 법 제2조제2항제1호에 따른 중소기업자인 경우 5억원)을 말한다.

② 법 제25조의3제2항에 따른 납부기한의 연기는 그 납부기한의 다음 날부터 2년을 초과할 수 없다.

③ 법 제25조의3제2항에 따른 분할납부의 경우 각 분할된 납부기한 간의 간격은 6개월을 초과할 수 없으며, 분할 횟수는 6회를 초과할 수 없다.

④ 법 제25조의3제3항 각 호 외의 부분에서 "대통령령으로 정하는 사항"이란 다음 각 호의 구분에 따른 사항을 말한다.

1. 당기순손실: 납부기한 연기 또는 분할납부 신청 당시 과징금을 부과받은 자에게 직전 3개 사업연도 동안 연속하여 당기순손실이 발생했는지 여부
2. 부채비율: 납부기한 연기 또는 분할납부 신청 당시 과징금을 부과받은 자가 자본총액(재무상태표에 표시된 자산총액에서 부채액을 뺀 금액을 말한다)의 2배를 초과하는 부채를 보유하고 있는지 여부
3. 그 밖에 재무상태를 확인하기 위하여 필요한 사항: 납부기한 연기 또는 분할납부 신청 당시 과징금 대비 현금보유액 비율 등 공정거래위원회가 정하여 고시하는 사항

[본조신설 2023. 1. 3.]

제14조(준용) 법 제25조의3에 따른 과징금의 부과·납부·징수·체납처분 및 환급가산금 등에 관하여는 「독점규제 및 공정거래에 관한 법률 시행령」 제85조, 제86조(제1항부터 제4항까지는 제외한다) 및 제87조부터 제90조까지의 규정을 준용한다. <개정 2012. 6. 19., 2021. 12. 28., 2023. 1. 3.>

제15조(상습법위반사업자 명단공표 기준 등) ① 법 제25조의4제1항 본문에서 "대통령령으로 정하는 기준"이란 별표 3 제1호라목에 따른 누산점수 4점을 말한다. <개정 2016. 12. 27.>

② 법 제25조의4제1항 본문에 따른 상습법위반사업자(이하 "상습법위반사업자"라 한다) 명단공표 시 공표할 사항은 사업자명(법인의 명칭을 포함한다), 대표자 및 사업장 주소로 한다. <개정 2021. 1. 12.>

③ 법 제25조의4제5항에 따라 공정거래위원회 인터넷 홈페이지에 게시하는 경우 그 게시 기간은 1년으로 한다.

제16조(상습법위반사업자명단공표심의위원회의 구성 및 운영) ① 법 제25조의4제3항에 따른 상습법위반사업자명단공표심의위원회(이하 "심의위원회"라 한다)는 위원장 1명을 포함하여 7명의 위원으로 구성한다.

② 심의위원회의 위원장(이하 이 조에서 "위원장"이라 한다)은 공정거래위원회 조사관리관이 되고, 위원은 다음 각 호의 사람이 된다. <개정 2023. 3. 28.>

1. 공정거래위원회의 고위공무원단에 속하는 일반직공무원 중에서 공정거래위원회 위원장이 임명하는 사람 3명
2. 하도급거래에 관한 학식과 경험이 풍부한 사람 중에서 공정거래위원회 위원장이 위촉하는 사람 3명

③ 제2항제2호에 따른 위촉위원의 임기는 3년으로 한다.

④ 공정거래위원장은 제2항제2호에 따라 위촉된 위원이 다음 각 호의 어느 하나에 해당하면 해촉할 수 있다. <신설 2016. 1. 22.>

1. 심신장애로 인하여 직무를 수행할 수 없게 된 경우
2. 직무와 관련된 비위사실이 있는 경우
3. 직무 태만, 품위 손상, 그 밖의 사유로 인하여 위원으로 적합하지 아니하다고 인정되는 경우
4. 위원 스스로 직무를 수행하는 것이 곤란하다고 의사를 밝히는 경우

⑤ 위원장은 심의위원회의 업무를 총괄하되, 위원장이 부득이한 사유로 직무를 수행할 수 없을 때에는 위원장이 지명하는 위원이 그 직무를 대행한다. <개정 2016. 1. 22.>

⑥ 심의위원회의 회의는 재적위원 과반수의 출석으로 개의(開議)하고, 출석위원 과반수 찬성으로 의결한다. <개정 2016. 1. 22.>

⑦ 제1항부터 제6항까지에서 규정한 사항 외에 심의위원회의 구성 및 운영에 필요한 사항은 심의위원회의 의결을 거쳐 공정거래위원회 위원장이 정한다. <개정 2016. 1. 22.>

제16조의2(관계 행정기관의 장의 협조) ① 공정거래위원회는 법 제26조제1항에 따른 협조를 위해 법 제3조의3에 따라 체결한 협약의 이행실적에 관하여 우수한 평가를 받은 사업자 명단 등 필요한 정보를 관계 행정기관의 장에게 제공할 수 있다.

② 공정거래위원회는 제1항에 따라 정보를 제공받은 관계 행정기관의 장이 관계 법령 등에 따라 필요한 조치를 한 경우 그 내역을 통보해 줄 것을 요청할 수 있다.

[본조신설 2021. 1. 12.]

제17조(벌점 부과기준 등) ① 법 제26조제2항에 따라 공정거래위원회가 부과하는 벌점의 부과기준은 별표 3과 같다.

② 법 제26조제2항에서 "대통령령으로 정하는 기준을 초과하는 경우"란 별표 3 제1호라목에 따른 누산점수가 다음 각 호의 구분에 따른 점수를 초과하는 경우를 말한다. <개정 2011. 11. 1., 2013. 11. 27., 2016. 1. 22.>

1. 입찰참가자격의 제한 요청: 5점
2. 「건설산업기본법」 제82조제1항제7호의 사유에 따른 영업정지 요청: 10점

③ 별표 3에 따른 벌점의 부과와 감경에 필요한 세부 사항은 공정거래위원회가 정하여 고시한다.

제17조의2(규제의 재검토) ①공정거래위원회는 제6조에 따른 보존하여야 하는 하도급거래에 관한 서류의 범위 등에 대하여 2014년 1월 1일을 기준으로 5년마다(매 5년이 되는 해의 1월 1일 전까지를 말한다) 그 타당성을 검토하여 개선 등의 조치를 하여야 한다. <개정 2014. 2. 11.>

② 공정거래위원회는 다음 각 호의 사항에 대하여 다음 각 호의 기준일을 기준으로 3년마다(매 3년이 되는 해의 기준일과 같은 날 전까지를 말한다) 그 타당성을 검토하여 개선 등의 조치를 해야 한다. <개정 2017. 12. 12., 2018. 7. 10., 2018. 10. 16., 2020. 3. 3., 2022. 3. 8., 2023. 1. 3., 2023. 3. 7., 2023. 9. 26.>

1. 제8조의2제1항에 따른 하도급대금의 결제조건 등에 관한 공시사항: 2026년 1월 1일
2. 제17조 및 별표 3 제2호다목에 따른 벌점의 부과기준: 2024년 1월 1일

③ 삭제 <2017. 12. 12.>

[본조신설 2013. 12. 30.]

제18조(과태료의 부과기준) 법 제30조의2제1항부터 제7항까지의 규정에 따른 과태료의 부과기준은 다음 각 호의 기준에 따른다. <개정 2018. 4. 30., 2018. 10. 16., 2023. 1. 3., 2023. 9. 26.>

1. 법 제30조의2제1항제1호의 과태료: 별표 4
2. 법 제30조의2제1항제2호ㆍ제3호 및 같은 조 제2항부터 제7항까지의 규정에 따른 과태료: 별표 5

[본조신설 2011. 3. 29.]

부칙 <제35811호, 2025. 10. 1.> (정부조직 개편 반영을 위한 306개 법령의 일부개정에 관한 대통령령)

이 영은 공포한 날부터 시행한다. 다만, 이 영에 따라 개정되는 대통령령 중 이 영 시행 전에 공포되었으나 시행일이 도래하지 아니한 대통령령을 개정한 부분은 각각 해당 대통령령의 시행일부터 시행한다.

별표 / 서식

[별표 1] 연동지원본부의 지정 취소 및 업무정지 기준(제6조의7제6항 관련)
[별표 1의2] 주된 업종별 연간매출액(제7조의5 관련)
[별표 2] 과징금의 부과기준(제13조제1항 관련)
[별표 3] 벌점의 부과기준(제17조 관련)
[별표 4] 과태료의 부과기준(제18조제1호 관련)

■ 하도급거래 공정화에 관한 법률 시행령 [별표 1] <신설 2023. 9. 26.>

연동지원본부의 지정 취소 및 업무정지 기준(제6조의7제6항 관련)

1. 일반기준

가. 위반행위가 둘 이상인 경우로서 그에 해당하는 각각의 처분기준이 다른 경우에는 그 중 무거운 처분기준에 따르고, 둘 이상의 처분기준이 모두 업무정지인 경우에는 각 처분기준을 합산한 기간을 넘지 않는 범위에서 무거운 처분기준에 그 처분기준의 2분의 1 범위에서 가중한다.

나. 위반행위의 횟수에 따른 행정처분 기준은 최근 3년간 같은 위반행위로 행정처분을 받은 경우에 적용한다. 이 경우 기간의 계산은 위반행위에 대하여 행정처분을 받은 날과 그 처분 후 다시 같은 위반행위를 하여 적발된 날을 기준으로 한다.

다. 나목에 따라 가중된 처분을 하는 경우 가중처분의 적용 차수는 그 위반행위 전 행정처분 차수(나목에 따른 기간 내에 행정처분이 둘 이상 있었던 경우에는 높은 차수를 말한다)의 다음 차수로 한다.

라. 처분권자는 위반행위의 동기·내용 및 위반의 정도 등 다음에 해당하는 사유를 고려하여 제2호에 따른 처분(제2호가목에 따른 처분은 제외한다)을 감경하거나 면제할 수 있다. 이 경우 그 처분이 업무정지인 경우에는 그 처분기준의 2분의 1의 범위에서 감경할 수 있고, 지정 취소인 경우에는 2개월 이상의 업무정지 처분으로 감경할 수 있다.

1) 위반행위가 고의성이 없는 사소한 부주의로 인한 것인 경우

2) 위반의 내용·정도가 경미하고, 하도급대금 연동 확산 사업의 안정을 위해 필요하다고 인정되는 경우

2. 개별기준

위반행위	근거 법조문	행정처분 기준		
		1차 위반	2차 위반	3차 이상 위반
가. 거짓이나 그 밖의 부정한 방법으로 지정을 받은 경우	법 제3조의7 제4항제1호	지정 취소		
나. 정당한 사유 없이 법 제3조의7제2항 각 호의 사업을 1개월 이상 수행하지 않은 경우	법 제3조의7 제4항제3호	경고	업무정지 3개월	지정 취소
다. 법 제3조의7제5항에 따른 지정 기준을 충족하지 못하는 경우	법 제3조의7 제4항제2호	경고	업무정지 3개월	지정 취소

[별표 5] 과태료의 부과기준(제18조제2호 관련)

■ 하도급거래 공정화에 관한 법률 시행령 [별표 1의2] <개정 2025. 10. 1.>

주된 업종별 연간매출액(제7조의5 관련)

제조등의 위탁을 받는 중견기업의 주된 업종	분류기호	연간매출액
1. 의복, 의복액세서리 및 모피제품 제조업	C14	3,000억원
2. 가죽, 가방 및 신발 제조업	C15	
3. 펄프, 종이 및 종이제품 제조업	C17	
4. 1차 금속 제조업	C24	
5. 전기장비 제조업	C28	
6. 가구 제조업	C32	
7. 농업, 임업 및 어업	A	2,000억원
8. 광업	B	
9. 식료품 제조업	C10	
10. 담배 제조업	C12	
11. 섬유제품 제조업(의복 제조업은 제외한다)	C13	
12. 목재 및 나무제품 제조업(가구 제조업은 제외한다)	C16	
13. 코크스, 연탄 및 석유정제품 제조업	C19	
14. 화학물질 및 화학제품 제조업(의약품 제조업은 제외한다)	C20	
15. 고무제품 및 플라스틱제품 제조업	C22	
16. 금속가공제품 제조업(기계 및 가구 제조업은 제외한다)	C25	
17. 전자부품, 컴퓨터, 영상, 음향 및 통신장비 제조업	C26	
18. 그 밖의 기계 및 장비 제조업	C29	
19. 자동차 및 트레일러 제조업	C30	
20. 그 밖의 운송장비 제조업	C31	
21. 전기, 가스, 증기 및 수도사업	D	
22. 건설업	F	
23. 도매 및 소매업	G	

24. 음료 제조업	C11	1,600억원
25. 인쇄 및 기록매체 복제업	C18	
26. 의료용 물질 및 의약품 제조업	C21	
27. 비금속 광물제품 제조업	C23	
28. 의료, 정밀, 광학기기 및 시계 제조업	C27	
29. 그 밖의 제품 제조업	C33	
30. 하수·폐기물 처리, 원료재생 및 환경복원업	E	
31. 운수업	H	
32. 출판, 영상, 방송통신 및 정보서비스업	J	
33. 전문, 과학 및 기술 서비스업	M	1,200억원
34. 사업시설관리 및 사업지원 서비스업	N	
35. 보건업 및 사회복지 서비스업	Q	
36. 예술, 스포츠 및 여가 관련 서비스업	R	
37. 수리(修理) 및 기타 개인 서비스업	S	
38. 숙박 및 음식점업	I	800억원
39. 부동산업 및 임대업	L	
40. 교육 서비스업	P	

비고

1. 해당 중견기업의 주된 업종 및 분류기호는 「통계법」 제22조제1항에 따라 국가데이터처장이 고시한 한국표준산업분류에 따른다.
2. 해당 중견기업의 연간매출액은 직전 사업연도의 연간매출액으로 한다.
3. 제1호를 적용할 때 하나의 중견기업이 둘 이상의 서로 다른 업종을 경영하는 경우에는 그 중견기업의 연간매출액 중 가장 큰 비중을 차지하는 업종을 주된 업종으로 본다.

■ 하도급거래 공정화에 관한 법률 시행령 [별표 2] <개정 2024. 5. 28.>

과징금의 부과기준(제13조제1항 관련)

1. 과징금 부과 여부의 결정

가. 과징금은 위반행위의 내용 및 정도를 우선적으로 고려하고, 시장상황 등을 종합적으로 고려하여 그 부과 여부를 결정하되, 다음의 어느 하나에 해당하는 경우에는 원칙적으로 과징금을 부과한다.

1) 위반행위로 인하여 공정한 하도급거래질서가 크게 저해된 경우

2) 큰 피해를 입은 수급사업자가 다수인 경우

3) 1) 및 2)에 준하는 경우로서 공정거래위원회가 정하여 고시하는 경우

나. 법 위반행위를 한 원사업자 또는 발주자(이하 이 목에서 "원사업자등"이라 한다)가 다음의 어느 하나에 해당하는 것(이하 "미지급금"이라 한다)을 법 제22조제2항에 따른 공정거래위원회의 조사가 개시된 날 또는 공정거래위원회로부터 미지급금의 지급에 관한 요청을 받은 날부터 30일 이내에 수급사업자에게 지급한 경우에는 그 원사업자등에 대하여 과징금을 부과하지 아니할 수 있다.

1) 법 제6조에 따른 선급금에 관한 것으로서 다음의 어느 하나에 해당하는 것

가) 법 제6조제1항을 위반하여 수급사업자에게 지급하지 아니한(그 지급의무의 내용에 따른 이행을 하지 아니한 경우를 포함한다. 이하 이 목에서 같다) 선급금

나) 법 제6조제2항을 위반하여 수급사업자에게 지급하지 아니한 이자

다) 법 제6조제3항에서 준용하는 법 제13조제6항 또는 제7항을 위반하여 수급사업자에게 지급하지 아니한 어음할인료 또는 수수료

2) 법 제13조 또는 제17조에 따른 하도급대금에 관한 것으로서 다음의 어느 하나에 해당하는 것

가) 법 제13조제1항, 제3항부터 제5항까지의 규정 또는 제17조제1항을 위반하여 수급사업자에게 지급하지 아니한 하도급대금

나) 법 제13조제6항을 위반하여 수급사업자에게 지급하지 아니한 할인료

다) 법 제13조제7항을 위반하여 수급사업자에게 지급하지 아니한 수수료

라) 법 제13조제8항을 위반하여 수급사업자에게 지급하지 아니한 이자

3) 법 제14조를 위반하여 수급사업자에게 직접 지급하지 아니한 하도급대금

4) 법 제15조에 따른 관세등의 환급금에 관한 것으로서 다음의 어느 하나에 해당하는 것

가) 법 제15조제1항 또는 제2항을 위반하여 수급사업자에게 지급하지 아니한 관세 등 환급상당액

나) 법 제15조제3항을 위반하여 수급사업자에게 지급하지 아니한 이자

2. 과징금의 산정기준

과징금은 위반행위의 내용 및 정도, 위반행위의 횟수 등과 이에 영향을 미치는 사항을 고려하여 산정하되, 가목에 따른 기본 산정금액에 나목에 따른 위반행위의 횟수 및 위반행위에 따라 피해를 입은 수급사업자의 수에 따른 조정과 다목에 따른 법 위반행위를 한 원사업자, 발주자 또는 수급사업자(이하 이 호에서 "위반사업자"라 한다)의 고의·과실 등에 따른 조정을 거쳐 라목에 따른 부과과징금을 산정한다.

가. 기본 산정금액

1) 법 제25조의3제1항 각 호에 따른 위반행위의 내용 및 정도에 따라 위반행위의 중대성 정도를 "중대성이 약한 위반행위", "중대한 위반행위", "매우 중대한 위반행위"로 구분하고, 위반행위의 중대성의 정도별로 2)의 기준에 따라 산정한다.

2) 하도급대금의 2배에 위반사업자의 위반금액의 비율(해당 법 위반사건의 하도급대금 대비 미지급금, 그 밖에 이에 준하는 금액으로서 공정거래위원회가 정하여 고시하는 금액의 비율을 말한다)을 곱한 금액에 위반행위의 중대성의 정도별로 정하는 부과기준율을 곱하여 산정한다. 다만, 위반금액의 비율을 산정하기 곤란한 경우에는 20억원 이내에서 중대성의 정도를 고려하여 산정한다.

나. 위반행위의 횟수 및 위반행위에 따라 피해를 입은 수급사업자의 수에 따른 조정(이하 "1차 조정"이라 한다)

위반행위의 횟수, 위반행위에 따라 피해를 입은 수급사업자의 수를 고려하여 기본산정기준의 100분의 50의 범위에서 공정거래위원회가 정하여 고시하는 기준에 따라 가중하거나 감경한다.

다. 위반사업자의 고의·과실 등에 따른 조정(이하 "2차 조정"이라 한다)

위반행위의 내용 및 정도, 위반행위의 횟수 등에 영향을 미치는 위반사업자의 고의·과실, 위반행위의 성격과 사정 등의 사유를 고려하여 가중의 경우 1차 조정된 기본 산정기준의 100분의 50의 범위에서 공정거래위원회가 정하여 고시하는 기준에 따라 가중하고, 감경의 경우 1차 조정된 기본 산정기준의 100분의 70의 범위에서 공정거래위원회가 정하여 고시하는 기준에 따라 감경한다. 다만, 가중하는 경우에도 라목에 따라 부과되는 과징금의 총액은 하도급대금의 2배를 초과할 수 없다.

라. 부과과징금

1) 위반사업자의 현실적 부담능력이나 그 위반행위가 시장에 미치는 효과, 그 밖에 시장 또는 경제적 여건 및 위반행위로 인하여 취득한 이익의 규모 등을 충분히 반영하지 못하여 과중하다고 인정되는 경우에는 1차·2차 조정 절차를 거쳐 산출된 금액의 100분의 50의 범위에서 감경하여 부과과징금으로 정할 수 있다. 다만, 위반사업자의 과징금 납부능력의 현저한 부족, 위반사업자가 속한 시장·산업 여건의 현저한 변동 또는 지속적 악화, 경제위기, 그 밖에 이에 준하는 사유로 불가피하게 100분의 50을 초과하여 감경하는 것이 타당하다고 인정되는 경우에는 100분의 50을 초과하여 감경할 수 있다.

2) 위반사업자가 채무 지급불능 또는 지급정지 상태에 있거나 부채의 총액이 자산의 총액을 초과하는 등의 사유로 인하여 위반사업자가 객관적으로 과징금을 납부할 능력이 없다고 인정되는 경우에는 과징금을 면제할 수 있다.

3) 1) 또는 2)에 따라 과징금을 감액하거나 면제하는 경우에는 공정거래위원회의 의결서에 그 이유를 명시하여야 한다.

3. 과징금 부과에 관한 세부기준

기본 산정금액의 산정 시 적용되는 부과기준율 및 위반금액의 비율을 산정하는 방법, 그 밖에 과징금의 부과에 필요한 세부적인 기준과 방법 등에 대해서는 공정거래위원회가 정하여 고시한다.

■ 하도급거래 공정화에 관한 법률 시행령 [별표 3]<개정 2023. 9. 26.>

벌점의 부과기준(제17조 관련)

1. 용어의 뜻

가. "벌점"이란 법 제26조제2항에 따른 입찰참가자격의 제한 요청 등의 기초자료로 사용하기 위하여 법을 위반한 사업자에게 공정거래위원회가 제2호에 따른 벌점의 부과기준에 따라 부과한 점수를 말한다.

나. "경감점수"란 사업자가 받은 벌점에서 제3호가목에 따른 벌점의 경감기준에 따라 경감하는 점수를 말한다.

다. "가중점수"란 사업자가 받은 벌점에서 제3호다목에 따라 가중하는 점수를 말한다.

라. "누산점수"란 다음의 구분에 따른 날을 기산일로 하여 과거 3년간 해당 사업자가 받은 모든 벌점을 더한 점수에서 해당 사업자가 받은 모든 경감점수를 더한 점수를 빼고 모든 가중점수를 더한 점수를 더한 점수를 말한다.

1) 상습법위반사업자 명단공표의 경우: 명단공표일이 속하는 연도 1월 1일

2) 입찰참가자격제한 요청 및 영업정지 요청의 경우: 법 제26조제2항에 따른 공정거래위원회의 시정조치일

마. "현금결제비율"이란 총 하도급대금 결제액 중에서 현금결제액(현금과 수표에 의한 결제액의 합계액을 말한다)의 비율을 말한다.

바. "입찰정보공개비율"은 경쟁입찰 방식을 통한 건설위탁 관련 하도급계약(법 제3조의5에 따른 건설위탁 관련 하도급계약은 제외한다. 이하 이 목에서 같다) 건수 중 하도급 입찰에 참가한 수급사업자에게 해당 입찰결과(최저 입찰금액과 낙찰금액을 말한다)를 입찰이 종료된 후 7일 이내에 공개한 하도급계약 건수의 비율을 말한다.

사. "연동계약"이란 목적물등의 원재료 가격이 변동하는 경우 그 변동분에 연동하여 하도급대금을 조정하는 것을 내용으로 하는 하도급계약을 말한다.

아. "하도급대금증액비율"이란 원사업자가 체결한 하도급계약(갱신계약을 포함한다)에 따라 수급사업자에게 지급하기로 한 하도급대금을 증액하여 지급한 경우 그 증액분의 비율을 말한다.

2. 벌점의 부과기준

가. 벌점은 법 위반행위가 속하는 위반유형에 대하여 각각 시정조치 유형별 점수를 산출하고(같은 유형에 속하는 법 위반행위에 대하여 서로 다른 유형의 시정조치를 한 경우에는 가장 중한 시정조치 유형의 점수만 반영한다), 각 시정조치 유형별 점수를 더하여 정하며, 시정조치 유형별 점수는 다음과 같다.

1) 경고(서면직권실태조사에서 발견된 법 위반 혐의사항에 대한 공정거래위원회의 자진시정요청에 따른 경우): 0.25점

2) 경고(신고 또는 직권인지에 따른 경우): 0.5점

3) 시정권고: 1.0점

4) 시정명령(법 위반행위를 자진시정한 원사업자 또는 발주자에 대하여 향후 재발방지를 명하는 경우): 1.0점

5) 시정명령: 2.0점

6) 과징금: 2.5점(법 제4조, 제11조, 제12조의3제4항 또는 제19조를 위반한 행위로 과징금을 부과받은 경우는 2.6점으로 한다)
7) 고발: 3.0점(법 제4조, 제11조, 제12조의3제4항 또는 제19조를 위반한 행위로 고발된 경우는 5.1점으로 한다)

나. 가목에서 법 위반행위가 속하는 위반유형은 다음과 같다.
1) 서면 관련 위반: 법 제3조제1항부터 제7항까지 및 제12항을 위반한 경우
2) 부당납품단가 인하 관련 위반: 법 제4조, 제11조 또는 제16조의2제10항을 위반한 경우
3) 대금지급 관련 위반: 법 제6조, 제13조, 제13조의2, 제14조부터 제16조까지 및 제17조를 위반한 경우
4) 보복소지 및 탈법행위 관련 위반: 법 제19조 또는 제20조를 위반한 경우
5) 그 밖의 위반: 법 제3조의4, 제5조, 제7조부터 제10조까지, 제12조, 제12조의2, 제12조의3 또는 제18조를 위반한 경우

다. 가목의 기준에도 불구하고 원사업자가 법 제3조제5항을 위반하여 거래상 지위를 남용하거나 거짓 또는 그 밖의 부정한 방법으로 같은 조의 적용을 피하려는 행위를 한 경우에는 시정조치의 유형에 관계없이 3.1점을 부과한다. 다만, 원사업자가 법 제3조제5항을 위반하여 같은 조 제4항제4호에 따라 수급사업자와 하도급내금 연동을 하지 않기로 합의한 경우에는 5.1점을 부과한다.

라. 가목의 기준에도 불구하고 다음의 어느 하나에 해당하는 경우에는 그 벌점을 0점으로 한다.
1) 원사업자 또는 발주자가 미지급금을 법 제22조제2항에 따른 공정거래위원회의 조사가 개시된 날 또는 공정거래위원회로부터 미지급금의 지급에 관한 요청을 받은 날부터 30일 이내에 수급사업자에게 지급함에 따라 경고를 받은 경우
2) 분쟁당사자 사이에 합의가 이루어지고 당사자가 그 합의내용을 이행한 것이 확인된 경우로서 공정거래위원회가 법 제24조의6제4항에 따라 원사업자에게 시정조치 또는 시정권고를 하지 않은 경우

3. 벌점의 경감 · 가중 및 누산기준

가. 유형별 벌점의 경감점수는 다음과 같다.
1) 원사업자가 법 제3조의2에 따른 표준하도급계약서를 사용하여 체결한 하도급계약(변경계약 및 갱신계약을 포함한다)의 비율이 70% 이상인 경우(수급사업자에게 뚜렷하게 불리하도록 내용을 수정하거나 특약을 추가하는 경우 또는 표준하도급계약서가 개정된 날부터 3개월이 경과한 후에 종전의 표준하도급계약서를 사용하여 하도급계약을 체결한 경우는 제외한다): 다음의 구분에 따른 점수
가) 원사업자가 표준하도급계약서를 사용한 비율이 90% 이상인 경우: 2점
나) 원사업자가 표준하도급계약서를 사용한 비율이 70% 이상 90% 미만인 경우: 1점
2) 원사업자의 현금결제비율이 80% 이상인 경우: 다음의 구분에 따른 점수
가) 현금결제비율이 100%인 경우: 1점
나) 현금결제비율이 80% 이상 100% 미만인 경우: 0.5점
3) 원사업자가 법 제2조제9항에 따른 건설업자에 해당하고, 입찰정보공개비율이 50% 이상인 경우: 다음의 구분에 따른 점수
가) 입찰정보공개비율이 80% 이상인 경우: 1점
나) 입찰정보공개비율이 50% 이상 80% 미만인 경우: 0.5점

4) 원사업자가 공정거래위원회가 실시하는 공정거래 자율준수 프로그램(사업자가 공정거래 관련 법규를 준수하기 위해 자체적으로 제정 · 운영하는 교육, 감독 등의 내부준법체계를 말한다)에 대한 평가에서 우수 등급 이상을 받은 경우: 다음의 구분에 따른 점수
   가) 최우수: 2점
   나) 우수: 1점
5) 원사업자가 공정거래위원회가 실시하는 하도급거래 평가에서 모범업체로 선정된 경우: 3점
6) 원사업자 또는 대기업이 수급사업자 또는 협력사와 하도급 관련 법령의 준수 및 상호 지원 · 협력을 약속하는 협약을 체결하고, 공정거래위원회가 실시한 협약의 이행실적 평가에서 양호 등급 이상을 받은 경우
   가) 최우수: 3점
   나) 우수: 2점
   다) 양호: 1점
7) 하도급대금지급관리시스템을 활용하거나 법 제14조제1항제2호에 따라 발주자, 원사업자, 수급사업자가 합의하여 발주자가 직접 수급사업자에게 대금을 지급한 경우: 다음의 구분에 따른 점수
   가) 원사업자가 도급계약의 이행을 위해 체결한 하도급계약에 따라 지급해야 하는 하도급대금 중 발주자가 직접 수급사업자에게 지급한 하도급대금의 비율이 50% 이상인 경우: 1점
   나) 원사업자가 도급계약의 이행을 위해 체결한 하도급계약에 따라 지급해야 하는 하도급대금 중 발주자가 직접 수급사업자에게 지급한 하도급대금의 비율이 50% 미만인 경우: 0.5점
8) 원사업자가 자신의 법 위반행위로 발생한 수급사업자의 피해를 자발적으로 구제한 경우(자진시정으로 제2호가목1) 또는 4)에 따른 벌점을 부과받은 경우는 제외한다): 다음의 구분에 따른 범위에서 구제 신속성이나 구제 규모 등을 고려하여 공정거래위원회가 정하는 비율에 따른 점수
   가) 수급사업자에 대한 피해구제 비율이 100%인 경우: 해당 사건 벌점 중 25% 초과 50% 이하
   나) 수급사업자에 대한 피해구제 비율이 50% 이상 100% 미만인 경우: 해당 사건 벌점 중 25% 이하
9) 원사업자가 체결한 하도급계약(변경계약 및 갱신계약을 포함한다) 건수 중 원재료 가격 변동분이 하도급대금에 반영되는 비율이 50% 이상이 되도록 체결한 연동계약(변경계약 및 갱신계약을 포함한다. 이하 같다) 건수의 비율이 10% 이상인 경우: 다음의 구분에 따른 점수
   가) 원사업자가 해당 연동계약을 체결한 비율이 50% 이상인 경우: 1점
   나) 원사업자가 해당 연동계약을 체결한 비율이 10% 이상 50% 미만인 경우: 0.5점
10) 하도급대금증액비율이 1% 이상인 경우: 다음의 구분에 따른 점수. 이 경우 목적물등의 원재료 가격이 변동하는 경우 그 변동분에 연동하여 하도급대금이 조정되는 비율 등 구체적 사정을 고려하여 1점 이하의 범위에서 공정거래위원회가 정하여 고시하는 점수를 더할 수 있다.
   가) 하도급대금증액비율이 10% 이상인 경우: 1.5점
   나) 하도급대금증액비율이 5% 이상 10% 미만인 경우: 1점
   다) 하도급대금증액비율이 1% 이상 5% 미만인 경우: 0.5점

나. 가목에 따른 경감여부는 다음의 사항을 기준으로 판단한다.

1) 가목1)부터 7)까지, 9) 및 10)의 경우에는 누산점수 산정의 대상이 된 위반행위 중 가장 최근에 시정조치가 이루어진 위반행위의 시정조치일(상습법위반사업자 명단공표의 경우에는 명단공표일을 말한다)이 속한 사업연도의 직전 1개 사업연도 내에 해당 요건을 충족하였을 것

2) 가목5)에 해당하는 경우로서 모범업체 선정 근거가 된 사실의 전부 또는 일부가 다른 경감요건에 부합하는 경우 모범업체 선정에 따른 경감점수만 부여할 것

3) 가목8)에 따른 경감 대상 벌점은 공정거래위원회의 심의·의결 대상이 되는 사건별로 해당 사건과 관련된 벌점을 모두 합산한 벌점을 기준으로 할 것

다. 벌점의 가중점수는 다음과 같다.

원사업자 또는 발주자가 제1호라목에 따른 과거 3년 동안 법 제6조, 제13조제1항·제3항, 제6항부터 제8항까지의 규정, 제14조제1항, 제15조 또는 제17조제1항을 3회 이상 위반하고, 제2호다목1)에 따라 벌점을 2회 이상 면제받은 경우에는 "(벌점의 면제횟수 - 1) × 0.5"의 점수를 벌점에 가중한다.

라. 누산점수를 계산할 때에는 가목의 항목마다 1회만 벌점을 경감할 수 있으며, 다음의 어느 하나에 해당하는 벌점은 누산점수에 포함시키지 않는다.

1) 이의신청 등 불복절차가 진행 중인 사건에 대한 벌점

2) 법 제26조제2항에 따라 입찰참가자격 제한 요청이 이루어진 자에 대해 다시 입찰참가자격 제한을 요청하는 경우 과거에 입찰참가자격 제한 요청 시 누산점수 산정의 대상이 된 사건에 대한 벌점

3) 법 제26조제2항에 따라 영업정지 요청이 이루어진 자에 대해 다시 영업정지를 요청하는 경우 과거에 영업정지 요청 시 누산점수 산정의 대상이 된 사건에 대한 벌점

■ 하도급거래 공정화에 관한 법률 시행령 [별표 4] <신설 2023. 1. 3.>

과태료의 부과기준(제18조제1호 관련)

1. 일반기준

가. 부과권자는 다음의 어느 하나에 해당하는 경우에는 제2호의 개별기준에 따른 과태료의 4분의 3 범위에서 그 금액을 줄여 부과할 수 있다. 다만, 과태료를 체납하고 있는 위반행위자에 대해서는 그렇지 않다.

1) 위반행위가 사소한 부주의나 오류로 인한 것으로 인정되는 경우

2) 위반의 내용・정도가 경미하다고 인정되는 경우

3) 그 밖에 위반행위의 정도, 위반행위의 동기와 그 결과 등을 고려하여 줄일 필요가 있다고 인정되는 경우

나. 부과권자는 다음의 어느 하나에 해당하는 경우에는 제2호의 개별기준에 따른 과태료의 2분의 1 범위에서 그 금액을 늘려 부과할 수 있다. 다만, 늘려 부과하는 경우에도 법 제30조의2제1항에 따른 과태료의 상한을 넘을 수 없다.

1) 위반행위가 고의나 중대한 과실에 의한 것으로 인정되는 경우

2) 위반의 내용・정도가 중대하다고 인정되는 경우

3) 그 밖에 위반행위의 정도, 위반행위의 동기와 그 결과 등을 고려하여 늘릴 필요가 있다고 인정되는 경우

2. 개별기준

위반 유형			과태료 (단위: 만원)
공시 여부	공시기한 준수 여부	주요내용의 누락이나 거짓 공시 여부	
가. 공시하지 않은 경우			500
나. 공시한 경우	1) 공시기한까지 공시한 경우	가) 주요내용을 누락하여 공시하거나 거짓으로 공시한 사항을 공시기한이 지난 후 과태료 처분 사전통지서 발송일 전날까지 보완한 경우	100
		나) 주요내용을 누락하여 공시하거나 거짓으로 공시한 경우로서 가)에 해당하지 않는 경우	200
	2) 공시기한을 넘긴 경우	가) 주요내용을 누락하여 공시하거나 거짓으로 공시한 경우가 아닌 경우(주요내용을 누락하여 공시하거나 거짓으로 공시한 사항을 과태료 처분 사전통지서 발송일 전날까지 보완한 경우를 포함한다)	100
		나) 주요내용을 누락하여 공시하거나 거짓으로 공시한 경우	250

■ 하도급거래 공정화에 관한 법률 시행령 [별표 5] <개정 2023. 9. 26.>

과태료의 부과기준(제18조제2호 관련)

1. 일반기준

가. 위반행위의 횟수에 따른 과태료의 가중된 부과기준은 최근 3년간 같은 위반행위로 과태료 부과처분을 받은 경우에 적용한다. 이 경우 기간의 계산은 위반행위에 대하여 과태료 부과처분을 받은 날과 그 처분 후 다시 같은 위반행위를 하여 적발된 날을 기준으로 한다.

나. 가목에 따라 가중된 부과처분을 하는 경우 가중처분의 적용 차수는 그 위반행위 전 부과처분 차수(가목에 따른 기간 내에 과태료 부과처분이 둘 이상 있었던 경우에는 높은 차수를 말한다)의 다음 차수로 한다.

다. 부과권자는 다음의 어느 하나에 해당하는 경우에는 제2호의 개별기준에 따른 과태료의 2분의 1 범위에서 그 금액을 줄여 부과할 수 있다. 다만, 과태료를 체납하고 있는 위반행위자에 대해서는 그렇지 않다.

1) 위반행위자가 「질서위반행위규제법 시행령」 제2조의2제1항 각 호의 어느 하나에 해당하는 경우
2) 위반행위자가 「중소기업기본법」 제2조에 따른 중소기업자인 경우
3) 위반행위가 사소한 부주의나 오류로 인한 것으로 인정되는 경우
4) 위반행위자가 법 위반상태를 시정하거나 해소한 경우
5) 위반행위자가 해당 위반행위를 처음 한 경우로서 최근 3년 이내에 법 제3조의6에 따른 하도급대금 연동 우수기업등으로 선정된 사실이 있는 경우(해당 사업자등의 임직원이 선정된 경우를 포함한다)
6) 그 밖에 위반행위의 정도, 위반행위의 동기와 그 결과 등을 고려하여 줄일 필요가 있다고 인정되는 경우

2. 개별기준

(단위: 만원)

위반행위	근거 법조문	과태료 금액		
		1차 위반	2차 위반	3차 이상 위반
가. 법 제3조제2항제3호를 위반하여 하도급대금 연동에 관한 사항을 적지 않은 경우	법 제30조의2 제5항제1호	1,000		
나. 법 제3조제5항을 위반하여 거래상 지위를 남용하거나 거짓 또는 그 밖의 부정한 방법으로 같은 조의 적용을 피하려는 행위를 한 경우	법 제30조의2 제4항	3,000	4,000	5,000
다. 법 제3조의5를 위반하여 같은 조 각 호의 사항을 알리지 않거나 거짓으로 알린 경우	법 제30조의2 제5항제2호	100	200	300

라. 법 제22조의2제2항에 따른 자료를 제출하지 않거나 거짓으로 자료를 제출한 경우	법 제30조의2제6항	100	250	500
마. 법 제22조의2제4항을 위반하여 수급사업자로 하여금 자료를 제출하지 않게 하거나 거짓 자료를 제출하도록 요구한 경우 1) 원사업자 2) 원사업자의 임원, 종업원과 그 밖의 이해관계인	법 제30조의2제3항	 1,000 100	 2,500 250	 5,000 500
바. 법 제27조제1항에 따라 준용되는 「독점규제 및 공정거래에 관한 법률」 제66조에 따른 질서유지의 명령을 따르지 않은 경우	법 제30조의2제7항	50	75	100
사. 법 제27조제2항에 따라 준용되는 「독점규제 및 공정거래에 관한 법률」 제81조제1항제1호에 따른 출석처분을 위반하여 정당한 사유 없이 출석하지 않은 경우 1) 사업자 또는 사업자단체 2) 사업자 또는 사업자단체의 임원, 종업원과 그 밖의 이해관계인	법 제30조의2제1항제2호	 2,000 200	 5,000 500	 10,000 1,000
아. 법 제27조제2항에 따라 준용되는 「독점규제 및 공정거래에 관한 법률」 제81조제1항제3호 또는 같은 조 제6항에 따른 보고 또는 필요한 자료나 물건을 제출하지 않거나 거짓으로 보고 또는 자료나 물건을 제출한 경우 1) 사업자 또는 사업자단체 2) 사업자 또는 사업자단체의 임원, 종업원과 그 밖의 이해관계인	법 제30조의2제1항제3호	 2,000 200	 5,000 500	 10,000 1,000
자. 법 제27조제2항에 따라 준용되는 「독점규제 및 공정거래에 관한 법률」 제81조제2항 및 제3항에 따른 조사를 거부·방해·기피한 경우 1) 사업자 또는 사업자단체 2) 사업자 또는 사업자단체의 임원, 종업원과 그 밖의 이해관계인	법 제30조의2제2항	 10,000 2,500	 15,000 3,500	 20,000 5,000

하도급거래공정화지침

[시행 2025. 1. 1.] [공정거래위원회예규 제480호, 2025. 1. 1., 일부개정.]

Ⅰ. 목 적

이 지침은 「하도급거래 공정화에 관한 법률」(이하 "법"이라 한다) 및 같은 법 시행령에서 정한 하도급거래상 원사업자와 수급사업자의 구체적인 준수사항을 제시하여 법 위반행위를 예방하고, 법 집행기준을 명확히 하여 위반사건을 신속·공정하게 처리하도록 함으로써 공정한 하도급거래 질서 확립에 이바지하는데 그 목적이 있다.

Ⅱ. 용어의 정의

1. 연간매출액, 시공능력평가액, 자산총액

가. "연간매출액(이하 '매출액'이라 한다)"이라 함은 사업자의 하도급계약체결시점의 직전 사업년도의 매출총액을 말하며 이의 판단은「주식회사의 외부 감사에 관한 법률」에 의거 작성된 감사보고서 또는 관할세무서장이 확인·발급하는 "재무제표증명원"이 손익계산서상의 매출액을 원칙으로 하나, 불가피한 경우 "부가가치세 과세제표준 증명원"상 매출과세표준의 합계금액으로 할 수 있다.

나. "시공능력평가액"이라 함은 사업자의 하도급계약체결시점에 적용되는 시공능력평가액을 말하며, 수개 공종의 등록을 한 경우에는 이를 합산한다.

다. "자산총액"이라 함은 사업자의 하도급계약체결시점의 직전 사업년도의 자산총액을 말하며, 이의 판단은 「주식회사의 외부감사에 관한 법률」에 의거 작성된 감사보고서 또는 관할세무서장이 확인·발급하는 "재무제표증명원"의 재무상태표상의 자산총액으로 한다.

라. 신규사업자로서 하도급계약시점의 직전년도의 자산총액, 매출액을 정할 수 없을 경우의 "자산총액"은 사업개시일 현재의 재무상태표상에 표시된 자산총액, 매출액은 사업개시일부터 하도급계약체결일까지의 매출액을 1년으로 환산한 금액을 각각 적용한다.

마. 1개 사업자가 2개 이상의 업종(예 : 건설, 제조)을 영위할 경우 그 사업자의 매출액, 자산총액을 업종별로 구분하지 않고 합산하여 산출한다.

2. 할인가능어음

"할인가능어음"이라 함은 다음의 금융기관에 의하여 어음할인 대상업체로 선정된 사업자가 발행·배서한 어음 또는 신용보증기금 및 기술신용보증기금이 보증한 어음을 말한다.

가. 「은행법」 및 관련 특별법에 의하여 설립된 은행
나. 「종합금융회사에 관한 법률」에 의하여 설립된 종합금융회사
다. 「보험업법」에 의해 설립된 생명보험회사
라. 「상호저축은행법」에 의해 설립된 상호저축은행
마. 「여신전문금융업법」에 의해 설립된 여신전문금융회사
바. 「새마을금고법」에 의해 설립된 새마을금고
사. 「상법」에 의해 설립된 팩토링업무 취급기관

3. 기간계산

가. 법에서의 기간계산은 「민법」의 일반원칙에 따라 초일을 산입하지 아니하고 당해기간의 말일이 토요일 또는 공휴일에 해당하는 때에는 기간은 그 익일에 만료한다.(개정 2008. 12. 5.)

나. 이 지침에서 과거 1년간 또는 과거 3년간 등 기간산정의 시기(始期)를 결정함에 있어서 신고사건의 경우는 신고접수일을, 직권조사 사건의 경우는 자료제출요청일, 출석요청일, 현장조사 실시일 중 가장 빠른 날을 기준으로 한다.

4. 하도급거래 승계

가. 사업자가 합병, 영업양수, 상속 등을 통하여 권리의무를 포괄적으로 승계하는 경우에는 하도급거래에 따른 전사업자의 제반 권리의무를 승계한 것으로 본다.

나. 권리의무를 승계한 사업자는 승계한 시점에서 당사자의 요건을 충족하지 아니하더라도 이미 성립한 하도급거래에 따른 당사자로 본다.

다. 건설관계 법령<「건설산업기본법」, 「전기공사업법」, 「정보통신공사업법」, 「소방시설공사업법」 및 법 시행령 제2조(중소기업자의 범위 등) 제7항에서 열거한 법을 포함함. 이하 같음>에 의하여 등록·지정을 받은 권한을 양수한 자는 양수이전(양수시점에서 이미 시공완료 된 공사는 제외)의 공사부문에 대하여도 하도급거래 당사자로 본다.

라. 건설관계 법령의 규정에 의하여 영업정지, 등록의 취소, 시공자의 지위상실 및 기타의 사유로 자격을 상실한 사업자 또는 그 포괄승계인이 동 처분전의 공사를 계속 시공할 경우에는 같은 처분이전의 공사부분에 대해서는 물론, 처분이후의 공사부분에 대해서도 하도급거래 당사자로 본다.

5. 회사 임직원의 행위

회사의 임직원이 그의 업무와 관련하여 행한 행위는 회사의 행위로 본다.

6. 참작사유

법 제33조의 규정에 의하여 원사업자에게 시정조치를 함에 있어 수급사업자에게 책임이 있는 이유로 참작할 수 있는 경우를 예시하면 다음과 같다.

가. 하도급대금에 관한 분쟁이 있어 의견이 일치된 부분의 대금에 대하여 원사업자가 수급사업자에게 지급하거나 공탁한 경우

나. 원사업자가 수급사업자에게 선급금에 대한 정당한 보증을 요구하였으나 이에 응하지 않거나 지연되어, 선급금을 지급하지 않거나 지연 지급하는 경우

다. 목적물을 납품·인도한 후 원사업자가 정당하게 수급사업자에게 요구한 하자보증의무 등을 수급사업자가 이행하지 않아 그 범위 내에서 대금지급이 지연된 경우

라. 목적물의 시공 및 제조과정에서 수급사업자의 부실시공 등 수급사업자에게 책임을 돌릴 수 있는 사유가 있음이 명백하고 객관적인 증거에 의하여 입증되어 같은 수급사업자의 귀책부분에 대하여 하도급대금을 공제 또는 지연 지급하는 경우(예 : 재판의 결과 또는 수급사업자 스스로의 인정 등으로 확인 된 경우)

Ⅲ. 공정화지침

1. 법 적용대상이 되는 제조·수리·건설 및 용역위탁의 범위

가. 제조위탁의 범위

법 적용대상이 되는 제조위탁을 예시하면 다음과 같다.

(1) 사업자가 물품의 제조·판매·수리를 업으로 하는 경우

(가) 제조·판매·수리의 대상이 되는 완제품(주문자상표부착방식 제조포함)을 제조위탁 하는 경우

① 자기소비용의 단순한 일반사무용품의 구매나 물품의 생산을 위한 기계·설비 등을 단순히 제조위탁 하는 경우는 해당되지 않음

② 위탁받은 목적물을 제3자에게 제조위탁하지 않고 단순구매 하여 납품한 경우는 해당되지 않음

③ 위탁받은 사업자가 자체개발한 신제품을 위탁한 사업자의 승인 하에 제조하는 경우는 해당됨

(나) 물품의 제조·수리과정에서 투입되는 중간재(원자재, 부품, 반제품 등)를 규격 또는 품질 등을 지정하여 제조위탁 하는 경우

① 자동차·기계·전자제조업자 등이 부품제조를 의뢰하거나 부품의 조립 등 임가공을 위탁하는 경우

② 섬유·의류 제조업자가 원단의 제조를 위탁하거나 염색 또는 봉제 등 임가공을 위탁하는 경우

(다) 물품의 제조에 필요한 금형, 사형, 목형 등을 제조위탁 하는 경우

(라) 물품의 제조과정에서 도장, 가공, 조립, 주단조, 도금 등을 위탁하는 경우

(마) 수리업자가 물품의 수리에 필요한 부품 등의 제조를 위탁하는 경우

① 차량수리업자가 차량의 수리에 필요한 핸들, 브레이크 카바 등 자동차부품을 제조위탁 하는 경우

② 선박수리업자가 선박의 수리에 필요한 부품·선각제조 및 도장, 용접 등을 위탁하는 경우

③ 발전기 수리업자가 발전기의 수리에 필요한 부품 등을 제조위탁 하는 경우

(바) 물품의 제조나 판매에 부속되는 포장용기, 라벨, 견본품 및 사용안내서 등을 제조위탁 하는 경우

(사) (가)부터 (바)까지 관련하여 위탁받은 사업자가 제조설비를 가지고 있지 않더라도 위탁받은 물품의 제조에 대해서 전책임을 지고 있는 경우에는 제조위탁을 받은 것으로 본다. 다만, 무역업자가 제조업자의 요청으로 단순히 수출을 대행하는 경우에는 제조위탁으로 보지 아니한다.

(2) 사업자가 건설을 업으로 하는 경우

(가) 건설에 소요되는 시설물을 제조위탁 하는 경우로서, 규격 또는 성능 등을 지정한 도면, 설계도, 시방서 등에 의해 특수한 용도로 주문 제작한 것 : 방음벽, 갑문, 수문, 가드레일, 표지판, 주차기, 엘리베이터 등

(나) 건축공사에 설치되는 부속시설물로서 규격 등을 지정한 도면, 시방서 및 사양서 등에 의해 주문한 것 : 주방가구, 신발장, 거실장, 창틀 등

(다) 건설자재·부품에 대하여 규격 등을 지정한 도면, 시방서 및 사양서 등에 의해 주문한 것

① 거래관행상 시방서 등 성능, 품질, 규격 등을 지정한 주문서가 없더라도 지정된 시간과 장소에 납품하도록 제조를 위탁하는 것은 해당됨 : 레미콘, 아스콘 등

② 규격 · 표준화된 자재라 하더라도 특별히 사양서, 도면, 시방서 등을 첨부하여 제조위탁 하는 경우에는 포함됨

③ 단순한 건설자재인 시멘트, 자갈, 모래는 제외되나 규격 · 품질 등을 지정하여 골재 등을 제조위탁하거나 석산 등을 제공하여 임가공위탁 하는 경우는 해당됨

나. 수리위탁의 범위

수리사업자가 그 수리행위의 전부 또는 일부를 다른 수리사업자에게 위탁하는 경우

① 차량수리업자가 차량의 수리를 다른 사업자에게 위탁하는 경우

② 선박수리업자가 선박의 수리를 다른 사업자에게 위탁하는 경우

③ 발전기 수리업자가 발전기의 수리를 다른 사업자에게 위탁하는 경우

다. 건설위탁의 범위

법 적용대상이 되는 건설위탁을 예시하면 다음과 같다.

(1) 「건설산업기본법」 상 건설사업자의 건설위탁

(가) 「건설산업기본법」 제9조(건설업의 등록 등)에 따라 종합공사를 시공하는 업종 또는 전문공사를 시공하는 업종을 등록한 건설사업자가 시공자격이 있는 공종에 대하여 당해 공종의 시공자격을 가진 다른 등록업자에게 시공위탁 한 경우

(나) 건설사업자가 시공자격이 없는 공종을 부대공사로 도급받아 동 공종에 대한 시공자격이 있는 다른 사업자에게 시공위탁 한 경우

① 전기공사업 등록증을 소지하지 아니한 종합건설사업자가 전기공사가 주인 공사를 전기공사업 등록증을 소지한 사업자에게 전기공사를 시공하도록 의뢰한 경우는 시공을 위탁한 종합건설사업자가 전기공사업 등록증을 소지하지 아니하였으므로 이는 "건설위탁"으로 보지 않는다. 다만, 전기공사가 부대적인 공사인 경우에는 "건설위탁"으로 본다.

② 토공사업에만 등록한 전문건설사업자가 습식공사업에 등록한 전문건설사업자에게 습식공사를 시공의뢰 한 경우에는 건설위탁으로 보지 않는다.

(2) 전기공사업자의 건설위탁

「전기공사업법」 제2조 제3호에 따른 공사업자가 도급받은 전기공사의 전부 또는 일부를 전기공사업 등록을 한 다른 사업자에게 시공위탁 한 경우

(3) 정보통신공사업자의 건설위탁

「정보통신공사업법」 제2조 제4호에 따른 정보통신공사업자가 도급받은 정보통신공사의 전부 또는 일부를 정보통신공사업 등록을 한 다른 사업자에게 시공위탁 한 경우

(4) 소방시설공사업자의 건설위탁

「소방시설공사업법」 제2조 제1항 제2호에 따른 소방시설공사업 등록을 한 사업자가 도급받은 소방시설공사의 전부 또는 일부를 소방시설공사업 등록을 한 다른 사업자에게 시공위탁 한 경우

(5) 주택건설 등록업자의 건설위탁

「주택법」 제4조에 따른 주택건설사업 등록사업자가 그 업에 따른 주택건설공사의 전부 또는 일부를 시공자격이 있는 다른 사업자에게 시공위탁 한 경우

(6) 환경관련 시설업자의 건설위탁

「환경기술 및 환경산업 지원법」 제15조에 따른 등록업자가 그 업에 따른 해당 환경전문 공사의 전부 또는 일부를 시공자격이 있는 다른 사업자에게 시공위탁 한 경우

(7) 에너지관련 건설업자의 건설위탁

「에너지이용 합리화법」 제37조에 따른 등록업자, 「도시가스사업법」 제12조에 따른 시공자가 그 업에 따른 해당 에너지 관련 시설공사를 시공자격이 있는 다른 사업자에게 시공위탁 한 경우

(8) 경미한 공사의 건설위탁

「건설산업기본법」 상의 건설사업자 및 「전기공사업법」 상의 공사업자가 건설산업기본법 시행령 제8조 및 전기공사업법 시행령 제5조의 규정에 의한 경미한 공사를 상기 법령에 의한 등록을 하지 아니한 사업자에게 위탁한 경우

(9) 자체 발주공사의 건설위탁

건설업을 영위하는 사업자가 아파트신축공사 등 건설공사를 자기가 발주하여 다른 건설사업자에게 공사의 전부 또는 일부를 위탁하는 경우

(10) 형식적 하도급관계와 사실적 하도급관계

형식적 하도급관계와 사실상의 하도급관계가 다를 경우에는 사실상의 하도급거래를 적용대상으로 하고, 이를 예시하면 다음과 같다.

(가) 원사업자(A)가 사실상의 수급사업자(B)와 하도급관계를 맺고 있으면서 형식상으로는 A가 직영하는 것으로 되어 있을 경우 다음에 예시하는 바와 같은 사실에 의해서 사실상의 관계가 입증되면 A와 B사이에 하도급관계가 있다고 본다.

· B가 A에 대하여 당해 공사에 관하여 계약이행을 보증한 사실 또는 담보책임을 부담한 사실이 있는 경우
· B가 당해 공사와 관련된 인부의 산재보험료를 부담한 사실이 있는 경우
· 형식상으로는 B가 당해 공사에 전혀 관련이 없는 자로 되어 있으나 당해 공사를 시공함에 있어 공사일지, 장비가동일보, 출력일보, 유류 사용대장 등에 B의 책임 하에 장비, 인부 등을 조달하여 당해 공사를 시공한 것이 확인되는 경우
· 형식상으로는 B가 A의 소장으로 되어 있으나 B가 동 공사기간 중 A로부터 봉급을 받은 사실이 없는 경우
· 「총포・도검・화약류 등 단속법」 등 관계법령에 따라 B가 직접 허가를 받아 시공한 경우

① 원사업자(A)와 수급사업자(B)가 하도급계약을 맺었으나 실제공사는 B로부터 등록증을 대여 받은 무등록 건설업자(C)가 시공했을 경우 C는 무등록 사업자이므로 하도급법 적용대상으로 보지 않는다.

(11) 하도급계약체결 이후 건설사업자 요건 등 충족 시 법적용 가능성

사업자가 건설사업자 요건 등을 충족하지 않은 상태에서 거래를 하다가 이후 동 요건을 충족한 경우에는 새로운 하도급계약(변경 포함)분부터 법 상 당사자가 될 수 있다.

라. 용역위탁의 범위

<지식・정보성과물의 작성위탁의 법 적용 예시>

(1) 사업자가 정보프로그램 작성을 업으로 하는 경우

(가) 「소프트웨어 진흥법」 제2조 제1호의 규정에 의한 소프트웨어(컴퓨터・통신・자동화 등의 장비와 그 주변장치에 대하여 명령・제어・입력・처리・저장・출력・상호 작용이 가능하도록 하게 하는 지시・명령<음성이나 영상정보 등을 포함한다>의 집합과 이를 작성하기 위하여 사용된 기술서나 그 밖의 관련 자료를 말한다. 이하 같음)의 작성을 위탁하는 것

예) 소프트웨어개발을 위한 제안서・마스터플랜, 시스템구축 관련 설계(하드웨어, 소프트웨어, 네트워크 등), 시스템개발(하드웨어 및 소프트웨어 개발, 네트워크 설치 등)

(나) 「지능정보화 기본법」 제2조 제1호의 규정에 의한 "정보"(광(光) 또는 전자적 방식으로 처리되는 부호・문자・음성・음향 및 영상 등으로 표현된 모든 종류의 자료 또는 지식을 말한다)의 작성을 다른 사업자에게 위탁하는 것

(2) 사업자가 영화, 방송프로그램 그 밖에 영상・음성 또는 음향에 의하여 구성되어지는 성과물의 작성을 업으로 하는 경우 영화, 방송프로그램, 영상광고 등의 제작을 다른 사업자에게 위탁하는 것

(3) 사업자가 문자・도형・기호의 결합 또는 이것들과 색채의 결합에 의하여 구성되어 지는 성과물의 작성을 업으로 하는 경우

(가) 「건축사법」 제2조 제3호의 규정에 의한 설계도서의 작성을 다른 사업자에게 위탁하는 것

예) 건축물의 건축・대수선, 건축설비의 설치 또는 공작물의 축조를 위한 도면, 구조계획서 및 공사시방서

(나) 「엔지니어링산업 진흥법」 제2조 제1호의 규정에 의한 엔지니어링 활동 중 설계를 다른 사업자에게 위탁하는 것

예) 과학기술의 지식을 응용한 사업 및 시설물에 관한 설계

(다) 애니메이션, 만화 등의 제작을 다른 사업자에게 위탁하는 것

(라) 상품의 형태, 용기, 포장 및 광고 등에 사용되는 디자인의 제작을 다른 사업자에게 위탁하는 것

<역무의 공급위탁의 법적용 예시>

(1) 사업자가 엔지니어링 활동을 업으로 하는 경우

(가) 「엔지니어링산업 진흥법」 상 엔지니어링 활동을 업으로 하는 사업자가 공장 및 토목공사의 타당성 조사, 구조계산을 다른 사업자에게 위탁하는 것

(나) 시험, 감리를 다른 사업자에게 위탁하는 것

(다) 시설물의 유지관리를 다른 사업자에게 위탁하는 것

(2) 「화물자동차 운수사업법」 상 운수사업자가 화물자동차를 이용한 화물의 운송 또는 화물운송의 주선을 다른 사업자에게 위탁하는 것

(3) 「건축법」 상 건축물의 유지・관리를 업으로 하는 사업자가 건축물의 유지・보수, 청소, 경비를 다른 사업자에게 위탁하는 것

(4) 사업자가 경비를 업으로 하는 경우

(가) 「경비업법」 상 경비를 업으로 하는 사업자가 시설・장소・물건 등에 대한 위험발생 등을 방지하는 활동을 다른 사업자에게 위탁하는 것

(나) 「경비업법」 상 경비를 업으로 하는 사업자가 사람의 생명 또는 신체에 대한 위해의 발생을 방지하고 그 신변을 보호하기 위하여 행하는 활동을 다른 사업자에게 위탁하는 것

(5) 사업자가 물류 등을 업으로 하는 경우

(가) 「물류정책기본법」 상 물류사업을 업으로 하는 사업자 또는 국제물류주선업을 업으로 하는 사업자가 화물의 운송, 보관, 하역 또는 포장과 이와 관련된 제반활동을 위탁하거나 화물운송의 주선을 다른 사업자에게 위탁하는 것

(나) 「항만운송사업법」 상 항만운항업자가 같은 법 제2조 제1항에 의한 항만운송 및 제2조 제4항 항만운송관련사업 중 항만용역업을 다른 사업자에게 위탁하는 것

(다) 한국철도공사 등 철도운송업자가 「한국철도공사법」 제9조 제1항 제1호의 규정에 의한 운송사업을 다른 사업자에게 위탁하는 것

(6) 사업자가 「소프트웨어 진흥법」 제2조 제3호에 따른 소프트웨어사업을 업으로 하는 경우
(가) 수요자의 요구에 의하여 컨설팅, 요구분석, 시스템통합 시험 및 설치, 일정기간 시스템의 운영 및 유지·보수 등을 다른 사업자에게 위탁하는 것
(나) 소프트웨어 관련 서비스사업을 업으로 하는 사업자가 데이터베이스 개발·공급 및 컨설팅, 자료입력 등 단위 서비스제공 사업을 다른 사업자에게 위탁하는 것
(다) 위탁을 하는 사업자가 연구 및 개발을 업으로 하는 경우, 다른 사업자에게 기술시험, 검사, 분석, 사진촬영 및 처리, 번역 및 통역, 포장, 전시 및 행사 대행 등을 다른 사업자에게 위탁하는 것(단, 법 제2조 제13항 제1호의 규정에 의한 엔지니어링 활동은 제외)
(7) 사업자가 광고를 업으로 하는 경우
(가) 광고와 관련된 판촉, 행사, 조사, 컨설팅 등을 다른 사업자에게 위탁하는 것
(나) 영상광고와 관련된 편집, 현상, 녹음, 촬영 등을 다른 사업자에게 위탁하는 것
(다) 전시 및 행사와 관련된 조사, 기획, 설계, 구성 등을 다른 사업자에게 위탁하는 것
(8) 사업자가 「건축법」 제2조 제1항 제12호의 규정에 의한 건축주 등 부동산공급을 업으로 하는 경우 「건축물의 분양에 관한 법률」 제2조 제2호의 규정에 의한 분양의 업무를 다른 사업자에게 위탁하는 것
(9) 이상에서 열거한 역무의 공급을 위탁받은 사업자가 위탁받은 역무의 전부 또는 일부를 다른 사업자에게 위탁하는 것

2. 법 적용대상이 되는 사업자(폐지 : 2011. 4. 29., 시행 : 2011. 6. 30.)

3. 서면의 발급 (법 제3조, 시행령 제3조)
적법한 서면발급 여부에 관한 판단기준을 예시하면 다음과 같다.
(1) 기본계약서 또는 개별계약서에 위탁일, 품명, 수량, 단가, 하도급대금, 납기 등 법에서 규정하고 있는 중요기재사항을 담은 서면을 발급한 경우는 적법한 서면발급으로 본다.
(2) 빈번한 거래에 있어 계약서에 법정기재사항의 일부가 누락되어 있으나, 건별 발주 시 제공한 물량표 등으로 누락사항의 파악이 가능한 경우는 적법한 서면발급으로 본다.
(3) 법정기재사항의 일부분이 누락되었으나 업종의 특성이나 현실에 비추어 볼 때 거래에 큰 문제가 없다고 판단되는 경우는 적법한 서면발급으로 본다.
(4) 기본계약서를 발급하고 FAX, 기타 전기·전자적인 형태 등에 의해 발주한 것으로 발주내용이 객관적으로 명백하다고 판단되는 경우 적법한 서면발급으로 본다.
(5) 기본계약서를 발급하고 수출용물품을 제조위탁 하는 경우 수급사업자가 원사업자에게 제출한 물품매도확약서(offer sheet)를 개별계약서로 갈음할 수 있다.
(6) 양당사자의 기명날인이 없는 서면을 발급한 경우는 서면미발급으로 본다.
(7) 실제의 하도급거래관계와 다른 허위사실을 기재한 서면을 발급한 경우는 서면미발급으로 본다.
(8) 1건의 하도급공사에 대하여 2종 이상의 계약서(계약서로 간주될 수 있는 서류 포함)가 존재할 때는 실제의 하도급거래관계에 입각한 서면을 적법한 것으로 본다. 다만, 실제의 거래관계를 구체적으로 입증하지 못하는 경우에는 계약의 요건을 보다 충실하게 갖춘 서면(예 : 발주처에 통보한 서면 등)을 적법한 서면으로 본다.
(9) 추가공사의 위탁과 관련한 경우
(가) 추가공사에 대한 구체적인 추가계약서나 작업지시서 등을 발급하지 아니한 경우는 서면미발급으로 본다.

(나) 시공과정에서 추가 또는 변경된 공사물량이 입증되었으나 당사자간의 정산에 다툼이 있어 변경계약서 또는 정산서를 발급하지 아니하는 경우는 원사업자가 구체적으로 적시하지 않은 책임이 있는 것으로 보아 서면미발급으로 본다.

(다) 구체적인 계약서 형태를 갖추지 않았으나 원사업자의 현장관리자가 추가공사에 대한 금액 산정이 가능한 약식서류 등을 제공한 경우는 불완전한 서면발급으로 본다.

3-1. 하도급계약 추정제에서의 통지와 회신의 양식(법 제3조, 시행령 제5조제3항) (개정 : 2010. 10. 29.)

하도급법 시행령 제5조제3항에 따라 공정거래위원회가 정하여 보급할 수 있는 통지와 회신의 양식은 [서식1]과 [서식2]와 같다.

4. 부당한 하도급대금의 결정(법 제4조)(폐지 : 2007. 7.25.)
(⇒ 부당한 하도급대금 결정 및 감액 행위에 대한 심사지침 : 2013. 11. 29.)

5. 물품 등의 구매강제 금지(법 제5조)

발주자나 고객이 목적물의 제조 또는 시공의뢰 시, 특정물품 및 장비 등을 사용토록 요구하는 경우에는 부당한 물품의 구매강제행위에 해당되지 아니한다.

6. 선급금의 지급(법 제6조)

가. 선급금의 지연지급에 대한 지연이자 계산은 다음과 같다.

(1) 법정지급기일(원사업자가 발주자로부터 선급금을 지급받은 날로부터 15일, 제조 등의 위탁을 하기 전에 선급금을 받은 경우에는 위탁한 날로부터 15일)을 초과하여 선급금을 지급한 경우에는 법정지급기일을 초과한 날로부터 지급기일까지의 기간일수를 산정하여 이자를 부과한다. 다만, 원사업자가 발주자로부터 선급금을 지급받은 후 수급사업자에게 선급금 반환을 보증하는 증서(이하 '선급금 보증서'라 한다) 제출을 요청한 날로부터 수급사업자가 선급금보증서를 제출한 날까지의 기간일수는 지연이자 계산 시 공제할 수 있다.

<예 시>

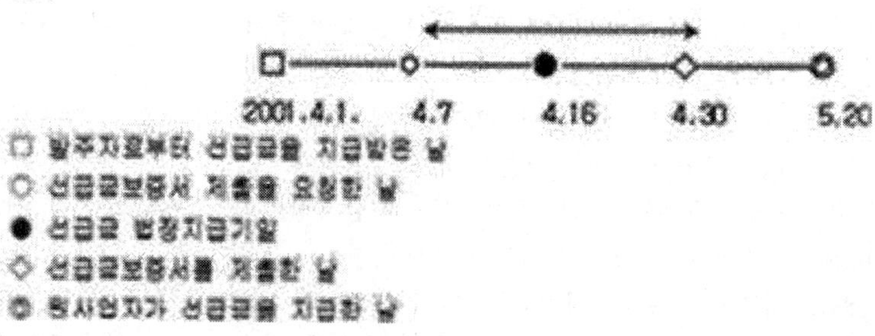

· 이자부과 일수 계산 예: 법정지급기일을 초과하여 지급한 일수(34일)-선급금보증서를 요청한 날로부터 제출한 날까지 일수(23일)=11일

(2) 선급금을 지급하지 않은 상태에서 기성금을 지급하는 경우 선급금 일부가 당해 기성금에 포함된 것으로 간주하여 지급기일을 초과한 날로부터 당해 기성금 지급일까지의 기간에 대한 이자를 부과한다.

· 사례 1) 선급금 전액을 미지급한 경우 ⇒ 총 지연이자 38.4만원

총 계약금액 : 5,000만원

선 급 금 : 1,000만원(공사금액의 20%)

발주자로부터 선급금을 지급받은 날 : 2010. 3. 17

선급금 지급기일 : 2010. 4. 1

<선급금 미지급에 따른 지연이자 계산내역>

(단위: 만 원)

구분	기성금액		당해 선급금1)	선급금 기산일2)	선급금 지연일수3)	지연이자4)
	일자	금액				
1회기성	2010. 4. 30.	1,000	200	2010. 4. 2.	29	2.5
2회기성	5. 31.	1,000	200	〃	60	5.1
3회기성	6. 30.	1,000	200	〃	90	7.6
4회기성	7. 31.	1,000	200	〃	121	10.3
5회기성	8. 31.	1,000	200	〃	152	12.9
계		5,000	1,000			38.4

주 1)선급금×당해 기성금 / 총 계약금액
2)선급금 지급기일을 초과한 날
3)기산일로부터 실제 기성금 지급일까지의 기간
4)당해 선급금 × 15.5%(공정위가 고시하는 지연이자율) × 선급금 지연일수/365일

· 사례 2) 선급금을 일부만 지급하면서 지연지급한 경우 ⇒ 총 지연이자 41.9만원

총 계약금액 : 10,000만원

선 급 금 : 2,000만원 (공사금액의 20%)

선급금 지급기일 : 2010. 4. 30

선급금 지급금액 : 1,000만원 (2010. 5. 10. 현금지급, 지급지연일수 : 10일)

- ① 선급금 중 1,000만원(공사금액의 10%)의 지연지급에 따른 지연이자 : 4.2만원

<선급금 지연지급(1,000만원)에 따른 지연이자 계산내역>

[1,000만원×15.5%(공정위가 고시하는 지연이자율)×10(지급기일을 초과한 날로부터 실제 지급일까지의 기간)/ 365 = 4.2만원]

- ② 선급금 중 1,000만원을 미지급함에 따라 발생한 지연이자: 37.7만원

<선급금 미지급(1,000만원)에 따른 지연이자 계산내역>

(단위: 만 원)

구분	기성금액		당해 선급금1)	선급금 기산일2)	선급금 지연일수3)	지연이자4)
	일자	금액				
1회기성	2010. 5. 31.	2,000	200	2010. 5. 1.	31	2.6
2회기성	6. 30.	3,000	300	〃	61	7.8
3회기성	7. 31.	1,000	100	〃	92	3.9
4회기성	8. 31.	2,000	200	〃	123	10.4
5회기성	9. 30.	2,000	200	〃	153	13.0
계		10,000	1,000			37.7

주 1)선급금×당해 기성금 / 총 계약금액
2)선급금 지급기일을 초과한 날
3)기산일로부터 실제 기성금 지급일까지의 기간
4)당해 선급금 × 15.5%(공정위가 고시하는 지연이자율) × 선급금 지연일수/365일

(3) 선급금 지급에 대한 지연이자 등의 지급기준

선급금의 "법정지급기일"이라 함은 발주자로부터 선급금을 받은 날(또는 원사업자가 제조 등의 위탁을 한 날)로부터 15일째 되는 날을 말한다.

(가) 수급사업자에게 법정지급기일을 초과하여 현금으로 지급하는 경우 : 법정지급기일을 초과한 날부터 지급일까지의 기간에 대한 지연이자 부과

(나) 수급사업자에게 법정지급기일내에 어음 등으로 지급하는 경우 : 법정지급기일을 초과한 날부터 어음만기일까지의 기간에 대한 할인료 부과

(다) 수급사업자에게 법정지급기일을 초과하여 어음등으로 지급하는 경우 : 법정지급기일을 초과한 날로부터 어음교부일까지의 기간에 대한 지연이자부과 및 어음교부일부터 만기일까지의 기간에 대한 할인료 부과

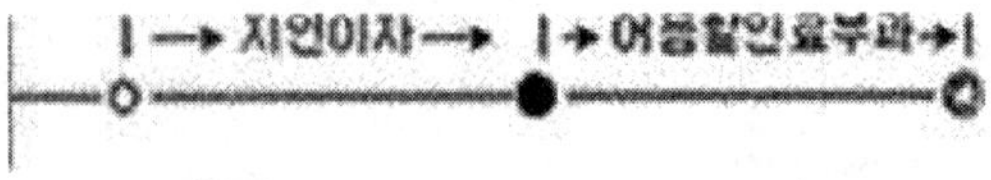

<범 례>
○ 법정지급기일
● 지급일(또는 어음교부일)
◎ 어음만기일

나. 원사업자가 발주자로부터 받은 선급금의 내용과 비율에 따른 판단 기준

(1) 발주자가 선급금을 지급하면서 특정한 공사나 품목을 지정하여 선급금을 지급하는 경우에는 발주자가 지정하는 용도에 한정하여 원사업자는 수급사업자에게 선급금을 지급하면 된다.
A라는 토목건축공사에 토공사, 철근콘크리트공사, 조경석재공사, 승강기설치공사 등 4개의 전문건설공사가 있다고 가정할 경우, 선급금을 지급하면서 토공사와 철근콘크리트공사에만 사용하도록 공사부문을 지정하였다면 토공사와 철근콘크리트공사부문 수급사업자에게만 선급금을 지급하여야 하고, 철근자재 구입에만 사용하도록 품목을 지정하였다면 철근자재를 사용하는 공사부문 수급사업자에게만 선급금을 지급하여야 하며, 선급금지급대상 공사 또는 품목전체에서 해당 공사가 차지하는 금액비율로 수급사업자에게 선급금을 지급하여야 한다.

(2) 발주자가 선급금을 지급하면서 특정한 품목이나 공사부문을 지정하지 않은 경우 원사업자는 전체 공사대금 중 하도급계약금액의 비율에 따라 수급사업자에게 해당 선급금을 지급하여야 한다.

7. 내국신용장의 개설 (법 제7조)

가. 원사업자가 수출할 물품을 수급사업자에게 제조위탁하면서 내국신용장을 미개설 하더라도 다음의 경우는 정당한 사유가 있는 것으로 본다.

(1) 수급사업자가 내국신용장의 개설을 원하지 아니한 사실이 명백한 경우

(2) 원사업자가 내국신용장 개설은행에 연체 및 대지급 당한 상태에 있거나 개설한도 부족 등으로 인하여 내국신용장 개설이 불가능한 경우

나. 수급사업자가 제조위탁을 받은 날로부터 15일을 초과하여 물품매도확약서를 제출하는 경우 원사업자가 물품매도확약서를 제출받은 후 지체 없이 내국신용장을 개설한 경우에는 위법한 것으로 보지 않는다.

다. 월 1회 이상 일괄하여 내국신용장을 개설하기로 원사업자와 수급사업자가 명백히 합의한 경우에는 그 정한 날에 내국신용장을 개설하면 위법한 것으로 보지 아니한다.

8. 부당한 수령거부의 금지 (법 제8조)(폐지 : 2013. 11. 29.)
(⇒ 부당한 위탁취소, 수령거부 및 반품행위에 대한 심사지침 : 2013. 11. 29.)

8-1. 검사의 방법 및 시기(법 제9조)

가. 검사의 방법으로는 당사자 간에 합의가 있다는 전제하에 전수검사, 발췌검사, 제3자에 대한 검사의뢰, 수급사업자에게 검사위임, 무검사 합격 등이 있다.

나. 검사결과의 통지기간의 예외 사유로 인정될 수 있는 '정당한 사유가 있는 경우'에 대한 판단기준을 예시하면 다음과 같다.

(1) 일일 평균 검사물량의 과다, 발주처에의 납기 준수 등 통상적인 사유에는 인정되지 아니한다.

(2) 거대한 건설공사(댐·교량공사, 대단위 플랜트 공사 등), 시스템 통합 용역 등 복잡·다양한 기술적 검사가 필요하여 장기간의 검사가 불가피하게 요구되는 경우에는 정당한 사유로 인정할 수 있다.

9. 부당반품의 금지 (법 제10조)(폐지 : 2013. 11. 29.)

(⇒ 부당한 위탁취소, 수령거부 및 반품행위에 대한 심사지침 : 2013. 11. 29.)

10. 부당감액의 금지 (법 제11조)(폐지 : 2007. 7.25)

(⇒ 부당한 하도급대금 결정 및 감액 행위에 대한 심사지침 : 2013. 11. 29.)

10-1. 경제적 이익의 부당요구 금지 (법 제12조의2)

원사업자의 경제적 이익이 부당요구행위를 예시하면 다음과 같다.

가. 원사업자의 수익 또는 경영여건 악화 등 불합리한 이유로 협찬금, 장려금, 지원금 등 경제적 이익(재물 및 경제적 가치 있는 이익을 포함. 이하 같음)을 요구하는 경우

나. 하도급거래 개시 또는 다량거래 등을 조건으로 협찬금, 장려금, 지원금 등 경제적 이익을 요구하는 경우

다. 기타 수급사업자가 부담하여야 할 법률상 의무가 없음에도 협찬금, 장려금, 지원금 등 경제적 이익을 요구하는 경우

10-2. 기술자료 제공 요구 금지 등 (법 제12조의3)(폐지 : 2011. 8. 16)

(⇒ 기술자료 제공 요구·유용행위 심사지침 : 2013. 11. 29.)

11. 하도급대금의 지급 (법 제13조)

가. 하도급대금을 어음으로 지급하였으나 지급받은 어음이 부도처리 된 경우에는 하도급대금을 지급하지 아니한 것으로 본다.

나. 하도급대금 지급 시 기산점이 되는 목적물의 수령일은 제조·수리위탁의 경우에는 원사업자가 수급사업자로부터 목적물의 납품을 받은 날, 건설위탁의 경우에는 원사업자가 수급사업자로부터 준공 또는 기성부분의 통지를 받고 검사를 완료한 날(법 제8조제2항 단서의 규정에 의한 목적물의 인수일)을 말한다. 다만, 납품이 빈번하여 상호 합의하에 월 1회 이상 세금계산서를 발행하도록 정하고 있는 경우에는 일괄 마감하는 날(세금계산서 발행일)을 말한다.

12. 현금비율 적용기준 (법 제13조 제4항)

가. 원사업자가 발주자로부터 지급받은 현금비율이 일정하지 아니한 경우 수급사업자에게 하도급대금을 지급함에 있어서는 하도급대금을 지급하기 직전에 원사업자가 발주자로부터 지급받은 현금비율 이상으로 지급하여야 한다. 원사업자가 발주자로부터 제1회 도급대금을 지급받기 전까지 수급사업자에게 하도급대금을 지급하는 경우에는 그러하지 아니한다.

다만 원사업자가 수급사업자에게 금회 하도급대금을 지급한 후 차회 하도급대금을 지급하기 전까지 발주자로부터 2회 이상 도급대금을 지급받은 경우에는 각각의 현금비율을 산술평균한 비율이상으로 지급하여야 한다.

(적용기준 예시)

도급대금 수령		하도급대금 지급	
수령일자	결제비율(현금:어음)	지급일자	현금결제비율
2. 1	50 : 50	1. 8	예외가능
5. 1	50 : 50	3. 5	50% 이상
5.15	60 : 40	4. 5	50% 이상
6. 1	20 : 80	7. 1	43% 이상 1)
8. 1	40 : 60	9. 1	40% 이상

주 1) 원사업자가 발주자로부터 5.1, 5.15, 6.1 지급받은 것을 산술평균한 비율 {(50+60+20)/3}

※ 현금비율은 다음과 같이 산정한다.

○ 원사업자가 발주자로부터 지급받은 현금비율 : 현금수령액/도급대금수령액

○ 원사업자가 수급사업자에게 지급하는 현금비율 : 현금지급액/ 하도급대금지급액

○ 금액단위는 천원으로 하고 천원미만은 버린다.

○ 현금비율 산정시 현금수령액(현금지급액)은 '현금', '수표', '만기일이 채권발행일 바로 다음날 도래하는 외상매출채권'에 의한 수령액(지급액)의 합계액을 말한다. (개정 : 2016. 7. 22.)

나. 원사업자가 다수의 발주자에게 납품하는 물품을 다수의 수급사업자에게 제조 등을 위탁하는 경우에 특정 수급사업자가 납품한 물품이 공급되는 발주자가 명확한 경우에는 당해 발주자로부터 원사업자가 받은 현금비율을 적용하고, 불명확할 경우에는 원사업자가 다수의 발주자로부터 받은 현금비율을 산술평균하여 적용한다.

다. 원사업자가 발주자로부터 선급금을 받은 때에도 그 지급받은 현금비율 이상으로 수급사업자에게 지급하여야 한다.

라. 법 제13조 제4항에 의한 현금비율유지 및 제13조 제5항에 의한 어음만기일 유지는 1999. 4. 1 이후 하도급계약이 체결된 하도급거래에 적용한다. 하도급계약의 체결시점을 판단하는데 있어서 제조위탁의 경우 기본계약이 아니라 발주서 등에 의한 개별계약의 체결시점을 기준으로 하며, 건설위탁의 경우 원칙적으로 당초 하도급계약 체결시점을 기준으로 한다.

마. 전체 목적물 중 일부 목적물에 대해 하도급대금이 도급대금보다 먼저 지급되는 경우 하도급대금의 지급이 현금비율 유지의무를 준수했는지 여부는 나중에 지급되는 도급대금 지급시점까지 하도급대금이 현금화된 정도를 고려하여 판단한다.

(적용기준 예시)

* 제3차 역무에 대한 도급 기성금을 수령하기 전까지 어음으로 지급한 제3차 역무에 대한 하도급 기성금이 현금화 되었다고 하면, 현금비율 유지의무를 준수한 것으로 봄

13. 어음만기일 유지 (법 제13조제5항)

가. 원사업자가 발주자로부터 교부받은 어음의 지급기간(발행일로부터 만기일까지)이 일정하지 아니한 경우 수급사업자에게 하도급대금을 지급함에 있어서는 하도급대금을 지급하기 직전에 원사업자가 발주자로부터 교부받은 어음의 지급기간을 초과하는 어음으로 하도급대금을 지급하여서는 아니 된다. 원사업자가 발주자로부터 제1회 도급대금을 지급받기 전까지 수급사업자에게 하도급대금을 지급하는 경우에는 예외로 할 수 있다.

다만, 원사업자가 수급사업자에게 금회 하도급대금을 지급한 후 차회 하도급대금을 지급하기 전까지 발주자로부터 2회 이상 도급대금을 지급받은 경우에는 각각의 어음지급기간을 산술평균하여 적용한다.

나. 원사업자가 다수의 발주자에게 납품하는 물품을 다수의 수급사업자에게 제조 등 위탁하는 경우에 특정 수급사업자가 납품한 물품이 공급되는 발주자가 명확한 경우에는 당해 발주자로부터 원사업자가 받은 어음지급기간을 적용하고, 불명확할 경우에는 원사업자가 다수의 발주자로부터 교부받은 어음지급기간을 산술평균하여 적용한다.

다. 발주자가 타인발행의 어음으로 도급대금을 지급한 경우에 어음의 지급기간은 원사업자가 어음을 교부받은 날로부터 만기일까지로 본다.

라. 원사업자가 발주자로부터 선급금을 지급받은 때에 어음이 포함되어 있는 경우 교부받은 어음의 지급기간을 초과하는 어음으로 수급사업자에게 교부하여서는 아니 된다.

14. 건설하도급 대금지급보증 (법 제13조의2)

원사업자의 하도급대금지급 보증과 관련한 위법성 판단기준을 예시하면 다음과 같다.

가. 원사업자는 하도급대금이나 공사기간이 조정되어 그에 따른 지급보증 변경이 필요한 경우 그 조정 시점에서 변경된 내용에 따라 수급사업자에게 추가로 대금지급을 보증하여야 한다. 다만, 추가공사의 공사금액이 1,000만원 이하의 경미한 공사인 경우에는 예외로 한다.(개정 2013. 12. 18.)

나. 하도급대금의 지급을 이미 보증한 사업자와 합병을 하거나 상속, 영업양수 등을 통하여 그 지위를 승계한 원사업자는 수급사업자에게 동 하도급대금에 대하여 별도의 지급보증을 하지 않아도 된다. 다만, 대금지급보증의무 대상사업자가 대금지급보증면제대상 사업자의 원사업자 지위를 승계한 경우에는 수급사업자에게 승계당시 잔여공사에 대하여 하도급대금의 지급을 보증하여야 한다.

다. 원사업자의 하도급대금 지급보증의무는 수급사업자와의 합의로 면제되지 아니한다.

14-1 하도급대금의 직접 지급

법 제14조 제5항과 관련하여, 수급사업자가 발주자로부터 하도급대금을 직접 지급받을 수 있도록 하기 위해 원사업자가 필요한 조치를 이행하여야 하는 기한은 다음과 같다.

가. 법 제14조 제1항 제1호의 사유에 따라 발주자가 하도급대금을 직접 지급하는 경우에는 수급사업자로부터 기성부분 내지 물량투입 등의 확인에 필요한 조치의 이행을 요청받은 날로부터 15일

나. 법 제14조 제1항 제2호 내지 제4호의 사유에 따라 발주자가 하도급대금을 직접 지급하는 경우에는 수급사업자로부터 기성부분 내지 물량투입 등의 확인에 필요한 조치의 이행을 요청받은 날로부터 5일

다. 다만, 사업자가 위 기한 내에 필요한 조치를 이행할 수 없는 특별한 사정이 있는 경우에는 그 사유와 이행 예정시기 등을 적시하여 소명자료를 위 기한 내에 공정거래위원회에 제출하여야 한다.

15. 관세 등의 환급 (법 제15조)

관세 등 환급액의 지연지급에 해당되지 않는 경우를 예시하면 다음과 같다.

가. 수급사업자가 기초원재료납세증명서 등 관세 환급에 필요한 서류를 원사업자에게 인도하지 아니하거나 지연하여 인도한 경우

나. 기초원재료납세증명서등 관세 환급에 필요한 서류상의 기재내용이 실거래와 상이하여 관세 환급을 받을 수 없는 경우

다. 수급사업자가 직접 관세 등을 환급받는 경우에는 수급사업자로부터 관세 등 환급에 필요한 환급위임장의 발급을 요청받았을 때 원사업자가 이를 지체 없이 발급해 준 경우

16. 설계변경 등에 따른 하도급대금의 조정(법 제16조)

가. 원사업자가 발주자로부터 설계변경 등에 따른 계약금액의 조정을 받은 경우 추가금액의 내용과 비율이 명확한 경우에는 그 내용과 비율에 따라 수급사업자에게 하도급대금을 지급하여야 하고, 내용이 불명확한 경우에는 발주자가 지급한 평균비율을 적용 지급하여야 한다.

나. 원사업자가 발주자로부터 물가변동 등 경제상황의 변동에 따른 계약금액의 조정을 받은 경우, 하도급계약이 발주자로부터 조정받기 이전에 체결되었다 하더라도 발주자로부터 조정 받은 기준시점 이후 잔여공사에 대하여 수급사업자에게 대금을 조정해준 경우에는 적법한 것으로 본다.

다. 발주자로부터 조정 받은 기준시점 이후에 체결된 하도급계약분에 대하여는 수급사업자에게 대금을 조정해 주지 않아도 적법하다, 다만, 조정기준시점 이전에 이미 선시공 등 사실상 하도급거래가 있었다는 객관적인 사실이 입증되는 경우에는 상기 "가"항에 따라 적용한다.

라. 원사업자가 발주자로부터 물가변동과 관련 추가금액을 지급받고도 원사업자와 수급사업자간 약정이나 국가를 당사자로 하는 계약에 관한 법률 시행령 제64조(물가변동으로 인한 계약금액의 조정)를 이유로 조정해주지 않은 경우에는 법 위반행위로 본다.

마. 물가변동과 관련 발주자로부터 조정 받은 추가금액을 수급사업자에게 조정해주는데 있어서 물가변동조정기준시점이전에 지급한 선급금은 물가변동조정대상금액에서 제외할 수 있다.

바. 원사업자가 발주자로부터 물가변동 등의 이유로 추가금액을 지급받은 때, 일부 공종에 있어 하도급금액이 원도급금액을 상회한 경우에도 하도급금액을 기준으로 증액해 주어야 한다.

16-2. 원재료가격 변동에 따른 하도급대금의 조정(법 제16조의2)(폐지 : 2014. 1. 1.)

17. 부당한 경영간섭의 금지 (법 제18조)

가. 법 제18조에 규정된 경영간섭 행위의 부당성은 수급사업자가 자율적으로 결정할 수 있는 사안에 대해 간섭하는 원사업자의 행위로서 그 행위가 원사업자 자신이나 특정한 자(회사 또는 자연인)의 사적 이득을 위한 것인지, 국민경제 발전 도모라는 공익을 위한 것인지, 수급사업자에게 불이익한 결과를 초래하는지, 비용 절감·품질 향상 등 효율성 증진 효과 또는 수급사업자의 경영여건이나 수급사업자 소속 근로자의 근로조건 개선 효과를 나타낼 수 있는지 여부 등을 종합적으로 고려하여 판단한다.

나. 원사업자의 부당한 경영간섭행위를 예시하면 다음과 같다.

(1) 수급사업자가 임직원을 선임·해임함에 있어 자기의 지시 또는 승인을 얻게 하거나 수급사업자의 의사에 반하여 특정인을 채용하게 하는 등의 방법으로 인사에 간섭하는 행위

(2) 수급사업자의 생산품목·시설규모 등을 제한하는 행위

(3) 1차 수급사업자의 재하도급거래에 개입하여 자신의 위탁한 목적물의 품질유지 및 납기 내 납품여부 등 하도급거래의 목적달성과 관계없이 원사업자 자신이나 특정한자(회사 또는 자연인)의 사적 이득을 위해 2차수급사업자의 선정·계약조건설정 등 재 하도급거래내용을 제한하는 행위

(4) 수급사업자가 정상적으로 공사를 시공 중에 있음에도 불구하고 수급사업자의 의사에 반하여 현장근로자를 동원하여 공사를 시공케 하는 행위

(5) 수급사업자로 하여금 자신 또는 자신의 계열회사의 경쟁사업자와 거래하지 못하도록 하는 행위

(6) 원사업자가 자신이 위탁한 목적물의 품질유지 및 납기 내 납품여부 등 하도급거래의 목적달성과 관계없이 원사업자 자신이나 특정한 자(회사 또는 자연인)의 사적 이득을 위해 수급사업자의 사업장에 출입하여 생산과정, 투입인력, 재료배합 등을 실사하는 행위. 다만, 건설위탁의 경우 원사업자가 공사 현장에 출입하는 행위는 이에 해당하지 아니한다.

다. 다음과 같은 행위는 부당한 경영간섭행위에 해당되지 아니한다.

(1) 원사업자가 하도급법 제3조의3에 근거한 협약(이하 '협약'이라 함) 체결의 대상이 되는 수급사업자에게 행하는 다음과 같은 행위

① 2차 또는 그 이하 수급사업자와 협약을 체결하도록 권유하는 행위

② 원사업자가 수급사업자에게 지원한 범위 안에서 2차 또는 그 이하 수급사업자에게 지원하도록 요청 내지 권유하는 행위

(2) 원사업자가 협약을 체결하지 않은 경우일지라도 수급사업자에게 다음과 같은 행위를 통해 지원하면서 수급사업자로 하여금 2차 또는 그 이하 수급사업자에게도 동일한 행위를 하도록 요청 또는 권유하는 행위

① 표준하도급계약서를 사용하여 계약을 체결하는 행위

② 하도급대금 지급관리시스템을 통해 하도급대금을 지급하는 행위

③ 하도급대금을 일정한 기한 내에 일정한 현금결제비율로 지급하는 행위

④ 인건비·복리후생비 지원 등 근로조건을 개선하는 행위

⑤ 직업교육·채용박람회 실시 및 채용연계 등 일자리창출을 지원하는 행위

⑥ 하도급대금 연동계약을 체결하는 행위

⑦ ①~⑥ 이외의 행위로서 효율성 증진·경영여건 개선·소속 근로자 근로조건 개선 등의 효과를 발생시키는 행위

라. 법 제18조 제2항 제3호에 규정된 '정당한 사유'란 당해 행위의 합목적성 및 대체수단의 유무 등을 고려할 때 제조 등 위탁목적을 달성하기 위하여 수급사업자의 경영정보가 절차적·기술적으로 불가피하게 필요하게 되는 경우를 의미한다. 다만, 이 경우에도 요구되는 정보는 목적달성을 위해 필요한 최소범위를 넘어서는 아니된다. 예를 들어, 원사업자는 수급사업자가 정보제공의 목적과 무관한 일부 내용을 삭제한 상태로 정보를 제공하였음에도 불구하고 완전한 상태의 경영상 정보의 제공을 요구하여서는 아니된다.

마. 다음과 같은 행위는 법 제18조 제2항 제3호에서 금지하는 경영상의 정보 요구행위에 해당되지 아니한다.

(1) 원사업자가 관계법령 상 자신의 의무를 이행하기 위하여 필요한 정보를 요구하는 경우(예: 건설위탁과 관련하여 원사업자가 수급사업자 소속 근로자의 임금을 구분 지급 또는 직접 지급하기 위하여 필요한 임금 관련 정보를 요구하는 경우, ESG 관계법령 등 준수를 위해 필요한 정보를 요구하는 경우, 성실한 협의를 거쳐 수급사업자의 의사에 따라 연동계약을 체결 및 이행하기 위해 필요한 정보를 요구하는 경우)

(2) 원·수급사업자가 공동으로 입찰에 참여하는 과정에서 상호 공유할 필요가 있는 정보를 요구하는 경우

(3) 원·수급사업자가 공동으로 신제품을 개발하는 과정에서 필요한 세부정보를 요구하는 경우

(4) 양산(量産)되지 않거나 시장가격이 형성되지 않은 품목에 관한 하도급계약과 관련하여 정산 등 계약이행을 위해 필요한 정보를 요구하는 경우

(5) 원사업자가 법 제3조의3에 근거한 협약체결의 대상이 되는 수급사업자에게 2차 또는 그 이하 수급사업자에 대한 지원실적의 증빙자료를 요구하는 경우

17-1. 보복조치의 금지 (법 제19조)

가. 원사업자의 '그 밖의 불이익을 주는 행위'를 예시하면 다음과 같다.

(1) 원사업자가 기존의 생산계획 등에 따라 생산을 하여야 하는 상황이거나 발주자로부터 향후 확보할 수 있는 예상물량이 충분함에도 불구하고 법 제19조 각 호의 신고, 조정신청, 조사협조를 한 수급사업자에 대해 정당한 사유 없이 기존 하도급거래상의 물량과 비교하여 발주물량을 축소하여 불이익을 주는 행위

(2) 법 제19조 각 호의 신고, 조정신청, 조사협조를 한 수급사업자에 대해 원사업자가 정당한 사유 없이 그간 지급·제공하던 원재료, 자재 등의 공급을 중단하거나 회수하는 등의 방법으로 수급사업자의 사업활동을 곤란하게 하는 행위

(3) 원사업자가 동종업계 다른 원사업자들로 하여금 법 제19조 각 호의 신고, 조정신청, 조사협조를 한 수급사업자를 대상으로 거래정지, 수주기회 제한, 위 (1), (2)의 행위를 하도록 하는 행위

(4) 기타 합리성·객관성이 결여되거나 일반적인 거래관행상 통용되지 않는 수단·방법을 활용해 법 제19조 각 호의 신고, 조정신청, 조사협조를 한 수급사업자에 대해 불이익을 주는 행위

나. 수급사업자의 법 제19조 각호의 신고, 조정신청, 조사협조와 원사업자의 해당 수급사업자에 대한 수주기회 제한, 거래정지, 그 밖의 불이익을 주는 행위 간에 인과관계가 있는지 여부는 해당 수급사업자가 신고, 조정신청 등을 한 시점과 원사업자의 수주기회 제한 등의 행위가 발생한 시점간의 격차, 해당 수급사업자를 제외한 동종업계 다른 수급사업자들과 그 원사업자간의 거래내용 및 상황, 해당 수급사업자와 그 원사업자간의 거래이력, 발주자의 발주물량 축소 등의 거래여건의 변화 등 행위 당시의 구체적인 사정을 고려하여 개별적으로 판단한다.

18. 탈법행위의 금지 (법 제20조)

원사업자의 탈법행위를 예시하면 다음과 같다.

가. 공정거래위원회의 시정조치에 따라 하도급대금 등을 수급사업자에게 지급한 후 이를 회수하거나 납품대금에서 공제하는 등의 방법으로 환수하는 행위

나. 어음할인료·지연이자 등을 수급사업자에게 지급한 후 이에 상응하는 금액만큼 일률적으로 단가를 인하하는 행위

다. 수급사업자에게 선급금 포기각서 제출을 강요한 후 선급금을 지급하지 않는 행위(신설: 2010. 7. 23.)

19. 하도급분쟁조정협의회 조정요청 범위(법 제24조, 제24조의2, 제24조의3, 제24조의4, 제24조의5, 제24조의6)

가. 공정거래위원회는 다음 중 어느 하나에 해당하는 경우, 하도급분쟁조정협의회에 직권으로 조정을 의뢰할 수 있다.

(1) 조정을 통한 분쟁해결이 우선적으로 필요하다고 판단되는 경우 (단, 법 제3조, 제12조의3, 제18조, 제19조, 제20조 관련 행위만을 대상으로 하는 분쟁은 제외한다)

(2) 신고인이 서면으로 조정의사를 표명한 경우

나. '가'에 해당하더라도 다음 중 어느 하나에 해당하는 경우에는 공정거래위원회가 직접 처리하여야 한다.

(1) 피조사인이 과거(신고접수일 기준) 1년 간 법 위반실적이 있고 과거 3년 간 부여받은 벌점의 누계가 4점 이상인 경우

(2) 피조사인이 과거(신고접수일 기준) 1년 간 법 위반행위를 한 것으로 인정되어 분쟁조정협의회로부터 조정안을 제시받은 횟수가 3회 이상인 경우

다. 신청인이 협의회에 분쟁조정을 신청한 사건에 대하여 협의회로부터 조정불성립을 통보받고 공정거래위원회에 분쟁조정신청과 동일한 내용으로 신고한 경우, 신고인이 분쟁조정기관에 제출한 조정신청서를 공정위에 대한 불공정하도급거래행위 신고서로 갈음할 수 있다.

20. 관계 행정기관의 장의 협조(법 제26조 제1항)

(1) 공정거래협약평가 우수업체, 하도급거래 모범업체, 상습법위반사업자 등을 선정한 경우, 선정일로부터 1개월 이내에 해당 사업자의 명단 등을 서면으로 국토교통부, 중소벤처기업부, 금융위원회, 조달청 등 관계 행정기관의 장에게 통지한다.

(2) 매년 관계 행정기관의 장에게 조치를 취한 사업자 명단, 조치를 취한 시점, 구체적인 조치의 내용 등 조치 내역을 요청하여 집계한다.

21. 하도급법 위반사업자에 대한 조치

가. 하도급법 위반사업자에 대한 누산벌점 관리

하도급법 위반사업자에 대한 누산벌점관리는 하도급법 시행령 제17조 제1항 및 별표 3의 규정에 의하며, 세부적인 판단기준은 다음과 같다.

(1) 표준하도급계약서 사용에 따른 벌점 경감

(가) 표준하도급계약서 사용비율은 기준연도에 체결한 총 계약건수 중에서 표준하도급계약서를 사용한 계약건수의 비율을 말한다.

(나) 계약건수는 신규, 변경, 갱신계약 건수를 모두 포함한다. 다만, 기본계약을 체결하고 개별계약을 별도로 체결한 경우 개별계약 건수를 기준으로 산정한다.

(다) 표준하도급계약서 개정일로부터 3개월이 경과했음에도 불구하고 개정 전의 표준하도급계약서를 사용하여 하도급계약을 체결한 경우는 표준하도급계약서를 사용한 계약건수에서 제외한다.

(2) 입찰정보공개에 따른 벌점 경감

입찰결과를 하도급 입찰에 참가한 사업자 중 일부에게 공개하지 않은 경우 또는 입찰결과(입찰금액과 낙찰금액) 중 일부를 누락하고 공개한 경우는 입찰정보를 공개하지 않은 건으로 간주한다.

(3) 하도급거래 모범업체에 대한 벌점 경감

법위반 사업자가 하도급거래 모범업체에 선정되어 벌점을 경감받는 경우, 모범업체 선정요건과 중복되는 다른 경감사유(표준하도급계약서 사용 우수업체, 현금결제비율 우수업체, 공정거래협약 평가 우수업체)는 해당 사업자에게 적용하지 않는다.

(4) 하도급대금 직접 지급에 따른 벌점 경감

(가) 하도급대금 직접 지급 비율은 하도급계약에 따라 원사업자가 수급사업자에게 지급해야 하는 하도급대금 합계 중에서 하도급대금지급관리시스템을 활용하거나 발주자・원사업자・수급사업자가 합의하여 발주자가 직접 수급사업자에게 지급한 하도급대금 합계의 비율을 말한다.

(나) 원사업자가 발주자로부터 도급을 받지 않고 자신의 업무를 위탁하여 하도급계약을 체결한 경우, 해당 계약에 따라 지급해야 하는 하도급대금은 (가)의 '원사업자가 수급사업자에게 지급해야 하는 하도급대금 합계' 및 '발주자가 직접 수급사업자에게 지급한 하도급대금 합계'에 포함되지 않는다.

(5) 수급사업자 피해구제에 따른 벌점 경감

(가) 수급사업자에 대한 피해구제 비율은 수급사업자가 입은 피해 금액 중에서 원사업자가 자발적으로 피해를 구제한 금액의 비율을 말한다. 이 경우 원사업자가 공정거래위원회의 시정명령, 법원의 판결 등을 이행하기 위해 수급사업자의 피해를 구제한 경우는 자발적이라고 보기 어려우므로 원사업자의 피해구제 금액에서 제외한다.

(나) 벌점 경감비율은 (가)에 따라 도출된 피해구제 비율과 피해구제의 신속성, 구제 규모 등을 고려하여 사건별로 결정한다.

(다) 각 사건별로(의결서를 기준으로 구분한다) 해당 사건과 관련된 벌점의 합계에 벌점 경감비율을 곱하여 경감점수를 각각 산정한다.

(라) 원사업자가 법 위반행위를 자진시정하여 하도급법 시행령 별표3 제2호가목1) 또는 같은 목 4)에 따른 벌점을 부과받은 경우, 해당 법 위반행위와 관련된 수급사업자의 피해 금액 및 원사업자의 피해구제 금액, 해당 법 위반행위에 대한 시정조치에 따른 벌점 등은 피해구제 비율 및 경감점수에 반영하지 않는다.

(6) 연동계약 체결에 따른 벌점 경감

(가) 연동계약을 체결한 비율은 다음과 같이 산정한다.

$$\text{연동계약 체결 비율} = \frac{\text{연동계약을 포함한 계약건수}}{\text{기준연도에 체결한 총 계약건수}} \times 100$$

(나) 계약건수는 신규, 변경, 갱신계약 건수를 모두 포함하며, 이때 변경계약은 연동계약을 신규 도입하는 내용의 변경계약만 포함한다. 다만, 기본계약을 체결하고 개별계약을 별도로 체결한 경우 개별계약 건수를 기준으로 산정한다.

(다) 연동계약으로 인정받기 위해서는 원재료 가격 변동분이 하도급대금에 반영되는 비율을 50% 이상으로 하는 내용이 연동계약서에 명시되어 있어야 한다.

(7) 하도급대금증액비율에 따른 벌점 경감

(가) 하도급대금증액비율은 다음과 같이 산정한다.

$$\text{하도급대금증액비율} = \frac{\text{기준연도에 증액하여 지급한 대금의 증액분}}{\text{당초 지급하기로 한 하도급대금의 총액}} \times 100$$

(나) 당초 지급하기로 한 하도급대금의 총액은 기준연도에 대금이 전부 또는 일부 지급된 계약의 최초 계약 시 지급하기로 한 하도급대금 총액을 말한다. 최초 계약 시 단가계약을 한 경우, 계약된 단가와 기준연도에 대금 지급이 완료된 수량을 곱하여 산정하며, 기준연도에 하도급대금이 일부만 지급된 경우에는, 일부 지급된 부분이 목적물 전체에서 차지하는 비율을 하도급대금 총액에 곱하여 산정한다.

(다) 기준연도에 증액하여 지급한 대금의 증액분은 기준연도에 실제 지급한 금액에서 당초 지급하기로 한 하도급대금을 제하여 산정한다.

(라) 하도급대금증액비율에 더하여, 원재료 가격이 변동하는 경우 그 변동분에 연동하여 하도급대금이 조정되는 비율 등 구체적 사정을 고려하여 1점 이하의 범위에서 추가 경감할 수 있다. 추가 경감을 위해서는 연동계약 체결 시 하도급대금을 원재료 가격의 상승에만 연동하거나, 연동계약 체결 후 원재료 가격 하락에도 불구하고 대금을 유지하는 등 수급사업자 이익을 보호하기 위한 조치를 하였음을 원사업자가 입증하여야 한다.

(8) 불복절차가 진행되는 경우 등에 대한 누산점수 산정

(가) 이의신청, 취소소송, 무효확인소송 등 불복절차가 진행 중인 경우, 불복의 대상이 되는 사건에 대한 벌점은 누산점수에서 제외한다. 이 경우, 해당 사건에 대한 불복절차가 종료되면 그 결과를 반영하여 누산점수를 다시 산정한다.

(나) 과거에 입찰참가자격 제한 요청이 이루어진 하도급법 위반사업자에 대해 다시 입찰참가자격 제한을 요청하기 위해 누산점수를 산정하는 경우, 과거에 입찰참가자격 제한 요청시 누산점수 산정의 대상이 된 사건에 대한 벌점은 누산점수에서 제외한다.

(다) 과거에 영업정지 요청이 이루어진 하도급법 위반사업자에 대해 다시 영업정지를 요청하기 위해 누산점수를 산정하는 경우, 과거에 영업정지 요청시 누산점수 산정의 대상이 된 사건에 대한 벌점은 누산점수에서 제외한다.

나. 입찰참가자격제한 및 영업정지 요청

(1) 검토대상 사업자 선정

(가) 시정조치일로부터 과거 3년간의 누산벌점이 입찰참가자격제한 요청 기준점수(5점) 또는 영업정지 요청 기준점수(10점)를 초과하는 사업자를 각각 선별한다.

(나) 누산점수 산정시에는 불복절차가 진행중인지 여부 및 불복절차의 결과, 해당 사업자에 대해 과거에 입찰참가자격제한 요청 또는 영업정지 요청이 이루어졌는지 여부 등을 확인하여 반영한다.

(2) 사전통지

검토대상 사업자에게 누산벌점을 서면으로 통지하고 벌점 관련 소명자료, 벌점경감 신청서 및 근거자료 등을 요청한다.

(3) 입찰참가자격제한 및 영업정지 요청 여부 검토

(가) 검토대상 사업자가 제출한 자료를 토대로 벌점 경감사유에 해당되는지 여부 등을 판단하고, 이를 반영하여 누산점수를 재산정한다.

(나) 벌점 경감여부 판단을 위해 필요한 경우 하도급법에 따라 현장조사를 실시한다.

(4) 공정거래위원회 상정 및 심의

경감점수 등을 고려하여 산정한 누산점수가 입찰참가자격제한 요청 기준점수(5점) 또는 영업정지 요청 기준점수(10점)를 초과하는 경우, 심사보고서를 작성하여 공정거래위원회에 상정하여 심의절차를 진행한다.

(5) 관계 행정기관의 장에 대한 입찰참가자격제한 또는 영업정지 요청

(가) 공정거래위원회가 입찰참가자격제한 또는 영업정지를 요청하기로 결정한 경우, 심사관은 결정일로부터 1개월 이내에 관계 행정기관의 장에게 서면으로 요청해야 한다. 다만, 해당 사업자가 집행정지 소송을 제기한 경우에는 법원의 결정을 확인한 후 요청한다.

(나) 입찰참가자격제한 요청의 대상이 되는 관계 행정기관의 장은 국가종합전자조달시스템과 국방전자조달시스템을 통한 입찰을 제한할 수 있는 행정기관의 장을 각각 선정하되, 다음의 우선순위에 따라 결정한다.

○ 1순위 : 입찰참가자격 제한 요청의 원인이 된 벌점 부과와 관련된 계약을 체결한 이력이 확인되는 경우, 입찰참가자격 제한 요청 대상 사업자와 해당 계약을 체결한 행정기관의 장(벌점 부과와 관련된 계약을 체결한 행정기관이 복수인 경우에는 가장 중한 위반 행위와 관련된 계약 건을 체결한 관계 행정기관의 장)

○ 2순위 : 입찰참가자격 제한 요청의 원인이 된 벌점 부과와 관련된 계약은 아니지만 입찰참가자격 제한 요청 대상 사업자와의 계약 체결 이력이 확인되는 경우, 해당 계약을 체결한 행정기관의 장

○ 3순위 : 입찰참가자격 제한 요청 대상 사업자와 계약이 체결되지 않았으나 입찰에 참여였거나 견적서를 제출한 이력이 확인되는 경우, 해당 계약 관련 업무를 처리한 행정기관의 장

(다) 같은 우선순위에 복수의 행정기관의 장이 존재하는 경우, 다음 기준에 따라 요청한다.

○ 중앙 행정기관의 장과 지방자치단체의 장이 모두 존재하는 경우 : 중앙 행정기관의 장

○ 복수의 중앙행정기관의 장 또는 복수의 지방자치단체의 장이 존재하는 경우 : 가장 최근에 입찰참가자격 제한 요청 대상 사업자와 계약을 체결하였거나, 해당 사업자가 가장 최근에 입찰에 참여하거나 견적서를 제출한 건과 관련하여 업무를 처리한 행정기관의 장

(라) (가)부터 (다)까지의 기준에 해당하는 행정기관의 장이 존재하지 않는 경우, 입찰참가자격 제한 요청의 원인이 된 법위반 행위의 성격, 해당 사업자가 영위하는 업종 등 관련 사항을 종합적으로 고려하여 결정한다.

(6) 관계 행정기관의 장의 처분 이행결과 확인

관계 행정기관의 장에게 공정거래위원회의 요청에 따라 처분한 후 30일 이내에 그 결과를 공정위에 서면으로 통보하도록 요청하고, 관계 행정기관의 장의 회신 내용을 확인한다.

다. 공정거래위원회로부터 시정명령을 받은 사실 공표

법위반사업자에게 공정거래위원회로부터 시정명령을 받은 사실의 공표를 명함에 있어서는"공정거래위원회로부터 시정명령을 받은 사실의 공표에 관한 운영지침"을 따르되, 위반행위의 내용·정도, 위반동기 등을 종합적으로 감안하여 공표여부를 결정한다.

라. 기타 시정조치에 관하여 필요한 기준은 공정거래위원회가 제정한 「공정거래위원회 회의운영 및 사건절차 등에 관한 규칙」에 의한다.

마. 공정거래위원회는 조사개시일(신고사건의 경우 신고접수일, 직권조사 사건의 경우 자료제출요청일, 출석요청일, 현장조사 실시일 중 가장 빠른 날) 이전에 해당 사업자가 자체적으로 점검하여 확인한 법위반 행위에 대해 대금지급, 특약 삭제·수정 등 스스로 시정(수급사업자에게 피해가 발생한 경우 그 피해구제 조치 완료도 포함)한 사안에 대해서는 법 제25조, 법 제25조의3, 법 제26조 제②항, 법 제32조에 따른 조치를 배제할 수 있다.

22. 과태료의 부과방법 (법 제30조의2 제1항)

과태료는 총 하도급 거래금액 중 법위반금액 비율, 기업규모, 고의성 여부 및 과거 법위반실적 등을 감안하여 부과한다.

23. 직권실태조사 면제 (개정 2014. 11. 19.)

공정거래위원회는 하도급거래 모범업체로 선정된 사업자에 대해 1년간(익년도) 하도급거래 직권실태조사를 면제할 수 있다.

Ⅳ. 유효기간

이 지침은「훈령·예규 등의 발령 및 관리에 관한 규정」에 따라 이 지침을 발령한 후의 법령이나 현실 여건의 변화 등을 검토하여야 하는 2027년 6월 30일까지 효력을 가진다.

부칙 <제480호, 2025. 1. 1.>

이 지침은 2025년 1월 1일부터 시행한다.

별표 / 서식

[서식 1] 위탁내용 확인 요청서

[서식 2] 위탁내용 확인 요청에 대한 회신

【서식 1】 통지의 양식

위탁내용 확인 요청서

<table>
<tr><td colspan="5">1. 원사업자와 수급사업자</td></tr>
<tr><td>원사업자 (수신인)</td><td>사업자명</td><td></td><td>주소</td><td></td></tr>
<tr><td>수급사업자 (발신인)</td><td>사업자명</td><td></td><td>주소</td><td></td></tr>
<tr><td>2. 위탁일시</td><td colspan="4">. .</td></tr>
<tr><td colspan="5">3. 위탁 내용 (증빙자료가 있는 경우 첨부)</td></tr>
<tr><td>1) 목적물</td><td colspan="4">위탁받은 작업의 내용 등</td></tr>
<tr><td colspan="5"></td></tr>
<tr><td>2) 하도급 대금</td><td colspan="4">금액, 지급방법, 지급기일 등</td></tr>
<tr><td colspan="5"></td></tr>
<tr><td>3) 그 밖의 사항</td><td colspan="4">목적물의 인도(시기, 장소 등), 목적물의 검사(방법, 시기 등), 하도급대금의 조정(조정요건, 방법, 절차 등), 원사업자가 원재료 등을 제공하는 경우 그 원재료의 품명, 수량, 제공일, 대가 및 대가의 지급방법과 지급기일 등</td></tr>
<tr><td colspan="5"></td></tr>
<tr><td colspan="5">「하도급거래 공정화에 관한 법률」 제3조 제5항에 따라 위 내용에 대한 확인을 요청 드리오니 동 법 제3조 제6항에 따라 15일 이내에 회신하여 주시기 바랍니다.

년 월 일

사업자명__________ 대표자__________(인)</td></tr>
</table>

【서식 2】 회신의 양식

위탁내용 확인 요청에 대한 회신

1. 원사업자와 수급사업자

<table>
<tr><td>수급사업자
(수신인)</td><td>사업자명</td><td colspan="3"></td><td colspan="2">주소</td><td></td></tr>
<tr><td rowspan="4">원사업자
(발신인)</td><td>사업자명</td><td colspan="3"></td><td colspan="2">법인등록번호 또는
사업자등록번호</td><td></td></tr>
<tr><td>대표자성명</td><td colspan="3"></td><td colspan="2">전화번호</td><td></td></tr>
<tr><td>주소</td><td colspan="6"></td></tr>
<tr><td>담당자</td><td>성명</td><td></td><td>소속</td><td></td><td>전화번호</td><td></td></tr>
</table>

2. 수급사업자가 확인을 요청한 사항

위탁 일시	
위탁 내용	목적물, 하도급 대금, 목적물의 인도, 검사, 대금의 조정 등

3. 위탁 내용확인 요청에 대한 회신

위탁내용 확인 요청에 대해 위와 같이 회신합니다.

년 월 일

사업자명__________ 대표자__________(인)

건설공사 하도급 심사기준

[시행 2020. 11. 16.] [국토교통부고시 제2020-817호, 2020. 11. 16., 일부개정.]

제1조(목적) 이 기준은 「건설산업기본법」 제31조, 같은법 시행령 제34조 및 공사계약일반조건 제42조의 규정에 의하여 발주자가 부적당한 하수급인의 변경을 요구하기 위하여 하수급인의 시공능력 · 하도급계약금액의 적정성 등을 심사하는데 필요한 방법 · 항목 · 절차 등을 정하는 것을 목적으로 한다.

제2조(정의) 이 기준에서 사용하는 용어의 정의는 다음과 같다.

1. "하도급부분금액"이라 함은 해당 하도급하고자 하는 공사부분에 대하여 수급인의 도급금액산출내역서상의 계약단가(직 · 간접 노무비, 재료비 및 경비를 포함한다)를 기준으로 산출한 금액(「건설산업기본법」(이하 "법"이라 한다) 제36조제1항에 따라 계약체결 이후 설계변경, 경제상황의 변동으로 계약금액의 변경이 있는 경우 그 변경된 금액)에 일반관리비 · 이윤 및 부가가치세를 포함한 금액을 말하며, 수급인이 직접 지급하는 자재의 비용과 법 제34조제3항에 따른 하도급대금지급보증서 발급에 소요되는 금액 등 관계 법령에 따라 수급인이 부담하는 금액은 제외한다.
2. "하도급계약금액"이라 함은 수급인이 하수급자와 하도급계약을 맺으면서 지급하기로 계약한 금액을 말한다.
3. "하도급율"이라 함은 하도급계약금액을 하도급부분금액으로 나눈 비율을 말한다.
4. "발주자"라 함은 해당 건설공사를 건설업자에게 도급하는 자를 말한다. 다만, 수급인으로서 도급받은 건설공사를 하도급 하는 자를 제외한다.
5. "하도급부분에 대한 발주자의 예정가격"이라 함은 해당 하도급하는 공사부분에 대하여 발주자의 설계금액 산출내역서 상의 단가에 예정가격 비율을 곱하여 산출한 금액에 일반관리비 이윤 및 부가가치세를 포함한 금액을 말한다. 이 경우 발주자가 직접 지급하는 자재의 비용과 법 제34조제3항에 따른 하도급대금지급보증서 발급에 소요되는 금액 등 관계 법령에 따라 수급인이 부담하는 금액은 제외한다.

제3조(하도급심사기준의 열람) 삭제

제4조(하도급심사대상 공사) 발주자는 제5조에 따른 하도급관련 서류의 검토결과 「건설산업기본법 시행령」 제34조제1항에 해당하는 경우에는 하도급의 적정성 여부에 대하여 심사할 수 있다. 이 경우 국가 · 지방자치단체 또는 공공기관(국가 또는 지방자치단체가 출자 또는 출연한 법인을 말한다. 이하 같다)인 발주자는 하도급의 적정성 여부를 법 제31조제5항에 따라 설치된 하도급계약심사위원회(이하"하도급계약심사위원회"라 한다)에서 심사토록 하여야 한다.

제5조(하도급 관련서류의 검토) ① 발주자는 법 제29조제4항에 의하여 수급인으로부터 하도급 계약내용을 통보받은 경우에는 「건설산업기본법 시행규칙」 제26조에 따른 서류가 포함되어 있는지를 확인하고 그 내용을 검토하여야 한다.

② 제1항에 따른 하도급통지내용의 검토결과 제4조의 하도급심사대상 공사에 해당하는 경우에는 수급인에게 다음 각호의 서류를 추가로 제출할 것을 요구할 수 있다.

1. 별지 제1호 서식의 하도급심사 자기평가표
2. 자기평가표의 사실확인을 위하여 필요한 서류

제6조(세부심사기준) ① 제4조에 따른 하도급심사는 하도급가격의 적정성, 하수급인의 시공능력, 하수급인의 신뢰도, 하도급공사의 여건에 대하여 실시하며 구체적인 심사항목 및 배점한도는 별표1과 같다.

② 발주자는 제1항에도 불구하고 각 심사항목별 세부사항을 추가하거나 제외할 수 있고 분야별 배점한도를 가감조정할 수 있다. 다만, 발주자가 국가 · 지방자치단체 또는 공공기관인 경우 반드시 하도급계약심사위원회의 심의 · 의결을 거쳐 조정하여야 한다.

제7조(심사서류의 보완 등) 발주자는 제5조에 따라 수급인이 제출한 서류가 분명하지 아니하거나 심사를 위해 필요하다고 인정하는 경우에는 수급인에게 해당 서류를 변경 · 보완하게 하거나 추가로 제출하게 할 수 있다.

제8조(감리자등의 의견수렴) 발주자는 필요하다고 인정하는 경우에는 하도급금액의 적정성에 대하여 해당 공사의 책임감리자 및 설계자의 의견을 들을 수 있다.

제9조(하수급인의 변경요구등) ① 발주자는 제6조에 따른 세부심사기준에 따라 하수급인의 시공능력과 계약금액의 적정성 등을 심사한 결과 항목별 심사점수의 합계가 90점 미만인 경우 또는 제5조에 따른 하도급심사자료를 제출하지 아니하거나 허위로 제출한 경우에는 수급인에 대하여 하도급계약내용 또는 하수급인의 변경을 요구할 수 있다. 다만, 항목별 심사점수의 합계가 90점 미만이더라도 다음 각 호에 해당하는 경우에는 하도급계약내용 또는 하수급인의 변경을 요구하지 아니할 수 있다.

1. 수급인이 공개경쟁입찰방식(인터넷을 통한 전자입찰에 의하되, 5인 이상이 입찰에 참여하는 경우에 한한다)으로 하수급인을 선정하여 하도급계약을 체결하는 경우로서 하도급계약금액이 하도급부분금액과 입찰자평균금액에 각각 100분의 70과 100분의 30의 비율을 곱하여 산정한 금액을 합한 금액보다 100분의 20 이상 낮지 아니한 경우(예정가격 대비 원도급금액이 100분의 60미만인 경우는 제외한다)
2. 하도급관리계획서상의 하도급조건에 따라 하도급계약을 체결한 경우
3. 다음 각 목의 어느 하나에 해당하는 경우로서 하도급공사의 시공 및 품질확보에 지장이 없다고 발주자가 인정하는 경우
   가. 수급인이「건설기술관리법」 제18조에 따른 신기술이 적용되는 공사를 그 기술을 개발한 건설업자에게 하도급하는 경우

나. 수급인이 특허권이 설정된 공법을 적용하는 공사를 「특허법」 제87조에 따라 그 특허를 출원하거나, 「특허법」 제100조에 따라 특허권자로부터 전용실시권을 설정 또는 「특허법」 제102조에 따라 특허권자로부터 통상실시권을 허락받은 건설업자에게 하도급하는 경우

② 발주자가 국가 · 지방자치단체 또는 공공기관인 경우에는 제1항 각 호에 해당하는지 여부에 대하여 하도급계약심사위원회의 심의를 거쳐야 한다.

③ 발주자는 제1항에 따른 변경요구를 하고자 하는 경우에는 하도급통보를 받은 날 또는 그 사유가 있음을 안 날로부터 30일 이내에 서면으로 이를 요구하여야 한다.

제10조(재심사) ① 제9조에 따른 발주자의 통보에 대하여 수급인이 부당하다고 인정하는 경우에는 7일 이내에 관련서류를 변경 · 보완 또는 추가하여 재심사를 요구할 수 있다.

② 제1항에 따른 재심사요구에 대하여 발주자는 이를 심사한 후 7일이내에 그 결과를 수급인에게 통지하여야 한다. 다만, 발주자가 국가 · 지방자치단체 또는 공공기관인 경우 사전에 하도급계약심사위원회의 의견을 들어야 한다.

제11조(하수급인의 변경요구) ① 발주자가 제9조에 따라 수급인에게 하도급계약내용 또는 하수급인의 변경을 요구한 경우에 수급인은 특별한 사유가 없는 한 이에 응하여야 한다.

② 발주자는 수급인이 정당한 사유없이 제1항의 요구에 응하지 아니하여 공사결과에 중대한 영향을 초래할 우려가 있다고 인정하는 때에는 법 제31조제4항의 규정에 의하여 건설공사의 도급계약을 해지할 수 있다.

제12조(재검토기한) 국토교통부장관은 「훈령 · 예규 등의 발령 및 관리에 관한 규정」에 따라 이 고시에 대하여 2021년 1월 1일 기준으로 매3년이 되는 시점(매 3년째의 12월 31일까지를 말한다)마다 그 타당성을 검토하여 개선 등의 조치를 하여야 한다.

별표 / 서식

[별표1] 하도급 심사항목 및 배점기준(제6조 관련)

[별지1] 하도급심사 자기평가표

[별표 1]

하도급 심사항목 및 배점기준(제6조 관련)

심사항목	심 사 요 소	배점 한도	배 점 요 령
1. 하도급 가격의 적정성 (50)	가. 하도급공사의 낙찰 비율 ○ 당해 하도급부분에 대한 원도급금액 대비 하도급금액의 비율 ○ 당해 하도급부분에 대한 발주자 예정가격 대비 하도급금액의 비율 ※모두 평가 후 낮은 점수 적용	30	$30\text{-}2(\frac{82}{100}-\frac{\text{하도급금액}}{\text{원도급금액}})\times 100$ $30\text{-}2(\frac{60}{100}-\frac{\text{하도급금액}}{\text{예정가격}})\times 100$
	나. 원도급공사의 낙찰 비율 ○ 예정가격대비 원도급금액의 비율 ※ 예정가격이 없는 공사의 경우 기초금액(추정가격에 부가가치세를 합한 금액)을 기준으로 산정	20	① 적격심사 대상공사 $20\text{-}1/2(\frac{88}{100}-\frac{\text{원도급금액}}{\text{예정가격}})\times 100$ ※ 88% 이상은 만점으로 함 ② 종합심사낙찰제 대상공사 $20\text{-}1/2(\frac{82}{100}-\frac{\text{원도급금액}}{\text{예정가격}})\times 100$ ※ 82% 이상은 만점으로 함 ③ 설계시공 일괄입찰 대상공사 $20\text{-}1/2(\frac{85}{100}-\frac{\text{원도급금액}}{\text{기초금액}})\times 100$ ※ 85% 이상은 만점으로 함 ④ 대안입찰 대상공사 $20\text{-}1/2(\frac{80}{100}-\frac{\text{원도급금액}}{\text{기초금액}})\times 100$ ※ 80% 이상은 만점으로 함 ⑤ 기술제안입찰 대상공사 $20\text{-}1/2(\frac{86}{100}-\frac{\text{원도급금액}}{\text{기초금액}})\times 100$ ※ 86% 이상은 만점으로 함

심사항목	심 사 요 소	배점 한도	배 점 요 령
2. 하수급인의 시공능력 (20)	**가. 당해 공사규모에 대한 하수급인의 시공능력평가 공시액** ㅇ 3배 이상 ㅇ 2.5배 이상 3배 미만 ㅇ 2배 이상 2.5배 미만 ㅇ 1.5배 이상 2배 미만 ㅇ 1배 이상 1.5배 미만 ㅇ 1배 미만	10 (10) (9) (8) (7) (6) (5)	ㅇ 건설산업기본법령에 의한 하수급인의 시공능력평가 공시금액이 높을수록 높게 평가
	나. 당해 공사규모에 대한 하수급인의 동종공사 시공경험 ㅇ 2배 이상 ㅇ 1.5배 이상 2배 미만 ㅇ 1배 이상 1.5배 미만 ㅇ 0.5배 이상 1배미만 ㅇ 0.5배 미만	10 (10) (9) (8) (7) (6)	ㅇ 최근 3년간 동종공사 시공실적 합산액을 기준으로 많을수록 높게 평가
3. 하수급인의 신뢰도(15)	**가. 협력업체 등록기간** ㅇ 3년 이상 ㅇ 2년6월 이상 3년 미만 ㅇ 2년 이상 2년6월 미만 ㅇ 1년6월 이상 2년 미만 ㅇ 1년 이상 1년6월 미만 ㅇ 1년 미만 ㅇ 미등록	10 (10) (9) (8) (7) (6) (5) (4)	ㅇ 건설산업기본법령에 의한 협력업체로 등록된 기간이 길수록 높게 평가
	나. 전문건설업 영위기간 ㅇ 3년 이상 ㅇ 2년 이상 3년 미만 ㅇ 1년 이상 2년 미만 ㅇ 1년 미만	5 (5) (4) (3) (2)	ㅇ 건설산업기본법령에 의한 전문건설업체로 등록된 기간이 장기간인 경우 높게 평가
	다. 임금 및 대금 상습체불 이력	(△)11	ㅇ 감점
	라. 대금 체불 이력 ㅇ 1회 ㅇ 2회 ㅇ 3회	(△)5 (△)8 (△)1 1	

심사항목	심 사 요 소	배점 한도	배 점 요 령
4. 하도급 공사의 여건(15)	가. 하도급공사의 난이도 ㅇ 낮음 ㅇ 보통 ㅇ 높음	5 (5) (4) (3)	ㅇ 발주자가 공사의 특성과 내용에 따라 공사의 위험성, 기계화시공 여건 등을 감안하여 난이도를 구분하여 평가
	나. 하도급공사의 계약기간 ㅇ 1년 이상 ㅇ 1년 미만	4 (4) (3)	ㅇ 하도급계약의 안정성을 감안하여 계약기간이 장기간 일수록 높게 평가
	다. 하도급공사의 하자담보 책임기간 ㅇ 1년 이하인 공종 ㅇ 1년 초과 3년 이하인 공종 ㅇ 3년 초과 5년 이하인 공종 ㅇ 5년 초과 공종	5 (5) (4) (3) (2)	ㅇ 건설산업기본법령에 규정된 해당 공사의 하자담보책임기간이 적을 수록 높게 평가
	라. 하수급공사의 시공여건 하수급인이 당해 공사현장 소재 시·도 업체인 경우 또는 당해 공사현장 소재 시(서울특별시 및 광역시 포함)·군 또는 인접 시·군 공사현장에서 동종의 공사를 수행하는 경우	1	

※ 시공실적 인정방법 : 적격심사와 동일한 방법으로 시공실적을 인정

※ 소숫점이하의 처리 : 소숫점 첫째자리에서 반올림

※ 임금 및 대금 상습체불 이력은 「근로기준법」 및 「건설산업기본법」에 따라 공개되는 체불업체에 대해 적용

※ 대금(재하도급대금, 건설기계 대여대금, 건설공사용 부품대금) 체불 이력에 따른 감점은 총 11점을 초과할 수 없으며, 건설산업기본법 제81조(시정명령 등)제4호 및 제82조(영업정지 등)제1 항제8호에 의거 행정처분을 받은 날부터 2년간 적용

[별지 제1호 서식]

하도급심사 자기평가표

1. 수급인 관련 사항		2. 하수급인 관련 사항	
공 사 명		하 도 급 공 사 명	
수 급 자	(전화)	하수급인	(전화)
계약금액	원	하도급액	원
계약기간		하 도 급 기 간	
하자담보 책임기간		하자담보 책임기간	
낙찰율	%	하도급율	% (하도급 부분금액 : 원)

3. 평가결과

(단위 : 점)

심 사 요 소	배점한도	자기평점	심사평점
계	100		
1. 하도급가격의 적정성 가. 하도급공사의 낙찰비율 나. 원도급공사의 낙찰비율	50 (30) (20)		
2. 하수급인의 시공능력 가. 당해 공사규모에 대한 하수급인의 시공능력평가 공시액 나. 당해 공사규모에 대한 하수급인의 동종공사 시공경험	20 (10) (10)		
3. 하수급인의 신뢰도 가. 협력업체 등록기간 나. 전문건설업 영위기간 다. 임금 및 대금 상습체불 이력 라. 대금체불 이력	15 (10) (5) (△)11 (△)11		
4. 하도급공사의 여건 가. 하도급공사의 난이도 나. 하도급공사의 계약기간 다. 하도급공사의 하자담보 책임기간 라. 하수급공사의 시공여건	15 (5) (4) (5) (1)		

건설기술용역 하도급 관리지침

[시행 2017.4.11] [국토교통부고시 제2017-221호, 2017.4.11, 일부개정]

제1조(목적) 이 지침은 「건설기술진흥법」 제35조제5항 및 같은 법 시행규칙 제31조제2항의 규정에 따라 발주청이 건설기술용역 하도급 계약의 적정성을 판단하는데 필요한 항목·절차 등을 정하는것을 목적으로 한다.

제2조(적용범위) 건설기술용역의 하도급 계약과 관련하여 관계법령(하도급거래 공정화에 관한 법률 및 같은법 시행령)이나 계약서(엔지니어링활동업종 표준하도급 계약서) 등에서 특별히 정한 경우를 제외하고는 건설기술용역 하도급 관리지침(이하 "지침"이라 한다)을 따른다. 다만, 건설기술용역의 특성에 따라 발주청이 필요하다고 인정하는 경우에는 이 지침을 보완하여 정할 수 있으며 인쇄, 모형제작 등 건설기술용역 업무에 해당되지 않는 직접경비성 업무는 이 지침에 따르지 않는다.

제3조(용어의 정의) 이 지침에서 사용하는 용어의 정의는 다음 각 호와 같다.

1. "건설기술용역 도급금액 산출내역서(이하 "용역 산출내역서"라 한다)는 건설기술용역 중 하도급 예정인 공종 전체의 세부 업무 내용별로 도급금액을 구분하고 하도급 부분금액을 파악할 수 있도록 건설기술진흥법 시행규칙 별지 제32호에 첨부하는 서류(2. 용역규모 및 용역금액 등이 명시된 용역내역서)를 말한다.
2. "하도급 적정성 검토"라 함은 수급인의 하도급 계약 승인신청과 관련하여 발주청이 하도급가격, 수행능력 등의 적정성을 검토하는 것을 말한다.
3. "하도급부분금액"이라 함은 해당 하도급하고자 하는 용역부분에 해당하는 도급금액으로 직접인건비, 직접경비, 제경비, 기술료 및 부가가치세 등을 포함한 금액을 말한다. 다만, 계약서나 관계법령 등에 의하여 수급인이 부담하는 금액은 제외한다.
4. "하도급계약금액"이라 함은 수급인이 하도급 대상자(이하 '하수급인' 이라 칭함)와 하도급계약을 맺으면서 지급하기로 계약한 금액을 말한다.
5. "하도급율"이라 함은 하도급계약금액을 하도급부분금액으로 나눈 비율을 말한다.

제4조(건설기술용역의 하도급 제한) ① 수급인은 도급받은 건설기술용역 중 개별 전문분야(사업수행능력 평가과정에서 기술자 평가가 이루어지는 대상분야) 전체를 다른 건설기술용역업자에게 하도급할 수 없다. 다만, 발주청이 건설기술용역의 품질 및 업무효율성을 높이기 위하여 필요하다고 인정하여 서면으로 승인한 경우에는 예외로 한다.

② 하수급인은 하도급 받은 건설기술용역의 일부 또는 전부를 다시 하도급 할 수 없다.

③ 수급인이 건설기술용역의 일부를 하도급 하는 경우 하수급인이 제2항의 규정을 준수하도록 관리하여야 한다.

④ 수급인은 하수급인이 제2항의 규정을 위반하여 재하도급 계약을 체결하는 경우 재하도급 계약의 해지를 요구할 수 있다.

⑤ 수급인은 하수급인이 정당한 사유 없이 제4항에 따른 요구에 따르지 아니하는 경우에는 해당 건설기술용역에 관한 하수급인과의 계약을 해지할 수 있다.
⑥ 수급인은 하수급인과의 계약을 해지하는 경우에는 그 내용을 즉시 발주청에게 통보한다.

제5조(건설기술용역 하수급인의 자격) 건설기술용역 하수급인의 자격은 「중소기업기본법」에서 정하는 중소기업자로 한정한다. 다만, 발주청이 건설기술용역의 품질 및 업무효율성을 높이기 위하여 필요하다고 인정하여 서면으로 승인한 경우에는 예외로 한다.

제6조(건설기술용역 하도급계약의 원칙) ① 건설기술용역에 관한 하도급 계약의 당사자는 대등한 입장에서 합의에 따라 공정하게 계약을 체결하고 신의를 지켜 성실하게 계약을 이행하여야 한다.
② 건설기술용역에 관한 하도급 계약의 당사자는 계약을 체결할 때 다음 각 호의 1을 계약서에 분명하게 적어야 하고, 서명 또는 기명날인한 계약서를 서로 주고받아 보관하여야 한다.
1. 하도급 계약 금액
2. 하도급 계약 내용, 하도급 참여기술자 역할분담 체계
3. 하도급 용역기간
4. 하도급 계약 금액의 선급금이나 기성금의 지급에 관하여 약정을 한 경우에는 각각 그 지급의 시기 · 방법 및 금액
5. 용역의 중지, 계약의 해제나 천재 · 지변의 경우 발생하는 손해의 부담에 관한 사항
6. 설계변경 · 물가변동 등에 기인한 용역금액 또는 용역내용의 변경에 관한 사항
7. 발주청이 필요하다고 인정한 하도급대금지급보증서의 교부발급에 관한 사항
8. 하도급대금의 직접지급사유와 그 절차
9. 용역성과품의 수령 및 검사 등에 관한 사항
10. 용역완성후의 하도급금액의 지급시기
11. 계약이행지체의 경우 위약금 · 지연이자의 지급 등 손해배상에 관한 사항
12. 하자담보책임기간 및 담보방법
13. 분쟁발생시 분쟁의 해결방법에 관한 사항

③ 수급인은 하수급인에게 계약상 이익을 부당하게 제한하는 다음 각호의 1과 같은 특약을 요구하여서는 아니 된다.
1. 수급인이 부담하여야 할 하자담보책임을 하수급인에 전가 · 부담시키거나 도급계약으로 정한 기간을 초과하여 하자담보책임을 부담시키는 특약
2. 하수급인에 지급하여야 하는 하도급대금을 현금으로 지급하거나 지급기한 전에 지급하는 것을 이유로 지나치게 감액하기로 하는 특약
3. 하수급인에 지급하여야 하는 선급금을 지급하지 아니하기로 하는 특약 또는 선급금 지급을 이유로 기성금을 지급하지 아니하거나 하도급대금을 감액하기로 하는 특약
4. 수급인이 발주청으로부터 설계변경 또는 경제상황 변동에 따라 용역금액을 조정 받은 경우에 하도급대금을 조정하지 아니하기로 한 특약
5. 수급인이 부담하여야 할 손해배상책임을 하수급인에 전가하거나 부담시키는 특약

④ 국토교통부장관은 계약당사자가 대등한 입장에서 공정하게 계약을 체결하도록 하기 위하여 건설기술용역 하도급에 관한 표준계약서(「하도급거래 공정화에 관한 법률」에 의하여 공정거래위원회가 권장하는 엔지니어링업표준하도급계약서를 포함한다)를 정하여 보급할 수 있다.

제7조(하도급 계약 적정성 검토기준의 열람) 발주청은 용역입찰에 참가하는 사람(수의시담자를 포함한다)이 열람할 수 있도록 다음 각 호의 서류를 비치하여야 한다.

1. 하도급 계약 적정성 세부검토기준
2. 하도급 계약 적정성 검토에 필요한 서류의 양식 및 작성요령
3. 그 밖에 필요한 사항

제8조(하도급 계약 승인신청서 제출) ① 수급인이 하도급을 시행하고자 하는 경우, 건설기술진흥법 시행규칙 제31조제1항에 따라 하도급 계약 승인신청서를 발주청에 제출하여야 한다.

② 제1항의 하도급 계약 승인신청서에 첨부되는 용역 산출내역서를 작성할 경우, 「건설공사 설계용역 투입인원수 산정기준」 또는 「건설사업관리 대가기준」 등에서 정하는 업무구분에 따라 작성하는 것을 원칙으로 한다. 다만, 동 기준으로 산정되지 않은 건설기술용역 또는 발주기관에서 산출내역을 제공받지 않은 건설기술용역은 산출내역서 제출을 생략한다.

제9조(하도급 계약 적정성 검토 대상) ① 「건설기술진흥법 시행규칙」 제31조제2항의 하도급 계약의 적정성 검토 대상은 하도급계약금액(동일 하수급인에게 수차에 거쳐 계약시는 합계금액을 말함)이 도급계약금액의 100분의 10에 해당하는 금액과 3천만원 중 작은 금액을 초과하는 하도급 계약을 대상으로 한다. 다만, 동 금액 이하의 하도급 계약에 대해서도 발주청이 필요하다고 인정하는 경우는 적정성 검토를 실시할 수 있다.

② 발주청은 수급인이 제출한 서류가 분명하지 아니하거나 적정성 검토를 위해 필요하다고 인정하는 경우에는 수급인에게 해당 서류를 변경·보완하게 하거나 추가로 제출하게 할 수 있다.

제9조의2(건설기술용역의 하도급 승인 등) 발주청은 수급인으로부터 하도급 계약 승인 신청서를 제출받은 경우 별표1에 따른 요건을 확인하고 문제가 없는 경우 이를 승인하여야 한다. 다만, 다음 각호의 경우에 해당하는 경우에는 제10조에 의한 방법으로 하도급 계약의 적정성을 검토하고 그 결과에 따라 승인 여부를 결정하여야 한다.

1. 원도급 용역이 실비정액가산방식으로 산정(또는 실비정액가산방식으로 산정되지 않았더라도 발주청에서 수급인에게 산출 내역을 제공) 되고 하도급율이 82% 미만인 경우
2. 원도급 용역이 실비정액가산방식으로 산정되지 않고 발주청에서 산출 내역도 제공하지 않은 용역의 경우이면서 다음 각 목에 해당하는 경우
   가. 연계공종의 분리로 인하여 부실용역이 우려되는 경우
   나. 2개 이상의 독립된 공종을 동일 하수급인에게 하도급 하여 예정 공정에 차질이 우려되거나 품질 저하가 우려 되는 경우
3. 기타 발주청이 하도급 계약의 적정성 검토가 필요하다고 판단하는 경우

제10조(하도급 계약의 적정성 검토기준) ① 제9조의2 각호의 규정에 따른 하도급 계약의 적정성 검토는 하도급가격, 수행능력 등의 적정성에 대하여 실시하며 구체적인 검토항목 및 기준은 별표2 및 별표3과 같다.

② 발주청은 제1항의 규정에도 불구하고 용역의 특성을 고려하여 별표2 및 별표3의 세부 항목별 배점한도를 배점의 ±20% 범위 내에서 가감조정할 수 있다.

제11조(하도급 계약의 적정성 판단에 필요한 정보나 의견 요청) 발주청은 건설기술용역 실적관리 수탁기관 등을 대상으로 하도급 계약의 적정성 세부 검토를 위해 필요한 정보나 의견을 요청할 수 있다.

제12조(하수급인의 변경요구 등) ① 발주청은 제10조의 규정에 따른 세부 검토기준에 따라 하도급 계약의 적정성을 검토한 결과 항목별 평가점수의 합계가 90점 미만인 경우 또는 제8조의 규정에 따른 자료를 제출하지 아니하거나 거짓으로 제출한 경우에는 수급인에 대하여 하도급계약내용 또는 하수급인의 변경을 요구할 수 있다.

② 제1항의 항목별 심사점수의 합계가 90점 미만이더라도 다음 각호에 해당하는 경우에는 하도급계약의 내용 또는 하수급인의 변경을 요구하지 아니할 수 있다.

1. 수급인이 공개경쟁방식(인터넷을 통한 전자입찰에 의하되, 5인 이상이 입찰에 참여하는 경우에 한한다)으로 하수급인을 선정하여 하도급계약을 체결하는 경우로서 하도급계약금액이 하도급부분금액과 입찰자평균금액에 각각 100분의 50과 100분의 50의 비율을 곱하여 산정한 금액을 합한 금액보다 100분의 20 이상 낮지 아니한 경우
2. 하도급 계약의 적정성 검토 결과 평가점수 총점이 70점 이상인 경우로 해당 하도급용역의 이행 및 품질확보에 지장이 없다고 인정하는 경우

③ 발주청은 제1항의 규정에 따른 변경요구를 하고자 하는 경우에는 그 사유가 있음을 안 날로부터 14일 이내에 서면으로 이를 요구하여야 한다.

제13조(하도급계약의 적정성 재검토) ① 제9조의2 규정에 따른 발주청의 승인 여부 통보에 대하여 수급인이 부당하다고 판단하는 경우에는 7일 이내에 관련서류를 변경 · 보완 또는 추가하여 재검토를 요구할 수 있다.

② 제1항의 규정에 따른 재검토 요구에 대하여 발주청은 이를 재검토한 후 7일 이내에 그 결과를 수급인에게 통지하여야 한다.

제14조(하수급인의 변경요구) ① 발주청이 제12조의 규정에 의하여 수급인에게 하도급계약 내용 또는 하수급인의 변경을 요구한 경우에 수급인은 특별한 사유가 없는 한 이에 응하여야 한다.

② 발주청은 수급인이 정당한 사유 없이 제1항의 요구에 응하지 아니하여 용역결과에 중대한 영향을 초래할 우려가 있다고 인정하는 때에는 해당 건설기술용역의 도급계약을 해지할 수 있다.

제15조(하도급대금 지급보증) ① 발주청이 필요하다고 인정하는 경우 수급인이 하도급계약을 할 때 하수급인에게 하도급대금의 지급을 보증하는 보증서를 주도록 할 수 있으며, 이에 대응하여 수급인은 하수급인에게 하도급금액의 100분의 10에 해당하는 금액의 계약이

행보증서의 발급을 요구할 수 있다.

② 발주청이 수급인으로 하여금 하수급인에게 하도급대금 지급보증서를 주도록 한 경우 수급인은 하도급대금 지급보증서 발급에 소요된 비용에 대하여 발주청에 계약금액 증액을 요청할 수 있다.

③ 수급인이 하도급대금지급보증서 발급에 소요되는 비용을 청구한 경우 발주청은 수급인에게 소요비용 지출내역에 대한 증빙서류의 제출을 요구할 수 있다.

④ 보증서를 발급한 기관은 수급인에게 하도급대금의 지급을 보증하는 보증계약의 보증서를 발급(변경발급을 포함한다)하거나 보증계약을 해지한 경우에는 즉시 발주청에게 다음 각 호의 내용을 통보하여야 한다.

1. 발급연월일
2. 하도급 계약건명 및 하도급계약금액
3. 보증금액 및 보증기간
4. 보증채권자, 발급자의 성명(법인인 경우 상호 및 대표자 성명)
5. 발주청의 기관명칭
6. 보증계약을 해지한 경우 해지일자 및 해지사유

제16조(하도급대금의 지급 및 지급확인 등) ① 수급인은 도급받은 건설기술용역에 대한 준공금 또는 기성금을 받으면 다음 각 호의 구분에 따라 해당 금액을 받은 날부터 15일 이내에 하수급인에게 현금으로 지급하여야 한다.

1. 준공금을 받은 경우: 하도급대금
2. 기성금을 받은 경우: 하수급인이 시행한 부분에 해당하는 금액

② 수급인이 발주청으로부터 선급금을 받은 때에는 수급인이 받은 선급금의 내용과 비율에 따라 선급금을 받은 날(하도급계약을 체결하기 전에 선급금을 지급받은 경우에는 하도급계약을 체결한 날)부터 15일 이내에 하수급인에게 선급금을 지급하여야 한다. 이 경우 수급인은 하수급인이 선급금을 반환하여야 할 경우에 대비하여 하수급인에게 보증을 요구할 수 있다.

③ 수급인은 하도급대금의 지급 내역(수령자, 지급액, 지급일 등)을 5일(공휴일 및 토요일은 제외한다) 이내에 발주청에 통보하여야 한다.

④ 발주청은 하수급인에 대가지급 사실을 통보하고 하도급대금 수령내역(수령자, 수령액, 수령일 등) 및 증빙서류를 제출하게 하여야 한다.

⑤ 발주청은 제3항의 지급내역과 제4항의 수령내역을 비교·확인하여야 한다.

제17조(설계변경 등에 따른 하도급대금의 조정 등) ① 수급인은 하도급을 한 내용이 설계변경 또는 경제 상황의 변동에 따라 발주청으로부터 용역금액을 늘려 지급받은 경우에 그가 금액을 늘려 받은 용역금액의 내용과 비율에 따라 하수급인에게 비용을 늘려 지급하여야 하고, 용역금액을 줄여 지급받은 때에는 이에 준하여 금액을 줄여 지급한다. 다만, 제15조에 따른 하도급대금지급보증서 발급비용 등 수급인이 부담하여야 하는 금액에 대하여는 그러하지 아니하다.

② 발주청은 발주한 건설기술용역의 금액을 설계변경 또는 경제 상황의 변동에 따라 수급인에 조정하여 지급한 경우에는 수급인에게 용역금액을 조정하여 지급한 날로부터 15일 이내에 용역금액의 조정사유와 용역금액 조정시기, 조정율 · 금액 등을 하수급인에 통보하여야 한다.

③ 발주청은 제2항의 사항을 문서(전자문서를 포함한다)로 통보하여야 하며, 하수급인으로부터 설계변경 등에 따른 해당 용역금액 조정내용에 대하여 열람을 요청받은 경우 특별한 사유가 없는 한 이에 응하여야 한다.

제18조(하도급대금의 직접 지급) ① 발주청은 다음 각 호의 어느 하나에 해당하는 경우에는 하수급인이 시행한 부분에 해당하는 하도급대금을 하수급인에게 직접 지급할 수 있다. 이 경우 발주청의 수급인에 대한 대금 지급채무는 하수급인에게 지급한 한도에서 소멸한 것으로 본다.

1. 수급인이 하도급대금 지급을 1회 이상 지체한 경우
2. 수급인의 파산 등 수급인이 하도급대금을 지급할 수 없는 명백한 사유가 있다고 발주청이 인정하는 경우
3. 발주청의 지시에도 불구하고 수급인이 하수급인에게 정당한 사유 없이 하도급대금의 지급보증서를 주지 아니한 경우

② 발주청은 다음 각 호의 어느 하나에 해당하는 경우에는 하수급인이 시행한 부분에 해당하는 하도급대금을 하수급인에 직접 지급하여야 한다.

1. 발주청이 하도급대금을 직접 하수급인에 지급하기로 발주청과 수급인 간 또는 발주청 · 수급인 및 하수급인이 그 뜻과 지급의 방법 · 절차를 명백하게 하여 합의한 경우
2. 하수급인이 시행한 부분에 대한 하도급 대금지급을 명하는 확정판결을 받은 경우
3. 수급인이 하도급대금 지급을 2회 이상 지체한 경우로서 하수급인이 발주청에 하도급대금의 직접 지급을 요청한 경우
4. 수급인의 지급정지, 파산, 그 밖에 이와 유사한 사유가 있거나 건설기술용역업 등록 등이 취소되어 수급인이 하도급대금을 지급할 수 없게 된 경우로서 하수급인이 발주청에 하도급대금의 직접 지급을 요청한 경우
5. 제1항제3호에 해당하는 경우로서 하수급인이 발주청에 하도급대금의 직접 지급을 요청한 경우

③ 제2항 각 호의 어느 하나에 해당하는 사유가 발생하여 발주청이 하수급인에 하도급대금을 직접 지급한 경우에는 발주청의 수급인에 대한 대금 지급채무와 수급인의 하수급인에 대한 하도급대금 지급채무는 그 범위에서 소멸한 것으로 본다.

④ 수급인은 제1항제1호 각 목의 어느 하나에 해당하는 경우로서 하수급인에게 책임이 있는 사유로 자신이 피해를 입을 우려가 있다고 인정되는 경우에는 그 사유를 분명하게 밝혀 발주청이 하수급인에 하도급대금을 직접 지급하는 것을 중지할 것을 요청할 수 있다.

⑤ 제1항이나 제2항에 따라 하수급인이 발주청으로부터 하도급대금을 직접 지급받기 위하여 하수급인이 시행한 부분의 확인 등이 필요한 경우에는 수급인은 지체 없이 이에 필요한 조치를 하여야 한다.

제19조(하도급 실적 통보) ① 발주청은 그가 발주하는 건설기술용역과 관련된 하도급 실적을 별지 제1호 서식에 따라 국토교통부장관에게 통보하여야 한다.

② 발주청은 제1항에 따른 통보를 위하여 수급인에게 하도급 관련 자료의 요청 등을 요구할 수 있고, 수급인은 발주청의 요청에 따라야 한다.

③ 수급인은 그가 수행하는 건설기술용역과 관련된 하도급 실적을 국토교통부장관에게 직접 통보 할 수 있다.

제20조(기타사항) 발주청은 건설기술용역 하도급 관리와 관련하여 이 지침에 규정되지 아니한 사항과 지침 시행에 필요한 사항에 대하여는 세부지침을 작성하여 집행할 수 있다.

제21조(재검토기한) 국토교통부장관은 「훈령 · 예규 등의 발령 및 관리에 관한 규정」(대통령 훈령 334호)에 따라 이 고시에 대하여 2017년 7월 1일 기준으로 매 3년이 되는 시점(매 3년째의 6월 30일까지를 말한다)마다 그 타당성을 검토하여 개선 등의 조치를 하여야 한다.

부칙 <제2017-221호, 2017.4.11>

이 고시는 발령한 날부터 시행한다.

별표/서식

[별표 1] 하도급 계약 적정성 검토사항(제9조의2 관련)

[별표 2] 하도급 계약 적정성 세부 검토기준(제9조의2 제1호 또는 제3호)

[별표 3] 하도급 계약의 적정성 세부 검토기준(제9조의2 제2호 또는 제3호)

[서식 1] 건설기술용역 하도급 실적 통보

【별표 1】 하도급 계약 적정성 검토사항(제9조의2 관련)

검 토 사 항
○ 하수급인의 자격이 국가를 당사자로 하는 계약에 관한 법률 시행령 제76조 또는 지방자치단체를 당사자로 하는 계약에 관한 법률 시행령 제92조에 따라 부정당업자로 지정 등 입찰참가 제한 여부 ○ 건설기술진흥법 제35조에 따른 하수급인 자격의 적정 여부

【별표 2】 **하도급 계약 적정성 세부 검토기준**(제9조의2 제1호 또는 제3호)

평가항목	세부평가항목	배점기준	평 가 기 준				
계		100					
하도급가격	- 하도급율	40	$40-2\left(\frac{70}{100}-\frac{\text{하도급계약금액}}{(\text{하도급부분금액})}\right)\times 100$ ※ 단, 하도급계약금액이 하도급부분금액의 70%를 초과하는 경우에는 70%로 계산한 후 70% 초과분에 대하여는 1% 상승시마다 0.5점씩 가점을 부여한다.				
수행능력	- 책임기술자	26					
	·등급	(8)	**고급이상**	**중급**	**초급**		
			8	6.0	4.0		
	·경력	(8)	12년이상	10년이상	8년이상	6년이상	6년미만
			8	6.4	5.6	4.8	3.2
	·실적	(10)	120개월이상	108개월이상	96개월 이상	84개월 이상	84개월 미만
			10	8.0	7.0	6.0	4.0
	- 업체 실적	24	- 최근 5년 이내의 실적을 평가				
	·유사용역수행건수	(12)	6건이상	4건이상	2건이상	2건미만	
			12	10.2	8.4	7.0	
	·유사용역수행금액	(12)	3억원이상	2억원이상	1억원이상	1억원미만	
			12	9.6	8.4	7.0	
	- 기술자업무중복도	10	- 책임기술자의 업무 중복도를 평가				
	·용역업무 중복도	(10)	**3건이하**	**5건이하**	**7건이하**	**9건이상**	
			10	8	6	4	
기타	- 감점사항		-하도급승인 신청일 기준 1년이내 건설기술용역 관련 제재사항				
	·용역업자 영업정지	최대 1점	·건설기술용역업자가 건설기술진흥법 시행령 제44조제1항제2호나목의 규정에 의한 설계 등 용역업무와 관련하여 최근 1년간 관계법령에 따라 영업정지(과징금 부과 처분 포함)을 받은 기간을 합산하여 합산기간 1월마다 0.2점씩 감점(1월 미만인 경우 1월로 계산)				
	·참여기술자 업무정지	최대 1점	·참여기술자가 건설기술진흥법 시행령 제44조제1항제2호나목의 규정에 의한 설계 등 용역업무와 관련하여 최근 1년간 관계법령에 따라 기술자격정지 또는 업무정지를 받은 기간을 합산하여 합산기간 1월마다 0.2점씩 감점(1월 미만인 경우 1월로 계산)				
	·용역업자 및 참여기술자 벌점	최대 1점	·용역업자가 및 참여기술자가 건설기술진흥법 시행령 제87조에 따른 벌점을 받은 경우 같은법 시행령 별표8에서 정하는 기준에 따라 감점 *점수계산은 용역업자 및 참여기술자의 누계평균 벌점에 따라 감점				
	·용역업자 입찰제한	25	·국가를 당사자로 하는 계약에 관한 법률, 지방자치 단체를 당사자로 하는 계약에 관한 법률에 따라 하수급인이 부정당업자로 지정되어 입찰참가제한중인 경우				

【별표 3】 하도급 계약의 적정성 세부 검토기준(제9조의2 제2호 또는 제3호)

<table>
<tr><th>평가항목</th><th>세부평가항목</th><th>배점기준</th><th colspan="60">평 가 기 준</th></tr>
<tr><td>계</td><td></td><td>100</td><td colspan="60"></td></tr>
<tr><td rowspan="17">수행능력</td><td>- 책임기술자</td><td>43</td><td colspan="60"></td></tr>
<tr><td rowspan="2">·등급</td><td rowspan="2">(13)</td><td colspan="20">고급이상</td><td colspan="20">중급</td><td colspan="20">초급</td></tr>
<tr><td colspan="20">13</td><td colspan="20">10</td><td colspan="20">6.5</td></tr>
<tr><td rowspan="2">·경력</td><td rowspan="2">(13)</td><td colspan="12">12년이상</td><td colspan="12">10년이상</td><td colspan="12">8년이상</td><td colspan="12">6년이상</td><td colspan="12">6년미만</td></tr>
<tr><td colspan="12">13</td><td colspan="12">11.0</td><td colspan="12">9.1</td><td colspan="12">7.2</td><td colspan="12">5.2</td></tr>
<tr><td rowspan="2">·실적</td><td rowspan="2">(17)</td><td colspan="12">120개월이상</td><td colspan="12">108개월이상</td><td colspan="12">96개월 이상</td><td colspan="12">84개월 이상</td><td colspan="12">84개월 미만</td></tr>
<tr><td colspan="12">17</td><td colspan="12">14.5</td><td colspan="12">11.9</td><td colspan="12">9.4</td><td colspan="12">6.8</td></tr>
<tr><td>- 업체 실적</td><td>40</td><td colspan="60">- 최근 5년 이내의 실적을 평가</td></tr>
<tr><td rowspan="2">·유사용역수행건수</td><td rowspan="2">(20)</td><td colspan="15">6건이상</td><td colspan="15">4건이상</td><td colspan="15">2건이상</td><td colspan="15">2건미만</td></tr>
<tr><td colspan="15">20</td><td colspan="15">18</td><td colspan="15">16</td><td colspan="15">15</td></tr>
<tr><td rowspan="2">·유사용역수행금액</td><td rowspan="2">(20)</td><td colspan="15">3억원이상</td><td colspan="15">2억원이상</td><td colspan="15">1억원이상</td><td colspan="15">1억원미만</td></tr>
<tr><td colspan="15">20</td><td colspan="15">18</td><td colspan="15">16</td><td colspan="15">15</td></tr>
<tr><td>- 기술자업무중복도</td><td>17</td><td colspan="60">- 책임기술자의 업무 중복도를 평가</td></tr>
<tr><td rowspan="2">·용역업무 중복도</td><td rowspan="2">(17)</td><td colspan="15">3건이하</td><td colspan="15">5건이하</td><td colspan="15">7건이하</td><td colspan="15">9건이상</td></tr>
<tr><td colspan="15">17</td><td colspan="15">13.6</td><td colspan="15">10.2</td><td colspan="15">6.8</td></tr>
<tr><td colspan="62" style="display:none"></td></tr>
<tr><td colspan="62" style="display:none"></td></tr>
<tr><td rowspan="2">기타</td><td>- 감점사항</td><td></td><td colspan="60"></td></tr>
<tr><td colspan="62">· 세부평가사항, 배점기준, 평가기준은 "별표2" 와 동일</td></tr>
</table>

【별지 제1호 서식】

건설기술용역 하도급 실적 통보

건설기술용역 하도급 [ ]계약성립, [ ]계약변경, [ ]준공 통보

1. 원도급 용역 현황

용역종류 및 범위	[ ] 계획·조사·설계	[ ] 타당성조사 [ ] 기본계획 [ ] 기본설계 [ ] 실시설계 [ ] 설계VE
	[ ] 건설사업관리	[ ] 설계전단계 [ ] 기본설계단계 [ ] 실시설계단계 [ ] 구매조달단계 [ ] 시공단계 (감독 권한대행 (□ 의무, □ 부분, □ 임의), □ 감독 권한대행외) [ ] 시공후단계
	[ ] 기타	[ ] 감리 (□ 공동주택, □ 다중이용건축물) [ ] 시험・평가 [ ] 품질관리 [ ] 안전점검・진단 [ ] 기타( )

용역명		공종	
사업위치		사업규모	
발주청	기관명	법인등록번호	
계약자	주 계약자 : (대표자)	지분율	%
	공동계약자 : (대표자)	지분율	%
입찰방식	[ ] 기술・가격분리입찰방식 [ ] 지명경쟁입찰방식 [ ] 제한경쟁입찰방식 [ ] 공개경쟁입찰방식 [ ] 수의계약 [ ] 기타( )		
선정방식	[ ] PQ평가방식 [ ] 기술자평가방식 [ ] 기술제안서평가방식 [ ] 기타( )		
계약형태	[ ] 원도급/단독계약 [ ] 원도급/공동계약 [ ] 기 타	낙찰률	%
계약방식	[ ] 총액계약 [ ] 장기계속계약 [ ] 계속비		
대가산출	[ ] 공사비요율방식 [ ] 실비정액가산방식 [ ] 기 타		

	구 분	계(백만원)	(회사1)	(회사2)	계약 또는 이행기간	비고
계약 및 이행내용	전 체				. . ~ . .	
	기성분				. . ~ . .	
	금차계약분				. . ~ . .	
	향후잔여분				. . ~ . .	

2. 하도급 용역 현황

하도급 용역명				공종		
계약 및 이행내용	구 분	계(백만원)	하수급인	대표자	계약 또는 이행기간	비고
	전 체				. . ~ . .	
	기성분				. . ~ . .	
	금차계약분				. . ~ . .	
	향후잔여분				. . ~ . .	

3. 하도급 용역 참여기술자 현황

구분	분야	성 명	생년월일	기술자등급	용역참여기간	소속회사
하도급 책임기술자					. . ~ . .	
하도급용역 참여기술자					. . ~ . .	
					. . ~ . .	
					. . ~ . .	
					. . ~ . .	

4. 공사개요(시공단계 건설사업관리 및 감리 용역과 관련된 하도급에 한하여 작성)

총공사비	백만원(관급자재비 백만원 포함)	공사기간	. . ~ .
계약금액	백만원(낙찰률 : %)	시 공 자	(대표자)

5. 하도급 용역 계약변경내용

변경구분	변경일자	변경 전	변경 후

건설업종 표준하도급계약서

공정거래위원회

(2025. 11. 21. 개정)

이 표준하도급계약서는 『하도급거래 공정화에 관한 법률』 제3조의2의 규정에 의거 공정거래위원회가 사용 및 보급을 권장하고 있는 표준하도급계약서입니다

이 표준하도급계약서에서는 건설업종 하도급계약에 있어 표준이 될 계약의 기본적 공통사항만을 제시하였는바, 실제 하도급계약을 체결하려는 계약당사자는 이 표준하도급계약서의 기본 틀과 내용을 유지하는 범위에서 이 표준하도급계약서보다 더 상세한 사항을 계약서에 규정할 수 있습니다.

또한 이 표준하도급계약서의 내용은 현행 「하도급법」 및 그 시행령을 비롯하여 건설업종 관련 법령을 기준으로 한 것이므로 계약당사자는 계약체결시점에 관련법령이 개정된 경우에는 개정규정에 부합되도록 이 표준하도급계약서의 내용을 수정 또는 변경하여야 하며, 특히 개정된 법령에 강행규정이 추가되는 경우에는 반드시 그 개정규정에 따라 계약내용을 수정하여야 합니다.

건설업종 표준하도급계약서(전문)

1. 발 주 자 :
   ㅇ 도급공사명 :

2. 하도급공사명 :
   ㅇ 하도급공사 등록업종:

3. 공 사 장 소 :

4. 공 사 기 간 : 착공 년 월 일
   준공 년 월 일

5. 계 약 금 액 : 일금 원정 (₩)

   ㅇ공급가액 : 일금 원정 (₩)
   임 금 : 일금 원정 (₩)
   * 건설산업기본법 시행령 제84조에 따른 임금
   ㅇ부가가치세 : 일금 원정 (₩)
   ※ 변경 전 계약금액 : 일금 원정 (₩)

연차	계약금액
1차	원
2차	원
	원
	원

※ 장기계속계약에 한해 기재함

6. 대금의 지급
   가. 선급금
   ㅇ 계약체결 후 ( )일 이내에 일금 원정 (₩)
   ※ 원사업자는 발주자로부터 선급금을 지급받은 경우에 선급금을 받은 날(하도급 계약체결 전에 받은 경우에는 계약체결일)부터 15일 이내 선급금의 내용과 비율에 따라 수급사업자에게 지급
   ※ 위 기한이 지난 후에 지급하는 경우에는 지연이자를 더하여 지급

   나. 기성금
   (1) ( )월 ( )회
   (2) 원사업자는 발주자로부터 기성금을 지급받은 날부터 15일(하도급대금의 지급기일이 그 전에 도래하는 경우에는 지급기일) 또는 목적물 인수일부터 ( )일 이내
   (3) 지급방법 : 현금 %, 어음 %, 어음대체결제수단 %
   ※ 발주자로부터 지급받은 현금비율 이상으로 대금을 현금으로 지급.
   ※ 원사업자는 발주자로부터 받은 어음의 지급기간(발행일부터 만기일까지)을 초과하지 않는 어음 교부. 어음을 교부한 날부터 어음의 만기일까지의 기간에 대한 할인료를 어음을 교부하는 날 지급
   ※ 어음대체결제수단을 이용하여 대금을 지급하는 경우에는 지급일부터 대금 상환기일까지의 기간에 대한 수수료를 지급일에 지급

다. 설계변경 등에 따른 하도급대금 조정 및 지급

(1) 원사업자는 발주자로부터 계약금액을 증액 또는 감액받은 날부터 15일 이내에 그 사유와 내용을 수급사업자에게 통지

(2) 원사업자는 발주자로부터 증액 또는 감액받은 계약금액의 내용과 비율에 따라 증액 또는 감액받은 날부터 30일 이내 하도급대금의 증액 또는 감액

(3) 원사업자는 발주자로부터 증액된 추가대금을 받은 날부터 15일 이내에 추가 하도급대금 지급

※ 위 기한이 지난 후에 지급하는 경우에는 지연이자를 더하여 지급. 하도급대금을 어음 또는 어음대체결제수단을 이용하여 지급하는 경우에는 할인료 또는 수수료 지급

7. 지급 원재료의 품목 및 수량 : 별도첨부

8. 주요 원재료 가격변동에 따른 하도급대금 연동을 위한 기준 비율 : %

9. 계약이행보증금

ㅇ 계약금액의 ( )%, 일금 원정 (₩)

10. 하도급대금 지급보증금

ㅇ 계약금액의 ( )%, 일금 원정 (₩)

11. 하자담보책임

〈단일 공종시〉

가. 하자보수보증금율 : 계약금액의 ( )%

나. 하자보수보증금 : 일금 원정 (₩)

다. 하자담보책임기간 : 년

〈복수 공종시〉

번호	공종명	하자보수 보증금율	하자보수 보증금	하자담보 책임기간
1				
2				
3				
4				

12. 지체상금요율 : 연 ( )%

13. 지연이자율

가. 지연이자요율(대금 지급 지연) : 연 ( )%

※ 적용대상 : 정당한 사유없이 발주자로부터 선급금을 받은 날부터 15일이 지난 후 선급금을 지급하는 경우, 부당하게 감액한 금액을 목적물 수령후 60일이 지난 후 지급하는 경우, 중도금·기성금 또는 준공금을 목적물의 수령일부터 60일이 지난 후 지급하는 경우, 관세 등의 환급액을 환급받은 날부터 15일 또는 목적물을 수령한 날로부터 60일이 지난 후에 지급하는 경우, 설계변경 등에 따라 발주사로부터 증액받은 대금의 증액분을 발주자로부터 받은 날로부터 15일이 지난 후에 지급하는 경우

※ 원사업자와 수급사업자가 합의하여 정한 지연이자율이 「하도급거래 공정화에 관한 법률」에서 정한 하도급대금 지급기한을 지나 지급하는 경우에 적용하는 지연이자율보다 낮은 경우에 같은 법에서 정한 지연이자율 적용. **다만, 원사업자와 수급사업자가 합의하여 정한 지연이자율이** 「하도급거래 공정화에 관한 법률」에서 정한 지연이자율**보다 높은 경우에 약정 지연이자요율 적용**

나. 기타 지연이자요율 : 연 ( )%

14. 인지세액 및 부담비율

가. 인지세액

나. 부담비율 : 원사업자 ( )%, 수급사업자 ( )%

※ 인지세액 부담비율을 약정할 경우에 수급사업자의 부담비율을 50% 초과하지 않음

15. 하도급대금 연동제 적용 여부

가. 연동제 적용대상 없음 ( )

나. 적용함 : ( ) 【하도급대금 연동 계약서】

다. 일부 적용함 : ( ) 【하도급대금 연동 계약서】 및 【하도급대금 미연동 계약서】

라. 전부 적용하지 않음 : ( ) 【하도급대금 미연동 계약서】

---------------(이하 '원사업자')와 ------------(이하 '수급사업자')는 위 내용과 별첨 건설공사 표준하도급계약서(본문), 설계서, 산출(공사)내역서 등에 따라 건설공사 하도급 계약을 체결하고 계약서 2통을 작성하여 기명날인 후 각각 1통씩 보관한다.

년 월 일

원사업자	수급사업자
상호 또는 명칭 :	상호 또는 명칭 :
전화번호 :	전화번호 :
주 소 :	주 소 :
대표자 성명 : (인)	대표자 성명 : (인)
사업자(법인)번호 :	사업자(법인)번호 :

첨 부 : 1. 기본계약서 본문
2. 설계서(설계도면, 설계설명서, 현장설명서, 물량내역서)
3. 산출(공사)내역서
4. 비밀정보 및 기술자료 비밀유지계약서
5. 하도급대금 직접지급합의서
6. 표준약식변경계약서
7. 하도급대금 연동 계약서 또는 미연동 계약서

건설업종 표준하도급계약서(본문)

제1장 총칙

제1조(목적) 이 계약은 원사업자가 수급사업자에게 위탁하는 하도급공사의 시공 등에 관한 원사업자와 수급사업자 사이의 권리와 의무 등을 정하는 것을 목적으로 한다.

제2조(정의) 이 계약에서 사용하는 용어의 정의는 다음과 같다.

1. "발주자"라 함은 공사를 원사업자에게 도급하는 자를 말한다.
2. "설계서"라 함은 공사설계설명서, 설계도면, 현장설명서, 공사기간의 산정근거(「국가를 당사자로 하는 계약에 관한 법률 시행령」제6장 및 제8장의 계약 및 현장설명서를 작성하는 공사는 제외한다) 및 공종별 목적물 물량내역서(가설물의 설치에 소요되는 물량 포함하며, 이하 "물량내역서"라 한다)를 말한다.
3. "산출(공사)내역서"라 함은 입찰금액 또는 계약금액을 구성하는 물량, 규격, 단위, 단가 등을 기재한 내역서를 말한다.
4. "선급금"이라 함은 하도급 공사(이하 '공사'라 한다)를 완료하기 전에 원사업자가 수급사업자에게 지급하는 하도급대금의 일부 또는 원사업자가 발주자로부터 공사의 완료 전에 지급받은 도급대금의 일부를 말한다.
5. "지연이자"라 함은 대금 또는 손해배상금 등을 지급하여야 할 자가 지급시기에 지급하지 않을 경우 상대방에게 지급해야 할 손해배상금을 말한다.
6. "지체상금"이라 함은 수급사업자가 계약의 이행을 지체한 경우에 원사업자에게 지급해야 할 손해배상금을 말한다.
7. "기술자료"라 함은 비밀로 관리되는 제조·수리·시공 또는 용역수행 방법에 관한 자료, 그 밖에 영업활동에 유용하고 독립된 경제적 가치를 가지는 것으로서 「하도급거래 공정화에 관한 법률」에서 정하는 자료를 말한다.
8. "원재료"라 함은 하도급거래에서 공사에 사용되는 재료를 말하며, "주요 원재료"라 함은 그 비용이 하도급대금의 100분의 10 이상인 원재료 또는 원사업자와 수급사업자가 합의하여 정한 원재료를 말한다.
9. "하도급대금 연동"이라 함은 주요 원재료의 가격이 원사업자와 수급사업자가 100분의 10 이내의 범위에서 협의하여 정한 비율 이상 변동하는 경우 그 변동분에 연동하여 하도급대금을 조정하는 것을 말한다.

제3조(계약의 기본원칙) 원사업자와 수급사업자는 이 계약에 따라 공사를 완료하고, 하도급대금 등을 지급함에 있어 상호 대등한 입장에서 신의성실의 원칙에 따라 자신의 권리를 행사하고, 의무를 이행한다.

제2장 건설공사의 시공

제1절 건설공사의 시공 · 관리 등

제4조(시공협의 및 지시 등) ① 원사업자는 수급사업자가 이 계약 및 관련 법령에 부합되게 시공할 수 있도록 공사목적물과 관련된 현황을 알려주는 등 수급사업자에게 이 공사 이행에 필요한 협조와 지원을 한다.

② 원사업자는 공사에 필요한 공정의 세부작업 방법 등을 정함에 있어 미리 수급사업자의 의견을 청취한다.

③ 수급사업자는 계약체결 후 지체 없이 다음 각 호에서 정하는 서류를 원사업자에게 제출하고 승인을 받는다. 다만, 수급사업자가 계약체결 전에 원사업자에게 제출한 서류는 제외하며, 그 내용이 변경된 경우에 한해 제출한다.

1. 공사공정예정표
2. 현장대리인 등을 포함한 조직도
3. 관련 법령에 따라 수급사업자가 부담하는 안전 · 환경 및 품질관리에 관한 계획서
4. 공정별 인력 및 장비투입계획서
5. 착공전 현장사진
6. 그 밖에 이 공사와 관련하여 필요하다고 원사업자와 수급사업자가 협의하여 정한 서류

④ 원사업자는 공사공정예정표 등이 하도급공사의 목적과 일치하지 않을 경우에 그 기간을 정하여 수정을 요구할 수 있다. 이 경우 수급사업자는 원사업자와 협의하여 공사공정예정표 등을 수정하고, 그 사실을 통지한다.

⑤ 원사업자는 하도급공사가 준공되기 전까지 그 시공에 필요한 지시를 할 수 있으며, 수급사업자는 그 지시를 따른다. 다만, 수급사업자가 그 지시를 따르기에 부적합한 사유가 있다고 판단할 경우에는 협의하여 달리 정할 수 있다.

⑥ 원사업자가 공사공정예정표 등을 마련하여 수급사업자에게 제시한 경우에는 제3항(제2호는 제외) 및 제4항을 적용하지 아니한다.. 다만, 원사업자가 제시한 공사공정예정표 등이 적합하지 않을 경우 수급사업자는 원사업자와 협의하여 공사공정예정표 등을 수정할 수 있다.

제5조(하도급계약통보서의 제출) ① 원사업자는 이 계약을 체결한 날부터 30일 이내에 하도급계약통보서(「건설산업기본법 시행규칙」 별지 제23호 서식)에 다음 각 호의 서류를 첨부하여 발주자에게 제출한다. 다만, 원사업자가 기한 내에 통지하지 아니한 경우에는 수급사업자가 발주자에게 이를 통지할 수 있다.

1. 하도급계약서(변경계약서를 포함하고, 특수조건이 있는 경우에 특수조건을 포함한다) 사본
2. 공사량(규모) · 공사단가 및 공사금액 등이 분명하게 적힌 공사내역서
3. 예정공정표
4. 하도급대금지급보증서 사본(하도급대금지급보증서 교부의무가 면제되는 경우에는 그 증빙서류)
5. 현장설명서(현장설명을 실시한 경우에 한함)
6. 공동하도급인 경우 공동수급체 구성원 간에 체결한 협정서 사본. 다만, 건설공사대장에 해당 협정서의 내용을 첨부한 경우는 제외한다.

② 제1항은 「건설산업기본법」 제29조 제6항 단서에 해당하는 하도급계약에는 적용하지 아니한다.

제6조(공사의 시공 및 변경) ① 수급사업자는 「하도급거래 공정화에 관한 법률」, 「건설산업기본법」 등 관련 법령의 규정, 이 계약서의 내용과 설계서(총액단가계약의 경우는 산출(공사)내역서를 포함하며, 양식은 기획재정부 계약예규의 양식을 준용한다. 이하 같다) 및 공사공정예정표에서 정한 바에 따라 공사를 시공한다.
② 공사 착공일과 준공일은 전문에서 정한 바에 따른다. 다만, 수급사업자의 책임 없는 사유로 착공일에 착공할 수 없는 때에는 수급사업자의 현장 인수일을 착공일로 한다.
③ 제2항 단서의 경우에 준공일은 수급사업자가 현장을 인수한 날까지의 기간을 더하여 정한다.
④ 시공 품질의 유지·개선 등의 정당한 사유가 있는 경우를 제외하고, 원사업자는 수급사업자에게 특정한 원재료·장비(이하 '원재료 등'이라 한다)를 매입 또는 사용(이용을 포함한다. 이하 같다)하도록 하거나 역무를 공급하도록 요구하지 아니한다.
⑤ 제4항에서 정한 정당한 사유에 따라 원사업자가 지정한 원재료 등 또는 역무의 공급 등이 품절 등의 사유로 조달할 수 없는 경우에 수급사업자는 원사업자와 협의하여 이를 변경할 수 있다.

제7조(원재료 검사 등) ① 공사에 사용할 원재료는 신품(가설기자재는 제외한다)이어야 하며, 품질, 품명 등은 반드시 설계서와 일치하여야 한다. 다만, 설계서에 품질·품명 등이 명확히 규정되지 아니한 것은 표준품 또는 표준품에 상당하는 원재료로서 계약의 목적을 달성하는 데 가장 적합한 것이어야 한다.
② 공사에 사용할 원재료는 사용 전에 감독원의 검사를 받아야 하며, 불합격된 원재료는 즉시 대체하여 다시 검사를 받아야 한다. 이 경우, 수급사업자는 이를 이유로 계약기간의 연장을 청구할 수 없다.
③ 검사결과 불합격품으로 결정된 원재료는 공사에 사용할 수 없다. 다만, 감독원의 검사에 이의가 있을 때에는 수급사업자는 원사업자에 대하여 재검사를 요청할 수 있으며, 재검사가 필요할 때에는 원사업자는 지체 없이 원재료에 대한 재검사를 실시한다.
④ 원사업자는 수급사업자로부터 공사에 사용할 원재료의 검사 또는 제3항에 따른 재검사의 요청을 받은 때에는 정당한 사유 없이 검사를 지체하지 아니한다.
⑤ 수급사업자가 불합격된 원재료를 즉시 반출하지 않거나 다른 원재료로 대체하지 않을 경우에는 원사업자는 이를 대신할 수 있으며, 그 비용은 수급사업자가 부담한다.
⑥ 수급사업자는 원재료의 검사를 받을 때에는 감독원의 지시에 따라야 하며, 검사에 소요되는 비용은 별도로 정한 바가 없으면 원재료를 조달하는 자가 부담한다. 다만, 검사에 소요되는 비용을 발주자로부터 지급받았을 경우에는 원사업자가 이를 부담한다.
⑦ 공사에 사용하는 원재료 중 조합(調合) 또는 시험이 필요한 것은 감독원의 참여하에 그 조합 또는 시험을 한다.
⑧ 정당한 사유가 있는 경우를 제외하고, 수급사업자는 공사현장 내에 반입한 공사원재료를 감독원의 승낙 없이 공사현장 밖으로 반출하지 못한다.
⑨ 수중 또는 지하에 설치하는 공작물과 그 밖에 준공 후 외부로부터 검사할 수 없는 공작물의 검사는 감독원의 참여 없이 시공할 수 없다.
⑩ 정당한 사유가 있는 경우를 제외하고, 원사업자는 「건설기계관리법」에 따라 정기검사에 합격한 건설기계에 대해 연식제한을 이유로 수급사업자의 사용 및 운행을 금지하지 아니한다.

제8조(원재료 등의 제공) ① 이 계약에 따라 원사업자가 지급하는 원재료 등의 인도 시기는 공사공정예정표에 따르고, 그 인도 장소는 설계설명서에 따로 정한 바가 없으면 공사현장으로 한다.

② 제1항에 따라 인도된 원재료 등의 소유권은 원사업자에게 속하며, 감독원의 서면(「전자문서 및 전자거래 기본법」 제2조 제1호에 따른 전자문서를 포함한다. 이하 같다)에 의한 승낙 없이 수급사업자의 공사현장에 반입된 원재료 등을 반출할 수 없다.
③ 수급사업자는 원사업자 또는 감독원이 원재료 등이 보관된 장소에 출입하여 이를 검사하고자 할 때에 협조한다.
④ 원사업자는 건설공사의 품질유지 · 개선이나 그 밖에 정당한 사유가 있는 경우 또는 수급사업자의 요청이 있는 때에 공사와 관련된 기계 · 기구(이하 "대여품"이라 한다) 등을 대여할 수 있다. 이 경우, 원사업자는 대여품을 지정된 일시와 장소에서 인도하며 사용 후 반환비용은 다음 각 호에서 정한 바에 따른다.

1. 수급사업자가 대여품을 요청한 경우 : 수급사업자
2. 수급사업자의 요청없이 원사업자가 대여품을 대여한 경우 : 원사업자

⑤ 제1항의 원재료 등 또는 제4항의 대여품이 인도된 후에 발생한 멸실 또는 훼손에 대해 수급사업자가 책임을 부담한다. 다만, 수급사업자가 선량한 관리자의 주의의무를 다한 경우에는 그러하지 아니하다.
⑥ 수급사업자는 원사업자가 공급한 원재료 등과 대여품을 이 계약 외의 목적으로 사용하지 아니한다.
⑦ 원사업자가 원재료 등 또는 대여품의 공급을 지연하여 공사가 지연될 우려가 있을 경우, 수급사업자는 원사업자의 서면승낙을 받아 자기가 보유한 원재료 등을 대체 사용할 수 있다. 이 경우에 대체 사용에 따른 경비는 원사업자가 부담한다.
⑧ 원사업자는 제7항에 따라 대체 사용한 원재료 등 또는 대여품에 대해 그 사용 당시의 가격으로 산정한 대가를 공사 기성금에 포함하여 수급사업자에게 지급한다. 다만, 현물 상환을 조건으로 원재료 등 또는 대여품의 대체사용을 승인한 경우에는 그러하지 아니하다.
⑨ 감독원은 원재료 등 또는 대여품을 수급사업자의 입회하에 검사하여 수급사업자에게 인도한다.
⑩ 수급사업자는 공사내용의 변경으로 인하여 필요하지 않은 원재료 등 또는 대여품을 지체 없이 원사업자에게 반환한다. 이 경우, 반환에 소요되는 비용은 다음 각 호에서 정한 바에 따른다.

1. 공사내용 변경이 수급사업자의 요청에 의한 경우 : 수급사업자
2. 공사내용 변경이 원사업자의 요청에 의한 경우 : 원사업자

⑪ 원사업자가 임차한 건설기계를 사용하여 수급사업자가 건설공사를 수행하는 경우, 원사업자는 건설기계의 가동시간(초과작업시간 포함) · 작업가능 여부 등을 수급사업자에게 명확히 제공하여 원활한 공사진행이 이루어질 수 있도록 조치한다.
⑫ 제11항의 건설기계 조종사가 「건설기계관리법」 · 「국가기술자격법」을 위반하거나 부당하게 금품을 요구하거나 고의로 공사를 방해하는 등의 행위로 수급사업자의 공사수행에 지장을 초래하여 수급사업자가 원사업자에게 해당 건설기계조종사의 교체 등을 요구한 경우에 원사업자는 지체 없이 해당 건설기계임대인과 협의하여 원활한 공사수행이 이루어질 수 있도록 협조한다.
⑬ 수급사업자가 원사업자로부터 원재료 등을 유상으로 구입하거나 대여받은 경우, 정당한 사유가 없는 한 그 대금의 지급은 공사에 대한 하도급대금의 지급기일 이후로 한다. 이 경우, 원사업자는 수급사업자에게 지급할 하도급대금에서 원재료 등의 대금을 상계할 수 있다.
⑭ 제13항에 따라 수급사업자가 지급해야 하는 대금은 정당한 사유가 없는 한 원사업자가 해당 원재료 등을 직접 구매하거나 제3자에게 공급하는 경우와 비교하여 현저히 불리하게 정하지 아니한다.

제9조(품질관리 등) ① 수급사업자는 시공 내용이 「건설산업기본법」 등의 관련 법령과 이 계약에서 정한 기준과 규격에 맞는지를 자체적으로 검사한다.
② 수급사업자는 공사의 품질유지를 위한 해당 공정에 관한 원사업자의 정당한 요구를 따르며, 품질 및 공정관리를 위해 원사업자의 직원을 상주시킬 경우에 적극 협조한다. 이 경우, 그 직원의 상주에 따른 비용은 원사업자가 부담한다.
③ 수급사업자는 공사의 품질에 영향을 미치는 주요 공정 및 공법, 주요원재료 등의 변경에 대해 사전에 원사업자의 승인을 받는다. 다만, 부득이한 경우에 한하여 사후 승인을 받을 수 있다.
④ 원사업자는 제3항에 따라 수급사업자의 변경요청이 있은 날부터 10일 이내에 승인 여부를 결정하여 수급사업자에게 서면으로 통지하며, 이 기간 내에 통지하지 아니한 경우에는 변경요청을 승인한 것으로 본다. 다만, 변경사항에 대한 타당성 검토 등에 그 이상의 기간이 요구되거나 그 밖에 정당한 사유가 있는 경우, 원사업자는 수급사업자에게 서면으로 통지한 후 그 기간을 연장할 수 있다.

제10조(관련공사와의 조정) ① 원사업자는 도급공사를 원활히 수행하기 위하여 도급공사와 관련이 있는 공사(이하 "관련 공사"라 한다)와의 조정이 필요한 경우에 수급사업자와 상호 협의하여 공사기간, 공사내용, 계약금액 등을 변경할 수 있다.
② 수급사업자는 관련 공사의 시공자와 긴밀히 연락 협조하여 도급공사의 원활한 완공에 협력한다.

제11조(추가·변경공사에 대한 서면 발급 등) ① 원사업자는 수급사업자와 협의하여 이 계약 외에 설계변경 또는 그 밖의 사유로 하도급계약의 산출 내역에 포함되어 있지 아니한 공사(이하 "추가·변경공사"라 한다)에 관한 사항을 결정한다. 이 경우에 원사업자는 수급사업자가 추가·변경공사를 착공하기 전까지 추가·변경공사와 관련된 서면을 발급한다.
② 추가·변경공사와 관련된 서면에는 다음 각 호의 사항 등을 기재한다. 다만, 착공 전까지 확정이 곤란한 사항에 대해서는 확정이 곤란한 사유 및 확정에 대한 예정기일을 기재하여 수급사업자에게 제공하고 해당 사항이 확정되는 때 지체 없이 새로운 사항을 포함한 서면을 발급한다.

1. 수급사업자가 원사업자로부터 위탁받은 추가·변경공사의 내용
2. 공사목적물을 원사업자에게 인도하는 시기 및 장소
3. 공사의 검사의 방법 및 시기
4. 대금(선급금, 기성금 및 하도급대금을 조정한 경우에는 그 조정된 금액을 포함한다. 이하 같다)과 그 지급방법 및 지급기일
5. 원사업자가 수급사업자에게 공사에 필요한 원재료 등을 제공하려는 경우에는 그 원재료 등의 품명·수량·제공일·대가 및 대가의 지급방법과 지급기일
6. 공사를 위탁한 후 공사의 공급원가 변동에 따른 하도급대금 조정의 요건, 방법 및 절차
7. 그 밖에 추가·변경공사와 관련된 사항

③ 원사업자의 지시에 따라 수급사업자가 시공한 추가·변경공사에 대해 원사업자는 발주자로부터 증액을 받지 못하였다 하더라도 수급사업자에게 하도급대금을 증액하여 지급한다.
④ 제1항의 서면에는 원사업자와 수급사업자가 서명[「전자서명법」 제2조제2호에 따른 전자서명(서명자의 실지명의를 확인할 수 있는 것을 말한다)을 포함한다. 이하 같다] 또는 기명날인한다.

제12조(추가·변경공사 내용의 추정) ① 원사업자가 추가·변경공사를 위탁하면서 제11조에 따른 서면을 발급하지 아니한 경우, 수급사업자는 서면에 다음 각 호의 사항을 적고 서명 또는 기명날인한 다음 원사업자에게 통지하여 위탁내용의 확인을 요청할 수 있다.

1. 수급사업자가 원사업자로부터 위탁받은 추가·변경공사의 내용
2. 하도급대금
3. 원사업자로부터 위탁받은 일시
4. 원사업자와 수급사업자의 사업자명과 주소(법인 등기사항증명서상 주소와 사업장 주소를 포함한다)
5. 그 밖에 원사업자가 위탁한 내용

② 원사업자는 제1항의 통지를 받은 날부터 15일 이내에 그 내용에 대한 인정 또는 부인(否認)의 의사를 수급사업자에게 서명 또는 기명날인한 서면으로 회신하며, 이 기간 내에 회신을 발송하지 아니한 경우에는 수급사업자가 통지한 내용대로 위탁이 있는 것으로 추정한다. 다만, 자연재해 등 불가항력으로 인한 경우에는 그러하지 아니하다.

③ 위탁사실에 대한 확인 요청과 이에 대한 회신은 다음 각 호의 어느 하나에 해당하는 방법을 이용하여 상대방의 주소(전자우편주소 또는 공인전자주소를 포함한다)로 한다.

1. 내용증명우편
2. 「전자문서 및 전자거래 기본법」 제2조 제1호에 따른 전자문서로서 다음 각 목의 어느 하나에 해당하는 요건을 갖춘 것
   가. 「전자서명법」 제2조 제2호에 따른 전자서명(서명자의 실지명의를 확인할 수 있는 것으로 한정한다)이 있을 것
   나. 「전자문서 및 전자거래 기본법」 제2조 제8호에 따른 공인전자주소를 이용할 것
3. 그 밖에 통지와 회신의 내용 및 수신 여부를 객관적으로 확인할 수 있는 방법

④ 원사업자의 현장대리인·감독원 또는 현장소장이 서면을 발급하지 아니하고 추가·변경공사 등을 위탁한 경우, 수급사업자는 현장대리인·감독원 또는 현장소장에게 위탁내용의 확인을 요청할 수 있다. 이 경우 현장대리인·감독원 또는 현장소장이 한 인정 또는 부인의 의사는 원사업자가 한 것으로 본다.

제13조(공사의 중지 또는 공사기간의 연장) ① 원사업자가 이 계약에 따른 선급금, 기성금 또는 추가공사 대금을 지급하지 않는 경우에 수급사업자가 상당한 기한을 정하여 그 지급을 독촉할 수 있으며, 원사업자가 그 기한 내에 이를 지급하지 아니하면 수급사업자는 공사중지 기간을 정하여 원사업자에게 통보하고 공사의 전부 또는 일부를 일시 중지할 수 있다. 이 경우 중지된 공사기간은 전문에서 정한 공사기간에 포함되지 않으며, 지체상금 산정시 지체일수에서 제외한다.

② 원사업자에게 책임 있는 사유 또는 태풍·홍수·악천후·전쟁·사변·지진·전염병·폭동 등 불가항력(이하 "불가항력"이라고 한다)의 발생, 원재료 등의 수급불균형 등으로 현저히 계약이행이 어려운 경우 등 수급사업자에게 책임 없는 사유로 공사수행이 지연되는 경우에 수급사업자는 서면으로 공사기간의 연장을 원사업자에게 요구할 수 있다.

③ 원사업자는 제2항에 따른 공사기간 연장의 요구가 있는 경우 즉시 그 사실을 조사·확인하고 공사가 적절히 이행될 수 있도록 공사기간의 연장 등 필요한 조치를 한다.

④ 원사업자는 제3항에 따라 공사기간의 연장을 승인하였을 경우 그 연장기간에 대하여는 지체상금을 부과하지 아니한다.

⑤ 제3항에 따라 공사기간을 연장하는 경우에 원사업자와 수급사업자는 협의하여 하도급대금을 조정한다. 다만, 원사업자가 이를 이유로 발주자로부터 도급대금을 증액받은 경우에는 그 증액된 금액에 전체 도급대금 중 하도급대금이 차지하는 비율을 곱하여 산정한 금액 이상으로 조정한다.

제14조(감독원) ① 원사업자는 자기를 대리하는 감독원을 임명하였을 때에는 이를 서면으로 수급사업자에게 통지한다.

② 감독원은 다음 각 호의 직무를 수행한다.

1. 시공일반에 대하여 감독하고 입회하는 일
2. 계약이행에 있어서 수급사업자 또는 수급사업자의 현장대리인에 대한 지시, 승낙 또는 협의하는 일
3. 공사원재료와 시공에 대한 검사 또는 시험에 입회하는 일
4. 공사의 기성부분검사, 준공검사 또는 목적물의 인도에 입회하는 일
5. 수급사업자로 하여금 「건설산업기본법」 등에서 금지하는 재하도급 등에 관한 규정을 준수하도록 관리하는 일
6. 이 계약 및 「산업안전보건법」 등에서 규정하는 안전조치를 취하는 일

③ 수급사업자가 원사업자 또는 감독원에 대하여 검사입회 등을 요구한 때에는 원사업자 또는 감독원은 지체 없이 이에 응한다.

④ 원사업자 또는 감독원이 수급사업자나 수급사업자의 현장대리인에게 제2항에 따른 직무를 수행하기 위해 수급사업자의 현장을 점검하거나 자료의 제출을 요청하는 경우에는 수급사업자 또는 수급사업자의 현장대리인은 특별한 사정이 없는 한 이에 협조한다.

⑤ 수급사입자는 감독원의 행위가 적절하지 않다고 인정될 때에는 원사업자에 대하여 그 사유를 명시한 서면으로 그 시정을 요청할 수 있다.

제15조(현장대리인) ① 수급사업자는 이 계약의 책임·품질시공 및 안전·기술관리를 위하여 「건설산업기본법」 등 관련 법령에서 정한 바에 따라 건설기술인을 배치하고, 그 중 1인을 현장대리인으로 선임한 후 이를 착공 전에 원사업자에게 서면으로 통지한다.

② 「건설산업기본법」 등 관련 법령에 규정된 경우를 제외하고, 현장대리인은 공사현장에 상주하며 수급사업자를 대리하여 시공에 관한 일체의 사항을 처리한다.

③ 현장대리인이 「건설산업기본법」 등 관련 법령에 따른 건설기술인의 현장배치 기준에 적합한 기술자가 아닌 경우에는 수급사업자는 공사관리 및 그 밖에 기술상의 관리를 위하여 적격한 건설기술인을 별도로 배치하고 원사업자에게 통지한다.

④ 원사업자는 공사 현장에 배치된 건설기술인이 신체 허약 등의 이유로 업무를 수행할 능력이 없다고 인정하는 경우에 수급사업자에게 그 건설기술인을 교체할 것을 요구할 수 있다. 이 경우, 수급사업자는 정당한 사유가 없으면 이에 따른다.

제16조(근로자 등) ① 수급사업자가 공사를 시공함에 있어서 근로자를 사용할 때에는 해당 공사의 시공 또는 관리에 관한 상당한 기술과 경험이 있는 자를 배치한다.

② 원사업자가 수급사업자의 근로자에 대하여 공사의 시공 또는 관리에 있어 매우 부적절하다고 인정하여 그 교체를 요구한 때에는 정당한 사유가 없는 한 지체 없이 이에 응한다.

③ 수급사업자는 제2항에 따라 교체된 현장대리인 또는 근로자를 원사업자의 동의 없이 이 공사를 위하여 다시 배치할 수 없다.

④ 수급사업자는 그의 현장대리인, 안전관리자 또는 근로자의 직무와 관련된 위법행위에 대하여 사용자책임을 진다. 다만, 수급사업자가 현장대리인, 안전관리자 또는 근로자의 선임 및 그 사무감독에 상당한 주의를 한 때 또는 상당한 주의를 하여도 손해가 있을 경우에는 그러하지 아니하다.

제17조(일요일 공사 시행의 제한) ① 긴급 보수 · 보강 공사 등에 해당하는 경우 등 「건설기술진흥법」에서 정하는 사유에 해당하여 발주자가 사전에 승인한 경우를 제외하고, 원사업자는 수급사업자가 일요일에 공사를 시행하도록 지시하지 아니한다. 다만, 재해가 발생하거나 발생할 것으로 예상되어 일요일에 긴급 공사 등이 필요한 경우에 원사업자는 먼저 수급사업자에게 공사의 시행을 지시하고, 사후에 발주자의 승인을 받을 수 있다.

② 수급사업자는 제1항에 따른 지시없이 일요일에 공사를 시행하지 아니한다.

③ 제1항 및 제2항은 발주자가 「건설기술진흥법」상 발주청에 해당하는 경우에 한하여 적용한다.

제2절 건설공사의 안전 등

제18조(원사업자의 안전조치 의무) ① 원사업자는 수급사업자의 건설시공으로 인하여 안전사고가 발생하지 않도록 관리 · 감독한다.

② 원사업자는 산업재해를 예방하기 위한 다음 각 호의 조치를 한다.

1. 원사업자와 수급사업자를 구성원으로 하는 안전 및 보건에 관한 협의체의 구성 및 운영
2. 작업장 순회점검
3. 수급사업자가 근로자에게 하는 「산업안전보건법」에 따른 안전보건교육을 위한 장소 및 자료의 제공 등 지원
4. 수급사업자가 근로자에게 하는 「산업안전보건법」에 따른 안전보건교육의 실시 확인
5. 다음 각 목의 어느 하나의 경우에 대비한 경보체계 운영과 대피방법 등 훈련
   가. 작업 장소에서 발파작업을 하는 경우
   나. 작업 장소에서 화재 · 폭발, 토사 · 구축물 등의 붕괴 또는 지진 등이 발생한 경우
6. 위생시설 등 「산업안전보건법」에서 정하는 시설의 설치 등을 위하여 필요한 장소의 제공 또는 원사업자가 설치한 위생시설 이용의 협조
7. 같은 장소에서 이루어지는 원사업자와 수급사업자의 작업에 있어서 수급사업자의 작업시기 · 내용, 안전조치 및 보건조치 등의 확인
8. 제7호에 따른 확인 결과 수급사업자의 작업 혼재로 인하여 화재 · 폭발 등 「산업안전보건법」에서 정하는 위험이 발생할 우려가 있는 경우 수급사업자의 작업시기 · 내용 등의 조정

③ 원사업자는 수급사업자 근로자의 산업재해 및 건강장해를 예방하기 위하여 다음 각 호에서 정한 조치를 비롯하여 안전 및 보건 시설의 설치 등 필요한 안전조치 및 보건조치를 한다. 다만, 보호구 착용의 지시 등 수급사업자 근로자의 작업행동에 관한 직접적인 조치는 제외한다.

1. 원재료 · 가스 · 증기 · 분진 · 흄(fume, 열이나 화학반응에 의하여 형성된 고체증기가 응축되어 생긴 미세입자를 말한다) · 미스트(mist, 공기 중에 떠다니는 작은 액체방울을 말한다) · 산소결핍 · 병원체 등에 의한 건강장해
2. 방사선 · 유해광선 · 고열 · 한랭 · 초음파 · 소음 · 진동 · 이상기압 등에 의한 건강장해
3. 사업장에서 배출되는 기체 · 액체 또는 찌꺼기 등에 의한 건강장해
4. 계측감시(計測監視), 컴퓨터 단말기 조작, 정밀공작(精密工作) 등의 작업에 의한 건강장해
5. 단순반복작업 또는 인체에 과도한 부담을 주는 작업에 의한 건강장해
6. 환기 · 채광 · 조명 · 보온 · 방습 · 청결 등의 적정기준을 유지하지 아니하여 발생하는 건강장해
7. 폭염 · 한파에 장시간 작업함에 따라 발생하는 건강장해

④ 원사업자는 수급사업자의 근로자가 신체적 피로와 정신적 스트레스를 해소할 수 있도록 휴식시간에 이용할 수 있는 휴게시설을 갖추어야 한다.

⑤ 원사업자는 「산업안전보건법」 등에서 정하는 바에 따라 자신의 근로자 및 수급사업자의 근로자와 함께 정기적으로 또는 수시로 작업장의 안전 및 보건에 관한 점검을 하여야 한다.

⑥ 다음 각 호의 작업을 하도급하는 원사업자는 그 작업을 수행하는 수급사업자의 근로자의 산업재해를 예방하기 위하여 「산업안전보건법」에서 정하는 바에 따라 해당 작업 시작 전에 수급사업자에게 안전 및 보건에 관한 정보를 문서로 제공하여야 한다.

1. 폭발성 · 발화성 · 인화성 · 독성 등의 유해성 · 위험성이 있는 화학물질 중 「산업안전보건법」에서 정하는 화학물질 또는 그 화학물질을 포함한 혼합물을 제조 · 사용 · 운반 또는 저장하는 반응기 · 증류탑 · 배관 또는 저장탱크로서 「산업안전보건법」에서 정하는 설비를 개조 · 분해 · 해체 또는 철거하는 작업
2. 제1호에 따른 설비의 내부에서 이루어지는 작업
3. 질식 또는 붕괴의 위험이 있는 작업으로서 「산업안전보건법」에서 정하는 작업

⑦ 원사업자가 제6항에 따라 안전 및 보건에 관한 정보를 해당 작업 시작 전까지 제공하지 아니한 경우에는 수급사업자는 정보 제공을 요청할 수 있다.

⑧ 원사업자는 수급사업자가 제6항에 따라 제공받은 안전 및 보건에 관한 정보에 따라 필요한 안전조치 및 보건조치를 하였는지 확인한다.

⑨ 수급사업자는 제7항에 따른 요청에도 불구하고 원사업자가 정보를 제공하지 아니하는 경우에는 해당 작업을 하지 아니할 수 있다. 이 경우 수급사업자는 계약의 이행 지체에 따른 책임을 지지 아니한다.

⑩ 원사업자는 수급사업자의 근로자가 자신의 사업장에서 작업을 하는 경우에 수급사업자 또는 수급사업자의 근로자가 하도급받은 작업과 관련하여 「산업안전보건법」 또는 같은 법에 따른 명령을 위반하면 수급사업자에게 그 위반행위를 시정하도록 필요한 조치를 할 수 있다. 이 경우 수급사업자는 정당한 사유가 없으면 그 조치에 따른다.

⑪ 원사업자는 안전한 작업 수행을 위하여 다음 각 호의 사항을 준수한다.

1. 설계서 등에 따라 산정된 공사기간을 단축하지 아니할 것
2. 공사비를 줄이기 위하여 위험성이 있는 공법을 사용하거나 정당한 사유 없이 공법을 변경하지 아니할 것

제19조(수급사업자의 안전조치 및 보건조치) ① 수급사업자는 다음 각 호의 어느 하나에 해당하는 위험으로 인한 산업재해를 예방하기 위하여 필요한 조치를 한다.

1. 기계 · 기구, 그 밖에 설비에 의한 위험
2. 폭발성, 발화성 및 인화성 물질 등에 의한 위험
3. 전기, 열, 그 밖의 에너지에 의한 위험

② 수급사업자는 굴착, 채석, 하역, 벌목, 운송, 조작, 운반, 해체, 중량물 취급, 그 밖에 작업을 할 때 불량한 작업방법 등에 의한 위험으로 인한 산업재해를 예방하기 위하여 필요한 조치를 하여야 한다.

③ 수급사업자는 근로자가 다음 각 호의 어느 하나에 해당하는 장소에서 작업을 할 때 발생할 수 있는 산업재해를 예방하기 위하여 필요한 조치를 한다.

1. 근로자가 추락할 위험이 있는 장소
2. 토사 · 구축물 등이 붕괴할 우려가 있는 장소
3. 물체가 떨어지거나 날아올 위험이 있는 장소
4. 천재지변으로 인한 위험이 발생할 우려가 있는 장소

④ 수급사업자는 다음 각 호의 어느 하나에 해당하는 건강장해를 예방하기 위하여 필요한 조치를 한다.

1. 원재료 · 가스 · 증기 · 분진 · 흄(fume, 열이나 화학반응에 의하여 형성된 고체증기가 응축되어 생긴 미세입자를 말한다) · 미스트(mist, 공기 중에 떠다니는 작은 액체방울을 말한다) · 산소결핍 · 병원체 등에 의한 건강장해
2. 방사선 · 유해광선 · 고온 · 저온 · 초음파 · 소음 · 진동 · 이상기압 등에 의한 건강장해
3. 사업장에서 배출되는 기체 · 액체 또는 찌꺼기 등에 의한 건강장해
4. 계측감시(計測監視), 컴퓨터 단말기 조작, 정밀공작(精密工作) 등의 작업에 의한 건강장해
5. 단순반복작업 또는 인체에 과도한 부담을 주는 작업에 의한 건강장해
6. 환기 • 채광 • 조명 • 보온 • 방습 • 청결 등의 적정기준을 유지하지 아니하여 발생하는 건강장해
7. 폭염 · 한파에 장시간 작업함에 따라 발생하는 건강장해

제20조(수급사업자의 작업중지 및 중대재해 발생시 조치 등) ① 수급사업자는 다음 각 호의 어느 하나에 해당하는 때에는 즉시 작업을 중지시키고 근로자를 작업장소에서 대피시키는 등 안전 및 보건에 관하여 필요한 조치를 한다.

1. 산업재해가 발생할 급박한 위험이 있을 때
2. 중대재해가 발생하였을 때

② 제1항에 따른 조치 또는 「산업안전보건법」에서 정하는 조치 등으로 인해 공사가 지체된 경우에 원사업자는 수급사업자에게 이로 인해 발생한 손해에 대한 배상을 청구할 수 있다. 다만, 수급사업자가 고의 또는 과실없을 증명한 경우에는 그러하지 아니하다.

제21조(응급조치) ① 수급사업자는 화재방지 등을 위하여 필요하다고 인정될 때에는 미리 응급조치를 취하고 이를 원사업자에게 즉시 통지한다.

② 원사업자 또는 감독원은 화재방지, 그 밖에 안전사고예방에 긴급하고 부득이하다고 인정될 때에는 수급사업자에게 응급조치를 요구할 수 있으며, 수급사업자는 즉시 이에 응한다. 다만, 수급사업자가 요구에 응하지 아니할 때에는 원사업자는 제3자로 하여금 필요한 조치를 하게 할 수 있다.

③ 제1항 및 제2항의 응급조치에 소요된 경비에 대하여는 원사업자와 수급사업자가 협의하여 정한다. 다만, 응급조치 원인에 대한 책임이 수급사업자에게만 있는 경우 수급사업자의 부담으로 한다.

제22조(산업안전보건관리비) ① 원사업자는 「건설업의 산업안전보건관리비 계상 및 사용기준」(고용노동부 고시)에 따라 산업안전보건관리비를 책정한다.

② 원사업자는 제1항에 따라 책정된 산업안전보건관리비를 제3항에 따라 수급사업자가 산업안전보건관리비 사용계획 등을 제출한 때에 지체 없이 지급하며, 그 사용에 대해 감독한다.

③ 수급사업자는 계약체결 후 지체 없이 산업안전보건관리비 사용기준, 하도급공사 특성에 적합한 안전관리계획 및 안전관리비 사용계획을 작성하여 원사업자에게 제출하고, 이에 따라 산업안전보건관리비를 사용한다.

④ 수급사업자는 공사시작 후 6개월마다 1회 이상 또는 6개월 이내에 공사가 종료되는 경우에 공사종료시 제3항에 따라 사용한 산업안전보건관리비 사용내역을 원사업자에게 제출하여야 하며, 원사업자가 수급사업자에게 지급한 산업안전보건관리비가 실제로 사용된 산업안전보건관리비보다 많거나 적은 경우에는 이를 정산한다. 다만, 수급사업자가 지출한 산업안전보건관리비가 하도급한 공사 부분에 대해 발주자로부터 지급받은 산업안전보건관리비보다 많은 경우에 그 정산은 원사업자와 수급사업자가 협의하여 정한다.

제23조(보험료의 지급 및 정산) ① 원사업자 또는 수급사업자는 다음 각 호에서 정하는 바에 따라 이 공사와 관련된 수급사업자의 근로자에 대한 보험을 가입한다.

1. 원사업자 : 「고용보험 및 산업재해보상보험의 보험료징수 등에 관한 법률」에 따른 보험(단, 공단의 승인을 받은 경우에는 수급사업자가 가입) 등 관련 법령에 따라 가입하여야 하는 보험
2. 수급사업자 : 「국민연금법」에 따른 국민연금, 「국민건강보험법」에 따른 건강보험, 「노인장기요양보험법」에 따른 노인장기요양보험 등 관련 법령에 따라 가입하여야 하는 보험

② 원사업자는 제1항에 따라 수급사업자가 가입하여야 하는 보험의 보험료에 해당하는 금액(하도급대금 산출(공사)내역서에 기재된 금액)을 수급사업자에게 지급한다. 이 경우 원사업자는 수급사업자에게 지급한 금액이 실제로 보험자(공단, 보험회사 등)에게 납부된 금액보다 적거나 많은 경우에는 이를 정산한다.

③ 원사업자는 제1항에 의해 보험 등에 가입한 경우에는 해당 사업장의 근로자가 보험금 등을 지급받아야 할 사유가 발생한 때에는 관계법령에 의한 보험금 등의 혜택을 받을 수 있도록 한다.

④ 원사업자는 재해발생에 대비하여 수급사업자에게 다음 각 호의 보험(「건설산업기본법」에 따른 손해공제를 포함한다. 이하 같다)을 택일 또는 중복하여 가입하도록 요구할 수 있고, 수급사업자는 보험가입 후 원사업자에게 보험증권을 제출한다. 이 경우 원사업자는 그 보험료 상당액을 수급사업자에게 지급한다.

1. 근로사재해보상책임보험
2. 영업배상 책임보험
3. 건설공사보험

⑤ 원사업자가 산업재해보험에 일괄 가입하였을 경우에 수급사업자가 책임이 있는 경우를 제외하고 원사업자가 재해발생으로 인한 모든 책임을 진다.

제3절 공사목적물의 준공 및 검사

제24조(공사목적물의 인도) ① 수급사업자는 전문에서 정한 준공기일까지 공사목적물을 인도한다.

② 수급사업자가 준공기일 전에 공사목적물을 인도하고자 하는 경우에는 사전에 원사업자와 협의하여 그 인도시기를 변경할 수 있다.

③ 수급사업자는 공사목적물을 준공기일까지 인도할 수 없다고 판단될 경우, 사전에 그 원인 및 실제 인도예정일을 원사업자에게 통보하고, 원사업자의 서면 승인이 있는 경우에만 연장된 준공기일에 따라 공사목적물을 인도할 수 있다.

④ 「건설산업기본법」 제34조 제9항에 따른 공사에 해당할 경우에 수급사업자는 공사를 완료하고, 인도할 때에 현장근로자·원재료납품업자 또는 건설장비대여업자에게 임금·원재료대금 또는 건설장비대여대금을 지급한 사실을 증명하는 서류를 원사업자에게 교부한다. 다만, 수급사업자가 「건설산업기본법」 등에 따라 건설기계 대여대금 지급보증서 등을 건설기계 대여업자 등에게 교부하고 이를 원사업자에게 통지한 경우에는 그러하지 아니하며, 임금의 지급사실을 증명하는 서류의 제출은 모든 공사에 대해 적용한다.

제25조(공사목적물의 수령) ① 원사업자는 정당한 사유 없이 수급사업자가 인도하는 공사목적물에 대한 수령을 거부하거나 지연하지 아니한다.

② 제1항을 위반한 경우 그 효과는 다음 각 호에서 정한 바에 따른다.

1. 원사업자의 수령거부 또는 지연기간 중에 수급사업자의 고의 또는 중대한 과실에 의한 채무불이행에 따라 발생한 원사업자의 손해에 대하여는 수급사업자가 책임을 진다.

2. 원사업자의 수령거부 또는 지연기간 중에 원사업자 및 수급사업자의 책임 없는 사유로 목적물의 멸실・훼손이 발생한 경우 그 손실은 원사업자가 부담하고, 원사업자는 수급사업자에게 이에 상응하는 하도급대금 전부를 지급한다.
3. 수급사업자가 공사목적물을 다시 인도함에 있어서 소요되는 비용 및 관리비용은 원사업자가 부담한다.

③ 원사업자는 검사에 합격한 목적물(하도급공사가 성질상 분할할 수 있는 공사목적물로 이뤄진 경우에는 해당 공사목적물)을 지체 없이 인수한다.

제26조(검사 및 이의신청) ① 원사업자는 수급사업자로부터 기성 또는 준공의 통지를 받은 경우 통지 부분이 이 계약에서 정한 바에 따라 시공되었는지의 여부를 지체 없이 검사한다.
② 목적물에 대한 검사의 기준 및 방법은 원사업자와 수급사업자가 협의하여 객관적이고 공정・타당하게 정한다.
③ 원사업자는 수급사업자로부터 공사의 준공 또는 기성부분을 통지받은 날부터 10일 이내에 검사결과를 수급사업자에게 서면으로 통지하고, 원사업자가 이 기간 내에 검사결과를 통지하지 않은 경우는 검사에 합격한 것으로 본다. 다만, 원사업자에게 통지 지연에 대해 천재지변 등의 정당한 사유가 있는 경우에는 그러하지 아니하다.
④ 원사업자는 검사 기간 중 공사목적물을 선량한 관리자의 주의로 관리한다.
⑤ 원사업자는 기성 또는 준공 부분에 대해 불합격을 판정할 경우 그 구체적인 사유를 서면으로 기재하여 수급사업자에게 통지한다.
⑥ 수급사업자는 원사업자로부터 목적물에 대한 불합격 통지서를 받은 날부터 10일 이내에 서면으로 이의를 신청할 수 있다. 이 경우에 원사업자는 정당한 사유가 있는 경우를 제외하고, 수급사업자의 이의신청을 받은 날부터 10일 이내에 그 결과를 서면으로 통지한다.
⑦ 제6항에 따른 재검사 비용은 이에 대해 책임이 있는 자가 부담한다.

제27조(부당한 위탁취소 및 부당반품 금지) ① 원사업자는 공사를 위탁한 후 수급사업자의 책임으로 돌릴 사유가 없는 경우에는 그 위탁을 임의로 취소하거나 변경하지 아니한다.
② 원사업자는 수급사업자로부터 목적물을 인수한 경우 수급사업자의 책임으로 돌릴 사유가 없으면 그 목적물을 반품하지 아니한다. 이 경우에 다음 각 호의 어느 하나에 해당하는 원사업자의 행위는 부당반품으로 본다.

1. 발주자의 발주취소 또는 경제상황의 변동 등을 이유로 반품한 경우
2. 검사의 기준 및 방법을 불명확하게 정함으로써 부당하게 불합격으로 판정하여 이를 반품한 경우
3. 원사업자가 공급한 원재료의 품질불량 등으로 인하여 불합격으로 판정되었음에도 불구하고 반품하는 경우
4. 원사업자의 원재료 공급 지연으로 인하여 납기가 지연되었음에도 불구하고 이를 이유로 반품하는 경우

③ 제2항에 따른 부당반품의 경우에 제25조 제2항을 준용한다.

제28조(부적합한 공사) ① 원사업자는 수급사업자가 시공한 공사 중 설계도서에 적합하지 아니한 부분이 있으면 이에 대한 시정을 요청할 수 있으며, 수급사업자는 지체 없이 이에 응한다. 이 경우 수급사업자는 계약금액의 증액 또는 공기의 연장을 요청할 수 없다.

② 제1항의 경우에 그 부적합한 시공이 원사업자의 요청 또는 지시에 의하거나 그 밖에 수급사업자의 책임으로 돌릴 수 없는 사유로 인한 때에는 수급사업자는 그 책임을 지지 아니한다. 이 경우 수급사업자는 추가공사에 따른 하도급대금의 증액, 공사기간의 연장 등을 요청할 수 있다.

제29조(부분사용) ① 원사업자는 준공 전이라도 수급사업자의 동의를 얻어 공사목적물의 전부 또는 일부를 사용할 수 있다.
② 제1항의 경우 원사업자는 그 사용부분에 대해 선량한 관리자의 주의의무를 진다.
③ 원사업자는 제1항에 의한 사용으로 수급사업자에게 손해를 끼치거나 수급사업자의 비용을 증가하게 한 때는 그 손해를 배상하거나 증가된 비용을 부담한다.

제30조(기술자료 제공 요구 금지 등) ① 원사업자는 수급사업자의 기술자료를 자기 또는 제3자에게 제공하도록 요구하지 아니한다. 다만, 공사목적물로 인해 생명, 신체 등의 피해가 발생하여 그 원인을 규명하기 위한 경우 등 정당한 사유가 있는 경우에는 요구할 수 있다.
② 원사업자가 제1항 단서에 따라 수급사업자에게 기술자료를 요구할 경우에는 그 목적 달성을 위해 필요최소한의 범위 내에서 기술자료를 요구한다. 이 경우에 원사업자는 다음 각 호의 사항을 수급사업자와 미리 협의하여 정한 후 그 내용을 적은 서면을 수급사업자에게 교부한다.

1. 기술자료 제공 요구목적
2. 요구대상 기술자료와 관련된 권리귀속 관계
3. 요구대상 기술자료의 대가 및 대가의 지급방법
4. 요구대상 기술자료의 명칭 및 범위
5. 요구일, 제공일 및 제공방법
6. 그 밖에 원사업자의 기술자료 제공 요구가 정당함을 입증할 수 있는 사항

③ 수급사업자가 원사업자에게 기술자료를 제공하는 경우, 원사업자는 해당 기술자료를 제공받는 날까지 다음 각 호의 사항이 포함된 비밀유지계약을 수급사업자와 체결한다. 이 경우, 원사업자는 【별첨】 비밀정보 및 기술자료 비밀유지계약서로 수급사업자와 비밀유지계약을 체결할 수 있다.

1. 기술자료의 명칭 및 범위
2. 기술자료의 사용기간
3. 기술자료를 제공받아 보유할 임직원의 명단
4. 기술자료의 비밀유지의무
5. 기술자료의 목적 외 사용금지
6. 제4호 또는 제5호의 위반에 따른 배상
7. 기술자료의 반환·폐기 방법 및 일자

④ 원사업자는 취득한 수급사업자의 기술자료에 관하여 부당하게 다음 각 호의 어느 하나에 해당하는 행위(하도급계약 체결 전 행한 행위를 포함한다)를 하지 아니한다.

1. 자기 또는 제3자를 위하여 사용하는 행위
2. 제3자에게 제공하는 행위

제31조(기술자료 임치) ① 원사업자와 수급사업자는 합의하여 「대·중소기업 상생협력 촉진에 관한 법률」 등에 따른 임치기관에 기술자료를 임치할 수 있다.
② 다음 각호의 어느 하나에 해당하는 경우에 원사업자는 제1항에 따른 기술자료임치기관에 대해 수급사업자가 임치한 기술자료를 내줄 것을 요청할 수 있다.

1. 수급사업자가 동의한 경우
2. 수급사업자가 파산선고 또는 해산결의로 그 권리가 소멸된 경우
3. 수급사업자가 사업장을 폐쇄하여 사업을 할 수 없는 경우
4. 원사업자와 수급사업자가 협의하여 정한 기술자료 교부조건에 부합하는 경우

③ 제1항에 의하여 기술자료를 임치한 경우에 수급사업자는 임치한 기술자료에 중요한 변경사항이 발생한 때에는 그 변경사항이 발생한 날부터 30일 이내에 추가 임치한다.

④ 제1항 및 제3항에 따른 기술자료 임치에 소요되는 비용은 원사업자가 부담한다. 다만, 수급사업자가 원사업자의 요구 없이 기술자료를 임치할 경우에는 수급사업자가 부담한다.

제32조(지식재산권 등) ① 수급사업자는 목적물의 시공과 관련하여 원사업자로부터 사용을 허락받은 특허권, 실용신안권, 디자인권, 상표권, 상표권, 저작권 기술, 노하우(이하 "지식재산권 등"이라 한다)를 목적물 시공 외에는 사용하지 못하며, 원사업자의 서면승낙 없이 제3자에게 지식재산권 등을 사용하게 할 수 없다.

② 원사업자와 수급사업자는 목적물 시공과 관련하여 원사업자 또는 수급사업자와 제3자 사이에 지식재산권 등과 관련한 분쟁이 발생하거나 발생할 우려가 있는 경우 지체 없이 상대방에게 서면으로 통지한다. 이 경우에 원사업자와 수급사업자가 상호 협의하여 그 분쟁을 처리하되, 원사업자 또는 수급사업자 중 책임이 있는 자가 상대방의 손해를 배상한다.

③ 원사업자와 수급사업자가 공동 연구하여 개발한 지식재산권 등의 귀속은 상호 협의하여 정하되, 다른 약정이 없는 한 공유로 한다.

④ 수급사업자는 이 계약기간 도중은 물론 계약의 만료 및 계약의 해제 또는 해지 후에도 원사업자의 도면, 사양서, 지도내용 외에 자신의 기술을 추가하여 시공한 목적물 및 그 시공방법(이하 "개량기술"이라 한다)에 관하여 사전에 원사업자에게 서면으로 통지한 후 지식재산권 등을 획득할 수 있다. 다만, 원사업자의 요청이 있는 경우 수급사업자는 원사업자의 원천기술의 기여분과 수급사업자의 개량기술의 가치를 고려하여 합리적인 조건으로 원사업자에게 통상실시권을 허락한다.

제3장 하도급대금 조정 및 지급

제1절 하도급대금의 조정

제33조(부당한 하도급대금의 결정금지) ① 원사업자는 계약의 목적물과 같거나 유사한 것에 대해 통상 지급되는 대가보다 낮은 수준으로 대금이 결정되도록 수급사업자에게 부당하게 강요하지 아니한다.

② 다음 각 호의 어느 하나에 해당하는 원사업자의 행위는 제1항에 따른 부당한 하도급대금의 결정으로 본다.

1. 정당한 사유 없이 일률적인 비율로 단가를 인하하여 하도급대금을 결정하는 행위
2. '협조요청 등 어떠한 명목으로든 일방적으로 일정 금액을 할당한 후 그 금액을 빼고 하도급대금을 결정하는 행위
3. 정당한 사유 없이 수급사업자를 차별 취급하여 하도급대금을 결정하는 행위
4. 수급사업자에게 발주량 등 거래조건에 대하여 착오를 일으키게 하거나 다른 사업자의 견적 또는 거짓 견적을 내보이는 등의 방법으로 수급사업자를 속이고 이를 이용하여 하도급대금을 결정하는 행위

5. 원사업자가 일방적으로 낮은 단가에 의하여 하도급대금을 결정하는 행위

(수의계약인 경우 앞의 제6호가 적용되고, 경쟁입찰일 경우 뒤의 제6호가 적용됨)
6. 수의계약으로 이 계약을 체결할 때 정당한 사유 없이 원사업자의 도급내역서상의 원재료비, 직접노무비 및 경비의 합계(다만, 경비 중 원사업자와 수급사업자가 합의하여 원사업자가 부담하기로 한 비목 및 원사업자가 부담해야 하는 법정경비는 제외한다)보다 낮은 금액으로 하도급대금이 결정되도록 하는 행위
6. 경쟁입찰에 의하여 이 계약을 체결할 때 정당한 사유 없이 최저가로 입찰한 금액보다 낮은 금액으로 하도급대금이 결정되도록 하는 행위

7. 계속적 거래계약에서 원사업자의 경영적자, 판매가격 인하 등 수급사업자의 책임으로 돌릴 수 없는 사유로 수급사업자에게 불리하게 하도급대금을 결정하는 행위

③ 제2항 제6호(수의계약)에 따른 정당한 사유는 공사현장여건, 수급사업자의 시공능력 등을 고려하여 판단하되, 다음 각 호의 어느 하나에 해당되는 경우에는 하도급대금의 결정에 정당한 사유가 있는 것으로 추정한다.

1. 수급사업자가 특허공법 등 지식재산권을 보유하여 기술력이 우수한 경우
2. 「건설산업기본법」 제31조에 따라 발주자가 하도급 계약의 적정성을 심사하여 그 계약의 내용 등이 적정한 것으로 인정한 경우

④ 제1항 또는 제2항에 해당할 경우, 수급사업자는 원사업자에게 부당하게 감액된 부분의 하도급대금의 지급을 청구할 수 있다.

⑤ 제4항에 따라 원사업자가 부당하게 감액된 하도급대금을 지급하지 않고, 이로 인해 계약의 목적을 달성할 수 없는 경우에 수급사업자는 이 계약의 전부 또는 일부를 해제 또는 해지할 수 있다.

제34조(감액금지) ① 원사업자는 이 계약에서 정한 하도급대금을 감액하지 아니한다. 다만, 원사업자가 정당한 사유를 증명한 경우에는 하도급대금을 감액할 수 있다.

② 다음 각 호의 어느 하나에 해당하는 원사업자의 행위는 정당한 사유에 의한 감액행위로 보지 아니한다.

1. 위탁할 때 하도급대금을 감액할 조건 등을 명시하지 아니하고 위탁 후 협조요청 또는 거래 상대방으로부터의 발주취소, 경제상황의 변동 등 불합리한 이유를 들어 하도급대금을 감액하는 행위
2. 수급사업자와 단가 인하에 관한 합의가 성립된 경우 그 합의 성립 전에 위탁한 부분에 대하여도 합의 내용을 소급하여 적용하는 방법으로 하도급대금을 감액하는 행위
3. 하도급대금을 현금으로 지급하거나 지급기일 전에 지급하는 것을 이유로 하도급대금을 지나치게 감액하는 행위
4. 원사업자에 대한 손해발생에 실질적 영향을 미치지 아니하는 수급사업자의 책임을 이유로 하도급대금을 감액하는 행위
5. 목적물의 시공에 필요한 원재료 등을 자기로부터 사게 하거나 자기의 장비 등을 사용하게 한 경우에 적정한 구매대금 또는 적정한 사용대가 이상의 금액을 하도급대금에서 공제하는 행위
6. 하도급대금 지급 시점의 물가나 원재료가격 등이 목적물의 인도 시점에 비하여 떨어진 것을 이유로 하도급대금을 감액하는 행위
7. 경영적자 또는 판매가격 인하 등 불합리한 이유로 부당하게 하도급대금을 감액하는 행위
8. 「고용보험 및 산업재해보상보험의 보험료징수 등에 관한 법률」, 「산업안전보건법」 등에 따라 원사업자가 부담하여야 하는 고용보험료, 산업안전보건관리비, 그 밖의 경비 등을 수급사업자에게 부담시키는 행위

9. 그 밖에 「하도급거래 공정화에 관한 법률」에서 정하는 행위

③ 원사업자가 제1항 단서에 따라 하도급대금을 감액할 경우에는 다음 각 호의 사항을 적은 서면을 수급사업자에게 미리 제시하거나 제공한다.

1. 감액의 사유와 기준
2. 감액의 대상이 되는 시공물량
3. 감액금액
4. 공제 등 감액방법
5. 그 밖에 감액이 정당함을 증명할 수 있는 사항

④ 원사업자가 정당한 사유 없이 하도급대금을 감액할 경우 그 해당 금액 역시 수급사업자에게 지급한다.

⑤ 원사업자가 제4항에 따라 지급해야 할 금액을 원사업자가 공사목적물의 인수일로부터 60일이 지난 후에 지급하는 경우 원사업자는 그 60일을 초과한 기간에 대하여 전문에서 정한 지연이자율을 곱하여 산정한 지연이자(이하 "지연배상금"이라 한다)를 지급한다.

제35조(설계변경 등에 따른 계약금액의 조정) ① 원사업자는 공사목적물의 시공을 위탁한 후에 다음 각 호의 경우에 모두 해당하는 때에는 그가 발주자로부터 증액받은 계약금액의 내용과 비율에 따라 하도급대금을 증액한다. 다만, 원사업자는 발주자로부터 계약금액을 감액받은 경우에는 그 내용과 비율에 따라 하도급대금을 감액할 수 있다.

1. 설계변경, 목적물의 납품시기의 변동 또는 경제상황의 변동 등을 이유로 계약금액이 증액되는 경우
2. 제1호와 같은 이유로 목적물의 완성 또는 완료에 추가비용이 들 경우

② 제1항에 따라 하도급대금을 증액 또는 감액할 경우, 원사업자는 발주자로부터 계약금액을 증액 또는 감액받은 날부터 15일 이내에 발주자로부터 증액 또는 감액받은 사유와 내용을 수급사업자에게 통지한다. 다만, 발주자가 그 사유와 내용을 수급사업자에게 직접 통지한 경우에는 그러하지 아니하다.

③ 제1항에 따른 하도급대금의 증액 또는 감액은 원사업자가 발주자로부터 계약금액을 증액 또는 감액받은 날부터 30일 이내에 한다.

④ 제1항의 규정에 의한 계약금액의 조정은 다음 각 호의 기준에 의한다. 다만 발주자의 요청에 의한 설계변경의 경우 조정 받은 범위 내에서 그러하다.

1. 증감된 공사의 단가는 산출(공사)내역서상의 단가(이하 "계약단가"라 한다)를 기준으로 상호 협의하여 결정한다.
2. 계약단가가 없는 신규 비목의 단가는 설계변경 당시를 기준으로 산정한 단가에 낙찰률을 곱한 금액으로 한다.
3. 발주자가 설계변경을 요구한 경우에는 제1호 및 제2호의 규정에 불구하고 증가된 물량 또는 신규비목의 단가는 설계변경당시를 기준으로 하여 산정한 단가와 동 단가에 낙찰률을 곱한 금액을 합한 금액의 100분의 50이내에서 계약 당사자간에 협의하여 결정한다.

⑤ 하도급대금의 증감분에 대한 일반관리비 및 이윤은 계약체결 당시의 비율에 따른다.

⑥ 원사업자의 지시에 따라 공사량이 증감되는 경우, 원사업자와 수급사업자는 공사시공 전에 증감되는 공사량에 대한 대금 및 공사기간 등을 확정한다. 다만, 긴급한 상황이나 사전에 하도급대금을 정하기가 불가능할 경우에는 원사업자와 수급사업자는 서로 합의하여 시공완료 후 즉시 하도급대금 및 적정 공사기간 등을 확정한다.

⑦ 원사업자는 발주자로부터 증액받은 대금을 수령한 경우 수령한 날부터 15일 이내에 수급사업자에게 증액한 하도급대금을 지급한다. 발주자로부터 증액받은 대금의 일부만 수령한 경우에는 증액받은 대금 중 수령한 대금의 비율에 따라 증액한 하도급대금을 지급한다.
⑧ 원사업자가 제1항의 계약금액 증액에 따라 발주자로부터 추가금액을 지급받은 날부터 15일이 지난 후에 추가대금을 지급하는 경우에는 그 지연기간에 대해 지연배상금을 지급하며, 추가대금을 어음 또는 어음대체결제수단을 이용하여 지급하는 경우의 어음할인료·수수료의 지급 및 어음할인율·수수료율에 관하여는 제40조를 준용한다. 이 경우 "공사목적물의 인수일부터 60일"은 "추가금액을 받은 날부터 15일"로 본다.

제36조(공급원가 변동 등에 따른 하도급대금의 조정) ① 수급사업자는 공사를 위탁받은 후 다음 각 호의 어느 하나에 해당하여 하도급대금의 조정이 불가피한 경우에는 원사업자에게 하도급대금의 조정을 신청할 수 있다.
1. 목적물 등의 공급원가가 변동되는 경우
2. 수급사업자의 책임으로 돌릴 수 없는 사유로 목적물 등의 납품 등 시기가 지연되어 관리비 등 공급원가 외의 비용이 변동되는 경우
3. 목적물 등의 공급원가 또는 그 밖에 비용이 하락할 것으로 예상하여 계약기간 경과에 따라 단계적으로 하도급대금을 인하하는 내용의 계약을 체결하였으나 원사업자가 목적물 등의 물량이나 규모를 축소하는 등 수급사업자의 책임이 없는 사유로 공급원가 또는 그 밖의 비용이 하락하지 아니하거나 그 하락률이 하도급대금 인하 비율보다 낮은 경우

② 원사업자는 제1항에 따른 신청이 있은 날부터 10일 이내에 하도급대금 조정을 위한 협의를 개시하며, 정당한 사유 없이 협의를 거부하거나 게을리 하지 아니한다.
③ 원사업자 또는 수급사업자는 다음 각 호의 어느 하나에 해당하는 경우 하도급분쟁조정협의회에 조정을 신청할 수 있다.
1. 제1항에 따른 신청이 있은 날부터 10일이 지난 후에도 원사업자가 대금의 조정을 위한 협의를 개시하지 아니한 경우
2. 원사업자와 수급사업자가 제1항에 따른 신청이 있은 날부터 30일 이내에 대금의 조정에 관한 합의에 도달하지 아니한 경우
3. 원사업자 또는 수급사업자가 협의 중단의 의사를 밝힌 경우
4. 원사업자와 수급사업자가 제시한 조정금액이 상호 간에 2배 이상 차이가 나는 경우
5. 합의가 지연되면 영업활동이 심각하게 곤란하게 되는 등 원사업자 또는 수급사업자에게 중대한 손해가 예상되는 경우
6. 그 밖에 제3호부터 제5호까지에 준하는 사유가 있는 경우

④ 계약금액의 조정은 원재료가격 변동 기준일 이후에 반입한 원재료와 제공된 용역의 대가에 적용하되, 시공 전에 제출된 공사공정예정표상 원재료가격 변동기준일 이전에 이미 계약이행이 완료되었어야 할 부분을 제외한 잔여부분의 대가에 대하여만 적용한다. 다만, 원사업자의 책임 있는 사유 또는 천재지변 등 불가항력으로 인하여 지연된 경우에는 그러하지 아니하다.
⑤ 「하도급거래 공정화에 관한 법률」 제16조의2에서 정하는 요건을 충족한 경우, 수급사업자는 「중소기업협동조합법」에 따른 중소기업협동조합 또는 같은 법에 따른 중소기업중앙회에 자신을 대신하여 원사업자와 하도급대금의 조정을 위한 협의를 하도록 신청할 수 있다. 이 경우에 제2항부터 제4항까지를 준용한다.

제37조(하도급대금의 연동) ① 원사업자와 수급사업자는 다음 각 호의 어느 하나에 해당하는 경우를 제외하고, 주요 원재료에 대해 하도급대금 연동을 한다.

1. 원사업자가 「중소기업기본법」 제2조 제2항에 따른 소기업에 해당하는 경우
2. 하도급거래 기간이 90일 이내의 범위에서 「하도급거래 공정화에 관한 법률」 시행령에서 정하는 기간 이내인 경우
3. 하도급대금이 1억 원 이하의 범위에서 「하도급거래 공정화에 관한 법률」 시행령에서 정하는 금액 이하인 경우
4. 원사업자와 수급사업자가 하도급대금 연동을 하지 아니하기로 합의한 경우

② 제1항에도 불구하고, 원사업자와 수급사업자는 합의를 통해 다음 각 호의 어느 하나에 해당하는 경우에도 하도급대금 연동을 할 수 있다.

1. 제1항 각 호의 어느 하나에 해당하는 경우
2. 원재료가 주요 원재료에 해당하지 않는 경우

③ 제1항에 따라 하도급대금 연동을 하는 경우, 원사업자는 수급사업자와 합의하여 다음 각 호의 사항을 기재하여 서명 또는 기명날인한 계약서를 교부한다. 이 경우, 원사업자는 【별첨】 표준 연동 계약서로 작성하여 수급사업자에게 교부할 수 있다.

1. 하도급대금 연동의 대상 목적물의 명칭
2. 하도급대금 연동의 주요 원재료 또는 원재료
3. 하도급대금 연동의 조정요건
4. 하도급대금 연동의 기준 지표 및 산식
5. 「하도급거래 공정화에 관한 법률」 시행령에서 정하는 사항

④ 제1항 제4호에 따라 하도급대금 연동을 하지 않은 경우, 원사업자와 수급사업자는 그 취지와 사유를 계약서에 분명하게 적어야 한다. 이 경우, 【별첨】 표준 미연동 계약서로 하도급 대금 미연동 계약을 체결할 수 있다.

⑤ 원사업자는 제1항에 따른 하도급대금 연동과 관련하여 하도급거래에 관한 거래상 지위를 남용하거나 거짓 또는 그 밖의 부정한 방법으로 「하도급거래 공정화에 관한 법률」 제3조의 적용을 피하려는 행위를 하지 아니한다.

⑥ 제5항을 위반하여 제4항에 따른 하도급대금 미연동 합의가 이루어진 경우에 수급사업자는 제1항에 따른 하도급대금 연동 계약의 체결을 요구할 수 있으며, 원사업자는 제3항에 따라 하도급대금 연동 계약을 체결한다.

⑦ 원사업자 또는 수급사업자가 착오 등을 이유로 제1항에 따른 하도급대금 연동 또는 제4항에 따른 미연동 계약을 체결하지 않은 경우에 일방 당사자는 상대방에 대해 하도급대금 연동 또는 미연동 계약의 체결을 요구할 수 있으며, 원사업자와 수급사업자는 하도급대금 연동 또는 미연동 계약을 체결한다.

제2절 대금의 지급

제38조(선급금) ① 원사업자와 수급사업자는 협의하여 정한 선급금을 전문에서 정한 시기에 지급한다.

② 선급금은 계약목적 외에 사용할 수 없으며, 노임지급 및 원재료확보에 우선 사용하도록 한다.

③ 수급사업자는 선급금 사용 완료 후 그 사용내역서를 원사업자에게 제출하며, 목적외 사용시 해당 선급금에 대한 약정이자상당액[별도 약정이 없는 경우 사유발생 시점의 금융기관 대출평균금리(한국은행 통계월보상의 대출평균금리)에 따라 산출한 금액을 말한다]을 더하여 반환한다. 이 경우 이자상당액의 계산방법은 매일의 해당 선급금에 대한 일변계산에 의하며, 계산기간은 반환 시까지로 한다.

④ 제3항의 경우, 원사업자는 선급금 통장 공동관리 약정 등 수급사업자의 선급금 인출 또는 사용을 제한하는 행위를 하지 아니한다.

제39조(발주자의 선급금) ① 원사업자가 발주자로부터 선급금을 받은 경우 그 선급금의 내용과 비율에 따라 이를 받은 날(공사를 위탁하기 전에 선급금을 받은 경우에는 공사를 위탁한 날)부터 15일 이내에 선급금을 수급사업자에게 지급한다.

② 원사업자가 발주자로부터 받은 선급금을 제1항에 따른 기한이 지난 후에 지급하는 경우에는 그 초과기간에 대해 지연배상금을 지급한다.

③ 원사업자가 제1항에 따른 선급금을 어음 또는 어음대체결제수단을 이용하여 지급하는 경우의 어음할인료·수수료의 지급 및 어음할인율·수수료율에 관하여는 제40조를 준용한다.

④ 선급금은 기성부분의 대가를 지급할 때마다 다음 산식에 따라 산출한 금액을 정산한다.

선급금 정산액 = 선급금액 × (기성부분의 대가상당액 ÷ 계약금액)

⑤ 원사업자는 수급사업자가 선급금에 대한 적절한 보증을 하지 않을 경우 선급금을 지급하지 아니할 수 있다.

⑥ 발주자의 선급금에 대해서는 제38조 제2항 및 제3항을 준용한다.

제40조(하도급대금의 지급 등) ① 원사업자는 이 계약에서 정한 하도급대금의 지급기일까지 수급사업자에게 하도급대금을 지급한다. 다만, 하도급대금의 지급기일은 목적물 인수일부터 60일을 초과하지 아니한다.

② 원사업자는 발주자로부터 공사의 완료에 따라 준공금 등을 받았을 때에는 하도급대금을, 공사의 진척에 따라 기성금 등을 받았을 때에는 수급사업자가 수행한 부분에 상당하는 금액을, 발주자로부터 그 준공금이나 기성금 등을 지급받은 날부터 15일(대금의 지급기일이 그 전에 도래하는 경우에는 그 지급기일) 이내에 수급사업자에게 지급한다.

③ 원사업자가 수급사업자에게 하도급대금을 지급할 때에는 원사업자가 발주자로부터 해당 공사와 관련하여 받은 현금비율 이상으로 지급한다.

④ 원사업자가 하도급대금을 어음으로 지급하는 경우에는 해당 공사와 관련하여 발주자로부터 원사업자가 받은 어음의 지급기간(발행일부터 만기일까지)을 초과하는 어음을 지급하지 아니한다.

⑤ 원사업자가 하도급대금을 어음으로 지급하는 경우에 그 어음은 법률에 근거하여 설립된 금융기관에서 할인이 가능한 것이어야 하며, 어음을 교부한 날부터 어음의 만기일까지의 기간에 대한 할인료를 어음을 교부하는 날에 수급사업자에게 지급한다. 다만, 공사목적물의 인수일부터 60일(제1항에 따라 지급기일이 정하여진 경우에는 그 지급기일을, 발주자로부터 준공금이나 기성금 등을 받은 경우에는 제2항에서 정한 기일을 말한다. 이하 이 조에서 같다) 이내에 어음을 교부하는 경우에는 공사목적물의 인수일부터 60일이 지난 날 이후부터 어음의 만기일까지의 기간에 대한 할인료를 공사목적물의 인수일부터 60일 이내에 수급사업자에게 지급한다.

⑥ 원사업자는 하도급대금을 어음대체결제수단을 이용하여 지급하는 경우에는 지급일(기업구매전용카드의 경우는 카드결제 승인일을, 외상매출채권 담보대출의 경우는 납품등의 명세 전송일을, 구매론의 경우는 구매자금 결제일을 말한다. 이하 같다)부터 하도급대금 상환기일까지의 기간에 대한 수수료(대출이자를 포함한다. 이하 같다)를 지급일에 수급사업자에게 지급한다. 다만, 공사목적물의 인수일부터 60일 이내에 어음대체결제수단을 이용하여 지급하는 경우에는 공사목적물의 인수일부터 60일이 지난 날 이후부터 하도급대금 상환기일까지의 기간에 대한 수수료를 공사목적물의 인수일부터 60일 이내에 수급사업자에게 지급한다.

⑦ 제5항에서 적용하는 할인율은 연 100분의 40 이내에서 법률에 근거하여 설립된 금융기관에서 적용되는 상업어음할인율을 고려하여 공정거래위원회가 정하여 고시한 할인율을 적용한다.
⑧ 제6항에서 적용하는 수수료율은 원사업자가 금융기관(「여신전문금융업법」 제2조제2호의2에 따른 신용카드업자를 포함한다)과 체결한 어음대체결제수단의 약정 수수료율로 한다.
⑨ 원사업자는 정당한 사유 없이 제1항 또는 제2항을 위반하여 준공금 또는 기성금 등의 지급을 지연하지 않는다.
⑩ 원사업자가 정당한 사유가 없이 제1항 단서를 위반하여 하도급대금을 지급하는 경우에는 그 초과기간에 대하여 지연배상금을 지급한다.

제41조(발주자의 직접 지급) ① 발주자는 다음 각 호의 어느 하나에 해당하는 사유가 발생한 경우에 수급사업자가 시공한 부분에 해당하는 하도급대금을 수급사업자에게 직접 지급한다.

1. 원사업자의 지급정지 · 파산, 그 밖에 이와 유사한 사유가 있거나 사업에 관한 허가 · 인가 · 면허 · 등록 등이 취소되어 원사업자가 하도급대금을 지급할 수 없게 된 경우로서 수급사업자가 하도급대금의 직접 지급을 요청한 때
2. 발주자가 하도급대금을 직접 수급사업자에게 지급하기로 발주자 · 원사업자 및 수급사업자 간에 합의한 때
3. 원사업자가 지급하여야 하는 하도급대금의 2회분 이상을 해당 수급사업자에게 지급하지 아니한 경우로서 수급사업자가 하도급대금의 직접 지급을 요청한 때
4. 원사업자가 하도급대금 지급보증 의무를 이행하지 아니한 경우로서 수급사업자가 하도급대금의 직접 지급을 요청한 때

② 제1항에 따른 사유가 발생한 경우 원사업자에 대한 발주자의 대금지급채무와 수급사업자에 대한 원사업자의 하도급대금 지급채무는 그 범위에서 소멸한 것으로 본다.
③ 원사업자가 발주자에게 해당 하도급 계약과 관련된 수급사업자의 임금, 원재료대금 등의 지급 지체 사실(원사업자의 책임있는 사유로 그 지급 지체가 발생한 경우는 제외한다)을 증명할 수 있는 서류를 첨부하여 해당 하도급대금의 직접 지급 중지를 요청한 경우, 발주자는 제1항에도 불구하고 그 하도급대금을 직접 지급하여서는 아니 된다.
④ 제1항에 따라 발주자가 해당 수급사업자에게 하도급대금을 직접 지급할 때에 발주자가 원사업자에게 이미 지급한 금액은 빼고 지급한다.
⑤ 제1항에 따라 수급사업자가 발주자로부터 하도급대금을 직접 받기 위하여 기성부분의 확인 등이 필요한 경우 원사업자는 다음 각 호의 어느 하나의 기간 내에 필요한 조치를 이행한다. 다만, 원사업자가 그 기한 내에 필요한 조치를 이행할 수 없는 특별한 사정이 있는 경우에는 그 사유와 이행 예정시기 등을 적시하여 발주자 및 수급사업자에게 제출하고, 그 사정이 소멸한 때에 지체 없이 이에 필요한 조치를 이행한다.

1. 제1항 제1호의 사유에 따라 발주자가 하도급대금을 직접 지급하는 경우에는 수급사업자로부터 기성부분 내지 물량투입 등의 확인에 필요한 조치의 이행을 요청받은 날부터 15일
2. 제1항 제2호부터 제4호까지의 사유에 따라 발주자가 하도급대금을 직접 지급하는 경우에는 수급사업자로부터 기성부분 내지 물량투입 등의 확인에 필요한 조치의 이행을 요청받은 날부터 5일

⑥ 발주자는 하도급대금을 직접 지급할 때에 「민사집행법」 제248조 제1항 등의 공탁사유가 있는 경우에는 해당 법령에 따라 공탁(供託)할 수 있다.
⑦ 제1항이 적용되는 경우, 발주자는 원사업자에 대한 대금지급의무의 범위에서 하도급대금 직접 지급 의무를 부담한다.

⑧ 제1항이 적용되는 경우, 그 수급사업자가 시공한 분(分)에 대한 하도급대금이 확정된 경우, 발주자는 도급계약의 내용에 따라 수급사업자에게 하도급대금을 지급한다.
⑨ 발주자가 수급사업자에게 하도급대금을 직접 지급한 경우에 수급사업자는 발주자 및 원사업자에게 하도급대금의 사용내역(원재료·장비대금 및 임금, 보험료 등 경비에 한함)을 하도급대금 수령일부터 20일 이내에 통보한다.
⑩ 제1항 제2호에 따른 합의는 【별첨】 하도급대금 직접지급합의서로 할 수 있다.

제42조(미지급 임금 등의 지급 요구) ① 수급사업자가 기성금을 받았음에도 해당 공사현장과 관련된 근로자 등에게 임금 등을 지급하지 않은 경우, 원사업자는 1회당 15일의 기간을 정하여 2회 이상 서면으로 그 지급을 요구할 수 있다. 이 경우, 수급사업자는 원사업자의 요구사항에 대해 지체 없이 응한다.
② 수급사업자가 원사업자의 제1항에 따른 요구에 응하지 아니하여 근로자 등이 원사업자에게 임금 등의 지급을 요청하는 경우, 원사업자는 수급사업자에게 지급해야 할 차기 기성금 또는 준공금에서 근로자 등에게 임금 등을 직접 지급할 수 있다.
③ 제2항의 경우에 원사업자는 그 지급 전에 현장근로자 등에게 임금 등을 직접 지급할 것임을 수급사업자에게 통지하고, 그 진위 여부에 대해 이의가 있을 경우 수급사업자는 원사업자에게 이의를 제기할 수 있다. 원사업자는 임금 등을 지급한 후 지체 없이 그 지급내역을 서면으로 수급사업자에게 통지한다.
④ 수급사업자는 원사업자가 현장근로자 등에게 임금 등을 지급하기 전에 미지급 임금 등을 현장근로자 등에게 지급하고, 그 사실을 원사업자에게 통지할 수 있다. 이 경우 원사업자는 해당 하도급대금을 지체 없이 수급사업자에게 지급한다.
⑤ 수급사업자가 현장근로자 등의 채무불이행을 증명하는 서류를 첨부하여 임금 등의 직접 지급을 중지하도록 요청한 경우에는 그 범위 내의 임금 등에 대해서 제1항 및 제2항을 적용하지 아니한다.
⑥ 다음 각 호의 어느 하나에 해당하는 때에는 원사업자는 수급사업자에게 지급하여야 하는 하도급대금 채무의 부담 범위에서 수급사업자가 사용한 근로자가 청구하면 수급사업자가 지급하여야 하는 임금(해당 건설공사에서 발생한 임금으로 한정한다)에 해당하는 금액을 근로자에게 직접 지급한다.
1. 원사업자가 수급사업자를 대신하여 수급사업자가 사용한 근로자에게 지급하여야 하는 임금을 직접 지급할 수 있다는 뜻과 그 지급방법 및 절차에 관하여 원사업자와 수급사업자가 합의한 경우
2. 「민사집행법」 제56조 제3호에 따른 확정된 지급명령, 수급사업자의 근로자에게 수급사업자에 대하여 임금채권이 있음을 증명하는 같은 법 제56조 제4호에 따른 집행증서, 「소액사건심판법」 제5조의7에 따라 확정된 이행권고결정, 그 밖에 이에 준하는 집행권원이 있는 경우
3. 수급사업자가 자신의 근로자에 대하여 지급하여야 할 임금채무가 있음을 원사업자에게 알려주고, 원사업자가 파산 등의 사유로 수급사업자가 임금을 지급할 수 없는 명백한 사유가 있다고 인정하는 경우

⑦ 원사업자가 제2항 또는 제6항에 따라 수급사업자가 사용한 근로자 등에게 임금 등에 해당하는 금액을 지급한 경우에는 수급사업자에 대한 하도급 대금 채무는 그 범위에서 소멸한 것으로 본다.

제43조(부당한 대물변제의 금지) ① 원사업자는 하도급대금을 물품으로 지급하지 아니한다. 다만, 다음 각 호의 어느 하나에 해당하는 사유가 있는 경우에는 그러하지 아니하다.
1. 원사업자가 발행한 어음 또는 수표가 부도로 되거나 은행과의 당좌거래가 정지 또는 금지된 경우

2. 원사업자에 대한 「채무자 회생 및 파산에 관한 법률」에 따른 파산신청, 회생절차개시 또는 간이회생절차개시의 신청이 있은 경우
3. 「기업구조조정 촉진법」에 따라 금융채권자협의회가 원사업자에 대하여 공동관리절차 개시의 의결을 하고 그 절차가 진행 중이며, 수급사업자의 요청이 있는 경우

② 원사업자는 제1항 단서에 따른 대물변제를 하기 전에 수급사업자에게 다음 각 호의 구분에 따른 자료를 제공한다.

1. 대물변제의 용도로 지급하려는 물품이 관련 법령에 따라 권리 · 의무 관계에 관한 사항을 등기 등 공부(公簿)에 등록하여야 하는 물품인 경우: 해당 공부의 등본(사본을 포함한다)
2. 대물변제의 용도로 지급하려는 물품이 제1호 외의 물품인 경우: 해당 물품에 대한 권리 · 의무 관계를 적은 공정증서(「공증인법」에 따라 작성된 것을 말한다)

③ 제2항에 따른 자료 제공은 다음 각 호의 어느 하나에 해당하는 방법으로 한다. 이 경우 문서로 인쇄되지 아니한 형태로 자료를 제시하는 경우에는 문서의 형태로 인쇄가 가능하도록 하는 조치를 한다.

1. 문서로 인쇄된 자료 또는 그 자료를 전자적 파일 형태로 담은 자기디스크(자기테이프, 그 밖에 이와 비슷한 방법으로 그 내용을 기록 · 보관 · 출력할 수 있는 것을 포함한다)를 직접 또는 우편으로 전달하는 방법
2. 수급사업자의 전자우편 주소로 제2항에 따른 자료가 포함된 전자적 파일을 보내는 방법. 다만, 원사업자가 전자우편의 발송 · 도달 시간의 확인이 가능한 자동수신사실 통보장치를 갖춘 컴퓨터 등을 이용한 경우로 한정한다.

④ 원사업자는 제2항에 따른 자료를 제공한 후 대물변제를 하기 전에 그 물품의 권리 · 의무 관계가 변경된 경우에는 그 변경된 내용이 반영된 제2항에 따른 자료를 제3항에 따른 방법으로 수급사업자에게 지체 없이 다시 제공한다.

⑤ 원사업자는 제2항 및 제4항에 따라 자료를 제공한 후 지체 없이 다음 각 호의 사항을 적은 서면을 작성하여 수급사업자에게 내주고 원사업자와 수급사업자는 해당 서면을 보관한다.

1. 원사업자가 자료를 제시한 날
2. 자료의 주요 목차
3. 수급사업자가 자료를 제시받았다는 사실
4. 원사업자와 수급사업자의 상호명, 사업장 소재지 및 전화번호
5. 원사업자와 수급사업자의 서명 또는 기명날인

제44조(서류제출) 수급사업자는 이 계약과 관련된 공사의 임금, 원재료・장비대금, 산업재해보상보험금의 지급, 요양 등에 관한 서류에 대하여 원사업자의 요청이 있을 때에는 이에 협조한다. 다만, 원사업자가 정당한 사유 없이 이를 요구하였을 경우에 수급사업자는 이를 거부할 수 있다.

제4장 보칙

제45조(채권 · 채무의 양도금지) 원사업자와 수급사업자는 이 계약으로부터 발생하는 채권 또는 채무를 제3자에게 양도하거나 담보로 제공하지 아니한다. 다만, 상대방의 서면에 의한 승낙(보증인이 있으면 그의 승낙도 필요하다)을 받았을 때에는 그러하지 아니하다.

제46조(비밀유지) ① 원사업자와 수급사업자는 이 계약에서 알게 된 상대방의 업무상 비밀을 상대방의 동의 없이 이용하거나 제3자에게 누설하지 아니한다.
② 법원 또는 수사기관 등이 법령에 따라 상대방의 업무상 비밀의 제공을 요청한 경우에 원사업자 또는 수급사업자는 지체 없이 상대방에게 그 내용을 통지한다. 다만, 상대방에게 통지할 수 없는 정당한 사유가 있는 경우에는 비밀을 제공한 후에 지체 없이 통지한다.
③ 제1항에 따른 비밀유지에 관한 구체적인 내용은 【별첨】 비밀정보 및 기술자료 비밀유지계약서에서 정한 바에 따른다.

제47조(개별약정 및 부당특약) ① 원사업자와 수급사업자는 이 계약에서 정하지 아니한 사항에 대하여 대등한 지위에서 상호 합의하여 서면으로 개별약정을 정할 수 있다. 이 경우, 원사업자는 수급사업자의 이익을 부당하게 침해하거나 제한하는 계약조건을 설정하지 아니한다.
② 기본계약 및 개별약정에서 정한 내용 중 다음 각 호의 어느 하나에 해당하는 약정은 무효로 한다.
1. 원사업자가 기본계약 및 개별약정 등의 서면에 기재되지 아니한 사항을 요구함에 따라 발생된 비용을 수급사업자에게 부담시키는 약정
2. 원사업자가 부담하여야 할 민원처리, 산업재해 등과 관련된 비용을 수급사업자에게 부담시키는 약정
3. 원사업자가 입찰내역에 없는 사항을 요구함에 따라 발생된 비용을 수급사업자에게 부담시키는 약정
4. 다음 각 목의 어느 하나에 해당하는 비용이나 책임을 수급사업자에게 부담시키는 약정
   가. 관련 법령에 따라 원사업자의 의무사항으로 되어 있는 인 · 허가, 환경관리 또는 품질관리 등과 관련하여 발생하는 비용
   나. 원사업자(발주자를 포함한다)가 설계나 시공내용을 변경함에 따라 발생하는 비용
   다. 원사업자의 지시(요구, 요청 등 명칭과 관계없이 재작업, 추가작업 또는 보수작업에 대한 원사업자의 의사표시를 말한다)에 따른 재작업, 추가작업 또는 보수작업으로 인하여 발생한 비용 중 수급사업자의 책임 없는 사유로 발생한 비용
   라. 관련 법령, 발주자와 원사업자 사이의 계약 등에 따라 원사업자가 부담하여야 할 하자담보책임 또는 손해배상책임
5. 천재지변, 매장문화재의 발견, 해킹 · 컴퓨터바이러스 발생 등으로 인한 공사기간 연장 등 계약체결시점에 원사업자와 수급사업자가 예측할 수 없는 사항과 관련하여 수급사업자에게 불합리하게 책임을 부담시키는 약정
6. 해당 계약의 특성을 고려하지 아니한 채 간접비(하도급대금 중 원재료비, 직접노무비 및 경비를 제외한 금액을 말한다)의 인정범위를 일률적으로 제한하는 약정. 다만, 발주자와 원사업자 사이의 계약에서 정한 간접비의 인정범위와 동일하게 정한 약정은 제외한다.
7. 계약기간 중 수급사업자가 「하도급거래 공정화에 관한 법률」 제16조의2에 따라 하도급대금 조정을 신청할 수 있는 권리를 제한하는 약정

8. 그 밖에 「하도급거래 공정화에 관한 법률」에 따라 인정되거나 같은 법에서 보호하는 수급사업자의 권리 · 이익을 부당하게 제한하거나 박탈한다고 공정거래위원회가 정하여 고시하는 약정

③ 기본계약 및 개별약정에서 정한 내용 중 다음 각 호의 어느 하나에 해당하는 약정이 수급사업자 또는 원사업자에게 현저하게 불공정한 경우, 그 부분은 무효로 한다.

1. 계약체결 이후 설계변경, 경제상황의 변동에 따라 발생하는 계약금액의 변경을 상당한 이유 없이 인정하지 아니하거나 그 부담을 상대방에게 떠넘기는 경우
2. 계약체결 이후 공사내용의 변경에 따른 계약기간의 변경을 상당한 이유 없이 인정하지 아니하거나 그 부담을 상대방에게 떠넘기는 경우
3. 계약내용에 대하여 구체적인 정함이 없거나 당사자 간 이견이 있을 경우 계약내용을 일방의 의사에 따라 정함으로써 상대방의 정당한 이익을 침해한 경우
4. 「민법」 등 관계 법령에서 인정하고 있는 상대방의 권리를 상당한 이유 없이 배제하거나 제한하는 경우

④ 제2항 또는 제3항에 따라 무효가 되는 약정에 근거하여 수급사업자가 비용을 부담한 경우 수급사업자는 이에 해당하는 금액의 지급을 원사업자에게 청구할 수 있다.

제48조(계약 외의 사항) ① 기본계약 등에서 정한 것 외의 사항에 대해서는 이 계약과 관련된 법령 또는 상관습에 의한다.

② 원사업자와 수급사업자는 이 계약을 이행하는 과정에서 「건설산업기본법」, 「하도급거래 공정화에 관한 법률」, 「독점규제 및 공정거래에 관한 법률」 및 그 밖에 관련 법령을 준수한다.

③ 원사업자는 다음 각 호에서 정한 행위를 하지 아니한다.

1. 하도급거래량을 조절하는 방법 등을 이용하여 수급사업자의 경영에 간섭하는 행위
2. 정당한 사유 없이 수급사업자가 기술자료를 해외에 수출하는 행위를 제한하거나 기술자료의 수출을 이유로 거래를 제한하는 행위
3. 정당한 사유 없이 수급사업자로 하여금 자기 또는 자기가 지정하는 사업자와 거래하도록 구속하는 행위
4. 정당한 사유 없이 수급사업자에게 원가자료 등 공정거래위원회가 고시하는 경영상의 정보를 요구하는 행위

④ 원사업자는 정당한 사유 없이 수급사업자에게 자기 또는 제3자를 위하여 금전, 물품, 용역, 그 밖의 경제적 이익을 제공하도록 요구하지 아니한다.

제49조(계약의 변경) ① 합리적이고 객관적인 사유가 발생하여 부득이하게 계약변경이 필요하다고 인정되는 경우 원사업자와 수급사업자는 상호 합의하여 기본계약 등의 내용을 서면으로 변경할 수 있다. 다만, 원사업자는 공사내용이 변경되기 전에 수급사업자가 이미 수행한 부분은 정산하여 지급한다.

② 당초의 계약내역에 없는 계약내용이 추가 · 변경되어 계약기간의 연장 · 대금의 증액이 필요한 경우, 원사업자는 수급사업자와 협의하여 계약기간 연장 · 대금 증액에 관해 필요한 조치를 하고 계약내용의 변경에 따른 공사를 착공하기 전까지 변경된 계약내용을 서면으로 발급한다.

③ 제2항에 따라 원사업자가 위탁 업무의 내용을 변경하면서 서면을 발급하지 아니한 경우 수급사업자는 원사업자에게 위탁사실에 대한 확인을 요청할 수 있다. 이 경우 수급사업자는 서면에 다음 각 호의 사항을 적고 서명 또는 기명날인한 후에 해당 서면을 원사업자에게 송부하는 방법으로 확인을 요청한다.

1. 변경된 위탁 업무의 내용

2. 하도급대금
3. 위탁일
4. 원사업자와 수급사업자의 사업자명과 주소(법인 등기사항증명서상 주소와 사업장 주소를 포함한다)
5. 그 밖에 원사업자가 위탁한 내용

④ 원사업자는 수급사업자로부터 제3항에서 정한 방법으로 위탁사실에 대한 확인 요청을 받은 날부터 15일 안에 그 내용에 대한 인정 또는 부인(否認)의 의사를 수급사업자에게 서명 또는 기명날인한 서면으로 회신하며, 이 기간 내에 회신을 발송하지 아니한 경우 수급사업자가 통지한 내용대로 위탁이 있는 것으로 추정한다. 다만, 자연재해 등 불가항력으로 인한 경우에는 그러하지 아니하다.

⑤ 원사업자는 계약내용의 변경에 따라 비용이 절감될 때에 한하여 대금을 감액할 수 있다. 이 경우에 원사업자는 다음 각 호의 사항을 적은 서면을 수급사업자에게 미리 제시하거나 제공한다.

1. 감액의 사유와 기준
2. 감액의 대상이 되는 목적물의 분량
3. 감액금액
4. 공제 등 감액방법
5. 그 밖에 감액이 정당함을 증명할 수 있는 사항

⑥ 수급사업자가 정당한 사유를 제시하여 원사업자의 하도급공사 변경 요청을 거절한 경우 원사업자는 이를 이유로 수급사업자에게 불이익을 주는 행위를 하지 아니한다.

⑦ 수급사업자는 계약체결 후 계약조건의 미숙지, 덤핑 수주 등을 이유로 계약금액의 변경을 요구하거나 시공을 거부하지 아니한다.

제50조(건설폐기물의 처리 등) ① 원사업자와 수급사업자는 「건설폐기물의 재활용촉진에 관한 법률」 등 관련 법령에서 정하는 바에 따라 건설폐기물을 처리한다.

② 원사업자는 관련 법령에서 정하는 바 또는 발주자와의 계약에 따라 수급사업자의 건설폐기물 처리에 소요되는 비용을 지급한다.

③ 제1항 및 제2항과 관련하여 관련 법령 또는 발주자와의 계약이 없는 경우에는 당사자가 합의하여 정한다. 이 경우에 원사업자는 자신이 부담하여야 할 비용 등을 수급사업자에게 전가하지 아니한다.

제51조(현장근로자의 편의시설 설치 등) ① 수급사업자는 「건설근로자의 고용개선 등에 관한 법률」 등 관련 법률에서 정하는 바에 따라 건설공사가 시행되는 현장에 화장실·식당·탈의실 등의 시설을 설치하거나 이용할 수 있도록 조치한다.

② 원사업자는 관련 법령에서 정하는 바 또는 발주자와의 계약에 따라 수급사업자의 제1항에 따른 시설의 설치 또는 이용에 소요되는 비용을 하도급내역에 반영하여 지급한다.

제52조(보복조치 금지) 원사업자는 수급사업자, 수급사업자가 소속된 조합 또는 중소기업중앙회가 다음 각 호의 어느 하나에 해당하는 행위를 한 것을 이유로 그 수급사업자에 대하여 수주기회(受注機會)를 제한하거나 거래의 정지, 그 밖에 불이익을 주는 행위를 하지 아니한다.

1. 원사업자가 관련 법령(「하도급거래 공정화에 관한 법률」등)을 위반하였음을 관계 기관 등에 신고한 행위
2. 원사업자에 대한 하도급대금의 조정신청 또는 하도급분쟁조정협의회에 대한 조정신청
3. 관계 기관의 조사에 협조한 행위
4. 하도급거래 서면실태조사를 위하여 관계기관(공정거래위원회 등)이 요구한 자료를 제출한 행위

제5장 피해구제 및 분쟁해결

제53조(계약이행 및 대금지급보증 등) ① 원사업자는 계약체결일부터 30일 이내에 수급사업자에게 다음 각 호의 구분에 따라 이 계약에서 정한 계약금액의 지급을 보증(지급수단이 어음인 경우에는 만기일까지를, 어음대체결제수단인 경우에는 하도급대금 상환기일까지를 보증기간으로 한다)하며, 수급사업자는 원사업자에게 전문에서 정한 금액으로 계약이행을 보증한다. 다만, 원사업자의 재무구조와 공사의 규모 등을 고려하여 보증이 필요하지 아니하거나 보증이 적합하지 아니한다고 인정되는 경우로서 「하도급거래 공정화에 관한 법률」 또는 「건설산업기본법」 등의 관련 법령에서 규정한 경우에는 그러하지 아니하다.

1. 공사기간이 4개월 이하인 경우: 계약금액에서 선급금을 뺀 금액
2. 공사기간이 4개월을 초과하는 경우로서 기성부분에 대한 대가의 지급 주기가 2개월 이내인 경우: 다음의 계산식에 따라 산출한 금액

$$\text{보증금액} = \frac{\text{하도급계약금액} - \text{계약상 선급금}}{\text{공사기간(개월수)}} \times 4$$

3. 공사기간이 4개월을 초과하는 경우로서 기성부분에 대한 대가의 지급 주기가 2개월을 초과하는 경우: 다음의 계산식에 따라 산출한 금액

$$\text{보증금액} = \frac{\text{하도급계약금액} - \text{계약상 선급금}}{\text{공사기간(개월수)}} \times \text{기성부분에 대한 대가의 지급주기(개월 수)} \times 2$$

② 원사업자는 제1항 단서에 따른 공사대금의 지급보증이 필요하지 아니하거나 적합하지 아니한 사유가 소멸한 경우에는 그 사유가 소멸한 날부터 30일 이내에 공사대금 지급보증을 이행한다. 다만, 계약의 잔여기간, 위탁사무의 기성률, 잔여대금의 금액 등을 고려하여 보증이 필요하지 아니한다고 인정되는 경우로서 「하도급거래 공정화에 관한 법률」로 정하는 경우에는 그러하지 아니하다.

③ 다음 각 호의 어느 하나에 해당하는 자와 건설공사에 관하여 장기계속계약(총액으로 입찰하여 각 회계연도 예산의 범위에서 낙찰된 금액의 일부에 대하여 연차별로 계약을 체결하는 계약으로서 「국가를 당사자로 하는 계약에 관한 법률」 제21조 또는 「지방자치단체를 당사자로 하는 계약에 관한 법률」 제24조에 따른 장기계속계약을 말한다. 이하 이 조에서 "장기계속건설계약"이라 한다)을 체결한 원사업자가 해당 건설공사를 장기계속건설하도급계약을 통하여 건설위탁하는 경우 원사업자는 최초의 장기계속건설하도급계약 체결일부터 30일 이내에 수급사업자에게 제1항 각 호 외의 부분 본문에 따라 공사대금 지급을 보증하고, 수급사업자는 원사업자에게 최초 장기계속건설하도급계약 시 약정한 총 공사금액의 100분의 10에 해당하는 금액으로 계약이행을 보증한다.

1. 국가 또는 지방자치단체
2. 「공공기관의 운영에 관한 법률」에 따른 공기업, 준정부기관 또는 「지방공기업법」에 따른 지방공사, 지방공단

④ 제3항에 따라 수급사업자로부터 계약이행 보증을 받은 원사업자는 장기계속건설계약의 연차별 계약의 이행이 완료되어 이에 해당하는 계약이행보증금을 같은 항 각 호의 어느 하나에 해당하는 자로부터 반환받을 수 있는 날부터 30일 이내에 수급사업자에게 해당 수급사업자가 이행을 완료한 연차별 장기계속건설하도급계약에 해당하는 하도급 계약이행보증금을 반환한다. 이 경우 이행이 완료된 부분에 해당하는 계약이행 보증의 효력은 상실되는 것으로 본다.

⑤ 제1항부터 제3항까지의 규정에 따른 원사업자와 수급사업자 간의 보증은 현금(체신관서 또는 「은행법」에 따른 은행이 발행한 자기앞수표를 포함한다)의 지급 또는 다음 각 호의 어느 하나의 기관이 발행하는 보증서의 교부에 의하여 한다.

1. 「건설산업기본법」에 따른 각 공제조합
2. 「보험업법」에 따른 보험회사
3. 「신용보증기금법」에 따른 신용보증기금
4. 「은행법」에 따른 금융기관
5. 그 밖에 「하도급거래 공정화에 관한 법률」로 정하는 보증기관

⑥ 원사업자는 제5항에 따라 지급보증서를 교부할 때 그 공사기간 중에 건설위탁하는 모든 공사에 대한 공사대금의 지급보증이나 1회계연도에 건설위탁하는 모든 공사에 대한 공사대금의 지급보증을 하나의 지급보증서의 교부에 의하여 할 수 있다.

⑦ 원사업자가 제1항 각 호 외의 부분 본문, 제2항 본문 또는 제3항 각 호 외의 부분에 따른 공사대금 지급보증을 하지 아니하는 경우에는 수급사업자는 계약이행을 보증하지 아니할 수 있다.

⑧ 제1항 또는 제3항에 따른 수급사업자의 계약이행 보증에 대한 원사업자의 청구권은 해당 원사업자가 제1항부터 제3항까지의 규정에 따른 공사대금 지급을 보증한 후가 아니면 이를 행사할 수 없다. 다만, 제1항 단서 또는 제2항 단서에 따라 공사대금 지급을 보증하지 아니하는 경우에는 그러하지 아니하다.

⑨ 수급사업자는 다음 각 호의 어느 하나의 사유가 발생한 경우에 보증기관에 공사대금 중 미지급액에 해당하는 보증금의 지급을 청구할 수 있고, 원사업자가 현금을 지급한 경우에는 동 금액에서 공사대금 중 미지급액에 해당하는 금액은 수급사업자에게 귀속한다.

1. 원사업자가 당좌거래정지 또는 금융거래정지로 하도급대금을 지급할 수 없는 경우
2. 원사업자의 부도 · 파산 · 폐업 또는 회사회생절차 개시 신청 등으로 하도급대금을 지급할 수 없는 경우
3. 원사업자의 해당 사업에 관한 면허 · 등록 등이 취소 · 말소되거나 영업정지 등으로 하도급대금을 지급할 수 없는 경우
4. 원사업자가 「하도급거래 공정화에 관한 법률」 제13조에 따라 지급하여야 할 하도급대금을 2회 이상 수급사업자에게 지급하지 아니한 경우
5. 그 밖에 다음 각목의 어느 하나에 해당하는 사유로 인하여 하도급대금을 지급할 수 없는 경우
   가. 원사업자가 관련 법령(「기업구조조정 촉진법」 등)에 따라 관리절차의 개시를 신청한 경우
   나. 발주자에 대한 원사업자의 공사대금채권에 대하여 제3채권자가 압류·가압류를 하였거나 원사업자가 해당 공사대금채권을 제3자에게 양도한 경우
   다. 관련 법령(「하도급거래 공정화에 관한 법률」 등)에 따른 신용카드업자 또는 금융기관이 수급사업자에게 상환청구를 할 수 있는 어음대체결제수단으로 하도급대금을 지급한 후 원사업자가 해당 신용카드업자 또는 금융기관에 하도급대금을 결제하지 아니한 경우
   라. 원사업자가 수급사업자에게 하도급대금으로 지급한 어음이 부도로 처리된 경우

⑩ 수급사업자가 원사업자에게 지급한 계약이행보증금은 다음 각 호의 사항 등을 포함하여 수급사업자의 계약불이행에 따른 손실에 해당하는 금액의 지급을 담보한다. 이 경우 계약이행보증금액이 「하도급거래 공정화에 관한 법률」 등 관련 법령에서 정한 내용보다 수급사업자에게 불리한 때에는 「하도급거래 공정화에 관한 법률」 등에서 정한 바에 따른다.

1. 수급사업자의 교체에 따라 증가된 공사 금액. 다만, 그 금액이 과다한 경우에는 통상적인 금액으로 한다.
2. 이 계약의 해제·해지 이후 해당 공사를 완공하기 위해 후속 계약을 체결함에 있어서 소요되는 비용
3. 기존 수급사업자의 시공으로 인해 발생한 하자를 보수하기 위해 지출된 금액. 다만, 수급사업자가 제57조에 따라 하자보수보증금을 지급하거나 보증증권을 교부한 경우에는 그러하지 아니하다.

⑪ 원사업자의 공사대금 미지급액 또는 수급사업자의 계약불이행 등에 의한 손실액이 보증금을 초과하는 경우에는 원사업자와 수급사업자는 그 초과액에 대하여 상대방에게 청구할 수 있다.
⑫ 원사업자와 수급사업자가 납부한 보증금은 계약이 이행된 후 계약상대방에게 지체 없이 반환한다. 이 경우 원사업자가 수급사업자에게 공사대금을 어음 또는 상환청구권이 있는 어음대체결제수단으로 지급한 때에는 각 어음만기일 또는 어음대체결제수단의 상환기일을 공사대금 지급보증에서의 계약이행완료일로 본다.
⑬ 제3항에 따라 수급사업자로부터 계약이행보증을 받은 원사업자는 장기계속건설계약의 연차별 계약의 이행이 완료되어 이에 해당하는 계약보증금을 제3항 각 호의 어느 하나에 해당하는 자로부터 반환받을 수 있는 날부터 30일 이내에 수급사업자에게 해당 수급사업자가 이행을 완료한 연차별 장기계속건설하도급계약에 해당하는 하도급 계약이행보증금을 반환한다. 이 경우 이행이 완료된 부분에 해당하는 계약이행 보증의 효력은 상실되는 것으로 본다.
⑭ 제3항이 적용되지 않은 장기계속건설하도급계약의 경우 수급사업자가 제1항 본문에 따른 계약이행보증을 할 때에 제1차 계약 시 부기한 총 공사 금액의 10%에 해당하는 금액으로 계약이행보증을 하고, 원사업자는 연차별 계약의 이행이 완료된 때에는 당초의 계약보증금 중 이행이 완료된 부분의 계약이행보증 효력은 상실하는 것으로 하여 해당 하도급 계약보증금액을 수급사업자에게 반환한다. 이 경우에 제1항 단서, 제2항, 제5항부터 제12항까지를 준용한다.
⑮ 제9항 및 제10항의 규정은 장기계속건설하도급계약에 있어서 수급사업자가 2차이후의 계약을 체결하지 아니한 경우에 이를 준용한다.

제54조(손해배상) ① 원사업자 또는 수급사업자가 이 계약을 위반하여 상대방에게 손해를 입힌 경우 그 손해를 배상할 책임이 있다. 다만, 고의 또는 과실 없음을 증명한 경우에는 그러하지 아니하다.
② 수급사업자가 책임 있는 사유로 하도급공사의 시공과 관련하여 제3자에게 손해를 입힌 경우, 이에 책임이 있는 원사업자는 수급사업자와 연대하여 그 손해를 배상할 책임이 있다. 이 경우 원사업자가 제3자에게 배상하면 그 책임 비율에 따라 수급사업자에게 구상권을 행사할 수 있다.
③ 수급사업자는 이 계약에 따른 의무를 이행하기 위해 제3자를 사용한 경우 그 제3자의 행위로 인하여 원사업자에게 발생한 손해에 대해 제3자와 연대하여 책임을 진다. 다만, 수급사업자 및 제3자가 고의 또는 과실 없음을 증명한 경우에는 그러하지 아니하다.
④ 원사업자가 제25조 제1항, 제27조 제1항·제2항, 제33조 제1항·제2항, 제34조 또는 제52조를 위반한 경우, 수급사업자는 이로 인해 발생한 손해의 3배를 넘지 아니하는 범위에서 배상을 청구할 수 있다. 다만, 원사업자가 고의 또는 과실이 없음을 증명한 경우에는 그러하지 아니하다.
⑤ 원사업자가 제30조 제4항을 위반한 경우, 수급사업자는 이로 인해 발생한 손해의 5배를 넘지 아니하는 범위에서 배상을 청구할 수 있다. 다만, 원사업자가 고의 또는 과실이 없음을 증명한 경우에는 그러하지 아니하다.

제55조(손해액의 추정 등) ① 원사업자가 제30조 제4항을 위반함으로써 손해를 입은 수급사업자가 제54조에 따른 손해배상을 청구하는 경우, 원사업자 또는 기술자료를 제공받은 제3자가 제30조 제4항의 위반행위를 하게 한 시공을 하였을 때에는 다음 각 호에 해당하는 금액의 합계액을 수급사업자가 입은 손해액으로 할 수 있다.

1. 시공 규모(수급사업자가 그 침해행위 외의 사유로 시공할 수 없었던 사정이 있는 경우에는 그 침해행위 외의 사유로 시공할 수 없었던 규모를 뺀 규모) 중 수급사업자가 시공하거나 할 수 있었던 규모에서 실제 시공 규모를 뺀 나머지 규모를 넘지 아니하는 규모를 수급사업자가 그 침해행위가 없었다면 시공하여 얻을 수 있었던 이익액

2. 시공 규모 중 수급사업자가 시공하거나 할 수 있었던 규모에서 실제 시공 규모를 뺀 규모를 넘는 규모 또는 그 침해행위 외의 사유로 시공할 수 없었던 규모가 있는 경우 그 규모에 대해서는 기술자료의 사용에 대하여 합리적으로 얻을 수 있는 이익액

② 제30조 제4항 위반에 따라 제54조에 따른 손해배상을 청구하는 경우, 원사업자 또는 기술자료를 제공받은 제3자가 그 침해행위로 인하여 얻은 이익액을 수급사업자의 손해액으로 추정한다.

③ 제30조 제4항 위반에 따라 제54조에 따른 손해배상을 청구하는 경우, 수급사업자는 침해행위의 대상이 된 기술자료의 사용에 대하여 합리적으로 받을 수 있는 금액을 자기의 손해액으로 하여 손해배상을 청구할 수 있다.

④ 제3항에도 불구하고 손해액이 같은 항에 따른 금액을 초과하는 경우에는 그 초과액에 대해서도 손해배상을 청구할 수 있다.

제56조(지체상금) ① 수급사업자가 정당한 사유없이 계약의 이행을 지체한 경우 원사업자는 해당 지체일수에 전문에서 정한 지체상금요율을 곱하여 산정한 지체상금을 수급사업자에게 청구할 수 있다.

② 제1항의 경우 기성부분 또는 완료부분을 원사업자가 검사를 거쳐 인수한 경우(인수하지 아니하고 관리·사용하고 있는 경우를 포함한다. 이하 이 조에서 같다)에는 그 부분에 상당하는 금액을 대금에서 공제한 금액을 기준으로 지체상금을 계산한다. 이 경우 기성부분 또는 완료부분은 성질상 분할할 수 있는 공사목적물에 대한 완성부분으로 인수한 것에 한한다.

③ 원사업자는 다음 각 호의 어느 하나에 해당한 경우 그 해당 일수를 제1항의 지체일수에 산입하지 아니한다.

1. 태풍, 홍수, 그 밖의 악천후, 전쟁 또는 사변, 지진, 화재, 폭동, 항만봉쇄, 방역 및 보안상 출입제한 등 불가항력의 사유에 의한 경우
2. 원사업자가 지급하기로 한 원재료의 공급이 지연되는 사정으로 공사의 진행이 불가능하였을 경우
3. 원사업자의 책임있는 사유로 착공이 지연되거나 시공이 중단된 경우
4. 수급사업자의 부도 등으로 연대보증인이 보증이행을 할 경우(부도 등이 확정된 날부터 원사업자가 보증이행을 지시한 날까지를 의미한다)
5. 수급사업자의 부도 등으로 보증기관이 보증이행업체를 지정하여 보증이행할 경우(원사업자로부터 보증채무이행청구서를 접수한 날부터 보증이행개시일 전일까지를 의미한다. 다만, 30일 이내에 한한다)
6. 원사업자가 대금지급을 지체하고, 그 이행이 현저히 곤란한 것을 이유로 수급사업자가 공사를 진행하지 않은 경우
7. 그 밖에 수급사업자에게 책임 없는 사유로 인하여 지체된 경우

④ 지체일수의 산정기준은 다음 각 호의 어느 하나에 의한다.

1. 준공기한 내에 공사목적물을 인도한 경우 : 검사에 소요된 기간은 지체일수에 산입하지 아니한다. 다만, 검사결과(불합격판정에 한한다)에 따라 원사업자가 보수를 요구한 날부터 최종검사에 합격한 날까지의 기간은 지체일수에 산입한다.
2. 준공기한을 도과하여 공사목적물을 인도한 경우 : 준공기한의 다음 날부터 실제 인도한 날까지의 기간 및 제1호 단서에 해당하는 기간은 지체일수에 산입한다.

⑤ 원사업자는 제1항의 지체상금을 수급사업자에게 지급하여야 할 하도급대금 또는 그 밖의 예치금에서 합의 후 공제할 수 있다.

제57조(하자담보책임 등) ① 수급사업자는 이 계약에서 정한 하자보수보증금률을 계약금액에 곱하여 산출한 금액(이하 "하자보수보증금" 이라 한다)을 준공검사 후 그 공사대금을 지급 받을 때까지 현금 또는 증서로 원사업자에게 납부 또는 교부한다. 다만, 공사의 성질상 하자보수보증금의 납부가 필요하지 아니한 것으로 관련 법령에서 정하거나 원사업자가 인정한 경우에는 그러하지 아니하다.

② 제1항에도 불구하고, 하도급공사가 성질상 분할할 수 있는 공사목적물로 이루어지고 제25조에 따라 원사업자가 일부 목적물을 인수한 경우, 수급사업자는 해당 목적물에 대하여 하자보수보증금을 납부한다.

③ 원사업자는 수급사업자의 건설공사의 완공일, 목적물의 관리 · 사용을 개시한 날 또는 원사업자가 목적물을 인수한 날 중에서 먼저 도래한 날부터 이 계약에서 정한 하자담보책임기간의 범위에서 수급사업자의 공사로 인해 발생한 하자에 대해 상당한 기간을 정하여 그 하자의 보수를 청구할 수 있다.

④ 제3항에도 불구하고 다음 각 호의 어느 하나의 사유로 발생한 하자에 대하여 원사업자는 수급사업자에게 그 하자 보수를 청구할 수 없다. 다만, 수급사업자가 그 부적당함을 알고 그 사실을 원사업자에게 고지하지 않은 경우에는 그러하지 아니하다.

1. 발주자 또는 원사업자가 제공한 원재료의 품질이나 규격 등이 기준미달로 인하거나 원재료의 성질로 인한 경우
2. 발주자 또는 원사업자의 지시에 따른 시공으로 인해 하자가 발생한 경우
3. 발주자 또는 원사업자가 건설공사의 목적물을 관계 법령에 따른 내구연한(耐久年限) 또는 설계상의 구조내력(構造耐力)을 초과하여 사용한 경우

⑤ 이 계약에서 정한 하자담보책임기간이 「건설산업기본법」 등 관련 법령에서 정한 하자담보책임기간 보다 더 장기인 경우에는 「건설산업기본법」 등에서 정한 기간으로 한다.

⑥ 원사업자와 수급사업자는 하자발생에 대한 책임이 분명하지 아니한 경우 상호 협의하여 전문기관에 조사를 의뢰할 수 있다.

⑦ 수급사업자가 이 계약에서 정한 하자보수 의무기간 중 원사업자로부터 하자보수의 요구를 받고 이에 응하지 아니하면 제1항 또는 제2항의 하자보수보증금은 원사업자에게 귀속한다.

⑧ 원사업자는 하자보수 의무기간이 종료한 후 수급사업자의 청구가 있는 날부터 10일 이내에 수급사업자에게 제1항의 하자보수보증금을 반환한다.

⑨ 장기계속공사의 경우 수급사업자는 연차계약별로 준공 검사 후 그 공사의 대가를 지급받을 때까지 원사업자에게 하자보수보증금을 납부하며, 연차계약별로 하자담보책임을 구분할 수 없는 공사인 경우에는 총 공사의 준공검사 후에 이를 납부한다. 또 원사업자는 연차계약별로 하자보수 의무기간이 종료한 후 수급사업자의 청구가 있는 날부터 10일 이내에 하자보수보증금을 반환한다.

제58조(계약의 해제 또는 해지) ① 원사업자 또는 수급사업자는 다음 각 호의 어느 하나에 해당하는 경우에는 서면으로 이 계약의 전부 또는 일부를 해제 또는 해지할 수 있다. 다만, 기성부분에 대해서는 해제하지 아니한다.

1. 원사업자 또는 수급사업자가 금융기관으로부터 거래정지처분을 받아 이 계약을 이행할 수 없다고 인정되는 경우
2. 원사업자 또는 수급사업자가 감독관청으로부터 인 · 허가의 취소, 영업취소 · 영업정지 등의 처분을 받아 이 계약을 이행할 수 없다고 인정되는 경우
3. 원사업자 또는 수급사업자가 어음 · 수표의 부도, 제3자에 의한 강제집행(가압류 및 가처분 포함), 파산신청, 회생절차개시 또는 간이회생절차개시의 신청 등 영업상의 중대한 사유가 발생하여 이 계약을 이행할 수 없다고 인정되는 경우

4. 원사업자 또는 수급사업자가 해산, 영업의 양도 또는 다른 회사로의 합병을 결의하여 이 계약을 이행할 수 없다고 인정되는 경우. 다만, 영업의 양수인 또는 합병된 회사가 그 권리와 의무를 승계함에 대해 상대방이 동의한 경우에는 그러하지 아니하다.
5. 원사업자 또는 수급사업자가 재해 그 밖의 사유로 인하여 이 계약의 내용을 이행하기 곤란하다고 쌍방이 인정한 경우
6. 발주자, 원사업자 또는 수급사업자에 대하여 파산선고, 회생절차개시결정 또는 간이회생절차개시결정이 있는 경우

② 원사업자 또는 수급사업자는 다음 각 호의 어느 하나에 해당하는 사유가 발생한 경우에는 상대방에게 상당한 기간을 정하여 서면으로 그 이행을 최고하고, 그 기간 내에 이를 이행하지 아니한 때에는 이 계약의 전부 또는 일부를 해제 · 해지할 수 있다. 다만, 원사업자 또는 수급사업자가 이행을 거절하거나 준공기한 내에 이행하여야 이 계약의 목적을 달성할 수 있는 경우에는 최고 없이 해제 또는 해지할 수 있다.

1. 원사업자 또는 수급사업자가 이 계약상의 중요한 의무를 이행하지 않은 경우
2. 원사업자가 수급사업자의 책임 없이 하도급공사 수행에 필요한 사항의 이행을 지연하여 수급사업자의 하도급공사 수행에 지장을 초래한 경우
3. 수급사업자가 원사업자의 책임 없이 약정한 착공기간을 경과하고도 공사에 착공하지 아니한 경우
4. 수급사업자가 원사업자의 책임 없이 착공을 거부하거나 시공을 지연하여 인도일자 내에 공사목적물의 인도가 곤란하다고 객관적으로 인정되는 경우
5. 수급사업자의 인원 · 장비 및 품질관리능력이 현저히 부족하여 이 계약을 원만히 이행할 수 없다고 인정되는 등 수급사업자의 책임 있는 사유가 인정되는 경우
6. 원사업자가 공사내용을 변경함으로써 하도급대금이 100분의 40 이상 감소한 경우
7. 수급사업자의 책임 없이 공사의 중지기간이 전체공사 기간의 100분의 50 이상인 경우
8. 원사업자나 수급사업자가 대금지급보증이나 계약이행보증을 하지 아니한 경우
9. 발주기관의 불가피한 사정으로 도급계약이 해제 또는 해지된 경우

③ 제1항 또는 제2항에 따른 해제 또는 해지는 기성검사를 필한 부분과 기성검사를 필하지 않은 부분 중 객관적인 자료에 의해 시공사실이 확인된 부분(추후 검사결과 불합격으로 판정된 경우는 그러하지 아니하다)에 대해 적용하지 아니한다.

④ 제1항 또는 제2항에 따라 계약이 해제 · 해지된 때에는 각 당사자의 상대방에 대한 일체의 채무는 기한의 이익을 상실하고, 당사자는 상대방에 대한 채무를 지체 없이 이행한다.

⑤ 원사업자 또는 수급사업자는 상대방에 대하여 해제 또는 해지로 인해 발생한 손해배상을 청구할 수 있다. 다만, 상대방이 고의 또는 과실 없음을 증명한 경우에는 그러하지 아니하다.

⑥ 제1항 또는 제2항에 따라 계약을 해제 또는 해지한 경우, 원사업자는 기성검사를 필한 부분과 기성검사를 필하지 않은 부분 중 객관적인 자료에 의해 시공사실이 확인된 부분(추후 검사결과 불합격으로 판정된 경우는 그러하지 아니하다)에 대한 대금을 수급사업자에게 지급하고, 동시에 수급사업자는 하자보수보증금을 제56조 제1항 또는 제2항의 규정에 따라 원사업자에게 납부한다.

⑦ 수급사업자는 제6항의 하자보수보증금을 현금으로 납부한 경우 공사 준공검사 후 하자보수보증서로 대체할 수 있다.

⑧ 제1항 및 제2항에 따라 이 계약이 해제된 경우 원사업자와 수급사업자는 다음 각 호에서 정한 의무를 동시에 이행한다. 다만, 일부 해제 또는 해지된 경우에 잔존계약의 이행과 관련된 범위 내에서는 그러하지 아니하다.

1. 원사업자 또는 수급사업자는 상대방으로부터 제공받은 공사와 관련한 모든 자료를 반환하고, 저장된 자료를 삭제한다.
2. 원사업자 또는 수급사업자는 상대방으로부터 제공받은 공사와 관련한 자료를 활용하지 아니한다.
3. 수급사업자는 원사업자로부터 지급받은 대금과 그 이자를 더하여 반환한다.
4. 수급사업자 또는 원사업자는 상대방으로부터 이용허락받은 지식재산 등을 이용하지 아니한다.

⑨ 원사업자가 제1항 또는 제2항에 따라 계약을 해제 또는 해지한 경우 수급사업자는 다음 각 호의 사항을 이행한다.

1. 해제 또는 해지의 통지를 받은 부분에 대한 공사를 지체 없이 중지하고 모든 공사 관련 시설 및 장비 등을 공사현장으로부터 철거한다.
2. 대여품이 있을 때에는 지체 없이 원사업자에게 반환한다. 이 경우 그 대여품이 수급사업자의 고의 또는 과실로 인하여 멸실 또는 파손되었을 때에는 원상회복 또는 그 손해를 배상한다.
3. 원사업자가 무상으로 제공한 원재료 중 공사의 기성부분으로서 인수된 부분에 사용한 것을 제외한 잔여원재료를 지체 없이 원사업자에게 반환한다. 이 경우, 그 원재료가 수급사업자의 고의 또는 과실로 인하여 멸실 또는 파손되었거나 공사의 기성부분으로서 인수되지 아니한 부분에 사용된 때에는 원상으로 회복하거나 그 손해를 배상한다.

⑩ 손해배상금을 지급하거나 또는 대금을 반환해야 할 자가 이를 지연한 경우 그 지연기간에 대해 지연이자를 더하여 지급한다.

제59조(분쟁해결) ① 이 계약과 관련하여 분쟁이 발생한 경우 원사업자와 수급사업자는 상호 협의하여 분쟁을 해결하기 위해 노력한다.

② 제1항의 규정에도 불구하고 분쟁이 해결되지 않은 경우 원사업자 또는 수급사업자는 「독점규제 및 공정거래에 관한 법률」에 따른 한국공정거래조정원, 「건설산업기본법」에 따른 건설분쟁조정위원회 또는 「하도급거래 공정화에 관한 법률」에 따른 하도급분쟁조정협의회 등에 조정을 신청할 수 있다. 이 경우에 원사업자와 수급사업자는 조정절차에 성실하게 임하며, 원활한 분쟁해결을 위해 노력한다.

③ 제1항에도 불구하고, 분쟁이 해결되지 않은 경우에 원사업자 또는 수급사업자는 법원에 소를 제기하거나 중재법에 따른 중재기관에 중재를 신청할 수 있다.

④ 제3항에 따라 원사업자와 수급사업자가 중재에 따라 그 분쟁을 해결하기로 합의하는 경우에 중재인 또는 중재기관은 다음의 자로 한다.

중재인 또는 중재기관	

제60조(재판관할) 이 계약과 관련된 소는 원사업자 또는 수급사업자의 주된 사무소를 관할하는 지방법원에 제기한다.

【별첨】

비밀정보 및 기술자료의 비밀유지계약서

제1장 총칙

제1조(계약의 목적) 이 계약은 원사업자와 수급사업자가 하도급계약과 관련하여 각자 상대방에게 제공하는 비밀정보 및 기술자료를 비밀로 유지하고 보호하기 위하여 필요한 제반 사항을 규정함을 목적으로 한다.

제2조(정의) ① 이 계약에서 사용하는 용어의 정의는 다음과 같다.

1. "비밀정보"라 함은 원사업자 또는 수급사업자가 이 계약에 관한 업무 수행 과정에서 스스로 알게 되거나, 상대방 또는 그 직원(이하 '상대방'이라 한다)으로부터 제공받아 알게 되는 상대방에 관한 일체의 기술상 혹은 경영상의 정보 및 이를 기초로 새롭게 발생한 일체의 기술상 혹은 경영상의 정보를 말하며, 서면(전자문서를 포함한다. 이하 같다) · 구두 또는 기타 방법으로 제공되는 모든 노하우 · 공정 · 도면 · 설계 · 실험결과 · 샘플 · 사양 · 데이터 · 공식 · 제법 · 프로그램 · 가격표 · 거래명세서 · 생산단가 · 아이디어 등 모든 기술상 또는 경영상의 정보와 그러한 정보가 수록된 물건 또는 장비 등을 모두 포함한다.
2. "기술자료"라 함은 비밀로 관리되는 제조 · 수리 · 시공 또는 용역수행 방법에 관한 자료, 그 밖에 영업활동에 유용하고 독립된 경제적 가치를 가지는 것으로서 다음 각 목의 어느 하나에 해당하는 자료를 말한다.

가. 특허권, 실용신안권, 디자인권, 저작권 등의 지식재산권과 관련된 정보

나. 시공 또는 제품개발 등을 위한 연구자료, 연구개발보고서 등 수급사업자의 생산 · 영업활동에 기술적으로 유용하고 독립된 경제적 가치가 있는 정보

② 제1항에서 정한 용어에 대한 정의 외의 용어정의는 「하도급거래 공정화에 관한 법률」등 관련 법령에서 정한 바에 따른다.

제2장 비밀정보의 보호

제3조(비밀의 표시) ① 각 당사자가 상대방에게 서면으로 비밀정보를 제공하는 경우, 그 서면에 비밀임을 알리는 문구('비밀' 또는 '대외비' 등의 국문 또는 영문 표시)를 표시해야 한다.
② 각 당사자가 상대방에게 구두, 영상 또는 당사자의 시설, 장비 샘플 기타 품목들을 관찰·조사하게 하는 방법으로 비밀정보를 제공할 경우에는, 그 즉시 상대방에게 해당 정보가 비밀정보에 속한다는 사실을 고지하여야 한다. 이 경우에 비밀정보를 제공한 당사자는 비밀정보 제공일로부터 15일 이내에 상대방에게 해당 정보가 비밀정보에 속한다는 취지의 서면을 발송하여야 한다.

제4조(정보의 사용용도 및 정보취급자 제한) ① 각 당사자는 상대방의 비밀정보를 이 계약에서 정한 목적으로만 사용하여야 한다.

② 각 당사자가 이 계약에서 정한 업무의 수행을 위하여 상대방의 비밀정보를 제3자에게 제공하고자 할 때에는 사전에 상대방으로부터 서면에 의한 동의를 얻어야 하며, 그 제3자와 사이에 해당 비밀정보의 유지 및 보호를 목적으로 하는 별도의 비밀유지계약을 체결한 이후에 그 제3자에게 해당 비밀정보를 제공하여야 한다.

③ 각 당사자는 직접적, 간접적으로 하도급계약을 이행하는 임직원들에 한하여 상대방의 비밀정보를 취급할 수 있도록 필요한 조치를 취하여야 하며, 해당 임직원 각자에게 상대방의 비밀정보에 대한 비밀유지의무를 주지시켜야 한다. 이때 상대방은 반대 당사자에게 해당 임직원으로부터 비밀유지 서약서를 제출 받는 등의 방법으로 해당 정보의 비밀성을 유지하기 위하여 필요한 조치를 요구할 수 있다.

제5조(비밀유지의무) ① 각 당사자는 상대방의 사전 서면승낙 없이 비밀정보를 포함하여 이 계약의 체결사실이나 내용, 이 계약의 내용 등을 공표하거나 제3자에게 알려서는 아니 된다. 다만, 객관적인 증거를 통하여 다음 각 호에 해당함이 입증되는 정보는 비밀정보가 아니거나 비밀유지의무가 없는 것으로 간주한다.

1. 상대방의 비밀정보 제공 이전에 다른 당사자가 이미 알고 있거나 알 수 있는 정보
2. 비밀정보를 제공받은 당사자의 고의 또는 과실에 의하지 않고 공지의 사실로 된 정보
3. 비밀정보를 제공받은 당사자가 적법하게 제3자로부터 제공받은 정보
4. 비밀정보를 제공받은 당사자가 비밀정보와 관계없이 독자적으로 개발하거나 알게 된 정보
5. 제3조 제2항에 의하여 비밀정보임을 고지하지 아니하거나, 비밀정보에 속한다는 취지의 서면을 발송하지 아니한 정보
6. 법원 기타 공공기관의 판결, 명령 또는 관련법령에 따른 공개의무에 따라 공개한 정보

② 각 당사자가 제1항 제6호에 따라 정보를 공개할 경우에는 사전에 상대방에게 그 사실을 서면으로 통지하고, 상대방으로 하여금 적절한 보호 및 대응조치를 할 수 있도록 하여야 한다.

제6조(자료의 반환) ① 각 당사자는 상대방의 요청이 있으면 언제든지 상대방의 비밀 정보가 기재되어 있거나 이를 포함하고 있는 제반 자료, 장비, 서류, 샘플, 기타 유체물(복사본, 복사물, 모방물건, 모방장비 등을 포함)을 즉시 상대방에게 반환하거나, 상대방의 선택에 따라 이를 폐기하고 그 폐기를 증명하는 서류를 상대방에게 제공하여야 한다.

② 제1항의 자료의 반환 또는 폐기에 소요되는 비용은 각 당사자가 균등하게 부담하기로 한다. 다만, 자료의 반환 또는 폐기 의무자가 우선 그 비용을 지출한 이후 상대방에게 그 부담부분을 정산하여 청구한다.

제7조(권리의 부존재 등) ① 이 계약에 따라 제공되는 비밀정보에 관한 모든 권리는 이를 제공한 당사자에 속한다. 다만, 해당 비밀정보가 제3자에게 속하는 경우에는 그러하지 아니하다.

② 이 계약은 어떠한 경우에도 비밀정보를 제공받는 자에게 비밀정보에 관한 어떠한 권리나 사용권을 부여하는 것으로 해석되지 않는다.

③ 이 계약은 어떠한 경우에도 당사자 간에 향후 어떠한 확정적인 계약의 체결, 제조물의 판매나 구입, 실시권의 허락 등을 암시하거나 이를 강제하지 않으며, 기타 이 계약의 당사자가 비밀정보와 관련하여 다른 제3자와 어떠한 거래나 계약관계에 들어가는 것을 금지하거나 제한하지 않는다.
④ 비밀정보의 제공자는 상대방에게 비밀정보를 제공할 적법한 자격이 있음을 보증한다.
⑤ 각 당사자는 이 계약의 목적을 위하여 상대방의 시설을 방문하거나 이를 이용할 경우에는 상대방의 제반 규정 및 지시사항을 준수하여야 한다.

제3장 기술자료의 보호

제8조(기술자료의 비밀성) ① 수급사업자가 기술자료를 제공함에 있어, 비밀임을 알리는 문구(비밀 또는 대외비 등의 국문 또는 영문 표시 등을 의미)가 표시되어 있지 아니하더라도 비밀로 관리되고 있는지 여부에는 영향을 미치지 아니한다.
② 원사업자는 수급사업자의 기술자료가 비밀로 관리되고 있는지 여부(기술자료에서 제외되는지 여부)에 대해 의문이 있는 때에는 수급사업자에게 그에 대한 확인을 요청할 수 있다. 이 경우 수급사업자는 확인 요청을 받은 날로부터 15일 이내에 원사업자에게 해당 기술자료가 비밀로 관리되고 있는지 여부를 서면으로 발송하여야 한다.

제9조(기술자료의 목적외 사용금지) ① 원사업자는 수급사업자의 기술자료를 【첨부】기술자료 비밀유지 명세서(이하 '기술자료 비밀유지 명세서'라고 한다)에서 정한 목적으로만 사용하여야 한다.
② 원사업자가 기술자료 비밀유지 명세서에서 정한 목적 수행을 위하여 수급사업자의 기술자료를 제3자에게 제공하고자 할 때에는 사전에 수급사업자로부터 서면에 의한 동의를 얻어야 하며, 그 제3자와의 사이에 해당 기술자료가 비밀로 유지되어야 함을 목적으로 하는 별도의 비밀유지계약을 체결한 이후에 그 제3자에게 해당 기술자료를 제공하여야 한다.
③ 원사업자는 기술자료 비밀유지 명세서에 기재되어 있는 임직원들에 한하여 수급사업자의 기술자료를 보유할 수 있도록 필요한 합리적인 조치를 취하여야 하며, 해당 임직원 각자에게 수급사업자의 기술자료에 대한 비밀유지의무를 주지시켜야 한다. 이때 수급사업자는 원사업자에게 해당 임직원으로부터 비밀유지서약서를 제출받는 등의 방법으로 해당 기술자료의 비밀성을 유지하기 위하여 필요한 합리적인 조치를 취해줄 것을 요구할 수 있다.

제10조(기술자료의 비밀유지 의무) ① 수급사업자가 사전에 서면(전자문서 포함)으로 동의하지 아니하는 경우, 원사업자는 제공받은 기술자료를 타인에게 누설하거나 공개하여서는 아니된다.
② 원사업자는 수급사업자의 기술자료가 외부로 유출되는 것을 방지하기 위하여 물리적 설비 설치 및 내부비밀관리지침 마련, 정보보안교육실시 등 기술자료를 보호하고 관리하는 데에 필요한 합리적인 조치를 취하여야 한다.

제11조(기술자료의 반환 또는 폐기방법) 원사업자는 기술자료 비밀유지 명세서에서 정한 기술자료의 반환일까지 수급사업자의 기술자료 원본을 수급사업자에게 반환하여야 하며, 일체의 복사본 등을 보유하여서는 아니된다. 다만, 수급사업자의 선택에 의해 이를 반환하는 대신 폐기하는 경우에는 기술자료 비밀유지 명세서에서 정한 시점까지 이를 폐기하고 원사업자는 그 폐기를 증명하는 서류를 수급사업자에게 제공하여야 한다.

제12조(권리의 부존재 등) ① 이 계약은 수급사업자의 기술자료를 제공받는 원사업자에게 기술자료에 관한 어떠한 권리나 사용권을 부여하는 것으로 해석되지 않는다. 다만, 원사업자가 기술자료 비밀유지 명세서에서 정한 목적에 따라 사용하는 경우에 대해서는 그러하지 아니하다.
② 이 계약은 원사업자와 수급사업자 간에 향후 어떠한 확정적인 계약의 체결, 제조물의 판매나 구입, 실시권의 허락 등을 암시하거나 이를 강제하지 않는다.
③ 수급사업자는 기술자료를 제공할 적법한 자격이 있음을 원사업자에 대하여 보증한다.

원사업자와 수급사업자는 이 계약의 성립을 증명하기 위하여 계약서 2부를 작성하여
각각 서명(또는 기명날인)한 후 각자 1부씩 보관한다.

20____년 ____월 ____일

원사업자		수급사업자	
상호 또는 명칭 :		**상호 또는 명칭** :	
전화번호 :		**전화번호** :	
주　　소 :		**주　　소** :	
대표자 성명 :	(인)	**대표자 성명** :	(인)
사업자(법인)번호 :		**사업자(법인)번호** :	

【첨부】

기술자료 비밀유지 명세서

1. 수급사업자로부터 제공받는 기술자료의 명칭 및 범위

* 요구하는 기술자료의 명칭과 범위 등 구체적 내역을 명시하여 기재

2. 기술자료를 제공받는 목적

* 원사업자가 기술자료를 요구하는 정당한 사유 기재

3. 기술자료의 사용기간

4. 기술자료의 반환일 또는 폐기일

5. 기술자료를 보유하는 임직원의 명단

No.	보유자		이메일
	부서 및 직책	성명	
1			
2			
⋮			

* 위 임직원의 명단은 이 계약을 위해서만 사용될 수 있는 것으로서 이를 무단으로 전송·배포할 수 없으며, 일부의 내용이라도 공개·복사해서는 안됨

** 사용기간 중 기술자료를 보유할 임직원 명단을 기재

【별첨】

하도급대금 직접지급 합의서

원 도 급 계약사항	원 도 급 계 약 명(名)		
	최 초 계 약 금 액		
	계 약 기 간		
하 도 급 계약사항	하 도 급 계 약 명(名)		
	최 초 계 약 금 액		
	계 약 기 간		
	원사업자	상호 와 대표자	
		주 소	
	수급사업자	상호 와 대표자	
		주 소	

1. 상기 원사업자와 수급사업자 간의 하도급계약에 있어 수급사업자가 수행 및 완료한 부분에 해당하는 하도급대금을 「하도급거래 공정화에 관한 법률」에 따라 발주자가 수급사업자에게 직접 지급하기로 발주자·원사업자 및 수급사업자 간에 합의합니다.

2. 하도급대금 직접지급 방법과 절차
   수급사업자가 하도급계약에 따라 수행 및 완료한 부분에 대한 내역을 제시한 경우에 발주자는 직접지급합의에서 정한 바에 따라 하도급대금을 수급사업자의 아래 계좌 등으로 직접 지급합니다.
   ◇ 수급사업자의 예금계좌(현금의 경우)

예금주	은행명	계좌번호	비고

3. 원사업자가 발주자에게 해당 하도급 계약과 관련된 수급사업자의 임금, 원재료대금 등의 지급 지체 사실(원사업자의 책임있는 사유로 그 지급 지체가 발생한 경우는 제외한다)을 증명할 수 있는 서류를 첨부하여 해당 하도급대금의 직접 지급 중지를 요청한 경우, 발주자는 그 하도급대금을 수급사업자에게 지급하지 않습니다.

4. 발주자는 수급사업자의 채권자의 압류·가압류 등 집행보전이 있는 경우 또는 국세·지방세 체납 등으로 직접 지급을 할 수 없는 사유가 발생한 경우에 즉시 수급사업자에게 통보합니다.

5. 직불합의가 있기 전에 원사업자의 발주자에 대한 대금채권에 관하여 가압류•압류 또는 국세•지방세 체납 등 (이하 '가압류 등'이라 한다)이 있는 경우에는 발주자는 수급사업자에게 합의서를 작성하기 전에 그 사실을 고지하여야 합니다.

년 월 일

발주자, 원사업자와 수급사업자는 이 계약의 성립을 증명하기 위하여 계약서 3부를 작성하여 각각 서명(또는 기명날인)한 후 각자 1부씩 보관한다.

발 주 자: (서명 또는 인)

원사업자: (상호) (대표자) (서명 또는 인)

수급사업자: (상호) (대표자) (서명 또는 인)

【별첨】

표준약식변경 하도급계약서

□ 하도급계약 명 :

제1조(목적) 이 계약은 원사업자와 수급사업자가 체결한 위의 하도급계약(이하 '하도급계약' 이라 한다) 내용 중 일부를 변경할 경우에 그 변경된 내용을 정함을 목적으로 한다.

제2조(계약내용의 변경) 원사업자와 수급사업자는 하도급계약의 내용 중 일부를 다음과 같이 변경한다.

변경항목	변경전 계약내용	변경후 계약내용

※ 이 양식은 수정할 수 있으며, 변경사항이 많을 경우에 줄을 늘리거나 별지로 작성할 수 있음

제3조(수탁업무량 증가에 따른 계약기간 및 대금의 조정) 제2조에 따라 수급사업자의 업무량이 증가할 경우, 원사업자는 수급사업자와 협의하여 하도급계약 및 「하도급거래 공정화에 관한 법률」 등에 따라 계약기간 및 대금을 조정한다. 다만, 긴급발주 등과 같이 정당한 사유가 있는 경우에 원사업자는 수급사업자와의 합의로 계약기간에 대해서는 조정하지 않을 수 있다.

제4조(변경된 내용이 무효인 경우) ① 제2조에 따라 변경한 내용이 하도급계약 또는 관련 법령을 위반하여 무효인 경우에 수급사업자는 변경전 계약내용에 따라 계약상 채무를 이행한다. 이 경우, 원사업자 또는 수급사업자는 상대방과 서면으로 합의하여 그 내용을 다시 정할 수 있다.

② 제1항 후문에 따라 원사업자와 수급사업자가 합의하여 정한 내용은 그 서면합의가 성립한 때부터 효력을 갖는다. 다만, 원사업자 또는 수급사업자는 상대방과 합의하여 그 효력발생시기를 다르게 정할 수 있다.

원사업자와 수급사업자는 하도급계약 중 일부를 상기의 내용으로 변경하며,
그 증거로써 이 계약서를 작성하여 당사자가 기명날인한 후 각각 1부씩 보관한다.

년　　월　　일

원사업자

상호 또는 명칭 :
주　　소 :
대표자 성명 :　　　(인)
사업자(법인)번호 :

수급사업자

상호 또는 명칭 :
주　　소 :
대표자 성명 :　　　(인)
사업자(법인)번호 :

【별첨】

표준 연동계약서

「하도급거래 공정화에 관한 법률」 또는 「대・중소기업 상생협력 촉진에 관한 법률」에 따른 하도급대금 또는 납품대금(이하 "하도급대금등"이라 한다) 연동과 관련하여 원사업자 또는 위탁기업(이하 "원사업자등"이라 한다)과 수급사업자 또는 수탁기업(이하 "수급사업자등"이라 한다)은 아래 하도급계약 또는 수탁・위탁거래약정(이하 "하도급계약등"이라 한다)에 부수하여 다음과 같이 연동계약을 체결한다.

◇ 하도급계약등 명칭 :
◇ 하도급계약등의 체결 일자 :

제1조(목적) 이 계약은 위의 하도급계약등과 관련된 하도급대금등 연동에 관하여 필요한 제반 사항을 규정함을 목적으로 한다.

제2조(정의) ① 이 계약에서 사용하는 용어의 뜻은 다음과 같다.

1. "원재료"란 하도급거래에서 목적물등의 제조, 수리, 시공 또는 용역수행에 사용되는 원재료 또는 수탁·위탁거래에서 물품등의 제조, 공사, 가공, 수리, 용역 또는 기술개발에 사용되는 원재료로서 천연재료, 화합물, 가공물, 중간재 등을 포함하되 이에 한정하지 아니한다.
2. "주요 원재료"란 그 비용이 하도급대금등의 100분의 10 이상인 원재료를 말한다.
3. "원재료 가격의 기준지표"란 주요 원재료 가격의 상승 또는 하락 정도를 측정하는 기준이 되는 지표를 말한다.
4. "조정요건"이란 주요 원재료의 가격이 기준시점 대비 비교시점에 변동한 비율로서 주요 원재료의 가격이 그 변동비율 이상 변동한 경우 하도급대금등을 조정하기로 한 기준이 되는 것을 말한다.
5. "조정 주기"란 조정요건 충족 여부를 따져 하도급대금등 연동 여부를 판단하는 주기를 말한다.
6. "조정일"이란 조정 주기에 따라 하도급대금등의 조정 여부를 판단하는 날을 말한다.
7. "조정대금 반영일"이란 목적물등 또는 물품등(이하 "목적물등"이라 한다)에 대하여 조정된 하도급대금등을 적용하는 기준이 되는 날을 말한다.
8. "하도급대금등 연동 산식"이란 주요 원재료의 가격이 조정요건을 충족하는 경우 주요 원재료 가격 변동을 반영하여 하도급대금등을 조정하기 위한 산식을 말한다.
9. "반영 비율"이란 주요 원재료 가격 변동분이 하도급대금등의 조정에 반영되는 비율을 말한다.

② 제1항에서 정한 용어 외의 용어의 뜻은 「하도급거래 공정화에 관한 법률」 또는 「대·중소기업 상생협력 촉진에 관한 법률」에 따른다.

제3조(하도급대금등 연동 대상 주요 원재료) 이 계약에 따라 하도급대금등 연동 대상 주요 원재료는 제2조제1항제2호에 따른 주요 원재료(이하 "연동 대상 주요 원재료"라 한다)로 한다.

제4조(하도급대금등 연동 대상 주요 원재료 가격의 기준지표) 연동 대상 주요 원재료 가격의 기준

지표는 공신력 있는 기관이 주기적으로 고시하는 지표 또는 이에 준하는 지표로 한다. 다만, 이와 같은 지표를 사용하는 것이 적절하지 않거나 이에 해당하는 지표가 없는 경우에는 다음 각 호의 어느 하나에 따라 정할 수 있다.

1. 원재료의 판매자가 수급사업자등에게 판매한 연동 대상 주요 원재료의 가격으로서 원사업자등이 확인할 수 있는 가격
2. 원사업자등이 연동 대상 주요 원재료의 판매자와 직접 협상한 가격 또는 원사업자등이 수급사업자등에 판매한 가격
3. 그 밖에 관련 자료를 바탕으로 원사업자등과 수급사업자등이 합의하여 정한 가격

제5조(「하도급대금등 연동표」의 작성) ① 원사업자등은 수급사업자등과 합의하여 【첨부 1】「하도급대금등 연동표」(이하 "「하도급대금등 연동표」"라 한다)의 각 기재사항을 적는다.

② 원사업자등 또는 수급사업자등은 「하도급대금등 연동표」의 각 기재사항과 관련하여 내용을 증빙할 수 있는 자료를 제공할 것을 상대방에게 요청할 수 있으며, 이때 요청하는 자료는 「하도급대금등 연동표」 작성을 위해 필요한 최소한의 자료에 한한다.

③ 제2항의 요청을 받은 상대방은 해당 자료를 성실하게 제공하여야 하며, 자료를 제공받은 당사자는 해당 자료를 이 계약의 목적 외로 사용하지 아니한다.

제6조(하도급대금등 연동 절차) ① 원사업자등과 수급사업자등은 「하도급대금등 연동표」에 따라 조정일마다 연동 대상 주요 원재료 가격의 기준시점 대비 비교시점의 변동률을 확인하고, 그 변동률이 조정요건을 충족하는 경우 하도급대금등 연동 산식에 따라 조정될 하도급대금등을 산출한다.

② 원사업자등은 제1항에 따라 산출된 금액을 기준으로 하도급대금등을 조정한다.

③ 원사업자등과 수급사업자등은 제2항에 따라 하도급대금등이 조정된 경우, 조정대금 반영일, 비교시점의 연동 대상 주요 원재료 기준가격 및 조정된 하도급대금등을 【첨부 2】「하도급대금등 변동표」(이하 "「하도급대금등 변동표」"라 한다)에 기재하고 서명(「전자서명법」 제2조 제2호에 따른 전자서명을 포함한다) 또는 기명날인한다.

④ 원사업자등은 조정대금 반영일 이후에 납품되는 목적물등에 대하여 제2항에 따라 조정된 금액을 기준으로 하도급대금등을 지급한다.

⑤ 제1항부터 제4항까지는 수급사업자등의 책임 있는 사유로 이행이 지연되어 조정대금 반영일 이후에 이행된 부분에 대해서는 적용하지 아니한다.

제7조(해석 등) ① 이 계약은 「하도급거래 공정화에 관한 법률」 제16조(설계변경 등에 따른 하도급대금의 조정), 제16조의2(공급원가 등의 변동에 따른 하도급대금의 조정), 「대·중소기업 상생협력 촉진에 관한 법률」 제22조의2(공급원가 변동에 따른 납품대금의 조정), 제25조(준수사항)제1항제4호의 적용을 배제하는 것으로 해석되지 않는다.

② 「하도급대금등 연동표」는 이 계약의 부속합의서로서 이 계약과 동일한 효력이 있다.

③ 주요 원재료에 해당하지 않은 원재료 중 당사자가 합의하여 하도급대금등 연동제를 적용하기로 한 원재료에 대해 제4조부터 제6조까지, 제7조 제1항 및 제2항을 준용한다.

제8조(금지행위) 원사업자등은 하도급대금등 연동과 관련하여 하도급거래에 관한 거래상 지위 또는 수탁·위탁거래에 관한 거래상 지위를 남용하거나 거짓 또는 그 밖의 부정한 방법을 사용하지 아니한다.

이 계약의 체결사실 및 계약내용을 증명하기 위하여 이 계약서를 2부 작성하여 양 당사자가 각각 서명 또는 기명날인한 후 각자 1부씩 보관한다.

년　　월　　일

원사업자등		수급사업자등	
상호 또는 명칭 :		상호 또는 명칭 :	
전화번호 :		전화번호 :	
주　　소 :		주　　소 :	
대표자 성명 :	(인)	대표자 성명 :	(인)
사업자(법인)번호 :		사업자(법인)번호 :	

【첨부 1】

하도급대금등 연동표

◇ 원사업자등과 수급사업자등은 하도급거래 또는 수탁·위탁거래에 관한 하도급대금등 연동을 위해 다음과 같이 정한다.

구분		기재사항
1. 하도급대금등 연동 대상 목적물등의 명칭		
2. 하도급대금등 연동 대상 주요 원재료		
3. 원재료 가격의 기준 지표		
4. 원재료 가격의 변동률 산정을 위한 기준시점 및 비교시점		기준시점: 비교시점:
5. 조정요건		
6. 조정주기		
7. 조정일		
8. 조정대금 반영일		
9. 하도급대금등 연동 산식		
	9.1. 반영비율	
10. 기타 사항		

※ 하도급대금등 연동 대상 원재료별로 각각 작성하는 것을 원칙으로 하되, 동일한 목적물등에 사용되는 연동 대상 원재료로서 3.~10.까지 중 공통되는 사항이 있는 경우 하나의 연동표로 작성할 수 있음

【첨부 2】

하도급대금등 변동표

◇ 연동 대상 목적물등의 명칭 :

조정일	대상 원재료	원재료 가격		하도급단가/대금		조정대금 반영일	원사업자등 확인	수급사업자등 확인
		기준 시점	비교 시점	조정전 금액	조정후 금액			
							서명 · 기명날인	서명 · 기명날인
							서명 · 기명날인	서명 · 기명날인
							서명 · 기명날인	서명 · 기명날인
							서명 · 기명날인	서명 · 기명날인
							서명 · 기명날인	서명 · 기명날인
							서명 · 기명날인	서명 · 기명날인
							서명 · 기명날인	서명 · 기명날인
							서명 · 기명날인	서명 · 기명날인

【별첨】

표준 미연동계약서

「하도급거래 공정화에 관한 법률」 또는 「대・중소기업 상생협력 촉진에 관한 법률」에 따른 하도급대금 또는 납품대금(이하 "하도급대금등"이라 한다) 연동과 관련하여 원사업자 또는 위탁기업(이하 "원사업자등"이라 한다)과 수급사업자 또는 수탁기업(이하 "수급사업자등"이라 한다)은 아래 하도급계약 또는 수탁・위탁거래약정(이하 "하도급계약등"이라 한다)에 부수하여 다음과 같이 미연동계약을 체결한다.

◇ 하도급계약등 명칭 :
◇ 하도급계약등 체결일자 :
◇ 미연동 대상 목적물등 또는 물품등의 명칭 :
◇ 미연동 대상 주요 원재료 명칭 :
◇ 협의 개요 :
(협의한 일시/방법)
(원사업자등 측 협의책임자 성명/직위)
(수급사업자등 측 협의책임자 성명/직위)

제1조(하도급대금등 미연동 합의) 원사업자등과 수급사업자등은 위 하도급계약등의 주요 원재료에 대해 아래의 사유로 하도급대금등 연동을 하지 아니하기로 합의(이하 "미연동 합의"라 한다)한다.

미연동 사유	
원사업자등	
수급사업자등	

제2조(해석) 이 계약은 「하도급거래 공정화에 관한 법률」 제16조(설계변경 등에 따른 하도급대금의 조정), 제16조의2(공급원가 등의 변동에 따른 하도급대금의 조정), 「대·중소기업 상생협력 촉진에 관한 법률」 제22조의2(공급원가 변동에 따른 납품대금의 조정), 제25조(준수사항)제1항제4호의 적용을 배제하는 것으로 해석되지 않는다.

제3조(금지행위) ① 원사업자등은 미연동 합의와 관련하여 하도급거래에 관한 거래상 지위 또는 수탁·위탁거래에 관한 거래상 지위를 남용하거나 거짓 또는 그 밖의 부정한 방법을 사용하지 아니한다.
② 원사업자등이 제1항을 위반한 경우 수급사업자등은 주요 원재료에 대해 하도급대금등 연동계약의 체결을 요구할 수 있으며, 원사업자등은 이에 응하여 연동 관련 의무를 준수해야 한다.

이 계약의 체결사실 및 계약내용을 증명하기 위하여 이 계약서를 2부 작성하여 양 당사자가 각각 서명 또는 기명날인한 후 각자 1부씩 보관한다.

년 월 일

원사업자등	**수급사업자등**
상호 또는 명칭 :	상호 또는 명칭 :
전화번호 :	전화번호 :
주 소 :	주 소 :
대표자 성명 : (인)	대표자 성명 : (인)
사업자(법인)번호 :	사업자(법인)번호 :

부당한 하도급대금 결정 및 감액행위에 대한 심사지침

[시행 2022. 11. 29.] [공정거래위원회예규 제411호, 2022. 11. 29., 일부개정.]

Ⅰ. 목적

이 심사지침은「하도급거래 공정화에 관한 법률」(이하 "법"이라 한다)제4조(부당한 하도급대금의 결정 금지) 및 법 시행령(이하 "영"이라 한다) 제7조(부당한 하도급대금 결정 금지)와 법 제11조(감액금지)의 규정의 운용과 관련하여 법령의 내용을 보다 구체적이고 명확하게 규정함과 아울러 불공정 하도급거래 행위에 해당될 수 있는 사례를 예시함으로써, 위법성을 심사하는 기준으로 삼는 한편 사업자들의 법위반 행위를 예방함에 그 목적이 있다.

이 심사지침은 원사업자의 부당한 하도급대금 결정 및 감액 행위 중에서 공통적이고 대표적인 사항을 중심으로 규정하였으므로 이 지침에 열거되지 아니한 사항이라고 하여 법 제4조 및 제11조에 위반되지 않는 것은 아니다.

Ⅱ. 용어의 정의

1. "하도급대금의 결정"이라 함은 원사업자가 수급사업자에게 제조(가공위탁 포함)·수리·건설 또는 용역을 위탁(이하 "제조 등의 위탁"이라 함)할 때 수급사업자가 위탁받은 것(이하 "목적물 등"이라 함)을 제조·수리·시공 또는 용역수행 하여 원사업자에게 납품·인도 또는 제공(이하 "납품 등"이라 함)하고 수령할 대가(이하 "하도급대금"이라 함)를 정하는 행위를 말한다.
2. "하도급대금의 감액"이라 함은 원사업자가 수급사업자에게 제조 등의 위탁을 할 때 정한 하도급대금을 그대로 지급하지 아니하고, 그 금액에서 감하여 지급하는 행위를 말한다.
3. 위 1. 및 2.에서 "위탁을 할 때"라 함은 원칙적으로 원사업자가 수급사업자에게 제조 등의 위탁을 하는 시점을 말한다.

   다만, 하도급거래가 빈번하여 계약기간·대금결제·운송·검수·반품 등의 거래조건, 규격·재질, 제조공정 등과 관련된 일반적인 내용을 기본계약서에 담고, 단가, 수량 등 하도급대금과 관련한 내용은 특약서 또는 발주서 등으로 위임하여 별도의 특약 또는 발주내용에 의거 하도급대금이 결정되는'계속적 거래계약'의 경우에는 해당 특약 또는 발주내용이 수급사업자에게 통지되는 시점을 "위탁을 할 때"로 본다.

Ⅲ. 하도급대금의 결정과 감액의 구분 및 판단기준

1. "하도급대금의 결정"과 "하도급대금의 감액"에 대한 구분은 원칙적으로 위 Ⅱ.(용어의 정의) 1. 내지 2.에 의하여 판단한다.
2. 계속적 거래계약의 경우 계약기간 중(계약기간 만료에 따른 계약기간 자동연장의 경우를 포함한다)에 이미 발주한 수량과 상관없는 새로운 수량을 발주하면서 단가를 변경하는 것은 "하도급대금의 결정"으로, 이미 발주한 수량에 대해 단가를 인하하는 것은 "하도급대금의 감액"으로 본다.

   한편, 수량 없이 단가만 먼저 확정한 후 수량을 발주하는 경우 발주이후에 단가를 인하하는 것은 "하도급대금의 감액"으로 본다.
3. 신규 개발품 등과 같이 원사업자가 제조 등의 위탁을 할 때 하도급대금을 확정하지 못하여 임시단

가(또는 가단가)를 정해 위탁한 뒤 나중에 대금을 확정하기로 수급사업자와 합의한 경우에는 나중에 대금을 확정하는 것을 "하도급대금의 결정"으로 본다.

Ⅳ. 부당한 하도급대금 결정 행위의 위법성에 대한 심사기준

1. 법 제4조 제1항의 규정에 의한 "부당한 하도급대금의 결정"해당 여부 심사기준

가. 법 제4조 제1항의 "부당하게"에 대한 판단은 원칙적으로 하도급대금의 결정과 관련하여 그 내용, 수단·방법 및 절차 등이 객관적이고 합리적이며 공정·타당한지 여부 즉, 하도급대금의 결정 과정에서 원사업자가 수급사업자에게 목적물 등의 내용, 규격, 품질, 수량, 재질, 용도, 공법, 운송, 대금결제조건 등 가격결정에 필요한 자료·정보·시간 등을 성실하게 제공하였는지 여부, 수급사업자와 실질적이고 충분한 협의를 하였는지 여부와 거래상의 지위를 이용하여 수급사업자의 자율적인 의사를 제약하였는지 여부 또는 정상적인 거래관행에 어긋나거나 사회통념상 올바르지 못한 것으로 인정되는 행위나 수단 등을 사용하였는지 여부 등을 종합적으로 고려하여 판단한다.

<부당하게의 예시>

① 원사업자가 수급사업자들로부터 낮은 견적가를 받기 위해 발주수량, 규격(사양), 품질, 원재료, 결제수단·운송·반품 등의 거래 조건, 민원처리비용 부담주체 등 목적물 등의 대가결정에 영향을 미치는 주요내용이나 자료·정보 등을 수급사업자에게 충분히 제공하지 아니하거나 사실과 다르게 제공하는 경우

② 원사업자가 최저가 지명경쟁 입찰에 참여를 거부하거나 일정횟수 이상 낙찰되지 아니하는 수급사업자에 대해 다음 거래 시 물량감축 등의 불이익을 제공토록 하는 내용의 협력업체 관리내규를 이용하여 지명경쟁 입찰가격을 낮게 결정하도록 하는 경우

③ 원사업자가 수량과 단가에 근거하여 하도급대금을 결정하였음에도 하도급대금 합의서 작성 시 수량을 제외하고 단가만 명시(단가 합의서 작성)하여 수량을 미확정 상태로 두고 매 발주시마다 수량을 통보하는 방법으로 하도급대금을 결정하는 경우

④ 정당한 이유 없이 위탁할 때 하도급대금(단가 및 수량)을 확정하지 아니하는 경우

⑤ 원사업자가 단가결정시 부득이한 사정에 의해 예상수량으로 단가를 정하고 추후 수량을 확정하여 정산을 하는 경우 사전에 수급사업자에게 불리하지 아니한 내용으로 수량증감에 따른 단가조정 기준을 정하지 아니하는 경우

⑥ 원사업자가 계속적 거래관계에 있는 수급사업자에게 확정되지 아니한 초안상태의 생산량감축 계획 관련 문건을 보여주는 등의 방법으로 거래중단이나 물량감축 의사를 내비치는 등 수급사업자의 자율적 의사를 억압하거나 제한하는 방법을 이용하는 경우

⑦ 원사업자가 수급사업자의 거래관련 (인감)도장을 맡아 보관하면서 일방적으로 이를 하도급대금 결정에 합의한 것으로 사용하는 경우

⑧ 원사업자가 가격책정 모델 또는 기법을 적용하여 산출한 금액을 가격인상 근거 자료로는 활용하지 아니하고 가격인하 근거로만 활용하는 경우

⑨ 원사업자가 거래의존도가 높은 수급사업자에 대해 거래처 변경 시 경영상 어려움이 가중될 우려가 있는 것을 이용하여 가격인하에 불응할 경우 거래처 변경 가능성을 내세워 가격을 인하하는 경우

⑩ 임시단가(또는 가단가)를 정해 위탁한 뒤 나중에 원가계산, 견적가격 등의 산출이 가능할 때(예컨대, 제1회차 납품후) 대금을 확정하기로 수급사업자와 합의한 후 정당한 이유 없이 1회차 목적물이 납품된 후 상당한 기간을 경과하여 대금을 확정하는 경우

⑪ 신규 개발품이 아님에도 원사업자가 임시단가(또는 가단가)로 발주 받았다는 이유로 수급사업자에

게 임시단가로 위탁한 후 발주자가 가격을 인하할 경우 그 만큼을 인하하여 단가를 확정하는 경우

⑫ 원사업자가 수급사업자에게 제조 등을 위탁할 때 정당한 이유 없이 목적물 등에 대한 단가를 정하지 아니하고 납품받을 때 단가를 정하는 경우

⑬ 해당 목적물에 대해 하도급대금을 낮게 결정하면서 그 차액에 상당하는 금액을 다른 목적물에 대한 하도급대금의 결정시 보전해 주기로 한 후 이를 이행하지 아니하는 경우

⑭ 수출, 할인특별판매, 경품류, 선물용, 견본용 등을 이유로 같거나 유사한 것에 대해 일반적으로 지급되는 대가나 수급사업자의 견적가를 무시하고 일방적으로 하도급대금을 결정하는 경우

⑮ 원사업자가 원도급대금에 비하여 현저히 낮은 실행예산을 작성하여 일방적으로 그 실행예산 범위내의 금액으로 하도급대금을 결정하는 경우

⑯ 원사업자가 수급사업자의 납품관련 기술자료(설계도서, 시방서, 특수한 공정·공법 등과 이에 대한 견적가 산출내역 등) 등을 다른 사업자에게 제공하고 그 다른 사업자가 이를 이용하여 제출한 견적가격 등을 근거로 하도급대금을 결정하는 경우

⑰ 원사업자가 건설산업기본법·령, 국가계약법·령 또는 지방자치단체계약법·령에 의거 하도급계약금액 또는 수급사업자의 견적가를 포함한 하도급관리계획을 발주처에 제출하여 발주 받은 후 하도급계약 금액을 하도급관리계획상의 하도급계약 금액보다 낮은 수준으로 재조정하거나, 견적가보다 낮은 금액으로 하도급계약을 체결하는 경우

⑱ 원사업자가 발주자와의 협상 과정에서 수급사업자의 업무량을 일방적으로 추가시키고 하도급대금은 증액하지 아니하는 경우

⑲ 원사업자가 수급사업자의 제조원가 명세서 등을 제출받아 수급사업자의 이익률이 높다는 이유를 내세워 계약 갱신 시 동일한 목적물에 대해 하도급대금을 낮게 결정하는 경우

⑳ 설계변경 등에 따른 신규항목 등에 대한 물량 및 단가를 수급사업자의 의사와 무관하게 원사업자가 일방적으로 결정·작성한 변경 내역서를 제시하며, 변경 계약에 서명할 때까지 기성금 지급을 유보하는 등의 방법으로 수급사업자를 압박하여 신규항목 등에 대한 하도급대금을 낮게 결정하는 경우

㉑ 기타 객관성·합리성이 결여되거나 공정·타당하지 아니한 내용, 수단·방법 및 절차 등으로 하도급대금을 결정하는 경우

나. 법 제4조 제1항의 "목적물 등과 같거나 유사한 것에 대하여 일반적으로 지급되는 대가보다 낮은 수준"은 목적물 등과 같거나 유사한 것에 대해 정상적인 거래관계에서 일반적으로 지급되는 대가보다 낮은 수준 인지의 여부를 기준으로 판단한다.

(1) "같거나 유사한 것"의 판단은 목적물 등의 종류, 거래규모, 규격, 품질, 용도, 원재료, 제조공정, 공법 등을 고려하여 판단한다.

(2) "일반적으로 지급되는 대가"는 원칙적으로 다음의 방법으로 산출된 대가 중 순차적으로 우선 산출되는 대가를 적용한다.

① 목적물 등과 같은 것에 대해 동일 또는 유사한 시기에 정상적인 거래관계에서 다른 사업자에게 지급한 대가

② 목적물 등과 유사한 것에 대해 동일 또는 유사한 시기에 정상적인 거래관계에서 다른 사업자에게 지급한 대가

③ 종전에 목적물 등과 같거나 유사한 것에 대해 해당 수급사업자에게 지급한 대가가 있는 경우에는 그 대가에 소비자물가 상승률, 원자재가격 변동률 등을 고려하여 산출한 대가

④ 최저가 경쟁입찰에서 최저가로 입찰한 금액(일반적으로 지급되는 대가의 최저 수준)

⑤ 신규 개발품과 같이 목적물 등과 같거나 유사한 것이 존재하지 아니하거나 그것을 알 수 없는 경우에는 해당 목적물 등에 대한 제조 등의 원가에 해당 원사업자가 거래 중에 있는 같거나 유사한 업종에 속하는 수급사업자들의 전년도 평균 영업이익률에 상당하는 금액을 더한 대가

⑥ 원사업자가 건설산업기본법·령, 국가계약법·령 또는 지방자치단체계약법·령에 의거 발주처에 제출하는 하도급관리계획에 포함된 하도급계약 금액 또는 수급사업자의 견적가격

(3) "낮은 수준"의 해당 여부는 원칙적으로 결정된 하도급대금과 목적물 등과 같거나 유사한 것에 대해 일반적으로 지급되는 대가와의 차액규모, 목적물 등의 수량과 해당 시장 및 전·후방 시장상황 등을 고려하여 판단한다.

최저가 경쟁입찰에서 최저가로 입찰한 금액보다 하도급대금이 낮은 경우, 계속적으로 거래해 오고 있는 수급사업자가 납품하는 목적물의 제조에 필요한 원자재 가격이나 인건비가 인상되었음에도 원사업자가 단가를 인하하는 경우 등이 이에 해당한다.

2. 법 제4조 제2항의 규정에 의한 "부당한 하도급대금의 결정"해당 여부 심사기준

가. 법 제4조 제2항 제1호의 "정당한 사유 없이 일률적인 비율로 단가를 인하하여 하도급대금을 결정하는 행위"에 대한 판단기준

(1) "정당한 사유"여부는 일률적인 비율로 단가를 인하해야 하는 객관적이고 합리적인 근거가 있는지 여부로 판단한다.

<정당한 사유의 예시>

① 종전 계약에 비해 수급사업자별 또는 품목별로 발주물량이 동일한 비율로 증가한 경우 그에 따른 고정비의 감소분을 반영하기 위해 객관적이고 합리적으로 산출된 근거에 따라 종전 계약금액을 기준으로 일률적인 비율로 인하하여 하도급대금을 결정하는 경우

② 종전 계약에 비해 원자재 가격이 하락하여 동일한 원자재를 사용하는 품목별로 그 하락률을 객관적이고 합리적으로 산출한 근거에 따라 종전 계약금액을 기준으로 일률적인 비율로 인하하여 하도급대금을 결정하는 경우

③ 일률적 비율에 의한 단가결정이 개별적 단가결정에 비해 수급사업자에게 유리한 경우(단, 원사업자가 이를 객관적으로 입증하는 경우에 한한다)

(2) "일률적인 비율"이라 함은 둘 이상의 수급사업자나 품목에 대해 수급사업자별 경영상황이나 시장상황, 목적물 등의 종류, 거래규모, 규격, 품질, 용도, 원재료, 제조공정, 공법 등의 특성이나 차이를 고려하지 아니하고 동일하거나 일정한 규칙에 따라 획일적으로 적용하는 비율을 말한다.

결정된 인하율이 수급사업자에 따라 어느 정도 편차가 있다고 하더라도, 전체적으로 동일하거나 일정한 구분에 따른 비율로 단가를 인하한 것으로 볼 수 있다면, "일률적인 비율"이 적용된 것으로 본다.

<일률적인 비율의 예시>

① 둘 이상의 수급사업자 또는 하나의 수급사업자가 납품하는 두 종류 이상의 목적물 등에 대해 종전 계약단가를 기준으로 동일한 비율로 단가를 인하하는 경우

② 수급사업자의 거래규모별, 경영상황별(영업이익 규모 등) 또는 품목별로 단가 인하비율을 정하여 수급사업자들에게 획일적으로 적용하는 경우

③ 원사업자가 목적물 등에 대한 단가를 결정하면서 수급사업자별 또는 목적물별 단가가 다름에도 불구하고 종전 계약가격 또는 견적가격 등을 기준으로 동일한 금액을 획일적으로 인하하거나 일반적으로 지급되는 대가보다 낮은 특정한 금액으로 단가를 인하하여 획일적으로 정하는 경우

<법위반 예시>

① 원사업자가 경영상 어려움을 이유로 종전 계약단가를 기준으로 일방적으로 일정률씩 획일적으로 인하하는 행위
② 수급사업자의 전년도 영업이익률이 원사업자보다 높다는 이유로 종전 계약단가를 기준으로 거래규모에 따라 일정률씩(예컨대, 100억 이상인 수급사업자들에게 7%씩, 50억~100억인 수급사업자들에게 5%씩, 50억 이하인 수급사업자들에게 3%씩) 단가를 인하하기로 정하여 획일적으로 적용하는 행위
③ 객관적이고 합리적인 산출근거없이 종전 계약단가를 기준으로 수급사업자의 납품단가 규모별로 일정률씩(예컨대, 10만원 이상 품목은 5%씩, 10만원 미만 품목은 3%씩) 인하하기로 정하여 획일적으로 적용하는 행위
④ 완성차 제조 원사업자가 신규로 다수의 부품제조 수급사업자를 선정하면서 정당한 이유 없이 수급사업자의 견적가를 기준으로 위탁품목별로 일정률씩(예컨대, 엔진제조 수급사업자에 대해서는 10%씩, 타이어제조 수급사업자에 대해서는 5%씩, 브레이크제조 수급사업자에 대해서는 3%씩) 단가를 획일적으로 인하하는 행위
⑤ 원사업자가 수급사업자들의 종전 계약가격이 A는 250원, B는 300원, C는 350원으로 각자 다름에도 불구하고 객관적이고 합리적인 산출근거 없이 200원으로 획일적으로 인하하여 결정하는 행위
⑥ 환율변동 및 원자재가격 인하 등을 정당한 사유로 제시하였으나 제시한 사유와 무관한 가공비 항목에서 납품단가를 일률적으로 인하하는 행위
⑦ 원사업자가 발주자와의 협상 과정에서 당초 수급사업자들이 수행하기로 되어있는 과업과 관련 없는 과업이 추가되면서 여기서 발생하는 비용을 보전하기 위해 이를 수급사업자들이 제시한 견적금액에서 일방적으로 일정률씩 획일적으로 인하하는 행위

나. 법 제4조 제2항 제2호의 "협조요청 등 어떠한 명목으로든 일방적으로 일정금액을 할당한 후 그 금액을 빼고 하도급대금을 결정하는 행위"에 대한 판단기준

원사업자가 협조요청이나 상생협력 등의 명목여하 또는 수급사업자의 합의여부에 불문하고 일방적으로 일정금액을 할당하여 그 금액을 빼고 하도급대금을 결정하였는지 여부에 따라 위법성을 판단한다.

원사업자가 일방적으로 수급사업자별로 일정금액을 할당한 후에 수급사업자와 협의과정에서 일부 수급사업자의 경우 할당한 금액대로 반영되지 아니하였다고 하더라도 위법성이 있는 것으로 판단할 수 있다.

<법위반 예시>

① 원사업자가 환율변동, 임금상승, 물가인상, 가격경쟁 심화 등과 같은 경제여건의 변화에 따른 수지개선 또는 이익 극대화를 위한 방안으로 구매비용 절감(원가절감) 목표를 정하여 이를 수급사업자별로 일방적으로 절감액을 할당한 후 수급사업자의 견적가격 또는 종전 단가를 기준으로 일정금액을 빼고 수급사업자들에게 협조를 요청하는 등의 방법으로 하도급대금을 결정하는 행위
② 수급사업자들에게 협조를 요청하는 방법으로 공정거래위원회의 과징금 납부명령이나 시정명령 또는 원사업자의 자진시정에 따라 이미 납부하거나 지급한 과징금, 어음할인료, 지연이자 등의 전부 또는 일부만큼 낮은 금액으로 하도급대금을 결정하는 행위
③ 원사업자가 발주자와의 협상에 의해 추가된 비용을 수급사업자들에게 전가하기 위하여 수급사업자별로 일방적으로 절감액을 할당한 후 사정변경을 이유로 그 금액을 빼고 하도급대금을 결정하는 행위

다. 법 제4조 제2항 제3호의 "정당한 사유 없이 특정 수급사업자를 차별취급 하여 하도급대금을 결정

하는 행위"에 대한 판단기준

"정당한 사유"에 해당되는지 여부는 수급사업자별 경영상황, 생산능력, 작업의 난이도, 거래규모, 거래의존도, 운송거리 · 납기 · 대금지급조건 등의 거래조건, 거래기간, 수급사업자의 귀책사유 존부 등 객관적이고 합리적인 차별사유에 해당되는지 여부로 판단한다.

<법위반 예시>

① 원사업자가 목적물의 종류, 사양, 대금지급 조건, 거래수량, 작업의 난이도 등이 차이가 없음에도 특정 수급사업자에 대해 자신의 경쟁사업자와 거래한다는 이유 또는 자신이 지정한 운송회사를 이용하지 않는다는 이유 등으로 하도급대금을 차별하여 결정하는 행위

라. 법 제4조 제2항 제4호의 "수급사업자에게 발주량 등 거래조건에 대하여 착오를 일으키게 하거나 다른 사업자의 견적 또는 거짓견적을 내보이는 등의 방법으로 수급사업자를 속이고 이를 이용하여 하도급대금을 결정하는 행위"에 대한 판단기준

하도급대금의 결정과정에서 수급사업자에게 착오를 일으키게 하거나 수급사업자를 속인 사실이 있는지 여부에 따라 위법성을 판단한다.

수급사업자를 속인 사실의 여부는 거래의 종류 및 상황, 상대방인 수급사업자의 업종, 규모, 거래경험, 원사업자와 수급사업자의 거래상 지위 등 행위 당시의 구체적 사정을 고려하여 개별적으로 판단한다.

<법위반 예시>

① 원사업자가 확정되지 아니한 초안 상태의 생산량 증대계획 또는 신규 수주계획 문건 등을 수급사업자에게 보여주면서 마치 종전계약보다 발주량을 대폭 늘려 줄 것처럼, 또는 그와 같이 수주가 이루어 질 것처럼 언질을 주어 하도급 대금을 낮게 결정한 후 실제로는 발주량을 늘려주지 않는 행위

② 다른 사업자의 견적서를 위 · 변조하거나 허위로 작성하여 그것을 보여주는 방법으로 하도급대금을 결정하는 행위

③ 해당 단가 인하분을 타 품목이나 타 공사 등을 위탁할 때 보전해 줄 것처럼 하면서 단가를 인하한 후 그것을 이행하지 아니하는 행위

④ 원사업자가 하도급대금 결정을 위한 협의과정에서 하도급대금을 30일 이내에 현금으로 지급하기로 한 다른 수급사업자의 계약조건과 동일한 지급조건인 것처럼 내비춰 단가를 낮게 책정 한 후 실제로는 만기 6개월의 어음으로 지급하는 행위

마. 법 제4조 제2항 제5호의 "원사업자가 일방적으로 낮은 단가에 의하여 하도급대금을 결정하는 행위"에 대한 판단기준

"일방적으로"는 원사업자가 하도급대금을 결정하는 과정에서 수급사업자와 실질적이고 충분한 협의를 거쳐 하도급대금을 결정하였는지 여부 및 이 과정에서 수급사업자가 의사표시의 자율성을 제약받지 아니한 상태였는지 여부를 기준으로 판단한다.

"낮은 단가" 즉, 결정된 단가의 부당성 여부는 원칙적으로 객관적이고 타당한 산출근거에 의하여 단가를 낮게 결정한 것인지 여부를 기준으로 판단하되, 수급사업자 등이 제시한 견적가격(복수의 사업자들이 견적을 제시한 경우 이들의 평균 견적가격), 목적물 등과 같거나 유사한 것에 대해 일반적으로 지급되는 대가, 목적물의 수량, 해당 목적물의 시장상황 등을 고려하여 판단한다.

<법위반 예시>

① 원사업자가 종전 계약의 목적물과 동일한 것에 대해 하도급대금을 새로이 결정하면서 미리 정한 자신의 원가절감 목표액을 수급사업자들의 의사와 무관하게 할당한 후 해당 수급사업자가 제출한 견적가를 기준으로 동 수급사업자에 해당하는 할당금액을 빼고 하도급대금을 결정하는 행위

② 원사업자가 계속적인 거래관계에 있는 수급사업자에게 신규 품목에 대해 종전 가격보다 낮게 임시단가(또는 가단가)를 정하여 위탁한 후 단가를 확정하기 위한 추가적인 협의 없이 원사업자 일방의 의사결정을 통해 임시단가 그대로 하도급대금을 결정하는 행위

③ 단가를 결정하지 않은 채 위탁하여 목적물의 납품이 완료된 후 수급사업자의 가격 협상력이 낮은 상태를 이용하여 수급사업자의 제조원가보다 낮게 하도급대금(단가)을 결정하는 행위

④ 원사업자가 신개발품을 발주하면서 우선 임시단가(또는 가단가)를 정하고 추후 목적물의 최초 납품분에 대한 가격산출이 가능한 때 단가를 확정하기로 수급사업자와 합의하였으나 이후 해당 합의를 무시하고 객관적이고 합리적인 산출 근거 없이 임시단가 보다 낮게 하도급대금을 결정하는 행위

⑤ 합의(서)가 존재하더라도 원사업자가 객관적·합리적 절차와 방법을 결여하고 원가절감, 생산성향상 등 원사업자 일방의 영업수지 개선계획에 따라 협조요청 등을 명분으로 한 통보나 강요에 의하여 하도급대금을 낮게 결정한 것으로 인정되는 행위

⑥ 합의(서)가 존재하더라도 원사업자는 소속 임직원에 대한 임금 또는 복리후생 비용 등의 인상, 임직원수의 증가, 영업이익률 증가 등 영업수지가 개선되는 등의 추세를 보이는 반면, 수급사업자는 원사업자의 계속적 또는 반복적 단가인하로 소속 임직원에 대한 임금동결, 인원감원, 영업이익률 등이 하락하거나 원자재가격의 인상 등으로 영업수지가 더욱 악화되는 추세에서 원사업자가 관례적으로 다시 단가를 인하하는 행위

바. 법 제4조 제2항 제6호의 "수의계약으로 하도급계약을 체결할 때 정당한 사유 없이 대통령령이 정하는 바에 따른 직접공사비 항목의 값을 합한 금액보다 낮은 금액으로 하도급대금을 결정하는 행위"에 대한 판단기준

"정당한 사유"에 해당되는지 여부는 공사현장의 여건, 수급사업자의 시공능력 등을 고려하여 판단하되, 다음 각호의 하나에 해당하는 경우 영 제7조(부당한 하도급대금 결정 금지) 제2항의 규정에 의거 하도급대금의 결정에 정당한 사유가 있는 것으로 추정한다.

1. 수급사업자가 특허공법 등 지적재산권을 보유하여 기술력이 우수한 경우
2. 「건설산업기본법」 제31조의 규정에 따라 발주자가 하도급 계약의 적정성을 심사하여 그 계약의 내용 등이 적정한 것으로 인정한 경우

"대통령령이 정하는 바에 따른 직접공사비 항목의 값을 합한 금액"은 원사업자의 도급내역상의 재료비, 직접노무비 및 경비의 합계 금액을 말한다. 다만, 경비 중 원사업자와 수급사업자가 합의하여 원사업자가 부담하기로 한 비목(費目) 및 원사업자가 부담하여야 하는 법정경비를 제외한다. (영 제7조 제1항)

사. 법 제4조 제2항 제7호의 "경쟁입찰에 의하여 하도급계약을 체결할 때 정당한 사유 없이 최저가로 입찰한 금액보다 낮은 금액으로 하도급대금을 결정하는 행위"에 대한 판단기준

"정당한 사유"에 해당하는지 여부는 수급사업자의 귀책사유, 원사업자의 책임으로 돌릴 수 없는 사유 또는 수급사업자에게 유리한 경우인지 여부 등 최저가 입찰금액 보다 낮게 결정할 객관적이고 합리적인 사유에 해당되는지 여부로 판단하며 원사업자가 이를 입증하여야 한다.

본 조항을 적용함에 있어 하도급대금을 결정하는 행위의 태양에는 특별한 제한이 없으며, 따라서 추가적인 협상에 의한 경우 뿐 아니라 재입찰에 의한 경우도 포함한다.

<정당한 사유의 예시>

① 최저가 경쟁입찰에서 낙찰된 수급사업자가 핵심기술인력의 갑작스런 사망 등과 같이 예상치 못한 사유로 인하여 목적물 등의 일부에 대해 제조 등을 수행할 수 없어 수급사업자가 그 부분에 대한 감액을 요청하는 경우
② 최저가 경쟁입찰에서 낙찰자가 결정된 직후 미리 예상치 못한 발주물량의 증가 등으로 인해 총 계약금액이 증가함에 따라 객관적이고 합리적인 산출근거에 의해 단가를 최저가보다 낮게 결정하는 경우

<법위반 예시>

① 원사업자가 최저가 경쟁입찰에서 최저가로 입찰한 수급사업자에게 업계관행을 이유로 다시 대금 인하 협상을 하여 최저가 입찰금액보다 낮은 가격으로 하도급대금을 결정하는 행위
② 원사업자가 최저가 경쟁입찰에서 최저가로 입찰한 수급사업자에게 입찰조건과 달리 하도급대금을 더 낮춰 줄 것을 요구하여 거절당하자, 최저가 입찰자 이외의 입찰자와 단가협상을 통해 최저가 입찰금액보다 낮은 가격으로 하도급대금을 결정하는 행위
③ 원사업자가 경쟁입찰을 실시하면서 최저 입찰가가 원사업자의 예정가격을 초과하는 경우에 재입찰을 실시한다는 점을 사전 고지하지 않았음에도 이를 이유로 최저 입찰가를 제시한 업체를 낙찰자로 선정하지 아니하고 그 업체를 포함하여 상위 2개 또는 3개 업체를 대상으로 재입찰을 실시하여 그 중 가장 낮은 가격을 제시한 업체를 낙찰자로 선정함으로써 당초 최저 입찰가보다 낮게 하도급대금을 결정하는 행위

※ 최저 입찰가가 원사업자의 예정가격을 초과하는 경우에 재입찰을 실시한다는 점을 사전 고지하였다고 하더라도, 예정가격에 대한 공증을 받는 등 사후에라도 낙찰자 선정에 대한 이의나 분쟁이 발생한 경우 원사업자의 예정가격을 확인할 수 있도록 하는 것이 필요하다. 또한 예정가격은 단지 원사업자 자신의 외주비를 절감하기 위한 목적이 아니라 원사업자가 실제 집행할 수 있는 예산의 최대한도 등을 고려하여 합리적으로 결정되어야 할 것이며, 예정가격의 정당성에 대해서는 원사업자가 이를 입증하여야 한다.

아. 법 제4조 제2항 제8호의 "계속적 거래계약에서 원사업자의 경영적자, 판매가격 인하 등 수급사업자의 책임으로 돌릴 수 없는 사유로 수급사업자에게 불리하게 하도급대금을 결정하는 행위"에 대한 판단기준

계속적 거래계약 기간 중 원사업자가 경영적자, 판매부진, 경쟁심화에 따른 판매가격 인하 등 수급사업자의 책임으로 돌릴 수 없는 사유로 새로이 인하된 하도급대금을 결정하는 경우에 그 내용이나 절차가 정상적인 거래관행에 비추어 볼 때 공정하고 타당한지 여부로 위법성을 판단한다.
"수급사업자의 책임으로 돌릴 수 없는 사유"란 새로이 하도급대금을 결정하게 된 사정이 원사업자나 외부환경의 변화 등에 있고 수급사업자에게는 귀책사유가 없음을 말한다.
"수급사업자에게 불리하게"는 새로이 인하된 하도급대금을 결정하는 절차 및 그 결정된 내용이 정상적인 거래관행상 공정성과 타당성이 결여되었음을 말하며, 이는 아래의 사항을 고려하여 판단한다.

· 원사업자가 새로이 하도급대금을 인하 결정하게 된 사정, 과정 및 그 결과와 관련하여 필요한 자료나 정보 등을 수급사업자에게 성실하게 제공하였는지 여부
· 원사업자가 객관적이고 합리적인 절차에 따라 수급사업자와 실질적인 협의를 거쳤는지 여부
· 인하된 하도급대금의 환원이나 인상 등에 대해 실효성 있는 방안을 마련·제공하고 추후 이를 실행하였는지 여부

· 새로이 인하된 하도급대금을 결정한 사정과 수급사업자가 납품하는 목적물 등이 연관성이 있는

지 여부

· 원사업자와 수급사업자간 부담의 분담 정도가 합리적인지 여부

결국 원사업자는 계속적 거래계약 기간 중에 수급사업자의 책임으로 돌릴 수 없지만 경영상 불가피한 사유를 이유로 이러한 이유와 직접 관련이 있는 목적물에 대해 새로이 하도급대금을 인하 결정할 수 있다. 다만, 새로이 하도급대금을 인하 결정하는 과정에서 원사업자가 수급사업자와 충분하고 실질적인 협의를 거치고 이러한 협의결과를 토대로 그 부담을 수급사업자와 합리적으로 분담하는 것이 필요하다.

예를 들면 계속적 거래계약 기간 중 원사업자가 판매가 부진한 제품에 대하여 생산중단 보다는 판매가격을 인하하기로 하고, 이후의 발주물량(해당 제품에 부속하는 목적물로 한정한다)에 대해서 수급사업자와 충분하고 실질적인 교섭을 통해 그 교섭 결과를 바탕으로 원수급사업자 간 판매가격 인하에 따른 부담을 적정 분담하는 수준에서 납품가격을 인하 결정하는 행위는 법 위반이 아니다.

위에서 "직접 관련이 있는 목적물"이란 가령 원사업자가 A, B, C 등 다수의 제품을 생산한다고 가정했을 때 A제품의 글로벌 가격경쟁이 격화되어 판매가격 인하 없이는 수출경쟁력 유지가 불가능한 경우가 발생하면 A제품에 부속되는 목적물들에 한해 단가를 인하할 수 있음을 의미한다.

한편 원사업자의 임금인상이나 노조파업 등의 경우는 이들과 직접 연관된 목적물을 특정할 수 없으므로 이를 이유로 단가를 인하하는 것은 금지된다.

<법위반 예시>

① 계속적 거래계약 기간 중 수급사업자가 납품한 목적물이 부수된 제품의 경우 판매 호조로 원사업자 경영적자의 원인이 아님에도 원사업자가 경영적자를 이유로 해당 수급사업자에 대해서도 종전에 비해 낮은 단가로 하도급대금을 결정하는 행위

② 원사업자의 임금인상이나 노조파업 등에 따른 비용 발생분을 수급사업자에게 전가하기 위하여, 계속적 거래계약 기간 중 원사업자가 종전에 비해 낮은 단가로 하도급대금을 결정하는 행위

③ 계속적 거래계약 기간 중 원사업자가 글로벌 가격경쟁 심화나 환율변동 등을 이유로 사전협의 과정 없이 종전에 비해 낮은 단가로 하도급대금을 일방적으로 결정해서 수급사업자에게 통보하는 행위

Ⅴ. 하도급대금 감액 행위의 위법성에 대한 심사기준

1. 법 제11조 제1항의 규정에 의한 "감액"해당 여부 심사기준

감액의"정당성"여부는 하도급계약 체결 및 감액의 경위, 계약이행 내용, 목적물의 특성과 그 시장상황, 감액된 하도급대금의 정도, 감액방법과 수단, 수급사업자의 귀책사유 등 여러 사정을 종합적으로 고려하여 판단한다.

감액은 명목이나 방법, 시점, 금액의 다소를 불문하고, 원사업자가 수급사업자의 귀책사유 등 감액의 정당한 사유를 입증하지 못하는 경우에는 법위반으로 판단한다.

<정당한 사유의 예시>

① 하도급계약 체결 후에 원사업자가 수급사업자가 제출한 하도급대금 산정자료에 중대하고 명백한 착오를 발견하여 이를 정당하게 수정하고 그 금액을 감액하는 경우

② 수급사업자가 위탁내용과 다른 목적물 또는 불량품을 납품하거나 정해진 납기일을 초과하여 납품하는 등 수급사업자의 귀책사유로 인해 원사업자가 납품된 목적물을 반품하고, 반품된 해당 목적물의 하도급대금을 감액하는 경우

③ 수급사업자가 수리가 가능한 불량품을 납품하였으나 반품을 하여 수리를 시킬 시간적 여유가 없

어 원사업자가 스스로 수리하여 사용하고 그 비용을 감액하는 경우. 단, 사전에 수급사업자가 납득할 수 있는 구체적인 수리비용 산정기준이 필요하며, 감액은 이러한 산정기준에 따라 산출된 금액에 한정되어야 한다.

④ 원사업자가 수급사업자에게 무상으로 장비를 사용할 수 있도록 하였으나, 수급사업자의 장비관리 소홀로 인해 장비가 훼손되어 해당 장비에 대한 적정수리비를 하도급대금에서 공제하는 경우

<법위반 예시>

① 원사업자가 수급사업자로부터 위탁 목적물을 수령하여 자신의 물류센터에 보관하는 과정에서 폭우로 인해 유실된 수량에 해당하는 금액을 하도급대금 지급 시 공제하는 행위

② 건설업자인 원사업자가 수급사업자로부터 교량신축공사의 목적물을 인수하여 관할 지방자치단체에 준공검사를 신청하였으나 원사업자가 제공한 설계도면의 하자에 의한 부실공사로 인해 준공검사를 득하지 못하였음에도 그것을 이유로 하도급대금을 감액하는 행위

③ 공정거래위원회의 과징금 납부명령이나 시정명령 또는 원사업자의 자진시정으로 인해 이미 납부하거나 지급한 과징금, 어음할인료, 지연이자, 하도급대금 등의 전부 또는 일부 금액을 감액하여 지급하는 행위

④ 법정 검사기간 경과 후 불량 등을 이유로 반품하고 그 만큼 감액하여 하도급대금을 지급하는 행위

⑤ 구두로 납기 등을 연기한 후 당초 서면계약서상의 납기를 준수 하지 아니한 것으로 처리하여 감액하는 행위

⑥ 당초 계약내용과 달리 간접노무비, 일반관리비, 이윤, 부가가치세 등을 감액하는 행위

⑦ 목적물을 저가로 수주하였다는 등의 이유로 당초 계약과 다르게 하도급대금을 감액하는 행위

⑧ 단가 및 물량에는 변동이 없으나 운송조건, 납품기한 등의 거래조건을 당초 계약내용과 달리 추가비용이 발생하는 내용으로 변경하고 그에 따른 추가비용을 보전해주지 아니하는 행위

⑨ 당초 계약과 달리 환차손 등을 수급사업자에게 전가시키는 행위

⑩ 원사업자가 일방적으로 결제화폐를 수급사업자에게 불리한 화폐로 변경하여 환율변동에 따른 손실을 부담지우는 행위

⑪ (삭제 : 2016. 7. 22.)

⑫ 수급사업자에게 무상으로 장비를 사용할 수 있도록 한 후 사전협의 없이 하도급대금에서 장비사용료를 공제하는 행위

⑬ 하도급거래 기간 중에 당초 계약 시 정하지 아니한 판매장려금이나 기타 부대비용 등을 수급사업자에게 부담시키는 행위

⑭ 원사업자가 수급사업자와 당초 합의한 표준품셈을 수급사업자에게 책임을 돌릴 사유가 없음에도 일방적으로 변경하여 적용함으로써 하도급대금을 감액하는 행위

⑮ 해당 공사의 설계변경 또는 물가변동 등에 따른 추가금액을 지급하여야 함에도 불구하고, 수급사업자가 낙찰 받은 차기 공사의 계약체결을 조건으로 수급사업자로 하여금 추가금액의 수령을 포기하도록 하는 행위

⑯ 수급사업자의 요청 또는 원·수급사업자간 합의에 의해 잔여 공사분을 원사업자가 직영으로 시공한 후 지출한 비용에 대한 합당한 증빙자료도 제시하지 아니하고 하도급대금에서 잔여 공사비용을 공제하는 행위

⑰ 원사업자가 철근 등 지급자재의 가공·보관을 제3자에게 위탁하고 수급사업자는 그 제3자로부터 자재를 납품받아 시공토록 하면서, 자재의 훼손, 분실 등에 대한 책임소재를 명확히 하지 아니하고 일방적으로 자재비 손실액을 하도급대금에서 감액하는 행위

2. 법 제11조 제2항의 규정에 의한 "정당한 사유에 해당하지 않는 감액"해당 여부 심사기준

가. 법 제11조 제2항 제1호 "위탁할 때 하도급대금을 감액할 조건 등을 명시하지 아니하고 위탁 후 협조요청 또는 거래상대방으로부터의 발주취소, 경제상황의 변동 등 불합리한 이유를 들어 하도급대금을 감액하는 행위"의 판단기준

"위탁할 때 하도급대금을 감액할 조건"을 명시한 경우에도 감액 조건이 수급사업자에게 일방적으로 불리한 것인지 여부, 객관적이고 합리적 정당성을 가지는 것인지의 여부를 기준으로 판단한다.

따라서, 수급사업자에게 일방적으로 불리하거나 객관적이고 합리적 정당성을 가지지 못하는 감액 조건에 따른 감액은 위법한 것으로 판단한다.

<법위반 예시>

① 원사업자가 불경기에 따른 소비위축으로 목적물 등에 대한 판매부진을 만회하기 위해 광고·경품 등의 마케팅 비용의 지출을 늘린 후 그 비용의 일부를 하도급대금에서 공제하는 행위

② 원사업자가 자재 및 장비 등을 공급하기로 한 경우 이를 지연하여 공급하거나 일방적으로 무리한 납기·공기를 정해 놓고 이 기간 내에 납품 또는 준공하지 못함을 이유로 감액하는 행위

③ 장기·계속적 발주를 이유로 이미 확정된 하도급대금을 감액하는 행위

④ 하도급대금을 총액으로 확정하여 계약한 후 공정 또는 공종 등에 대한 구체적 산출내역 상 수급사업자의 이익률이 높게 반영되었다는 이유로 하도급대금을 감액하는 행위

⑤ 원사업자가 자신의 검수조건에 따라 수급사업자로부터 납품받은 목적물에 대해 발주자로부터 불량제품이라는 이유로 반품되자 이에 대한 책임소재를 분명하게 가리지 않고 일방적으로 그 제조공정에 관련된 수급사업자들에게 그 비용을 분담시키는 행위

나. 법 제11조 제2항 제2호 "수급사업자와 단가인하에 관한 합의가 성립된 경우 그 합의 성립 전에 위탁한 부분에 대하여도 합의내용을 소급하여 적용하는 방법으로 하도급대금을 감액하는 행위"의 판단기준

단가인하에 관한 합의가 성립된 시점 또는 그 이후에, 해당 합의 성립 전에 위탁한 부분까지 합의한 단가를 소급 적용하여 하도급대금을 감액한 사실이 있는지를 따져 법위반 여부를 판단한다.

<법위반 예시>

① 원사업자가 수급사업자와 단가인하에 관한 합의가 성립한 경우, 합의일 이전에 위탁한 목적물 등에 대하여 인하된 단가를 적용하여 하도급대금을 지급하는 행위

다. 법 제11조 제2항 제3호"하도급대금을 현금으로 지급하거나 지급기일 전에 지급하는 것을 이유로 하도급대금을 지나치게 감액하는 행위"의 판단기준

"지나친 감액"의 해당 여부는 현금지급, 조기지급 등의 지급조건 변경이 당초 계약 시 약정한 지급수단이나 지급기일 등의 조건에 비해 수급사업자에게 유리한 것인지 여부와 감액규모, 지급조건 변경에 따른 수급사업자의 이익정도와 경영상황, 금리수준 등 금융시장상황 등을 고려하여 판단한다.

<법위반 예시>

① 하도급대금을 목적물 수령일로부터 60일째 되는 날 만기 2개월 어음으로 지급하기로 계약하였으나 원사업자가 일방적으로 현금으로 지급하면서 당시의 예금은행 가중평균 여신금리(한국은행 발표)에 해당하는 금액을 초과하여 감액하는 행위

② 하도급대금을 목적물 수령일로부터 60일째 되는 날 현금으로 지급하기로 계약한 후 원사업자가 일방적으로 30일 앞당겨 현금으로 지급하면서 당시의 예금은행 가중평균 여신금리(한국은행 발표)에 해당하는 금액을 초과하여 감액하는 행위

라. 법 제11조 제2항 제4호 "원사업자에 대한 손해발생에 실질적 영향을 미치지 아니하는 수급사업자

의 과오를 이유로 하도급대금을 감액하는 행위"의 판단기준

수급사업자의 과오가 원사업자의 손해발생에 실질적으로 영향을 미쳤는지의 여부, 즉 수급사업자의 과오와 원사업자의 손해발생 간 직접적인 인과관계가 존재하는지 여부를 기준으로 위법성을 판단한다.

<법위반 예시>

① 수급사업자가 원사업자로부터 제공받은 규격과 재질, 성능 등 모든 조건을 충족한 완제품 조립용 부품을 원사업자의 검수를 거쳐 원사업자가 지정한 장소로 운송하는 과정에서 발생한 단순한 포장지의 오・훼손을 이유로 원사업자가 하도급대금을 감액하는 행위

마. 법 제11조 제2항 제5호 "목적물 등의 제조・수리・시공 또는 용역 수행에 필요한 물품 등을 자기로부터 사게 하거나 자기의 장비 등을 사용하게 한 경우에 적정한 구매대금 또는 적정한 사용대가 이상의 금액을 하도급대금에서 공제하는 행위"의 판단기준

"적정한 구매대금 또는 적정한 사용대가"인지 여부는 원사업자가 공제한 해당 물품・장비 등의 구매대금 또는 사용대가가 당시의 동일・유사한 물품・장비 등의 시장가격이나, 원사업자가 다른 수급사업자에게 판매하거나 사용하게 한 물품・장비 등에 대한 판매대금 또는 사용대가를 기준으로 판단한다.

<법위반 예시>

① 원사업자가 토목공사에 필요한 자기 소유의 중장비를 수급사업자에게 실비로 임대하는 조건으로 하도급계약을 체결한 후 하도급대금 지급 시에 시장가격보다 비싸게 장비임대료를 공제하는 행위

② 원사업자가 자기의 계열회사의 장비를 사용하게 하고 제 1회차 대금지급 시 아직 사용하지 아니한 기간 동안의 장비 사용료를 모두 선공제하는 행위

바. 법 제11조 제2항 제6호 "하도급대금 지급시점의 물가나 자재가격 등이 납품 등의 시점에 비하여 떨어진 것을 이유로 하도급대금을 감액하는 행위"의 판단기준

제조 등의 위탁을 할 때 정한 하도급대금은 납품 등이 이루어지기 이전에 합리적 정당성을 가지는 이유에 의한 단가 등의 변경이 없는 한 제조 등의 위탁을 할 때 정한 단가 등에 의하여 산출된 하도급대금을 지급하는 것이 타당하므로 납품 등이 이루어진 이후에 발생한 사유를 들어 감액하는 것은 원칙적으로 위법한 것으로 판단한다.

<법위반 예시>

① 목적물 등의 제조 등에 소요되는 원자재의 가격이 목적물을 발주 또는 납품할 당시까지는 변동이 없었으나, 발주 또는 납품이 이루어진 이후에 하락하였음을 이유로 하도급대금 지급 시 감액하는 행위

사. 법 제11조 제2항 제7호 "경영적자 또는 판매가격 인하 등 불합리한 이유로 부당하게 하도급대금을 감액하는 행위"의 판단기준

"불합리한 이유로 부당한"것인지의 여부는 원사업자의 경영실책이나 가격경쟁력 상실 등 자신의 귀책사유에 따른 손실을 수급사업자에게 전가하는 경우와 같이 감액이유 및 방법이 합리적 타당성이 인정되지 아니하는 경우에 해당하는지 여부 등을 기준으로 판단한다.

<법위반 예시>

① 원사업자가 전년도의 임직원 임금인상, 신규투자 증대, 판매부진, 환율변동 등에 따른 적자폭의 증가를 이유로 당초 계약된 하도급대금을 일방적으로 감액하는 행위

② 환율변동으로 원사업자가 목적물 등에 대한 수출가격이 하락하였다는 이유로 계약조건과 달리 환차손실을 수급사업자에게 분담할 것을 협조 요청하는 방법으로 전가시키는 행위

③ 원사업자의 노사분규로 인한 경영손실을 고통분담 차원에서 수급사업자의 하도급대금에서 감액하

는 행위

아. 법 제11조 제2항 제8호 "고용보험 및 산업재해보상보험의 보험료징수 등에 관한 법률, 산업안전보건법 등에 따라 원사업자가 부담하여야하는 고용보험료, 산업안전보건관리비 그 밖의 경비 등을 수급사업자에게 부담시키는 행위"의 판단기준

관계법령에 따라 보험료 등을 원사업자가 부담하도록 의무화되어 있는 것인지의 여부를 기준으로 위법성을 판단한다.

<법위반 예시>

① 원사업자가 관계법령에 따라 부담해야 할 고용보험료나 산업안전보건관리비를 수급사업자로 하여금 지급하도록 하고 이를 보전해 주지 아니하는 행위

② 원사업자가 접대비 등의 영업활동비를 목적물의 수주와 관련 있다는 이유로 수급사업자에게 부담시키는 행위

Ⅳ. 재검토기한

공정거래위원회는 「훈령·예규 등의 발령 및 관리에 관한 규정」에 따라 이 지침에 대하여 2023년 1월 1일 기준으로 매 3년이 되는 시점(매 3년째의 12월 31일까지를 말한다)마다 그 타당성을 검토하여 개선 등의 조치를 하여야 한다.

부칙 <제411호, 2022. 11. 29.>

제1조(시행일) 이 지침은 발령한 날부터 시행한다.

어음에 의한 하도급대금 지급시의 할인율 고시

[시행 2015.10.23] [공정거래위원회고시 제2015-15호, 2015.10.23, 일부개정]

1. 어음에 의한 하도급대금 지급시의 할인율

원사업자가 법 제13조(하도급대금의 지급 등)제6항에 따라 하도급대금을 어음으로 교부하는 경우, 원사업자가 부담하여야 할 할인료에 적용되는 할인율은 연 7.5%로 한다.

2. 재검토기한

공정거래위원회는 「훈령 · 예규 등의 발령 및 관리에 관한 규정」에 따라 이 고시에 대하여 2016년 1월 1일을 기준으로 매 3년이 되는 시점(매 3년째의 12월 31일까지를 말한다)마다 그 타당성을 검토하여 개선 등의 조치를 하여야 한다.

부칙 <제2015-15호, 2015.10.23>

제1조(시행일) 이 고시는 2015년 10월 23일부터 시행한다.

엔지니어링활동업종 표준하도급계약서

2021. 12. 21. 개정

공정거래위원회

이 표준하도급계약서는 『하도급거래 공정화에 관한 법률』 제3조의2의 규정에 의거 공정거래위원회가 사용 및 보급을 권장하고 있는 표준하도급계약서입니다

이 표준하도급계약서에서는 엔지니어링활동업종 하도급계약에 있어 표준이 될 계약의 기본적 공통사항만을 제시하였는바, 실제 하도급계약을 체결하려는 계약당사자는 이 표준하도급계약서의 기본 틀과 내용을 유지하는 범위에서 이 표준하도급계약서보다 더 상세한 사항을 계약서에 규정할 수 있습니다.

또한 이 표준하도급계약서의 일부 내용은 현행 「하도급법」 및 그 시행령을 기준으로 한 것이므로 계약당사자는 이들 법령이 개정되는 경우에는 개정내용에 부합되도록 기존의 계약을 수정 또는 변경할 수 있으며 특히 개정법령에 강행규정이 주가되는 경우에는 반드시 그 개정규정에 따라 계약내용을 수정하여야 합니다.

엔지니어링활동업종 표준하도급계약서(전문)

1. 용역계약명 :

ㅇ 원도급 용역계약서명 및 발주자(원도급인)명 :

2. 용역수행 범위 : 별도 첨부문서에 따름

3. 용역기간 : 년 월 일부터
년 월 일까지

4. 납품일자 및 장소 : 년 월 일( )

5. 계약금액 : 일금 원정 (₩)
ㅇ 공급가액 : 일금 원정 (₩)
ㅇ 부가가치세 : 일금 원정 (₩)
※ 변경 전 계약금액 : 일금 원정 (₩)

6. 대금의 지급

가. 선급금
(1) 계약체결후 ( )일 이내에 일금 원정 (₩)
(2) 발주자로부터 지급받은 날 또는 계약일로부터 15일이내 그 내용과 비율에 따름

나. 기성부분금 : (1) 월 ( )회
(2) 목적물 수령일로부터 ( )일 이내
(3) 지급방법 : 현금 %, 어음 %

다. 설계변경, 경제상황변동 등에 따른 대금조정 및 지급
(1) 발주자로부터 조정받은 날로부터 30일 이내 그 내용과 비율에 따라 조정
(2) 발주자로부터 지급받은 날로부터 15일 이내 지급

라. 지연이자율
- 지연이자요율(대금 지급・반환 지연) : 연 ( )%
- 지연이자요율(손해배상지연) : 연 ( )%

※ 하도급법령상 지급기일이 지난 경우에는 **공정위 고시 지연이자율이 우선 적용**

7 계약보증금 :   원정 (₩   )

8. 하자보수보증금률 :   %

9. 하자담보책임기간 :

10. 지체상금률 :   %

※ 계약체결 당시 위 사항을 확정하기 곤란한 경우, 「하도급거래 공정화에 관한 법률」 등 관련법령을 위반하지 않은 범위내에서 추후 확정할 수 있음

※ 기본계약을 기초로 개별계약을 통해 발주가 이루어지는 하도급거래의 경우에 계약금액 · 지급기일 · 지급방법, 납기일에 대해서는 개별계약을 통해 정할 수 있음

당사자는 상기의 엔지니어링활동 위탁업무에 대하여 원사업자와 수급사업자는 이 기본계약서에 의하여 계약을 체결하고 신의에 따라 성실히 계약상의 의무를 이행할 것을 확약하며, 이 계약의 증거로서 계약서를 작성하여 당사자가 기명날인한 후 각각 1통씩 보관한다.

201 년 월 일

* 원사업자	* 수급사업자
주소 :	주소 :
상호 :	상호 :
등록번호(신고번호) :	등록번호(신고번호) :
전화 및 팩스 :	전화 및 팩스 :
성명 : (인)	성명 : (인)

첨 부 : 1. 표준하도급계약서 본문
2. 비밀유지계약서
3. 하도급대금 직접지급합의서
4. 기타 서류(개별 약정서 등)

엔지니어링활동업종 표준하도급계약서(본문)

제1장 총칙

제1조(목적) 이 계약은 원사업자가 수급사업자에게 위탁하는 엔지니어링활동에 관하여 원사업자와 수급사업자간의 권리와 의무를 정하는 것을 목적으로 한다.

제2조(정의) ① 이 계약에서 사용하는 용어의 정의는 다음과 같다.

1. "엔지니어링활동"이라 함은 「엔지니어링산업 진흥법」 제2조의 규정에 의한 "과학기술의 지식을 응용하여 수행하는 사업이나 시설물에 관한 연구・기획・타당성조사・설계・분석・계약・구매・조달・시험・감리・시험운전・평가・검사・안전성검토・관리・매뉴얼 작성・자문・지도・유지・보수・견적・설계의 경제성 및 기능성 검토・시스템의 분석 및 관리 활동과 그 활동에 대한 사업관리를 말한다.
2. "목적물"이라 함은 엔지니어링활동에 따라 작성되는 설계도면, 기술시험(결과)서, 검사보고서, 분석보고서, 평가보고서 등의 성과물을 말한다.
3. "발주자"라 함은 원사업자에게 엔지니어링활동을 위탁 한 자를 말한다.
4. "선급금"이라 함은 엔지니어링활동을 완료하기 전에 원사업자가 수급사업자에게 지급하기로 한 관리비용 등의 대금(이하 '대금'이라 한다)의 일부 또는 원사업자가 발주자로부터 엔지니어링 활동의 완료전에 지급받은 대금의 일부를 말한다.
5. "지연이자"라 함은 대금 또는 손해배상금 등을 지급하여야 할 자가 지급시기에 지급하지 않을 경우에 상대방에게 지급해야 할 손해배상금을 말한다.
6. "지체상금"이라 함은 수급사업자가 계약기간동안 목적물을 납품 하지 않을 경우에 원사업자에게 지급해야 할 손해배상금을 말한다.
7. "기술자료"라 함은 비밀로 관리된 제조・수리・시공 또는 용역수행 방법에 관한 자료, 그 밖에 영업활동에 유용하고 독립된 경제적 가치를 가지는 것으로서 「하도급거래 공정화에 관한 법률」에서 정하는 자료를 말한다.

② 제1항에서 정한 용어에 대한 정의 이외의 용어정의는 「하도급거래 공정화에 관한 법률」 및 「엔지니어링산업 진흥법」 등 관련 법령에서 정한 바에 따른다.

제3조(계약의 기본원칙) ① 원사업자와 수급사업자는 이 계약에 따라 엔지니어링활동을 행하고, 그 대금 등을 지급함에 있어 신의성실의 원칙에 따라 자신의 권리를 행사하며, 의무를 이행한다.
② 원사업자와 수급사업자는 이 계약의 이행에 있어서 「하도급거래 공정화에 관한 법률」 및 「엔지니어링산업 진흥법」 등 관련 법령을 준수하여야 한다.

제2장 목적물의 제작 및 검사 등

제1절 목적물의 제작등

제4조(제작협의 및 지시) ① 수급사업자는 원사업자와의 협의를 통해 정한 날까지 목적물의 제작에 관한 기획안(이하 '제작기획안')을 마련하여 원사업자와 협의한다.
② 원사업자는 제작기획안이 이 계약의 목적과 일치하지 않을 경우에 그 기간을 정하여 수정을 요구할 수 있다. 이 경우 수급사업자는 원사업자의 요구를 반영하여 제작기획안을 수정하고, 그 사실을 통지한다.
③ 원사업자는 수급사업자에게 목적물의 제작에 관하여 중간보고를 요구할 수 있다. 이 경우에 중간보고일은 원사업자와 수급사업자가 협의하여 정한다.
④ 원사업자는 목적물이 제작되기 전까지 그 제작에 필요한 지시를 할 수 있으며, 수급사업자는 그 지시를 따른다. 다만, 수급사업자가 그 지시를 따르기에 부적합한 사유가 있다고 판단할 경우에는 협의하여 달리 정할 수 있다.
⑤ 원사업자가 견본 또는 제작기획안을 수급사업자에게 제시한 경우에는 제1항 및 제2항을 적용하지 않는다. 다만, 원사업자가 제시한 견본 또는 제작기획안이 적합하지 않을 경우 수급사업자는 원사업자와 협의하여 기획안을 수정할 수 있다.

제5조(도면 등의 대여 및 관리) ① 원사업자는 엔지니어링활동 위탁시 필요하다고 인정될 때 또는 수급사업자의 요청에 따라 도면·시방서 또는 규격서 등(이하 '도면등'라 한다)을 수급사업자에게 대여할 수 있다.
② 수급사업자는 원사업자로부터 교부받은 도면등에 대해 선량한 관리자의 주의를 가지고 관리한다.
③ 수급사업자는 원사업자의 서면에 의한 사전 승낙없이 도면등을 복사하거나 변경할 수 없으며, 원사업자의 서면에 의한 사전 승낙없이 변경 전·후의 도면등을 제3자에게 열람시키거나 교부하는 등의 행위를 할 수 없다.
④ 수급사업자는 원사업자로부터 교부받은 도면등을 손상한 때에는 신속히 원사업자에게 통지하여 그 서류를 교환받을 수 있다.
⑤ 수급사업자는 도면등을 멸실·훼손하거나 제2항 또는 제3항을 위반하여 원사업자에게 손해를 입힌 경우 이를 배상한다.
⑥ 수급사업자는 계약기간 종료 후 즉시 원사업자에게 도면등을 반환한다. 다만, 제1항의 대여 목적이 소멸하거나 수급사업자가 제2항 또는 제3항을 위반하는 경우 원사업자는 계약기간 중에도 언제든지 수급사업자에게 도면등의 반환을 청구할 수 있다.

제6조(품질보증) ① 수급사업자는 목적물에 대해 원사업자가 제시한 사양에 일치시키고 원사업자가 요구하는 품질과 신뢰성을 확보하여야 한다. 다만 수급사업자의 품질보증의 범위는 계약범위에 한정되며, 원사업자는 수급사업자에게 계약에 명시되지 않은 사항에 대한 품질보증을 요구할 수 없다.
② 원사업자와 수급사업자는 목적물에 대한 구체적인 품질보증에 대하여 별도의 개별계약으로 정할 수 있다.

제7조(지식재산권 등의 관리 및 출원) ① 수급사업자는 위탁받은 과업의 수행과 관련 원사업자로부터 사용을 허락받은 특허권, 실용신안권, 디자인권, 상표권, 저작권 기타 지식재산권 및 기술, 노하우(이하 "지식재산권 등"이라 한다)를 당해 위탁받은 과업의 수행 이외에는 사용하지 못하며, 문서에 의한 원사업자의 승낙을 얻지 않는 한 제3자에게 지식재산권 등을 사용하게 할 수 없다.

② 원사업자와 수급사업자는 제3자와의 사이에 지식재산권 등과 관련한 분쟁이 발생하거나 발생할 우려가 있는 경우 지체없이 상대방에게 문서로서 통지하여야 하며, 분쟁의 당사자 간에 상호 협의하여 처리하기로 하되, 원사업자 또는 수급사업자 중 책임이 있는 자가 상대방의 손해를 배상하여야 한다.

③ 수급사업자는 이 계약기간 도중은 물론 계약의 만료 및 계약의 해제 또는 해지 후에도 원사업자의 도면, 사양서, 지도내용 외에 자신의 기술을 추가하여 생산한 목적물 및 그 생산방법(이하 "개량기술"이라 한다)에 관하여 사전에 원사업자에 문서로서 통지한 후 지식재산권 등을 획득할 수 있다. 다만, 부득이한 사유로 원사업자에게 사전 통지 없이 수급사업자가 지식재산권 등을 획득한 경우에는 지체 없이 원사업자에게 이 사실을 통보하여야 한다.

④ 제3항의 경우에 원사업자의 요청이 있는 때에 수급사업자는 원사업자의 원천기술의 기여분과 수급사업자의 개량기술의 가치를 고려하여 합리적인 조건으로 원사업자에게 통상실시권을 허여한다.

⑤ 원사업자는 수급사업자에게 제3자의 지식재산권을 침해하는 목적물 제작을 요청할 수 없으며, 수급사업자는 수급사업자가 이 기본계약에 따라 원사업자에게 납품한 목적물이 제3자의 지식재산권을 침해하지 않음을 보증하여야 한다.

제8조(재하도급) ① 수급사업자는 이 계약에서 정한 업무를 직접 수행한다. 다만, 수급사업자는 원사업자의 동의를 받아 수탁 업무의 일부를 제3자에게 재하도급할 수 있으며, 이 경우에 다음 각 호에서 정한 문서(사본)를 교부한다.

1. 재하도급계약서(공정거래위원회가 제공하는 표준하도급계약서)
2. 재하도급대상 과업 범위 및 과업 물량
3. 재하수급사업자에 대한 하도급대금 지급 방법

② 제1항 단서에 따라 수급사업자가 수탁 업무의 일부를 제3자에게 재하도급한 경우 그 제3자의 행위로 인하여 발생한 원사업자의 손해에 대해 수급사업자는 제3자와 연대하여 책임을 진다.

③ 수급사업자는 다음 각 호의 어느 하나에 해당한 경우 제2항에 따른 책임을 지지 않는다.

1. 수급사업자 및 제3자에게 고의 또는 과실이 없음을 증명한 경우
2. 원사업자의 지명에 따라 수급사업자가 제3자를 선임한 경우에 수급사업자가 제3자의 부적임 또는 불성실함을 알고 원사업자에게 고지하였거나 수급사업자가 제3자의 해임을 해태하지 않은 경우

④ 원사업자의 제3자에 대한 대금지급에 관하여는 제21조를 준용한다. 이 경우에 '발주자'는 '원사업자'로, '원사업자'는 '수급사업자'로, '수급사업자'는 '제3자'로 한다.

제9조(납품 및 수령) ① 원사업자는 정당한 이유없이 수급사업자의 납품에 대해 수령을 거부하거나 지연하지 않는다.

② 제1항을 위반한 경우, 그 효과는 다음 각 호에서 정한 바에 따른다.

1. 제20조에서 정한 대금의 지급기일에 있어서 납품일은 수급사업자가 원사업자에게 목적물을 처음 납품한 시기로 한다.

2. 원사업자의 수령거부 또는 지연기간 중에 수급사업자의 고의 또는 중대한 과실로 인해 발생한 원사업자의 손해에 대하여는 수급사업자가 책임을 진다.
3. 원사업자가 목적물 수령을 부당하게 거부·지체하고 있는 기간 중에 원사업자 및 수급사업자의 책임없는 사유로 목적물의 멸실·훼손이 발생한 경우 그 손실은 원사업자가 부담하고, 원사업자는 수급사업자에게 하도급대금을 지급한다.
4. 수급사업자가 목적물을 다시 납품함에 있어서 소요되는 비용은 원사업자가 부담한다.

③ 원사업자가 목적물의 수령을 거부한 경우, 수급사업자는 자신의 사업장에서 목적물의 납품에 필요한 조치를 완료한 후 원사업자에게 수령할 것을 최고할 수 있다.

제10조(검사 및 이의신청) ① 원사업자는 수급사업자가 작성하여 납품한 목적물 등을 검사한다.
② 제1항에 따른 검사의 기준 및 방법은 원사업자와 수급사업자가 협의하여 정하며, 객관적이고 공정·타당한 기준 및 방법으로 정한다.
③ 원사업자는 제1항에 따른 목적물을 납품받은 날로부터 10일 이내에 검사결과를 수급사업자에게 서면으로 통지하고, 원사업자가 이 기간 내에 검사결과를 통지하지 않은 경우는 검사에 합격한 것으로 본다. 다만, 원사업자에게 통지 지연에 대한 정당한 사유가 있는 경우에는 그러하지 않는다.
④ 원사업자가 수급사업자에게 불합격 판정하는 경우에 그 사유를 구체적으로 기재하여 서면으로 통지한다.
⑤ 수급사업자는 원사업자로부터 불합격 통지서를 받은 날로부터 10일 이내에 서면으로 이의를 신청할 수 있다. 이 경우에 원사업자는 정당한 이유가 있는 경우를 제외하고, 수급사업자의 이의신청을 받은 날로부터 10일 이내에 재검사의 결과를 서면으로 통지한다.
⑥ 제5항에 따른 재검사 비용은 다음 각 호에서 정한 바에 따른다.

1. 재검사에서 합격한 경우 : 원사업자
2. 재검사에서 불합격한 경우 : 수급사업자

제11조(부당한 위탁취소 및 부당반품의 금지) ① 원사업자는 엔지니어링활동을 위탁한 후 수급사업자의 책임으로 돌릴 사유가 아니면 다음 각호의 어느 하나에 해당하는 행위를 하지 아니한다.

1. 위탁을 임의로 취소하거나 변경하는 행위
2. 검사가 끝난 목적물의 납품에 대한 수령을 거부하거나 지연하는 행위

② 원사업자는 수급사업자가 목적물을 납품한 경우 수급사업자의 귀책사유가 없음에도 불구하고 목적물을 수급사업자에게 반품하여서는 아니된다. 이 경우 다음 각 호의 어느 하나에 해당하는 행위는 부당한 반품으로 인정한다.

1. 발주자로부터의 발주취소 또는 경제상황의 변동 등을 이유로 목적물을 반품하는 행위
2. 검사의 기준 및 방법을 불명확하게 정함으로써 목적물을 부당하게 불합격으로 판정하여 이를 반품하는 행위
3. 원사업자의 공급 또는 대여한 설비 등의 품질 불량 등 원사업자의 귀책사유로 인하여 목적물이 불합격품으로 판정되었음에도 불구하고 이를 반품하는 행위
4. 원사업자가 공급하는 설비 등의 공급지연 등 원사업자의 귀책사유로 인하여 납기가 지연되었음에도 불구하고 이를 이유로 목적물을 반품하는 행위

③ 제2항에 따른 부당반품의 경우에 제9조 제2항 및 제3항을 준용한다.

제12조(기술자료제공 요구금지 등) ① 원사업자는 수급사업자의 기술자료(상당한 노력에 의하여 비밀로 유지되는 용역수행 방법에 관한 자료, 그 밖에 영업활동에 유용하고 독립된 경제적 가치를 가지는 것)를 본인 또는 제3자에게 제공하도록 요구하여서는 안 된다. 다만, 원사업자가 정당한 사유를 입증한 경우에는 요구할 수 있다. 기술자료 제공 요구로 수급사업자가 손해를 입은 경우, 원사업자는 수급사업자의 손해에 대해 배상할 책임을 진다.
② 원사업자가 제1항에 따라 수급사업자에게 기술자료를 요구할 경우에는 다음 각호의 사항을 수급사업자와 사전에 합의하고, 동 사항을 기재한 서면을 수급사업자에게 교부하여야 한다.

1. 기술자료 제공 요구목적
2. 요구대상 기술자료와 관련된 권리귀속 관계
3. 요구대상 기술자료의 대가 및 대가의 지급방법
4. 요구대상 기술자료의 명칭 및 범위
5. 요구일, 제공일 및 제공방법
6. 요구대상 기술자료의 사용기간
7. 반환 또는 폐기방법
8. 반환일 또는 폐기일
9. 그 밖에 원사업자의 기술자료 제공 요구가 정당함을 입증할 수 있는 사항

③ 수급사업자가 원사업자에게 기술자료를 제공하는 경우 원사업자는 해당 기술자료를 제공받는 날까지 해당 기술자료의 범위, 기술자료를 제공받아 보유할 임직원의 명단, 비밀유지의무 및 목적외 사용금지, 위반시 배상 등 「하도급거래 공정화에 관한 법률」에서 정한 사항이 포함된 비밀유지계약을 수급사업자와 체결한다.
④ 원사업자는 취득한 수급사업자의 기술자료에 관하여 부당하게 다음 각 호의 어느 하나에 해당하는 행위를 하지 않는다.

1. 자기 또는 제3자를 위하여 사용하는 행위
2. 제3자에게 제공하는 행위

제13조(기술자료 임치) ① 원사업자와 수급사업자는 합의하여 「대 · 중소기업 상생협력 촉진에 관한 법률」 등에 따른 임치기관에 기술자료를 임치할 수 있다.
② 다음 각호의 어느 하나에 해당하는 경우에 원사업자는 제1항에 따른 기술자료임치기관에 대해 수급사업자가 임치한 기술자료를 내줄 것을 요청할 수 있다.

1. 수급사업자가 동의한 경우
2. 수급사업자가 파산선고 또는 해산결의로 그 권리가 소멸된 경우
3. 수급사업자가 사업장을 폐쇄하여 사업을 할 수 없는 경우
4. 원사업자와 수급사업자가 협의하여 정한 기술자료 교부조건에 부합하는 경우

③ 제1항에 의하여 기술자료를 임치한 경우에 수급사업자는 임치한 기술자료에 중요한 변경사항이 발생한 때에는 그 변경사항이 발생한 날로부터 30일 이내에 추가 임치한다.
④ 제1항 및 제3항에 따른 기술자료임치에 소요되는 비용은 원사업자가 부담한다. 다만, 수급사업자가 원사업자의 요구없이 기술자료를 임치할 경우에는 수급사업자가 부담한다.

제3장 하도급대금 조정 및 지급

제1절 하도급대금의 조정

제14조(대금에 대한 조정) ① 원사업자는 계약의 목적물과 같거나 유사한 것에 대해 통상 지급되는 대가보다 낮은 수준으로 대금이 결정되도록 수급사업자에게 부당하게 강요하지 않는다.
② 다음 각 호의 어느 하나에 해당하는 원사업자의 행위는 제1항에 따른 부당한 대금결정행위로 본다.
1. 정당한 사유 없이 일률적인 비율로 단가를 인하하여 대금이 결정되도록 하는 행위
2. 협조요청 등 어떠한 명목으로든 일방적으로 일정금액을 할당한 후 그 금액을 빼고 대금이 결정되도록 하는 행위
3. 정당한 사유 없이 다른 수급사업자와 차별 취급하여 수급사업자의 대금이 결정되도록 하는 행위
4. 수급사업자에게 발주량 등 거래조건에 대해 착오를 일으키게 하거나 다른 사업자의 견적 또는 거짓 견적을 내보이는 등의 방법으로 수급사업자를 속이고 이를 이용하여 대금이 결정되도록 하는 행위
5. 원사업자가 일방적으로 낮은 단가에 의하여 대금이 결정되도록 하는 행위
6. 경쟁입찰에 의하여 이 계약을 체결할 때 정당한 사유 없이 최저가로 입찰한 금액보다 낮은 금액으로 대금이 결정되도록 하는 행위
7. 계속적 거래계약에서 원사업자의 경영적자, 판매가격 인하 등 수급사업자의 책임으로 돌릴 수 없는 사유로 수급사업자에게 불리하게 대금이 결정되도록 하는 행위

③ 제1항 또는 제2항에 해당할 경우 수급사업자는 원사업자에게 부당하게 감액된 하도급대금의 지급을 청구할 수 있다.

제15조(감액금지) ① 원사업자는 이 계약에서 정한 대금을 감액하지 않는다. 다만, 원사업자가 정당한 사유를 증명한 경우에는 대금을 감액할 수 있다.
② 다음 각 호의 어느 하나에 해당하는 원사업자의 행위는 정당한 사유에 의한 감액행위로 보지 않는다.
1. 위탁할 때 대금을 감액할 조건 등을 명시하지 아니하고, 위탁 후 협조요청 또는 거래 상대방으로부터의 발주취소, 경제상황의 변동 등 불합리한 이유를 들어 대금을 감액하는 행위
2. 수급사업자와 단가 인하에 관한 합의가 성립된 경우 그 합의 성립 전에 위탁한 부분에 대하여도 합의 내용을 소급하여 적용하는 방법으로 하도급대금을 감액하는 행위
3. 대금을 현금으로 지급하거나 지급기일 전에 지급하는 것을 이유로 대금을 지나치게 감액하는 행위
4. 원사업자의 손해에 실질적 영향을 미치지 않은 수급사업자의 책임을 이유로 대금을 감액하는 행위
5. 엔지니어링 활동에 필요한 원부자재를 자기로부터 사게 하거나 자기의 설비 등을 사용하게 한 경우 적정한 구매대금 또는 적정한 사용대가 이상의 금액을 대금에서 공제하는 행위
6. 대금의 지급 시점의 물가나 원부자재등이 납품등의 시점에 비하여 떨어진 것을 이유로 대금을 감액하는 행위
7. 경영적자 또는 판매가격 인하 등 불합리한 이유로 부당하게 대금을 감액하는 행위

8. 「고용보험 및 산업재해보상보험의 보험료징수 등에 관한 법률」, 「산업안전보건법」 등에 따라 원사업자가 부담하여야 하는 고용보험료, 산업안전보건관리비, 그 밖의 경비 등을 수급사업자에게 부담시키는 행위
9. 기타 「하도급거래 공정화에 관한 법률」에서 규정한 행위

③ 원사업자가 제1항 단서에 따라 대금을 감액할 경우에는 다음 각 호의 사항을 적은 서면을 수급사업자에게 미리 제시하거나 제공한다.

1. 감액의 사유와 기준
2. 감액의 대상이 되는 목적물의 분량
3. 감액금액
4. 공제 등 감액방법
5. 그 밖에 감액이 정당함을 증명할 수 있는 사항

④ 원사업자가 정당한 사유 없이 대금을 감액한 경우 그 해당 금액을 수급사업자에게 지급한다.

⑤ 원사업자가 제4항에 따라 지급해야 할 금액을 엔지니어링 활동을 완료한 날(월 단위 대금지급의 경우에 해당 월의 말일을 말한다)로부터 60일이 지난 후에 지급하는 경우 원사업자는 그 초과기간에 대하여 「하도급거래 공정화에 관한 법률」에 따라 공정거래위원회가 고시한 지연이자율을 곱하여 산정한 지연이자(이하 "지연배상금"이라 한다)를 지급한다.

제16조(설계변경 등에 따른 하도급대금의 조정) ① 원사업자는 엔지니어링활동을 위탁 한 후에 다음 각 호의 경우에 모두 해당하는 때에는 발주자로부터 증액 받은 계약금액의 내용과 비율에 따라 하도급대금을 증액하여야 한다. 다만, 원사업자가 발주자로부터 계약금액을 감액 받은 경우에는 그 내용과 비율에 따라 하도급대금을 감액할 수 있다.

1. 설계변경, 목적물등의 납품등 시기의 변동 또는 경제상황의 변동 등을 이유로 계약금액이 증액되는 경우
2. 제1호와 같은 이유로 목적물 등의 완성 또는 완료에 추가비용이 들 경우

② 제1항에 따라 하도급대금을 증액 또는 감액할 경우, 원사업자는 발주자로부터 계약금액을 증액 또는 감액받은 날부터 15일 이내에 발주자로부터 증액 또는 감액받은 사유와 내용을 수급사업자에게 통지하여야 한다. 다만, 발주자가 그 사유와 내용을 수급사업자에게 직접 통지한 경우에는 그러하지 아니하다.

③ 제1항에 따른 하도급대금의 증액 또는 감액은 원사업자가 발주자로부터 계약금액을 증액 또는 감액받은 날부터 30일 이내에 하여야 한다.

④ 원사업자가 제1항의 계약금액 증액에 따라 발주자로부터 추가금액을 지급받은 날부터 15일이 지난 후에 추가 하도급대금을 지급하는 경우에 그 지연기간에 대해 지연배상금을 지급하며, 추가 하도급대금을 어음 또는 어음대체결제수단을 이용하여 지급하는 경우의 어음할인료·수수료의 지급 및 어음할인율·수수료율에 관하여는 제20조 제5항부터 제8항까지를 준용한다. 이 경우 "목적물의 수령일부터 60일"은 "추가금액을 받은 날부터 15일"로 본다.

⑤ 원사업자의 지시에 따라 수량이 증감되는 경우 원사업자와 수급사업자는 목적물의 위탁 전에 증감되는 수량에 대한 하도급대금을 확정하여야 한다. 다만 긴급한 상황이나 사전에 대금을 정하기가 불가능할 경우에는 원사업자와 수급사업자는 서로 합의하여 임시대금을 정한 후 최대한 빠른 시일내에 하도급대금을 확정하여야 한다.

제17조(공급원가 등의 변동으로 인한 하도급대금의 조정) ① 수급사업자는 위탁을 받은 후 다음 각 호의 어느 하나에 해당하여 하도급대금의 조정(調整)이 불가피한 경우에는 원사업자에게 하도급대금의 조정을 신청할 수 있다.

1. 공급원가가 변동되는 경우
2. 수급사업자의 책임으로 돌릴 수 없는 사유로 납품등 시기가 지연되어 관리비 등 공급원가 외의 비용이 변동되는 경우

② 수급사업자가 중소기업협동조합법 제3조제1항제1호 또는 제2호에 따른 중소기업협동조합의 조합원인 경우, 조합은 수급사업자가 하도급계약을 체결한 날부터 60일 이상 경과하고 다음 각 호의 어느 하나에 해당하는 기준 이상으로 공급원가가 변동된 경우에는 수급사업자의 신청에 따라 원사업자에게 하도급대금의 조정을 위한 협의를 신청할 할 수 있다. 다만, 원사업자와 수급사업자가 같은 조합의 조합원인 경우에는 그러하지 아니하다.

1. 특정 원재료에 소요되는 재료비가 하도급 계약금액의 10퍼센트 이상을 차지하고 그 원재료 가격이 변동된 경우: 10퍼센트
2. 원재료의 가격 상승에 따라 재료비가 변동된 경우: 나머지 목적물등에 해당하는 하도급대금의 3퍼센트
3. 노무비가 하도급 계약금액의 10퍼센트 이상을 차지하는 경우로서 「최저임금법」 제10조에 따라 고용노동부장관이 고시하는 최저임금이 변동된 경우: 최근 3년간의 평균 최저임금 상승률. 다만, 최근 3년간의 평균 최저임금 상승률이 7퍼센트를 넘는 경우에는 7퍼센트로 한다.
4. 임금상승에 따라 노무비가 변동된 경우: 나머지 목적물등에 해당하는 하도급대금의 3퍼센트
5. 공공요금, 운임, 임차료, 보험료, 수수료 및 이에 준하는 비용 상승에 따라 경비가 변동된 경우: 나머지 목적물등에 해당하는 하도급대금의 3퍼센트

③ 원사업자는 제1항 또는 제2항에 따른 신청이 있은 날부터 10일 이내에 하도급대금 조정을 위한 협의를 개시하며, 정당한 사유 없이 협의를 거부하거나 게을리 하지 않는다.

④ 제1항에 따라 조정을 신청한 수급사업자가 제2항에 따른 협의를 신청한 경우 제1항에 따른 신청은 중단된 것으로 보며, 제1항 또는 제3항에 따른 조정협의가 완료된 경우 수급사업자 또는 조합은 사정변경이 없는 한 동일한 사유를 들어 제1항부터 제3항까지의 조정협의를 신청할 수 없다.

⑤ 원사업자 또는 수급사업자(제2항에 따른 신청의 경우 조합을 포함한다)는 다음 각 호의 어느 하나에 해당하는 경우 하도급분쟁조정협의회에 조정을 신청할 수 있다.

1. 제1항 또는 제2항에 따른 신청이 있은 날부터 10일이 지난 후에도 원사업자가 대금의 조정을 위한 협의를 개시하지 아니한 경우
2. 원사업자와 수급사업자가 제1항 또는 제2항에 따른 신청이 있은 날부터 30일 안에 대금의 조정에 관한 합의에 도달하지 아니한 경우
3. 원사업자 또는 수급사업자가 협의 중단의 의사를 밝힌 경우
4. 원사업자와 수급사업자가 제시한 조정금액이 상호 간에 2배 이상 차이가 나는 경우
5. 합의가 지연되면 영업활동이 심각하게 곤란하게 되는 등 원사업자 또는 수급사업자에게 중대한 손해가 예상되는 경우
6. 그 밖에 이에 준하는 사유가 있는 경우

제2절 하도급대금 지급

제18조(선급금) 원사업자와 수급사업자는 선급금 지급 여부를 협의하여 정할 수 있고, 그 선급금을 전문에서 정한 시기에 지급한다.

제19조(발주자의 선급금) ① 원사업자가 발주자로부터 선급금을 받은 경우, 그 선급금의 내용과 비율에 따라 이를 받은 날(엔지니어링 활동을 위탁하기 전에 선급금을 받은 경우에는 엔지니어링 활동을 위탁한 날)부터 15일 이내에 선급금을 수급사업자에게 지급한다.
② 원사업자가 발주자로부터 받은 선급금을 제1항에 따른 기한이 지난 후에 지급하는 경우에는 그 초과기간에 대해 지연배상금을 지급한다.
③ 원사업자가 제1항에 따른 선급금을 어음 또는 어음대체결제수단을 이용하여 지급하는 경우의 어음할인료·수수료의 지급 및 어음할인율·수수료율에 관하여는 제20조를 준용한다. 이 경우, "목적물의 수령일부터 60일"은 "원사업자가 발주자로부터 선급금을 받은 날부터 15일"로 본다.

제20조(대금의 지급 등) ① 원사업자는 이 계약에서 정한 하도급대금의 지급기일까지 수급사업자에게 하도급대금을 지급한다. 다만, 다음 각 호의 어느 하나에 해당하는 경우를 제외하고, 하도급대금의 지급기일은 목적물 수령일부터 60일을 초과하지 아니한다.

1. 원사업자와 수급사업자가 대등한 지위에서 지급기일을 정한 것으로 인정되는 경우
2. 해당 업종의 특수성과 경제여건에 비추어 그 지급기일이 정당한 것으로 인정되는 경우

② 원사업자는 발주자로부터 수행의 진척에 따라 도급대금 등을 받았을 때에는 하도급대금을, 수행의 진척에 따라 기성금 등을 받았을 때에는 수급사업자가 수행한 부분에 상당하는 금액을, 발주자로부터 그 도급대금이나 기성금 등을 지급받은 날부터 15일(대금의 지급기일이 그 전에 도래하는 경우에는 그 지급기일) 이내에 수급사업자에게 지급한다.
③ 원사업자가 수급사업자에게 하도급대금을 지급할 때에는 원사업자가 발주자로부터 해당 목적물의 위탁과 관련하여 받은 현금비율 이상으로 지급한다.
④ 원사업자가 하도급대금을 어음으로 지급하는 경우에는 해당 목적물의 위탁과 관련하여 발주자로부터 원사업자가 받은 어음의 지급기간(발행일부터 만기일까지)을 초과하는 어음을 지급하지 않는다.
⑤ 원사업자가 하도급대금을 어음으로 지급하는 경우에 그 어음은 법률에 근거하여 설립된 금융기관에서 할인이 가능한 것이어야 하며, 어음을 교부한 날부터 어음의 만기일까지의 기간에 대한 할인료를 어음을 교부하는 날에 수급사업자에게 지급한다. 다만, 목적물의 수령일부터 60일(발주자로부터 준공금이나 기성금 등을 받은 경우에는 제2항에서 정한 기일을 말한다. 이하 이 조에서 같다) 이내에 어음을 교부하는 경우에는 목적물의 수령일부터 60일이 지난 날 이후부터 어음의 만기일까지의 기간에 대한 할인료를 목적물의 수령일부터 60일 이내에 수급사업자에게 지급한다.
⑥ 원사업자는 대금을 어음대체결제수단을 이용하여 지급하는 경우에는 지급일(기업구매전용카드의 경우는 카드결제 승인일을, 외상매출채권 담보대출의 경우는 납품등의 명세 전송일을, 구매론의 경우는 구매자금 결제일을 말한다. 이하 같다)부터 대금 상환기일까지의 기간에 대한 수수료(대출이자를 포함한다. 이하 같다)를 지급일에 수급사업자에게 지급한다. 다만, 목적물의 수령일부터 60일 이내에 어음대체결제수단을 이용하여 지급하는 경우에는 엔지니어링 활동의 완료일부터 60일이 지난 날 이후부터 하도급대금 상환기일까지의 기간에 대한 수수료를 목적물의 수령일부터 60일 이내에 수급사업자에게 지급한다.

⑦ 제5항에서 적용하는 할인율은 연 100분의 40 이내에서 법률에 근거하여 설립된 금융기관에서 적용되는 상업어음할인율을 고려하여 공정거래위원회가 정하여 고시한 할인율을 적용한다.
⑧ 제6항에서 적용하는 수수료율은 원사업자가 금융기관(「여신전문금융업법」 제2조제2호의2에 따른 신용카드업자를 포함한다)과 체결한 어음대체결제수단의 약정 수수료율로 한다.

제21조(발주자의 직접 지급) ① 발주자는 다음 각 호의 어느 하나에 해당하는 사유가 발생한 경우에 수급사업자가 수행한 부분에 해당하는 대금을 수급사업자에게 직접 지급하여야 한다.

1. 원사업자의 지급정지・파산, 그 밖에 이와 유사한 사유가 있거나 사업에 관한 허가・인가・면허・등록 등이 취소되어 원사업자가 대금을 지급할 수 없게 된 경우로서 수급사업자가 대금의 직접 지급을 요청한 때
2. 발주자가 대금을 직접 수급사업자에게 지급하기로 발주자・원사업자 및 수급사업자 간에 합의한 경우
3. 원사업자가 수급사업자에게 대금의 2회분 이상을 지급하지 아니한 경우로서 수급사업자가 대금의 직접 지급을 요청한 때

② 제1항에 따른 사유가 발생한 경우 원사업자에 대한 발주자의 대금지급채무와 수급사업자에 대한 원사업자의 하도급대금지급채무는 그 범위에서 소멸한 것으로 본다.
③ 원사업자가 발주자에게 이 계약과 관련된 수급사업자의 임금, 자재대금 등의 지급 지체 사실(원사업자의 책임있는 사유로 그 지급 지체가 발생한 경우는 제외한다)을 증명할 수 있는 서류를 첨부하여 대금의 직접 지급 중지를 요청한 경우, 발주자는 제1항에도 불구하고 그 대금을 직접 지급하지 않는다. 이 경우에 제2항은 적용하지 않는다.
④ 제1항에 따라 발주자가 해당 수급사업자에게 대금을 직접 지급할 때에 발주자가 원사업자에게 이미 지급한 금액은 빼고 지급한다.
⑤ 발주자는 원사업자에 대한 대금지급의무의 범위에서 하도급대금 직접 지급 의무를 부담한다.
⑥ 제1항 각호의 요건을 갖추고, 수급사업자가 제조한 (分)에 대한 대금이 확정된 경우, 발주자는 도급계약의 내용에 따라 수급사업자에게 대금을 지급하여야 한다.
⑦ 제1항에 따라 발주자가 대금을 직접 지급할 때에 「민사집행법」 제248조제1항 등의 공탁사유가 있는 경우에는 해당 법령에 따라 공탁(供託)할 수 있다.
⑧ 제1항에 따라 수급사업자가 발주자에게 대금을 직접 청구하기 위해 기성부분의 확인 등이 필요한 경우 원사업자는 지체 없이 이에 필요한 조치를 이행한다.
⑨ 제1항 제2호에 따른 합의는 【별첨】 하도급대금 직접지급합의서로 할 수 있다.

제22조(부당한 대물변제의 금지) ① 원사업자는 하도급대금을 지급함에 있어 현금, 어음대체결제수단 또는 어음(이하 "현금등"이라 한다)으로 지급한다. 다만, 다음 각 호의 어느 하나에 해당하는 사유가 있는 경우에는 그러하지 않다.

1. 원사업자가 발행한 어음 또는 수표가 부도로 되거나 은행과의 당좌거래가 정지 또는 금지된 경우
2. 원사업자에 대한 「채무자 회생 및 파산에 관한 법률」에 따른 파산신청, 회생절차개시 또는 간이회생절차개시의 신청이 있은 경우
3. 「기업구조조정 촉진법」에 따라 금융채권자협의회가 원사업자에 대해 공동관리절차의 개시의 의결을 하고 그 절차가 진행 중인 경우로서 수급사업자의 요청이 있는 경우

② 원사업자는 제1항 단서에 따른 대물변제를 하기 전에 수급사업자에게 다음 각호의 구분에 따른 자료를 제시한다.

1. 대물변제의 용도로 지급하려는 물품이 관련 법령에 따라 권리·의무 관계에 관한 사항을 등기 등 공부(公簿)에 등록하여야 하는 물품인 경우: 해당 공부의 등본(사본을 포함한다)
2. 대물변제의 용도로 지급하려는 물품이 제1호 외의 물품인 경우: 해당 물품에 대한 권리·의무 관계를 적은 공정증서(「공증인법」에 따라 작성된 것을 말한다)

③ 제2항에 따른 자료를 제시하는 방법은 다음 각 호의 어느 하나에 해당하는 방법으로 한다. 이 경우 문서로 인쇄되지 아니한 형태로 자료를 제시하는 경우에는 문서의 형태로 인쇄가 가능하도록 하는 조치를 하여야 한다.

1. 문서로 인쇄된 자료 또는 그 자료를 전자적 파일 형태로 담은 자기디스크(자기테이프, 그 밖에 이와 비슷한 방법으로 그 내용을 기록·보관·출력할 수 있는 것을 포함한다)를 직접 또는 우편으로 전달하는 방법
2. 수급사업자의 전자우편 주소로 제1항에 따른 자료가 포함된 전자적 파일을 보내는 방법. 다만, 원사업자가 전자우편의 발송·도달 시간의 확인이 가능한 자동수신사실 통보장치를 갖춘 컴퓨터 등을 이용한 경우로 한정한다.

④ 원사업자는 제2항에 따른 자료를 제시한 후 대물변제를 하기 전에 그 물품의 권리·의무 관계가 변경된 경우에는 그 변경된 내용이 반영된 제2항에 따른 자료를 제3항에 따른 방법으로 수급사업자에게 지체 없이 다시 제시하여야 한다.

⑤ 원사업자는 제2항 및 제4항에 따라 자료를 제시한 후 지체 없이 다음 각 호의 사항을 적은 서면을 작성하여 수급사업자에게 내주고 원사업자와 수급사업자는 해당 서면을 보관하여야 한다.

1. 원사업자가 자료를 제시한 날
2. 자료의 주요 목차
3. 수급사업자가 자료를 제시받았다는 사실
4. 원사업자와 수급사업자의 상호명, 사업장 소재지 및 전화번호
5. 원사업자와 수급사업자의 서명 또는 기명날인

제23조(유치권의 행사) 원사업자가 정당한 사유없이 대금지급시기에 하도급대금을 지급하지 않은 경우, 수급사업자는 자신이 점유하고 있는 원사업자 소유의 물건 등에 대해 유치권을 행사할 수 있다.

제4장 보칙

제24조(채권·채무의 양도금지) 원사업자와 수급사업자는 상대방의 동의가 없는 한, 이 계약상 채권·채무의 전부 또는 일부를 제3자에게 양도하거나 담보로 제공할 수 없다.

제25조(비밀유지) ① 원사업자와 수급사업자는 이 계약에서 알게 된 상대방의 업무상 비밀을 상대방의 동의없이 이용하거나 제3자에게 누설하지 않는다.

② 법원 또는 수사기관 등이 법령에 따라 상대방의 업무상 비밀의 제공을 요청한 경우에 원사업자 또는 수급사업자는 지체 없이 상대방에게 그 내용을 통지한다. 다만, 상대방에게 통지할 수 없는 정당한 사유가 있는 경우에는 비밀을 제공한 후에 지체없이 통지한다.

③ 제1항에 따른 비밀유지에 관한 구체적인 내용은 【별첨】 비밀유지계약서에서 정한 바에 따른다.

제26조(개별약정) 원사업자와 수급사업자는 이 계약에서 정하지 아니한 사항에 대하여 대등한 지위에서 상호 합의하여 서면으로 개별약정을 정할 수 있고, 이 경우 원사업자는 수급사업자의 이익을 부당하게 침해하거나 제한하는 조건을 요구하지 않는다.

제27조(계약 이외의 사항) ① 기본계약 및 특약에서 정한 것 이외의 사항에 대해서는 관련 법령의 강행법규에서 정한 바에 따르며, 그 이외의 사항에 대해서는 양당사자가 추후 합의하여 정한다. 다만, 합의가 없는 경우 이 계약과 관련된 법령 또는 상관습에 의한다.

② 원사업자와 수급사업자는 이 계약에서 정한 사항 이외에 「하도급거래의 공정화에 관한 법률」, 「계량에 관한 법률」 및 목적물의 제작 등과 관련된 법령의 제반 내용을 준수하고, 그 의무를 성실하게 이행한다.

③ 원사업자는 다음 각 호에서 정한 행위를 하지 않는다.

1. 하도급거래량을 조절하는 방법 등을 이용하여 수급사업자의 경영에 간섭하는 행위
2. 정당한 사유 없이 수급사업자가 기술자료를 해외에 수출하는 행위를 제한하거나 기술자료의 수출을 이유로 거래를 제한하는 행위
3. 정당한 사유 없이 수급사업자로 하여금 자기 또는 자기가 지정하는 사업자와 거래하도록 구속하는 행위
4. 정당한 사유 없이 수급사업자에게 원가자료 등 공정거래위원회가 고시하는 경영상의 정보를 요구하는 행위

④ 원사업자는 정당한 사유 없이 수급사업자에게 자기 또는 제3자를 위하여 금전, 물품, 용역, 그 밖의 경제적 이이을 제공하도록 요구하지 아니한다.

제28조(계약의 변경) ① 합리적이고 객관적인 사유가 발생하여 부득이하게 계약변경이 필요하다고 인정되는 경우, 원사업자와 수급사업자는 상호 합의하여 기본계약 등의 내용을 서면으로 변경할 수 있다.

② 당초의 계약내역에 없는 계약내용이 추가·변경되어 계약기간의 연장·대금의 증액이 필요한 경우, 원사업자는 수급사업자와 협의하여 계약기간 연장·대금 증액에 관해 필요한 조치를 한다.

③ 제2항에 따라 원사업자가 위탁 업무의 내용을 변경하면서 서면을 발급하지 아니한 경우, 수급사업자는 원사업자에게 위탁사실에 대한 확인을 요청할 수 있다. 이 경우에 수급사업자는 서면에 다음 각 호의 사항을 적고 서명(「전자서명법」 제2조제2호에 따른 전자서명을 포함한다. 이하 이 계약에서 같다) 또는 기명날인한 후에 해당 서면을 원사업자에게 송부하는 방법으로 확인을 요청한다.

1. 변경된 위탁 업무의 내용
2. 하도급대금
3. 위탁일
4. 원사업자와 수급사업자의 사업자명과 주소(법인 등기사항증명서상 주소와 사업장 주소를 포함한다)
5. 그 밖에 원사업자가 위탁한 내용

④ 원사업자는 수급사업자로부터 제3항에서 정한 방법으로 위탁사실에 대한 확인 요청을 받은 날부터 15일 안에 그 내용에 대한 인정 또는 부인(否認)의 의사를 수급사업자에게 서명 또는 기명날인한 서면으로 회신하며, 이 기간 내에 회신을 발송하지 아니한 경우 수급사업자가 통지한 내용대로 위탁이 있는 것으로 추정한다. 다만, 자연재해 등 불가항력으로 인한 경우에는 그러하지 않는다

⑤ 원사업자는 계약내용의 변경에 따라 비용이 절감될 때에 한하여 대금을 감액할 수 있다. 이 경우에 원사업자는 다음 각 호의 사항을 적은 서면을 수급사업자에게 미리 제시하거나 제공한다.

1. 감액의 사유와 기준

2. 감액의 대상이 되는 목적물의 분량
3. 감액금액
4. 공제 등 감액방법
5. 그 밖에 감액이 정당함을 증명할 수 있는 사항

⑥ 수급사업자가 정당한 사유를 제시하여 원사업자의 계약내용 변경요청을 거절한 경우 원사업자는 이를 이유로 수급사업자에게 불이익을 주는 행위를 하지 않는다.

제29조(부당한 특약과 효력) ① 기본계약 및 개별약정에서 정하고 있는 내용 중 다음 각 호의 어느 하나에 해당하는 약정은 무효로 한다.

1. 원사업자가 기본계약 및 개별약정 등의 서면에 기재되지 아니한 사항을 요구함에 따라 발생된 비용을 수급사업자에게 부담시키는 약정
2. 원사업자가 부담하여야 할 민원처리, 산업재해 등과 관련된 비용을 수급사업자에게 부담시키는 약정
3. 원사업자가 입찰내역에 없는 사항을 요구함에 따라 발생된 비용을 수급사업자에게 부담시키는 약정
4. 다음 각 목의 어느 하나에 해당하는 비용이나 책임을 수급사업자에게 부담시키는 약정
   가. 관련 법령에 따라 원사업자의 의무사항으로 되어 있는 인·허가, 환경관리 또는 품질관리 등과 관련하여 발생하는 비용
   나. 원사업자(발주자를 포함한다)가 설계나 작업내용을 변경함에 따라 발생하는 비용
   다. 원사업자의 지시(요구, 요청 등 명칭과 관계없이 재작업, 추가작업 또는 보수작업에 대한 원사업자의 의사표시를 말한다)에 따른 재작업, 추가작업 또는 보수작업으로 인하여 발생한 비용 중 수급사업자의 책임 없는 사유로 발생한 비용
   라. 관련 법령, 발주자와 원사업자 사이의 계약 등에 따라 원사업자가 부담하여야 할 하자담보책임 또는 손해배상책임
5. 천재지변, 해킹·컴퓨터바이러스 발생 등으로 인한 작업기간 연장 등 위탁시점에 원사업자와 수급사업자가 예측할 수 없는 사항과 관련하여 수급사업자에게 불합리하게 책임을 부담시키는 약정
6. 해당 하도급거래의 특성을 고려하지 아니한 채 간접비(하도급대금 중 재료비, 직접노무비 및 경비를 제외한 금액을 말한다)의 인정범위를 일률적으로 제한하는 약정. 다만, 발주자와 원사업자 사이의 계약에서 정한 간접비의 인정범위와 동일하게 정한 약정은 제외한다.
7. 계약기간 중 수급사업자가 「하도급거래 공정화에 관한 법률」 제16조의2에 따라 하도급대금 조정을 신청할 수 있는 권리를 제한하는 약정
8. 그 밖에 제1호부터 제7호까지의 규정에 준하는 약정으로서 법에 따라 인정되거나 법에서 보호하는 수급사업자의 권리·이익을 부당하게 제한하거나 박탈한다고 공정거래위원회가 정하여 고시하는 약정

② 제1항에 따라 무효가 되는 약정에 근거하여 수급사업자가 비용등을 부담한 경우, 수급사업자는 그 비용등을 원사업자에게 청구할 수 있다.

제30조 (보복조치 금지) 원사업자는 수급사업자 또는 수급사업자가 소속된 조합이 다음 각호의 어느 하나에 해당하는 행위를 한 것을 이유로 그 수급사업자에 대하여 수주기회(受注機會)를 제한하거나 거래의 정지, 그 밖에 불이익을 주는 행위를 하지 않는다.

1. 원사업자가 관련법령(「하도급거래 공정화에 관한 법률」 등)을 위반하였음을 관계 기관 등에 신고한 행위
2. 원사업자에 대한 하도급대금의 조정신청 또는 하도급분쟁조정협의회에 대한 조정신청
3. 관계 기관의 조사에 협조한 행위
4. 하도급거래 서면실태조사를 위하여 관계기관(공정거래위원회 등)이 요구한 자료를 제출한 행위

제5장 피해구제 및 분쟁해결

제31조(손해배상) ① 원사업자 또는 수급사업자가 이 계약을 위반한 상대방의 행위로 인하여 손해를 입은 경우에 그 상대방은 손해배상의 책임을 진다. 다만, 상대방이 고의 또는 과실없음을 증명한 경우에는 그러하지 않는다.
② 수급사업자는 이 계약에 따른 의무를 이행하기 위해 제3자를 사용한 경우, 그 제3자의 행위로 인하여 원사업자에게 발생한 손해에 대해 제3자와 연대하여 책임을 진다. 다만, 수급사업자 및 제3자가 고의 또는 과실없음을 증명한 경우에는 그러하지 않는다.
③ 제1항에도 불구하고, 원사업자가 제11조 제1항·제2항, 제12조 제4항, 제14조, 제15조 제1항·제2항, 제30조를 위반한 경우, 수급사업자는 이로 인해 발생한 손해의 3배를 넘지 아니하는 범위에서 배상을 청구할 수 있다. 다만, 원사업자가 고의 또는 과실이 없음을 증명한 경우에는 그러하지 않는다.

제32조(지체상금) ① 수급사업자가 계약기간 동안 납품을 완료하지 못하거나 검사에 합격하지 못한 경우 원사업자는 지체일수에 전문에서 정한 지체상금요율을 곱하여 산정한 지체상금을 청구할 수 있다.
② 제1항의 경우, 기성부분에 대하여 검사를 거쳐 합격한 때에는 그 부분에 상당하는 금액을 대금에서 공제한 금액을 기준으로 지체상금을 계산한다.
③ 원사업자는 다음 각 호의 어느 하나에 해당한 경우, 그 해당 일수를 제1항의 지체일수에 산입하지 않는다.
1. 전쟁 또는 지진 등 불가항력의 사유에 의한 경우
2. 원사업자의 책임으로 위탁 업무의 착수가 지연되거나 위탁 업무가 중단된 경우
3. 수급사업자의 부도 등으로 연대보증인이 보증이행을 할 경우(부도 등이 확정된 날부터 원사업자가 보증이행을 지시한 날까지를 의미함)
4. 수급사업자의 부도 등으로 보증기관이 보증이행업체를 지정하여 보증이행할 경우(원사업자로부터 보증채무이행청구서를 접수한 날부터 보증이행개시일 전일까지를 의미함, 다만 30일이내에 한함)
5. 기타 수급사업자에게 책임 없는 사유로 인하여 지체된 경우

④ 지체일수의 산정기준은 다음 각호의 1과 같다.
1. 계약기간 내에 납품을 완료한 경우에는 검사에 소요된 기간은 지체일수에 산입하지 아니한다. 다만, 계약기간 이후에 검사시 수급사업자의 계약이행 내용의 전부 또는 일부가 계약에 위반되거나 계약내용대로 이행되지 않음에 따른 검사에 의하여 수정요구를 수급사업자에게 한 경우에는 수정요구를 한 날로부터 최종검사에 합격한 날까지의 기간을 지체일수에 산입한다.
2. 계약기간을 경과하여 납품을 완료한 경우에는 계약기간 익일부터 검사(수정요구를 한 경우에는 최종검사)에 합격한 날까지의 기간을 지체일수에 산입한다.

제33조(하자담보책임) ① 검사에 합격한 후 하자가 있는 경우, 원사업자는 수급사업자에 대해 상당한 기간을 정하여 그 하자의 보수를 청구할 수 있다.

② 원사업자는 다음 각 호의 요건을 모두 충족한 경우, 이 계약을 해제할 수 있다. 다만, 수급사업자가 하자에 대한 보수를 거절한 경우 또는 계약기간 내에 이행해야 이 계약의 목적을 달성할 수 있는 경우에는 제2호를 적용하지 않는다.

1. 목적물의 하자로 인하여 이 계약의 목적을 달성할 수 없는 경우
2. 상당한 기간을 정하여 그 하자의 보수를 요구하였음에도 불구하고, 수급사업자가 그 기간내에 보수를 하지 않은 경우

③ 원사업자는 하자보수청구권 또는 계약해제권의 행사와 별도로 손해배상을 청구할 수 있다.

④ 제1항부터 제3항까지의 규정은 목적물의 하자가 원사업자가 제공한 원부자재・설비 등의 하자 또는 원사업자의 부당한 지시에 기인한 경우에는 적용하지 않는다. 다만, 수급사업자가 그 원부자재 또는 지시의 부적당함을 알고, 원사업자에게 고지하지 아니한 경우에는 그러하지 아니하다.

⑤ 제1항부터 제3항까지의 권리는 목적물에 대한 검사결과가 합격으로 인정된 날로부터 표지에서 정한 기간동안 행사한다. 다만, 법령에서 정한 기간 보다 그 기간이 더 장기인 경우에는 법령에서 정한 기간으로 한다.

제34조(계약의 해제 또는 해지) ① 원사업자 또는 수급사업자는 다음 각 호의 어느 하나에 해당하는 경우에는 이 계약의 전부 또는 일부를 해제 또는 해지(이하 '해제등' 이라 한다)할 수 있다.

1. 원사업자가 금융기관으로부터 거래정지처분을 받아 이 계약을 이행할 수 없다고 인정되는 경우
2. 원사업자 또는 수급사업자가 감독관청으로부터 인·허가의 취소, 영업취소·영업정지 등의 처분을 받아 이 계약을 이행할 수 없다고 인정되는 경우
3. 원사업자 또는 수급사업자가 해산, 영업의 양도 또는 타 회사로의 합병을 결의하여 이 계약을 이행할 수 없다고 인정되는 경우
4. 원사업자 또는 수급사업자가 어음·수표의 부도, 제3자에 의한 강제집행(가압류 및 가처분 포함), 파산·회생절차의 신청 등 영업상의 중대한 사유가 발생하여 이 계약을 이행할 수 없다고 인정되는 경우
5. 원사업자 또는 수급사업자가 재해 기타 사유로 인하여 이 계약의 내용을 이행하기 곤란하다고 쌍방이 인정한 경우

② 원사업자 또는 수급사업자는 다음 각 호의 어느 하나에 해당하는 사유가 발생한 경우에는 상대방에게 상당한 기간을 정하여 그 이행을 최고하고, 그 기간 내에 이를 이행하지 아니한 때에는 이 계약의 전부 또는 일부에 대해 해제등을 할 수 있다. 다만, 원사업자 또는 수급사업자가 이행을 거절하거나 계약기간 내에 이행하여야 이 계약의 목적을 달성할 수 있는 경우에는 최고없이 해제등을 할 수 있다.

1. 원사업자 또는 수급사업자가 이 계약상의 의무를 이행하지 않은 경우. 다만, 원사업자 또는 수급사업자의 미이행 부분이 사소하고, 이 계약의 목적 달성과 관계없는 경우에는 그러하지 않는다.
2. 원사업자가 정당한 사유없이 수급사업자의 엔지니어링 활동에 필요한 사항의 이행을 지연하여 수급사업자의 목적물의 관리등에 현저한 지장을 초래한 경우

③ 제1항 또는 제2항에 따른 해제 또는 해지는 원사업자의 검사를 필한 부분과 기성검사를 필하지 않은 부분 중 객관적으로 제조등의 완료사실이 확인된 부분(추후 검사결과 불합격으로 판정된 경우는 그러하지 아니하다)에 대해 적용하지 아니한다.
④ 제1항 및 제2항에 따라 이 계약이 해제된 경우 원사업자와 수급사업자는 다음 각 호에서 정한 의무를 동시에 이행한다. 다만, 일부 해제 또는 해지된 경우에 잔존계약의 이행과 관련된 범위내에서는 그러하지 않는다.

1. 원사업자 또는 수급사업자는 상대방으로부터 제공받은 목적물과 관련한 모든 자료를 반환하고, 저장된 자료를 삭제한다.
2. 원사업자 또는 수급사업자는 상대방으로부터 제공받은 목적물과 관련한 자료를 활용하지 않는다.
3. 수급사업자는 원사업자로부터 지급받은 대금과 표지에서 정한 이자를 더하여 반환한다.
4. 수급사업자 또는 원사업자는 상대방으로부터 제공받은 목적물과 관련한 자료 또는 지식재산 등을 반환하며, 이를 활용하지 않는다.

⑤ 제1항 및 제2항에 따라 이 계약이 해지된 경우 원사업자와 수급사업자는 이행이 완료된 기간의 비율에 따라 그 대금을 정산한다. 이 경우에 차액이 있는 경우 수급사업자는 원사업자에게 반환하며, 부족할 경우 원사업자는 수급사업자에게 미지급액을 지급한다.
⑥ 제5항에 따라 대금을 정산함에 있어서 목적물에 대한 검사결과가 불합격으로 판정된 경우에는 그러하지 않는다.
⑦ 제1항 제5호 중 파산의 경우를 제외하고, 원사업자 또는 수급사업자는 해제 또는 해지의 원인이 있는 상대방에 대해 이로 인하여 발생한 손해배상을 청구할 수 있다. 이 경우에 상대방이 고의 또는 과실없음을 증명한 경우에는 그러하지 않는다.
⑧ 해제 또는 해지에 따라 대금 또는 손해배상금을 지급해야 할 자가 이를 지연한 경우 그 지연기간에 대해 표지에서 정한 지연이자를 더하여 지급한다.

제35조(분쟁해결) ① 이 계약과 관련하여 분쟁이 발생한 경우, 원사업자와 수급사업자는 상호 협의하여 분쟁을 해결하기 위해 노력한다.
② 제1항의 규정에도 불구하고 분쟁이 해결되지 않은 경우 원사업자 또는 수급사업자는 「독점규제 및 공정거래에 관한 법률」에 의한 한국공정거래조정원 또는 「하도급거래 공정화에 관한 법률」에 의한 하도급분쟁조정협의회 등에 조정을 신청할 수 있다. 이 경우에 원사업자와 수급사업자는 조정절차에 성실하게 임하며, 원활한 분쟁해결을 위해 노력한다.
③ 제1항의 규정에도 불구하고, 분쟁이 해결되지 않은 경우에 원사업자 또는 수급사업자는 법원에 소를 제기하거나 중재기관에 중재를 신청할 수 있다.

제36조(재판관할) 이 계약과 관련된 소는 원사업자 또는 수급사업자의 주된 사무소를 관할하는 지방법원에 제기한다.

【별첨】

비밀유지계약서

원사업자와 수급사업자는 비밀정보의 제공과 관련하여 다음과 같이 비밀유지계약을 체결한다.

제1조(계약의 목적) 이 계약은 원사업자와 수급사업자가 하도급계약과 관련하여 각자 상대방에게 제공하는 비밀정보를 비밀로 유지하고 보호하기 위하여 필요한 제반 사항을 규정함을 목적으로 한다.

제2조(비밀정보의 정의) ① 이 계약에서 '비밀정보'라 함은 원사업자 또는 수급사업자가 이 업무 수행 과정에서 스스로 알게 되거나, 상대방 또는 그 직원(이하 '상대방'이라 함)으로부터 제공받아 알게 되는 상대방에 관한 일체의 기술상 혹은 경영상의 정보 및 이를 기초로 새롭게 발생한 일체의 기술상 혹은 경영상의 정보를 말한다.
② 제1항의 비밀정보는 서면(전자문서를 포함하며, 이하 같음), 구두 혹은 기타 방법으로 제공되는 모든 노하우, 공정, 도면, 설계, 실험결과, 샘플, 사양, 데이터, 공식, 제법, 프로그램, 가격표, 거래명세서, 생산단가, 아이디어 등 모든 기술상 혹은 경영상의 정보와 그러한 정보가 수록된 물건 또는 장비 등을 모두 포함한다.

제3조(비밀의 표시) ① 각 당사자가 상대방에게 서면으로 비밀정보를 제공하는 경우, 그 서면에 비밀임을 알리는 문구('비밀' 또는 '대외비' 등의 국문 또는 영문 표시)를 표시해야 한다.
② 각 당사자가 상대방에게 구두, 영상 또는 당사자의 시설, 장비 샘플 기타 품목들을 관찰·조사하게 하는 방법으로 비밀정보를 제공할 경우에는, 그 즉시 상대방에게 해당 정보가 비밀정보에 속한다는 사실을 고지하여야 한다. 이 경우에 비밀정보를 제공한 당사자는 비밀정보 제공일로부터 15일 이내에 상대방에게 해당 정보가 비밀정보에 속한다는 취지의 서면을 발송하여야 한다.

제4조(정보의 사용용도 및 정보취급자 제한) ① 각 당사자는 상대방의 비밀정보를 이 계약에서 정한 목적으로만 사용하여야 한다.
② 각 당사자가 이 계약에서 정한 업무의 수행을 위하여 상대방의 비밀정보를 제3자에게 제공하고자 할 때에는 사전에 상대방으로부터 서면에 의한 동의를 얻어야 하며, 그 제3자와 사이에 해당 비밀정보의 유지 및 보호를 목적으로 하는 별도의 비밀유지계약을 체결한 이후에 그 제3자에게 해당 비밀정보를 제공하여야 한다.
③ 각 당사자는 직접적, 간접적으로 하도급계약을 이행하는 임직원들에 한하여 상대방의 비밀정보를 취급할 수 있도록 필요한 조치를 취하여야 하며, 해당 임직원 각자에게 상대방의 비밀정보에 대한 비밀유지의무를 주지시켜야 한다. 이때 상대방은 반대 당사자에게 해당 임직원으로부터 비밀유지 서약서를 제출 받는 등의 방법으로 해당 정보의 비밀성을 유지하기 위하여 필요한 조치를 요구할 수 있다.

제5조(비밀유지의무) ① 각 당사자는 상대방의 사전 서면승낙 없이 비밀정보를 포함하여 이 계약의 체결사실이나 내용, 이 계약의 내용 등을 공표하거나 제3자에게 알려서는 아니 된다. 다만, 객관적인 증거를 통하여 다음 각 호에 해당함이 입증되는 정보는 비밀정보가 아니거나 비밀유지의무가 없는 것으로 간주한다.

1. 상대방의 비밀정보 제공 이전에 다른 당사자가 이미 알고 있거나 알 수 있는 정보
2. 비밀정보를 제공받은 당사자의 고의 또는 과실에 의하지 않고 공지의 사실로 된 정보
3. 비밀정보를 제공받은 당사자가 적법하게 제3자로부터 제공받은 정보
4. 비밀정보를 제공받은 당사자가 비밀정보와 관계없이 독자적으로 개발하거나 알게 된 정보
5. 제3조 제2항에 의하여 비밀정보임을 고지하지 아니하거나, 비밀정보에 속한다는 취지의 서면을 발송하지 아니한 정보
6. 법원 기타 공공기관의 판결, 명령 또는 관련법령에 따른 공개의무에 따라 공개한 정보

② 각 당사자가 제1항 제6호에 따라 정보를 공개할 경우에는 사전에 상대방에게 그 사실을 서면으로 통지하고, 상대방으로 하여금 적절한 보호 및 대응조치를 할 수 있도록 하여야 한다.

제6조(자료의 반환) ① 각 당사자는 상대방의 요청이 있으면 언제든지 상대방의 비밀 정보가 기재되어 있거나 이를 포함하고 있는 제반 자료, 장비, 서류, 샘플, 기타 유체물(복사본, 복사물, 모방물건, 모방장비 등을 포함)을 즉시 상대방에게 반환하거나, 상대방의 선택에 따라 이를 폐기하고 그 폐기를 증명하는 서류를 상대방에게 제공하여야 한다.
② 제1항의 자료의 반환 또는 폐기에 소요되는 비용은 각 당사자가 균등하게 부담하기로 한다. 다만, 자료의 반환 또는 폐기 의무자가 우선 그 비용을 지출한 이후 상대방에게 그 부담부분을 정산하여 청구한다.

제7조(권리의 부존재 등) ① 이 계약에 따라 제공되는 비밀정보에 관한 모든 권리는 이를 제공한 당사자에 속한다.
② 이 계약은 어떠한 경우에도 비밀정보를 제공받는 자에게 비밀정보에 관한 어떠한 권리나 사용권을 부여하는 것으로 해석되지 않는다.
③ 이 계약은 어떠한 경우에도 당사자 간에 향후 어떠한 확정적인 계약의 체결, 제조물의 판매나 구입, 실시권의 허락 등을 암시하거나 이를 강제하지 않으며, 기타 이 계약의 당사자가 비밀정보와 관련하여 다른 제3자와 어떠한 거래나 계약관계에 들어가는 것을 금지하거나 제한하지 않는다.
④ 비밀정보의 제공자는 상대방에게 비밀정보를 제공할 적법한 자격이 있음을 보증한다.
⑤ 각 당사자는 이 계약의 목적을 위하여 상대방의 시설을 방문하거나 이를 이용할 경우에는 상대방의 제반 규정 및 지시사항을 준수하여야 한다.

제8조(계약기간) ① 이 계약은 전문에서 정한 기간동안 효력을 가진다.
② 제1항에도 불구하고, 제4조, 제5조 및 제7조의 의무는 계약기간이 만료되거나, 이 계약이 해제·해지 등의 사유로 종료된 이후부터 계속하여 유효하게 존속하는 것으로 한다.

제9조(손해배상) 이 계약을 위반한 당사자는 이로 인하여 상대방이 입은 손해를 배상하여야 한다. 다만, 그 당사자가 고의 또는 과실없음을 증명한 경우에는 그러하지 않는다.

제10조(권리의무의 양도, 계약의 변경) ① 각 당사자는 상대방의 사전 서면동의 없이 이 계약상의 권리의무를 제3자에게 양도하거나 이전할 수 없다.
② 이 계약의 수정이나 변경은 양 당사자의 정당한 대표자가 기명날인 또는 서명한 서면합의로만 이루어질 수 있다.

제11조(일부무효의 특칙) 이 계약의 내용 중 일부가 무효인 경우에도 이 계약의 나머지 규정의 유효성에 영향을 미치지 않는다. 다만, 유효인 부분만으로 계약의 목적을 달성할 수 없는 경우에는 전부를 무효로 한다.

제12조(분쟁의 해결) 비밀유지계약과 관련하여 분쟁이 발생한 경우 당사자의 상호 협의에 의한 해결을 모색하되, 분쟁에 관한 합의가 이루어지지 아니한 경우에는 하도급계약의 관할법원에 소를 제기할 수 있다.

원사업자와 수급사업자는 이 계약의 성립을 증명하기 위하여 계약서 2부를 작성하여 각각 서명(또는 기명날인)한 후 각자 1부씩 보관한다.

20____년 ____월 ____일

원사업자		수급사업자	
상호 또는 명칭 :		**상호 또는 명칭** :	
전화번호 :		**전화번호** :	
주　　소 :		**주　　소** :	
대표자 성명 :	(인)	**대표자 성명** :	(인)
사업자(법인)번호 :		**사업자(법인)번호** :	

【별첨】

하도급대금 직접지급 합의서

<table>
<tr><td rowspan="3">원 도 급
계약사항</td><td colspan="2">원 도 급 계 약 명(名)</td><td></td></tr>
<tr><td colspan="2">최 초 계 약 금 액</td><td></td></tr>
<tr><td colspan="2">계 약 기 간</td><td></td></tr>
<tr><td rowspan="7">하 도 급
계약사항</td><td colspan="2">하 도 급 계 약 명(名)</td><td></td></tr>
<tr><td colspan="2">최 초 계 약 금 액</td><td></td></tr>
<tr><td colspan="2">계 약 기 간</td><td></td></tr>
<tr><td rowspan="2">원사업자</td><td>상호와대표자</td><td></td></tr>
<tr><td>수 소</td><td></td></tr>
<tr><td rowspan="2">수급사업자</td><td>상호와대표자</td><td></td></tr>
<tr><td>주 소</td><td></td></tr>
</table>

1. 상기 원사업자와 수급사업자 간의 하도급계약에 있어 수급사업자가 수행 및 완료한 부분에 해당하는 하도급대금을 「하도급거래 공정화에 관한 법률」에 따라 발주자가 수급사업자에게 직접 지급하기로 발주자·원사업자 및 수급사업자 간에 합의합니다.

2. 하도급대금 직접지급 방법과 절차
   수급사업자가 하도급계약에 따라 수행 및 완료한 부분에 대한 내역을 제시한 경우에 발주자는 직접지급합의에서 정한 바에 따라 하도급대금을 수급사업자의 아래 계좌 등으로 직접 지급합니다.

   ◇ 수급사업자의 예금계좌(현금의 경우)

예금주	은행명	계좌번호	비고

3. 원사업자가 발주자에게 해당 하도급 계약과 관련된 수급사업자의 임금, 자재대금 등의 지급 지체 사실(원사업자의 책임있는 사유로 그 지급 지체가 발생한 경우는 제외한다)을 증명할 수 있는 서류를 첨부하여 해당 하도급대금의 직접 지급 중지를 요청한 경우, 발주자는 그 하도급대금을 수급사업자에게 지급하지 않습니다.

4. 발주자는 수급사업자의 채권자의 압류·가압류 등 집행보전이 있는 경우 또는 국세·지방세 체납 등으로 직접지급을 할 수 없는 사유가 발생한 경우에 즉시 수급사업자에게 통보합니다.

5. 직불합의가 있기 전에 원사업자의 발주자에 대한 대금채권에 관하여 가압류·압류 또는 국세·지방세 체납 등(이하 '가압류 등'이라 한다)이 있는 경우에는 발주자는 수급사업자에게 합의서를 작성하기 전에 그 사실을 고지하여야 합니다.

년 월 일

발 주 자: (서명 또는 인)
원사업자: (상호) (대표자) (서명 또는 인)
수급사업자: (상호) (대표자) (서명 또는 인)

하도급대금지급보증서 발급금액 적용기준

[시행 2016.12.19] [국토교통부고시 제2016-921호, 2016.12.19, 일부개정]

1. 적용기준

○ 보증서 발급금액 : (재료비+직접노무비+산출경비)×요율

○ 적용요율

공 사 규 모		요 율
50억원 미만		0.081%
50억원~100억원 미만		0.080%
100억원~300억원미만		0.075%
300억원 이상 (최저가낙찰 대상공사)	건축	0.068%
	토목(산업설비 포함)	0.071%
턴키·대안공사		0.084%

※ 상기 적용요율은 최소한의 적용요율임

※ 공사규모는 공공공사에 있어서는 '추정가격', 민간공사에 있어서 건설산업기본법시행령 제8조제1항의 공사예정금액을 말함

2. 재검토기한

국토교통부장관은 「훈령·예규 등의 발령 및 관리에 관한 규정」에 따라 이 고시에 대하여 2017년 1월 1일 기준으로 매3년이 되는 시점(매 3년째의 12월 31일까지를 말한다)마다 그 타당성을 검토하여 개선 등의 조치를 하여야 한다.

3. 행정사항

가. (시행일) 이 고시는 고시한 날부터 시행한다.

나. (적용례) 이 고시는 시행일 이후 최초로 건설공사에 대한 입찰공고를 하는 분(입찰공고를 하지 아니하고 도급계약을 체결하는 경우에는 계약일을 말함)부터 적용한다.

다. (경과조치) 이 고시 시행일 이전에 입찰공고 한 건설공사에 관하여는 종전의 기준에 의한다.

하도급법 위반사업자에 대한 과징금 부과기준에 관한 고시

[시행 2025. 12. 26.] [공정거래위원회고시 제2025-12호, 2025. 12. 26., 일부개정.]

제1장 총칙

Ⅰ. 목 적

이 고시는 「하도급거래 공정화에 관한 법률」(이하 "법"이라 한다) 제25조의3(과징금) 및 같은 법 시행령(이하 "시행령"이라 한다) 제13조(과징금 부과기준) 제1항·제3항 및 별표2의 규정에 따라 과징금 부과에 관하여 필요한 사항을 정하는 것을 그 목적으로 한다.

Ⅱ. 정 의

1. 기본산정기준

"기본산정기준"이란 시행령 별표2 제2호 가목 2)에 따라 산정한 금액으로서 과징금 산정의 기초가 되는 금액을 말한다.

2. 위반행위의 횟수 및 위반행위에 따라 피해를 입은 수급사업자의 수에 따른 조정

"위반행위의 횟수 및 위반행위에 따라 피해를 입은 수급사업자의 수에 따른 조정"이란 시행령 별표2 제2호 나목에 따라 가중하는 기준을 말한다(이하 "1차 조정"이라 한다).

3. 위반사업자의 고의·과실, 위반행위의 성격과 사정에 따른 조정

"위반사업자의 고의·과실, 위반행위의 성격과 사정 등에 따른 조정"이란 시행령 별표2 제2호 다목에 따라 1차 조정된 기본산정기준을 가중하거나 감경하는 기준을 말한다(이하 "2차 조정"이라 한다).

4. 부과과징금

"부과과징금"이란 1차·2차 조정절차를 거쳐 산출된 금액에 위반사업자의 현실적 부담능력, 당해 위반행위가 시장에 미치는 효과, 기타 시장 또는 경제여건 등을 반영하여 위반사업자에게 최종적으로 부과하는 금액을 말한다.

5. 하도급대금

시행령 별표2 제2호 가목 2)의 "하도급대금"이란 해당 법 위반사건의 하도급거래에 있어서의 계약금액(계약금액이 변경된 경우에는 변경된 계약금액을 말한다)으로 하며, 계약서를 작성하지 아니한 경우에는 하도급거래에 있어 실제로 발생한 금액으로 한다.

6. 위반금액

시행령 별표2 제2호 가목 2)의 위반금액 중 "그 밖에 이에 준하는 금액"이란 다음을 말한다.

가. 법 제4조(부당한 하도급대금의 결정금지)를 위반하여 부당하게 낮은 수준으로 결정된 하도급대금과 일반적으로 지급되는 대가와의 차액

나. 법 제5조(물품 등의 구매강제 금지)를 위반하여 원사업자가 수급사업자에게 물품·장비 또는 역무를 매입 또는 사용하도록 강요함에 따라 수급사업자가 실제로 물품·장비 및 역무를 매입하거나 사용한 금액

다. 법 제8조(부당한 위탁취소의 금지 등) 제1항 위반에 관한 것으로서 다음의 어느 하나에 해당하는 것

(1) 법 제8조 제1항을 위반하여 위탁이 부당하게 취소되거나 변경되어 수급사업자에게 발생한 손해액

(2) 법 제8조 제1항을 위반하여 목적물 등의 수령 또는 인수가 부당하게 거부 · 지연되어 수급사업자에게 발생한 손해액

라. 법 제10조(부당반품의 금지) 제1항을 위반하여 목적물 등이 부당하게 반품되어 수급사업자에게 발생한 손해액

마. 법 제11조(감액금지)에 따른 감액에 관한 것으로서 다음의 어느 하나에 해당하는 것

(1) 법 제11조 제1항을 위반하여 감액한 하도급대금

(2) 법 제11조 제4항을 위반하여 지급하지 아니한 지연이자의 금액

바. 법 제12조(물품구매대금 등의 부당결제 청구의 금지)를 위반하여 부당하게 결제 청구한 구매대금 또는 사용대가

사. 법 제12조의2(경제적 이익의 부당요구 금지)를 위반하여 부당하게 요구한 경제적 이익의 가액

아. 법 제16조(설계변경 등에 따른 하도급대금의 조정)를 위반하여 설계변경 등에 따라 증액되었으나 미지급된 하도급대금 및 이와 관련된 지연이자, 어음할인료 또는 어음대체결제수수료의 금액

자. 법 제20조(탈법행위의 금지)를 위반하여 환수한 하도급대금, 어음할인료, 지연이자의 금액 및 기타 이에 준하는 금액

7. 조사가 개시된 날

시행령 별표2 제1호 나목의 "조사가 개시된 날"이란 다음 각 목과 같다.

가. 법 제22조 제1항의 신고에 따라 조사가 개시된 경우에는 해당 신고가 접수되어 피조사인에게 통지된 날, 그 법 위반혐의와 관련한 자료제출 요청일, 출석요청일, 현장조사 실시일 중 가장 빠른 날

나. 공정거래위원회가 법에 위반되는 사실이 있다고 인정하여 조사가 개시된 경우에는 그 법 위반혐의와 관련한 자료제출 요청일, 출석요청일, 현장조사 실시일 중 가장 빠른 날

8. 미지급금의 지급에 관한 요청을 받은 날

시행령 별표2 제1호 나목의 "미지급금의 지급에 관한 요청을 받은 날"이란 공정거래위원회가 시행령 별표2 제1호 나목의 미지급금 지급을 요청하기 위하여 발송한 공문을 피조사인이 접수한 날을 말한다.

9. 벌점, 누산점수

벌점, 누산점수는 시행령 별표3에서 정한 바에 따른다.

10. 심의일

심의일이란 공정거래위원회의 전원회의 또는 소회의의 의장이 「공정거래위원회 회의운영 및 사건절차 등에 관한 규정(이하 "사건절차규칙"이라 한다)」 제3장에서 정한 절차에 따라 심의에 부의한 사건에 대하여 각 회의가 의결을 위하여 심의를 진행한 날을 말한다. 만일 심의가 2회 이상 진행되었다면 마지막 심의일을 말한다.

Ⅲ. 과징금 부과 여부의 결정

1. 과징금 부과여부는 위반행위의 내용 및 정도를 고려하여 결정하되, 공정한 하도급거래질서 확립에 미치는 파급효과가 상당하다고 인정되는 경우, 피해 수급사업자의 수나 그 피해금액이 많은 경우, 위반행위의 수가 많거나 과거 법 위반전력이 많아 향후 법 위반행위의 재발방지를 위해 필요하다고 인정되는 경우에는 과징금을 부과하는 것을 원칙으로 한다.
2. 법 위반행위의 중대성 정도가 심각하지 않은 경우로서 공정거래협약평가 우수등급 이상에 해당되는 자가 자율준수노력, 외부 법률자문 등 법 위반행위를 하지 아니하기 위하여 상당한 주의를 기울였으나 예상하기 어려운 사정으로 인해 위반행위가 발생된 것으로 인정되는 경우, 시행령 별표2의 제1호 나목에 해당되는 경우, 또는 공정거래위원회의 조사 개시 이전에 사업자가 자율적으로 점검하여 확인한 법 위반행위를 스스로 시정한 경우에는 과징금을 부과하지 아니할 수 있다.

Ⅳ. 과징금의 산정

1. 기본산정기준

가. 기본산정기준은 위반행위를 그 내용 및 정도에 따라 "중대성이 약한 위반행위", "중대한 위반행위", "매우 중대한 위반행위"로 구분한 후, 아래에 정한 위반행위 중대성의 정도별 부과기준율 또는 부과기준금액을 적용하여 정한다. 이 때 위반행위 중대성의 정도는 [별표] 세부평가 기준표에 따라 산정된 점수를 기준으로 정한다. 다만, 위반행위로 인하여 발생한 하도급거래 질서의 저해정도, 수급사업자의 피해정도, 시장에 미치는 영향 등을 종합적으로 고려하여 위반행위 중대성의 정도를 달리 판단할 수 있다. 이 경우에는 그 이유를 의결서에 명시하여야 한다.

나. 기본산정기준은 하도급대금의 2배에 위반금액의 비율을 곱한 후, 중대성의 정도별 부과기준율을 곱하여 도출한다.

중대성의 정도	기준표에 따른 산정점수	부과기준율
매우 중대한 위반행위	2.2 이상	60% 이상 80% 이하
중대한 위반행위	1.4 이상 2.2 미만	40% 이상 60% 미만
중대성이 약한 위반행위	1.4 미만	20% 이상 40% 미만

다만, 50% 미만의 부과기준율을 곱하여 도출된 기본산정기준이 법 위반행위로 인해 심의일 당시 잔존하는 불법적 이익(법 위반행위로 인해 당초에 발생한 불법적 이익에서 자진시정을 통해 해소된 불법적 이익을 차감한 금액이며, 이 경우 불법적 이익은 법 위반금액을 의미한다)보다 적은 경우에는 그 잔존하는 불법적 이익에 해당하는 금액을 기본산정기준으로 한다.

다. 위반금액의 비율을 산정하기 곤란한 경우에는 중대성의 정도별 부과기준금액의 범위 내에서 기본산정기준을 도출한다.

중대성의 정도	기준표에 따른 산정점수	부과기준금액
매우 중대한 위반행위	2.2 이상	9억원 이상 20억원 이하
중대한 위반행위	1.4 이상 2.2 미만	2억원 이상 9억원 미만
중대성이 약한 위반행위	1.4 미만	4천만원 이상 2억원 미만

2. 1차 조정

가. 위반행위의 횟수에 의한 조정

과거 3년 간(신고사건의 경우 신고접수일 기준, 직권조사의 경우 자료제출요청일, 출석요청일, 현장조사 실시일 중 가장 빠른 날 기준) 3회 이상 법 위반으로 조치(경고 이상)를 받고 벌점 누산점수가 2점 이상인 경우 다음과 같이 기본산정기준에 가중한다. 과거 시정조치의 횟수를 산정할 때에는 시정조치의 무효 또는 취소판결이 확정된 건(의결 당시 취소판결, 직권취소 등이 예정된 경우를 포함한다)을 제외한다.

(1) 과거 3년 간 4회 이상 법 위반으로 조치(경고 이상)를 받고 벌점 누산점수가 4점 이상인 경우 : 100분의 50 이내

(2) 과거 3년 간 4회 이상 법 위반으로 조치(경고 이상)를 받고 벌점 누산점수가 2점 이상인 경우 : 100분의 40 이내

(3) 과거 3년 간 3회 법 위반으로 조치(경고 이상)를 받고 벌점 누산점수가 2점 이상인 경우 : 100분의 20 이내

나. 피해 수급사업자 수에 의한 조정

피해 수급사업자 수가 50개 이상인 경우에는 다음과 같이 기본산정기준에 가중한다.

(1) 피해 수급사업자 수가 50개 이상 70개 미만인 경우 : 100분의 10 이내

(2) 피해 수급사업자 수가 70개 이상인 경우 : 100분의 20 이내

3. 2차 조정

가. 2차 조정은 위반사업자에게 다음의 나. 및 다.에서 정한 가중 또는 감경사유가 인정되는 경우에 가중비율에서 각각의 감경비율의 합을 공제한 비율을 1차 조정된 산정기준에 곱하여 산출된 금액을 1차 조정된 산정기준에 더하거나 빼는 방법으로 한다.

나. 가중사유 및 비율은 다음과 같이 정한다.

(1) 위반사업자가 법 제19조(보복조치의 금지)를 위반한 경우 : 100분의 20 이내

(2) 위반행위의 동질성이 인정되어 동시에 심의대상이 된 법 위반행위가 1년 이상의 기간에 걸쳐 반복적으로 발생하거나 지속된 경우로서 Ⅳ.1.다.의 규정에 따라 과징금을 부과하는 경우

(가) 기간이 1년 이상 2년 미만인 경우 : 100분의 10 이상 100분의 20 미만

(나) 기간이 2년 이상인 경우 : 100분의 20 이상 100분의 50 미만

단, 위 기간을 산정함에 있어 행위의 실행이 종료되었더라도 사업자가 그 실행의 결과를 유지하면서 그로 인하여 지속적으로 이익을 취득하거나 손해를 발생시키고 있는 경우에는 이익의 취득 혹은 손해의 발생이 종료된 날까지 행위가 지속된 것으로 본다.

다. 감경사유 및 비율은 다음과 같이 정한다.

(1) 위반행위를 자진시정한 경우. 이 때 자진시정이라 함은 해당 위반행위의 중지를 넘어서 위반행위로 발생한 효과를 적극적으로 제거하는 행위를 말하며, 이에 해당하는지 여부는 위반행위의 내용 및 성격, 공정한 하도급거래질서의 회복 또는 피해의 구제, 관련 영업정책이나 관행의 개선, 기타 재발 방지를 위한 노력 등을 종합적으로 감안하여 판단한다.

(가) 수급사업자의 피해를 모두 구제하였거나 위반행위의 효과를 실질적으로 모두 제거한 경우 : 100분의 50 이내

(나) 수급사업자의 피해를 모두 구제한 것은 아니지만 피해액의 50% 이상을 구제하였거나 위반행위의 효과를 상당부분 제거한 경우 : 100분의 30 이내

(다) 위 (가) 및 (나)에 해당하지 아니하나 위반행위의 효과를 제거하기 위해 적극적으로 노력하였고 자신의 귀책사유 없이 위반행위의 효과가 제거되지 않은 경우 : 100분의 10 이내

(라) 위 (가) 내지 (다)의 자진시정이 조사가 개시된 이후 또는 심사보고서의 송부 이후에 이루어진 경우에는 각각 감경률을 축소할 수 있다.

단, (가) 및 (나)와 관련하여 피해액 산정이 곤란하거나 위반행위로 인해 발생한 효과 중 일부분에 대해서만 피해액 산정이 가능한 경우에는 수급사업자의 피해구제를 포함하여 위반행위의 효과를 실질적으로 모두 또는 상당부분 제거하였는지 여부를 판단하여야 한다.

(2) 조사에 협력한 경우

(가) 심사관의 조사 단계부터 위원회의 심리 종결시까지 일관되게 행위사실을 인정하여 위법성 판단에 도움이 되는 자료를 제출하거나 진술을 하는 등 적극 협력한 경우 : 100분의 20 이내

(나) 심사관의 조사 단계 이후라도 위원회의 심리 종결 전에 행위사실을 인정하면서 위법성 판단에 도움이 되는 추가자료를 제출하거나 진술을 한 경우 : 100분의 10 이내

(3) 사건절차규칙 제69조제1항에 따라 소회의의 약식심의 결과를 수락한 경우 : 100분의 10 이내

4. 부과과징금의 결정

가. 2차 조정된 산정기준이 위반사업자의 현실적 부담능력, 시장 또는 경제여건, 위반행위가 시장에 미치는 효과 및 위반행위로 인해 취득한 이익의 규모 등을 충분히 반영하지 못하여 과중하다고 인정되는 경우 공정거래위원회는 그 이유를 의결서에 명시하고 2차 조정된 금액을 다음과 같이 조정하여 부과과징금을 결정할 수 있다. 다만, 위반사업자의 현실적 부담능력과 관련한 감경은 공정거래위원회로부터 부과받을 과징금 납부로 인해 단순히 자금사정에 어려움이 예상되는 경우(「독점규제 및 공정거래에 관한 법률」 제55조의4에 따른 과징금 납부기한 연장 및 분할납부로 자금사정의 어려움을 피할 수 있는 경우를 포함한다)에는 인정되지 않는다.

(1) 공정거래위원회는 다음을 고려하여 2차 조정된 산정기준에서 감액하되 이하 (가), (나)의 모든 사항을 고려하더라도 100분의 50 이내에서만 감액할 수 있다.

(가) 위반사업자의 현실적 부담능력에 따른 조정을 위해서는 다음 사항을 고려한다.

1) 의결일 직전 사업연도 사업보고서 상 자본잠식 상태에 있는 경우, 2차 조정된 산정기준의 100분의 30 이내에서 감액할 수 있다.

2) 의결일 직전 사업연도 사업보고서 상 (i) 부채비율이 300%를 초과하거나 부채비율이 200%를 초과하면서 같은 업종[「통계법」에 따라 통계청장이 고시하는 한국표준산업분류의 대분류 기준에 따른 업종(제조업의 경우 중분류 기준에 따른 업종)을 말한다. 이하 같다] 평균의 1.5배를 초과하고 (ii) 당기순이익이 적자이면서 (iii) 2차 조정된 산정기준이 잉여금 대비 상당한 규모인 경우, 2차 조정된 산정기준의 100분의 30 이내에서 감액할 수 있다.

3) 위 1) 및 2)의 요건을 모두 충족하는 경우, 2차 조정된 상정기준의 100분의 50 이내에서 감액할 수 있다.

(나) 다음의 조정사유는 불가피한 경우에 한하여 적용하되 모든 경우를 합하더라도 2차 조정된 산정기준의 100분의 10 이내에서만 감액할 수 있다.

1) 시장 또는 경제여건에 따른 조정은 경기변동(경기종합지수 등), 수요·공급의 변동(해당 업종 산업동향 지표 등), 환율변동 등 금융위기, 석유·철강 등 원자재 가격동향, 천재지변 등 심각한 기후적 요인, 전쟁 등 심각한 정치적 요인 등을 종합적으로 고려할 때 시장 또는 경제여건이 상당히 악화되었는지 여부를 고려하여 적용한다.

2) 위반행위가 시장에 미치는 효과, 위반행위로 인해 취득한 이익의 규모 등에 따른 조정은 개별 위반사업자의 시장점유율, 가격인상 요인 및 인상 정도, 위반행위의 전후 사정, 해당 산업의 구조적 특징, 실제로 취득한 부당이득의 정도 등을 고려하여 적용하되 처분의 개별적·구체적 타당성을 기하기 위한 경우에만 적용한다.

(2) (1)에도 불구하고 공정거래위원회는 다음을 고려하여 2차 조정된 산정기준의 100분의 50을 초과해서 감액할 수 있으며 위반사업자가「채무자 회생 및 파산에 관한 법률」에 따른 회생절차 중에 있는 등 객관적으로 과징금을 납부할 능력이 없다고 인정되는 경우에는 과징금을 면제할 수 있다.

(가) 위반사업자의 현실적 부담능력에 따른 조정은 의결일 직전 연도 사업보고서 상 위반사업자의 자본잠식률이 50% 이상인지 여부 또는 다음 세 가지 요건을 동시에 충족시키면서 2차 조정된 산정기준의 100분의 50을 초과하여 감경하지 않고서는 위반사업자가 사업을 더 이상 지속하기 어려운지 여부를 고려하여 적용한다.

1) 의결일 직전 사업연도 사업보고서 상 부채비율이 400%를 초과하거나 200%를 초과하면서 같은 업종 평균의 2배를 초과할 것

2) 의결일 기준 최근 2개 사업연도 사업보고서 상 당기순이익이 모두 적자일 것

3) 의결일 직전 사업연도 사업보고서 상 자본잠식 상태일 것

(나) 다음의 조정사유는 불가피한 경우에 한하여 적용하되 모든 경우를 합하더라도 2차 조정된 산정기준의 100분의 10 이내에서만 감액할 수 있다.

1) 시장 또는 경제여건에 따른 조정은 경기변동(경기종합지수 등), 수요·공급의 변동(해당업종 산업동향 지표 등), 환율변동 등 금융위기, 석유·철강 등 원자재 가격동향, 천재지변 등 심각한 기후적 요인, 전쟁 등 심각한 정치적 요인 등을 종합적으로 고려할 때 시장 또는 경제여건이 현저히 악화되었는지 여부를 고려하여 적용한다.

2) 그 밖의 사유에 따른 조정은 위반사업자의 사업규모 또는 매출규모 대비 2차 조정된 산정기준의 비율 등을 다른 위반사업자와 비교한 결과 추가 감경 없이는 비례·평등 원칙에 현저히 위배된다고 판단되는 경우에 적용한다.

(3) 위반사업자는 '현실적 부담능력'이나 '시장 또는 경제여건'과 관련하여 2차 조정된 산정기준을 조정할 필요가 있다는 사실을 증명하기 위해 공정거래위원회에 객관적인 자료를 제출하여야 한다. 이 경우, '현실적 부담능력' 입증과 관련해서는 개별 또는 별도 재무제표가 포함된 사업보고서를 제출하여야 하며 예상 과징금액이 충당부채, 영업외비용 등에 미리 반영되어 있는 경우 이를 제외하여 다시 작성한 재무제표도 추가로 제출하여야 한다.

(4) 공정거래위원회는 위 (3)과 관련하여 위반사업자의 경영 및 자산상태에 관한 객관적인 평가를 위하여 필요하다고 인정할 경우 기업회계, 재무관리, 신용평가 분야 등의 외부 전문가로부터 의견을 청취할 수 있다.

나. 하나의 사업자가 행한 여러 유형의 위반행위에 대하여 과징금을 부과하는 경우에는 다음 기준에 의한다.

(1) 여러 유형의 위반행위를 함께 심리하여 1건으로 의결할 때에는 각 위반행위 유형별로 이 고시에서 정한 방식에 의하여 부과과징금을 산정한 후 이를 모두 합산한 금액을 과징금으로 부과하되, 부과과징금의 한도는 관련 하도급대금의 2배를 초과할 수 없다.

(2) 여러 유형의 위반행위를 여러 건으로 나누어 의결하는 경우에는 이를 1건으로 의결하는 경우와의 형평을 고려하여 후속 의결에서 위 가.의 기준에 따라 부과과징금을 조정할 수 있다.

다. 2차 조정된 산정기준이 1백만 원 이하인 경우에는 과징금을 면제할 수 있다.

라. 부과과징금을 결정함에 있어 1백만 원 미만의 금액은 버리는 것을 원칙으로 한다. 다만, 공정거래위원회는 부과과징금의 규모를 고려하여 적당하다고 인정되는 금액 단위 미만의 금액을 버리고 부과과징금을 결정할 수 있다.

마. 과징금 부과의 기준이 되는 관련 납품대금 등이 외국환을 기준으로 산정되는 경우에는 그 외국환을 기준으로 과징금을 산정하되 공정거래위원회의 합의일에 주식회사 한국외환은행이 최초로 고시하는 매매기준율을 적용하여 원화로 환산하여 부과과징금을 결정한다. 다만, 주식회사 한국외환은행이 고시하지 않는 외국환의 경우에는 미국 달러화로 환산한 후 이를 원화로 다시 환산한다.

Ⅴ. 재검토 기한

공정거래위원회는 「훈령·예규 등의 발령 및 관리에 관한 규정」에 따라 이 고시에 대하여 2022년 7월 1일을 기준으로 매 3년이 되는 시점(매 3년째의 6월 30일까지를 말한다)마다 그 타당성을 검토하여 개선 등의 조치를 하여야 한다.

부칙 <제2025-12호, 2025. 12. 26.>

① 이 고시는 2025년 12월 26일부터 시행한다.

② 이 고시 시행일 전의 위반행위에 대하여 과징금을 부과하는 경우에는 종전의 규정에 의한다.

[별표]

위반행위의 중대성 판단기준

1. 원칙 (생략)

2. 세부평가 기준표

참작사항		비중	상(3점)	중(2점)	하(1점)
위반행위내용	행위유형	0.3	▪ 부당한 특약의 금지(법 제3조의4에 따른 부당한 특약 중 원사업자가 부담하여야 할 산업재해와 관련된 비용 또는 안전조치, 보건조치 등 산업재해예방 비용을 수급사업자에게 부담시키는 약정에 한한다), 부당한 하도급대금의 결정금지(법 제4조), 부당한 위탁취소의 금지 등(법 제8조 제1항), 부당반품의 금지(법 제10조), 감액금지(법 제11조 제1항·제2항), 기술자료 사용·제공 금지(법 제12조의3 제4항), 보복조치의 금지(법 제19조), 탈법행위의 금지(법 제20조) 위반행위	▪ 부당한 특약의 금지[법 제3조의4, 다만, 상(3점)에 해당하는 경우를 제외한다], 물품 등의 구매강제 금지(법 제5조), 물품구매대금 등의 부당결제 청구의 금지(법 제12조), 경제적 이익의 부당요구 금지(법 제12조의2), 기술자료 제공요구 금지(법 제12조의3 제1항), 기술자료 제공받을 시 비밀유지계약 체결(법 제12조의3 제3항), 부당한 대물변제의 금지(법 제17조 제1항), 부당한 경영간섭의 금지(법 제18조) 위반행위	• 서면의 발급 및 서류의 보존(법 제3조 제1항·제2항·제3항·제4항·제9항), 선급금의 지급 등(법 제6조), 내국신용장 개설 등(법 제7조), 수령증명서의 발급 등(법 제8조 제2항), 검사의 기준·방법 및 시기 등(법 제9조), 감액사유 및 기준통보(법 제11조 제3항), 감액 시 지연이자 지급(법 제11조 제4항), 기술자료 요구 시 서면제공(법 제12조의3 제2항), 하도급대금의 지급 등(법 제13조), 건설하도급 계약이행보증 및 대금지급 보증 등(법 제13조의2), 하도급대금의 직접지급 등(법 제14조 제1항·제3항·제5항), 관세 등 환급액의 지급(법 제15조), 설계변경 등에 따른 하도급대금의 조정 등(법 제16조), 공급원가 변동에 따른 하도급대금의 조정 협의 개시(법 제16조의2 제7항), 대물변제 시 확인자료 제시(법 제17조 제2항·제3항) 위반행위
	부당성	0.3	• 행위의 의도·목적, 당해 행위에 이른 경위, 관련업계의 거래관행, 법 위반사업자의 절대·상대적 규모 등을 고려할 때 부당성이 현저한 경우	• 행위의 의도·목적, 당해 행위에 이른 경위, 관련업계의 거래관행, 법 위반사업자의 절대·상대적 규모 등을 고려할 때 부당성이 상당한 경우	• 상(3점) 또는 중(2점)에 해당되지 않는 경우
위반행위정도	피해발생범위	0.2	• 위반행위 당시 거래하고 있는 전체 수급사업자 중 위반행위로 피해를 입은 수급사업자의 비율이 70% 이상인 경우	• 위반행위 당시 거래하고 있는 전체 수급사업자 중 위반행위로 피해를 입은 수급사업자의 비율이 30% 이상 70% 미만인 경우	• 상(3점) 또는 중(2점)에 해당되지 않는 경우

	피해 규모 및 정도	0.2	• 위탁대상의 범위 및 특성, 관련 하도급대금 규모, 거래의존도 · 거래기간 · 거래방식 등 원 · 수급사업자 간 관계, 수급사업자의 경영상황 악화정도, 수급사업자의 절대 · 상대적 규모 등을 종합적으로 고려할 때 수급사업자 등에게 현저한 피해가 발생하는 경우	• 위탁대상의 범위 및 특성, 관련 하도급대금 규모, 거래의존도 · 거래기간 · 거래방식 등 원 · 수급사업자 간 관계, 수급사업자의 경영상황 악화정도, 수급사업자의 절대 · 상대적 규모 등을 종합적으로 고려할 때 수급사업자 등에게 상당한 피해가 발생하는 경우	• 상(3점) 또는 중(2점)에 해당되지 않는 경우

※ 비고 :

- 기술자료 제공요구 금지(법 제12조의3 제1항), 기술자료 사용 · 제공 금지(법 제12조의3 제4항), 보복조치의 금지(법 제19조), 탈법행위의 금지(법 제20조) 위반행위의 경우, 피해발생 범위의 가중치(0.2) 대신 이를 행위유형 및 부당성 가중치에 각각 0.1를 합산하여 점수를 산정한다.

- 서면의 발급 및 서류의 보존(법 제3조 제1항 · 제2항 · 제3항 · 제4항 · 제9항), 내국신용장 개설 등(법 제7조), 수령증명서의 발급 등(법 제8조 제2항), 검사의 기준 · 방법 및 시기 등(법 제9조), 감액사유 및 기준통보(법 제11조 제3항), 기술자료 요구 시 서면제공(법 제12조의3 제2항), 기술자료 제공받을 시 비밀유지계약 체결(법 제12조의3 제3항), 건설하도급 대금지급 보증(법 제13조의2), 하도급대금의 직접지급을 위한 협조(법 제14조 제5항), 설계변경 등에 따른 계약금액 변경 시 수급사업자에 대한 통지(법 제16조 제2항), 공급원가 변동에 따른 하도급대금의 조정 협의 개시(법 제16조의2 제7항), 대물변제 시 확인자료 제시(법 제17조 제2항 · 제3항) 위반행위의 경우, 피해규모 및 정도의 가중치(0.2) 대신 이를 부당성 및 피해발생의 범위 가중치에 각각 0.1를 합산하여 점수를 산정한다.

하도급할 공사의 주요공종 및 하도급계획 제출대상 하도급금액

[시행 2015.8.20] [국토교통부고시 제2015-610호, 2015.8.20, 타법개정]

1. 적용대상공사

○ 국가, 지방자치단체, 「공공기관의 운영에 관한 법률」 제5조에 따른 공기업 및 준정부 기관, 「지방공기업법」에 따른 지방공사 및 지방공단이 발주하고, 건설산업기본법시행령 제34조의2 제2항에 해당되는 건설공사

2. 하도급할 공사의 주요공종(건설산업기본법시행령 제34조의 제3항 관련)

○ 하도급할 공사의 주요공종이란 공사입찰서에 첨부되는 입찰금액산출내역서에 기재된 공종으로서 입찰금액산출내역서에 기재된 상위 분류 공종의 금액이 입찰 전체금액의 100분의 10 이상에 해당하는 공종

3. 하도급계획서 제출 대상 하도급 금액(건설산업기본법시행령 제34조의2 제4항 제3호 관련)

○ 하도급계획을 제출하여야 하는 하도급공사의 하도급금액은 건설산업기본법시행령 제34조의2 제3항에 의거 제출한 하도급계획서상의 하도급 주요공종에 포함된 하도급공사로서 하도급계약금액(동일 하수급인에게 수차에 거쳐 계약시는 합계금액을 말함)이 5억원이상인 하도급 금액을 말한다.

4. 재검토기한

국토교통부장관은 「훈령·예규 등의 발령 및 관리에 관한 규정」에 따라 이 고시에 대하여 2016년 1월 1일을 기준으로 매 3년이 되는 시점(매 3년째의 12월 31일까지를 말한다)마다 그 타당성을 검토하여 개선 등의 조치를 하여야 한다.

5. 행정사항

가. (시행일) 이 고시는 2012년 8월 24일부터 시행한다.

나. (적용례) 이 고시는 시행일 이후 최초로 건설공사에 대한 입찰공고를 하는 분부터 적용한다.

○ (경과조치) 이 고시 시행일 이전에 입찰공고 한 건설공사에 관하여는 종전의 기준에 의한다.

2026 건설산업기본법령집

인 쇄 : 2026년 1월 02일
발 행 : 2026년 1월 12일
편 저 : 편 집 부
발행자 : 김 태 윤
발행처 : 도서출판 건설정보사
주 소 : 경기도 구리시 갈매순환로 198 비젼 II 프라자 304호
T E L : (031)571-3397
F A X : (031)572-3397
등 록 : 1998년 12월 24일 제 3-1122호
http://www.gunsulbook.co.kr

ISBN 978-89-6295-275-9 93530 정가 48,000원

◎ 본서의 무단 복제를 금합니다.
◎ 파본 및 낙장은 교환하여 드립니다.